Ch. Weißmantel C. Hamann

Grundlagen der Festkörperphysik

Unter Mitarbeit von
H. Burghardt H. Giegengack G. Hecht
H.-J. Hinneberg

Mit 418 Abbildungen und 8 Bildtafeln

Springer-Verlag
Berlin Heidelberg New York 1979

Christian Weißmantel
Claus Hamann

Technische Hochschule Karl-Marx-Stadt
Sektion Physik — Elektronische Bauelemente
Postschließfach 964
DDR - 901 Karl-Marx-Stadt

Lizenzausgabe für den Springer-Verlag Berlin Heidelberg New York
Vertrieb in allen nicht-sozialistischen Ländern

ISBN-13: 978-3-642-67116-6 e-ISBN-13: 978-3-642-67115-9
DOI: 10.1007/ 978-3-642-67115-9

Softcover reprint of the hardcover 1st edition 1979

Vorwort

Die Festkörperphysik ist in den letzten Jahrzehnten zu einer relativ eigenständigen und außerordentlich umfangreichen Disziplin innerhalb der Physik geworden. An ihrer weiteren dynamischen Entwicklung wird im internationalen Maßstab mit großen Forschungskapazitäten auf einem hohen theoretischen Niveau und unter Nutzung einer modernen experimentellen Technik gearbeitet. Ein entsprechender wissenschaftlicher Vorlauf gerade auf diesem Gebiet ist auch für die Volkswirtschaft der DDR von erheblicher Bedeutung, tragen doch die Forschungsergebnisse der Festkörperphysik in immer stärkerem Maße zur Entstehung bzw. Vervollkommnung wichtiger Gebiete der Technik bei: Die Halbleitertechnik und die Mikroelektronik leiten sich weitgehend aus der gezielten Nutzung festkörperphysikalischer Erkenntnisse und Methoden ab; aber auch die meisten anderen Zweige der Technik werden durch die Festkörperphysik wissenschaftlich befruchtet. Das gilt beispielsweise für die Technik der Werkstoffbe- und -verarbeitung, für den Maschinenbau, die Elektrotechnik und die Konsumgüterindustrie, ferner für die Filmindustrie, wichtige Teilgebiete der technischen Chemie, wie etwa die Katalyse, oder für den wissenschaftlichen Gerätebau. Indem wissenschaftliche Erkenntnisse über die Eigenschaften und Veränderungen von Festkörpern gewonnen werden, ergeben sich wachsende Möglichkeiten für die Optimierung technischer Prozesse und für die Entwicklung besserer Werkstoffe und Erzeugnisse. Auf vielen Gebieten, z. B. der Rechentechnik, der Nachrichtentechnik, des Fernsehens, der Konsumelektronik u. a., ist zu verfolgen, wie festkörperphysikalische Forschung zu einer Generationsfolge von immer vollkommeneren Produkten beiträgt. Auf diese Weise hat die Festkörperphysik auch maßgeblichen Anteil an der Verbesserung der Materialökonomie, der Erhöhung der Zuverlässigkeit und des Gebrauchswertes verschiedenster Erzeugnisse. Umgekehrt wirft aber auch die Praxis fortwährend neue Fragestellungen auf, die stimulierend auf die festkörperphysikalische Forschung einwirken. Beispielsweise gewinnen gegenwärtig, angesichts der Verknappung bestimmter Rohstoffe und der steigenden Aufwendungen für die Energieerzeugung neue Werkstoffe und Technologien an Bedeutung, die einen hohen Gebrauchswert von Erzeugnissen bei vergleichsweise niedrigem Aufwand an Energie oder seltenen Materialien ermöglichen.

Die Problemstellungen, die sich aus der angedeuteten Komplexität der interdisziplinären Zusammenhänge und aus den erhöhten Anforderungen an Wissenschaft und Technik in der entwickelten sozialistischen Gesellschaft ergeben, können wir in vielen Fällen — auch auf Grund der objektiv begrenzten materiellen und personellen Möglichkeiten unseres Landes — auf effektive Weise nur in internationaler Zusammenarbeit, insbesondere mit den wissenschaftlichen Einrichtungen der Sowjetunion und der anderen sozialistischen Länder, lösen.

Angesichts dieser Fülle wichtiger Erkenntnisse und Anwendungen muß es als ein wesentliches Anliegen der Physikausbildung an den Universitäten und Hochschulen angesehen werden, die Studenten systematisch an die experimentellen und theoretischen Grundlagen der Festkörperphysik heranzuführen, um ihnen davon ausgehend den Zugang zu den vielfältigen speziellen Monographien und Fachartikeln dieses Gebietes zu ermöglichen. Dabei ist anzustreben, das Gesamtgebäude der Festkörperphysik darzustellen, denn die meisten bedeutenden Anwendungen konnten erst durch die komplexe Nutzung von Erkenntnissen verschiedener Spezialrichtungen technisch erfolgreich verwirklicht werden. Als Beispiel sei darauf verwiesen, daß für die Mikroelektronik keineswegs allein die elektronischen Eigenschaften des Halbleiters bedeutsam sind, sondern daß die Kristallstruktur einschließlich der Kristallbaufehler, die thermischen, dielektrischen, magnetischen oder optischen Eigenschaften der verschiedenen Festkörperklassen gleichfalls Grundpfeiler für die Gestaltung von Erzeugnissen und Verfahren dieses Industriezweiges darstellen.

Das vorliegende Buch baut auf Vorlesungen auf, die von den Autoren unter diesen Gesichtspunkten seit Jahren an der Technischen Hochschule Karl-Marx-Stadt für Studenten der Fachrichtungen Physik, elektronische Bauelemente und neuerdings auch für Physiklehrer gehalten worden sind. Bei der Abfassung haben wir uns davon leiten lassen, daß ein Lehrbuch, vor allem hinsichtlich des Faktenmaterials über konkrete Materialparameter, wissenschaftliche Methoden und praktische Anwendungen, eine größere Menge an Stoff beinhalten sollte, als in der begrenzten Stundenzahl der Lehrveranstaltungen geboten werden kann. Dadurch wird das Buch möglicherweise auch den Ansprüchen des in der Praxis tätigen Wissenschaftlers oder Lehrers besser gerecht, der sein Wissen auffrischen oder sich weiterbilden möchte.

Der mathematische Apparat wurde bewußt, vor allem in den ersten fünf Kapiteln, einfach gehalten, so daß wesentliche Abschnitte für Wissenschaftler verschiedener naturwissenschaftlicher und technischer Disziplinen auch ohne vertiefte mathematische Kenntnisse gut lesbar sein dürften. Naturgemäß ist jedoch ab der Behandlung der Elektronentheorie der Kristalle (Kapitel 6.) ein größerer Aufwand an quantenmechanischen Hilfsmitteln unvermeidlich. Zur Aufnahme einiger Darlegungen zur klassischen Theorie, insbesondere bei der Festkörpermechanik und der Ausbreitung von elektromagnetischen Wellen einschließlich der Kristalloptik, haben wir uns entschlossen, weil diese Gebiete in den Vorlesungen über theoretische Physik meist nur knapp behandelt werden.

Besonders am Herzen lagen uns Hinweise auf praktische Anwendungen der dargestellten Eigenschaften und Methoden sowie kurze historische Abrisse zu Spezialgebieten. In Anbetracht der außerordentlichen Vielzahl technisch bedeutungsvoller Einsatzbeispiele muß aber auch klar gesagt werden, daß hierbei eine gewisse Willkür unvermeidlich war. So spiegelt die relativ ausführliche Behandlung solcher Anwendungen, die mit Oberflächen und dünnen Schichten zusammenhängen, das legitime Recht der Verfasser wider, ihr Spezialgebiet sichtbar zu machen, während die knappe Behandlung der Halbleiterbauelemente damit zu rechtfertigen ist, daß hierzu ausgezeichnete Darstellungen im Buchangebot vorliegen. Insgesamt sollte der Leser die Anwendungen somit als Beispiele und nicht als Maßstab für die Proportionen der Teilgebiete betrachten. Weiterführende Lehrbücher und Monographien sowie spezielle Literatur zu den einzelnen Kapiteln sind in einem ausführlichen Literaturverzeichnis zusammengestellt.

Auf wenige Besonderheiten der Gestaltung des Buches sei der Leser schon im Vorwort aufmerksam gemacht: Wir haben in diesem Lehrbuch ganz auf Aufgaben verzichtet, weil u. E. eine Aufgabensammlung zur Festkörperphysik ein interessantes eigenständiges Vorhaben darstellt. Alle Fotos befinden sich auf den Tafeln am Schluß des Buches. Die Formeln und Tabellenangaben sind durchgehend in SI-Einheiten geschrieben. Für die vektoriellen Ableitungen haben wir konsequent eine Schreibweise verwendet, die die Operationen grad, div, rot und nabla nach unserer Meinung leichter durchschaubar machen. Unter Verwendung der üblichen Symbolik der Vektorrechnung bedeuten

$$\partial/\partial \boldsymbol{r} \quad \text{bzw.} \quad \partial^2/\partial \boldsymbol{r}^2$$

z. B. in kartesischen Koordinaten

$$(\partial/\partial x)\,\boldsymbol{i} + (\partial/\partial y)\,\boldsymbol{j} + (\partial/\partial z)\,\boldsymbol{k} \quad \text{bzw.} \quad \partial^2/\partial x^2 + \partial^2/\partial y^2 + \partial^2/\partial z^2.$$

Die Herausgabe des vorliegenden Buches wäre ohne die vielfältige Unterstützung zahlreicher Wissenschaftler des In- und Auslandes nicht möglich gewesen. An dieser Stelle ist es uns daher ein tiefempfundenes Bedürfnis, allen Fachkollegen zu danken, die unsere Ausführungen durch Hinweise und die Überlassung von Fakten- oder Bildmaterial bereichert haben. Unser ganz besonderer Dank gilt dem Vizepräsidenten der Akademie der Wissenschaften der DDR, Herrn Prof. Dr.-Ing. habil. Dr. rer. nat. h. c. mult. Kurt Schwabe, sowie dem Ordentlichen Mitglied der Akademie der Wissenschaften der DDR, Herrn Prof. Dr. sc. nat. Joachim Auth, für die kritische Durchsicht des gesamten Manuskriptes und die wertvollen Anregungen zur Verbesserung der Darstellung.

Viele unserer Mitarbeiter haben tatkräftig zur Fertigstellung des Manuskripts und der Bildvorlagen beigetragen. Wir nennen insbesondere die Herren Prof. Dr. habil. Karl-Heinz Wickleder, Prof. Dr. habil. Manfred Wobst, Dr. Bertram Winde, Dr. Manfred Starke, Dipl.-Phys. Wolfgang-Hartmut Lissner und Dr. Jochen Horn sowie Frau Dipl.-Phys. Rita Arnold, vor allem aber auch Frau Renate Kramer, Frau Karin Riedel und Frau Gudrun Hamann, die die umfangreiche Kleinarbeit auf sich genommen haben. Schließlich danken wir dem Verlag für sein verständnisvolles Entgegenkommen bei der Entwicklung dieses Buchvorhabens, insbesondere der Verlagslektorin, Frau Dipl.-Phys. Helga Hammig, für ihre Mühe und Geduld bei der Zusammenarbeit und fruchtbare Ratschläge bei der Manuskripterarbeitung sowie der Druckerei für die Sorgfalt, mit der sie sich der Herstellung des Buches annahm.

Karl-Marx-Stadt, im Februar 1979

Christian Weissmantel Claus Hamann

Inhaltsverzeichnis

1.	**Einführung**	17
1.1.	Allgemeines zu Aufbau, Eigenschaften und Einsatz fester Stoffe	17
1.2.	Gegenstand und Methoden der Festkörperphysik	18
1.3.	Klassifikation der Festkörper	24
2.	**Kristalle**	26
2.1.	Bindungsarten	26
2.1.1.	Ionenbindung (heteropolare Bindung)	26
2.1.2.	Kovalente (homöopolare) Bindung	34
2.1.3.	Metallische Bindung	42
2.1.4.	Molekülkristalle	45
2.1.5.	Wasserstoffbrückenbindung	50
2.2.	Translationsgitter und Kristallsysteme	52
2.2.1.	Historisches, Grundbegriffe	52
2.2.2.	Bezeichnung von Punkten, Richtungen und Ebenen	56
2.2.3.	Symmetrieoperationen im Punktgitter	61
2.2.4.	Kristallsysteme und Bravais-Gitter	65
2.3.	Kristallstrukturen	72
2.3.1.	Einfluß der Basis auf die Kristallsymmetrie	72
2.3.2.	Die 32 Kristallklassen	74
2.3.3.	Mikrosymmetrie — Raumgruppen	78
2.4.	Spezielle Kristallstrukturen	80
2.4.1.	Übersicht	80
2.4.2.	Kristallstrukturen der Elemente	81
2.4.3.	Kristallstrukturen von AB-Verbindungen	90
2.4.4.	Einige Beispiele komplizierter Strukturen	95
2.5.	Züchtung von Einkristallen	100
2.5.1.	Übersicht über die wichtigsten Verfahren	100
2.5.2.	Zum Mechanismus des Kristallwachstums	109
2.5.3.	Physikalische Reinigung durch Zonenschmelzen	113
2.6.	Bindungsenergie der Kristalle	118
2.6.1.	Definition und experimentelle Bestimmung	118
2.6.2.	Madelung-Zahlen der Ionenkristalle	121
2.6.3.	Bestimmung des Abstoßungspotentials aus der Kompressibilität	123
2.6.4.	Oberflächenenergie von Kristallen	124
3.	**Strukturuntersuchung von Festkörpern**	125
3.1.	Möglichkeiten zur Gewinnung von Informationen über Morphologie, Struktur und chemische Zusammensetzung	125
3.1.1.	Wichtige Teilchen- und Welleneigenschaften	125
3.1.2.	Unelastische Wechselwirkung und sekundäre Strahlen	129

3.2. Beugung von Wellen im Kristallgitter . . . 134
3.3. Laue-Gleichungen . . . 136
3.4. Reziprokes Gitter . . . 139
3.4.1. Definition . . . 139
3.4.2. Weitere Eigenschaften des reziproken Gitters . . . 140
3.4.3. Ewald-Kugel . . . 142
3.4.4. Ableitung der Bragg-Gleichung . . . 143
3.4.5. Brillouinsche Zonen . . . 144
3.4.6. Fourier-Transformation und **k**-Raum . . . 147
3.5. Die hauptsächlichen Verfahren der Strukturuntersuchung . . . 148
3.5.1. Elementare Interpretation der Bragg-Gleichung . . . 148
3.5.2. Laue-Verfahren . . . 149
3.5.3. Braggsches Drehkristallverfahren . . . 153
3.5.4. Pulververfahren nach Debye und Scherrer . . . 156
3.6. Intensität der Beugungsmaxima . . . 159
3.6.1. Die wichtigsten Einflußfaktoren . . . 159
3.6.2. Ableitung des Strukturfaktors . . . 161
3.6.3. Beispiele für den Einfluß des Strukturfaktors . . . 162
3.6.4. Atomfaktor . . . 165

4. Realstruktur der Festkörper . . . 169

4.1. Punktdefekte (nulldimensionale Fehlordnung) . . . 170
4.1.1. Leerstellen im Gitter . . . 170
4.1.2. Teilchen auf Zwischengitterplätzen . . . 173
4.1.3. Substitutionsstörstellen . . . 174
4.1.4. Punktdefekte in Verbindungen . . . 176
4.1.5. Diffusion von Punktdefekten . . . 178
4.1.6. Ionenleitung in Festkörpern . . . 182
4.1.7. Festkörperreaktivität und Korrosion . . . 183
4.1.8. Strahlenschäden in Festkörpern . . . 187
4.1.9. Nachweis und Bedeutung von Punktdefekten . . . 190
4.2. Versetzungen (eindimensionale Fehlordnung) . . . 191
4.2.1. Stufenversetzungen . . . 191
4.2.2. Schraubenversetzungen . . . 195
4.2.3. Allgemeiner Typ der eindimensionalen Fehlordnung . . . 196
4.2.4. Nachweis und Beobachtungen von Versetzungen . . . 200
4.2.5. Eigenschaften von Versetzungen . . . 203
4.2.6. Vervielfachung, Ausheilung und Entstehung von Versetzungen . . . 208
4.2.7. Versetzungsstruktur und Kristallbau . . . 213
4.3. Zwei- und dreidimensionale Baufehler . . . 216
4.3.1. Kleinwinkelkorngrenzen . . . 216
4.3.2. Großwinkelkorngrenzen . . . 219
4.3.3. Dreidimensionale Baufehler . . . 220
4.4. Oberflächen und dünne Schichten fester Stoffe . . . 220
4.4.1. Begriff, Bedeutung, Anwendungen . . . 220
4.4.2. Realstruktur und atomare Prozesse an Oberflächen . . . 221
4.4.3. Keimbildung und Schichtwachstum . . . 229
4.4.4. Die wichtigsten Beschichtungsverfahren . . . 236
4.5. Nicht- oder teilkristalline feste Stoffe . . . 238
4.5.1. Kennzeichnung und Übersicht . . . 238
4.5.2. Gläser und verwandte Stoffe . . . 239
4.5.3. Organische Hochpolymere . . . 242

5. Mechanische und thermische Eigenschaften . . . 244

5.1. Grundlagen der Festkörpermechanik . . . 245
5.1.1. Grundbegriffe . . . 245
5.1.2. Dehnungskomponenten und Verzerrungstensor . . . 248
5.1.3. Spannungskomponenten und Spannungstensor . . . 253
5.1.4. Verallgemeinertes Hookesches Gesetz . . . 256
5.1.5. Deformationsarbeit und elastisches Potential . . . 257
5.1.6. Einfluß der Kristallsymmetrie . . . 259
5.1.7. Kubische Kristalle und isotrope Festkörper . . . 260
5.1.8. Elastische Wellen in Kristallen . . . 264
5.1.9. Einflüsse der Realstruktur . . . 268

5.2. Gitterdynamik des Festkörpers . . . 269
5.2.1. Gitterschwingungen — Phononen . . . 269
5.2.2. Experimenteller Nachweis der Phononen . . . 272
5.2.3. Eindimensionale Behandlung der Gitterschwingungen . . . 276
5.2.4. Lokalisierte Gitterschwingungen im Volumen und an Oberflächen . . . 287

5.3. Spezifische Wärmekapazität von Festkörpern . . . 290
5.3.1. Empirische Grundlagen . . . 290
5.3.2. Allgemeiner Ansatz zur Berechnung von C_V . . . 296
5.3.3. Einstein-Modell . . . 298
5.3.4. Theorie der spezifischen Wärmekapazität nach Debye . . . 300
5.3.5. Hinweise zur Gittertheorie der spezifischen Wärmekapazität . . . 305
5.3.6. Methoden der thermischen Analyse von Festkörpern . . . 309

5.4. Wärmeausdehnung — anharmonische Einflüsse . . . 312
5.4.1. Experimentelle Befunde . . . 312
5.4.2. Phänomenologische Beschreibung — Grüneisen-Regel . . . 314
5.4.3. Deutung der thermischen Ausdehnung fester Stoffe . . . 317
5.4.4. Weitere Folgen der Anharmonizität . . . 319
5.4.5. Grüneisen-Parameter . . . 321

5.5. Wärmeleitung in festen Stoffen — Phononenanteil . . . 322
5.5.1. Phänomenologische Beschreibung . . . 322
5.5.2. Phononenmodell der Wärmeleitung . . . 325
5.5.3. N- und U-Prozesse bei der Phonon-Phonon-Wechselwirkung . . . 328

6. Elektronen im Festkörper . . . 330

6.1. Quantenmechanische Grundlagen . . . 330

6.2. Näherung freier Elektronen . . . 332
6.2.1. Grundlagen und Anwendungsbereich . . . 332
6.2.2. Beschreibung der Elektronenzustände und ihre Besetzung im Grundzustand . 333
6.2.3. Besetzung der Zustände bei $T \neq 0$ . . . 339
6.2.4. Beitrag der Elektronen zur Wärmekapazität des Festkörpers . . . 346
6.2.5. Elektrostatische Abschirmung . . . 350
6.2.6. Elektronenemission . . . 353
6.2.7. Zustände freier Elektronen im Magnetfeld . . . 363

6.3. Elektronen im periodischen Potential . . . 369
6.3.1. Allgemeine Eigenschaften der Lösungen, Bloch-Funktionen . . . 369
6.3.2. Näherung fast freier Elektronen . . . 374
6.3.3. Näherung stark gebundener Elektronen . . . 384

6.4. Eigenschaften und Dynamik der Kristallelektronen . . . 391
6.4.1. Quasiklassische Bewegungsgleichungen . . . 391

6.4.2. Effektive Masse . . . 394
6.4.3. Isolatoren — Halbleiter — Metalle . . . 395
6.4.4. Elektronen — Defektelektronen . . . 397

6.5. Transportvorgänge . . . 399
6.5.1. Grundlagen . . . 399
6.5.2. Boltzmann-Gleichung . . . 401
6.5.3. Elektrische Leitfähigkeit . . . 403
6.5.4. Streuung der Ladungsträger . . . 408
6.5.5. Leitfähigkeit dünner Schichten . . . 413
6.5.6. Wärmeleitfähigkeit . . . 416
6.5.7. Thermoelektrische Effekte . . . 420
6.5.8. Hall-Effekt und magnetische Widerstandsänderung . . . 423
6.5.9. Weitere Transporterscheinungen unter Einwirkung eines Magnetfeldes . . . 429

6.6. Grenzen des Bändermodells . . . 430

7. Halbleiter . . . 432

7.1. Historisches, Begriff und Eigenschaften . . . 432

7.2. Bandstruktur der Halbleiter . . . 436
7.2.1. Standardbänder . . . 436
7.2.2. Bandstrukturen einiger Halbleiter . . . 439
7.2.3. Einfluß der chemischen Fehlordnung auf die Bandstruktur . . . 444
7.2.4. Einfluß der strukturellen Fehlordnung und der Oberfläche auf die Bandstruktur . . . 449
7.2.5. Bändermodell und Makropotentiale . . . 452

7.3. Statistik der freien Ladungsträger im thermodynamischen Gleichgewicht . . . 453
7.3.1. Besetzungswahrscheinlichkeiten der Energiezustände . . . 453
7.3.2. Konzentrationen der Elektronen und Löcher . . . 454
7.3.3. Eigenhalbleiter . . . 458
7.3.4. Störstellenhalbleiter . . . 459
7.3.5. Störstellenhalbleiter mit einer Sorte einwertiger Störstellen . . . 461
7.3.6. Kompensierte Halbleiter . . . 464
7.3.7. Raumladungen und Felder in Halbleitern . . . 468
7.3.8. p/n-Übergang im Gleichgewicht . . . 474

7.4. Halbleiter im Nichtgleichgewicht . . . 477
7.4.1. Generation und Rekombination von Ladungsträgern . . . 477
7.4.2. Quasi-Fermi-Niveaus . . . 480
7.4.3. Bilanzgleichungen . . . 484
7.4.4. Lösungen der Bilanzgleichungen für Sonderfälle . . . 485
7.4.5. Erscheinungen an Kontakten . . . 493
7.4.6. p/n-Übergang im Nichtgleichgewicht . . . 496
7.4.7. Halbleiter bei hohen Feldstärken . . . 500

8. Metalle und metallische Legierungen . . . 503

8.1. Historisches, Begriff und Eigenschaften . . . 503

8.2. Metallische Elemente . . . 504
8.2.1. Metallischer Zustand und Periodensystem . . . 504
8.2.2. Gitterstruktur . . . 504
8.2.3. Polymorphismus durch Temperaturveränderung . . . 506
8.2.4. Polymorphismus durch Druckerhöhung . . . 507

8.3. Metallische Legierungen . . . 508
8.3.1. Kennzeichen einer metallischen Legierung . . . 508
8.3.2. Kristallgemische . . . 509
8.3.3. Mischkristalle . . . 510
8.3.4. Intermetallische Verbindungen . . . 512

8.4. Zustandsdiagramme . . . 515
8.4.1. Gibbssches Phasengesetz . . . 515
8.4.2. Die wichtigsten Zustandsdiagramm-Typen . . . 517
8.4.3. Verwendung von Zustandsdiagrammen . . . 522

8.5. Elektrische Leitfähigkeit von Metallen . . . 526
8.5.1. Elektronensystem in Metallen . . . 526
8.5.2. Fermi-Flächen von Metallen . . . 534
8.5.3. Bandstruktur und Fermi-Flächen spezieller Metalle . . . 540
8.5.4. Elektrische Leitung in Metallen . . . 543

8.6. Supraleiter . . . 551
8.6.1. Die typischen Eigenschaften der Supraleiter . . . 551
8.6.2. Theoretische Überlegungen zur Supraleitung . . . 560
8.6.3. Josephson-Effekte . . . 565
8.6.4. Anwendung von Supraleitern . . . 569

9. Dielektrika und Ferroelektrika . . . 571

9.1. Dielektrische Festkörper . . . 571
9.1.1. Historisches, Bedeutung und typische Eigenschaften . . . 571
9.1.2. Relative Dielektrizitätskonstante . . . 572
9.1.3. Dielektrische Polarisation . . . 574
9.1.4. Messung der komplexen Dielektrizitätskonstante . . . 575

9.2. Theoretische Grundlagen dielektrischer Eigenschaften von Festkörpern . . . 577
9.2.1. Lokales Feld . . . 577
9.2.2. Theoretische Beschreibung der Polarisation in Festkörpern im Gleichfeld . . . 580
9.2.3. Beschreibung der Polarisation von Festkörpern im Wechselfeld . . . 583

9.3. Leitungsvorgänge in Isolierstoffen . . . 592
9.3.1. Ionenleitung . . . 592
9.3.2. Elektronenleitung bei niedrigen Feldstärken . . . 593
9.3.3. Elektronenleitung bei hohen Feldstärken . . . 597
9.3.4. Durchschlagsmechanismen . . . 603

9.4. Die typischen Eigenschaften der Ferroelektrika . . . 606

9.5. Phänomenologische Beschreibung der Ferroelektrika . . . 607
9.5.1. Potentialfunktion der Ferroelektrika . . . 607
9.5.2. Phasenumwandlungen in festen Körpern . . . 607
9.5.3. Hysteresekurve ferroelektrischer Kristalle . . . 611
9.5.4. Dielektrizitätskonstante ferroelektrischer Kristalle . . . 612
9.5.5. Domänen in ferroelektrischen Kristallen . . . 614
9.5.6. Ferroelektrische Gitterschwingungen . . . 615

9.6. Eigenschaften wichtiger Ferroelektrika . . . 617

9.7. Antiferroelektrika . . . 622

9.8. Piezoelektrizität und verwandte Erscheinungen . . . 623
9.8.1. Grundgleichungen elektromechanischer Effekte . . . 623
9.8.2. Eigenschaften der Piezoelektrika . . . 624
9.8.3. Elektrostriktion . . . 626
9.8.4. Pyroelektrizität . . . 627

10. Magnetische Erscheinungen in festen Stoffen . . . 629

10.1. Diamagnetismus . . . 629
10.1.1. Die typischen Eigenschaften der Magnetwerkstoffe . . . 629
10.1.2. Grundlagen magnetischer Erscheinungen . . . 630
10.1.3. Magnetisches Moment diamagnetischer Stoffe . . . 632
10.1.4. Diamagnetische Festkörper . . . 634

10.2. Paramagnetismus . . . 635
10.2.1. Magnetisches Moment eines Gitterbausteins . . . 635
10.2.2. Elektronensystem im Magnetfeld . . . 637
10.2.3. Van-Vleckscher Paramagnetismus . . . 640
10.2.4. Paramagnetismus quasifreier Elektronen . . . 640
10.2.5. Dia- und Paramagnetismus in Festkörpern . . . 642

10.3. Ferromagnetismus . . . 643
10.3.1. Die typischen Eigenschaften der Ferromagnetika . . . 643
10.3.2. Hysteresekurve ferromagnetischer Kristalle . . . 644
10.3.3. Ferromagnetische Domänen . . . 646
10.3.4. Curie-Temperatur . . . 649

10.4. Theoretische Vorstellungen zum Ferromagnetismus . . . 651
10.4.1. Heisenberg-Modell . . . 651
10.4.2. Bändertheorie des Ferromagnetismus . . . 653
10.4.3. Spinwellentheorie und Magnonen . . . 655

10.5. Antiferromagnetismus . . . 661

10.6. Ferrimagnetismus . . . 663

10.7. Eigenschaften wichtiger magnetischer Werkstoffe . . . 664

10.8. Magnetische Anisotropie . . . 669

10.9. Magnetostriktion . . . 672

10.10. Elektronenspinresonanz (ESR) . . . 674

10.11. Akustische paramagnetische Resonanz (APR) . . . 678

10.12. Kernmagnetische Resonanz (NMR) . . . 678

10.13. Ergebnisse hochfrequenzspektroskopischer Forschung an Festkörpern . . . 681

11. Optische Eigenschaften der Festkörper . . . 683

11.1. Historisches, Begriff und Bedeutung . . . 683

11.2. Optische Materialgrößen isotroper Festkörper . . . 684
11.2.1. Grundlagen der klassischen Theorie . . . 684
11.2.2. Zurückführung auf Dielektrizitätskonstante und Leitfähigkeit . . . 688
11.2.3. Reflexion bei senkrechter Inzidenz . . . 689
11.2.4. Fresnel-Koeffizienten . . . 691
11.2.5. Meßergebnisse . . . 694
11.2.6. Interpretation der Dispersionskurven . . . 697

11.3. Dünnschichtoptik . . . 708
11.3.1. Bedeutung dünner Schichten für die Optik . . . 708
11.3.2. Transparente Einfachschicht . . . 710
11.3.3. Systeme mehrerer Schichten . . . 714
11.3.4. Beispiele einfacher Schichtsysteme . . . 715
11.3.5. Absorbierende Schichten . . . 717
11.3.6. Polarimetrie (Ellipsometrie) . . . 719

11.4. Kristalloptik — nichtlineare Optik 721
11.4.1. Allgemeine Grundlagen 721
11.4.2. Fresnel-Gleichungen — optische Achsen 723
11.4.3. Strahlen- und Normalenflächen 725
11.4.4. Optische Eigenschaften und Kristallstruktur 728
11.4.5. Dichroismus — Polarisationsfilter 732
11.4.6. Nichtlineare Polarisation 732
11.4.7. Erzeugung optischer Oberwellen 735
11.4.8. Phasenanpassung in anisotropen Kristallen 739
11.4.9. Nichtlineare Prozesse als Photon-Photon-Wechselwirkung 740

11.5. Photoeffekte 740
11.5.1. Übersicht 740
11.5.2. Photon-Elektron-Phonon-Wechselwirkung 741
11.5.3. Exzitonen 744
11.5.4. Photoleitung 747
11.5.5. Photoelemente, Photospannungen (Photo-EMK) 754
11.5.6. Photochemische Erscheinungen 759
11.5.7. Lumineszenz und Phosphoreszenz 766
11.5.8. Halbleiterlaser, Festkörper-Quantenelektronik 773

Literaturverzeichnis 780

Sach- und Namenverzeichnis 789

1. Einführung

1.1. Allgemeines zu Aufbau, Eigenschaften und Einsatz fester Stoffe

Feste Stoffe dienen dem Menschen auf Grund ihrer Formbeständigkeit als Material für Werkzeuge und mannigfache Erzeugnisse. Die ursprünglich allein verfügbaren natürlichen Mineralien wurden im Laufe der geschichtlichen Entwicklung zunehmend durch künstlich geschaffene Werkstoffe, wie Metalle, Gläser, Keramik, abgelöst oder ergänzt. Mit der industriellen Revolution und dem Aufstreben der Naturwissenschaften stieg der Bedarf an besseren und vielseitigeren Werkstoffen steil an, und zugleich wuchsen das Interesse an ihrer Natur und die Möglichkeiten zu deren Erforschung. Die Erkenntnisse der Chemie ermöglichten die Klärung des stofflichen Aufbaus, sie vermittelten das Verständnis der Prozesse bei der Herstellung und Umwandlung von Werkstoffen und bereicherten die Palette verfügbarer Produkte. Zugleich wurde jedoch sichtbar, daß die Eigenschaften eines Werkstoffs nicht nur von der stofflichen Zusammensetzung bestimmt werden, sondern daß die Struktur, d. h. die räumliche Anordnung der atomaren Bausteine, von entscheidender Bedeutung ist.

Wesentliche Impulse für diese Erkenntnis kamen von der Kristallographie. Auf Grund ihrer regelmäßigen, mit den Mitteln der klassischen Geometrie zu beschreibenden Gestalt waren Kristalle schon frühzeitig in das Blickfeld der Naturforscher getreten. Nach der Entdeckung der ganzzahligen Indizes der Kristallflächen im 18. Jahrhundert lag die zunächst hypothetische Interpretation des Kristallbaues als eine periodische Anordnung von atomaren Bausteinen nahe. Die stürmischen Fortschritte der Physik führten schließlich zum Auffinden und zur Nutzung neuer Stoffeigenschaften. Während ursprünglich fast ausschließlich die mechanischen Eigenschaften der festen Stoffe für Anwendungen bedeutsam waren, erlangten elektrische, optische, magnetische und thermische Parameter steigende Beachtung. Im Zusammenhang mit der Erforschung neuartiger Erscheinungen und Stoffeigenschaften wurde der atomare Aufbau der Stoffe erkannt. Nachdem M. v. Laue und W. Friedrich im Jahre 1912 die Beugung der Röntgenstrahlen an Kristallen nachgewiesen hatten, war der entscheidende Durchbruch zur systematischen Erforschung der atomaren Mikrostruktur geglückt. In der folgenden Zeit wurden mit der Quantentheorie in Verbindung mit der Statistischen Mechanik die theoretischen Grundlagen geschaffen, auf deren Basis die Einordnung und später die Berechnung von Stoffeigenschaften, ausgehend von den atomaren Kräften und der strukturellen Anordnung der Bausteine, überhaupt erst möglich wurde.

Trotzdem war noch ein weiter Weg zurückzulegen, bevor die zunehmend engere Verbindung von Physik, Chemie und Werkstofftechnik anwendungsfähige Ergebnisse hervorbringen konnte. Zunächst mußten die experimentellen und theoretischen Fundamente der Festkörperphysik an den als Modellfall geeigneten, weitgehend perfekten Kristallen gelegt werden. Erst danach konnte man sich stärker dem realen Festkörper zuwenden, dessen Abweichungen vom idealen Modell das tiefgründige

Verständnis der praktischen Werkstoffeigenschaften reifen ließ. Das herausragende Beispiel für die praktische Wirksamkeit der komplizierten Erforschung der atomaren Mikroprozesse in den Werkstoffen bildet die Entwicklung der Halbleitertechnik, wobei der weitgehend ideale Kristall in diesem Industriezweig auch zum technischen Werkstoff geworden ist. Aber auch in anderen Gebieten der Technik wirkt sich die festkörperphysikalische Begründung von Makrostrukturen und -prozessen zunehmend, wenn auch noch mit unterschiedlichem Stand, für die weitere Verbesserung von Werkstoffen und Technologien aus, so beispielsweise bei der Herstellung und Verarbeitung von Metallegierungen, der Erzeugung hochwertiger Glas- und Keramikwerkstoffe, der Optimierung der heterogenen chemischen Katalyse, der Oberflächenbehandlung von Werkstoffen und Erzeugnissen oder bei der Schaffung von Verbunden zwischen Metall und Plast. Die enge Verbindung zwischen naturwissenschaftlicher Grundlagenforschung und Technologie, die gerade in der neueren Festkörperphysik zum Ausdruck kommt, entspricht somit einem dringenden gesellschaftlichen Bedürfnis bei der Meisterung und Nutzung des wissenschaftlich-technischen Fortschritts, speziell im Hinblick auf eine verbesserte Materialökonomie.

1.2. Gegenstand und Methoden der Festkörperphysik

Die Festkörperphysik befaßt sich, wie der Name schon ausdrückt, mit der Erforschung und Beschreibung fester Stoffe. Als Festkörper im engeren Sinne werden häufig nur die Kristalle sowie die aus zahlreichen feinen Kriställchen oder Kristalliten unterschiedlicher Orientierung aufgebauten polykristallinen Stoffe, wie Gebrauchsmetalle oder erstarrte Salzschmelzen, angesehen. Eine klare Abgrenzung zwischen Festkörpern und Flüssigkeiten kann nicht gegeben werden. Man hilft sich meist damit, daß man eine Viskositätsgrenze benutzt. Als Festkörper kann man auf diese Weise einen Stoff betrachten, der im Schwerefeld der Erde über einen langen Zeitraum seine Formbeständigkeit behält. Natürlich gehören auch amorphe Stoffe, wie Gläser und Hochpolymere, zu den Festkörpern.

Naturgemäß muß sich ein einführendes Lehrbuch der Festkörperphysik z. Z. im wesentlichen mit Festkörpern in einkristalliner Form beschäftigen. Deshalb wird der Leser im weiteren oft dem synonymen Gebrauch der Begriffe „Kristall“ und „Festkörper“ begegnen. Zweifellos gewinnen amorphe feste Stoffe als Untersuchungsobjekte der Festkörperphysik zunehmend an Bedeutung.

Gemeinsam mit den Flüssigkeiten bilden die Festkörper die kondensierten Zustandsformen der stofflichen Materie, deren Kennzeichen die hohe Dichte und mikrophysikalisch die relativ dichte Packung der atomaren Bausteine ist. Der mittlere Atomabstand beträgt in den kondensierten Stoffzuständen größenordnungsmäßig 0,5 nm. Beim Phasenübergang vom flüssigen in den festen Zustand ändern sich die makroskopischen Stoffparameter, beispielsweise die Dichte, die Wärmekapazität oder die elektrischen Eigenschaften, diskontinuierlich, jedoch betragen die sprunghaften Änderungen am Schmelzpunkt im Gegensatz zu denen am Siedepunkt häufig nur ungefähr 10%; bei der elektrischen Leitfähigkeit der Metalle erreichen sie einen Faktor 2. Auf jeden Fall sind die Unterschiede in vielen physikalischen Eigenschaften zwischen der festen und der flüssigen Phase des gleichen Stoffes weit geringer als die viele Größenordnungen erreichenden Differenzen in den Eigenschaften verschiedenartiger fester oder flüssiger Stoffe. Auch die Tendenz der Eigenschaftsänderung am Phasenübergang fest—flüssig ist nicht einheitlich; während die Dichte der meisten Stoffe im festen Zustand größer ist als im flüssigen, weist Eis eine um 8% geringere Dichte auf als Wasser, und die elektrische Leitfähigkeit ist bei geschmolzenen Metallen zwar kleiner als im festen Zustand, hingegen bei Salzen ist sie in der Schmelze viel größer als im Kristall.

In den Abb. 1.1, 1.2, 1.3 sind die Besonderheiten der atomaren Struktur von Festkörpern, Flüssigkeiten und glasartigen Stoffen in schematischer Form dargestellt. Zur exakten Beschreibung und Klassifizierung des regelmäßigen Aufbaus

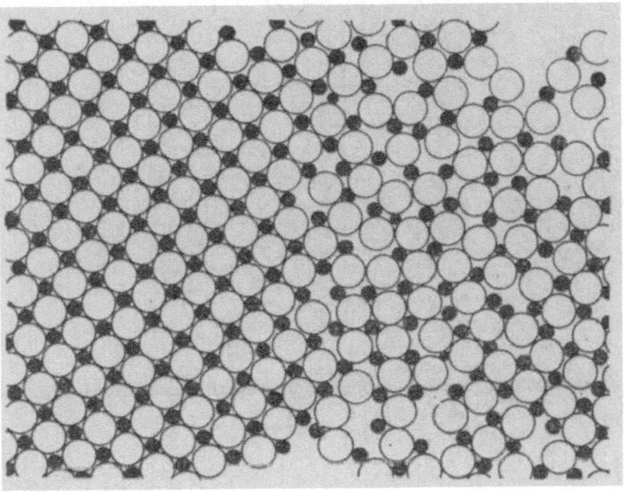

Abb. 1.1
Anordnung der Atome eines zweiatomigen Festkörpers (links) im Vergleich zur Anordnung im flüssigen Zustand. Man erkennt deutlich den Unterschied in der Symmetrie der Anordnung bei wenig veränderter Packungsdichte.

der Festkörper benutzt man die *Symmetrieeigenschaften*, die bei größeren Kristallen schon in der äußeren Gestalt auffallen, während sie bei polykristallinem Material erst in entsprechender Symmetrie der Beugungsbilder von Röntgenstrahlen oder Materiewellen sichtbar werden. Erst in neuerer Zeit ist es gelungen, die regelmäßige Anordnung der Bausteine in Festkörpern zunächst an einigen Stoffen auch direkt zu beobachten. Tafel I/1 zeigt die beeindruckende Aufnahme der Struktur einer feinen Wolframspitze mit dem Feldionenmikroskop und Tafel I/2 die Abbildung der regelmäßig angeordneten Atomebenen in einem Goldkristall, die mit einem hochauflösenden Elektronenmikroskop erhalten wurde. Die Ergebnisse der bisher erhaltenen direkten Abbildungen der atomaren Struktur bestätigen die Richtigkeit der Vorstellungen, die durch logische Schlüsse aus den Ergebnissen der Beugung von Wellen an Kristallen mit Hilfe eines mathematisch fundierten theoretischen Modells erhalten worden sind. Natürlich beschränkt sich die Aussagefähigkeit dieser neuen Methoden nicht auf die Überprüfung früher gewonnener Erkenntnisse der Struktur von Festkörpern, sondern es lassen sich vor allem hinsichtlich der genauen Lage der Atome und Atomgruppen, der gerade bei praktischen Werkstoffen so bedeutenden Abweichungen von der regelmäßigen Anordnung sowie der atomaren

Prozesse in Festkörpern wichtige zusätzliche Informationen gewinnen. Zweifellos wird die direkte Abbildung der atomaren Mikrostruktur wesentliche Beiträge zur künftigen Entwicklung der Festkörperphysik liefern.

Wenn wir somit die auch über größere Entfernungen ausgeprägte symmetrische Anordnung der Atome, Atomgruppen, Ionen und Moleküle als Kennzeichen der Festkörper im engeren Sinne herausstellen, so ergibt sich daraus eine klare Abgren-

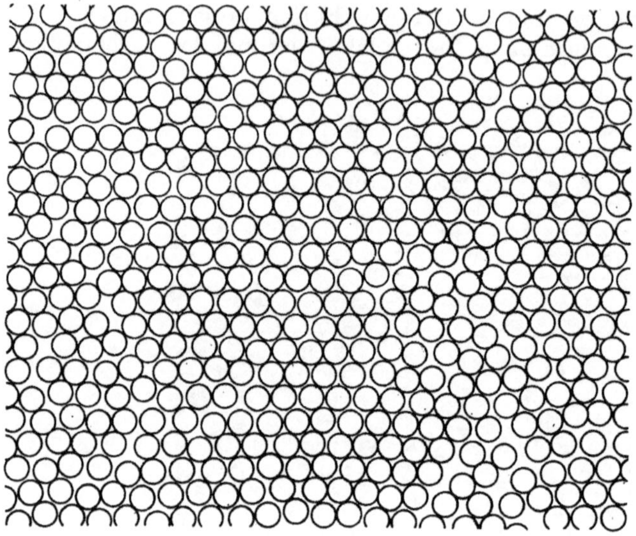

Abb. 1.2
Zweidimensionale Darstellung der Teilchenanordnung in einer monoatomaren Flüssigkeit. Man beachte die momentane quasikristalline Ordnung in verschiedenen Bereichen. Ähnlich hat man sich die Struktur amorpher Metalle und Halbleiter vorzustellen.

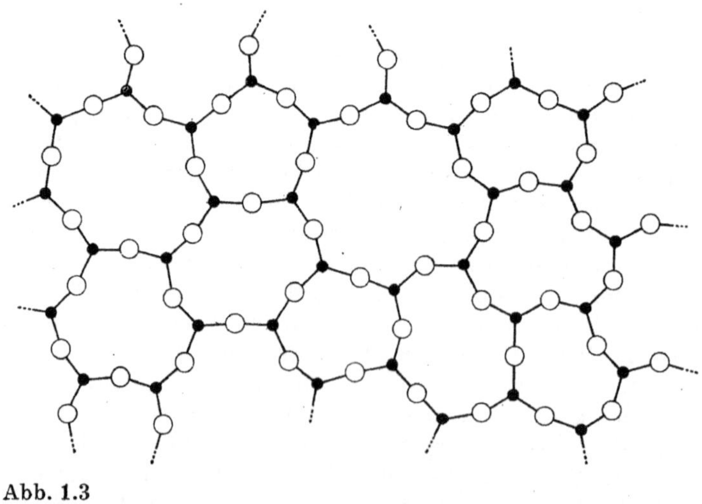

Abb. 1.3
Unregelmäßige Netzstruktur eines glasartigen Stoffes vom Typ A_2B_3 in zweidimensionaler Darstellung.

zung zum flüssigen Zustand, bei dem die Teilchen zwar ebenfalls dicht aneinandergepackt sind, jedoch allenfalls eine auf wenige Teilchenabstände beschränkte, unregelmäßige und zeitlich wie räumlich fluktuierende *Nahordnung* aufweisen. Der Phasenübergang am Schmelzpunkt besteht in einem abrupten Wechsel von der symmetrischen zur unregelmäßigen Anordnung der atomaren Bausteine. Allerdings verlassen schon bei niederen Temperaturen zahlreiche Atome im thermodynamischen Gleichgewicht des Festkörpers ihre normalen Positionen in der periodischen Anord-

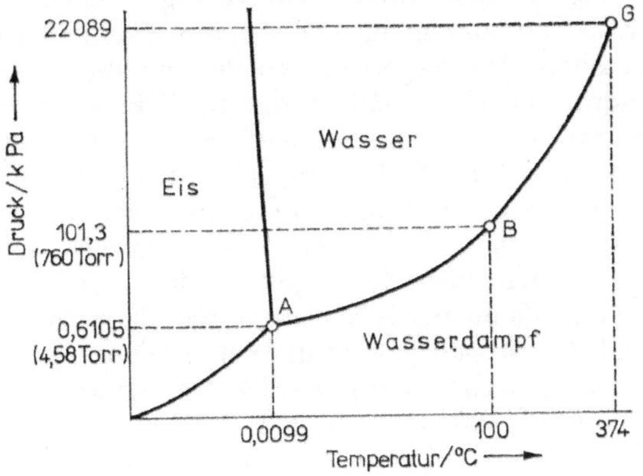

Abb. 1.4
p-T-Diagramm des Wassers.
Die Trennungslinie zwischen festem und gasförmigem Aggregatzustand endet im sogenannten Tripelpunkt A. Während die Trennungslinie zwischen der festen und der flüssigen Phase bis zu höchsten Drücken existiert, endet die zwischen flüssiger und gasförmiger Phase in G, dem sogenannten kritischen Punkt. B deutet den Siedepunkt bei Normaldruck an.

nung des Kristalls. Die Konzentration dieser *Defekte* nimmt bis zum Schmelzpunkt immer mehr zu, jedoch wird die Fernordnung und die mit ihr zusammenhängende Formbeständigkeit durch das Gerüst der verbliebenen, regelmäßig angeordneten Bausteine aufrechterhalten. Ab einer bestimmten, von der Natur des Stoffes und in geringerem Maße vom Druck abhängenden Temperatur ist es für das Vielteilchensystem jedoch thermodynamisch günstiger, die Fernordnung ganz aufzugeben; das symmetrische Kristallgerüst bricht zusammen, womit gleichzeitig ein sprunghafter Anstieg der Entropie infolge der erhöhten Unordnung verbunden ist.

Dieser Übergang erfolgt bei kristallinen Stoffen stets scharf, das heißt längs einer definierten *Liquidus-Solidus-Kurve* im Phasendiagramm (Abb. 1.4). Der Übergang von dem flüssigen in den gasförmigen Aggregatzustand, der nicht von einer solch grundlegenden Änderung der Symmetrie im atomaren Aufbau begleitet ist, geht zwar unter üblichen Bedingungen gleichfalls längs einer definierten Kurve im Phasendiagramm vor sich, jedoch lassen sich bei Umfahren des *kritischen Punktes* im Phasendiagramm Wege realisieren, bei denen flüssiger und gasförmiger Zustand kontinuierlich ineinander übergehen. In diesem Zusammenhang sollte angemerkt werden, daß ein analoger kritischer Punkt für den Übergang fest—flüssig auch für extreme Drücke und Temperaturen weder experimentell noch mit Hilfe von Computer-Rechnungen gefunden werden konnte.

Bei der Abgrenzung des Gegenstandes der Festkörperphysik bleibt noch zu klären, wie diejenigen festen Stoffe einzuordnen sind, die wie Gläser, Keramik und Plaste zwar Formbeständigkeit, teilweise sogar große Festigkeit und Härte, aufweisen, jedoch nicht den symmetrischen Bau kristalliner Stoffe besitzen. Häufig sieht man diese Stoffe einfach als *unterkühlte Flüssigkeiten* an, bei denen die Beweglichkeit der meist sehr großen Moleküle mit abnehmender Temperatur und begünstigt durch die „sperrige Anordnung" mehr und mehr eingeschränkt wird. Dieses für Thermoplaste oder nichtkristalline Proteine akzeptable Bild versagt freilich bei Duroplasten, Gläsern und Keramik, die entsprechend Abb. 1.3 aus räumlich vernetzten, riesigen Molekülstrukturen bestehen. Im Gegensatz zu den Kristallen bildet sich jedoch keine periodische Fernordnung aus, sondern die in Mikrobereichen meist gut definierten Molekülkonfigurationen sind in unregelmäßiger Aufeinanderfolge aneinander gebunden. Unter bestimmten Bedingungen bilden sich in Gläsern und Keramik sowie in Plasten echt kristalline Bereiche aus. Infolge dieser engen Wechselbeziehung, aber vor allem auch wegen der enormen praktischen Bedeutung als Werkstoffe, werden wir diese festen Stoffe dort, wo es der leider noch recht lückenhafte Stand der Kenntnis ihrer atomaren Struktur zuläßt, in den Gegenstand der angewandten Festkörperphysik einbeziehen. Den gleichen Standpunkt vertreten wir bei anderen *amorphen festen Stoffen*, die als thermodynamisch instabile Modifikationen von Halbleitern oder Metallen unter bestimmten Bedingungen — beispielsweise bei der Kondensation von Dämpfen auf Substraten niederer Temperatur — erhalten werden. Außerhalb der Betrachtungen bleiben dagegen die *Flüssigkristalle*, die in Lösungen oder Schmelzen einer Reihe von organischen Stoffen beobachtet werden und regelmäßige, den festen Kristallen ähnliche Gestalt, jedoch keine Formbeständigkeit aufweisen.

Anliegen der Festkörperphysik ist es, die Struktur der Festkörper, ihre Eigenschaften und Entstehung sowie die in ihnen stattfindenden physikalischen Prozesse genau zu erforschen und in theoretischen Modellen zu erklären. Von der Festkörperphysik gehen aber auch starke Impulse zur Schaffung oder Nutzung völlig neuer Stoffe und Stoffsysteme aus. Festkörperphysikalische Forschung erschließt den Festkörpern ständig neue Anwendungen und schlägt sich letzten Endes in hochwertigen Produktionsmitteln und Konsumgütern nieder. Diese Vielseitigkeit ist beeindruckend, reflektiert jedoch letzten Endes lediglich in sehr augenfälliger Weise die Dialektik von Theorie und Praxis.

Während in der Mechanik und den Werkstoffwissenschaften die phänomenologische Betrachtung makroskopischer Größen im Vordergrund steht, ist für die Festkörperphysik die Zurückführung beobachtbarer Parameter auf atomistische Modelle typisch. Die Grundlage bilden dabei die für atomare Bereiche charakteristischen Gesetze der Quantentheorie. Allerdings ist die quantentheoretische Behandlung oft nicht bis zu prüfbaren und quantitativen Ergebnissen durchführbar, weil die Erscheinungen zu kompliziert oder zu komplex sind. Jedoch kommt man näherungsweise vielfach mit einfacheren „klassischen" oder „halbklassischen" Betrachtungen aus. Bei quantitativen Betrachtungen, selbst bei einfachen Abschätzungen, werden die *fundamentalen Naturkonstanten* benötigt. Ihre Zahlenwerte sowie die Einheiten sind in Tab. 1.1 im Internationalen Einheitensystem sowie im Gaußschen Maßsystem zusammengestellt. Für überschlägige Rechnungen ist es nützlich, wenn man sich zumindest die Größenordnung dieser Konstanten einprägt. Im Rahmen der theoretischen Festkörperphysik wird das Ziel verfolgt, die mikroskopischen und makroskopischen Eigenschaften relativ einfacher Festkörper auch quantitativ ausgehend

Tabelle 1.1
Einige Naturkonstanten und atomare Massen

Konstante		Zahlenwert im Gaußschen Maßsystem	Zahlenwert im Internationalen Maßsystem
Lichtgeschwindigkeit im Vakuum	c	$2{,}9979 \cdot 10^{10}$ cm · s^{-1}	$2{,}9979 \cdot 10^{8}$ m s^{-1}
Gravitationskonstante	γ	$6{,}670 \cdot 10^{14}$ cm^3 · g^{-1} · s^{-2}	$6{,}670 \cdot 10^{11}$ m^3 kg^{-1} s^{-2}
Plancksche Konstante	h	$6{,}6238 \cdot 10^{-27}$ erg · s	$6{,}6238 \cdot 10^{-34}$ Ws^2
Elektronenladung	e	$4{,}8022 \cdot 10^{-10}$ esE	$1{,}602 \cdot 10^{-19}$ As
Elektronenruhmasse	m	$9{,}1072 \cdot 10^{-28}$ g	$9{,}1072 \cdot 10^{-31}$ kg
Protonenruhmasse	M_{P}	$1{,}6723 \cdot 10^{-24}$ g	$1{,}6723 \cdot 10^{-27}$ kg
Neutronenruhmasse	M_{N}	$1{,}6745 \cdot 10^{-24}$ g	$1{,}6745 \cdot 10^{-27}$ kg
Bohrsches Magneton	μ	$0{,}9273 \cdot 10^{-20}$ erg · Gauss^{-1}	$0{,}9273 \cdot 10^{-23}$ A m^2
elektrische Feldkonstante (Influenzkonstante)	ε_0	$\varepsilon_0 \equiv 1$	$8{,}8542 \cdot 10^{-12}$ AsV^{-1} m^{-1}
magnetische Feldkonstante (Induktionskonstante)	μ_0	$\mu_0 \equiv 1$	$1{,}2566 \cdot 10^{-6}$ VsA^{-1} m^{-1} (Zahlenwert $\triangleq 4\pi \cdot 10^{-7}$)
Avogadro-Konstante	N_{A}	$6{,}0254 \cdot 10^{23}$ mol^{-1}	$6{,}0254 \cdot 10^{26}$ (Mkg)$^{-1}$ oder kmol^{-1}
Loschmidtsche Konstante	N_{L}	$2{,}6873 \cdot 10^{-19}$ cm^{-3}	$2{,}6873 \cdot 10^{25}$ m^{-3}

von den Grundgleichungen der Quantentheorie unter Benutzung der bei Vielteilchensystemen notwendigen Methoden der statistischen Physik zu berechnen. Für Größen wie die Gitterenergie von Elementen und einfachen Verbindungen, die spezifische Wärmekapazität, die Dielektrizitätskonstante oder die Permeabilität, sind dabei beachtliche Erfolge erzielt worden, und kleine Differenzen zwischen Meßwerten und den Ergebnissen der Theorie geben vielfach den Anstoß zu vertiefenden Untersuchungen, wobei nicht selten neue, auch für Anwendungen wichtige Effekte gefunden werden. Naturgemäß ist der mathematische Aufwand bei der exakten Beschreibung sehr groß, und für die numerische Auswertung sind in zunehmendem Maße leistungsfähige Elektronenrechner erforderlich. Auch in der experimentellen und anwendungstechnisch orientierten Festkörperphysik, wie sie der Konzeption dieses Buches entspricht, kann auf mathematische Hilfsmittel und theoretisch-physikalische Ableitungen nicht verzichtet werden. Beträchtliche Vereinfachungen sind hierbei jedoch möglich, da die theoretische Beschreibung vorwiegend der Einordnung und Deutung der Erscheinungen dient. Hierzu genügen häufig schon Modelle, in denen für einige quantitative Parameter empirisch gewonnene Werte eingesetzt werden. Andererseits müssen gerade bei einer anwendungsbezogenen Betrachtung auch stark fehlgeordnete Festkörpersysteme einbezogen werden, die vom Idealzustand des reinen Kristalls ziemlich weit entfernt sind und deren festkörperphysikalische Erforschung auch experimentell noch am Anfang steht. Ein Beispiel hierfür bilden die Prozesse bei der Be- und Verarbeitung von Werkstoffen.

Auch der experimentelle Aufwand der modernen festkörperphysikalischen Forschung ist hoch. Die Stoffproben müssen vielfach in extrem großer Reinheit sowie als größere einheitliche Kristalle — sogenannte *Einkristalle* — vorliegen. Für viele Messungen ist hohes oder ultrahohes Vakuum erforderlich. Für die Untersuchung der mikroskopischen Gestalt und Oberflächenbeschaffenheit — der *Morphologie* — sind leistungsfähige Licht- und Elektronenmikroskope unentbehrlich, und zur Durchführung von Strukturuntersuchungen benötigt man komplizierte Elektronen-

und Röntgenstrahlapparaturen. Auch Neutronenstrahlen, die man aus speziellen Teilchenbeschleunigern oder Kernreaktoren erhält, werden für Untersuchungen an festen Körpern zunehmend eingesetzt. Die Skala der Untersuchungs- und Meßmethoden ist je nach dem Spezialgebiet zu ergänzen durch Geräte zur Mikroanalyse, die eine genaue Bestimmung der Elementzusammensetzung auch in kleinen Bereichen gestatten, durch empfindliche Meßanordnungen für elektrische und magnetische Größen, optische Spektrometer der verschiedensten Wellenlängenbereiche, genaue Kalorimeter und nicht zuletzt durch Versuchsanordnungen, die das Experimentieren bei extrem tiefen Temperaturen oder bei sehr hohen Drücken gestatten.

Selbstverständlich kann im Rahmen dieses Buches nur auf die Grundprinzipien der wichtigsten Verfahren eingegangen werden.

Der Gegenstand und die Anwendungsgebiete der Festkörperphysik bedingen eine enge interdisziplinäre Verflechtung mit anderen Zweigen der Wissenschaft und Technik. Besonders hervorzuheben sind die notwendige Kenntnis und das laufende Studium von Grundlagen der Chemie, speziell der physikalischen Chemie, sowie der technischen Disziplinen, die sich mit der Herstellung, Be- und Verarbeitung von Werkstoffen befassen.

1.3. Klassifikation der Festkörper

Festkörper lassen sich nach sehr verschiedenartigen Gesichtspunkten klassifizieren, beispielsweise nach der Kristallstruktur, nach ihrer chemischen Zusammensetzung, nach ihrer Härte, nach den dielektrischen oder magnetischen Eigenschaften oder nach der elektrischen Leitfähigkeit. Zu einer natürlichen Einteilung gelangt man, indem die Art der Bindungskräfte zwischen den atomaren Bausteinen als Gliederungsprinzip verwendet wird. Je nachdem, ob für den Zusammenhalt der Festkörper in erster Linie die Ionenbindung, die kovalente chemische Bindung, die metallische

Tabelle 1.2
Übersicht über die wichtigsten Kristallarten

Gitterart	Bindung	Struktureinheit	charakteristische Eigenschaften	Beispiele
Ionenkristall	elektrostatisch	Ionen	hohe Schmelz- und Sublimationspunkte, hart, spröde, hohe Transparenz, große Packungsdichten, kugelsymmetrische Ladungsverteilung, löslich in polaren Flüssigkeiten, elektrolytisches Leitvermögen	Alkalihalogenide
kovalent gebundene Festkörper (Atomkristalle)	durch Austausch- oder Resonanzkräfte	Atome	große Härte, hohe Schmelzpunkte, Unlöslichkeit in fast allen Lösungsmitteln, hohe Brechungsindizes, starkes Reflexionsvermögen — gleichzeitig durchsichtig, geringe elektrische Leitfähigkeit	Diamant, Si, Ge

Tabelle 1.2 (Fortsetzung)

Gitterart	Bindung	Struktureinheit	charakteristische Eigenschaften	Beispiele
Metalle	elektrostatisch (Metallionen in delokalisiertem Elektronengas)	Metallionen	hart, dehnbar, duktil, hohe Schmelzpunkte, große Packungsdichte, weitgehend legierbar, gute elektrische und thermische Leitfähigkeit, starkes Reflexionsvermögen, opak, löslich nur im flüssigen Metall	Cr, Fe, Cu, An, W
Molekülkristalle	durch Van-der-Waals-Kräfte	Moleküle, auch Atome	weich, hohe thermische Dehnung, niedrige Schmelzpunkte, niedrige Sublimationswärmen, löslich in unpolaren organischen Flüssigkeiten	feste Edelgase, organische Verbindungen (Zucker)

Bindung oder zwischenmolekulare Kräfte verantwortlich zu machen sind, unterscheidet man vier Typen der Kristalle (vgl. Tab. 1.2), deren grundsätzlicher Aufbau im folgenden Kapitel erörtert werden soll.

2. Kristalle

2.1. Bindungsarten

2.1.1. Ionenbindung (heteropolare Bindung)

Bei dieser Kategorie von Festkörpern kommt die Bindung vorwiegend durch die Coulombschen Kräfte zwischen ungleichnamig geladenen Ionen zustande. Entsprechend können wir für die Bindungsenergie zwischen zwei einfach geladenen Ionen

$$W_{ij} = \frac{e^2}{4\pi\varepsilon_0 r_{ij}} \tag{2,1}$$

setzen, wobei r_{ij} den Abstand zwischen den Mittelpunkten der kugelsymmetrisch gedachten Ionen bedeutet. Da die Bindungsenergie beim Zusammenbau der ursprünglich weit voneinander entfernten Teilchen freigesetzt und vom System abgegeben wird, ist das negative Vorzeichen zu wählen.

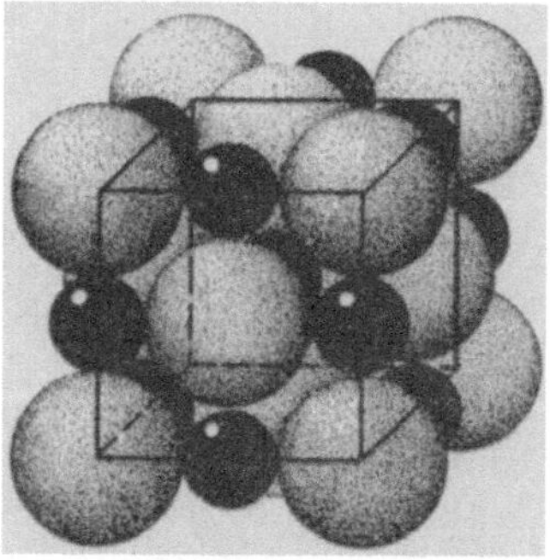

Abb. 2.1
Anordnung der Ionen in einem Kochsalzkristall. Die Na^+-Ionen sind dunkel, die Cl^--Ionen hell gekennzeichnet.

Der bekannteste Vertreter der Ionenkristalle ist das Kochsalz. Mit Hilfe von Strukturuntersuchungen wurde bestimmt, daß die Anordnung der Ionen im Natriumchlorid-Kristall einem kubischen Aufbau entspricht, bei dem die Na^+- und die Cl^--Ionen wechselweise die Würfelecken besetzen (Abb. 2.1). Jedes Ion ist bei dieser Struktur von 6 „nächsten Nachbarn" entgegengesetzter Ladung umgeben; man sagt auch, die *Koordinationszahl* ist 6 (vgl. auch Abb. 1.9b). Aus einfachen geometrischen Überlegungen ist leicht abzuleiten, daß als zweitnächste Nachbarionen 12 gleichnamig geladene Teilchen in $\sqrt{2}$fächer Entfernung, darauf 8 wiederum entgegengesetzt geladene Ionen im $\sqrt{3}$fachen Abstand und 6 viertnächste gleichnamige Ionen beim doppelten Abstand anzutreffen sind. Der Abstand r_0 zu den nächsten Nachbarn beträgt bei Natriumchlorid 0,282 nm. Einsetzen in Gl. (1,1) und Umrechnung der Energie in die bei atomphysikalischen Betrachtungen übliche Einheit Elektronenvolt (eV) liefert für die Bindungsenergie, die auf ein Paar benachbarter

Ionen entfällt, ungefähr 5,1 eV. Die gesamte Bindungsenergie eines NaCl-Kristalls wird natürlich etwas größer sein, da ja die Anziehung zu den anderen nächsten Nachbarn verfestigend wirkt. Andererseits dürfte der größte Teil des hierdurch bedingten Energiegewinns durch die Abstoßung mit den übernächsten Nachbarn kompensiert werden usw. Wir erwarten daher, daß die auf ein Ionenpaar — oder 1 Molekül NaCl — bezogene Bindungsenergie W_L etwas größer ist als die Bindungsenergie isolierter benachbarter Ionen (W_{ij}) und machen den Ansatz

$$-W_L = \alpha W_{ij}. \tag{2,2}$$

Hier bedeutet α eine dimensionslose Konstante, die *Madelung-Zahl*, die, wie in Abschn. 3.2. gezeigt wird, nur von der Symmetrie der Kristalle abhängt, also für alle Stoffe übereinstimmender Kristallstruktur gleich ist. Für die Kochsalz-Struktur beträgt sie ungefähr 1,75, womit sich eine Bindungsenergie von rund 8,9 eV pro Ionenpaar ergeben würde. Dieser Wert ist, wie der Vergleich mit experimentellen Daten lehrt, jedoch um etwa 10% zu hoch, da bei genauerer Betrachtung auch die potentielle Energie infolge der abstoßenden Kräfte zwischen den Elektronenhüllen von Nachbarteilchen berücksichtigt werden muß.

Die hier vorgenommene Abschätzung, die einen ersten Einblick in das Wesen der Ionenkristalle vermittelt, geht von ursprünglich vorhandenen freien Ionen aus. Tatsächlich bilden sich die Ionenkristalle meist aus neutralen Atomen oder Molekülen. Ihre Überführung in den Ionenzustand wird für den Festkörper nur dann günstig sein, wenn hierbei im Vergleich mit anderen denkbaren Anordnungen, wie beispielsweise dem Aufbau von Kristallen aus NaCl-Molekülen, ein Zustand geringerer *Freier Energie*

$$F = W - TS \tag{2,3}$$

(W — Innere Energie, T — absolute Temperatur, S — Entropie) erreicht wird. Da der Beitrag der Entropie infolge des ähnlichen Ordnungsgrades verschiedener Kristallstrukturen in erster Näherung vernachlässigt werden kann, läuft die Fragestellung nach der Bildung von Ionen- oder Molekülkristallen auf eine energetische Optimierung hinaus. Die Bildung von Natriumchlorid aus den neutralen Atomen der Elemente läßt sich gedanklich in folgende Schritte zerlegen: Ablösung eines Elektrons des Natriumatoms bis in unendliche Entfernung, Anlagerung dieses Elektrons an ein Chloratom und schließlich Verbindung der Ionen gemäß der obigen Abschätzung. In Tab. 2.1 sind für einige wichtige salzbildende Elemente die zur Ablösung von Elektronen erforderlichen *Ionisierungsenergien* sowie die für die Aufnahme von Elektronen freigesetzte Energie, *die Elektronenaffinität*, je Atom zusammengestellt. Man merke sich, daß dem auf ein Atom beziehungsweise Molekül bezogenen Energiebetrag von 1 eV ($1{,}6 \cdot 10^{-19}$ J) umgerechnet auf übliche makroskopische Verhältnisse die Wärmemenge von rund 23 kcal/mol entspricht. Für NaCl entnehmen wir den Tabellen einen Aufwand von 5,21 eV für die Bildung eines Na-Kations und einen Aufwand von −3,80 eV für die Erzeugung eines Cl^--Anions; insgesamt sind für die Bildung der Ionen also 1,41 eV notwendig, während nach (2,1) und (2,2) durch die Anziehung zwischen den Ionen für ein einzelnes Paar 5 eV und im Verband des Festkörpers sogar 8 eV gewonnen werden.

Für einen Vergleich des Ionencharakters der Bindung in verschiedenartigen Stoffen ist diese Betrachtung zu pauschal, denn im Festkörper ist das energetische Optimum häufig dann erreicht, wenn die Bindungselektronen nicht vollständig über-

Tabelle 2.1

Elektronenaffinitäten und Ionisierungsenergien zur Erreichung der Edelgaskonfiguration. (*In Klammern die Werte in Elektronenvolt* (eV) *pro Atom*)

Elektronenaffinitäten: entspr. $M + n\,e \rightarrow M^{n-}$

Atom → Ion	$H \rightarrow H^-$	$F \rightarrow F^-$	$Cl \rightarrow Cl^-$	$Br \rightarrow Br^-$	$J \rightarrow J^-$	$O \rightarrow O^{--}$	$S \rightarrow S^{--}$	$Se \rightarrow Se^{--}$
Elektronen-affinität in kcal/mol	−17,8 (−0,772)	−83,5 (−3,62)	−87,5 (−3,80)	−82,0 (−3,56)	−75,7 (−3,28)	+156,9 (+6,81)	+79,4 (+3,44)	+97 (+4,21)

Anmerkung: Zwar wird bei der Reaktion $0 \rightarrow O^-$ oder $S \rightarrow S^-$ Energie frei (negatives Vorzeichen), jedoch wird Energie benötigt (elektrostatische Abstoßung), um das jeweils zweite Elektron an O^- bzw. S^- anzulagern.

Ionisierungsenergien: entspr. $N \rightarrow N^{k+} + k\,e$

Atom → Ion	$H \rightarrow H^+$	$Li \rightarrow Li^+$	$Na \rightarrow Na^+$	$K \rightarrow K^+$	$Rb \rightarrow Rb^+$	$Cs \rightarrow Cs^+$	$Be \rightarrow Be^{++}$
Ionisierungs-energie in kcal/mol	+313 (+13,58)	+124 (+5,38)	+120 (+5,21)	+100 (+4,34)	+96 (+4,16)	+90 (+3,90)	+635 (+27,55)

Atom → Ion	$Mg \rightarrow Mg^{++}$	$Ca \rightarrow Ca^{++}$	$Sr \rightarrow Sr^{++}$	$B \rightarrow B^{+++}$	$Al \rightarrow Al^{+++}$	$Si \rightarrow Si^{++++}$
Ionisierungs-energie in kcal/mol	+522 (+22,64)	+415 (+18,00)	+385 (16,70)	+1644 (+71,32)	1228 (+53,28)	2377 (+103,12)

Anmerkung: Bei mehrfach geladenen Ionen stellt die angegebene Energie natürlich die Summe der zur Ablösung der einzelnen Elektronen nötigen Energieanteile dar, beispielsweise

$$Be \xrightarrow[(18{,}23)]{420\ \text{kcal/mol}} Be^+ \xrightarrow[(9{,}33)]{215\ \text{kcal/mol}} Be^{++}.$$

Tabelle 2.2

Elektronegativitäten einer Reihe von Elementen

Element	H	Li	Na	K	Cs	Be	Mg	Ca	Sr	Ba	Al	Cu	Ag	Au
Elektro-negativität	2,1	1,0	0,9	0,8	0,7	1,5	1,2	1,0	1,0	0,9	1,5	1,9	1,9	2,4

Element	Zn	C	Si	Ge	Sn	N	P	O	S	F	Cl	Br	J
Elektro-negativität	1,6	2,5	1,8	1,8	1,8	3,0	2,1	3,5	2,5	4,0	3,0	2,8	2,5

wechseln, sondern nur eine anteilige Verschiebung der Ladungsschwerpunkte dieser Elektronen vom Kation zum Anion erfolgt. Zu berücksichtigen sind dann auch die elektrostatische Wechselwirkung zwischen Dipolen, Quadrupolen und Multipolen höherer Ordnung sowie der Beitrag kovalenter chemischer Bindungskräfte. Zur raschen Abschätzung des Bindungscharakters wurde von PAULING und MULLIKEN ein halbempirisch begründetes Maß für das Bestreben der Atome, in der Verbindung Elektronen an sich zu ziehen, eingeführt. Diese nützliche, als *Elektronegativität* bezeichnete Größe ist für wichtige Elemente in Tab. 2.2 zusammengestellt. Sie wird für Fluor gleich 4,0 gesetzt und ergibt sich näherungsweise aus der Summe von Ionisierungsenergie und Elektronenaffinität, geteilt durch 125. Aus der Differenz der Elektronegativitäten kann der Ionencharakter der Bindung leicht ermittelt werden. Für NaCl erhalten wir

$$\Delta_{\mathrm{Cl,Na}} = 3{,}0 - 0{,}9 = 2{,}1\ \mathrm{eV}, \tag{2,4}$$

d. h. ein Wert, der deutlich über der Schranke 1,7 liegt, oberhalb der gemäß Abb. 2.2 bei einer Bindung zwischen 2 Atomen der Ionencharakter überwiegt.

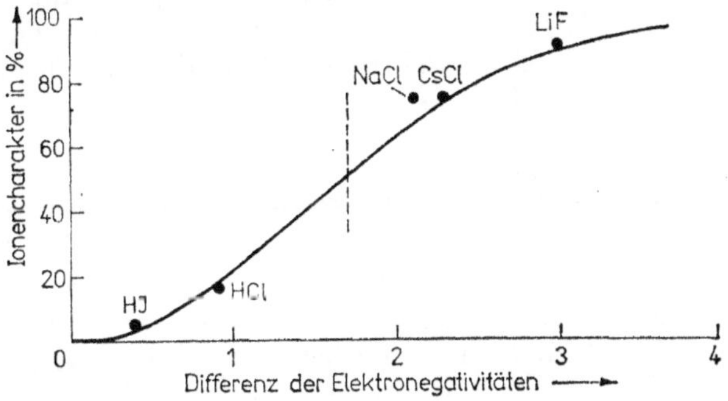

Abb. 2.2

Zuordnung Elektronegativitätsdifferenz und Ionencharakter (in %). Zur Illustration ist der experimentell bestimmte Ionencharakter einiger AB-Verbindungen mit eingezeichnet.

Allgemein finden wir die typischen Vertreter der Ionenkristalle bei den Verbindungen der Elemente der I. Hauptgruppe des Periodensystems mit denen der VII. Gruppe, den A_IB_{VII}-Verbindungen, da bei diesen Atomen die Bildung von Ionen mit abgesättigten Elektronenoktetts („Achterschalen") in der äußeren Schale besonders leicht möglich ist. Bei den Verbindungen zwischen Elementen der II. und VI. Gruppe, den $A_{II}B_{VI}$-Verbindungen vom Typ des Cadmiumsulfids (CdS), ist der Ionencharakter schon wesentlich weniger ausgeprägt, und $A_{III}B_V$-Verbindungen, wie der wichtige Halbleiterwerkstoff Galliumarsenid (GaAs), sind als vorwiegend kovalent gebundene Festkörper mit einem allerdings merklichen Anteil der Ionenbindung anzusehen. Die mehrwertigen Oxide und Sulfide der Metalle, deren Festkörpereigenschaften bei der Korrosion von großer praktischer Bedeutung sind, rechnet man ebenfalls gewöhnlich zu den Ionenkristallen, ferner viele Salze der Sauerstoffsäuren des Stickstoffs, Schwefels usw. Bei diesen Stoffen ist jedoch stets auch der Einfluß kovalenter Bindungskräfte wesentlich, und die Kenntnisse über den Anteil der Bindungsarten sind noch sehr unvollkommen.

Charakteristisch für die Bindung in Ionenkristallen ist die große Reichweite der Coulombschen Kräfte, deren Potential ja nur proportional r^{-1} abfällt, aber auch ihre sphärische Symmetrie sowie ihre Additivität. Der Kristall erlangt seine Stabilität erst durch die Summierung der anziehenden beziehungsweise abstoßenden Beiträge zur potentiellen Energie in einem größeren, dreidimensionalen Teilchenkollektiv.

Energetisch ist es am günstigsten, wenn sich ein beliebig herausgegriffenes Ion mit möglichst vielen Nachbarteilchen des anderen Ladungsvorzeichens bei minimalem Abstand umgibt, während gleichnamig geladene Ionen relativ weit entfernt sein sollten. Der kleinstmögliche Abstand wird durch die Radien der Elektronenhüllen bestimmt. Abgeschlossene Elektronenschalen setzen einer wechselseitigen Durchdringung einen mit weiterer Annäherung sehr steil wachsenden Widerstand entgegen, der quantitativ durch ein Abstoßungspotential W_{abst} nach BORN und MEYER wiedergegeben werden kann:

$$W_{\mathrm{abst}} = B_0 \left(1 + \frac{z_1}{n_1} + \frac{z_2}{n_2}\right) \exp\left(\frac{r_1 + r_2 - r}{\varrho_0}\right). \tag{2,5}$$

Hier bedeuten: z_1, z_2 die Ladungszahlen der Ionen, die entsprechend ihrem Vorzeichen einzusetzen sind (Beispiel: für Na^+ $z_1 = +1$, für Cl^- $z_2 = -1$); n_1, n_2 die Anzahl der Elektronen in der äußersten Elektronenschale der beiden Ionenarten; $B_0 = 2{,}25 \cdot 10^{-18}$ Ws und $\varrho_0 = 3{,}45 \cdot 10^{-2}$ nm Konstanten sowie r_1, r_2 die Radien der beiden Ionenarten.

Ein alternativer Ansatz von PAULING sowie BORN und LANDÉ benutzt statt der Exponentialfunktion eine Potenzabhängigkeit der Form $1/r^n$ mit $n = 9\ldots12$.

Durch Messen der relativen Volumenänderung der Kristalle beim Zusammenpressen unter hohen Drücken läßt sich der Verlauf des Abstoßungspotentials bestimmen, und eine vergleichende Auswertung der Resultate für verschiedenartige Kristalle liefert die in Tabelle 2.3 für einige wichtige Fälle wiedergegebenen *Ionenradien.*

Durch einfache Addition der Ionenradien erhält man die Abstände zu den nächsten Nachbarn in erstaunlich guter Näherung; beispielsweise ergibt sich für NaCl

$$r_0 = (0{,}098 + 0{,}181)\ \mathrm{nm} = 0{,}279\ \mathrm{nm}$$

gegenüber dem oben angeführten Meßwert von 0,282 nm.

Die tiefere Ursache dafür, daß sich Ionen mit abgeschlossenen Elektronenschalen annähernd wie harte Kugeln aneinanderlagern, liegt in den Gesetzmäßigkeiten der Quantentheorie begründet. Gemäß dem Pauli-Prinzip sind in den abgeschlossenen Schalen alle Elektronenzustände besetzt, so daß auch anteilig keine weiteren Elektronen aufgenommen werden können. Erst bei extrem hohen Drücken, wie sie im Inneren von großen Planeten und Sternen hoher Dichte herrschen, werden die Elektronenzustände selbst verändert, und schließlich kann die Atomhülle zusammenbrechen. Damit wird aber der Bereich gewohnter Stoffzustände verlassen. Mit Hilfe gigantischer Höchstdruckpressen und durch Auslösung extremer Stoßwellen beginnt die physikalische Forschung erst, dieses interessante und zukunftsträchtige Gebiet der experimentellen Untersuchung zugänglich zu machen.

Nachdem wir die Besonderheiten der Wechselwirkung zwischen Ionen sowie ihre Größe betrachtet haben, bleibt noch zu klären, welche Anzahl nächster Nachbarionen oder welche Koordinationszahl bei einfachen Ionenkristallen zu erwarten ist. Wir beschränken uns zunächst auf Verbindungen der allgemeinen Formel AB,

Tabelle 2.3

Radien verschiedener Atome im ionisierten (Edelgaskonfiguration) und im kovalent gebundenen Zustand* (k) *in* nm. *Zur Illustration der starken Größenunterschiede sind verschiedene Atome bzw. Ionen entsprechend ihrem Radius als Kugeln gezeichnet. Bei kovalent gebundenen Atomen sind die Valenzstriche angedeutet.

Li^{+}	0,06	Be^{2+}	0,031	C^{4-}	0,260	N^{3-}	0,171	O^{2-}	0,140	H^{-}	0,208
$Li^{(k)}$	0,134	$Be^{(k)}$	0,090	$C^{(k)}$	0,077	$N^{(k)}$	0,075	$O^{(k)}$	0,073	$H^{(k)}$	0,037
Na^{+}	0,098	Mg^{2+}	0,065	Si^{4-}	0,271	P^{3-}	0,212	S^{2-}	0,184	F^{-}	0,136
$Na^{(k)}$	0,154	$Mg^{(k)}$	0,130	$Si^{(k)}$	0,111	$P^{(k)}$	0,106	$S^{(k)}$	0,102	$F^{(k)}$	0,072
				Si^{4+}	0,041						
K^{+}	0,133	Ca^{2+}	0,099	Ge^{4-}	0,272	As^{3-}	0,222	Se^{2-}	0,198	Cl^{-}	0,181
$K^{(k)}$	0,196	$Ca^{(k)}$	0,174	$Ge^{(k)}$	0,122	$As^{(k)}$	0,119	$Se^{(k)}$	0,116	$Cl^{(k)}$	0,099
				Ge^{4+}	0,053						

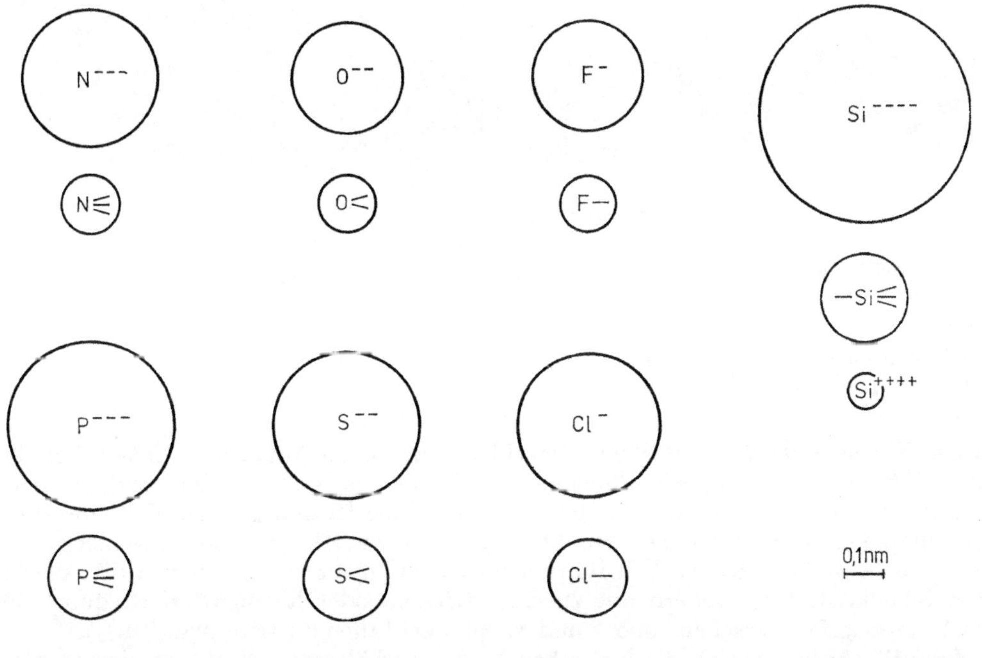

in denen die Anzahlen der beiden Ionenarten im Verhältnis 1:1 stehen. Empirisch findet man neben der regelmäßigen 6er-Umgebung des Natriumchlorids vor allem die Koordinationszahlen 8 und 4. Typische Vertreter, nach denen die aus diesen Packungen hervorgehenden Kristallstrukturen benannt werden, sind das Caesiumchlorid CsCl (Koordinationszahl 8) und das Zinksulfid ZnS (Koordinationszahl 4). In Abb. 2.3 ist die räumliche Anordnung der nächsten Anionen um ein zentrales Kation für CsCl, NaCl und ZnS in den Größenverhältnissen der Ionenradien dargestellt. Verbindet man die Mittelpunkte der Anionen miteinander, so entstehen regelmäßige Polyeder, die das räumliche Bauprinzip veranschaulichen. Für CsCl ergibt sich ein Würfel, für NaCl ein regelmäßiges Oktaeder und für ZnS das von vier gleichseitigen Dreiecken begrenzte Tetraeder. Ob sich bei einer bestimmten Substanz die eine oder die andere Struktur ausbildet, hängt wesentlich von dem relativen Größenverhältnis der beteiligten Ionen ab. Während die relativ großen Cs^{+}-Ionen von 8 der noch ausgedehnteren Cl^--Ionen so umgeben werden können, ohne daß Berührung der Elektronenhüllen eintritt, ist dies bei den wesentlich kleineren Na^+-Ionen nicht möglich, da sich die Chlorionen bei der 8er-Umgebung bereits gegenseitig berühren, bevor die optimale Annäherung an das Kation erreicht ist. Infolgedessen erweist sich für Kochsalz, ebenso wie für viele andere AB-Verbindungen, die oktaedrische Konfiguration mit nur 6, aber dafür dicht angelagerten Nachbarn als gün-

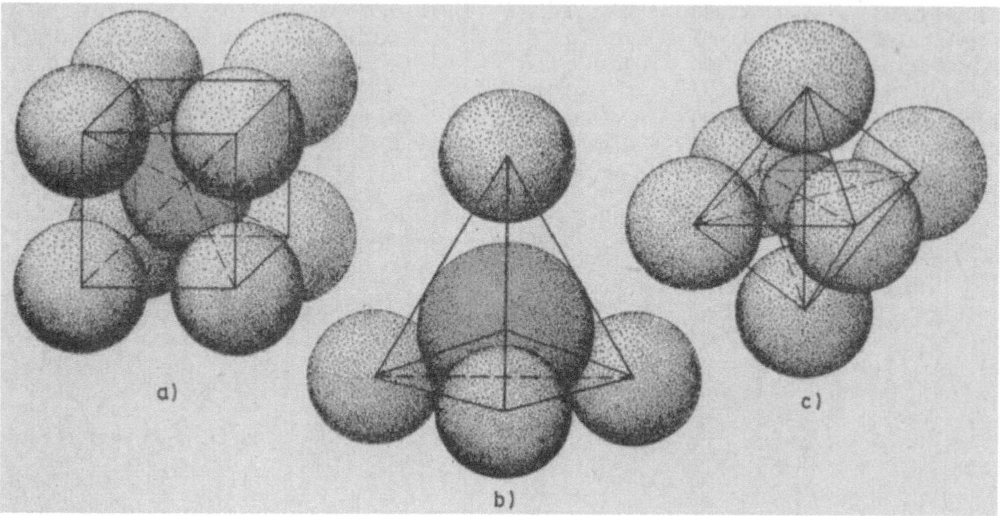

Abb. 2.3
Nächste Nachbarn um ein Kation im CsCl-Gitter (a), im NaCl-Gitter (c) und im Zinkblende(ZnS)-Gitter (b).

stiger. Bei noch größeren Radienunterschieden zwischen Anion und Kation können auch 6 Nachbarn nicht mehr dicht an das Kation angepaßt werden, und es bildet sich die tetraedrische 4er-Umgebung aus. Schließlich kann sogar der Fall eintreten, daß nur 3 oder 2 Anionen ein extrem kleines Kation wie H^+ berühren, ohne sich gegenseitig zu behindern. Dieser Fall führt jedoch nicht mehr zu räumlichen Strukturen von Ionenkristallen, sondern nur zu einer flächen- oder linienhaften Bindung, die als Übergangsfall zwischen Ionen- und Molekülkristallen auftritt (vgl. 2.1.4.).

Quantitativ lassen sich die kritischen Radienverhältnisse, ab denen eine lückenlose Berührung nur noch bei niedriger Koordinationszahl zu erzielen ist, aus einfachen geometrischen Überlegungen ableiten. Betrachtet sei zunächst der Fall einer ebenen 4er-Umgebung, die zugleich einem Schnitt durch die räumliche Struktur mit der Koordinationszahl 6 entspricht. Gemäß Abb. 2.4a errechnet sich der Radius r_a des größten Kreises, der sich in die Lücke zwischen 4 einander berührenden Kreisscheiben vom Radius r_b einbeschreiben läßt, aus

$$\frac{r_b}{r_b + r_a} = \frac{1}{\sqrt{2}} = 0{,}707. \qquad (2,6)$$

Setzen wir nun den Radius des Kations A gleich r_a und den Radius des Anions B gleich r_b, so drückt dieses Verhältnis den maximalen Wert aus, für den sich die Ionen in der ebenen 4er-Umgebung beziehungsweise der räumlichen Struktur mit der Koordinationszahl 6 gerade noch berühren. Bei größeren Werten dieses Verhältnisses entsprechend einem kleineren Radius des Kations r_a ist dichte Packung höchstens mit vier Nachbarn möglich.

Wir überlassen es dem Leser, die Radien der größtmöglichen Kugeln, die in die Lücken einer räumlichen Struktur mit den Koordinationszahlen 8 oder 4 sowie in eine ebene 3er-Umgebung gerade noch hineinpassen (Goldschmidtsche Ionenradien),

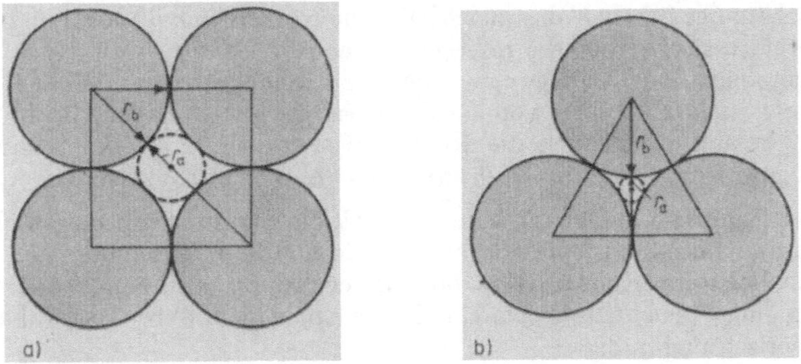

Abb. 2.4
Zur Herleitung der kritischen Ionenradienverhältnisse für bestimmte Koordinationszahlen

a) Die sich berührenden Anionen bilden ein Quadrat der Kantenlänge $2r_b$ mit einer Diagonale $2(r_a + r_b)$, wobei r_a den Radius des im Zentrum liegenden Kations bedeutet.
b) Die sich berührenden Anionen bilden ein gleichseitiges Dreieck der Kantenlänge $2r_b$. Für den Radius des Umkreises gilt in diesem Fall bekanntlich

$$R = \frac{2r_b}{\sqrt{3}}.$$

Andererseits ist $R = r_a + r_b$ (r_a Radius des eingeschlossenen Kations).

mit Hilfe der geometrischen Angaben von Abb. 2.4a und 2.4b selbst zu berechnen. Als Ergebnis erhält man die folgenden Bereiche für das begünstigte Auftreten der betrachteten Koordinationszahlen:

$$\begin{aligned}
&\text{8er-Umgebung für} \quad \frac{r_b}{r_b + r_a} \leq \frac{1}{\sqrt{3}} \cong 0{,}577, \\
&\text{6er-Umgebung für} \quad \frac{1}{\sqrt{3}} \leq \frac{r_b}{r_b + r_a} \leq \frac{1}{\sqrt{2}} \cong 0{,}707, \\
&\text{4er-Umgebung für} \quad \frac{1}{\sqrt{2}} \leq \frac{r_b}{r_b + r_a} \leq \sqrt{\frac{2}{3}} \cong 0{,}816, \qquad (2{,}7) \\
&\text{3er-Umgebung für} \quad \sqrt{\frac{2}{3}} \leq \frac{r_b}{r_b + r_a} \leq \sqrt{\frac{3}{2}} \cong 0{,}866, \\
&\text{2er-Umgebung für} \quad \frac{\sqrt{3}}{2} \leq \frac{r_b}{r_b + r_a} \leq 1.
\end{aligned}$$

Diese Kriterien erlauben für viele AB-Verbindungen eine rasche Abschätzung ihrer Mikrostruktur mit Hilfe der in Tab. 2.3 angegebenen Ionenradien. Allerdings gibt es auch Ausnahmen, die meist bei geringer Abweichung der Verhältnisse von den kritischen Werten auftreten und auf einen wesentlichen Anteil anderer Bindungsformen, insbesondere der kovalenten Kräfte, zurückzuführen sind. Ein Beispiel bildet Zinksulfid, für das sich mit den Goldschmidtschen Ionenradien ein Verhältniswert von 0,69 ergibt, das aber in der Koordinationszahl 4 kristallisiert. Dagegen liefert die Abschätzung für CuJ, das gleichfalls eine tetraedrische Anordnung aufweist, mit dem Verhältniswert 0,806 die richtige Aussage.

Bei den vorstehenden Überlegungen, die einen schon ganz brauchbaren Einblick in den Aufbau einer Kategorie von Festkörpern vermittelt haben, bleibt noch die Frage offen, warum nicht auch die Koordinationszahlen 5, 7 oder 9 und darüber bei AB-Verbindungen auftreten. Dafür gibt es zwei wesentliche Gründe:

— Der Kristall muß so aufgebaut sein, daß sich die Struktur mit der stöchiometrischen Zusammensetzung vereinbaren läßt. So würde die bei anderen Festkörpern häufig beobachtete Koordinationszahl 12 erfordern, daß unter den nächsten Nachbarn einige gleichnamig geladene Ionen eingelagert werden, was aber wiederum energetisch ungünstig ist.
— Strukturen mit den Koordinationszahlen 5, 7, 9, 10, 11 und größer als 12 lassen sich nicht ohne weiteres zu einer dreifach-periodischen räumlichen Anordnung entsprechender Symmetrie fortsetzen. Beim Versuch, die entsprechenden Polyeder lückenlos aneinanderzusetzen, bleibt stets Zwischenraum übrig.

Abschließend sei noch festgestellt, daß die Ionenkristalle infolge ihrer großen Bindungsenergie einen hohen Schmelzpunkt besitzen; sie sind relativ hart und nur wenig plastisch verformbar (spröde), ferner sind sie elektrische Isolatoren oder allenfalls Halbleiter und im optischen Bereich meist durchsichtig.

2.1.2. Kovalente (homöopolare) Bindung

Eine zweite Gruppe von Festkörpern, zu der vor allem der Diamant sowie die Halbleiterwerkstoffe Silicium und Germanium gehören, verdankt ihren sehr festen Zusammenhalt den lokalisierten kovalenten chemischen Bindungskräften. Man bezeichnet sie als *kovalent gebundene Festkörper* oder auch als *Valenz-* beziehungsweise *Atomkristalle*, denn ihr Aufbau kann qualitativ durch das Valenzmodell der Chemie beschrieben werden, und die Atome sind im Kristall im zeitlichen Mittel elektrisch neutral. Valenzbindungen kommen bekanntlich zustande, wenn sich zwei oder mehr Atome mit nicht abgeschlossenen Elektronenschalen einander soweit nähern, daß eine Überlappung der Elektronenhüllen einsetzt. Quantenmechanisch sind die Atome dann als Mehrteilchensystem aufzufassen, für das die Energieeigenwerte und die Elektronen-Eigenfunktionen durch die Lösung der zeitunabhängigen *Schrödinger-Gleichung*

$$H\varphi = W\varphi \tag{2,8}$$

(H — *Hamilton-Operator*, W — Energie des Bindungselektrons, φ — zeitunabhängige Wellenfunktion) gesucht werden müssen. Dieses Problem erweist sich als kompliziert, da der Hamilton-Operator H und die Eigenfunktionen von den Koordinaten aller beteiligten Atomkerne und Elektronen abhängen. Vereinfachungen sind möglich, indem man die Kerne wegen ihrer großen Masse im stationären Zustand als ruhend auffaßt und für die Elektronenverteilung der inneren abgeschlossenen Schalen annimmt, daß sie nicht von den Verhältnissen in den isolierten Atomen abweicht. Außerdem berechnet man gewöhnlich *Einelektronenfunktionen*, das heißt, man betrachtet die Verteilung einzelner herausgegriffener Elektronen in dem durch die übrigen Teilchen gegebenen System. Gesucht werden nun Zustände des Gesamtsystems, deren Energie unter den Eigenwerten der Grundzustände in den getrennten Atomen liegt. Da sich im Gesamtsystem letztlich der Zustand mit minimaler Energie einstellt, handelt es sich um eine Aufgabe der Variationsrechnung, wobei für φ ein möglichst allgemeiner Ansatz mit entsprechend vielen verfügbaren Konstanten gewählt werden muß. Mit den Hilfsmitteln der modernen elektronischen Rechentechnik lassen sich auf diese Weise wenigstens für einfache Systeme relativ genaue Werte für die Bindungsenergie berechnen.

Anschaulicher sind Näherungslösungen, bei denen davon ausgegangen wird, daß die Valenzzustände aus den Elektronenzuständen der Atome hervorgehen, und man benutzt dementsprechend für φ einfachere Ansätze, die aus Linearkombinationen der Atomeigenfunktionen sowie ihrer Produkte aufgebaut werden.

Das Grundproblem der Deutung der chemischen Bindung auf quantentheoretischer Grundlage wurde Anfang der dreißiger Jahre von Heitler und London gelöst. Für die Beschreibung der Bindung in Festkörpern eignet sich vor allem die Methode der Molekülzustände, auch Molekular-Orbital(MO)-Methode genannt, die auf Hund und Mulliken zurückgeht. Bei diesem Berechnungsverfahren betrachtet man die Elektronen der äußeren Schale als Teilchen des Gesamtsystems. Analog zu den Atomzuständen werden die Elektronenzustände des Moleküls oder des Kristalls berechnet und die verfügbaren Elektronen darauf unter Beachtung des Pauli-Prinzips so untergebracht, daß ein minimaler Energiezustand des Systems herauskommt. Im einfachsten Fall benutzt man für die Wellenfunktionen eine Linearkombination der Atomeigenfunktionen, man setzt also für N Atome mit je einem äußeren Elektron

$$\Psi = \sum_{j=1}^{N} C_j \Psi_j, \tag{2,9}$$

wobei Ψ_j die Atomeigenfunktionen des j-ten Atoms und die C_j verfügbare Konstanten sind. Nach einer Abkürzung des englischen Ausdrucks „linear combination of atomic orbitals" wird dieses Verfahren meist als *LCAO-Methode* bezeichnet. Bei der alternativen Betrachtung von Slater und Pauling, die im Prinzip schon mit der Theorie des Wasserstoffmoleküls von Heitler und London begründet wurde, geht man von der paarweisen Überlappung einfach besetzter Atomorbitale aus und berechnet näherungsweise die denkbaren Valenzzustände. Kennzeichnend für dieses Verfahren, das nach dem englischen Terminus „valence bond" *VB-Methode* genannt wird, sind Produktansätze der Form

$$\Psi = c(\Psi_{a1}\Psi_{b2} \pm \Psi_{a2}\Psi_{b1}). \tag{2,10}$$

Dabei bezeichnen Ψ_{a1} die Eigenfunktionen des Elektrons 1 am Atom a, Ψ_{b2} die für das Elektron 2 am Atom b, während Ψ_{a2} und Ψ_{b1} die gleiche Bedeutung bei vertauschten Elektronen besitzen. Die Lösung der Schrödinger-Gleichung erfolgt mit Hilfe der quantentheoretischen *Störungsrechnung*, und man erhält für die Energieeigenwerte des Systems aus 2 Atomen mit je einem ungepaarten Elektron in erster

Näherung

$$W \cong 2W_0 + C \mp A. \tag{2,11}$$

Wenn W_0 dem Atomeigenzustand der beiden gleichartigen Atome entspricht, so ist $2W_0$ offenkundig der Eigenzustand des ungestörten Systems der beiden getrennten Atome. Die Einzelheiten des etwas umständlichen Rechengangs sind in jedem Lehrbuch der Quantentheorie sowie in Werken über die Theorie der chemischen Bindung dargestellt. Der Term C — eine Abkürzung für „Coulomb-Integral“ — umfaßt die elektrostatische Wechselwirkung des Elektrons 1 am Atom b, des Elektrons 2 am Atom a sowie die Abstoßung der Elektronen und Atomrümpfe untereinander. Für 2 Wasserstoffatome gilt

$$C = \frac{e^2}{4\pi\varepsilon_0}\left(-\frac{1}{r_{a2}} - \frac{1}{r_{b1}} + \frac{1}{r_{ab}} + \frac{1}{r_{12}}\right) \Psi_{a1}^2 \Psi_{b2}^2 \, d\tau. \tag{2,12}$$

Entsprechend enthält das *Austauschintegral* A die gemischten Produkte der Atomeigenfunktionen

$$A = \frac{e^2}{4\pi\varepsilon_0}\left(-\frac{1}{r_{a2}} - \frac{1}{r_{b1}} + \frac{1}{r_{ab}} + \frac{1}{r_{12}}\right) \Psi_{a1} \Psi_{a2} \Psi_{a2} \Psi_{b1} \, d\tau. \tag{2,13}$$

Mit r_{ab} und r_{12} sind die Abstände der Kerne beziehungsweise der Elektronen bezeichnet, und die Integrale sind über den gesamten Raum τ zu erstrecken. Eine wichtige Schlußfolgerung aus (2,11), die für alle miteinander wechselwirkenden quantentheoretischen Systeme typisch ist, besteht in der *Aufspaltung der Eigenwerte*. Maßgeblich hierfür ist das Vorzeichen des Austauschintegrals, das einmal eine Absenkung der Energie und damit eine „anziehende Bindungskraft“ und im anderen Falle eine Zunahme der Energie und somit „Abstoßung“ verursacht. Dementsprechend unterscheidet man im System von zwei Wasserstoffatomen zwischen einem bindenden und einem nichtbindenden Molekülzustand, wobei der erste einer geraden, der zweite einer ungeraden Eigenfunktion zuzuordnen ist. Bei der Besetzung dieser Zustände mit Elektronen muß das *Pauli-Prinzip* in der allgemeinen Form beachtet werden, wonach in der Natur nur solche Elektronenzustände vorkommen, die hinsichtlich der Teilchenkoordinaten antisymmetrisch sind, das heißt beim Vertauschen der Koordinaten zweier Teilchen ihr Vorzeichen wechseln. Der bindende, symmetrische Zustand kann daher nur 2 Elektronen mit entgegengesetztem Spin aufnehmen, weil nur durch antisymmetrische Spinfunktionen die Gesamteigenfunktionen dem Pauli-Prinzip gerecht werden; dagegen entspricht dem nichtbindenden Zustand mit ungerader Eigenfunktion eine Besetzung mit zwei Elektronen parallelen Spins, die durch Triplett-Terme im angeregten H_2-Molekül nachgewiesen worden ist. Der Verlauf der potentiellen Energie für zwei Wasserstoffatome ist für gleich- und entgegengerichtete Elektronenspins als Funktion des Kernabstandes in Abb. 2.5 aufgetragen. Im bindenden Zustand ergibt sich ein ausgeprägtes Potentialminimum mit einer Bindungsenergie von 8,96 eV je Molekül oder 4,48 eV pro Atom, und der Potentialverlauf kann nach MORSE halbempirisch durch die Funktion (Morse-Potential)

$$W(r_{ab}) = (2W_0 - W_{min})\,[1 - \exp C_M(r_{ab} - \hat{r}_{ab})]^2 + W_{min} \tag{2,14}$$

wiedergegeben werden. Mit W_{min} wird dabei die minimale Energie des Systems und mit $\hat{r}_{ab}$ der zugehörige Kernabstand bezeichnet; C_M ist eine Konstante. Die bindende

Wechselwirkung, die hier zunächst am Beispiel des H_2-Moleküls in knapper Form erläutert wurde, und die in der anschaulichen, makroskopischen Alltagswelt kein Analogon besitzt, kommt im wesentlichen durch den Beitrag des Austauschintegrals zustande.

Es ist häufig versucht worden, die kovalente chemische Bindung durch einen Resonanzeffekt beim Austausch von Bindungselektronen zwischen den beteiligten Atomrümpfen zu interpretieren. Tatsächlich wird ja eine ähnliche „Austauschkraft" auch bei der Bindung von Nukleonen über Mesonen im Atomkern festgestellt. Trotzdem muß vor zu anschaulichen Vergleichen gewarnt werden, da sie im allgemeinen

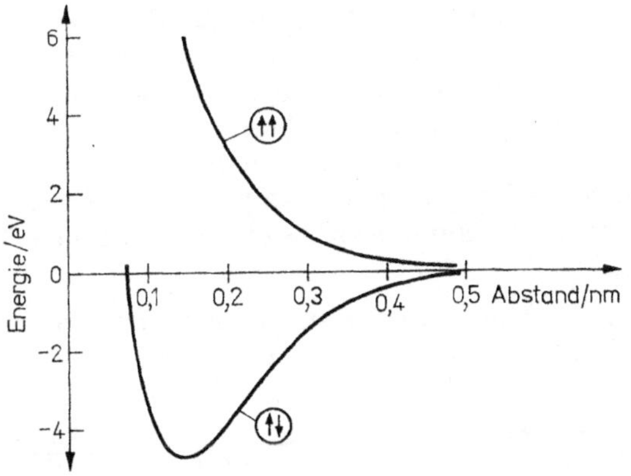

Abb. 2.5
Bindungsenergie des H_2-Moleküls als Funktion des Atomabstandes. Im bindenden Zustand (↑↓) sind die Eigenfunktionen symmetrisch und die Spins der beteiligten Elektronen antisymmetrisch.

nur bestimmte Gesichtspunkte der beobachteten Phänomene widerspiegeln. Richtiger ist es, wie oben herausgestellt wurde, von einer Abstimmung der Elektronenbewegung im Gesamtsystem im Sinne einer energetischen Optimierung zu sprechen. Die Gesetzmäßigkeiten der Quantentheorie, und vor allem das Pauli-Prinzip, regeln dabei die optimale Elektronenverteilung, ohne daß der Elektronenspin etwa direkt auf die Bindungsenergie einwirkt. Gerade wegen der komplizierten Natur der chemischen Bindung, die wesentlich den Aufbau und die Eigenschaften der uns umgebenden Stoffe bestimmt, bleibt die empirisch fundierte und durch die Quantentheorie bestätigte Valenztheorie der Chemie eine wertvolle Grundlage auch bei physikalischen Betrachtungen über den Aufbau der Moleküle sowie der kondensierten Stoffe.

Im Rahmen der weiteren Entwicklung der quantentheoretischen Berechnungsverfahren konnte gezeigt werden, daß die Molekül-Orbital-Methode und die Betrachtung der Valenzzustände gleichfalls nur Näherungen unter verschiedenem Blickwinkel darstellen. Die Ergebnisse beider Verfahren gleichen sich an, wenn man die Ansätze für die φ-Funktion entsprechend erweitert, jedoch ist dies zugleich ein Ausdruck dafür, daß die Theorie um so besser, aber auch abstrakter wird, wenn man die Anzahl der verfügbaren Parameter erweitert.

Einige wichtige Ergebnisse der Theorie, die für die Bindung in Festkörpern von Bedeutung sind, sollen im folgenden in knapper Form zusammengestellt werden.

Wenn sich die Eigenfunktionen von 2 oder mehr Atomen überlappen, bilden sich neue Elektronenzustände des Gesamtsystems aus. Die Eigenwerte der Atomzustände spalten dabei in *bindende* und *nichtbindende Molekülzustände* auf, die gemäß dem Pauli-Prinzip paarweise mit Elektronen besetzt werden können. Überwiegt die Anzahl der Elektronen in bindenden Zuständen, so kommt eine Absenkung der Energie des Systems und damit eine Anziehung zustande. Eine *kovalente Bindung* liegt vor, falls die zugehörigen Einelektronen-Funktionen im wesentlichen auf das Gebiet zwischen 2 Atomen lokalisiert sind; dagegen bilden sich bei den im folgenden Abschnitt zu besprechenden Metallen nichtlokalisierte Elektronenzustände aus.

Eine lokalisierte Bindung im Sinne eines Valenzstrichs chemischer Strukturformeln ist durch die Besetzung eines bindenden Molekülzustandes mit 2 Elektronen gekennzeichnet. Aus den Atomzuständen können somit unmittelbar Bindungen hervorgehen, wenn die beteiligten Orbitals nur mit je einem Elektron besetzt waren. Das Hinzutreten eines dritten Elektrons würde die Bindung nicht verfestigen, sondern lockern, da dieses Elektron im höheren nichtbindenden Zustand unterzubringen ist. Auf diese Weise erklären sich die Hauptzüge der empirisch gewonnenen *Valenzregeln* der Chemie, und die für kovalente Bindungskräfte charakteristische Eigenschaft der *Absättigung* wird verständlich.

Die Molekülzustände zwischen 2 Atomen werden nach der Symmetrie ihrer Eigenfunktionen bezüglich der Verbindungsachse zwischen den Kernen benannt. Sie lassen sich veranschaulichen, indem man die *Elektronendichte* $\varphi\varphi^*$ im zweidimensionalen Bild durch entsprechende Schwärzung wiedergibt. Für einige wichtige Molekülzustände sowie für die Atomzustände, aus denen sie hervorgehen, ist die *Elektronen-Verteilung* in Abb. 2.6 und 2.8 dargestellt. Danach führt die Überlappung von s-Zuständen (Abb. 2.6a), beispielsweise von 2 Wasserstoffatomen, stets zu einer rotationssymmetrischen Elektronenverteilung, die als *σ-Zustand* bezeichnet wird. Zur genaueren Angabe der Bindung wird in Klammern die Angabe der beteiligten Atomzustände beigefügt, das heißt, die Bindung zwischen 2 Wasserstoffatomen ist eine σ(1s, 1s)-Valenz.

Betrachtet man auch die Überlappung von p- und d-Eigenfunktionen, so ergeben sich verschiedene Symmetriemöglichkeiten. Die Verteilungsdichte von p-Elektronen ähnelt zwei stumpf aneinandergesetzten Zwiebeln, und die drei p-Zustände weisen mit ihren Dichtewolken in drei zueinander senkrechte Raumrichtungen, in die man üblicherweise die Koordinatenachsen x, y, z legt (Abb. 2.6b). Greifen nun eine p-Eigenfunktion sowie eine s-Funktion ineinander über, so resultiert gleichfalls eine rotationssymmetrische σ-Bindung, während zwei p-Zustände entweder in Längsrichtung eine σ-Valenz oder bei paralleler Annäherung eine π-Bindung mit einer Knotenebene in der Kernverbindungslinie ergeben (Abb. 2.6b). Entsprechend Abb. 2.6 sind im Cl_2-Molekül die Atome mit σ(2p, 2p)-Valenzen verbunden, die OH-Bindungen im Wassermolekül sind als σ(1s, 2p)-Valenzen aufzufassen, während die Doppelbindung des Ethylens aus einer σ(1s, 2p)- und einer π(2p, 2p)-Valenz zusammengesetzt ist. Wegen der geringeren Symmetrie der Eigenfunktionen sind Atomgruppen, die durch π-Bindungen aneinandergeknüpft sind, um die Verbindungsachse nicht frei drehbar, was im Einklang mit der Erfahrung bei entsprechenden Molekülen steht. Aus p- und d-Orbitale lassen sich auch Valenzzustände mit mehreren Knotenebenen aufbauen, die als δ-, ε-... Funktionen bezeichnet werden.

Bei Bindungen zwischen verschiedenartigen Atomen unterschiedlicher Elektronegativität entspricht den Molekülzuständen minimaler Energie eine Elektronenverteilung, bei der die Ladungsschwerpunkte der Orbitale zum elektronegativeren Partner hin verschoben sind. Die Elektronen halten sich also mit größerer Wahrscheinlichkeit an diesen Atomen auf, und die Bindungen sowie die gesamten Moleküle, wie beispielsweise Wasser, Ammoniak oder funktionelle Gruppen organischer Stoffe, zeigen die Eigenschaften elektrischer Dipole. Wie schon erstmalig in Abb. 2.2 deutlich gemacht wurde, sind die reine Ionenbindung und kovalente Bindung Extremalfälle, zwischen denen es Übergänge gibt, wobei der Übergangsfall in der Praxis überwiegt.

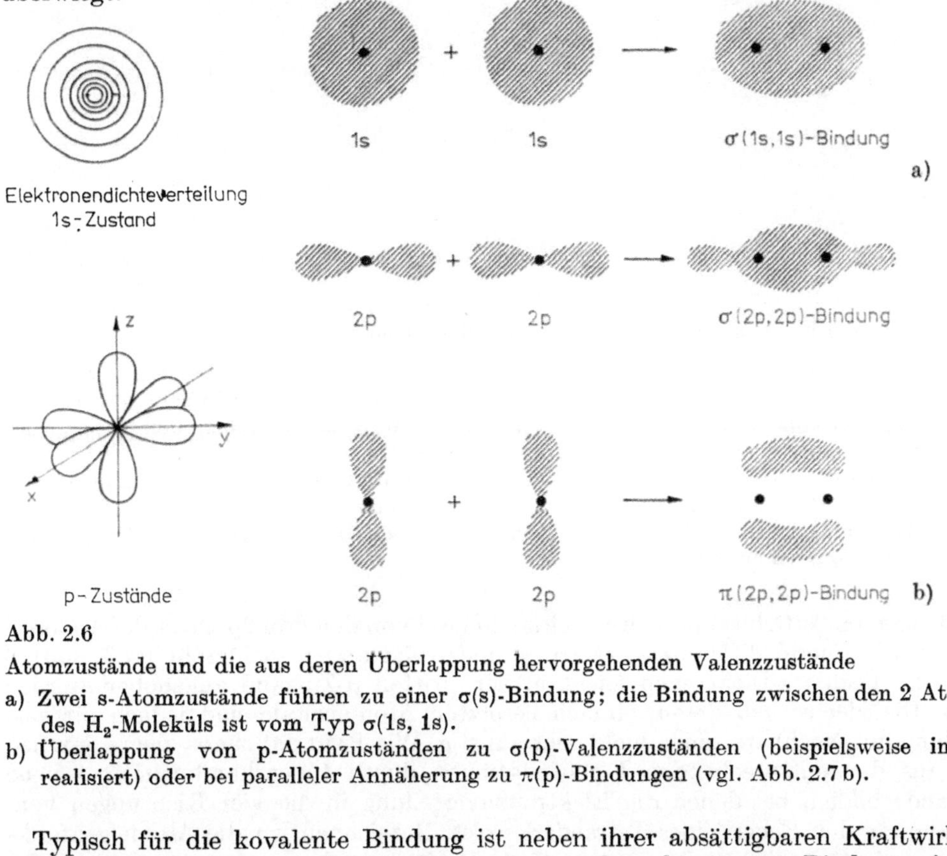

Abb. 2.6

Atomzustände und die aus deren Überlappung hervorgehenden Valenzzustände

a) Zwei s-Atomzustände führen zu einer σ(s)-Bindung; die Bindung zwischen den 2 Atomen des H_2-Moleküls ist vom Typ σ(1s, 1s).

b) Überlappung von p-Atomzuständen zu σ(p)-Valenzzuständen (beispielsweise im Cl_2 realisiert) oder bei paralleler Annäherung zu π(p)-Bindungen (vgl. Abb. 2.7b).

Typisch für die kovalente Bindung ist neben ihrer absättigbaren Kraftwirkung insbesondere ihre meist gerichtete Natur, die in nahezu konstanten Bindungswinkeln zum Ausdruck kommt. Offensichtlich können sich die p-Orbitale eines Atoms nur dann unter Bildung kräftiger σ-Zustände mit den Eigenfunktionen anderer Atome überlappen und damit einen optimalen Wert des Austauschintegrals (Abb. 2.7) liefern, wenn die Partneratome etwa in zueinander senkrechter Richtung angelagert werden. Der beobachtete größere Wert der Bindungswinkel bei H_2O und NH_3 (Θ = 104°30′ bzw. 107,3°) läßt sich durch den anteiligen Ionencharakter verstehen, denn minimale Energie stellt sich ein, indem die Bindung infolge der abstoßenden Kraft zwischen den gleichnamig geladenen „Wasserstoffenden" der Moleküle etwas aufgeweitet wird.

Bisher wurde stillschweigend vorausgesetzt, daß die Einelektronenfunktionen der Moleküle aus den Orbitale der Atome im Grundzustand aufgebaut werden können.

Diese Hypothese bewährt sich zwar bei der qualitativen Deutung der Valenzen einfacher Moleküle, sie versagt aber bei den *Tetraederbindungen* des Kohlenstoffs, Siliciums und Germaniums, die dem Aufbau der Valenzkristalle vom Diamanttyp entsprechen und darüber hinaus für das Verständnis der organischen Moleküle von größter Bedeutung sind. Kohlenstoffatome besitzen im Grundzustand zwei

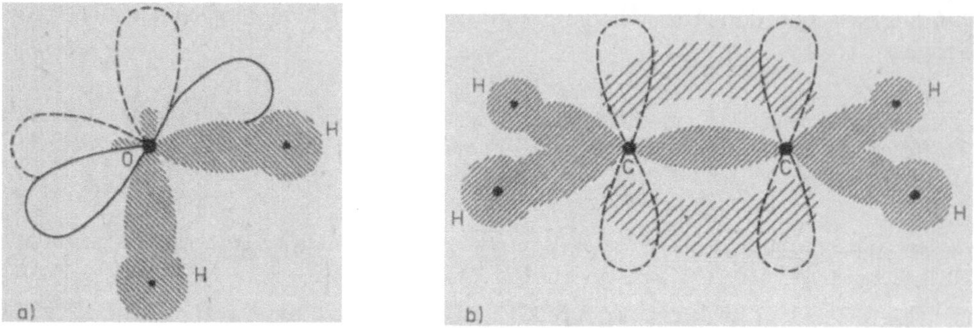

Abb. 2.7

Beispiele für die Elektronenstruktur kovalenter Bindungen

a) Elektronenstruktur von Wasser. Die H-Atome lagern sich an zwei der drei p-Zustände des Sauerstoffs (vgl. Abb. 2.6b) an, wobei σ(1s, 2p)-Bindungen aufgebaut werden. Die p-Elektronenwolken sind dabei fast völlig auf den Raum zwischen den O- und den H-Atomen konzentriert (durch Schraffur angedeutet).

b) Elektronenstruktur von Ethen. Aus den gestrichelt gezeichneten p-Zuständen baut sich eine π-Bindung auf, deren Elektronendichteverteilung vorwiegend in der zu den C—H-Bindungen senkrechten Ebene von Null verschieden ist. Diese Bindung ist also nicht rotationssymmetrisch.

Elektronen im 2s-Orbital und zwei weitere in zwei von den drei 2p-Orbitale. Andererseits ist die Energiedifferenz zwischen s- und p-Zuständen nicht sehr groß, so daß eines der beiden s-Elektronen leicht in den dritten p-Zustand angehoben werden kann. Die vier so gebildeten, einfach besetzten Atomorbitale sind jedoch für eine Bindung mit Nachbaratomen nicht sehr günstig. Wie PAULING zuerst zeigte, können sich aus den entsprechenden Eigenfunktionen durch Linearkombination 4 neue Zustände bilden, bei denen die Elektronenverteilung in die vier Richtungen vom Zentrum zu den Ecken eines Tetraeders weist. Bezeichnen wir die Atomeigenfunktionen des s-Orbitals mit φ_s, die der drei p-Orbitale mit $\varphi_{px}\alpha_{py}$, φ_{pz}, ergibt sich für die neuen Eigenfunktionen unter Beachtung der Normierungsbedingung $\int \varphi^* \varphi \, d\tau = 1$:

$$\begin{aligned}
\varphi_1 &= \frac{1}{2}[\varphi_s + \varphi_{px} + \varphi_{py} + \varphi_{pz}], \\
\varphi_2 &= \frac{1}{2}[\varphi_s + \varphi_{px} - \varphi_{py} - \varphi_{pz}], \\
\varphi_3 &= \frac{1}{2}[\varphi_s + \varphi_{px} + \varphi_{py} - \varphi_{pz}], \\
\varphi_4 &= \frac{1}{2}[\varphi_s + \varphi_{px} - \varphi_{py} + \varphi_{pz}].
\end{aligned} \tag{2,15}$$

Die räumliche Verteilung dieser 4 Funktionen geht aus Abb. 2.8 hervor. Sie können sich mit den Eigenfunktionen von Nachbaratomen offenkundig dann optimal überlappen, wenn die Partner in tetraedrischer Symmetrie mit Bindungswinkeln von $\Theta = 109°28'$ angeordnet sind. Das entspricht aber genau dem empirischen Befund bei der räumlichen kovalenten Bindung in Diamant, Silicium, Germanium sowie einigen AB-Verbindungen wie Galliumarsenid, aber auch das tetraedrische Bauprinzip der Kohlenwasserstoff-Moleküle wird auf diese Weise gedeutet. Die Bildung neuer Elektronenzustände durch Linearkombination der Atomorbitale wird als *Hybridisierung* bezeichnet. Formal wird sie gerechtfertigt durch die Linearität der

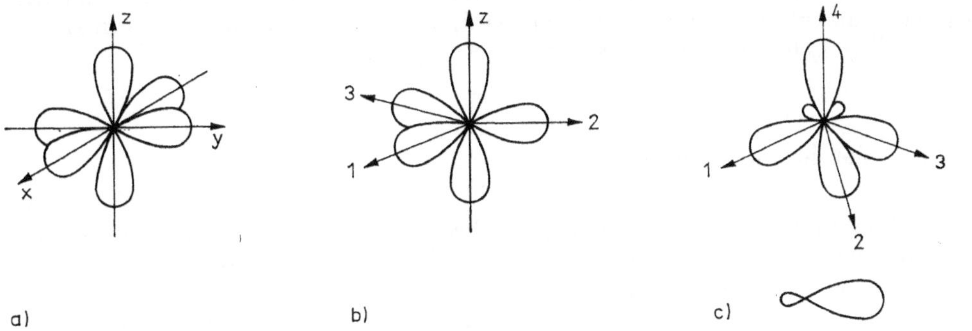

Abb. 2.8

Beispiele für Elektronenwolken verschiedener Zustände

a) 2p-Zustände des Sauerstoffs. Die drei Maxima zeigen in die drei Raumrichtungen eines kartesischen Koordinatensystems. Dabei ist eine Wolke mit 2, die anderen beiden sind mit je einem p-Elektron besetzt.

b) Elektronenwolken von Valenzzuständen des Kohlenstoffs bei trigonaler Bindung. Die sp^2-Hybridzustände σ_1, σ_2 und σ_3 liegen in einer Ebene jeweils im Winkel von 120°, und p_z ist senkrecht zu dieser Ebene (vgl. Abb. 2.7b) angeordnet.

c) Valenzzustände des Kohlenstoffs bei tetraedrischer Bindung. Die sp^3-Hybridzustände zeigen in die Tetraederrichtungen (z. B. im Diamant realisiert).

Schrödinger-Gleichung, denn bei linearen Differentialgleichungen ergibt jede Linearkombination der Lösungsfunktionen wiederum eine Lösung. Es sei angemerkt, daß sich aus s-, p- und d-Orbitale zahlreiche weitere Hybrideigenfunktionen aufbauen lassen, die, wie beispielsweise die Konfiguration d^2sp^3 mit oktaedrischer Symmetrie, bei der Erklärung der Verhältnisse in Komplexverbindungen sowie der kovalenten Bindungsanteile in Metallen zu berücksichtigen sind.

Zusammenfassend ergibt sich aus diesen Betrachtungen, daß kovalent gebundene Festkörper die räumlich-symmetrische Ausbildung lokalisierter Orbitale voraussetzen. *Ein Valenzkristall stellt demnach eine Art Riesenmolekül dar, in dem alle Atome wechselseitig durch kovalente Bindungen zusammengehalten werden.* In typischen kovalenten Kristallen liegt stets der Fall der tetraedrischen sp^3-Konfiguration mit der relativ kleinen Koordinationszahl 4 vor; infolgedessen sind die Atome verhältnismäßig locker gepackt, und die Kristalle besitzen im Vergleich zu anderen Festkörpern ähnlicher Atommassen eine geringere Dichte. Andererseits sind die kovalenten Bindungen sehr fest, die Bindungsenergien erreichen mit $6 \cdots 10$ eV pro Atom sehr große Werte, und dementsprechend liegen die Schmelzpunkte dieser Festkörper hoch. Aus der Stärke der Bindungskräfte sowie ihrer starken Richtungsabhängigkeit erklären sich auch die große, teilweise extreme Härte, die geringe Plastizität beziehungsweise starke Sprödigkeit der Valenzkristalle, wofür Diamant mit der größten bisher bei festen Stoffen beobachteten Härte ein herausragendes Beispiel bildet.

Da das Zustandekommen der Bindung von Valenzkristallen an recht spezielle Besetzungen der äußeren Elektronenschale der Atome gebunden ist, gibt es nicht sehr viele Festkörper dieser Kategorie. Viel häufiger sind Übergangsfälle zu den Ionenkristallen, den Metallen oder Molekülkristallen, auf die bereits hingewiesen wurde. Bei 3- oder 2-wertigen Stoffen wie Phosphor oder Schwefel können durch aneinandergereihte kovalente Bindungen nur flächen- oder linienhafte Gebilde entstehen, zwischen denen der Zusammenhalt lediglich durch die viel schwächeren zwischenmolekularen Kräfte vermittelt wird, so daß diese Stoffe in ihren makroskopischen Eigenschaften den Molekülkristallen ähneln.

2.1.3. Metallische Bindung

Ein einfaches und in qualitativer Hinsicht brauchbares Modell der Bindungsverhältnisse in Metallen beruht auf der Vorstellung, daß die Atome ein oder mehrere ihrer äußeren Elektronen an den Kristallverband als Ganzes abgeben. Diese Elektronen verteilen und bewegen sich zwischen den positiv geladenen Atomrümpfen in einer Weise, die zu einem Energieminimum des Gesamtsystems führt und mit den Gesetzmäßigkeiten der Quantentheorie im Einklang steht. Noch anschaulicher spricht man von einem See freibeweglicher Elektronen, die in die regelmäßige Anordnung der Atomrümpfe eingebettet sind. *Die Bindungsenergie von Metallen ist eine Folge der Coulombschen Wechselwirkung zwischen den praktisch ortsgebundenen Atomrümpfen und den an und zwischen ihnen verteilten Elektronen.*

Ähnlich wie bei den Ionenkristallen ist bei den Metallen eine um so festere Bindung zu erwarten, je enger sich die Atome aneinanderlagern, denn die Stärke der Coulomb-Wechselwirkung zwischen Elektronen und Atomrümpfen wächst mit abnehmender mittlerer Entfernung und zunehmender Anzahl von benachbarten Teilchen. Im Einklang damit beobachtet man bei den metallischen Elementen überwiegend eine Anordnung der Atome, die der dichtestmöglichen Packung gleich großer Kugeln mit der Koordinationszahl 12 entspricht. Neben dieser dichten *Kugelpackung* tritt allerdings auch häufig — beispielsweise bei den Alkalimetallen — die zweitgrößte Koordinationszahl 8 auf, die sich zu einer räumlich-periodischen Kristallstruktur fortsetzen läßt. Tatsächlich ist der energetische Unterschied zwischen diesen Konfigurationen sehr gering, weil bei der regelmäßigen 12er-Umgebung die 6 übernächsten Nachbarn erst in 1,41fachem Abstand, bei der 8er-Umgebung hingegen schon in 1,15facher Entfernung angeordnet sind.

Einen genaueren Einblick in das Wesen der metallischen Bindung gewinnen wir, wenn die im vorigen Abschnitt angedeutete Methode der Molekülzustände auf Metalle angewendet wird. Danach sind die Einelektronenfunktionen, die man als genäherte Lösungen der Schrödinger-Gleichung erhält, bei Metallen nicht lokalisiert, sondern sie entsprechen einer über den gesamten Kristall verteilten Aufenthaltswahrscheinlichkeit jedes Bindungselektrons. Anschaulich lassen sie sich als Elektronenwellen beschreiben, die sich innerhalb des Kristalls ständig von Atomrumpf zu Atomrumpf fortpflanzen, wodurch die Schwingungszustände der Bindungselektronen aller Atome des Kristalls miteinander in Resonanz treten. Da nun jeder Atomzustand der N Atome des

Kristalls mit den entsprechenden Zuständen aller Atome wechselwirkt, kommt es zu einer N-fachen Aufspaltung der Energieeigenwerte, und bei genügend großen Kristallen bildet sich aus jedem Atomzustand ein Band von Molekülzuständen aus, das aus diskreten, jedoch sehr eng benachbarten Eigenwerten besteht, von denen jeder gemäß dem Pauli-Prinzip mit 2 Elektronen besetzt werden kann. Die Einzelheiten dieses *Elektronen-Bändermodells,* das sich für die Beschreibung der elektrischen Leitung und damit zusammenhängender Prozesse in Metallen und Halbleitern außerordentlich bewährt hat, werden in Kapitel 6. ausführlich dargelegt. Hier soll nur an Hand von Abb. 2.9 auf einen für die metallische Bindung wichtigen Umstand hingewiesen werden. Mit der zunehmenden Annäherung der Atome können die Eigenwerte so weit aufspalten, daß sich die aus verschiedenen Atomzuständen hervorgehenden Bänder erlaubter Elektronenenergie teilweise überlappen, wodurch ein breiteres Band entsteht.

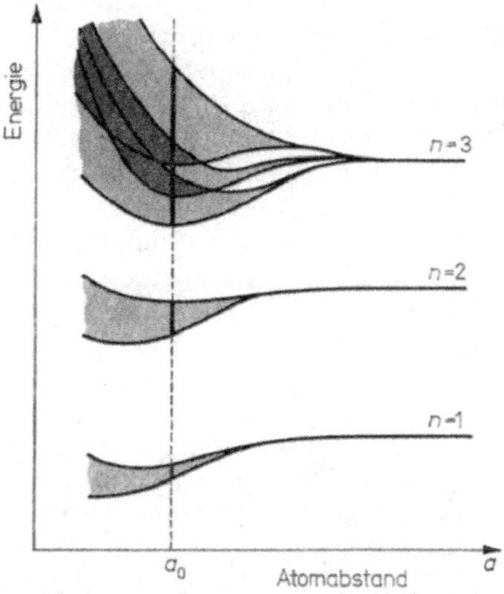

Abb. 2.9
Aufspaltung der Energieeigenwerte der Atome zu Energiebandern bei gegenseitiger Annäherung. Dabei kann es zu Bandüberlappungen kommen, die eine Bandverbreiterung bedeuten (für die Teilbänder des Energieeigenwertes $n = 3$ angedeutet).

Die Hälfte der Zustände jedes Bandes sind entsprechend dem Modell der Molekülzustände als bindende Orbitale aufzufassen, während die andere Hälfte nichtbindenden Zuständen entspricht. Die metallische Bindung ist z. B. demnach für ein System von Atomen dann günstig, wenn vorwiegend bindende Zustände von Elektronen besetzt sind, also bei einer nur teilweisen Auffüllung der Bänder im unteren Energiebereich. Von den gegenwärtig bekannten 104 Elementen werden 78 zu den Metallen gerechnet, einige von ihnen stehen allerdings den Nichtmetallen nahe, und es gibt Fälle, wie beispielsweise Zinn, von denen sowohl metallische als auch nichtmetallische *Modifikationen* ihrer Kristalle bekannt sind. Im Einklang mit der soeben begründeten Regel finden wir Metalle in den Hauptgruppen des Periodensystems vorwiegend im linken Teil, also bei Elementen, bei denen nur weniger als die Hälfte der möglichen Zustände der äußeren Elektronenschale besetzt ist. Lithium und die anderen Alkalimetalle besitzen ein äußeres s-Elektron, so daß die Zustände des s-Bandes, das aus den s-Atomorbitale bei der Wechselwirkung gebildet wird, gerade zur Hälfte besetzt sind. Bei den Erdalkalimetallen wäre dieses Band hingegen gefüllt, und ihre eindeutige metallische Natur wird erst verständlich durch die Überlappung des s-Bandes mit den aus den p-Zuständen hervorgehenden Bändern. In analoger Weise wird verständlich, warum die Elemente der Nebengruppen, die man vielfach als *Übergangsmetalle* bezeichnet, sämtlich metallische Eigenschaften aufweisen, denn die aus den d-Zuständen gebildeten Bänder überlappen sich mit den p-Bändern, und somit erhält man ein recht komplexes Bandsystem der Bindungselektronen, das nur teilweise aufgefüllt ist. Schließlich lassen sich die metallischen Vertreter in den unteren Perioden der Nichtmetallgruppen, zum Beispiel Zinn, Blei, Wismut, etwas pauschal durch die Annahme erklären, daß bei schweren Atomen die zahlreichen Elektronenzustände energetisch enger aneinanderrücken und damit verstärkte Überlappungsmöglichkeiten gegeben sind.

Obwohl die qualitativen Merkmale der metallischen Bindung und das Auftreten von Metallen im Periodensystem qualitativ mit dem dargestellten Modell befriedigend erklärt werden können, bereitet die quantitative Berechnung große Schwierigkeiten. Die Ursache ist darin zu suchen, daß es sich um ein quantenmechanisches Vielteilchensystem handelt, dessen Lösung selbst bei vereinfachenden Näherungen nur mit großem Aufwand zu brauchbaren Ergebnissen führt. Als Komplikation wirkt sich die Wechselwirkung der Elektronen untereinander aus, die beispielsweise zur Folge hat, daß sich Elektronen mit gleichgerichtetem Spin gegenseitig „aus dem Wege gehen". Anstelle der sehr aufwendigen quantentheoretischen Behandlung ist manchmal auch das halbempirische Modell der metallischen Bindung nützlich, das von PAULING als erweiterte Valenzvorstellung entwickelt worden ist. Eine wichtige Rolle spielt dabei der „anteilige d-Charakter" der Bindung in Übergangsmetallen, der bis zu 40% erreichen kann und als stärker lokalisierte Bindung mit anisotropen Eigenschaften zum Ausdruck kommt. Derartige Überlegungen liefern allerdings nur Anhaltspunkte, und die theoretisch nicht zu rechtfertigende Aufgliederung der Bindungsanteile ist mit großer Vorsicht zu betrachten. Auf jeden Fall tragen die inneren Elektronen der d-Schale jedoch wesentlich zur Festigkeit metallischer Kristalle bei.

Die auf 1 Atom bezogene *Bindungsenergie der Metalle* variiert beträchtlich; am niedrigsten ist sie bei den Alkalimetallen mit rund 1 eV/Atom, bei Eisen beträgt sie etwa 4,3 eV/Atom, und bei dem sehr schwer schmelzbaren Wolfram werden fast 8,7 eV/Atom erreicht. Kennzeichnend für Metalle ist ihre große elektrische Leitfähigkeit, die durch die Annahme weitgehend frei beweglicher Elektronen erklärt wird, ferner als äußerliches Merkmal der metallische Glanz, den allerdings auch einige halbleitende Stoffe aufweisen, und der auf die Reflexion von Lichtstrahlen infolge erzwungener Schwingungen von Elektronen zurückzuführen ist. Ausführlich wird diese Problematik in Kapitel 8. behandelt.

Für die überragende Bedeutung der Metalle als Werkstoffe ist vor allem ihre *Plastizität* maßgeblich, die eine Umformung durch Pressen, Walzen, Ziehen sowie die spanende Bearbeitung durch Drehen, Fräsen, Hobeln überhaupt erst ermöglicht. Qualitativ erscheint es einleuchtend, daß die in einen Elektronensee eingebetteten Atomrümpfe einen Zusammenhalt bewirken, der im Vergleich zu dem starren Aufbau in Ionen- und Valenzkristallen auch bei starker Verschiebung der Atompositionen im wesentlichen erhalten bleibt. Die quantitative Theorie der Prozesse bei der plastischen Verformung ist allerdings erst teilweise entwickelt und wird in späteren Kapiteln dieses Buches noch zu diskutieren sein.

2.1.4. Molekülkristalle

Bei einer weiteren hinsichtlich Zahl und Vielfalt großen Gruppe von Festkörpern bleibt auch im festen Zustand das Molekül mit seiner weitgehend abgesättigten Elektronenkonfiguration erhalten, so daß die Bindung der Bausteine in der kondensierten Phase ausschließlich den verhältnismäßig schwachen *zwischenmolekularen Kräften* zuzuschreiben ist. Für die Existenz dieser Kräfte gibt es viele Hinweise, unter anderen die Adhäsion zwischen gleich- oder verschiedenartigen Stoffen, die *physikalische Adsorption* von Gasen an Festkörperoberflächen und die bei realen Gasen gegenüber der idealen Zustandsgleichung notwendige Korrektur des Druckes durch Terme, welche die *Kohäsion* zwischen den Teilchen berücksichtigen. Bezugnehmend auf die Zustandsgleichung realer Gase, deren Interpretation die detaillierte Untersuchung dieser Wechselwirkungen einleitete, werden sie zusammenfassend auch als *Van-der-Waals-Kräfte* bezeichnet, und die vorwiegend von ihnen zusammengehaltenen Festkörper nennt man häufig *Van-der-Waals-Kristalle.*

Bei genauerer Analyse zeigt sich, daß die zwischenmolekularen Kräfte verschiedene Ursachen haben können. Der allgemeinste Fall liegt vor, wenn Moleküle mit abgeschlossenen Elektronenschalen und rein kovalenter Bindung ohne elektrische Dipolmomente betrachtet werden. Die Wechselwirkung zwischen den unpolaren Molekülen der Elemente, etwa zwischen H_2-, O_2-, N_2- oder Cl_2-Molekülen, die bei tiefen Temperaturen zur Kondensation und schließlich zur Kristallisation führt, entspricht diesem Bild, ebenso die aliphatischen und aromatischen Kohlenwasserstoffe, deren Vertreter bei genügender Anzahl von Kohlenstoffatomen im Molekül noch bei Zimmertemperatur als Festkörper zusammenhalten. Einen Sonderfall bilden die *Edelgase*, bei denen auch zwischen den einzelnen Atomen wegen der abgeschlossenen äußeren Elektronenschale nur schache Van-der-Waals-Kräfte wirken, so daß diese Elemente erst bei tiefen Temperaturen — Helium sogar nur bei zusätzlicher Anwendung eines Druckes von mindestens $2{,}5 \cdot 10^6$ Pa (25 at) erstarren. Infolge der nahezu sphärischen Gestalt der Edelgasatome bilden die Kristalle dieser Elemente einen besonders übersichtlichen Modellfall von „Molekülkristallen", der in vielen theoretischen und experimentellen Arbeiten festkörperphysikalischer Grundlagenforschung untersucht worden ist.

Das Wesen der Wechselwirkung zwischen unpolaren Molekülen oder Edelgasatomen ist zuerst von London (1931) auf quantentheoretischer Basis gedeutet worden. Danach stimmen die Elektronen ihre Bewegung in den Hüllen gegenseitig aufeinander ab, wenn sich Atome oder Moleküle einander nähern, und diese Korrelation liefert auch bei Teilchen mit abgeschlossenen Schalen einen Energiegewinn des Systems beziehungsweise eine anziehende Kraft. Das Potential dieser zwischenmolekularen Kräfte läßt sich berechnen, indem die quantenmechanische Störungsrechnung bei der Lösung des Zweiteilchenproblems bis zur 2. Näherung fortgeführt wird. Während die chemischen Bindungskräfte der 1. Näherung mit der Entfernung der Teilchen exponentiell abklingen, ergibt sich für die zwischenmolekulare Wechselwirkung ein Potenzausdruck der Form

$$W^{(2)} = -C \frac{\alpha^2 W_{\mathrm{I}}}{(4\pi\varepsilon_0)^2 r^6}. \tag{2,16}$$

Hier bezeichnen $W^{(2)}$ den Potentialanteil der 2. Näherung, α die *Polarisierbarkeit* der (als gleichartig angenommenen) Moleküle oder Atome, W_{I} ihre Ionisierungsenergie und C eine dimensionslose Konstante der Größenordnung eins.

Einen anschaulichen Einblick in das Wesen der zwischenmolekularen Kräfte gewinnen wir mit der folgenden Überlegung: Atome oder unpolare Moleküle besitzen im Zeitmittel kein elektrisches Dipolmoment, jedoch werden zeitweilige oder fluktuierende Dipole durch zufällige einseitige Häufung von Elektronen innerhalb der „Verteilungswolken" zu erwarten sein. Eine „Momentphotographie" zweier Wasserstoffmoleküle könnte beispielsweise den in Abb. 2.10 angedeuteten Aufenthalt der 4 Elektronen ergeben, also einen Zustand, bei dem beide Moleküle ein momentanes Dipolmoment besitzen. Bei einem einzelnen Teilchen würde dieses Dipolmoment im Zeitmittel verschwinden, da alle Anordnungen im Falle rein kovalenter Bindung gleichberechtigt sind, dagegen werden im Verband mehrerer Teilchen diejenigen Positionen bevorzugt, aus denen eine anziehende Dipolwechselwirkung und damit eine Absenkung der Gesamtenergie resultiert.

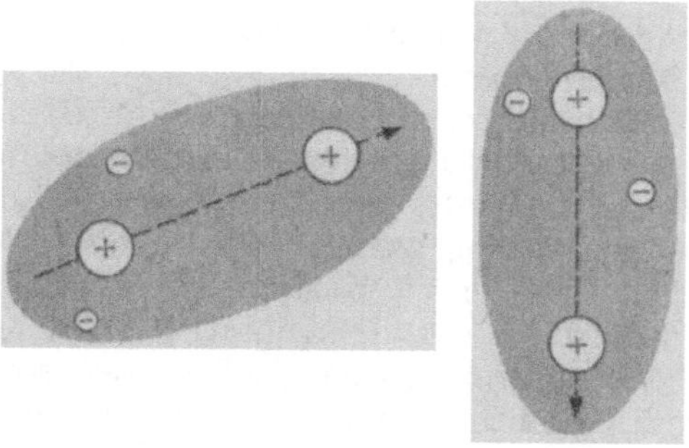

Abb. 2.10

Schematische Darstellung von zwei Wasserstoffmolekülen, zwischen denen auf Grund des momentanen Aufenthalts der Elektronen eine Dipol-Dipol-Wechselwirkung zustande kommt. Die Richtungen dieser Augenblicksdipole sind als gestrichelte Pfeile angedeutet.

Um die Größe der Bindungsenergie abzuschätzen, sei angenommen, daß das Molekül 1 im betrachteten Augenblick ein Dipolmoment vom Betrag μ_1 besitzt. Am Ort des zweiten Teilchens erzeugt dieser Dipol ein elektrisches Feld von der Größenordnung $|E| \approx \frac{\mu_1}{4\pi\varepsilon_0 r^3}$, und dieses Feld bewirkt nun eine Polarisation des zweiten Moleküls von der Größe

$$\mu_2 = \alpha|E| \approx \frac{\mu_1\alpha}{4\pi\varepsilon_0 r^3},$$

wenn α die (elektronische) Polarisierbarkeit der Moleküle bezeichnet. Für die potentielle Energie beider Dipole erhalten wir den bindenden, also negativ zu rechnenden Ausdruck

$$E^{(\mathrm{Dipol})} \approx -\frac{\mu_1\mu_2}{r^3} = \frac{1}{4\pi\varepsilon_0}\frac{\alpha\mu_1^2}{r^6}. \tag{2,17}$$

Die überschlägige Betrachtung liefert demnach, was die r^{-6}-Abhängigkeit der Bindungsenergie sowie das Auftreten der Polarisierbarkeit als ein „Maß für die Beeinflussungsbereitschaft" der Hüllenelektronen betrifft, das richtige Ergebnis analog zu (2,16). Natürlich wirken die Elektronen in Wirklichkeit wechselseitig aufeinander, und im Gesamtsystem vieler Teilchen stellt sich ein Energieminimum ein, bei dem die Elektronenverteilung gegenüber den getrennten Teilchen geringfügig verändert ist. Der Gleichgewichtsabstand im Festkörper folgt aus dem Minimum des Gesamtpotentials, für das nach LENNARD-JONES

$$W_{\text{pot}} = 4\gamma \left[\left(\frac{\sigma}{r}\right)^{12} - \left(\frac{\sigma}{r}\right)^{6}\right] \tag{2,18}$$

gesetzt wird (σ, γ — empirische Konstanten).

Der erste Term in der Klammer gibt die Abstoßung zwischen den abgeschlossenen Elektronenhüllen der Teilchen wieder, während der zweite Ausdruck die Anziehung auf Grund der zwischenmolekularen Kräfte umfaßt. Ähnlich wie bei den Ionenkristallen kann für die Abstoßung anstatt des steilen Potenzausdruckes auch ein exponentieller Verlauf zugrunde gelegt werden.

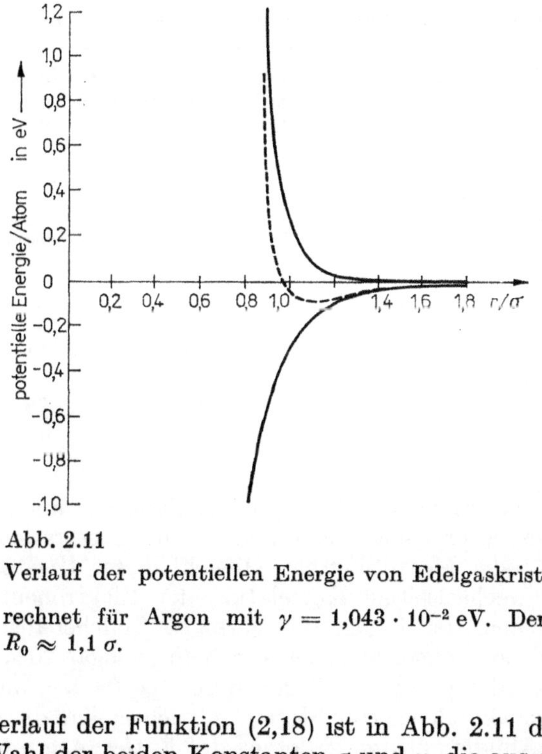

Abb. 2.11
Verlauf der potentiellen Energie von Edelgaskristallen als Funktionen von $\frac{R}{\sigma}$, berechnet für Argon mit $\gamma = 1{,}043 \cdot 10^{-2}$ eV. Der Gleichgewichtsabstand beträgt $R_0 \approx 1{,}1\ \sigma$.

Der Verlauf der Funktion (2,18) ist in Abb. 2.11 dargestellt. Bei der vorgenommenen Wahl der beiden Konstanten σ und γ, die aus den Eigenschaften realer Gase sowie den Kompressibilitäten bestimmt werden können, liegt das Minimum bei $r = 1{,}122\sigma$, und die Tiefe der Energiemulde beträgt γ. *Im Gegensatz zu den Valenzkräften sind diese zwischenmolekularen Kräfte, die als Gradient der potentiellen Energie mit r^{-7} abfallen, additiv, d. h., sie überlagern sich ohne Absättigung, und sie sind stets anziehender Natur.* Ihre Stärke hängt vor allem von der Polarisierbarkeit ab, die ihrerseits mit wachsender Elektronenzahl der Moleküle oder Atome zunimmt, also für Tetrachlorkohlenstoff CCl_4 größer ist als für Methan CH_4 und für Krypton größer als für Neon. Im Einklang damit steigen die Schmelz- und Siedepunkte der

Molekülverbindungen mit wachsender Elektronenzahl, wie aus dem Gang in den homologen Reihen organischer Verbindungen (Tab. 2.4) ersichtlich ist.

Wenn die Teilchen annähernd sphärisch symmetrisch gebaut sind, also im Falle der Edelgasatome und einfacher Moleküle wie Methan, ist die anziehende Wirkung additiv und nicht von der Richtung abhängig, so daß im Kristall hohe Koordinationszahlen, insbesondere die dichte Kugelpackung, beobachtet werden. Im Falle größerer, sperriger Moleküle sind jedoch für den Kristallbau außerdem *sterische Faktoren* maßgebend, da nur bei bestimmten Anordnungen ein dichter Zusammenbau der Teilchen möglich ist. Bei komplizierteren Stoffen, wie organischen Molekülen mit Mehrfachbindungen, aromatischen Ringen oder funktionellen Gruppen, wird die Polarisierbarkeit eine stark richtungsabhängige Tensorgröße, und die zwischenmolekularen Kräfte hängen wesentlich davon ab, ob sich leicht polarisierbare Molekülbereiche im Festkörper nahekommen oder nicht.

Tabelle 2.4
Schmelzpunkte von Alkanen, Alkanolen und Alkansäuren in Abhängigkeit von der Molekülgröße.

Alkane C_nH_{2n+2}		Alkanole $CH_3(CH_2)_nOH$		Alkansäuren $CH_3(CH_2)_nCOOH$	
n	Schmelzpunkt in °C	n	Schmelzpunkt in °C	n	Schmelzpunkt in °C
2	−172,1	1	−114,5	2	−5,5
4	−135	3	−89,3	4	3
6	−93,5	5	−51,6	8	31
8	−57	7	−16,3	10	43
10	−30,1	9	6,5	14	62,2
12	−12	11	23,8	16	71
14	5,5	15	49		
18	29	25	79,5	24	78
Polyethylen	136,5				

Naturgemäß wirken die hier besprochenen Kräfte der 2. Näherung auch zwischen Atomen oder Ionen der vorher besprochenen Kategorien mit vorherrschender und viel stärkerer Ionen-, Valenz- oder Metallbindung. Obwohl dieser Umstand meist vernachlässigt wird, übt die wechselseitige Korrelation der Elektronenbewegung einen verfestigenden Einfluß aus, der wegen des geringen Teilchenabstandes in Ionenkristallen etwa 10% und bei einigen Metallen wie Kupfer sogar 20% der Bindungsenergie erreicht. Für die Adsorption von Teilchen an Oberflächen und für die Adhäsion zwischen verschiedenen kondensierten Stoffen ist wichtig, daß die zwischenmolekularen Kräfte trotz des Abfalls mit der 7. Potenz der Entfernung immer noch eine größere Reichweite besitzen als die exponentiell abnehmenden kovalenten Kräfte. Infolgedessen überwiegen sie zwischen zwei Wasserstoffatomen, wenn der Abstand größer ist als das Achtfache des Bohrschen Radius

$$r_B = \frac{4\pi\varepsilon_0\hbar^2}{m_0e^2} = 0{,}053\ \mathrm{nm},$$

und auch bei anderen Stoffen ist damit zu rechnen, daß die zwischenmolekularen Kräfte für Atomabstände oberhalb etwa 0,5 nm dominieren.

Mit Hilfe von Gl. (2,16) läßt sich aus atomaren Größen die Stärke der Bindungskräfte abschätzen. In Tab. 2,5 sind die Polarisierbarkeiten, die Ionisierungsenergien und die mittleren Teilchenabstände im festen Zustand für einige Edelgase und einfache Molekülverbindungen zusammengestellt. Man beachte die unterschiedlichen Dimensionen der Polarisierbarkeit in den beiden Einheitensystemen und den Umstand, daß Angaben in Originalarbeiten und Tabellenwerken fast ausschließlich auf das Gaußsche System mit der Einheit cm^3 bezogen sind. Bei Benutzung dieses Systems sind die Umrechnungsfaktoren $4\pi\varepsilon_0$ in den obigen Gleichungen wegzulassen.

Tabelle 2.5

Polarisierbarkeiten, Ionisierungsenergien, Teilchenabstände (im festen Zustand) und die daraus berechneten Wechselwirkungsenergien einiger Stoffe

Substanz	Polarisierbarkeit		Ionisierungs-energie	Atom- bzw. Molekülabstand	$W = \frac{C\alpha^2 W_I}{(4\pi\varepsilon_0)^2 r^6}$
	in cm^3/mol	in 10^{-16} Fm^2/mol	in eV	in nm	in 10^{-20} Ws
He			24,6	0,358	
Ar	1,63	1,81	15,8	0,384	3,46
H_2	0,81	0,90	16,4	0,375	1,02
N_2	1,74	1,94	17,0	0,404 ($-N_2$)	3,15
CO	1,99	2,21	14,3	0,414 (−CO)	2,97

In der vierten Spalte der Tabelle sind die so berechneten Werte der Wechselwirkungsenergie eingetragen. Dabei wurde für die Konstante der Wert $C = 6$ gewählt, womit berücksichtigt wird, daß einfache Molekülkristalle hohe Koordinationszahlen aufweisen, jedoch ist bei 12 nächsten Nachbarn nur die Hälfte davon dem betrachteten Teilchen zuzuordnen. Setzen wir diese Bindungsenergie der mittleren Wärmeenergie der Teilchen, die entsprechend 3 Schwingungsfreiheitsgraden $3k_BT$ beträgt, gleich, so erhalten wir mit $T_S = \frac{W}{3k_B}$ einen Überschlag für die zu erwartende Schmelztemperatur. Dabei ergibt sich häufig eine befriedigende Übereinstimmung, die sogar erstaunlich ist, denn beim Schmelzen wird ja nicht die gesamte Bindung gesprengt, jedoch wurde auf der anderen Seite der Entropiegewinn vernachlässigt. Eine genauere Theorie der *Phasenübergänge 1. Ordnung*, die sich durch scharfe Umwandlungspunkte bei gegebenen Zustandsvariablen auszeichnen, läßt sich nur mit großen Schwierigkeiten aufstellen, und erst in den letzten Jahren sind in dieser Hinsicht Fortschritte erzielt worden.

Betrachtet man die Schmelz- und Siedetemperaturen unterschiedlicher Moleküle vergleichend, so fällt auf, daß Stoffe mit etwa gleicher Elektronenzahl, aber geringerer Symmetrie bei wesentlich niedrigerer Temperatur schmelzen als Stoffe mit symmetrischen Molekülen, obwohl die Siedetemperaturen nicht sehr verschieden sind. Der Unterschied ist demnach nicht so sehr den zwischenmolekularen Kräften zuzuschreiben, denn diese wirken ja auch großenteils in der flüssigen Phase, sondern dem statistischen Gewicht der Einbaumöglichkeiten. So schmilzt CF_2Cl_2 um 57 K tiefer als CCl_4 und Monochlorbenzen C_6H_5Cl um 50 K niedriger als Benzen, obwohl vom Gesichtspunkt der Elektronenzahl der umgekehrte Trend zu erwarten wäre. Dieses Verhalten wird verständlich, wenn wir den Schmelzprozeß als ein dynamisches Gleichgewicht zwischen den in die flüssige Phase übertretenden und den in die Kristalle zurückkehrenden Molekülen auffassen. Bei symmetrischen Molekülen wie CCl_4 oder Benzen gibt es viele Möglichkeiten für den Einbau in den Kristall, während Moleküle geringerer Symmetrie nur in einer oder zwei Lagen eingebaut werden können.

Eine weitere Besonderheit weisen Moleküle mit permanenten Dipolmomenten auf, also alle Stoffe mit polaren Bindungsanteilen wie NH_3, HCl oder organische Stoffe mit *funktionellen Gruppen* polaren Charakters. Die Wechselwirkung zwischen Dipolmolekülen untereinander oder zwischen Dipolen und unpolaren Molekülbereichen hat zusätzliche Anteile der zwischenmolekularen Kräfte zur Folge, deren Potential gleichfalls dem r^{-6}-Gesetz gehorcht. Man bezeichnet sie manchmal gesondert als *Dipolkräfte* oder, im Falle der Wechselwirkung eines Dipols mit einem unpolaren Molekül beziehungsweise Molekülteil, als *Induktionskräfte*. Der zweite Name rührt daher, daß ein permanenter Dipol in einem unpolaren Teilchen ein Dipolmoment induziert, wobei wieder die Polarisierbarkeit eingeht. Im Gegensatz dazu werden die Wechselwirkungen zwischen unpolaren Molekülen auch *Dispersionskräfte* genannt. Der Beitrag permanenter Dipole zur gesamten zwischenmolekularen Anziehung ist allerdings nicht sehr groß und beträgt meist nur 0,1···5%, jedoch erklären sich daraus die merklich höheren Schmelz- und Siedepunkte vieler polarer Stoffe.

2.1.5. Wasserstoffbrückenbindung

Viel drastischere Folgen für den Zusammenhalt der Moleküle ergeben sich, wenn die polaren Gruppen aus einem stark elektronegativen Atom wie F, O oder N und Wasserstoffatomen aufgebaut sind. Das einzige Elektron des Wasserstoffs wird in diesen Fällen weitgehend an das elektronegative Atom abgegeben, und es bleibt ein nacktes Proton zurück, das wegen seiner Kleinheit und der Stärke der gebildeten Dipole eine spezifische Bindungsform ermöglicht. Nähert sich diesem Proton von der entgegengesetzten Seite ein gleichfalls elektronegatives Atom, so ist ein beträchtlicher Energiegewinn möglich, indem eine Ionenbindung mit der Koordinationszahl 2 gebildet wird. Wegen der Kleinheit des Protons können aus den in Abschnitt 2.1.1. betrachteten Gründen nur zwei elektronegative Partner genügend dicht an das Proton herantreten. Am ausgeprägtesten ist dieser Zustand anscheinend im Fluorwasserstoff realisiert, wo sich die Protonen ziemlich genau in der Mitte zwischen zwei Fluoratomen aufhalten und auf diese Weise benachbarte Moleküle als „Brücken" zusammenbinden. Für die Natur viel wichtiger ist das *Wasser*, dessen in vieler Hinsicht außerordentliche Eigenschaften gleichfalls auf verstärkte zwischenmolekulare Kräfte über Wasserstoffbrücken zurückzuführen sind. Für die Festkörperphysik bildet Wasser auch insofern einen Sonderfall, als die beiden Wasserstoffenden einen Tetraederwinkel einschließen, während das Sauerstoffende an zwei weitere Wasserstoffreste anderer Moleküle herantreten kann. Auf diese Weise kommt es zur räumlichen Vernetzung der Moleküle in tetraedrischer Symmetrie, die sich durch den ganzen Kristall des Eises hindurchziehen kann und eine hohe Bindungsenergie bei relativ geringer Dichte zur Folge hat. In Abb. 2.12 sind die Bindungsverhältnisse für Wasser dargestellt. Aus spektroskopischen Untersuchungen und Messungen der magnetischen Protonenresonanz liegen jedoch Anzeichen dafür vor, daß die Wasserstoffkerne im Mittel stärker an einen der beiden Partner herangerückt sind, die Bindung daher als Überlagerung eines kovalenten und eines die Brücke bewirkenden Ionenanteils nach dem Schema $^{(-)}O-H^{(+)}\cdots O^{(-)}$ aufzufassen ist. Die eingeklammerten Ladungszeichen sollen dabei ausdrücken, daß die Ladungen zwar weitgehend, jedoch nicht vollständig zum elektronegativeren Partner verschoben sind. Natürlich ist dieser Zustand gleichberechtigt mit dem äquivalenten Schema $^{(-)}O\cdots H^{(+)}-O^{(-)}$, und man muß bei solchen Brücken mit einem beständigen Austausch der Protonen zwischen den beiden Grenzfällen rechnen.

Die Bindungsenergie wichtiger Wasserstoffbrücken ist in Tab. 2.6 zusammengestellt; sie erreicht einige 10^{-1} eV und liegt somit beträchtlich über den Werten von

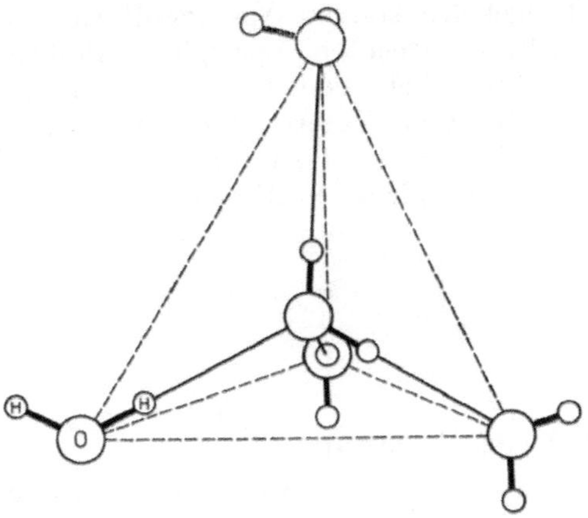

Abb. 2.12
Tetraedrische Anordnung von Wassermolekülen im Eis.
Die Bindungen zwischen Wasserstoffatomen und Sauerstoffatomen eines Moleküls sind als starke ausgezogene Linien gezeichnet, die Wasserstoffbrücken von H-Atomen zu den O-Atomen der Nachbarmoleküle als schwache ausgezogene Linien (nach SCHWABE, K.: Physikalische Chemie, Band 1. — Berlin: Akademie-Verlag 1973).

Tabelle 2.6
Bindungsenergien wichtiger Wasserstoffbrücken

Brücke	Bindungsenergie in eV
$F-H\cdots F^-$	2,5
$F-H\cdots F$	≈ 0,29
$O-H\cdots O$	0,22···0,33
$N-H\cdots F$	≈ 0,22
$C-H\cdots N$	0,11···0,20
$N-H\cdots N$	≈ 0,06

Anmerkung:
Die Stärke einer H-Brückenbindung, beispielsweise $O-H\cdots O$, ist nicht in jedem Fall gleich, sondern abhängig von der weiteren atomaren Umgebung der Brücken, d. h. von der Art der Moleküle, zwischen oder in denen die Brücken existieren. So rechnet man bei den H-Brücken im Eis mit einer Energie von ≈ 0,22 eV, bei denen in Essigsäure mit ≈ 0,33 eV. In diesem Sinne sind die angegebenen Energiebereiche und die Rundungszeichen zu verstehen.

Molekülkristallen mit einfacher Van-der-Waals-Bindung. Neuerdings werden Kristalle mit Wasserstoffbrücken daher teilweise als eine besondere Kategorie der Festkörper betrachtet; wir wollen sie hingegen als einen Grenzfall zwischen zwischenmolekularer Bindung und Ionenbeziehung ansehen.

Neben dem Wasser weisen nur wenige Kristalle eine dreidimensionale Struktur mit Wasserstoffbrücken auf, beispielsweise die sauren Phosphate vom Typ KH_2PO_4. Sehr viel häufiger sind Kristalle mit einer Struktur, bei der Wasserstoffbrücken nur einen festeren Zusammenhalt innerhalb Molekülketten oder allenfalls Molekülschichten bewirken, während zwischen den Ketten oder Schichten lediglich die Kräfte der 2. Näherung betätigt werden. Umgekehrt können Wasserstoffbrücken allerdings auch eine Quervernetzung zwischen langgestreckten oder spiralenähnlichen Makromolekülen herstellen. Dies ist von größter Wichtigkeit für das Verständnis des Aufbaus der Eiweißstoffe als Träger der belebten Materie, und bei der Reproduktion von Eiweißmolekülen sowie wahrscheinlich auch bei der Informations- und Energieübertragung in belebten Systemen spielen Wasserstoffbrücken eine entscheidende Rolle.

2.2. Translationsgitter und Kristallsysteme

2.2.1. Historisches, Grundbegriffe

Auf Grund ihrer regelmäßigen, symmetrischen Gestalt, der Glanzeffekte, die durch Lichtreflexion an den Flächen entstehen und nicht zuletzt wegen ihrer Seltenheit haben gut ausgebildete natürliche Kristalle bereits frühzeitig das Interesse der Menschen erweckt. Darstellungen von Kristallen finden sich in altchinesischen Handschriften ebenso wie in den Werken der griechischen und römischen Naturphilosophen; Kristalle von Edelsteinen bildeten das Symbol der Macht und des Reichtums der Herrscher, und mit fortschreitender handwerklicher Geschicklichkeit vermochte man immer besser, die zunächst häufig unansehnlichen Rohsteine so zu spalten und zu schleifen, daß regelmäßige Gebilde mit einer Vielzahl natürlicher Kristallflächen entstanden. Große regelmäßige Einkristalle sind von zahlreichen Mineralien bekannt. Sie bilden einen Anziehungspunkt in naturkundlichen Museen, und einige bemerkenswerte Exemplare sind in den 6 Bildern der Tafel II dargestellt. Ihren Namen haben die Kristalle vom Quarz (lat. crystallus) erhalten, der in vulkanischen Höhlen aus Lösungen in hochgespanntem Wasserdampf im Laufe der Zeit in teilweise sehr großen „Bergkristallen“ abgeschieden worden ist.

Mit dem Aufstreben der Mathematik und Naturwissenschaften entwickelte sich seit dem 17. Jahrundert die systematische und beschreibende Kristallographie. Indem die Winkel zwischen den Kristallflächen genau vermessen wurden, gelang es, die scheinbar unübersehbare Vielfalt unterschiedlicher Kristallformen zu ordnen und grundlegende Gesetzmäßigkeiten aufzustellen, die auch heute noch für die Klassifikation der Festkörper grundlegend sind, jedoch durch die moderne atomistische Theorie und die Verfahren zur Untersuchung der Mikrostruktur zwanglos gedeutet werden können. Äußerlich können die Kristalle des gleichen Stoffes in vielfältiger

Gestalt auftreten, wobei neben einfachen und komplizierten Polyedern (Abb. 2.13) auch Zwillinge, Mehrfachkristalle usw. vorkommen, wie ein Blick in eine Mineraliensammlung oder auch nur in eine Packung Kandiszucker lehrt. Ein Ordnungsprinzip vermittelt das bereits 1669 von NICOLAUS STENO (NIELS STENSEN) entdeckte *Gesetz der konstanten Flächenwinkel*, nach dem gleichartige Kristallflächen bei derselben Substanz unabhängig von ihrer Form und Größe stets den gleichen Winkel einschließen, wenn wir von Schwankungen in der Größe einiger Promille absehen.

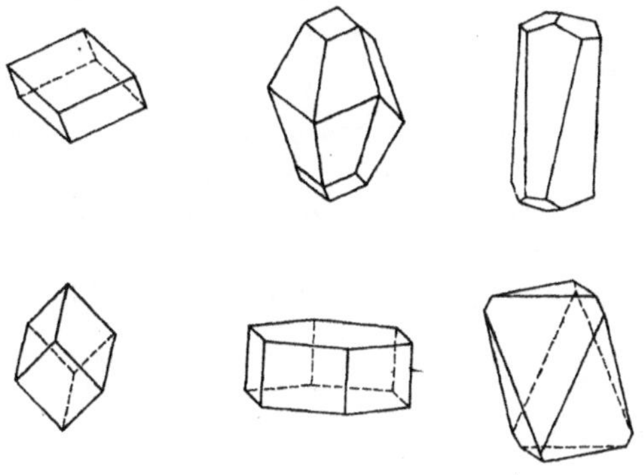

Abb. 2.13
Verschiedene Formen von Kalkspatkristallen ($CaCO_3$). Oben links die bekannte Rhomboederform.

Um die Lage der Kristallflächen quantitativ angeben zu können, führte man Koordinatensysteme ein, die mit dem Kristall fest verbunden sind. Man wählte dazu 3 Kristallflächen als Koordinatenebenen, beispielsweise Flächen, die vorherrschend auftreten und leicht spaltbar sind, die aber nicht in einem *Zonenverband* liegen. Unter Zonenverband versteht man dabei die Gesamtheit aller Flächen, die sich in parallelen Kanten schneiden, deren gemeinsame Richtung als *Zone* bezeichnet wird. Die so gewonnenen Koordinaten lassen sich in heutiger Ausdrucksweise durch ein im allgemeinen schiefwinkliges System von Grundvektoren unterschiedlicher Länge beschreiben. Schon 1781 stellte HÄUY fest, daß die Verhältnisse der Maßzahlen oder Indizes aller möglichen Begrenzungsflächen eines Kristalls, ausgedrückt in Vielfachen der Beträge dieser Grundvektoren, stets rationale Zahlen sind, und er brachte diesen Befund weit vorausschauend mit einem Aufbau aus regelmäßig angeordneten atomaren Bausteinen in Zusammenhang.

Andere Formulierungen dieses *kristallographischen Grundgesetzes* sind F. E. NEUMANN (1826) und GAUSS (1831) zu verdanken. Aufbauend auf der Erkenntnis konstanter Flächenwinkel und den *Symmetrieeigenschaften* der Kristalle wurde schließlich durch die Arbeiten von HESSEL (1830), BRAVAIS (1850), GADOLIN (1867), PIERRE CURIE (1884), FEDOROW und SCHOENFLIESS (1891) nachgewiesen, daß sich sämtliche kristallinen Festkörper auf 7 *Kristallsysteme* zurückführen lassen, die sich in 32 Kristallklassen untergliedern.

Größere Einkristalle, die heute von sehr vielen Stoffen hergestellt werden können, sind für die festkörperphysikalische Forschung unentbehrlich, denn sie entsprechen weitgehend dem Modell des *idealen Festkörpers*, das den Ausgangspunkt der theoretischen Beschreibung bildet. Darüber hinaus sind Einkristalle aber auch zu wichtigen Werkstoffen des wissenschaftlichen Gerätebaus, der Elektronik und sogar des Maschinenbaus geworden, wofür Schwingquarze, Laserkristalle, Halbleitermaterialien, synthetische Diamanten und einkristalline Turbinenschaufeln Beispiele darstellen.

Die regelmäßige Anordnung der atomaren Bausteine in einem Kristall läßt sich mathematisch durch ein räumliches *Gitter* gleichwertiger Punkte beschreiben. Wir können uns ein Gitter ausgehend von einem Anfangspunkt $\boldsymbol{R}_0$ durch Translationsoperationen in drei Raumrichtungen aufgebaut vorstellen; für die Lage eines beliebigen Gitterpunktes gilt dann

$$\boldsymbol{R} = \boldsymbol{R}_0 + n_1\boldsymbol{a} + n_2\boldsymbol{b} + n_3\boldsymbol{c}. \tag{2,19}$$

Die Vektoren $\boldsymbol{a}$, $\boldsymbol{b}$, $\boldsymbol{c}$, die in den betrachteten Richtungen zu den nächsten Gitterpunkten führen, werden *Gittergrundvektoren* genannt. Im allgemeinen Fall besitzen sie verschiedene Beträge a, b, c, die man als *Gitterkonstanten* bezeichnet, und sie spannen mit den eingeschlossenen Winkeln α, β, γ ein Dreibein auf, aus dem durch Verlängerung ein gittereigenes Koordinatensystem entsteht (Abb. 2.14). Durch diese

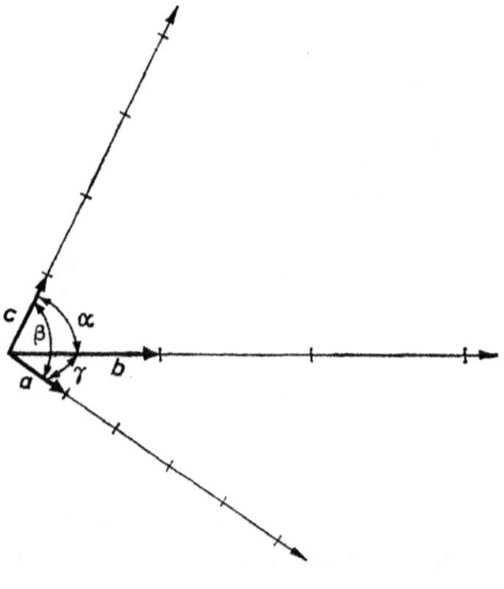

Abb. 2.14
Durch die Gittergrundvektoren $\boldsymbol{a}$, $\boldsymbol{b}$ und $\boldsymbol{c}$ aufgespanntes Koordinatensystem.

Vektoren und die *ganzen Zahlen* n_1, n_2, n_3 werden nach (2,19) die *Gittervektoren* festgelegt, die wir zum Unterschied von den allgemeinen Ortsvektoren mit großen Buchstaben kennzeichnen. Da ein Gittervektor zwei Gitterpunkte verbindet, ist hierbei vorausgesetzt, daß der Koordinatenursprung ebenfalls am Ort eines Gitterpunktes liegt.

Anschaulicher läßt sich der Aufbau eines Gitters verstehen, wenn man von den Endpunkten der Grundvektoren die Parallelen zu den Komponenten des Dreibeins einzeichnet. Wir erhalten auf diese Weise räumliche *Elementarzellen*, aus denen sich das Gitter durch lückenlosen Aneinanderbau gedanklich zusammensetzen läßt.

Obwohl ein Gitter durch die Translation gemäß (2,19) eindeutig charakterisiert wird, lassen sich umgekehrt verschiedene Grundvektoren beziehungsweise Elementarzellen dem gleichen Gitter zuordnen. Man spricht von *primitiven* Grundvektoren, wenn es sich um die kleinsten Vektoren zu benachbarten Gitterpunkten handelt. Die von ihnen aufgespannte Zelle wird entsprechend als *primitive Elementarzelle* bezeichnet. Wie aus Abb. 2.15a hervorgeht, ist die Wahl primitiver Zellen jedoch nicht eindeutig, da sich andere volumengleiche Zellen finden lassen, aus denen das Gitter gleichfalls zusammengesetzt werden kann. In manchen Fällen ist es auch anschaulicher oder zweckmäßiger, nichtprimitive Grundvektoren und entsprechend größere Zellen für die Charakterisierung eines Gitters zu verwenden, allerdings sind dann nicht alle Gitterpunkte durch Translationen mit ganzzahligen n_1, n_2, n_3 erreichbar.

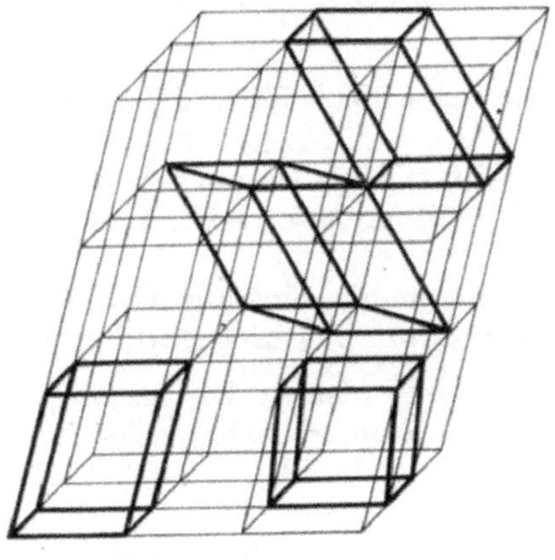

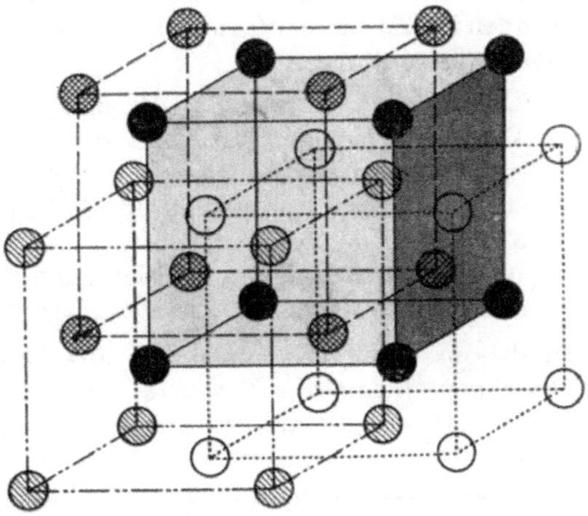

Abb. 2.15a

Verschiedene primitive (volumengleiche) Elementarzellen in einem dreidimensionalen Punktgitter.

Abb. 2.15b

Darstellung des kubisch flächenzentrierten Gitters durch vier ineinandergestellte primitive Teilgitter.

Der Begriff des Translationsgitters stellt eine mathematische Abstraktion dar. Eine physikalische *Kristallstruktur* ergibt sich daraus, wenn jeder Gitterpunkt mit einer gleichartigen *Basis* besetzt wird, die je nach dem Typ des Festkörpers aus einzelnen Atomen, aus mehreren Ionen oder aus Molekülen bestehen kann. Die strenge Forderung nach gleichartiger Beschaffenheit der Gitterpunkte und ihrer Umgebung hat zur Folge, daß die Struktur eines Ionenkristalls nicht etwa durch abwechselnde Besetzung der Gitterpunkte mit den verschiedenen Ionen zu beschreiben ist. Vielmehr wird jedem Gitterpunkt eine Basis aus mehreren Ionen zugeordnet, wobei das Zentrum eines Ions am Gitterpunkt selbst liegen kann, aber nicht muß. Demzufolge ist dem Kochsalz nicht ein einfach kubisches Gitter, sondern, wie im einzelnen noch betrachtet wird, ein kubisch flächenzentriertes Gitter, bei dem sich außer an den Ecken in jeder Flächenmitte der Elementarzelle noch ein Gitterpunkt befindet, zuzuordnen, und die Basis umfaßt ein Teilchenpaar aus einem Natrium- und einem Chlor-Ion. Trotzdem ist es vielfach üblich, Ionenkristalle und Legierungen durch Gitter mit alternativer Besetzung der Punkte mit den verschiedenen Teilchenarten zu beschreiben, nur sollte man in diesem Fall von ineinandergestellten Teilgittern für jede Bausteinart sprechen, wobei jedes der Teilgitter für sich genommen der allgemeinen Translationssymmetrie genügt (Abb. 2.15b).

Gitter sind stets *unendlich ausgedehnt.* Dasselbe wird für den *idealen Kristall* vorausgesetzt, bei dem sich außerdem die atomaren Bausteine in Ruhe an sämtlichen durch die Basis bestimmten Positionen, aber auch nur an diesen, befinden. Schließlich wird für diesen Modellfall chemische Reinheit vorausgesetzt, es dürfen also keine Fremdatome eingebaut sein. Alle in der Praxis unvermeidlichen Abweichungen vom idealen Bau stören die strenge Periodizität und sind als *Realstruktur* im weitesten Sinne aufzufassen. Dabei unterscheidet man gewöhnlich zwischen thermischen Einflüssen und *Defekten,* zu denen neben Oberflächen eine Vielzahl von Baufehlern zu rechnen ist. Zusammenfassend lassen sich die Modelle der Festkörperphysik folgendermaßen charakterisieren:

— Durch das Gitter gemäß (2,19) und die Basis wird der ideale Kristall beschrieben.
— Wenn als einzige Störungen der Periodizität die thermischen Schwingungen beziehungsweise die manchmal nicht zu vernachlässigende Bewegung der Bausteine am absoluten Nullpunkt als Folge der Unschärferelation auftreten, spricht man vom *perfekten Festkörper.*
— In allen praktisch zu realisierenden Fällen besitzen die Kristalle Oberflächen und im Inneren zahlreiche Strukturdefekte, so daß *reale Festkörper* vorliegen.

In diesem Kapitel befassen wir uns hauptsächlich mit idealen Festkörpern, die experimentell nur durch reinste, im Vergleich zu den atomaren Dimensionen sehr große und weitgehend störungsfrei aufgebaute Einkristalle bei möglichst tiefen Temperaturen angenähert werden können.

Die Translationsoperationen, durch die jeder Gitterpunkt in einen anderen gleichwertigen Punkt überführt wird, bilden eine allgemeine Symmetrieeigenschaft des betrachteten Gitters und stellen mathematisch gesehen eine Gruppe von unzählig vielen Elementen dar, die durch

$$\boldsymbol{T} = n_1\boldsymbol{a} + n_2\boldsymbol{b} + n_3\boldsymbol{c} \quad \text{mit} \quad n_1, n_2, n_3 = -\infty, \ldots, -1, 0, +1, \ldots, +\infty \tag{2,20}$$

wiedergegeben werden. *Aus der Invarianz des Gitters gegen diese Operationen folgt, daß bestimmte physikalische Eigenschaften im idealen Festkörper durch eine räumlich periodische Funktion der gleichen Translationssymmetrie beschrieben werden.* Drückt die Funktion $f(\boldsymbol{r})$ den Verlauf einer physikalischen Größe im Gitter aus, so muß danach gelten:

$$f(\boldsymbol{r} + \boldsymbol{R}) = f(\boldsymbol{r}), \tag{2,21}$$

wobei $\boldsymbol{R} = p\boldsymbol{a} + q\boldsymbol{b} + r\boldsymbol{c}$ einen beliebigen Gittervektor bedeuten kann. Zur mathematischen Wiedergabe von f läßt sich stets eine dreidimensionale *Fourier-Reihe* in der Periodizität des Gitters benutzen.

Der große Vorteil, den die Einführung des Gitterbegriffs bietet, beruht auf der Gleichwertigkeit der Gitterpunkte.

2.2.2. Bezeichnung von Punkten, Richtungen und Ebenen

Um Positionen und Eigenschaften in speziellen Gittern oder in Kristallstrukturen eindeutig angeben zu können, ist es notwendig, einheitliche Vorschriften für die Bezeichnung bestimmter Punkte, Richtungen oder Ebenen festzulegen. Den Ausgangspunkt bildet dabei das *kristallspezifische Koordinatensystem,* das man erhält, wenn die — nicht unbedingt primitiven — Gittergrundvektoren $\boldsymbol{a}$, $\boldsymbol{b}$, $\boldsymbol{c}$ verlängert werden. Dieses System ist im allgemeinen schiefwinklig, und die Komponenten eines Vektors sind nur im Spezialfall rechter Winkel den Projektionen auf die Achsen gleich. Andererseits ermöglichen gerade diese zunächst ungewohnten Koordinaten eine einfache und anschauliche Beschreibung von Positionen im Gitter, wie die Beispiele von 3 verschiedenen zweidimensionalen Gittern in Abb. 2.16 lehren. Durch die eingezeichneten Parallelen zu den Achsen an den Stellen $n_1\boldsymbol{a}$ und $n_2\boldsymbol{b}$ erhält man ein Netz von Geraden, deren Schnittpunkte im Falle primitiver Grundvektoren den Gitterpunkten entsprechen. Infolgedessen liegt es nahe, die Koordinaten eines Punktes einfach durch die ganzzahligen Achsenschritte in Vielfachen der Gitterkonstanten anzugeben. Trotz der verschiedenartigen Gestalt der Elementarzellen sind den „anschaulich äquivalenten" Gitterpunkten B beziehungsweise C die gleichen Maßzahlen zuzuordnen.

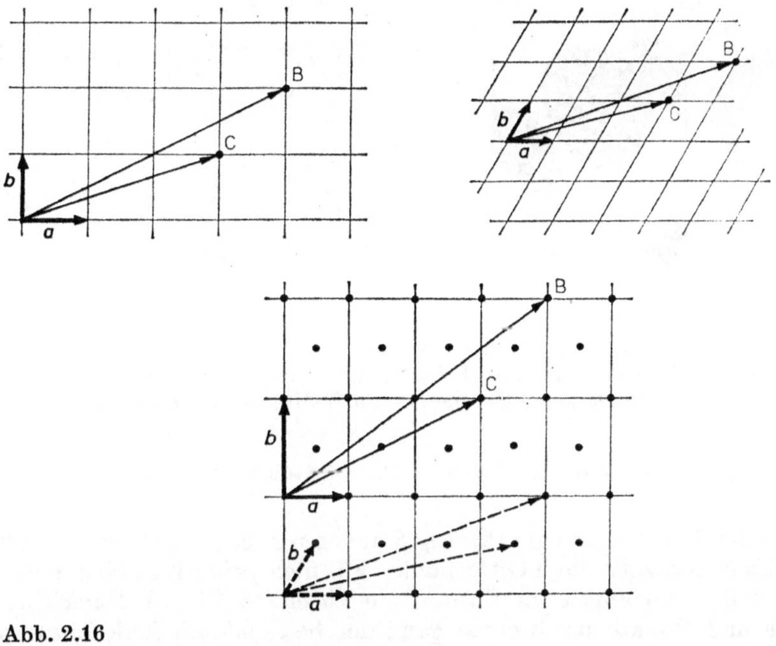

Abb. 2.16

Verschiedene zweidimensionale Punktgitter.
Die eingezeichneten Vektoren führen zu jeweils äquivalenten Gitterpunkten B bzw. C.

Übertragen wir dieses Prinzip auf dreidimensionale Gitter, so ergeben sich die Gitterpunkte als Schnittpunkte zwischen 3 Flächen, die im Abstand der Gitterkonstanten auf den Achsen parallel zu den beiden anderen Koordinaten errichtet werden. Bei nichtprimitiven Grundvektoren befinden sich dazwischen weitere Gitterpunkte, deren Maßzahlen rationale Zahlen sind.

Der Nullpunkt des Koordinatensystems ist in einen Gitterpunkt zu legen, so daß jeder Gittervektor durch

$$\boldsymbol{R} = p\boldsymbol{a} + q\boldsymbol{b} + r\boldsymbol{c} \tag{2,22}$$

beschrieben wird. Zweckmäßigerweise wählt man als Nullpunkt einen Gitterplatz in der Nähe des betrachteten Ortes, und häufig genügt es schon, eine einzige Elementarzelle zu betrachten, da ja das Gitter durch lückenlosen Aneinanderbau dieser Zellen hervorgeht. Die allgemeinste primitive Zelle des zweidimensionalen Gitters ist ein Parallelogramm, und im Dreidimensionalen entspricht ihr ein *Parallelepiped.*

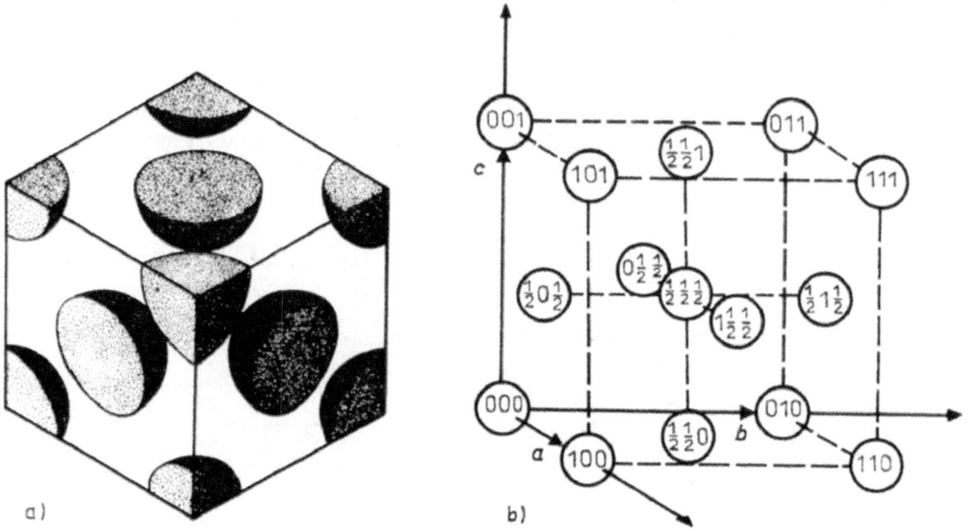

Abb. 2.17a

Zur Ermittlung der Atomzahl pro Elementarzelle.
Die Eckatome des dargestellten kubisch flächenzentrierten Gitters gehören jeweils zu einem Achtel, die Atome in den Flächenmitten jeweils zur Hälfte zur Elementarzelle.

Abb. 2.17b

Kennzeichnung der Atompositionen in einem Gitter (Atomkoordinaten).

Da jedes der Eckenatome gleichzeitig 8 anderen Zellen angehört, entfällt auf eine primitive Elementarzelle nur 1 Gitterpunkt. Für nichtprimitive Zellen läßt sich leicht abzählen, daß Gitterpunkte an Kanten nur zu einem Viertel, Punkte auf Flächen zur Hälfte und Punkte im Inneren ganz der betrachteten Zelle zuzuordnen sind (Abb. 2.17a). Der Inhalt einer Zelle an Gitterpunkten beträgt somit:

$$N_\mathrm{Z} = \frac{N_\mathrm{E}}{8} + \frac{N_\mathrm{K}}{4} + \frac{N_\mathrm{F}}{2} + N_\mathrm{I}. \qquad (2{,}23)$$

(N_E, N_K, N_F, N_I: Zahl der Gitterpunkte an Ecken, an Kanten, in Flächen beziehungsweise im Inneren der Zelle.)

Mit den hier eingeführten Kristallkoordinaten sollen folgende Bezeichnungsweisen eingeführt werden:

Gitterpunkte kennzeichnen wir einfach durch die ohne Klammern aneinandergeschriebenen Maßzahlen *pqr* des Vektors vom Ursprung zum betrachteten Punkt. Für die wichtigen kubischen Zellen mit *Innen-* oder *Raumzentrierung,* beziehungsweise den *flächenzentrierten Würfel,* erhalten wir die in Abb. 2.17b angegebenen Positionen. In der Literatur gibt man die Position von Gitterpunkten vielfach auch durch die in doppelte eckige Klammern gesetzten Maßzahlen an und schreibt [[*pqr*]].

Richtungen im Gitter werden durch die kleinsten ganzen Maßzahlen eines Gittervektors in der gewünschten Richtung bezeichnet. Man schreibt diese Zahlen in eckige Klammern nach dem Schema [*uvw*], so daß sich für die positiven Achsenrichtungen der Kristallkoordinaten $\boldsymbol{a}$, $\boldsymbol{b}$, $\boldsymbol{c}$ die *Indizes* [100], [010], [001] ergeben. Um die entgegengesetzten Richtungen auszudrücken, wählt man den Ursprung so, daß die Zelle oder der betrachtete Teil des Gitters in dem Oktanden des Koordinatensystems liegt, der von den negativen Achsen $-\boldsymbol{a}$, $-\boldsymbol{b}$, $-\boldsymbol{c}$ eingeschlossen wird (Abb. 2.18).

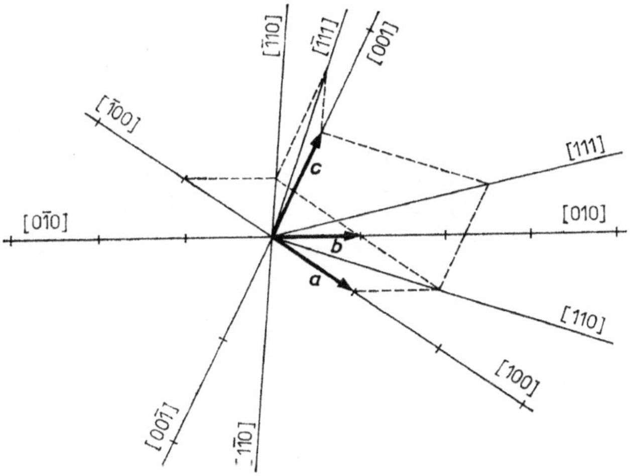

Abb. 2.18

Kennzeichnung verschiedener Richtungen in einem durch die Grundvektoren $\boldsymbol{a}$, $\boldsymbol{b}$ und $\boldsymbol{c}$ aufgespannten Gitter.

In der Kristallographie ist es üblich, die Minus-Zeichen über der zugehörigen Maßzahl anzugeben. Die negativen Achsenrichtungen haben demnach die Indizes [$\bar{1}00$], [$0\bar{1}0$], [$00\bar{1}$]. Zusammen mit den positiven Achsen bilden sie im kubischen Gitter ein System von 6 äquivalenten Richtungen, längs denen Lage und Dichte der Gitterpunkte übereinstimmen, und wenn nicht eine bestimmte, sondern die Gesamtheit dieser Richtungen gemeint ist, schreibt man $\langle 100 \rangle$ oder allgemein $\langle uvw \rangle$. Beispielsweise bedeutet $\langle 111 \rangle$ die Gesamtheit der Raumdiagonalen im kubischen Gitter.

Wenn man die Richtungen im Gitter gedanklich verlängert, so entstehen Gittergeraden oder *Zonen*, die in gleichen Abständen mit Gitterpunkten besetzt sind. Parallel dazu verlaufende Gittergeraden, die den Nullpunkt nicht schneiden, sind den Zonen wegen der Gleichwertigkeit der Gitterpunkte völlig äquivalent und brauchen daher gewöhnlich nicht gesondert bezeichnet zu werden. Augenfällige Gittergeraden der Kristalle bilden die Kanten, in denen sich die Kristallflächen schneiden. Häufig bilden mehrere Flächen parallele Schnittkanten; sie stehen dann zueinander im Zonenverband.

Ebenen im Gitter, die man auch als *Netzebenen* bezeichnet, sind von besonderem Interesse, weil sie makroskopisch als Begrenzungs- oder Spaltflächen der Kristalle auffallen, und mikroskopisch lassen sich die für Strukturanalysen wichtigen Interferenzen von Röntgen- oder Materiewellen den verschiedenen Kristallebenen zu-

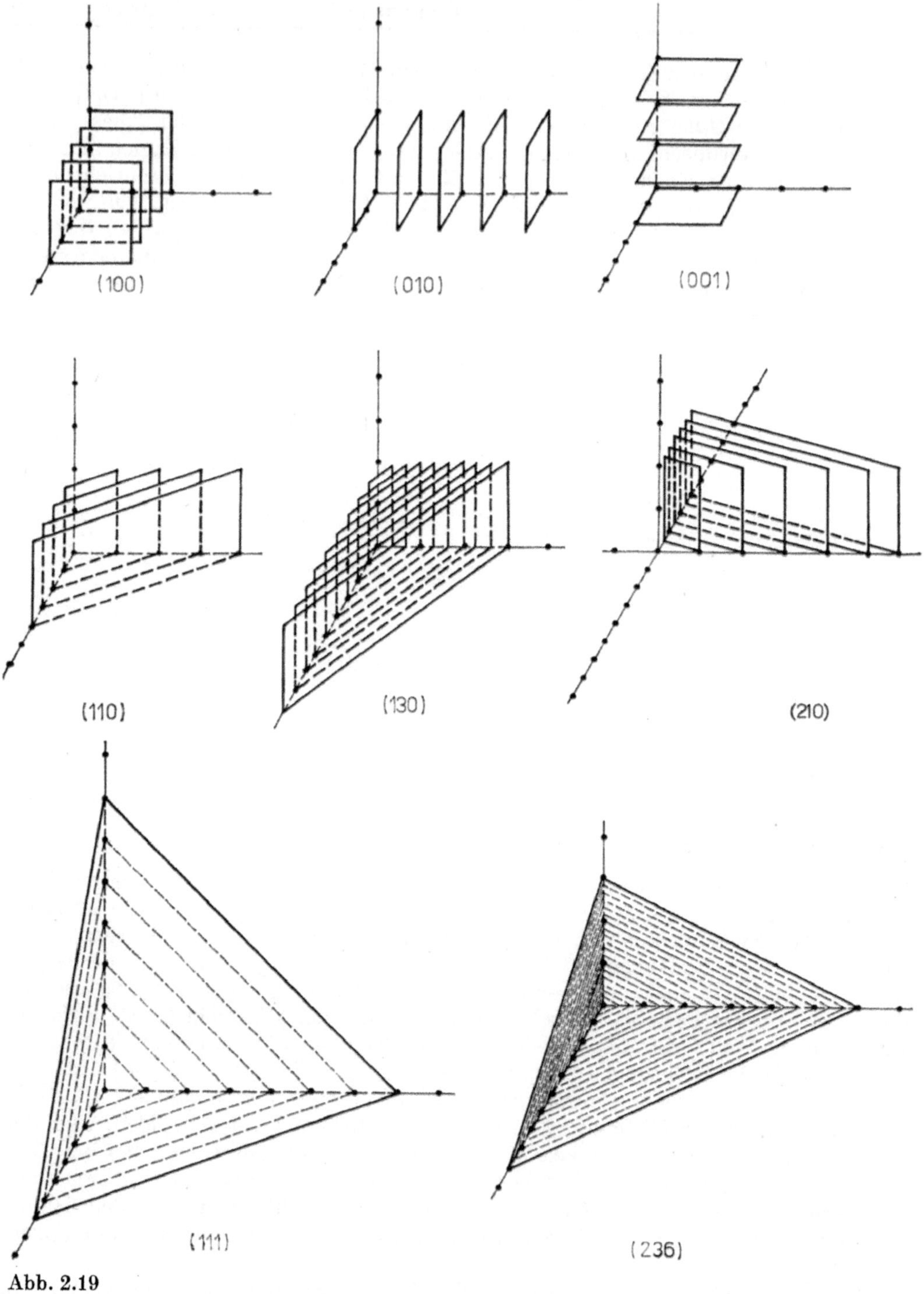

Abb. 2.19

Kennzeichnung verschiedener Flächen (Netzebenen) in einem kubischen Gitter durch Millersche Indizes.

ordnen. Eindeutig wird eine Ebene durch die Angabe von 3 in ihr enthaltenen Punkten bestimmt, sofern diese nicht auf einer Geraden liegen. Nach WEISS kennzeichnet man Gitterebenen dementsprechend durch die Schnittpunkte mit den Achsen der Gitterkoordinaten, deren Lage wiederum durch die Maßzahlen in Vielfachen der Gitterkonstanten angegeben wird. Nachteilig ist jedoch, daß für die besonders einfachen Gitterebenen, die den Achsen parallel verlaufen, ein oder zwei dieser Maßzahlen unendlich werden. Infolgedessen bevorzugt man für die Angabe von Gitterebenen die *Millerschen Indizes*, die den reziproken Achsenabschnitten proportional sind und — wie sich noch zeigen wird — bei der Auswertung von Strukturanalysen Vorteile bieten. Um die Millerschen Indizes zu bilden, gehen wir folgendermaßen vor:

- Man bestimmt die Schnittpunkte der Ebene mit den Kristallachsen $\boldsymbol{a}$, $\boldsymbol{b}$, $\boldsymbol{c}$ und drückt die Achsenabschnitte in Vielfachen der Gitterkonstanten aus;
- von diesen Maßzahlen werden die Kehrwerte gebildet und danach die kleinsten ganzen Zahlen gesucht, die im selben Verhältnis zueinander stehen;
- die so erhaltenen Indizes werden allgemein durch die Buchstaben h, k, l bezeichnet und in runden Klammern angegeben: (hkl).

Man überlegt sich leicht, daß die von der $\boldsymbol{b}$- und der $\boldsymbol{c}$-Achse begrenzte Deckfläche einer Elementarzelle in einer Ebene mit den Indizes (100) liegt. Bei kubischen Zellen ist diese Ebene mit den anderen Deckflächen des Würfels (010), (001), $(\bar{1}00)$, $(0\bar{1}0)$, $(00\bar{1})$ hinsichtlich der Lage und Dichte der Gitterpunkte äquivalent, und man setzt die Indizes der erstgenannten Ebene in geschwungene Klammern {100}, wenn ein System von Gitterebenen $\{hkl\}$ als Gesamtheit gemeint ist.

Um die Indizes von Ebenen mit negativen Achsenabschnitten zu gewinnen, ordnet man die Zelle gedanklich wieder in anderen Oktanden des Koordinatensystems an, und zwar so, daß der Koordinatenursprung nicht in der Ebene liegt.

In Abb. 2.19 sind die einfachen Deck- und Diagonalflächen sowie einige kompliziertere Flächen für ein kubisches Gitter angegeben.

Die Bezeichnungsweise mit Indizes ist dem Grundsatz von der Gleichwertigkeit der Gitterpunkte angepaßt. Ähnlich wie die Richtungsindizes paralleler Gittergeraden stimmen die Millerschen Indizes einer Schar paralleler Netzebenen überein. Im allgemeinen nimmt der Abstand zwischen parallelen Netzebenen $d(hkl)$ ab, und zugleich sinkt die Dichte der in ihr enthaltenen Gitterpunkte, je größer die Indizes — oder genauer ihre Verhältnisse — werden. Im Falle rechtwinkliger Kristallachsen besitzen die Richtungsindizes der Flächennormalen die gleichen Werte wie die Millerschen Indizes der zugehörigen Ebenen. Falls zwei oder alle drei Kristallachsen miteinander schiefe Winkel bilden, gilt dies jedoch nicht mehr, und es ist daher besser, die Indizes der Richtungen $[uvw]$ von denen der Ebenen (hkl) durch verschiedene Buchstaben zu unterscheiden und nicht, wie vielfach üblich, für beide die Bezeichnungen h, k und l zu verwenden.

2.2.3. Symmetrieoperationen im Punktgitter

Außer den allgemeinen Translationen (2,20), durch die das Gitter definiert wird, lassen sich verschiedenartige einfache oder zusammengesetzte Symmetrie- oder Punktoperationen ausdenken, gegen die das Gitter invariant ist, da jeder Punkt in einen anderen gleichwertigen überführt wird. Ihre Einführung ermöglicht es, die unendliche Mannigfaltigkeit verschiedener Gitter nach mathematisch klaren und zugleich anschaulichen Prinzipien in eine kleine Anzahl von Gittertypen zu gliedern, denen die Elementarzellen der möglichen Kristallsysteme zugeordnet werden. Nach der durchzuführenden Deckoperation werden 3 Arten einfacher Symmetrieelemente unterschieden:

Tabelle 2.7
Symbolik und Bezeichnung der Symmetrieachsen

Drehachsen	Symbol	
	Bezeichnung	2 3 4 6 allg. n
		Drehung um $\frac{2\pi}{n} \cdot l$ mit $0<l<n$
Drehinversionsachse	Symbol	
	Bezeichnung	$\bar{3}$ $\bar{4}$ $\bar{6}$ allg. $\bar{n}$
		Drehung um $\frac{2\pi}{n}$ mit nachfolgender Inversion am Ursprung
Schraubenachsen	Symbol	
	Bezeichnung	2_1 3_1 3_2 4_1 4_2 4_3 6_1 6_2 6_3 6_4 6_5 allg. n_m
		Drehung um $m\,\frac{2\pi}{n}$ bei gleichzeitiger Translation um $\frac{m}{n}$ parallel zur Drehachse

Drehachsen oder Gyren. Bei diesen Operationen werden die Gitterpunkte zur Dekkung gebracht, indem man sie um eine Symmetrieachse dreht, die nicht unbedingt durch einen Gitterpunkt hindurchgehen muß. *Mit der Translationssymmetrie des Gitters verträglich sind nur* 1-, 2-, 3-, 4- *oder* 6-*zählige Achsen, die einer Rotation um die Winkel* 2π, $\frac{2\pi}{2}$, $\frac{2\pi}{3}$, $\frac{2\pi}{4}$ *oder* $\frac{2\pi}{6}$ entsprechen. Man nennt solche Achsen entsprechend Mono-, Di-, Tri-, Tetra- oder Hexagyren und bezeichnet sie bei der Aufzählung von Symmetrieelementen einfach durch ihre Zähligkeit mit den Ziffern *1, 2, 3, 4, 6* oder in zeichnerischen Darstellungen durch die in Tab. 2.7 zusammengestellten Symbole. Drehachsen der Zähligkeit 5, 7 oder größer als 7 sind als Symmetrieelemente eines Gitters nicht möglich, da sie sich mit der allgemeinen Forderung nach Translationssymmetrie nicht vereinen lassen. Wir verzichten auf den algebraischen Beweis und begnügen uns mit der anschaulichen Begründung von Abb. 2.20, wonach Vielecke mit 7 und mehr Ecken sowie die aus ihnen aufgebauten Säulen und Polyeder nicht lückenlos zu einem periodischen Gitter aneinandergefügt werden können. Dagegen kommen solche Zähligkeiten bei einzelnen Atom- oder Ionengruppen, beispielsweise in den Molekülen von komplexen Salzen oder in organischen Molekülen mit Ringen aus 5 oder 7 Kohlenstoffatomen, durchaus vor, worauf wir bei den Kristallstrukturen noch zurückkommen.

Spiegelebenen oder Symmetrieebenen. Die Deckoperation besteht hier in der Spiegelung der Gitterpunkte an einer Ebene. Quantitativ wird sie beschrieben, indem man die Lage der Gitterpunkte in üblichen rechtwinkligen Koordinaten angibt, wobei die x-Achse in der Spiegelebene liegen soll. Ersetzt man nun y durch $-y$ und z durch $-z$, so liegt eine Spiegelsymmetrie vor, wenn zu jedem Gitterpunkt $x_i y_i z_i$ ein anderer Gitterpunkt $x_i \bar{y}_i \bar{z}_i$ gehört. Nach den Anfangsbuchstaben der französischen beziehungsweise englischen Wörter für „Spiegel" („miroir" beziehungsweise „mirror") werden Spiegelebenen mit dem Buchstaben m, bei Auftreten zueinander senkrechter Gruppen von Spiegelebenen auch mit mm oder mmm bezeichnet, und in Abbildungen benutzt man als Symbol eine dick ausgezogene Linie.

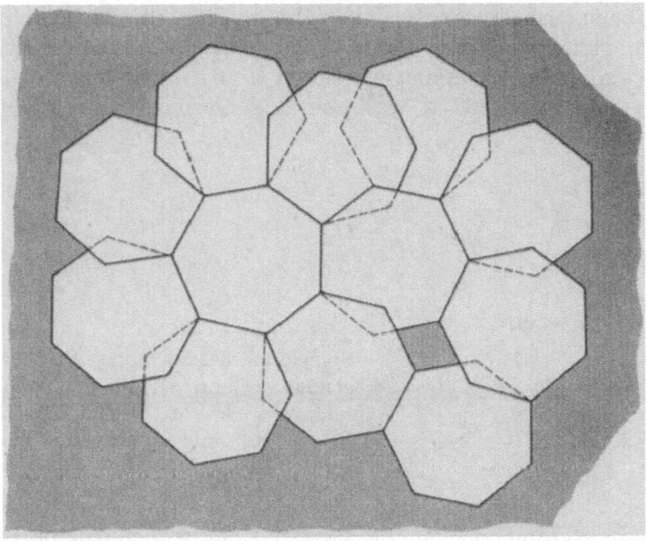

Abb. 2.20

Belegungsversuch einer Ebene mit Siebenecken, der zeigt, daß es unmöglich ist, die Ebene lückenlos und ohne Überdeckung zu füllen. Die jeweils senkrecht auf den Siebenecken stehenden siebenzähligen Symmetrieachsen können also in einem periodischen Gitter nicht existieren.

Inversions- oder Symmetriezentrum. Diese Symmetrieeigenschaft liegt vor, wenn die Gitterpunkte bei der Spiegelung an einem Punkt, eben dem Inversionszentrum, ineinander überführt werden. In rechtwinkligen Koordinaten lautet die Operation $x, y, z \rightarrow -x, -y, -z$, so daß zu jedem Gitterpunkt $x_i y_i z_i$ ein äquivalenter Gitterpunkt $\bar{x}_i \bar{y}_i \bar{z}_i$ gehören muß. Dieses Symmetrieelement wird mit I oder aus Gründen, die nachfolgend dargelegt werden, mit $\bar{1}$ gekennzeichnet.

Die hier aufgeführten Symmetrieelemente sind nicht voneinander unabhängig, sie entsprechen jedoch unserem Anschauungsbedürfnis. So läßt sich zeigen, daß die in einem Gitterpunkt errichtete Senkrechte auf einer Spiegelebene stets eine Drehachse gerader Zähligkeit sein muß, und umgekehrt kann jede Drehung um den Winkel $\frac{2\pi}{n}$ durch zwei aufeinanderfolgende Spiegelungen an Ebenen mit dem eingeschlossenen Winkel $\frac{\pi}{n}$ ersetzt werden (Abb. 2.21). Allgemein erhält man durch mehrfache Anwendung der Symmetrieelemente zusammengesetzte

Punktoperationen, die das Gitter gleichfalls invariant lassen. In vielen Fällen wird sich dabei Identität mit anderen einfachen oder zusammengesetzten Operationen ergeben. Für die Kombination einer n-zähligen Drehung mit anschließender Inversion hat man wegen des häufigen Auftretens und der anschaulichen Deutung eigene Bezeichnungen geschaffen:

Inversionsdrehachsen oder Gyroide. Aus dem gleichen Grunde wie bei den Drehachsen sind nur die Zähligkeiten 1, 2, 3, 4 und 6 bei der Rotation zulässig. Deckungsgleichheit wird aber erst durch anschließende Inversion, also Ersatz von $\boldsymbol{R}$ durch $-\boldsymbol{R}$ erreicht, weshalb Gyroide durch Angabe ihrer Zähligkeit mit darüber geschriebenem Minuszeichen, beispielsweise $\bar{4}$ oder $\bar{6}$, beziehungsweise durch die in Tabelle 2.1 angegebenen Symbole gekennzeichnet werden. Wir überlegen uns leicht, daß die Operation $\bar{1}$ mit der einfachen Inversion an einem Zentrum identisch ist, was die oben eingeführte Bezeichnung erklärt, während das Gyroid $\bar{2}$ der Spiegelung an einer Ebene (m) entspricht.

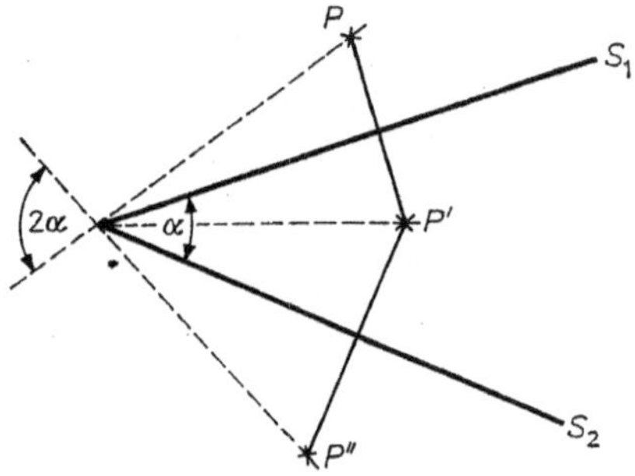

Abb. 2.21
Spiegelung eines Punktes P an zwei Spiegelebenen S_1 und S_2, die den Winkel α einschließen, bedeutet eine Überführung in P′ und P″ und damit eine Drehung um 2α ($P \rightarrow P''$).

Die hier eingeführten Symmetrieelemente lassen sich, wie mathematisch exakt bewiesen werden kann, auf genau 32 verschiedene Arten so miteinander kombinieren, daß *Punktgruppen* im Sinne der mathematischen Gruppentheorie gebildet werden. Eine Punktgruppe ist dabei die Gesamtheit aller Symmetrieoperationen, die, angewendet auf einen Punkt, das Gitter invariant lassen. Zu den Kennzeichen von Gruppen gehören unter anderem das Vorhandensein einer Indentitätsoperation — hier die Drehachse 1—, die Existenz von Umkehrungen zu jeder Operation sowie die Forderung, daß jede Kombination von Elementen der Gruppe wieder ein in ihr enthaltenes Element liefern muß.

Den 32 Punktgruppen entspricht die gleiche Anzahl von *Kristallklassen* unterschiedlicher makroskopischer Symmetrie. Bei überschlägiger Betrachtung der Permutationsmöglichkeiten der aufgeführten Symmetrieelemente sollte man eigentlich mehr Punktgruppen erwarten; es zeigt sich jedoch, daß nur bestimmte zusammengesetzte Symmetrieoperationen zulässig sind. Schneiden sich beispielsweise mehrere Drehachsen in einem Punkt, so lassen sich die aufeinanderfolgenden Operationen durch eine einzige resultierende Drehung ersetzen. Für die erlaubten Winkel der resultierenden Operation gelten aber die gleichen Grundsätze wie bei den einfachen Drehungen, und es sind nur die Zähligkeiten 1, 2, 3, 4 und 6 erlaubt. Untersucht man die Möglichkeiten in Anbetracht dieser Einschränkung näher, so ergibt sich, daß nur die folgenden 6 Kombinationen von Drehachsen auftreten können: 222, 322, 422, 622, 332, 432. Dabei müssen die Drehachsen noch ganz bestimmte Winkel zueinander einschließen, wie Abb. 2.22 veranschaulicht.

Solange wir uns auf die Gitter selbst beschränken und den Gitterpunkten keine eigene Symmetrie zuordnen, reduziert sich die Anzahl der möglichen Punktgruppen noch weiter, da ja die Invarianz gegenüber Spiegelung an einem Punkt $\boldsymbol{R} \to -\boldsymbol{R}$ gemäß der Translationssymmetrie bei jedem Gitter vorhanden sein muß. Entsprechend führen Drehachsen und Inversionsdrehachsen zu dem gleichen Ergebnis, denn das „Umwenden“ von einem Punkt ist bedeutungslos.

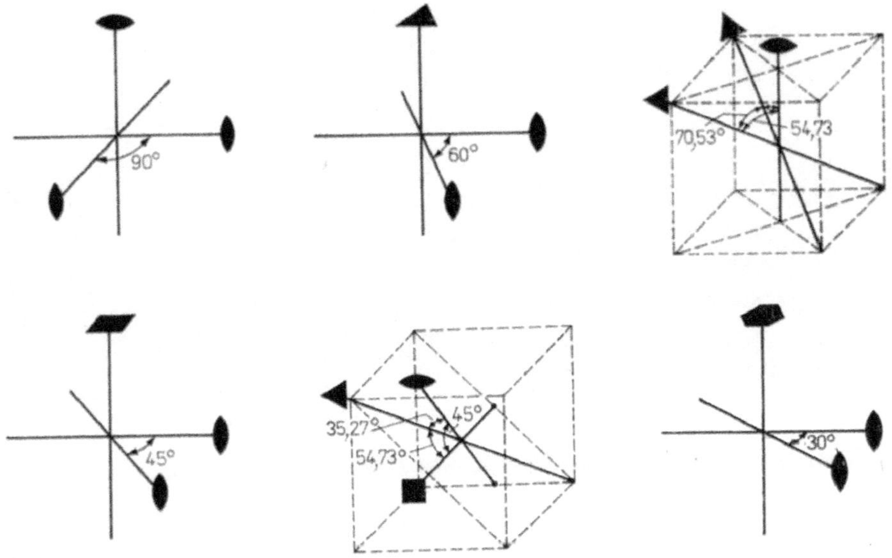

Abb. 2.22
Mögliche Kombinationen von Drehachsen (bezüglich Symbolik vgl. Tab. 2.7).

2.2.4. Kristallsysteme und Bravais-Gitter

Wir wenden uns nun der Frage zu, wieviel verschiedenartige Gitter im Dreidimensionalen existieren und wie man diese Gitterarten in übersichtlicher Weise durch Dreibeine von Grundvektoren beziehungsweise durch Elementarzellen beschreiben kann. Vom Gesichtspunkt der allgemeinen Translationssymmetrie aus ist die Anzahl der Gitter zunächst unbegrenzt, da sich unendlich viele Werte für die Beträge der Grundvektoren $\boldsymbol{a}$, $\boldsymbol{b}$, $\boldsymbol{c}$ und die zwischen ihnen eingeschlossenen Winkel finden lassen, die mit der Definition eines Punktgitters verträglich sind. Sieht man jedoch nur solche Gitter als verschiedenartig an, die sich in der Symmetrieinvarianz, ausgedrückt durch die Punktgruppen, unterscheiden, so gelangt man zu nur *14 fundamentalen Gitterarten*, die nach ihrem Entdecker *Bravais-Gitter* genannt werden. Um sie anschaulich zu kennzeichnen, benutzt man die Kristallachsen. Dabei zeigt es sich, daß es zweckmäßig ist, die 14 Bravais-Gitter zu 7 Kristallsystemen zusammenzufassen, indem in einigen Fällen nichtprimitive Grundvektoren und Elementarzellen gewählt werden, durch die das Symmetrieverhalten besser übersehen werden kann als durch die primitiven Zellen. Nachfolgend werden die Kristallsysteme mit den zugehörigen Gitterarten beschrieben, und in Abb. 2.23 sowie Tab. 2.8 sind die zugehörigen Zellen mit ihren Eigenschaften vergleichend zusammengestellt.

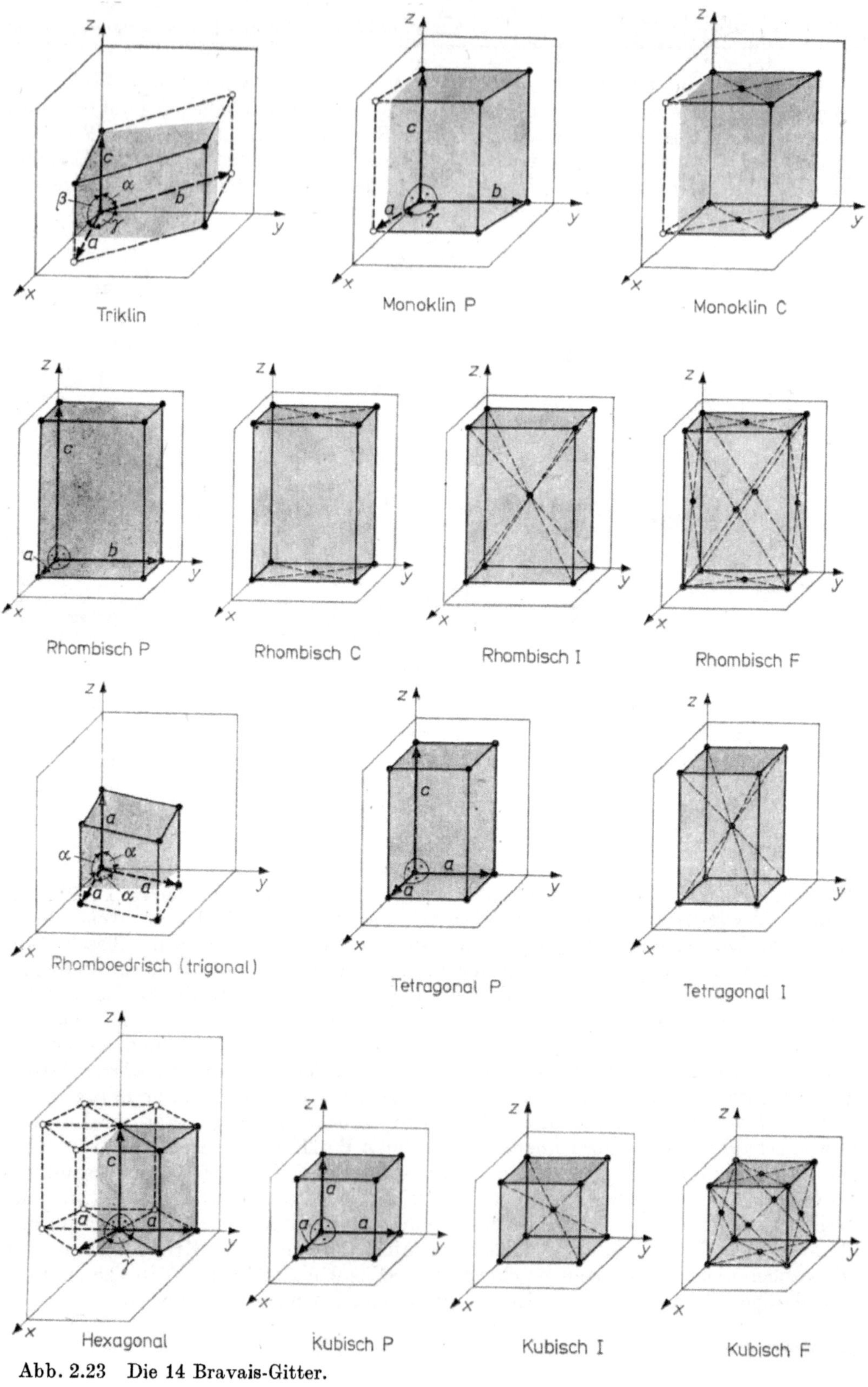

Abb. 2.23 Die 14 Bravais-Gitter.

Tabelle 2.8
Koordinatensysteme der Kristallsysteme

Kristallsystem	Achsenverhältnisse Achsenwinkel	Symmetrie (nach HERMANN und MAUGUIN)
triklin	$a \neq b \neq c \neq a$ $\alpha \neq \beta \neq \gamma \neq \alpha$	$\bar{1}\ \bar{1}\ \bar{1}$
monoklin	$a \neq b \neq c \neq a$ $\alpha = \gamma = \frac{\pi}{2} \neq \beta$ $\left(\alpha = \beta = \frac{\pi}{2} \neq \gamma\right)$	$\bar{1}\ \frac{2}{m}\ \bar{1}$ $\left(\bar{1}\ \bar{1}\ \frac{2}{m}\right)$
(ortho-)rhombisch	$a \neq b \neq c \neq a$ $\alpha = \beta = \gamma = \frac{\pi}{2}$	$\frac{2}{m}\ \frac{2}{m}\ \frac{2}{m}$
tetragonal (quadratisch)	$a = b \neq c$ $\alpha = \beta = \gamma = \frac{\pi}{2}$	$\frac{4}{m}\ \frac{2}{m}\ \frac{2}{m}$
rhomboedrisch (trigonal)	$a = b = c$ $\frac{\pi}{2} \neq \alpha = \beta = \gamma < \frac{2\pi}{3}$	$\bar{3}\ \frac{2}{m}$
hexagonal	$a = b \neq c$ $\alpha = \beta = \frac{\pi}{2};\ \gamma = \frac{2\pi}{3}$	$\frac{6}{m}\ \frac{2}{m}\ \frac{2}{m}$
kubisch (regulär)	$a = b = c$ $\alpha = \beta = \gamma = \frac{\pi}{2}$	$\frac{4}{m}\ \bar{3}\ \frac{2}{m}$

Triklines System. Diesem allgemeinsten Kristallsystem entspricht nur ein Bravais-Gitter mit der Punktgruppe *1̄*, es besitzt daher außer dem bei Punktgittern stets vorhandenen Inversionszentrum keine weiteren Symmetrieeigenschaften. Die primitive Elementarzelle ist ein Parallelepiped, und die Gitterpunkte werden durch die allgemeine Translation

$$\boldsymbol{R} = n_1\boldsymbol{a} + n_2\boldsymbol{b} + n_3\boldsymbol{c} \tag{2,24}$$

festgelegt, wobei die Beträge der Grundvektoren oder Gitterkonstanten a, b, c voneinander verschieden und die Winkel α, β, γ ungleich und verschieden von 90° sind.

Alle weiteren *speziellen Kristallsysteme* und Bravais-Gitter leiten sich aus dem triklinen System ab, wenn ein oder mehrere Winkel Werte von 90°, 60° oder 120° annehmen beziehungsweise 2 oder alle 3 Gitterkonstanten gleich groß sind.

Monoklines System. Das primitive monokline Gitter entsteht, wenn einer der verschieden langen Grundvektoren auf den beiden anderen senkrecht steht, so daß $\beta = \gamma = 90° \neq \alpha$ wird. Die primitive Zelle hat die Gestalt einer durch Scherspannung verdrückten Streichholzschachtel. Charakteristisches Symmetrieelement ist eine zweizählige Drehachse parallel zu den Schnittgeraden oder Zonen der Rechteckflächen. Senkrecht dazu, also parallel zu den Parallelogrammflächen, tritt zusätzlich eine Spiegelebene auf. Da es üblich ist, Spiegelebenen, die senkrecht zu Drehachsen liegen, unter einem Bruchstrich anzugeben, lautet die Bezeichnung für die Punktgruppe $\frac{2}{m}$.

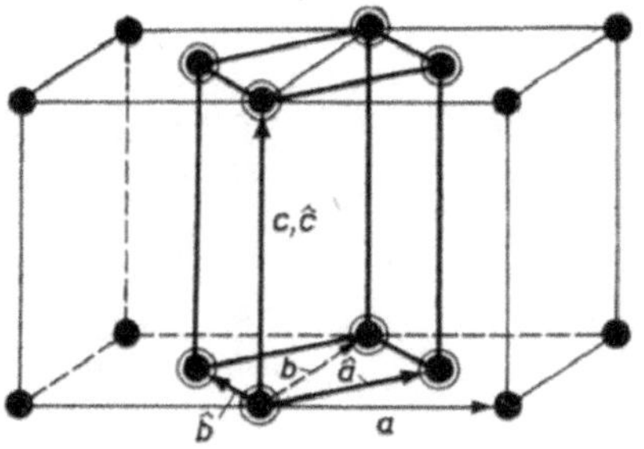

Abb. 2.24
Basiszentriertes monoklines Gitter (Gittervektoren $\boldsymbol{a}$, $\boldsymbol{b}$, $\boldsymbol{c}$). Die Gittervektoren der primitiven Zelle sind $\hat{\boldsymbol{a}}$, $\hat{\boldsymbol{b}}$ und $\hat{\boldsymbol{c}}$.

Zum monoklinen System gehört ein zweites Bravais-Gitter mit der gleichen Punktgruppe, jedoch verschiedener Anordnung der Gitterpunkte. Man erhält die zugehörige nichtprimitive Zelle durch Zentrieren der Rechteckflächen, indem in den Mittelpunkten der beiden Rechtecke weitere Gitterpunkte angebracht werden. Um die primitiven Grundvektoren dieses Gitters zu bilden, setzen wir (Abb. 2.24)

$$\hat{\boldsymbol{a}} = \frac{\boldsymbol{a} + \boldsymbol{b}}{2}; \quad \hat{\boldsymbol{b}} = \frac{\boldsymbol{b} - \boldsymbol{a}}{2}, \quad \hat{\boldsymbol{c}} = \boldsymbol{c}. \tag{2,25}$$

Die primitive Zelle ist ein rhombisches Prisma, dessen Symmetrie keineswegs so offensichtlich ist wie bei der doppelt so großen nichtprimitiven Zelle, die nach Gleichung (2,23) mit $N_E = 8$ und $N_F = 2$ zwei Gitterpunkte bei 000 und $\frac{1}{2}\,\frac{1}{2}\,0$ enthält.

Während für die primitiven Vektoren des ersten Bravais-Gitters die Relationen

$$\boldsymbol{a} \cdot \boldsymbol{b} = 0 \quad \text{und} \quad \boldsymbol{a} \cdot \boldsymbol{c} = 0 \quad \text{wegen} \quad \boldsymbol{a} \perp \boldsymbol{b} \quad \text{und} \quad \boldsymbol{a} \perp \boldsymbol{c} \tag{2,26}$$

gelten, findet man für die Grundvektoren des zweiten Gitters nach (2,25) und (2,26)

$$\hat{\boldsymbol{a}}^2 = \frac{\boldsymbol{a}^2 + \boldsymbol{b}^2}{4} = \hat{\boldsymbol{b}}^2; \quad \hat{\boldsymbol{b}} \cdot \hat{\boldsymbol{c}} = \hat{\boldsymbol{a}} \cdot \hat{\boldsymbol{c}}.$$

Die beiden Gitter sind demnach in der Gestalt der primitiven Zellen sowie in den Beziehungen zwischen den Grundvektoren voneinander verschieden.

Wenn wir dagegen die Parallelogrammflächen zentrieren, so erhalten wir wieder ein einfaches monoklines Gitter mit den primitiven Grundvektoren

$$\hat{\boldsymbol{a}} = \boldsymbol{a}; \quad \hat{\boldsymbol{b}} = \frac{\boldsymbol{b} + \boldsymbol{c}}{2}; \quad \hat{\boldsymbol{c}} = \frac{\boldsymbol{c} - \boldsymbol{b}}{2}, \tag{2,27}$$

für die analog zu (2,26) gilt:

$$\hat{\boldsymbol{a}} \cdot \hat{\boldsymbol{b}} = 0 \quad \text{und} \quad \hat{\boldsymbol{a}} \cdot \hat{\boldsymbol{c}} = 0. \tag{2,28}$$

In ähnlicher Weise läßt sich zeigen, daß auch eine Innenzentrierung durch Anbringen eines zusätzlichen Gitterpunktes im Raummittelpunkt der primitiven Zelle oder auch eine andersartige Verteilung zusätzlicher Gitterpunkte nicht zu anderen Gittern führt. Zum monoklinen System gehören demnach nur 2 Bravais-Gitter, die mit den Buchstaben P (primitiv) und C (basisflächenzentriert) unterschieden werden.

Rhombisches System. Stehen die verschieden langen Grundvektoren ($a \neq b \neq c$) sämtlich aufeinander senkrecht ($\alpha = \beta = \gamma = 90°$), so erhält man das rhombische Kristallsystem, für das im internationalen Sprachgebrauch der Name *orthorhombisches System* üblich ist. Die Punktgruppe umfaßt 3 zueinander senkrechte 2-zählige Drehachsen und 3 Spiegelebenen, die senkrecht auf den Digyren stehen. Das ausführliche Symbol dieser Punktgruppe lautet demnach $\frac{2}{m}\frac{2}{m}\frac{2}{m}$, jedoch wird im allgemeinen die Kurzbezeichnung *mmm* bevorzugt.

Die primitive Elementarzelle des einfach-rhombischen Gitters (P) hat die Gestalt eines Quaders. Darüber hinaus gehören dem rhombischen System noch 3 weitere Bravais-Gitter an, die sich durch Zentrierung von 2 gegenüberstehenden Flächen (C), von allen 6 Deckflächen der Zelle (F; flächenzentriert) oder der Raummitte (I; innenzentriert) ergeben. Analog wie beim monoklinen System sowie bei dem noch zu besprechenden kubischen System können wir die primitiven Grundvektoren berechnen und nachweisen, daß die in verschiedener Weise zentrierten Zellen unterschiedlichen Gittertypen entsprechen.

Tetragonales System. Die 3 Grundvektoren stehen aufeinander senkrecht ($\alpha = \beta = \gamma = 90°$), und zwei von ihnen besitzen die gleiche Länge ($a = b \neq c$). Die primitive Zelle des einfachen tetragonalen Gitters ist somit ein rechtwinkliges quadratisches Prisma. Außerdem gehört zu diesem System noch eine zweite Gitterart, die durch Innenzentrierung (I) erhalten wird. Als Symmetrieelemente treten eine Tetragyre mit senkrecht dazu angeordneter Spiegelebene und zwei darin liegende orthogonale Digyren nebst den zugehörigen Spiegelebenen auf. Dementsprechend lautet das Symbol für die Punktgruppe $\frac{4}{m}\frac{2}{m}\frac{2}{m}$, das mit $\frac{4}{mmm}$ abgekürzt wird. Weitere Digyren, die mit den aufgeführten zweizähligen Drehachsen Winkel von 45° bilden, brauchen nicht aufgeführt zu werden, da sie aus der Symmetrie des Systems von selbst folgen.

Hexagonales System. Im hexagonalen Gitter steht ein Grundvektor, der gewöhnlich mit $\boldsymbol{c}$ bezeichnet wird, auf den beiden anderen senkrecht. Die Grundvektoren $\boldsymbol{a}$ und $\boldsymbol{b}$ sind dagegen gleich lang und schließen miteinander einen Winkel von 120° ein. Zu diesem System gehört nur ein Bravais-Gitter (P), dessen primitive Elementarzelle aus Abb. 2.23 hervorgeht. In der Praxis benutzt man jedoch ausschließlich die nichtprimitive Zelle in Gestalt eines sechseckigen Prismas, die drei primitive Einheiten enthält und unmittelbar die 6zählige Drehachse oder Hexagyre erkennen läßt. Beim Vergleich mit dem Bauprinzip einer Bienenwabe ist zu beachten, daß die hexagonale Zelle auch in der Mitte der Sechsecke Gitterpunkte besitzt. Die Symmetrieeigenschaften des hexagonalen Gitters werden durch die Hexagyre und zwei dazu senkrechte Digyren nebst den zugehörigen Spiegelebenen charakterisiert. Das Symbol der Punktgruppe lautet $\frac{6}{m}\frac{2}{m}\frac{2}{m}$ oder kurz $\frac{6}{mmm}$.

Zur Angabe der Indizes von Ebenen oder Richtungen im hexagonalen Gitter führt man auf Grund der besonderen Symmetrieverhältnisse meist einen *vierten Index* i ein, der gemäß dem Schema $(hkil)$ eingeschoben wird. Er ergibt sich aus der gleichberechtigten Lage der drei Achsen $\boldsymbol{a}_1 = \boldsymbol{a}$, $\boldsymbol{a}_2 = \boldsymbol{b}$ und $\boldsymbol{a}_3$ in Richtung der Diagonalen des Sechsecks (Abb. 2.25). Mit i werden nun die Maßzahlen auf einer vierten Koordinate $\boldsymbol{a}_3$ bezeichnet. Diese Koordinate ist natürlich in der Ebene von $\boldsymbol{a}_1$ und $\boldsymbol{a}_2$ überzählig, so daß sie sich aus den Maßzahlen längs dieser Achsen berechnen läßt:

$$h + k + i = 0 \quad \text{oder} \quad h + k = i. \tag{2,29}$$

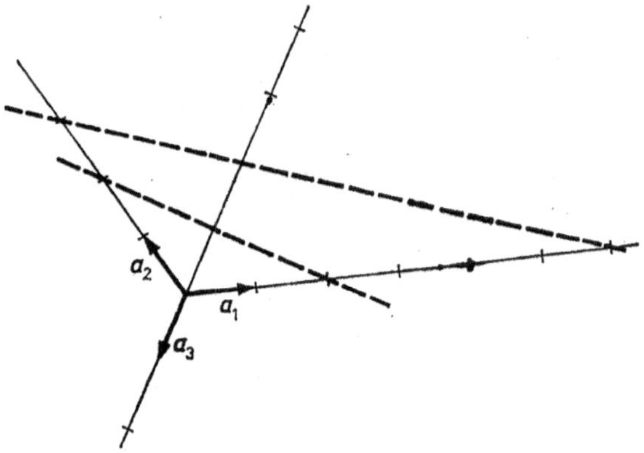

Abb. 2.25

Zur Bedeutung des vierten Index bei der Beschreibung von Ebenen im hexagonalen System.
Die zur c-Achse parallelen Ebenen, deren Spuren die x-Achse (a_1) im Punkt 2 bzw. 6 und die y-Achse (a_2) im Punkt 2 bzw. 3 schneiden, werden durch die Indizes $(11\bar{2}0)$ bzw. $(12\bar{3}0)$ beschrieben.

Im übrigen verläuft die Bestimmung der Millerschen Indizes nach dem in Abschnitt 2.2.2. angegebenen Verfahren. Die Basisfläche der Elementarzelle selbst besitzt die Indizes (0001).

Rhomboedrisches oder trigonales System. Auch zu diesem System gehört nur das einfache Gitter, dessen primitive Zelle durch 3 Grundvektoren gleichen Betrages, die miteinander ungleiche Winkel ($\alpha \neq \beta \neq \gamma \neq 90° < 120°$) einschließen, beschrieben wird. Anschaulich können wir uns die trigonale Zelle aus einem Würfel ableiten, der durch Druck auf gegenüberliegende Ecken verschoben worden ist.

Das Symbol der Punktgruppe wird mit $\bar{3}\,\frac{2}{m}$ oder abgekürzt $\bar{3}m$ angegeben. Neu daran ist das Auftreten einer dreizähligen Inversionsdrehachse, die uns auch bei kubischen Gittern begegnen wird und die nichts mit einer eingeschränkten Symmetrie der Gitterpunkte zu tun hat, sondern einfach eine Folge der Tatsache ist, daß sich die Eckpunkte erst nach anschließender Inversion überdecken.

Kubisches oder reguläres System. Abschließend betrachten wir das kubische System, zu dem drei Bravais-Gitter gehören. Beim einfach-kubischen Gitter (P), das auch *sc* nach dem englischen Ausdruck „simple cubic" genannt wird, ist die primitive Elementarzelle ein Würfel der Kantenlänge a, und es gelten die trivialen Beziehungen:

$$\boldsymbol{a}^2 = \boldsymbol{b}^2 = \boldsymbol{c}^2 = a^2; \quad \boldsymbol{a} \cdot \boldsymbol{b} = 0; \quad \boldsymbol{b} \cdot \boldsymbol{c} = 0; \quad \boldsymbol{c} \cdot \boldsymbol{a} = 0. \tag{2,30}$$

Werden zusätzlich Gitterpunkte in der Würfelmitte angeordnet, so entsteht das kubisch-raumzentrierte Gitter (I oder krz), das international nach „body centered cubic" meist mit *bcc* bezeichnet wird. Die konventionelle Elementarzelle enthält 2 Gitterpunkte bei 000 und $\frac{1}{2}\,\frac{1}{2}\,\frac{1}{2}$. Durch die Grundvektoren

$$\hat{\boldsymbol{a}} = \frac{-\boldsymbol{a} + \boldsymbol{b} + \boldsymbol{c}}{2}; \quad \hat{\boldsymbol{b}} = \frac{\boldsymbol{a} - \boldsymbol{b} + \boldsymbol{c}}{2}; \quad \hat{\boldsymbol{c}} = \frac{\boldsymbol{a} + \boldsymbol{b} - \boldsymbol{c}}{2} \tag{2,31}$$

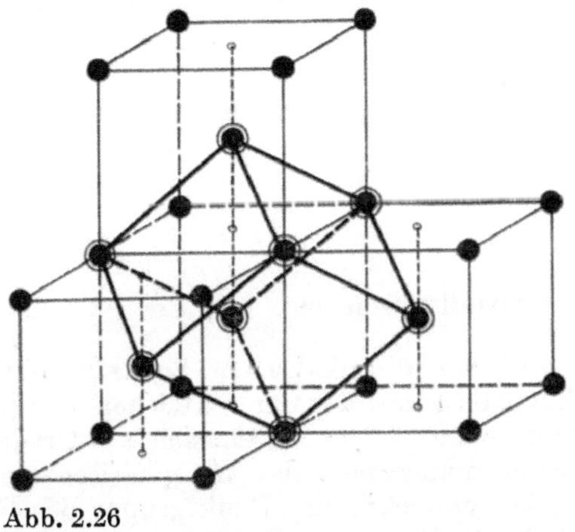

Abb. 2.26
Lage einer primitiven rhomboedrischen (trigonalen) Elementarzelle im kubisch raumzentrierten Gitter.

wird die primitive Zelle aufgespannt, die nach Abb. 2.26 rhomboedrische Gestalt besitzt und die kubische Symmetrie kaum erkennen läßt. Ihr Volumen beträgt $\frac{a^3}{2}$. Die gleich langen primitiven Grundvektoren schließen miteinander Winkel von 109°28′ ein. Zwischen ihnen bestehen nach (2,30) und (2,31) die Beziehungen

$$\begin{aligned} \hat{\boldsymbol{a}}^2 &= \hat{\boldsymbol{a}} \cdot \hat{\boldsymbol{b}} + \hat{\boldsymbol{a}} \cdot \hat{\boldsymbol{c}}; \quad \hat{\boldsymbol{b}}^2 = \hat{\boldsymbol{b}} \cdot \hat{\boldsymbol{a}} + \hat{\boldsymbol{b}} \cdot \hat{\boldsymbol{c}}; \\ \hat{\boldsymbol{c}}^2 &= \hat{\boldsymbol{c}} \cdot \hat{\boldsymbol{a}} + \hat{\boldsymbol{c}} \cdot \hat{\boldsymbol{b}}. \end{aligned} \tag{2,32}$$

Das dritte kubische Gitter enthält in den Mitten aller Flächen zusätzliche Punkte, F- oder kfz-Gitter, international *fcc* (nach „face centered cubic"). Einer kubischen

Elementarzelle gehören 4 Gitterpunkte an, die bei 000, $0\,\frac{1}{2}\,\frac{1}{2}$, $\frac{1}{2}\,0\,\frac{1}{2}$, $\frac{1}{2}\,\frac{1}{2}\,0$ liegen. Die primitive Elementarzelle mit dem Volumen $\frac{a^3}{4}$ wird durch die Grundvektoren

$$\hat{\boldsymbol{a}} = \frac{\boldsymbol{b} + \boldsymbol{c}}{2}; \quad \hat{\boldsymbol{b}} = \frac{\boldsymbol{a} + \boldsymbol{c}}{2}; \quad \boldsymbol{c} = \frac{\boldsymbol{a} + \boldsymbol{b}}{2} \tag{2,33}$$

festgelegt, die über die Beziehungen

$$\hat{\boldsymbol{a}}^2 = \hat{\boldsymbol{b}}^2 = \hat{\boldsymbol{c}}^2 = 2\hat{\boldsymbol{a}} \cdot \hat{\boldsymbol{b}} = 2\hat{\boldsymbol{a}} \cdot \hat{\boldsymbol{c}} = 2\hat{\boldsymbol{b}} \cdot \hat{\boldsymbol{c}} \tag{2,34}$$

miteinander verknüpft sind. Die Gleichungen (2,30···2,34) ließen sich noch vereinfachen, indem man mit $\boldsymbol{a} = a \cdot \boldsymbol{x}_0$, $\boldsymbol{b} = a \cdot \boldsymbol{y}_0$ und $\boldsymbol{c} = a \cdot \boldsymbol{z}_0$ den einheitlichen Betrag a und die Richtungen der Einheitsvektoren in rechtwinkligen Koordinaten einführt, jedoch ist die angegebene Form auch auf andere raum- oder flächenzentrierte Gitter anwendbar.

Die Punktgruppe des kubischen Systems umfaßt zahlreiche Symmetrieelemente; um sie zu kennzeichnen, genügt jedoch das Symbol $\frac{4}{m}\;3\;\frac{2}{m}$, welches mit $m3m$ abgekürzt wird, und die nur bei kubischen Kristallen mögliche Kombination von 4-, 3- und 2zähligen Drehachsen ausweist.

2.3. Kristallstrukturen

2.3.1. Einfluß der Basis auf die Kristallsymmetrie

Das mathematische Punktgitter wird zur physikalischen Kristallstruktur, wenn jeder Gitterpunkt mit einer gleichartigen *Basis* atomarer Teilchen besetzt ist. Im einfachsten Fall besteht die Basis nur aus einem Atom, das sich am Ort der Gitterpunkte befindet. Können diese Atome näherungsweise als sphärisch-symmetrisch angesehen werden, so bleibt die volle Symmetrie der Punktgruppe des Gitters erhalten. In den meisten Fällen enthält die Basis jedoch mehrere Atome, Ionen, ein oder mehrere Moleküle. Um die Lage der Atome in der Basis relativ zum Gitterpunkt anzugeben, führen wir den Vektor

$$\varrho_i = u_i\boldsymbol{a} + v_i\boldsymbol{b} + w_i\boldsymbol{c} \tag{2,35}$$

ein, der die Position des i-ten Atoms in Kristallkoordinaten beschreibt. Dabei sind die u_i, v_i, w_i rationale Zahlen mit Werten kleiner 1. Durch Addition des Gittervektors $\boldsymbol{R}$, der vom Nullpunkt zu dem betrachteten Gitterpunkt weist, und des Basisvektors ϱ_i lassen sich die Kristallkoordinaten bestimmter Atome in der Kristallstruktur angeben:

$$\boldsymbol{R} = \boldsymbol{R} + \varrho_i = (m + u_i)\,\boldsymbol{a} + (n + v_i)\,\boldsymbol{b} + (p + w_i)\,\boldsymbol{c}. \tag{2,36}$$

Zunächst könnte es scheinen, daß die Aufgliederung der Kristallstruktur in das Gitter und die Basis gegenüber einer direkten Ortsangabe gemäß (2,18) recht umständlich ist. Der größere begriffliche Aufwand wird jedoch voll gerechtfertigt durch die Zerlegung des Vielteilchensystems von Kristallen in kleine, geometrisch und physikalisch identische Grundeinheiten, die jeweils nur relativ wenige atomare Bausteine enthalten. Gerade bei komplizierteren Kristallstrukturen ist dies notwendig, um den atomistischen Aufbau einigermaßen übersichtlich beschreiben zu können. Während die Basis in Kristallen der Elemente häufig nur 1 Atom und bei einfachen Verbindungen wenige Ionen oder ein Molekül enthält, können bei komplizierteren anorganischen Stoffen, wie beispielsweise Mischoxiden und einigen intermetallischen Verbindungen, $10^2 \cdots 10^3$ Atome auf die Basis entfallen. Bei Kristallen der Eiweißstoffe wird vielfach ein weniger regelmäßiger Bau festgestellt, und man muß einem Gitterpunkt sogar bis zu 10^4 Moleküle zuordnen, um den Aufbau durch ein Translationsgitter wiederzugeben.

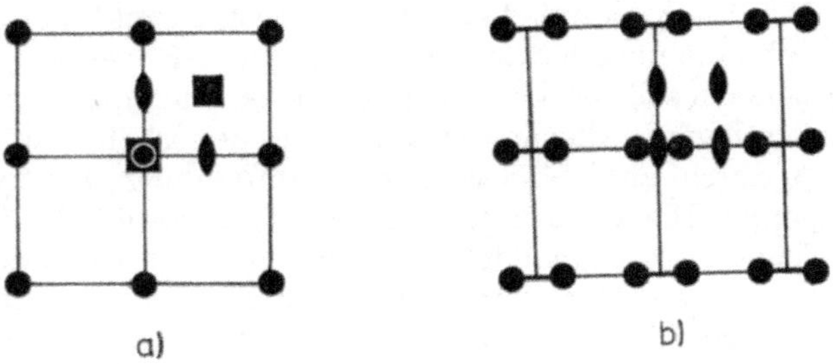

Abb. 2.27

Verringerung der Symmetrie durch eine spezielle Basis.
Durch Besetzung der Gitterpunkte eines quadratischen Flächengitters mit einer zweiatomigen Basis in der gezeichneten Weise verringert sich die Zähligkeit der Symmetrieachsen in den Eckpunkten und den Flächenmitten von 4 auf 2.

a) Symmetrieachsen im zweidimensionalen quadratischen Gitter.
b) Symmetrieachsen im gleichen Gitter, jedoch mit einer Basis, bestehend aus 2 Atomen.

Als physikalisches Gebilde endlicher Ausdehnung weist die Basis nun selbst bestimmte Symmetrieeigenschaften auf. Daraus leitet sich eine für die Klassifikation der Kristallstrukturen wichtige Konsequenz ab:

Infolge geringerer Symmetrie der Basis kann die Anzahl der Symmetrieelemente der Punktgruppe des Gitters erheblich eingeschränkt werden. Anschaulich kommt dies, wie Abb. 2.27 für den zweidimensionalen Fall belegt, dadurch zustande, daß sich nach Anwendung bestimmter Punktoperationen die atomaren Bausteine der Basis äquivalenter Gitterpunkte nicht überdecken. Die Punktgruppe des Gitters entspricht daher einer maximal möglichen Anzahl von Symmetrieelementen im jeweiligen Kristallsystem. Dieser Fall wird in der Kristallographie als *Holoedrie* bezeichnet. Weitere zum gleichen System gehörende Punktgruppen ergeben sich, wenn die Anzahl der Symmetrieelemente durch den Einfluß der Basis auf die Hälfte (Hemiedrie), ein Viertel (Tetardoedrie) oder sogar ein Achtel (Ogdoedrie) vermindert wird. Vielfach weisen die entsprechenden Kristalle bereits äußerlich eine nach bestimmten Gesetzen verminderte Anzahl von ausgebildeten Wachstumsflächen auf; häufig liefert jedoch erst die unterschiedliche Gestalt von Ätzfiguren oder die Struktur analyse mit Röntgenstrahlen genaue Informationen.

2.3.2. Die 32 Kristallklassen

Eine systematische Untersuchung aller Symmetriemöglichkeiten von Kristallstrukturen lehrt, daß die 7 Kristallsysteme in 32 Klassen aufspalten, die verschiedenartigen Punktgruppen gemäß Abschnitt 2.2.3. entsprechen. Eine vollständige Übersicht über die Kristallklassen und ihre Zugehörigkeit zu den Systemen vermitteln Tab. 2.9 und Abb. 2.28. Wir bezeichnen die Kristallklassen mit den Symbolen der zugehörigen Punktgruppen entsprechend den früher eingeführten Abkürzungen, die auf HERMANN und MAUGUIN zurückgehen und heute allgemein verwendet werden. Daneben sind allerdings vor allem in älteren Werken und Veröffentlichungen die Symbole von SCHOENFLIESS anzutreffen, die in Tab. 2.9 ohne nähere Erläuterung angeführt werden.

In Abb. 2.28 ist die allgemeine Lage äquivalenter Punkte in stereographischer Projektion dargestellt. Ein Punkt kann dabei als Durchstoßpunkt der Normalen auf einer Gitterebene durch eine umgebende Lagekugel aufgefaßt werden. Die Wahl der Ebene ist beliebig, jedoch soll sie keine Spiegelebene sein und nicht parallel zu einer Symmetrieachse verlaufen. Alle eingetragenen Punkte erhält man aus einem beliebigen Anfangspunkt durch aufeinanderfolgende Anwendung der Symmetrieoperationen der Punktgruppe. Die Punktlage ist durch stereographische Projektion der Lagekugel auf die Zeichenebene abgebildet, wobei die mit + bezeichneten Punkte oberhalb und die durch ∘ angedeuteten unterhalb dieser Ebene liegen. Striche und Kreisbogen geben Spiegelebenen wieder. Die Anzahl äquivalenter Lagen, in die ein Punkt mit den Operationen der jeweiligen Punktgruppe überführt werden kann,

Tabelle 2.9
Die 32 Kristallklassen

Kristallsystem	Bezeichnung kurz	nach HERMANN und MAUGUIN vollständig	Bezeichnung nach SCHOENFLIESS	Substanzbeispiele
triklin	1	1	C_1	
	$\bar{1}$	$\bar{1}$	$C_i(S_2)$	H_3BO_3, $B_2O_3 \cdot 3\,H_2O$ (Sassolin)
monoklin	2	2	C_2	CS_2S_6
	m	m	$C_s(C_{1h})$	KNO_2
	2/m	2/m	C_{2h}	CuO, As_2S_3, $CaSO_4 \cdot 2\,H_2O$ (Gips)
rhombisch	222	222	$C_2(V)$	$N_2H_6SO_4$, HIO_3
	mm2	mm2	C_{2v}	SeH_2, GeS_2, $AgNO_2$, $HgBr_2$, SCl_2
	mmm	2/m2/m2/m	$D_{2h}(V_h)$	$CaCO_3$, Sb_2S_3, Ga, I, S, SiO_2, Cl, P (schwarz), Br
tetragonal	4	4	C_4	
	$\bar{4}$	$\bar{4}$	S_4	CN_4O_8
	4/m	4/m	C_{4h}	$PbSO_4$, $Ca(WO_4)$,
	422	422	D_4	SiO_2
	4mm	4mm	C_{4v}	
	$\bar{4}$2m	$\bar{4}$2m	$D_{2d}(V_d)$	$CuFeS_2$
	4/mmm	4/m 2/m 2/m	D_{4h}	SnO_2, MnO_2, TiO_2 (Rutil), GeO_2, FeS_2, PbO_2

Tabelle 2.9. (Fortsetzung)

Kristallsystem	Bezeichnung kurz	nach HERMANN und MAUGUIN vollständig	Bezeichnung nach SCHOENFLIESS	Substanzbeispiele
rhomboedrisch (trigonal)	3	3	C_3	NClO
	$\bar{3}$	$\bar{3}$	$C_{3i}(S_6)$	$Zn_2(SiO_4)$, $CaCO_3 \cdot MgCO_3$ (Braunspat), $FeTiO_3$ (Ilmenit)
	32	32	D_3	Se, Te, HgS, SiO_2, AlF_3, FeS_3, $FeCl_3$, AsI_3
	3m	3m	C_{3v}	SbH_3, NH_3, Turmalin
	$\bar{3}$m	$\bar{3}$ 2/m	D_{3d}	CdI_3, $FeBr_2$, La_2O_3, AlB_2, C (β-Graphit) As, Sb, Bi, Al_2O_3 (Korund), $CaCO_3$ (Kalkspat), α-Fe_2O_3 (Hämatit)
	6	6	C_6	$NaH(PO_3NH_2)$
	$\bar{6}$	$\bar{6}$	C_{3h}	
	6/m	6/m	C_{6h}	
	622	622	D_6	
	6mm	6mm	C_{6v}	C (Graphit), ZnS (Wurtzit), ZnO, BeO, AlN
	$\bar{6}$m2	$\bar{6}$m2	D_{3h}	BF_3, BCl_3
	6/mmm	6/m 2/m 2/m	D_{6h}	Mg, He, Li, α-Be, β-Cr, Ca, Ti, Co, Ni, Zn, Zr, NiAs, FeS, Na_3As, Li_3P
kubisch	23	23	T	$NaClO_3$, $NaBrO_3$
	m3	2/m $\bar{3}$	T_h	FeS_2 (Pyrit), MnS_2, CoS_2, NiS_2, Tl_2O_3, Mn_2O_3, Mg_3N_2
	432	432	O	β-Mn
	$\bar{4}$3m	$\bar{4}$3m	T_d	ZnS (Zinkblende), BeS, AlB, AlAs, SiC, MnS, CuF, α-Mn, γ-Cr
	m3m	4/m $\bar{3}$ 2/m	O_h	fcc: Li, α-Fe, Cu, Ag, Au, Pt, ... bcc: Li, γ-Fe, Na, V, Cr, Zr, ... C (Diamant): Si, Ge, ... NaCl (Kochsalz): MgO, MnO, TiC, LiF, ... CaF_2 (Flußspat): Li_2O, ZrO_2, ... Al_2MgO_4 (Spinell): $CrMnO_4$, ..., Fe_3O_4 (Magnetit), Co_2O_4 $CaTiO_3$ (Perowskit): $NaTaO_3$, KIO_3, $CaMnO_3$, ...

Anmerkung

Nach der Bezeichnungsweise von Hermann und Mauguin werden die Hauptsymmetrieelemente angegeben. Die Kennzeichnung umfaßt maximal 3 Werte (Ziffern, Buchstaben, Brüche), die die Symmetrie in sog. Blickrichtungen beschreiben, in denen Symmetrieachsen und Normalen der Symmetrieebenen liegen.

Reihenfolge der Blickrichtungen:

Triklin: beliebig; monoklin: *b*-Achse; rhombisch: 1. *a*-Achse, 2. *b*-Achse, 3. *c*-Achse; tetragonal, hexagonal und rhomboedrisch (trigonal): 1. *c*-Achse, 2. *a*-Achse, 3. Winkelhalbierende zwischen *a*- und *b*-Achse; kubisch: 1. [100]-Richtung, 2. [111]-Richtung, 3. [110]-Richtung.

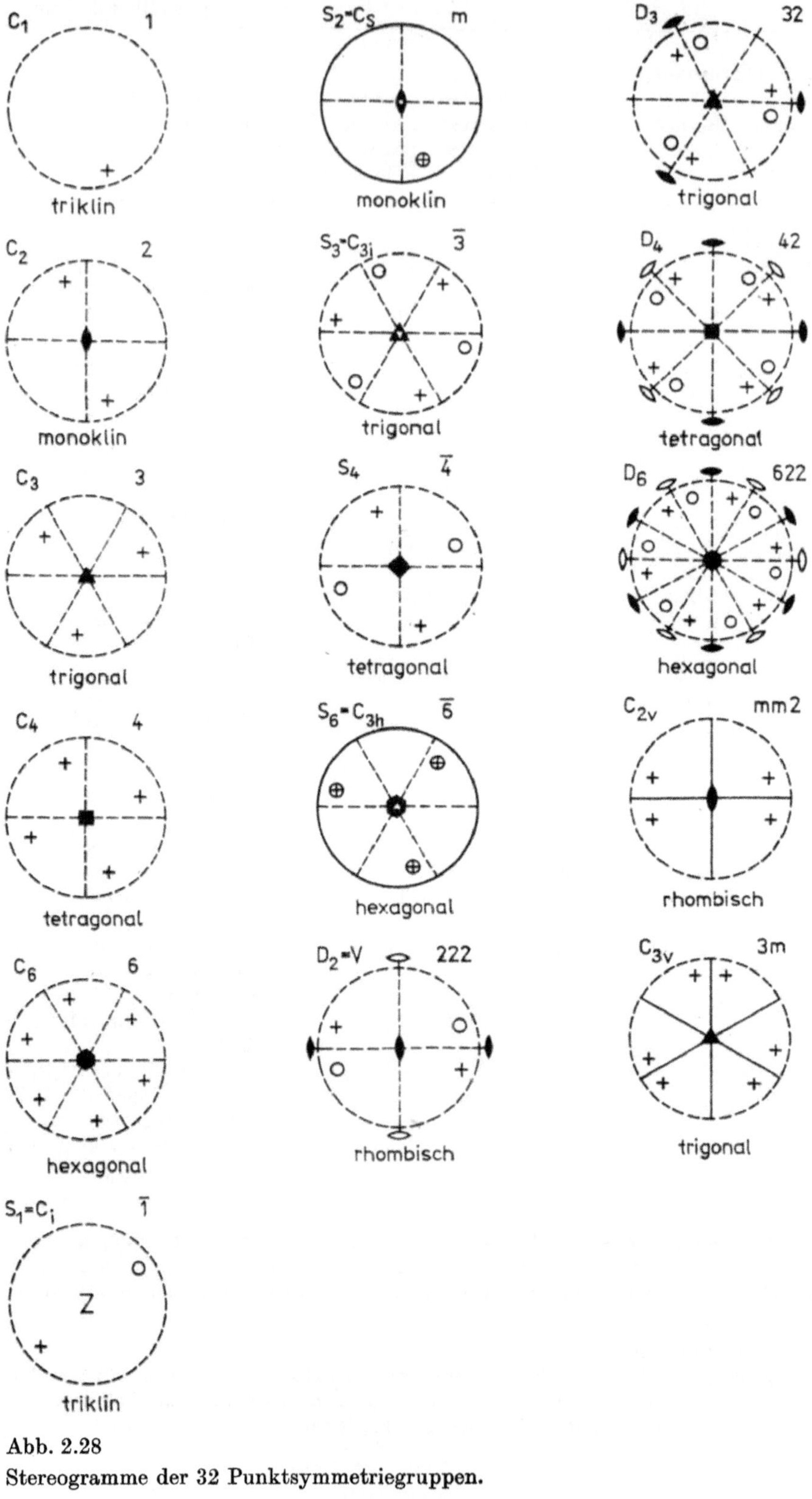

Abb. 2.28
Stereogramme der 32 Punktsymmetriegruppen.

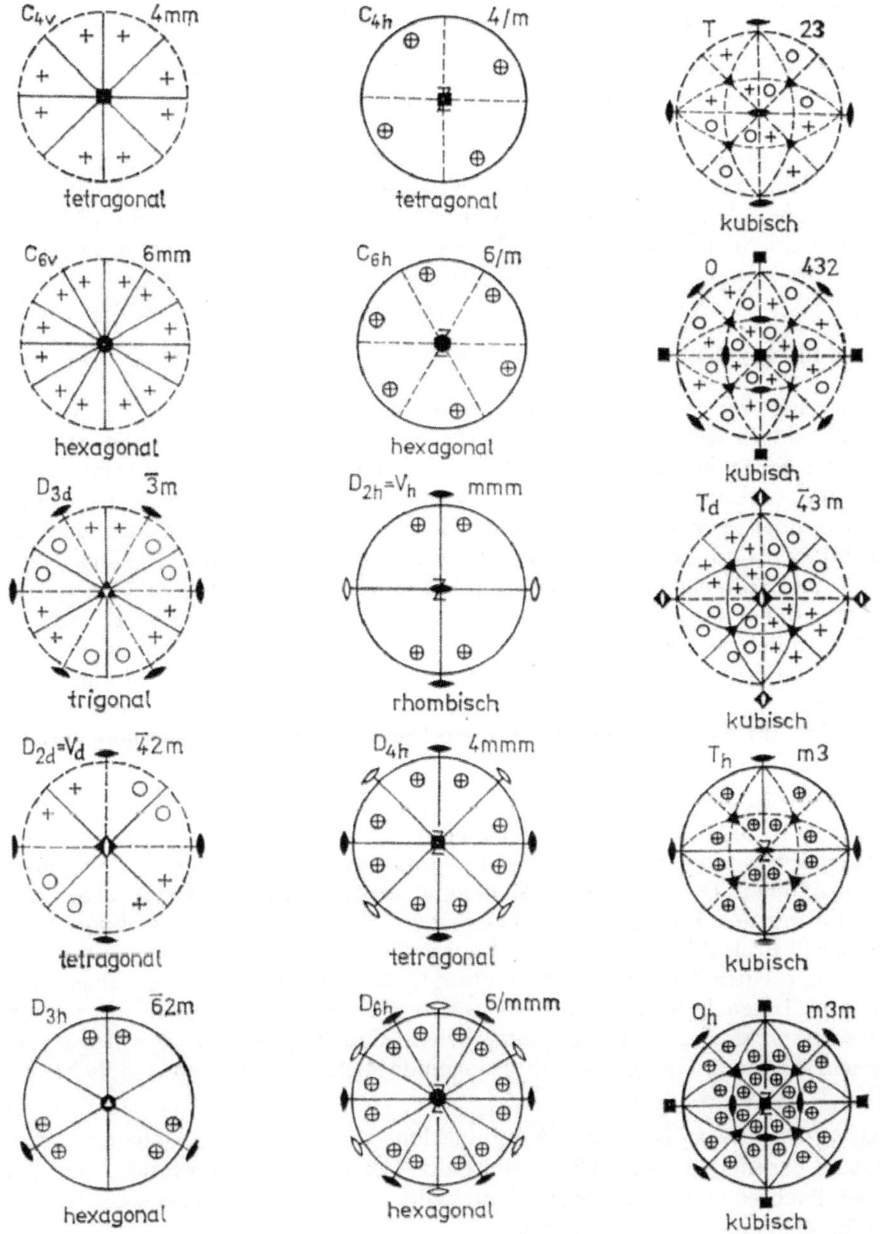

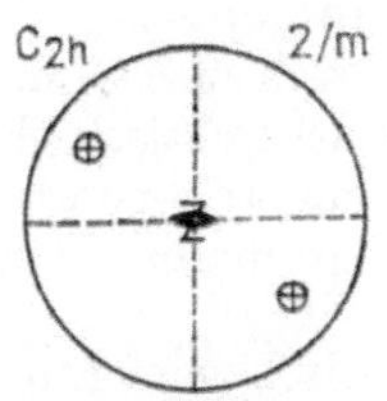

Anmerkung

Zum Zustandekommen der dargestellten stereographischen Projektionen der 32 Punktgruppen siehe Abb. 3-10

Zur Symbolik vgl. Tab. 2/1 und 2/3

Des weiteren bedeuten

Spiegelebenen { horizontal, diagonal, vertikal

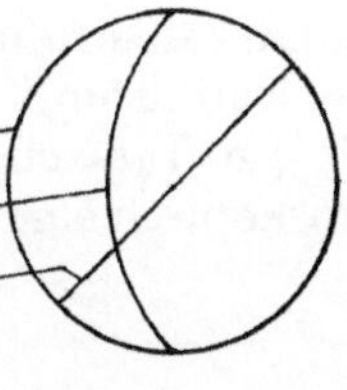

nennt man Zähligkeit. Sie kann Werte zwischen 1 und 48 annehmen. Tab. 2.9 enthält Angaben über eine Reihe von bekannten sowie praktisch bedeutungsvollen Stoffen, die in der jeweiligen Klasse kristallisieren. Man beachte dabei die als *Dimorphie* beziehungsweise *Polymorphie* bezeichnete Erscheinung, wonach der gleiche Stoff unter Umständen in verschiedenen Kristallformen auftreten kann, wie beispielsweise Schwefel. Äußerlich weisen die Kristalle der gleichen Klasse häufig einen recht unterschiedlichen Habitus auf, der wesentlich von den Wachstumsbedingungen bestimmt wird. In Tafel II sind einige Beispiele typischer Kristallformen dargestellt.

2.3.3. Mikrosymmetrie — Raumgruppen

Die Besetzung der Gitterpunkte mit einer endlich ausgedehnten Basis wirft die Frage auf, durch welche Punkte innerhalb einer Elementarzelle die Symmetrieachsen oder Spiegelebenen zu legen sind, damit die atomaren Bausteine durch die Operationen wirklich zur Deckung gebracht werden. Dieses Problem wurde um 1890, also noch vor der Entwicklung der Röntgenstrukturanalyse, unabhängig von Fedorow und Schoenfliess umfassend untersucht. Als Ergebnis zeigte es sich, daß die Symmetrieoperationen durch Kombination mit Translationen in rationalen Bruchteilen der Achsenschritte zu erweitern sind, um die Symmetrieeigenschaften bei räumlich ausgedehnter Basis zu beschreiben. Die in räumlichen Kristallstrukturen beobachteten Symmetrieverhältnisse lassen sich vollständig erfassen, wenn zusätzlich zu den Punktoperationen zwei weitere Symmetrieelemente eingeführt werden, die sich aus einer Punktoperation und einer gleichzeitigen Translation zusammensetzen:

Schraubenachsen liegen vor, wenn die Deckoperation aus einer Drehung der Zähligkeiten 2, 3, 4 oder 6 und einer Translation um einen rationalen Bruchteil der Gitterperiode längs der Drehachse besteht. Um sie zu bezeichnen, gibt man wie bei den einfachen Drehachsen die Zähligkeit an und fügt als Index eine Zahl an, die den Betrag der Translation charakterisiert; beispielsweise bezeichnen 3_1 beziehungsweise 3_2 dreizählige Schraubenachsen mit einer Translation um 1/3 beziehungsweise 2/3 der Gitterkonstanten. Abbildung 2.29 zeigt die Deckoperationen für eine einfach dreizählige Drehung und für diese beiden Schraubenachsen, die zueinander *enantiomorph* sind; das heißt, sie entsprechen einer Links- bzw. Rechtsschraubung mit gleichem Gang. Insgesamt sind folgende Schraubenachsen möglich: 2_1, 3_1, 3_2, 4_1, 4_2, 4_3, 6_1, 6_2, 6_3, 6_4, 6_5.

Gleitspiegelebenen stellen eine Kombination aus einer Spiegelebene und einer Translation parallel zu dieser Ebene um halbe Beträge der Gitterkonstanten entlang der Kristallachsen beziehungsweise um halbe oder viertel Achsenschritte parallel zur Flächendiagonalen (Abb. 2.30) dar.

Durch die Einbeziehung von Symmetrieoperationen mit mikroskopischer Translation spalten die 32 Punktgruppen weiter auf, und es ergeben sich insgesamt 230 verschiedenartige Kombinationen der Symmetrieelemente, die mathematisch gleichfalls als Gruppen anzusehen sind. Da diese Gruppen von Symmetrieoperationen jedoch nicht nur Gitterpunkte, sondern räumliche Bezirke atomarer Teilchen ineinander überführen, werden sie als *Raumgruppen* bezeichnet.

Die Einführung dieser kombinierten Operationen wird empirisch gerechtfertigt durch die Tatsache, daß Kristalle mit Schraubenachsen oder Gleitspiegelebenen makroskopisch einen symmetrischen Aufbau zeigen, da sich die kleinen Translationen

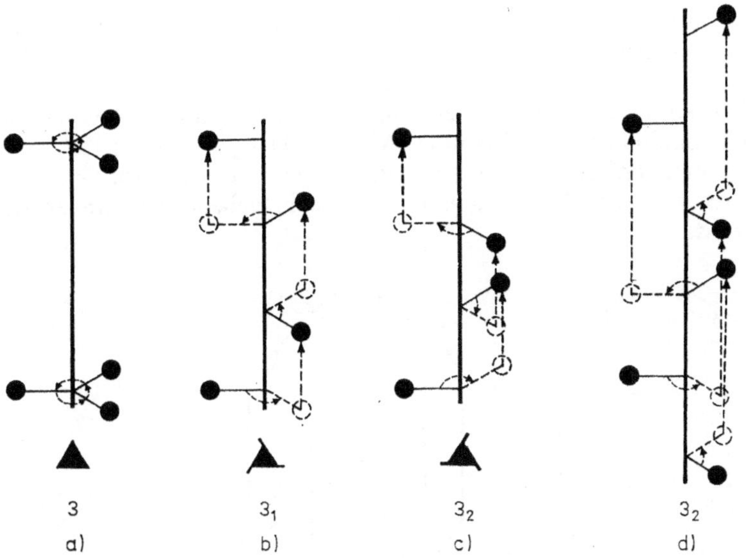

Abb. 2.29
Dreizählige Drehachse (a) und dreizählige Schraubenachse vom Typ 3_1(b). Die äquivalenten Punkte bei 3_2-Achsen kann man sich auf die in (c) und auch auf die in (d) angedeutete Weise entstanden denken.

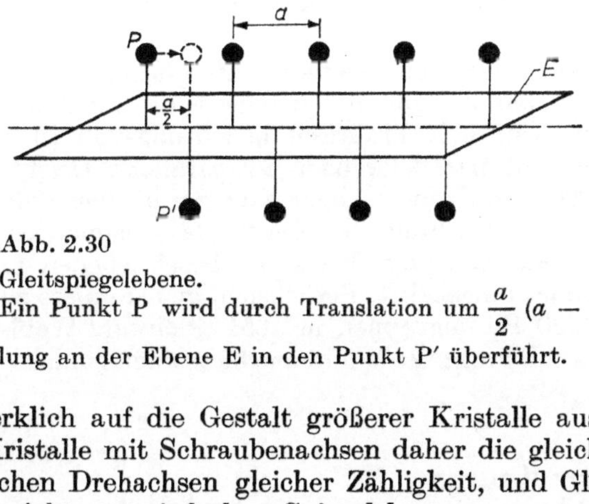

Abb. 2.30
Gleitspiegelebene.
Ein Punkt P wird durch Translation um $\frac{a}{2}$ (a — Translationsperiode) und Spiegelung an der Ebene E in den Punkt P′ überführt.

nicht merklich auf die Gestalt größerer Kristalle auswirken. Im äußeren Aufbau weisen Kristalle mit Schraubenachsen daher die gleiche Gestalt auf wie solche mit gewöhnlichen Drehachsen gleicher Zähligkeit, und Gleitspiegelebenen sind makroskopisch nicht von einfachen Spiegelebenen zu unterscheiden. Erst mit Hilfe der Röntgenstrukturanalyse konnte die Zugehörigkeit von Kristallstrukturen zu bestimmten Raumgruppen experimentell bestimmt werden. Das Ergebnis ist eine glänzende Bestätigung des theoretischen Modells. Allerdings verteilen sich die untersuchten Kristalle ungleichmäßig auf die verschiedenen Raumgruppen. Die Elemente und viele einfache anorganische Verbindungen kristallisieren vorwiegend in den Raumgruppen hoher Symmetrie des kubischen oder hexagonalen Systems. Organische Stoffe mit Molekülen geringerer Regelmäßigkeit treten dagegen überwiegend in Raumgruppen niedriger Symmetrie, vor allem im monoklinen oder rhombischen System auf. Für etwa 50 Raumgruppen konnten bisher keine zugehörigen Kristalle aufgefunden werden, und auf weitere 50 Raumgruppen entfallen nur ein oder zwei nachgewiesene Vertreter.

Kristalle mit enantiomorphen Schraubenachsen, also mit links- oder rechtshändigem Drehsinn, unterscheiden sich in den Beugungsbildern nicht. Sie verhalten sich jedoch spiegelbildlich zueinander (Abb. 2.31) und können mit einiger Übung durch die makroskopische Gestalt bestimmt werden. Eine objektive Aussage ist möglich, wenn man die Drehung der Polarisationsebene von linear polarisiertem Licht bestimmt.

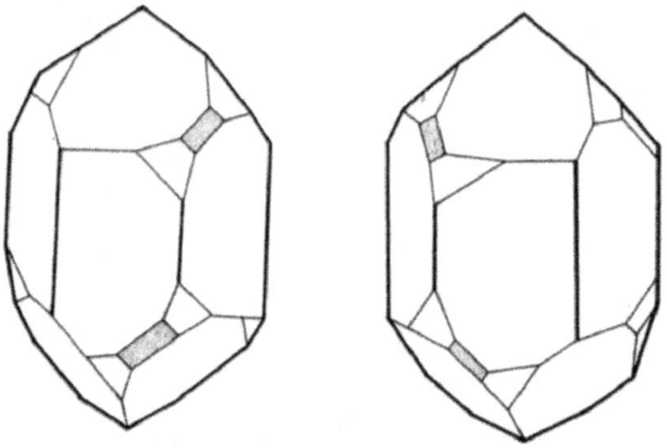

Abb. 2.31

Zwei enantiomorphe, aber nicht kongruente Quarzkristalle. Zwei sich entsprechende Ebenen sind der Deutlichkeit halber dunkel gezeichnet.

Abschließend ist anzumerken, daß eine weitere Untergliederung der Kristallstrukturen erforderlich werden kann, wenn die Atome selbst nicht als sphärisch symmetrische Gebilde aufzufassen sind. Praktisch bedeutungsvoll ist dieser Fall bei magnetischen Materialien mit paralleler oder antiparalleler Orientierung der atomaren Momente. Neben Symmetrieoperationen sind dann auch entsprechende „Anti-Symmetrieoperationen“ zu beachten, bei denen das magnetische Moment das Vorzeichen wechselt, also aus einer durch „weiß“ beschriebenen Lage in die Position „schwarz“ übergeht oder umgekehrt. Berücksichtigt man diese zusätzlichen Operationen, so spalten die 230 Raumgruppen in 1651 „Schwarz-Weiß-Gruppen“ auf, die zuerst von Heesch und Schubnikow untersucht worden sind.

2.4. Spezielle Kristallstrukturen

2.4.1. Übersicht

In den folgenden Abschnitten behandeln wir einige spezielle Kristallstrukturen. Im Rahmen der systematischen Grundlagenforschung sind Tausende von Stoffen bezüglich der Einzelheiten ihrer Kristallstruktur untersucht worden, und für zahllose weitere Substanzen liegen zumindest ungefähre Angaben vor. Ausführliche Zusammenstellungen finden sich in Standardwerken, von denen einige in der Literaturübersicht angegeben sind. Außerdem werden alle neu aufgeklärten Strukturen laufend in internationalen Publikationsorganen, insbesondere den „Strukturberichten", den „Structure Reports" und der Zeitschrift „Acta Crystallographica", veröffentlicht. Zur Klassifikation benutzt man dabei primär nicht die Raumgruppensymbole, sondern man geht von Buchstaben aus, die sich auf die chemische Natur beziehen (Tab. 2.10). Danach wird die Zugehörigkeit zu den Raum- bzw. Punktgruppen durch fortlaufende Nummern in der Reihenfolge abnehmender Symmetrie angegeben, beispielsweise mit A1 bis A26 die Kristallstrukturen der Elemente, mit B1 bis B41 die Strukturen der AB-Verbindungen usw.

Tabelle 2.10
Nomenklatur der Strukturen entsprechend ihrer chemischen Natur (nach den „Strukturberichten")

Strukturtyp	Substanzen
A	Elemente
B	AB-Verbindungen
C	AB_2-Verbindungen
D	A_nB_m-Verbindungen
E	Verbindungen mit mehr als zwei Atomsorten (ohne Bildung von Radikalen)
F	Gitter mit Radikalen AR und AR_2
G	Gitter mit Radikalen AR_3
H	Gitter mit Radikalen AR_4
J	Gitter mit Radikalen AR_6
K	Gitter mit komplizierten Radikalen
L	Legierungstypen
O	Organische Verbindungen
S	Silikate

Anmerkung: Die weitergehende Unterscheidung innerhalb eines Strukturtyps folgt einer Numerierung nach abnehmender Symmetrie.

Glücklicherweise kristallisieren die meisten Elemente und viele einfache Verbindungen in relativ übersichtlichen Strukturen, so daß bereits die Kenntnis einiger weniger Typen eine Grundlage für das Verständnis wichtiger Werkstoffe vermittelt. Daneben darf freilich nicht übersehen werden, daß schon seit längerer Zeit auch Kristalle mit komplizierterem Bau, wie etwa Quarz oder Kalkspat, in Wissenschaft und Technik in breitem Umfange angewendet werden. Gegenwärtig erlangen weniger regelmäßige Kristallstrukturen als magnetische, ferroelektrische oder optische Werkstoffe sowie bei der Nutzung kristalliner Silikate oder quasikristalliner Plaste wachsendes Interesse.

Um einfache und komplizierte Kristallstrukturen zu beschreiben, benötigen wir die kristallographischen Grundlagen der ersten Abschnitte dieses Kapitels; das Verständnis für das Auftreten bestimmter Typen wird jedoch erst durch die im Abschnitt 2.1. dargelegten Grundlagen der chemischen Bindung ermöglicht.

2.4.2. Kristallstrukturen der Elemente

Bei den Kristallen der chemischen Elemente liegen insofern einfache Verhältnisse vor, als nur eine Atomart einheitlicher Größe zu berücksichtigen ist. Wenn darüber hinaus nicht absättigbare Bindungskräfte mit annähernd sphärischer Symmetrie zwischen den Atomen wirken, so sind Kristallstrukturen zu erwarten, die einer möglichst dichten Packung gleich großer Kugeln nahekommen. Dieser Fall ist bei den metallischen Elementen sowie bei den Edelgasen gegeben, während die gleichfalls kugelsymmetrische Ionenbindung für gleiche Atome nicht in Betracht kommt.

Dichte Kugelpackungen. Schütten wir Kugeln gleicher Größe in einen Behälter und vergleichen den beanspruchten Rauminhalt mit der Summe der Kugelvolumina, so ergibt sich eine relative *Raumerfüllung* von etwa 0,5···0,6. Beim schichtweisen Abtragen der Kugeln zeigt sich jedoch, daß die zufällig entstandene Mikrostruktur nicht sehr regelmäßig ist. Es wird verhältnismäßig viel Raum durch Lücken oder unregelmäßige Packung „verschenkt", ein Umstand, der uns im 3. Kapitel bei der Realstruktur fester Körper noch beschäftigen wird. Übrigens ist es interessant, diesen Versuch mit Spielzeugkugeln und einem kalibrierten Gefäß wiederholt durchzuführen!

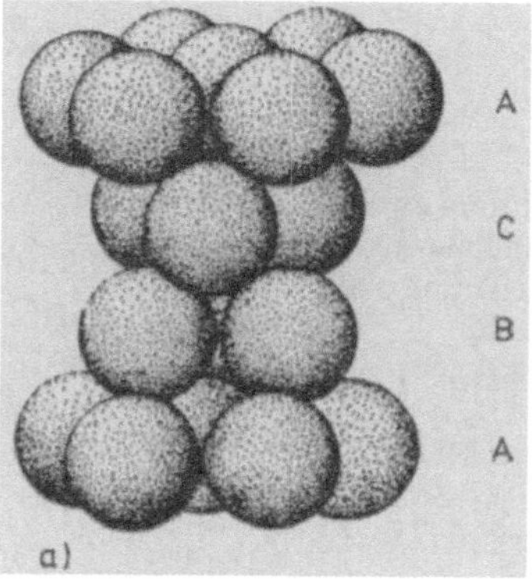

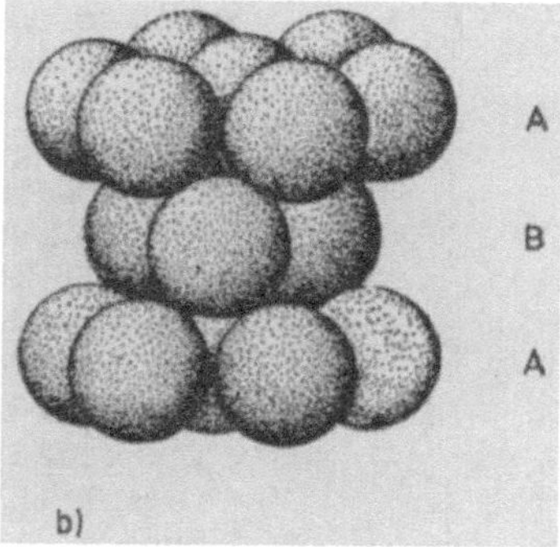

Abb. 2.32a

Stapelfolge der dicht gepackten Ebenen (111) im kubisch flächenzentrierten Gitter (A1).

Abb. 2.32b

Stapelfolge der dicht gepackten Ebenen (100) im hexagonalen Gitter (A3).

Eine wesentlich dichtere Packung wird erhalten, wenn wir die Kugeln der 1. Lage, die mit A bezeichnet sei, in einem zweidimensionalen Gitter regelmäßig anordnen, und zwar so, daß die Kugeln benachbarter Reihen jeweils um eine halbe Gitterkonstante verschoben sind, also in den Mulden der mittleren Reihe sitzen. Die Koordinationszahl ist dann 6, das heißt, jede Kugel wird von 6 Nachbarn in der A-Ebene berührt. Um diese Struktur zu einem möglichst dichten räumlichen Gitter fortzusetzen, müssen die Kugeln der zweiten Lage B offensichtlich in gleicher Weise über den Mulden oder Zwischenräumen der Schicht A untergebracht werden. Von den verfügbaren Mulden wird dazu allerdings nur die Hälfte benötigt. Infolgedessen ergeben sich bei der dritten Lage zwei Möglichkeiten: Entweder werden die Kugeln über den noch nicht beanspruchten Mulden der A-Schicht angefügt, womit eine C-Schicht entsteht, oder wir ordnen sie direkt über den Teilchen der ersten Lage an, was einer Wiederholung der Gitterebene A gleichkommt.

Demnach gibt es zwei verschiedenartige Gitter mit dichter Packung gleich großer Kugeln, die sich durch die Stapelfolgen ABABAB... *oder* ABCABC... *unterscheiden.*

In beiden Fällen beträgt die relative Raumerfüllung 0,7405, und die Koordinationszahl ist 12. Die Abb. 2.32a und 2.32b veranschaulichen das Bauprinzip der beiden Strukturen. Quantitativ gehen die Positionen von Atomen der folgenden Lage aus denen der vorhergehenden Ebene durch die Translation

$$\hat{T} = \frac{a}{3}\,[111] \pm \frac{a}{6}\,[11\bar{2}] \tag{2,37}$$

hervor, wenn a die Gitterkonstante oder den kleinsten Abstand zwischen den Kugelmittelpunkten bedeutet. Im Falle der Folge ABCABC... ist im zweiten Glied des „Stapeloperators" (2,37) stets das Pluszeichen einzusetzen, während bei der Stapelung ABAB... die Vorzeichen alternieren.

Die Struktur ABCABC... entspricht einem kubisch flächenzentrierten Gitter (fcc). Bei Elementen wird sie gemäß der Nomenklatur in den „Strukturberichten" als A1-*Typ* oder, nach einem charakteristischen Vertreter, als *Kupfertyp* bezeichnet.

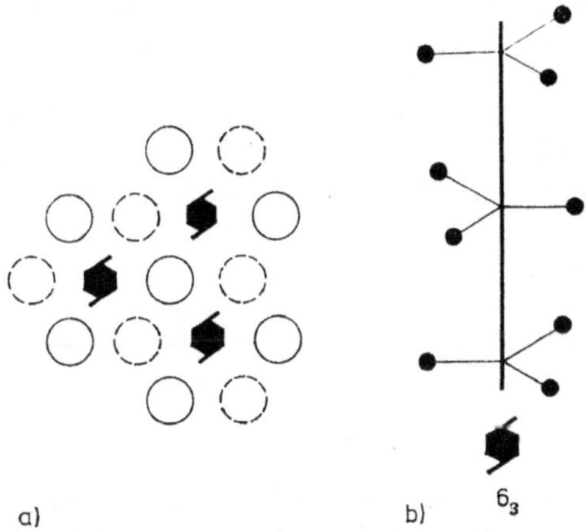

Abb. 2.33

6_3-Schraubenachsen im hexagonal dicht gepackten Kristall

a) Die 6_3-Schraubenachsen stehen senkrecht auf der dargestellten (100)-Ebene. Die Atome der darüberliegenden Ebene sind gestrichelt angedeutet.

b) Darstellung einer 6_3-Schraubenachse.

Eine konventionelle Elementarzelle im A1-Typ enthält 4 Atome an den Orten der Gitterpunkte; die dichtgepackten Ebenen stehen senkrecht zu den Richtungen {111}.

Dichte Kugelpackungen mit der Stapelfolge ABAB... liefern ein hexagonales Gitter (*hcp* nach „hexagonal close packed"). Bei Elementen spricht man vom A3- oder *Magnesiumtyp*. Die Gitterpunkte der üblichen, nichtprimitiven Elementarzelle sind dabei mit je zwei Atomen besetzt, deren Mittelpunkte sich in den Positionen 000 und $\frac{2}{3}\,\frac{1}{3}\,\frac{1}{2}$ befinden. Das charakteristische Symmetrieelement bildet eine Schraubenachse 6_3, die nicht durch einen Gitterpunkt verläuft (Abb. 2.33). Im Idealfalle müßten die identischen Gitterkonstanten a und b mit c im Verhältnis

$$\frac{c}{a} = \frac{c}{b} = \left(\frac{8}{3}\right)^{\frac{1}{2}} = 1{,}633 \tag{2,38}$$

stehen, was mit dem gemessenen Wert von Magnesium $\left(\frac{c}{a} = 1{,}623\right)$ einigermaßen übereinstimmt. In vielen Fällen werden jedoch größere Abweichungen vom idealen Achsenverhältnis beobachtet, beispielsweise 1,586 bei Titan und 1,861 bei Zink. Trotzdem rechnet man diese Kristalle gewöhnlich noch zum A3-Typ. Die Atome liegen dann freilich nicht mehr in dichtester Kugelpackung vor. Merkwürdigerweise ist die Diskussion darüber, ob die kubische und die hexagonale dichte Kugelpackung die einzigen Möglichkeiten zur Realisierung einer maximalen Raumerfüllung darstellen, noch keineswegs abgeschlossen. PAULING, KASPAR u. a. untersuchten Strukturen gleich großer Kugeln mit geringerer Symmetrie und fanden, daß in Mikrobezirken bei Verzicht auf die regelmäßige Gitterperiodizität eine etwas höhere Raumerfüllung erzielt werden kann. Allerdings lassen sich derartige Konfigurationen — beispielsweise regelmäßige Ikosaeder — nicht lückenlos aneinanderfügen, so daß bei größeren Dimensionen im Endeffekt eine kleinere Pakkungsdichte als bei den fcc- oder hcp-Strukturen herauskommt. Von BAGLEY wurde 1965 eine Kugelpackung mit einer einzigen fünfzähligen (!) Drehachse diskutiert, die auch für größere Bereiche eine Raumerfüllung von 0,7236 ergibt. Natürlich können sich die Kugeln bei solchen Strukturen nicht alle berühren. Möglicherweise sind solche parakristalline Gebilde in realen sowie in amorphen Festkörpern bedeutungsvoll, und auch bei biologischen Objekten wurden Packungen mit fünfzähliger Symmetrie beobachtet.

A2- oder Wolframtyp. Bei einer Reihe von Elementen, insbesondere den Alkalimetallen und den Übergangsmetallen der Vanadium- und Chromium-Nebengruppe tritt das kubisch-raumzentrierte Gitter (bcc) auf, d. h., ein Atom ist von 8 Nachbarn umgeben, welche die Ecken eines Würfels besetzen. Auf eine Zelle entfallen dann 2 Atome bei 000 und $\frac{1}{2}\,\frac{1}{2}\,\frac{1}{2}$. Verständlich wird das Vorkommen der regelmäßigen 8er-Umgebung bei Elementen auf Grund der Tatsache, daß auf die 8 nächsten Nachbarn 6 übernächste in einem nur um etwa 15% größeren Abstand folgen. Die Raumerfüllung beträgt beim A2-Typ rund 0,68, sie liegt also merklich unter dem Wert der dichten Kugelpackungen.

Auftreten der Strukturen A1, A2 und A3 — Polymorphie. Nahezu zwei Drittel aller chemischen Elemente kristallisieren in den besprochenen einfachen Kristallstrukturen, die den Gittertypen fcc, bcc und hcp angehören. Tabelle 2.11 vermittelt eine Übersicht über die Anzahlen nächster und übernächster Nachbarteilchen und ihre Entfernung für diese und einige weitere Kristallstrukturen, und in Tab. 2.12 sind die wichtigsten bisher bekannten Daten über die Kristallstruktur der Elemente in Form des Periodensystems zusammengestellt. Welcher Kristalltyp in konkreten Fällen vom System bevorzugt wird, hängt wesentlich von den feineren Unterschieden in der Natur der chemischen Bindungskräfte, insbesondere ihrer Reichweite und dem Anteil von kovalenter Wechselwirkung bei Metallen ab. Theoretisch lassen sich diese Einflüsse, wie in Kapitel 1. dargelegt wurde, noch nicht so genau erfassen, daß eine exakte Begründung für das Auftreten einer speziellen Kristallstruktur bei einem bestimmten Element gegeben werden kann. Außerdem sind die Unterschiede in der Bindungsenergie für die drei einfachen Kristallstrukturen beim gleichen Element meist ziemlich geringfügig. Infolgedessen sind von vielen Elementen mehrere Modifikationen bekannt (*Polymorphie*), die bei Änderung der äußeren Parameter (Temperatur, Druck) ineinander übergehen, manchmal aber auch bei gleichen Bedingungen nebeneinander bestehen können.

Tabelle 2.11
Charakteristika wichtiger Gittertypen

Gitter	nächste Nachbarn		übernächste Nachbarn		drittnächste Nachbarn		primitive Elementarzelle	
	im Abstand	Anzahl	im Abstand	Anzahl	im Abstand	Anzahl	Volumen	Anzahl der Atome
einfach kubisch	$r_1 = a$	6	$r_2 = a\sqrt{2}$	12	$r_3 = a\sqrt{3}$	8	a^3	1
kubisch raumzentriert	$\frac{a}{2}\sqrt{3}$	8	a	6	$a\frac{3}{\sqrt{8}}$	12	$\frac{a^3}{2}$	1
kubisch flächenzentriert	$\frac{a}{\sqrt{2}}$	12	a	6	$a\sqrt{\frac{3}{2}}$	24	$\frac{a^3}{4}$	1
hexagonal einfach	a	6	$c, a\sqrt{3}$	2,6	$a\sqrt{3}, \sqrt{a^2 + c^2}$	6, 12	$\frac{a^2c}{2}\sqrt{3}$	1
hexagonal dicht (mit $c = a \cdot 2\sqrt{\frac{2}{3}}$)	a	12	$a\sqrt{2}$	6	$a\sqrt{\frac{8}{3}}$	2	$a^3\sqrt{2}$	2
NaCl-Typ	$\frac{a}{2}$	6	$\frac{a}{\sqrt{2}}$	12	$\frac{a}{2}\sqrt{3}$	8	$\frac{a^3}{4}$	2
CsCl-Typ	$\frac{a}{2}\sqrt{3}$	8	a	6	$a\frac{3}{\sqrt{8}}$	12	$\frac{a^3}{2}$	2
Diamant-Typ	$\frac{a}{4}\sqrt{3}$	4	$\frac{a}{\sqrt{2}}$	12	$\frac{a}{4}\sqrt{11}$	12	$\frac{a^3}{4}$	2
Zinkblende	$\frac{a}{4}\sqrt{3}$	4	$\frac{a}{\sqrt{2}}$	12	$\frac{a}{4}\sqrt{11}$	12	$\frac{a^3}{4}$	2

Tabelle 2.12

Kristallstrukturen der Elemente (Gitterkonstanten in nm)

Erläuterungen: Die Struktursymbole rechts neben den Elementsymbolen geben, abgesehen von Hg, N_2, O_2, den Halogenen und Edelgasen, die (bzw. eine) bei Normalbedingungen stabile Kristallstruktur an. In Klammern sind die Modifikationen aufgeführt, in denen der Stoff außerdem kristallisieren kann.

Zusammenhang Symbol - Kristallsystem: A1 kubisch (flächenzentriert), A2 kubisch (raumzentriert), A3 hexagonal (dichteste Packung), A4 kubisch (Diamant-Typ), A5 tetragonal (raumzentriert), A6 tetragonal (flächenzentriert), A7 A8 trigonal (oft hexagonal beschrieben), A9 hexagonal, A10 trigonal, A11 A14 A16 A17 A18 A20 rhombisch, A12 A13 A15 kubisch (kompliziert), A21 A26 tetragonal

H A3 (tetr.) 0,345 0,649								
Li A2 (A3, A1) 0,3509	Be A3 (A2, hex.) 0,2286 0,3584							
Ng A2 (A3) 0,4291	Mg A3 0,3209 0,5210							
K A2 0,5320	Ca A1 (A2) 0,5582	Sc A3 0,3308 0,5265	Ti A3 (A2) 0,2950 0,4679	V A2 0,3028	Cr A2 0,2884	Mn A12 (A13, A1, A2) 0,8914	Fe A2 (A1, A2) 0,2866	Co A3 (A1) 0,2507 0,4069
Rb A2 0,570	Sr A1 (A2, A3) 0,6085	Y A3 (A2) 0,3645 0,5730	Zr A3 (A2) 0,3231 0,5147	Nb A2 0,3301	Mo A2 0,3147	Tc A3 0,2735 0,4388	Ru A3 0,2706 0,4282	Rh A1 0,3804
Cs A2 0,614	Ba A2 0,5025	La A3 (A1, A2) 0,3770 1,2159	Hf A3 (A2) 0,3195 0,5058	Ta A2 0,3303	W A2 0,3165	Re A3 0,2760 0,4450	Os A3 0,2735 0,4319	Ir A1 0,3839
Fr A2?	Ra A2?	Ac A1 0,5311						

Ce A1 (A1, A3) 0,5161	Pr A3 (A2) 0,3672 1,1835	Nd A3 (A2) 0,3658 1,1799	Pm	Sm A3 (A2) 0,3621 0,2625
Th A1 (A2) 0,5085	Pa A26 0,392 0,324	U A20 (A21, A2)	Np rhomb. (tetr., A2) 0,473 0,489 0,666	Pu mon. (mon., rhomb., A1 tetr., A2)

Die Polymorphie des Eisens beispielsweise ist für die Technik der Stahlherstellung und -verarbeitung außerordentlich wichtig. Bis 909 °C liegt die bcc-Struktur des α-Eisens vor, darüber existiert als stabile Modifikation das kubisch-flächenzentrierte (fcc) γ-Eisen, jedoch erfolgt oberhalb 1400 °C die Rückkehr zum bcc-Gitter in Form des δ-Eisens. Da die γ-Phase mehr Kohlenstoff aufnehmen kann als die α-Modifikation, kommt es beim Übergang zwischen diesen Strukturen zu komplizierten Ausscheidungs- oder Auflösungsprozessen von Kohlenstoff bzw. Karbiden, die das Gefüge des realen Werkstoffs und seine mechanischen Eigenschaften maßgeblich bestimmen.

Die Alkalimetalle, die bei normalen Bedingungen im bcc-Gitter kristallisieren, gehen bei tiefen Temperaturen beziehungsweise hohen Drücken in die Strukturen der dichtesten Kugelpackung über, beispielsweise tritt bei Natrium unterhalb 36 K auch die hcp-Struktur auf, und bei Lithium beobachtet man unterhalb 78 K neben der bcc- die hcp-Struktur, hingegen führt eine Umformung durch Pressen bei tiefen Temperaturen zusätzlich zu einer fcc-Modifikation. Auch Caesium bildet fcc-Kristalle, wenn es sehr hohen Drücken ($> 10^8$ Pa) ausgesetzt wird. Oberhalb $5 \cdot 10^9$ Pa

								He A3 0,357 0,583
			B tetr. (hex.) 0,873 0,503	C A4 (A9) (rhomboedr.) 0,3567	N A3 (kub.) 0,4039 0,6670	O A1 (rhomb.) 0,683	F	Ne A1 0,4429
			Al A1 0,4049	Si A4 0,5430	P A16 (kub.,kub.,kub.) 0,332 0,439 1,052	S A17 (mon.,rhomb.) 1,044 1,2845 2,4369	Cl A13 0,624 0,826 0,448	Ar A1 0,5256
Ni A1 0,3524	Cu A1 0,3615	Zn A3 0,2665 0,4947	Ga A11 0,4520 0,7661 0,4526	Ge A4 0,5657	As A7 0,412 54° 10′	Se A8 (mon.) 0,4364 0,4959	Br A14 0,667 0,872 0,448	Kr A1 0,5421
Pd A1 0,3890	Ag A1 0,4086	Cd A3 0,2979 0,5617	In A6 0,3251 0,4947	Sn A4 (A5) 0,6489	Sb A7 0,450 57° 6′	Te A8 0,4457 0,5927	I A14 0,7270 0,9793 0,4790	Xe A1 0,6197
Pt A1 0,3923	Au A1 0,4078	Hg A10 0,3005 70° 32′	Tl A3 (A2) 0,3456 0,5525	Pb A1 0,4950	Bi A7 0,4746 57° 14,2′	Po kub. (rhomboedr.) 0,3345	At	Rn

Eu A2 0,4582	Gd A3 (A2) 0,3636 0,5782	Tb A3 0,3601 0,5693	Dy A3 0,3590 0,5647	Ho A3 0,3577 0,5616	Er A3 0,3559 0,5587	Tm A3 0,3537 0,5554	Yb A1 (A2) 0,5486	Lu A3 0,3503 0,5551
Am A1 (hex.) 0,4894	Cm hex. 0,3496 1,1331	Bk	Cf	Es	Fm	Md	No	Lw

wurde bei diesem Metall noch eine weitere Gitterumwandlung mit erheblicher Dichtezunahme beobachtet, die als Übergang des äußeren Valenzelektrons auf einen inneren freien Zustand zu deuten ist. Überhaupt bildet die Untersuchung der Struktur fester Körper bei extrem hohen Drücken gegenwärtig ein sehr aktuelles Forschungsgebiet. Von besonderem Interesse ist dabei die Frage, ob sich bei Drücken von größenordnungsmäßig 10^{10} Pa eine metallische Modifikation des Wasserstoffs bildet, die nach theoretischen Berechnungen ein Supraleiter mit sehr hoher Sprungtemperatur (vgl. 8.6.2.) sein sollte und möglicherweise auch bei geringeren Drücken metastabil existieren könnte. Der metallische Charakter der Hochdruckmodifikation des H_2 wurde inzwischen gezeigt.

Geometrische Faktoren üben gleichfalls einen Einfluß auf die Existenz verschiedener Kristallstrukturen aus; so beobachtet man an feinem Cobaltpulver sowie in den Kristalliten dünner Cobaltschichten bereits bei Zimmertemperatur die fcc-Struktur, während beim dreidimensionalen Material der Übergang von hcp in fcc erst oberhalb 733 K vor sich geht.

Interessante Objekte für die Grundlagenforschung bilden schließlich die Kristalle der Edelgase, die man bei tiefen Temperaturen aus der flüssigen oder gasförmigen Phase ziehen kann; Helium kristallisiert allerdings erst bei zusätzlicher Anwendung von hohem Druck. Infolge der abgeschlossenen Elektronenhüllen entsprechen die Edelgasatome am ehesten dem Modell harter Kugeln, und die Wechselwirkung durch Van-der-Waals-Kräfte beschränkt sich praktisch auf nächste Nachbarn, so daß die Kristalle dieser Elemente in vieler Hinsicht als die einfachsten Festkörper anzusehen sind. Erwartungsgemäß weisen die Kristalle von Neon bis Xenon, die von ihren Entdeckern als unscheinbare, durchsichtige Gebilde beschrieben werden, alle die Struktur mit der größten Raumerfüllung und Symmetrie auf, die fcc-Struktur bzw. den A1-Typ. Helium sowie die reinen Isotope dieses Elements mit den Massenzahlen 3 bzw. 4 bilden hcp- und bcc-Kristalle der Typen A3 und A2.

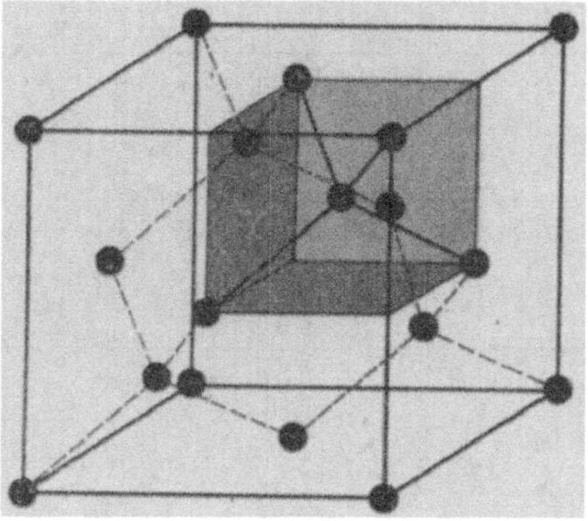

Abb. 2.34
Diamantstruktur (A4).
Die von jeweils vier Atomen umgebenen Zentralatome der Tetraeder liegen in den Oktantenmitten. Die Verbindungslinien zu diesen Nachbaratomen sind in dem hervorgehobenen Oktanten ausgezogen, in den übrigen gestrichelt gezeichnet.

In Kondensaten des Wasserstoffs und des Heliums machen sich Quanteneffekte im Ergebnis der Unschärferelation nach HEISENBERG

$$\Delta p \cdot \Delta x \geqq \hbar, \tag{2,39}$$

besonders bemerkbar.

Danach hat die Einordnung eines Bausteins in das Gitter mit einer Positionsunschärfe von $\Delta x \approx 1$ nm eine Impulsunbestimmtheit $\Delta p \approx \frac{\hbar}{\Delta x}$ oder eine entsprechende kinetische Energie $\frac{\Delta p^2}{2M} \simeq \frac{\hbar^2}{\Delta x^2}$ zur Folge, wenn M die Masse des Bausteins ist. Diese Unbestimmtheit äußert sich in Schwingungen um die Gleichgewichtslage, die auch beim absoluten Nullpunkt nicht verschwinden (Nullpunktsenergie bzw. Nullpunktsschwingungen). Da M im Nenner steht und die Bindungsabstände bei schwereren Teilchen größer sind, führen diese Effekte nur bei Kristallen aus sehr leichten Teilchen zu meßbaren Einflüssen. Man spricht in diesem Zusammenhang auch von *Quantenkristallen*.

Der A4-Typ (Diamantstruktur). Von großer praktischer Bedeutung ist der Strukturtyp A4, der bei der Diamant-Modifikation des Kohlenstoffs, den wichtigen Halbleiterwerkstoffen Germanium und Silicium sowie beim „grauen Zinn" (α-Sn) auftritt. Infolge der tetraedrischen sp^3-Bindungen (vgl. 1.2.3.) bilden sich Valenzkristalle im Sinne von Riesenmolekülen aus, in denen jedes Atom 4 nächste und 12 übernächste Nachbarn besitzt. Die Zugehörigkeit dieser Struktur zum kubischen Kristallsystem folgt aus der Tatsache, daß jeweils 4 Tetraeder eine kubische Zelle bilden (Abb. 2.34). Diese nichtprimitive Elementarzelle entspricht einem kubischflächenzentrierten Gitter mit einer Basis aus zwei Atomen an den Positionen 000 und $\frac{1}{4}\,\frac{1}{4}\,\frac{1}{4}$. Infolgedessen läßt sich die Diamantstruktur anschaulich durch zwei ineinandergestellte fcc-Gitter beschreiben, die in Richtung der Gitterdiagonalen um eine viertel Einheit versetzt sind. Vom Standpunkt des Modells harter Kugeln ist die Diamantstruktur ziemlich locker gepackt, denn die relative Raumerfüllung beträgt nur 0,34, d. h. weniger als die Hälfte des Wertes der dichten Kugelpackungen. Daß die Kristalle trotzdem eine sehr große Bindungsenergie und Härte aufweisen, ist demnach eine Folge der festen und gerichteten kovalenten Bindung.

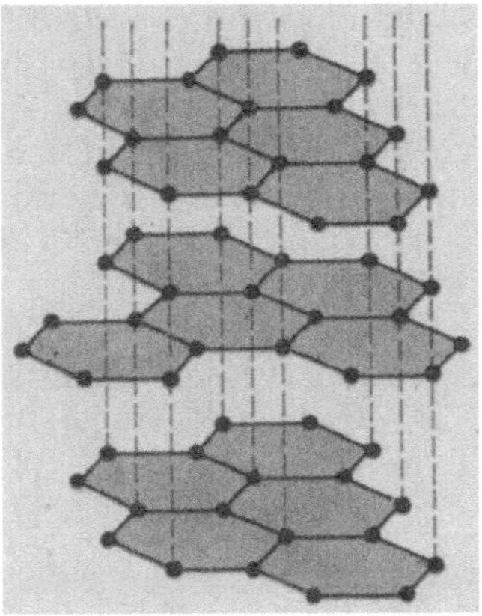

Abb. 2.35
Drei übereinander liegende Atomschichten des Graphitkristalls (A9-Typ).

Obwohl Diamant der härteste Festkörper ist, existiert er bei normalen Temperaturen und Drücken nur als *metastabile Modifikation* des Kohlenstoffs. Thermodynamisch stabil ist bei üblichen Bedingungen die *Graphitstruktur*, die als A9-Typ bezeichnet wird (Abb. 2.35). Graphit bildet das typische Beispiel für ein Schichtgitter, bei dem die Atome in einer Ebene mit der Koordinationszahl 3 aneinander gepackt sind. Von den 4 Bindungselektronen der C-Atome werden dabei 3 für lokalisierte Zustände benötigt, während das vierte Elektron — ähnlich wie bei den π-Elektronen aromatischer Ringverbindungen — innerhalb der Ebene überall die gleiche Aufenthaltswahrscheinlichkeit besitzt. Diese nichtlokalisierten Elektronen tragen einerseits zur Bindungsfestigkeit bei, andererseits sind sie für die hohe elektrische Leitfähigkeit des Graphits verantwortlich. Während der Abstand zwischen benachbarten Atomen im Diamant 0,1545 nm beträgt, sind die Nachbarn innerhalb einer Atomschicht im Graphit nur 0,1421 nm voneinander entfernt. Dagegen ist der Abstand zwischen den Schichten, die nur durch die schwächeren zwischenmolekularen Kräfte verbunden sind, mit 0,3345 nm erheblich größer. Der unterschiedliche Bindungstyp innerhalb der beziehungsweise senkrecht zu den Schichten verursacht eine ausgeprägte *Anisotropie* der physikalischen Eigenschaften von Graphitkristallen, insbesondere eine verminderte elektrische Leitfähigkeit senkrecht zu den Schichtebenen und eine sehr leichte Spaltbarkeit in Schuppen parallel zu ihnen. Auf der zweiten Eigenschaft beruht die technische Anwendung von Graphit als Feststoff-Schmiermittel (Antifriktionswerkstoff). Auf Grund der guten elektrischen Leitfähigkeit und der relativ hohen chemischen Beständigkeit sind Graphitelektroden wegen der geringen Reibung in der Paarung mit Metallen unentbehrlich für bewegte elektrische Kontakte („Kohlebürsten" von Elektromaschinen).

Die Umwandlung von Graphit in Diamant, die zuerst von BRIDGMAN 1953 verwirklicht wurde, gelingt nur bei sehr hohen Temperaturen und Drücken entsprechend der allgemeinen Regel, wonach mit zunehmendem Druck die Modifikationen mit der höheren Koordinationszahl stabiler sind. Durch diese Höchstdrucksynthese (siehe 2.5.1.) gelang es auch, als weitere Kohlenstoff-Modifikation hexagonale Diamanten herzustellen, die bereits vorher in einigen Meteoriten entdeckt worden waren.

Weitere Kristallstrukturen der Elemente. Als Schichtstrukturen lassen sich auch die Kristalle der Elemente As, Sb und Bi auffassen, die im A7-Typ zusammengefaßt werden. Die Atomlagen sind dabei infolge der Bindungswinkel zick-zack-förmig, und der Zusammenhalt zwischen den Schichten wird teilweise durch metallische Kräfte bewirkt, so daß die Spaltbarkeit gering ist. Selen und Tellur bilden spiralige Atomketten, die durch zwischenmolekulare Kräfte zusammengehalten werden. In den Kristallstrukturen der Halogene, beispielsweise Br und I, liegen zweiatomige Moleküle vor, die sich unter dem Einfluß van-der-Waalsscher Kräfte zu relativ komplexen Kristallen des rhombischen Systems ordnen.

Abschließend sei darauf hingewiesen, daß die Koordinationszahl 6 beziehungsweise das einfach kubische Gitter bei den Elementen nur für eine Modifikation des Poloniums sicher nachgewiesen werden konnte. Die einfach kubische Anordnung von Atomen ist nicht besonders günstig, da sie weder eine gute Raumerfüllung ermöglicht, noch mit den Koordinationszahlen und Valenzwinkeln kovalenter chemischer Bindungen zu vereinbaren ist.

2.4.3. Kristallstrukturen von AB-Verbindungen

Bei den AB-Verbindungen sind gleiche Anzahlen von Atomen bzw. Radikalen der Komponenten A und B vorhanden. Die einfachsten Kristallstrukturen dieser Stoffe, zu denen viele wichtige Salze und Erze gehören, lassen sich aus den Strukturen der Elemente ableiten, indem man die Gitterpunkte abwechselnd mit den Atomen der beiden Sorten besetzt. Da die Gleichwertigkeit der Gitterpunkte hierdurch verlorengeht, ist zur exakten Beschreibung eine Zuordnung zu einem Punktgitter und einer aus 2 Teilchen bestehenden Basis vorzunehmen. Die wichtigsten Strukturen dieses B-Typs werden nachstehend kurz erläutert.

B1-Typ oder Natriumchlorid-Struktur. Das Kochsalz kristallisiert in kubischen Kristallen des fcc-Gitters. Die Basis enthält ein Natrium- und ein Chlorion an den Positionen 000 bzw. $\frac{1}{2}\frac{1}{2}\frac{1}{2}$. Auf eine konventionelle Elementarzelle entfallen 4 Ionenpaare in äquivalenten Lagen. Da die beiden Ionen der Basis jeweils um eine halbe Raumdiagonale zueinander verschoben sind, gleicht die Struktur einem einfach-kubischen Gitter, dessen Punkte abwechselnd mit A- bzw. B-Ionen besetzt sind. Eine schematische Darstellung dieser Struktur wurde bereits früher in Abb. 2.3 wiedergegeben. Jedes Ion ist von 6 nächsten Nachbarn der anderen Art umgeben, die sich an den Eckpunkten eines regelmäßigen Oktaeders befinden. In Tabelle 2.13 sind einige typische Vertreter dieses Kristalltyps mit den gemessenen Gitterkonstanten a zusammengestellt. Wie in Abschnitt 2.1.1. erläutert wurde, ist die NaCl-Struktur bevorzugt, wenn die Anionen wesentlich größer sind als die Kationen.

Tabelle 2.13
AB-Verbindungen mit Natriumchlorid-Struktur (B1)

Substanz	Gitterkonstante a/nm	Substanz	Gitterkonstante a/nm
AgF	0,493	NaF	0,4629
AgCl	0,5558	NaCl	0,5639
AgBr	0,578	NaBr	0,5973
BaO	0,5534	NaI	0,6433
BaS	0,6363	NbC	0,4409
BaSe	0,6633	NbN	0,4419
BaTe	0,7000	NiO	0,4177
CaO	0,4807	PbS	0,5935
CaS	0,569	PbSe	0,6152
CaSe	0,5992	PbTe	0,6353
CaTe	0,6358	RbF	0,5651
CdO	0,4698	RbCl	0,6553
CoO	0,4259	RbBr	0,6868
CrN	0,415	RbI	0,7341
CsF	0,6020	SnAs	0,5692
FeO	0,4341	SnTe	0,6298
KF	0,5351	SrO	0,5156
KCl	0,6283	SrS	0,5882
KBr	0,6599	SrSe	0,6022
KI	0,7066	SrTe	0,6483
LiF	0,4025	TaC	0,4454
LiCl	0,5140	TiC	0,4329
LiBr	0,5501	TiN	0,4244
LiI	0,6012	TiO	0,4244
MgO	0,4211	VC	0,4158
MgS	0,5200	VN	0,4137
MgSe	0,5462	VO	0,4108
*MnO	0,4444	ZrC	0,4696
*MnS	0,5611	ZrN	0,4619
*MnSe	0,5459		

* Diese Substanzen treten auch in anderen Gittern auf.

B2-Typ oder Caesiumchlorid-Struktur. Bei den Kristallen dieses Typs ist jedes Ion von 8 Teilchen der anderen Art umgeben (vgl. Abb. 2.3). Die Struktur leitet sich demnach aus dem kubisch raumzentrierten Gitter ab, wenn die Mittelpunkte mit der einen und die Eckpunkte mit der anderen Ionensorte besetzt werden. In der exakten Beschreibungsweise wird der B2-Typ durch ein einfach-kubisches Gitter mit einer Basis aus zwei Ionen bei 000 und $\frac{1}{2}\frac{1}{2}\frac{1}{2}$ dargestellt. Auf eine Elementarzelle entfällt dabei nur ein Teilchenpaar. Zu den Vertretern gehören hauptsächlich Ionenkristalle, bei denen die Durchmesser der Partner nicht allzu verschieden sind, ferner einige intermetallische Verbindungen. Eine Übersicht vermittelt Tab. 2.14.

Die Typen B3, B4 und B8. Wenn sich stark polarisierbare Atome unterschiedlicher Größe miteinander verbinden, wird häufig die Koordinationszahl 4 bevorzugt.

Tabelle 2.14

Verbindungen mit Caesiumchlorid-Struktur (B2)

Substanz	Gitterkonstante a/nm	Substanz	Gitterkonstante a/nm
AgMg	0,3287	FeAl	0,2905
AgCd	0,3340	FeTi	0,2906
AlNi	0,2887	HgMg	0,3448
AuCd	0,3327	LiTl	0,3427
AuMg	0,3266	*NiAl	0,2886
*AuZn	0,3196	TiCo	0,2996
BaS	0,6363	TiI	0,4206
BeCo	0,2611	TlCl	0,3842
BeNi	0,2626	TlBr	0,3978
*BeCu	0,2703	TlI	0,4198
BiTl	0,3988	*AuCdS	0,3347
CaTl	0,3858	*NH_4Cl	0,3874
*CsCl	0,4118	*NH_4Br	0,4055
CsBr	0,4296	*NH_4I	0,4379
CsI	0,4571	$TlNO_3$	0,431
*CuZn	0,2956	CsCN	0,425
FeCo	0,2855		

* Diese Substanzen kristallisieren auch in anderen Gittertypen.

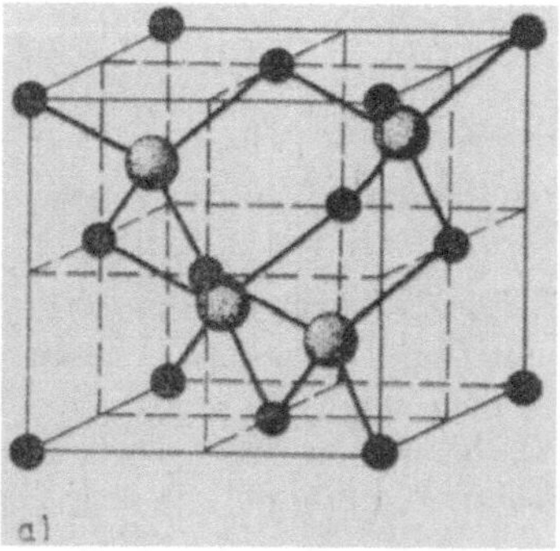

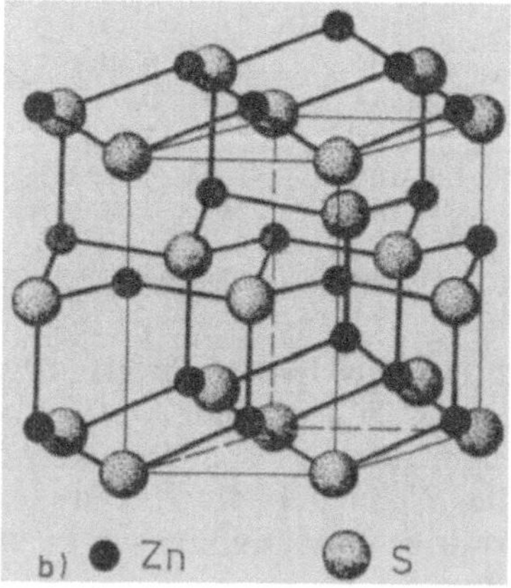

Abb. 2.36a

Kristallstruktur der Zinkblende (B3-Typ).

Abb. 2.36b

Kristallstruktur des Wurtzit (B4-Typ).

Solche Festkörper stehen an der Grenze zwischen Valenz- und Ionenkristallen, und sie gehören meist zu den Halbleitern. Ein Beispiel bildet das schon in 1.2.2. besprochene Zinksulfid (ZnS), das in der Natur in zwei Modifikationen auftritt, die den Typen B3 und B4 die Namen *Zinkblende-* bzw. *Wurtzit-Struktur* gegeben haben (Abb. 2.36a und 2.36b). In beiden Fällen besitzt jedes Atom bzw. Ion vier nächste Nachbarn in tetraedrischer Anordnung, so daß der mikroskopische Aufbau — ähnlich wie bei den beiden dichten Kugelpackungen — gleich ist, solange nur benachbarte Teilchen betrachtet werden. Die Unterschiede zwischen den Kristallstrukturen kommen dadurch zustande, daß sich die Tetraeder gemäß Abb. 2.37 auf zwei verschiedene

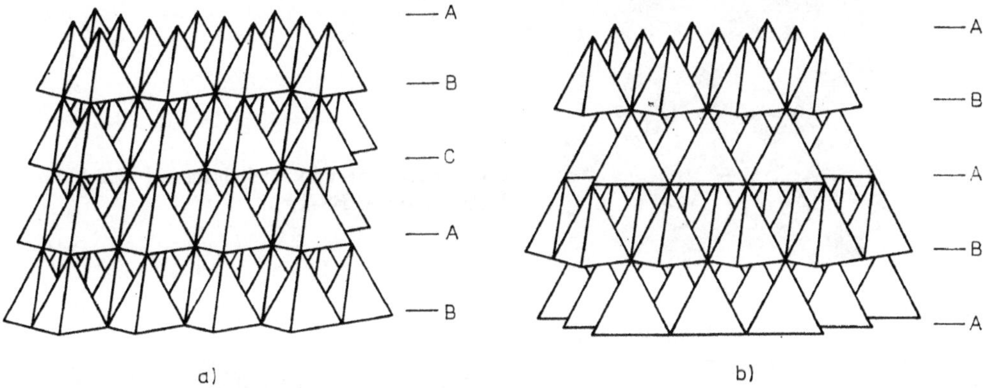

Abb. 2.37
Packung der ZnS_4-Tetraeder in der Zinkblende (a) und im Wurtzit (b).

Weisen zu räumlich periodischen Anordnungen zusammenfügen lassen. Im Falle der Zinkblende (B3-Typ) bilden je 4 Tetraeder eine kubische Elementarzelle, die sich aus der Diamantstruktur ableitet, wenn die Gitterpunkte alternierend mit den beiden Atomarten besetzt werden. Beim Wurtzit (B4-Typ) ordnen sich die Tetraeder dagegen in einer hexagonalen Struktur mit einer Schraubenachse 6_2 an. Betrachten wir nur eine Atomart, beispielsweise die größeren Schwefelatome, so unterscheiden sich die beiden Strukturen durch unterschiedliche Stapelfolgen in ähnlicher Weise wie die fcc- und die hcp-Packungen. Während im Zinkblendekristall die Schwefellagen entsprechend dem Schema ABCABC... aufeinander folgen, wiederholt sich beim Wurtzit die Ausgangslage mit jeder 2. Schicht entsprechend ABAB... Die oben erwähnte hexagonale Form des Diamants entspricht der Wurtzitstruktur bei gleichartigen Atomen.

Eine wichtige Besonderheit der beiden Strukturen, die auch bei anderen komplizierteren Kristallen beobachtet wird, besteht darin, daß keine Inversionssymmetrie mehr vorhanden ist. Während die Diamantstruktur im Mittelpunkt der Verbindungslinie zwischen Nachbaratomen ein Inversionszentrum aufweist, ist dies bei der Zinkblende nicht der Fall, da ja bei der Operation $\boldsymbol{r} \to -\boldsymbol{r}$ ein Zinkatom an die Stelle eines Schwefelatoms treten würde beziehungsweise umgekehrt. Bei der Spaltung von Kristallen äußert sich eine solche „Polarität" darin, daß unter Umständen Flächen erhalten werden, die entweder nur Atome der Sorte A oder solche der Komponente B in der Oberflächenschicht enthalten. Dementsprechend unterscheidet man bei Spaltflächen von ZnS oder GaAs-Kristallen senkrecht zur [111]-Richtung zwischen A- und B-Flächen, die in ihrem Ätzverhalten sowie in den Oberflächeneigenschaften verschiedenartig sind. Als weitere Kristallstruktur von AB-Verbindungen sei noch der hexagonale B8- oder Nickelarsenid(NiAs)-Typ erwähnt, in dem viele halbmetallische Verbindungen, darunter eine Reihe von Erzen, auftreten (Abb. 2.38). Beispiele für die drei Typen B3, B4 und B8 sind mit Angabe der Gitterparameter in Tabelle 2.15 zusammengestellt.

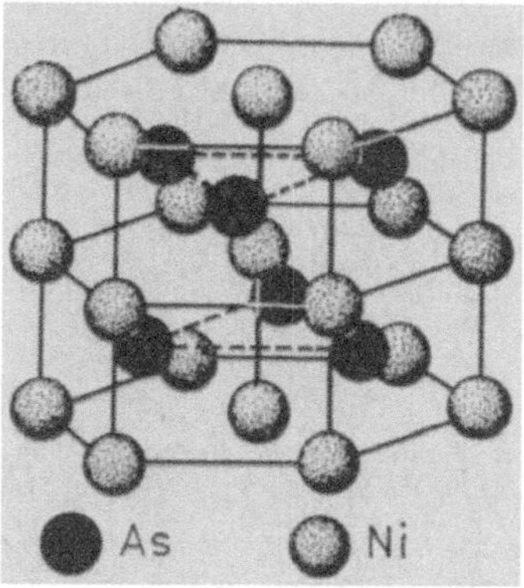

Abb. 2.38
Kristallstruktur von Nickelarsenid NiAs (Rotnickelkies, B8-Typ).

Tabelle 2.15
a) *Verbindungen mit Zinkblende-Struktur (B3)*

Substanz	Gitterkonstante a/nm	Substanz	Gitterkonstante a/nm
AlP	0,5431	CuBr	0,5691
AlAg	0,5630	GaP	0,5447
AlAs	0,5631	GaAs	0,5646
AlSb	0,6142	GaSb	0,6130
BeS	0,486	HgSe	0,6082
BeSe	0,508	HgTe	0,6373
BeTe	0,5551	InAs	0,6048
CSi	0,4357	InSb	0,6474
CdS	0,5832	MnS	0,5611
CdSe	0,6052	MnSe	0,5832
CdTe	0,6423	ZnS	0,5423
CuF	0,4264	ZnSe	0,5661
CuCl	0,5417	ZnTe	0,6082

b) *Verbindungen mit Wurtzit-Struktur (B4)*

Substanz	Gitterkonstante a/nm	c/a	Substanz	Gitterkonstante a/nm	c/a
AgI	0,4589	1,63	MgTe	0,4529	1,62
AlN	0,3110	1,60	*MnS	0,3984	1,62
BeO	0,2700	1,63	*MnSe	0,4128	1,63
*CdS	0,4139	1,62	TaN	0,3056	
*CdSe	0,4309	1,63	ZnO	0,32491	1,60
GaN	0,3186	1,62	*ZnS	0,3819	1,64
InN	0,3540	1,61	NH_4F	0,4399	1,60

c) *Verbindungen mit Rotnickelkies-Struktur* (*B8*)

Substanz	Gitterkonstante a/nm	c/a	Substanz	Gitterkonstante a/nm	c/a
AuSn	0,4328	1,276	*MnSe	0,4128	1,631
CoS	0,3374	1,532	MnTe	0,4132	1,624
CoSe	0,3621	1,461	*MnAs	0,3723	1,535
CoTe	0,3888	1,639	MnSb	0,4128	1,404
CoSb	0,3874	1,342	*NiS	0,3427	1,550
CrS	0,3455	1,669	NiSe	0,3667	1,457
CrSe	0,3691	1,634	*NiTe	0,3965	1,354
CrTe	0,3989	1,560	NiAs	0,3619	1,395
CrSb	0,4118	1,329	NiSb	0,3948	1,304
FeS	0,3460	1,642	NiBi	0,4078	1,317
FeSe	0,3644	1,638	PtSb	0,4138	1,322
FeTe	0,3808	1,484	PtSn	0,4111	1,323
FeSb	0,4068	1,264			

* Diese Substanzen kristallisieren auch in anderen Gittertypen.

2.4.4. Einige Beispiele komplizierter Strukturen

AB_2-Verbindungen (C-Typen). Von den Kristallen der Zusammensetzung AB_2 sind in Abb. 2.39 die Typen C1, C2 und C3 dargestellt, die auch nach den Repräsentanten Flußspat (CaF_2), Pyrit (FeS_2) und Kuprit (Cu_2O) benannt werden. Für die anschauliche Beschreibung ist es am einfachsten, wenn man das „Teilgitter" einer Komponente betrachtet und die Lage der anderen Atome relativ dazu angibt.

Beim *Flußspat* (C1) befinden sich die Calciumatome an den Gitterpunkten eines kubisch flächenzentrierten Gitters, während die Fluoratome um jedes Kation in regelmäßiger 8er-Umgebung angeordnet sind, so daß die Anionen insgesamt ein einfach kubisches Teilgitter bilden. Die Koordinationszahlen betragen somit 8 für die Kationen und 4 für die Anionen. Ähnlich wie bei den B-Typen ist das Auftreten spezieller Kristallstrukturen auch bei den AB_2-Verbindungen an bestimmte Größenbeziehungen gebunden. Beispielsweise muß das Radienverhältnis der Ionen $\frac{r_A}{r_B} > 0{,}63$ sein, damit die Flußspat-Struktur realisiert werden kann. Für den Fall großer Anionen und relativ kleiner Kationen, etwa bei Na_2O oder K_2S, können die Rollen von Kationen und Anionen im C1-Typ miteinander vertauscht sein, und man spricht dann von der „Antifluorit-Struktur". In der nach dem bekannten Eisenmineral benannten *Pyrit-Struktur* (Abb. 2.39b) bilden die Anionen paarweise hantelförmige Gruppen, die ebenso wie die Kationen an den Punkten eines kubisch flächenzentrierten Teilgitters angeordnet sind. Die beiden Teilgitter sind zueinander um eine halbe Würfeldiagonale verschoben, und die Achsen der S_2-Gruppen weisen alternierend in die verschiedenen Diagonalrichtungen.

Die Struktur des *Kuprits* Cu_2O tritt bei Stoffen mit vorwiegend kovalenter Bindung auf, und die Koordinationszahlen sind 4 für die nichtmetallischen und 2 für die metallischen Atome. Die Metallatome bilden ein kubisch flächenzentriertes Teil-

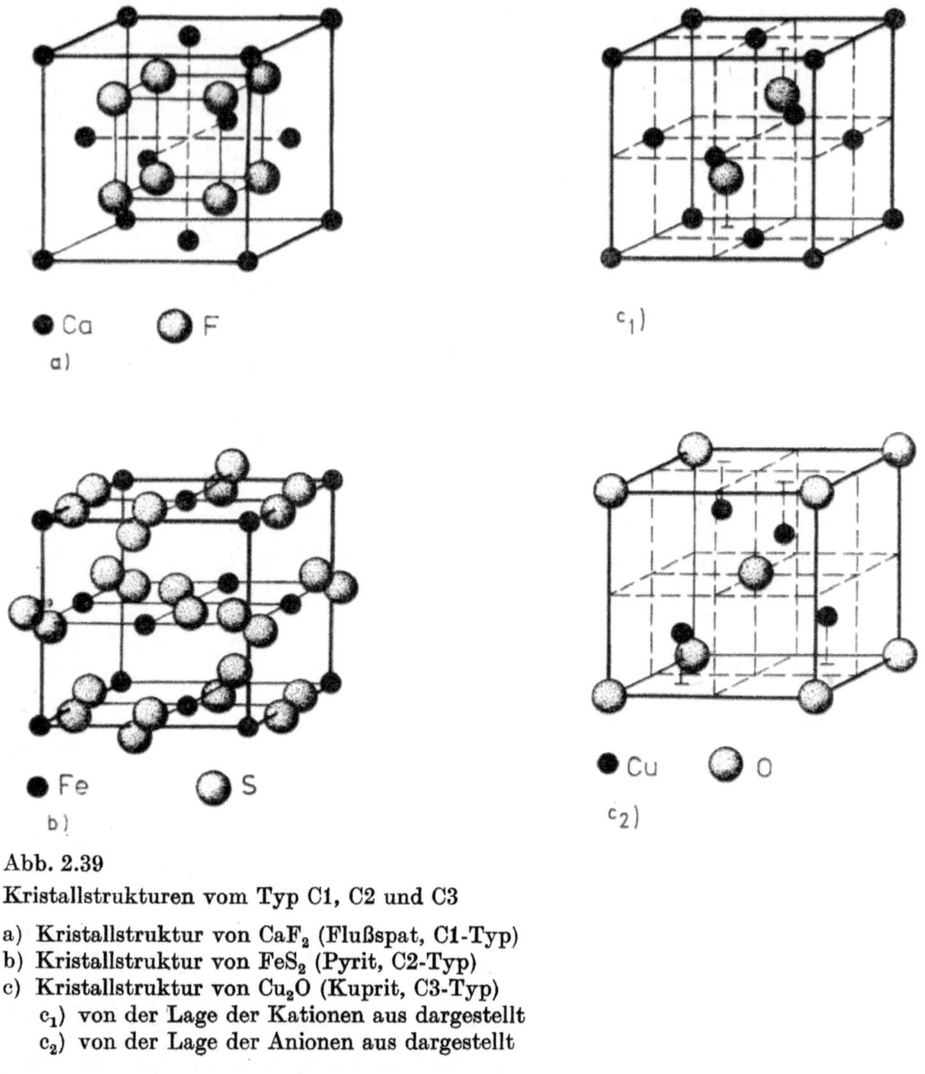

Abb. 2.39
Kristallstrukturen vom Typ C1, C2 und C3

a) Kristallstruktur von CaF_2 (Flußspat, C1-Typ)
b) Kristallstruktur von FeS_2 (Pyrit, C2-Typ)
c) Kristallstruktur von Cu_2O (Kuprit, C3-Typ)
   c_1) von der Lage der Kationen aus dargestellt
   c_2) von der Lage der Anionen aus dargestellt

gitter, in das ein kubisch raumzentriertes Teilgitter der nichtmetallischen Partner um eine viertel Raumdiagonale verschoben hineingestellt ist. Vertreter dieser drei Strukturtypen sind in Tab. 2.16 zusammengestellt.

Perowskit-Struktur (E-Typ). Diese Struktur, in der eine Reihe von Verbindungen mit drei Atomarten der allgemeinen Formel ABC_3 kristallisieren, wird nach dem Mineral Perowskit $CaTiO_3$ benannt. Wir betrachten statt dessen das verwandte *Bariumtitanat* $BaTiO_3$, das auf Grund seiner ferroelektrischen Eigenschaften (vgl. 9.6.) für die Festkörperphysik bedeutungsvoll ist. Wie Abb. 2.40 erkennen läßt, ist jedes Bariumion von 12 Sauerstoffionen in annähernd dichtester Kugelpackung umgeben. In die oktaedrischen Lücken, die in der Zeichnung den Würfelecken entsprechen, fügen sich die wesentlich kleineren Titaniumionen ein. Da die Radien der

Tabelle 2.16

a) *Verbindungen mit Flußspat-Struktur* (*C 1*)

Substanz	Gitterkonstante a/nm	Substanz	Gitterkonstante a/nm
$AuAl_2$	0,6012	Li_2S	0,5719
BaF_2	0,6199	Mg_2Sn	0,6784
CaF_2	0,5462	Mg_2Pb	0,6850
CdF_2	0,5411	Na_2O	0,5561
HgF_2	0,5551	Na_2S	0,6243
K_2O	0,6453	PbF_2	0,5954
K_2S	0,7406	$PtAl_2$	0,5922
Li_2O	0,4628	ZrO_2	0,5080

b) *Verbindungen mit Pyrit-Struktur* (*C 2*)

Substanz	Gitterkonstante a/nm	Substanz	Gitterkonstante a/nm
$AuSb_2$	0,664	NiS_2	0,5752
CoS_2	0,5535	$NiSe_2$	0,4446
$CoSe_2$	0,5866	$PtAs_2$	0,5694
FeS_2	0,5416	PtP_2	0,5694
MnS_2	0,6109	$PtSb_2$	0,6440

c) *Verbindungen mit Kuprit-Struktur* (*C3*)

Substanz	Gitterkonstante a/nm
Ag_2O	0,4730
Cu_2O	0,4263
Pd_2H	0,4008

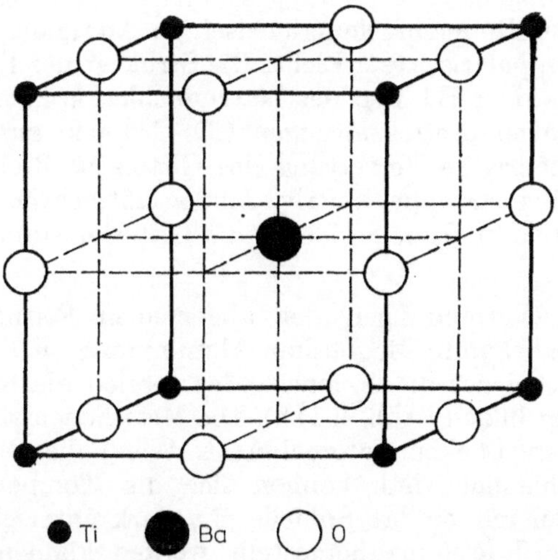

Abb. 2.40
Kristallstruktur von Bariumtitanat $BaTiO_3$ (Perowskit-Typ, $E2_1$).

unterschiedlichen Ionen nicht genau der für allseitige Berührung erforderlichen Geometrie entsprechen, wird die Struktur etwas aufgeweitet, und es kommt zu geringen Abweichungen von der kubischen Kristallsymmetrie. Beim Bariumtitanat sind die Kationen unterhalb der sogenannten Curie-Temperatur von 393 K relativ zu den Sauerstoffionen nach einer Seite etwas verschoben, so daß ein elektrisches Dipolmoment der Kristalle auftritt.

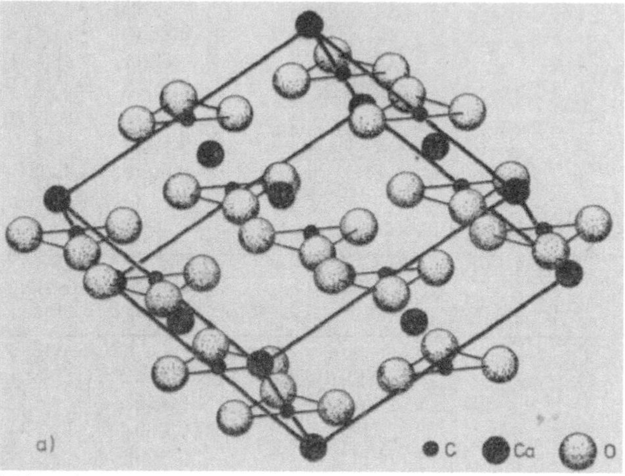

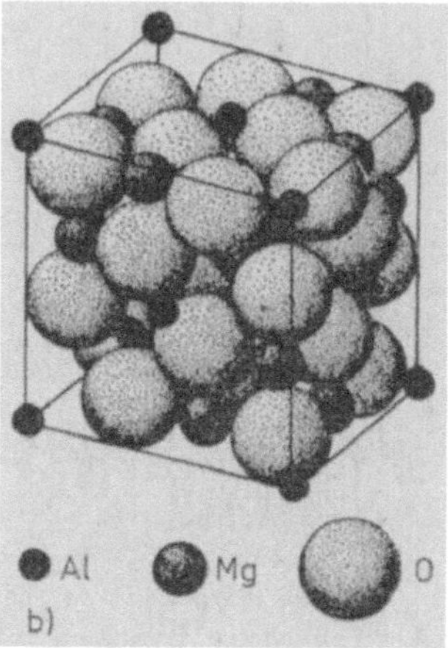

Abb. 2.41 a

Kristallstruktur von Calciumcarbonat $CaCO_3$ (Kalkspat, GO_1-Typ).

Abb. 2.41 b

Kristallstruktur von Magnesium-Aluminium-Spinell ($H1_1$-Typ).

Kalkspat und Aragonit (Strukturtypen GO_1 und GO_2). Calciumcarbonat $CaCO_3$ kommt in natürlichen Lagerstätten teilweise in schön ausgebildeten Kristallen vor, die entweder als Kalkspat zum rhomboedrischen oder als Aragonit zum rhombischen System gehören. Allein vom Kalkspat wurden mehr als 200 verschiedene Wachstumsformen natürlicher Kristalle beobachtet. Passend geschnittene Kalkspatprismen finden auf Grund ihrer optischen Doppelbrechung vielseitige Anwendung für die Erzeugung und den Nachweis von polarisiertem Licht. Die Struktur des Kalkspates (Abb. 2.41a) kann man sich aus dem B1-Typ des Natriumchlorids ableiten: Die Anionenplätze sind mit den großen dreiecksförmigen CO_3-Gruppen zu besetzen, wodurch eine erhebliche rhomboedrische Verzerrung des Gitters in Richtung der Zellen-Diagonalen senkrecht zu diesen Gruppen eintritt. Analog läßt sich die Aragonit-Struktur aus dem B8-Typ ableiten. In Tab. 2.17 sind die Gitterkonstanten dieser Kristalle zusammengestellt.

Spinell ($H1_1$-Typ). Zahlreiche Verbindungen der allgemeinen Formel AB_2C_4, insbesondere der als Halbedelstein bekannte Magnesium-Aluminium-Spinell $MgAl_2O_4$, kristallisieren in einer Struktur, bei der die Anionen oder speziell die Sauerstoffteilchen eine dichte Kugelpackung bilden (Abb. 2.41b). Die Metallionen sind in den tetraedrischen bzw. oktaedrischen Lücken untergebracht. Wenn die Radien der Metallteilchen nicht zu unterschiedlich sind, können sich die Komponenten A und B auch wechselseitig substituieren, so daß Spinelle mit stark unterschiedlicher Zusammensetzung als künstliche Edelsteine hergestellt werden können, die als

Tabelle 2.17

a) *Substanzen mit Kalkspat-Struktur* (GO_1)

Substanz	a/nm	α	Substanz	a/nm	α
*$CaCO_3$	0,6374	46° 6′	$MnCO_3$	0,5852	47°45′
$CdCO_3$	0,6124	47°24′	$NaNO_3$	0,6333	47°13′
$CoCO_3$	0,5685	48°14′	$ZnCO_3$	0,5680	48°26′
$FeCO_3$	0,5766	47°25′	$CaMg(CO_3)_2$	0,6062	46°54′
$MgCO_3$	0,5621	48°10′			

b) *Verbindungen mit Aragonit-Struktur* (GO_2)

Substanz	a/nm	b/nm	c/nm
$BaCO_3$	0,5266	0,8852	0,6562
$CaCO_3$	0,495	0,7956	0,5732
KNO_3	0,5431	0,9188	0,6463
$PbCO_3$	0,5176	0,8485	0,6158

Schmuck sowie neuerdings als einkristalline, isolierende Substrate für Halbleiterschichten dienen. Für die Korrosion der Gebrauchsmetalle Fe und Al ist bedeutungsvoll, daß die Oxide γ-Fe_2O_3 und γ-Al_2O_3 gleichfalls in der Spinell-Struktur auftreten.

Quarz. Da Silicium und Sauerstoff die bei weitem häufigsten Elemente der festen Erdkruste bilden, nehmen Quarz sowie Silicate in der Natur eine vorrangige Stellung ein. Reines Siliciumdioxid tritt in einer Reihe von Modifikationen auf, die zu sehr verschiedenen Kristallsystemen gehören (Tab. 2.18). Das gemeinsame Bauprinzip

Tabelle 2.18

SiO_2-Modifikationen

Modifikation	Kristallsystem	Gitterkonstanten in nm
Tiefquarz (α-Quarz)	trigonal	$a = 0{,}4903$ $c = 0{,}5393$
Hochquarz (β-Quarz)	hexagonal	$a = 0{,}5010$ $c = 0{,}5446$
Tieftridymit (α-Tridymit)	rhombisch	$a = 0{,}988$ $b = 1{,}710$ $c = 1{,}63$
Hochtridymit (β-Tridymit)	hexagonal	$a = 0{,}503$ $c = 0{,}822$
Tiefcristobalit (α-Cristobalit) (metastabil)	tetragonal	$a = 0{,}496$ $c = 0{,}692$
Hochcristobalit (β-Cristobalit)	kubisch	$a = 0{,}716$

bilden regelmäßige Tetraeder der (SiO_4)-Gruppe, die über gemeinsame Ecken miteinander verbunden sind. Einige Bauprinzipien dieser Kristalle sind in Abb. 2.42 dargestellt. Die außerordentliche chemische und kristallographische Mannigfaltigkeit der Silicate der Gesteine leitet sich im Prinzip daraus ab, daß innerhalb der Tetraeder ein Teil der Siliciumatome durch andere Elemente substituiert wird und zwischen den Tetraedern zusätzliche Kationen eingeschoben werden. Dabei können sich auch Kristalle mit Faden- oder Schichtstruktur ausbilden, wofür Asbest und Glimmer bekannte Beispiele darstellen. Schließlich ist für Quarz und viele Silicate charakteristisch, daß *glasartige Strukturen* auftreten, bei denen die periodische Fernordnung der Bausteine aufgehoben ist und statt dessen nur eine mehr oder weniger unregelmäßige Aufeinanderfolge der möglichen Nahordnungen vorliegt. Für die Technik sind diese nichtkristallinen Feststoffe von außerordentlicher Bedeutung, da Gläser sowie Zemente hierzu gehören. Aber auch einkristalliner Quarz ist ein wichtiger Werkstoff, der für optische Bauteile und vor allem für piezoelektrische Bauelemente wie Schwingquarze, Druck-Geber und -Empfänger in großem Umfang genutzt wird. Da Bergkristall entsprechender Qualität knapp ist, werden große Quarzkristalle neuerdings in zunehmendem Maße synthetisch hergestellt.

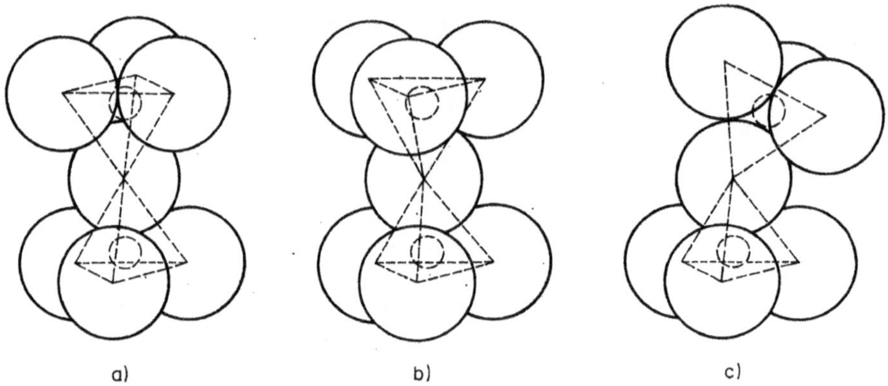

Abb. 2.42
Anordnung benachbarter SiO_4-Tetraeder
a) im Hoch-Cristobalit
b) im Hoch-Tridymit
c) im Hochquarz
Die Si-Atome in den Tetraederzentren sind gestrichelt angedeutet.

2.5. Züchtung von Einkristallen

2.5.1. Übersicht über die wichtigsten Verfahren

Saubere oder auch definiert verunreinigte Einkristalle sind für die festkörperphysikalische Forschung unentbehrlich. Die Mehrheit aller grundlegenden Erkenntnisse über die Eigenschaften der meist polykristallinen Werkstoffe wurde erst durch das Studium von einkristallinen Proben gewonnen. In der Natur finden sich freilich nur von wenigen Stoffen gut ausgebildete Einkristalle. Infolgedessen bildet die gezielte Herstellung von Einkristallen, die *Kristallzüchtung*, eine wichtige Voraussetzung für experimentelle Forschungsarbeiten im Bereich der Festkörperphysik. Mit dem zunehmenden Einsatz von Einkristallen als Werkstoffe entwickelte sich die Kristallzüchtung von einer Kunstfertigkeit zur produktionsmäßigen Technologie in wichtigen Industriezweigen. Neuerdings sind besonders perfekte Einkristalle in Weltraumlaboratorien unter den Bedingungen der Schwerelosigkeit gezogen worden.

Ausgehend von den möglichen *Phasenumwandlungen* gibt es vier mögliche Wege für die Herstellung von Einkristallen:

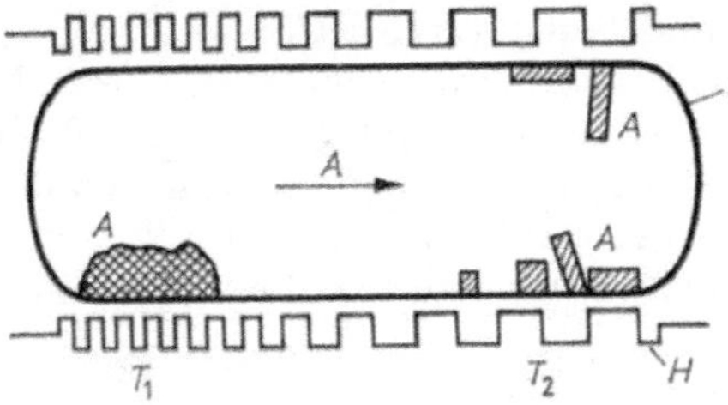

Abb. 2.43

Kristallzüchtung aus der Gasphase, geschlossenes System. In einem Quarzgefäß G befindet sich links polykristallines Ausgangsmaterial A. Durch Aufheizung auf die Temperatur T_1 verdampft A und kondensiert bei T_2 rechts einkristallin. Dabei ist $T_2 < T_1$, H — Heizung.

Züchtung aus der Lösung. Bei diesem Verfahren hängt man einen kleinen „Impfkristall" an einem Faden in eine gesättigte Lösung des abzuscheidenden Stoffes. Bei langsamem Verdunsten oder allmählicher Abkühlung des Lösungsmittels und gleichbleibenden Versuchsbedingungen (Erschütterungsfreiheit, Temperatur, Reinheit) scheidet sich das gelöste Material ausschließlich am Impfkristall ab, ohne daß neue Kristallkeime gebildet werden. Von vielen Salzen können auf diese Weise aus wäßriger Lösung schöne große Einkristalle hergestellt werden. Nachteilig ist jedoch, daß die Kristalle durch Einschlüsse von Lösungsmittel verunreinigt werden. Organische Stoffe lassen sich aus geeigneten Lösungsmitteln abscheiden, und für Kristalle von halbleitenden Verbindungen wird die Züchtung aus Lösungen in geschmolzenen Metallen benutzt.

Kristallwachstum aus der Gasphase. Die Bildung von Kristallen aus der Gasphase kann durch Kondensation des verdampften Materials oder durch chemische Reaktionen zwischen gasförmigen bzw. flüchtigen Ausgangsverbindungen. erfolgen. Da im Gasraum bei den üblichen Gefäßdimensionen nur relativ kleine Stoffmengen enthalten sind, kommt es bei der Züchtung größerer Kristalle darauf an, über längere Zeit einen kontinuierlichen Gasstrom zum Abscheidungsort unter möglichst konstanten Bedingungen aufrechtzuerhalten und auf diese Weise für einen ständigen Nachschub der „Nährphase" zu sorgen. Hinsichtlich der experimentellen Durchführung unterscheidet man zwischen geschlossenen und offenen Systemen.

Im ersten Fall befindet sich das feste, polykristalline Ausgangsmaterial in einer abgeschmolzenen Ampulle, die wegen der Temperaturbeständigkeit meist aus Quarzglas gefertigt wird (Abb. 2.43). Durch elektrische Heizung in einem Zweizonenofen wird ein Temperaturgefälle geschaffen, so daß an einem Rohrende ständig Material verdampft, das sich am kühleren Ende in fester Form abscheidet. Bei vielen Stoffen bilden sich an der Rohrwand zunächst einige zufällig verteilte Keime, die anschließend zu größeren Kristallen mit Abmessungen von 3···20 mm heranwachsen. Um einzelne größere Einkristalle zu züchten, bringt man vor dem Abschmelzen einen Impfkeim in der Abscheidungszone an und regelt die Temperatur so ein, daß der Kristall wächst, jedoch keine weiteren Keime gebildet werden. Diese Sublimationsmethode ist für die Herstellung von Kristallen einfacher anorganischer Verbindungen wie CdS und ZnTe sowie für unzersetzt sublimierbare organische Stoffe, beispielsweise Hexamethylentetramin, geeignet. Für Stoffe, bei denen die direkte Verflüchtigung nicht möglich ist, benutzt man chemische Transportreaktionen. So lassen sich ZnS oder GaP durch Zusatz von J_2 und Fe_2O_3 durch HCl vom Ausgangsmaterial zum Züchtungsort überführen. Der Jod-Dampf bzw. Chlorwasserstoff bilden mit den genannten Verbindungen in umkehrbarer Reaktion gasförmige Produkte, die sich am anderen Rohrende wieder zersetzen. Bei offenen Reaktionssystemen wird inertes Trägergas (He, Ar, N_2, CO_2), gegebenenfalls unter Zusatz von reaktiven Komponenten (H_2, J_2, HCl), bei normalem Druck durch die Apparatur gepumpt (Abb. 2.44).

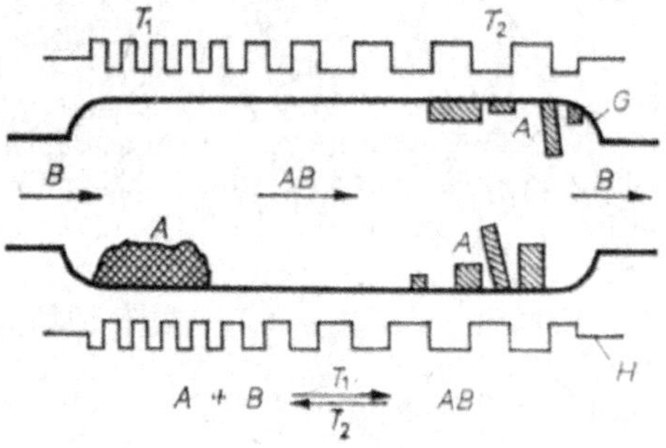

Abb. 2.44

Kristallzüchtung aus der Gasphase, offenes System. Gasförmige Komponenten B strömen über polykristallines Ausgangsmaterial A der Temperatur T_1. Die hierbei entstehenden Reaktionsprodukte zersetzen sich bei der Temperatur T_2. A scheidet sich einkristallin ab, B verläßt das Gefäß G.

Wird die Nährphase durch Sublimation oder chemischen Transport gebildet, so genügt es, den Gasstrom bei geeigneter Temperatur und konstanter Strömungsrate über das Ausgangsmaterial zu leiten. Vielfach geht man jedoch von gasförmigen Verbindungen der Komponenten aus, die über spezielle Dosiersysteme dem Gasstrom zugeführt werden. Ein wichtiges Beispiel bildet die Abscheidung einkristalliner Halbleiterschichten auf einkristallinen Substratscheiben durch chemische Abscheidung. Für Silicium verwendet man beispielsweise die Reaktion

$$2H_2 + SiCl_4 \rightleftharpoons Si + 4HCl, \qquad (2{,}40)$$

die oberhalb 1000 °C nach rechts verläuft. Das gebildete Silicium scheidet sich auf einkristallinen Si-Scheiben *epitaktisch* ab, d. h., die Kristalle wachsen einkristallin weiter. Dieser Prozeß ist von großer Bedeutung als Verfahrensschritt in der Mikroelektronik. Allgemein wird das einkristalline Aufwachsen einer Schicht auf einer gleichfalls einkristallinen Unterlage als *Epitaxie* bezeichnet. Bestehen Schicht und

Unterlage oder „Substrat" aus dem gleichen Grundmaterial, so spricht man von Homoepitaxie, während Heteroepitaxie vorliegt, wenn die Schicht auf einem Substrat aus andersartigem Material aufwächst. Solche Heterokristalle, beispielsweise von GaAs auf GaP, haben neuerdings für optoelektronische Bauelemente, wie Leuchtdioden und Halbleiterlaser, bedeutende Anwendungen gefunden. Um diese Strukturen herzustellen, verwendet man die chemische Abscheidung in offenen Systemen. Zusammenfassend werden die Verfahren zur chemischen Abscheidung von ein- oder polykristallinen Schichten aus der Gasphase auch als CVD-Verfahren nach dem englischen Ausdruck „chemical vapour deposition" bezeichnet. CVD-Verfahren haben in der Halbleitertechnik eine große Bedeutung erlangt. Insbesondere werden CVD-Verfahren dort mit großem Erfolg angewandt, wo andere Verfahren z. B. wegen der Reaktion der Schmelze mit dem Tiegelmaterial oder wegen ungünstiger Gleichgewichtsstöchiometrie versagen. Für Forschungszwecke werden in zunehmendem Maße nicht nur Schichten, sondern auch größere Kristalle auf chemischem Wege aus der Gasphase gezüchtet. Umfangreiche Aktivitäten zeichnen sich international bezüglich der SOS-Technik (Silicium auf Saphir) unter Verwendung einer chemischen Dampfabscheidung von Silicium auf isolierenden Substraten ab. In Tabelle 2.19 sind einige Angaben über die Herstellung von Einkristallen aus der Gasphase nach veröffentlichten Ergebnissen zusammengestellt. Unter „linearer Wachstumsgeschwindigkeit" versteht man das Dickenwachstum einer Kristallfläche senkrecht zur Oberfläche in mm pro Zeiteinheit (min, h oder d).

Hydrothermalsynthese. Dieses Verfahren stellt einen interessanten Übergangsfall zwischen der Züchtung aus der Lösung und der Abscheidung aus der Gasphase dar. Es beruht auf der Tatsache, daß hochgespannter, „überkritischer" Wasserdampf, also Wasser im Bereich oberhalb des kritischen Punktes im Zustandsdiagramm, beträchtliche Mengen sonst nahezu unlöslicher Stoffe aufzunehmen vermag, eine Erscheinung, die beim geologischen Kristallwachstum, aber auch bei der Abscheidung von Kesselstein in Kraftwerken eine wichtige Rolle spielt. In Nachahmung der natürlichen Prozesse läßt man überspannten, mit SiO_2 gesättigten Wasserdampf in großen Hochdruckreaktoren wochenlang bei 400 °C und $4 \cdot 10^8$ Pa (4000 at) auf Impfkristalle einwirken und erreicht so das Wachstum großer Quarz-Einkristalle in ausgezeichneter Qualität.

Kristallzüchtung aus der Schmelze. Die wichtigsten, labormäßig und technisch eingesetzten Verfahren zur Herstellung großer Einkristalle von Metallen, Halbleitern und anderen Stoffen nutzen die Phasenumwandlung vom flüssigen in den festen Aggregatzustand aus. Impft man die geschmolzene Substanz mit einem Kristallkeim, so wird beim allmählichen Erstarren unter sorgfältig gewählten Versuchsbedingungen das gesamte Material als einheitlicher Kristall abgeschieden, ohne daß neue Keime gebildet werden.

Im einfachsten Falle, dem Verfahren nach Nacken und Kyropoulos, bringt man den Impfkeim in die Schmelze und läßt das Material durch langsame Abkühlung des Ofens erstarren. Dabei wird allerdings Schmelzwärme freigesetzt, und es bauen sich Spannungen auf, wodurch das Kristallwachstum erheblich gestört werden kann.

Günstiger ist die Methode nach Bridgman und Stockbarger (Abb. 2.45), bei der sich der Impfkristall am ausgezogenen Ende der abgeschmolzenen Ampulle befindet. Durch einen geeigneten Mechanismus wird die Ampulle erschütterungsfrei und gleichmäßig durch einen rohrförmigen Ofen mit vertikalem Temperaturgradien-

Tabelle 2.19

Züchtung von Einkristallen aus der Gasphase
(nach NITSCHE, R., in: Festkörperprobleme (Hrsg. von O. MADELUNG), Bd. VIII. – Berlin: Akademie-Verlag 1970)

	Ausgangsstoffe Fest (Flsg.)	Ausgangsstoffe Gase	Gas Nährphase und (Trägergase)	Endprodukt Kristalle	Endprodukt Gase	Prinzipielle Anordnung
A	CdS	subl. →	$Cd + \frac{1}{2} S_2$ →	CdS	—	
B	SnO_2	subl. (He) →	$SnO + \frac{1}{2} O_2$ →	SnO_2	(He)	
C	ZnS	$+ I_2$ →	$ZnI_2 + \frac{1}{2} S_2$ →	ZnS	$+ I_2$	
D	GaAs	$+ HCl$ → (H_2)	$GaCl + As$ → (H_2)	GaAs	$GaCl_3$ $+ As$ (H_2)	
E	—	SiH_4 (H_2)	SiH_4 (H_2)	Si	(H_2)	
F	(Cd) (Te)	subl. (H_2) subl.	$Cd + \frac{1}{2} Te_2$ (H_2)	CdTe	(H_2)	
G	(Cd)	subl. (H_2) H_2S	$Cd + H_2S$ (H_2)	CdS	(H_2)	
H	(Ga)	$+ HCl$ → PH_3 (H_2)	$GaCl$ PH_3 (H_2) →	GaP	$GaCl_3$ $+ P$ (H_2)	
I	(YCl_3) $(FeCl_3)$	(Ar) H_2O (Ar)	$3YCl_3 + 5FeCl_3$ $+ 12\ H_2O$	$Y_3Fe_5O_{12}$	$+ 24\ HCl$	

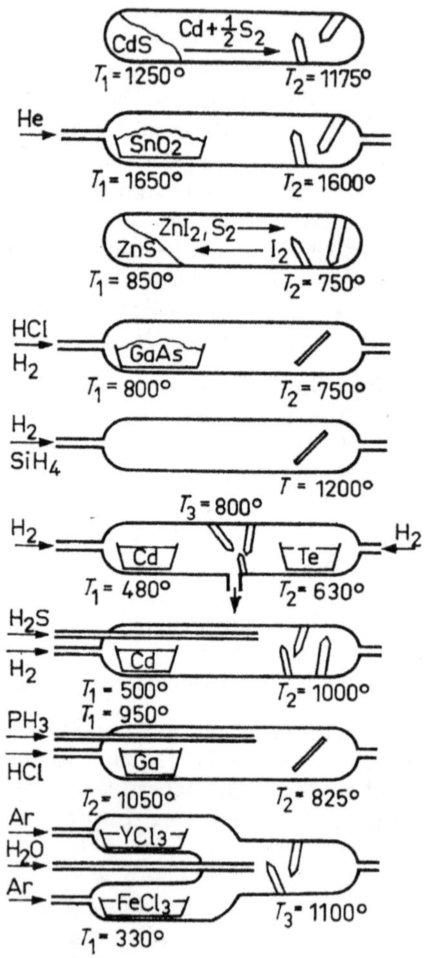

ten abgesenkt. Man erzielt so eine gleichmäßige Erstarrungsfront und eine bessere Wärmeabführung an der Phasengrenzfläche. In Abb. 2.45c ist eine modifizierte Anlage dieses Prinzips wiedergegeben, die zur Herstellung von Edelgaskristallen entwickelt wurde. Der gesamte innere Aufbau mit der Zuchtampulle ist an einer Saite aufgehängt und kann über einen Motor mit Geschwindigkeiten von 0,1···2 mm/h abgesenkt werden. Um Argonkristalle zu ziehen, wird das innere Dewar-Gefäß mit flüssigem Sauerstoff gefüllt, der mit passend eingeregelter Heizung auf einer

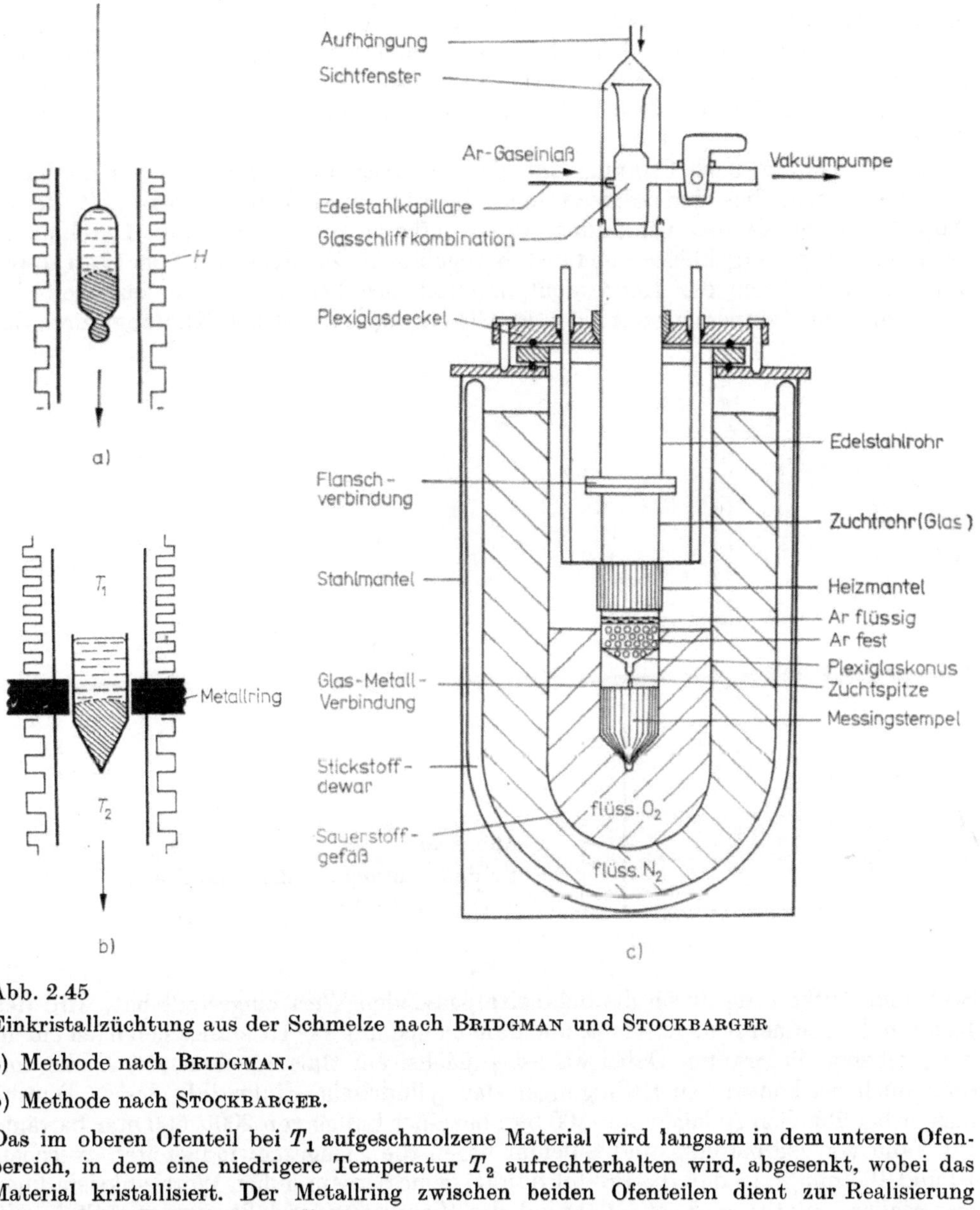

Abb. 2.45

Einkristallzüchtung aus der Schmelze nach Bridgman und Stockbarger

a) Methode nach Bridgman.

b) Methode nach Stockbarger.

Das im oberen Ofenteil bei T_1 aufgeschmolzene Material wird langsam in dem unteren Ofenbereich, in dem eine niedrigere Temperatur T_2 aufrechterhalten wird, abgesenkt, wobei das Material kristallisiert. Der Metallring zwischen beiden Ofenteilen dient zur Realisierung eines stabilen Temperaturgradienten.

c) Prinzip einer Anlage zur Züchtung von Edelgaseinkristallen, die auf der Methode von Stockbarger basiert (Lüscher, E., in: Festkörperprobleme (Hrsg. von O. Madelung), Bd. X. — Berlin: Akademie-Verlag 1970).

Temperatur von 80,5 K gehalten wird. Zunächst wird die konische Spitze der mit flüssigem Argon gefüllten Ampulle in den Sauerstoff eingetaucht. Dabei bildet sich ein Zuchtkeim, welcher 24 h stabilisiert wird. Erst danach beginnt das eigentliche Ziehen des Kristalls. Das Volumen der erhaltenen Einkristalle beträgt maximal 45 cm^3.

Beim Verfahren nach CZOCHRALSKI, das bei weitem am häufigsten für die labor- und industriemäßige Kristallherstellung benutzt wird, arbeitet man mit der in Abb. 2.46 dargestellten Anordnung. Ein Impfkeim von wenigen mm Durchmesser ist an einem wassergekühlten Metallstab angebracht. Zunächst wird der Stab soweit abgesenkt, daß sich der Keim dicht oberhalb des Pegels der Schmelze befindet. Wenn sich die Temperatur auf einen im Gleichgewicht zwischen Kühlung durch den

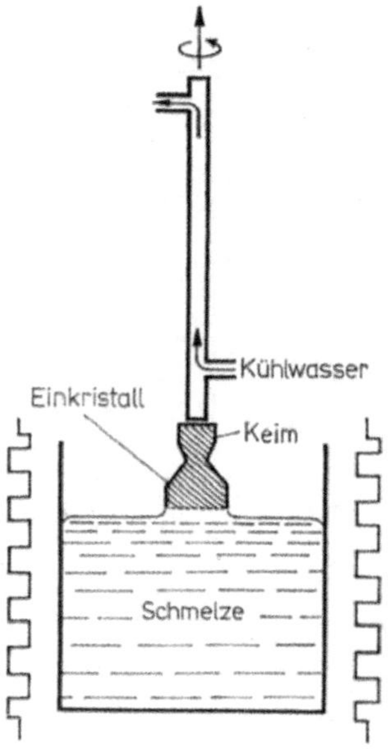

Abb. 2.46
Kristallzüchtung aus der Schmelze nach CZOCHRALSKI.

Stab und Aufheizung durch die Schmelze passenden Wert eingestellt hat, wird der Keim in die Schmelze eingetaucht, und danach beginnt das Kristallziehen nach einem vorgegebenen Programm. Dabei wächst zunächst ein Hals zunehmender Dicke und schließlich bei konstanten Bedingungen der zylindrische Einkristall, dessen Durchmesser bei üblichen Anlagen 25···100 mm bei einer Länge von 200···600 mm beträgt. Im Falle von Germanium und Silicium liegen die Ziehgeschwindigkeiten zwischen 10 und 100 mm/h, so daß die Produktivität, gemessen am hohen Wert einkristalliner Materialien, relativ groß ist. Während des Ziehvorganges läßt man den Stab mit dem wachsenden Kristall gleichmäßig um die eigene Achse rotieren; manchmal wird außerdem der Tiegel in eine gegenläufige Drehung versetzt. Durch diese Bewegung erreicht man eine gleichmäßigere Temperaturverteilung und eine bessere Durchmischung des geschmolzenen Materials, das im Zentrum von unten her nachfließt und an der Grenzfläche infolge der Zentrifugalkraft nach außen strömt. Auf diese Weise wird der Abtransport der freiwerdenden Schmelzwärme durch Konvektion gefördert. Die Heizung erfolgt bei modernen Anlagen meist auf induktivem Wege oder durch Graphitheizer. Der Tiegel und die Ziehvorrichtung sind unter Inertgas in einem dichten Quarzrohr oder einem Metallrohr mit Beobachtungsfenstern eingeschlossen.

Um einen polykristallinen Stab in einen Einkristall umzuwandeln, reicht es aus, mit einem induktiven Heizer eine relativ schmale Zone des Materials aufzuschmelzen und diesen Bereich durch Bewegen des Heizers langsam, beginnend vom Ende mit dem Impfkristall, durch den gesamten Stab zu führen. Dabei schmilzt an der einen Front der Zone polykristallines Material, das am anderen Ende in einkristalliner Form abgeschieden wird. Dieses *Zonenschmelzverfahren* bietet technologsiche Vor-

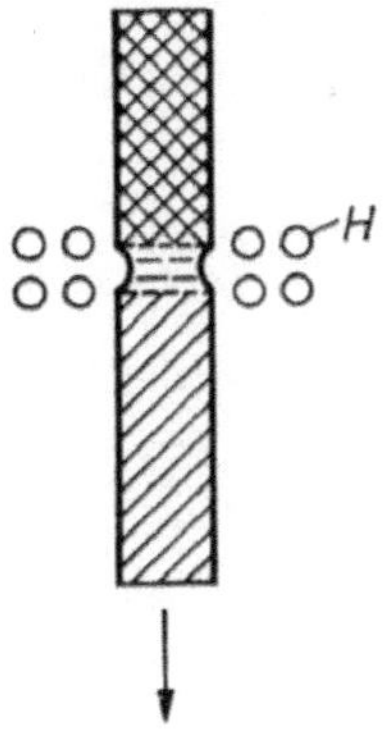

Abb. 2.47
Prinzip des Zonenschmelzverfahrens, H — Induktionsspule.

teile, da es sich unmittelbar an die physikalische Reinigung durch Zonenschmelze (vgl. 2.4.3.) anschließen läßt. Bei senkrechter Anordnung des Materials (Abb. 2.47) kann außerdem auf Tiegel verzichtet werden, die bei den hohen Temperaturen der Züchtung von Halbleiterkristallen stets eine Gefährdung der Reinheit infolge Materialaustausch mit den Wänden mit sich bringen. Voraussetzung ist allerdings, daß die aufgeschmolzene Zone durch die Oberflächenspannung noch am Stab gehalten wird und nicht abtropft. Für genügend dicke Stäbe ergibt sich für die maximale Zonenlänge näherungsweise:

$$h_{\max} = 2{,}8 \sqrt{\frac{\sigma}{\varrho\gamma}}, \tag{2,41}$$

wobei σ die Oberflächenspannung, ϱ die Dichte der Flüssigkeit und $\gamma = 9{,}81\ \mathrm{m/s^2}$ die Fallbeschleunigung bedeuten. Für Si erhält man $h_{\max} = 17$ mm, für Ge bzw. GaAs dagegen nur 9 bzw. 7,8 mm. Die kleinen Werte sind technisch für dicke Kristalle schwer zu realisieren, da die bekannten Heizmethoden hauptsächlich auf die Oberflächenschicht einwirken, so daß im Inneren leicht eine Unterbrechung der flüssigen Zone eintritt. Ein möglicher Ausweg besteht darin, den Zusammenhalt der geschmolzenen Zone durch zusätzliche elektrodynamische Kraftwirkungen zu fördern.

Als weitere Variante der Kristallzüchtung aus der Schmelze sei noch das seit langem bekannte *Verneuil-Verfahren* erwähnt (Abb. 2.48). Das feinpulverisierte Ausgangsmaterial wird in der sehr heißen Flamme eines Gasgebläses auf eine Unterlage aufgeschmolzen, die sich langsam absenkt, so daß ein birnenförmiger Einkristall aufwächst. Auf diese Weise werden hauptsächlich synthetische Halbedelsteine wie Korund und Spinell technisch hergestellt.

Kristallbildung durch Phasenumwandlung im festen Zustand. Auch innerhalb fester Stoffe ist das Wachstum von Kristallen aus anderen kristallinen oder amorphen Strukturen möglich. Beispiele bilden die früher besprochene polymorphe Umwandlung der Kristallstrukturen von Elementen bei Änderung der Temperatur und des Druckes sowie die häufig beobachtete Kristallisation von Gläsern. Wegen der eingeschränkten Bewegung der atomaren Bausteine verlaufen diese Vorgänge allerdings so langsam, daß sie für die Kristallzüchtung nicht in Betracht kommen.

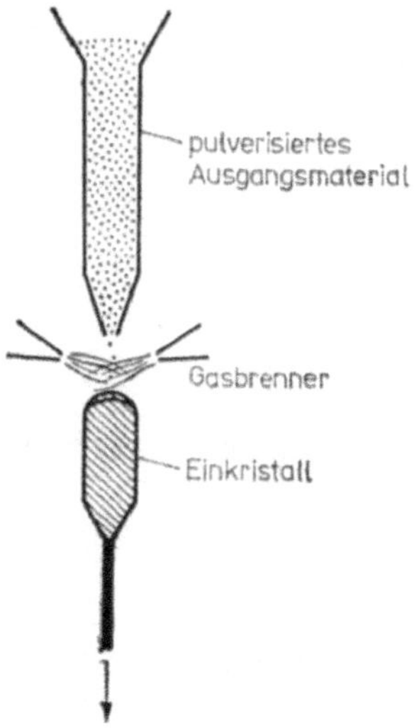

Abb. 2.48
Kristallzüchtung nach dem Verneuil-Verfahren.

Eine wichtige Ausnahme bildet die *Höchstdrucksynthese* von Diamanten aus Graphit, die bei Gegenwart von metallischen Katalysatoren (Fe, Ni) seit 1953 durchgeführt wird. Die Umwandlung findet erst bei Drücken von 10^{10} Pa und Temperaturen um 2500 °C mit einigermaßen befriedigender Geschwindigkeit statt. Um die hohen Drücke zu erzeugen, benutzt man gigantische hydraulische Pressen und eine anschließende Druckübersetzung mit passend geformten Stempeln. Die eigentliche Reaktionskammer wird mit dem Mineral Pyrophyllit gedichtet und elektrisch isoliert, so daß mit einem elektrisch beheizten Graphitstab die erforderliche Temperatur eingehalten werden kann. Es bilden sich oktaedrische oder kubische kleine Kristalle, die als Industriediamanten für die Belegung von Bohrern, Fräsern, Sägen und Schleifkörpern äußerst begehrt sind. Neben der kubischen wurde auch die hexagonale Modifikation des Diamants hergestellt.

Auch andere Hartstoffe lassen sich mit der Höchstdrucksynthese herstellen; insbesondere das kubische Bornitrid oder *Borazon*, das gegenüber dem Diamanten den Vorteil höherer Beständigkeit in heißer Luft bietet. Zweifellos wird die Erforschung der Kristallstrukturen bei höchsten Drücken die Festkörperphysik noch wesentlich bereichern und dazu beitragen, neue Materialien für die Technik aufzufinden. Die bisher größte Höchstdruckanlage, welche die Höhe eines zehngeschossigen Hauses besitzt, wurde am Lebedew-Institut in Moskau aufgebaut. In den letzten Jahren konnten Kohlenstoffschichten mit diamantähnlichen Eigenschaften auch durch Kondensation von relativ energiereichen Ionen (C^+ bzw. $C_6H_6^+$ bei $\approx 10^2$ eV) im Vakuum hergestellt werden. Diese Schichten sind jedoch nicht kristallin, sondern glasartig (vgl. 4.4.4. und 4.5.2).

2.5.2. Zum Mechanismus des Kristallwachstums

Die Bildung von Kristallen aus einer umgebenden, weniger geordneten Phase stellt einen *Phasenübergang* 1. *Ordnung* dar, der durch den Verlauf der Gibbsschen Freien Enthalpie G gemäß Abb. 2.49 gekennzeichnet wird. Wir betrachten hier den Fall der Kristallisation durch Erstarren einer Schmelze und bezeichnen die auf gleiche Stoffmengen bezogenen thermodynamischen Größen der beiden Phasen durch den Index l (nach „liquidus") für die flüssige und durch den Index s (nach „solidus") für die feste Phase. Nach den allgemeinen Gleichgewichtsforderungen der Thermodynamik gilt dann für den Schmelzpunkt

$$\Delta G = 0; \quad G_l = G_s, \tag{2,42}$$

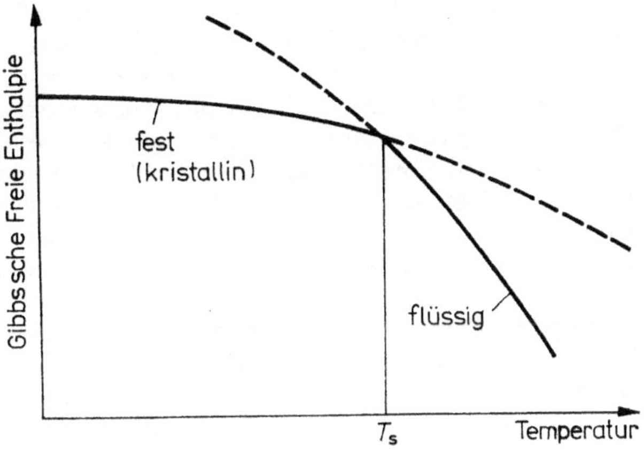

Abb. 2.49
Verlauf der Gibbsschen Freien Enthalpie in Abhängigkeit von der Temperatur bei konstantem Druck (schematisch).

d. h., die Freien Enthalpien der beiden Phasen stimmen überein. Drücken wir die Freie Enthalpie entsprechend ihrer Definition durch $G = H - TS$ aus, wo H die Enthalpie, S die Entropie und T die absolute Temperatur bedeuten, so ergibt sich für das Gleichgewicht bei der Schmelztemperatur T_{sl}:

$$\Delta G = G_l - G_s = \Delta H - T_{sl} \cdot \Delta S = 0 \cdot \tag{2,43}$$

mit $\Delta H = H_l - H_s$ und $\Delta S = S_l - S_s$.

Für das Schmelzgleichgewicht besteht demnach zwischen der Umwandlungsenthalpie oder *Schmelzwärme* ΔH und der Entropieänderung der Zusammenhang

$$\Delta H = T_{sl} \cdot \Delta S. \tag{2,44}$$

Bei der Kristallisation aus der Schmelze und allgemein bei Phasenumwandlungen 1. Ordnung ändern sich die Enthalpie, die bei kleinen Volumenänderungen gleich der Inneren Energie gesetzt werden kann, sowie die Entropie sprunghaft. Zwischen den beiden Phasen bildet sich eine definierte Phasengrenze aus, die sich mit fortschreitender Erstarrung verschiebt. Im Gegensatz dazu ändern sich die thermodynamischen Größen bei Phasenübergängen 2. Ordnung, beispielsweise bei Ordnungsvorgängen in Gläsern oder Legierungen, so, daß sich keine Phasengrenzen ausbilden. Phasenübergänge 2. Ordnung sind dadurch charakterisiert, daß sich die thermodynamischen Größen stetig, ihre Ableitungen nach der Temperatur jedoch sprunghaft ändern. Ausführlich gehen wir in Kapitel 8. auf Phasendiagramme ein.

Praktisch schreitet der Phasenübergang flüssig—fest erst wesentlich unterhalb des Schmelzpunktes mit nennenswerter Geschwindigkeit voran. Die Umwandlung erfolgt dann als irreversibler Prozeß, für den man bei nicht zu starker Unterschreitung des Schmelzpunktes ansetzen kann:

$$\Delta G = \frac{T_{sl} - T}{T_{sl}} \Delta H = \frac{\Delta T}{T_{sl}} \Delta H = \Delta T \cdot \Delta S. \tag{2,45}$$

Die Temperaturdifferenz $\Delta T = T_{sl} - T$ wird als *Unterkühlung* der Schmelze bezeichnet. Bei Abwesenheit von Staub und erschütterungsfreier Aufstellung lassen sich Schmelzen um viele Grad unterkühlen; die flüssige Phase existiert dann auch wesentlich unterhalb der Temperatur des thermodynamischen Gleichgewichtes als metastabiler Zustand weiter. Ähnlich wird auch bei der Kondensation aus der Gasphase oder der Kristallisation aus Lösungen beobachtet, daß sich die feste Phase erst bei wesentlicher Überschreitung des Sättigungsdampfdruckes beziehungsweise der Sättigungskonzentration abscheidet, und man spricht bei diesen Systemen von „Übersättigung". Als Ursache für den verzögerten Phasenübergang sind kinetische Einflußfaktoren anzusehen, durch die die Gleichgewichtseinstellung gehemmt wird. Nach VOLMER (1939) sind im wesentlichen zwei Elementarprozesse für die Kinetik der Phasenbildung im System fest—flüssig verantwortlich:

Erstens verläuft die Bildung primärer Kristallkeime gehemmt, da ein stabiler oder „überkritischer" Keim nur entstehen kann, wenn sich zahlreiche Teilchen zusammenschließen. Das ist aber statistisch gesehen äußerst unwahrscheinlich, denn der Antransport von Teilchen durch Diffusion aus der flüssigen Phase erfordert die Überwindung einer Potentialschwelle A_l, die als *Aktivierungsenergie* aufzufassen ist. Außerdem besitzen die Teilchen im wachsenden Keim zunächst eine geringere Bindungsenergie als im größeren Kristall, denn ein sehr kleiner Keim enthält relativ viele Oberflächenatome oder -moleküle, die nur an die wenigen inneren und seitlichen Nachbarn gebunden sind. Die Geburt eines stabilen Keimes erfordert demnach einen zusätzlichen Aufwand, der etwas pauschal durch eine weitere Potentialschwelle A_K ausgedrückt werden kann. In der von L. BOLTZMANN und ARRHENIUS begründeten kinetischen Theorie physikalischer und physikalisch-chemischer Prozesse wird die Geschwindigkeit einer Reaktion proportional zu $\exp\left(-\frac{A}{k_B \cdot T}\right)$ vorausgesetzt, wenn A die zu überwindende Potentialschwelle oder Aktivierungsenergie, k_B die Boltzmann-Konstante und T die absolute Temperatur ist. (Die Boltzmann-Konstante kennzeichnen wir mit dem Index B, um Verwechslungen mit der im weiteren noch viel benutzten Wellenzahl auszuschließen.) Diesem Ansatz liegt die Überlegung zugrunde, daß im Rahmen ihrer thermischen Bewegung nur solche Teilchen die Schwelle überwinden können, deren kinetische Energie größer als A ist. Nach der Boltzmann-Statistik ist der Bruchteil von Teilchen mit einer Energie größer als A jedoch durch

$$\frac{N}{N_0} = e^{-\frac{A}{k_B \cdot T}} \tag{2,46}$$

gegeben. N_0 bedeutet die Gesamtzahl der atomaren Teilchen und N die Anzahl derjenigen mit einer Energie größer als A.

Ziehen wir die beiden Potentialschwellen der Keimbildung A_l und A_K zu einem exponentiellen Term zusammen, was näherungsweise erlaubt ist, so ergibt sich die von VOLMER angegebene Beziehung für die Geschwindigkeit der Bildung primärer Keime:

$$\frac{dZ}{dt} = K_{prim} \exp\left(-\frac{A_l + A_K}{k_B T}\right) \qquad (2,47)$$

Z: Anzahl der gebildeten primären Keime,
K_{prim}: Geschwindigkeitskonstante der primären Keimbildung,
A_l: Aktivierungsenergie der Diffusion in der Schmelze,
A_K: Aktivierungsenergie für die Bildung der Keime.

Infolge des exponentiellen Zusammenhangs wird die Keimbildungsrate äußerst stark beeinflußt, wenn sich A_l beziehungsweise A_K ändern. Mit wachsender Unterkühlung nimmt A_K ab, da die feste Phase energetisch im Vergleich zum flüssigen Zustand immer stabiler wird, und die Keimbildungsrate steigt steil an. Bei fortgesetzter Unterkühlung nimmt sie jedoch wieder ab, weil die Diffusion der Teilchen in der flüssigen Phase infolge geringerer Wärmebewegung eingeschränkt wird, was sich in einer Zunahme von A_l äußert. Dieser charakteristische Zusammenhang wurde bereits vor der theoretischen Interpretation durch TAMMANN empirisch gefunden.

Auch der zweite Elementarprozeß, das weitere Wachstum der bereits vorhandenen Keime beziehungsweise Kristalle, wird in ähnlicher Weise gedeutet. Für den Antransport des Materials aus der Schmelze bleibt weiterhin die Aktivierungsenergie A_l der Diffusion bestimmend. Anstelle der Größe A_K wird dagegen eine im allgemeinen kleinere Schwelle A_A eingeführt, mit der die Aktivierungsenergie für den Anbau von Teilchen an die Kristallfläche gekennzeichnet wird. Die bereits früher eingeführte lineare Wachstumsgeschwindigkeit v_K einer Kristallfläche, die Rate des Dickenwachstums in Richtung der Flächennormalen, läßt sich daher durch eine zu (2,47) völlig analoge Formel ausdrücken:

$$v_K = K_{sek} \exp\left(-\frac{A_l + A_A}{k_B T}\right). \qquad (2,48)$$

Der Faktor K_{sek}, der für das sekundäre Wachstum verantwortlich ist und im allgemeinen selbst eine Funktion der Wachstumsparameter sein wird, sowie die für den Anbau von Teilchen maßgebliche Größe A_A werden in der ursprünglichen Form der Theorie von VOLMER damit gedeutet, daß auf einer glatten Kristallfläche zunächst „Flächenkeime" einer neuen Teilchenlage gebildet werden müssen, bevor eine schnelle Anlagerung weiterer Bausteine erfolgen kann.

Nach dem molekular-kinetischen Modell von KOSSEL und STRANSKI muß man die Annahme eines aktivierten Anbaues von Teilchen an die Kristallfläche allerdings differenziert betrachten. Die prinzipiellen Anlagerungsmöglichkeiten, die ein Baustein an einer gleichmäßig wachsenden Kristallfläche hat, sind in Abb. 2.50 dargestellt. Das Anfügen des Teilchens an die Position 1 und erst recht an Ecken- und Kantenplätze 4 bzw. 5 bringt nur einen kleinen Gewinn an Bindungsenergie, da Teilchen auf diesen Plätzen nur wenige Nachbarn im Kristallinneren haben. Günstiger sind die Positionen 2 und 3, bei denen eine begonnene Teilchenebene fortgesetzt wird. Berechnungen für Ionenkristalle liefern für die Position 3, die Anlagerung an eine begonnene Teilchenkette innerhalb einer Monolage, etwa 87% der Bindungsenergie im Vergleich zu Teilchen im Kristallinneren. Für die Positionen 2 (Beginn einer neuen Kette) und 1 (Anfang einer neuen Lage) verringert sich dieser Anteil auf 18 bzw. 9%. Das ist natürlich ungünstig, selbst wenn man berücksichtigt, daß die zusätzliche Wechselwirkung mit äußeren Teilchen der Schmelze einen teilweisen Ausgleich bedingen kann. Geschwindigkeitsbestimmend ist demnach die Bildung neuer Kristallebenen, beispielsweise in Form von Flächenkeimen, die ein sehr unwahrscheinliches Ereignis darstellt. Im allgemeinen werden neue Kristallbausteine zunächst irgendwo an der Oberfläche adsorbiert. Man nimmt nun an, daß sie durch *Oberflächendiffusion* zu den energetisch bevorzugten Stellen gelangen und dort in das Gitter eingebaut werden. Insgesamt wird die Kinetik des Kristallwachstums somit durch die Rate der Bildung neuer Ebenen festgelegt, die mit dem Ausdruck (2,48) näherungsweise beschrieben wird.

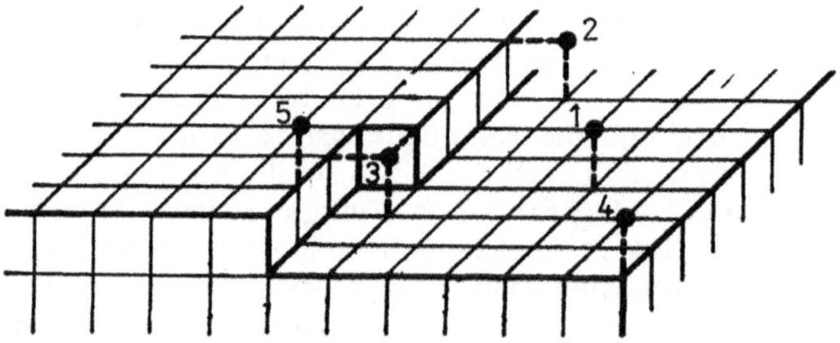

Abb. 2.50

Mögliche Anlagerungsplätze von Atomen auf einer Kristalloberfläche.

Qualitativ lassen sich mit diesen Vorstellungen einige wichtige Befunde deuten, so insbesondere die Erfahrungstatsache, daß die lineare Kristallisationsgeschwindigkeit ebenso wie die primäre Keimbildung mit wachsender Unterkühlung zunächst rapide ansteigt und später abfällt. Bei der quantitativen Berechnung erhält man jedoch Wachstumsraten, die teilweise um Größenordnungen unter den beobachteten liegen. Um diese Diskrepanz zu erklären, wird in dem Modell von Burton und Cabrera die Annahme einer in Monolagen wachsenden Kristallfläche fallengelassen und durch die Konzeption einer aufgerauhten Grenzschicht zwischen Kristall und Schmelze ersetzt. In diesem Fall, der vor allem bei Metallen beobachtet wurde, ist gegenüber den Positionen von Abb. 2.50 ein ganzes Spektrum energetisch unterschiedlicher Positionen an der Oberfläche möglich. Dies führt, wie Computer-Rechnungen zeigten, zu einer beträchtlich höheren Wachstumsgeschwindigkeit der Kristalle. Alternativ wurde von Frank begründet, daß Abweichungen der Struktur der gebildeten Kristalle vom idealen Aufbau auch beim schichtweisen Wachstum eine höhere Geschwindigkeit zu erklären vermögen. Auf den Einfluß der Realstruktur beim Kristallwachstum werden wir in Kapitel 4. zurückkommen; außerdem werden in Abschnitt 4.4.3. einige neuere Ergebnisse und Vorstellungen zur Keimbildung im Zusammenhang mit der Kondensation von dünnen Schichten aus der Gasphase besprochen. Abschließend ist festzustellen, daß der Mechanismus der Kristallisation noch keineswegs in allen Details geklärt ist und einen aktuellen Gegenstand der experimentellen und theoretischen festkörperphysikalischen Forschung bildet. Generell sind die Strukturen und Eigenschaften der Festkörper weitaus besser bekannt als die Einzelheiten der Kinetik ihrer Bildung und Umwandlung. Die erscheint einleuchtend, weil die Kinetik atomarer Prozesse meist von zahlreichen, teilweise „zufälligen" Parametern beeinflußt wird. So kann die Keimbildungsrate durch primäre Anlagerung an staubförmige Verunreinigungen oder durch lokale Störungen (Reiben mit einem Glasstab an den Gefäßwänden) wesentlich begünstigt werden, und die Wachstumsgeschwindigkeit der Kristalle sowie ihre Gestalt werden durch die Anwesenheit von Fremdstoffen, welche die Verhältnisse an der Grenzfläche ändern, maßgeblich beeinflußt. Unter weitgehend idealen Bedingungen weisen die Kristallflächen mit der größten Bevorzugung hinsichtlich ihrer Freien Enthalpie die höchste Wachstumsgeschwindigkeit auf. Im Verlaufe des Kristallwachstums verschwinden diese Flächen jedoch, und es bleiben die am langsamsten wachsenden Flächen übrig. Durch diese Flächen mit der kleinsten Abweichung von der Freien Enthalpie des dreidimensionalen Kristalls sollte die endgültige Kristallform bestimmt werden. In der Praxis treten durch zusätzliche Einflüsse zahlreiche Abweichungen von dieser Regel auf.

2.5.3. Physikalische Reinigung durch Zonenschmelzen

Kristalle, die annähernd dem Modell des idealen Festkörpers entsprechen, müssen natürlich weitgehend frei von Verunreinigungen sein. Infolgedessen werden hohe Ansprüche an die chemische Reinheit der Ausgangsmaterialien für die Kristallzüchtung gestellt. Mit üblichen Verfahren, beispielsweise durch chemische Trennung oder durch Ionenaustausch, läßt sich der Gehalt an Fremdstoffen jedoch nur auf einen relativen Gehalt in der Größenordnung von $10^{-3} \cdots 10^{-5}$ herabsetzen. Viele physikalische Eigenschaften von Festkörpern werden jedoch bereits durch eine um Größenordnungen geringere Konzentration an Verunreinigungen entscheidend verändert. Beispielsweise spielen bei den elektrischen Leitungsvorgängen in Halbleitern Fremdstoffe in einer Konzentration von $10^{-2} \cdots 10^{-6}$ ppm[1]) eine wesentliche Rolle. Da man Stoffe so hoher Reinheit vor einigen Jahrzehnten noch nicht herstellen konnte, wurden bei elektrischen Untersuchungen von Festkörpern viele — buchstabliche! — „Dreckeffekte" beobachtet, die eine eindeutige Interpretation der Versuchsergebnisse außerordentlich erschwerten. Glücklicherweise wurde, begründet durch Arbeiten von Pfann, ein einfaches und rationelles Verfahren gefunden, mit dessen Hilfe der Gehalt an Fremdstoffen um Zehnerpotenzen herabgesetzt werden kann. Allerdings sei darauf hingewiesen, daß die Aussage „rationell" nur Gültigkeit hat, wenn der Start des physikalischen Reinigungsverfahrens unter günstigsten Bedingungen erfolgt. Heute nimmt man die Bor- und Phosphorabreicherung z. B. bei Silicium hauptsächlich durch fraktionierte Destillation des Trichlorsilans vor und erreicht relative Gehalte von 10^{-9} und besser.

Grundlage der Methode bildet die unterschiedliche „Neigung" gelöster Verunreinigungen zum Einbau in die flüssige bzw. die feste Phase des gleichen Stoffes. Wenn ein fester Stoff im Gleichgewicht mit seiner Schmelze steht, so bildet sich an der Phasengrenze eine Verteilung gelöster Fremdmaterialien aus, die durch

$$\varkappa = c_s/c_l \tag{2,49}$$

gegeben ist. Hier bedeuten c_s und c_l die Konzentrationen des Fremdstoffes in der festen bzw. der flüssigen Phase, und $\varkappa$ ist der *Verteilungskoeffizient*, der für jede Paarung Lösungsmittel — Fremdstoff verschieden ist und bei kleinen Konzentra-

[1]) 1 ppm $\triangleq$ 10^{-6} Teile (part per million).

tionen einen konstanten Wert besitzt. Normalerweise ist $\varkappa < 1$, und der Fremdstoff reichert sich bei fortschreitendem Erstarren in der flüssigen Phase an (s. Abschnitt 8.4.). Ein bekanntes Beispiel bildet Meerwasser, aus dem sich beim Gefrieren nahezu reines Eis abscheidet, da die Verteilungskoeffizienten der gelösten Salze sehr viel kleiner als 1 sind.

In der präparativen Chemie wird der Trennvorgang beim Erstarren seit langem bei der fraktionierten Kristallisation genutzt. Historisch wichtige Anwendungen bildeten die Gewinnung von Radium aus Uranium durch das Ehepaar CURIE und die Analyse der Spaltprodukte des Uraniums. Beim Arbeiten mit radioaktivem Material wurde mittels der hohen Nachweisempfindlichkeit für Strahlen nachgewiesen, daß sich das Verteilungsgleichgewicht gemäß (2,49) auch bei extrem geringen Konzentrationen einstellt. Um den Trenneffekt beim Erstarren für die physikalische Hochreinigung von Halbleitermaterialien zu nutzen, kommt es darauf an, die Phasengrenze definiert in wiederholbaren Zyklen durch einen Stab des Materials zu bewegen. Betrachtet sei zunächst die einfache Kristallisation einer in einem Rohr befindlichen Schmelze (Abb. 2.51a). Läßt man den Inhalt des Rohres durch geeignetes Abkühlen allmählich vom linken Ende beginnend erstarren, so wandert die Phasengrenze durch die gesamte Schmelze nach rechts, wobei sich die Fremdstoffe so umverteilen, daß Verunreinigungen mit $\varkappa < 1$ im rechten Rohrende angereichert werden. Quantitativ erhält man bei homogener Konzentration in der Schmelze und bei Abwesenheit einer Diffusion innerhalb des Festkörpers in einer beliebigen Phase des Vorganges:

$$c_s(x) = \varkappa c_l(x) = \varkappa \frac{Lc_0 - \int\limits_0^x c_s(\xi)\,d\xi}{L - x}. \tag{2,50}$$

Der Quotient auf der rechten Seite ergibt sich aus folgender Überlegung: Von dem in einem Stab der Länge L, des Querschnitts 1 und der Anfangskonzentration c_0 ursprünglich vorhandenen Material ist die durch das Integral gegebene Menge des Fremdstoffs abzuziehen, der im Verlaufe des Erstarrens bis zur Position x in die feste Phase eingelagert worden ist. Division durch die noch vorhandene Länge der flüssigen Phase $(L - x)$ liefert die Konzentration in der flüssigen Phase im betrachteten Moment. Durch Differentiation von (2,50) nach x folgt:

$$\frac{dc_s(x)}{d\varkappa} = (1 - \varkappa)\,\frac{c_s(x)}{L - \varkappa}. \tag{2,51}$$

Das Konzentrationsprofil nach einem einfachen Erstarrungsvorgang ergibt sich als Lösung dieser Differentialgleichung mit der Anfangsbedingung $c_s(0) = \varkappa c_0$ zu:

$$c_s(x) = \varkappa c_0 \left(1 - \frac{x}{L}\right)^{\varkappa - 1}. \tag{2,52}$$

Im Diagramm von Abb. 2.51b ist das Konzentrationsprofil für eine Reihe verschiedener $\varkappa$-Werte dargestellt. Für die wichtigen Halbleiterwerkstoffe Germanium und Silicium sind in Tab. 2.20 die Verteilungskoeffizienten häufiger Verunreinigungen zusammengestellt. In den meisten Fällen sind die Werte sehr viel kleiner als 1, so daß eine starke Anreicherung in dem zuletzt erstarrenden Stabende stattfindet. Es gibt jedoch Ausnahmen, beispielsweise Bor, das sich in Germanium mit $\varkappa = 17$

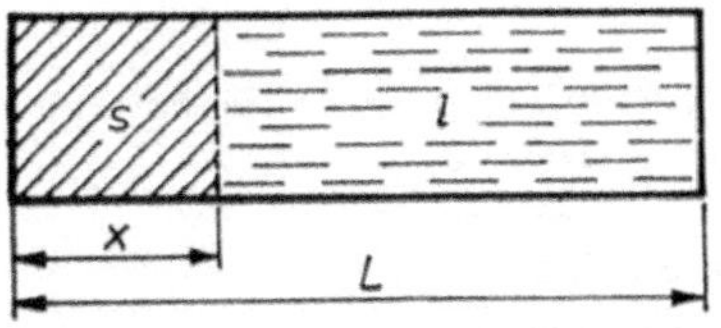

a

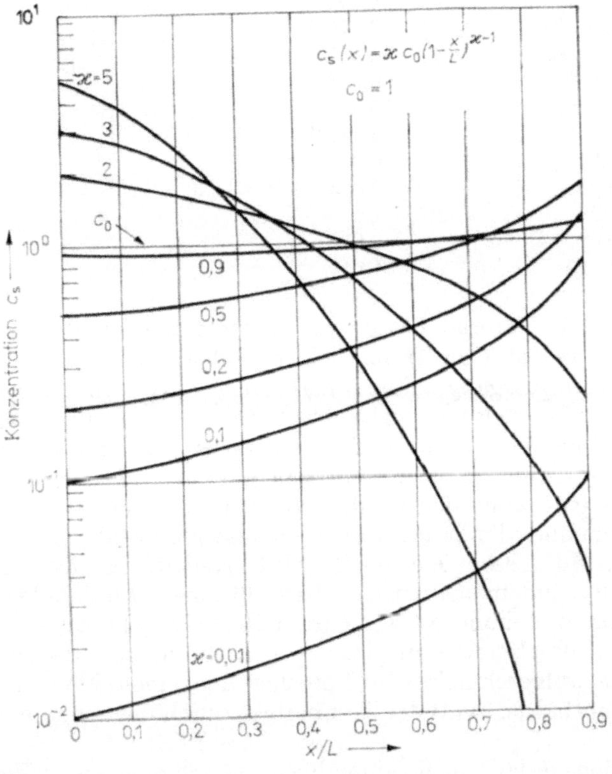

b)

Abb. 2.51

Materialreinigung durch einfache Erstarrung

a) Geometrie der Erstarrungsanordnung
x — Länge des schon erstarrten Materials, l — Länge des geschmolzenen Materialteiles, L — Gesamtlänge der Probe.

b) Verlauf der Verunreinigungskonzentration c_s in Abhängigkeit von der noch vorhandenen Schmelzmenge $\left(\frac{x}{L}\right)$ für verschiedene Verteilungskoeffizienten $\varkappa$.

Tabelle 2.20

Verteilungskoeffizienten verschiedener Verunreinigungen in Germanium und Silicium (HADAMOWSKI, H. F., IHT-Mitteilungen *1* (1962) 3)

Element	in Germanium	in Silicium
Al	0,073	0,002
Ag	$4 \cdot 10^{-7}$	—
As	0,02	0,3
B	17	0,88
Bi	$4{,}5 \cdot 10^{-5}$	$7 \cdot 10^{-4}$
Cu	$1{,}5 \cdot 10^{-5}$	$4 \cdot 10^{-4}$
Ga	0,087	0,008
Ge	1	0,33
In	0,001	$4 \cdot 10^{-4}$
P	0,08	0,35
Sb	0,003	0,023
Si	5,5	1
Sn	0,02	0,016
Zn	$4 \cdot 10^{-4}$	10^{-5}

im zuerst kristallisierenden Material bevorzugt abscheidet, oder Bor in Silicium, für das mit $\varkappa = 0{,}9$ kein wesentlicher Trenneffekt erzielt werden kann.

Der hier behandelte Trennvorgang beim einmaligen Erstarren findet beim Ziehen von Einkristallen aus der Schmelze unbeabsichtigt statt, so daß die Kristalle stets eine inhomogene Verteilung von Fremdstoffen aufweisen. Bei der physikalischen Hochreinigung durch *Zonenschmelzen* wird mit einem beweglichen Heizer von der Probe der Länge L nur eine Zone der Breite l verflüssigt (Abb. 2.52a). Diese geschmolzene Zone wandert nun allmählich durch den gesamten Stab von einem Ende zum anderen hindurch. Mit diesem Kunstgriff wird erreicht, daß der Trenneffekt vervielfacht werden kann, indem man nach Abschluß eines Durchlaufes der Zone wieder von vorn beginnt beziehungsweise mehrere Heizer so anordnet, daß einige, voneinander getrennte Schmelzzonen zu gleicher Zeit durch das Material geführt werden. Da die jeweils aufgeschmolzenen Bereiche nur einen kleinen Bruchteil des gesamten Materials enthalten, wird der Trenneffekt durch das erneute Schmelzen nicht aufgehoben.

Für den Konzentrationsverlauf nach einmaligem Durchgang einer Zone ergibt sich analog zur oben durchgeführten Rechnung:

$$c_s(x) = \varkappa c_l(x) = \varkappa \frac{(x + l)\, c_0 - \int\limits_0^x c_s(\xi)\, d\xi}{l} \tag{2,53}$$

und durch Differentiation nach x:

$$\frac{dc_s(x)}{dx} = \frac{\varkappa}{l}\,[c_0 - c_s(x)]. \tag{2,54}$$

Mit der Anfangsbedingung $c_0(0) = \varkappa c_0$ lautet die Lösung dieser Gleichung:

$$c_s(x) = c_0 \left[1 - (1 - \varkappa) \exp\left(-\varkappa \frac{x}{l}\right)\right]. \tag{2,55}$$

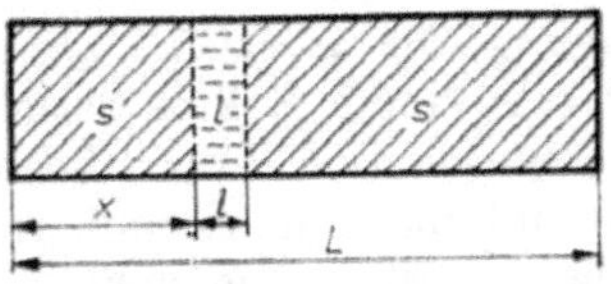

a)

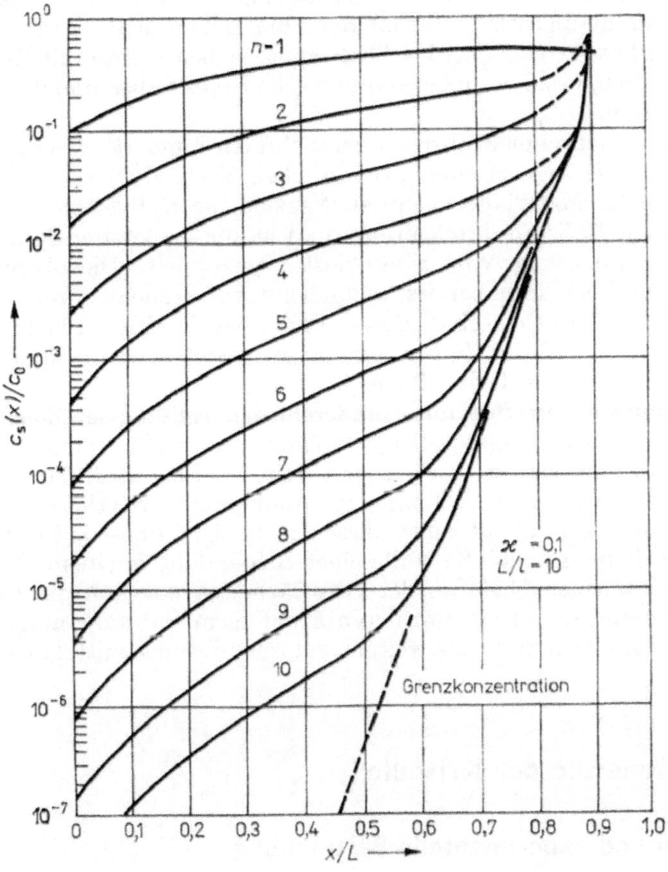

b)

Abb. 2.52

Materialreinigung durch Zonenerstarrung

a) Geometrie der Zonenerstarrungsanordnung: x — Länge des gereinigten Probenteiles, l — Länge der Schmelzzone, L — Gesamtlänge der Probe.

b) Konzentrationsverlauf c_s/c_0 in Abhängigkeit von der schon gereinigten Substanzmenge $\left(\frac{x}{L}\right)$ vom ersten bis zum zehnten Zonendurchgang für $\varkappa = 0{,}1$ und $\left(\frac{l}{L}\right) = 0{,}1$.

Der Konzentrationsverlauf nach einem Durchgang für $\varkappa = 0{,}1$ und $l = 0{,}1L$ ist in Abb. 2.52b aufgetragen (Kurve $n = 1$). Der in einem Zyklus erzielte Effekt ist geringer als beim einfachen Erstarren einer Schmelze. Der Vorteil besteht somit in der Wiederholbarkeit, deren Ergebnis sich nur mit mathematischen Näherungsmethoden erfassen läßt. In dem Diagramm ist das Konzentrationsprofil für insgesamt 10 Zonendurchläufe eingetragen. Theoretisch läßt sich zeigen, daß schließlich eine Endverteilung erreicht wird, die durch eine einfache Exponentialfunktion beschrieben wird und in dem einfachlogarithmischen Diagramm die Gestalt einer Geraden aufweist. In der Praxis ist der Reinigungseffekt jedoch stets geringer, da bei endlicher Durchlaufgeschwindigkeit der Zone keine ideale Verteilung innerhalb der flüssigen Phase erreicht wird. Üblicherweise arbeitet man mit Erstarrungsgeschwindigkeiten von 0,5···30 cm/h bei anorganischen Materialien und 0,1···2,0 cm/h bei organischen Stoffen.

Bisher wurde die Zonenschmelze bereits bei mehreren hundert verschiedenartigen Stoffen, darunter Halbleitern, Metallen, organischen Verbindungen, erfolgreich für die Herstellung reinster Materialien genutzt. Speziell für Halbleiter wird das Verfahren in technischem Maßstab durchgeführt und häufig im letzten Zyklus mit der oben beschriebenen Züchtung von Einkristallen gekoppelt. Die Ausgangsstoffe werden mit üblichen Verfahren bereits weitgehend vorgereinigt, wobei vor allem solche Fremdstoffe zu entfernen sind, deren Verteilungskoeffizienten in der Nähe von 1 liegen. Nach Abschluß der Zonenschmelze schneidet man aus dem erstarrten Block den Teil heraus, der den Reinheitsansprüchen genügt.

Neuere Entwicklungen betreffen unter anderem den Einsatz der Zonenschmelze für die Darstellung reinster organischer Verbindungen, wofür auch Anlagen im „Halbmikro-Maßstab" entwickelt worden sind. Hinzuweisen ist schließlich auf die Methode der Zonenschmelze in einem Temperaturgradienten. Kristalle, die aus Lösungen gezüchtet werden, enthalten oft Einschlüsse der flüssigen Phase in Form kleinster Tröpfchen. Unterwirft man solche Kristalle einer Behandlung in einem Temperaturgradienten mit dem warmen Ende an der Oberfläche, so wandern die Einschlüsse aus dem Material heraus, da an der wärmeren Front mehr Substanz aufgelöst wird, während sich an der kälteren Seite das weitgehend reine Lösungsmittel abscheidet.

2.6. Bindungsenergie der Kristalle

2.6.1. Definition und experimentelle Bestimmung

Abschließend zu den beiden ersten Kapiteln, in denen die Grundlagen des Zusammenhalts und der Struktur von festen Stoffen behandelt worden sind, wollen wir auf die Frage der Bindungsenergie zurückkommen. Bereits im einführenden Kapitel des Buches hatten wir die unterschiedlich feste Bindung der Bausteine als ein wesentliches Merkmal der verschiedenen Arten von Festkörpern betrachtet. Hier soll nun die quantitative Theorie der Bindungsenergie gestreift werden. Prinzipiell benötigt man für die Berechnung der Bindungsenergie:

1. den Verlauf des Wechselwirkungspotentials zwischen zwei atomaren Teilchen des Kristalls, wobei gewöhnlich ein anziehender und ein abstoßender Term zu berücksichtigen sind;

2. die Kenntnis der Struktur des Kristalls, das heißt der Positionen aller Bausteine im Gleichgewichtszustand.

Wenn beide Voraussetzungen erfüllt sind, läuft die theoretische Behandlung im einfachsten Falle auf eine Summation der Wechselwirkungsbeiträge zwischen beliebigen Paaren von Atomen, Ionen oder Molekülen des Kristalls hinaus. Wegen der kurzen Reichweite der Bindungskräfte bei Molekül- und Valenzkristallen ist es bei diesen Festkörpern ausreichend, nur die Kräfte zwischen eng benachbarten Teilchen — etwa der erst- bis drittnächsten Nachbarn — zu berücksichtigen. Bei Ionenkristallen wirken infolge der weitreichenden Coulomb-Wechselwirkung dagegen auch zwischen entfernteren Teilchenpaaren noch erhebliche anziehende oder abstoßende Kräfte, und die Summation wird schwieriger. Am kompliziertesten liegen die Verhältnisse bei Metallen, denn bei ihnen kommt der Zusammenhalt erst durch die kollektive Wechselwirkung zwischen den Kristallelektronen und dem Gitter der Ionenrümpfe zustande. Eine Aufgliederung in Bindungsanteile zwischen Paaren von atomaren Bausteinen ist dann nicht mehr möglich, und man muß statt dessen versuchen, das quantentheoretische Vielkörperproblem für den ganzen Kristall zu lösen.

Bisher sind genauere Berechnungen der Bindungsenergie von Festkörpern hauptsächlich für einfache Ionenkristalle, für kovalente Kristalle der Elemente und neuerdings für den übersichtlichen Modellfall der festen Edelgase vorgenommen worden. Wir begnügen uns mit den Grundzügen der Theorie von Ionenkristallen, die vor allem von M. Born und O. Madelung bereits 1910 entwickelt wurde.

Zuvor ist jedoch noch die Frage der Definition der Bindungsenergie und im Zusammenhang damit die Möglichkeit der experimentellen Prüfung der Theorie zu klären.

Allgemein soll unter der Bindungsenergie eines Kristalls der Energiebetrag verstanden werden, der beim Zusammenfügen einer bestimmten Menge, beispielsweise 1 kg oder 1 mol, der vorher isolierten neutralen Atome oder Moleküle freigesetzt wird. Die molekulare Bindungsenergie von Eis ist demnach gleich der Wärmemenge, die bei der Kondensation von 18 g Wassermolekülen aus einer verdünnten, als ideal anzusehenden Gasphase freigesetzt wird. (Im realen Wasserdampf besteht zwischen den Molekülen eine nicht zu vernachlässigende Wechselwirkung, die teilweise zur Assoziation führen kann.) Analog ist bei Natriumchlorid der Energiebetrag anzugeben, der gewonnen wird, wenn sich 23 g neutraler Natriumatome mit 35,45 g Chloratomen (nicht etwa den Molekülen des gasförmigen Cl_2!) vereinigen.

Weiterhin wird vorausgesetzt, daß die Bindungsenergie auf den absoluten Nullpunkt bezogen wird; die Anteile thermischer Energie sind daher von den Meßdaten abzuziehen. Trotzdem ist nicht nur die potentielle Energie zu berücksichtigen, sondern man muß bei sehr leichten Atomen oder sehr genauen Daten die kinetische Energie der Nullpunktsbewegung von 0 K einbeziehen. Vielfach wird bei Kristallen auch der Ausdruck *Gitterenergie* gebraucht. Im Falle der Ionenkristalle benutzt man diesen Terminus allerdings unterschiedlich; meist versteht man darunter die auf getrennte Ionen als Ausgangszustand bezogene Energie, teils verwendet man diesen Ausdruck auch gleichbedeutend mit der Bindungsenergie.

Experimentell wird die Bindungsenergie von Kristallen durch kalorimetrische Messung der Sublimationswärmen oder aus dem Verbrauch an Elektroenergie bei der elektrochemischen Abscheidung bestimmt. Um die Meßergebnisse auf die Bedingungen der obigen Definition umzurechnen, leistet der Kreisprozeß von

Haber und Born wertvolle Dienste (Abb. 2.53). Danach ist die Gitterenergie, die am Beispiel NaCl betrachtet sei, in folgender Weise mit der in der Chemie gebräuchlichen Bindungsenergie von kristallinem Kochsalz aus metallischem festem Natrium und gasförmigem, molekularem Chlor verknüpft:

$$H^0_{\mathrm{NaCl}} = \Phi_{\mathrm{NaCl}} + W^{\mathrm{Subl.}}_{\mathrm{Na}} + \frac{1}{2} W^{\mathrm{Diss.}}_{\mathrm{Cl_2}} + W^{\mathrm{Ion}}_{\mathrm{Na}} + W^{\mathrm{El}}_{\mathrm{Cl}}. \tag{2,56}$$

Im Einklang mit der Abbildung bedeuten:

H^0_{NaCl} — die in der Chemie übliche „Standardbildungswärme"; man beachte aber, daß diese Größe normalerweise auf 298 K bezogen ist und die in Tabellen enthaltenen Werte auf den absoluten Nullpunkt umgerechnet werden müssen;
Φ_{NaCl} — die Gitterenergie von NaCl bezogen auf Ionen als Ausgangsteilchen n_i;
$W^{\mathrm{Subl.}}_{\mathrm{Na}}$ — die Sublimationsenergie von festem Natrium bei 0 K;
$W^{\mathrm{Diss.}}_{\mathrm{Cl_2}}$ — die Dissoziationsenergie von Cl_2-Molekülen;
$W^{\mathrm{Ion}}_{\mathrm{Na}}$ — die Ionisierungsenergie von Natriumatomen;
$W^{\mathrm{El}}_{\mathrm{Cl}}$ — die Elektronenaffinität von Chloratomen.

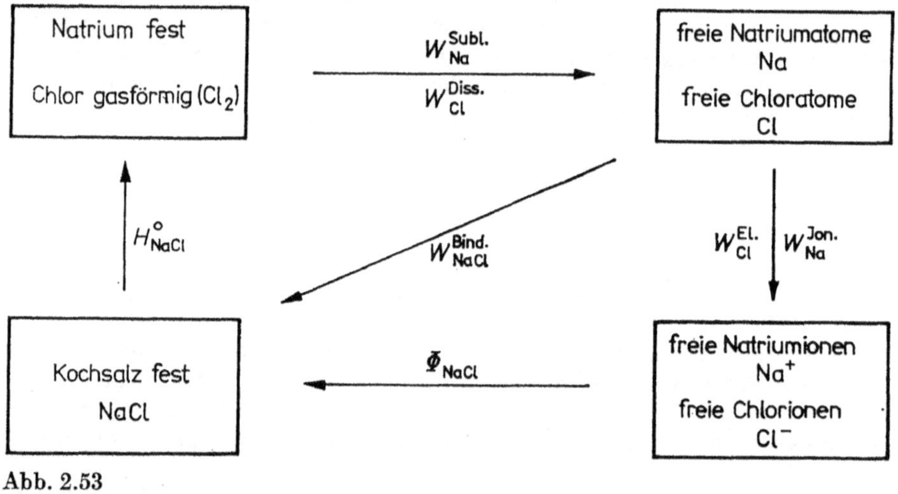

Abb. 2.53
Kreisprozeß von Haber und Born für die Bildung von NaCl

Die Bindungsenergie des NaCl-Kristalls im oben definierten Sinn entspricht der eingezeichneten Diagonalen im Schema des Haber-Bornschen Kreisprozesses. Wenn alle notwendigen Werte bekannt sind, läßt sie sich somit aus der Bildungswärme bestimmen.

Infolge ihrer hohen Bindungsenergie sind viele Festkörper ausgezeichnete Werkstoffe, obwohl beim praktischen Einsatz natürlich auch viele andere Parameter eine wichtige Rolle spielen. Umgekehrt bereitet der Zusammenhalt der Festkörper in der Technik auch Sorgen. Erze, Rohstoffe für Baumaterialien usw. müssen vor ihrer weiteren Verarbeitung zerkleinert werden, wobei vielfach eine sehr kleine

Korngröße erreicht werden muß. Auf Grund des immensen Durchsatzes solcher Materialien schätzt man, daß gegenwärtig in den Industriestaaten etwa 10% des Aufkommens an Elektroenergie für Zerkleinerungs- und Mahlprozesse verbraucht werden!

2.6.2. Madelung-Zahlen der Ionenkristalle

Wir betrachten einen Ionenkristall vom Typ A^+B^-, der N Paare einfach geladener Ionen, insgesamt also $2N$ Atome enthält. Vernachlässigen wir die Van-der-Waals-Kräfte und beschränken uns auf die Coulomb-Wechselwirkung sowie ein Abstoßungspotential entsprechend Abschnitt 1.1.2., so können wir für die Gitterenergie ansetzen:

$$\Phi = \sum_{ij}{}' \Phi_{ij} = N \sum_{j}{}' \Phi_{ij} \tag{2,57}$$

mit

$$\Phi_{ij} = \pm \frac{1}{4\pi\varepsilon_0} \frac{e_0^2}{r_{ij}} + \frac{B}{r_{ij}^n}. \tag{2,58}$$

Mit der Beziehung (2,57) wird ausgedrückt, daß die Gitterenergie durch Summation über alle Beiträge der Ionenpaare i und j erhalten wird. Bei großen Kristallen können Oberflächeneffekte unberücksichtigt bleiben, und die Doppelsumme läßt sich durch das N-fache der Wechselwirkung eines beliebig herausgegriffenen Ions i mit allen anderen Ionen j des Kristalls ersetzen. Der Strich am Summenzeichen bedeutet in üblicher Weise, daß der Fall $i = j$ auszulassen ist.

Der Ausdruck (2,58) beschreibt die potentielle Energie zwischen dem herausgegriffenen Ion i und einem beliebigen anderen Ion des Gitters, wobei r_{ij} der Abstand zwischen den Atommittelpunkten ist. Im ersten Glied steht bei ungleichnamig geladenen Ionen das Minuszeichen, anderenfalls das Pluszeichen. Wir erinnern daran, daß Bindungsenergien als freigesetzte Energiebeträge stets negative Gesamtwerte besitzen. Die Abstoßung wurde als Potenzfunktion mit den zunächst unbekannten Parametern B und n angesetzt. Da die abstoßenden Kräfte, die auf Grund des Pauli-Prinzips bei sich durchdringenden Elektronenschalen auftreten, nur eine sehr kurze Reichweite — größenordnungsmäßig 0,1 nm — haben, betrachten wir nur den Beitrag nächster Nachbarn, deren Anzahl durch die Koordinationszahl $\mathfrak{z}$ gegeben ist. Ferner drücken wir den Abstand zwischen den Ionen i und j durch das Vielfache der Entfernung nächster Nachbarn $\mathfrak{r}$ aus:

$$r_{ij} = p_{ij}\mathfrak{r}. \tag{2,59}$$

Damit erhalten wir aus (2,57), (2,58) und (2,59):

$$\Phi = -N\left(\alpha \cdot \frac{e_0^2}{4\pi\varepsilon_0 \mathfrak{r}} - \mathfrak{z}\frac{B}{\mathfrak{r}^n}\right). \tag{2,60}$$

Hier wurde mit der Abkürzung

$$\alpha \equiv \sum_{j}{}' \frac{(\pm)\,1}{p_{ij}} \tag{2,61}$$

die *Madelung-Zahl* eingeführt, die für jeden Strukturtyp einen charakteristischen Wert besitzt.

Im Gleichgewichtsfall muß die Gitterenergie als Funktion des minimalen Ionenabstands $\hat{r}$ einen Minimalwert annehmen, so daß die Ableitung von (2,60) nach $\hat{r}$ verschwindet:

$$\left(\frac{\mathrm{d}\Phi}{\mathrm{d}\hat{r}}\right)_{\hat{r}_0} = N\left(\alpha \frac{e_0^2}{4\pi\varepsilon_0 \hat{r}_0^2} - n \frac{\hat{z}B}{\hat{r}_0^{n+1}}\right) = 0. \tag{2,62}$$

Diese zusätzliche Gleichung ermöglicht es, das Produkt zB aus Formel (2,60) zu eliminieren:

$$\Phi = -\alpha \frac{e_0^2 N}{4\pi\varepsilon_0 \hat{r}_0}\left(1 - \frac{1}{n}\right). \tag{2,63}$$

Damit wurde ein Ausdruck für die Gitterenergie von Ionenkristallen erhalten, der die empirisch zu bestimmenden Größen $\hat{r}_0$ und n sowie die Madelung-Zahl enthält. Der Gleichgewichtsabstand $\hat{r}_0$ zwischen nächsten Nachbarn am absoluten Nullpunkt kann aus Strukturuntersuchungen ermittelt werden. Für den Strukturtyp B1 des Natriumchlorids ist $\hat{r}_0 = \frac{a}{2}$ (a — Gitterkonstante). Um die Madelung-Zahl zu berechnen, muß man die Struktur des Kristalls kennen und gemäß (2,59) die Summation über die rationalen Zahlen p_{ij} ausführen, die mit alternierenden Vorzeichen anzusetzen sind. Der Vorteil der Einführung der p_{ij} liegt darin, daß die Summation für jeden Strukturtyp nur einmal durchgeführt werden muß. Beispielsweise ergibt sich für alle Kristalle vom NaCl-Typ die gleiche Madelung-Zahl, so daß bei der Berechnung der Gitterenergie lediglich die für jedes Salz verschiedenen $\hat{r}_0$ einzusetzen sind.

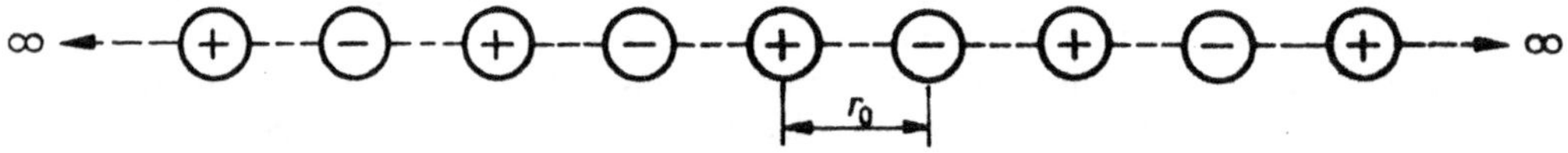

Abb. 2.54
Ionenkette aus abwechselnd positiven und negativen Ionen

Wir betrachten die Summation am idealisierten Fall einer eindimensionalen Ionenkette. Nach Abb. 2.54 ist dann r_{ij} ein ganzzahliges Vielfaches des Abstandes $\hat{r}_0$ der Nachbarn, und wir erhalten:

$$\alpha = 2\left(1 - \frac{1}{2} + \frac{1}{3} - \frac{1}{4} + \frac{1}{5} - \cdots\right). \tag{2,64}$$

Wegen der Symmetrie reicht es aus, die Summe von einem Bezugsion aus nach einer Seite zu bilden und mit 2 zu multiplizieren.

Aus der Potenzreihe

$$\ln (1 + x) = x - \frac{x^2}{2} + \frac{x^3}{3} - \frac{x^4}{4} + \frac{x^5}{5} - \cdots \tag{2,65}$$

ergibt sich für $x = 1$, daß die Summe (2,64) den Wert

$$\alpha = 2 \ln 2 = 1{,}3863$$

besitzt. Dies ist die Madelung-Zahl eines eindimensionalen Gitters. Bei dreidimensionalen Kristallen ist die Summation insofern schwieriger, als die Reihen, die sich bei abwechselnder Berücksichtigung positiv und negativ geladener Ionen ergeben, sehr schlecht konvergieren. Man faßt daher in speziellen Berechnungsverfahren die Beiträge von entgegengesetzt geladenen Ionen zusammen, die um das Bezugsion in bestimmten Abstandsbereichen angeordnet sind.

Eine Zusammenstellung der Madelung-Zahlen für einige wichtige Kristallstrukturen enthält Tab. 2.21. Danach wäre bei reiner Coulomb-Wechselwirkung die CsCl-Struktur (Typ B2) am günstigsten. Daß trotzdem der NaCl-Typ häufiger auftritt, ergibt sich einmal aus den früher betrachteten geometrischen Einflüssen der Ionenradien und zum anderen aus dem unterschiedlichen Beitrag der Abstoßungskräfte, der bei nur 6 nächsten Nachbarn im Falle der NaCl-Struktur geringer ist.

Tabelle 2.21
Madelung-Konstanten einiger Kristallstrukturen

Kristallstruktur	Madelung-Konstante
NaCl	1,747558
CsCl	1,762670
ZnS (Zinkblende)	1,6381
ZnS (Wurtzit)	1,641
CaF_2	5,0388
Cu_2O	4,1155
TiO_2	4,8160

2.6.3. Bestimmung des Abstoßungspotentials aus der Kompressibilität

Um den Beitrag des Abstoßungspotentials zur Gitterenergie von Ionenkristallen entsprechend (2,63) zu ermitteln, geht man nach SLATER von der Kompressibilität aus, die wie folgt definiert ist:

$$\varkappa = -\frac{1}{V}\left(\frac{\partial V}{\partial p}\right)_T . \tag{2,66}$$

V ist das Volumen des Kristalls, p der angewendete Druck, und der Index T weist darauf hin, daß die Messung bei konstanter Temperatur vorzunehmen ist. Durch Zusammendrücken der Kristalle und Ausmessen der Volumenänderung läßt sich $\varkappa$ experimentell bestimmen. Den Wert am absoluten Nullpunkt erhält man durch Extrapolation der bei verschiedenen Temperaturen erhaltenen Ergebnisse.

Nach dem 1. Hauptsatz der Thermodynamik gilt

$$p = -\frac{\partial U}{\partial V} \quad \text{und somit} \quad \frac{\partial^2 U}{\partial V^2} = -\frac{\partial p}{\partial V} = +\frac{1}{\varkappa V}, \tag{2,67}$$

wobei (2,66) eingesetzt wurde.

Identifizieren wir nun die Innere Energie U mit der hier betrachteten Gitterenergie Φ und berücksichtigt man, daß für NaCl das Volumen $V = 2N\mathfrak{r}_0^3$ ist, so ergibt sich durch zweimaliges Differenzieren von (2,60) eine Gleichung für die Bestimmung des Exponenten n im Abstoßungsterm des Potentialansatzes (2,58).

Wir lassen die Einzelheiten der Rechnung aus und begnügen uns mit dem Ergebnis, wonach n in der Nähe von 10 liegt. Nach (2,63) wird die Gitterenergie eines Ionenkristalls durch den Einfluß der abstoßenden Kräfte demnach um etwa 10% gegenüber der Bindungsenergie bei reinen Coulomb-Kräften herabgesetzt. Dies stimmt mit den Erfahrungswerten gut überein.

Natürlich ist die hier behandelte Theorie der Gitterenergie nicht konsequent, da die Größen $\mathfrak{r}_0$ und n empirisch bestimmt werden müssen. Auf quantenmechanischer Grundlage wurde für einfache Kristalle eine vollständige Theorie der Gitterenergie ausgearbeitet, die jedoch den Rahmen dieses Buches übersteigt.

2.6.4. Oberflächenenergie von Kristallen

Bei begrenzten Kristallen sind die Teilchen an der Oberfläche weniger fest gebunden als die Bausteine im Inneren, da die Beiträge der äußeren Nachbarn zur Bindungsenergie entfallen. Im Zusammenhang mit der Kinetik des Kristallwachstums wurde in Abschnitt 2.5.2. bereits auf die Abhängigkeit der Bindungsenergie von speziellen Positionen an der Oberfläche eingegangen. Für Ionenkristalle sind wiederholt Berechnungen der Bindungsenergie von Oberflächenatomen verschiedener Gitterebenen vorgenommen worden. Danach sind bei Kochsalz die Ionen von (110)-Oberflächen etwa 2,7mal fester gebunden als an (100)-Flächen. Im Einklang damit beobachtet man, daß NaCl-Kristalle nur längs (100)-Flächen leicht gespalten werden können. Als *Oberflächenenergie* definiert man die auf eine Kristallhälfte und die Flächeneinheit bezogene Energie, die notwendig ist, um den Kristall senkrecht zu einer Gitterebene zu trennen. Bei störungsfreiem Wachstum sollte der Kristall die Gestalt annehmen, die der kleinsten Oberflächenenergie entspricht. Bei Kochsalz ist dies ein Würfel, der von (100)-Ebenen begrenzt wird.

Bezogen auf die gesamte Bindungsenergie wird der Einfluß der Oberfläche besonders bei dünnen Schichten (siehe 4.4.) und feinen Pulvern merklich. Nach neueren Forschungsergebnissen kann als erwiesen gelten, daß die Bindungsverhältnisse in oberflächlichen Atomlagen von denen im Volumen abweichen, wodurch auch eine etwa andersartige Atomordnung bedingt ist.

Man spricht in diesem Zusammenhang von einer Rekonstruktion der Oberflächenatome im Vergleich zu den normalen Volumenpositionen.

3. Strukturuntersuchung von Festkörpern

3.1. Möglichkeiten zur Gewinnung von Informationen über Morphologie, Struktur und chemische Zusammensetzung

Der Fortschritt der Festkörperphysik ist untrennbar mit der Entwicklung immer leistungsfähigerer Methoden zur Untersuchung der Beschaffenheit, des Aufbaues und der chemischen Zusammensetzung fester Stoffe verknüpft. Umgekehrt wirken die wachsenden Kenntnisse über die atomaren Elementarprozesse bei der Wechselwirkung von Teilchen und Quanten mit Festkörpern befruchtend auf die Meß- und Untersuchungstechnik zurück.

Allgemein eignen sich alle Arten von atomaren Wechselwirkungsprozessen zwischen Teilchen oder Quanten mit Festkörpern, um Informationen über die mikroskopische Beschaffenheit der Proben zu erlangen. Man benutzt daher Teilchen- oder Quantenstrahlen als Sonden, die in den Festkörper eindringen, und registriert die räumliche Verteilung, die Intensität, die Energie- oder Massenspektren der gestreuten primären Strahlen beziehungsweise sekundär im Ergebnis der Wechselwirkung freigesetzter Partikeln. Eine wichtige Rolle spielt dabei der *Welle-Teilchen-Dualismus*. Die Elementarprozesse, die zwischen den Sondenpartikeln und den Festkörperbausteinen ablaufen, können entweder vorwiegend in einem Impuls- und Energieaustausch gemäß dem Teilchencharakter bestehen, oder aber der Festkörper „antwortet" hauptsächlich auf die von elektromagnetischen bzw. Materiewellen erregten Schwingungen. Der zweite Fall ist in Anbetracht der räumlichen Periodizität der Kristallgitter besonders wichtig. Aus den einlaufenden und den gestreuten Wellen baut sich nämlich im periodischen Potential des Kristalls ein Wellenfeld auf, das nur bestimmte, scharf definierte Ausbreitungsrichtungen zuläßt, während in den übrigen Richtungen wegen auslöschender Interferenz der Teilwellen keine Fortpflanzung möglich ist. Der Festkörper stellt für Wellen daher ein dreifach-periodisches Beugungsgitter dar. Bevor wir das Beugungs- und Interferenzverhalten im Gitter näher betrachten, sollen einige allgemeine Eigenschaften der Strahlen und die im Festkörper stattfindenden Elementarprozesse erläutert werden.

3.1.1. Wichtige Teilchen- und Welleneigenschaften

Als Sonden für die Diagnostik von Festkörpern werden üblicherweise elektromagnetische Strahlen, Elektronen, Neutronen oder Ionen verwendet.

Für die Energie W, den Impuls p und die Wellenlänge λ gelten für die Quanten elektromagnetischer Strahlen die grundlegenden Beziehungen:

$$W = h\nu = \hbar\omega \tag{3,1}$$

$$p = \frac{h\nu}{c} = \frac{\hbar\omega}{c} \tag{3,2}$$

$$\lambda = \frac{c}{\nu} = \frac{2\pi c}{\omega}. \tag{3,3}$$

Bezeichnungen: h — Plancksches Wirkungsquantum; $\hbar \equiv \frac{h}{2\pi}$;

ν bzw. $\omega \equiv 2\pi\nu$ Frequenz bzw. Kreisfrequenz;

c — Lichtgeschwindigkeit im Vakuum.

Statt der Wellenlänge λ wird in der Festkörperphysik vorzugsweise die *Wellenzahl*

$$|\boldsymbol{k}| = \frac{2\pi}{\lambda} = \frac{\omega}{c} \tag{3,4}$$

verwendet. Multipliziert man den Betrag der Wellenzahl mit dem Einheitsvektor der Ausbreitungsrichtung $\boldsymbol{s}$, so erhält man den Wellenzahlvektor $\boldsymbol{k}$, der demnach die Welleneigenschaften *und* die Fortpflanzung kennzeichnet:

$$\boldsymbol{k} \equiv |\boldsymbol{k}|\, \boldsymbol{s} = \frac{2\pi}{\lambda}\, \boldsymbol{s}. \tag{3,5}$$

Mit (3,1) bis (3,4) ergeben sich schließlich die nützlichen Formeln:

$$\omega = c\, |\boldsymbol{k}|; \quad \boldsymbol{p} = \hbar \boldsymbol{k}; \quad W = \hbar c\, |\boldsymbol{k}|. \tag{3,6}$$

Qualitativ ist von vornherein zu erwarten, daß sich als Sonden besonders Strahlen mit einer Wellenlänge in der Größenordnung der Atomdimensionen eignen; im einzelnen wird die Notwendigkeit dieser Wahl im folgenden Abschnitt begründet. Setzen wir als günstigen Wellenlängenbereich 0,02···0,2 nm an, so erweisen sich mittelharte Röntgenstrahlen als besonders geeignet. Für Röntgenstrahlen ist der Brechungsindex praktisch gleich 1, und die Ausbreitungsgeschwindigkeit kann daher auch im Festkörper mit der Lichtgeschwindigkeit im Vakuum gleichgesetzt werden. Ferner steht der Vektor der Ausbreitungsrichtung und somit auch der Wellenzahlvektor $\boldsymbol{k}$ senkrecht auf den Wellenfronten gleicher Phase. Als Quelle dieser Strahlen verwendet man Röntgenröhren, in denen beschleunigte Elektronen auf eine metallische Antikatode aufprallen. Dabei entstehen einmal durch Anregung innerer Elektronen der K- oder L-Schale und nachfolgende Übergänge äußerer Elektronen in die so geschaffenen freien Plätze *charakteristische Röntgenstrahlen,* deren Spektrum aus diskreten Linien aufgebaut ist. Daneben werden *Röntgen-Bremsstrahlen* mit einem kontinuierlichen Spektrum emittiert, was durch Abbremsen der Elektronen im Feld der Kerne zu erklären ist. Durch geeignete Filter lassen sich die beiden Anteile voneinander trennen. Für den Zusammenhang zwischen der Beschleunigungsenergie der Elektronen (W_{Elektron}), gemessen in keV, und der Energie der erzeugten Quanten oder Photonen folgt aus (3,4) und (3,6):

$$\lambda = \frac{\mathbf{1{,}24 \cdot keV}}{W_{\text{Elektron}}}\,\text{nm}. \tag{3,7}$$

Dabei steht das Gleichheitszeichen für die charakteristischen Strahlen, während bei der Erzeugung von Bremsstrahlen im allgemeinen nur ein Bruchteil der kinetischen Energie der Elektronen in Quanten umgesetzt wird. Für die Wechselwirkung von Röntgenstrahlen mit dem Gitter ist in erster Linie die transversal schwingende elektrische Feldstärke $\boldsymbol{E}$ verantwortlich, für die wir ansetzen:

$$\boldsymbol{E}(\boldsymbol{r}) = \boldsymbol{E}_0 \exp \mathrm{i}(\boldsymbol{k} \cdot \boldsymbol{r} - \omega t). \tag{3,8}$$

Diese Gleichung beschreibt die Feldstärke am Ort $\boldsymbol{r}$ in einer Planwelle, die sich in der Richtung $\boldsymbol{k}$ ausbreitet. Physikalische Bedeutung hat natürlich nur der Realteil, doch werden wir der Bequemlichkeit halber meist mit den komplexen Exponentialfunktionen rechnen.

Bei der *elastischen Streuung* von Photonen, die für die Strukturuntersuchung genutzt wird, werden die Elektronenhüllen im Festkörper zu erzwungenen Schwingungen angeregt. Ohne die Einzelheiten dieses recht komplexen Vorganges zu kennen, bei dem außer Dipol- auch Multipolstrahlungen auftreten, kann man jeden Ort im Festkörper als Quelle sekundärer Strahlen auffassen, die näherungsweise als Kugelwellen ausgesendet werden:

$$\mathrm{E}' = \boldsymbol{C}(\hat{\boldsymbol{r}})\,\boldsymbol{E}(\hat{\boldsymbol{r}})\,\frac{\exp i\boldsymbol{kr}}{r}. \tag{3,9}$$

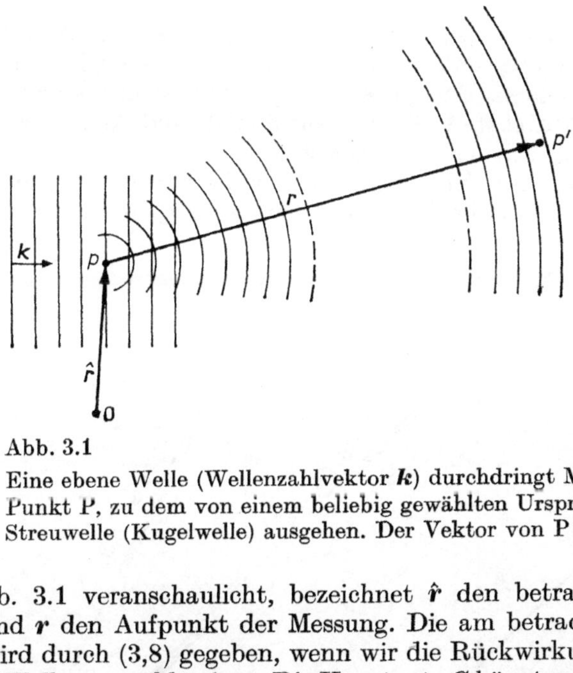

Abb. 3.1

Eine ebene Welle (Wellenzahlvektor $\boldsymbol{k}$) durchdringt Materie. Dabei kann von einem Punkt P, zu dem von einem beliebig gewählten Ursprung 0 der Vektor $\hat{\boldsymbol{r}}$ führt, eine Streuwelle (Kugelwelle) ausgehen. Der Vektor von P zum Aufpunkt P' ist $\boldsymbol{r}$.

Wie Abb. 3.1 veranschaulicht, bezeichnet $\hat{\boldsymbol{r}}$ den betrachteten Ort innerhalb der Probe und $\boldsymbol{r}$ den Aufpunkt der Messung. Die am betrachteten Ort wirkende Feldstärke wird durch (3,8) gegeben, wenn wir die Rückwirkung des Festkörpers auf das Feld der Welle vernachlässigen. Die Konstante C hängt von der mittleren Elektronendichte am jeweiligen Ort ab. Das Problem bei der Berechnung der auftretenden Interferenzen besteht in einer Summation aller abgebeugten Teilwellen unter Berücksichtigung ihrer Phasen.

Für Teilchenstrahlen, beispielsweise Elektronen oder Neutronen, werden die Eigenschaften der Materiewellen durch die Beziehung von de Broglie festgelegt:

$$\lambda = \frac{h}{|\boldsymbol{p}|} \quad \text{oder} \quad \boldsymbol{p} = \hbar\boldsymbol{k}. \tag{3,10}$$

Für die Energie E und den Impuls p gelten die klassischen Gleichungen:

$$W = \frac{m}{2}\,\boldsymbol{v}^2 = \frac{\boldsymbol{p}^2}{2m}; \quad \boldsymbol{p} = m\boldsymbol{v}. \tag{3,11}$$

Kombination von (3,10) und (3,11) liefert die wichtige Formel

$$W = \frac{\hbar^2}{2m} \boldsymbol{k}^2. \tag{3,12}$$

Für m ist dabei die Masse m_0 des Elektrons beziehungsweise die Masse M_N des Neutrons einzusetzen.

Ist die Energie der Teilchen in eV gegeben, so folgen aus (3,12) für die Materiewellenlängen in nm die Zahlenwertgleichungen

$$\begin{aligned} \lambda_{\text{Elektron}}/\text{nm} &= \frac{1{,}2}{(W_{\text{Elektron}}/\text{eV})^{1/2}}, \\ \lambda_{\text{Neutron}}/\text{nm} &= \frac{0{,}028}{(W_{\text{Neutron}}/\text{eV})^{1/2}}. \end{aligned} \tag{3,13}$$

Die für Strukturuntersuchungen günstigen Energiebereiche sind in Abb. 3.2 schraffiert angegeben. Man beachte, daß wegen der $W^{-1/2}$-Abhängigkeit bei Materiewellen in einem relativ breiten Energiebereich günstige Wellenlängen auftreten, so daß Elektronen zwischen etwa 1 eV und fast 50 keV und Neutronen von etwa 0,01 bis 0,1 eV für Beugungsversuche geeignet sind.

Die bei Beugungsexperimenten untersuchte elastische Streuung beruht im Falle von Elektronen auf einer Wechselwirkung mit den Festkörperelektronen, während

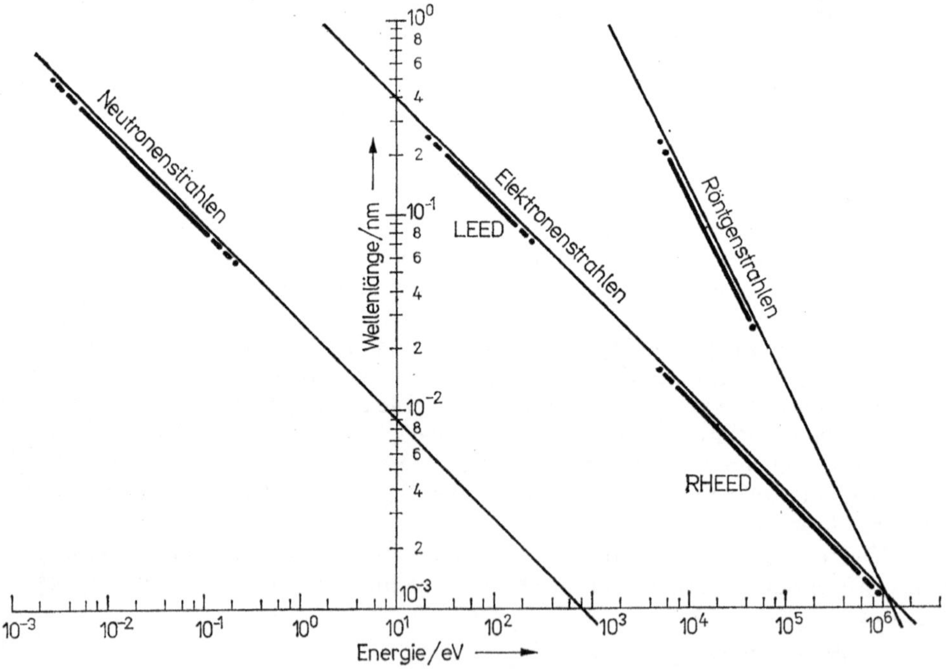

Abb. 3.2

Zusammenhang zwischen Teilchen- bzw. Photonenenergie und Wellenlänge für Neutronen-, Elektronen- und Röntgenstrahlen. Die für Strukturuntersuchungen (elastische Streuung) günstigen Bereiche sind markiert. Bei Elektronenstrahlen sind dies zwei Bereiche: um $\lambda \approx 10^{-10}$ m (LEED-Technik) und um $\lambda \approx 0{,}05 \cdot 10^{-10}$ m (RHEED- und TED-Technik).

Neutronen mit den Atomkernen oder mit magnetischen Hüllenmomenten in Wechselwirkung treten. Obwohl die anschauliche Deutung als erzwungene Schwingung nicht auf Materiewellen übertragen werden kann, lassen sich die beobachteten Interferenzerscheinungen analog zu (3,9) durch Superposition der von den Streuzentren ausgehenden Kugelwellen deuten. Anstelle der Feldstärke ist jedoch die am Streuort wirksame Amplitude der Materiewelle einzusetzen.

Die Wechselwirkung von Elektronen mit dem Festkörper ist größenordnungsmäßig 10^4mal stärker als im Falle von Photonen. Infolgedessen dringen Elektronen nur in eine geringe Tiefe des Kristalls ein; langsame Elektronen von wenigen eV werden sogar vorwiegend an der obersten Teilchenlage gestreut. Elektronen eignen sich daher in besonderem Maße zur Untersuchung von dünnen Schichten und von Oberflächen.

Neutronen werden dagegen in diamagnetischen Stoffen nur schwach gestreut. Man braucht infolgedessen als Proben relativ große Kristalle oder sehr hohe Neutronendichten. Da die Streuung im Gegensatz zu Photonen und Elektronen an den nahezu punktförmigen Zentren der Atomkerne erfolgt, gewinnt man sehr genaue Informationen über die Lage der Kerne im Gitter.

3.1.2. Unelastische Wechselwirkung und sekundäre Strahlen

Neben der elastischen Streuung kommt es bei der Einwirkung von genügend energiereichen Strahlen an der Oberfläche beziehungsweise im Volumen von Festkörpern auch zu unelastischen Prozessen, bei denen sich die Energie und der Betrag des Impulses der Geschosse ändern. Im Gefolge dieser Prozesse beobachtet man häufig sekundär ausgelöste Teilchen oder Quanten, deren Nachweis wichtige Informationen über den Aufbau der Festkörper liefert. Bei der Bestrahlung mit Photonen können zum Beispiel innere Elektronen der Atome im Festkörper angeregt werden, und die frei gewordenen Plätze werden analog zu den Vorgängen in der Röntgenröhre von äußeren Elektronen neu besetzt. Dabei entstehen charakteristische Röntgenstrahlen, deren Quantenenergie Informationen über die chemische Natur der Bestandteile der bestrahlten Probe enthält. Hierauf beruht die *Röntgenfluoreszenzanalyse* von Werkstoffen. Intensive Ultraviolett- oder Röntgenbestrahlung führt in den Oberflächenlagen der Festkörper zur Erzeugung von Photoelektronen, die den Festkörper verlassen können. Aus den Intensitäten und den Energiespektren dieser Elektronen lassen sich wertvolle Hinweise für die Bindungsverhältnisse und die Elektronenstruktur gewinnen. Zusammenfassend bezeichnet man Apparaturen zur Untersuchung der Elektronenstruktur und der chemischen Zusammensetzung von Festkörpern mittels Photoelektronen als ESCA-Geräte (nach „electron spectroscopy for chemical analysis“). Neuere Anlagen (Bildtafel III/1) gestatten meist wahlweise den Einsatz von Ultraviolett- oder Röntgenstrahlen. Zur Aufnahme des Energiespektrums der Photoelektronen dienen Spektrometer, die auf der Ablenkung in elektrischen bzw. magnetischen Feldern beruhen, oder sogenannte Quadrupolfilter, mit denen die Geschwindigkeit über die Laufzeit der Teilchen gemessen wird. Da ESCA-Untersuchungen Informationen über die obersten Atomlagen geben, müssen die Versuche in gutem Ultrahochvakuum (10^{-8} Pa) durchgeführt werden.

Die wichtigsten Elementarprozesse bei der Wechselwirkung von mittelenergetischen Elektronen (0,5 bis 100 keV) mit Festkörpern sind in Abb. 3.3 schematisch dargestellt. Zunächst können aus oberflächennahen Atomen *Sekundärelektronen* abgelöst werden. Ihre Häufigkeit und das Energiespektrum hängen gleichfalls stark von der chemischen Natur der Probe sowie von der Elektronenstruktur im Festkörper ab. Als weitere Möglichkeit werden im Probenvolumen innere Elektronen durch Stoßprozesse freigesetzt. Diese Elektronen können den Festkörper im allgemeinen zwar nicht verlassen, weil sie abgebremst werden, bevor sie die Oberfläche erreichen. Dagegen werden charakteristische Röntgenstrahlen ausgesendet, wenn äußere Elektronen in die so geschaffenen freien Plätze springen. Ein besonderes Interesse

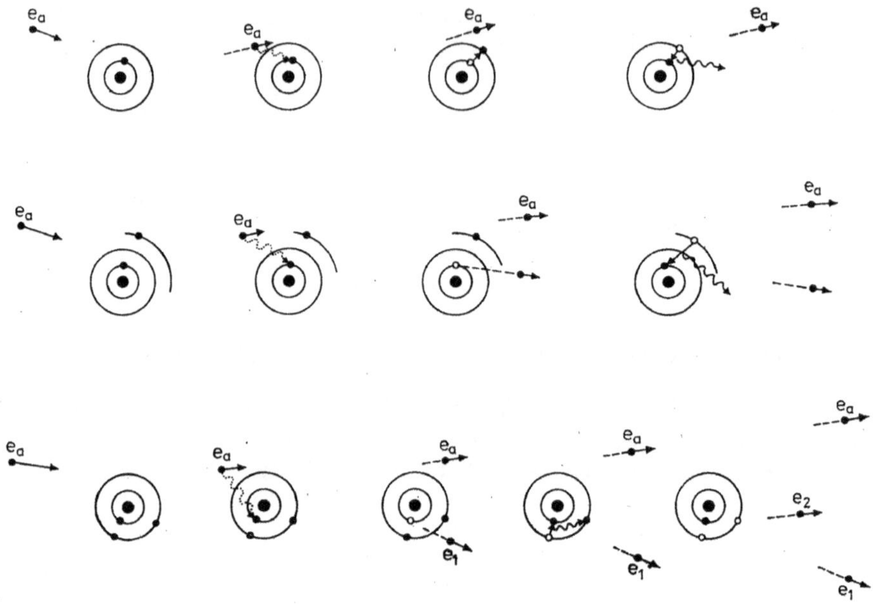

Abb. 3.3

Einige Elementarprozesse bei der Wechselwirkung von mittelenergetischen Elektronen e_a mit den Atomen eines Festkörpers

oben: einfache direkte Anregung von Atomen
mitte: Ionisation von Atomen
unten: Ionisation mit nachfolgender Emission eines Auger-Elektrons (e_2).

hat neuerdings ein schon 1925 von Auger gefundener Effekt erlangt. Die Röntgenquanten werden danach mit erheblicher Wahrscheinlichkeit (bei leichten Elementen etwa 3···20%) in der Elektronenhülle der aussendenden Atome wieder absorbiert, wobei ihre Energie an ein Hüllenelektron übertragen wird. *Auger-Elektronen* werden also anstelle von charakteristischen Röntgenstrahlen emittiert, und sie besitzen diskrete Energiespektren, die zur Identifizierung der Atome dienen können.

Sowohl die von Elektronen ausgelösten Röntgenstrahlen als auch die Auger-Elektronen werden in kommerziellen Geräten für die *Mikroanalyse* von Werkstoffen herangezogen. Im ersten Fall, der Röntgenmikroanalyse, wird die Oberfläche der Probe mit einem sehr feinen Elektronenstrahlbündel von 5···1000 nm Durchmesser rasterförmig abgetastet und die erzeugte Röntgenstrahlung Punkt für Punkt registriert. Aus den gemessenen Intensitäten wird auf dem Schirm einer Katodenstrahlröhre analog zum Fernsehempfänger ein Bild zusammengesetzt, aus dem die Verteilung eines bestimmten Stoffes in der Probenoberfläche direkt abgelesen werden kann (Bildtafel VIII/1). Indem man die Energie der anregenden Elektronen verändert beziehungsweise den Röntgenstrahldetektor auf andere Energiebereiche einstellt, lassen sich die Häufigkeiten der verschiedenen Elemente in der Probe bestimmen. Im Extremfall sind heute quantitative Analysen in Oberflächenbereichen von nur 5 nm Durchmesser möglich! Ganz ähnlich geht die Analyse mittels Auger-

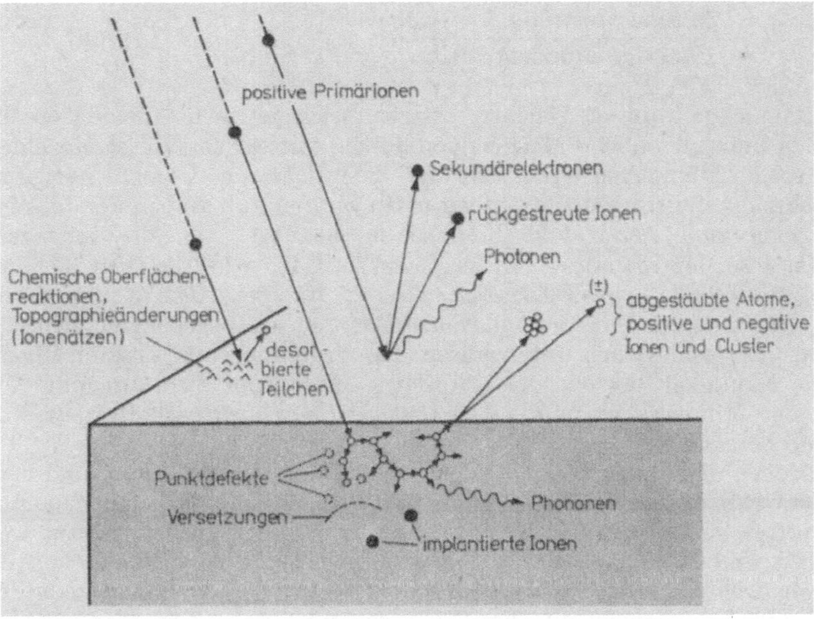

Abb. 3.4

Verschiedene durch Wechselwirkung von beschleunigten Ionen mit Festkörpern verursachte Prozesse.

Elektronen vor sich. Da nur die in Oberflächenlagen gebildeten Elektronen den Festkörper verlassen und zur Messung beitragen, braucht man allerdings größere Bezirke (0,1⋯10 µm Durchmesser), um im Elektronenspektrometer die notwendige Elektronenzahl zu erhalten. Dafür reagiert das Auger-Spektrum äußerst empfindlich auf sehr kleine Bedeckungen der Oberfläche durch Adsorption oder chemische Reaktion, und es können Stoffmengen nachgewiesen werden, die nur einem kleinen Bruchteil (wenige Prozent) einer monoatomaren Lage entsprechen. Das ist für die Physik und Chemie von Oberflächenprozessen (Adsorption, Katalyse, Korrosion) äußerst wichtig.

Schließlich wird auch die Wechselwirkung von beschleunigten Ionen mit Festkörpern für verschiedene Untersuchungsverfahren genutzt. Wegen der größeren Masse besitzen schwere Ionen bei gleicher Energie einen großen Impuls, dagegen nur eine kleine Materiewellenlänge, so daß normalerweise Stoßprozesse mit den Festkörperbausteinen entsprechend dem Teilchencharakter beobachtet werden. Der primäre Akt läßt sich als binärer Stoß zwischen dem einfallenden Ion und einzelnen Atomen im Gitter auffassen (Abb. 3.4). Bei den dargestellten Stoßfolgen können an der Oberfläche Atome einen Impuls erhalten, der sie befähigt, den Festkörper zu verlassen. Im Inneren des Festkörpers bauen sich unter dem Einfluß der primär angestoßenen Teilchen Stoßkaskaden auf, und wenn diese Ereignisse in der Nähe der Oberfläche stattfinden, besteht gleichfalls die Wahrscheinlichkeit, daß ein Teil der sekundär angestoßenen Teilchen durch die Oberfläche austritt. Diese Erscheinungen werden als *Ionenzerstäubung* oder *Sputtering* (nach „to sputter" — zerstäuben, verspritzen) bezeichnet, und als Zerstäubungsrate S definiert man

$$S = \frac{\text{Zahl der austretenden Atome}}{\text{Zahl der einfallenden Ionen}}. \tag{3,14}$$

Unter den abgestäubten Teilchen befinden sich je nach Art des bombardierten Materials unterschiedliche Mengen von Ionen, vorwiegend meist einzelne Neutralatome sowie Klümpchen oder „Clusters" aus mehreren Atomen. Ferner treten infolge sekundärer Prozesse Elektronen und Quanten auf. Neben der technologischen Anwendung zum Ätzen und Beschichten benutzt man die Ionenzerstäubung neuerdings zur Mikroanalyse von Festkörpern. Dazu wird die Oberfläche mit einem feinen Strahlbündel von Edelgasionen (z. B. Ar^+ bei 10 keV) rasterförmig abgetastet. Die austretenden Sekundärionen werden massenspektrometrisch getrennt und aus den gemessenen Intensitäten das Verteilungsbild zusammengesetzt, das über die Häufigkeit der einzelnen Stoffe im Festkörper Auskunft gibt. Dieses Verfahren der Mikroanalyse wird als *Sekundär-Ionen-Massenspektrometrie* oder kurz als SIMS bezeichnet.

Elektronen und Ionen können infolge ihrer elektrischen Ladung und der dadurch bedingten intensiven Wechselwirkung mit den gleichfalls geladenen Atomhüllen und -kernen an der Oberfläche von Festkörpern auch zurückgestreut werden. Da Intensität und Verteilung der rückgestreuten Teilchen gleichfalls von der Natur der Probe und insbesondere vom Verlauf des elektrischen Potentials an der Oberfläche abhängen, ermöglicht die Rückstreuung Rückschlüsse auf die räumliche Anordnung der Bausteine an der Oberfläche sowie auf die chemische Natur der Festkörper. Die Rückstreuung von Ionen im Feld sehr feiner (10···100 nm Durchmesser) Metallspitzen, die elektrisch positiv vorgespannt sind, bildet die Grundlage des *Feldionenmikroskops*, mit dem einzelne Atome „abgebildet" werden. Bei der üblichen *Elektronenmikroskopie*, die nach dem Motto „sehen ist überzeugend" zu den wichtigsten Hilfsmitteln der festkörperphysikalischen Diagnostik gehört, kommt die Abbildung durch das Zusammenspiel der verschiedenen Elementarprozesse elastischer und inelastischer Streuprozesse zustande. Mit Präzisionsgeräten lassen sich heute einzelne Atomebenen und in Spezialfällen sogar die Lage einzelner Atome sichtbar machen. Für die Routine-Untersuchung von Werkstoffen hat die *Raster-Elektronenmikroskopie* wachsende Bedeutung erlangt, da man bei dieser Methodik ohne komplizierte Präparation der Proben auskommt. Ähnlich wie bei der Röntgenmikroanalyse wird die Oberfläche Punkt für Punkt mit einem sehr feinen Elektronenstrahlbündel abgerastert (Abb. 3.5). Wahlweise werden die auftretenden Sekundärelektronen oder die rückgestreuten Elektronen vorzugsweise gesammelt und hinsichtlich der Intensität registriert. Aus den so erhaltenen „Bildpunkten" wird mit elektronischen Hilfsmitteln das eigentliche Bild zusammengesetzt und auf einem Bildschirm sichtbar gemacht.

Die Elektronenmikroskopie ist ein unentbehrliches Hilfsmittel zur Untersuchung der *Morphologie*, d. h. der mikroskopischen geometrischen Gestalt, von Festkörpern und Werkstoffen. Da normalerweise Atome oder Moleküle nicht aufgelöst werden, gewinnt man Informationen über die Realstruktur, während die Atomanordnung mit den Mitteln der Beugung von Röntgen- oder Materiewellen zu ermitteln ist. Neuere Elektronenmikroskope gestatten meist zugleich die Aufnahme der Elektronenbeugung, und vielfach werden Durchstrahlungsmikroskope mit Vorrichtungen für die Röntgenmikroanalyse oder Rastermikroskope mit Zusatzeinrichtungen für Auger-Elektronen- oder SIMS-Analytik kombiniert (Bildtafel III/3).

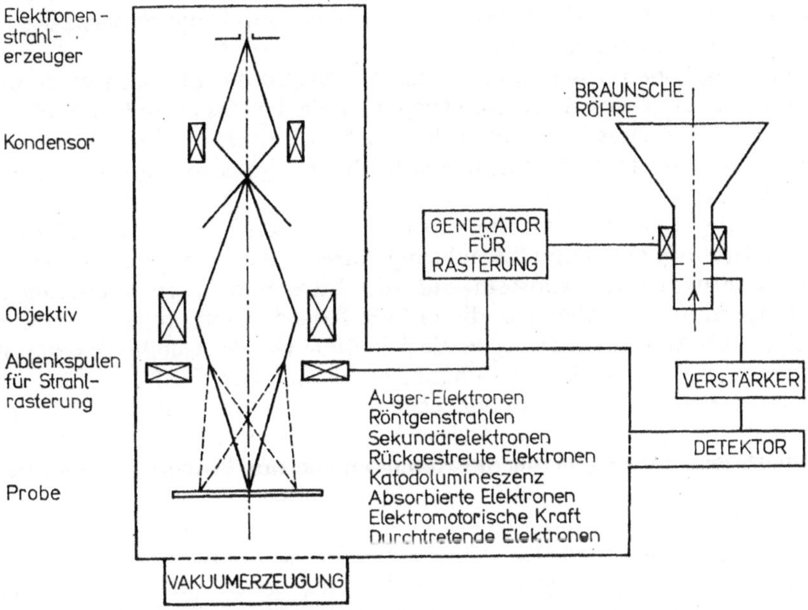

Abb. 3.5

Schema eines Rasterelektronenmikroskops

Zusammenfassend verfügen wir gegenwärtig also über eine Vielzahl von Methoden, um Informationen über die Morphologie, die Struktur und die Zusammensetzung von Festkörpern zu erlangen. Dabei ist die Aufzählung in diesem Abschnitt keineswegs vollständig, denn auch andersartige Verfahren, beispielsweise Untersuchungen der atomaren magnetischen Eigenschaften oder des chemischen Verhaltens tragen wesentlich zur Kenntnis des atomaren Aufbaues der Festkörper bei. Die Verfahren der Oberflächendiagnostik werden häufig mit einem schichtweisen Abtrag der Probe durch Ionenstrahlzerstäubung kombiniert (Tiefenprofilanalyse).

Zweifellos sind die Möglichkeiten der Durchforschung atomarer Strukturen noch nicht ausgeschöpft. In den letzten Jahren ist es gelungen, sogar einzelne Atome mit Elektronensonden nach dem Rasterprinzip zu „durchleuchten“ und aus den Anteilen der gestreuten Teilchen mit Computern eine Art Bild der Elektronenstruktur der Hülle zusammenzusetzen. Ferner konnte durch Kombination des Feldionenmikroskops mit einem hochempfindlichen Massenspektrometer durch W. E. Mueller eine Atom-Mikrosonde entwickelt werden, mit der sich einzelne atomare Ereignisse an ganz bestimmten Positionen der Festkörperoberfläche analysieren lassen!

3.2. Beugung von Wellen im Kristallgitter

Nach dem vorwiegend qualitativen Überblick über die Elementarprozesse der Streuung von Photonen und Teilchen in Festkörpern soll nun die Ausbreitung von Wellen in der dreifachperiodischen Anordnung von Kristallen quantitativ behandelt werden. Dieses Problem ist auch über die zunächst interessierenden Strukturuntersuchungen hinausgehend von ganz prinzipieller Bedeutung, da auch die elastischen und elektronischen Zustände in Festkörpern maßgeblich durch die Superposition der möglichen Teilwellen bestimmt werden.

Den grundlegenden Arbeiten von v. Laue, Friedrich, Bragg, Ewald und anderen folgend, betrachten wir die Ausbreitung von elektromagnetischen Wellen im Röntgenbereich. Die Aussagen lassen sich jedoch auf mechanische Wellen oder Materiewellen übertragen, wenn die physikalische Natur der Schwingungsamplitude anders interpretiert wird.

Die Aufgabe besteht darin, die von den einzelnen Punkten des Festkörpers ausgehenden Streuwellen unter Beachtung ihrer Phasen aufzusummieren und diejenigen Richtungen zu ermitteln, für die Interferenzmaxima auftreten. Für die Versuchsanordnung wählen wir die in Abb. 3.6a dargestellte Geometrie, bei der ein Kristall, dessen Abmessungen gegen die Abstände von der Quelle oder zum Empfänger sehr klein sein sollen, von einem Röntgenstrahlbündel der Einfallsrichtung $\boldsymbol{s}$ getroffen wird. Die am Kristall und am Beobachtungeort ankommenden Wellenfronten können dann als eben aufgefaßt werden. Diese Voraussetzung ist auch bei praktischen Anlagen meist sehr gut erfüllt, da die Abmessungen der Proben größenordnungsmäßig nur 1 mm, häufig weniger, betragen, während die Abstände zur Quelle und zum Empfänger bei 100···500 mm liegen.

Nach den Ausführungen des vorigen Abschnitts können Röntgenwellen an allen Punkten des Festkörpers gestreut werden, an denen die Elektronendichte $n(\hat{\boldsymbol{r}})$ von Null verschieden ist, also praktisch überall, wenn auch mit unterschiedlicher Intensität. Mit $\hat{\boldsymbol{r}}$ bezeichnen wir den Ort eines solchen punktförmigen Streuzentrums, das allgemein als Volumenelement der mittleren Elektronendichteverteilung, dagegen nicht als Ort der Gitterpunkte oder der Atomschwerpunkte der Basis aufzufassen ist.

Wir setzen weiter voraus, daß nur elastische Streuung auftritt, das heißt, es muß gelten:

$$\omega' = \omega \quad \text{und} \quad |\boldsymbol{k}'| = |\boldsymbol{k}|, \tag{3,15}$$

wenn ω' und $\boldsymbol{k}'$ die Frequenz und die Wellenzahl nach der Streuung und die ungestrichenen Symbole die entsprechenden Werte der einfallenden Welle kennzeichnen.

Bei der Beugung verändert sich also nur die Richtung des Wellenzahlvektors, nicht dagegen der Betrag.

Ausgehend von Gleichung (3,9) setzen wir für eine von dem Streuzentrum aus gehende Welle an:

$$\boldsymbol{E} = \boldsymbol{A} \exp \mathrm{i}(\boldsymbol{k} \cdot \boldsymbol{r} - \omega t) \cdot \exp \mathrm{i}\varphi . \tag{3,16}$$

Hier bedeutet $\boldsymbol{E}$ die Feldstärke am Beobachtungsort und $\boldsymbol{A}$ einen Amplitudenfaktor, der proportional zu der am Streuzentrum wirkenden Feldstärke ist und weiter von der Elektronendichte und – wegen der Richtungsabhängigkeit von Dipol- und Multipolstrahlung – auch von den Richtungen der einfallenden und austretenden Wellen $\boldsymbol{s}$ und $\boldsymbol{s}'$ beeinflußt werden kann. Solange wir uns nur für die Lage der Beugungsmaxima und nicht für die Intensitäten interessieren, ist dies jedoch ohne Belang. Ferner werden in (3,16) die Kugelwellen entsprechend der gewählten Geometrie durch Planwellen angenähert.

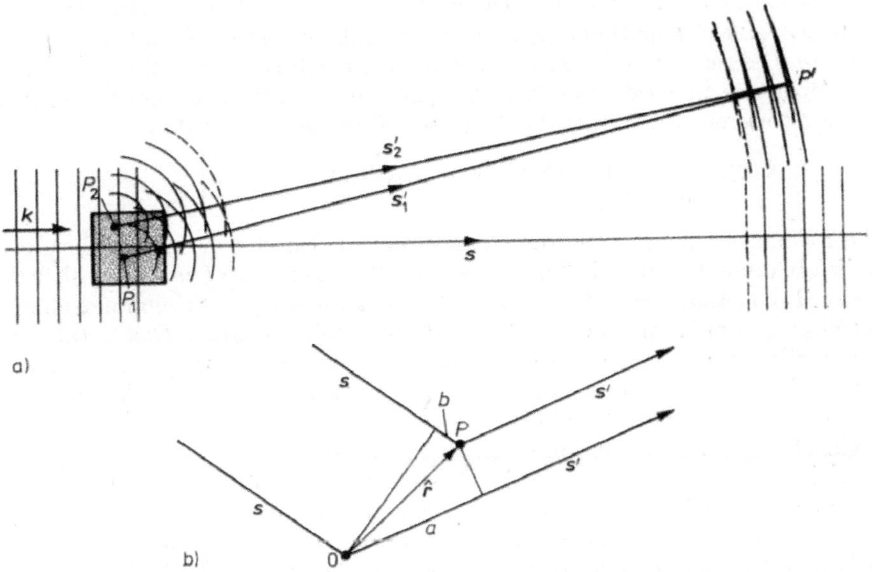

Abb. 3.6

Zur Beschreibung von Röntgeninterferenzen

a) Eine Probe wird von ebenen Röntgenwellen getroffen. Deren Ausbreitungsrichtung ist $\boldsymbol{s} = \dfrac{\boldsymbol{k}}{k}$. Die Richtungen von den Streuzentren bei P_1 und P_2 zu einem Aufpunkt P′ sind entsprechend

$$\boldsymbol{s}_1' = \frac{\boldsymbol{k}_1'}{k_1'} \quad \text{und} \quad \boldsymbol{s}_2' = \frac{\boldsymbol{k}_2'}{k_2'}.$$

b) Verlegt man den Aufpunkt P′ ins Unendliche (Fraunhofersche Näherung), sind $\boldsymbol{s}_1'$ und $\boldsymbol{s}_2'$ parallel, und der Gangunterschied zwischen den von 0 und P gestreuten Wellen beträgt $a - b = \hat{\boldsymbol{r}}(\boldsymbol{s}' - \boldsymbol{s})$. Dabei wurde der Nullpunkt in P_1 gelegt ($P_2 \rightarrow P$).

Entscheidend für das Auftreten von Interferenzen ist der Phasenfaktor exp $(i\varphi)$, der für jedes Streuzentrum verschieden ist. Wir drücken ihn nach Abb. 3.6b durch die Wellenvektoren und die Orte der Streuzentren aus. Der primäre Strahl, der in Richtung $\boldsymbol{s}$ einfällt, muß bis zum Punkt P im Vergleich zum Nullpunkt 0 einen um $\hat{\boldsymbol{r}} \cdot \boldsymbol{s}$ längeren Weg zurücklegen, während die beobachtete, an P gebeugte Welle, verglichen mit der an 0 gebeugten, einen um $\hat{\boldsymbol{r}}\boldsymbol{s}'$ kürzeren Weg zurücklegt.

Der Gangunterschied zwischen den beiden von 0 und P gestreuten Wellen beträgt demnach $(\hat{\boldsymbol{r}} \cdot \boldsymbol{s}' - \hat{\boldsymbol{r}} \cdot \boldsymbol{s})$, und für den Phasenwinkel ergibt sich mit dem in

Gleichung (3,5) eingeführten Wellenzahlvektor $\boldsymbol{k}$:

$$\varphi = \frac{2\pi}{\lambda}(\boldsymbol{s}' - \boldsymbol{s})\,\hat{\boldsymbol{r}} = (\boldsymbol{k}' - \boldsymbol{k}) \cdot \hat{\boldsymbol{r}} \tag{3,17}$$

oder

$$\varphi = \Delta\boldsymbol{k} \cdot \hat{\boldsymbol{r}} \quad \text{mit} \quad \Delta\boldsymbol{k} = \boldsymbol{k}' - \boldsymbol{k}. \tag{3,18}$$

Da hinsichtlich der Lage der beiden Punkte 0 und P innerhalb des untersuchten Kristalls keinerlei spezielle Annahmen gemacht worden sind, gilt (3,18) für beliebige Punkte. Die gesamte am Ort $\boldsymbol{r}$ beobachtete Feldstärke $\boldsymbol{E}$ erhalten wir durch Summation über alle Streuzentren, beziehungsweise bei differentiellen Streuzentren durch Integration von (3,16) über das Volumen V der Kristallprobe:

$$\boldsymbol{E}(\boldsymbol{r}) = \int_V \mathrm{d}^3\hat{\boldsymbol{r}}\boldsymbol{A}(\hat{\boldsymbol{r}}) \exp \mathrm{i}\,(\boldsymbol{k} \cdot \boldsymbol{r} + \Delta\boldsymbol{k} \cdot \hat{\boldsymbol{r}}). \tag{3,19}$$

Die Feldstärke hängt also vom Gangunterschied und von der Amplitude der Streuwelle ab, denn der erste Teil des exponentiellen Terms $\exp \mathrm{i}\boldsymbol{k} \cdot \boldsymbol{r}$ ist über den kleinen Kristall konstant. Dabei kann $\boldsymbol{r}$ in der vorausgesetzten Fraunhoferschen Näherung als Vektor vom Ursprung zum Aufpunkt angesehen werden. Das zeitabhängige Glied der Welle $\exp(-\mathrm{i}\omega t)$ wurde weggelassen, da nur die beobachtete Amplitude interessiert (der Messung zugänglich ist die Intensität $I \approx \boldsymbol{E}\boldsymbol{E}^*$, wobei $\boldsymbol{E}^*$ die zu $\boldsymbol{E}$ konjugiert komplexe Größe ist).

Gleichung (3,19) stellt einen allgemeinen Ansatz dar, um Beugungsphänomene in Kristallen zu erfassen. Um konkrete Aussagen über die Lage der Interferenzmaxima zu gewinnen, spezialisieren wir uns zunächst auf diskrete Streuzentren an den Orten der Gitterpunkte. Später werden wir zusätzlich den Einfluß der ebenfalls punktförmig gedachten Atome der Basis und schließlich die Rolle der endlich ausgedehnten Atomhüllen betrachten.

3.3. Laue-Gleichungen

Die Kristallprobe soll die Form eines Parallelepipeds mit den Kantenlängen $Z\boldsymbol{a}$, $Z\boldsymbol{b}$ und $Z\boldsymbol{c}$ haben, wenn $\boldsymbol{a}, \boldsymbol{b}, \boldsymbol{c}$ die Gittergrundvektoren gemäß Abschnitt 2.1. bezeichnen und Z eine große ganze Zahl ist. Der Kristall enthält dann Z^3 Elementarzellen. Da nur von den Gitterpunkten Streuwellen ausgehen sollen, ergibt sich für die Position der Streuzentren:

$$\boldsymbol{R}_{mnp} = m\boldsymbol{a} + n\boldsymbol{b} + p\boldsymbol{c}. \tag{3,20}$$

$\boldsymbol{R}_{mnp}$ bezeichnet die Gittervektoren vom Punkt 0 zu den anderen Gitterpunkten, die durch die ganzen Maßzahlen m, n, p indiziert werden. Ersetzen wir $\hat{\boldsymbol{r}}$ in (3,18) durch die diskreten $\boldsymbol{R}_{mnp}$, so ergibt sich bei der Superposition der Teilwellen gleicher Amplitude anstatt des Integrals (3,19) die Summe:

$$\begin{aligned}\boldsymbol{E} &= \boldsymbol{A} \sum_{m,n,p} \exp \mathrm{i}[\boldsymbol{k} \cdot \boldsymbol{r} + (\Delta\boldsymbol{k} \cdot \boldsymbol{R}_{mnp})] \\ &= \boldsymbol{A} \exp \mathrm{i}(\boldsymbol{k} \cdot \boldsymbol{r}) \sum_{m,n,p} \exp \mathrm{i}[\Delta\boldsymbol{k} \cdot (m\boldsymbol{a} + n\boldsymbol{b} + p\boldsymbol{c})].\end{aligned} \tag{3,21}$$

Dieser Ausdruck läßt sich in das Produkt der Teilsummen zerlegen:

$$\boldsymbol{E} = \boldsymbol{A} \exp \mathrm{i}(\boldsymbol{k} \cdot \boldsymbol{r}) \sum_{m=0}^{Z} \exp \mathrm{i}m(\boldsymbol{a} \cdot \Delta\boldsymbol{k}) \cdot \sum_{n=0}^{Z} \exp \mathrm{i}n(\boldsymbol{b} \cdot \Delta\boldsymbol{k})$$
$$\times \sum_{p=0}^{Z} \exp \mathrm{i}p(\boldsymbol{c} \cdot \Delta\boldsymbol{k}). \tag{3,22}$$

Das Produkt dieser Summen wird auch als Streuamplitude bezeichnet. Maxima treten offensichtlich dann auf, wenn der Phasenwinkel zwischen den abgebeugten Teilwellen aller Gitterpunkte ein ganzzahliges Vielfaches von 2π ist. Dazu müssen nach (3,17) gleichzeitig die folgenden Bedingungen erfüllt sein:

$$\begin{aligned} \boldsymbol{a} \cdot \Delta\boldsymbol{k} &= 2\pi\hat{h} \\ \boldsymbol{b} \cdot \Delta\boldsymbol{k} &= 2\pi\hat{k} \\ \boldsymbol{c} \cdot \Delta\boldsymbol{k} &= 2\pi\hat{l}. \end{aligned} \tag{3,23}$$

Alle Glieder der Summe nehmen in diesem Falle den Betrag 1 an, und für die Streuamplitude ergibt sich der Wert Z^3. Die ganzen Zahlen $\hat{h}$, $\hat{k}$, $\hat{l}$ kennzeichnen die Ordnung des Beugungsmaximums und heißen *Laue-Indizes.*

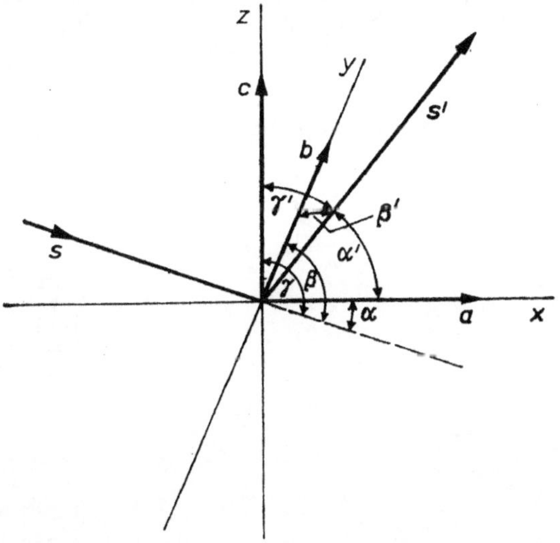

Abb. 3.7

Zur Bezeichnung der Richtungskosinus in (3,24).
Allgemein müssen **a**, **b** und **c** keine rechten Winkel einschließen.

Die Beziehungen (3,23) werden zu Ehren des Begründers der Strukturuntersuchung mit Röntgenstrahlen als *Laue-Gleichungen* bezeichnet.

Weiter lassen sich die Richtungskosinus-Werte der Einheitsvektoren des einfallenden Strahls **s** und des gebeugten Strahls **s'** einführen (Abb. 3.7):

$$\begin{aligned} \cos\alpha &= \boldsymbol{s}\frac{\boldsymbol{a}}{|\boldsymbol{a}|}, \quad \cos\beta = \boldsymbol{s}\frac{\boldsymbol{b}}{|\boldsymbol{b}|}, \quad \cos\gamma = \boldsymbol{s}\frac{\boldsymbol{c}}{|\boldsymbol{c}|}, \\ \cos\alpha' &= \boldsymbol{s}'\frac{\boldsymbol{a}}{|\boldsymbol{a}|}, \quad \cos\beta' = \boldsymbol{s}'\frac{\boldsymbol{b}}{|\boldsymbol{b}|}, \quad \cos\gamma' = \boldsymbol{s}'\frac{\boldsymbol{c}}{|\boldsymbol{c}|}. \end{aligned} \tag{3,24}$$

Berücksichtigen wir, daß nach (3,18) $\Delta \boldsymbol{k} = \frac{2\pi}{\lambda} (\boldsymbol{s}' - \boldsymbol{s})$ ist, so folgt:

$$\begin{aligned} a(\cos\alpha' - \cos\alpha) &= \hat{h}\lambda \\ b(\cos\beta' - \cos\beta) &= \hat{k}\lambda \\ c(\cos\gamma' - \cos\gamma) &= \hat{l}\lambda. \end{aligned} \tag{3,25}$$

Das System (3,25) umfaßt 3 Gleichungen für die Richtungskomponenten $\cos\alpha'$, $\cos\beta'$, $\cos\gamma'$ der austretenden Strahlen. Da zwischen den Richtungskosinus jedoch noch eine Bedingung besteht — in rechtwinkligen Achsen muß $\cos^2\alpha' + \cos^2\beta' + \cos^2\gamma' = 1$ sein —, ist das Gleichungssystem überbestimmt, und man muß entweder λ oder die Richtung des einfallenden Strahles $\boldsymbol{s}$ variabel halten, damit überhaupt Interferenzen auftreten. Anschaulich leuchtet dies sofort ein, wenn man die Laue-Gleichungen geometrisch interpretiert. Wir betrachten dazu die Beugung an einem eindimensionalen Gitter, also einer linearen Kette von Streuzentren (Abb. 3.8a). Die konstruktive Interferenz der Teilwellen ist gegeben, wenn eine der Gleichungen (3,25) erfüllt wird, und die abgebeugten Strahlen bilden Kegelmäntel mit dem Öffnungswinkel $2\alpha'$ um die Richtung der Kette (Abb. 3.8a). Gehen wir zu einem zweidimensionalen Gitter über (Abb. 3.8b), so muß eine zweite Laue-Gleichung für jede Kette von Gitterpunkten gelten, die auf der ersten Kette senkrecht steht. Damit ergibt sich eine zweite Schar von Kegelmänteln, und die Beugungsmaxima des Flächengitters entsprechen den Schnittlinien der Kegel, für die

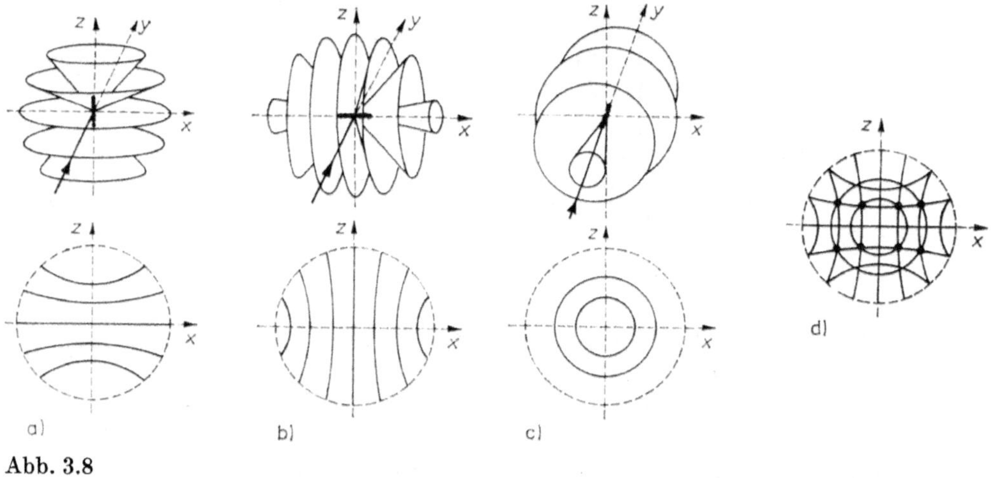

Abb. 3.8

Entstehung der Beugungsbilder von Raumgittern

a) Lauesche Beugungskegel einer Punktreihe in z-Richtung. Der Primärstrahl zeigt in y-Richtung, d. h., in den Beziehungen (3,24) wird $\beta = 0$, α und $\gamma = \frac{\pi}{2}$. Darunter die Spuren der Kegel auf einem vor oder hinter der Probe parallel zur $(x; z)$-Ebene angeordneten Film.

b) und c) Verhältnisse für eine Reihe von Streuzentren in x- bzw. y-Richtung bei gleichbleibender Einstrahlrichtung und Filmanordnung.

d) Spuren der drei zueinander senkrechten Kegelscharen, die von einem aus obigen Punktreihen aufgebauten Raumgitter erzeugt werden. An Punkten, in denen sich die Spuren jeweils eines Kegels aus jeder Schar schneiden, ist die Interferenzbedingung (Laue-Gleichungen) erfüllt; es ist also eine Schwärzung des Films zu erwarten.

beide Gleichungen erfüllt sind. Dieser Fall ist von praktischer Bedeutung bei der Beugung langsamer Elektronen (1···5 eV), die fast ausschließlich an der obersten Atomlage eines Kristalls geschieht. Für das dreidimensionale Raumgitter muß nun zusätzlich noch die dritte Gleichung (3,25) erfüllt sein, die den Interferenzmaxima einer auf den ersten beiden Ketten senkrechten Punktanordnung zugeordnet werden kann und eine weitere Kegelschar liefert (Abb. 3.8c). Drei Kegel mit zueinander senkrechter Achse schneiden sich jedoch im allgemeinen nicht in gemeinsamen Geraden; es müssen vielmehr spezielle Forderungen an die Wellenlänge oder die Einfallsrichtung gestellt werden, damit im Raumgitter Interferenzmaxima zustande kommen. Durch die vorstehende Überlegung wurde die Beugung am Raumgitter auf drei zueinander senkrechte Punktgitter zurückgeführt. Die Intensität am Empfänger ist proportional dem Quadrat der Feldstärke, die nach (3,22) als Produkt der Summen für drei Raumrichtungen gegeben ist. Um die Schärfe der Interferenzmaxima zu berechnen, muß man die Faktoren als geometrische Reihen aufsummieren und das Quadrat der Realteile bilden. Der Rechengang gleicht völlig der Ableitung für die Linienbreite beziehungsweise das Auflösungsvermögen eines Strichgitters, die in Lehrbüchern der theoretischen Physik behandelt wird. Man erhält für die einzelnen Summen Ausdrücke der Form

$$I \sim \frac{\sin^2 \frac{1}{2} Z(\boldsymbol{a} \cdot \Delta \boldsymbol{k})}{\sin^2 \frac{1}{2} (\boldsymbol{a} \cdot \Delta \boldsymbol{k})}. \tag{3,26}$$

Als Funktion von $(\boldsymbol{a} \cdot \Delta \boldsymbol{k})$ besitzt (3,26) bei Erfüllung der Laue-Gleichungen sehr scharfe Hauptmaxima, deren Breite umgekehrt proportional zu Z ist. Da die Zahl der Beugungspunkte auch bei sehr kleinen Kristallen in jeder Richtung sehr große Werte hat, ist das Auflösungsvermögen idealer Punktgitter außerordentlich hoch.

Geschlossen lassen sich die Laue-Gleichungen nur für orthogonale Achsen $\boldsymbol{a}$, $\boldsymbol{b}$ und $\boldsymbol{c}$ nach $\Delta \boldsymbol{k}$ auflösen:

$$\Delta \boldsymbol{k} = 2\pi \left(\hat{h} \frac{\boldsymbol{a}}{\boldsymbol{a}^2} + \hat{k} \frac{\boldsymbol{b}}{\boldsymbol{b}^2} + \hat{l} \frac{\boldsymbol{c}}{\boldsymbol{c}^2} \right). \tag{3,27}$$

Einsetzen von (3,27) in (3,23) erfüllt die Gleichungen, da die gemischten Produkte $\boldsymbol{a} \cdot \boldsymbol{b}$, $\boldsymbol{c} \cdot \boldsymbol{b}$ usw. für orthogonale Gittergrundvektoren verschwinden. Um die Lösungen auch für beliebige Gitter angeben zu können, führt man das Modell des *reziproken Gitters* ein, das sich für die anschauliche Interpretation der beobachteten Beugungsmaxima als außerordentlich nützlich erwiesen hat.

3.4. Reziprokes Gitter

3.4.1. Definition

Zu jedem dreidimensionalen Punktgitter, das nach (2,20) durch die allgemeine Translation $\boldsymbol{T} = m\boldsymbol{a} + n\boldsymbol{b} + p\boldsymbol{c}$ festgelegt wird, läßt sich ein reziprokes Gitter zuordnen, dessen Grundvektoren $\boldsymbol{a}^*$, $\boldsymbol{b}^*$ und $\boldsymbol{c}^*$ durch die folgenden Gleichungen definiert werden:

$$\boldsymbol{a}^* = 2\pi \frac{\boldsymbol{b} \times \boldsymbol{c}}{[\boldsymbol{abc}]} \quad \boldsymbol{b}^* = 2\pi \frac{\boldsymbol{c} \times \boldsymbol{a}}{[\boldsymbol{abc}]} \quad \boldsymbol{c}^* = 2\pi \frac{\boldsymbol{a} \times \boldsymbol{b}}{[\boldsymbol{abc}]}. \tag{3,28}$$

Mit $[\boldsymbol{abc}] = \boldsymbol{a}(\boldsymbol{b} \times \boldsymbol{c})$ wird das Spatprodukt der Grundvektoren des normalen Gitters bezeichnet. Für die Produkte der Grundvektoren der beiden Gitter gilt:

$$\begin{aligned} &\boldsymbol{a} \cdot \boldsymbol{a}^* = 2\pi \quad &&\boldsymbol{a} \cdot \boldsymbol{b}^* = 0 \quad &&\boldsymbol{a} \cdot \boldsymbol{c}^* = 0, \\ &\boldsymbol{b} \cdot \boldsymbol{a}^* = 0 \quad &&\boldsymbol{b} \cdot \boldsymbol{b}^* = 2\pi \quad &&\boldsymbol{b} \cdot \boldsymbol{c}^* = 0, \\ &\boldsymbol{c} \cdot \boldsymbol{a}^* = 0 \quad &&\boldsymbol{c} \cdot \boldsymbol{b}^* = 0 \quad &&\boldsymbol{c} \cdot \boldsymbol{c}^* = 2\pi. \end{aligned} \tag{3,29}$$

Die Grundvektoren des reziproken Gitters stehen demnach jeweils auf 2 Grundvektoren des normalen Gitters senkrecht, und natürlich muß auch das Umgekehrte gelten. Die reziproken Grundvektoren untereinander schließen im allgemeinen schiefe Winkel ein. Analog wie beim gewöhnlichen Gitter läßt sich aus ihnen die Elementarzelle des reziproken Gitters bilden. Ihre Gestalt ist von der des normalen Gitters gewöhnlich verschieden. Nur im Falle orthogonaler Gitter stehen auch die reziproken Grundvektoren aufeinander senkrecht, wobei ihre Beträge umgekehrt proportional zu den Gitterkonstanten des normalen Gitters sind. Hieraus folgt unmittelbar, daß das reziproke Gitter eines einfach kubischen Gitters gleichfalls einfach kubisch (sc) sein muß.

An dieser Stelle ist anzumerken, daß die ursprünglich von Gibbs eingeführte Definition des reziproken Gitters, die heute noch in der Kristallographie üblich ist, von (3,28) und (3,29) abweicht, indem anstatt der Faktoren 2π der Wert 1 gesetzt wird. Die Produkte gleichnamiger Grundvektoren sind dann 1 und ihre Beträge in orthogonalen Gittern gleich den reziproken Gitterkonstanten. Die Aufnahme des Zahlenfaktors 2π in der Festkörperphysik führt zu einer einfacheren Schreibweise der Formeln für die Interferenz, in denen sonst dieser Faktor auftreten würde.

Der große Nutzen des reziproken Gitters für die Wellenausbreitung in Kristallen wird sichtbar, wenn wir den allgemeinen Gittervektor $\boldsymbol{R}^*$ betrachten, der zwei beliebige Punkte des reziproken Gitters verbindet:

$$\boldsymbol{R}^* = \hat{h}\boldsymbol{a}^* + \hat{k}\boldsymbol{b}^* + \hat{l}\boldsymbol{c}^* \tag{3,30}$$

$(\hat{h}, \hat{k}, \hat{l}$ — ganze Zahlen).

Setzen wir nämlich den Vektor $\Delta\boldsymbol{k}$, der in den Laue-Gleichungen (3,23) auftritt, gleich einem beliebigen Vektor des reziproken Gitters, so werden die Bedingungen für Interferenzmaxima unter Beachtung von (3,29) automatisch erfüllt. Wir haben dies schon berücksichtigt, indem die ganzen Maßzahlen in (3,30) in der gleichen Weise bezeichnet wurden wie die ganzen Zahlen in den Laue-Gleichungen, welche die Ordnung der Interferenz bestimmen.

Als wichtiges Ergebnis ist demnach festzuhalten: Wenn wir von einem beliebigen Punkt des reziproken Gitters aus die Vektoren zu anderen Punkten ziehen, so erhalten wir die $\Delta\boldsymbol{k}$-Vektoren der konstruktiven Interferenzen, die den Beugungsmaxima entsprechen. Relativ zum Anfangspunkt 0 gibt jeder Punkt des reziproken Gitters ein mögliches Beugungsmaximum wieder. *Anders ausgedrückt, erhalten wir bei der Beugung demnach ein Abbild des reziproken Gitters,* so daß man umgekehrt aus Beugungsdiagrammen die Struktur eines Gitters bestimmen kann.

3.4.2. Weitere Eigenschaften des reziproken Gitters

Um die Gitterparameter auch praktisch aus der Lage der Beugungsmaxima ableiten zu können, benötigen wir zwei Lehrsätze, die im folgenden kurz begründet werden.

1. Jeder Vektor des reziproken Gitters steht senkrecht auf einer Gitterebene des normalen Kristallgitters, deren Millersche Indizes durch (hkl) gegeben sind. Zwischen den Laueschen und den Millerschen Indizes besteht dabei die Beziehung

$$(\hat{h}\hat{k}\hat{l}) = n(hkl), \tag{3,31}$$

das heißt, die in den Laue-Gleichungen auftretenden Maßzahlen stimmen bis auf ein ganzzahliges gemeinsames Vielfaches n mit den früher in 2.2.2. eingeführten Bezeichnungen der Ebenen im Kristall überein.

Zum Beweis betrachten wir eine Ebene mit den Achsenabschnitten $m\boldsymbol{a}$, $n\boldsymbol{b}$ und $p\boldsymbol{c}$, deren Millersche Indizes durch $h = \frac{1}{m}$, $k = \frac{1}{n}$ und $l = \frac{1}{p}$ gegeben sein sollen. Ein etwa vorhandener gemeinsamer Teiler der m, n, p oder die notwendige Erweiterung der h, k, l durch einen ganzen Faktor ändern nichts am Ergebnis der weiteren Überlegungen.

In der betrachteten Ebene liegen nun die drei Vektoren

$$\boldsymbol{R}_1 = m\boldsymbol{a} - n\boldsymbol{b} \quad \boldsymbol{R}_2 = p\boldsymbol{c} - m\boldsymbol{a} \quad \boldsymbol{R}_3 = n\boldsymbol{b} - p\boldsymbol{c}, \tag{3,32}$$

welche die Schnittpunkte auf den Achsen miteinander verbinden. Bilden wir nun das Produkt mit dem entsprechenden Vektor des reziproken Gitters,

$$\boldsymbol{R}^* = \hat{h}\boldsymbol{a}^* + \hat{k}\boldsymbol{b}^* + \hat{l}\boldsymbol{c}^* = n(h\boldsymbol{a}^* + k\boldsymbol{b}^* + l\boldsymbol{c}^*), \tag{3,33}$$

so folgt:

$$\boldsymbol{R}_1 \cdot \boldsymbol{R}^* = 2\pi n(mh - nk) = 0 \text{ und analog } \boldsymbol{R}_2 \cdot \boldsymbol{R}^* = 0 \text{ sowie } \boldsymbol{R}_3 \cdot \boldsymbol{R}^* = 0. \tag{3,34}$$

$\boldsymbol{R}^*$ steht also senkrecht auf der Ebene, und die Maßzahlen stimmen nach Kürzen eines eventuellen gemeinsamen Teilers mit den Millerschen Indizes überein.

2. Der Abstand d äquivalenter Ebenen in der durch die Millerschen Indizes (hkl) gegebenen Schar ist umgekehrt proportional zum Betrag des zugehörigen reziproken Gittervektors:

$$d(hkl) = \frac{2\pi}{|\boldsymbol{R}^*(hkl)|}. \tag{3,35}$$

Diese wichtige Beziehung folgt aus der Tatsache, daß die Gleichung einer Ebene durch $\boldsymbol{R} \cdot \boldsymbol{e}_N = d$ gegeben ist, wenn $\boldsymbol{e}_N$ den Einheitsvektor in Richtung der Flächennormalen und d der Abstand zum Nullpunkt, durch den eine Parallelebene führt, bedeuten. Da weiter nach dem soeben bewiesenen Satz $\boldsymbol{e}_N = \boldsymbol{R}^*/|\boldsymbol{R}^*|$ ist, muß (3,35) erfüllt sein, wie man sieht, wenn für $\boldsymbol{R}$ beispielsweise $\boldsymbol{R} = m\boldsymbol{a} = \frac{1}{h}\,\boldsymbol{a}$ eingesetzt wird.

Im speziellen Falle des kubischen Gitters erhalten wir mit

$$\boldsymbol{R}^* = 2\pi\left(h\,\frac{\boldsymbol{x}_0}{|\boldsymbol{a}|} + k\,\frac{\boldsymbol{y}_0}{|\boldsymbol{a}|} + l\,\frac{\boldsymbol{z}_0}{|\boldsymbol{a}|}\right), \tag{3,36}$$

wo $\boldsymbol{x}_0$, $\boldsymbol{y}_0$, $\boldsymbol{z}_0$ die Einheitsvektoren in rechtwinkligen Koordinaten und $|\boldsymbol{a}|$ die Gitterkonstante bezeichnen, für den Abstand paralleler Ebenen:

$$d(hkl) = \frac{a}{\sqrt{h^2 + k^2 + l^2}}. \tag{3,37}$$

3.4.3. Ewald-Kugel

Mit den hier gewonnenen Erkenntnissen lassen sich die Bedingungen für das Auftreten von Interferenzmaxima in einfacher Weise darstellen. Wir tragen dazu die Punkte des reziproken Gitters auf, wobei wir uns aus darstellungstechnischen Gründen mit einem zweidimensionalen Schnitt begnügen, in dessen Ebene der Wellenzahlvektor des einfallenden Strahls liegen soll (Abb. 3.9). In dieses Punktnetz zeichnen wir nun den Wellenzahlvektor $\boldsymbol{k}$ der einfallenden Strahlen so ein, daß er

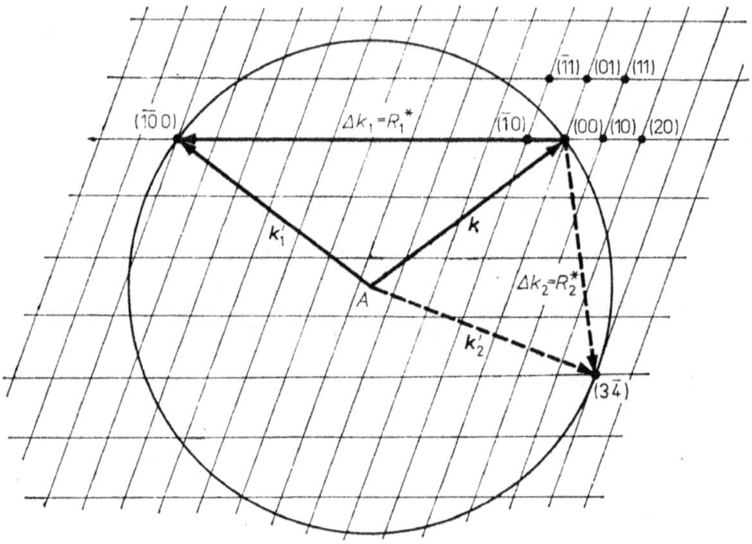

Abb. 3.9

Ewaldsche Konstruktion zur Ermittlung interferenzfähiger Netzebenen. Für die Punkte ($\overline{10}$ 0) und (3 $\bar{4}$) des reziproken Gitters ist die Interferenzbedingung erfüllt.

am Gitterpunkt (00) endet. Danach wird um den Anfangspunkt A von $\boldsymbol{k}$, der normalerweise nicht mit einem Gitterpunkt zusammenfällt, eine Kugel — in der Zeichnung ein Kreis — mit dem Radius $|\boldsymbol{k}|$ beschrieben. Da bei der elastischen Streuung $|\boldsymbol{k}'| = |\boldsymbol{k}|$ gilt, müssen die Wellenzahlvektoren aller abgebeugten Strahlen beginnend von A gleichfalls an der Oberfläche dieser Kugel enden, die nach dem Schöpfer dieser Konstruktion als *Ewald-Kugel* bezeichnet wird. Die möglichen $\boldsymbol{k}'$ der abgebeugten Wellen ergeben aber nur dann Beugungsmaxima, wenn außerdem die Laue-Gleichungen erfüllt sind, und dies ist der Fall für:

$$\Delta \boldsymbol{k} = \boldsymbol{k}' - \boldsymbol{k} = \boldsymbol{R}^* \quad \text{oder} \quad \boldsymbol{k}' = \boldsymbol{R}^* + \boldsymbol{k}. \tag{3,38}$$

Im allgemeinen werden allerdings keine weiteren Gitterpunkte von der Kugel berührt, und es zeigt sich erneut, daß nur bei spezieller Wahl der Wellenlänge beziehungsweise der Einfallsrichtung Beugungsmaxima auftreten. Bei der praktischen Auswertung von Beugungsaufnahmen benutzt man entweder stereographische Projektionen (vgl. Abschnitt 3.5.2.) oder durchsichtige Plastkugeln, in denen die Beugungsmaxima gekennzeichnet sind, und vergleicht die passend vergrößerten Negative der Beugungsaufnahmen mit den Modellen. Die einzelnen Punkte werden dabei mit den Maßzahlen indiziert, die den reziproken Gittervektoren beziehungsweise den zugehörigen Flächenscharen entsprechen.

3.4.4. Ableitung der Bragg-Gleichung

Aus Abb. 3.10 lesen wir ab, daß der Winkel Θ zwischen dem einfallenden Strahl und der zu $\boldsymbol{R}^*$ senkrechten Netzebene gleich dem halben von $\boldsymbol{k}$ und $\boldsymbol{k}'$ eingeschlossenen Winkel ist. Ferner entnehmen wir:

$$2\,|\boldsymbol{k}|\sin\Theta = |\boldsymbol{R}^*(\hat{h}\hat{k}\hat{l})| = \hat{n}\,|\boldsymbol{R}^*(hkl)|\,, \tag{3,39}$$

wobei wiederum zu beachten ist, daß reziproke Gittervektoren mit dem gemeinsamen Teiler $\hat{n}$ ihrer Maßzahlen den Interferenzen höherer Ordnung entsprechen. In (3,39) können wir für $|\boldsymbol{R}^*(hkl)|$ mittels (3,35) den Netzebenenabstand und für $|\boldsymbol{k}|$ die Wellenlänge einführen. Damit ergibt sich:

$$2d\sin\Theta = \hat{n}\lambda\,. \tag{3,40}$$

Das ist die bekannte Gleichung von BRAGG (1913), mit der sich die Lage der Beugungsmaxima in geschlossener Form beschreiben läßt. Wir können diese fundamentale Beziehung in einfacher Weise interpretieren, indem wir die Beugung im Raumgitter als eine Reflexion der primären Strahlen an den Netzebenen des Kristalls auffassen.

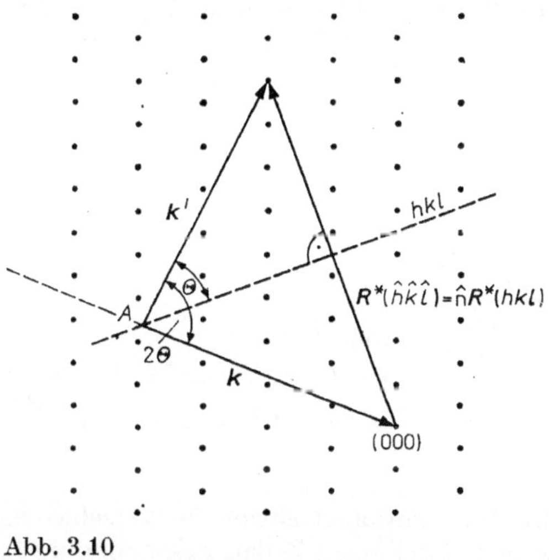

Abb. 3.10
Zur Herleitung der Bragg-Gleichung

Formal stimmt (3,40) mit dem Reflexionsgesetz überein, denn die einlaufenden und die abgebeugten Wellen schließen mit der Flächennormalen $\boldsymbol{R}^*$ und demnach auch mit den Ebenen selbst gleiche Winkel ein. Die speziellen Richtungen, für welche die abgebeugten Teilwellen miteinander konstruktive Interferenz ergeben, werden auch als *Glanzwinkel* bezeichnet, und die Beugungsmaxima nennt man kurz Reflexe. Solange nur die Richtungen der Reflexe, nicht aber ihre Intensität interessieren, liefert die Bragg-Gleichung die gleichen Aussagen wie das System der Laue-Beziehungen. Im folgenden werden wir daher meist die einfachere Bragg-Formel verwenden.

Vielfach ist es nützlich, einen zur Bragg-Gleichung gleichwertigen Ausdruck in vektorieller Schreibweise zu benutzen. Wir erhalten ihn, indem die Lösung der

Laue-Gleichungen (3,38) auf beiden Seiten quadriert wird:

$$\boldsymbol{k}'^2 = (\boldsymbol{R}^* + \boldsymbol{k})^2 = \boldsymbol{R}^{*2} + 2\boldsymbol{R}^*\boldsymbol{k} + \boldsymbol{k}^2. \tag{3,41}$$

Wegen $|\boldsymbol{k}'| = |\boldsymbol{k}|$ folgt:

$$2\boldsymbol{k} \cdot \boldsymbol{R}^* + \boldsymbol{R}^{*2} = 0. \tag{3,42}$$

3.4.5. Brillouinsche Zonen

Gleichung (3,42) läßt sich ebenfalls anschaulich deuten. Nach Abb. 3.11 bilden die Ebenen — in zweidimensionaler Darstellung die Geraden —, die senkrecht auf den von einem Punkt ausgehenden reziproken Gittervektoren stehen und diese halbieren, den geometrischen Ort für alle $\boldsymbol{k}$, die (3,42) erfüllen. Analytisch sehen wir dies, wenn wir mit der Substitution $\boldsymbol{R}^* \to -\boldsymbol{R}^*$ die Gleichung in folgender Weise umschreiben:

$$2\boldsymbol{k} \cdot \boldsymbol{R}^* = \boldsymbol{R}^{*2} \quad \text{und} \quad \frac{\boldsymbol{k} \cdot \boldsymbol{R}^*}{|\boldsymbol{R}^*|} = \frac{|\boldsymbol{R}^*|}{2}. \tag{3,43}$$

Die zweite Beziehung in (3,43) ist die Gleichung einer Ebene, die senkrecht auf der Mitte des Vektors $\boldsymbol{R}^*$ steht. Der Wechsel des Vorzeichens von $\boldsymbol{R}^*$, der hier vorgenommen wurde, ist unbedenklich, da es gleichgültig ist, in welcher Richtung wir $\boldsymbol{R}^*$ betrachten.

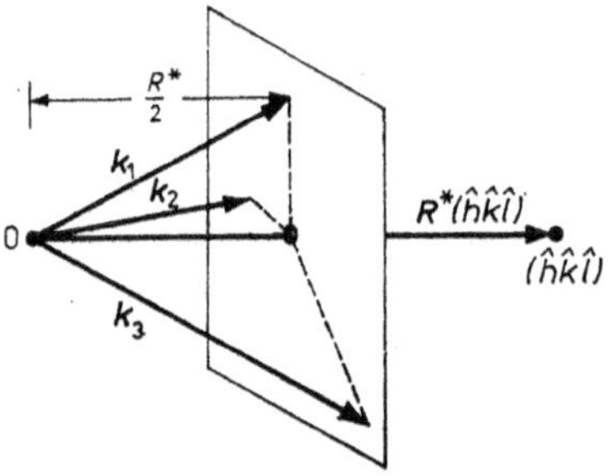

Abb. 3.11
Zur Interpretation der Gleichung
$2\boldsymbol{k}\boldsymbol{R}^* + \boldsymbol{R}^{*2} = 0$ bzw. $\boldsymbol{k} \cdot \frac{\boldsymbol{R}^*}{R^*} = \frac{R^*}{2}$

Die Ebenen, die den Nullpunkt des reziproken Gitters in verschiedenen Lagen umgeben, lassen sich zu geschlossenen räumlichen Zellen zusammenfügen, die man als *Brillouinsche Zonen* bezeichnet. Für die Konstruktion dieser Zonen verfahren wir nach folgender Vorschrift:

Wir bilden ausgehend vom Nullpunkt die Vektoren des reziproken Gitters und sortieren sie nach wachsender Länge. Infolge der Symmetrie werden für jede Länge mehrere Vektoren erhalten. Danach errichten wir auf den Mittelpunkten der kürzesten, zweitkürzesten usw. Vektoren die Normalebenen. Die Gebilde, die von diesen Ebenen umschlossen werden, sind die 1., 2., ... Brillouinsche Zone.

Als einfachstes Beispiel sei eine eindimensionale Kette von Gitterpunkten betrachtet. Die kleinsten reziproken „Vektoren" sind dann die Strecken der Länge $\pm\frac{2\pi}{a}$, so daß die 1. Brillouinsche Zone in einer Dimension von den Punkten $+\frac{\pi}{a}$ und $-\frac{\pi}{a}$ begrenzt wird (Abb. 3.12a). In einem zweidimensionalen quadratischen Gitter erhalten wir die in Abb. 3.12c dargestellten Zonen; die erste ist ein Quadrat, das beim dreidimensionalen einfach kubischen Gitter zu einem Würfel erweitert wird. Wir erinnern daran, daß für das einfach kubische Gitter die Elementarzellen des normalen und des reziproken Gitters die gleiche Gestalt, jedoch verschiedene Abmessungen besitzen.

Schließlich untersuchen wir noch die 1. Brillouinsche Zone des kubisch flächenzentrierten Gitters. Zunächst ist es notwendig, das zugehörige reziproke Gitter zu ermitteln.

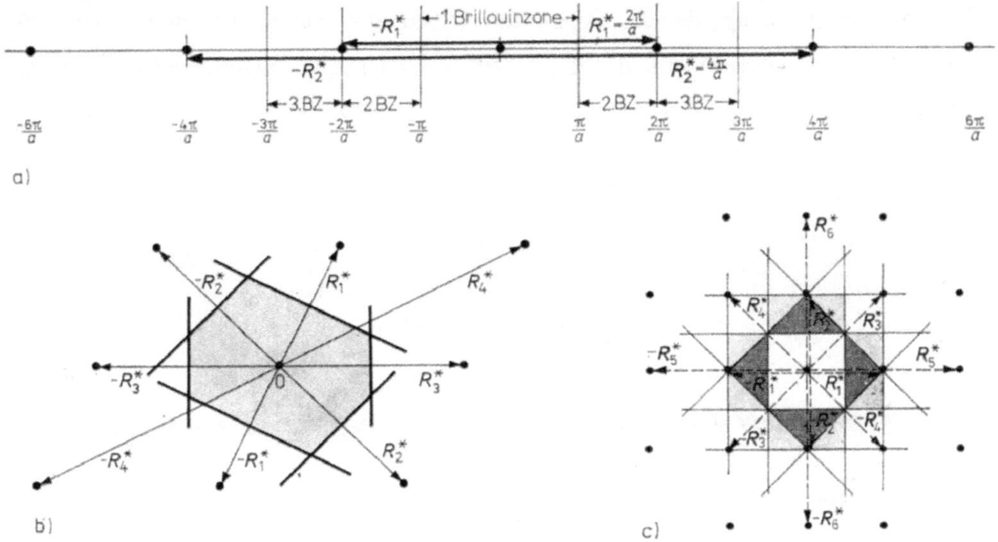

Abb. 3.12

Brillouinsche Zonen (BZ)

a) BZ eines eindimensionalen Kristalls (Atomreihe) mit dem Atomabstand a

b) erste BZ eines beliebigen zweidimensionalen Gitters

c) die ersten drei BZ eines zweidimensionalen quadratischen Gitters.

Nach Abschnitt 2.2.4., Gleichung (2.33), gilt für die primitiven Translationen des fcc-Gitters:

$$\hat{\boldsymbol{a}} = \frac{a}{2}(\boldsymbol{x}_0 + \boldsymbol{y}_0), \quad \hat{\boldsymbol{b}} = \frac{a}{2}(\boldsymbol{y}_0 + \boldsymbol{z}_0), \quad \hat{\boldsymbol{c}} = \frac{a}{2}(\boldsymbol{z}_0 + \boldsymbol{x}_0), \tag{3,44}$$

wobei wir die Einheitsvektoren $\boldsymbol{x}_0$, $\boldsymbol{y}_0$, $\boldsymbol{z}_0$ parallel zu den Kanten der konventionellen kubischen Zelle und die Gitterkonstante a eingeführt haben. Durch Einsetzen in die Definitionsgleichungen des reziproken Gitters (3,28) erhalten wir:

$$\begin{aligned} \hat{\boldsymbol{a}}^* &= \frac{2\pi}{a}(\boldsymbol{x}_0 + \boldsymbol{y}_0 - \boldsymbol{z}_0), \\ \hat{\boldsymbol{b}}^* &= \frac{2\pi}{a}(-\boldsymbol{x}_0 + \boldsymbol{y}_0 + \boldsymbol{z}_0), \\ \hat{\boldsymbol{c}}^* &= \frac{2\pi}{a}(\boldsymbol{x}_0 - \boldsymbol{y}_0 + \boldsymbol{z}_0). \end{aligned} \tag{3,45}$$

Ein Vergleich mit (2,31) und Abb. 2.26 zeigt, daß dies die primitiven Grundvektoren des kubisch raumzentrierten Gitters sind.

Das bcc-Gitter ist das zum fcc-Gitter reziproke Gitter und umgekehrt.

Die gesuchte 1. Brillouinsche Zone des kubisch flächenzentrierten Gitters hat die Gestalt eines Oktaeders mit abgeschnittenen Spitzen (Abb. 3.13). Die 8 Oktaederflächen werden von den Ebenen begrenzt, die als Mittelsenkrechte auf den kürzesten reziproken Gittervektoren $\boldsymbol{R}^* = \frac{\pi}{a}(\pm \boldsymbol{x}_0 \pm \boldsymbol{y}_0 \pm \boldsymbol{z}_0)$ errichtet werden. Weitere 6 Begrenzungsflächen liefern die Orthogonalebenen auf den Mitten der 6 zweitlängsten Vektoren von der Form $\boldsymbol{R}^* = \frac{2\pi}{a}(\pm \boldsymbol{x}_0)$ beziehungsweise $\frac{2\pi}{a}(\pm \boldsymbol{y}_0)$ und $\frac{2\pi}{a}(\pm \boldsymbol{z}_0)$.

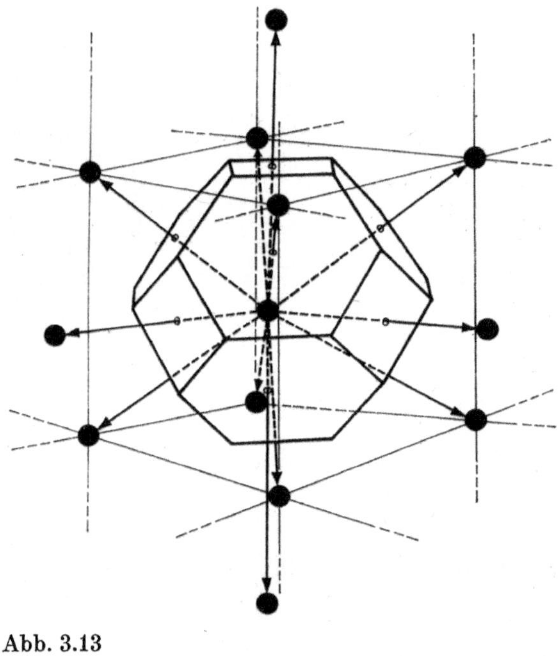

Abb. 3.13

Erste Brillouinsche Zone eines kubisch raumzentrierten reziproken Gitters. Das zugehörige Raumgitter ist kubisch flächenzentriert.

Der Nutzen dieses Modells besteht darin, daß man bei einiger Übung an den Brillouinschen Zonen unmittelbar erkennen kann, bei welchen „kritischen“ Wellenzahlvektoren Interferenzmaxima beziehungsweise Bragg-Reflexionen auftreten. Während Wellen, deren $\boldsymbol{k}$-Vektoren innerhalb oder außerhalb einer Brillouin-Zone enden, vom Gitter wenig beeinflußt werden, kommt es bei den kritischen $\boldsymbol{k}$-Werten sowie in ihrer unmittelbaren Nähe zu ausgeprägter Interferenz. Dies hat zur Folge, daß die von den Wellen bestimmten physikalischen Eigenschaften bei Überschreiten einer Zonengrenze eine sprunghafte Änderung erfahren. Wir werden uns in Kapitel 6. ausführlich mit den Elektronenniveaus in Festkörpern befassen.

Das Auftreten verbotener Energiebereiche für Kristallelektronen hängt eng mit dem besonderen Verhalten der Wellenausbreitung zusammen. Das Entstehen verbotener Zonen kann man als eine Verbreiterung der zu Bragg-Vektoren gehörenden Energiewerte verstehen. Ohne nähere Diskussion soll noch darauf hingewiesen werden, daß die hier vorgenommene Einteilung eines Gitters in Zellen, die von Orthogonalebenen auf den Mittelpunkt der kürzesten Vektoren begrenzt werden, eine spezielle Möglichkeit zur Gliederung in primitive Elementarzellen darstellt. Die Zellen, die den 1. Brillouinschen Zonen entsprechen, haben das gleiche Volumen wie die von Gitterpunkten und -ebenen begrenzten primitiven Elementarzellen des reziproken Gitters. Natürlich läßt sich auch das normale Kristallgitter auf die gleiche Weise unterteilen. Die so gewonnenen primitiven Zellen werden *Wigner-Seitz-Zellen* genannt. Man benutzt sie häufig bei der quantitativen Berechnung von Kristalleigenschaften.

3.4.6. Fourier-Transformation und $\boldsymbol{k}$-Raum

Die Konzeption des reziproken Gitters ist eine zweckmäßige Hilfsvorstellung für die Interpretation der Wellenausbreitung in periodischen Strukturen. Dabei handelt es sich nicht um Gitter im wirklichen Raum, sondern um Punktanordnungen in einem fiktiven Hilfsraum, dessen Abstände die Dimension einer reziproken Länge $[l]^{-1}$ haben. Da wir die Vektoren des reziproken Gitters mit den Wellenzahlvektoren $\boldsymbol{k}$ gleichsetzen, können wir diesen Raum auch als $\boldsymbol{k}$-Raum bezeichnen.

Eine tiefere Einsicht gewinnen wir, indem wir an die Ausführungen am Ende von Abschnitt 2.2.1. anknüpfen. Danach muß jede physikalische Eigenschaft einer Kristallstruktur, beispielsweise die für die Streuung von Röntgen- oder Elektronenstrahlen maßgebliche Elektronendichte $n_{\text{el}}(\boldsymbol{r})$, die gleiche Periodizität wie das Gitter besitzen.

Mathematisch läßt sich eine dreifach-periodische Funktion

$$f(x + a, y + b, z + c) = f(x, y, z) \tag{3,46}$$

durch eine dreidimensionale Fourier-Reihe darstellen:

$$f = \sum_{(\hat{h})} \sum_{(\hat{k})} \sum_{(\hat{l})} C_{\hat{h}\hat{k}\hat{l}} \exp\left[-2\pi i \left(\frac{\hat{h}x}{a} + \frac{\hat{k}y}{b} + \frac{\hat{l}z}{c}\right)\right]. \tag{3,47}$$

Die dreifach-indizierten Fourier-Koeffizienten sind gegeben durch:

$$C_{\hat{h}\hat{k}\hat{l}} = \frac{1}{V_{\text{EZ}}} \iiint \mathrm{d}x\mathrm{d}y\,\mathrm{d}z\, f(x, y, z) \exp\left[i\, 2\pi \left(\frac{\hat{h}x}{a} + \frac{\hat{k}y}{b} + \frac{\hat{l}z}{c}\right)\right]. \tag{3,48}$$

Hier ist f die gitterperiodische Funktion, also beispielsweise die Elektronendichte, $\hat{h}, \hat{k}, \hat{l}$ sind ganze Maßzahlen, die wir gleich mit den Laue-Indizes identifizieren werden, und V_{EZ} ist das Volumen der Elementarzelle. Die Exponenten in diesen Gleichungen können nun augenscheinlich als Produkte eines normalen Ortsvektors mit einem reziproken Gittervektor geschrieben werden:

$$\boldsymbol{r} \cdot \boldsymbol{R}^* = 2\pi \left(x \frac{\boldsymbol{a}}{|\boldsymbol{a}|} + y \frac{\boldsymbol{b}}{|\boldsymbol{b}|} + z \frac{\boldsymbol{c}}{|\boldsymbol{c}|}\right) \cdot (\hat{h}\boldsymbol{a}^* + \hat{k}\boldsymbol{b}^* + \hat{l}\boldsymbol{c}^*). \tag{3,49}$$

Damit nehmen (3,47) und (3,48) die einfachere Form an:

$$f(\boldsymbol{r}) = \sum_{(\boldsymbol{R}^*)} C_{R^*} \exp \quad (\mathrm{i}\boldsymbol{r} \cdot \boldsymbol{R}^*), \tag{3,50}$$

$$C_{R^*} = \frac{1}{V_{\mathrm{EZ}}} \int\limits_{(\text{Elementarzelle})} \mathrm{d}V f(\boldsymbol{r}) \exp (\mathrm{i}\boldsymbol{r}\boldsymbol{R}^*). \tag{3,51}$$

An den Gitterpunkten selbst werden die Exponenten gleich einem ganzzahligen Vielfachen von 2π, und die Summanden in (3,50) sind dann gleich den Fourier-Koeffizienten C_{R^*}.

Durch die Fourier-Transformation wird somit jedem Punkt des reziproken Gitters ein Koeffizient zugeordnet, der im speziellen Fall der Wellenbeugung über den Beitrag der entsprechenden Interferenz Auskunft gibt. Die Beugungsbilder können demnach auch als eine Abbildung der Fourier-Koeffizienten aufgefaßt werden, und mathematisch stellt das reziproke Gitter eine Punktanordnung im Fourier-Raum dar.

Die Reihenentwicklung nach Fourier konvergiert im allgemeinen relativ rasch, so daß die Koeffizienten mit wachsendem Betrag des reziproken Gittervektors stark abnehmen. Infolgedessen weisen die Bragg-Reflexe höherer Ordnung eine abnehmende Intensität auf, was im Einklang mit der Erfahrung steht.

3.5. Die hauptsächlichen Verfahren der Strukturuntersuchung

3.5.1. Elementare Interpretation der Bragg-Gleichung

Nach den Ausführungen des vorangegangenen Abschnitts sollen im folgenden die wichtigsten experimentellen Varianten der Strukturuntersuchung von Festkörpern mit Röntgenstrahlen beziehungsweise Materiewellen besprochen werden. Als Ausgangspunkt dient dabei die Bragg-Gleichung, die wir ergänzend in einfacher Weise begründen und interpretieren. In Abb. 3.14 ist die Reflexion einer Welle an zwei parallelen, teilweise spiegelnden Ebenen schematisch dargestellt. Die reflektierten Teilwellen ergeben dann konstruktive Interferenz, wenn der Gangunterschied zwischen ihnen ein ganzzahliges Vielfaches von λ beträgt. Die an der unteren Ebene reflektierte Welle legt einen zusätzlichen Weg zurück, der zweimal der Strecke AB entspricht. Als Bedingung für Reflexe entnimmt man der Abbildung damit unmittelbar die Bragg-Gleichung:

$$2d \sin \Theta = \hat{n}\lambda. \tag{3,52}$$

Identifiziert man die spiegelnden Flächen mit der Netzebenenschar $\{hkl\}$ eines Kristallgitters, so läßt sich die Lage der Beugungsmaxima mit Hilfe dieser einfachen Überlegung in der richtigen Weise beschreiben. Physikalisch ist allerdings die Ableitung aus den Laue-Gleichungen vorzuziehen, da sie das Zustandekommen der Reflexe durch Streuung an den Gitterpunkten innerhalb der Ebenen berücksichtigt.

Für ein gegebenes Gitter nimmt d eine Reihe von diskreten Werten an, die sich durch Ausmessen der Glanzwinkel Θ bestimmen lassen, wenn λ und die Ordnung der Beugung $\hat{n}$ bekannt sind. Setzt man den maximalen Netzebenenabstand ein, so sehen wir sofort, daß (3,52) nur Lösungen besitzt, falls $\lambda \leq 2d_{\max}$ ist. Die Wellenlänge muß also kleiner sein als die halben Gitterkonstanten, damit überhaupt Reflexe auftreten können. Andererseits rücken die Reflexe der verschiedenen Ordnungen mit abnehmender Wellenlänge immer dichter zusammen. Es gibt daher einen günstigen Wellenlängenbereich mit λ etwa zwischen 0,01 und 0,1 nm, in dem sich die Interferenzen besonders gut beobachten lassen. Trotzdem lassen sich auch bei sehr kleinen Wellenlängen, beispielsweise mit γ-Strahlen, scharfe Reflexe erhalten, wenn man mit sehr kleinen Winkeln Θ, das heißt bei streifendem Einfall, arbeitet. In diesem Zusammenhang ist anzumerken, daß im Gegensatz zu den Gepflogenheiten der geometrischen Optik stets der zwischen Strahl und Ebene eingeschlossene Winkel und nicht die Neigung zur Flächennormalen angegeben wird.

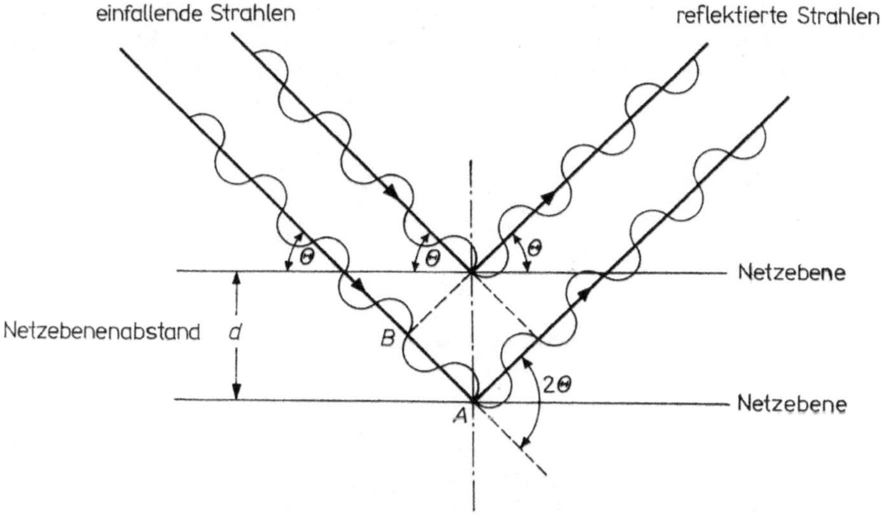

Abb. 3.14
Interpretation der an den Elektronenhüllen der Atome erfolgenden Röntgenbeugung als Reflexion der einfallenden Strahlen an den Netzebenen des Kristallgitters.

Für die experimentelle Technik der Strukturuntersuchungen ist weiter zu beachten, daß spezielle Werte von λ und d die Bragg-Gleichung im allgemeinen nicht erfüllen. Bei feststehendem Kristall und monochromatischer Strahlung wird man daher überhaupt keine Beugungsbilder erhalten. Es ist vielmehr notwendig, entweder polychromatische Strahlung zu verwenden, die in einem geeigneten Wellenlängenbereich ein kontinuierliches Spektrum besitzt, oder man muß den Einfallswinkel variieren. Daraus leiten sich die im folgenden beschriebenen prinzipiellen Verfahren ab, mit denen experimentell Beugungsbilder von Kristallen aufgenommen werden.

3.5.2. Laue-Verfahren

Bei dieser klassischen Methode, mit der Friedrich und v. Laue 1912 den Beweis für die Wellennatur der Röntgenstrahlen erbrachten und zugleich die Strukturuntersuchung von Kristallen begründeten, wird ein fest angeordneter Einkristall mit einem ausgeblendeten Bündel von polychromatischen Bremsstrahlen „durchleuchtet". Aus dem kontinuierlichen Spektrum der Strahlung sucht sich das Kristallgitter diejenigen Wellenlängen heraus, bei denen die Bragg-Gleichung für gegebene Winkel und Netzebenenabstände erfüllt wird (Abb. 3.15). Auf einem photographischen Film, der hinter dem Kristall angebracht ist, erhält man ein Beugungsbild, das aus punktförmigen Reflexen zusammengesetzt ist (Abb. 3.16, Bildtafel V/3). Alternativ läßt sich auch ein Diagramm der rückgestreuten Strahlen aufzeichnen, wenn sich die Photoschicht vor dem Kristall befindet. Zum Ausmessen der Gitterparameter mit Röntgenstrahlen ist das Laue-Verfahren allerdings wenig geeignet, da sich die Reflexe nur schwierig den in der Strahlung enthaltenen Wellenlängen zuordnen lassen und Interferenzen verschiedener Ordnung auftreten. Heute benutzt man Laue-Aufnahmen vorwiegend, um die Zugehörigkeit eines Kristalls zu einem der 7 Systeme rasch zu ermitteln und um festzustellen, wie die Symmetrieachsen, deren Lage in einem beispielsweise als zylindrischer Körper gezogenen Einkristall nicht visuell erkennbar ist, räumlich orientiert sind. Fällt z. B. die Richtung des einfallenden Strahls mit einer Symmetrieachse zusammen, so sind die Reflexe

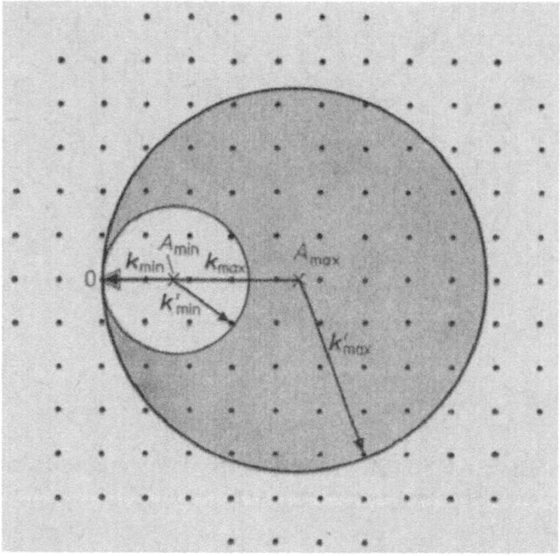

Abb. 3.15

Darstellung des Laue-Verfahrens im reziproken Gitter. Die Bestrahlung eines feststehenden Kristalls mit einem polychromatischen Röntgenstrahl bedeutet, daß das reziproke Gitter festliegt. Für alle Wellenlängen $\lambda = \frac{2\pi}{k}$ zwischen $\lambda_{\min}$ und $\lambda_{\max}$ liefert die Ewaldsche Konstruktion Kugeln, die, da die Einstrahlrichtung vorgegeben ist, mit einem gemeinsamen Berührungspunkt im Nullpunkt des reziproken Gitters angeordnet sind. Für alle Punkte des reziproken Gitters zwischen den durch $k_{\max}$ und $k_{\min}$ aufgespannten Kugeln lassen sich Wellenzahlvektoren $\boldsymbol{k}$ finden, deren zugehörige Ausbreitungskugeln durch diese Punkte gehen, was bedeutet, daß die Netzebenenscharen aller dieser Punkte Interferenzen liefern. Bei Bestrahlung mit Elektronenstrahlen ist, da die Beschleunigungsspannung festliegt, nur eine einzige Wellenlänge bzw. ein eng begrenzter Wellenlängenbereich wirksam, d. h., man hat nur eine einzige Ewaldsche Kugel. Jedoch ist diese infolge der um Größenordnungen geringeren Wellenlänge im Vergleich zu Röntgenstrahlen sehr groß, und die auf der Oberfläche liegenden Punkte des reziproken Gitters sind so zahlreich, daß ein Beugungsdiagramm auch mit nur einer Primärstrahlwellenlänge entsteht.

in gleichzähliger Symmetrie um die Richtung des Primärstrahls angeordnet. Die charakteristischen Symmetrieeigenschaften der Kristalle lassen sich den Diagrammen unmittelbar entnehmen, wenn Aufnahmen in den verschiedenen Achsenrichtungen angefertigt werden. Fällt die Strahlrichtung nicht mit einer kristallographischen Achse zusammen, erscheinen die Punktreflexe verschoben, und man kann die Laue-Methode daher verwenden, um den Kristall in eine gewünschte Stellung zu orientieren. Davon wird beim Einrichten von Kristallen vor dem Zersägen senkrecht zu bestimmten Achsen Gebrauch gemacht.

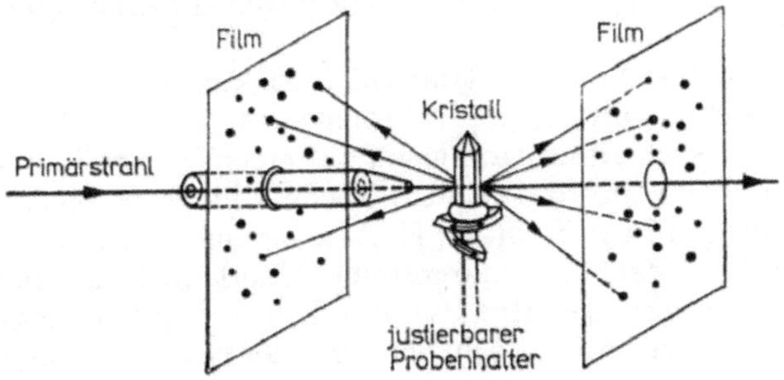

Abb. 3.16
Geometrie des Laue-Verfahrens

Beugungsaufnahmen, die den Laue-Diagrammen entsprechen, werden auch bei der Strukturuntersuchung mit Elektronenstrahlen erhalten. Die meisten Elektronenmikroskope — Geräte nach dem Rasterprinzip nicht! — gestatten die Aufnahme von Beugungsbildern in Durchstrahlung sowie in Reflexion. Während die erste Variante infolge der starken Absorption von Elektronenstrahlen auf sehr dünne Schichten beschränkt ist, lassen sich mit der **R**eflexions-**E**lektronen**b**eugung, kurz REB genannt, auch von dickeren Proben Reflexe erhalten, an deren Zustandekommen allerdings nur die Atomlagen einer dünnen Oberflächenschicht beteiligt sind. Da die Elektronenstrahlen in diesen Geräten nur einen sehr schmalen Energiebeziehungsweise Wellenlängenbereich umfassen, erscheint es nicht selbstverständlich, warum bei feststehender Probe überhaupt Beugungsdiagramme erhalten werden. Wie wir hier nur andeuten können, sind folgende Effekte für das Auftreten der stets beobachteten Reflexe kristalliner Proben verantwortlich:

— Gitterebenen, die mit der Oberflächennormalen einen nicht zu großen Winkel einschließen, enthalten nur eine relativ geringe wirksame Anzahl von Beugungszentren, da die Elektronenstreuung in tieferen Lagen nur unwesentlich zu den Reflexen beiträgt. Infolgedessen sind die Interferenzen viel weniger scharf als bei Röntgenstrahlen, und man erhält auch Reflexe, wenn die Bragg-Gleichung nicht genau erfüllt ist.

— Wegen der intensiven Wechselwirkung von Elektronen mit dem Gitter sind Mehrfachstreuprozesse wesentlich wahrscheinlicher als bei Röntgenstrahlen. Um die Einflüsse der bereits ein- oder mehrfach gestreuten Strahlen zu erfassen, muß man die im vorigen Abschnitt dargestellte kinematische Beschreibung durch eine wesentlich kompliziertere *dynamische* Beugungstheorie verallgemeinern. Dabei wird das gesamte Wellenfeld betrachtet, das sich im periodischen Potential eines Kristalls aus den primären sowie den ein- oder mehrfach gestreuten Wellen aufbaut.

— Schließlich ist auch zu berücksichtigen, daß die Abstände und Winkel zwischen den Netzebenen besonders in oberflächennahen Bereichen der Kristalle kleine Abweichungen vom idealen Aufbau zeigen können. Durch diese Realstruktur werden die Interferenzen gleichfalls verbreitert.

Als Beispiel ist in Bildtafel IV/2a die REB-Aufnahme eines Galliumarsenid-Kristalls dargestellt, die mit Elektronen von 50 keV aufgenommen wurde. Zur Auswertung benutzt man Modelle der Ewald-Kugel oder zweidimensionale Standardprojektionen, in denen die Durchstoßpunkte der reziproken Gittervektoren durch eine Lagekugel in stereographischer Projektion für den jeweiligen Gittertyp eingezeichnet sind (Abb. 3.17, 3.18, 3.19).

In den letzten Jahren ist die Beugung langsamer Elektronen (0,5···100 eV) in zunehmendem Maße eingesetzt worden, um Informationen über die Struktur von Oberflächenschichten oder adsorbierten Atomlagen auf einem Kristall zu gewinnen. In Abschnitt 3.1.1. wurde bereits auf diese LEED-Technik hingewiesen. Eine Apparatur für solche Untersuchungen ist in Bildtafel III/2, Beugungsaufnahmen von einer Silicium-(111)-Oberfläche in Tafel IV/1 dargestellt. Unerläßlich ist bei solchen Messungen ein sehr gutes Vakuum ($< 10^{-8}$ Pa), um Fehler durch unbeabsichtigte Adsorptions- oder Reaktionsprozesse auszuschließen. Ferner muß man die gestreuten

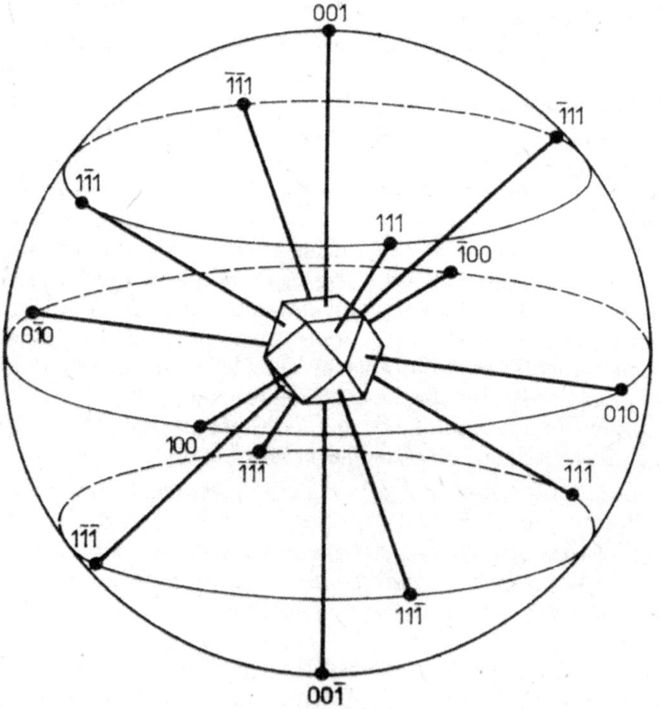

Abb. 3.17

Darstellung von Kristallflächen durch Flächenpole, die als Durchstoßpunkte der Kristallflächennormalen durch eine um den Kristall gezeichnete sogenannte Lagekugel zustande kommen. Der dargestellte Kristall ist kubisch (Form eines Kuboktaeders).

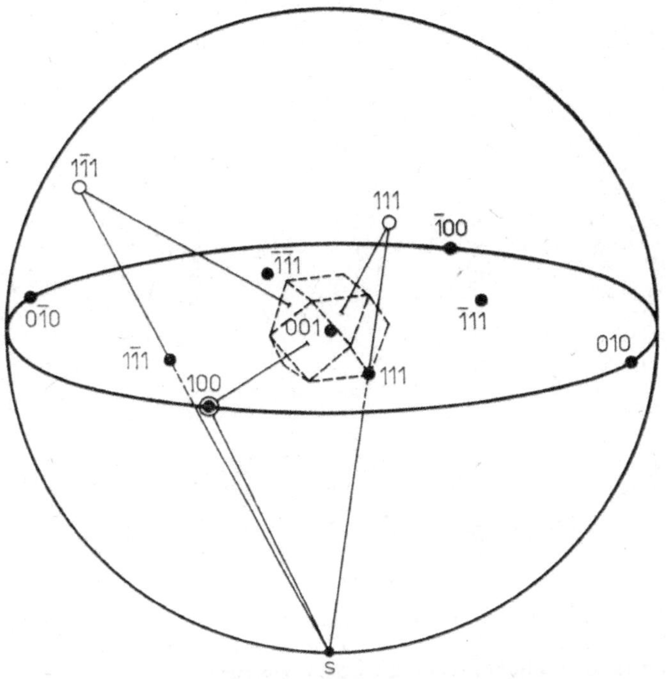

Abb. 3.18
Die stereographische Projektion der Flächenpole der Kristallflächen. Die Projektionspunkte der Pole entstehen in der Äquatorebene der Lagekugel als Durchstoßpunkte der Verbindungslinien zwischen den Flächenpolen und dem Südpol S der Lagekugel.

Elektronen mit feinmaschigen Gittern beschleunigen, damit auf einem Fluoreszenzschirm ein genügend empfindlicher Nachweis möglich wird. Allgemein läßt sich zeigen, daß die „Punkte" des reziproken Gitters verlängert werden, wenn die bei der Beugung wirksame Schichtdicke abnimmt. Einem zweidimensionalen Gitter aus einer Atomlage entsprechen schließlich im reziproken Gitter Geraden, welche die Ewald-Kugel bei beliebigen Einfallswinkeln schneiden. Die Schnittpunkte ergeben des Beugungsbild des zweidimensionalen Gitters.

3.5.3. Braggsches Drehkristallverfahren

Bei diesem Verfahren wird die einkristalline Probe während der Aufnahme gleichmäßig um eine Achse senkrecht zur Einfallsrichtung des monochromatischen Strahlenbündels gedreht. Dadurch wird der Einfallswinkel Θ kontinuierlich verändert, so daß nacheinander die Bragg-Gleichung für die verschiedenen Netzebenen bei konstanter Wellenlänge erfüllt ist. Wie Abb. 3.20 veranschaulicht, tangiert die Drehachse die Ewaldsche Kugel, und während der Rotation des Kristalls und des zugehörigen reziproken Gitters überstreicht diese Kugel ein Gebiet in Form eines Torus. Dabei werden natürlich aufeinanderfolgend die in diesem Bereich liegenden Punkte des reziproken Gitters von der Ewald-Kugel geschnitten. Auf diese Weise

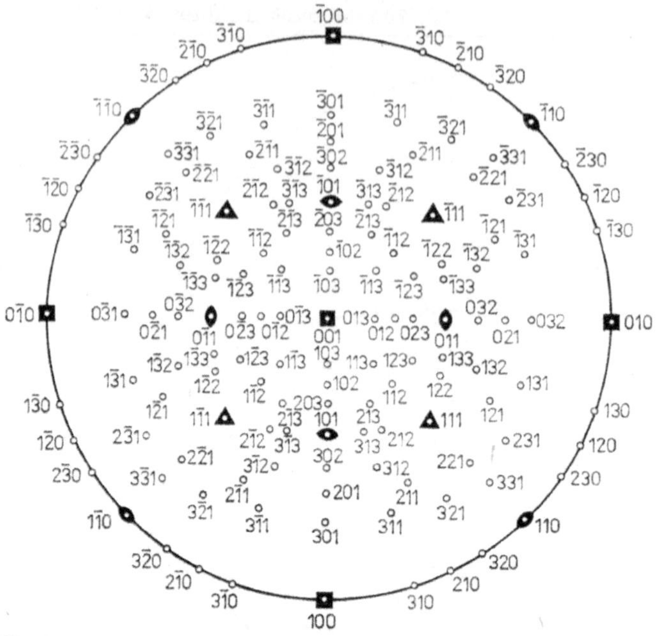

Abb. 3.19

Vollständige Standardprojektion des mit seiner [001]-Achse in Nord-Süd-Richtung orientierten kubischen Kristalls der Abb. 3.17 und 3.18. Kristallsymmetrieachsen sind entsprechend ihrer Zähligkeit (vgl. Tab. 2.7) markiert.

Zwischen der Projektion der Kristallflächenpole und den Interferenzpunkten eines Laue-Diagramms besteht eine eindeutige Zuordnung entsprechend den Laue-Gleichungen. So läßt sich jedes von einem beliebig zur Primärstrahlrichtung orientierten Kristall erhaltene Laue-Diagramm in ein Diagramm der Flächenpole der interferierenden Netzebenen umrechnen und dieses nach einer Transformation (Umwälzen) mit einer Standardprojektion vergleichen und so die Interferenzpunkte indizieren.

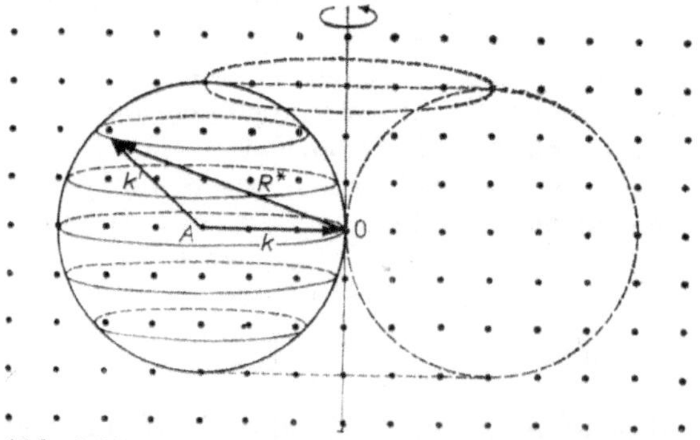

Abb. 3.20

Darstellung des Drehkristallverfahrens im reziproken Gitter. Der monochromatische Primärstrahl mit fixierter Richtung bedeutet eine einzige und ortsfeste Ewald-Kugel, durch die sich — entsprechend der Drehung der einkristallinen Probe — das reziproke Gitter (der Deutlichkeit halber nur zweidimensional angedeutet) hindurchdreht. Immer wenn bei der Rotation ein Punkt des reziproken Gitters durch die Ausbreitungskugel tritt, ist die Beugungsbedingung erfüllt, blitzt also ein Reflex auf. Die Interferenzrichtungen liegen, wie aus der Abbildung ersichtlich, auf Kegelmänteln mit einer gemeinsamen Spitze in A.

entstehen während der Rotation Interferenzmaxima, aus denen sich das Beugungsbild zusammensetzt.

Im einfachsten Fall benutzt man für Drehkristallaufnahmen zylindrische Kammern mit innen angelegtem Röntgenfilm (Abb. 3.21). Der Kristall, der nur etwa 1 mm Durchmesser zu besitzen braucht, ist axial auf einem in zwei zueinander senkrechten Richtungen justierbaren Goniometerkopf befestigt. Um leicht auszuwertende Aufnahmen zu erhalten, wird der Kristall im Ergebnis optischer Prüfung oder nach vorherigen Laue-Aufnahmen so einjustiert, daß die Drehachse möglichst mit einer

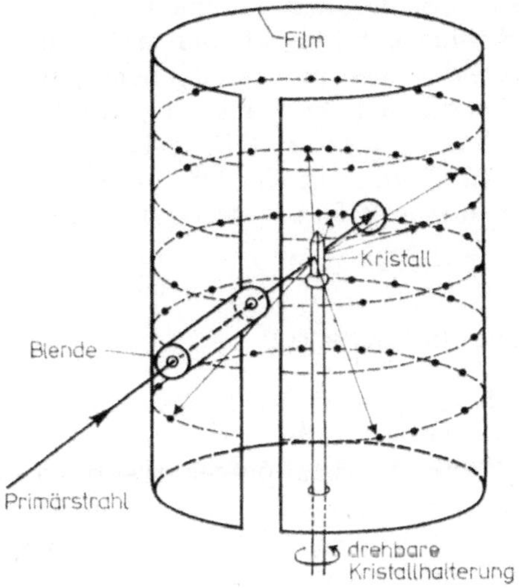

Abb. 3.21
Geometrie des Drehkristallverfahrens

kristallographischen Achse zusammenfällt. Auf dem Film erhält man nach genügend langer Exposition während gleichmäßiger Drehung der Probe ein Beugungsbild, das in Bildtafel V/1 gezeigt ist. Die Reflexe liegen auf sogenannten Schichtlinien in Form paralleler Geraden, die senkrecht zur Drehachse stehen. Das Zustandekommen dieser Schichtlinien läßt sich sofort verstehen, wenn man berücksichtigt, daß der geometrische Ort für alle Interferenzen des zur Drehachse parallelen linearen Gitters eine Schar von Kegelmänteln ist, die durch eine der Laue-Gleichungen (3,23) bzw. (3,25) beschrieben wird. Die Reflexe liegen demnach auf den Schnittlinien der Kegel mit der zylindrischen Kammer.

Durch Ausmessen der Winkel zwischen Primärstrahl und Schichtlinien bzw. den Reflexen innerhalb der Linien lassen sich die Reflexe für einfache Gitter relativ leicht und eindeutig auswerten und daraus die Gitterparameter bestimmen. Bei unbekannter Kristallstruktur kann mit Hilfe der Drehkristallmethode die Zugehörigkeit der Probe zu einer der 230 Raumgruppen ermittelt werden. Schließlich gestattet das Verfahren auch die Bestimmung der Positionen der Atome innerhalb der zu jedem Gitterpunkt gehörigen Basis. In komplizierten Fällen benötigt man dazu freilich Hunderte oder sogar Tausende von Reflexen, und an die Präzision der Geräte sowie die rechentechnischen Hilfsmittel bei der Auswertung ergeben sich entsprechende Anforderungen.

Das Drehkristallverfahren wird in zahlreichen Varianten durchgeführt, wofür hochentwickelte Anlagen geschaffen wurden. Zu erwähnen sind insbesondere die Röntgen-Diffraktometer oder -Goniometer, bei denen die gebeugte Strahlung mit Zählrohren oder Szintillationszählern nachgewiesen wird. Diese Detektoren, die im Vergleich zur Photoplatte eine höhere Nachweisempfindlichkeit besitzen und genauere Messungen der Intensitäten gestatten, sind auf drehbaren Armen um den Kristall beweglich. Die Führung und die Aufzeichnung erfolgen bei modernen Anlagen automatisch nach vorwählbaren Programmen. Sowohl bei der photographischen als auch bei der diffraktometrischen Aufzeichentechnik wird die Rotation der Probe vielfach durch ein periodisches Schwenken um einen bestimmten Winkelbereich ersetzt. Der Film oder der Strahlendetektor können dabei in gewünschter Weise mitgeführt werden. Man vermeidet hierdurch weitgehend ein Überlappen von Reflexen verschiedener Interferenzordnung. Ferner sei angemerkt, daß bereits die einfache Zylinderkammer eine Fokussierung der Reflexe bewirkt, die von den Strahlen eines Bündels endlicher, jedoch nicht zu großer Öffnung ausgelöst werden. Durch Variation der Geometrie kann dieser Effekt verbessert und die Nachweisempfindlichkeit gesteigert werden.

3.5.4. Pulververfahren nach Debye und Scherrer

In den meisten Fällen liegen die Substanzen, deren Struktur bestimmt werden soll, nicht als Einkristalle vor, sondern als polykristallines Gefüge (Gebrauchsmetalle o. ä.) bzw. als mehr oder weniger feinkörniges Kristallpulver. Wenn man ein solches Pulver in ein kleines Röhrchen (übliche Durchmesser 0,5···1 mm) aus dünnwandigem Plast oder Glas einfüllt und mit einem feinen monochromatischen Röntgenstrahlbündel untersucht, so erhält man auf Planfilmen Beugungsdiagramme, die aus konzentrischen Ringen bestehen (Abb. 3.22). Das Zustandekommen dieser Ringe läßt sich leicht erklären: Unter den zahllosen Kriställchen, die in der Probe statistisch

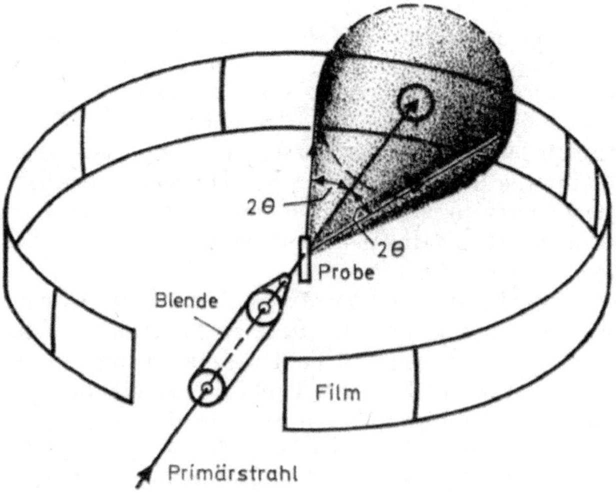

Abb. 3.22
Geometrie des Debye-Scherrer-Verfahrens

regellos orientiert sind, gibt es immer solche, deren Netzebenen mit den Wellenzahlvektoren des Strahlbündels Glanzwinkel einschließen. Der Strahl sucht sich aus dem großen Angebot der verschieden orientierten Kristalle gewissermaßen diejenigen heraus, deren Netzebenen die Bragg-Gleichung erfüllen. Aus Abb. 3.23 entnehmen wir, daß die Reflexe für eine bestimmte durch $|\boldsymbol{R}^*| = \dfrac{2\pi}{d(hkl)}$ charakterisierte Netzebenenschar auf Kegelmänteln liegen, die den einfallenden bzw. den reflektierten Strahl konzentrisch umgeben. Da der Primärstrahl mit den abgebeugten Wellen den Winkel 2Θ einschließt, muß der Öffnungswinkel der Kegel 4Θ betragen.

Im Modell des reziproken Gitters sind die Vektoren $\boldsymbol{R}^*$, die vom Ursprung ausgehen, in beliebiger Richtung orientiert. Ihre Endpunkte bilden für jeden Reflex eine Kugeloberfläche mit dem Mittelpunkt bei 0 und dem Radius $|\boldsymbol{R}^*|$. Diese Kugelflächen schneiden die Ewald-Kugel mit dem Radius $|\boldsymbol{k}|$ in einer Serie von konzentrischen Kreisen. Die beobachteten Beugungsbilder ergeben sich durch Projektion dieser Kreise ausgehend vom Mittelpunkt der Ewald-Kugel als Zentrum auf die Fläche, in welcher der Film angeordnet ist.

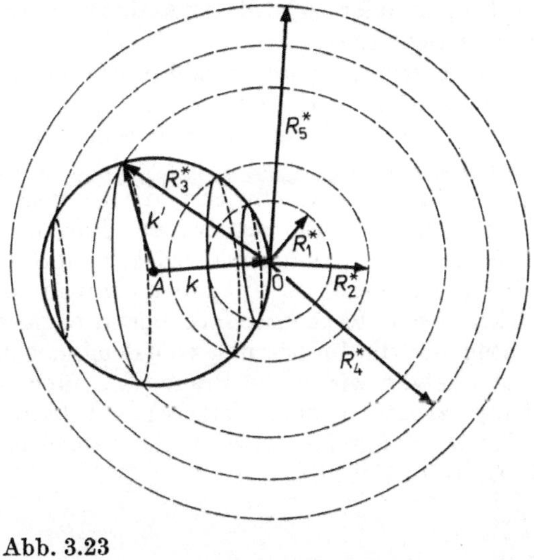

Abb. 3.23

Darstellung des Debyeschen Pulververfahrens im reziproken Gitter.

Durch die vorgegebene Primärstrahlrichtung ($\boldsymbol{k}$) liegt die Ewaldsche Ausbreitungskugel fest (Mittelpunkt A). Ein Vektor des reziproken Gitters, z. B. $\boldsymbol{R}_3^*$ mit $|\boldsymbol{R}_3^*| = \dfrac{2\pi}{d_3(\hat{h}\hat{k}\hat{l})}$ kann infolge der regellosen Orientierung der Kristallite jede beliebige Lage einnehmen.

Auf der Schnittkurve der so entstehenden Kugel mit der Ewald-Kugel ist die Beugungsbedingung $\boldsymbol{k}' - \boldsymbol{k} = \boldsymbol{R}^*$ erfüllt. Die Richtungen $\boldsymbol{k}'$, in denen Interferenzen auftreten, liegen also auf Kegelmänteln, die in A ihre gemeinsame Spitze haben. Aus der Abbildung ist zu entnehmen, daß die zu $\boldsymbol{R}_1^*$ bis $\boldsymbol{R}_4^*$ gehörigen Netzebenen $(\hat{h}\hat{k}\hat{l})$ Interferenzen liefern, nicht aber die von $\boldsymbol{R}_5^*$.

Die Indizes der Netzebenenschar, die gerade noch reflektiert, ergeben sich nach der Abbildung zu

$$R^*_{\text{grenz}}(hkl) = \frac{2\pi}{d_{\text{grenz}}(\hat{h}\hat{k}\hat{l})} = 2k = \frac{4\pi}{\lambda}.$$

Zur Aufnahme von Beugungsdiagrammen nach dem Pulververfahren werden im Prinzip die gleichen Apparaturen benutzt wie bei der Drehkristallmethode. In Bildtafel V/2 sind einige Aufnahmen wiedergegeben, die mit einer Zylinderkammer (vgl. Abb. 3.22) erhalten worden sind. Während bei der ersten Probe, die aus relativ grobkörnigem Material bestand, noch die Beiträge der einzelnen Kristallite als Punktfolgen zu erkennen sind, ergeben sich bei sehr feinkristallinem Material, wie dem polykristallinen Metall der zweiten Aufnahme, geschlossene Beugungsringe. Für die Auswertung genügt es, einen schmalen Ausschnitt des Beugungsdiagramms aufzunehmen. Man erhält dann ein Diagramm in der Art eines Linienspektrums. Das Auftreten geschlossener Reflexlinien wird begünstigt, indem man die Probe zusätzlich während der Aufnahme rotieren läßt. Ganz analoge Beugungsbilder polykristalliner Proben erhält man bei Benutzung von Elektronenstrahlen. In der Regel wendet man dabei die Reflexionstechnik (REB) an (Bildtafel IV/2b), und nur bei dünnen Schichten ist wegen der starken Absorption von Elektronenstrahlen eine Durchstrahlung der Proben möglich (Bildtafel IV/2c).

Für Präzisionsmessungen und genaue Analysen der Linienintensitäten wird auch bei der Röntgenstrukturuntersuchung von Pulvern und polykristallinem Material der Nachweis mit Hilfe von Zählrohren oder Szintillationszählern vorgenommen und das Ergebnis auf einem Schreiber registriert.

Um die Diagramme auszuwerten, bestimmt man zunächst die Winkel Θ, die zu den einzelnen Ringen gehören. Sie sind über die Bragg-Gleichung mit den Netzebenenabständen verknüpft. Jeder Netzebenenabstand ist wiederum eine Funktion der Millerschen Indizes, deren Gestalt von der jeweiligen Struktur abhängt. Bei unbekannten Kristallstrukturen ist es meist sehr schwierig, die gemessenen Netzebenenabstände den Millerschen Indizes eindeutig zuzuordnen. Für die einzelnen Kristallsysteme wurden zahlreiche Auswerteverfahren entwickelt, die auf nomographischen oder numerischen Methoden beruhen. In zunehmendem Maße wird bei komplizierteren Gittern die elektronische Rechentechnik hierfür eingesetzt.

Als einfachstes Beispiel betrachten wir die Indizierung von Beugungsaufnahmen des kubischen Kristallsystems. Dazu setzen wir in die Bragg-Gleichung (3,52) den Ausdruck für den Zusammenhang zwischen dem Netzebenenabstand und den Millerschen Indizes ein, den wir für das kubische Gitter früher abgeleitet hatten (vgl. (3,37)). Aufgelöst nach $\sin\Theta$ ergibt sich:

$$\sin\Theta = \frac{\lambda}{2a}\,(h^2 + k^2 + l^2)^{\frac{1}{2}}, \tag{3,53}$$

wobei wir uns auf Interferenzen 1. Ordnung beschränken und $\hat{n} = 1$ gesetzt haben.

Quadrieren und logarithmieren wir beidseitig, so folgt:

$$\log\sin^2\Theta = \log\frac{\lambda^2}{4a^2} + \log\,(h^2 + k^2 + l^2). \tag{3,54}$$

Da die h, k, l ganze Zahlen sind, bilden auch ihre Quadratsummen eine diskrete Folge ganzzahliger Werte, die in Tabelle 3.1 für einfache Kombinationen zusammengestellt sind. Man fertigt sich nun eine logarithmische Skala der gemessenen Werte von $\sin^2\Theta$ an und verschiebt diese gegenüber einer logarithmischen Zahlenskala so lange, bis die Werte von $\sin^2\Theta$ jeweils ganzen Zahlen gegenüberstehen. Zum Betrag 1 auf der Vergleichsskala liest man dann auf der ersten Skala den gegenüberliegenden Wert $\frac{4a^2}{\lambda^2}$ ab. Daraus ergibt sich mit der bekannten Wellenlänge λ

die Gitterkonstante a. Für die übrigen $\sin^2 \Theta$-Werte lassen sich aus den gegenüberliegenden ganzen Zahlen mit Tabelle 3.1 die (hkl) der entsprechenden Netzebenen zuordnen. Nicht jede ganze Zahl entspricht einem Reflex, da, wie im folgenden Abschnitt gezeigt wird, Interferenzen innerhalb der Basis eine Auslöschung bewirken können. Umgekehrt muß jedoch zu jedem Reflex eine ganze Zahl gehören. Andernfalls ist die Strahlung nicht monochromatisch, oder die Probe enthält Verunreinigungen eines anderen Gittertyps.

Tabelle 3.1
Quadratsummen der (hkl)-Werte

(hkl)	Quadratsumme	(hkl)	Quadratsumme
100	1	311	11
110	2	222	12
111	3	320	13
200	4	321	14
210	5	400	16
211	6	410}	17
220	8	322}	
300}	9	330}	18
221}		411}	
310}	10	331	19
221}		420	20

Anmerkung: Neben den angegebenen hkl führen natürlich alle Permutationen auch ungeachtet des Vorzeichens der Indizes zur gleichen Quadratsumme.

3.6. Intensität der Beugungsmaxima

3.6.1. Die wichtigsten Einflußfaktoren

Bisher haben wir nur die Richtungen betrachtet, unter denen Maxima bei der Beugung von Wellen in Kristallen auftreten können. Darüber hinausgehend bilden jedoch auch die Intensitäten der Reflexe eine wichtige Quelle von Informationen über die Struktur der Festkörper. Experimentell lassen sich die Intensitäten aus der Schwärzung der Filme oder genauer aus der Stärke der Maxima in den diffraktometrischen Aufnahmekurven relativ zueinander ermitteln. Allgemein ist die Intensität I einer Welle proportional zum Quadrat der Amplitude am Beobachtungsort. Nach Abschnitt 3.2., Formel (3,21) gilt daher für die Intensität einer elektromagnetischen Welle, die an einem Raumgitter mit punktförmigen Zentren gestreut worden ist:

$$I \sim E^2 \sim A^2. \tag{3,55}$$

Die Intensität der von den Gitterpunkten abgebeugten Teilwellen hängt also außer von den bereits untersuchten Phasengliedern vom Amplitudenfaktor A ab. Die Berechnung von A bereitet insofern Schwierigkeiten, als eine ganze Anzahl von Einflußgrößen zu berücksichtigen sind, die teils im Streuprozeß innerhalb der dem Gitterpunkt zugeordneten Elementarzelle ihre Ursache haben und zum anderen durch aufnahmetechnische Parameter bedingt sind. Ferner muß man berücksichtigen, daß die Feldstärke der Primärwelle im Inneren einer endlich ausgedehnten Probe geringer ist als in der Nähe der Oberfläche, denn die primären Strahlen werden beim Durchgang durch die Probe infolge Absorption und Extinktion geschwächt, was in der dynamischen Theorie der Beugung erfaßt wird.

Um die verschiedenen Einflüsse zu trennen, zerlegen wir A^2 in mehrere Teilfaktoren und schreiben:

$$A^2 = \hat{P}\hat{L}_\mathrm{m}\hat{L}_\mathrm{a}\hat{H}\hat{f}_\mathrm{T}\hat{F}^2. \tag{3,56}$$

Die Bedeutung der einzelnen Faktoren, die entsprechend den internationalen Gepflogenheiten benannt wurden, wobei das aufgesetzte „Dach" Verwechslungen mit andersartigen, durch die gleichen Buchstaben bezeichneten Formelsymbolen ausschließen soll, kann hier nur in groben Zügen erläutert werden:

Der *Polarisationsfaktor* $\hat{P}$ berücksichtigt den Umstand, daß die in Röntgenröhren erzeugten Strahlen unpolarisiert sind; anders ausgedrückt, ihre Feldstärkevektoren sind gleichmäßig über alle Richtungen senkrecht zum Strahl verteilt. Die Intensität, die ein Hüllenelektron, das zu erzwungenen Schwingungen angeregt wird, nach den Gesetzen der Elektrodynamik abstrahlt, hängt jedoch von der Polarisationsrichtung ab. Um den Gesamtbeitrag der abgebeugten Welle zu erfassen, muß man daher über die gleichberechtigten Polarisationsanteile mitteln. Im Falle reiner Dipolstrahlung ergibt sich für $\hat{P}$:

$$\hat{P} = 1 + \cos^2 2\Theta. \tag{3,57}$$

Durch den Einfluß dieses Faktors erscheinen die Reflexe mit abnehmendem Einfallswinkel daher geschwächt.

Im *Lorentz-Faktor* $\hat{L}_\mathrm{m}$ werden verschiedene geometrische Einflüsse zusammengefaßt, die von der Aufnahmetechnik bestimmt werden. Beim Pulververfahren ist die Zahl der Netzebenen, die zu einem Reflex beitragen, unterschiedlich. Bei gleichmäßiger Verteilung der Normalvektoren über die Lagekugel ist sie proportional dem Kreisumfang des Interferenzrings. Von der in einen Kreiskegel abgebeugten Intensität wird aber nur ein Bruchteil vom Eintrittsspalt des Detektors registriert. Schließlich liefert die endliche Breite der Beugungsmaxima ebenfalls noch einen winkelabhängigen Faktor. Alle diese Einflüsse zusammengenommen ergeben für das Pulververfahren bei Zylindergeometrie:

$$\hat{L}_\mathrm{m} = \frac{1}{\sin^2\Theta\cos\Theta}. \tag{3,58}$$

Der gemeinsame Beitrag von $\hat{P}\cdot\hat{L}_\mathrm{m}$ bewirkt, daß Reflexe unter einem Winkel von $\Theta \approx 50°$ am schwächsten auftreten.

Beim Drehkristallverfahren ist weiter zu berücksichtigen, daß Reflexionslagen, deren Zone nicht parallel zur Drehachse ist, unterschiedlich schnell den günstigen Winkelbereich passieren.

Der *Flächenhäufigkeitsfaktor* $\hat{H}$ hängt von der Kristallklasse ab und drückt die Anzahl von Netzebenenscharen aus, die infolge gleicher Abstände beim Pulver- oder Drehkristallverfahren an der gleichen Stelle Reflexe erzeugen. $\hat{H}$ kann zwischen 2 und 48 liegen.

Der *Absorptionsfaktor* $\hat{L}_\mathrm{a}$ trägt der Schwächung der Strahlen innerhalb der Probe Rechnung. Da Schrägstrahlen einen längeren Weg in der Probe zurücklegen, werden die Reflexe bei kleinen Θ stärker geschwächt. Größer als der Einfluß der Absorption, die bei kleinen Proben vernachlässigt werden kann, ist der Beitrag der *Extinktion.* In einem weitgehend idealen Einkristall führen mehrfache Streuprozesse zu einer beträchtlichen Schwächung der Primärstrahlen, weil die abgebeugten Strahlen teilweise parallel, jedoch phasenverschoben zu den primären Wellen laufen und durch Interferenz zur sogenannten Extinktion Anlaß geben. Bereits sehr geringe Abweichungen von der Idealstruktur, wie sie bei den meisten praktischen Kristallen vorliegen, bewirken eine starke Abnahme der Mehrfachreflexionen, und bei feinen Pulvern tritt überhaupt keine merkliche Extinktion auf. Daraus erklärt sich das scheinbare Paradoxon, wonach weitgehend perfekte Kristalle wie Kalkspat oder Diamant schwächere Reflexe liefern, so daß man solche Kristalle häufig durch mechanisches Bearbeiten oder Eintauchen in flüssige Luft absichtlich im Gitterbau stört.

Der *Temperaturfaktor* $\mathfrak{f}_T$ beschreibt den Einfluß der Wärmebewegung auf die Intensität der Reflexe. Experimentell wird beobachtet, daß die Intensität der Reflexe mit zunehmender Temperatur absinkt, während zugleich ein zunehmender Untergrund kontinuierlicher Strahlen als diffuse Schwärzung der Photoschichten auftritt. Die Reflexe selbst werden dabei nicht verbreitert, sondern ihre Schärfe bleibt erhalten! Dieses auf den ersten Blick überraschende Ergebnis erklärt sich aus der ungeordneten Natur der Wärmebewegung. Regellose Oszillationen der Gitterbausteine um ihre Gleichgewichtslage führen zu Abweichungen von der Gitterperiodizität, die eine unelastische Streuung der Röntgenquanten zur Folge haben.

Quantitativ wurde der Temperaturfaktor von Debye und Waller berechnet; er wird deshalb häufig *Debye-Waller-Faktor* genannt. Danach gehorcht die Schwächung der Intensitäten einem exponentiellen Gesetz:

$$\mathfrak{f}_T = \exp\left[-2B(T)\cdot\frac{\sin^2\Theta}{\lambda}\right]. \tag{3,59}$$

Hier ist $B(T)$ eine Funktion der Temperatur, die im wesentlichen durch die Debye-Funktion bestimmt wird, die wir in Kapitel 5. bei der Theorie der spezifischen Wärme von Festkörpern behandeln werden. Der genaue Verlauf von $B(T)$ hängt auch von der Kristallstruktur ab.

Der letzte Faktor in (3,56) wird als *Strukturfaktor* bezeichnet. Er berücksichtigt die Tatsache, daß die Gitterpunkte mit einer endlich ausgedehnten Basis aus einem oder mehreren Atomen besetzt sind. Infolgedessen entstehen die abgebeugten Teilwellen nicht an punktförmigen Zentren, sondern innerhalb der Einheitszelle. Die von den verschiedenen Stellen einer Zelle ausgesendeten Wellen besitzen nun Gangunterschiede, die in der Größenordnung der Wellenlängen liegen. Dadurch tritt eine „Selbstinterferenz" der innerhalb einer Einheitszelle ausgelösten Wellen ein, die zu wesentlich veränderten Intensitäten und unter Umständen sogar zur Auslöschung bestimmter Reflexe führen kann. Im einzelnen wird dies im folgenden Abschnitt behandelt.

3.6.2. Ableitung des Strukturfaktors

Jedem Gitterpunkt soll eine Basis aus z Atomen zugeordnet sein. Um die Position des j-ten Basisatoms im Gitter zu beschreiben, haben wir in Abschnitt 2.3.1., Formel (2,36) angesetzt:

$$\hat{\boldsymbol{R}}_{mnp} = \boldsymbol{R}_{mnp} + \boldsymbol{\varrho}_j = (m + u_j)\,\boldsymbol{a} + (n + v_j)\,\boldsymbol{b} + (p + w_j)\,\boldsymbol{c}. \tag{3,60}$$

Die Amplitude der Wellen, die am Punkt $\boldsymbol{r}$ vom System Gitter + Basis empfangen wird, erhalten wir, indem in Formel (3,21) anstatt des Gittervektors $\boldsymbol{R}_{mnp}$ der Ausdruck (3,60) eingesetzt wird. Zugleich ist die Summierung auf sämtliche durch $\hat{\boldsymbol{R}}$ charakterisierten Atome des Kristalls auszudehnen. Damit erhalten wir:

$$E = A' \sum_{m,n,p} \sum_{j} f_j \exp \mathrm{i}\Delta\boldsymbol{k} \cdot [(m + u_j)\,\boldsymbol{a} + (n + v_j)\,\boldsymbol{b} + (p + w_j)\,\boldsymbol{c}] \cdot \exp \mathrm{i}\boldsymbol{kr}. \qquad (3{,}61)$$

Dabei wurden aus dem Amplitudenfaktor die Größen f_j abgespaltet, die das relative Streuvermögen der im allgemeinen verschiedenartigen Atome in der Basis ausdrükken. Dies ist notwendig, weil die Bausteine der Basis zum Unterschied von den gleichartigen Gitterpunkten zu verschiedenen Elementen gehören können. Mit den f_j, die man als *atomare Streufaktoren*, Atomformfaktoren oder auch kurz als Atomfaktoren bezeichnet, wird berücksichtigt, daß Atome mit verschiedenartiger Elektronenhülle auftreffende Wellen in unterschiedlichem Maße streuen.

Durch Umformen von (3,61) ergibt sich:

$$E = A' \left\{\sum_{j=1}^{z} f_j \exp \mathrm{i}[\Delta\boldsymbol{k} \cdot (u_j\boldsymbol{a} + v_j\boldsymbol{b} + w_j\boldsymbol{c})]\right\} \times \left\{\sum_{m,n,p} \exp \mathrm{i}[\Delta\boldsymbol{k} \cdot (m\boldsymbol{a} + n\boldsymbol{b} + p\boldsymbol{c})]\right\} \cdot \mathrm{e}^{\mathrm{i}\boldsymbol{kr}}. \qquad (3{,}62)$$

Durch den ersten Klammerausdruck, der gegenüber (3,61) zusätzlich auftritt, wird die Amplitude der abgebeugten Wellen moduliert, dagegen bleiben Position und Schärfe der Reflexe durch den Einfluß der Basis unverändert. Das unterstreicht erneut die Nützlichkeit der Unterteilung einer Kristallstruktur in Gitter und Basis!

Wir setzen nun entsprechend (3,33) für $\Delta\boldsymbol{k}$ den reziproken Gittervektor $\boldsymbol{R}^* = n(h\boldsymbol{a}^* + k\boldsymbol{b}^* + l\boldsymbol{c}^*)$ ein und erfüllen damit die Bragg-Gleichung. Damit nimmt der erste Klammerausdruck in (3,62) die Form an:

$$\hat{F} \equiv \sum_{j=1}^{z} f_j \exp 2\pi \mathrm{i} \hat{n}(hu_j + kv_j + lw_j). \qquad (3{,}63)$$

Mit (3,63) wird der *Strukturfaktor* $\hat{F}$ definiert; er beschreibt den Einfluß der „inneren Interferenzen" in der Einheitszelle auf die Intensität der Reflexe. Häufig bezeichnet man als Strukturfaktor auch das Quadrat von $\hat{F}$, beziehungsweise bei komplexen $\hat{F}$ die Norm $\hat{F}\hat{F}^*$. Der Vergleich mit (3,21) und (3,56) lehrt, daß er mit dem in (3,56) eingeführten letzten Faktor identisch ist:

$$\hat{F}^2 \equiv \hat{F}\hat{F}^* \quad \text{und} \quad A^2 = A'^2\hat{F}^2. \qquad (3{,}64)$$

3.6.3. Beispiele für den Einfluß des Strukturfaktors

An einigen Beispielen soll deutlich gemacht werden, daß die innere Interferenz der von den Basisatomen abgebeugten Teilwellen das Verschwinden bestimmter Reflexe oder zumindest periodische Modulationen der beobachteten Intensitäten bewirken kann. Wir betrachten zuerst das kubisch raumzentrierte Gitter (bcc), das zwei identische Teilchen je Elementarzelle enthält. Ihre Koordinaten in der Basis sind 000 beziehungsweise $\frac{1}{2}\,\frac{1}{2}\,\frac{1}{2}$.

Damit erhalten wir für den Strukturfaktor des kubisch raumzentrierten Gitters:

$$\hat{F}(hkl) = \hat{f}_1\{1 + \exp i\pi(h + k + l)\}. \tag{3,65}$$

Beim Strukturtyp A 2 der Elemente ist f_1 der Atomfaktor der natürlich gleichartigen Atome des Gitters (vgl. Abschnitt 2.4.2.). Der Ausdruck (3,65) wird offensichtlich Null, wenn die Summe der Millerschen Indizes $h + k + l$ eine ungerade Zahl ist, da das Exponentialglied dann den Wert -1 annimmt. Für geradzahlige Indexsummen ergibt sich entsprechend $\hat{F} = 2f_1$. Also gilt für die A 2-Struktur und allgemein für das bcc-Gitter:

$$\begin{aligned} \hat{F} &= 0 \quad \text{für } h + k + l \text{ ungerade,} \\ \hat{F} &= 2f_1 \quad \text{für } h + k + l \text{ gerade.} \end{aligned} \tag{3,66}$$

Dementsprechend verschwinden in den Beugungsdiagrammen kubisch raumzentrierter Gitter alle Reflexe mit ungerader Indexsumme!

In Abschnitt 2.4.3. hatten wir die Kristallstrukturen der AB-Verbindungen diskutiert und festgestellt, daß man ihren Aufbau in anschaulicher Weise durch ineinandergestellte Teilgitter beschreiben kann. Für die CsCl-Struktur B 2 ergab sich damit ein einfach kubischer Aufbau mit einem Atom A bei 000 und einem Atom B bei $\frac{1}{2}\,\frac{1}{2}\,\frac{1}{2}$. Analog zu (3,65) beträgt der Strukturfaktor:

$$\hat{F}(hkl) = f_1 + f_2 \exp i\pi(h + k + l). \tag{3,67}$$

Daraus finden wir:

$$\begin{aligned} \hat{F} &= f_1 - f_2 \quad \text{für } h + k + l \text{ ungerade,} \\ \hat{F} &= f_1 + f_2 \quad \text{für } h + k + l \text{ gerade.} \end{aligned} \tag{3,68}$$

Jetzt verschwinden die Reflexe mit ungerader Indexsumme nicht mehr, weil die Basisatome verschiedene Atomfaktoren haben. Immerhin tritt ein Intensitätswechsel auf, der allerdings im speziellen Fall von CsCl nicht allzu stark ist, denn der Atomfaktor von Cs^+ ist wegen der großen Elektronenzahl etwa 3mal so groß wie der des Cl^--Ions.

Für das *kubisch flächenzentrierte Gitter* (fcc) ist die Summe über 4 Basisatome mit den Koordinaten 000, $\frac{1}{2}\,\frac{1}{2}\,0$, $\frac{1}{2}\,0\,\frac{1}{2}$, $0\,\frac{1}{2}\,\frac{1}{2}$ zu erstrecken. Dementsprechend erhalten wir für den Strukturfaktor des A 1-Typs der Elemente:

$$\hat{F} = f_1\{1 + \exp i\pi(h + k) + \exp i\pi(h + l) + \exp i\pi(k + l)\}. \tag{3,69}$$

Daraus folgt:
$\hat{F} = 0$ für „gemischte", teilweise gerade und teilweise ungerade h, k, l;
$\hat{F} = 4f_1$ für h, k, l, die sämtlich gerade oder ungerade sind.
Im kubisch flächenzentrierten Gitter fallen also alle Reflexe weg, bei denen „gemischte" Indizes auftreten, beispielsweise (100), (110), (211). Gehen wir wieder zu

den AB-Verbindungen über, so sind beim B 1-Typ des NaCl insgesamt 8 Basisteilchen in die Summation einzubeziehen, und zwar 4Na^+-Ionen bei 000, $\frac{1}{2}\frac{1}{2}0$, $\frac{1}{2}0\frac{1}{2}$, $0\frac{1}{2}\frac{1}{2}$ und 4Cl^--Ionen bei $\frac{1}{2}\frac{1}{2}\frac{1}{2}$, $00\frac{1}{2}$, $0\frac{1}{2}0$, $\frac{1}{2}00$. Für den Strukturfaktor folgt:

$$\hat{F} = f_1\{1 + \exp i\pi(h+k) + \exp i\pi(h+l) + \exp i\pi(k+l)\}$$
$$+ f_2\{\exp i\pi(h+k+l) + \exp i\pi l + \exp i\pi k + \exp i\pi h\}. \qquad (3,70)$$

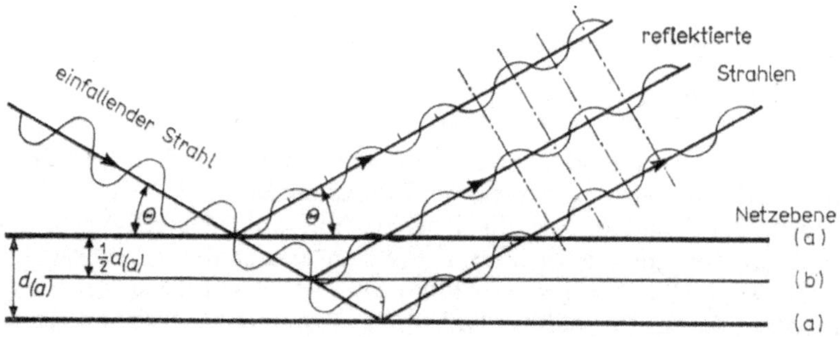

Abb. 3.24
Zur Auslöschung von Beugungsreflexen.

Dieser Ausdruck verschwindet für die Reflexe (100) und (110), während beispielsweise für (200) wegen $\hat{F} = 4(f_1 + f_2)$ ein intensiver Reflex zu erwarten ist. Dagegen ergibt sich für (111) nur eine schwache Intensität, weil $\hat{F} = 4(f_1 - f_2)$ wird. Speziell bei NaCl ist der Atomfaktor des Cl^--Ions etwa doppelt so groß wie der des Na^+-Ions, so daß ein ausgeprägter Intensitätswechsel beobachtet wird. Im Falle von KCl sind die Atomfaktoren der beiden Partner sogar nahezu gleich, und die Reflexe mit „gemischten" Indizes werden fast völlig ausgelöscht.

Anschaulich läßt sich das Verschwinden bestimmter Reflexe in Strukturen mit einer Basis aus mehreren Teilchen nach Abb. 3.24 verstehen. Die Zentrierungsatome in den konventionellen Zellen der bcc- oder fcc-Struktur bilden Ebenen, die mit halbem Abstand zwischen die Netzebenen der Gitterpunkte eingeschoben sind. Wenn für solche Ebenen die Bragg-Gleichung erfüllt ist und der Gangunterschied gleich λ wird, so beträgt er relativ zu den eingeschobenen Ebenen $\lambda/2$, und es tritt auslöschende Interferenz ein.

In ähnlicher Weise lassen sich auch für andere Strukturen, beispielsweise des hexagonalen oder rhomboedrischen Kristallsystems, Regeln für das Verschwinden oder den Intensitätswechsel der Reflexe ableiten. Allgemein gilt dies auch beim Auftreten bestimmter Symmetrieelemente in den Kristallen. In Tabelle 3.2 sind einige wichtige Fälle zusammengestellt. Es liegt auf der Hand, daß die hier diskutierten Gesetzmäßigkeiten ein wichtiges Hilfsmittel bilden, um die Zugehörigkeit von Kristallen zu einem bestimmten Strukturtyp aus den Beugungsdiagrammen zu bestimmen. Insbesondere kann leicht erkannt werden, ob eine Zelle raum-, flächen- oder basiszentriert ist.

Tabelle 3.2

Einige durch spezielle Gitter bzw. Symmetrieelemente verursachte Reflexionsbedingungen

Gitter bzw. Symmetrieelement	betroffene Netzebenen	Reflexionsbedingung (n ganzzahlig)
Primitives Gitter	—	keine
Raumzentriertes Gitter	hkl	$h + k + l = 2n$
Allseitig flächenzentriertes Gitter	hkl	alle Indizes gerade oder ungerade
(001)-basiszentriertes Gitter	hkl	$h + k = 2n$
Hexagonales primitives Gitter (rhomboedrisch indiziert)	hkl	$h + k + l = 3n$
(100)-Gleitspiegelebene $\left(\frac{b}{2}\right)$	$0kl$	$k = 2n$
(100)-Gleitspiegelebene $\left(\frac{b}{2} + \frac{c}{2}\right)$	$0kl$	$k + l = 2n$
(110)-Gleitspiegelebene $\left(\frac{c}{2}\right)$	hhl	$l = 2n$
(110)-Gleitspiegelebene $\left(\frac{a}{4} + \frac{b}{4} + \frac{c}{4}\right)$	hhl	$h + l = 2n$
[100]-Schraubenachse 2_1, 4_2	$h00$	$h = 2n$
[100]-Schraubenachse 4_1, 4_3	$h00$	$h = 4n$
[001]-Schraubenachse 3_1, 3_2, 6_2, 6_4	$00l$	$l = 3n$
[001]-Schraubenachse 6_1, 6_5	$00l$	$l = 6n$

3.6.4. Atomfaktor

Als Abschluß zu diesem wichtigen, jedoch nicht ganz einfachen Kapitel betrachten wir noch die Größen f_j, die in den Ausdrücken für den Strukturfaktor auftreten. Im Falle von Röntgenstrahlen wird das atomare Streuvermögen praktisch nur durch die Elektronenhülle bestimmt. Es hängt von der Wellenlänge und vom Beugungswinkel sowie insbesondere von der Anzahl und der räumlichen Verteilung der Hüllenelektronen ab. Daraus erklärt sich auch die Bezeichnung Atomformfaktor für f_j.

Um f_j zu berechnen, muß man die Teilwellen überlagern, die von den einzelnen Stellen der Elektronenhülle ausgesendet werden. Bei den sehr kleinen Wellenlängen, mit denen man es bei der Strukturuntersuchung zu tun hat, reichen bereits die Gangunterschiede zwischen den von verschiedenen Orten der Elektronenhülle des gleichen Atoms gestreuten Wellen aus, um die Intensität wesentlich zu beeinflussen. Qualitativ ist zu erwarten, daß der Effekt der „inneren" Interferenz in Elektronenhüllen mit abnehmender Wellenlänge stärker wird. Außerdem kann die abgebeugte Intensität der Elementarwellen proportional zur Elektronendichte $n(\varrho)$ am Beugungsort angesetzt werden. Da sich die Elektronendichte im Atom sowie im gesamten Kristall kontinuierlich ändert, müssen wir anstatt der Summation über diskrete, punktförmige Zentren eine Integration durchführen und den allgemeinen Ansatz (3,19) von Abschnitt 3.2. verwenden. Angewandt auf die Streuung in der Hülle eines Atoms erhalten wir:

$$f_j = f_0 \int \mathrm{d}V n(\varrho) \exp \mathrm{i}(\Delta \boldsymbol{k} \cdot \varrho). \tag{3,71}$$

Hier bedeutet f_0 das Streuvermögen eines punktförmig gedachten einzelnen Elektrons am Ort des Kerns und $n(\varrho)$ die Elektronendichte, das heißt die Wahrscheinlichkeit, n Elektronen im Volumenelement dV im Zeitmittel anzutreffen. Die Lage des Elements wird durch den Vektor ϱ vom Atommittelpunkt aus angegeben. Entsprechend Abb. 3.25 führen wir den Winkel φ zwischen $\Delta\boldsymbol{k}$ und ϱ sowie den Einfallswinkel zu einer hypothetisch gedachten Ebene Θ ein. Damit erhalten wir:

$$\Delta \boldsymbol{k} \cdot \varrho = 2\,|\boldsymbol{k}| \sin \Theta \cdot |\varrho| \cos \varphi, \quad \mathrm{d}V = \varrho^2\, \mathrm{d}\varrho \sin \varphi\, \mathrm{d}\varphi\, \mathrm{d}\vartheta. \tag{3,72}$$

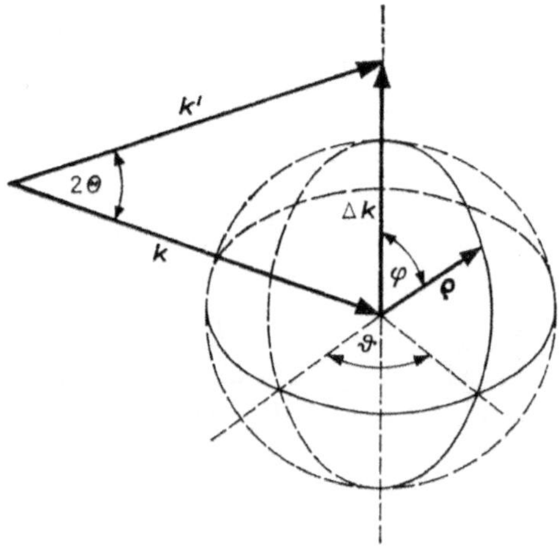

Abb. 3.25
Zur Herleitung von Gl. (3,72) φ ist der vom Vektor $\Delta\boldsymbol{k}$ aus gerechnete Polabstand und ϑ der zugehörige Azimutwinkel.

Bei sphärisch-symmetrischer Verteilung der Hüllenelektronen hängt n nur vom Betrag $|\varrho| = \varrho$ ab, und die Integration über ϑ liefert 2π. Damit ergibt sich für das Integral (3,71):

$$f_j = f_0 \int\limits_{\varrho=0}^{\infty} \int\limits_{\varphi=0}^{\pi} \mathrm{d}\varrho\, \mathrm{d}\varphi\, n(\varrho) \exp \mathrm{i}(2\,|\boldsymbol{k}| \sin \Theta \cdot |\varrho| \cos \varphi)\, 2\pi\varrho^2 \sin \varphi.$$

Und nach Integration über φ sowie mit der Substitution $\alpha = \frac{4\pi}{\lambda} \sin \Theta$ ergibt sich:

$$f_j = f_0 \int\limits_0^{\infty} \mathrm{d}\varrho\, 4\pi\varrho^2 n(\varrho) \frac{\sin \alpha\varrho}{\alpha\varrho}. \tag{3,73}$$

Denken wir uns nun die gesamte Elektronenhülle im Atommittelpunkt konzentriert, so tragen nur die Bereiche mit $\varrho \to 0$ und $\frac{\sin \alpha\varrho}{\alpha\varrho} \to 1$ zum Integral bei, für das wir dann erhalten:

$$f_j = f_0 \int\limits_0^{\infty} \mathrm{d}\varrho\, 4\pi\varrho^2 n(\varrho) = f_0 N_{\mathrm{el}}. \tag{3.74}$$

Hier wurde mit N_{el} die Zahl der Elektronen bezeichnet. Somit ergibt sich aus dieser Grenzwertbetrachtung, daß $I_{rel} = \frac{f_j^2}{f_0^2}$ das Verhältnis der am ausgedehnten Atom gestreuten Intensität zu der von einem punktförmigen Elektron zu erwartenden Intensität beschreibt. Die Größe f_j gemäß (3,74) ist der atomare Streufaktor oder Atomfaktor, den wir im vorigen Abschnitt bereits eingeführt hatten. Die für alle Materialien konstante Größe f_0 ist dabei im allgemeinen in den Amplitudenfaktor A bzw. A' einbezogen.

Damit man die Atomformfaktoren gemäß (3,71) bzw. (3,73) berechnen kann, muß die Dichteverteilungsfunktion der Elektronen $n(\varrho)$ bekannt sein. Man erhält sie mit Hilfe quantenmechanischer Näherungsverfahren (nach THOMAS-FERMI oder HARTREE-FOCK) unter Benutzung von Elektronenrechnern. In Abb. 3.26 sind die Werte von f für einige Atom- und Ionenarten mit dem Parameter $\frac{\sin\Theta}{\lambda}$ angegeben. Wie man entnimmt, sinken die Werte und damit die beobachteten Intensitäten der Reflexe mit abnehmender Wellenlänge beziehungsweise zunehmendem Beugungs-

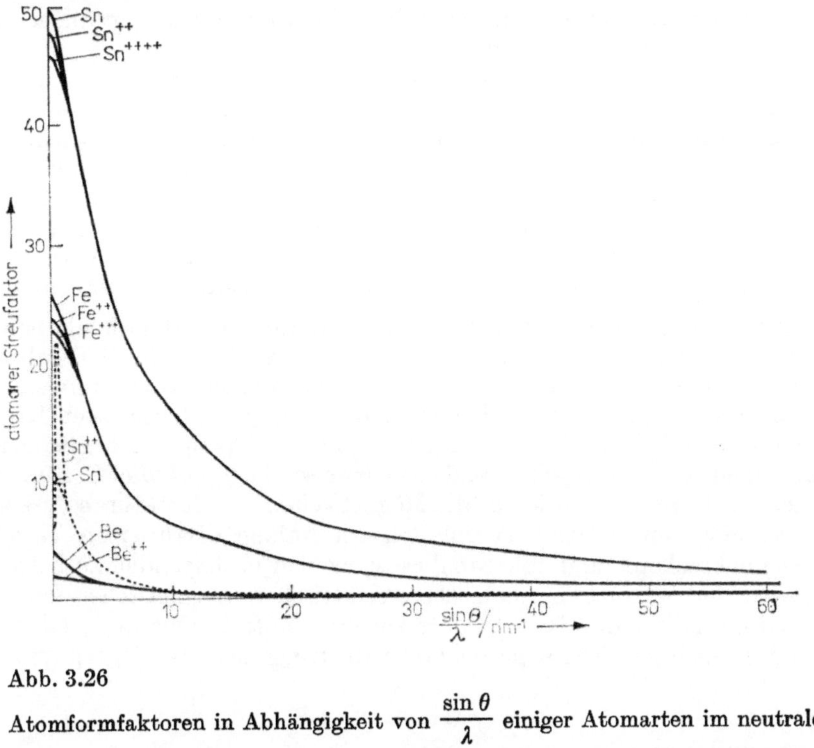

Abb. 3.26

Atomformfaktoren in Abhängigkeit von $\frac{\sin\theta}{\lambda}$ einiger Atomarten im neutralen und ionisierten Zustand für Röntgen- und Elektronenstrahlen. Die exakten Werte für Elektronenstrahlen erhält man durch Multiplikation der gestrichelten Kurven mit $\frac{m}{m_0} = \frac{1}{\sqrt{1-\left(\frac{v}{c}\right)^2}}$, wobei v die Elektronengeschwindigkeit bedeutet. Anmerkung: f wird auch oft als Atomformamplitude und $f^2 = ff^*$ als Atomformfaktor bezeichnet.

winkel stark ab, weil sich die innerhalb der Hülle gestreuten Teilwellen dann in zunehmendem Maße auslöschen. Im Einklang damit steht die früher erwähnte Tatsache, daß mit sehr kurzen Wellen, also Gammastrahlen, nur bei streifender Inzidenz deutliche Reflexe erhalten werden.

Durch den Einbau der Atome in das Kristallgitter eines Festkörpers werden die Aufenthaltswahrscheinlichkeiten der äußeren Elektronen geringfügig variiert. Durch sehr genaue Intensitätsmessungen können diese Unterschiede erfaßt werden. Die für den Festkörperphysiker insbesondere für die Kenntnis der exakten räumlichen Lage anisotroper Gitterbausteine wichtige Elektronendichteverteilung ergibt sich aus den Strukturfaktoren $\hat{F}(hkl)$ (s. (3,65)) unter Berücksichtigung von (3,47) durch Fourier-Synthese

$$n(x, y, z) = \frac{1}{V_{\mathrm{EZ}}} \sum_{-\infty h}^{\infty} \sum_{-\infty k}^{\infty} \sum_{-\infty l}^{\infty} F(hkl) \exp\left(-2\pi \mathrm{i}(hx + ky + lz)\right). \qquad (3,75)$$

Aus der Elektronendichteverteilung $n(x,y,z)$ ergibt sich die genaue Lage der Atomschwerpunkte, z. B. eben auch in ausgedehnten Molekularbausteinen, da dort Maxima der Dichteverteilung liegen. Einzelne Atomsorten können auf Grund ihrer spezifischen Elektronendichteverteilung in der Umgebung des Maximums unterschieden werden. Häufig wird die Verteilungsfunktion $n(x, y, z)$ graphisch durch ein Höhenschichtliniendiagramm dargestellt.

Da die durch das Experiment bestimmten Intensitäten der Reflexe die Phasenlage der im allgemeinen komplexen $F(hkl)$ nicht enthalten, folgen diese Phasen erst durch ein sukzessives Näherungsverfahren, wobei sich auch die Dichteverteilung dem wirklichen Wert immer besser angleicht. Als Näherungsverfahren kommen in Frage die „Trial-and-error-Methode“ (bevorzugt bei wenigen Atomen in der Elementarzelle), die Faltmolekülmethode (bevorzugt bei einer hinreichend großen Anzahl von Atomen in der Elementarzelle) und z. B. die direkte Karle-Hauptman-Methode. Für weitergehende Studien sei auf die Spezialliteratur verwiesen.

Die Behandlung der Wellenausbreitung in Kristallen hat sich als eine äußerst wertvolle Grundlage für die experimentelle Untersuchung der Kristallstrukturen erwiesen. In diesem Kapitel konnten nur die wichtigsten Anwendungen und auch diese zunächst lediglich für die Untersuchung weitgehend perfekter Kristalle beschrieben werden. Wir werden auf diese Fragen besonders im anschließenden Kapitel zurückkommen und wenigstens andeutungsweise auch auf die Bestimmung von Baufehlern in Kristallen sowie auf die Möglichkeiten zur Strukturanalyse amorpher Festkörper eingehen. Zusammen mit den am Anfang diskutierten Verfahren der Elektronenmikroskopie und Mikroanalyse sowie den im folgenden zu betrachtenden Ergebnissen der Messung mechanischer, elektrischer, magnetischer und optischer Eigenschaften bildet die Strukturuntersuchung mittels Quanten- oder Partikelstrahlen das unentbehrliche experimentelle Rüstzeug des Festkörperphysikers.

4. Realstruktur der Festkörper

Der Aufbau realer Festkörper ist niemals vollkommen, sondern im Vergleich zur strengen räumlichen Periodizität idealer Kristalle stets gestört, wofür eine Reihe von Ursachen verantwortlich zu machen sind. Nach SEITZ lassen sich die Abweichungen vom idealen gitterperiodischen Verhalten in folgende Gruppen einteilen:

1. *Gitterschwingungen* der atomaren Bausteine um ihre Ruhelage infolge der thermischen Bewegungen;
2. die *atomare Fehlordnung*, die dadurch gekennzeichnet ist, daß ein Teil der atomaren Bausteine auch im Zeitmittel nicht auf den normalen Positionen im Gitter angeordnet ist oder daß Fremdatome (Verunreinigungen) im Festkörper vorhanden sind;
3. die *elektronische Fehlordnung*, die in einer Anregung oder Verschiebung eines Teils der Elektronen besteht und für das Verständnis der elektrischen Vorgänge in Festkörpern grundlegend wichtig ist;
4. von außen in den Festkörper ausgelöste Störungen, wie sie bei der Bestrahlung mit Quanten oder Teilchen auftreten. Weiterhin sind die Oberflächen zu nennen, die einen Abbruch des unendlich ausgedehnten idealen Gitters zur Folge haben.

Die atomare Fehlordnung wird entsprechend der atomaren Ausdehnung der gestörten Bereiche folgendermaßen untergliedert:

Von *Punktdefekten* spricht man, wenn einzelne Atome fehlgeordnet sind, indem der Kristall Fremdatome enthält, unbesetzte Lücken vorhanden sind oder Atome außerhalb der normalen Positionen auf Zwischengitterplätzen verweilen. Da die Störung durch Punktdefekte nur den räumlichen Bereich eines Atoms umfaßt, nennt man sie auch „*nulldimensionale Defekte*". Praktisch werden zur nulldimensionalen Fehlordnung auch solche Störungen gerechnet, bei denen wenige — etwa bis zu 5 — Punktdefekte in Gruppen vereinigt sind.

Versetzungen liegen vor, wenn längs einer Linie im Gitter Atome auf „falschen" Positionen angeordnet sind. Der Defekt erstreckt sich dann in einer Dimension, beispielsweise im einfachsten Fall längs einer Geraden von Gitterpunkten, weshalb diese Art der Störung als *eindimensionale Fehlordnung* bezeichnet wird.

Entsprechend ist bei der *zweidimensionalen Fehlordnung* der Aufbau des Kristalls in flächenhaften Bereichen gestört. Einen typischen Fall bilden die Korngrenzen zwischen den verschieden orientierten Kristalliten in polykristallinen Materialien.

Schließlich ist noch eine *dreidimensionale Fehlordnung* möglich, bei der räumlich ausgedehnte schlecht geordnete Bereiche in den Kristall eingebettet sind. Beispiele bilden Einschlüsse von Lösungsmitteln, Gasblasen im Gefolge einer Bestrahlung des Festkörpers oder feste, nichtkristalline Ausscheidungen. Derartige grobe Baufehler lassen sich als getrennte Phasen ansehen und werden daher nur bedingt zur Fehlordnung gerechnet.

Die Einzelheiten der Realstruktur fester Körper sind erst in den letzten Jahrzehnten erforscht worden. Den Anstoß gaben in den dreißiger Jahren die grundlegenden Untersuchungen von Pohl, Frenkel und Schottky über die Rolle der Punktdefekte bei Festkörperprozessen sowie die Arbeiten von Taylor, Orowan und Polanyi zum Einfluß der Versetzungen auf die mechanische Festigkeit.

Seither festigte sich die Erkenntnis, daß viele praxiswichtigen Eigenschaften der Werkstoffe ganz wesentlich von der Fehlordnung geprägt werden, auch wenn nur ein sehr kleiner Bruchteil der Gitterplätze falsch besetzt ist. Beispielsweise ändert sich die elektrische Leitfähigkeit von Silicium um Größenordnungen, wenn nur jedes 10^8-te Si-Atom durch Fremdelemente wie Bor oder Arsen substitutiert ist, und die mechanische Festigkeit metallischer Kristalle wird entscheidend beeinflußt, falls nur jede 10^6-te Gittergerade eine Versetzungslinie darstellt. Die weitere Erforschung der Realstruktur fester Werkstoffe ist von großer Aktualität, da sie wesentlich dazu beiträgt, Materialien mit besseren Gebrauchseigenschaften zu entwickeln und die Technologie der Be- und Verarbeitung von Werkstoffen zu verbessern.

4.1. Punktdefekte (nulldimensionale Fehlordnung)

4.1.1. Leerstellen im Gitter

Als einfachste und stets vorhandene Art von Punktdefekten betrachten wir zunächst die *Leerstellen* oder *Lücken*. Nach Schottky kann man sie sich entstanden denken, indem eine Anzahl $N_\square$ von insgesamt N gleichartigen Atomen des Kristalls vom Inneren an die Oberfläche überwechselt (Abb. 4.1a). Mit Hilfe der statistischen Thermodynamik können wir nun leicht berechnen, welche Konzentration von Leerstellen im thermodynamischen Gleichgewicht vorhanden sein muß. Dazu ermitteln wir die Änderung der Freien Energie F

$$\Delta F = N_\square W_\square - T\,\Delta S_\square \tag{4,1}$$

bei der Bildung von $N_\square$ Leerstellen in einem ursprünglich perfekten Kristall. Hier bedeutet $W_\square$ den zur Bildung einer Leerstelle notwendigen Energieaufwand und $\Delta S_\square$ den insgesamt erzielten Entropiegewinn. Das Zeichen $\square$ wird allgemein als Symbol für Leerstellen benutzt.

Die Wahrscheinlichkeit für die Entstehung der Defekte wird durch die Anzahl der Möglichkeiten gegeben, $N_\square$ Teilchen von N Gitteratomen herauszugreifen; sie beträgt:

$$G = \frac{N(N-1)\cdots(N-N_\square+1)}{N_\square!} = \frac{N!}{(N-N_\square)!\,N_\square!}. \tag{4,2}$$

Der Faktor $N_\square!$ im Nenner schließt die Realisierungsmöglichkeiten aus, die nur auf einer verschiedenen Reihenfolge des Herausgreifens der $N_\square$ Teilchen beruhen. Nach der Boltzmann-Beziehung zwischen Entropie und Wahrscheinlichkeit ergibt sich mit (4,2) der Entropiezuwachs:

$$\Delta S_\square = k_B \ln G = k_B \ln \frac{N!}{(N-N_\square)!\,N_\square!}. \tag{4,3}$$

Da $N_\square$ und N sehr groß sind, lassen sich die Fakultäten mit Hilfe der Stirlingschen Näherungsformel

$$\ln x! \cong x \ln x - x \tag{4,4}$$

ausdrücken:

$$\Delta S_\square = k_B[N \ln N - (N - N_\square) \ln (N - N_\square) - N_\square \ln N_\square]. \tag{4,5}$$

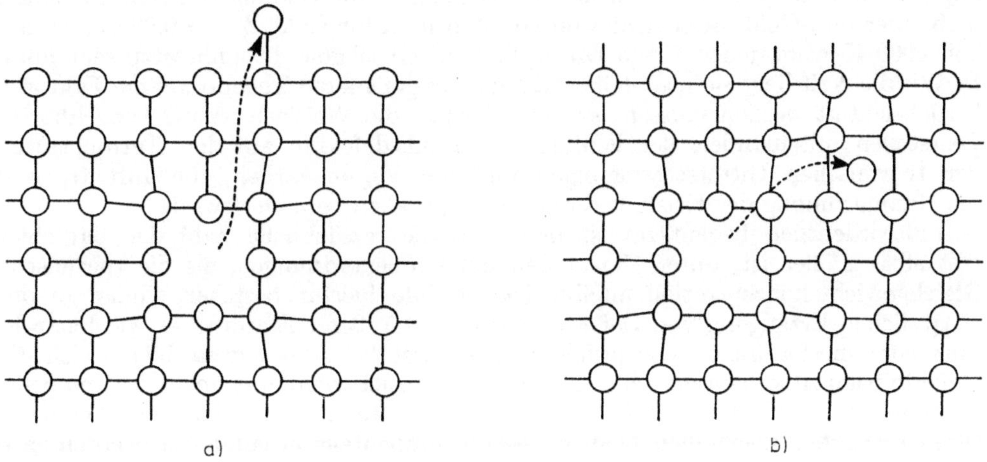

Abb. 4.1a
Entstehung eines Punktdefektes vom Schottky-Typ.

Abb. 4.1b
Entstehung eines Punktdefektes vom Frenkel-Typ.

Im thermodynamischen Gleichgewicht muß die Freie Energie und damit auch ihr Zuwachs ΔF ein Minimum annehmen. Seine Lage ist nach (4,1) und (4,3) gegeben durch:

$$\left(\frac{\partial \Delta F}{\partial N_\square}\right)_T = W_\square - k_B T \ln \frac{N - N_\square}{N_\square} = 0 \tag{4,6}$$

$$\ln \frac{N_\square}{N - N_\square} = - \frac{W_\square}{k_B T}. \tag{4,7}$$

Da die Anzahl der Leerstellen im allgemeinen sehr klein gegen die Zahl der Atome im Gitter ist, folgt mit

$$N_\square \ll N: \tag{4,8}$$

$$N_\square = N \exp - \left(\frac{W_\square}{k_B T}\right). \tag{4,9}$$

Gleichung (4,9) liefert die Anzahl der Lücken im thermodynamischen Gleichgewicht. Die prinzipielle Bedeutung der statistischen Ableitung, die sich mit entsprechenden Modifikationen auf alle anderen Arten von Kristallbaufehlern übertragen läßt, besteht in der Aussage, daß *Defekte in Kristallen nichts Unnatürliches darstellen, sondern daß sie mit bestimmter Wahrscheinlichkeit auftreten müssen!* Die Bildung von Defekten erfordert zwar einen Energieaufwand, dem jedoch wegen der geringeren Ordnung in Kristallen mit Baufehlern ein Gewinn an Entropie gegenübersteht. Die Gleichgewichtskonzentration der Leerstellen $\frac{N_\square}{N}$ hängt infolge des exponentiellen Zusammenhangs sehr stark von der Temperatur sowie von $W_\square$ ab. Bei $T = 1000$ K und $W_\square = 1$ eV liegt sie in der Größenordnung von 10^{-5}, für $W_\square = 3$ eV dagegen sinkt sie auf 10^{-15}! Besonders eingehend ist die Bildung von Punktdefekten in Kupfer und Gold untersucht worden. Man fand für Gold $W_\square = 0{,}98$ eV, so daß bei 1000 K etwa jeder 10^4-te Gitterplatz im Gleichgewicht unbesetzt sein muß. In Wirklichkeit liegt sie noch höher, da in einer genaueren Theorie weitere Faktoren berücksichtigt werden müssen: so zum Beispiel die Wechselwirkung benachbarter Leerstellen miteinander, der Einfluß von Punktdefekten auf den Entropieanteil der thermischen Gitterschwingungen und die Volumenarbeit, die auftritt, weil die Raumerfüllung des Kristalls durch die Leerstellen verändert wird.

Außerordentlich bedeutsam ist nun, daß die tatsächliche Zahl der Baufehler fast stets größer ist, unter Umständen um Größenordnungen, als die thermische Gleichgewichtskonzentration angibt. Die Gründe hierfür bestehen einmal in der zusätzlichen Erzeugung von Defekten auf Grund äußerer Einflüsse — wie Bestrahlung oder mechanische Beanspruchung der Kristalle. Andererseits bilden sich die Defekte beim Abkühlen nur sehr unvollständig zurück, denn mit sinkender Temperatur nimmt auch die Beweglichkeit der Atome im Gitter ab. Die bei höheren Temperaturen erzeugten Leerstellen bleiben deshalb großenteils erhalten, sie werden, wie man sagt, „eingefroren". Im Falle gröberer Defekte — Versetzungen, Korngrenzen — sind die kinetischen Einflüsse besonders ausgeprägt, so daß es wenig Sinn hat, bei diesen Baufehlern überhaupt das thermische Gleichgewicht zu betrachten.

Eine weitere Besonderheit der Kristallbaufehler besteht in der elastischen Deformation des Gitters in der Nachbarschaft der Defekte. Im Falle von Leerstellen ist zu erwarten, daß die nächsten Nachbarn etwas in Richtung der Leerstelle verschoben werden, wie auch Abb. 4.1 erkennen läßt. Bei Metallen, deren Atomrümpfe als Ionen mit abgeschlossener Elektronenschale angesehen werden können (z. B. Cu, Ag, Au), ist der Effekt allerdings nicht groß, da die abstoßenden Kräfte zwischen den Hüllen der Verschiebung von Nachbaratomen zum Defekt entgegenwirken. Die *Relaxation* des Gitters, wie die Deformation in der Umgebung des Defekts bezeichnet wird, macht beispielsweise bei Kupfer für die nächsten Nachbarn größenordnungs-

Tabelle 4.1

Abstandsänderung der Nachbaratome und Volumenänderung bei Punktdefekten in Kupfer (nach SEEGER, A.; MANN, E., J. Phys. Chem. Solids 12 (1960) 326)

Punktdefekt	Leerstelle	Zwischengitteratome
Relaxation nächster Nachbarn in %	−2,0	+21,7
Relaxation übernächster Nachbarn in %	+0,15	+0,75
Volumenänderung in Bruchteilen des Atomvolumens	−0,29	+1,39

Anmerkung: Die Relaxation ist in % des Abstandes der Normallagen der Atome vom Defektzentrum angegeben.

mäßig nur 1% und für die zweitnächsten Atome sogar nur 0,1% des Abstandes zum Zentrum der Lücke aus (Tab. 4.1). Interessanterweise werden die nächsten Nachbarn zum Defekt hingezogen, die übernächsten dagegen etwas verdrängt, was mit den anisotropen elastischen Eigenschaften des Gitters (vgl. 5.1.) zu erklären ist.

4.1.2. Teilchen auf Zwischengitterplätzen

Eine zweite Art von Punktdefekten liegt vor, wenn sich Atome beziehungsweise Ionen zwischen den normalen Positionen des Gitters aufhalten. Man spricht dann von Zwischengitteratomen und benutzt als Symbol einen Kreis ○. Bereits in Abschnitt 2.2.1. hatten wir festgestellt, daß auch bei relativ dichter Packung von kugelförmig gedachten Atomen Zwischenräume übrigbleiben, deren Durchmesser in den Beziehungen (2,7) für einige Fälle angegeben wurden. Typische Zwischengitterpositionen sind die raumzentrierte Lage in der kubisch flächenzentrierten Zelle oder die flächenzentrierten Plätze des kubisch raumzentrierten Gitters. Allerdings kommen auch andere, weniger naheliegende Positionen als Zwischengitterplätze in Betracht, beispielsweise das Einschieben zusätzlicher Atome in Gittergeraden, die bereits verhältnismäßig dicht gepackt erscheinen. Gegenwärtig ist in vielen Fällen noch nicht geklärt, welche Zwischengitterplätze energetisch am günstigsten sind. Auf jeden Fall reicht die Größe der Zwischenräume bei Gittern aus Atomen ähnlichen Durchmessers im allgemeinen nicht aus, um die zusätzlichen Teilchen ohne wesentliche Deformation der Umgebung aufzunehmen. Im Gegensatz zu den Verhältnissen bei Lücken werden die nächsten Nachbaratome beträchtlich verschoben, wenn sich Atome in Zwischengitterplätze hineinzwängen. Tabelle 4.1 gibt berechnete Werte für die Relaxation der erst- und zweitnächsten Nachbarn um Zwischengitteratome auf raumzentrierten Positionen des fcc-Gitters von Kupfer wieder. Hinsichtlich der zweitnächsten Atome differieren die Aussagen verschiedener Autoren entsprechend dem gegenwärtigen Stand der Meßmethodik sogar im Vorzeichen, doch ist die Verschiebung im Betrag bereits ziemlich geringfügig.

Der Energieaufwand $W_{\bigcirc}$, der nötig ist, um ein Teilchen auf einem Zwischengitterplatz unterzubringen, ist bei Kristallen aus Atomen etwa gleicher Größe wesentlich höher als bei Lücken; er beträgt bei Metallen etwa 3 eV. Daß Zwischengitteratome trotzdem häufig vorkommen, erklärt sich aus dem Fehlordnungsmodell von FRENKEL (Abb. 4.1b). Danach bilden sich Lücken und Zwischengitteratome paarweise, wenn Atome aus den normalen Gitterpositionen verdrängt werden, aber aus kinetischen Gründen die Kristalloberfläche nicht erreichen können. Auslösende Ursachen für diesen Prozeß können die thermische Anregung, mechanische Beanspruchung oder Teilchenstöße sein.

Für die rein thermische Bildung von Punktdefekten nach dem Modell von FRENKEL läßt sich analog zu den im vorigen Abschnitt behandelten Schottky-Defekten eine Gleichgewichtskonzentration berechnen. Anstelle von (4,2) ist die Wahrscheinlichkeit für die paarweise Entstehung von N_F Frenkel-Defekten durch das folgende Produkt gegeben:

$$G = \frac{N!}{(N - N_F)!\,(N_F)!} \cdot \frac{\hat{N}!}{(\hat{N} - N_F)!\,N_F!}. \tag{4,10}$$

Mit $\hat{N}$ wird die Anzahl der verfügbaren Zwischengitterplätze bezeichnet, und der zweite Faktor drückt die Realisierungsmöglichkeiten aus, um die aus dem Gitter herausgegriffenen Atome auf diesen Plätzen unterzubringen.

Führt man die Rechnung analog wie im vorigen Abschnitt fort, so ergibt sich statt (4,9):

$$N_{\mathrm{F}} = \sqrt{N\hat{N}} \exp\left[-\left(\frac{W_{\mathrm{F}}}{2k_{\mathrm{B}}T}\right)\right]. \tag{4,11}$$

Die Energie W_{F} entspricht dabei dem Aufwand für die Erzeugung einer Lücke und eines Zwischengitteratoms; sie ist also gleich der Summe $W_{\square} + W_{\bigcirc}$. Der Energiebetrag $W_{\bigcirc}$ für die alleinige Besetzung eines Zwischengitterplatzes würde im Exponenten auftreten, wenn Atome von der Oberfläche des Kristalls auf Zwischengitterpositionen überwechseln.

4.1.3. Substitutionsstörstellen

Fremdatome können in Kristallen entweder auf Zwischengitterplätzen angeordnet sein, was besonders bei kleinen Teilchendurchmessern möglich ist, oder sie vertreten die Atome des Grundmaterials auf normalen Gitterpositionen. Im letzten Fall spricht man von Substitutionsstörstellen, die mit dem Symbol • bezeichnet werden. Das Ausmaß, in dem der Kristall durch eingebaute Fremdatome gestört wird, hängt vor allem von der Größe und der Wertigkeit der Verunreinigungen ab. In einfachen Fällen gilt die Regel, daß die Substitution um so leichter möglich ist, je ähnlicher die Fremdatome den normalen Gitterbausteinen sind. Bei Halbleitern und Ionenkristallen liegt die Aufnahmefähigkeit des Gitters für Fremdatome — beziehungsweise die „Löslichkeit" — häufig in der Größenordnung von $10^{-5} \cdots 1\%$. Das thermodynamische Gleichgewicht wird in ähnlicher Weise wie bei Lücken oder Zwischengitteratomen durch das Minimum im Zuwachs an Freier Energie bzw. Freier Enthalpie bestimmt. Die Verteilung von Fremdstoffen zwischen flüssigen und festen Phasen, die gewöhnlich dadurch gekennzeichnet ist, daß Fremdstoffe das flüssige Medium stark bevorzugen, wurde schon im Zusammenhang mit der Zonenschmelze erwähnt (vgl. 2.5.3.) und wird in Abschnitt 8.3.3. zusammen mit der Bildung von Mischkristallen bei Legierungen ausführlich behandelt. Wenn zwei Stoffe die gleiche Kristallstruktur besitzen (Isomorphie) und die Größe ihrer atomaren Bausteine nicht sehr verschieden ist, können sich mit unbegrenzter Löslichkeit echte *Mischkristalle* ausbilden. Ein berühmtes Beispiel bildet die isomorphe Kristallisation von Barium- und Radiumchlorid, die von HAHN im Zusammenhang mit der Reindarstellung des Radiums untersucht worden ist. Gelegentlich passen auch die Bausteine von Stoffen, die in verschiedenen Strukturen kristallisieren, zufällig so zusammen, daß in einem größeren Konzentrationsbereich Mischkristalle gebildet werden. Man bezeichnet dies als Isodimorphie. In besonderem Maße sind Metalle befähigt, Mischkristalle in breiten oder sogar unbegrenzten Konzentrationsbereichen zu bilden. Darauf beruhen die Legierungen, die als Werkstoffe vielseitig angewendet werden (vgl. 8.3.). Bemerkenswerterweise können die Atome der Komponenten in Mischkristallen nach bestimmten Gesetzmäßigkeiten angeordnet sein. Man bezeichnet diese Art von Ordnung als *Überstruktur* oder „Supergitter". Ihr Auftreten ist an einen bestimmten Temperaturbereich und aus geometrischen Gründen an bestimmte Mischungsverhältnisse gebunden. So bildet sich in Kupfer-Zink-Legierungen (s. Zustandsdiagramm Abb. 8.20, S. 525) bei einem Mischungsverhältnis 1:1 eine Überstruktur vom CsCl-Typ aus (β-Phase). Oberhalb 465 °C wird diese Ordnung infolge des anwachsenden Beitrages des Energieterms im Ausdruck (4,1) für die Freie Energie aufgehoben. Es entsteht die ungeordnete β'-Phase. In Abb. 4.2 sind die Verhältnisse für Kupfer-Gold-Legierungen der Zusammensetzung Cu_3Au dargestellt. Die Kupferatome sitzen in den Flächenmitten und die Goldatome auf den Eckplätzen der kubischen Elementarzellen. Ein Beispiel für eine Überstruktur in einem ternären System stellt die ferromagnetische Heuslersche Legierung $CuMnAl_2$ dar (s. Abb. 8.6., S. 514. Am auffallendsten äußert sich der Einfluß von Punktdefekten in den elektrischen und optischen Eigenschaften von Halbleiter- oder Isolatorkristallen. Sub-

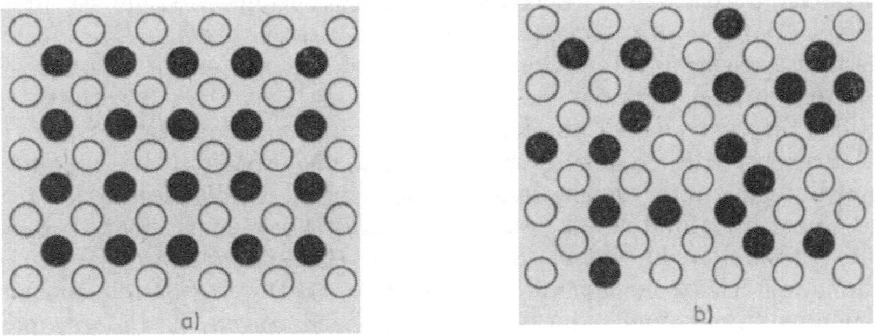

Abb. 4.2
Überstruktur im System Kupfer—Gold
a) (100)-Ebene des geordneten Mischkristalls Cu_3Au;
b) die gleiche Ebene des oberhalb 390 °C ungeordneten Mischkristalls.

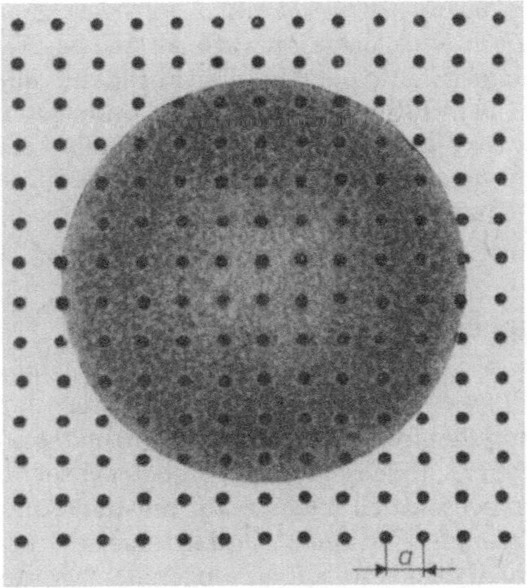

Abb. 4.3
Ausdehnung der Wolke des Elektrons einer Störstelle im Siliciumgitter (nur Eckatome der kubischen Elementarzellen gezeichnet).
Der Radius der ersten Bohrschen Schale beträgt 2,5 nm, die Gitterkonstante des Si $a = 0{,}543$ nm.

stitutionsstörstellen, deren Atome eine größere Zahl von Bindungselektronen besitzen als die Atome des Wirtsgitters, neigen dazu, die überschüssigen Elektronen an das Gitter abzugeben, während umgekehrt Atome mit Elektronendefizit bestrebt sind, Elektronen aus dem Gitter aufzunehmen. Dieses Verhalten, das uns in Abschnitt 7.2.3. noch beschäftigen wird, soll hier nur am Beispiel des Siliciums in einer einfachen Abschätzung betrachtet werden. Die Elemente Phosphor oder Bor stehen im Periodensystem relativ benachbart zum Silicium; ihre Atome werden also einigermaßen in das Siliciumgitter passen. Phosphor enthält jedoch ein zusätzliches fünftes Elektron in der äußeren Schale, während Bor mit nur drei äußeren Elektronen im Vergleich zum Silicium unterbesetzt ist.

Das Elektron bzw. Defektelektron der Substitutionsstörstelle ist in das Gitter eingebettet. Damit ergibt sich aber für den Elektronenradius eines im Festkörper eingebetteten wasserstoffähnlichen Atomrumpfes ein Wert, der um reichlich eine Größenordnung über dem des Wasserstoff-Atoms liegt. Die Aufenthaltswahrscheinlichkeit des Elektrons der Störstelle bildet eine relativ ausgedehnte Wolke (Abb. 4.3). Für die Energieterme ergeben sich nach (7,22) sogar Werte, die um mehr als zwei Größenordnungen unter denen freier Atome liegen. Infolgedessen ist zu erwarten, daß die Überschußstörstelle das zusätzliche Elektron relativ leicht an das Leitungsband der Elektronen im Gitter abgeben wird. Phosphoratome wirken im Siliciumgitter daher als Elektronenspender oder *Donatoren.* Durch eine analoge Betrachtung von fehlenden Elektronen oder Löchern läßt sich zeigen, daß Boratome als Störstellen sehr leicht Elektronen aus dem Valenzband aufnehmen können, wodurch Löcher oder *Defektelektronen* geschaffen werden. Substitutionsstörstellen mit Elektronenmangel wirken demnach als „Aufnehmer“ oder *Akzeptoren.* Hier begnügen wir uns mit der wichtigen Feststellung:

Substitutionsstörstellen können sehr leicht Elektronen abgeben oder aufnehmen und dadurch bereits in geringer Konzentration die elektrischen und optischen Eigenschaften von Kristallen grundlegend verändern. Am deutlichsten wirkt sich das bei Festkörpern aus, die in reinem Zustand nur wenige Elektronen im Leitungsband oder wenige Löcher im Valenzband besitzen, also bei Halbleitern und Isolatoren. Den gezielten Einbau von Substitutionsstörstellen zum Zweck der Veränderung der elektrischen Leitfähigkeit bezeichnet man als *Dotierung,* bei der Variation z. B. der Lumineszenz und der Photoempfindlichkeit spricht man auch von *Aktivierung.*

4.1.4. Punktdefekte in Verbindungen

In Kristallen von Verbindungen gibt es mannigfache Möglichkeiten zur Bildung von Punktdefekten, da die Teilgitter jeder Komponente fehlgeordnet sein können. An Hand von Abb. 4.4 sei der Fall eines Ionengitters A^+B^- betrachtet. Normalerweise sind die Radien der Kationen wesentlich kleiner als die der Anionen (vgl. Tab. 2.3). Infolgedessen sind Defekte im Kationenteilgitter meist viel häufiger als im Verband der Anionen. An den Alkali- und Silberhalogeniden wurden Punktdefekte erstmalig genauer erforscht, und die Modelle von SCHOTTKY und FRENKEL bezogen sich zunächst vorwiegend auf diese Stoffe. Während bei Alkalihalogeniden die Schottky-Defekte überwiegen, wurden bei den für die Photographie wichtigen Silbersalzen in stärkerem Maße Frenkel-Defekte gefunden. Bei Ionenkristallen, in denen auch im Anionen-Teilgitter entsprechende Defekte in merklicher Konzentration auftreten, spricht man von „negativen" Schottky- beziehungsweise Frenkel-Defekten oder auch — wenig glücklich — von „Anti-Schottky-" bzw. „Anti-Frenkel"-Fehlordnung. Punktdefekte im Anionen-Teilgitter verleihen dem Kristall häufig eine intensive Farbe, sie werden dann *Farbzentren* genannt (vgl. 11.2.6.).

Lücken oder Zwischengitterteilchen in Ionenkristallen stören natürlich das örtliche Ladungsgleichgewicht. Um die Neutralität aufrechtzuerhalten, werden Elektronen oder Löcher in der Nähe der Störstelle lokalisiert, und man kann diese Ladungen, wie es in festkörperchemischen Reaktionsgleichungen häufig geschieht, den Defekten zuschreiben. Stark begünstigt wird die Bildung von Lücken durch den Einbau von Substitutionsstörstellen, die aus Ionen höherer Wertigkeit bestehen. Beispielsweise erfordert die Substitution von K^+-Ionen in KCl durch Ca^{++}-Ionen das Auftreten von Kaliumlücken zum Ausgleich der überschüssigen Ladung.

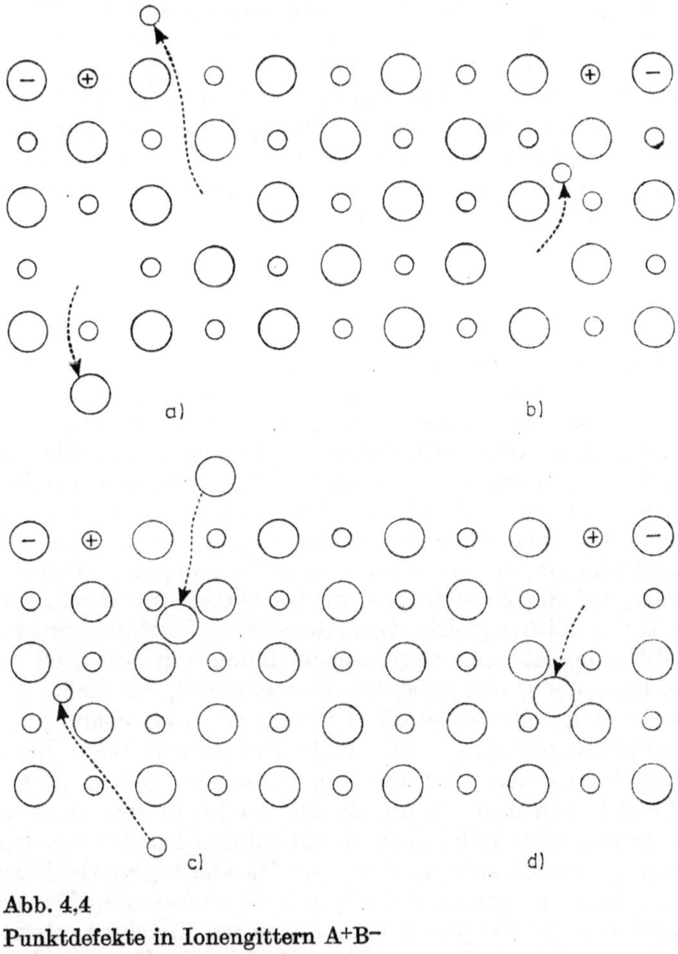

Abb. 4.4
Punktdefekte in Ionengittern A^+B^-
a) Schottky-Fehlordnung
b) Frenkel-Fehlordnung
c) Anti-Schottky-Fehlordnung
d) Anti-Frenkel-Fehlordnung.

Wenn für eine der Komponenten A oder B in Verbindungsgittern verschiedene Wertigkeitsstufen energetisch günstig sind, kann der gleiche Effekt auch dadurch bewirkt werden, daß Ionen in der Nachbarschaft von Punktdefekten eine höhere oder geringere Ladung annehmen. Beispielsweise findet man in Nickeloxid NiO fast stets einen geringeren Nickelgehalt, als bei idealer Stöchiometrie zu erwarten wäre. Dieses Defizit an Kationen, das mehrere Prozent erreichen kann, erklärt sich durch zahlreiche Lücken im Nickelteilgitter, die durch dreiwertige Ionen in der Umgebung der Defekte kompensiert werden. Der umgekehrte Fall von *Überschußoxiden* liegt bei ZnO oder CuO vor, in denen überschüssige Metallatome auf Zwischengitterplätzen untergebracht sind.

Das technisch besonders wichtige Eisen bildet mehrere Oxide verschiedener Wertigkeit, die in verschiedenen Kristallstrukturen auf tretenkönnen. Im zweiwertigen Oxid FeO sind meist nur 90···95% des Eisenanteils enthalten, was man durch die Bruttoformeln $Fe_{0,9}O$ bis $Fe_{0,95}O$ ausdrücken kann. Andererseits wird bei Eisen(III)-oxid Fe_2O_3, das als Poliermittel bekannt ist, häufig ein Metallüberschuß beobachtet. Zwischen diesen Verbindungen steht das gemischte Eisen(II, III)-oxid, welches von glühendem Eisen als „Hammerschlag" abblättert und in der Natur als Magnetit vorkommt. Entsprechend der Summenformel Fe_3O_4 kann man sich diesen Stoff aus dem zweiwertigen Oxid hervorgegangen denken, indem ein Viertel der Eisenplätze unbesetzt bleibt und dafür jedes zweite der noch vorhandenen Eisenionen in den dreiwertigen Zustand übergegangen ist.

4.1.5. Diffusion von Punktdefekten

Punktdefekte sind wesentlich dafür verantwortlich, daß in Festkörpern bei genügend hohen Temperaturen eine Bewegung atomarer Bausteine auftritt. Daß auch in Festkörpern eine *Diffusion* von Atomen mit merklicher Geschwindigkeit erfolgen kann, wurde von Roberts-Austen (1897) zuerst am System Gold—Blei festgestellt. Durch die Grenzfläche aneinandergesetzter Blöcke dieser Metalle wandern bereits im Temperaturbereich von 100···250 °C zahlreiche Goldatome in das Blei ein, so daß sich nach einiger Zeit oberflächlich eine Legierung bildet, deren Goldgehalt mit wachsender Eindringtiefe entsprechend dem Diffusionsprofil abnimmt. Neben dieser *Hererodiffusion*, bei der Fremdatome in das Gitter eindringen, findet auch eine *Selbstdiffusion* statt, bei der gleichartige Atome ihre Positionen im Gitter verändern. Die Selbstdiffusion läßt sich untersuchen, indem ein Bruchteil der Atome in der Oberflächenschicht der Probe *radioaktiv markiert* wird, das heißt, man ersetzt die Atome des Elements A teilweise durch die chemisch weitgehend gleichartigen Atome A* eines radioaktiven Isotops. Mit Hilfe von radioaktivem Blei, das aus der natürlichen Zerfallsreihe des Thoriums isoliert wurde, gelang es v. Hevesy (1920) erstmalig, die Selbstdiffusion in festem Blei nachzuweisen. Nachdem durch den Fortschritt der Atomkerntechnik künstlich radioaktive Isotope von den meisten Elementen zugänglich geworden sind, hat sich die Markierungsmethode zum wichtigsten Verfahren beim Studium von Diffusionsprozessen in festen Stoffen entwickelt. Auch bei der Heterodiffusion, die prinzipiell auch durch übliche analytische Verfahren erfaßt werden kann, bietet die radioaktive Markierung Vorteile, denn mittels Strahlendektoren können die diffundierenden Teilchen auch bei sehr kleiner Konzentration rasch und genau nachgewiesen werden. Dabei nutzt man vielfach die Selbstabsorption von α- oder β-Teilchen in dem darüberliegenden Material aus, um direkt

Aussagen über die Eindringtiefe beim Diffusionsvorgang zu gewinnen. Ferner lassen sich an Querschliffen mit geeigneten Photoschichten *Autoradiographien* aufnehmen, aus denen man Informationen über die räumliche Verteilung der eindiffundierten Atome erhält. Im Prinzip geht man bei diesen Untersuchungen so vor, daß markiertes Material auf die Oberfläche der festen Probe in einer dünnen Schicht aufgebracht wird, beispielsweise durch Aufdampfen im Vakuum oder durch elektrochemische Abscheidung. Danach wird die Probe einige Zeit bei konstanter Temperatur sich selbst überlassen. Schließlich bestimmt man die Konzentration der eindiffundierten Atome als Funktion der Eindringtiefe im einfachsten Falle durch schichtweises Abätzen und Aktivitätsmessung.

Quantitativ wird die Diffusion in Festkörpern meist in guter Näherung durch das *1. Ficksche Gesetz* wiedergegeben:

$$\mathbf{s} = -D \frac{\partial}{\partial \mathbf{r}} n . \tag{4,12}$$

Hier bedeuten n die Anzahl der diffundierenden Teilchen pro Volumeneinheit, D die *Diffusionskonstante* und $\mathbf{s}$ ist die Teilchenstromdichte, betragsmäßig die Zahl der Teilchen, die in der Zeiteinheit durch eine Fläche von 1 cm^2 hindurchtreten. In Tabelle 4.2 sind einige Werte von D für die Selbst- und Fremddiffusion in Festkörpern zusammengestellt. Wie man sieht, verläuft die Diffusion von Silber in Blei 10^8mal schneller als die Selbstdiffusion der Bleiatome. Diese hohe Beweglichkeit von Goldatomen, die auch in anderen Materialien beobachtet wird, hängt mit

Tabelle 4.2
Diffusionskonstanten für Fremd- und Selbstdiffusion

Diffundierendes Material	in	Temperatur in °C	Diffusionskonstante in $cm^2 \cdot s^{-1}$
Au	Au	800	$3{,}1 \cdot 10^{-12}$
Cu	Cu	650	$3{,}2 \cdot 10^{-12}$
Pb	Pb	106	$1{,}7 \cdot 10^{-16}$
Ag	Pb	220	$1{,}5 \cdot 10^{-8}$
Au	Cu	20	$5 \cdot 10^{-2}$
Ag	Ag	456	$4{,}9 \cdot 10^{-13}$
Cu	Au	616	$2{,}2 \cdot 10^{-10}$
N	α-Fe	800	$7{,}3 \cdot 10^{-7}$
B	Si	1050	$3{,}3 \cdot 10^{-14}$
P	Si	1200	$1{,}2 \cdot 10^{-12}$

der abgeschlossenen Natur der Elektronenhülle des Edelmetalls Gold zusammen. In der Praxis macht sie sich an vergoldeten Kontakten störend bemerkbar, da sehr dünne Goldüberzüge durch Diffusion in die Unterlage allmählich abgebaut werden. Auch bei vielen anderen technisch wichtigen Vorgängen spielen Diffusionsprozesse eine wichtige Rolle, so bei der plastischen Verformung von Werkstoffen und bei Phasenumwandlungen im festen Zustand (vgl. Abschnitt 8.2.). Als Verfahren für die gezielte Veränderung von oberflächennahen Bereichen in Festkörpern wird die Diffusion ebenfalls genutzt, insbesondere beim Dotieren von Halbleitern, das im Falle von Silicium durch Einwirkung bor- oder phosphorhaltiger Dämpfe bei Temperaturen um 1000 °C durchgeführt wird, sowie beim oberflächlichen Härten von Stahl durch Eindiffusion von Kohlenstoff (Karbieren) oder Stickstoff (Nitrieren).

Die *atomistische Theorie der Diffusion* in Festkörpern geht von den möglichen Prozessen des Platzwechsels der Bausteine aus. Die wichtigsten Mechanismen sind in Abb. 4.5 schematisch dargestellt. Am leichtesten ist die Diffusion atomarer Bausteine offensichtlich über Leerstellen möglich. Benachbarte Atome oder Ionen springen in die Lücken, und man kann diesen Prozeß durch eine Bewegung der Lücken durch den Kristall auffassen. Für die Teilchendichte n in (4,12) ist dann die Konzentration der Leerstellen $N_{\square}/N$ einzusetzen. Alternativ bewegen sich die Teilchen bei der *interstitiellen Diffusion*, indem sie von einem Zwischengitterplatz zu einem unbesetzten Nachbarplatz springen, und in (4,12) geht der Gradient der Teilchendichte auf Zwischengitterplätzen $N_0/\hat{N}$ ein.

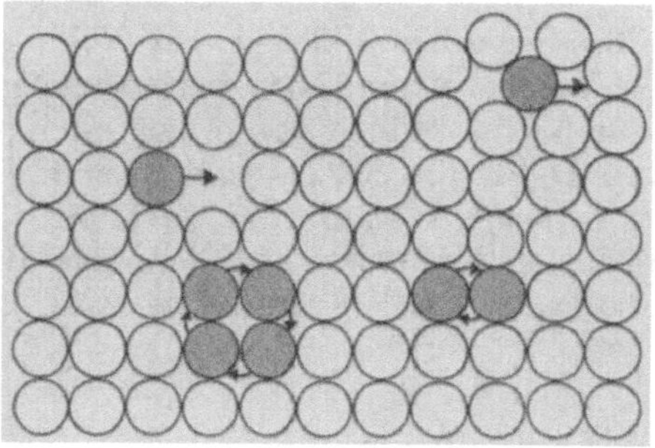

Abb. 4.5
Platzwechselmechanismen in Festkörpern

Prinzipiell ist eine Diffusion in Festkörpern auch ohne Beteiligung von Punktdefekten in weitgehend idealen Kristallen möglich, indem benachbarte Teilchen direkt ihre Plätze austauschen. Damit sich die Teilchen aneinander „vorbeizwängen" können, ist allerdings eine so starke Deformation des Gitters nötig, daß dieser dritte Mechanismus im allgemeinen nur eine untergeordnete Rolle spielen dürfte. Wahrscheinlich findet besonders bei höheren Temperaturen ein Platzwechsel von drei oder mehr Teilchen gleichzeitig statt, indem eine Art Ring von Atomen als Ganzes rotiert, wobei Punktdefekte gleichfalls mit einbezogen sein können.

Der Elementarprozeß bei der Diffusion von atomaren Bausteinen über Punktdefekte besteht in einem *Sattelsprung.* Wenn ein Teilchen in eine benachbarte Lücke oder von einem Zwischengitterplatz zu einem anderen springt, so muß zwischen den beiden Potentialmulden der Ausgangs- und Endlage eine metastabile Sattelposition (m) durchlaufen werden, denn der Platzwechsel atomarer Bausteine im Gitter ist stets von einer gewissen Deformation der Umgebung begleitet. Die Höhe des zu überwindenden Sattels wird durch die Differenz der Freien Enthalpie — oder, auf ein Teilchen bezogen, des chemischen Potentials — zwischen der Mulde und der Sattellage gekennzeichnet. Näherungsweise kann man das Entropieglied häufig weglassen und die Sprungwahrscheinlichkeit p_{ik} von (i) nach (k) analog zu Abschnitt 2.5.2. einer Aktivierungsenergie W_a (Abb. 4.6) zuordnen:

$$p_{ik} = \nu \exp\left[-\frac{W_a}{k_B \cdot T}\right]. \tag{4,13}$$

Hier bedeutet ν die Frequenz der Wärmeschwingungen des betrachteten Teilchens in der Ausgangslage, und der Exponentialfaktor drückt die Wahrscheinlichkeit aus, mit der das gegen die Potentialschwelle schwingende Teilchen den Sattel überwindet. Die physikalische Bedeutung von p_{ik} ergibt sich dann als die Anzahl der erfolgreichen Sattelsprünge pro Zeiteinheit, weshalb man auch von der *Sprungfrequenz* spricht.

Im Einklang mit (4,13) findet man experimentell eine exponentielle Temperaturabhängigkeit der Diffusionskonstante des Fickschen Gesetzes:

$$D = D_0 \exp\left[-\frac{W_a}{k_B T}\right]. \tag{4,14}$$

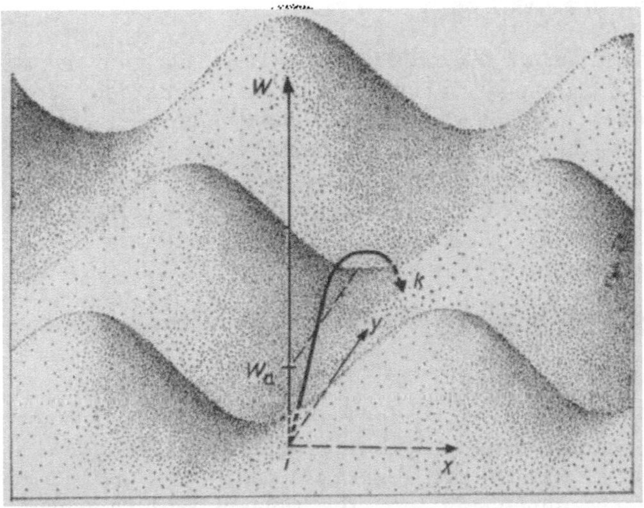

Abb. 4.6
Schematische zweidimensionale Darstellung des Potentials in einem Festkörper. Um vom Ort i zum Ort k zu gelangen, muß das Teilchen einen Energiesattel der Höhe W_a überwinden.

Dabei wurde der Boltzmann-Faktor, der die thermische Aktivierung beschreibt, mit dem des mikroskopischen Sattelsprungs (4,13) gleichgesetzt. Nach (4,12) besitzt D bzw. D_0 die Dimension [Länge]^2 · [Zeit]$^{-1}$. Damit ergibt sich für die atomistische Interpretation von D_0, deren Einzelheiten wir hier übergehen, der Ansatz:

$$D_0 = \alpha \cdot a^2 \cdot \hat{\nu}, \tag{4,15}$$

wo $\hat{\nu}$ die bereits eingeführte Frequenz der Wärmeschwingungen, a den Abstand benachbarter Muldenpositionen und α einen die Zahl der erreichbaren Nachbarmulden beschreibenden Geometriefaktor bedeuten.

Neben dieser anschaulichen, reaktionskinetischen Deutung der Diffusion wurde eine allgemeinere statistische Theorie entwickelt, nach der D als statistischer Mittelwert des Produktes der Geschwindigkeit $\hat{v}$ der diffundierenden Teilchen und ihrer mittleren freien Weglänge $\hat{\lambda}$ zwischen den Muldenpositionen dargestellt wird:

$$D = \langle \hat{v} \cdot \hat{\lambda} \rangle. \tag{4,16}$$

Mit den spitzen Klammern wird dabei, wie in der statistischen Mechanik üblich, der Mittelwert über ein großes Teilchenkollektiv bezeichnet. Die statistische Theorie liefert meist ähnliche Ergebnisse wie die kinetische Behandlung, jedoch werden die Anregung, der Sattelsprung beziehungsweise der Wiedereinfang der Teilchen und ihre Wechselwirkung mit den Gitterschwingungen genauer erfaßt.

Wir weisen noch darauf hin, daß die Diffusionskonstante nur bei kubischen Kristallen eine skalare Größe darstellt. Bei Kristallen geringerer Symmetrie verläuft die Diffusion richtungsabhängig oder *anisotrop*, und die Diffusionskonstanten lassen sich als symmetrischer Tensor 2. Stufe mit maximal 6 unabhängigen Komponenten darstellen.

4.1.6. Ionenleitung in Festkörpern

In typischen Ionenkristallen wie KCl, die normalerweise sehr gute elektrische Isolatoren sind, wird bei Zunahme der Konzentration von Punktdefekten, etwa nach Aufheizung oder Einbau von höherwertigen Fremdatomen, eine ansteigende elektrische Leitfähigkeit beobachtet. Durch radioaktive Markierung läßt sich nachweisen, daß es sich dabei um Ionenströme handelt, die durch Wanderung von beweglichen Gitterbausteinen zustande kommen. Infolge der relativ geringen Aktivierungsenergie, die etwa 2 eV beträgt, überwiegt in Alkalichloriden die *Ionenleitfähigkeit* über Leerstellen des Kationen-Teilgitters. Dieser Prozeß läßt sich als Drift der Lücken, die relativ zu den besetzten Gitterplätzen negativ geladen sind, auffassen, und man setzt für die Stromdichte an:

$$\boldsymbol{j}_\square = -e_0 n_\square \mu_\square \boldsymbol{E}. \tag{4,17}$$

$\boldsymbol{E}$ ist die elektrische Feldstärke, $n_\square$ ist die Leerstellendichte im betrachteten Teilgitter und μ ist eine charakteristische Materialgröße, die als *Beweglichkeit* der Störstellen bezeichnet wird. Zwischen der Teilchenstromdichte $\boldsymbol{s}$ und der elektrischen Stromdichte wird der Zusammenhang durch die Elementarladung gemäß

$$\boldsymbol{j} = e_0 \boldsymbol{s} \tag{4,18}$$

vermittelt, wobei einfach geladene Ionen angenommen wurden, was für Alkalihalogenide berechtigt ist.

Da die Beweglichkeit auch bei der Elektronenleitung, wie in Kapitel 6. noch dargelegt wird, eine wichtige Größe darstellt, wollen wir ihre Bedeutung sowie den Zusammenhang mit dem Diffusionskoeffizienten näher betrachten. Anstelle von (4,17) können wir entsprechend der Definition der Stromdichte als Ladung, die pro Zeit- und Flächeneinheit transportiert wird, auch schreiben:

$$\boldsymbol{j} = -e_0 n_\square \boldsymbol{v}_\square \tag{4,19}$$

mit

$$\mu_\square \equiv \frac{|\boldsymbol{v}_\square|}{|\boldsymbol{E}|}. \tag{4,20}$$

Hier wurde mit $\boldsymbol{v}_\square$ die mittlere Driftgeschwindigkeit eingeführt, die die Störstellen bei Drift in einem konstanten elektrischen Feld erlangen. Natürlich setzt sich die Bewegung in Wirklichkeit aus ruckweisen Migrationen von Nachbarionen in Lückenpositionen zusammen, aber formal läßt sie sich einer gleichmäßigen Drift der Punktdefekte zuordnen.

Die Beweglichkeit ist dann die mittlere Driftgeschwindigkeit in einem elektrischen Feld der Stärke einer Einheit, beispielsweise 1 V/cm. Die Betragszeichen in (4,17) sichern, daß die Beweglichkeit unabhängig von der Driftrichtung stets eine positive Größe ist. Die Elementarprozesse bei der Diffusion und bei der Stromleitung sind natürlich im Prinzip gleichartig, da in beiden Fällen Teilchen durch das Gitter transportiert werden. Einmal wirkt als treibende Kraft das Konzentrationsgefälle, im anderen Falle die elektrische Feldstärke, jedoch wirkt in beiden Fällen die Wechselwirkung mit dem Gitter der Migration entgegen. Infolgedessen muß zwischen den Materialgrößen Diffusionskoeffizient und Beweglichkeit, mit denen diese Wechselwirkung berücksichtigt wird, ein Zusammenhang bestehen. Er wird durch eine Beziehung vermittelt, die von EINSTEIN aufgestellt wurde:

$$\mu = e_0 \cdot \frac{D}{k_B T}. \tag{4,21}$$

Da diese *Einstein-Beziehung* recht allgemein für die Diffusion und den Driftstrom von Ionen oder Elektronen gilt, wurden die Indizes, die sich speziell auf Leerstellen beziehen, weggelassen (vgl. 7.4.3.).

4.1.7. Festkörperreaktivität und Korrosion

Naturgemäß bildet die Migration beziehungsweise Diffusion von atomaren Bausteinen auch einen wichtigen und meist geschwindigkeitsbestimmenden Prozeß bei chemischen Reaktionen in festen Phasen sowie bei vielen heterogenen chemische Reaktionen zwischen Festkörpern und umgebenden gasförmigen oder flüssigen Medien. Wir betrachten hier nur einige Aspekte der *Korrosion der Metalle.* Vom thermodynamischen Gesichtspunkt aus müßten die Gebrauchsmetalle unbeständig sein, denn die Vereinigung mit Luftsauerstoff verläuft endotherm, und die Änderungen der Freien Enthalpie bei der Oxydation weisen hohe negative Werte auf. In Tabelle 4.3 sind einige Beispiele für die Änderungen der Enthalpie (Reaktionswärme) sowie der Freien Enthalpie unter Standardbedingungen ($T = 298{,}16$ K und

Tabelle 4.3
Bildungsenthalpie ΔH^0 und Freie Enthalpie $-\Delta G^0$ für die Bildung einiger Metallverbindungen unter Standardbedingungen [in 10^5 J · mol^{-1} und in kcal · mol^{-1} (in Klammern)]
(nach SCHWABE, K.: Physikalische Chemie, Band 1. — Berlin: Akademie-Verlag 1973)

Substanz	ΔH^0	$-\Delta G^0$
CdS	−1,444 (−34,5)	1,407 (33,4)
CuO	−1,553 (−37,1)	1,273 (30,4)
FeO	−2,667 (−63,7)	2,445 (58,4)
Fe_2O_3	−8,227 (−196,5)	7,415 (177,1)
Fe_3O_4	−11,179 (−267,0)	10,149 (242,4)
NaCl	−4,113 (−98,2)	3,843 (91,79)
ZnO	−3,482 (−83,2)	3,184 (76,05)
SiO_2 (Tridymit)	−8,599 (−205,4)	8,055 (192,4)
SiO_2 (Cristobalit)	−8,583 (−205,0)	8,043 (192,1)

$p = 0{,}101324$ MPa aufgeführt. Die unten dargestellte *elektrochemische Spannungsreihe* (Tabelle 4.4) weist aus, daß darüber hinaus alle Gebrauchsmetalle außer Kupfer unedler als der Wasserstoff sind und daher mit Wasser unter Bildung von Oxiden oder Hydroxiden reagieren sollten. Die relativ gute Beständigkeit der metallischen Werkstoffe gegenüber Luft und Feuchtigkeit ist somit auf kinetische Einflußfaktoren zurückzuführen, durch die eine starke Hemmung der Bildung von Oxiden oder anderen Korrosionsprodukten bewirkt wird. Maßgeblich für die Korrosionsfestigkeit sind Schutzschichten, die sich an der Oberfläche im Verlaufe einer anfänglichen Reaktion von selbst ausbilden. In der Elektrochemie wird dieser „Selbstschutz" der Metalle als *Passivität* bezeichnet. Ihr Einfluß geht so weit, daß die sehr unedlen Metalle Aluminium, Titanium, Chromium und Zink beständiger sind als das leider ziemlich anfällige Eisen, so daß sie sogar vorteilhaft für korrosionsschützende Überzüge eingesetzt werden.

Tabelle 4.4

Elektrochemische Spannungsreihe.
Potential von Elektroden in wässriger Lösung gegen Wasserstoffelektrode bei 25 °C

Element		Reaktion	E_0/V	Element		Reaktion	E_0/V
K	$\rightleftharpoons$	$K^+ + e$	−2,92	Sn	$\rightleftharpoons$	$Sn^{++} + 2e$	−0,14
Ca	$\rightleftharpoons$	$Ca^{++} + 2e$	−2,87	Pb	$\rightleftharpoons$	$Pb^{++} + 2e$	−0,13
Na	$\rightleftharpoons$	$Na^+ + e$	−2,71	H_2	$\rightleftharpoons$	$2H^+ + 2e$	±0,00
Mg	$\rightleftharpoons$	$Mg^{++} + 2e$	−2,34	Cu	$\rightleftharpoons$	$Cu^{++} + 2e$	+0,35
Al	$\rightleftharpoons$	$Al^{+++} + 3e$	−1,67	$2I^-$	$\rightleftharpoons$	$J_2 + 2e$	+0,53
Mn	$\rightleftharpoons$	$Mn^{++} + 2e$	−1,05	Ag	$\rightleftharpoons$	$Ag^+ + e$	+0,81
Zn	$\rightleftharpoons$	$Zn^{++} + 2e$	−0,76	Hg	$\rightleftharpoons$	$Hg^{++} + 2e$	+0,85
Cr	$\rightleftharpoons$	$Cr^{+++} + 3e$	−0,71	$2Br^-$	$\rightleftharpoons$	$Br_2 + 2e$	+1,07
Fe	$\rightleftharpoons$	$Fe^{++} + 2e$	−0,44	Au	$\rightleftharpoons$	$Au^{+++} + 3e$	+1,42
Cd	$\rightleftharpoons$	$Cd^{++} + 2e$	−0,40	Pt	$\rightleftharpoons$	$Pt^{++} + 2e$	+1,60
Co	$\rightleftharpoons$	$Co^{++} + 2e$	−0,28	$2F^-$	$\rightleftharpoons$	$F_2 + 2e$	+2,85
Ni	$\rightleftharpoons$	$Ni^{++} + 2e$	−0,25				

Insgesamt sind die Korrosionsprozesse an feuchter Atmosphäre oder in wäßrigen Medien recht komplexer Natur. Beginnend von der *Chemisorption*, das heißt der Adsorption von Molekülen und Atomen an der Metalloberfläche unter Betätigung chemischer Bindungskräfte, über die *Keimbildung* und das Wachstum echter Verbindungsschichten bis zum eventuellen Aufreißen und Abblättern der Korrosionsprodukte sind sehr verschiedenartige Stadien der Deckschichtbildung zu betrachten. Bei Gegenwart von Wasser spielen die elektrochemischen Prozesse des Ladungsaustausches zwischen dem Metall und der angrenzenden Lösung eine wichtige Rolle. Ferner wird die Korrosion vielfach schon durch kleine Mengen von Fremdstoffen im positiven oder negativen Sinne beeinflußt. Beispiele bilden die zerstörenden Einflüsse von Halogen-Ionen auf die Passivschichten von Chrom oder Aluminium, die zu dem bekannten Lochfraß Anlaß geben, sowie die korrosionshemmende Wirkung von Nitriten und bestimmten organischen Verbindungen, die in der Praxis als sogenannte Korrosionsinhibitoren eingesetzt werden.

Am besten aufgeklärt ist bisher das Wachstum von Oxidschichten bei höheren Temperaturen in reinem Sauerstoff beziehungsweise trockener Luft, das in der Technik als *Verzunderung* bezeichnet wird. Nach der von TAMMANN, WAGNER,

Schottky und Hauffe begründeten Theorie verläuft das weitere Wachstum einer bereits ausgebildeten, dichten Oxidschicht in der Weise, daß die Reaktionspartner durch das Oxid diffundieren und somit den Fortgang der Reaktion durch die trennende Schicht ermöglichen (Abb. 4.7). In den meisten Fällen überwiegt dabei der Transport von Metallionen von innen nach außen über Leerstelllen oder Zwischengitterplätze. Dies konnte beispielsweise durch radioaktive Markierung oder kleine Edelmetallmarken nachgewiesen werden. Andererseits gibt es einige Metalle wie Zirconium, bei denen umgekehrt die Diffusion von Sauerstoff durch das Oxid wesentlich ist.

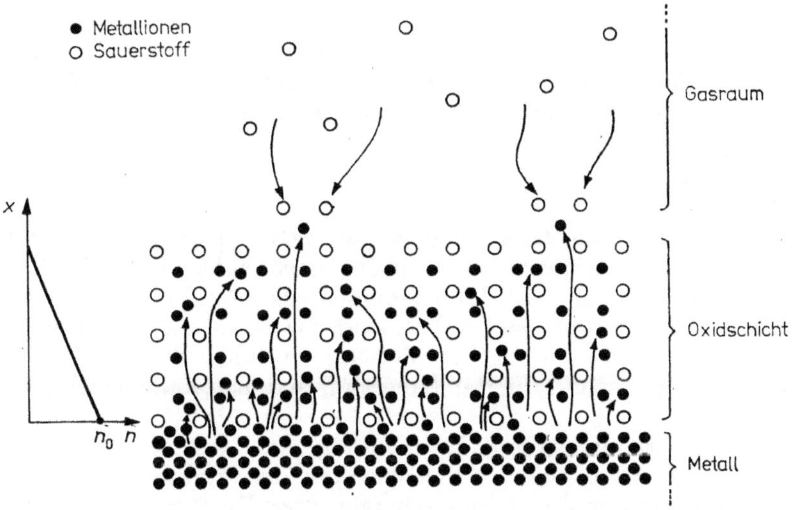

Abb. 4.7

Metall mit wachsender Oxidschicht.
$\hat{n}$ bedeutet die Konzentration von Metallionen auf Zwischengitterplätzen des Oxidgitters.

Wir betrachten nun gemäß Abb. 4.7 eine Oxidschicht, die ausschließlich durch Diffusion von Metallionen über Punktdefekte an die äußere Grenzfläche wächst. Wir nehmen weiter an, daß es sich um ein Überschußoxid handelt, in dem die Diffusion über Zwischengitterplätze erfolgt. Die Ergebnisse der folgenden Rechnung lassen sich jedoch in gleicher Weise auf Unterschußoxide mit Leerstellendiffusion übertragen. An der inneren Grenzfläche Metall/Oxid soll die Konzentration der Metallatome auf Zwischengitterplätzen infolge der beständigen Nachlieferung aus dem Metall den konstanten Wert n_0 besitzen; an der äußeren Grenzfläche Oxid/Gas soll sie dagegen 0 sein, da die außen ankommenden Metallatome mit dem Sauerstoff reagieren und auf normalen Gitterplätzen des Oxids eingebaut werden, wodurch die jeweilige Dicke ξ der Schicht zunimmt. Legen wir im stationären Zustand ein lineares Gefälle der Konzentration von Punktdefekten über der Schicht zugrunde, so folgt aus dem Diffusionsgesetz (4,11):

$$s = \frac{\mathrm{d}n}{\mathrm{d}t} \quad \text{und} \quad -D_0 \frac{\mathrm{d}n}{\mathrm{d}x} = -D_0 \frac{n}{\xi}\,. \tag{4,22}$$

Nun muß das Dickenwachstum $d\xi$ proportional zur Anzahl der nach außen gelangenden Metallatome sein:

$$C d\xi = -dn, \tag{4,23}$$

wobei die Konstante C von der Stöchiometrie und dem Molvolumen des gebildeten Oxids bestimmt wird, während das Minuszeichen auftritt, weil die im Oxid eingebauten Atome aus dem Vorrat der Zwischengitterteilchen entnommen werden. Einsetzen von (4,23) in (4,22) liefert:

$$\xi\, d\xi = \frac{D_0 n}{C}\, dt = \text{const} \cdot dt. \tag{4,24}$$

Durch Integration, ausgehend von einer anfänglichen Oxidschichtdicke ξ_0 und der zugehörigen Zeit $t = 0$, erhalten wir das bekannte quadratische Gesetz, mit dem der zeitliche Verlauf der Verzunderung von Metallen bei hohen Temperaturen in vielen Fällen gut wiedergegeben werden kann:

$$(\xi - \xi_0)^2 \sim t. \tag{4,25}$$

Abweichungen von diesem Gesetz treten auf, wenn die Schichten nicht homogen sind, wenn Rekristallisationsvorgänge in der wachsenden Schicht stattfinden und besonders bei der Bildung sehr dünner anfänglicher Oxidschichten von 1···50 nm Dicke (Anlaufschichten). Im letzten Fall sind vor allem auch die Keimbildung der Oxidphase sowie die Wanderung der Metallatome unter dem Einfluß elektrischer Felder zwischen dem chemisorbierten Sauerstoff und der Metalloberfläche zu berücksichtigen.

Als wesentliches Ergebnis dieser Betrachtung bleibt festzustellen, daß die Korrosion der Metalle wesentlich von der Konzentration der Punktdefekte in den primären Deckschichten sowie der Aktivierungsenergie ihrer Migration bestimmt wird. Das hier dargestellte, übersichtliche Verhalten trifft im wesentlichen nur für einfache Fälle der Oxydation von Metallen an trockener Luft bei mittleren oder höheren Temperaturen zu. Praktisch bedeutender, weil allgegenwärtig, ist die Korrosion an feuchter Luft beziehungsweise in Lösungen, beispielsweise Meerwasser. Zwar spielen Punktdefekte sicher auch beim Wachsen von Korrosionsschichten in feuchten Medien eine Rolle, doch wird ihr Einfluß von anderen Faktoren zurückgedrängt oder überdeckt. Wir verweisen in diesem Zusammenhang auf Lehrbücher der Physikalischen Chemie beziehungsweise der Elektrochemie und nennen nur stichwortartig folgende Prozesse:

Die *Durchtrittsreaktion* $Me \rightarrow Me^+ + e$, die zur Auflösung des Metallverbundes führt, ist glücklicherweise in vielen Fällen kinetisch gehemmt. Dies äußert sich drastisch in der Passivität von Gebrauchsmetallen (Fe, Cr, Ni u. a.) bei der anodischen Reaktion. Die Stromstärke sinkt als Funktion des Elektrodenpotentials in einem bestimmten Bereich auf sehr kleine Werte ab – das Metall ist dann „passiv" –, bevor sie mit beginnender Sauerstoffabscheidung wieder ansteigt. Ursache der Passivität sind zweifellos Deckschichten der Reaktionsprodukte. Experimente mit Stromimpulsen sowie mit rasch geschmirgelten Oberflächen sprechen allerdings dafür, daß die entscheidende Hemmung vielfach schon durch eine sehr dünne Schicht von wenigen Elementarzellen Stärke erfolgt.

Naturgemäß bilden sich bei Gegenwart von Wasser Oxid-Hydroxid-Gemische komplizierter Zusammensetzung und Struktur. Selbst die Einzelheiten der Struktur des bekannten braunen Eisenrostes konnten noch nicht völlig aufgeklärt werden. Wenn zusätzlich durch Industriegase oder Lösungskomponenten weitere Stoffe anwesend sind, etwa CO_2 oder SO_2, nimmt die Vielfalt der Korrosionsprodukte entsprechend zu.

In den Korrosionsprodukten können Phasenumwandlungen vor sich gehen, durch die der Zusammenhalt Metall—Deckschicht wesentlich verändert wird. Häufig beobachtet man im Ergebnis ein Abblättern oder Rissigwerden, wodurch der Korrosionsvorgang begünstigt wird.

Umgekehrt wirken bestimmte anorganische Stoffe, beispielsweise Nitrite (NO_2^-) sowie zahlreiche organische Verbindungen, vor allem Ringmoleküle, als *Korrosionsinhibitoren,* d. h., sie verzögern die Korrosion. Ihre Wirkung läßt sich teilweise als ein Ausheilen oder Bedecken von Schwachstellen in der schützenden Schicht verstehen.

Eine auffallende Erscheinung bildet der lokalisierte Angriff, der als Lochfraß von Metallen bekannt und gefürchtet ist. Man beobachtet ihn vielfach bei verchromten Fahrzeugteilen, wobei bestimmte Ionen, insbesondere die Halogenionen, begünstigend wirken. Auch Sulfat-, Perchlorat- oder Karbonationen können den Lochfraß auslösen, während Phosphat-, Chromat-, Nitrat- oder Borationen im Gegenteil einen gewissen Schutz vor den aggressiven Ionen bewirken. Nach einem sicher vereinfachten Bild sind die Ionen dann lokal gefährlich, wenn sie relativ leicht aus ihrer Hydrathülle entschlüpfen und das Metall direkt attackieren können, während solche Ionen, die schwerlöslich Reaktionsprodukte bilden, vorwiegend schützend wirken.

Komplizierte, aber praktisch wichtige Erscheinungen liegen auch bei der Spannungs-Riß-Korrosion vor. Hier führt die mechanische Dauerbeanspruchung zum Aufreißen der Schutzschichten, und an diesen groben Defekten findet dann eine verstärkte Korrosion statt. Solche Angriffe können lokal weit in das Innere der Werkstoffe hineinreichen, wodurch schließlich gefährliche Brucherscheinungen ausgelöst werden können.

Viele Korrosionsschutzmaßnahmen laufen letztlich darauf hinaus, die Defektdichte in den Passivschichten zu verringern oder die Diffusionsbarrieren zu erhöhen. Das wird besonders durch nickel- oder chromiumhaltige Legierungskomponenten oder Überzüge erreicht. In den meisten Fällen ist man jedoch auf schützende Anstriche anorganischer oder organischer Natur angewiesen.

4.1.8. Strahlenschäden in Festkörpern

Im Zusammenhang mit der Entwicklung intensiver Quellen für Korpuskular- und Quantenstrahlen und dem zunehmenden Einsatz von speziellen Werkstoffen in der Kern-, Plasma- und Weltraumtechnik hat das Studium von Strahlenschäden in Festkörpern wachsendes Interesse erlangt. Das Bombardement mit energiereichen Strahlenteilchen oder -quanten stellt einen recht gewaltsamen Eingriff in das Gefüge des Festkörpers dar, in dessen Verlauf Elektronen angeregt und Gitterschwingungen angefacht werden, vor allem aber auch Energie und Impuls auf einzelne Gitterbausteine übertragen wird. Wir beschränken uns hier auf die letztgenannten Prozesse, die zu einer Erhöhung der Konzentration von Punktdefekten über die oben errechneten Werte des thermischen Gleichgewichts führen und sekundär vielfältige Auswirkungen auf das mechanische, elektrische, optische und chemische Verhalten der Werkstoffe verursachen.

Der Elementarprozeß beim Beschuß mit Korpuskularstrahlen besteht in der paarweisen Erzeugung von Frenkel-Defekten. Empirisch wurde gefunden, daß durchschnittlich eine Verschiebungsenergie W_d von 10···30 eV notwendig ist, um in direkten Stößen Atome von ihren normalen Gitterpositionen zu entfernen. Die angestoßenen Atome lassen Lücken zurück und siedeln sich im allgemeinen in Zwischengitterpositionen an. Der Wert von W_d ist wesentlich höher als die oben betrachtete Aktivierungsenergie für die thermische Erzeugung eines Frenkel-Paares. Man muß daher annehmen, daß die Bildung von Punktdefekten durch Teilchenstöße eine beträchtliche Deformation des umgebenden Gitters erfordert, wodurch ein zusätzlicher Energieaufwand entsteht, der letztlich in Wärme übergeht.

Nach den Stoßgesetzen der klassischen Mechanik beträgt die maximale Energie, die von einem Teilchen der Masse M_1 und der kinetischen Energie W_1^{kin} auf ein zweites Teilchen der Masse M_2 im binären Stoß übertragen wird:

$$W_{\max} = \frac{4M_1M_2}{(M_1 + M_2)^2} \cdot W_1^{\text{kin}}. \tag{4,26}$$

Wegen der sehr großen Geschwindigkeit energiereicher Strahlenteilchen ist die Stoßzeit extrem klein, und die Wechselwirkung im Gitter läßt sich als Folge binärer Stöße zwischen den getroffenen Atomen und den Geschoßteilchen auffassen. (Die Nachbaratome haben wegen der endlichen Relaxationszeit der Bindungskräfte keine Möglichkeit zur Beteiligung am Stoßvorgang.) Infolgedessen läßt sich aus (4,26) leicht eine Aussage über das Verhalten der verschiedenen Strahlenarten ableiten:

Elektronen können wegen ihrer kleinen Masse die Verschiebungsenergie nur dann übertragen, wenn sie sehr energiereich sind, und auch dann bleibt die direkte Bildung von Punktdefekten, die mit Elektronen von mehreren MeV beobachtet wurde, ein relativ seltenes Ereignis, da die Teilchen vorwiegend durch unelastische Wechselwirkung mit den Atomhüllen gebremst werden. Bei genügender Bestrahlungsintensität ist allerdings durch lokales Aufheizen eine thermische Erzeugung von Punktdefekten möglich.

Gammaquanten sind noch weniger wirksam, da sie im Festkörper viel schwächer absorbiert werden. Die Energie wird dabei durch Photo- oder Compton-Effekt an Elektronen übertragen, von denen bei ausreichender Energie einzelne Defektpaare erzeugt werden können.

Neutronen, Protonen oder Alphateilchen können dagegen beträchtliche Defektdichten erzeugen, wenn sie genügend energiereich sind. Darauf beruhen allmähliche Veränderungen der mechanischen Eigenschaften von Werkstoffen, die in Kernreaktoren einer intensiven Bestrahlung mit schnellen Neutronen ausgesetzt sind. Kernreaktionen, die von schnellen und langsamen Neutronen verursacht werden, führen zusätzlich zur Bildung von Substitutionsstörstellen. Besonders schwerwiegend wirken sich Strahlenschäden auf die elektrischen Eigenschaften von Halbleiterbauelementen aus, was bei ihrem Einsatz in der Kern- und Weltraumtechnik Probleme mit sich bringt.

Beschleunigte Ionen von Elementen höherer Ordnungszahl erzeugen wegen ihrer hohen Masse die größten Defektdichten. Dabei bilden sich Stoßkaskaden aus, indem die sekundär angestoßenen Teilchen weitere Gitterbausteine verschieben und so fort

(Abb. 4.8). Auf diese Weise können im Festkörper Anhäufungen von Punktdefekten entstehen, die sich unter Umständen zu gröberen Defekten, etwa Mikrohohlräumen, agglomerieren. Auf der anderen Seite ist auch ein *Ausheilen* der Defekte durch vorsichtige Wärmebehandlung möglich. Dabei kehren Zwischengitteratome in Lückenplätze zurück, und man spricht von einer *Rekombination* der Störstellen. Im Falle von Einkristallen, in denen die Atome, wie beispielsweise beim Diamantgitter, nicht zu dicht gepackt sind, können energiereiche Ionen insbesondere auch längs bestimmter Vorzugsrichtungen, die man als *Kanäle* bezeichnet, relativ weit in den Festkörper eindringen. Darauf beruht die Dotierung von Halbleitern mittels

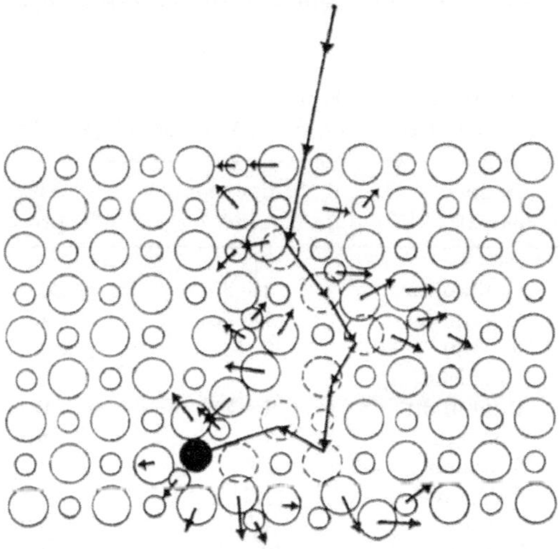

Abb. 4.8

Defekterzeugung in Festkörpern durch Ionenbeschuß (schematisch).

Ionenimplantation, die in zunehmendem Maße technologisch angewendet wird. Man bestrahlt dazu die Kristall- oder Schichtoberflächen mit definiert beschleunigten Ionen der Dotierungselemente. Tabelle 4.5 vermittelt einige Angaben über die Eindringtiefen häufig eingesetzter Ionen in Festkörpern. Die gleichzeitig mit der Ionenimplantation gebildeten Frenkel-Defekte versucht man, durch Tempern teilweise auszuheilen. Umgekehrt kann die erhöhte chemische Reaktivität ionenbestrahlter Festkörper auch erwünscht sein. So bewirkt der Beschuß von Metallen mit Stickstoff- oder Kohlenstoffionen eine Bildung von härtenden Nitrid- oder Karbidschichten, die mit chemischen Mitteln nur bei hohen Temperaturen erhalten werden können. Die Ionennitrierung wird bereits technisch in Plasmaentladungen mit Stickstoff als Restgas durchgeführt.

Naturgemäß können die Atome, die beim Ionenbeschuß von Festkörpern angestoßen werden, auch mit einer gewissen Wahrscheinlichkeit aus der Oberfläche austreten. Darauf beruht die *Ionenzerstäubung*, auf die in Abschnitt 3.1.2. bereits eingegangen wurde. Außer für analytische Zwecke wird dieser Effekt für das Ätzen von Festkörpern sowie zur Abscheidung von dünnen Schichten aus dem abgestäubten Material genutzt.

Im Gefolge intensiven und anhaltenden Beschusses von Metallen mit den Ionen leichter Elemente, zum Beispiel H^+, D^+, He^+ beobachtet man häufig blasenartige Aufwölbungen an der Oberfläche und ein Abblättern von Material. Dieser interessante Effekt, der nach dem englischen Wort für „Blasenbildung" auch als „Blistering" bezeichnet wird, läßt sich folgendermaßen erklären: Die in den Festkörpern eingeschossenen und unter der Oberfläche akkumulierten Ionen werden neutralisiert, und die Atome, die sich zunächst auf Zwischengitterplätzen befinden, diffundieren zueinander und bilden Gasblasen. Die nulldimensionalen Punktdefekte schließen sich also zu dreidimensionalen Ausscheidungen zusammen, wodurch die Deformation des Gitters zurückgeht und insgesamt eine Abnahme der Freien Enthalpie des Systems eintritt. Der Druck in diesen Blasen wird schließlich so groß, daß sich die darüber-

Tabelle 4.5

Eindringtiefen verschiedener Ionen in Festkörper
(nach einer Zusammenstellung von Colligon, J. S., Vacuum **11** (1961) 272)

Bombardierendes Ion	Target-material	Ionenenergie in keV	Eindringtiefe pro keV in nm
H oder H_2	Aluminium	1–25	20,0
He	Aluminium	1–25	15,0
He	Silicium (einkristallin)	30	30,0
Li	Aluminium	1–2	1,0
Ar	Wolfram	2	2,5
Ar	Molybdän	1,7	0,41
	Wolfram	1,7	0,50
	Platin	1,7	0,32
Rb^{86}	Aluminium	30	3,7
Ce^{134}	Germanium	4	25,0

liegende Metallschicht verformt und unter Abspritzen von Material aufplatzt. Bildtafel VIII/2 zeigt diesen Effekt für Kupfer, das mit Ionen von 10 keV bombardiert wurde.

Die Bildung von Punktdefekten und die dadurch gesteigerte Festkörperreaktivität, die Ionenzerstäubung und Blasenbildung spielen eine wesentliche Rolle bei der *kosmischen Erosion*, etwa von Mondmaterie, unter dem über geologische Zeiträume anhaltenden Bombardement durch kosmische Strahlen und den Sonnenwind. Technisches Interesse erlangen solche Erosionsprozesse beim Bemühen um die Entwicklung von Kernfusions-Kraftwerken. Modellversuche führten zu dem Resultat, daß die hochwertigen Materialien der Vakuumkammern für die Kernfusion größenordnungsgemäß um mm/Jahr abgetragen werden, falls es nicht gelingt, die Neutronen und leichten Kerne von den Wänden fernzuhalten.

4.1.9. Nachweis und Bedeutung von Punktdefekten

Punktdefekte bilden die einfachste und allgegenwärtige Form der Fehlordnung in Festkörpern. Auf Grund ihrer atomaren Ausdehnung ist ihr direkter Nachweis sehr erschwert. Erst neuerdings konnten mit den Hilfsmitteln der hochauflösenden Elektronenmikroskopie sowie mit der Elektronen- und Ionenfeldmikroskopie direkte Abbildungen von Punktdefekten erhalten werden. Das Ergebnis bestätigt die Richtigkeit der Modellvorstellungen, die aus zahlreichen verschiedenartigen, theoretischen und experimentellen Untersuchungen abgeleitet worden sind. Neben den hier behandelten Prozessen der Migration und Diffusion, der Ionenleitung und der Strahlenschäden liefern auch röntgenographische Messungen wertvolle Aussagen. Die Deformation des Gitters durch Punktdefekte macht sich dabei in Verbreiterungen der Reflexe bemerkbar. Ferner haben genaue dilatometrische Messungen, Untersuchungen der elektrischen und optischen Eigenschaften sowie die sehr empfindliche Technik der paramagnetischen Elektronenspin- und Kernresonanz (vgl. Abschnitte 10.10 bis 10.12.) wesentlich zur Kenntnis der nulldimensionalen Fehlordnung in Festkörpern beigetragen. Trotzdem ist der Tatbestand zu verzeichnen, daß Punktdefekte viel schwieriger genau zu erfassen sind als die ein- oder mehrdimensionale Fehlordnung. Von namhaften Forschern wie Shurkow wird die Auffassung vertreten, daß die Erzeugung von Punktdefekten bei der Dauerbeanspruchung von Werkstoffen den eigentlichen Ausgangspunkt für Ermüdungserscheinungen hinsichtlich mechanischer und anderer Werkstoffeigenschaften bildet.

4.2. Versetzungen (eindimensionale Fehlordnung)

4.2.1. Stufenversetzungen

Der einfachste Fall eines eindimensionalen Kristallbaufehlers liegt vor, wenn in den Kristall eine zusätzliche, normal mit Atomen besetzte Gitterebene eingeschoben ist, die innerhalb des Kristalls längs der sogenannten *Versetzungslinie* endet. In Abb. 4.9 ist eine solche *Stufenversetzung* für einen einfach kubischen Kristall perspektivisch dargestellt. Wie man aus der Deformation in der Umgebung der Versetzungslinie erkennt, sind die Gitterbausteine oberhalb des eindimensionalen Defekts etwas zusammengedrängt, unterhalb dagegen aufgelockert. Erst in größerem Abstand sind die Atome wieder genau auf den Positionen des idealen Kristallgitters angeordnet. Unter der *Selbstenergie* U einer Versetzung versteht man den Energieaufwand, der nötig ist, um den Defekt in einem ursprünglich idealen Kristall zu erzeugen. Aus praktischen Gründen teilt man U in 2 Anteile auf:

$$U = U'(\text{Kern}) + U''(\text{Umgebung}). \tag{4,27}$$

Der erste Term stellt dabei die Energie des eigentlichen Kerns der Versetzung, also den Aufwand für die Bildung einer Linie von Punktdefekten dar. Der zweite Ausdruck enthält die elastische Energie, die zur Verformung des Kristalls in der weiteren Umgebung der Versetzung aufgebracht werden muß. Dieser Beitrag läßt sich in guter Näherung auf der Basis der Kontinuumsmechanik elastischer Medien berechnen (vgl. 5.1.). Im Ergebnis theoretischer Arbeiten zeigt es sich, daß der zweite Beitrag bei weitem überwiegt. Beispielsweise erhält man für Stufenversetzungen in Kupfer $U'' \approx 3 \cdot 10^{-9}$ Ws/m, bezogen auf eine Länge der Versetzungslinie von 1 m, was etwa 5 eV pro Atom in der Versetzungslinie entspricht. Mehr als die Hälfte dieses Energiebetrages ist in einem Gebiet mit dem Radius $r = 10^{-6}$ m enthalten. Demgegenüber beträgt der Energieanteil des Versetzungskerns nur etwa 20% davon, also 1 eV pro Atom. Die Selbstenergie der Versetzungen stellt auch den wesentlichen Beitrag der Freien Enthalpie, denn der Entropiegewinn durch Versetzungen ist sehr klein. Da die Bildung von Versetzungen somit von einer Zunahme der Freien Enthalpie begleitet ist, sind Versetzungen im Gegensatz zu Punktdefekten thermodynamisch stets instabil. Ursache für das Auftreten von Versetzungen sind daher stets kinetische Einflüsse, insbesondere thermische Inhomogenitäten und dadurch ausgelöste mechanische Spannungen während des Kristallwachstums oder mechanische Verformungen der Festkörper. Obwohl die Einzelheiten der primären Bildung von Versetzungen noch keineswegs völlig geklärt sind, ist eindeutig sicher-

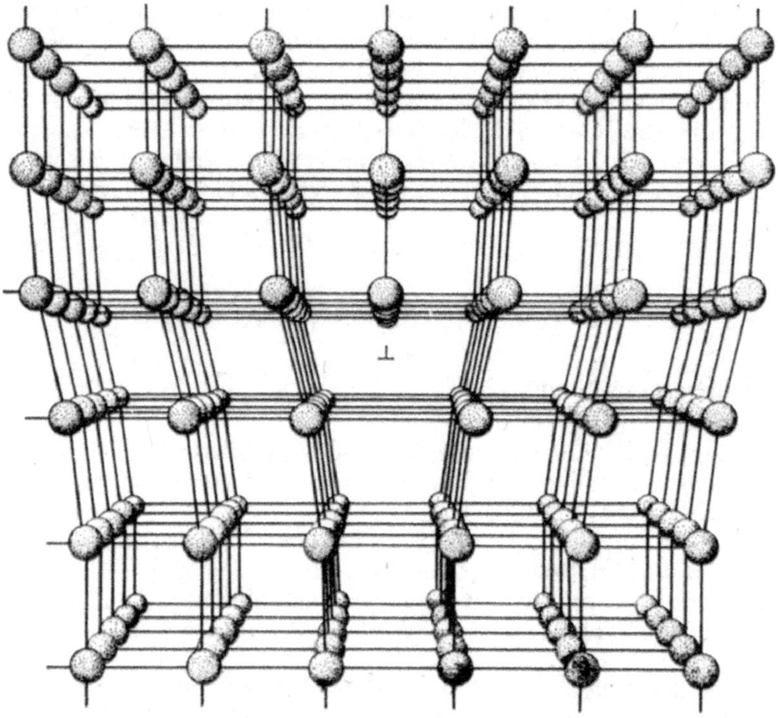

Abb. 4.9
Schematische Darstellung der Atomanordnung um eine Stufenversetzung in einem einfach kubischen Kristall.

gestellt, daß Stufenversetzungen und andere Formen der linearen Fehlordnung in allen realen Kristallen in großer Anzahl auftreten.

Als *Versetzungsdichte* bezeichnet man dabei die Anzahl von Versetzungslinien, die durch eine Flächeneinheit der Oberfläche hindurchtreten. Typische Werte liegen zwischen 10^3 Versetzungen je cm^2 in guten Halbleiter-Einkristallen, $10^7 \cdots 10^9$ cm^{-2} in Metallen und bei stark deformierten metallischen Werkstoffen werden sogar $10^{11} \cdots 10^{12}$ Versetzungen je cm^2 gefunden.

Einen interessanten Einblick in den Bau von Stufenversetzungen vermitteln auch Bilder, die mit einlagigen Kugelmodellen (Seifenblasen oder Gelatinekapseln) aufgenommen worden sind. Der Vergleich mit direkten Beobachtungen, wie sie mit der hochauflösenden Elektronenmikroskopie sowie der Ionenfeldmikroskopie erhalten wurden, bestätigt die Richtigkeit des Modells, das seit den dreißiger Jahren besonders für die Deutung der plastischen Verformung von Festkörpern verwendet wird. Stufenversetzungen können wir uns auch durch *Gleitung* von Kristallbereichen entstanden vorstellen. Wir betrachten dazu Abb. 4.10 und nehmen an, daß der Kristall unter dem Einfluß einer Scherspannung deformiert wird. Im betrachteten Stadium soll der vordere obere Teil des Kristalls relativ zum darunterliegenden Gebiet um eine Gitterkonstante nachgegeben haben, während die rechten Kristallhälften unverändert sind. Die Gitterebene ABCD wird als *Gleitebene* bezeichnet.

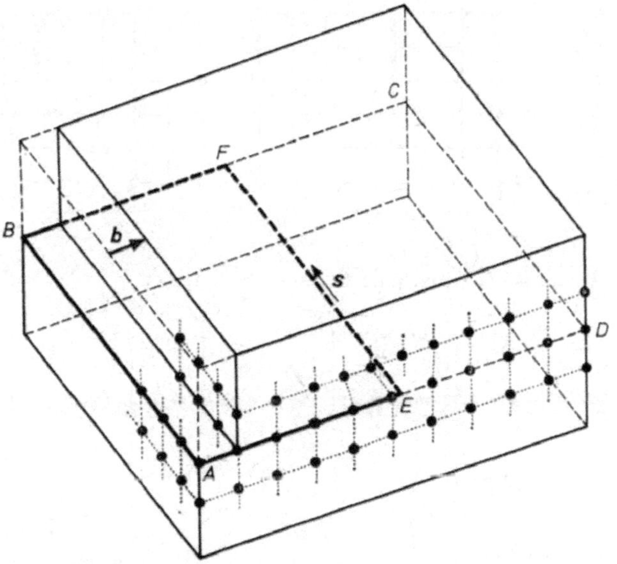

Abb. 4.10
Erzeugung einer Stufenversetzung in einem Kristallblock durch Deformation (Zusammenschiebung) der Kristallhälfte oberhalb der Gleitebene ABCD um eine Gitterkonstante.

In ihr liegt zwischen dem abgeglittenen Gebiet ABEF und dem unveränderten Bereich FECD eine zusätzliche Atomkette, die Versetzungslinie EF, die sich nur im oberen Kristallteil als Gitterebene fortsetzt. Die so entstandene Stufenversetzung wird charakterisiert durch die Richtung **s** der Versetzungslinie sowie durch den *Burgers-Vektor* ***b***, der Betrag und Richtung des Gleitvorgangs angibt.

Im Falle einer Stufenversetzung steht der Burgers-Vektor auf der Versetzungslinie senkrecht, und sein Betrag ist gleich einer Gitterkonstanten.

Wegen der oben besprochenen elastischen Deformation des Gitters in der Nähe der Versetzungslinie, gleichen sich dort die Verschiebungen der Gitterebenen teilweise aus, so daß die Gleitung bzw. der Betrag des Burgers-Vektors in einiger Entfernung von der Versetzungslinie zu bestimmen ist.

Wir betrachten nun den Einfluß einer Scherspannung auf einen Kristall, in dem bereits ein oder mehrere Stufenversetzungen vorhanden sind. Wie Abb. 4.11 veranschaulicht, kann sich die Versetzung längs der Gleitebene durch den Kristall verschieben, wobei sich die Positionen der einzelnen Atome jeweils nur geringfügig, um Bruchteile einer Gitterkonstanten, verändern. Der hierfür notwendige Energieaufwand ist sehr klein, weil jeweils nur ein relativ kleiner Bruchteil der in der Gleitebene und ihrer Nachbarschaft befindlichen Atome aktiviert werden muß. Im Gegensatz dazu müßten bei einer Gleitung über die Netzebenen eines ungestörten Kristalls sämtliche Atome benachbarter Gitterebenen energetisch soweit angehoben werden, daß sie die Potentialschwelle bis zur nächsten beziehungsweise den darauffolgenden

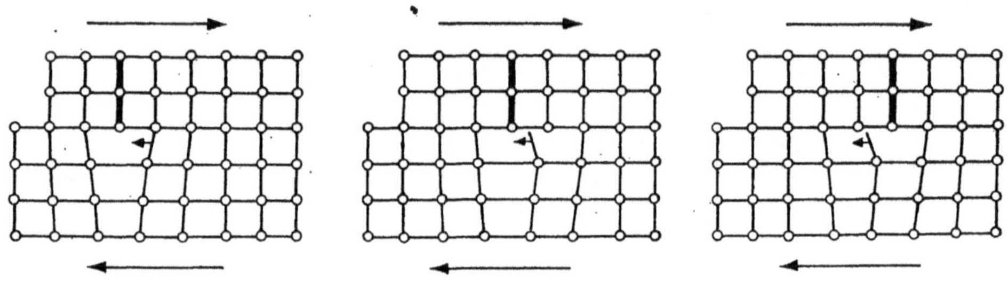

Abb. 4.11
Durch Scherspannung verursachtes Gleiten einer Stufenversetzung.

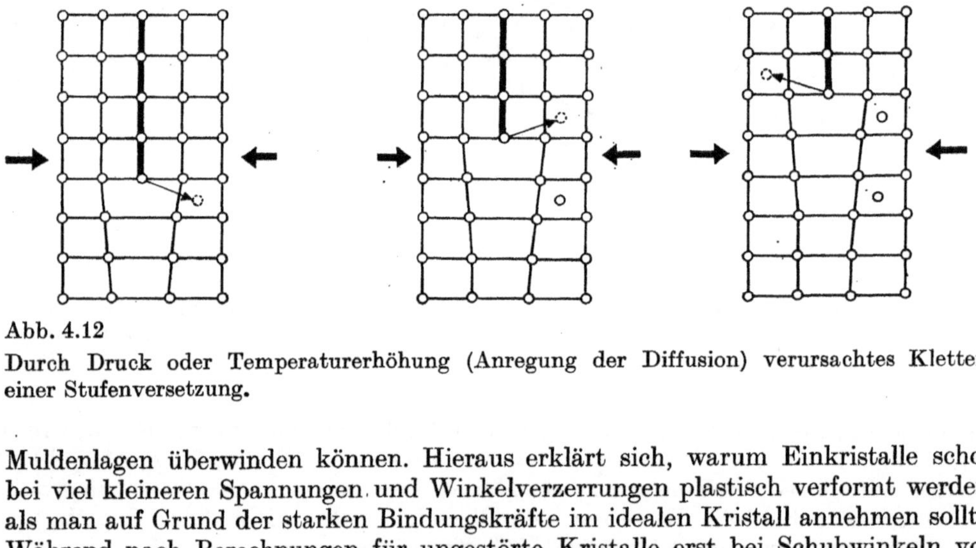

Abb. 4.12
Durch Druck oder Temperaturerhöhung (Anregung der Diffusion) verursachtes Klettern einer Stufenversetzung.

Muldenlagen überwinden können. Hieraus erklärt sich, warum Einkristalle schon bei viel kleineren Spannungen und Winkelverzerrungen plastisch verformt werden, als man auf Grund der starken Bindungskräfte im idealen Kristall annehmen sollte. Während nach Berechnungen für ungestörte Kristalle erst bei Schubwinkeln von 2 Grad eine plastische Verformung zu erwarten wäre, beobachtet man bei Einkristallen aus Aluminium schon bei einem Winkel von größenordnungsmäßig 10^{-3} Grad ein plastisches Gleiten, in dessen Verlauf die Kristallbereiche sich ähnlich wie die Münzen einer Geldrolle verschieben. Die kritischen Schubspannungen, die dem Übergang zwischen elastischer und plastischer Verformung entsprechen, liegen bei metallischen Einkristallen um etwa 3 Größenordnungen unter den berechneten Werten. Eine weitere Bewegungsmöglichkeit von Stufenversetzungen besteht in dem in Abb. 4.12 dargestellten Klettermechanismus.

Ein realer Kristall wird also plastisch verformt, indem sich Versetzungen durch das Gitter bewegen. Die Spannung, die notwendig ist, um eine Stufenversetzung durch den Kristall zu treiben, wird als *Peierls-Kraft* bezeichnet und beträgt bei fcc-Metallen unter Umständen nur $5 \cdot 10^{-4}$ N/m². In einem häufig zitierten Analogon vergleicht man das Abgleiten über Versetzungen mit dem Ausgleich einer Falte in einem schweren Teppich auf rauher Unterlage: Anstatt den gesamten Teppich zu verschieben, genügt es, die Falte mit dem Fuß bei viel weniger Kraftaufwand bis zum Rand zu verschieben!

Der beim Verschieben einer Stufenversetzung bis zum Rand des Kristalls erzeugte Absatz beträgt nur eine Gitterkonstante. Tatsächlich werden Stufen beobachtet, die um Größenordnungen höher liegen. Die scheinbare Diskrepanz erklärt sich aus dem Vorhandensein zahlreicher Versetzungen mit parallelen Burgers-Vektoren in der Gleitebene sowie in dem noch zu besprechenden Effekt der Vervielfachung von Versetzungen.

4.2.2. Schraubenversetzungen

Einen weiteren wichtigen Typ eindimensionaler Defekte bilden die Schraubenversetzungen, deren Natur schematisch in Abb. 4.13 dargestellt ist. Um ihre Entstehung aus dem idealen Kristall durch Abgleiten bestimmter Bereiche zu beschreiben, denken wir uns den Kristall an einer Seite zwischen der Versetzungslinie, die zugleich die Schraubenachse bildet, aufgeschnitten. Verschieben wir nun die Kristallbereiche beiderseits der Schnittfläche um einen Abstand der Gitterpunkte parallel zur Achse, so schließen die Gitterebenen jeweils an die nächstfolgenden an. Nach Ausgleich der Deformation um die Versetzungslinie entsteht eine Spiralfläche, die sich schraubenförmig durch den Kristall windet.

Bei Schraubenversetzungen sind der Burgers-Vektor, der die Abgleitung charakterisiert, und die Versetzungslinie somit parallel zueinander.

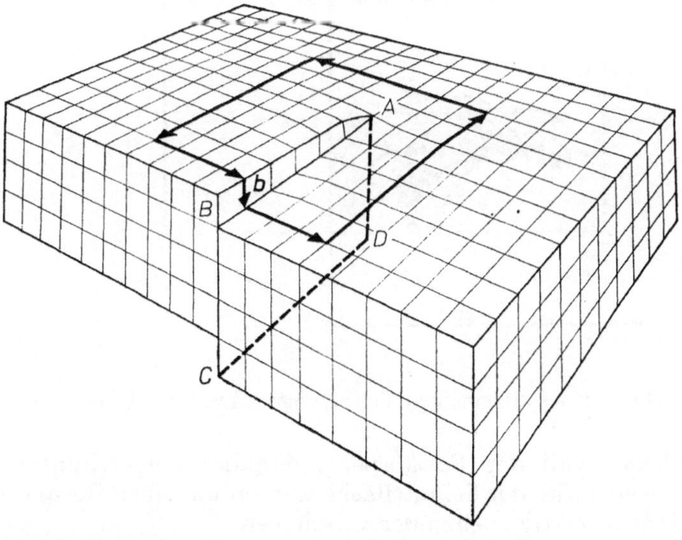

Abb. 4.13
Schematische Darstellung einer Schraubenversetzung.

Auch Schraubenversetzungen können sich innerhalb des Kristalls verschieben, und zwar parallel zu ihrer Achse. Wichtiger ist jedoch ihre Rolle beim Kristallwachstum. An der Oberfläche eines wachsenden Kristalls endet eine Schraubenversetzung in Form einer Stufe. Nach den Ausführungen von Abschnitt 2.5. sind an diesen Absätzen, wie FRANK zuerst zeigte, energetisch besonders günstige Voraussetzungen für das weitere Wachstum des Kristalls gegeben, das sich durch Anlagern von weiteren Bausteinen aus der umgebenden Phase und damit Fortpflanzen der Schraubenversetzungen vollzieht. Tatsächlich werden an der Oberfläche von Kristallen häufig spiralförmige Wachstumsstufen beobachtet. In Bildtafel VII/1 sind solche Wachstumsspiralen atomarer Stufenhöhe nach elektronenoptischen Beobachtungen von BETHGE dargestellt. Häufig findet man allerdings auch viel gröbere Absätze sowie runde oder vorzugsweise vieleckige Spiralen, die — besonders bei organischen Stoffen — bereits lichtmikroskopisch oder mit dem bloßen Auge erkennbar sind. Dies ist wahrscheinlich durch eine Überlagerung des Einflusses zahlreicher paralleler Schraubenversetzungen zu erklären.

4.2.3. Allgemeiner Typ der eindimensionalen Fehlordnung

Stufen- und Schraubenversetzungen bilden nur Grenzfälle der eindimensionalen Kristalldefekte, deren allgemeine Form nach BURGERS folgendermaßen beschrieben werden kann:

Wir betrachten eine beliebige, geschlossene oder an den Kristalloberflächen endende Raumkurve L und eine ebene oder gekrümmte Fläche A, die von der Kurve und eventuell der Oberfläche begrenzt wird (Abb. 4.14).

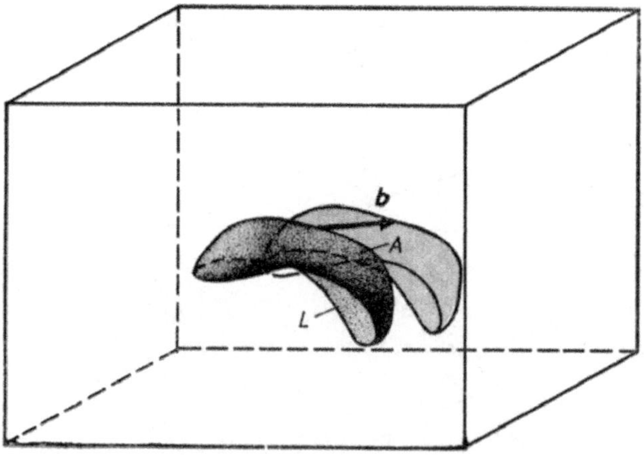

Abb. 4.14

Zur Beschreibung eines allgemeinen Versetzungsringes L in einem Festkörper.

— Entlang der Fläche wird der Festkörper gedanklich aufgeschnitten, und die Kristallbereiche beiderseits der Schnittfläche werden um einen für alle Bausteine konstanten Vektor ***b*** relativ zueinander verschoben.

— An den Stellen, wo ***b*** nicht parallel zur Gleitfläche ist, sind durch die vorige Operation entweder Lücken oder sich überlappende Bereiche entstanden. Wir stellen uns vor, daß diese groben Störungen behoben werden, indem entweder Material von der Kristalloberfläche her zum Auffüllen benutzt oder umgekehrt überschüssiges Material entfernt wird.

- Schließlich werden die Bereiche beiderseits der Schnittfläche wieder so vereinigt, daß der kristalline Aufbau erhalten bleibt. Dazu muß der Burgers-Vektor gleich einer Gittertranslation $\boldsymbol{R} = n\boldsymbol{a} + m\boldsymbol{b} + p\boldsymbol{c}$ sein.
- Analog wie bei den besprochenen Beispielen der Stufen- und Schraubenversetzung soll sich das System nun elastisch entspannen, wodurch die Verschiebungen in unmittelbarer Nähe der gekrümmten Versetzungslinie angeglichen werden.

Durch die vorstehend aufgeführten, etwas abstrakten Operationen wird die Versetzung mittels Versetzungslinie und Burgers-Vektor vollständig beschrieben.

Einfacher und in den meisten Fällen ausreichend ist die Kennzeichnung einer allgemeinen Versetzung nach READ: Man führt um den gestörten Bereich einen Umlauf durch, indem man von einem Atom zu einem benachbarten fortschreitet und so weiter. Der Abstand von der Versetzungslinie soll dabei so groß sein, daß die

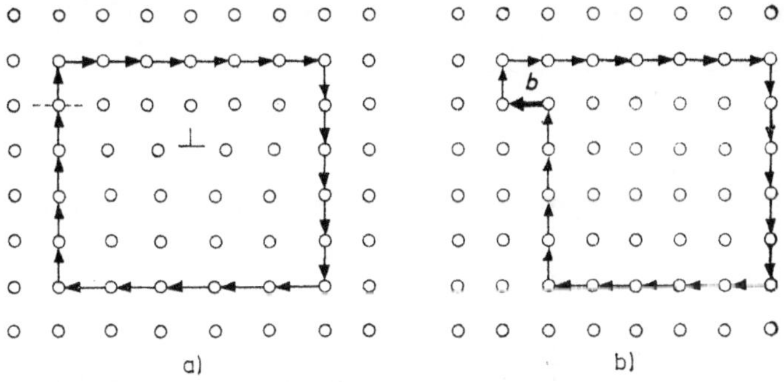

Abb. 4.15

Zur Festlegung des Burgers-Vektors einer Stufenversetzung

a) Burgers-Umlauf um eine Stufenversetzung
b) der gleiche Umlauf in einem ungestörten Kristall, zu dessen Komplettierung der Burgers-Vektor $\boldsymbol{b}$ nötig ist.

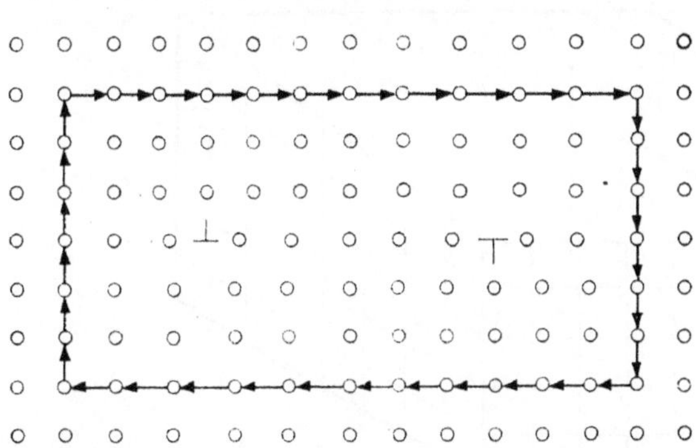

Abb. 4.16

Burgers-Umlauf um eine positive (⊥) und eine negative (⊤) Stufenversetzung. Die beiden Burgers-Vektoren der Versetzungen kompensieren sich.

im Umlauf liegenden Kristallbereiche als ungestört angesehen werden können. Nun wird der gleiche Umlauf auf einen idealen Referenzkristall übertragen. Bei Anwesenheit einer oder mehrerer Versetzungen bleibt am Schluß ein Stück offen (Abb. 4.15). Der Schließungsvektor, den man zur Komplettierung benötigt, ist der Burgers-Vektor der eingeschlossenen Versetzung. Im Falle mehrerer Versetzungen entspricht er der Vektorsumme der einzelnen Anteile:

$$\hat{\boldsymbol{b}} = \sum_i \boldsymbol{b}_i . \tag{4,28}$$

Diese Summe verschwindet beispielsweise, wenn der umlaufene Bereich zwei Stufenversetzungen in der Art von Abb. 4.16 enthält. Die zusätzliche Ebene ist einmal oberhalb und das andere Mal unterhalb der Gleitebene eingeschoben. Man spricht in diesem Zusammenhang von *positiven* und *negativen* Versetzungen und verwendet die Symbole $\perp$ beziehungsweise $\top$. Bei der Annäherung können sich zwei solche Versetzungen — und analog auch Schraubenversetzungen mit entgegengesetztem Drehsinn — auslöschen. Umgekehrt ist eine Aufspaltung einer Versetzung in mehrere Teile möglich. In diesen Fällen bleibt die Summe der Burgers-Vektoren erhalten.

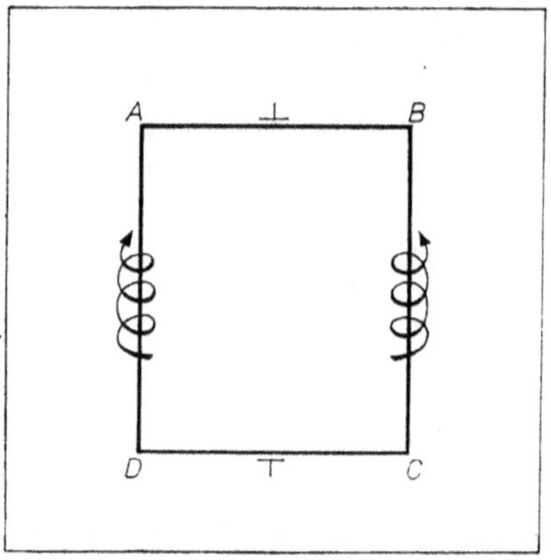

Abb. 4.17
Rechteckiger Versetzungsring ABCD, gebildet durch eine positive und eine negative Stufenversetzung und zwei gegenläufige Schraubenversetzungen.

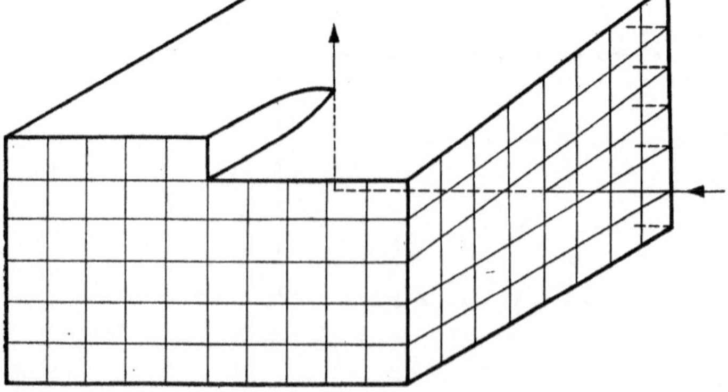

Abb. 4.18
Wechsel einer Versetzung von Stufen- zur Schraubenorientierung.

Die Versetzungslinien bilden bei Kristallen guter Qualität stets geschlossene Schleifen, oder sie enden an der Oberfläche. Bei Anwesenheit gröberer Baufehler (Korngrenzen, Ausscheidungen, Einschlüsse) liegen die Endpunkte der Versetzungslinien jedoch häufig im Inneren des Materials.

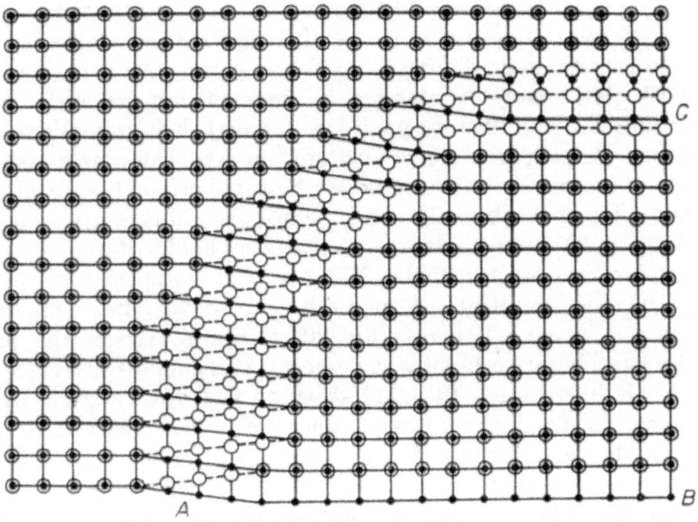

Abb. 4.19

Atomanordnung im Bereich einer gekrümmten Versetzungslinie (nach READ). Die Gleitebene liegt in der Zeichenebene.

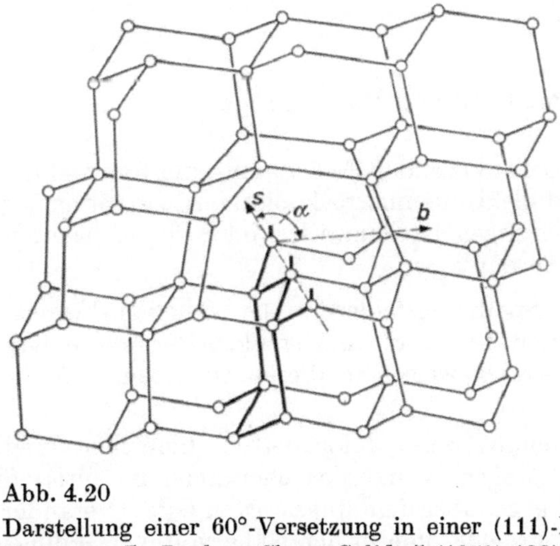

Abb. 4.20

Darstellung einer 60°-Versetzung in einer (111)-Ebene eines Diamantgitters (nach HONSTRA, J., J. phys. Chem. Solids **5** (1958) 129).

Die eingeschobene Halbebene ist verstärkt gezeichnet. ***s*** bedeutet die Versetzungslinie und ***b*** den Burgers-Vektor. Der Winkel α zwischen Versetzungslinie und Burgers-Vektor beträgt 60° (bei Stufenversetzungen ist $\alpha = 90°$, bei Schraubenversetzungen ist $\alpha = 0°$).

Die Richtungen des Burgers-Vektors $\boldsymbol{b}$ sowie der Versetzungslinie, die im allgemeinen Fall durch das Linienelement d$\boldsymbol{s}$ festgelegt wird, hängen wesentlich von der Kristallstruktur ab. So sind in fcc-Kristallen die niedrig indizierten Ebenen {111} und {100} als Gleitebenen stark bevorzugt, so daß die Versetzungslinien für reine Stufenversetzungen hauptsächlich in diesen Ebenen mit $\boldsymbol{b}$ in den kristallographischen Richtungen [1$\bar{1}$0] sowie [110] liegen. Abbildung 4.17 zeigt schematisch einen rechteckigen Versetzungsring, der aus einer positiven und einer negativen Stufenversetzung sowie zwei gegenläufigen Schraubenversetzungen zusammengesetzt ist. Abbildung 4.18 gibt einen Übergang von einer Stufen- zu einer Schraubenversetzung wieder, und Abb. 4.19 stellt nach Read eine gekrümmte Versetzungslinie dar: Der abgeglittene Bereich wird von den Punkten ABC begrenzt; ebenso wie im folgenden Teilbild fällt die Gleitebene mit der Seitenoberfläche zusammen. Weiße Kreise entsprechen Atomen oberhalb und schwarze Punkte solchen unterhalb der Gleitebene. In der Nachbarschaft von A hat die Fehlordnung den Charakter einer reinen Schraubenversetzung, in der Nähe von B entspricht sie einer reinen Stufenversetzung; dazwischen liegt ein gemischter Typ vor, bei dem der Winkel zwischen $\boldsymbol{b}$ und d$\boldsymbol{s}$ von A nach B von 0° auf 90° zunimmt. Wegen der praktischen Bedeutung für die Halbleiterwerkstoffe sei noch das Diamantgitter (Strukturtyp A4) betrachtet. Auch hier bilden die {111}-Ebenen die bevorzugten Gleitebenen, was nicht überrascht, da das Diamantgitter aus zwei ineinandergestellten, um eine viertel Würfeldiagonale verschobenen fcc-Teilgittern aufgebaut ist. Wegen der besonderen tetraedrischen kovalenten Bindung ergeben sich als bevorzugte lineare Fehlordnung, neben Schraubenversetzungen mit $\boldsymbol{b}$ senkrecht zu {111}, die in Abb. 4.20 angedeuteten 60°-Versetzungen. Man beachte, daß am Abschluß der zusätzlichen Gitterebene freie, nichtabgesättigte Bindungen auftreten. Das ist typisch für die eindimensionale Fehlordnung in Molekülkristallen und wichtig für den noch zu behandelnden Einfluß von Versetzungen auf die elektronischen Eigenschaften der Halbleiter.

4.2.4. Nachweis und Beobachtung von Versetzungen

Neben der bereits erwähnten hochauflösenden Elektronen- und Ionenfeldmikroskopie sind auch einfachere licht- und elektronenmikroskopische sowie röntgenographische Verfahren geeignet, um Versetzungen nachzuweisen oder zu beobachten. Dies ist vor allem zwei Umständen zu verdanken:

- In den relativ ausgedehnten Spannungsfeldern in der Nähe von Versetzungslinien ist die strenge Gitterperiodizität gestört, und strukturbestimmte Kristalleigenschaften wie der Brechungsindex weisen in diesen Gebieten veränderte Werte auf.
- In den aufgeweiteten beziehungsweise deformierten Bereichen oberhalb und unterhalb von Stufenversetzungen besitzt das chemische Potential für Gitterbausteine und Fremdatome gegenüber dem ungestörten Gitter veränderte Werte. Infolgedessen reichern sich Fremdatome in der Nähe von Versetzungslinien an, und man spricht nach dem Entdecker dieses Effekts von *Cottrell-Wolken*. Außerdem werden die gestörten Kristallbezirke in der Umgebung der Durchstoßpunkte von Versetzungslinien an den Kristalloberflächen durch selektive chemische Ätzmittel bevorzugt angegriffen.

Im folgenden werden die wichtigsten Untersuchungsmethoden, die auf den genannten Effekten beruhen, knapp beschrieben.

Ätzgruben-Verfahren. Um die Dichte und Verteilung von Versetzungen in einfacher Weise zu bestimmen, wird zunächst durch Spalten oder Sägen der Kristalle und anschließendes chemisches oder elektrolytisches Polieren eine möglichst glatte Kristallfläche freigelegt. Danach läßt man bei definierter Temperatur ein Ätzmittel einwirken, dessen Zusammensetzung entsprechend der Natur der Probe gewählt werden muß. Beispielsweise werden bei NaCl mit einem Gemisch aus Eisessig und 2% H_2SO_4 und bei Ge und Si mit Gemischen aus Salpeter-, Flußsäure und organischen Zusätzen oder Flußsäure mit CrO_3 gute Ergebnisse erzielt. Unter dem Lichtmikroskop beobachtet man je nach Art der Fläche und der Versetzung vier- oder dreieckige Ätzgruben, deren Durchmesser $10^{-1} \cdots 10^2$ μm beträgt (Bildtafel VI/2). Bei höherer Auflösung mit elektronenoptischen Hilfsmitteln weisen die Gruben an der Innenseite häufig charakteristische Stufen aus, die Hinweise auf die Natur der Versetzungen ermöglichen. Die in der Abbildung zu erkennende Häufung der Gruben längs bestimmter Linien ist auf Kleinwinkelkorngrenzen zurückzuführen, die — wie im folgenden noch erläutert wird — aus regelmäßig angeordneten Stufenversetzungen bestehen. Schwierig zu entscheiden ist die Frage, ob wirklich alle Versetzungen durch das Ätzen erfaßt werden. Meist werden Versetzungen mit vorwiegend stufenartigem Charakter deutlicher angeätzt als Schraubenversetzungen.

Durch Auszählen der Gruben läßt sich die Anzahl der Durchstoßpunkte von Versetzungen bis zu einer Dichte von etwa 10^8 cm^{-2} bestimmen. Strenggenommen wird als *Versetzungsdichte* D_V die Gesamtlänge L der Versetzungslinien pro Volumen V definiert:

$$D_V = \frac{L}{V}. \tag{4,29}$$

Dieser Ausdruck ist offensichtlich dimensionsgleich mit der Anzahl der Durchstoßpunkte von Versetzungslinien je Flächeneinheit, weshalb man die durch Auszählen der Gruben erhaltenen Werte meist als Versetzungsdichte angibt. Das ist allerdings nur genähert berechtigt.

Abdampfen und Dekoration. Von H. Bethge ist die Ätzmethode zur Erforschung der Realstruktur an Oberflächen im letzten Jahrzehnt wesentlich verbessert worden. Die Kristallflächen werden im Ultrahochvakuum vorsichtig aufgeheizt, wobei bevorzugt Atome von den gestörten Bereichen abdampfen. Dabei entstehen Stufen, deren Höhe etwa dem Betrag des Burgers-Vektors von Schraubenversetzungen entspricht. Um diese Stufen elektronenoptisch sichtbar zu machen, „dekoriert" man die Proben durch Aufdampfen sehr kleiner Goldmengen. Dabei scheiden sich an den Stufen und sonstigen Baufehlern bevorzugt sehr kleine Goldkeime ab, die mit einem anschließend aufgedampften Kohlefilm abgelöst und im Elektronenmikroskop in Durchstrahlung abgebildet werden. Die bereits erwähnte Bildtafel VII/1, in der Wachstumsspiralen auf NaCl-Kristallen zu erkennen sind, wurde auf diese Weise erhalten.

Abbildung von Versetzungen im Licht- und Infrarotmikroskop. Die Änderung des Brechungsindex im Spannungsfeld von Versetzungen reicht meist nicht aus, um die Versetzungslinien im Phasenkontrast an durchstrahlbaren Proben beobachten zu können. Man benutzt daher zusätzlich eine Dekoration durch Fremdatome. Dazu läßt man bei genügend hoher Temperatur geeignete Fremdatome eindiffundieren, die sich bei Abkühlen an den Versetzungen ausscheiden. Zur Untersuchung von Silicium dampft man üblicherweise Kupfer auf, das bei 900 °C innerhalb einer Stunde in ausreichender Menge in das Gitter der dünnen Kristallproben eindiffundiert. Da Silicium erst oberhalb einer Wellenlänge von $\lambda = 1{,}1\ \mu\text{m}$ durchlässig ist, muß die Beobachtung mit speziellen Infrarot-Mikroskopen durchgeführt werden. Wegen der verhältnismäßig geringen Auflösung ist das Verfahren auf den Nachweis von Versetzungslinien in verhältnismäßig perfekten Einkristallen beschränkt.

Direktbeobachtung im Durchstrahlungs-Elektronenmikroskop. Ein wichtiges Verfahren, um Versetzungen in Festkörpern verschiedenster Art, insbesondere auch in Metallen, zu beobachten, bildet die elektronenoptische Durchstrahlungsmikroskopie

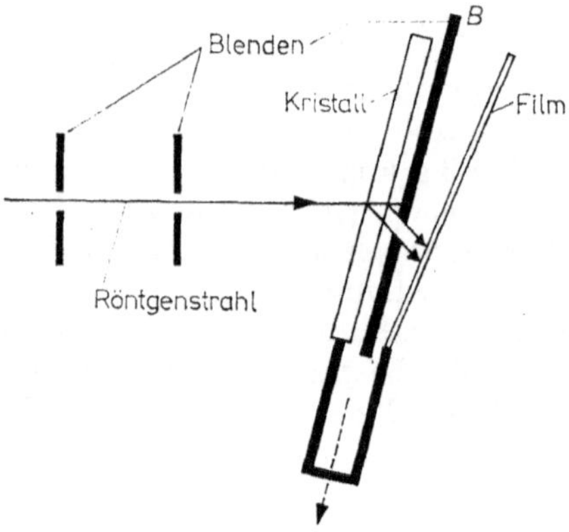

Abb. 4.21
Prinzip des Röntgentopographieverfahrens nach LANG. Kristall und Filmkassette sind auf einer gemeinsamen Halterung angeordnet und werden in Pfeilrichtung an Primärstrahl und Blende B vorbeibewegt. Auf diese Weise erhält man auf dem Film die Abbildung der Versetzungsstruktur eines großen Kristallbereiches.

genügend dünner Proben. Die Hauptschwierigkeit bereitet das Abdünnen der Proben, das durch chemisches bzw. elektrochemisches Ätzen oder neuerdings zunehmend durch *Ionenstrahlätzen* unter Nutzung des Zerstäubungseffekts vorgenommen wird. Bei üblichen Mikroskopen mit Beschleunigungsspannungen von 100 keV sind Probendicken von höchstens wenigen Zehntel µm zulässig; dagegen erlauben *Höchstspannungsmikroskope*, die mit Beschleunigungsspannungen von 1 MeV arbeiten, die Untersuchung von etwa 1 µm dicken Proben. Ein Beispiel zeigt Bildtafel IV/3. In den Objektkammern moderner Geräte lassen sich die Proben definiert verformen, und man kann auf diese Weise die Bewegung von Versetzungen sowie ihre Wechselwirkung untereinander sowie mit anderen Baufehlern direkt oder „in situ" verfolgen.

Röntgenographische Verfahren. Zur Analyse von Kristallbaufehlern mittels Röntgenstrahlen wurden verschiedenartige Methoden entwickelt, die auch bei dickeren Kristallproben angewendet werden können. Einen Überblick über das Ausmaß der null- und eindimensionalen Fehlordnung gewinnt man durch Aufnahme der Kipp- oder „Rocking"-Kurven. Ein fein ausgeblendetes monochromatisches Röntgenstrahlbündel, das von einem sphärisch gekrümmten, sehr dünnen *Guinier-Kristall* fokussiert wird, fällt auf die Kristallprobe. Nach Einstellen auf einen Glanzwinkel wird die Probe definiert verkippt und die zugehörige Linienintensität mit einem Zähler ausgemessen. Je perfekter der Kristall ist, um so kleiner ist die Breite der Interferenz.

Zur Abbildung von Versetzungen benutzt man die röntgentopographischen Methoden nach LANG bzw. nach BERG und BARRETT. Der Kristall wird beim Lang-Verfahren mit einem fein ausgeblendeten, monochromatischen Parallelstrahlbündel „durchleuchtet", indem man Probe und Film gleichzeitig verschiebt (Abb. 4.21). Geeignete Proben für diese Methode sollen niedrigindizierte Gitterebenen etwa senkrecht zur Oberfläche aufweisen und die Bedingung

$$\mu \cdot \xi \approx 1 \tag{4,30}$$

erfüllen. (μ — linearer Absorptionskoeffizient der Röntgenstrahlen, ξ — Schichtdicke). Nun wird der Kristall in eine Richtung justiert, bei der die Bragg-Bedingung bezüglich der senkrecht zur Oberfläche stehenden Flächen erfüllt ist. Infolge der starken Extinktion der primären Strahlen (vgl. Abschnitt 3.6.1.) wird der Film

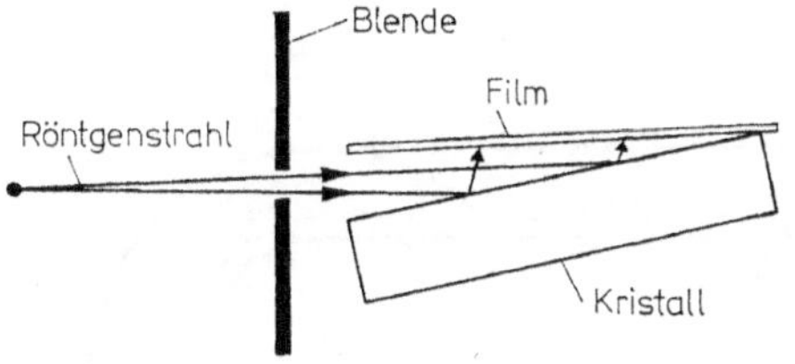

Abb. 4.22

Prinzip des Röntgentopographieverfahrens nach BERG und BARRETT. Die in Reflexion arbeitende Anordnung Primärstrahl, Kristall, Film ist stationär. Man erhält eine Abbildung der Versetzungsstruktur in oberflächennahen Bereichen des für den Bragg-Fall orientierten Kristalls.

zunächst nur relativ wenig geschwärzt. Sobald jedoch im durchstrahlten Bezirk Versetzungen liegen, wird die primäre Extinktion stark vermindert. Auf diese Weise erzielt man eine direkte Abbildung von Versetzungslinien, die sich dunkel auf hellem Untergrund abzeichnen. Bei sehr perfekten Kristallen können sich die Versetzungen auch umgekehrt hell auf dunklem Grund abzeichnen. Die Ursache hierfür bildet der *Borrmann-Effekt,* eine anormal starke Absorption von Röntgenstrahlen im nahezu idealen Kristallgitter. Die Berg-Barrett-Methode ist in Abb. 4.22 skizziert. Der flach auf den Kristall treffende Primärstrahl beleuchtet einen relativ großen Kristallbereich, weshalb Kristall und der hier sehr nahe der Kristalloberfläche angeordnete Film nicht bewegt zu werden brauchen.

4.2.5. Eigenschaften von Versetzungen

Spannungsanteil der Selbstenergie. Am Beginn von Abschnitt 4.2.1. hatten wir die Selbstenergie einer Versetzung in die Anteile U' des Kerns und U'' der Umgebung aufgeteilt. Wir wollen nun den Anteil U'', der den entscheidenden Beitrag zur Selbstenergie liefert, etwas näher untersuchen. Wir betrachten dazu eine Schraubenversetzung, da hier auf Grund der Zylindersymmetrie besonders einfache Verhältnisse gegeben sind. Ferner legen wir ein zylindrisches Koordinatensystem r, ϑ, z so in den Festkörper, daß die Versetzungslinie mit der z-Achse zusammenfällt. Die Gleitebene, die bei Schraubenversetzungen nicht eindeutig definiert ist und nur senkrecht zur Versetzungslinie stehen muß, soll an der aufgeschnittenen Stelle bei $\vartheta = 0$ liegen (Abb. 4.23). Ferner schneiden wir gedanklich einen zylindrischen Kern vom Radius r_0 aus, dessen Energieanteil mit der elastischen Näherung nicht berechnet werden kann. Der Beitrag dieses Kerns U' zur Selbstenergie ist nach atomistischen Berechnungen relativ klein und wird daher im folgenden außer acht gelassen. Als Radius des Kerns wählt man wenige Atomabstände, beispielsweise 10^{-9} m. Um die je Längeneinheit der Versetzungslinie zwischen r_0 und einem äußeren Radius r_1 gespeicherte elastische Energie zu berechnen, untersuchen wir zunächst die elastische Spannung in der differentiellen Zylinderschale zwischen r und $r + \mathrm{d}r$. Aus der Abbildung läßt sich entnehmen, daß eine Scherung um den Betrag b des Burgers-Vektors in z-Richtung vorliegt. Bezogen auf den Umfang des Zylinders $2\pi r$ entspricht ihr die Verzerrungskomponente

$$e_{\vartheta z} = \frac{|\boldsymbol{b}|}{2\pi r}. \tag{4,31}$$

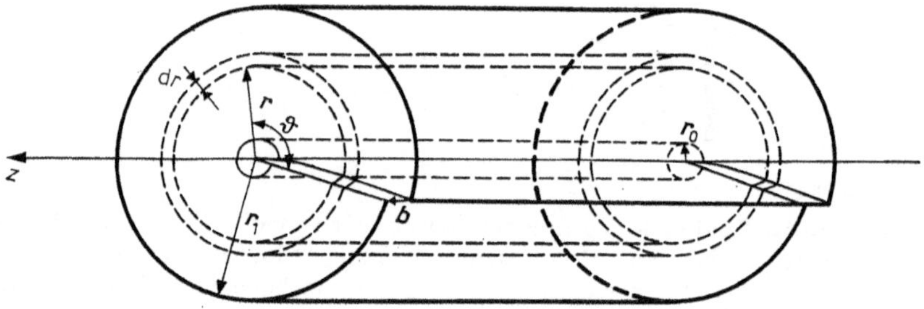

Abb. 4.23
Geometrie zur Berechnung der Energie einer Schraubenversetzung.

Die Indizes sagen aus, daß diese Komponente des Verzerrungstensors die Änderung des Winkels zwischen den Richtungen $r\,\mathrm{d}\vartheta$ und z infolge der elastischen Deformation beschreibt. Alle anderen Verzerrungskomponenten sind Null (s. auch Abschnitt 5.1.2.). Bei rein elastischer Verformung muß die Verzerrung proportional der Spannung sein, so daß sich mit dem Schubmodul G für das Spannungsfeld in der Nähe einer Schraubenversetzung ergibt:

$$\sigma_{\vartheta z} = \frac{G|\boldsymbol{b}|}{2\pi r}. \tag{4,32}$$

Die Schubspannung $\sigma_{\vartheta z}$ verläuft also rotationssymmetrisch und umgekehrt proportional zu r. Da nur diese eine Spannungskomponente wirkt, können wir die Indizes fortlassen.

Die potentielle Energie in der differentiellen Zylinderschale beträgt, bezogen auf die Länge L der Versetzungslinie,

$$\mathrm{d}U'' = \frac{1}{2}\,\sigma e\,\frac{\mathrm{d}V}{L} = \frac{G|\boldsymbol{b}|^2}{4\pi}\,\frac{\mathrm{d}r}{r}. \tag{4,33}$$

Der Faktor $\frac{1}{2}$ tritt auf, weil sich die Spannung im Verlauf der Verformung linear aufbaut und somit für die Spannung der arithmetische Mittelwert zwischen dem

Anfangszustand $\sigma(0) = 0$ und dem Endwert σ zu nehmen ist. Für den gesamten Spannungsanteil der Selbstenergie einer Schraubenversetzung erhalten wir durch Integration von (4,33) zwischen r_0 und r_1:

$$U''_{\mathrm{Sch}} = \frac{G\,|\boldsymbol{b}|^2}{4\pi} \ln\left(\frac{r_1}{r_0}\right). \tag{4,34}$$

Für eine Stufenversetzung ist die Berechnung der elastischen Selbstenergie etwas komplizierter, da hier das Spannungsfeld — wie ohne Beweis angeführt sei — aus zwei gleichen Normalspannungskomponenten σ_{rr} und $\sigma_{\vartheta\vartheta}$ sowie einer Schubspannung $\sigma_{r\vartheta}$ besteht:

$$\begin{aligned} \sigma_{rr} = \sigma_{\vartheta\vartheta} &= -\frac{G\,|\boldsymbol{b}|}{2\pi(1-\nu)}\,\frac{\sin\vartheta}{r} \\ \sigma_{r\vartheta} &= \frac{G\,|\boldsymbol{b}|}{2\pi(1-\nu)}\,\frac{\cos\vartheta}{r}. \end{aligned} \tag{4,35}$$

Hier ist ν die *Poisson-Konstante*, die das Verhältnis von Querkontraktion zu Längsdehnung angibt und für Kupfer 0,34 beträgt.

Mit diesen Ausdrücken errechnet sich der Spannungsanteil der Selbstenergie einer Stufenversetzung pro Längeneinheit:

$$U''_{\mathrm{St}} = \frac{1}{1-\nu}\,\frac{G\,|\boldsymbol{b}|^2}{4\pi} \ln\left(\frac{r_1}{r_0}\right). \tag{4,36}$$

Die Ausdrücke (4,34) und (4,36) stimmen also bis auf den nicht sehr großen Zahlenfaktor $(1-\nu)^{-1}$ überein. Ein „Schönheitsfehler" besteht allerdings darin, daß die Selbstenergie mit zunehmender Kristallgröße, wenn auch logarithmisch, unbegrenzt zunimmt. In der Praxis ist dies jedoch unwichtig, weil das Spannungsfeld einer Versetzung endet, sobald der Bereich einer anderen Versetzung, einer Korngrenze oder die Kristalloberfläche erreicht wird.

Bedeutungsvoll ist die auffällige Abhängigkeit der Selbstenergie vom Quadrat des Burgers-Vektors. Daraus erklärt sich, warum die Burgers-Vektoren beobachteter Versetzungen meist den kleinsten Gittertranslationen entsprechen. Eine Stufenversetzung mit $|\boldsymbol{b}|$ im n-fachen Betrag einer Gitterkonstanten würde sich in n parallele Versetzungen aufspalten, weil dies die Gesamtenergie des Systems herabsetzt. Versetzungen, die dem kleinsten Identitätsabstand innerhalb einer Gitterebene entsprechen, werden *Einheitsversetzungen* genannt. Ferner sind unter den Einheitsversetzungen mit verschiedener Richtung von $\boldsymbol{b}$ diejenigen energetisch bevorzugt, bei denen der Abstand zu den Nachbaratomen am kleinsten ist. Im Einklang damit treten Stufenversetzungen vorzugsweise in dicht gepackten Kristallebenen mit niedrigen Millerschen Indizes auf, die zugleich auch die Gleitebenen bei der plastischen Verformung bilden.

Man beachte, daß die kürzeste Gittertranslation bei fcc- oder bcc-Kristallen kleiner ist als die Gitterkonstante der nichtprimitiven Elementarzelle. Für fcc-Kristalle liegt der kürzeste Atomabstand in Richtung der Flächendiagonalen. Sein Betrag ist $\frac{a}{2}\sqrt{2}$, und für den Burgers-Vektor schreiben wir:

$$\boldsymbol{b} = \frac{a}{2}\,\langle 110\rangle. \tag{4,37}$$

Die Winkelklammer bedeutet dabei ein verallgemeinertes Richtungssymbol, mit dem die kristallographisch gleichwertigen Richtungen [110], [101], ..., [$\bar{1}$10], ... ausgedrückt werden. Gleitebenen sind in fcc-Kristallen hauptsächlich die gleichwertigen {111}-Ebenen, die also nach (4,37) in den bevorzugten Gleitrichtungen ⟨110⟩ verschoben werden.

Kräfte zwischen Versetzungen. Der Spannungsanteil der Selbstenergie hängt von der Position der Versetzung im Kristall ab; beispielsweise vom Abstand zu anderen Baufehlern oder zur Kristalloberfläche. Unter dem Einfluß von Kräften bewegen sich die Versetzungen. Dementsprechend definiert man als Kraft, die auf eine in Richtung $\boldsymbol{r}$ verschobene Versetzung wirkt:

$$\boldsymbol{F} = -\frac{\mathrm{d}U}{\mathrm{d}\boldsymbol{r}}. \tag{4,38}$$

Wir nehmen nun an, daß das Element d$\boldsymbol{s}$ der Versetzungslinie unter dem Einfluß einer Schubspannung σ eine Translation d$\boldsymbol{r}$ zurückgelegt hat. Vereinfachend setzen wir weiter voraus, daß die Schubspannung und die Translation parallel zu einer Gleitebene sind, in der die Versetzungslinie liegt. Beim Überstreichen der gesamten Gleitfläche durch die Versetzungslinie wird der darüberliegende Kristallbereich relativ zum darunter befindlichen um den Burgers-Vektor $\boldsymbol{b}$ verschoben. Der Beitrag durch das betrachtete Flächenelement $\mathrm{d}\boldsymbol{r} \times \mathrm{d}\boldsymbol{s}$ soll nun $(\mathrm{d}\boldsymbol{r} \times \mathrm{d}\boldsymbol{s}/A)\, \boldsymbol{b}$ sein, wenn A die gesamte Fläche der Gleitebene bedeutet. Wenn wir weiter annehmen, daß d$\boldsymbol{r}$ senkrecht auf d$\boldsymbol{s}$ steht, so können wir das Vektorprodukt durch das Produkt der Beträge ersetzen, und für die unter der wirksamen Kraft $A \cdot \sigma$ verrichtete Arbeit während des Gleitvorganges ergibt sich mit (4,38) und $b \equiv |\boldsymbol{b}|$

$$A\sigma \frac{\mathrm{d}r\, \mathrm{d}s}{A} b = \sigma b\, \mathrm{d}r\, \mathrm{d}s = F\, \mathrm{d}r. \tag{4,39}$$

Damit erhalten wir für die auf ein Versetzungselement der Länge ds wirkende Kraft:

$$F = \sigma b\, \mathrm{d}s. \tag{4,40}$$

Bei beliebigen Richtungsbeziehungen wird dieser Ausdruck komplizierter, weil dann der Tensorcharakter von σ berücksichtigt werden muß.

Hier kam es darauf an, zu zeigen, daß durch elastische Spannungen Kräfte auf Versetzungen ausgeübt werden, die dem Betrag des Burgers-Vektors proportional sind. Von besonderem Interesse ist nun der Fall, daß die in (4,40) auftretende Spannung von der elastischen Deformation einer zweiten Versetzung herrührt. Für zwei parallele Schraubenversetzungen mit den Beträgen b_1 und b_2 der Burgers-Vektoren ergibt sich nach (4,32) für die Kraft je Längeneinheit:

$$F' = \frac{F_s}{\mathrm{d}s} = \pm \frac{s b_1 b_2}{2\pi r}. \tag{4,41}$$

Das Vorzeichen hängt davon ab, ob die Burgers-Vektoren parallel oder antiparallel zueinander gerichtet sind; gleichsinnig orientierte Schraubenversetzungen stoßen sich ab, während bei entgegengesetzter Lage eine anziehende Kraft wirkt. Bei Stufenversetzungen liegen die Verhältnisse verwickelter, da Vorzeichen und Stärke der Wechselwirkung auch vom Winkel ϑ abhängen, den der Abstandsvektor zwischen den Versetzungen relativ zur Gleitebene $\vartheta = 0$ einschließt. Dies folgt aus dem Verlauf des Spannungsfeldes (4,35), das nicht rotationssymmetrisch ist. Im einzelnen ergibt die Rechnung, daß zwischen gleichnamigen, parallelen Stufenversetzungen eine abstoßende Kraft wirkt, wenn $0 < \vartheta < \frac{\pi}{4}$ oder $\frac{3\pi}{4} < \vartheta < \pi$ erfüllt ist; dagegen tritt in den Bereichen $\frac{\pi}{4} < \vartheta < \frac{\pi}{2}$ auch bei gleichem Vorzeichen Anziehung auf. Dazwischen liegen Nullstellen, von denen die bei $\vartheta = \frac{\pi}{2}$ befindliche einem stabilen Gleichgewicht entspricht. Damit wird verständlich, warum sich in Realkristallen häufig stabile Konfigurationen paralleler Stufenversetzungen ausbilden. Wie bei den Schraubenversetzungen wechseln alle Kraftwirkungen das Vorzeichen, wenn man zu ungleichnamigen Versetzungen übergeht.

Eingeschränkte Bewegung von Versetzungen. Die Gesamtheit der eindimensionalen Fehlordnung in einem Realkristall bildet ein Haufwerk von Versetzungen unterschiedlicher Art und Orientierung. In diesem Zusammenhang spricht man von einem „Versetzungswald", jedoch muß bei diesem Vergleich beachtet werden, daß die den einzelnen Versetzungen entsprechenden Bäume in den verschiedensten Richtungen angeordnet sein können. Durch die Wechselwirkung zwischen den Versetzungen wird ihre Bewegung, die in einem schwach fehlgeordneten Kristall sehr leicht erfolgt, erheblich eingeschränkt. Das ist besonders dann der Fall, wenn sich im Verlaufe des Gleitprozesses mehrere Versetzungen durchkreuzen, von denen wenigstens eine nicht in einer Gleitebene liegt. Infolgedessen verhalten sich Schnittpunkte von 3 unterschiedlich orientierten Versetzungen, die im allgemeinen keine gemeinsame Gleitebene besitzen können, wie Ankerpunkte, an denen die Versetzungen hängen bleiben. In gleicher Weise wirken auch dreidimensionale Ausscheidungen, die von den Versetzungen nicht ohne weiteres durchquert und nur mit erheblichem Energieaufwand umgangen werden können. Darauf beruht die Härte von Stahl, in dem die Gleitung durch ausgeschiedene Eisencarbid-Partikel weitgehend blockiert wird. Schließlich können auch Fremdatome, die sich bevorzugt in der Nähe von Versetzungen als sogenannte Cottrell-Wolken ablagern, die Bewegung linearer Defekte erheblich hemmen. Insgesamt ist also festzustellen, daß die plastische Deformation der Festkörper, die erst durch die lineare Fehlordnung verständlich wird, mit zunehmender Defektdichte wieder abnimmt. Da sich versetzungsfreie Kristalle bisher nicht mit vertretbarem Aufwand herstellen lassen, beruhen die werkstofftechnischen Maßnahmen zur Erhöhung der Festigkeit im Prinzip darauf, die Bewegung der Versetzungen durch gezielte Veränderung ihrer Realstruktur einzuschränken.

Elektrische Eigenschaften. In Isolator- und Halbleiterkristallen können Versetzungen ebenso wie Punktdefekte als Donatoren oder Akzeptoren wirken und damit die elektrische Leitfähigkeit wesentlich beeinflussen. Am einfachsten ist dies bei Molekülkristallen zu verstehen, da die Atome der Versetzungslinie freie Bindungselektronen besitzen, die entweder an das Gitter als Leitungselektronen abgegeben oder durch Aufnahme von Elektronen aus dem Kristall abgesättigt werden. Allerdings kann nur ein relativ kleiner Bruchteil der Atome einer Versetzungslinie in dieser Weise wirksam werden, da die elektrostatische Aufladung in der Kette den Ladungsübergang begrenzt. In Halbleitern ist das elektrische Potential in der Nähe eindimensionaler Defekte von dem des ungestörten Volumens verschieden. Dadurch bilden sich Barrieren aus, die auf bewegte Ladungsträger als Streuzentren wirken und den Widerstand erhöhen (vgl. Abschnitt 6.5.4.).

4.2.6. Vervielfachung, Ausheilung und Entstehung von Versetzungen

Experimentell ist gesichert, daß die Versetzungsdichte im Verlaufe mechanischer Bearbeitungsprozesse um Größenordnungen zunimmt. Nach starker plastischer Deformation, wie sie etwa beim Umformen oder in den oberflächennahen Schichten nach spanender Bearbeitung auftritt, kann sie von 10^8 im durchschnittlichen metallischen Werkstoff auf $10^{11} \cdots 10^{12}$ Versetzungslinien pro Quadratzentimeter ansteigen, wie man sowohl durch Auszählen als auch durch Vergleich der aufgenommenen thermischen Energie mit der Selbstenergie ermittelt hat. Der Maximalwert in einem noch kristallinen Gefüge scheint bei einer Dichte zu liegen, bei der eine Versetzungslinie auf einen quadratischen Bereich von 30 bis 100 Atomen Kantenlänge entfällt. Andererseits läßt sich die gestörte Struktur durch anhaltendes

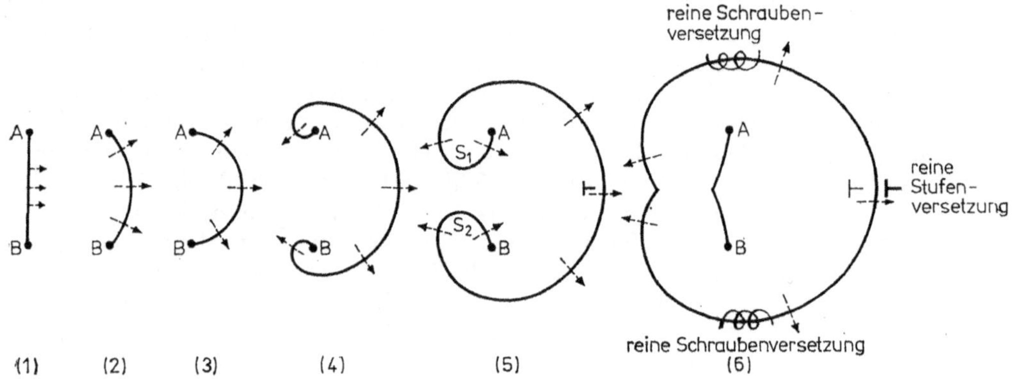

Abb. 4.24

Erzeugung von Versetzungsringen durch eine Frank-Read-Quelle (eine in den Punkten A und B fixierte Versetzung) bei Wirkung einer Kraft senkrecht zur Versetzungslinie

Erwärmen teilweise wieder ausheilen. Schließlich bildet die Frage nach der primären Entstehung der Versetzungen bei der Kristallisation aus der Schmelze oder der Gasphase ein wichtiges Problem.

Vervielfachung von Versetzungen. Wir betrachten zunächst den Mechanismus der Zunahme einer bereits vorhandenen linearen Fehlordnung. Den Ausgangspunkt bildet das von Frank und Read entworfene Modell einer *Versetzungsquelle* (Abb. 4.24). Die Punkte A und B einer Versetzungslinie sollen im Kristall entsprechend den Ausführungen im vorigen Abschnitt fest verankert sein (Zustand (1)). Wenn nun eine äußere Spannung τ wirkt, so kann sich die Versetzungslinie im eingespannten Bereich lediglich ausbeulen. Dabei erhöht sich die Selbstenergie um einen Betrag δU, da die Anzahl der fehlgeordneten Atome wächst und auch das umgebende Spannungsfeld verstärkt wird. Ähnlich zur Oberflächenspannung von Flüssigkeiten führt man eine Linienspannung

$$F_l' = \frac{\delta U}{\delta l} \tag{4,42}$$

ein, die dem Energieaufwand bei einer relativen Zunahme der Länge der Versetzungslinie um δl entspricht. Da U bereits auf eine Längeneinheit bezogen ist, besitzt F_l'

ebenso wie die Oberflächenspannung die Dimension [Energie] · [Fläche]$^{-1}$ oder [Kraft] · [Länge]$^{-1}$.

Um eine geradlinige Versetzung zwischen zwei Festpunkten zu einem Halbkreis vom Radius ϱ auszubeulen, muß eine äußere Spannung wirken, für die der angenäherte Ausdruck

$$\tau = \frac{F_l'}{|\boldsymbol{b}|\,\varrho} \approx 0{,}5\,\frac{G\,|\boldsymbol{b}|}{\varrho} \tag{4,43}$$

berechnet wurde.

In der Abbildung sind die aufeinanderfolgenden Stadien eines Vorgangs dargestellt, der schließlich zum Entstehen neuer Versetzungen führt. Das „kritische Stadium" (3) ist erreicht, wenn die Deformation bis zum Halbkreis fortgeschritten ist. Mit einer durchschnittlichen Maschenweite von $2\varrho < |\boldsymbol{b}| \cdot 10^{-6}$ m — was einer relativ niedrigen Defektdichte entspricht — und $|\boldsymbol{b}| \approx 2 \cdot 10^{-10}$ m ergibt sich nach (4,43) als notwendige Arbeitsspannung der Frank-Read-Quelle ein Wert von etwa $10^{-5}\,G$. Das ist weniger als die kritische Schubspannung der plastischen Verformung, die zwischen 10^{-2} und $5 \cdot 10^{-4}\,G$ liegt. Der weitere Verlauf des Prozesses in den mit (4), (5), (6) bezeichneten Stadien läßt sich folgendermaßen verstehen. Angenommen der Ausgangszustand entsprach einer reinen Stufenversetzung, so werden die sich nähernden Teile s_1 und s_2 den Charakter von Schraubenversetzungen mit entgegengesetztem Drehsinn tragen. Dies folgt aus der früher besprochenen Struktur von gekrümmten Versetzungen (siehe Abb. 4.17). Die beiden Schraubenanteile kommen schließlich in Kontakt und rekombinieren, wobei sich die entgegengesetzten Deformationen aufheben. Zurückbleiben einmal ein selbständiger, zunächst herzförmiger Versetzungsring, der sich rasch weiter ausdehnt, sowie ein nach innen gebogenes Mittelstück zwischen A und B, das unter dem Einfluß der inneren und äußeren Spannung in den geradlinigen Anfangszustand zurückkehrt. Damit kann der Mechanismus der Frank-Read-Quelle erneut einsetzen, so daß bei anhaltender äußerer Spannung aus einer Versetzung im Prinzip beliebig viele lineare Defekte hervorgehen können. Einmal in Gang gekommen, wird der Betrieb der Quelle auch noch durch die kinetische Energie begünstigt, weil die Versetzungslinie zwischen A und B den nächsten Zyklus sozusagen mit „einem fliegenden Start" beginnt.

Frank-Read-Quellen konnten mit elektronenoptischen und infrarotmikroskopischen Aufnahmen sehr schön nachgewiesen werden, wofür Bildtafel VI/1 ein Beispiel bietet. Daneben wurden weitere, ähnlich wirkende Multiplikationsprozesse unter Teilnahme innerer Grenzflächen vorgeschlagen, die bei der Plastizität von polykristallinem Material wahrscheinlich vorherrschend sind. Die Vervielfachung von Versetzungen erklärt, warum beim plastischen Gleiten stets genügend Versetzungen verfügbar sind. Aus der Tatsache, daß die an Einkristallen beobachteten Gleitabsätze maximal etwa 10^3 Atomabständen entsprechen, muß eine obere Grenze für die Ergiebigkeit der Versetzungsquellen gefolgert werden. Wahrscheinlich spielen dabei sowohl die endliche Relaxationszeit des Gitters als auch allmähliche Alterungsvorgänge eine begrenzende Rolle.

Klettern von Versetzungen. Im atomaren Bereich weisen die Versetzungslinien auch bei Abwesenheit äußerer Spannungen häufig Knicke oder Kerben auf, die man als *Versetzungssprünge* bezeichnet. Solche „ausgefransten" Versetzungen liegen nicht mehr in einer Gleitebene, was ihre Beweglichkeit hemmt. Das Entstehen und Verschwinden solcher Sprünge beruht auf der Wechselwirkung zwischen null- und eindimensionalen Gitterdefekten. Wenn am Rand der Versetzung beispielsweise Gitterlücken ausgeschieden werden oder aus dem Kristallvolumen herandiffundieren, so bilden sich, wie Abb. 4.25 veranschaulicht, Sprünge aus. Mit zunehmender Temperatur kann dieser Vorgang ein solches Ausmaß annehmen, daß die zusätzliche Gitterebene einer Stufenversetzung allmählich aufgezehrt wird (vgl. Abb. 4.12). Die Versetzungen beginnen, senkrecht zur Gleitebene zu „klettern", und sie können schließlich ganz verschwinden, wodurch gestörte Kristallbereiche „ausgeheilt" werden. Diese Vorgänge sind beim „Tempern" von Werkstoffen sowie bei der zeitabhängigen Verformung aufgeheizter Festkörper durch *plastisches Kriechen* bedeutungsvoll.

Schon unterhalb der hierfür notwendigen Temperaturen ermöglicht das Klettern zusammen mit der Bewegung in den bevorzugten Gleitrichtungen eine Umver-

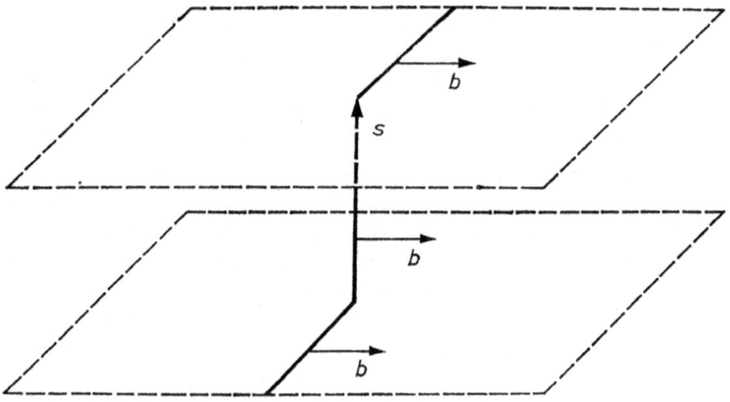

Abb. 4.25
Sprung s einer Versetzungslinie.
Der Burgers-Vektor im Sprung s ändert sich nicht.

teilung ursprünglich ungeordneter Versetzungsstrukturen. Im Ergebnis bilden sich energetisch günstige Konfigurationen aus, die vielfach durch eine geometrisch regelmäßige Struktur gekennzeichnet sind. Wie T. und H. SUZUKI zeigten, ordnen sich in fcc-Kristallen die Versetzungen bevorzugt in der (113)-Ebene an. Das Ergebnis ist ein hexagonales Versetzungsnetz, das auch beobachtet wurde (Bildtafel VII/3). Im allgemeinen Fall führt die Bildung regelmäßiger Versetzungsstrukturen zu einer *Polygonisation* der Kristalle. Häufig sammeln sich die linearen Defekte in flächenhaften Bereichen an, durch die „Blöcke" mit weitgehend geordneter Struktur voneinander getrennt werden. Diese *Mosaikstruktur*, die man auch bei weitgehend perfekten Einkristallen beobachtet, stellt einen Übergang von der eindimensionalen zur zweidimensionalen Fehlordnung dar, auf den wir unten zurückkommen.

Primäre Entstehung von Versetzungen. Über die Details der Vorgänge, nach denen sich die lineare Fehlordnung in Kristallen bei der Kondensation aus der Gasphase, dem Erstarren einer Schmelze oder beim Wachstum aus Lösungen bildet, ist bis jetzt verhältnismäßig wenig bekannt. Wahrscheinlich sind hierfür zufällige Störungen in den primären Kristallkeimen verantwortlich, die sich beim weiteren Wachstum auf Grund kinetischer Faktoren zum eindimensionalen Defekt fortsetzen. Sobald nur einige Versetzungen vorhanden sind, können die oben behandelten Vervielfachungsmechanismen bereits während des Kristallwachstums eine Zunahme der Defektdichte bewirken. Hauptursache bilden dabei thermisch bedingte Spannungen, die sich durch ungleichmäßige Abfuhr der Kondensationswärme an der Oberfläche des wachsenden Kristalls ausbilden. Da sich die Dichte des Materials beim Übergang in den festen Zustand ändert — in den meisten Fällen nimmt sie zu — scheiden sich außerdem Punktdefekte gewöhnlich in Form von Lücken ab. Bei genügender Konzentration können sich die Lücken, wie auch aus der Untersuchung von Strahlenschäden bekannt ist, zu blasen- oder scheibenförmigen Gebilden zusammenschließen. Im letzten Fall ist bei genügender Ausdehnung der „Lückenscheibe" zu erwarten, daß die benachbarten Gitterebenen entsprechend Abb. 4.26 nachgeben, wodurch

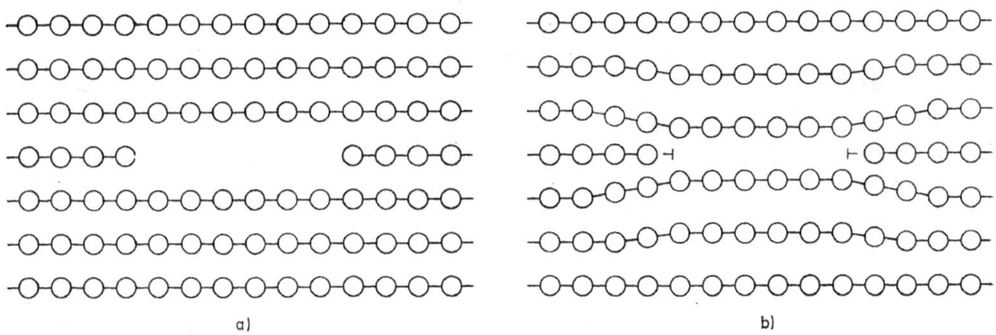

Abb. 4.26

Erzeugung von Versetzungen durch Leerstellenzusammenschluß

a) Durch Anhäufung von Leerstellen in einer Ebene entstandene Defektfläche.
b) Durch „Einbruch" von angrenzenden Atomebenen in die Defektfläche entstandene Stufenversetzungen.

Versetzungen entstehen, die sich durch Gleiten oder Klettern voneinander entfernen. Als Zwischenstadium treten dabei *Frankτsche Teilversetzungen* auf, die sich von „echten" oder „vollständigen" Versetzungen dadurch unterscheiden, daß der Burgers-Vektor nicht mit einer Gittertranslation übereinstimmt und auch nicht in einer Gleitebene liegt.

Versetzungsfreie Einkristalle und Fadenkristalle. In neuerer Zeit ist es gelungen, von einigen wenigen Stoffen, hauptsächlich den Halbleitern Germanium und Silicium, mit dem in Abschnitt 2.5.1. behandelten Czochralski-Verfahren größere Kristalle zu ziehen, die praktisch keine linearen Defekte enthalten. Um dies zu erreichen, führt man den Ziehvorgang durch Variation der Geschwindigkeit so durch, daß ein Kristall mit einem dünnen, allmählich sich verbreiternden „Hals" wächst. Die im Impfkeim vorhandenen Versetzungen wandern dabei zur Oberfläche aus und können sich im Kristall nicht fortsetzen. Ferner muß man die thermischen Verhältnisse an der Grenzfläche Schmelze/Kristall so gestalten, daß sich eine ebene Phasengrenze ausbildet und keine Spannungen auftreten. Diese im Prinzip naheliegenden Maßnahmen lassen sich praktisch nur mit einem hohen apparativen und meßtechnischen Aufwand durchführen. Infolgedessen bilden versetzungsfreie Kristalle teure Objekte für spezielle festkörperphysikalische Forschungsarbeiten. Versetzungsarme Kristalle mit Defektdichten von $10^1 \ldots 10^2/\mathrm{cm}^2$ werden dagegen für die Herstellung von speziellen elektronischen und optoelektronischen Bauelementen eingesetzt.

Eine vielfach beobachtete und untersuchte Merkwürdigkeit bildet das Wachstum von *Fadenkristallen* oder „Whiskers". Bei der Kondensation aus der Gasphase, speziell bei anhaltender Übersättigung des Dampfes an der Kristalloberfläche, entstehen sehr dünne und lange Fäden, die sich als Einkristalle mit äußerst geringer Defektdichte erwiesen haben. Fadenkristalle von Cu, Fe, Ni und anderen Metallen wurden durch Gasphasenreaktion flüchtiger Verbindungen im Wasserstoffstrom hergestellt, beispielsweise nach der Reaktion:

$$\mathrm{CuJ} + \frac{1}{2}\,\mathrm{H_2} \rightarrow \mathrm{Cu} + \mathrm{HJ}. \qquad (4{,}44)$$

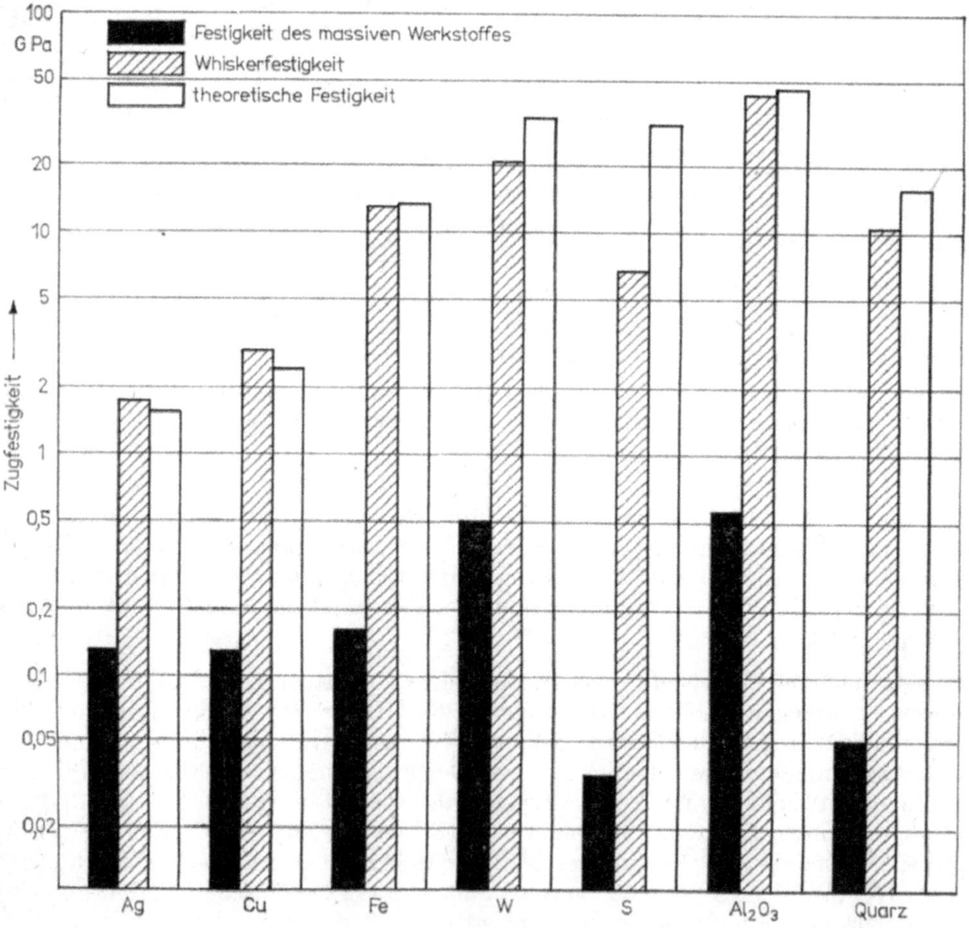

Abb. 4.27

Vergleich der theoretischen Festigkeit mit gemessenen maximalen Werten der Zugfestigkeit einiger Werkstoffe als Massivmaterial und als Whisker (aus v. ARDENNE, M.: Tabellen zur angewandten Physik. Bd. 3. — Berlin: VEB Deutscher Verlag der Wissenschaften 1973).

Der Durchmesser von Fadenkristallen liegt meist im Bereich von 0,1···5 μm, ihre Länge ist dagegen um Größenordnungen höher und kann unter Umständen viele mm erreichen!

Um dieses extreme Wachstum in einer Richtung zu erklären, nimmt man nach FRANK an, daß die Fäden eine einzige axiale Schraubenversetzung enthalten, an deren oberem Absatz das Wachstum erfolgt. Eine alternative Deutung, die in vielen Fällen zutreffen dürfte, wurde mit der VLS-Theorie (nach „vapour—liquid—solid") durch R. S. WAGNER gegeben. Danach bildet sich an der Spitze des wachsenden Kristalls ein flüssiges Tröpfchen, in dem laufend Dampf kondensiert, während sich an der Phasengrenze flüssig—fest die Abscheidung festen Materials vollzieht. Die kinetische Bevorzugung folgt aus dem erhöhten Gleichgewichtsdampfdruck über stark gekrümmten Oberflächen.

Schließlich wachsen Whiskers auch bei anhaltender Einwirkung reaktiver Gase, wie Sauerstoff oder Schwefeldampf, auf Metalloberflächen. Ob bei der Bildung solcher Oxid- oder Sulfid-Fadenkristalle ein dritter Mechanismus, etwa die bevorzugte Nachlieferung des Metalls über Punktdefekte von der Basis aus, wirksam ist, läßt sich wohl noch nicht eindeutig entscheiden.

Beispiele des Wachstums von Fadenkristallen sind in Bildtafel I/3 dargestellt. Die Meßergebnisse der Festigkeit von Fadenkristallen im Vergleich zum üblichen Festkörper — siehe Abb. 4.27 — zeigen, daß die Werte von Whiskers in der Nähe der Werte liegen, die man für ideale, versetzungsfreie Kristalle berechnet. Daß die Meßergebnisse an Fadenkristallen die theoretischen Werte teilweise sogar überbieten, liegt an der Unsicherheit der Rechnungen. Damit wird die Richtigkeit des Versetzungsmodells der Plastizität eindrucksvoll unterstrichen. Ob sich daraus technische Möglichkeiten zur Entwicklung festerer Werkstoffe in größerem Umfang — beispielsweise denkt man an Verbunde aus Fadenkristallen und Plasten — ergeben, bleibt abzuwarten.

4.2.7. Versetzungsstruktur und Kristallbau

Nach den Ausführungen des vorigen Abschnitts enthalten reale Einkristalle ein dreidimensionales Netzwerk von Versetzungen. Bereits während des Wachstums oder nach Temperaturbehandlung ordnen sich die Versetzungen zu relativ regelmäßigen räumlichen Konfigurationen an, wodurch erklärt wird, warum man auch bei scheinbar guten Einkristallen nach Anätzen oder elektronenmikroskopisch eine Mosaik-Struktur beobachtet. Weitere Kristallbaufehler, die als Übergänge von der ein- zur zweidimensionalen Fehlordnung anzusehen sind, stellen die *Stapelfehler* und das Auftreten von *Kristallzwillingen* dar.

Stapelfehler. Wenn wir die dichteste Kugelpackung eines fcc-Kristalls in [111]-Richtung betrachten, so ergibt sich — wie bereits in Abschnitt 2.4.2. dargelegt wurde — die Stapelfolge ...ABCABC..., das heißt, die auf eine zu [111] senkrechte Ebene projizierten Atompositionen wiederholen sich mit jeder dritten Ebene. Wie ebenfalls schon erwähnt wurde, können in der Aufeinanderfolge der Ebenen „Irrtümer" vorkommen, beispielsweise in der Folge ...ABCAB:ABC..., und man spricht dann von Stapelfehlern.

Im vorstehenden Fall ist der Kristall so gebaut, als wäre an der gekennzeichneten Stelle eine Atomebene herausgezogen oder durch Gitterlücken aufgezehrt worden. Der gleiche Fehler kann aber auch durch einen Gleitprozeß mit der Gleitebene an

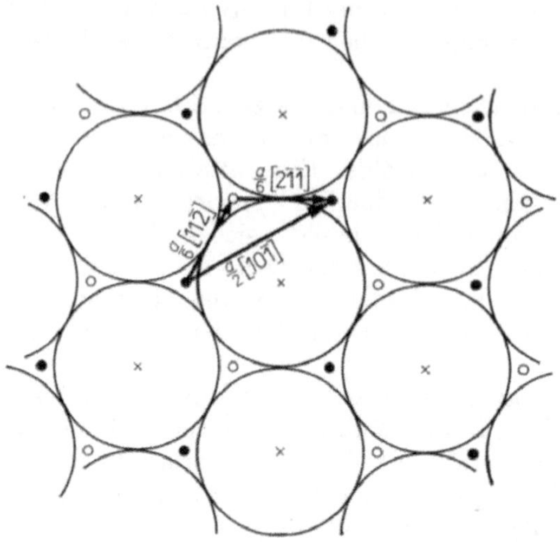

Abb. 4.28

Heidenreich-Shockleysche Halbversetzungen

a) (111)-Fläche eines kubisch flächenzentrierten Kristalls. Die B-Ebene (×) liegt in der Papierebene, die A-Ebene (∘) darunter und die C-Ebene (•) darüber. Durch Gleiten in der (111)-Fläche um den Vektor $\frac{a}{2}$ [10$\bar{1}$] bleibt die C-Ebene als solche erhalten. Es entsteht kein Stapelfehler. Hingegen gelangen bei Gleitung um $\frac{a}{6}$ [11$\bar{2}$] die Atome der C-Lage in die Positionen der Atome der A-Lage. Die Ebene C fehlt in der Stapelfolge.

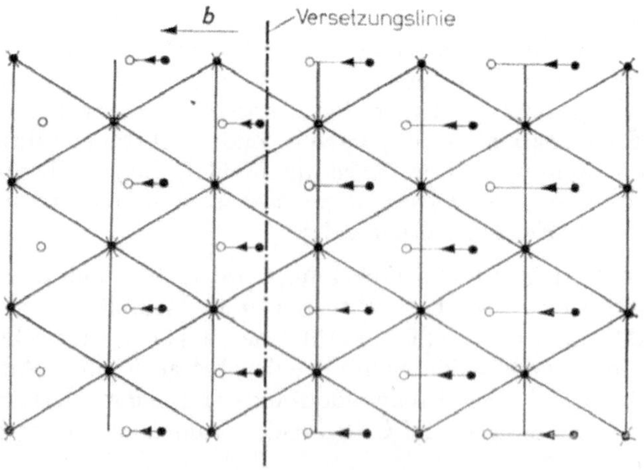

b) Heidenreich-Shockleysche Halbversetzung, die entsteht, wenn der Stapelfehler, der durch die in a) dargestellte Gleitung hervorgerufen wird, im Kristall endet. Die Ebenenkennzeichnung entspricht der in a).

der markierten Position, also zwischen den benachbarten Gitterebenen entstanden sein. Dazu stellen wir uns vor, daß der gesamte Kristall rechts vom Pfeil um den Vektor

$$\boldsymbol{b}_{1/2} = \frac{a}{6}\,[11\bar{2}] \tag{4,45}$$

verschoben worden ist. Durch die Gleitung wird die ursprüngliche Ebene C in A, analog A in B und B in C übergeführt, womit sich genau die angegebene Sequenz bildet.

Die Gleitoperation (4,45) entspricht nun völlig der Definition einer Versetzung, nur stimmt der Burgers-Vektor nicht mit einer Gittertranslation überein. Aus Abb. 4.28 entnehmen wir, daß die beschriebene Gleitung zu einer *unvollständigen*

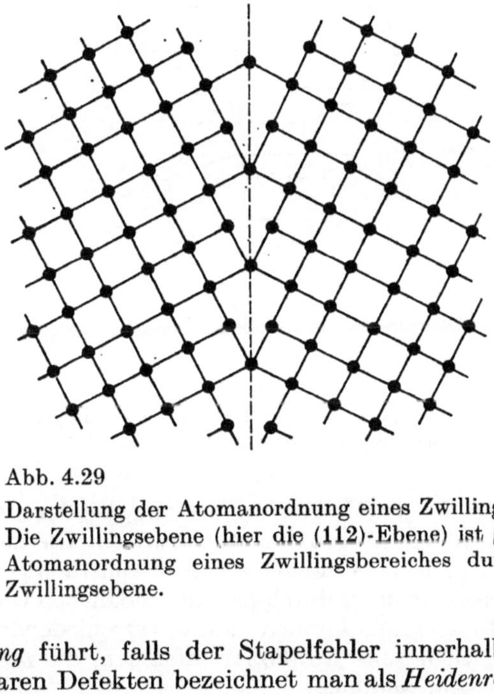

Abb. 4.29
Darstellung der Atomanordnung eines Zwillings.
Die Zwillingsebene (hier die (112)-Ebene) ist gestrichelt gezeichnet. Man erhält die Atomanordnung eines Zwillingsbereiches durch Spiegelung des anderen an der Zwillingsebene.

Versetzung führt, falls der Stapelfehler innerhalb des Kristalls endet. Diese Art von linearen Defekten bezeichnet man als *Heidenreich-Shockleysche Halbversetzungen*.

Der Name sowie der Index in (4,45) erklären sich durch die Tatsache, daß sich vollständige Versetzungen in fcc-Kristallen meist in zwei Teile mit gleichem Betrag des Burgers-Vektors aufspalten. Ein Beispiel bildet der Vorgang:

$$\frac{\boldsymbol{a}}{2}\,[10\bar{1}] \rightarrow \frac{\boldsymbol{a}}{6}\,[112] + \frac{\boldsymbol{a}}{6}\,[2\bar{1}\bar{1}]. \tag{4,46}$$

Wegen der quadratischen Abhängigkeit der Selbstenergie vom Betrag des Burgers-Vektors ist dieser Prozeß mit einem Energiegewinn verbunden.

Stapelfehler neigen dazu, sich im Kristall in bestimmten Abständen anzuordnen. Dies läßt sich durch ihre Wechselwirkung mit den Teilversetzungen begründen. In einigen Fällen, vor allem beim SiC, hat man periodische Sequenzen mit wechselnder Wiederholungslänge — bis zu einigen hundert Atomabständen! — festgestellt. Diese Erscheinung, für die Schraubenanteile der Teilversetzungen verantwortlich zu machen sind, nennt man *Polytypie*.

Zwillingskristalle. Unter den einzelnen Stücken kristalliner Stoffe findet man gewöhnlich zahlreiche miteinander verwachsene Doppel- oder Mehrfachkristalle. Je zwei verschiedene Bereiche sind dabei häufig spiegelbildlich zueinander angeordnet, was im atomaren Bau der in Abb. 4.29 dargestellten Struktur entspricht. Beispiele für Zwillingskristalle sind in Abb. 4.30 wiedergegeben. Überraschenderweise läßt sich die Bildung von Zwillingsbereichen auch beobachten, wenn man bestimmte Kristalle (z. B. Kalkspat) mit einem scharfen Gegenstand einkerbt. Das Zustandekommen dieser Art von Defekten läßt sich verstehen, indem man gemäß der Zeichnung einen Gleitprozeß betrachtet, bei dem alle Netzebenen einer Schar gleicher Indizes um einen gleichmäßigen Betrag abgeglitten sind. Es handelt sich also um

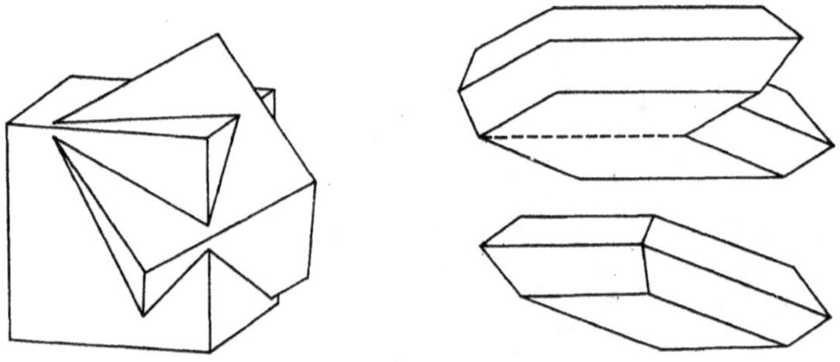

Abb. 4.30

Beispiele für Zwillingskristalle

a) Nach (111) verzweigter Flußspatzwilling (Durchdringungszwilling).

b) Gipskristallzwilling (Ebenenzwilling), darunter perfekter Kristall.

eine andere Art der Gleitung als bei der plastischen Verformung, bei der nur ein Teil der Gitterebenen, jedoch um eine größere Distanz verschoben wird. Die mechanisch ausgelöste Zwillingsbildung kann durch die Bewegung von unvollständigen Versetzungen gedeutet werden, die sich nacheinander durch jede der möglichen Gleitebenen bewegen. Zwillinge beim Kristallwachstum können durch verschiedenartige Störungen (mechanische, thermische, chemische Einflüsse) entstehen, die meist schon im Stadium der Kristallkeime wirksam werden.

4.3. Zwei- und dreidimensionale Baufehler

4.3.1. Kleinwinkelkorngrenzen

Korngrenzen sind die Übergänge zwischen den verschieden orientierten Kristalliten oder „Körnern" in einem polykristallinen Gefüge. Eine einfache Kleinwinkelkorngrenze liegt vor, wenn die benachbarten Kristallite höchstens um wenige Grad um eine in der ebenen Grenzschicht liegende Achse zueinander verkippt sind. Diese Art der Realstruktur geht aus einem perfekten Kristall hervor, wenn gemäß Abb. 4.31 entlang der Grenzfläche in gleichen Abständen h Stufenversetzungen mit dem Burgers-

Vektor $\boldsymbol{b}$ parallel zueinander angeordnet sind. Auf die energetische Stabilität einer solchen „vertikalen" Konfiguration mit $\boldsymbol{b}$ senkrecht zu den Gleitebenen wurde in Abschnitt 4.2.5. hingewiesen. Aus der Zeichnung entnimmt man die Beziehung:

$$\tan\frac{\Theta}{2} = \frac{b}{2h} \tag{4,47}$$

oder, da Θ voraussetzungsgemäß klein ist:

$$h = \frac{b}{\Theta}. \tag{4,48}$$

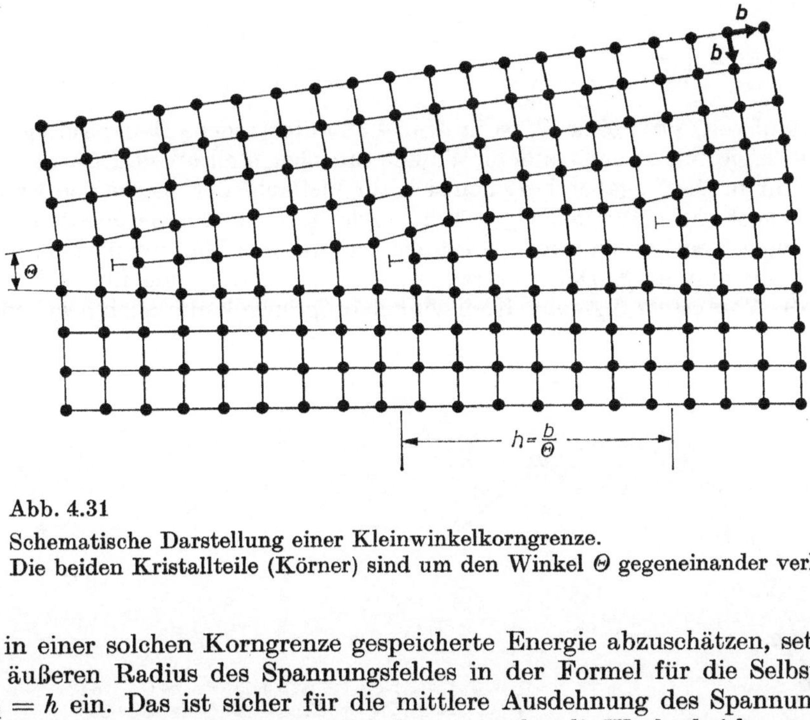

Abb. 4.31

Schematische Darstellung einer Kleinwinkelkorngrenze.
Die beiden Kristallteile (Körner) sind um den Winkel Θ gegeneinander verkippt.

Um die in einer solchen Korngrenze gespeicherte Energie abzuschätzen, setzen wir für den äußeren Radius des Spannungsfeldes in der Formel für die Selbstenergie (4,36) $r_1 = h$ ein. Das ist sicher für die mittlere Ausdehnung des Spannungsfeldes etwas zu groß, jedoch vernachlässigen wir demgegenüber die Wechselwirkung zwischen benachbarten Versetzungen. Wenn wir außerdem mit der Liniendichte $1/h$ multiplizieren, ergibt sich der Spannungsanteil der Selbstenergie je Flächeneinheit der Korngrenze, denn U war ja bereits auf eine Längeneinheit bezogen. Wir erhalten:

$$U''_{\mathrm{K}} = \frac{1}{1-\nu}\,\frac{Gb^2}{4\pi}\,\frac{1}{h}\ln\frac{h}{r_0}. \tag{4,49}$$

Nun fügen wir noch die Kernenergie der Versetzungslinien U' hinzu und ersetzen h mittels (4,48) durch den Winkel Θ:

$$U_{\mathrm{K}} = \frac{Gb}{4\pi(1-\nu)}\,\Theta\ln\frac{b}{r_0\Theta} + U'. \tag{4,50}$$

Umformen liefert:

$$U_K = \frac{Gb}{4(1-\nu)\,\pi}\,\Theta(C - \ln\Theta) + U', \tag{4,51}$$

wobei die winkelunabhängigen Beiträge in der Größe C vereinigt wurden:

$$C \equiv \ln\left(\frac{b}{r_0}\right). \tag{4,52}$$

Formel (4,51) für die Korngrenzenenergie je Flächeneinheit stimmt völlig mit dem Ergebnis einer genaueren Berechnung auf der Grundlage des tatsächlichen Spannungsfeldes (4,35) überein; lediglich in (4,52) tritt dann ein zusätzlicher Faktor 2π auf, so daß gilt:

$$C \equiv \ln\left(\frac{b}{2\pi r_0}\right). \tag{4,53}$$

Der Verlauf von (4,51) ohne U' ist in Abb. 4.32 aufgetragen. Danach steigt die Korngrenzenenergie mit zunehmendem Winkel zunächst steil an und durchläuft später ein Maximum. Die Angaben beziehen sich auf Vielfache der maximalen Energie U_{max} und des zugehörigen Winkels Θ_{max}. Ein Vergleich mit den experimentell ermittelten Werten verschiedener Autoren liefert bis jenseits des Maximums eine erstaunlich gute Übereinstimmung. Dabei beträgt Θ_{max} für Zinn 12,2° und für Blei sogar 25,0°, so daß die Voraussetzung einer Kleinwinkelkorngrenze kaum noch gegeben ist.

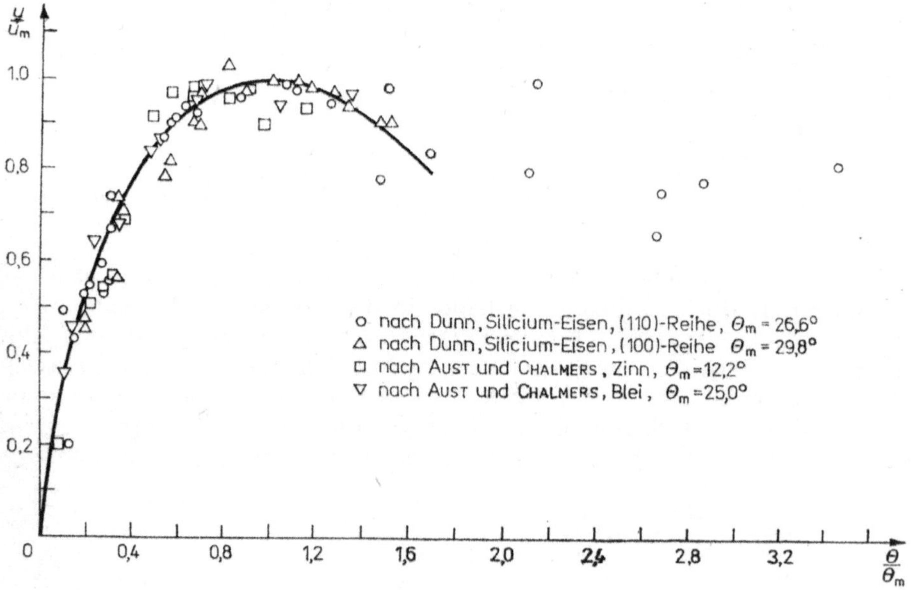

Abb. 4.32

Vergleich zwischen der theoretischen Kurve $\frac{U_K}{U_{K\max}} = f\left(\frac{\Theta}{\Theta_{\max}}\right)$ und experimentell erhaltenen Werten für die Korngrenzenenergie (nach Read).

Kleinwinkelkorngrenzen lassen sich mit dem Ätzgrubenverfahren als Linien äquidistanter Durchstoßpunkte der Versetzungen (Bildtafel VI/4) sowie elektronenmikroskopisch sichtbar machen. Einen plastischen Eindruck vermitteln Aufnahmen eines Modells aus Gelatinekugeln (Tafel VI/3).

4.3.2. Großwinkelkorngrenzen

Formal können auch die Grenzflächen zwischen stärker zueinander verkippten Kristalliten aus Versetzungen aufgebaut werden. Die Abstände zwischen den Versetzungslinien werden dann allerdings so klein, daß schließlich eine ausgedehnte, vorwiegend zweidimensionale Gitterstörung mit mehr oder weniger regelmäßig verteilten Lücken entsteht. Durch anteilige Mitwirkung von Schraubenversetzungen können die Kristallite dann auch bezüglich einer senkrecht in der Grenzfläche liegenden Achse verdreht sein („Twist-Korngrenzen“).

Weiterhin scheiden sich an den Korngrenzen und in ihrer Nachbarschaft die im Kristall enthaltenen Fremdatome großenteils ab. Aus dem Modell von Bildtafel VII/2 erkennt man deutlich, daß für die Aufnahme von kleineren Fremdatomen relativ viel Raum verfügbar ist. Umgekehrt können Verunreinigungsatome mit größerem Durchmesser als die Teilchen des Wirtsgitters günstige Plätze als Substitutionsstörstellen neben den Zwischenräumen finden. Die gestörten Kristallbereiche längs Versetzungen und Korngrenzen stellen naturgemäß auch bevorzugte Pfade für die *Gitterdiffusion* dar. Sie wirken als Diffusionskanäle beziehungsweise -spalten, wie man bei Diffusionsversuchen mit radioaktiv markierten Atomen durch Autoradiographien feststellt. Da die Diffusion eine gewünschte Realstruktur der Werkstoffe verändert und außerdem die Festkörperreaktivität und Korrosionsanfälligkeit erhöht, beruhen zahlreiche empirische Verfahren zur Veredlung von Werkstoffen letztlich auf einer Blockierung der Diffusionspfade.

Bei genügend hohen Temperaturen und begünstigt durch hohe Drücke wandeln sich polykristalline Festkörper tiefgreifend um. Zunächst gleichen sich innere Spannungen aus, indem Kleinwinkelkorngrenzen wandern, gekrümmte Korngrenzen begradigt werden und kleine Kristallkeime auf Kosten des umgebenden Materials wachsen. Über diese *Erholung* hinausgehend findet schließlich eine *Rekristallisation* statt, in deren Verlauf die Energie des Festkörpers vermindert wird, indem sich größere Kristallite bilden (Grobkornstruktur). Dabei ordnen sich die Kristallite häufig in sterisch und energetisch günstigen Vorzugsrichtungen an. Eine solche *Textur* ist am Auftreten von helleren und dunkleren Bereichen in den Beugungsringen von Debye-Scherrer-Aufnahmen leicht nachzuweisen. Auch bei starker plastischer Verformung, etwa beim Ziehen von Drähten, bildet sich manchmal eine Textur aus, wie man an der fasrigen Struktur der Bruchstellen von Wolframdraht schon mit dem Auge leicht erkennt.

Ein extremes Beispiel für Gefügeänderungen unter dem Einfluß hoher Drücke bilden die *Sinterprozesse*, mit denen man aus feinen Metallpulvern durch Pressen bei Drücken von größenordnungsmäßig 10^8 Pa in einem Arbeitsgang kompakte Werkstücke (Zahnräder, prismatische oder spiralig gewundene Formteile) in hervorragender Qualität zunehmend fertigt. Die Zwischenräume zwischen den Partikeln werden dabei aufgezehrt, was sich festkörperphysikalisch durch Diffusion von Lücken aus dem Festkörper beschreiben läßt, und zugleich bildet sich durch Rekristallisation ein neues Gefüge aus.

Für die technische Optimierung all dieser Vorgänge ist natürlich die Kenntnis der Temperaturen sehr wichtig, ab denen die Rekristallisation in wesentlichem Umfang einsetzt. Besonders komplizierte Verhältnisse liegen vor, wenn gleichzeitig polymorphe Umwandlungen zwischen mehreren Kristallphasen und Ausscheidungsprozessen stattfinden. Das ist im System Eisen-Kohlenstoff ausgeprägt der Fall, worauf die Vielseitigkeit der Stähle als Werkstoffe beruht (vgl. Abschnitt 8.4.2.).

4.3.3. Dreidimensionale Baufehler

Gitterstörungen, die dreidimensionale Bereiche zahlreicher Atomvolumina umfassen, werden nur bedingt zur Fehlordnung gerechnet. Als dreidimensionale Defekte im engeren Sinne sind in Kristallen eingeschlossene Verunreinigungspartikel (Staub), Lösungsmittelreste oder Gasblasen anzusehen. Obwohl solche Fehler sehr verbreitet sind, lassen sich hierfür kaum allgemeine Gesetzmäßigkeiten finden, da Art und Ausmaß der Störung wesentlich von Zufälligkeiten beim Kristallwachstum bestimmt werden.

Wichtiger und physikalisch definierter sind dreidimensionale *Ausscheidungen*, die sich hauptsächlich durch Agglomeration von Punktdefekten bilden. Auf den Zusammenschluß von Lücken zu ausgedehnteren Leerbereichen wurde bereits mehrfach eingegangen. Feste Ausscheidungen lassen sich als neue *Phasen* auffassen. Sie spielen vor allem für das Verständnis der Eigenschaften legierter metallischer Werkstoffe eine entscheidende Rolle und werden daher in Kapitel 8. („Metalle“) zusammenfassend behandelt.

4.4. Oberflächen und dünne Schichten fester Stoffe

4.4.1. Begriff, Bedeutung, Anwendungen

Die Oberflächen fester Stoffe bilden die „Nahtstellen“ zwischen Werkstoff und Umwelt. Das Kristallwachstum findet überwiegend durch Anlagern atomarer Bausteine an den Oberflächen oder allgemeiner den Grenzflächen zwischen der festen Phase und dem umgebenden Medium statt. Umgekehrt setzen auch zerstörende Einflüsse, wie der chemische Angriff durch Korrosion oder der mechanische Abrieb oder Verschleiß, an oberflächennahen Bereichen ein. Schließlich lassen sich atomare Elementarprozesse in Festkörpern auf Grund der Eigenart moderner elektronen- und atomphysikalischer Untersuchungsmethoden an Oberflächen oder dünnen Schichten meist besser untersuchen als im schwer zugänglichen Inneren eines Kristalls. Die angeführten Gründe erklären, warum die Erforschung von Oberflächen und Grenzschichten unter den neueren Beiträgen zur Festkörperphysik einen wachsenden Anteil einnimmt.

Ober- beziehungsweise Grenzflächen bilden eine stets gegenwärtige Erscheinungsform der Realstruktur von Festkörpern. Gewöhnlich beschränkt sich die Abweichung der physikalischen Parameter von den Volumeneigenschaften nicht auf die äußerste Atomlage, sondern sie erstrecken sich auf eine Grenzschicht unterschiedlicher Dicke. Bezogen auf die gesamte feste Phase wirken sich Oberflächeneffekte naturgemäß um so stärker aus, je größer die *spezifische Oberfläche* O_{sp} ist. Hierunter versteht man das Verhältnis

$$O_{sp} = \frac{O}{V}, \tag{4,54}$$

wenn O die gesamte Oberfläche und V das eingeschlossene Volumen bezeichnen. Am größten ist O_{sp} bei feingekörntem Pulver und bei dünnen Schichten. Da die Oberflächenatome bei angrenzendem Vakuum außen keine Nachbarn haben, ist ihre Bindungsenergie kleiner als die von Volumenatomen. Der Energieinhalt von Festkörpern wird demnach um die *Oberflächenenergie* verringert, wobei das relative Ausmaß mit zunehmender spezifischer Oberfläche wächst.

Pulver sind als festkörperphysikalische Untersuchungsobjekte meist wenig geeignet, da ihre Oberfläche oft unrein ist und viele sekundäre Defekte in Form von Ecken und Kanten aufweist. Definierter lassen sich weitgehend saubere und einigermaßen glatte Oberflächen bei dünnen Schichten erzielen, an denen sich wegen der großen Werte von O_{sp} die Oberflächen- und Grenzschichteffekte bei verringertem Untergrund durch den Volumenbeitrag studieren lassen.

Darüber hinausgehend sind Schichten im Dickenbereich von ca. $10^{-3} \cdots 10^{2}$ µm („dünne Schichten") aber auch für viele Gebiete der Technik von direktem Interesse. Beispiele wichtiger Schichtanwendungen, die in den entsprechenden Kapiteln behandelt werden, sind:

- korrosionsmindernde und ästhetisch verschönernde Überzüge;
- reibungs-, verschleißmindernde und härtende Grenzschichten;
- metallisch leitende, halbleitende und isolierende Schichten sowie Schichtkombinationen für elektronische Bauelemente;
- Schichten und Schichtsysteme für optische Zwecke;
- supraleitende Schichten für spezielle Bauelemente;
- magnetische Schichten für Informationsspeicher.

Die Anwendung dünner Schichten ermöglicht einen besonders sparsamen Einsatz wertvoller Materialien, und sie fördert den Trend zur Miniaturisierung in der Elektronik und Informationstechnik. In einigen Fällen werden auch spezifische Oberflächen- und Grenzschichteffekte genutzt.

Eine mehr passive Rolle spielen Festkörperoberflächen bei der *heterogenen Katalyse.* Trotz der enormen Bedeutung katalytischer Reaktionen an Festkörperoberflächen für die chemische Technik kann darauf nur verwiesen werden. Als Katalysatoren setzt man gewöhnlich poröse Festkörper oder Pulver mit großer spezifischer Oberfläche und vielen gewünschten Defekten ein. Obwohl im Verständnis der Elementarprozesse bedeutende Fortschritte durch das Studium der Vorgänge an definierten Kristall- und Schichtoberflächen erzielt werden konnten, muß doch eingeschätzt werden, daß die festkörperphysikalische Erforschung „realer" Katalysatoren noch am Anfang steht.

4.4.2. Realstruktur und atomare Prozesse an Oberflächen

Freie Oberflächen. Das Ideal einer sauberen Festkörperoberfläche, die möglichst auch noch einer definierten Gitterebene entsprechen soll, läßt sich experimentell noch am besten durch Spalten von guten Einkristallen im Höchstvakuum (10^{-8} bis 10^{-10} Pa) verwirklichen. Andere Möglichkeiten bilden das thermische Abdampfen von sehr feinen Kristallspitzen oder von größeren Kristallen sowie die Herstellung frischer Schichten durch Aufdampfen und schließlich die Reinigung von Schicht- oder Kristallflächen mittels Elektronen- oder Ionenstrahlbeschuß. Praktisch sind die erzeugten Flächen niemals völlig eben, sondern sie weisen stufen- und spiralartige Absätze mit Ecken- und Kantenatomen sowie Kerben und Erhebungen auf. Die Dichte solcher *Oberflächendefekte* wächst etwa in der Reihenfolge der genannten Verfahren.

Erst in den letzten Jahren sind die *Ultrahochvakuum-Technik* (abgekürzt: UHV-Technik) und die hierfür geeigneten Methoden zur Bestimmung der Oberflächenstruktur soweit entwickelt worden, daß die Verhältnisse an einfachen Oberflächen einigermaßen geklärt werden konnten. Ergänzend zu den Ausführungen in Abschnitt 3.1. sind in Tabelle 4.6 die wichtigsten Untersuchungsverfahren mit einer groben Einschätzung ihres Informationsgehaltes zusammengestellt.

Abbildung 4.33a zeigt die Bindungsverhältnisse, veranschaulicht durch die Umrisse der tetraedrischen sp^3-Orbitale, an einer gegenüber dem Volumen unveränderten

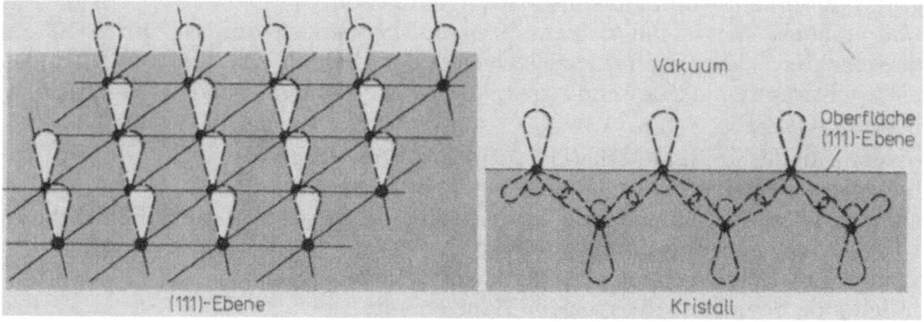

Abb. 4.33

Bindungsverhältnisse und Strukturen an Kristalloberflächen

a) (111)-Spaltfläche von Silicium mit schematisch angedeuteten an der Oberfläche frei „baumelnden“ Valenzen (dangling bonds) der im Kristallinneren realisierten sp^3-Bindungen.

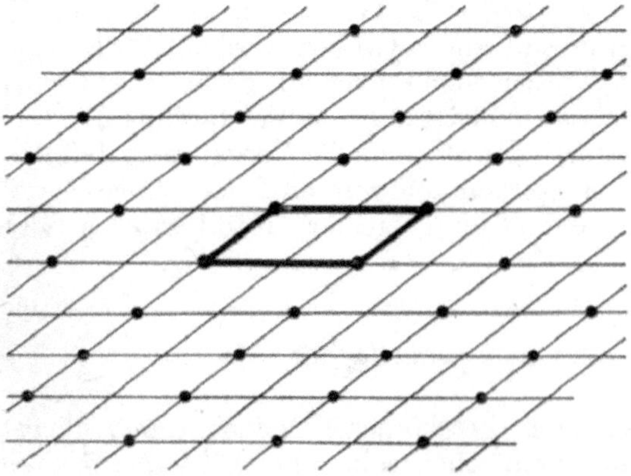

b) p(2 × 1)-Struktur an der in a) dargestellten Fläche, die sich durch Veränderung (Verzerrung der dangling bonds) der Bindungsverhältnisse der Oberflächenatome einstellt.

(111)-Spaltfläche von Si. Charakteristisch sind die frei „baumelnden" Valenzen („dangling bonds") der gesprengten Bindungen. Vor allem mit LEED- und ESR-Messungen konnte die seit längerem geäußerte Hypothese bestätigt werden, wonach sich die Atome an freien Oberflächen umordnen. Bei Molekülkristallen läßt sich dies nach der Valenztheorie verstehen, indem eine veränderte Hybridisierung der Bindungselektronen zugunsten solcher Systeme angenommen wird, in denen die nach außen gerichteten Orbitale gar nicht enthalten sind. Im Ergebnis stellt sich an frischen Spaltflächen die in Abb. 4.33b dargestellte p(2 × 1)-Struktur ein, die nach thermischer Behandlung in eine sehr viel weitmaschigere p(7 × 7)-Struktur übergeht. Um solche ebenen Gitter an Oberflächen zu charakterisieren, wurde eine spezielle Terminologie entwickelt. Dabei gibt man in der Klammer an, wie viele Achsenschritte die zweidimensionale Zelle an der Oberfläche relativ zu den entsprechenden Atomabständen in einer gleichwertigen Ebene im Volumen umfaßt. Die p(2 × 1)-Struktur entspricht einem Zustand, bei dem jede zweite Reihe von Oberflächenatomen nach außen gerückt ist, während sich die dazwischenliegenden Reihen vom Volumen verschoben haben. Die neue Einheitszelle der Oberfläche mißt daher zwei primitive Translationen in der einen Richtung, dagegen ist sie in der anderen unverändert. Der vorgesetzte Buchstabe p oder C, der leider häufig weggelassen wird, drückt aus, ob die ebene Einheitszelle primitiv oder zentriert ist. Die Tabelle 4.7 zeigt weitere Beispiele für verschiedenartige Oberflächenstrukturen. Auch bei Metallen wurden veränderte Atomabstände in den Oberflächenlagen nachgewiesen; sie sind der vom Inneren abweichenden Elektronenverteilung zuzuordnen.

Tabelle 4.6
Verfahren zur Untersuchung von Festkörperoberflächen

Bezeichnung des Verfahrens	Informationsgehalt
Rasterelektronenmikroskopie (REM)	Die Oberflächentopographie wird abgebildet (Reliefkontrast).
Emissionselektronenmikroskopie (EEM)	Gebiete unterschiedlicher Materialzusammensetzung ergeben einen Materialkontrast.
Beugung mit langsamen Elektronen (LEED)	Kristallstruktur der Oberfläche. Intensitätsmessungen liefern Aussagen über die räumliche Atomanordnung der ersten Atomlagen. Ähnliche Ergebnisse wie mit dem LEED-Verfahren kann man auch mit streifender Beugung schneller Elektronen (RHEED) gewinnen.
Feldionenmikroskopie (FIM) Feldelektronenmikroskopie (FEM)	Kristallstruktur an der Oberfläche. Mit dem FIM kann man einzelne Atome erkennen. Dünnste Chemisorptionsschichten können nachgewiesen werden.
Auger-Elektronenspektroskopie (AES)	Empfindlicher Nachweis von Elementen in den ersten Atomlagen unter der Oberfläche.
Elektronenspektroskopie für die chemische Analyse (ESCA)	Aussagen über die Elektronenstruktur der Festkörperoberfläche.
Sekundärionen-Massenspektroskopie (SIMS)	Aussagen über die chemische Zusammensetzung in der Festkörperoberfläche (auch über vorhandene chemische Verbindungen).

Die gegenüber dem Volumen abweichende Oberflächenstruktur läßt sich als Reaktion des Festkörpersystems auf den Abbruch der Gitterperiodizität auffassen; der Kristall optimiert seine Freie Enthalpie entsprechend den eingetretenen Verhältnissen. Dabei erwartet man einen Zuwachs an Entropie, da Oberflächenatome unbehindert nach außen ausschwingen können.

Die Wiederholungsschritte des zweidimensionalen Oberflächengitters sind ganzzahlige Vielfache der Abstände in parallelen Volumen-Ebenen. Die Oberflächenstruktur stellt daher eine *Überstruktur* oder ein *Supergitter* dar.

Tabelle 4.7
Überstrukturen von Festkörperoberflächen
(nach CHOPRA, K.: Thin Film Phenomena. — New York: Mc Graw Hill Book Co., Chapter IV)

Stoff	Oberfläche	Überstruktur	Temperatur in °C
Ge	(111)	(4×4)	—
Ge	(100)	(8×8)	über 300
Au	(100)	(5×1)	200···400
		(6×6)	350···505
Ag	(100)	(2×2)	600···750
Pt	(100)	(2×1)	300···500
		(5×5)	350···500
α-Al_2O_3	(001)	(6×6)	1000

An Kanten, Ecken, Kerben oder Spitzen liegen naturgemäß Besonderheiten vor, so daß an diesen Stellen physikalisch und chemisch eine besonders hohe Aktivität gegenüber äußeren Einflüssen zu erwarten ist. Derartige Positionen können die Rolle *aktiver Zentren* übernehmen, wie sie in der Theorie der Katalyse seit langer Zeit postuliert worden sind. Dabei ist keineswegs auszuschließen, daß auch an der normalen Oberfläche Reaktionen einsetzen können, falls durch Anwesenheit von Punktdefekten oder auch nur durch statistische Fluktuationen in der thermischen Atom- oder Elektronenbewegung dafür günstige Voraussetzungen gegeben sind.

Adsorptionsprozesse. Die nicht abgesättigte Oberfläche fester Stoffe stellt für Gasatome oder -moleküle eine zweidimensionale Schicht von Mulden des chemischen Potentials dar, in denen sie angelagert oder *adsorbiert* werden können. Von physikalischer Adsorption oder kurz *Physisorption* spricht man, wenn dabei nur zwischenmolekulare Kräfte betätigt werden und die Adsorptionsenergie in der Größenordnung von 0,1 eV pro Teilchen liegt.

LANGMUIR, der am Beginn dieses Jahrhunderts die Adsorption erstmalig näher untersuchte, leitete für das isotherme Gleichgewicht eine Formel ab, die sich leicht kinetisch begründen läßt; Die Zahl der verfügbaren Adsorptionsplätze an der Oberfläche, die keineswegs mit der Anzahl der Oberflächenatome übereinzustimmen braucht, soll N_0 sein. Wenn im betrachteten Moment davon N Plätze besetzt sind, beträgt der Bedeckungsgrad:

$$n_a = \frac{N}{N_0}. \tag{4,55}$$

Die Adsorptionsrate sollte dann proportional zur Oberflächendichte der noch freien Plätze $(1 - n_a)$ sowie zur Rate der auftreffenden Teilchen sein, die nach der kinetischen Gastheorie dem Druck p proportional ist:

$$\frac{dn_a}{dt} = k_a(1 - n_a)\,p. \tag{4,56}$$

Andererseits werden adsorbierte Teilchen mit bestimmter Wahrscheinlichkeit wieder „verdampfen", und für die Rate dieses Umkehrprozesses, der *Desorption* genannt wird, ist entsprechend anzusetzen:

$$\frac{dn_a}{dt} = k_d n_a. \tag{4,57}$$

Im Gleichgewichtsfall müssen beide Raten übereinstimmen, so daß sich ergibt:

$$k_d n_a = k_a(1 - n_a)\,p \tag{4,58}$$

oder in üblicher Schreibweise:

$$n_a = \frac{p}{k + p} \quad \text{mit} \quad k \equiv \frac{k_d}{k_a}. \tag{4,59}$$

Betrachten wir die Deserption als aktivierten Prozeß zwischen den Mulden und dem Gasraum, so läßt sich nach der Sattelsprungtheorie (vgl. Abschnitt 4.1.5.) die Gleichgewichtskonstante k durch die Änderung der Freien Enthalpie $-\Delta G_a$ pro Teilchen und die Temperatur T ausdrücken:

$$k - \exp\left(-\frac{\Delta G_a}{k_B T}\right). \tag{4,60}$$

Der Entropieanteil kann hier nicht vernachlässigt werden, da der Übergang in die Gasphase mit einer stark erhöhten Unordnung verbunden ist.

Gleichung (4,59) beschreibt die isotherme Physisorption, die als Funktion des Druckes einen asymptotischen Verlauf zeigt (Abb. 4.34). Wegen (4,60) nimmt die Physisorption mit wachsender Temperatur rasch ab, während umgekehrt dicht oberhalb des Siedepunktes der adsorbierten Komponente, auch *Adsorbat* genannt, ein Überschreiten der Sättigungsdichte n_a beobachtet wird. Auf dem monomolekularen Adsorbatfilm kondensieren dann weitere Gasteilchen, und es bildet sich eine mehrlagige Schicht aus. Bei genügend hoher Temperatur kommt zwischen reaktionsfähigen Teilchen und Oberflächen eine andersartige Wechselwirkung zustande, bei der echte chemische Bindungskräfte betätigt werden. Die Bindungen im Adsorbatmolekül werden dabei gelockert oder sogar gesprengt, wozu entsprechend Abb. 4.35 eine Aktivierungsschwelle überwunden werden muß. Man spricht daher von aktivierter oder chemischer Adsorption beziehungsweise kurz von *Chemisorption*. Bei genügend tiefen Temperaturen (bei den meisten Stoffen etwa unterhalb 300 bis 150 K) findet praktisch keine Chemisorption statt, weil die thermische Energie nicht für die Aktivierung ausreicht. Mit steigender Temperatur wächst die Chemisorptionsrate häufig proportional zu einem Boltzmann-Faktor mit der Aktivierungsenergie W_a:

$$\frac{dn_a}{dt} \sim \exp\left(-\frac{W_a}{k_B T}\right). \tag{4,61}$$

Trägt man die in gleichen Zeiten chemisorbierten Mengen über der reziproken absoluten Temperatur halblogarithmisch auf, so ergibt sich eine Gerade, aus deren Steigung W_a bestimmt werden kann.

Wegen der hohen Bindungsenergie, die mit 1⋯2 eV die für Molekülbindungen typischen Werte erreichen kann, setzt die Desorption chemisorbierter Teilchen erst bei hohen Temperaturen ein, und sie verläuft auch dann meist unvollständig. Unter

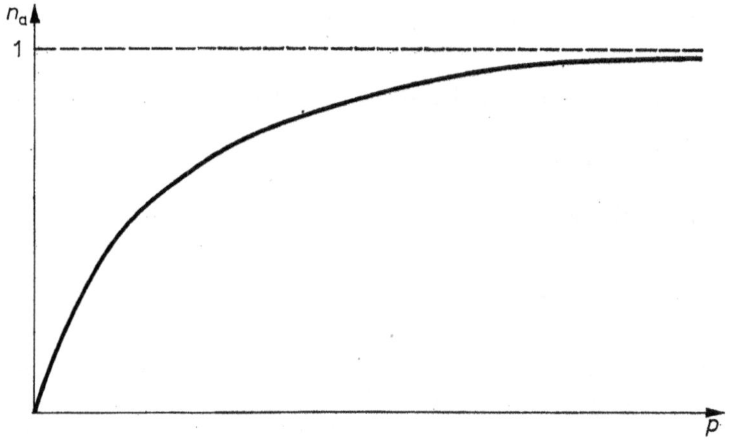

Abb. 4.34
Langmuirsche Adsorptionsisotherme.

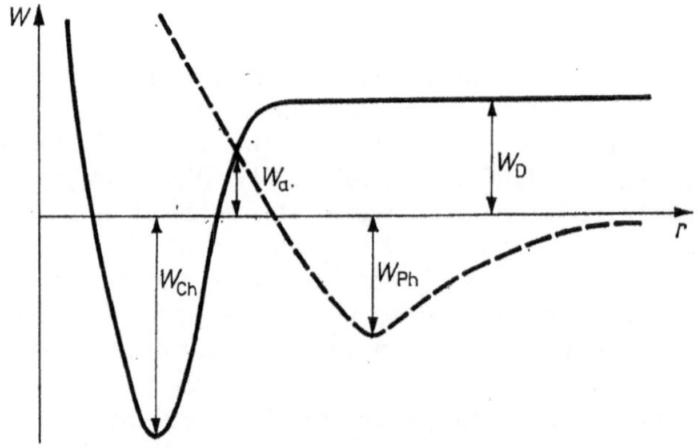

Abb. 4.35
Verlauf der Energie beim Übergang von der Physisorption zur Chemisorption
W_{Ch} Bindungsenergie für Chemisorption
W_{Ph} Bindungsenergie für Physisorption
W_a Aktivierungsenergie für die Chemisorption bei vorhergehender Physisorption
W_D Dissoziationsenergie.

üblichen Bedingungen stellt die Chemisorption daher einen irreversiblen Vorgang dar, in dessen Ergebnis sich eine mehr oder weniger dicht gepackte Monoschicht adsorbierter Teilchen bildet. Beispielsweise wird Sauerstoff bereits bei Zimmertemperatur von sämtlichen Metallen außer Gold chemisorbiert.

Mit Hilfe von LEED-Untersuchungen konnte nachgewiesen werden, daß chemisorbierte Teilchen auf freien Kristalloberflächen meist in regelmäßigen, zweidimensionalen Strukturen angeordnet sind. In Abb. 4.36 ist schematisch eine $p(2 \times \sqrt{3})$-Verteilung von CO-Molekülen auf der (111)-Fläche von Ni dargestellt. Diese Kon-

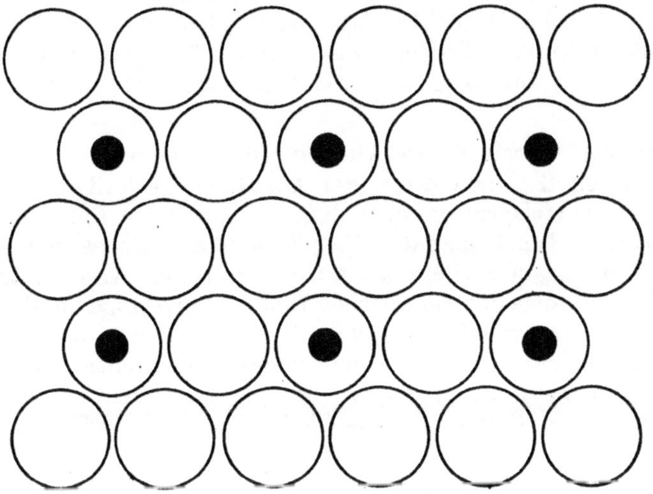

Abb. 4.36

Verteilung von CO auf einer Oktaederfläche (3zählige Symmetrie) eines Nickelkristalls. Drei jeweils 120° einschließende Orientierungen dieser rechteckigen Verteilung sind möglich.

figuration kommt vermutlich durch eine Optimierung der Bindungsverhältnisse und der sterischen Möglichkeiten zustande. An gestörten oder verunreinigten Oberflächen wird vielfach eine stark bevorzugte Chemisorption an gewissen Stellen der Oberfläche beobachtet, die als *aktive Zentren* bezeichnet werden. Solche Vorzugsplätze, die für verschiedenartige Adsorbate keineswegs übereinzustimmen brauchen, können Ecken- und Kantenpositionen, oberflächliche Punktdefekte und Positionen neben bereits angelagerten Teilchen sein. Bei der Chemisorption an Halbleitern oder Isolatoren wirken nach Wolkenstein auch oberflächlich lokalisierte Elektronen oder Defektelektronen als aktive Zentren. Überhaupt führt die Chemisorption zu einer veränderten Elektronenverteilung in einer Randschicht, was zu interessanten Wechselbeziehungen ziwschen Oberflächen- und Volumeneigenschaften führen kann (vgl. Abschnitt 7.2.4.).

Zusammenfassend ergibt sich, daß Festkörperoberflächen infolge der Adsorption fast stets in erheblichem Maße verunreinigt sind. Nur in gutem Ultrahochvakuum lassen sich freie Oberflächen über längere Zeit erhalten. Die Anzahl der bei kleinen Drücken je Flächen- und Zeiteinheit angelagerten Teilchen beträgt:

$$\frac{dn_a}{dt} = \alpha \cdot \hat{Z}. \qquad (4,62)$$

Hier bedeutet $\hat{Z}$ die *Stoßzahl*, für die nach der kinetischen Gastheorie unter Berücksichtigung der Maxwell-Boltzmannschen Geschwindigkeitsverteilung gilt:

$$\hat{Z} = \frac{p}{\sqrt{2\pi M k_B T}};$$

(p — Gasdruck, M — Teilchenmasse, k_B — Boltzmann-Konstante, T — absolute Temperatur).

Weiter ist in (4,62) der *Akkomodations-* oder *Haftkoeffizient* α enthalten. Er gibt an, welcher Bruchteil der auftreffenden Teilchen an der Oberfläche steckenbleibt. Im einzelnen hängt α von der Natur der Adsorbatteilchen, von der Art des Festkörpers und der Struktur seiner Oberfläche sowie von der Temperatur ab. Bei realen Oberflächen ist er außerdem für energetisch nicht gleichberechtigte Positionen verschieden.

Oberflächendiffusion und Oberflächenreaktionen. Die Wanderung von festkörpereigenen oder adsorbierten Teilchen längs der Oberfläche erfordert viel weniger Aktivierungsenergie als Sattelsprünge im Volumen, weil keine äußeren Nachbaratome den Weg versperren. Teilchen an der Oberfläche, die zunächst an einer energetisch nicht besonders günstigen Stelle, etwa auf einer ebenen Kristallfläche, angelagert sind, werden daher infolge der thermischen Bewegung so lange „umherhopsen", bis sie entweder fest gebunden oder desorbiert werden. Wenn diese *ungeordnete Bewegung* unter dem Einfluß eines zweidimensionalen Konzentrationsgradienten erfolgt, spricht man von *Oberflächendiffusion.* Entsprechend den Verhältnissen im Volumen ist bei elektrischen Potentialunterschieden an der Oberfläche auch eine Feldmigration möglich.

Für reine Diffusion beträgt das Quadrat der mittleren Wanderungsdistanz $\overline{\varrho_s^2}$ auf der Oberfläche:

$$\overline{\varrho_s^2} = 2D_s\tau_s, \tag{4,63}$$

wenn D_s der Oberflächendiffusionskoeffizient und τ_s die mittlere Verweilzeit des Teilchens an der Oberfläche beträgt. Gleichung (4,63) gilt in analoger Form auch für das mittlere Verschiebungsquadrat bei dreidimensionalen Diffusionsprozessen; sie wurde zuerst von Einstein im Zusammenhang mit der Brownschen Molekularbewegung statistisch abgeleitet. Bei Oberflächenvorgängen läßt sich mit Hilfe dieser Beziehung D_s aus direkten feldmikroskopischen Beobachtungen der Wanderung abschätzen.

Die Oberflächendiffusion erweist sich als sehr wichtig für das Verständnis des Kristallwachstums und der heterogenen Katalyse. So läßt sich die hohe Geschwindigkeit, mit der Kristalle durch Anlagern von Atomen an Stufen durchtretender Schraubenversetzungen wachsen, nur durch Oberflächendiffusion verstehen. Die Stufe wirkt dann als Senke für Teilchen, die innerhalb der Wanderungsdistanz an der Oberfläche zunächst locker gebunden worden sind.

Eine einfache katalytische Reaktion nach dem Schema

$$A_{ad} + B_{ad} \rightarrow AB_{des} \tag{4,64}$$

setzt voraus, daß die chemisorbierten und dadurch aktivierten Spezies A und B durch Oberflächendiffusion zueinander gelangen und eine Verbindung AB bilden, die relativ leicht desorbiert werden muß, damit sich der Vorgang wiederholen kann. Es leuchtet ein, daß der katalytische Prozeß gehemmt oder unterbrochen wird, wenn Teile der

Oberfläche (insbesondere die aktiven Zentren) durch fest gebundene Fremdstoffe blockiert werden. In dieser Weise wirken beispielsweise Cyan- und Schwefelwasserstoff, die in der chemischen Technik als *Katalysatorgifte* gefürchtet sind.

4.4.3. Keimbildung und Schichtwachstum

Keimbildung auf Oberflächen. In Abschnitt 2.4.2. hatten wir bereits die Bildung primärer Keime bei der Kristallisation aus Schmelzen behandelt. Im folgenden wollen wir uns der Frage zuwenden, wie die ersten Schritte bei der Kondensation einer dünnen Schicht auf einer festen Oberfläche aus der Gasphase vor sich gehen. Wir betrachten dazu einen Aufdampfprozeß im Hochvakuum, in dessen Verlauf eine Komponente B auf einer Kristallfläche des Stoffes A abgeschieden wird. Ein vielfach untersuchtes System bildet die Kondensation von Gold auf freien Einkristallflächen von NaCl. Empirisch wird an Hand elektronenoptischer Aufnahmen (meist in Abdrucktechnik) festgestellt, daß kleine Mengen von B — entsprechend etwa 0,05···20 monoatomaren Lagen — auf der meist *Substrat* genannten Unterlage A in Form von dreidimensionalen Kristallkeimen abgeschieden werden (Bildtafel VIII/3). Untersuchungen an verschiedenen Systemen führten ferner zu dem Ergebnis, daß die Kondensation erst bei beträchtlicher Übersättigung

$$\ddot{U} = \frac{p}{p_0} > 1 \tag{4,65}$$

mit merklicher Geschwindigkeit erfolgt (p — Dampfdruck von B an der Substratoberfläche, p_0 — Gleichgewichts-Dampfdruck). Diese Ergebnisse lassen sich qualitativ mit dem in Abb. 4.37 dargestellten Modell deuten. Die auf dem Substrat auftreffenden und dort chemisorbierten Atome schließen sich zu Dimeren und weiter zu Klümpchen (engl. „clusters“) zusammen, die schließlich durch Aufnahme weiterer Teilchen zu kleinen Kriställchen heranwachsen. Die nach (4,62) berechneten Häufigkeiten für das direkte Anlagern von Teilchen aus der Gasphase an die Klümpchen sind viel zu gering, um die gemessenen Abscheidungsraten zu erklären. Infolgedessen muß im frühen Stadium der Kondensation die Zufuhr weiterer Atome durch Oberflächendiffusion als bestimmend angesehen werden, und erst bei größeren Keimen gewinnt der unmittelbare Einbau auftreffender Gasteilchen an Bedeutung.

In der klassischen Theorie der *Keimbildung* oder *Nukleation* in heterogenen Systemen, die vor allem von Gibbs und Volmer begründet beziehungsweise entwickelt wurde, wird die Änderung der Freien Enthalpie ΔG_K für die Bildung eines Keimes in Abhängigkeit phänomenologischer Parameter betrachtet. Danach ergibt sich für einen sphärischen Keim innerhalb einer homogenen Phase:

$$\Delta G_K = 4\pi\varrho_K^2\varepsilon_s + \frac{4\pi\varrho_K^3}{3}\,\frac{1}{\Omega}\,k_B T \ln\frac{p}{p_0} \tag{4,66}$$

(ϱ_K — Radius des Keims; ε_s — spezifische Oberflächenenergie; Ω — Volumen des Atoms bzw. Moleküls; p/p_0 — Übersättigung). Dieser Ausdruck hat ein Maximum für den „kritischen“ Radius:

$$|\varrho_K\,(\text{krit})| = \frac{2\varepsilon_s\Omega}{k_B T \ln\dfrac{p}{p_0}}. \tag{4,67}$$

Demnach müßten Keime mit kleinerem Radius thermodynamisch instabil sein, während oberhalb des kritischen Wertes eine Abnahme an Freier Enthalpie und somit die Ausbildung einer stabilen Phase einsetzt.

Dieses Modell, das sich bei der Bildung von Flüssigkeitströpfchen sehr bewährt hat, wurde in abgewandelter Form auf die Bildung von Kristallkeimen an festen Oberflächen übertragen. Eingehende Untersuchungen über die relative Häufigkeit von Keimen unterschiedlicher Größe führten jedoch zu dem Ergebnis, daß die „kritische Größe" existenzfähiger Keime bei der Kondensation von Gasen auf Festkörperoberflächen meist nur wenige Atome beträgt, und vielfach muß sogar ein einzelnes chemisorbiertes Teilchen als primärer Keim betrachtet werden. Damit verlieren phänomenologische Parameter natürlich ihren Sinn, weshalb in neueren Arbeiten die Nukleation auf Festkörperoberflächen durch atomistische, kinetische Ansätze beschrieben wird.

Als Beispiel geben wir die kinetischen Gleichungen für den Fall kritischer Keime mit einem einzigen Atom nach ZINSMEISTER an:

$$\frac{\mathrm{d}n_1}{\mathrm{d}t} = \frac{\mathrm{d}n_{\mathrm{g}1}}{\mathrm{d}t} - \frac{n_1}{\tau_{\mathrm{s}}} - 2\lambda_1 n_1 - \sum_{i \geqq 2} \lambda_i n_i$$

$$\frac{\mathrm{d}n_2}{\mathrm{d}t} = \lambda_1 n_1 - \lambda_2 n_2 \qquad (4{,}68)$$

$$\frac{\mathrm{d}n_i}{\mathrm{d}t} = \lambda_{i-1} n_{i-1} - \lambda_i n_i .$$

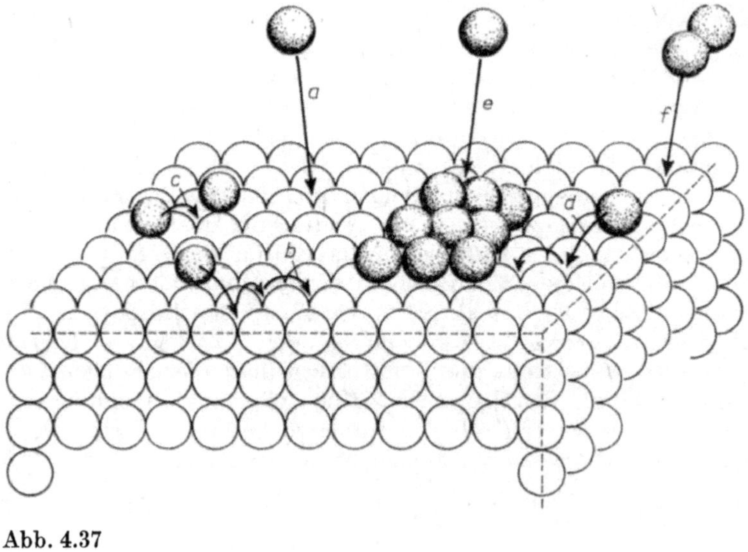

Abb. 4.37

Prozesse, die an der Keimbildung auf Oberflächen beteiligt sind

a) Adsorption eines Teilchens (Monomeren) aus dem Gasraum.
b) Diffusion von Teilchen auf der Oberfläche.
c) Zusammenlagerung von adsorbierten Teilchen zu Dimeren.
d) Wachstum von Klümpchen (clusters) aus adsorbierten Teilchen durch Oberflächendiffusion.
e) Wachstum des Clusters durch Anlagerung von Teilchen aus der Gasphase.
f) Adsorption von Dimeren.

Zur Begründung betrachten wir zuerst die oberste Gleichung, welche die Bilanz für das Entstehen und Verschwinden einfacher adsorbierter Atome der Oberflächendichte n_1 ausdrückt. Zunächst können durch Sorption gemäß (4,62) neue Teilchen mit einer Rate $\dot{n}_{g1}$ hinzukommen, während mit der Rate $\frac{n_1}{\tau_s}$ gebundene Atome desorbiert werden, wenn τ_s die mittlere Verweilzeit an der Oberfläche ist. Der dritte Term beschreibt die Bildungsrate von Atompaaren, für die jeweils zwei Atome verbraucht werden. Analog gibt die Summe die Raten wieder, mit der Einzelatome verschwinden, indem sie sich an Keime mit i Atomen anlagern. Diese Raten werden proportional zur jeweils vorhandenen Dichte dieser Keime n_i angesetzt, wobei die Faktoren λ_i die Zahl der adsorbierten Atome ausdrücken, die sich je Zeiteinheit an einem Keim der Atomzahl i anschließen. Für kleine Keime gilt:

$$\lambda_i = \sigma_i D_s n_1, \tag{4,69}$$

wo D_s der Diffusionskoeffizient an der Oberfläche und σ_i ein geometrischer Faktor ist. Da sich n_1 mit der Zeit ändert, sind auch die λ_i zeitabhängige Größen. Bei größeren Keimen ist in (4,69) ein Glied $\dot{n}_{g1}\pi\varrho_K^2$ hinzuzufügen, das die Rate der sorbierten Atome berücksichtigt.

Die weiteren Gleichungen des Systems (4,68) sind insofern einfacher, als der Zuwachs der Keimdichte n_i mit i Atomen je Keim nur durch Angliederung eines Atoms an Keime der vorhergehenden Klasse n_{i-1} und der Abgang lediglich über das Glied $\lambda_i n_i$ in die nächstfolgende Klasse n_{i+1} erfolgen soll. Damit bleibt allerdings unberücksichtigt, daß auch ganze Keime diffundieren und sich zusammenschließen können, wie aus neueren Beobachtungen von Kern hervorgeht.

Als Lösung des Systems (4,68) würde man eine Aussage über die relative Häufigkeit der Keime mit i Atomen als Funktion der Zeit bei anhaltender Kondensation erhalten. Die Schwierigkeit besteht in der Berechnung der Größen λ_i, wie Abb. 4.38 veranschaulicht. Im Diagramm a) ist die Dichte n_1 von einzelnen adsorbierten Atomen in der Umgebung eines Keims als Funktion des Abstandes ϱ_s dargestellt. Da jeder Keim als Senke für die umherhopsenden Einzelatome wirkt, ergibt sich in Keimnähe eine Verarmung, deren Verlauf quantitativ berechnet werden konnte. Der in b) dargestellte Fall von gleichabständigen und gleich großen Keimen wurde gleichfalls gelöst, und die so erhaltenen λ_i bilden die Basis für Aussagen zum Gesamtproblem. Allerdings entspricht dies nur genähert dem wirklichen Sachverhalt nach dem Teilbild c), bei dem Keime verschiedener Größe in unterschiedlichen Abständen miteinander als Senken der chemisorbierten Einzelatome konkurrieren.

Qualitativ führen die genäherten Berechnungen, übereinstimmend mit experimentellen Befunden, zu folgenden Aussagen:

— Die Keimgröße weist eine Verteilung in Form einer unsymmetrischen Glockenkurve auf, deren Maximum sich mit fortschreitender Kondensation zu größeren Keimen verschiebt.

— In der Nachbarschaft von Keimen verarmt die Oberfläche an chemisorbierten Einzelatomen, und demzufolge ist auch die Wahrscheinlichkeit gering, daß in der Nähe eines Keimes neue Keime entstehen.

— Die gesamte Keimdichte nimmt zunächst zu, danach erreicht sie ein Maximum, da praktisch alle neu kondensierten Teilchen den bestehenden Keimen angegliedert werden, und schließlich folgt ein Abfall, weil die Keime beim weiteren Wachstum zu einer geschlossenen Schicht verschmelzen.

Abbildung 4.39 zeigt die Keimhäufigkeit verschiedener Größen mit der Versuchszeit als Parameter für Gold. Bei den ersten Kurven ist zu beachten, daß der benutzte automatische Bild-Analysator nur Keime oberhalb einer Mindestgröße registrieren konnte.

Die hier etwas ausführlicher dargestellten Ergebnisse in einem aktuellen und praktisch bedeutungsvollen Forschungsgebiet zeigen die Möglichkeiten und derzeitigen Grenzen der kinetischen Theorie von Phasenübergängen auf. Der große und keinesfalls zu unterschätzende Nutzen der Theorie besteht in Aussagen, die erst eine Interpretation experimenteller Ergebnisse ermöglichen. Im praktischen Spezialfall ist man jedoch auf zusätzliche empirische Untersuchungen angewiesen. Im Prinzip ähnlich dürfte die heterogene Keimbildung bei der Abscheidung mittels chemischer Reaktionen, durch Plasmaverfahren oder andere Methoden erfolgen. Da hierbei

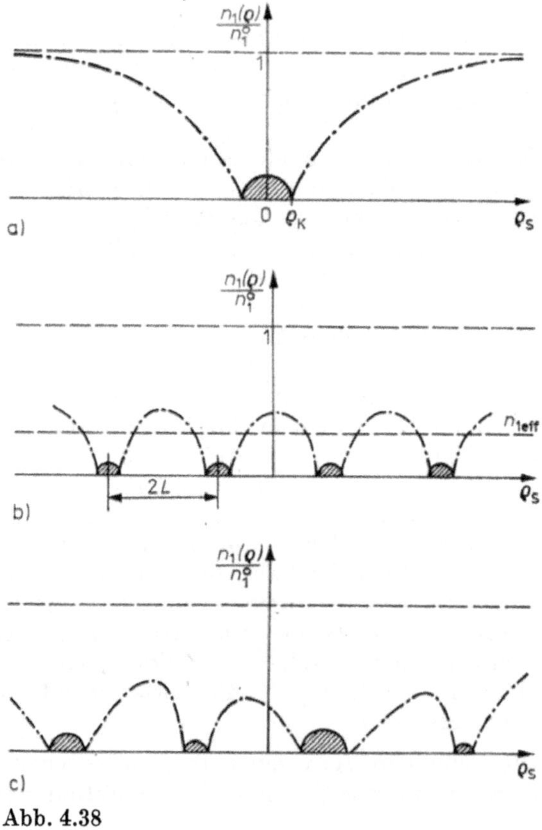

Abb. 4.38

Konzentration adsorbierter Atome bei diffusionskontrollierter Adsorption in der Umgebung von schon entstandenen Keimen

a) Konzentration um einen einzelnen isolierten Keim vom Radius ϱ_K. n_1^0 ist die Konzentration adsorbierter Atome in von Keimen ungestörten Bereichen.

b) Konzentration bei einer idealisierten Keimbelegung. Der Abstand zwischen den Keimen ist $2L$.

c) Konzentration bei einer realen Keimverteilung (Zinsmeister, G., Proc. 6th Internat. Vac. Congr. 1974, Kyoto).

jedoch weitere Einflußfaktoren mitwirken, befindet sich die experimentelle und theoretische Erforschung noch im Anfangsstadium.

Koaleszenz von Kristallkeimen. Der Übergang von einer aus getrennten Kristallkeimen bestehenden Inselstruktur zur geschlossenen Schicht vollzieht sich, indem die wachsenden Keime miteinander verschmelzen. Dieses Stadium, das als *Koaleszenz* bezeichnet wird, läßt sich im Elektronenmikroskop „in situ" auf eindrucksvolle Weise verfolgen. Dazu wird die Schicht direkt in der Objektkammer beispielsweise durch Aufdampfen auf einem sehr dünnen, durchstrahlbaren Substrat abgeschieden. Während dieses Vorganges wird die Morphologie der wachsenden Schicht bei hoher Vergrößerung kinematographisch aufgenommen. Alternativ können auch Beugungsbilder festgehalten werden.

Bereits in einer relativ frühen Phase beobachtet man, wie kleine Keime, die in der unmittelbaren Nähe von größeren Keimen liegen, sehr rasch verschwinden. Mit fortschreitender Kondensation vereinigen sich größere Kristallite, indem unter lebhafter Bewegung des Materials eine tiefgreifende Rekristallisation eintritt. Man

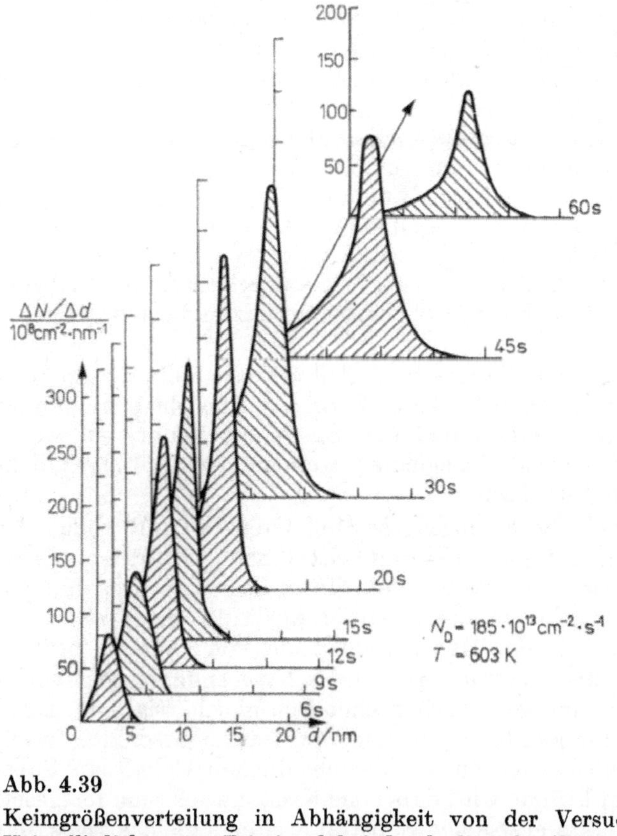

Abb. 4.39

Keimgrößenverteilung in Abhängigkeit von der Versuchszeit. Der Anstieg der Kristallitdichte pro Zeit ist dabei durch die schraffierten Flächen unter den Verteilungsfunktionen gegeben. N_D bedeutet die Aufwachsrate, *d* den Kristallitdurchmesser (ANTON, R.; HARSDORFF, M.; PAUNOV, M.; SCHMEISSER, H., Proc. 6th Internat. Vac. Congr. 1974, Kyoto).

spricht in diesem Zusammenhang von einem „flüssigkeitsähnlichen Verhalten", jedoch ist durch die gleichzeitig aufgenommenen Beugungsbilder erwiesen, daß es sich um eine echte Umwandlung in der kristallinen Struktur handelt. Begünstigt durch den hohen Anteil der Oberflächenenergie bei Kristallkeimen verläuft die Oberflächendiffusion offenbar so rasch, daß der äußere Eindruck dem Verschmelzen flüssiger Tropfen ähnelt.

Im weiteren Verlauf bildet sich auf dem Substrat eine zusammenhängende Schicht aus, in der zunächst noch kanalartige Zwischenräume enthalten sind, die sich mit dem Fortgang der Abscheidung allmählich schließen. Im Falle von Metallschichten wird dieses Stadium normalerweise bei mittleren Schichtdicken von 10···30 nm erreicht, doch sind dabei Einflüsse von Schicht- und Substratmaterial sowie der Abscheidungsparameter (Kondensationsrate, Substrattemperatur) zu berücksichtigen.

Struktur dünner Schichten. Die auf festen Substraten abgeschiedenen Schichten können polykristallin, einkristallin oder auch amorph sein. Im allgemeinen erhält man beim Aufdampfen von Metallen und vielen anderen Stoffen auf polykristalline Unterlagen sowie auf Gläser oder Plaste polykristalline Schichten mit relativ kleinen Kristalliten. Naturgemäß schlagen sich solche Stoffe, die bereits in dreidimensionaler Form zur Bildung nichtkristalliner, glasartiger Strukturen neigen, auch als dünne Schichten amorph nieder. Das gilt beispielsweise für SiO_2 und Si_3N_4, die wegen ihrer guten Eigenschaften als elektrische Isolatoren häufig mittels Ionenzerstäubung aufgetragen werden. Interessanterweise bilden aber auch Elemente wie Germanium und Antimon amorphe Schichten, wenn man sie bei Substrattemperatur unterhalb etwa 150 °C mit nicht zu hohen Raten aufdampft. Offenbar reicht die verfügbare thermische Energie unter diesen Bedingungen nicht aus, um die Aktivierungsenergie für die Erzeugung echter Kristallkeime aufzubringen. Wenn man solche metastabilen Schichten erhitzt, so wandeln sie sich rasch in die polykristalline Struktur um. Dies kann, wie PALATNIK an Sb-Schichten beobachtete, mit explosionsartiger Heftigkeit geschehen.

Selbstverständlich kann das dargelegte Modell der Keimbildung und des Schichtwachstums nicht oder nur in abgewandelter Form auf amorphe Schichten angewandt werden. Überhaupt ist anzumerken, daß auch Systeme bekannt sind, wo die Schichten nicht ausgehend von dreidimensionalen Keimen, sondern nach dem Schema „Monolage auf Monolage" wachsen.

Den zur amorphen Schicht entgegengesetzten Grenzfall bildet das Aufwachsen einkristalliner Schichten auf gleichfalls einkristallinen Substraten. Dabei kommt es zu einem echten Verwachsen zwischen dem Gitter des Substrates und der Kristallstruktur der Schicht, wozu bestimmte Orientierungsbeziehungen zwischen Substrat und Schicht erfüllt sein müssen. Man spricht dann von *Epitaxie* beziehungsweise von epitaktischem Schichtwachstum. *Auto-* oder *Homoepitaxie* liegt vor, wenn das Substrat und die Schicht im wesentlichen chemisch gleichartig sind, also beispielsweise Silicium auf Silicium oder Galliumarsenid auf Galliumarsenid aufwächst, wobei Substrat und Schicht höchstens einen unterschiedlichen Gehalt an Substitutionsstörstellen aufweisen. Im Prinzip wird dabei das Kristallwachstum fortgesetzt, indem auf einem aus der Schmelze gezogenen Substrat weiteres gleichartiges Material aus der Gasphase abgeschieden wird (vgl. Abschnitt 2.5.1.).

Bei der *Heteroepitaxie* liegen die Verhältnisse wesentlich komplizierter, da Substrat und Schicht chemisch verschiedenartig sind und demzufolge auch unterschiedliche

Gitterperiodizitäten und Bindungseigenschaften aufweisen. Trotzdem wurde bei so verschiedenartigen Systemen wie Mo || W, Au || Ag, Si || Ge, GaAs || Si, Ag || NaCl oder zwischen Metallen und ihren Oxiden epitaktisches Schichtwachstum festgestellt. (Mit dem doppelten Strich soll die epitaktische Beziehung ausgedrückt werden.)

Das Grundproblem bei der Heteroepitaxie besteht darin, daß sich Substrat- und Schichtgitter an der Grenzfläche und in ihrer Nachbarschaft aneinander anpassen müssen. Nach VAN DER MERWE geschieht dies hauptsächlich durch elastische Deformation und durch Einbau von sogenannten *Anpassungsversetzungen.* Wir betrachten die Abscheidung eines Materials A auf einem dicken Substrat B mit der gleichen Kristallstruktur. Die Abstände nächster Gitterpunkte in den zusammenwachsenden Ebenen sollen $\hat{\varrho}_A$ und $\hat{\varrho}_B$ betragen. Das führt zu einer *Fehlpassung* (englisch „misfit") des relativen Betrages:

$$\delta_F = \frac{\hat{\varrho}_A - \hat{\varrho}_B}{\hat{\varrho}_B}. \tag{4,70}$$

Wenn die Fehlpassung nicht zu groß ist, wird sich die Schicht elastisch deformieren und auf diese Weise dem Substrat angleichen. Mit wachsender Schichtdicke ξ nimmt die hierfür notwendige Energie jedoch steil zu, so daß es ab einer kritischen Dicke ξ_{krit} für das System günstiger ist, den Ausgleich durch regelmäßigen Einbau von Versetzungen vorzunehmen, wobei die Versetzungslinie und der Burgers-Vektor im einfachsten Fall in der Grenzfläche liegen. Nach einer nützlichen Abschätzung gilt:

$$\xi_{krit} \cong \frac{|\boldsymbol{b}|}{2\delta_F}. \tag{4,71}$$

Falls reine Stufenversetzungen eingebaut werden, wird der Ausgleich am heteroepitaktischen Übergang durch zusätzliche Ebenen auf einer Seite hergestellt. Man überlegt sich leicht, daß dazu in einer Dimension je Längeneinheit angenähert

$$Z_{AV} = \frac{\hat{\varrho}_A - \hat{\varrho}_B}{\hat{\varrho}_B^2} \tag{4,72}$$

Anpassungsversetzungen notwendig sind. Beim Wachstum auf einer (100)-Fläche kubischer Gitter verlaufen die Versetzungslinien parallel zu den Richtungen [011] bzw. $[01\bar{1}]$, und sie bilden ein quadratisches Kreuzgitter. Analog werden beim Wachstum auf (111)-Flächen von fcc-Kristallen dreieckige Versetzungsnetze erwartet.

Diese theoretischen Überlegungen werden durch experimentelle Resultate an verschiedenen Systemen im wesentlichen bestätigt. Ein besonders günstiges und für die Mikroelektronik auch praktisch interessierendes System bildet die Kombination $GaAs_{1-x}P_x$ || GaAs, in dem die Fehlpassung durch Variation des Anteils x von Phosphor im Galliumarsenidphosphid von 0 bis 3,5% verändert werden kann. Die von ABRAHAMS vorgenommenen Untersuchungen führten zu dem Ergebnis, daß bei kleineren δ_F weniger und bei großem δ_F mehr Anpassungsversetzungen auftreten, als nach (4,72) zu erwarten wäre. Dazwischen liegt ein Bereich mit der korrekten Versetzungsdichte, jedoch treten gewisse Abweichungen von der quadratischen Konfiguration auf.

Weiter zeigt das Elektronenbeugungsdiagramm einer GaAs-Schicht auf (111)-Silicium neben den ausgeprägten Reflexen *Kikuchi-Linien,* die als Indiz guter Kristallqualität gelten. Sie werden durch Beugung diffus gestreuter Elektronen an parallelen Ebenenscharen hervorgerufen.

Gewöhnlich wird Epitaxie nur bei genügend hohen Substrattemperaturen beobachtet. Beispielsweise bilden sich bei der Abscheidung von Si auf Spinell ($Mg\,Al_2\,O_4$) mittels Ionenstrahlzerstäubung oberhalb 400 °C Schichten mit erkennbarem polykristallinem Gefüge, das mit steigender Temperatur zunehmend größere Kristallite und eine verstärkte Textur aufweist. Erst bei 850 °C entsteht eine geordnete heteroepitaktische Struktur.

Abschließend sei auf merkwürdige Effekte hingewiesen, die zuerst von Distler beobachtet worden sind. Auf NaCl-Substraten, die mit sehr dünnen, amorphen C- oder SiO_x-Filmen bedeckt wurden, erfolgte epitaktisches Wachstum von Ag oder Au. Desgleichen ließ sich auch Epitaxie auf der Innenseite von Plastfilmen nachweisen, die auf eine Einkristallfläche aufgebracht und danach abgezogen worden waren. Möglicherweise wird die Information dabei durch elektrische Polarisation in der amorphen Schicht vermittelt.

4.4.4. Die wichtigsten Beschichtungsverfahren

Für das Aufbringen von Schichten im Labor sowie im technischen Maßstab wurden eine Reihe von Verfahren entwickelt, die sich in wertvoller Weise ergänzen und als Übersicht in Tabelle 4.8 aufgeführt sind.

Tabelle 4.8
Zusammenstellung der wichtigsten Beschichtungs-Verfahren

Verfahren	Varianten
Hochvakuumbedampfung	Tiegel- bzw. Elektronenstrahlverdampfung
Ionenzerstäubung (Sputtering)	Ionenstrahlzerstäubung, Plasma-, Gleichstrom- bzw. Hochfrequenzzerstäubung
Kondensation von Ionen-, Atom- bzw. Molekularstrahlen	Ionendeposition Molekularstrahlepitaxie
Chemisch-reaktive Beschichtung aus der Gasphase	Gasphasenabscheidung (CVD), Transportreaktionen, Glimmpolymerisation
Elektrochemische Verfahren	katodische Überzüge, anodische Passivierung, stromlose Abscheidung, elektrophoretische Beschichtung

Neben den bewährten Methoden der stromlosen oder elektrolytischen Abscheidung aus Lösungen, dem Aufdampfen im Vakuum und der Beschichtung durch chemische Reaktionen aus der Gasphase (CVD) (s. Abschnitt 2.4.) gelangen zunehmend Plasma- und Ionenstrahlmethoden zum Einsatz. So lassen sich CVD-Prozesse aktivieren und bei niedrigeren Substrattemperaturen durchführen, wenn man im Reaktionsgefäß eine Glimmentladung aufrechterhält, die beispielsweise durch Einspeisen von Hochfrequenz-Energie aus einer außen angebrachten Spule betrieben werden kann. Auf diese Weise können auch viele organische Stoffe als Polymerschichten abgeschieden werden, darunter solche, die unter normalen Verhältnissen nicht zur Polymerisation neigen.

Die Ionenzerstäubung wird gleichfalls häufig in Hochfrequenz-Plasma-Anlagen durchgeführt (Abb. 4.40). Die Entladung brennt zwischen dem Substrat und der Target-Elektrode, von der durch auftreffende Ionen Material abgestäubt wird. Der HF-Betrieb führt zum Abbau von Raumladungen in jeder zweiten Halbwelle durch einströmende Elektronen, wodurch bei isolierenden Targets die Beschichtungsrate und die Gleichmäßigkeit der Schichten wesentlich verbessert werden. Der Vorzug der Ionenzerstäubung gegenüber dem Aufdampfen ergibt sich aus zwei Besonderheiten:

- Der Zerstäubungsprozeß ist weitgehend stochastischer Natur, so daß bei Legierungen oder Verbindungen nur in geringem Maße Unterschiede in der Zusammensetzung zwischen Schicht und Target auftreten.
- Die abgestäubten Teilchen haben mit durchschnittlich 5···10 eV eine wesentlich größere Energie als thermisch verdampfte Teilchen. Dadurch wird die Haftfestigkeit auf dem Substrat verbessert und die Ausbildung einer kompakten Schichtstruktur bei niedrigen Substrattemperaturen gefördert.

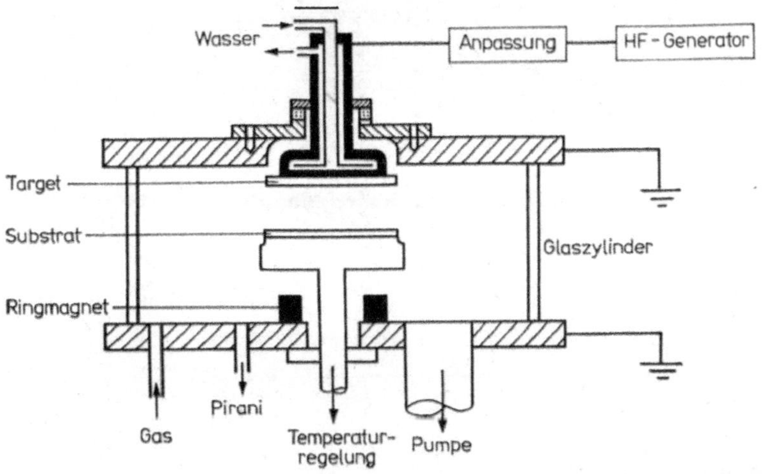

Abb. 4.40
Schema einer Hochfrequenz-Plasma-Anlage zur Ionenzerstäubung.

Der zweite Effekt läßt sich offenbar auch erreichen, wenn man verdampfte Teilchen in einer intensiven elektrischen Entladung teilweise ionisiert und in einem elektrischen Feld zum Substrat hin beschleunigt. Aus dem Gemisch energiearmer Neutralteilchen und einem bestimmten Anteil von Ionen mit einer kinetischen Energie von etwa 1 keV bilden sich sehr dichte und festhaftende Schichten, die für korrosions- und verschleißmindernde Überzüge geeignet sind. Man nennt dieses Verfahren — nicht sehr glücklich — Ionenplattieren, doch sollte man besser von einer ionengestützten Schichtbildung sprechen.

Die Zerstäubung und das Ionenplattieren lassen sich mit einer chemisch-reaktiven Schichtbildung koppeln, indem im Beschichtungsraum ein bestimmter Druck an geeigneten Reaktionspartnern aufrechterhalten wird. Um beispielsweise Quarz-Schichten durch Ionenzerstäubung abzuscheiden, setzt man dem Arbeitsgas Argon etwa 20% Sauerstoff zu. Ein Sauerstoffdefizit, das beim Zerstäuben von SiO_2 in reinem Edelgas stets beobachtet wird, läßt sich auf diese Weise vermeiden. Hierbei wirkt sich die relativ hohe Teilchenenergie günstig auf die Aktivierung der Reaktion aus. Für Forschungszwecke sowie für die Herstellung bestimmter Verbindungsschichten arbeitet man zunehmend mit Ionen-, Atom- oder Molekularstrahlen, die in gesonderten Quellen erzeugt und gerichtet auf das Target beziehungsweise direkt auf die Substrate einfallen. Abb. 4.41 veranschaulicht eine Zweistrahlmethode zur reaktiven Abscheidung von Si_3N_4. Mit Hilfe der Molekularstrahlepitaxi, bei der Teilchenstrahlbündel unter UHV-Bedingungen kondensiert werden, lassen sich sehr definierte Vielfachschichten von Halbleitern herstellen, die für die Mikroelektronik von Interesse sind.

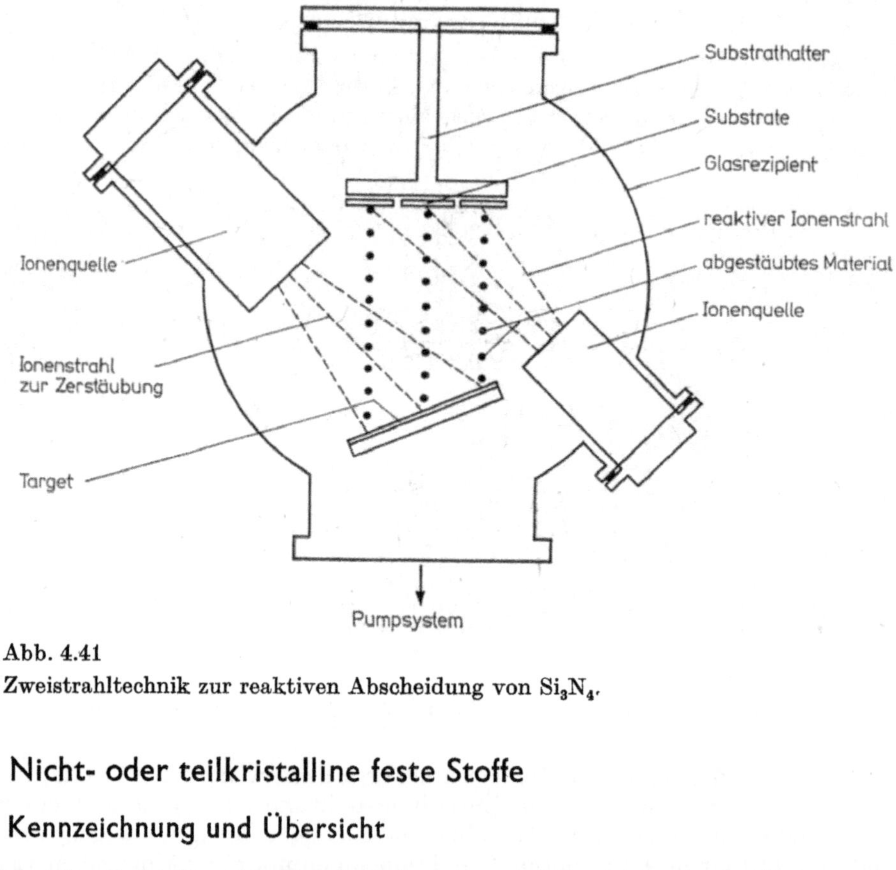

Abb. 4.41

Zweistrahltechnik zur reaktiven Abscheidung von Si_3N_4.

4.5. Nicht- oder teilkristalline feste Stoffe

4.5.1. Kennzeichnung und Übersicht

Während bei Realkristallen die Mehrheit der atomaren Bausteine in der Symmetrie eines Gitters angeordnet ist, und die Gitterdefekte als Störung aufgefaßt werden können, ist bei nichtkristallinen Stoffen von vornherein keine regelmäßige Fernordnung vorhanden. Allerdings schließt dies keineswegs aus, daß neben der *Nahordnung*, die vielfach nur wenige Atomdurchmesser umfaßt, auch stärker geordnete Bereiche auftreten, wobei sogar echte Kristallite innerhalb der amorphen Phase möglich sind.

Grundsätzlich ist der amorphe Zustand fester Stoffe metastabil, das heißt, die Freie Enthalpie G_{am} der amorphen Phase ist größer als im entsprechenden kristallinen Zustand G_{kr}:

$$\Delta G = G_{am} - G_{kr} > 0. \tag{4,73}$$

Da ΔG nach der Thermodynamik irreversibler Prozesse als Triebkraft der Umwandlung in den stabileren Zustand anzusehen ist, können amorphe Stoffe nur existieren, wenn
- ΔG nicht sehr groß ist oder
- wenn der Übergang in eine kristalline Phase sterisch stark gehemmt ist.

Die obenerwähnten sehr lebhaften Übergänge amorpher Schichten in den kristallinen Zustand oder das allmähliche Ausscheiden von Kristalliten in Gläsern, das als „Entglasen“ bezeichnet wird, bilden Beispiele spontaner Umwandlungen in die stabile Phase. Aus physikalischer Sicht sind folgende Besonderheiten amorpher Stoffe hervorzuheben:

- Der Übergang vom festen in den flüssigen Zustand verläuft phänomenologisch (beschrieben z. B. durch die Viskosität) und atomistisch kontinuierlich.
- Falls nur Nahordnung vorliegt, sind die physikalischen Eigenschaften im Gegensatz zu Kristallen *isotrop*; die Wärmeleitung, die Schallgeschwindigkeit, die elektrischen Eigenschaften oder der Brechungsindex sind also unabhängig von der Richtung, in der sie gemessen werden.
- Bei der Strukturuntersuchung mit Röntgenstrahlen oder Materiewellen erhält man einige wenige, stark verwaschene Interferenzen.

Auf der Grundlage statistischer Überlegungen wurden mit Hilfe der Fourier-Analyse Methoden entwickelt, um aus der Intensitätsverteilung auf die Wahrscheinlichkeit $W(r)$ der Anwesenheit von Nachbarmolekülen im Abstand r von einem Bezugsmolekül zu schließen. Wenn im amorphen Stoff kristalline Bereiche enthalten sind, überlagern sich der diffusen Streuung mehr oder weniger scharfe Reflexe. Aus dem Verhältnis der Intensität dieser Reflexe zur diffus gestreuten Intensität kann auf den *Kristallisations-* oder *Ordnungsgrad* solcher *teilkristalliner Stoffe* geschlossen werden.

Die wichtigsten nicht- bzw. teilkristallinen festen Stoffe gliedern sich in zwei Gruppen, die anorganischen Gläser und die organischen Hochpolymeren. Beide haben als Werkstoffe außerordentliche Bedeutung erlangt. Eine Zwischenstellung nehmen *Verbunde* ein, in denen entweder Gläser und Plaste (glasfaserverstärkte Plaste, Schichtgläser) oder kristalline und amorphe Stoffe (Plast-Metall-Verbunde) zusammengefügt sind.

4.5.2. Gläser und verwandte Stoffe

Die bekanntesten Vertreter dieser wichtigen Stoffgruppe bilden die Silikatgläser, deren Grundbausteine $SiO_{4/2}$-Tetraeder sind. Diese Grundeinheiten lassen sich auf mannigfache Weise zu räumlichen Strukturen zusammensetzen, bei denen die Ecken der Tetraeder aufeinanderstoßen. Im Durchschnitt entfallen dann 2 der 4 Sauerstoffatome auf ein Siliciumatom, woraus sich der Index 4/2 erklärt. Entsprechend beträgt die Koordinationszahl 4 für Si und 2 für O. Um die —O—-Bindung können die aneinandergesetzten Tetraeder frei rotieren, und der Bindungswinkel an den Sauerstoffatomen variiert zwischen 130 und 180°. Infolgedessen sind bei gleichbleibender Nahordnung außer den in Abschnitt 2.4.4. besprochenen kristallinen Quarzmodifikationen auch unregelmäßige Strukturen möglich, die zum amorphen Quarzglas führen.

Bei technischen Gläsern, die gegenüber Quarzglas den Vorzug haben, daß sie früher und in einem breiteren Temperaturgebiet erweichen, sind einige Si—O—Si-Bindungen aufgesprengt und als *Netzwerkwandler* Kationen der Alkalien oder Erdalkalien eingeschoben. Durch Zusatz von Soda zur Glasschmelze erfolgt dies nach dem Schema:

$$Na_2O + \cdots -O-\underset{|}{\overset{|}{Si}}-O\cdots \rightarrow \cdots Si-O^{(-)}\genfrac{}{}{0pt}{}{Na^+}{Na^+}O^{(-)}-Si-O\cdots . \qquad (4{,}74)$$

Die kovalente Quarz-Struktur wird also durch Bausteine mit überwiegender Ionenbindung aufgelockert.

Andere Grundbausteine von Glasnetzwerken können folgende Gruppen sein:

- B_2O_3 in Form ebener Dreiecke;
- As_2O_3 in Gestalt einer dreiseitigen Pyramide;
- GeO_2, P_2O_5, As_2O_5 als Tetraeder wie SiO_2.

Für den Gerätebau haben vor allem gemischte Borsilikat-Gläser Interesse, weil sie ebenso wie reines Quarzglas nur sehr geringe thermische Ausdehnungskoeffizienten

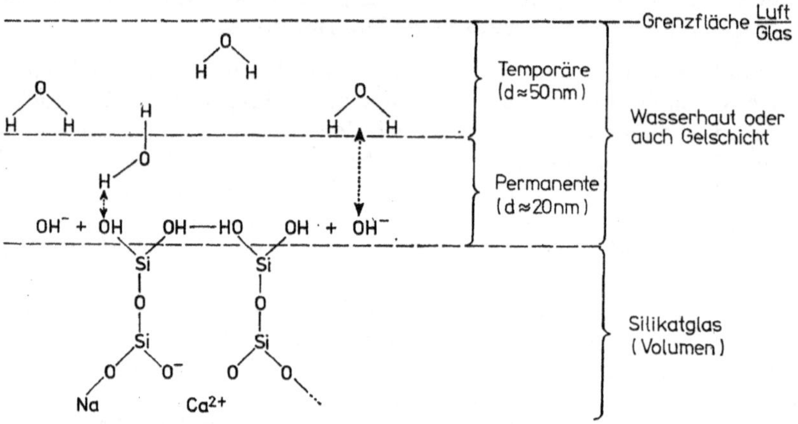

Abb. 4.42

Prinzipdarstellung der Sorption von Wasser an Glasoberflächen und der damit verbundenen Bildung einer Wasserhaut.

Permanente Wasserhaut:

Si—O—Si Brücken werden aufgesprengt und OH-Gruppen in die Oberfläche eingebaut,

$$\text{z. B. } -\underset{|}{\overset{|}{Si}}-O-\underset{|}{\overset{|}{Si}}-\cdots + H_2O \rightleftarrows -\underset{|}{\overset{|}{Si}}-O \; \boxed{H-HO} \; -\underset{|}{\overset{|}{Si}}- .$$

Wasser bewirkt ein Auslaugen der Oberfläche, dabei werden Na^+- gegen H^+-Ionen ausgetauscht und dadurch OH^--Gruppen in die Glasoberfläche eingebaut,

$$\text{z. B. } \cdots -O-\underset{|}{\overset{|}{Si}}-O-Na + H_2O \rightleftarrows \cdots -O-\underset{|}{\overset{|}{Si}}-OH + HO^- ;$$

Anlagerung von Wasser durch Wasserstoffbrückenbindung (möglich).

Temporäre Wasserhaut:

Anlagerung von Wasser durch zwischenmolekulare Kräfte,
z. B. Dipolkräfte $H_2O \cdots OH^-, \ldots$

besitzen und deshalb bei raschem Temperaturwechsel nicht so leicht springen wie gewöhnliche Gläser; außerdem werden sie von wäßrigen Alkalien nur wenig angegriffen.

Als *Chalkogenid-Gläser* werden glasartige Stoffe bezeichnet, in denen die Rolle des Sauerstoffs von den Elementen S, Se oder Te der gleichen Hauptgruppe im Periodensystem übernommen wird. Mit As, P oder Ge als weiteren Komponenten bilden sich in bestimmten Mischungsbereichen *halbleitende amorphe Stoffe*. Bei einigen von ihnen beobachtet man spannungsabhängige *Schalteffekte*, wobei sich der elektrische Widerstand in stromleitenden Kanälen bei sehr kurzer Anstiegszeit um Größenordnungen ändert.

Die systematische Aufklärung von Glasstrukturen ist trotz bedeutender Fortschritte noch in vollem Fluß. Die Ergebnisse lassen Möglichkeiten für die gezielte Synthese neuartiger Spezialgläser für zahlreiche Anwendungsgebiete mit teilweise überraschenden Eigenschaften erwarten.

Glasartige Strukturen sind auch verantwortlich für den Zusammenhalt von Keramik- und Zementwerkstoffen. Während sich beim Sintern von Keramikmassen Glasschmelzen bilden, ist für das Abbinden von Zement im Beton die Wasseraufnahme feinverteilter Silikate maßgeblich. Am besten erforscht sind die Verhältnisse bei feinverteiltem Kieselsäure-Gel, das aus einem zusammenhängenden Gerüst von amorphem SiO_2 mit einer spezifischen — äußeren und inneren — Oberfläche bis zu 2000 m^2/cm^3 besteht. In den Hohlräumen werden Wassermoleküle sehr fest gebunden. Bei 200 H_2O-Molekülen je $SiO_{4/2}$-Gruppe ist die Masse bereits gallertartig, bei 30 Molekülen H_2O je $SiO_{4/2}$ wird sie fest, und bei weiterer Senkung des Wassergehaltes kann sie sogar vermahlen werden. Das Wasser ist dabei fest von dem Silikatgerüst eingeschlossen. Neben der Rolle beim Erhärten des Zements wird die Wasseraufnahme von porösem Kieselsäure-Gel zum Entfernen von Wasserdampf beim Einsatz als Trockenmittel benutzt. Störend macht sich die Wasseraufnahme von Glas in Vakuumapparaturen sowie bei Substrat-Gläsern bemerkbar. Das oberflächlich gebundene Wasser kann erst bei Ausheizen dicht unter den Erweichungspunkt einigermaßen vollständig entfernt werden. In Abb. 4.42 ist dargestellt, wie man sich die Bindung des Wassers an Glasoberflächen vorzustellen hat.

In den letzten Jahren hat sich die festkörperphysikalische Forschung verstärkt den *amorphen Phasen* zugewendet, die von halbleitenden und metallischen Elementen sowie von einfachen, normalerweise kristallinen Verbindungen beziehungsweise Legierungen unter bestimmten Bedingungen hergestellt werden können.

Reine Metalle, wie Cobalt oder Tantal, schlagen sich in amorpher Form nieder, wenn ihr Dampf auf Substraten kondensiert wird, die auf tiefe Temperaturen (50···200 K) gekühlt sind. Beim Erwärmen vollzieht sich normalerweise eine Phasenumwandlung in den kristallinen Zustand, jedoch lassen sich die amorphen Schichten durch Zusätze von Fremdstoffen stabilisieren. Vor allem Wasserstoff vermag schon in relativ geringen Konzentrationen bestimmte amorphe Metallphasen, beispielsweise Tantal, auch bei Temperaturen oberhalb des Gefrierpunktes stabil zu machen. Legierungen mit nichtmetallischen Komponenten, z. B. $Co_{78}P_{22}$ oder $Fe_{40}Ni_{40}P_{14}B_6$, bleiben auch bei höheren Temperaturen in amorpher Form beständig. Solche amorphen Metalle, auch Metallgläser genannt, lassen sich durch extrem rasches Abkühlen aus der flüssigen Phase in Form feiner Drähte oder Folien herstellen und anschließend verspinnen oder verpressen. Sie werden bereits in größerem Maßstab produziert und auf Grund ihrer sehr guten weichmagnetischen Eigenschaften für die Abschirmung von Magnetfeldern sowie für Kerne von HF-Spulen eingesetzt.

Amorphes Silicium, kurz a-Si, hat als Halbleiterwerkstoff Interesse erlangt, seit SPEAR und Mitarbeiter 1975 zeigten, daß sich dieses Material stabilisieren und dotieren läßt. Heute wird a-Si entweder durch Zersetzung von Silan (SiH_4) bei Zimmertemperatur in einer Glimmentladung oder durch Ionenzerstäubung von Si-Targets in wasserstoffhaltigem Restgas bei kleinen Drücken abgeschieden. Die Dotierung mit P oder B erfolgt durch Zusatz von Verbindungen dieser Elemente oder durch anschließende Ionenimplantation. Elektronische Bauelemente mit pn-Übergängen auf der Basis solcher nichtkristalliner Schichten wurden getestet. Zwar ist keine Ablösung mikroelektronischer, einkristalliner Schaltkreise zu erwarten, jedoch zeichnen sich Spezialanwendungen ab. Da a-Si billig auf großen Flächen, beispielsweise Gläsern oder Folien, abgeschieden werden kann, hofft man, auf diese Weise Solarzellen künftiger Sonnenkraftwerke produzieren zu können; allerdings muß dazu der Wirkungsgrad noch wesentlich verbessert werden.

Die Struktur des a-Si ist durch eine weitgehend regellose Anordnung von Si-Tetraedern gekennzeichnet, wobei eingeschlossener Wasserstoff stabilisierend wirkt und durch Absättigung freier Valenzen, die sonst Störatome binden würden, überhaupt erst eine elektronisch wirksame Dotierung ermöglicht.

Die früher erwähnten harten und transparenten Kohlenstoffschichten (Abschnitt 2.5.1.), die in vieler Hinsicht diamantähnliche Eigenschaften aufweisen, sind in der Struktur wahrscheinlich mit dem a-Si verwandt, aber zu ihrer Bildung wird eine erhebliche Aktivierungsenergie benötigt, weshalb sie bisher nur durch Kondensation genügend energiereicher Kohlenstoff- oder Kohlenwasserstoffionen abgeschieden werden konnten. Natürlich ist die Frage berechtigt, ob sich nicht auch von anderen Materialien amorphe Phasen mit anwendungsinteressanten Eigenschaften für die Elektrotechnik/Elektronik, aber auch für den Korrosionsschutz oder das Aufbringen von härtenden Überzügen im Maschinenbau sowie für die Optik herstellen lassen. Die kürzlichen Fortschritte beim Aufbau solcher „ungewöhnlicher" Phasen und Schichten geben jedenfalls zu der Erwartung Anlaß, daß die Palette verfügbarer Werkstoffe durch metastabile amorphe Strukturen in wünschenswerter Weise bereichert werden kann.

4.5.3. Organische Hochpolymere

Die Stoffe dieser umfangreichen Gruppe haben als Plastwerkstoffe mit sehr vielseitigen Eigenschaften, die von guter Formbeständigkeit bis zur Kautschukelastizität reichen, umfassende praktische Anwendung gefunden. Die Physik organischer Makromoleküle bildet ein umfangreiches Spezialgebiet, dem spezielle Lehrbücher und Monographien gewidmet sind. Hier kann nur auf einige wenige Eigenschaften der Plaste aus der Sicht ihrer Struktur als feste Stoffe verwiesen werden.

— Gemeinsam ist den Plasten trotz der sehr beachtlichen Unterschiede in der chemischen Struktur der Aufbau aus Makromolekülen, die beispielsweise bei Polytetrafluorethylen (PTFE) Ketten mit $10^2 \cdots 10^4$ CF_2-Gruppen und relativen Molekülmassen von $10^4 \cdots 10^6$ bilden. Vielfach bilden die Moleküle komplizierte Knäuel, oder es liegen quervernetzte Molekülstrukturen vor. Es leuchtet ein, daß eine Ordnung dieser Gebilde in ein regelmäßiges Kristallgitter nur schwer und in vielen Fällen gar nicht möglich ist. Trotzdem sind von einer Anzahl hochpolymerer Stoffe Einkristalle oder größere kristalline Bezirke erhalten worden (beispielsweise von Polyethylen nach langsamem Eindampfen von Lösungen), die im Beugungsbild eine ausgeprägte Orientierung erkennen lassen.

— Vielfach werden mittels Röntgenstrukturanalyse in Polymeren mit Kettenmolekülen kristalline Bereiche festgestellt, deren Ausdehnung jedoch nur 10…100 nm beträgt und somit wesentlich unter der Moleküllänge von $10^3 \ldots 10^4$ nm liegt. Dieser zunächst überraschende Befund wird gemäß Abb. 4.43 dadurch gedeutet, daß sich entweder nur Segmente benachbarter Makromoleküle über eine kurze Wegstrecke parallel zueinander ausrichten oder daß eine Molekülkette mehrfach gefaltet ist und den Kristall somit mehrfach durchläuft. Beide Grenzfälle konnten nachgewiesen werden.

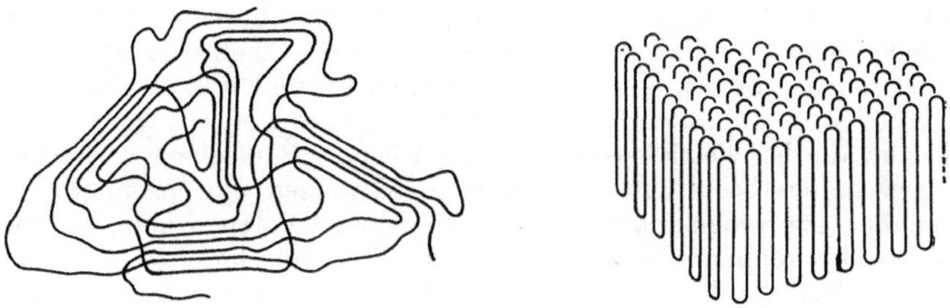

a) b)

Abb. 4.43

Strukturmodelle von kristallinen Hochpolymeren

a) Fransenmodell der Anordnung der Molekülketten in partiellkristallinen hochpolymeren Stoffen.

b) Aufbau einkristalliner Schichten (Lamellen) durch mehrfache Faltung von Kettenmolekülen (Lamellenmodell, idealisiert).

— Obwohl die kristallinen Bereiche viel kleiner als die Lichtwellenlänge sind, erscheinen die festen Plaste mit kristallinem Anteil getrübt oder *opak.* Daraus muß auf *Überstrukturen* geschlossen werden, die aus einer Vielzahl einzelner kristalliner Bereiche bestehen. Besonders in faserförmigen Polymeren treten langgestreckte Überstrukturen als Fibrillen in Erscheinung.

— Die Diffusion und die thermische Bewegung sind im Bereich des festen Zustandes makromolekularer Stoffe außerordentlich stark gehemmt. Insbesondere bei vernetzten Polymeren (Duroplasten) sind nur Verschiebungen oder Schwingungen von Molekülsegmenten denkbar.

— Die plastische Verformbarkeit, die dieser Werkstoffgruppe ihren Namen gegeben hat, erfolgt bei Thermoplasten oder nicht ausgehärteten Duroplasten in der Wärme durch flüssigkeitsähnliches Fließen größerer Bereiche. Die Drehbarkeit der Molekülgruppen um einfache Kohlenstoffbindungen und die dadurch bewirkte veränderte Knäuelstruktur sind wesentlich für die Plastizität bei höheren Temperaturen sowie für die Elastizität unter gewöhnlichen Bedingungen verantwortlich.

— Beim Abkühlen frieren viele Plaste zu spröden, glasartigen Strukturen ein. Der Übergang erfolgt bei einer *Einfriertemperatur* T_e, bei der sich die spezifische Wärme oder der thermische Ausdehnungskoeffizient sprunghaft ändern. Verantwortlich hierfür ist ein engeres Zusammenrücken der Moleküle.

5. Mechanische und thermische Eigenschaften

Die atomaren Bausteine in Festkörpern befinden sich unter üblichen Bedingungen niemals in Ruhe. Als Folge ihrer *thermischen Energie* führen sie Schwingungen um ihre stabilen oder — im Falle fehlgeordneter Teilchen — metastabilen Gleichgewichtslagen aus, deren Amplitude bis zum Schmelzpunkt rund 10% der Teilchenabstände erreicht. Selbst am absoluten Nullpunkt treten Schwingungen wegen der Nullpunktsenergie auf, die bei Festkörpern mit sehr leichten Bausteinen besonders deutlich die Eigenschaften beeinflußt. Andererseits schwingen die Atome im Festkörper nicht unabhängig voneinander, sondern die Kristalle stellen komplizierte Systeme einer Vielzahl gekoppelter, schwingungsfähiger Teilchen dar.

Eine Verschiebung der Bausteine von ihren normalen Positionen tritt auch ein, wenn der Festkörper durch äußere Kräfte mechanisch beansprucht wird. Wirken die erregenden Ursachen einer solchen Deformation periodisch, so werden mechanische Wellen ausgelöst, die mit der thermischen Bewegung wesensgleich sind.

Die atomistische Beschreibung mechanischer und thermischer Festkörpereigenschaften hat daher viele Gemeinsamkeiten, weshalb wir beide Komplexe im folgenden Kapitel behandeln. Eine Ausnahme stellt der Beitrag der Elektronen zur spezifischen Wärme und Wärmeleitfähigkeit von Metallen dar, der erst im nächsten Kapitel nachgetragen werden kann.

Die Anfänge der Festkörpermechanik reichen bis an die Wende vom 17. zum 18. Jahrhundert zurück, als Hooke — ein Zeitgenosse Newtons — mit dem nach ihm benannten Gesetz die Proportionalität zwischen Dehnung und Spannung bei kleinen Deformationen entdeckte. Im vorigen Jahrhundert wurden von zahlreichen Wissenschaftlern die Grundlagen der Kontinuumsmechanik gelegt, die als Ausgangsmodell für das elastische Verhalten atomistischer Festkörper unentbehrlich ist. Erst um die Jahrhundertwende entwickelte sich die *Kontinuumsmechanik* der Kristalle, woran W. Voigt einen großen Anteil hatte. Da die mechanischen Eigenschaften in Kristallen eine ausgeprägte *Anisotropie* aufweisen, benötigen wir hier erstmalig die quantitative Behandlung solcher Eigenschaften mit Hilfe der *Tensorrechnung*.

Die quantitative Interpretation mechanischer und thermischer Kenngrößen auf atomistischer Basis bereitet vielfach erhebliche Schwierigkeiten. Der erste große Erfolg wurde mit den bahnbrechenden Arbeiten von Born und Debye ab 1910 zur Theorie der spezifischen Wärme und allgemeiner der Gitterschwingungen errungen. Dabei zeigte es sich, daß Schwingungen und Wellen in Festkörpern, wie bereits Einstein postuliert hatte, gequantelt sind. Bei der Wechselwirkung mit Quanten oder Teilchen verhalten sie sich wie Gesamtheiten im Sinne von *Quasiteilchen*, weshalb man sie in Analogie zum Photon heute meist als *Phononen* bezeichnet.

Die großen Erfolge der atomistischen Festkörperphysik dürfen nicht darüber hinwegtäuschen, daß in einigen Gebieten des mechanischen und thermischen Verhaltens fester Werkstoffe noch viel zu tun bleibt, um die seit langem bekannten phänomenologischen Zusammenhänge atomistisch zu untermauern. Das gilt beispielsweise für die *Reibung*, deren Grundlagen bereits um 1800 von COULOMB in sorgfältig durchgeführten Versuchsreihen erforscht worden sind.

5.1. Grundlagen der Festkörpermechanik

5.1.1. Grundbegriffe

Die Verformung fester Stoffe unter dem Einfluß äußerer Spannungen läßt sich mit den in Abb. 5.1 angedeuteten Grundversuchen bestimmen. Bei kleinen Deformationen gilt das verallgemeinerte *Hookesche Gesetz,* nach dem die Verformung proportional zur Spannung ist. Damit ergibt sich

für die Dehnung:

$$\sigma_D = C \cdot e_D; \quad e_D \equiv \frac{\Delta l}{l} \tag{5,1}$$

(σ_D — Zugspannung, C — linearer Elastizitätsmodul, e_D — Dehnung);

für die Scherung:

$$\sigma_S = G\gamma; \quad \tan\gamma = \frac{\Delta x}{l} \cong \gamma, \quad \text{da} \quad \Delta x \ll l \tag{5,2}$$

(σ_S — Schub- oder Scherspannung, G — Schubmodul, γ — Scherung);

für die Kompression:

$$p = -B\delta; \quad \delta \equiv \frac{\Delta V}{V} \tag{5,3}$$

(p — allseitig wirkender Druck, B — Kompressionsmodul, $\frac{\Delta V}{V}$ — relative Volumenänderung).

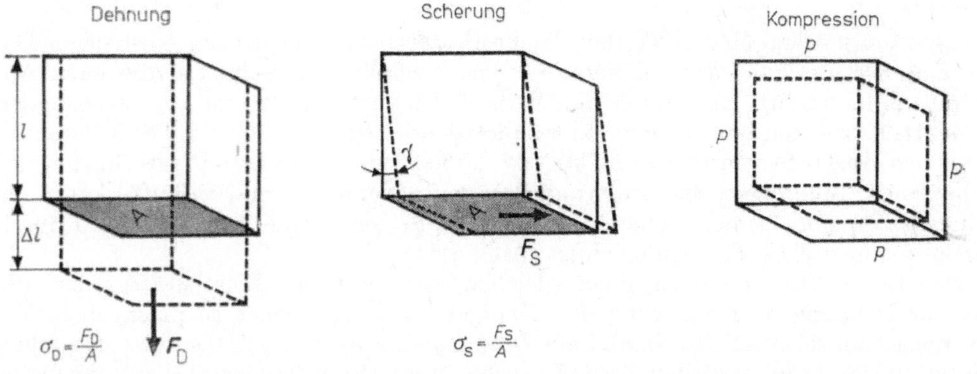

Abb. 5.1
Grundversuche zur Verformung von Festkörpern durch Dehnung, Scherung oder Kompression.

Die Symbole wurden abweichend von den Gepflogenheiten der Mechanik und der technischen Literatur gewählt, wo man die Dehnung mit ε und den Elastizitätsmodul mit E bezeichnet, damit Verwechslungen mit elektrischen Größen ausgeschlossen werden. Die Werte der elastischen Konstanten C, G, B unterscheiden sich etwas, je nachdem ob die Verformung *isotherm* (bei konstanter Temperatur) oder *adiabatisch* (bei konstanter Entropie) vorgenommen wird. Speziell bei tiefen Temperaturen kann dieser Unterschied häufig vernachlässigt werden.

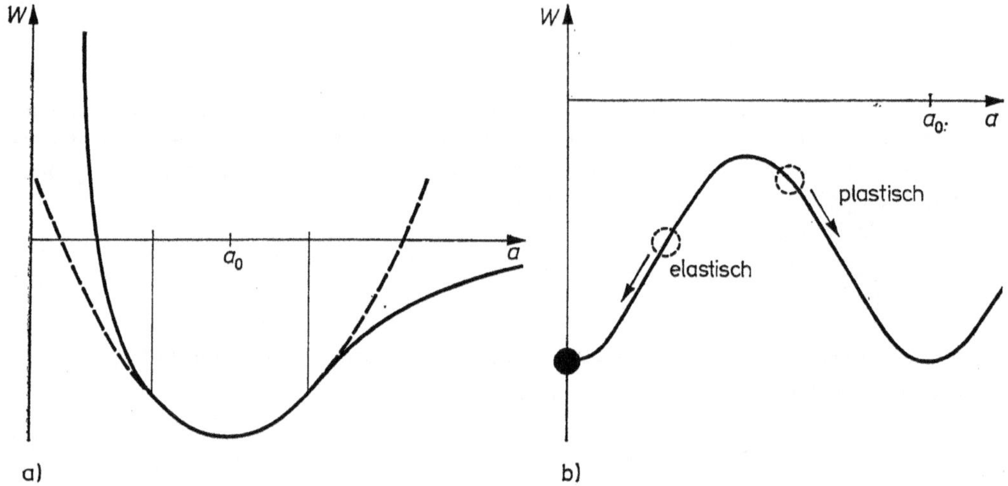

Abb. 5.2a

Wechselwirkungspotential zwischen zwei Atomen bzw. Molekülen. Die Approximation durch einen quadratischen Term ist gestrichelt eingezeichnet.

Abb. 5.2b

Modell für die Bewegung der Atome bzw. Moleküle im periodischen Gitterpotential bei elastischer oder plastischer Verformung. Bei elastischer Verformung kehrt das Atom in seine ursprüngliche Ruhelage (schwarzer Kreis) zurück, während es bei plastischer Verformung um eine Translationsperiode des Gitters verschoben wird.

Im atomistischen Modell werden die Festkörperbausteine bei der elastischen Deformation etwas aus ihrer mittleren Gleichgewichtslage verschoben, die nach Abschnitt 2. 1. und Ab. 2.5. durch den Verlauf des abstoßenden und des anziehenden Potentials zwischen den Atomen oder Molekülen bestimmt wird. Da dieses Potential nach den Ansätzen von Born und Mayer, Morse oder Lennard-Jones für die verschiedenen Bindungstypen anharmonisch und asymmetrisch verläuft, kann die Linearität nur in kleinen Gebieten erfüllt sein, in denen eine Approximation durch einen quadratischen Term möglich ist (Abb. 5.2a).

Der Linearitätsbereich ist nicht gleichzusetzen mit der Elastizitätsgrenze, die bei der Dehnung oder Scherung den Übergang von elastischer zu plastischer Verformung kennzeichnet. Im *Spannungs-Dehnungs-Diagramm*, das bei der technischen Materialprüfung in speziellen Zerreißmaschinen an Drähten oder Stäben aufgenommen wird, schließt sich an den linearen Bereich meist ein Gebiet an, in dem der Versuchskörper nach Wegnahme der Spannung immer noch in den Ausgangszustand zurückkehrt (Abb. 5.3). Atomistisch ist der Elastizitätsbereich dadurch gekennzeichnet, daß keine Bindungen zwischen benachbarten Atomen gesprengt werden und jedes Teilchen seine Nachbarn behält. Die Dehnung ist stets von einer Abnahme des Querschnitts begleitet. Im elastischen Bereich stehen relative Dicken- und Längenänderung ($\delta\xi/\xi$ bzw. e_D) in einem festen Verhältnis zueinander, das als *Poisson-Zahl* ν_P für jedes Material einen charakteristischen Wert annimmt:

$$\nu_P \equiv \frac{-\frac{\delta\xi}{\xi}}{e_D}. \qquad (5,4)$$

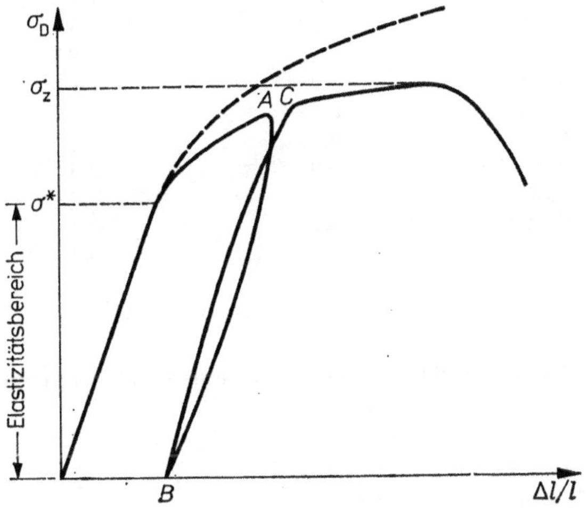

Abb. 5.3
Spannungs-Dehnungs-Diagramm

σ^* — Spannung für die Elastizitäts-, Streck- oder Fließgrenze
σ_z — Spannung für die Zerreiß- oder Bruchgrenze.

In Tabelle 5.1 sind Werte der elastischen Eigenschaften für eine Reihe isotroper polykristalliner bzw. amorpher Materialien zusammengestellt. Wegen der Querkontraktion besteht ein Unterschied zwischen in der Technik meist angegebenen effektiven Spannungen, die gewöhnlich auf den Ausgangsquerschnitt bezogen sind, und der wahren Spannung, die im Diagramm gestrichelt eingetragen ist.

Oberhalb kritischer Werte σ^* beginnt der Bereich der *Plastizität*, in dem die Verformung teilweise erhalten bleibt. Senkt man nach Überschreiten der Elastizitätsgrenze die Spannung vorübergehend ab, so ergeben sich im Spannungs-Dehnungs-Diagramm Hysterese-Kurven, wie der Verlauf zwischen den Punkten A und C ausweist. Die von der Schleife eingeschlossene Fläche entspricht der aufgewendeten Dissipationsenergie, die größtenteils in Wärme übergeht. Bei plastischer Verformung ist die Beziehung zwischen Spannung und Dehnung nicht mehr umkehrbar eindeutig. Trotzdem gelten nach Berliner und Prandtl bestimmte phänomenologische Gesetzmäßigkeiten. So ist die Form jedes Zweiges durch die Lage der Umkehrpunkte eindeutig bestimmt, und jeder Zweig mündet in den Ausgangspunkt wieder ein, falls zwischendurch keine weitere Umkehr der Spannung stattgefunden hat. Nach der

Tabelle 5.1

Elastische Konstanten verschiedener polykristalliner oder amorpher Materialien

Material	Elastizitätsmodul $C/10^{11}$ Nm^{-2}	Schubmodul $G/10^{11}$ Nm^{-2}	Kompressionsmodul $B/10^{11}$ Nm^{-2}
Aluminium	0,73	0,26	0,71
Blei	0,17	0,08	0,43
Gold	0,8	0,28	1,67
Gußeisen	0,75	0,3	0,77
Cadmium	0,51	0,2	0,48
Kupfer	1,2	0,45	1,43
Magnesium	0,41	0,19	0,33
Molybdän	2,8	1,45	2,22
Nickel	1,99	0,78	2,0
Platin	1,7	0,62	2,78
Silber	0,79	0,29	1,0
Stahl	2,0···2,2	0,8···0,85	0,5···2
Wolfram	3,55	0,17	3,3
Zinn	0,94	0,28	0,53
Glas	0,5···1,0	—	0,34···0,77

Rückkehr verläuft die Spannungs-Dehnungs-Kurve so weiter, als wäre die Schleife nicht zurückgelegt worden.

In der neueren phänomenologischen Theorie der Plastizität geht man vom Modell des *ideal plastischen Körpers* aus, für den $\sigma_D(e)$ den in Abb. 5.4 dargestellten Verlauf haben soll. Nach Überschreiten der Plastizitätsgrenze beginnt ein plastisches Fließen unter konstanter Spannung. Die Theorie liefert für dieses Gebiet allgemeine Zusammenhänge zwischen den zeitlichen Ableitungen $\dot{\sigma}$ und $\dot{e}$.

Atomistisch ist die plastische Deformation durch ein Gleiten von Gruppen von Bausteinen gekennzeichnet. Dabei werden die Bindungen teilweise gesprengt und später zu neuen Nachbarn wiederhergestellt. Die wichtige Rolle der Versetzungen in diesem Prozeß ist in Abschnitt 4.2. bereits ausführlich behandelt worden.

Abb. 5.4
Spannungs-Dehnungs-Diagramm für einen ideal plastischen Körper.

5.1.2. Dehnungskomponenten und Verzerrungstensor

In den folgenden Abschnitten betrachten wir den Festkörper als ein *elastisches Kontinuum*. Die an Kristallen beobachtete Anisotropie wird jedoch berücksichtigt, indem Verzerrungen und Spannungen als richtungsabhängige Größen angesetzt werden. Die Aufgabe besteht nun darin, zunächst die allgemeine elastische Deformation in einem solchen Medium durch geeignete räumliche Komponenten auszudrücken, danach die entsprechenden Spannungskomponenten zu formulieren und schließlich durch lineare Relationen zwischen diesen Größen ein verallgemeinertes Hookesches Gesetz aufzustellen.

Nach HELMHOLTZ setzt sich die allgemeine Verschiebung in einem Volumenelement eines deformierbaren Körpers aus einer Translation, einer Rotation und Dehnungen in drei zueinander senkrechten Richtungen zusammen. Zum Beweis betrachten wir in dem als klein vorausgesetzten Volumen zwei Punkte P_0 und P_1 mit den Ausgangskoordinaten 000 und xyz in einem rechtwinkligen Achsensystem. Nach der Ortsveränderung sollen sich die beiden Punkte an den Positionen $\xi_0\eta_0\varrho_0$ und $x + \xi$, $y + \eta$, $z + \zeta$ befinden (Abb. 5.5). Um die Lage von P_1 relativ zu P_0 anzugeben, entwickeln wir die *Verschiebung* in eine Taylor-Reihe, die wegen der vorausgesetzten kleinen Abmessungen nach den linearen Gliedern abgebrochen wird:

$$\begin{aligned}\xi &= \xi_0 + \frac{\partial \xi}{\partial x} x + \frac{\partial \xi}{\partial y} y + \frac{\partial \xi}{\partial z} z + \cdots,\\ \eta &= \eta_0 + \frac{\partial \eta}{\partial x} x + \frac{\partial \eta}{\partial y} y + \frac{\partial \eta}{\partial z} z + \cdots,\\ \zeta &= \zeta_0 + \frac{\partial \zeta}{\partial x} x + \frac{\partial \zeta}{\partial y} y + \frac{\partial \zeta}{\partial z} z + \cdots.\end{aligned} \tag{5,5}$$

Für die Differentialquotienten führen wir die Abkürzungen ein:

$$a_{11} \equiv \frac{\partial \xi}{\partial x}, \quad a_{12} \equiv \frac{\partial \xi}{\partial y}, \quad \ldots a_{21} \equiv \frac{\partial \eta}{\partial x}, \quad \ldots a_{33} \equiv \frac{\partial \zeta}{\partial z}. \tag{5,6}$$

Weiter wird das zweidimensionale Schema der 9 a_{ik} in einen bezüglich der Indizes antisymmetrischen und einen symmetrischen Anteil zerlegt:

$$a_{ik} = \frac{a_{ik} - a_{ki}}{2} + \frac{a_{ik} + a_{ki}}{2}. \tag{5,7}$$

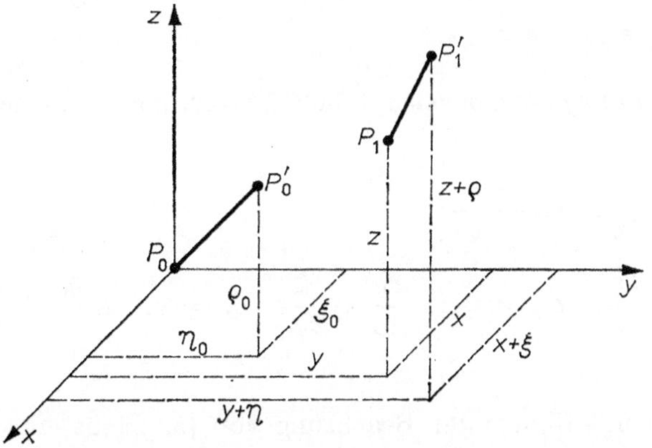

Abb. 5.5
Zur Definition der Verschiebung der Punkte P_0 und P_1.

Durch Einsetzen in (5,5) und entsprechendes Ordnen der Terme folgt:

$$\begin{aligned}
\xi &= \xi_0 \;\vdots + 0 + \frac{a_{12}-a_{21}}{2}\,y + \frac{a_{13}-a_{31}}{2}\,z \;\vdots + a_{11}x + \frac{a_{12}+a_{21}}{2}\,y + \frac{a_{13}+a_{31}}{2}\,z,\\
\eta &= \eta_0 \;\vdots + \frac{a_{21}-a_{12}}{2}\,x + 0 + \frac{a_{23}-a_{32}}{2}\,z \;\vdots + \frac{a_{21}+a_{12}}{2}\,x + a_{22}y + \frac{a_{23}+a_{32}}{2}\,z,\\
\zeta &= \zeta_0 \;\vdots + \frac{a_{31}-a_{13}}{2}\,x + \frac{a_{32}-a_{23}}{2}\,y + 0 \;\vdots + \frac{a_{31}+a_{13}}{2}\,x + \frac{a_{32}+a_{23}}{2}\,y + a_{33}z.
\end{aligned} \tag{5,8}$$

Die gesamte Bewegung $\hat{\boldsymbol{s}}$ können wir nun durch 3 vektorielle Anteile beschreiben, indem eine Zusammenfassung entsprechend den gestrichelten Linien vorgenommen wird:

$$\hat{\boldsymbol{s}} = \boldsymbol{s}_{\mathrm{T}} + \boldsymbol{s}_{\mathrm{R}} + \boldsymbol{u}. \tag{5,9}$$

Hier ist $\boldsymbol{s}_{\mathrm{T}}$ mit den Komponenten ξ_0, η_0, ζ_0 eine für alle Punkte des Volumenelementes gleiche Translation.

Der mittlere Anteil $\boldsymbol{s}_{\mathrm{R}}$ ist offensichtlich das Produkt eines antisymmetrischen Tensors mit dem Ortsvektor $\boldsymbol{r}$. Wie aus der Mechanik bekannt ist, wird dadurch eine infinitesimale Rotation beschrieben, bei der die relative Lage der Punkte zueinander unverändert bleibt.

Da wir uns hier nur für die Deformation interessieren, lassen wir $\boldsymbol{s}_{\mathrm{T}}$ und $\boldsymbol{s}_{\mathrm{R}}$ außer Betracht und wenden uns dem letzten Anteil $\boldsymbol{u}$ zu, der die Komponenten ξ_u, η_u, ζ_u haben soll. (Im folgenden können wir auf den Index u verzichten, wenn die Verrükkung (5,8) keine Translation oder Rotation enthält.)

Entsprechend dem Gleichungssystem (5,8) ist $\boldsymbol{u}$ eine *lineare Vektorfunktion* des Ortsvektors $\boldsymbol{r}$, für die wir ansetzen:

$$\begin{aligned}
\xi_u &= e_{xx}x + \frac{1}{2}\,e_{xy}y + \frac{1}{2}\,e_{xz}z,\\
\eta_u &= \frac{1}{2}\,e_{yx}x + e_{yy}y + \frac{1}{2}\,e_{yz}z,\\
\zeta_u &= \frac{1}{2}\,e_{zx}x + \frac{1}{2}\,e_{zy}y + e_{zz}z.
\end{aligned} \tag{5,10}$$

Wir definieren nun 6 *Dehnungskomponenten* (auch Verzerrungskomponenten genannt) in folgender Weise:

$$e_{xx} \equiv \frac{\partial\xi}{\partial x}; \quad e_{yy} \equiv \frac{\partial\eta}{\partial y}; \quad e_{zz} \equiv \frac{\partial\zeta}{\partial z}; \tag{5,11}$$

$$e_{xy} = e_{yx} \equiv \frac{\partial\xi}{\partial y} + \frac{\partial\eta}{\partial x}; \quad e_{yz} = e_{zy} \equiv \frac{\partial\eta}{\partial z} + \frac{\partial\zeta}{\partial y}; \quad e_{zx} = e_{xz} \equiv \frac{\partial\xi}{\partial z} + \frac{\partial\zeta}{\partial x}. \tag{5,12}$$

Ein Koeffizientenvergleich mit (5,8) unter Beachtung von (5,6) läßt eine übereinstimmende Abhängigkeit erkennen. Allerdings wurde der gemeinsame Faktor $\frac{1}{2}$

nicht mit in die Definition der gemischt indizierten Komponenten (5,12) aufgenommen, was natürlich erlaubt und in den meisten neueren Publikationen üblich ist.

Die Dehnungskomponenten bilden einen symmetrischen Tensor 2. Stufe mit der zugehörigen Matrix:

$$\mathbf{e} \equiv \begin{pmatrix} e_{xx} & \frac{1}{2} e_{xy} & \frac{1}{2} e_{zx} \\ \frac{1}{2} e_{xy} & e_{yy} & \frac{1}{2} e_{yz} \\ \frac{1}{2} e_{zx} & \frac{1}{2} e_{yz} & e_{zz} \end{pmatrix}. \qquad (5,13)$$

Mit Hilfe dieses *Verzerrungstensors* können wir die lineare Vektorfunktion (5,10) kurz als dyadisches Produkt darstellen:

$$\boldsymbol{u}(\boldsymbol{r}) = \mathbf{e} \cdot \boldsymbol{r}. \qquad (5,14)$$

Durch (5,14) wird also jedem Punkt eine *Verschiebung* zugeordnet, die im allgemeinen selbst vom Ort abhängt, so daß die Gesamtheit der Verschiebungsvektoren $\boldsymbol{u}$ ein räumliches Vektorfeld aufbaut. Einen wichtigen Sonderfall bildet die gleichförmige Deformation, bei der die Dehnungskomponenten, nicht aber die Verschiebung räumlich konstant sind.

Wie jeder symmetrische Tensor läßt sich $\mathbf{e}$ durch eine Fläche zweiten Grades darstellen, für die sich normalerweise ein dreiachsiges Ellipsoid ergibt (Abb. 5.6). Transformiert man nun die Tensorkomponenten nach den in mathematischen Lehrbüchern beschriebenen Verfahren auf ein Koordinatensystem $\hat{x}$, $\hat{y}$, $\hat{z}$, dessen Achsen mit den Hauptachsen des Ellipsoids zusammenfallen, so verschwinden alle Nicht-

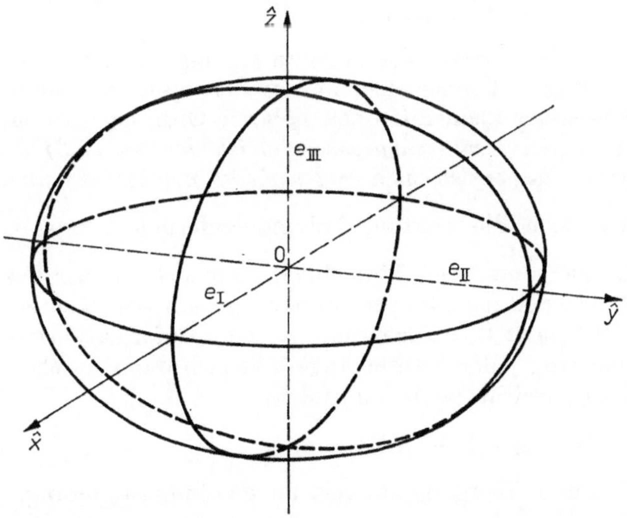

Abb. 5.6

Dehnungsellipsoid mit den Hauptdehnungen e_{I}, e_{II}, e_{III}.

diagonalglieder:

$$\mathbf{e} = \begin{pmatrix} e_{\mathrm{I}} & 0 & 0 \\ 0 & e_{\mathrm{II}} & 0 \\ 0 & 0 & e_{\mathrm{III}} \end{pmatrix}. \tag{5,15}$$

Die verbliebenen Diagonalglieder e_{I}, e_{II}, e_{III} werden *Hauptdehnungen* genannt. Sie beschreiben das Dehnen oder umgekehrt das Zusammendrücken des Festkörpers in Richtung der drei zueinander senkrechten Vorzugsachsen $\hat{x}$, $\hat{y}$, $\hat{z}$. Das sehen wir sofort, wenn wir einen Punkt P betrachten, der sich vor der Dehnung auf einer der Achsen, also beispielsweise bei $\hat{x}$ befunden hat. Nach (5,15) und der ersten Gleichung von (5,10) wird dieser Punkt übergeführt in die Position:

$$\hat{x}' = \hat{x} + \hat{\xi} = (1 + e_{\mathrm{I}})\,\hat{x}. \tag{5,16}$$

Auch die allgemeinen Dehnungskomponenten e_{ik} lassen sich geometrisch veranschaulichen. Für die Diagonalglieder (5,11) betrachten wir dazu ein kleines Faserstück des Körpers mit dem Anfangspunkt $x = 0$ und dem Endpunkt $x = \Delta l$. Die Länge $\Delta l'$ nach der Dehnung beträgt dann:

$$\Delta l' = \Delta l + \xi - \xi_0. \tag{5,17}$$

Da nach der ersten Gleichung von (5,5) für $y = z = 0$ und $x = \Delta l$ die Verschiebung $\xi_u = \xi - \xi_0 = \frac{\partial \xi}{\partial x}\,\Delta l = e_{xx}\Delta l$ ist, ergibt sich durch Umformen von (5,17):

$$\frac{\Delta l' - \Delta l}{\Delta l} = e_{xx}. \tag{5,18}$$

Die Diagonalglieder des Verzerrungstensors drücken also die Längenänderung eines differentiellen Längenelements in Achsenrichtung aus.

Die Bedeutung der nichtdiagonalen Komponente e_{xy} folgt analog, wenn man die Scherung eines rechtwinkligen Flächenelements in der xy-Koordinatenebene betrachtet. Bei Vernachlässigung kleiner Größen höherer Ordnung läßt sich zeigen, daß *die gemischten Glieder des Verzerrungstensors gleich dem in (5,2) eingeführten Winkel γ der Scherung von Flächenelementen in den Koordinatenebenen sind.*

Nun untersuchen wir noch die relative Volumenänderung $\delta \equiv \frac{V' - V}{V}$ eines quaderförmigen Volumenelements. Der Einfachheit halber legen wir das Element mit einer Ecke im Nullpunkt in das Hauptachsensystem mit den Kanten längs der Koordinatenachsen. Ein Element $V = \hat{x}\hat{y}\hat{z}$ nimmt nach der Deformation das Volumen $V' = \hat{x}'\hat{y}'\hat{z}'$ ein. Die Änderung jeder Kantenlänge läßt sich dann durch eine Beziehung in der Art von (5,16) ausdrücken, so daß folgt:

$$V' = V(1 + e_{\mathrm{I}})\,(1 + e_{\mathrm{II}})\,(1 + e_{\mathrm{III}})$$

oder, nach Multiplikation und Übergang zur relativen Volumenänderung,

$$\delta \equiv \frac{V' - V}{V} \cong e_{\mathrm{I}} + e_{\mathrm{II}} + e_{\mathrm{III}}, \tag{5,19}$$

wobei wiederum die Produkte höherer Ordnung vernachlässigt worden sind. Nun ist die Summe der Diagonalglieder jedoch eine *Tensorinvariante*, die beim Wechsel der Koordinaten ungeändert bleibt:

$$e_{\mathrm{I}} + e_{\mathrm{II}} + e_{\mathrm{III}} = e_{xx} + e_{yy} + e_{zz}.$$

Infolgedessen kann (5,19) auf beliebige Darstellungen des Verzerrungstensors übertragen werden:

$$\delta = e_{xx} + e_{yy} + e_{zz}.$$

Man bezeichnet δ auch als relative *Dilatation*, obwohl die Volumenänderung und damit δ auch negativ sein kann, beispielsweise bei Kompressionsversuchen unter allseitigem hydrostatischen Druck.

Als Resumé dieser etwas abstrakten Überlegungen können wir feststellen, daß sich die Deformation in einem Volumenelement des Festkörperkontinuums durch den Verzerrungstensor beziehungsweise seine 6 Dehnungskomponenten e_{ik} vollständig beschreiben läßt. Im ausgedehnten Kristall ändert sich der Verzerrungstensor selbst von Ort zu Ort, und die Deformation entspricht somit einem *Tensorfeld*. Dies stellt eine Komplikation gegenüber den in späteren Kapiteln behandelten anisotropen elektrischen und magnetischen Eigenschaften der Kristalle dar, bei denen Vektorfelder über ortsunabhängige Tensoren miteinander verknüpft sind.

5.1.3. Spannungskomponenten und Spannungstensor

Im nächsten Schritt auf dem Wege zu einer allgemeinen Formulierung der elastischen Deformation anisotroper Festkörper müssen wir die auf ein Volumenelement wirkenden Kräfte untersuchen. Da die Kräfte, die bei einer Dehnung, Scherung oder Kompression übertragen werden, proportional zu einer Grenzfläche des Raumelements sind, bezieht man sie auf die Flächeneinheit und nennt sie *Spannungen*. Eine Kraft, die an einem Flächenelement $\Delta y \Delta z$ unter einem beliebigen Winkel angreift, läßt sich in eine normale und zwei zueinander senkrechte tangentiale Komponenten zerlegen, so daß sich für diese Fläche eine Normalspannung σ_{xx} und zwei Schubspannungen σ_{yx} beziehungsweise σ_{zx} ergeben. Analog entnimmt man aus Abb. 5.7 für die Flächenelemente senkrecht zur y- oder z-Achse 6 weitere Spannungskomponenten. Die Bezeichnungen sind so gewählt, daß der erste Index die Richtung angibt, in der die Kraft wirkt, während der zweite Index die Normale der Fläche kennzeichnet, auf die sie bezogen wird. Demnach ist σ_{zx} eine Schubspannung in z-Richtung, die an einer Fläche senkrecht zur x-Achse angreift. Hinsichtlich des Vorzeichens vereinbaren wir, daß Spannungen in Richtung des Achsenpfeils positiv gezählt werden. Schubspannungen sind positiv, wenn sie ein Drehmoment im Sinne einer Rechtsschraube verursachen. Während die oben definierten Dehnungskoeffizienten reine Verhältniszahlen sind, haben Spannungskomponenten somit die Dimension [Kraft] $\times$ [Länge]$^{-2}$. Neben der physikalischen Einheit Pa (N/m^2) bzw. N/cm^2 sind weitere Spannungs- bzw. Druckmaße in Gebrauch, die in Tabelle 5.2 zusammengestellt wurden.

Die hier eingeführten 9 Komponenten kennzeichnen das Spannungsfeld in einem Festkörper vollständig, da die Spannungen, die an den Gegenflächen angreifen, nach dem Newtonschen Prinzip „actio gleich reactio“ im statischen Falle (eingespannter Körper) entgegengesetzt gleich sein müssen. Ferner verringert sich die Zahl der unabhängigen Komponenten im statischen Gleichgewicht von 9 auf 6, denn die Schubspannungen mit vertauschten Indizes müssen gleich sein:

$$\sigma_{yz} = \sigma_{zy}; \quad \sigma_{zx} = \sigma_{xz}; \quad \sigma_{xy} = \sigma_{yx}. \tag{5,20}$$

Zum Beweis der ersten Gleichung (5,20) betrachten wir gemäß Abb. 5.8 das resultierende Drehmoment um die z-Achse des Würfels mit den Kantenlängen Δx, Δy, Δz, zu dem offensichtlich nur die Schubspannungen σ_{yx} und σ_{xy} einen Beitrag liefern. Das Drehmoment verschwindet, wenn die beiden Komponenten gleich sind. Im anderen Falle würde eine Winkelbeschleunigung um die z-Achse auftreten, was

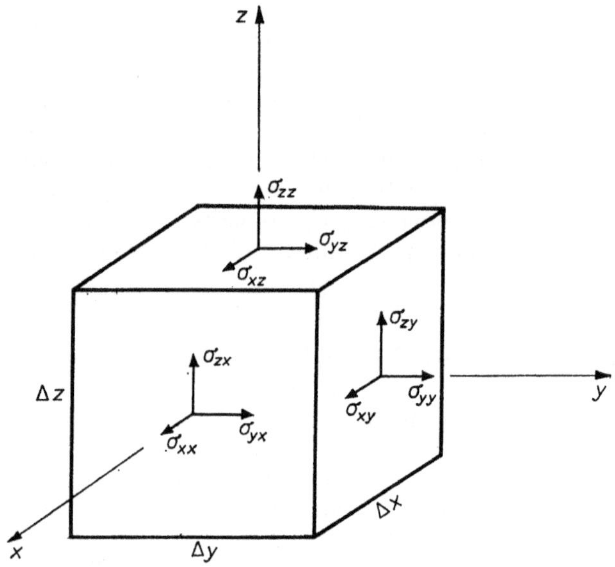

Abb. 5.7
Definition der Spannungskomponenten.

Tabelle 5.2
Spannungs- und Druckmaße

Physikalische Größe	Einheit	Kurzzeichen der Einheit	Umrechnungsfaktoren in $N \cdot m^{-2}$	Umrechnungsfaktoren in $kp \cdot mm^{-2}$
Spannung		$N \cdot m^{-2}$ $kp \cdot mm^{-2}$		
Druck	Pascal	Pa	1	$1{,}0197 \cdot 10^{-7}$
	physik. Atmosphäre	atm	$1{,}01324 \cdot 10^{5}$	$1{,}03323 \cdot 10^{-2}$
	techn. Atmosphäre	at	$0{,}980665 \cdot 10^{5}$	10^{-2}
	Torr	Torr	133,3224	$1{,}35951 \cdot 10^{-5}$
	Bar	bar	10^{5}	$1{,}0197 \cdot 10^{-2}$
	Millimeter Wassersäule	mm WS	9,80665	10^{-6}

dem statischen Gleichgewicht widerspricht. Die verbleibenden 6 Komponenten bilden den symmetrischen Spannungstensor:

$$\boldsymbol{\sigma} = \begin{pmatrix} \sigma_{xx} & \sigma_{xy} & \sigma_{zx} \\ \sigma_{xy} & \sigma_{yy} & \sigma_{yz} \\ \sigma_{zx} & \sigma_{yz} & \sigma_{zz} \end{pmatrix} \tag{5,21}$$

Da $\boldsymbol{\sigma}$ nicht als lineare Vektorfunktion eingeführt wurde, müßte noch gezeigt werden, daß (5,21) wirklich die Eigenschaften eines Tensors besitzt. Der Beweis, auf den wir hier verzichten, stützt sich auf das Verhalten von Tensorkomponenten bei Koordinatentransformationen. Allgemein transformieren sich die Komponenten eines Tensors 2. Stufe wie die binären Produkte der Koordinaten, also $\sigma_{ik} \to \sigma'_{ik}$ wie $x_i x_k \to x'_i x'_k$. Hier stellt x_i bzw. x_k eine Bezeichnung der rechtwinkligen Koordinaten x, y, z durch x_1, x_2, x_3 dar, die wir im Interesse einer allgemeinen Formulierung noch öfters anwenden werden.

Wird der Spannungstensor auf Hauptachsen transformiert, so nimmt er die folgende Form an:

$$\boldsymbol{\sigma} = \begin{pmatrix} \sigma_{\mathrm{I}} & 0 & 0 \\ 0 & \sigma_{\mathrm{II}} & 0 \\ 0 & 0 & \sigma_{\mathrm{III}} \end{pmatrix}.$$

Die drei in Richtung der Hauptachsen wirkenden Komponenten der Normalspannung kennzeichnen dann vollständig den Spannungszustand. Sind dabei nur eine

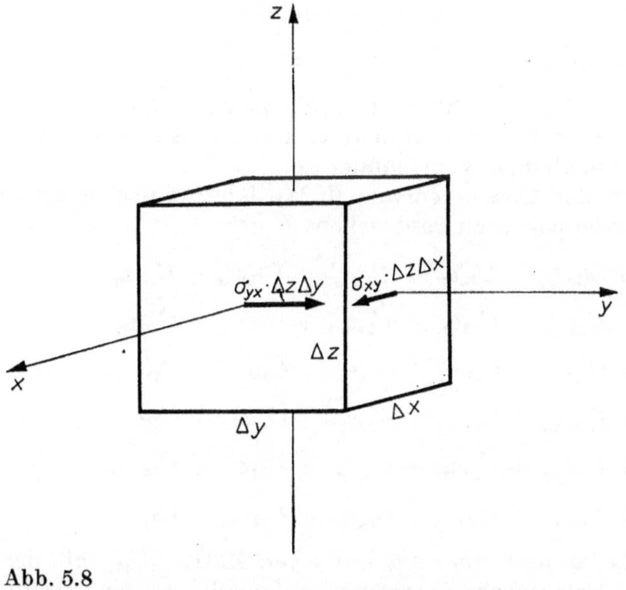

Abb. 5.8
Drehmomente für eine Drehung des Würfels um die z-Achse.
Resultierendes Drehmoment: $M_z = 2 \cdot (\sigma_{yx} - \sigma_{xy}) \dfrac{\Delta z \Delta y \Delta x}{2}$

oder zwei der Komponenten von Null verschieden, so spricht man von ein- bzw. zweiachsigen Spannungszuständen.

Einen Sonderfall bildet der reine Schubspannungszustand, wie er bei der *Torsion* eines Stabes um die z-Achse auftritt. Der Spannungstensor beträgt dann:

$$\boldsymbol{\sigma} = \begin{pmatrix} 0 & 0 & -\sigma \\ 0 & 0 & \sigma \\ -\sigma & \sigma & 0 \end{pmatrix}.$$

Entsprechend wird ein isotrop wirkender, etwa hydrostatischer Druck p durch den Tensor

$$\boldsymbol{\sigma} = \begin{pmatrix} -p & 0 & 0 \\ 0 & -p & 0 \\ 0 & 0 & -p \end{pmatrix} = -p \begin{pmatrix} 1 & 0 & 0 \\ 0 & 1 & 0 \\ 0 & 0 & 1 \end{pmatrix}$$

beschrieben. Bei isotropem Spannungstensor wird aus der Ellipsoidfläche eine Kugel, in der das Hauptachsensystem beliebig angeordnet sein kann.

5.1.4. Verallgemeinertes Hookesches Gesetz

Um die in (5,1) und (5,2) ausgedrückte Proportionalität zwischen Spannung und Dehnung auf anisotrope Medien zu erweitern, muß ein linearer Zusammenhang zwischen dem Verzerrungstensor $\mathbf{e}$ und dem Spannungstensor $\boldsymbol{\sigma}$ hergestellt werden. Eine solche *lineare Tensorfunktion* wird gegeben durch:

$$\boldsymbol{\sigma} = \mathbf{C} \cdot \mathbf{e}, \tag{5,22}$$

wobei $\mathbf{C}$ einen Tensor 4. Stufe mit $3^4 = 81$ Komponenten C_{ijkl} $(i, j, k, l = 1, 2, 3)$ darstellt. Wegen der Symmetrie von $\boldsymbol{\sigma}$ und $\mathbf{e}$ können davon jedoch höchstens $6^2 = 36$ Komponenten unabhängig voneinander sein.

Nach Voigt läßt sich der Zusammenhang (5,22) daher einfacher durch 6 Gleichungen zwischen den Komponenten ausdrücken:

$$\begin{aligned}
\sigma_{xx} &= C_{11}e_{xx} + C_{12}e_{yy} + C_{13}e_{zz} + C_{14}e_{yz} + C_{15}e_{zx} + C_{16}e_{xy}, \\
\sigma_{yy} &= C_{21}e_{xx} + C_{22}e_{yy} + C_{23}e_{zz} + C_{24}e_{yz} + C_{25}e_{zx} + C_{26}e_{xy}, \\
\sigma_{zz} &= C_{31}e_{xx} + C_{32}e_{yy} + C_{33}e_{zz} + C_{34}e_{yz} + C_{35}e_{zx} + C_{36}e_{xy}, \\
\sigma_{yz} &= C_{41}e_{xx} + C_{42}e_{yy} + C_{43}e_{zz} + C_{44}e_{yz} + C_{45}e_{zx} + C_{46}e_{xy}, \\
\sigma_{zx} &= C_{51}e_{xx} + C_{52}e_{yy} + C_{53}e_{zz} + C_{54}e_{yz} + C_{55}e_{zx} + C_{56}e_{xy}, \\
\sigma_{xy} &= C_{61}e_{xx} + C_{62}e_{yy} + C_{63}e_{zz} + C_{64}e_{yz} + C_{65}e_{zx} + C_{66}e_{xy}.
\end{aligned} \tag{5,23}$$

Dieses System kann als Produkt einer quadratischen Matrix (C_{ik}) mit der 6gliedrigen Zeilenmatrix der Dehnungskomponenten aufgefaßt werden, wenn wir die Doppelindizes in folgender Weise zusammenfassen:

$$xx \equiv 1; \quad yy \equiv 2; \quad zz \equiv 3; \quad yz \equiv 4; \quad zx \equiv 5; \quad xy \equiv 6. \tag{5,24}$$

Mit den so durchnumerierten Spannungs- und Dehnungskomponenten nimmt (5,23) eine handlichere Form an:

$$\sigma_i = \sum_k C_{ik} e_k; \quad i, k = 1, 2, \ldots, 6. \tag{5,25}$$

Die Gleichungen (5,22) und (5,25) sind verschiedene Darstellungen des verallgemeinerten Hookeschen Gesetzes, mit dem das elastische Verhalten von Kristallen beschrieben wird. Entsprechend nennt man die vierfach bzw. zweifach indizierten C-Komponenten *verallgemeinerte Elastizitätsmoduln.*

In der Praxis verringert sich die Anzahl der Komponenten glücklicherweise erheblich, da — wie noch gezeigt wird — die Matrix (C_{ik}) gleichfalls symmetrisch ist, und darüber hinaus tritt mit wachsender Symmetrie der Kristalle eine weitere Abnahme der Anzahl verschiedener C_{ik}-Werte ein.

Gerade bei der Untersuchung von Symmetrieeinflüssen erweist sich die Tensordarstellung (5,22) als vorteilhaft. Um aus den Tensorkomponenten C_{ijkl} die entsprechenden Matrixkomponenten C_{mn} zu bilden, faßt man das linke und das rechte Indexpaar gemäß dem in (5,24) angegebenen Schlüssel zusammen. Beispielsweise gilt: $C_{yyzx} = C_{25}$; $C_{xyxx} = C_{61}$ usw.

Das einfache Hookesche Gesetz (5,1) wird vielfach in der umgekehrten Form

$$e_\mathrm{D} = S\sigma_\mathrm{D}; \quad S \equiv \frac{1}{C} \tag{5,26}$$

benutzt. S nennt man Elastizitätskonstante oder Elastizitätskoeffizient. In analoger Weise lassen sich nach den Regeln der Tensor- bzw. Matrizenrechnung auch (5,22) und (5,25) umkehren. Aus der zweiten Gleichung erhält man dann:

$$e_k = \sum_i S_{ik} \sigma_i; \quad (S_{ik}) \equiv (C_{ik})^{-1} \tag{5,27}$$

mit der reziproken Matrix der Elastizitätskonstanten. Dies entspricht natürlich einer Auflösung des Systems (5,23) nach den e_{ik}.

5.1.5. Deformationsarbeit und elastisches Potential

Beim Aufbau einer elastischen Verzerrung wird eine Deformationsarbeit verrichtet, die man zweckmäßig auf das Volumen bezogen als Energiedichte w_e angibt. Wie in Lehrbüchern der Mechanik deformierbarer Medien in allgemeiner Form gezeigt wird, beträgt die differentielle Deformationsarbeit bei einer kleinen Änderung der Verzerrung:

$$\mathrm{d}w_\mathrm{e} = \sum_i \sigma_i \, \mathrm{d}e_i; \quad i = 1, 2, \ldots, 6. \tag{5,28}$$

Hier sind σ_i bzw. e_i die gemäß (5,24) fortlaufend numerierten Spannungs- bzw. Dehnungskomponenten. Zum Beweis, den wir hier nur andeuten können, wird ein kleiner Würfel der Kantenlänge Δl betrachtet, der mit einer Ecke im Koordinatenursprung und mit den Kanten in Achsenrichtung liegt. Die Verschiebung u der Würfelflächen in den Koordinatenebenen soll 0 sein, so daß sich für die gegenüberliegenden Flächen im Abstand Δl nach (5,10) die Verschiebungskomponenten

$$\delta\xi = \Delta l \left(\delta e_{xx} + \frac{1}{2}\,\delta e_{xy} + \frac{1}{2}\,\delta e_{xz}\right) \tag{5,29}$$

und gleichartige Ausdrücke für $\delta\eta$ und $\delta\zeta$ ergeben.

Die in x-Richtung wirkende Kraft beträgt:

$$F_x = (\Delta l)^2 (\sigma_{xx} + \sigma_{xy} + \sigma_{xz}). \tag{5,30}$$

Durch Multiplikation von (5,30) und (5,29) erhält man bei Beachtung der Produktbildung von Tensorkomponenten für die differentielle, auf das Volumen $(\Delta l)^3$ bezogene Arbeit:

$$\delta w_{ex} = \frac{\delta W_x}{(\Delta l)^3} = \sigma_{xx}\delta e_{xx} + \frac{1}{2}\sigma_{xy}\delta e_{xy} + \frac{1}{2}\sigma_{xz}\delta e_{xz}. \tag{5,31}$$

Ermittelt man in gleicher Weise den Beitrag für die y- und z-Richtung, so ergibt sich als Summe unter Beachtung der Symmetrie der Tensoren die Beziehung (5,28).

Im linearen elastischen Bereich sind die σ_i mit den e_i über (5,25) verknüpft. Der Ausdruck (5,28) ist dann ein *vollständiges Differential*, durch dessen Integration die elastische Energie w_e je Volumeneinheit als *Zustandsgröße* erhalten wird. Streng ist dies allerdings nur erfüllt, wenn die Deformation isotherm oder adiabatisch vorgenommen wird, doch wollen wir die kleinen Differenzen, die sich durch die Temperaturabhängigkeit der elastischen Konstanten ergeben, vernachlässigen.

Infolge der linearen Abhängigkeit ist die elastische Energiedichte eine Summe von quadratischen Gliedern der Dehnungskomponenten:

$$w_e = \frac{1}{2}\sum_i \sum_k C_{ik} e_i e_k; \quad i, k = 1, 2, \ldots 6. \tag{5,32}$$

Weiterhin gilt:

$$\sigma_i = \frac{\partial w_e}{\partial e_i}; \quad i = 1, 2, \ldots 6, \tag{5,33}$$

weshalb w_e als *elastisches Potential* bezeichnet wird. Schließlich verlangt die Bedingung für vollständige Differentiale:

$$\frac{\partial^2 w_e}{\partial e_i\, \partial e_k} = \frac{\partial^2 w_e}{\partial e_k\, \partial e_i} \tag{5,34}$$

oder wegen (5,33):

$$\frac{\partial \sigma_i}{\partial e_k} = \frac{\partial \sigma_K}{\partial e_i}; \quad i = 1, 2, \ldots 6. \tag{5,35}$$

Wendet man (5,35) auf (5,25) an, so ergeben sich 15 Gleichungen zwischen den insgesamt 30 nichtdiagonalen Elastizitätsmoduln. (C_{ik}) und entsprechend auch (S_{ik}) sind also, wie behauptet, symmetrische Matrizen mit maximal 21 verschiedenen Komponenten.

Wir weisen darauf hin, daß bei größeren, aber immer noch elastischen Verzerrungen in der elastischen Energiedichte (5,32) auch Terme mit Produkten aus drei oder vier Dehnungskomponenten auftreten. Ihr Beitrag läßt sich durch *elastische Konstanten höherer Ordnung* erfassen, die dann natürlich auch in den Dehnungs-Spannungs-Beziehungen (5,25) und (5,27) als nichtlineare Glieder erscheinen. Selbst wenn der nichtlineare Anteil gering ist, muß man ihn bei solchen Erscheinungen beachten, die erst durch nichtlineare Effekte verständlich werden, wie beispielsweise die Wärmeausdehnung und die Phonon-Streuung.

Manchmal ist es vorteilhaft, die Spannungs- und Dehnungskomponenten nicht in kartesischen, sondern in krummlinigen Koordinaten anzugeben. So hatten wir zur Berechnung der elastischen Energie in der Umgebung von Versetzungen Zylinderkoordinaten benutzt (vgl. Abschnitt 4.2.5.). Bezüglich der Transformation von Tensorkomponenten in krummlinige Koordinaten müssen wir auf spezielle Darstellungen der Tensoranalysis verweisen. Im übrigen bleiben die differentiellen Definitionen und auch (5,28) gültig, da Zylinderkoordinaten ebenso wie die meisten anderen üblichen Systeme orthogonal sind.

5.1.6. Einfluß der Kristallsymmetrie

Die Anzahl der unabhängigen elastischen Konstanten nimmt mit wachsender Symmetrie der Kristalle ab. Die maximale Zahl von 21 Elastizitätsmoduln tritt beim triklinen System auf, und zwar sowohl bei der Kristallklasse mit der Punktgruppe $\bar{1}$ als auch bei der Klasse 1 ohne Symmetriezentrum (vgl. 2.3. sowie Abb. 2.28). Dieser zunächst überraschende Befund erklärt sich aus dem *Prinzip von* VOIGT: *Die Symmetrie des Vorgangs überlagert sich der Symmetrie des Kristalls.* Die elastische Deformation besitzt nun von Natur aus ein Symmetriezentrum, denn Dehnungen sehen aus entgegengesetzter Richtung betrachtet gleich aus.

Um das Verhalten bei höherer Kristallsymmetrie zu klären, benutzt man die *Methode der Symmetrieargumente*, die sich auch in anderen Gebieten anisotroper Kristalleigenschaften (Piezoelektrizität, Kristalloptik) bewährt hat. Bei diesem Vorgehen werden die einschränkenden Bedingungen ermittelt, die den Tensoren infolge der Symmetrieelemente des Festkörpers auferlegt werden. In eleganter Weise lassen sich diese Bedingungen auffinden, wenn man die Transformation der Tensorkomponenten bei den Symmetrieoperationen untersucht. Als einfachstes Beispiel betrachten wir das monokline System mit einer zweizähligen Drehachse, die parallel zur x_3-Richtung des rechtwinkligen Koordinatensystems verlaufen soll. Ein Punkt mit den durchnumerierten Koordinaten x_1, x_2, x_3 geht bei der Drehung um 180° über in:

$$x_1 \to -x_1, \quad x_2 \to -x_2, \quad x_3 = x_3. \tag{5,36}$$

Die Komponenten des Tensors vierter Stufe in (5,22) tranformieren sich nach den Regeln der Tensorrechnung wie vierfache Produkte der Koordinaten:

$$x_i x_j x_k x_l \to x_i' x_j' x_k' x_l'; \quad i, j, k, l = 1, 2, 3. \tag{5,37}$$

Bei geeignet ausgewählten Symmetrieoperationen sind meist nur Indizes auszutauschen, so daß (5,37) nur entscheidet, ob ein Vorzeichenwechsel eintritt oder nicht.

Mit dem Indexschlüssel (5,24) ergibt sich nun bei der Transformation (5,36) folgendes Zahlenschema für den Wechsel der linken oder rechten Indexpaare in den C_{ijkl}, wobei die Indizes jetzt einfach mit Nummern (1 statt x, 2 statt y, 3 statt z) bezeichnet sind:

$$11 \to 11; \quad 22 \to 22; \quad 33 \to 33; \quad 23 \to -23; \quad 13 \to -13; \quad 12 \to 12.$$

Übertragen auf die Matrix-Komponenten wird daraus:

$$1 \to 1; \quad 2 \to 2; \quad 3 \to 3; \quad 4 \to -4; \quad 5 \to -5; \quad 6 \to 6.$$

Mit dem unteren Schema transformieren wir nun die Matrix der Elastizitätsmoduln; die Tensorkomponenten wurden also nur zum Auffinden des Schlüssels benötigt. Im folgenden sind die rechten oberen Hälften, die wegen der Symmetrie ausreichen, gegenübergestellt:

ursprüngliche						transformierte Matrix					
C_{11}	C_{12}	C_{13}	C_{14}	C_{15}	C_{16}	C_{11}	C_{12}	C_{13}	$-C_{14}$	$-C_{15}$	C_{16}
	C_{22}	C_{23}	C_{24}	C_{25}	C_{26}		C_{22}	C_{23}	$-C_{24}$	$-C_{25}$	C_{26}
		C_{33}	C_{34}	C_{35}	C_{36}			C_{33}	$-C_{34}$	$-C_{35}$	C_{36}
			C_{44}	C_{45}	C_{46}				C_{44}	C_{45}	$-C_{46}$
				C_{55}	C_{56}					C_{55}	$-C_{56}$
					C_{66}						C_{66}

(5,38)

Man beachte, daß nach (5,37) beim Zusammentreffen von 2 Minuszeichen erneute Vorzeichenumkehr eintritt.

Damit die beiden Matrizen übereinstimmen und somit der Symmetrie des monoklinen Gitters gerecht werden, müssen alle Glieder verschwinden, die sich im Vorzeichen unterscheiden. Im monoklinen System — und zwar bei allen drei zugehörigen Kristallklassen — verringert sich die Zahl der Elastizitätsmoduln also immerhin schon auf 13.

Das Prinzip dieser Methode, die hier an einem sehr einfachen Beispiel erläutert wurde, läßt sich auf andere Symmetriegruppen übertragen. Wenn mehrzählige Achsen auftreten, wechseln dann nicht nur die Vorzeichen, sondern auch die Indexnummern bestimmter Komponenten. Daraus leitet sich ab, ob bestimmte Moduln gleich oder entgegengesetzt gleich sein müssen. Im Falle von mehreren Drehachsen muß man die Transformation meist wiederholt durchführen.

Die Ergebnisse sind für alle Kristallsysteme in Abb. 5.9 anschaulich dargestellt. Danach treten im hexagonalen System nur 5 und bei den besonders wichtigen kubischen Kristallen 3 elastische Konstanten auf. In der inversen Matrix (S_{ik}) sind Zahl und Anordnung der von Null verschiedenen Komponenten gleichartig.

5.1.7. Kubische Kristalle und isotrope Festkörper

In ihrem elastischen Verhalten sind auch kubische Kristalle nicht isotrop. Ihre Matrix der Elastizitätsmoduln hat folgende Gestalt:

$$(C_{ik})_{\text{kub}} = \begin{pmatrix} C_{11} & C_{12} & C_{12} & 0 & 0 & 0 \\ C_{12} & C_{11} & C_{12} & 0 & 0 & 0 \\ C_{12} & C_{12} & C_{11} & 0 & 0 & 0 \\ 0 & 0 & 0 & C_{44} & 0 & 0 \\ 0 & 0 & 0 & 0 & C_{44} & 0 \\ 0 & 0 & 0 & 0 & 0 & C_{44} \end{pmatrix}. \qquad (5,39)$$

Die entsprechenden Komponenten der Elastizitätskoeffizienten errechnen sich aus den Beziehungen:

$$C_{11} - C_{12} = (S_{11} - S_{12})^{-1}; \quad C_{11} + 2C_{12} = (S_{11} + 2S_{12})^{-1};$$

$$C_{44} = \frac{1}{S_{44}}. \qquad (5,40)$$

Drückt man mit (5,39) die Spannungskomponenten durch die Dehnungen aus, so ergibt sich nach Integration von (5,28) für das elastische Potential bzw. die Energiedichte:

$$w_e = \frac{C_{11}}{2}(e_{xx}^2 + e_{yy}^2 + e_{zz}^2) + C_{12}(e_{yy}e_{zz} + e_{zz}e_{xx} + e_{xx}e_{yy})$$

$$+ \frac{C_{44}}{2}(e_{yz}^2 + e_{zx}^2 + e_{xy}^2). \tag{5,41}$$

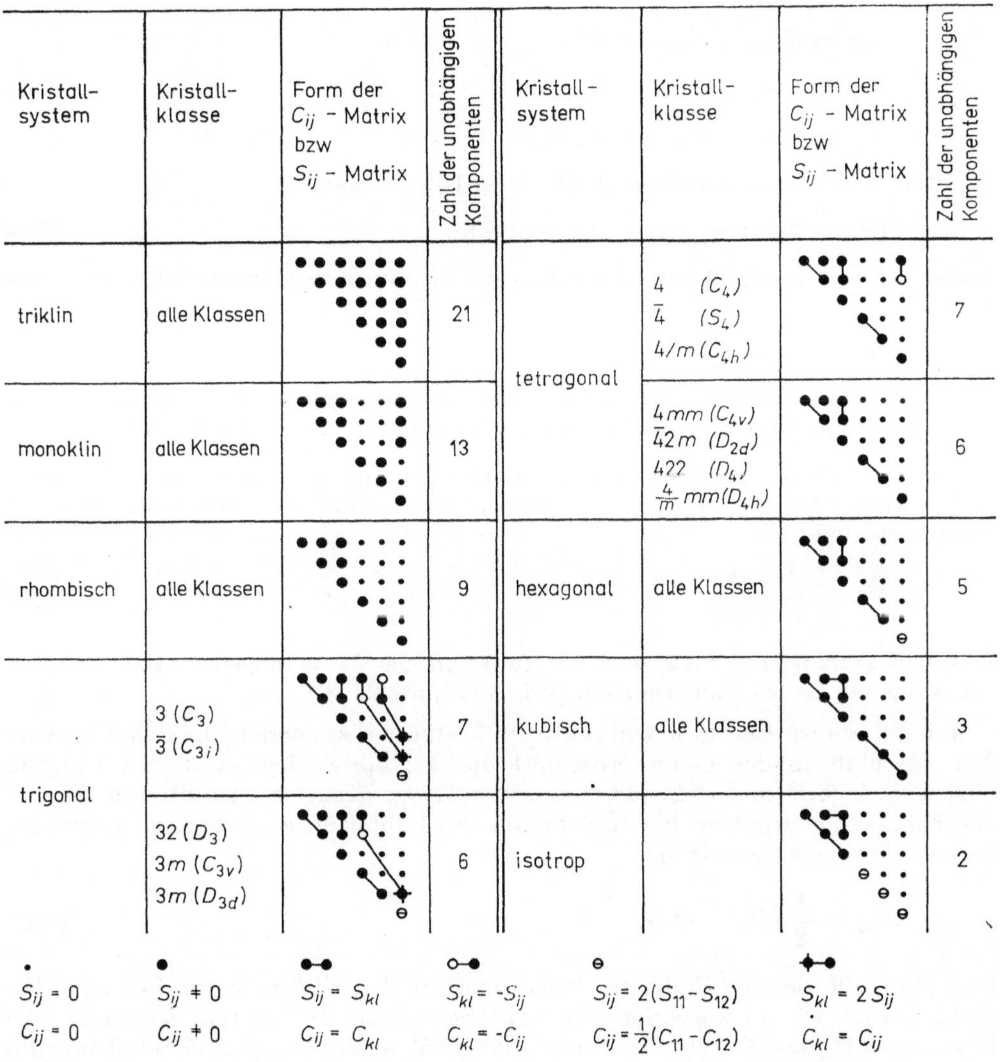

Abb. 5.9
Form der Matrix für die Elastizitätskonstanten bzw. -moduln der verschiedenen Kristallklassen. Die zur Hauptdiagonale symmetrischen Elemente wurden weggelassen. (*Beim trigonalen System lies* $\bar{3}m$ (D_{3d}) *statt* $3m$ (D_{3d})!)

Weiter berechnen wir den in Gleichung (5,3) eingeführten Kompressionsmodul B für das kubische Kristallsystem. Einsetzen von (5,19) in (5,3) liefert:

$$B = -\frac{p}{\delta} = \frac{-p}{e_{\mathrm{I}} + e_{\mathrm{II}} + e_{\mathrm{III}}} = \frac{-p}{e_{xx} + e_{yy} + e_{zz}}. \tag{5,42}$$

Da ein hydrostatischer Druck in beliebig orientierten cartesischen Koordinaten durch seinen Diagonaltensor beschrieben wird, wählen wir für die Dehnungskomponenten die Hauptachsendarstellung. Das System (5,23) reduziert sich dann auf die drei Gleichungen:

$$\begin{aligned} -p &= C_{11}e_{\mathrm{I}} + C_{12}e_{\mathrm{II}} + C_{12}e_{\mathrm{III}}, \\ -p &= C_{12}e_{\mathrm{I}} + C_{11}e_{\mathrm{II}} + C_{12}e_{\mathrm{III}}, \\ -p &= C_{12}e_{\mathrm{I}} + C_{12}e_{\mathrm{II}} + C_{11}e_{\mathrm{III}}. \end{aligned} \tag{5,43}$$

Addition und Zusammenfassen gleichartiger Glieder liefert:

$$(C_{11} + 2C_{12})(e_{\mathrm{I}} + e_{\mathrm{II}} + e_{\mathrm{III}}) = -3p. \tag{5,44}$$

Setzen wir dies in (5,42) ein, so erhalten wir für den Kompressionsmodul kubischer Kristalle:

$$B = \frac{1}{3}(C_{11} + 2C_{12}). \tag{5,45}$$

An Stelle des Kompressionsmoduls benutzt man häufig den reziproken Wert $\varkappa \equiv \frac{1}{B}$, der *Kompressibilität* genannt wird. Außerhalb des linearen Bereichs der elastischen Deformation ist $\varkappa$ natürlich nicht konstant, und man definiert dann als *differentielle Kompressibilität*:

$$\hat{\varkappa} = -\frac{1}{V}\left(\frac{\partial V}{\partial p}\right)_T. \tag{5,46}$$

Aus dem Verlauf von $\hat{\varkappa}$ läßt sich die Funktion des Abstoßungspotentials zwischen den atomaren Bausteinen ermitteln (vgl. Abschnitt 2.5.3.).

Nun müssen wir uns noch dem isotropen Festkörper zuwenden und damit zugleich den Anschluß an den ersten Abschnitt dieses Kapitels herstellen. Bei Isotropie dürfen nach (5,1) und (5,2) nur zwei unabhängige Konstanten auftreten. Das ist der Fall, wenn zwischen den Konstanten des kubischen Systems eine Beziehung besteht, für die wir ansetzen:

$$C_{44} = \frac{1}{2}(C_{11} - C_{12}). \tag{5,47}$$

Daß (5,47) die richtige Wahl der Bedingung für den Übergang zur Isotropie darstellt, werden wir im folgenden Abschnitt begründen. Die weitere Zuordnung der Konstanten C_{11} und C_{12} zum isotropen Elastizitätsmodul C und zum Schubmodul G sowie zur Poisson-Zahl ν gewinnen wir ohne Schwierigkeit aus dem Gleichungssystem (5,23). Die letzten 3 Gleichungen haben die übereinstimmende Form $\sigma_{yz} = \frac{1}{2}(C_{11} - C_{12})\, e_{yz}$, so daß (5,47) gleich G ist. Die erste Gleichung lautet jetzt

$\sigma_{xx} = C_{11}e_{xx} + C_{12}e_{yy} + C_{12}e_{zz}$, wobei das erste Glied den Einfluß der Dehnung und die beiden anderen den Beitrag der Querkontraktion beschreiben. Folglich muß C_{11} gleich C sein, und für die Poissonzahl ergibt sich $\nu = \frac{C_{11}}{C_{12}}$.

Eine Auswahl von Meßdaten der elastischen Eigenschaften von kubischen und einigen anderen Kristallen bringen die Tabellen 5.3 bis 5.5. Nur in den wenigsten Fällen können diese Größen durch statische Dehnungs- oder Schubversuche bestimmt werden, weil hierfür nicht genügend große Einkristallstäbe, die noch dazu in bestimmten Richtungen geschnitten sein müssen, verfügbar sind. Heute zieht man daher das *Ultraschallverfahren* vor, bei dem am gleichen Einkristall die Fortpflanzungsgeschwindigkeit verschiedenartig angeregter Schallwellen gemessen wird.

Tabelle 5.3
Adiabatische Elastizitätsmoduln bei Raumtemperatur
(in 10^{10} Nm^{-2})

Rhombisches System	C_{11}	C_{22}	C_{33}	C_{44}	C_{55}	C_{66}	C_{12}	C_{13}	C_{23}
U	21,47	19,86	26,71	12,44	7,34	7,43	4,65	2,18	10,76
Ga	9,8	8,76	13,3	3,42	4,2	3,92	3,3	2,8	4,2

Trigonales System	C_{11}	C_{33}	C_{44}	C_{12}	C_{13}	C_{14}
Bi	6,37	3,28	1,12	2,49	2,47	0,72
Sb	7,92	4,27	2,85	2,48	2,61	1,05
Te	4,26	8,48	3,98	0,99	3,27	1,62

Tetragonales System	C_{11}	C_{33}	C_{44}	C_{66}	C_{12}	C_{13}
In	4,54	4,52	0,65	1,21	4,01	4,15
Sn	7,35	8,7	2,2	2,27	2,34	2,8

Tabelle 5.4
Adiabatische Elastizitätsmoduln bei Raumtemperatur
(in 10^{10} Nm^{-2})

Hexagonales System	C_{11}	C_{33}	C_{44}	C_{12}	C_{13}
Be	29,2	33,6	16,3	2,7	1,4
C (Graphit)	116	4,7	0,2	29,0	10,9
Cd	11,5	5,1	2,0	4,0	4,1
Co	30,7	35,8	7,5	16,5	10,3
Mg	5,9	6,1	1,7	2,5	2,1
Ti	16,2	18,1	4,7	9,2	6,9
Zn	16,1	6,1	3,8	3,4	5,0

Tabelle 5.5
Adiabatische Elastizitätsmoduln bei Raumtemperatur
(in 10^{10} Nm^{-2})

Kubisches System	C_{11}	C_{44}	C_{12}	Kubisches System	C_{11}	C_{44}	C_{12}
Ag	12,4	4,6	9,3	Na	0,73	0,42	0,63
Al	10,7	2,8	6,1	Ni	25,1	12,4	15,0
Au	18,6	4,2	15,7	Pb	5,0	1,5	4,2
C (Diamant)	107,6	57,6	12,5	Pd	22,7	7,2	17,6
Cr	35,0	10,1	6,8	Si	16,6	8,0	6,4
Cu	16,8	7,5	12,1	Ta	26,1	8,2	15,7
Fe	23,3	11,8	13,5	W	52,3	16,1	20,5
Ge	12,8	6,7	4,8	GaAs	11,9	5,9	5,4
Ir	60,0	27,0	26,0	InSb	6,7	3,0	3,7
K	0,37	0,19	0,31	InAs	8,3	4,0	4,5
Li	1,35	0,88	1,44	ZnS	9,8	4,5	5,9
Mo	44,1	12,2	17,2	NaCl	4,9	1,27	1,25

5.1.8. Elastische Wellen in Kristallen

Periodisch veränderliche Spannungen an der Festkörperoberfläche führen zum Auftreten von elastischen Deformationen, die sich als Wellen fortpflanzen. In definierter Weise lassen sich elastische Wellen in Kristallen mit *Schallgebern* auf piezoelektrischer Basis anregen. Geeignet sind hierfür Schwingquarze („Längs"- und „Querschwinger"), die fest an eine Kristalloberfläche angepreßt oder angeklebt werden, so daß Normal- und Schubspannungen an das Kristallgitter verlustarm übertragen werden. Die mit üblichen Mitteln erreichbaren Ultraschallfrequenzen liegen im Bereich bis zu 10^8 Hz; die Wellenlängen im Kristall sind dann immer noch größer als etwa 30 μm. Infolgedessen darf für homogene Kristalle vorausgesetzt werden, daß die Näherung der Kontinuumsmechanik noch gut erfüllt ist.

Wegen der komplizierten Abhängigkeit zwischen Spannungs- und Dehnungskomponenten sind recht unterschiedliche Schwingungsformen möglich, wie in Abb. 5.10 angedeutet ist. Um sie zu kennzeichnen, werden die Ausbreitungsrichtung durch den Wellenzahlvektor $\boldsymbol{K}$ mit dem Betrag $\frac{2\pi}{\lambda}$, die Kreisfrequenz Ω und die *Polarisation* (Richtung der Teilchenauslenkung) angegeben. Nach Ch. Kittel bezeichnen wir Wellenzahl und Kreisfrequenz mechanischer Schwingungen im Gegensatz zu den entsprechenden Größen von Materiewellen oder elektromagnetischen Schwingungen mit Großbuchstaben.

Eine Welle mit bestimmtem $\boldsymbol{K}$ läßt sich in drei Normalschwingungen unterschiedlicher Polarisation zerlegen. Die Anteile elastischer Wellen im Kristall sind im allgemeinen freilich nicht genau longitudinal oder transversal.

Bewegungsgleichungen für kubische Kristalle. Wir betrachten einen infinitesimalen Würfel des Festkörpers mit den Kanten Δx, Δy, Δz parallel zu den Achsen. Im gegebenen Moment soll die Verschiebung aus der Gleichgewichtslage $\boldsymbol{u} = \xi \boldsymbol{x}_0 + \eta \boldsymbol{y}_0 + \zeta \boldsymbol{z}_0$ betragen ($\boldsymbol{x}_0$, $\boldsymbol{y}_0$, $\boldsymbol{z}_0$ — Einheitsvektoren in Achsenrichtung) (Abb. 5.11).

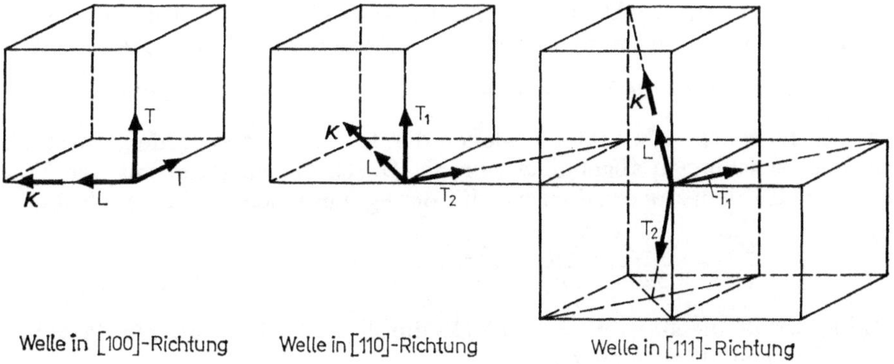

Abb. 5.10

Verschiedene Wellenformen in einem kubischen Kristall. L — longitudinal, T — transversal.

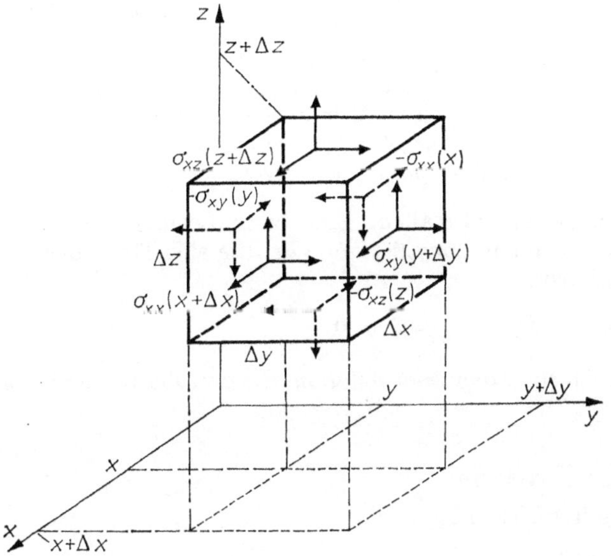

Abb. 5.11

Kräfte, die auf ein Volumenelement infolge seiner Verschiebung aus der Gleichgewichtslage wirken. Auf den Würfel wirken in x-Richtung an der Fläche bei x die Spannung $-\sigma_{xx}(x)$, an der dazu parallelen Fläche bei $x + \Delta x$ die Spannung

$$\sigma_{xx}(x + \Delta x) = \sigma_{xx}(x) + \frac{\partial \sigma_{xx0}}{\partial x} \Delta x.$$

Mit den Beiträgen der Spannungen, die an den anderen Flächen wirken, ergibt sich eine Kraft in x-Richtung:

$$F_x = \left(\frac{\partial \sigma_{xx}}{\partial x} + \frac{\partial \sigma_{xy}}{\partial y} + \frac{\partial \sigma_{xz}}{\partial z} \right) \Delta x \Delta y \Delta z.$$

Dann wirkt eine rücktreibende Kraft, die sich aus der Differenz der elastischen Spannungen an gegenüberliegenden Flächen des Volumenelements ergibt. In x-Richtung wirken die Kraftanteile $\frac{\partial \sigma_{xx}}{\partial x} \Delta x \cdot \Delta y \Delta z$, $\frac{\partial \sigma_{xy}}{\partial y} \Delta y \cdot \Delta z \Delta x$ und $\frac{\partial \sigma_{xz}}{\partial z} \Delta z \cdot \Delta x \Delta y$, wobei die Flächenelemente, an denen die Spannungen angreifen, durch einen Punkt in den Gleichungen abgehoben wurden. Durch Gleichsetzen mit der Trägheitskraft des Kristallelements erhalten wir die Bewegungsgleichung in x-Richtung:

$$\varrho \frac{\partial^2 \xi}{\partial t^2} = \frac{\partial \sigma_{xx}}{\partial x} + \frac{\partial \sigma_{xy}}{\partial y} + \frac{\partial \sigma_{xz}}{\partial z}. \tag{5,48}$$

Dabei wurde die Masse $m = \varrho \Delta x \Delta y \Delta z$ durch die Dichte ϱ ausgedrückt, und es wurde der Volumenfaktor gekürzt.

Die Gleichungen für die Bewegung parallel zur z- und y-Achse unterscheiden sich nur im Auftreten anderer Komponenten von $\boldsymbol{u}$ und $\boldsymbol{\sigma}$.

Ersetzen wir nun in (5,48) die Spannungen mit (5,39) durch die Elastizitätsmoduln und Dehnungen kubischer Kristalle und drücken dann noch die e_{ij} mit (5,11) und (5,12) durch die Verschiebungen aus, so folgt:

$$\varrho \frac{\partial^2 \xi}{\partial t^2} = C_{11} \frac{\partial^2 \xi}{\partial x^2} + C_{44} \left(\frac{\partial^2 \xi}{\partial y^2} + \frac{\partial^2 \xi}{\partial z^2} \right) + (C_{12} + C_{44}) \left(\frac{\partial^2 \eta}{\partial x\, \partial y} + \frac{\partial^2 \zeta}{\partial x\, \partial z} \right). \tag{5,49}$$

Zusammen mit den Beziehungen für $\frac{\partial^2 \eta}{\partial t^2}$ und $\frac{\partial^2 \zeta}{\partial t^2}$, die völlig analog gebaut sind, bildet (5,49) ein System gekoppelter Differentialgleichungen, das die Dynamik kubischer Kristalle im elastischen Bereich allgemein beschreibt. Elastische Wellen ergeben sich als zeitlich und räumlich periodische Lösungen.

Spezielle Wellen in kubischen Kristallen. Eine erste Lösung von (5,49) erhalten wir mit dem Ansatz einer ebenen *Longitudinalwelle*, die sich längs der Würfelkante in [100]-Richtung fortpflanzt:

$$\xi_l = \xi_0 \exp \mathrm{i}(K_l x - \Omega_l t); \quad \eta = \zeta = 0. \tag{5,50}$$

Durch Einsetzen finden wir die *Dispersionsrelation*, die den Zusammenhang zwischen Ω und K ausdrückt:

$$\varrho \Omega_l^2 = C_{11} K_l^2. \tag{5,51}$$

Daraus folgt für die Schallgeschwindigkeit:

$$v_l = \frac{\Omega_l}{K_l} = \left(\frac{C_{11}}{\varrho} \right)^{1/2}. \tag{5,52}$$

Eine weitere Lösung bildet die Transversalwelle in der y-Richtung [010], bei der die Teilchen parallel zur x-Achse ausgelenkt werden:

$$\xi_t = \xi_0 \exp \mathrm{i}(K_t y - \Omega_t t); \quad \eta = \zeta = 0. \tag{5,53}$$

Einsetzen in (5,49) liefert:

$$\varrho \Omega_t^2 = C_{44} K^2; \quad v_t = \left(\frac{C_{44}}{\varrho} \right)^{1/2}. \tag{5,54}$$

Eine zweite Transversalwelle mit der Auslenkung parallel zu z breitet sich in gleicher Weise aus.

Wegen der Kristallsymmetrie können wir diese Ergebnisse auf die Gesamtheit der $\langle 100 \rangle$-Richtungen verallgemeinern. Längs der Würfelkanten kubischer Kristalle treten als Normalschwingungen somit eine longitudinale und zwei entartete transversale Wellen auf.

Von den übrigen Lösungen interessieren besonders die Wellen längs der Flächendiagonalen. Um beispielsweise die Ausbreitung in [110]-Richtung zu untersuchen, müßten außer (5,49) auch die entsprechenden Gleichungen für $\frac{\partial^2 \eta}{\partial t^2}$ und $\frac{\partial^2 \zeta}{\partial t^2}$ berücksichtigt werden. Nachfolgend geben wir die Polarisation und die Resultate für die Schallgeschwindigkeiten an:

Wellen mit $\boldsymbol{K} \parallel [110]$:

Longitudinalwelle	Transversalwelle	Transversalwelle
($\boldsymbol{u} \parallel [110]$)	($\boldsymbol{u} \parallel [001]$)	($\boldsymbol{u} \parallel [1\bar{1}0]$)
$v_l = \left(\frac{C_{11} + C_{12} + 2C_{44}}{2\varrho}\right)^{1/2}$;	$v_{t1} = \left(\frac{C_{44}}{\varrho}\right)^{1/2}$;	$v_{t2} = \left(\frac{C_{11} - C_{12}}{2\varrho}\right)^{1/2}$

(5,55)

Hier sind also die Geschwindigkeiten aller drei Wellen verschieden. Bei beliebiger Ausbreitungsrichtung sind auch in kubischen Kristallen die Teilwellen nicht mehr streng longitudinal oder transversal.

Setzen wir in (5,52), (5,54) oder (5,55) $C_{44} = \frac{C_{11} - C_{12}}{2}$, so werden für die verschiedenen Richtungen jeweils die Schallgeschwindigkeiten für die Transversalwellen und für die Longitudinalwellen gleich, womit die Bedingung (5,47) für elastische Isotropie nachträglich begründet ist.

Messung der elastischen Konstanten. Mit Hilfe der Beziehungen (5,55) können die Elastizitätsmoduln kubischer Kristalle experimentell bestimmt werden, indem man die drei Teilwellen nacheinander anregt und die zugehörigen Schallgeschwindigkeiten mißt. Dazu ermittelt man mit elektronischen Impulsverfahren die *Laufzeit* von

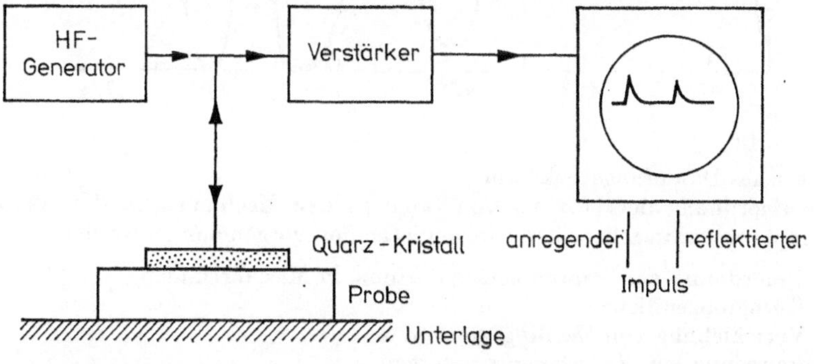

Abb. 5.12

Prinzip zur Messung der Schallgeschwindigkeit mit der Ultraschall-Impulsmethode.

Ultraschallimpulsen durch den Kristall (Abb. 5.12). Bei Frequenzen in der Größenordnung von 10 MHz genügen Einkristalle von etwa 1 cm Länge, um eine Meßgenauigkeit von wenigen Prozent zu erreichen.

5.1.9. Einflüsse der Realstruktur

Die hier dargestellten Gesetzmäßigkeiten bezogen sich auf Festkörper, die als elastisches Kontinuum aufgefaßt werden können. Bei praktischen Werkstoffen treten demgegenüber zahlreiche Besonderheiten auf, die mit der *Realstruktur* zusammenhängen. So beobachtet man bei polykristallinen Stoffen sowie bei Plasten häufig Abweichungen von der Isotropie des elastischen Verhaltens infolge einer *Textur* der Kristallite oder der teilkristallinen Bereiche. Man spricht in diesem Fall auch von einer Quasiisotropie, die natürlich eingeschränkt wird, wenn die geordneten Bezirke nicht mehr als regellos verteilt angesehen werden können. Für die Technik außerordentlich wichtig sind makroskopische oder mikroskopische Risse, die schon bei kleiner Deformation zum *Bruch* Anlaß geben. Wahrscheinlich beruht die Sprödigkeit der meisten Gläser auf Mikrorissen, die sich bei Beanspruchung ausbreiten. Größere Risse können durch *Werkstoffprüfung mit Ultraschallmethoden* erkannt werden, da die Ausbreitung elastischer Wellen an solchen Heterogenitäten gestört wird. Ein wichtiges und interessantes Forschungsgebiet, das festkörperphysikalisch leider noch sehr wenig aufgeklärt ist, bilden die *Ermüdungseffekte* anhaltend dynamisch beanspruchter Werkstoffe, die nach langem Einsatz einen Bruch bewirken, der unerwartet ohne nennenswerte Vorankündigung durch plastische Deformation eintritt.

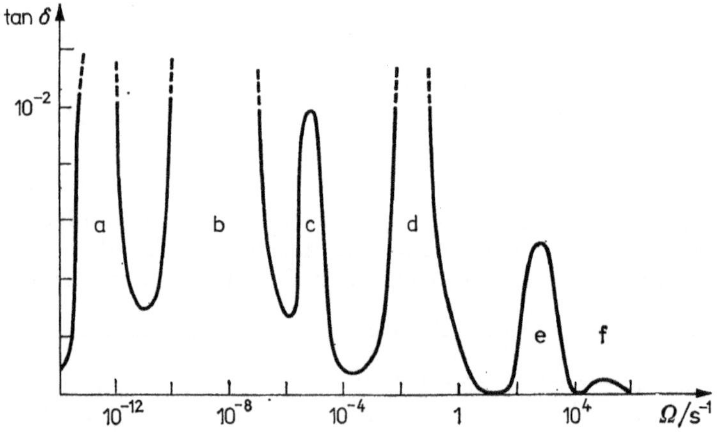

Abb. 5.13

Typisches Dämpfungsspektrum.

Die Zuordnung der Maxima von $\tan\delta$ zu den Mechanismen, die vorwiegend die Dämpfung verursachen, kann folgendermaßen vorgenommen werden:

a) Umordnung von Paaren gelöster Atome in Mischkristallen
b) Korngrenzenfließen
c) Verschiebung von Zwillingsgrenzen
d) Bewegung von Zwischengitteratomen
e) Wärmeleitung innerhalb der Kristallite
f) Wärmeströme zwischen den Kristalliten.

Hinweise auf die Natur von Ermüdungsprozessen lassen sich aus der *Dämpfung* elastischer Wellen gewinnen. Die zeitlich veränderlichen Spannungen sind meist nicht genau in gleicher Phase mit den Dehnungen, sondern es treten auch im elastischen Gebiet Energieverluste auf. Bei periodischem Spannungsverlauf läßt sich die Dämpfung durch einen Phasenwinkel δ in analoger Weise beschreiben wie die dielektrischen Verluste (vgl. Abschnitt 9.2.3.):

$$\sigma = \sigma_0 \exp \mathrm{i}\Omega t; \quad \varepsilon = \varepsilon_0 \exp \mathrm{i}(\Omega t - \delta). \tag{5,56}$$

Im Spannungs-Dehnungs-Diagramm werden dann Schleifen durchlaufen, deren Fläche wegen (5,28) dem Energieverlust proportional ist. Dieser Anteil der zugeführten Energie wird für irreversible Prozesse (Änderungen der Realstruktur, thermische Vorgänge) aufgewendet. Im einzelnen sind die Verluste stark von der Frequenz abhängig. Durch Zusammensetzen der in verschiedenen Frequenzbereichen erhaltenen Meßergebnisse gewinnt man Dämpfungsspektren in der Art von Abb. 5.13, deren Maxima verschiedenen Elementarprozessen wie Umlagerung von Punktdefekten und Versetzungen, Fließen an Korngrenzen, Verschiebung von Zwillingsgrenzen und Wärmeströmen zugeordnet werden können. Man muß daher annehmen, daß durch fortgesetzte dynamische Beanspruchung eine Änderung der Realstruktur und schließlich eine Akkumulation von Defekten eintritt, die schließlich den Bruch verursacht. Neuerdings hat man daher elektronische Vorrichtungen entwickelt, die das Schwingungsverhalten hochbeanspruchter, wertvoller Maschinen automatisch analysieren und beim Eintritt kritischer Veränderungen — vorerst allerdings auf empirischer Basis — als Frühwarnsystem fungieren (Rauschdiagnostik).

Ziel einer *atomistischen Festkörpermechanik* muß es sein, die in der Kontinuumstheorie eingeführten elastischen Konstanten auf die Kraftwirkungen zwischen den Gitterbausteinen zurückzuführen und darüber hinaus auch die soeben aufgeführten Änderungen der Realstruktur zu erfassen. Im Bereich der plastischen Verformung konnten, wie in Abschnitt 4.2. dargelegt wurde, mit dem *Versetzungsmodell* beachtliche Erfolge erzielt werden. Die atomistische Theorie elastischer Konstanten wurde bereits 1912 durch Arbeiten von Debye, Born und v. Kármán begründet und seitdem durch verbesserte Potentialansätze und Berücksichtigung zweit- und drittnächster Nachbarn immer mehr verfeinert. In den älteren Ansätzen zeigte sich nämlich, daß die Ergebnisse unbefriedigend sind, wenn man sich bei Ionenkristallen auf die Coulomb-Wechselwirkung zwischen nächsten Nachbar-Ionen beschränkt. In diesem Fall treten reine Zentralkräfte auf, und es müßten die sogenannten *Cauchy-Relationen* gelten, nach denen die Anzahl elastischer Konstanten trikliner Kristalle auf 15 und im kubischen Gitter auf 2 herabgesetzt würde. Im folgenden werden wir an Hand der atomistischen Betrachtung von Gitterschwingungen die Grundzüge der modernen *Gitterdynamik* behandeln.

5.2. Gitterdynamik des Festkörpers

5.2.1. Gitterschwingungen — Phononen

In der *Gitterdynamik* wird die kollektive Bewegung der Bausteine in Festkörpern auf atomistischer Grundlage untersucht. Praktisch interessieren vor allem periodische Vorgänge oder *Gitterschwingungen*, die im allgemeinen als fortlaufende Wellen im Kristall auftreten. Zur strengen Behandlung müßte man das *Vielkörper-*

problem für einen aus N Atomen aufgebauten Kristall untersuchen, wobei eine zusätzliche Komplikation dadurch entsteht, daß sich sowohl die Atomrümpfe als auch die Bindungselektronen verschieben können. Wir begnügen uns zunächst mit der Bewegung von gleichartigen Atomen und gehen von dem stark vereinfachten Modell aus, das in Abb. 5.14 dargestellt ist. Danach läßt sich jedes Atom als schwingungsfähiges Gebilde auffassen, wobei die Atome des Gitters über die in Kapitel 1. behandelten Bindungskräfte miteinander gekoppelt sind. Im linearen elastischen Bereich kann man diese Kopplung durch Federn zwischen Nachbaratomen veranschaulichen. Bei einem realistischeren Modell müßte man freilich die Bindung an zweit-, drittnächste usw. Nachbarn durch zusätzliche Federn berücksichtigen, deren Kraftkonstante mit zunehmendem Teilchenabstand geringer wird.

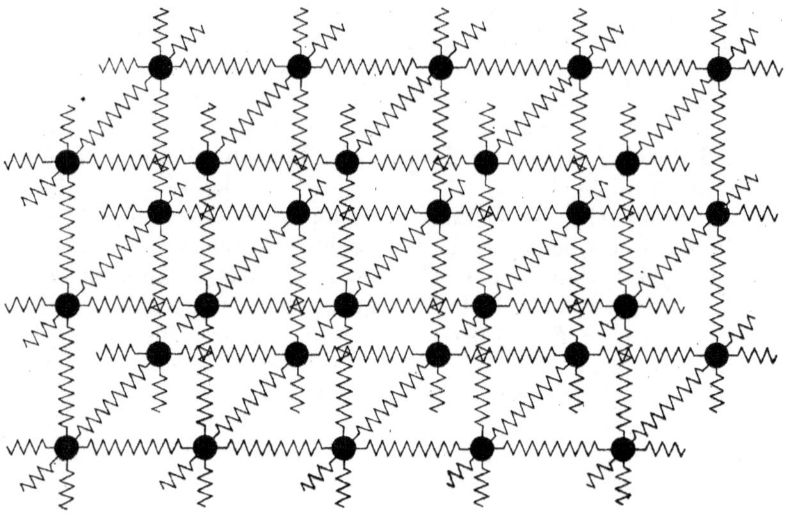

Abb. 5.14
Modell eines Festkörpers, in dem die Bindungskräfte zwischen den Atomen des Gitters durch Federkräfte veranschaulicht werden.

Nach den Gesetzen der klassischen Mechanik besitzt das System nun $3N$ Freiheitsgrade, von denen nach Abzug von je 3 Freiheitsgraden der Translation und Rotation des gesamten Körpers $3N - 6$ auf die *Normalschwingungen* entfallen. Im Gegensatz zum elastischen Kontinuum ist die Anzahl der Gitterschwingungen in einem begrenzten Kristall daher endlich.

Weiterhin unterliegen die Gitterschwingungen als gebundene Zustände eines atomaren Systems den Gesetzmäßigkeiten der *Quantentheorie*. Halten wir die Nachbaratome in unserem Modell gedanklich zunächst fest, so würde sich ein angestoßenes Teilchen als *harmonischer Oszillator* verhalten, dessen Energie in den 3 Schwingungsfreiheitsgraden gleichabständig gequantelt ist. Allgemein läßt sich zeigen, daß auch die Schwingungszustände eines Systems von N gekoppelten harmonischen Oszillatoren diskrete Energieeigenwerte besitzen, deren Abstand gegeben ist durch:

$$W_s = h\nu = \hbar\Omega \tag{5,57}$$

($h \equiv 2\pi\hbar$ — Plancksches Wirkungsquantum; ν, Ω — Frequenz bzw. Kreisfrequenz).

Demnach können die Schwingungszustände eines Kristalls Energie nur in Form von Quanten des Betrags $\hbar\Omega$ aufnehmen oder abgeben. Anders ausgedrückt: Gitterschwingungen lassen sich nicht kontinuierlich, sondern nur stufenweise anfachen oder abschwächen.

In einem endlichen Kristall verteilen sich — wie wir noch zeigen werden — die rund $3N$ möglichen Schwingungszustände über ein breites Frequenzgebiet. Für Wellen mit relativ kleiner Kreisfrequenz Ω beziehungsweise großer Wellenlänge $\lambda = \frac{2\pi}{|\boldsymbol{K}|}$ ist der Energiebetrag eines Quants entsprechend gering. Selbst für eine Ultraschallwelle von 10^8 Hz erhält man nach (5,57) nur eine Quantenenergie von rund $5 \cdot 10^{-7}$ eV. Das ist gemessen an der mittleren thermischen Energie bei Zimmertemperatur (rund $2{,}5 \cdot 10^{-2}$ eV) sehr wenig, so daß Quanteneffekte im Schall- und Ultraschallbereich im allgemeinen keine Rolle spielen. Anders liegen die Verhältnisse bei der Wärmebewegung, wo Schwingungen mit Frequenzen bis zur Größenordnung von 10^{12} Hz auftreten. Im zeitlichen Mittel kann jeder der $3N$ Schwingungszustände mit $z = 0, 1, 2, \ldots, n$ Quanten belegt sein. Wenn $z = 0$ ist, so ruht der entsprechende Schwingungsfreiheitsgrad.

In Gleichung (5,57) sowie in vielen Eigenschaften der Schwingungsquanten wird eine weitgehende Analogie zu den Energiequanten elektromagnetischer Wellen, den *Photonen* sichtbar. Infolgedessen bezeichnet man die Quanteneinheiten von Gitterschwingungen — oder „Schallwellen" im weitesten Sinne — als Phononen.

Ein Phonon ist also das Energiequant $\hbar\Omega$ einer Gitterschwingung oder -welle der Kreisfrequenz Ω.

Die Analogie zwischen Licht- und Schallquanten, die hiermit zum Ausdruck gebracht wird, läßt sich fortführen. Bei der Wechselwirkung mit Quanten oder atomaren Teilchen verhält sich das Phonon so, als hätte es einen Impuls $\hbar\boldsymbol{K}$, wenn $\boldsymbol{K}$ der Wellenzahlvektor der Gitterschwingung ist. Die Streuung von Röntgenquanten oder Neutronen an Phononen läßt sich daher quantitativ als Stoßprozeß mit dem Energie- und dem Impulssatz so beschreiben, als wäre das Schwingungsquant ein Teilchen. Daraus darf man andererseits keine voreiligen Schlüsse ziehen, denn Gitterschwingungen besitzen normalerweise keinen physikalischen Impuls. Allerdings wird das fundamentale Impulserhaltungsgesetz überall befolgt, wenn man die Bewegung des Schwerpunktes des Gitters berücksichtigt. Das geschilderte Verhalten wird verständlich, wenn man die Phononen als *Quasiteilchen* mit einem *Pseudoimpuls*, aber einer durchaus realen Energie ansieht. Im Verlaufe dieses Buches werden wir noch andere wichtige Beispiele von Quasiteilchen kennenlernen. Es handelt sich dabei stets um energetische Anregungszustände im Festkörper. Für die Wechselwirkung mit Photonen, Korpuskeln oder auch mit anderen Quasiteilchen gelten dann bestimmte Auswahlregeln für die Wellenzahlvektoren, die sich als Impulserhaltung formulieren lassen. Bei den meisten Prozessen verhalten sich Gitterschwingungen natürlich wie normale elastische Wellen; ebenso tritt ja auch bei Photonen größerer Wellenlänge (Mikrowellen, Radiowellen) ganz überwiegend der Wellencharakter in Erscheinung. Im folgenden Abschnitt besprechen wir jedoch eine Reihe von wichtigen Vorgängen, bei denen die Quanteneigenschaften maßgeblich sind. Ihre Erforschung hat überzeugende experimentelle Beweise für die Realität der Phononen geliefert.

5.2.2. Experimenteller Nachweis der Phononen

Den Anstoß für die Entdeckung der Phononen gab der Verlauf der spezifischen Wärme von Festkörpern bei tiefen Temperaturen. Bereits am Beginn unseres Jahrhunderts wurde festgestellt, daß die spezifische Wärme bei Annäherung an den absoluten Nullpunkt gegen Null geht, wobei der Verlauf ungefähr proportional T^3 ist. Wie zuerst EINSTEIN zeigte, wird das Verschwinden der spezifischen Wärme bei $T = 0$ verständlich, wenn man die Atome im Festkörper als harmonische Oszillatoren mit diskreten Energiezuständen auffaßt. Bei genügend tiefer Temperatur steht dann im statistischen Mittel nicht genügend Energie zur Verfügung, um ein Energiequant aufzubringen. Während EINSTEIN, dem es nur auf das Prinzip der Quantenhypothese ankam, die Atome des Kristalls noch als unabhängige Oszillatoren betrachtete, ging DEBYE von einem Spektrum kollektiver Gitterschwingungen aus, und er konnte mit dieser Theorie das empirisch gefundene T^3-Gesetz begründen. Über Jahrzehnte bildete die geistreiche Zuordnung thermischer Abhängigkeiten zu immer mehr verfeinerten Modellen der Schwingungszustände die einzige Informationsquelle für die Gitterdynamik. Beispielsweise konnte auch die Abnahme des elektrischen Widerstands von Metallen, die bei tiefen Temperaturen nach einem T^5-Gesetz verläuft, durch eine Streuung der Leitungselektronen an Phononen gedeutet werden. Allerdings muß man bei thermischen Effekten über den Beitrag der Schwingungen des gesamten Frequenzspektrums mitteln, so daß die Rückschlüsse auf das Verhalten der Phononen selbst indirekt und nicht sehr genau sind. Wir stellen diese sehr wichtigen Vorgänge daher noch zurück und besprechen im folgenden die neueren Methoden zum Nachweis von Phononen und zur Bestimmung des Spektrums der Gitterschwingungen.

Photon-Phonon-Streuung. Bei der Strukturuntersuchung von Kristallen mit Röntgenstrahlen beobachtet man, wie in Abschnitt 2.5.6. erwähnt wurde, neben den Bragg-Reflexen einen diffus gestreuten Anteil, der mit zunehmender Temperatur stärker wird. Genaue Untersuchungen ergaben, daß die Intensität der diffus gestreuten Strahlen von der Richtung im Kristall und — beim Vergleich verschiedenartiger Festkörper — von den Bindungskräften abhängt. Diese *Brillouin-Streuung* ist als eine unelastische Wechselwirkung zwischen Röntgenquanten und Gitter zu deuten. Wie Abb. 5.15 veranschaulicht, hat man dabei zwischen der Absorption und der Erzeugung eines Phonons zu unterscheiden. Nach dem Energiesatz ergibt sich für diese Prozesse:

$$\hbar\omega = \hbar\omega' \pm \hbar\Omega. \tag{5,58}$$

Hier steht das Pluszeichen für den Fall, daß ein Phonon erzeugt wird. Die Kreisfrequenz des Röntgenquants nimmt dann von ω auf ω' ab. Im umgekehrten Prozeß der Absorption, für den das Minuszeichen anzusetzen ist, erhöht sich die Energie bzw. Kreisfrequenz des Röntgenquants.

Für die Erhaltung des Impulses setzen wir entsprechend an:

$$\hbar\boldsymbol{k} = \hbar\boldsymbol{k}' \pm \hbar\boldsymbol{K}. \tag{5,59}$$

Hier ist $\hbar\boldsymbol{K}$ der oben eingeführte Pseudoimpuls des Phonons mit dem Wellenzahlvektor $\boldsymbol{K}$. Natürlich können wir $\hbar$ aus dieser Beziehung kürzen und somit im Sinne einer Auswahlregel von einer „Erhaltung des Wellenzahlvektors“ sprechen.

Eine wichtige Schlußfolgerung ergibt sich aus den sehr unterschiedlichen Fortpflanzungsgeschwindigkeiten von elektromagnetischen und elastischen Wellen. Für Licht gilt im Kristall $v = c/n$ mit der Vakuum-Lichtgeschwindigkeit $c = 3 \cdot 10^8$ m/s und dem Brechungsindex n, der im Falle von Röntgenstrahlen praktisch gleich 1 ist. Demgegenüber liegen die in Festkörpern gemessenen Schallgeschwindigkeiten v_s im Bereich von 10^3 bis 10^4 m/s.

Außerdem ist die Wellenlänge der Schallwellen größer als die der Röntgenstrahlen. Aus dem allgemeinen Zusammenhang zwischen Wellenlänge und Frequenz folgt $\omega = ck$ bzw. $\Omega = v_s K$, so daß $\omega \gg \Omega$ sein muß. Nach (5,58) ist dann aber $\omega \cong \omega'$ und — wegen $k = \dfrac{\omega}{c}$ — auch $|\boldsymbol{k}| \cong |\boldsymbol{k}'|$. Demnach ändern sich die Frequenz und die Wellenlänge bei der unelastischen Streuung von Photonen in Kristallen nur

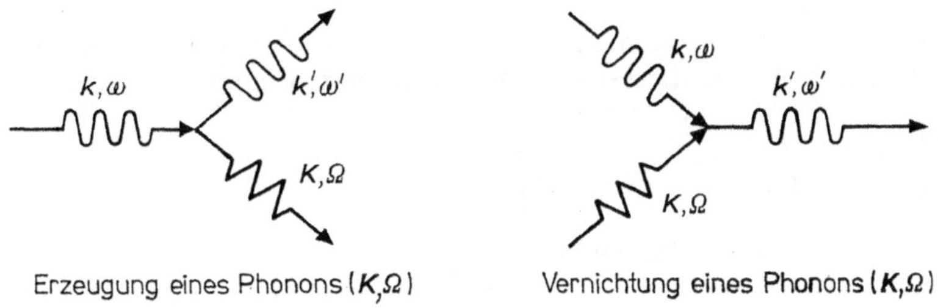

Abb. 5.15

Photon-Phonon-Streuung

sehr wenig. Das gilt aber nicht für den Impuls, denn der Richtungsunterschied zwischen dem Vektor $\boldsymbol{k}$ der einfallenden und dem Vektor $\boldsymbol{k}'$ der gestreuten Welle kann bei gleichem Betrag von $\boldsymbol{k}$ und $\boldsymbol{k}'$ sehr beträchtlich sein.

Daraus ergibt sich eine Regel, die wir noch häufig benutzen werden: *Phononen besitzen im Vergleich zu Photonen wenig Energie, aber einen relativ großen Quasiimpuls.*

Angewendet auf die unelastische Streuung von Röntgenstrahlen in Kristallen ergibt sich somit, daß die diffus gestreuten Quanten energetisch nur wenig verschoben, aber über einen großen Winkelbereich verteilt sind. Theoretische Überlegungen führen auf Ausdrücke, in denen die diffus gestreute Intensität mit dem Spektrum $\Omega(K)$ der Phononen verknüpft ist. In einfachen Fällen, insbesondere für Wellen in den Richtungen [100], [110] und [111] kubischer Kristalle läßt sich das Spektrum der Gitterschwingungen in Gestalt der Dispersionsbeziehung $\Omega(K)$ daher umgekehrt aus der diffus gestreuten Intensität ableiten. Seitdem mit den *Lasern* leistungsstarke Quellen für monochromatisches Licht im sichtbaren und infraroten Gebiet zur Verfügung stehen, wurde die Erzeugung von Phononen durch unelastische Streuung von Lichtquanten eingehend untersucht. Dabei gelang es, die Beziehungen (5,58) und (5,59) durch genaue Messung der Frequenzverschiebung als Funktion des Streuwinkels eindeutig zu bestätigen. Ferner konnten die gebildeten monochromatischen Phononen mit verschiedenen Methoden direkt nachgewiesen werden.

Abschließend ist darauf hinzuweisen, daß Gleichung (5,59) noch vervollständigt werden muß, wenn außer der unelastischen Streuung auch elastische Streuprozesse infolge von Bragg-Reflexionen auftreten. Nach der hierfür notwendigen Bedingung

$\Delta \boldsymbol{k} = \boldsymbol{R}^*$ (vgl. Gleichung (3,38)) muß man dann auf der rechten Seite noch das Glied $-\hbar \boldsymbol{R}^*$ hinzufügen, und es ergibt sich als Impulssatz:

$$\hbar \boldsymbol{k} = \hbar \boldsymbol{k}' \pm \hbar \boldsymbol{K} - \hbar \boldsymbol{R}^*. \tag{5,60}$$

$\boldsymbol{R}^*$ kann ein beliebiger Vektor des reziproken Gitters sein. Physikalisch stellt $-\hbar \boldsymbol{R}^*$ den Impuls dar, der bei elastischer Streuung als Rückstoß an den Kristall übertragen wird.

Neutron-Phonon-Streuung. Neutronen werden beim Durchgang durch Kristalle gleichfalls unelastisch gestreut. Dabei nimmt das Neutron entweder kinetische Energie durch Absorption von Phononen auf, oder es werden umgekehrt Schwingungsquanten auf Kosten der Neutronenenergie erzeugt. Um den Energiesatz für diese Prozesse zu formulieren, drücken wir die kinetische Energie der Neutronen $\frac{p^2}{2M_n}$ (p — Impuls, M_n — Neutronenmasse) mit Hilfe der Beziehung von DE BROGLIE, $p = h\lambda = \hbar k$, durch die Wellenzahl der Materiewellen aus und erhalten:

$$\frac{\hbar^2}{2M_n} k^2 = \frac{\hbar^2}{2M_n} k'^2 \pm \hbar\Omega + \frac{\hbar^2 \boldsymbol{R}^{*2}}{2M_{\text{Kristall}}}. \tag{5,61}$$

Hier bezeichnen k und k' die Wellenzahlen des primären und des gestreuten Neutrons und $\pm\hbar\Omega$ die Energie des erzeugten oder absorbierten Phonons. Analog gilt der Impulssatz (5,60), den wir nach Division durch $\hbar$ als Auswahlregel ansetzen:

$$\boldsymbol{k} + \boldsymbol{R}^* = \boldsymbol{k}' \pm \boldsymbol{K}. \tag{5,62}$$

Man überlegt sich leicht, daß die relative Änderung der Neutronenenergie mit abnehmender Geschwindigkeit beziehungsweise kinetischer Energie ansteigt. Am besten eignen sich daher thermische oder sogar kalte Neutronen, die durch Abbremsen von Neutronen aus Kernreaktoren oder Beschleuniger-Quellen erhalten werden.

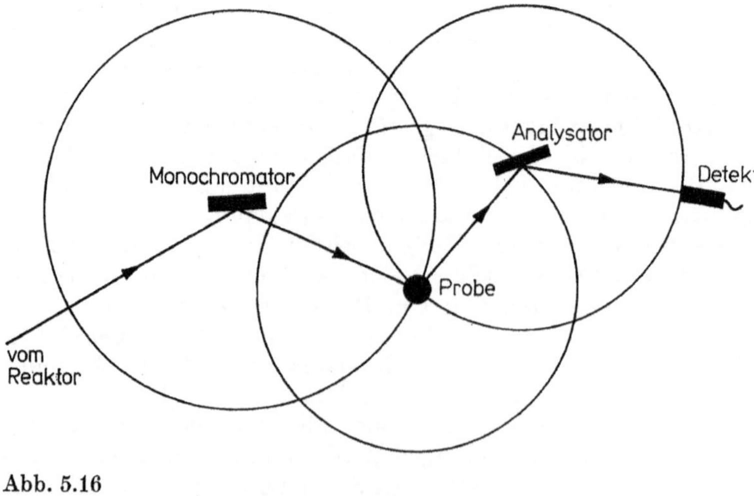

Abb. 5.16
Prinzip eines Neutronenspektrometers

Um die Phononenspektren bzw. die Dispersionsrelation der Gitterschwingungen $\Omega(K)$ zu ermitteln, muß die Energieänderung der in einem Kristall gestreuten Teilchen als Funktion der Streurichtung aufgenommen werden. Zu diesem Zweck wurden spezielle *Neutronenspektrometer* entwickelt, deren prinzipieller Aufbau aus Abb. 5.16 hervorgeht. Aus dem thermischen Neutronenfluß eines Hochleistungsreaktors oder einer Quelle vom Beschleunigertyp wird zunächst ein Bündel paralleler und monoenergetischer Teilchen ausgeblendet. Man erreicht dies durch Bragg-Reflexion

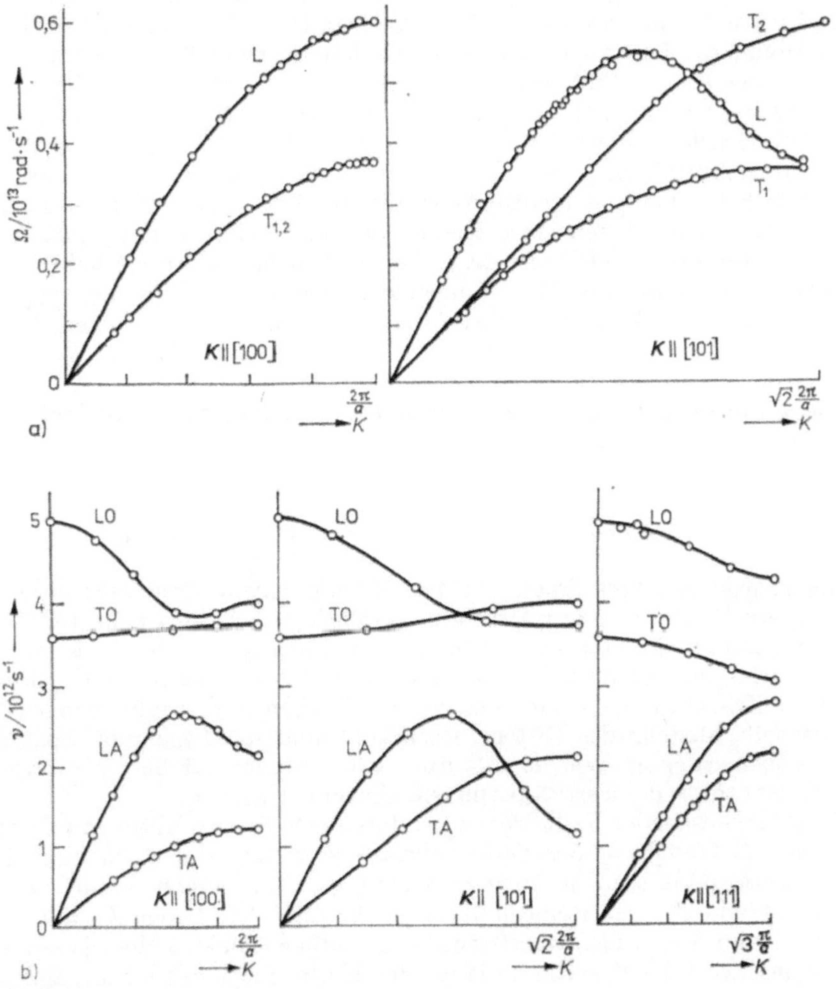

Abb. 5.17

Durch Neutronenstreuung bestimmte Phononen-Dispersionszweige

a) für Aluminium

b) für Kaliumbromid

A — akustisch; O — optisch; T — transversal; L — longitudinal

(Nach HELLWEGE, K.-H.: Einführung in die Festkörperphysik. Band I. — Berlin/Heidelberg/New York: Springer-Verlag 1968 (Heidelberger Taschenbücher)).

an einem Monochromatorkristall oder durch Selektion von Teilchengruppen nach dem Laufzeit-Prinzip (Impulsbetrieb). Die in einer bestimmten Raumrichtung von der Probe gestreuten Neutronen werden in einem weiteren Kristall analysiert und mit neutronenempfindlichen Zählrohren oder Szintillationsdetektoren registriert.

Diese Kristallspektrometer stellen ausgesprochene Großanlagen der festkörperphysikalischen Grundlagenforschung dar und sind mit komplizierten elektronischen und mechanischen Einrichtungen für die automatisierte Aufnahme der Spektren sowie die Auswertung der Meßdaten ausgestattet. Um ausreichende Intensitäten und eindeutige Aussagen zu gewinnen, benötigt man möglichst große und weitgehend perfekte Einkristalle der Probensubstanz. Auf Grenzen stößt die Methode, wenn Atomkerne der Probe einen hohen Einfangquerschnitt für langsame Neutronen besitzen. Bei Kernen mit von Null verschiedenem Spin sowie bei Anwesenheit verschiedener Isotope tritt zusätzlich eine *inkohärente Streuung* auf, bei der die Phasen der Materiewellen verschoben werden. Trotz dieser Komplikationen bildet die Neutronenspektroskopie heute das wichtigste und genaueste Verfahren zur experimentellen Erforschung der Gitterdynamik. In Abb. 5.17 sind typische Ergebnisse für die Phononenspektren eines Metalls und eines einfachen Ionenkristalls dargestellt. Die Dispersionsrelationen $\Omega(K)$ weichen insbesondere bei hohen Frequenzen erheblich von den linearen Beziehungen zwischen Ω und K ab, die wir in Abschnitt 5.1.8. für elastische Wellen im Festkörperkontinuum erhalten hatten. Im Falle von Verbindungen treten darüber hinaus mehrere Zweige auf, die als Äste *akustischer* und *optischer Phononen* unterschieden werden. Diese Besonderheiten sind auf atomistische Einflüsse zurückzuführen und werden im folgenden Abschnitt am Modell eines eindimensionalen Festkörpers interpretiert.

5.2.3. Eindimensionale Behandlung der Gitterschwingungen

Eindimensionaler Festkörper. Die Berechnung physikalischer Eigenschaften von Festkörpern führt meist zu relativ unübersichtlichen Ausdrücken, weil die Beiträge der Gitterpunkte in drei Dimensionen berücksichtigt werden müssen. Als Folge davon sind in den Formeln Mehrfachindizes und komplizierte Summationen unvermeidlich. Erheblich einfacher verläuft der Rechengang, wenn man sich auf eindimensionale Modelle des Gitters beschränkt und die Ergebnisse später auf drei Dimensionen erweitert. Wie die Erfahrung lehrt, können auf diese Weise viele wesentliche Erkenntnisse der Festkörperphysik gewonnen werden.

Ein eindimensionaler Festkörper wird durch eine lineare Kette von Gitterpunkten mit dem Abstand bzw. der Gitterkonstanten a dargestellt. Im einfachsten Fall sind die Gitterpunkte mit je einem gleichartigen Atom besetzt. Wenn die Atomkette endlich ist und $N + 1$ Atome umfaßt, so beträgt ihre Länge $L = Na$, wobei die Teilchen 0 und $N + 1$ die „Oberfläche" des eindimensionalen Modells repräsentieren. Gewöhnlich wird die Koordinate längs der Kette mit x bezeichnet; mit u drücken wir eine Verschiebung von der Gleichgewichtsposition aus, die entweder „longitudinal" längs der x-Achse oder senkrecht dazu „transversal" erfolgen soll.

Elastische Wellen in kubischen Kristallen haben nach Abschnitt 5.1.8. streng longitudinalen oder transversalen Charakter, wenn sie sich in den Richtungen $\langle 100\rangle$, $\langle 110\rangle$ oder $\langle 111\rangle$ fortpflanzen. Im atomistischen Bild werden dann offenbar ganze Gitterebenen, die mit gleichartigen Atomen besetzt sind, parallel oder senkrecht zueinander ausgelenkt (Abb. 5.18). In linearen Atomketten parallel zur Ausbreitungsrichtung bewegen sich die Atome daher in der gleichen Weise, so daß die Dynamik des eindimensionalen Modells in diesen Spezialfällen sogar der dreidimensionalen Beschreibung gleichwertig ist. Für Wellen längs der Würfelkanten hatten wir eine lineare Dispersionsrelation der Form $\Omega \sim K$ gefunden. Im Kontinuum ist die Gruppengeschwindigkeit der Wellen $v^{(g)} \equiv \frac{d\Omega}{dK}$ konstant, wobei sich Ω und K kontinuierlich ändern können und auch Lösungen mit beliebig hoher Kreisfrequenz und Wellenzahl erlaubt sind. Wir müssen nun untersuchen, wie sich diese Ergebnisse ändern, wenn der Aufbau der Festkörper aus diskreten Atomen berücksichtigt wird. Wegen der einfachen Quantenvorschrift $W_s = \hbar\Omega$ für harmonische Gitter-

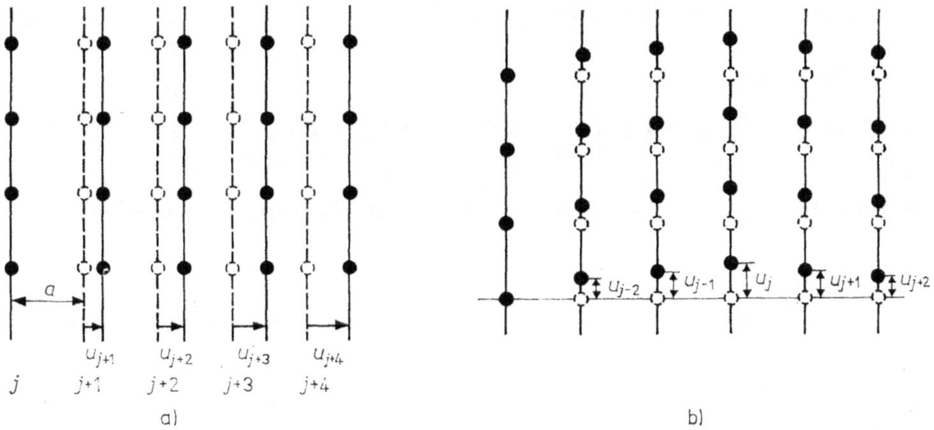

Abb. 5.18
Auslenkung der Gitterebenen beim Durchgang
a) einer longitudinalen Welle
b) einer transversalen Welle.

schwingungen können wir die Rechnungen klassisch ansetzen und die „Quantelung" hinterher vornehmen, ähnlich wie dies in der Theorie elektromagnetischer Wellen üblich ist.

1. Modellfall: Unendliche Kette gleichartiger Atome. Für die Kraft auf das Atom j in der Kette setzen wir an:

$$F_j = \sum_l \gamma_l (u_{j+l} - u_j); \quad \gamma_l = \gamma_{-l}. \tag{5,63}$$

Wir beschränken uns also nicht auf die Kräfte zu den nächsten Nachbarn mit $l = \pm 1$, sondern berücksichtigen auch die Beiträge, die durch Verschiebung zwischen Teilchen in größerem Abstand auftreten. Die einzelnen Anteile sollen proportional zur Differenz der Auslenkungen der betrachteten Atome j und $j + l$ sein. Die Koeffizienten γ_l, für die aus Symmetriegründen $\gamma_l = \gamma_{-l}$ gilt, entsprechen dann den Kraftkonstanten des Federmodells von Abb. 5.14. Gleichung (5,63) stellt eine atomistische, eindimensionale Formulierung des Hookeschen Gesetzes dar!

Wenn M die Atommasse ist, ergibt sich für die Bewegungsgleichung des Atoms j:

$$M \frac{d^2u_j}{dt^2} = \sum_l \gamma_l (u_{j+l} - u_j). \tag{5,64}$$

Die Bewegung aller Atome der Kette ist über die Summanden auf der rechten Seite gekoppelt. Als Ansatz für die Lösung von (5,64) wählen wir laufende Wellen, deren Amplitude nur an den diskreten Gitterpunkten $x = ja$ definiert ist:

$$u_j = u_0 \exp \mathrm{i}[jKa - \Omega t]; \quad u_{j+l} = u_j \exp \mathrm{i}[lKa]. \tag{5,65}$$

Einsetzen liefert:

$$-\Omega^2 M u_j = u_j \sum_l \gamma_l (\exp \mathrm{i}[lKa] - 1). \tag{5,66}$$

Wegen $\gamma_l = \gamma_{-l}$ folgt:

$$\Omega^2 M = -\sum_{l>0} \gamma_l (\exp \mathrm{i}[lKa] + \exp\{-\mathrm{i}[lKa]\} - 2). \tag{5,67}$$

Mit der Identität $\cos x \equiv \frac{1'}{2} (e^{\mathrm{i}x} + e^{-\mathrm{i}x})$ erhalten wir als Dispersionsrelation:

$$\Omega^2 = \frac{2}{M} \sum_{l>0} \gamma_l (1 - \cos lKa). \tag{5,68}$$

Um den Verlauf qualitativ zu untersuchen, schränken wir auf die Wechselwirkung zwischen nächsten Nachbaratomen ein, so daß nur der Term mit $l = 1$ übrigbleibt, den wir mit den Halbwinkelsätzen umformen:

$$\Omega = \left(\frac{4\gamma_1}{M}\right)^{\frac{1}{2}} \left|\sin \frac{1}{2} Ka\right|. \tag{5,69}$$

Dieser Ausdruck hat offensichtlich einen Maximalwert

$$\Omega_{\max} = \left(\frac{4\gamma_1}{M}\right)^{\frac{1}{2}} \quad \text{für} \quad K_{\max} = \pm \frac{\pi}{a}. \tag{5,70}$$

Wir erhalten somit als wichtiges Ergebnis, daß nur Gitterschwingungen bis zu einer maximalen Frequenz möglich sind, die — wie nähere Untersuchungen ergeben — in der Größenordnung von 10^{13} Hz liegt. Für die zugehörige Wellenlänge folgt aus dem zweiten Teil von (5,70) $\lambda_{\min} = 2a$.

Die Funktion $\Omega(K)$ besitzt den in Abb. 5.19 dargestellten Verlauf. Für Wellenlängen, die im Vergleich zur Gitterkonstante groß sind, läßt sie sich durch eine Gerade annähern, die den elastischen Wellen des Kontinuums entspricht. Je kleiner die Wellenlänge wird, um so stärker treten die Besonderheiten der atomaren Struktur hervor, bis schließlich der Grenzfall $\Omega_{\max}$ erreicht wird. Durch Einsetzen von $K_{\max} = \pm \frac{\pi}{a}$ in (5,65) erhält man für die zugehörige Schwingung die Gleichung einer stehenden Welle $u_j = u_0 \cos j\pi \cdot \exp(-\mathrm{i}\Omega_{\max} t)$. Ihr entspricht ein Schwingungszustand, in dem sich benachbarte Teilchen um π phasenverschoben, also gegenläufig, bewegen. Man findet auch leicht, daß die Gruppengeschwindigkeit $\frac{d\Omega}{dK}$, die ja der Steigung im $\Omega(K)$-Diagramm gleich ist, an den Stellen $K = \pm \frac{\pi}{a}$ Null wird.

Der Verlauf von (5,69) stimmt im wesentlichen mit dem der empirisch gefundenen Dispersionskurven von Metallen und dem akustischen Phonenzweig von AB-Verbindungen überein (vgl. Abb. 5.17).

Bei der Ableitung von (5,69) wurden keine speziellen Annahmen über die Lage der Atomketten im Kristall und die Polarisation der Schwingungen gemacht.

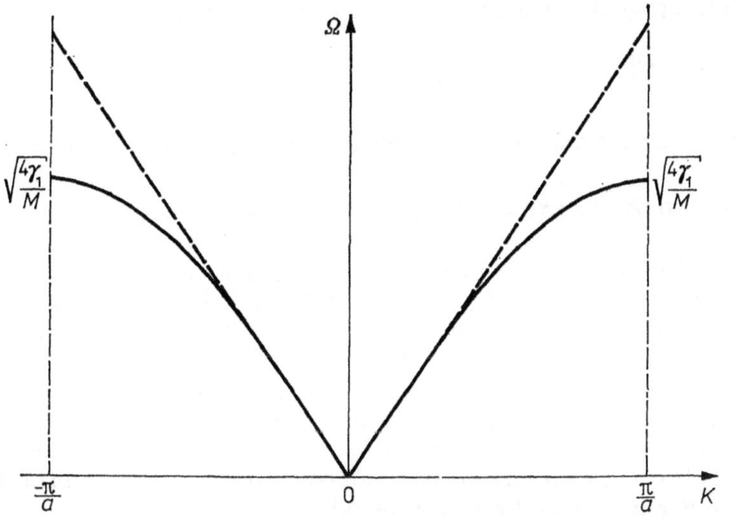

Abb. 5.19
Dispersionszweig einer linearen unendlichen Kette gleichartiger Atome. Maximalfrequenz der Gitterschwingung: $\Omega_{\max} = \sqrt{\frac{4\gamma_1}{M}}$.

Spezialisieren wir nun auf Wellen in Würfelkantenrichtung kubischer Kristalle, so muß die hier gefundene Dispersionsrelation bei kleinen K oder langwelligen Gitterschwingungen mit den früher gefundenen Ergebnissen für elastische Wellen (5,51) bzw. (5,54) im Einklang stehen. Bei kleinen Ka läßt sich der Sinus in (5,69) durch das Argument ersetzen. Durch Gleichsetzen der Kreisfrequenz mit den Ausdrücken für longitudinale bzw. transversale Wellen in [100]-Richtung ergibt sich:

$$\gamma_{1l} = \frac{C_{11}M}{\varrho a^2}; \quad \gamma_{1t} = \frac{C_{44}M}{\varrho a^2}. \tag{5,71}$$

Damit haben wir die Elastizitätsmoduln, wenigstens im Prinzip, auf atomare Kraftkonstanten zurückgeführt. Bei einer genaueren Analyse muß man freilich auch die Wechselwirkung zwischen entfernteren Atomen berücksichtigen. Aus den experimentell ermittelten $\Omega(K)$-Kurven können die Konstanten γ_l des allgemeinen Ausdrucks (5,68) mittels *Fourier-Analyse* bestimmt werden. Dabei zeigt sich, daß bei der elastischen Verformung auch weitreichende Kraftkomponenten einen nicht vernachlässigbaren Beitrag liefern. Beispielsweise wurden für einige Metalle merkliche Anteile der γ_l mit l bis zu 20 gefunden.

Bisher haben wir nur K-Werte im Intervall

$$-\frac{\pi}{a} \leqq K \leqq +\frac{\pi}{a} \tag{5,72}$$

betrachtet. Tatsächlich besitzt nur dieser Bereich, der mit der *1. Brillouinschen Zone* des linearen Gitters zusammenfällt, physikalische Bedeutung (vgl. Abschnitt 3.4.5.). Um dies zu zeigen, führen wir einen K-Wert außerhalb des Bereichs (5,72) durch folgende *Reduktion* in die 1. Brillouinsche Zone (BZ) über:

$$K' \equiv K \pm \frac{2\pi n}{a}; \quad n = 1, 2, 3 \ldots \tag{5,73}$$

Aus (5,65) folgt dann für das Verhältnis der Auslenkungen benachbarter Atome:

$$\frac{u_{j+1}}{u_j} = \exp \mathrm{i}Ka = \exp \mathrm{i}\, 2\pi n \exp \mathrm{i}K'a = \exp \mathrm{i}K'a. \tag{5,74}$$

Durch die Substitution (5,73) ändert sich also nichts am Schwingungszustand. Mit anderen Worten: Werte von K, die außerhalb der 1. Brillouinschen Zone liegen, beschreiben Schwingungen, die in den Lösungen des Gebiets (5,72) bereits enthalten sind.

Diese Überlegungen lassen sich auf dreidimensionale Kristalle verallgemeinern. Die Gesamtheit möglicher Schwingungszustände ist den $\boldsymbol{K}$-Vektoren der 1. Brillouinschen Zone zuzuordnen. An den Grenzflächen dieser Zone, die eine Einheitszelle im reziproken Gitter darstellt, treten stehende Wellen auf. Die maximale Frequenz hängt dann von der Richtung des $\boldsymbol{K}$-Vektors ab.

2. Modellfall: Endliche Kette gleichartiger Atome. Den Übergang zur endlichen Kette von $N + 1$ Atomen gewinnen wir, indem entsprechende *Randbedingungen* eingeführt werden. Analog zum Problem der schwingenden Saite wählen wir zunächst feste Randbedingungen und setzen für die Atome 0 und N die Auslenkung $u_j = 0$. Die Endatome der Kette sind dann „eingespannt". Als Lösungen ergeben sich nun stehende Wellen der Form:

$$u_j = \hat{u} \sin jKa \exp(-\mathrm{i}\Omega t). \tag{5,75}$$

Aus den früher gewonnenen Lösungen für die unendliche Kette lassen sie sich durch Linearkombination aufbauen. Die Dispersionsrelation wird nicht verändert, wie man auch durch Einsetzen von (5,75) in die Differentialgleichung (5,64) zeigen kann.

Die Wellen (5,75) erfüllen für $j = 0$ automatisch die Randbedingungen $u_0 = 0$. Damit auch die zweite Bedingung $u_N = 0$ befriedigt wird, muß $\sin NKa = 0$ sein. Das ist der Fall für

$$K = \frac{\pi}{Na} j; \quad j = 1, 2, \ldots N. \tag{5,76}$$

Da von den $N + 1$ Atomen der Kette 2 festgehalten sind, darf K nur $N - 1$ unabhängige Werte annehmen. Für den Rand der Brillouinschen Zone $K_{\max} = \frac{N\pi}{Na}$ folgt aus (5,75) $u_j \sim \sin j\pi$, das heißt, alle Atome stehen dann still, weil die Amplitude am Ort aller Teilchen Null wird. Im Gegensatz zu den kontinuierlichen Spektren des Kontinuums oder der unendlichen Atomkette ergeben sich für die endliche Kette der Länge $L = Na$ insgesamt $N - 1$ Eigenschwingungen mit den erlaubten K-Werten:

$$K = \frac{\pi}{L}, \frac{2\pi}{L}, \frac{3\pi}{L}, \ldots, \frac{(N-1)}{L}\pi. \tag{5,77}$$

Vielfach interessiert man sich für die Anzahl der Schwingungszustände, die in einem Intervall von K mit der Breite 1 liegen. Für diese *Zustandsdichte* $Z(K)$ erhalten wir im Falle der linearen Atomkette

$$Z(K) = \begin{cases} \frac{L}{\pi} & \text{für} \quad K \leq \frac{\pi}{a} \\ 0 & \text{für} \quad K > \frac{\pi}{a}, \end{cases} \tag{5,78}$$

denn der Abstand der Zustände im eindimensionalen K-Raum ist nach (5,77) $\Delta K = \frac{\pi}{L}$.

Die festen Randbedingungen führen zwar, was Anzahl und Dichte der Schwingungszustände betrifft, zu einem vernünftigen Ergebnis, jedoch erscheinen sie vom physikalischen Standpunkt aus bedenklich. Bei einer anderen Methode des Abzählens der Eigenschwingungen geht man daher von *periodischen Randbedingungen* aus, indem gefordert wird:

$$u(j \cdot a) = u(j \cdot a + L). \tag{5,79}$$

Der linke und der rechte Rand schwingen dann phasengleich, und die Wellen wiederholen sich in Intervallen der Länge L. Als Lösungen findet man laufende Wellen, die dem physikalischen Sachverhalt viel besser gerecht werden. Eine Welle $u_j = \hat{u} \times \exp i[jKa - \Omega t]$ erfüllt (5,79) für die K-Werte:

$$K = 0, \pm\frac{2\pi}{L}, \pm\frac{4\pi}{L}, \ldots \pm\frac{N\pi}{L}; \qquad N \text{ gerade.} \tag{5,80}$$

Diese Methode liefert demnach dieselbe Anzahl von Zuständen, wenn man davon absieht, daß der Zustand am Rand der Brillouin-Zone jetzt ebenfalls *einer* Schwingung entspricht. Da sich laufende Wellen in einer Dimension nach links *und* rechts ausbreiten können, sind positive und negative K-Werte erlaubt. Dafür beträgt das Intervall zwischen zwei Zuständen $\Delta K = \frac{2\pi}{L}$, so daß wir für die Zustandsdichte im K-Raum an Stelle (5,78) erhalten:

$$Z(K) = \begin{cases} \frac{L}{2\pi} & \text{für} \quad -\frac{\pi}{a} \leq K \leq +\frac{\pi}{a} \\ 0 & \text{für} \quad K\text{-Werte außerhalb der 1. Brillouin-Zone} \end{cases} \tag{5,81}$$

Solange wir uns nur für die Gesamtzahl der Eigenschwingungen und ihre Dichte als Funktion des Betrages von K interessieren, führen die beiden Abzählmethoden daher zu dem gleichen Ergebnis: Die Atome der endlichen eindimensionalen Kette besitzen ein *diskretes Spektrum von Eigenschwingungen*, deren Anzahl gleich der Zahl der beweglichen Atome ist. Genaugenommen ergeben sich für die periodischen Randbedingungen allerdings statt $N - 1$ insgesamt N Lösungen, jedoch ist dies angesichts der großen Atomzahlen in Festkörpern bedeutungslos.

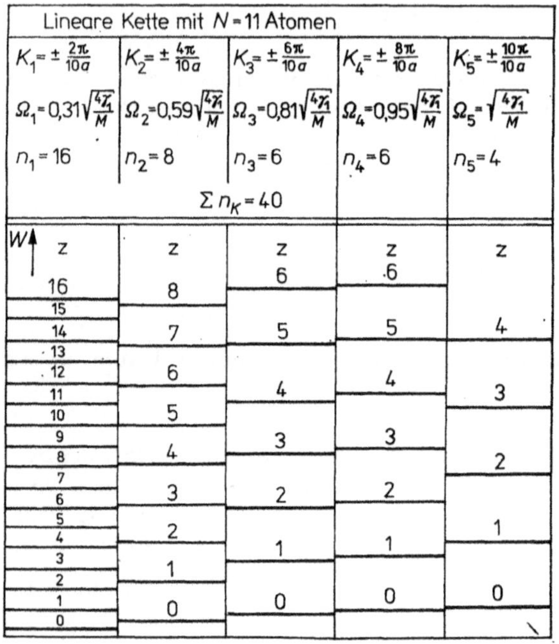

Abb. 5.20

Phononenspektrum für eine eindimensionale lineare Kette mit 11 gleichartigen Atomen. Im vorliegenden Anregungszustand sind (für einen willkürlich gewählten Spezialfall) insgesamt 40 Phononen vorhanden.

Das Auftreten diskreter K-Werte im Spektrum der Gitterschwingungen folgt allein aus der endlichen Anzahl der Freiheitsgrade in der Bewegung der endlichen Atomkette. Ihre Auswahl wird durch die eingeführten Randbedingungen geregelt. Nach der klassischen Physik könnten die im K-Raum gleichabständigen Normalschwingungen durch Wärme, Schall oder andere Einflüsse kontinuierlich angeregt werden. Nun kommt jedoch die Quantentheorie hinzu, nach der jede Eigenschwingung nur mit einer ganzen Zahl von z Phononen ($z = 0, 1, 2, \ldots, n, \ldots$) der Energie $\hbar\Omega$ angefacht sein darf. Das *Phononenspektrum* der Kette setzt sich also aus N Fächern zusammen, von denen in einem gegebenen Anregungszustand jedes n_K Schwingungsquanten enthalten kann. In Abb. 5.20 ist dies für 10 Eigenschwingungen mit insgesamt 40 Phononen schematisch dargestellt. Man beachte, daß die Phononenenergie mit wachsendem K beziehungsweise abnehmender Wellenlänge ansteigt, wodurch die energetischen Abstände zwischen den benachbarten Niveaus mit zunehmendem K immer größer werden.

Um die vorstehenden Betrachtungen auf ein dreidimensionales Kristallgitter zu verallgemeinern, müßte man die Eigenschwingungen in allen drei Achsenrichtungen sowie die verschiedenen Polarisationsmöglichkeiten betrachten. In Erweiterung von (5,81) ergibt sich die Zustandsdichte dann als die Anzahl der erlaubten K-Werte im Einheitsvolumen des reziproken Gitters; sämtliche Eigenschwingungen sind in dem Polyeder enthalten, das die 1. Brillouinsche Zone begrenzt. Ferner sind jedem Schwingungszustand, der durch einen $\boldsymbol{K}$-Vektor innerhalb der 1. Brillouinschen Zone festgelegt wird, drei Normalschwingungen zuzuordnen. Die gesamte Anzahl der möglichen Schwingungen ist wegen der räumlichen Auslenkungsmöglichkeiten dreimal so groß wie die Anzahl der erlaubten K-Werte. Bei bestimmten Ausbreitungsrichtungen entsprechen diese Normalschwingungen, wie früher für kubische Kristalle gezeigt wurde, einer longitudinalen und zwei senkrecht zueinander polarisierten transversalen Wellen. Man beachte, daß die Energiequanten der Phononen, die zum gleichen K gehören, im allgemeinen verschieden groß sind!

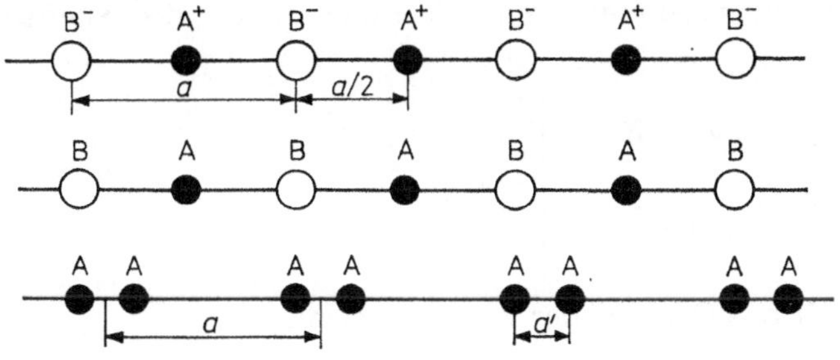

Abb. 5.21
Modelle für die verschiedene Anordnung von Ionen bzw. Neutralatomen in der linearen Kette.

3. Modellfall: Kette mit zwei nicht gleichwertigen Atomarten. Wir betrachten nun entsprechend Abb. 5.21 den eindimensionalen Fall eines Gitters, das zwei Atome in der primitiven Elementarzelle enthält. Am anschaulichsten lassen sich die dann auftretenden Besonderheiten interpretieren, wenn die lineare Kette abwechselnd mit gleichabständigen Ionen verschiedenen Vorzeichens besetzt ist. Wir weisen aber schon jetzt darauf hin, daß die beiden anderen dargestellten Fälle, nämlich abwechselnde Besetzung durch verschiedene Neutralatome beziehungsweise periodisch wechselnder Abstand gleichartiger Atome prinzipiell zu dem gleichen Ergebnis führen.

Bezeichnen wir die Massen der Teilchen in den ungerade indizierten Positionen mit M_1 und in den gerade bezifferten Lagen mit M_2, so lauten die Bewegungsgleichungen analog zu (5,64) bei Beschränkung auf Kräfte zwischen nächsten Nachbarn:

$$\begin{aligned} M_1 \frac{d^2 u_{2j+1}}{dt^2} &= \gamma(u_{2j+2} + u_{2j} - 2u_{2j+1}), \\ M_2 \frac{d^2 u_{2j}}{dt^2} &= \gamma(u_{2j+1} + u_{2j-1} - 2u_{2j}). \end{aligned} \tag{5,82}$$

Dieser Ansatz gilt für die beiden ersten Fälle von Abb. 5.21, während für das dritte Beispiel gleiche Massen, aber unterschiedliche Kraftkonstanten zu wählen sind.

Um das Gleichungssystem (5,82) zu lösen, benutzen wir zwei ebene Wellen mit den unterschiedlichen Amplituden $\hat{u}_A$ bzw. $\hat{u}_B$:

$$u_{2j+1} = \hat{u}_A \exp i\left[(2j+1) K \frac{a}{2} - \Omega t\right]; \quad u_{2j} = \hat{u}_B \exp i\left[2jK \frac{a}{2} - \Omega t\right]. \tag{5,83}$$

Durch Einsetzen in (5,82) erhalten wir für die Amplituden das homogene Gleichungssystem:

$$\begin{aligned} (M_1\Omega^2 - 2\gamma)\, \hat{u}_A + \left(2\gamma \cos K \frac{a}{2}\right) \hat{u}_B &= 0, \\ \left(2\gamma \cos K \frac{a}{2}\right) \hat{u}_A + (M_2\Omega^2 - 2\gamma)\, \hat{u}_B &= 0. \end{aligned} \tag{5,84}$$

Lösungen dieses Systems existieren, wenn die Determinante der Koeffizienten verschwindet:

$$\begin{vmatrix} M_1\Omega^2 - 2\gamma & 2\gamma \cos K \frac{a}{2} \\ 2\gamma \cos K \frac{a}{2} & M_2\Omega^2 - 2\gamma \end{vmatrix} = 0. \tag{5,85}$$

Daraus ergibt sich für das Quadrat der Kreisfrequenz:

$$\Omega^2 = \gamma\left(\frac{1}{M_1} + \frac{1}{M_2}\right) \pm \gamma\left[\left(\frac{1}{M_1} + \frac{1}{M_2}\right)^2 - \frac{4\sin^2 K \frac{a}{2}}{M_1 M_2}\right]^{\frac{1}{2}} \tag{5,86}$$

Durch (5,86) ist die *Dispersionsrelation* $\Omega(K)$ gegeben. Der qualitative Unterschied zu dem oben behandelten Modellfall der Kette gleichartiger Atome ist durch das doppelte Vorzeichen der Quadratwurzel bedingt. Zu jedem K erhalten wir zwei voneinander verschiedene Ω, das heißt, das Spektrum der Gitterschwingungen spaltet in zwei Zweige auf. Im Falle des negativen Vorzeichens ergibt sich der sogenannte *akustische Phononenzweig* Ω_{ak}, dessen Verlauf den Schwingungen der Kette einheitlicher, gleichabständiger Atome ähnelt (Abb. 5.22). Dagegen liefert das positive Vorzeichen der Wurzel ein Schwingungsspektrum Ω_{op}, das als *optischer Phononenzweig* bezeichnet wird und dessen Verlauf völlig andersartig ist. Da beide Zweige hinsichtlich K periodisch verlaufen, genügt es, den Bereich der 1. Brillouinschen Zone $-\frac{\pi}{a} \leqq K \leqq +\frac{\pi}{a}$ wiederzugeben.

Um einen Einblick in die zugehörigen Bewegungsformen zu gewinnen, betrachten wir den Grenzfall sehr kleiner K-Werte (langwellige Schwingungen), für den aus (5,86) folgt:

$$\Omega_{ak}^2 \cong \frac{2\gamma}{M_1 + M_2} K^2 \frac{a^2}{4}; \quad \Omega_{op}^2 \cong 2\gamma\left(\frac{1}{M_1} + \frac{1}{M_2}\right). \tag{5,87}$$

Aus (5,87) und (5,84) finden wir für den Grenzfall $K = 0$ des akustischen Zweiges $\hat{u}_A = \hat{u}_B$. Benachbarte Atome schwingen also gemeinsam und gleichphasig aus,

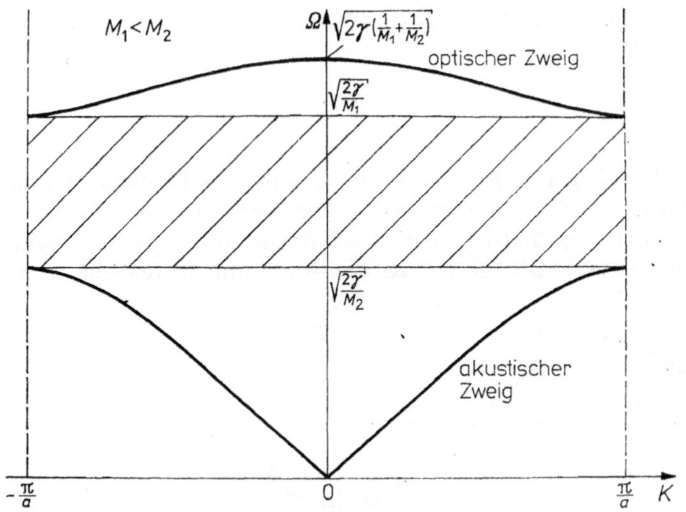

Abb. 5.22

Lineare unendliche AB-Kette mit $M_2 = 3M_1$

a) Schwingungsspektrum, bestehend aus dem akustischen Zweig und dem optischen Zweig. Die dazwischenliegende Frequenzlücke ist schraffiert.

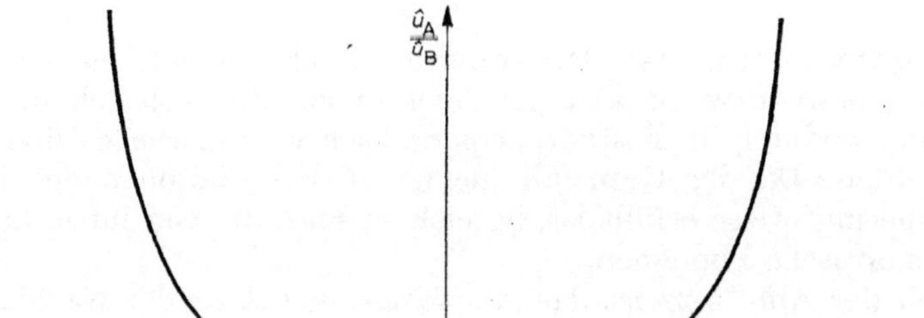

b) Amplitudenverhältnis für Nachbaratome.

wie dies bei akustischer Anregung („Anbrüllen des Festkörpers") zu erwarten ist. Für den optischen Zweig ergibt sich dagegen:

$$\frac{\hat{u}_A}{\hat{u}_B} = -\frac{M_2}{M_1}. \tag{5,88}$$

Die benachbarten Teilchen der beiden Arten A und B schwingen demnach gegenphasig, und die Amplituden stehen im reziproken Verhältnis der Massen. Eine derartige Schwingungsform, die natürlich in der Kontinuumsnäherung nicht enthalten ist, läßt sich leicht verstehen, wenn man die Anregung durch elektromagnetische

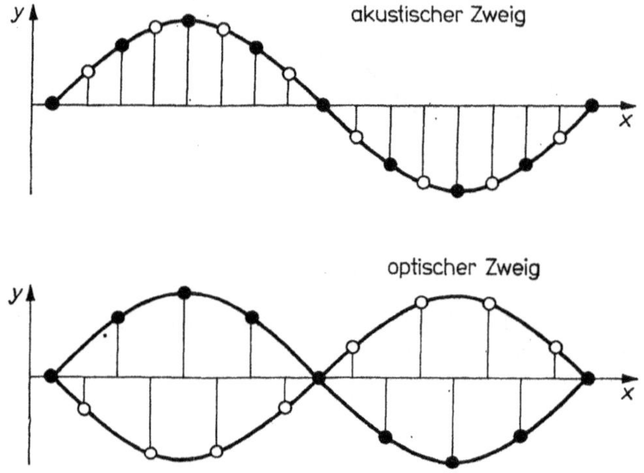

Abb. 5.23
Typische Bewegungsformen der Atome in einer linearen AB-Kette.

Wellen bei Ionengittern betrachtet. Die transversal schwingende elektrische Feldstärke verschiebt positiv bzw. negativ geladene Ionen offensichtlich in entgegengesetzter Richtung, wodurch im Festkörper periodisch veränderliche Dipolmomente hervorgerufen werden. Da der Grenzfall kleiner K bei Photonen des infraroten Gebietes noch näherungsweise erfüllt ist, bezeichnet man die von ihnen ausgelösten Schwingungen als optische Phononen.

Im zweiten Teil der Abb. 5.22 ist das *Amplitudenverhältnis* der Nachbarteilchen für die beiden Zweige als Funktion von K dargestellt. Für den entgegengesetzten Grenzfall sehr kurzer Wellenlängen, der den Grenzen der 1. Brillouinschen Zone entspricht, bleiben die Atome einer Sorte in Ruhe, während die übernächsten Nachbarn der bewegten Teilchen sowohl im optischen als auch im akustischen Zweig gegenphasig schwingen. Abbildung 5.23 zeigt schematisch die Bewegungsformen für zwei typische Schwingungen des akustischen und des optischen Phononenzweiges. Bei der allgemeinen Beschreibung der Schwingungszustände von Festkörpern mit 2 Atomen in der Elementarzelle hat man für jeden K-Wert sowohl 3 akustische als auch drei optische Normalschwingungen anzusetzen, die im einfachsten Fall als longitudinale beziehungsweise senkrecht zueinander polarisierte transversale Wellen aufzufassen sind. Enthält die primitive Elementarzelle eines Kristalls mehr als zwei Atome, so spalten die optischen Schwingungen in mehrere Zweige auf.

Bei p Atomen in der Zelle besteht das Phononenspektrum aus $3p$ Zweigen, von denen 3 auf die akustischen Phononen unterschiedlicher Polarisation und $(3p - 3)$ auf die verschiedenen Zweige und Polarisationen optischer Phononen entfallen. Die Gesamtzahl der Normalschwingungen entspricht dann genau den Bewegungsfreiheitsgraden eines schwingungsfähigen Systems aus N gekoppelten Teilchen. Es wurde bereits darauf hingewiesen, daß diese Überlegungen auch gelten, wenn die primitive Elementarzelle p gleichartige Bausteine umfaßt. So konnte in Kristallen des Diamantgitters mit 2 gleichen Atomen je Zelle, beispielsweise bei Diamant oder Silicium, die Existenz von je 3 akustischen und optischen Phononenzweigen nachgewiesen werden.

Abschließend betrachten wir nochmals das in Abb. 5.22 dargestellte Schwingungsspektrum des eindimensionalen Gitters mit 2 Atomen in der primitiven Elementarzelle. Zwischen dem akustischen Zweig mit starker Abhängigkeit der Frequenz von der Wellenzahl und dem viel schwächer von K abhängigen optischen Zweig existiert eine *Frequenzlücke,* die in der Abbildung gestrichelt angedeutet ist. Da sich die beiden Zweige am Zonenrand am stärksten annähern, ergibt sich die Breite dieses „verbotenen Gebietes" aus der Differenz der Kreisfrequenzen des kurzwelligen Grenzfalls. Man findet leicht:

$$(\Delta\Omega)_{\min} = (\Omega_{\text{op}})_{\min} - (\Omega_{\text{ak}})_{\max} = \left(\frac{2\gamma}{M_1}\right)^{\frac{1}{2}} - \left(\frac{2\gamma}{M_2}\right)^{\frac{1}{2}}. \tag{5,89}$$

Hier wurde vorausgesetzt, daß $M_2 > M_1$ ist; anderenfalls sind die Indizes zu vertauschen.

Die Frequenzlücke ist demnach um so breiter, je größer der Unterschied zwischen den Massen der beiden Atomarten ist. Bei gleichartigen Teilchen sind die Unterschiede der Kraftkonstanten maßgebend.

Innerhalb des verbotenen Gebietes existieren keine stationären Lösungen des Gleichungssystems (5,82). Versucht man, Wellen mit Frequenzen innerhalb der Lücke einzusetzen, so erhält man bei reellem Ω stets komplexe K-Werte. Abspalten des Imaginärteils führt in den Wellenfunktionen (5,83) zum Auftreten eines exponentiellen Dämpfungsfaktors. Derartige Schwingungen können also nur als vorübergehende Störungen auftreten und klingen zeitlich rasch ab.

Das Auftreten erlaubter Frequenzbereiche, die eine Vielzahl von diskreten Lösungen umfassen und von dazwischenliegenden verbotenen Zonen getrennt sind, ist typisch für die Ausbreitung von Wellen in Medien mit periodisch veränderlichen physikalischen Parametern. Im Zusammenhang mit dem Studium von Elektronenwellen in Kristallen werden wir in Kapitel 6. darauf zurückkommen und darauf aufbauend das Bändermodell der Kristallelektronen begründen. Beim Übergang zu dreidimensionalen Kristallen ist zu beachten, daß die Form der Dispersionskurven und die Breite des verbotenen Gebietes von der Richtung der $\boldsymbol{K}$-Vektoren abhängen. Der Frequenzsprung selbst kommt an den Rändern der Brillouinschen Zone zustande und steht mit den dort auftretenden Bragg-Reflexionen in Zusammenhang.

5.2.4. Lokalisierte Gitterschwingungen im Volumen und an Oberflächen

Die bisherigen Ausführungen bezogen sich auf ideale Kristalle. Durch Einflüsse der *Realstruktur* ergeben sich darüber hinaus Besonderheiten der Schwingungsspektren, die in der letzten Zeit verstärkt untersucht worden sind. Zu erwähnen sind insbesondere folgende Beispiele ganz oder teilweise lokalisierter Schwingungszustände in Festkörpern:

Gitterschwingungen an Punktdefekten. Entsprechend den in Abb. 5.24 für eindimensionale Modelle dargestellten Beispielen können in der Nähe von *Substitutionsstörstellen* besondere Schwingungsformen angeregt werden, deren Amplitude mit wachsendem Abstand vom Punktdefekt abklingt. Am einfachsten ist dies für ein leichtes Atom einzusehen, das als Fremdatom an Stelle eines schwereren Teilchens

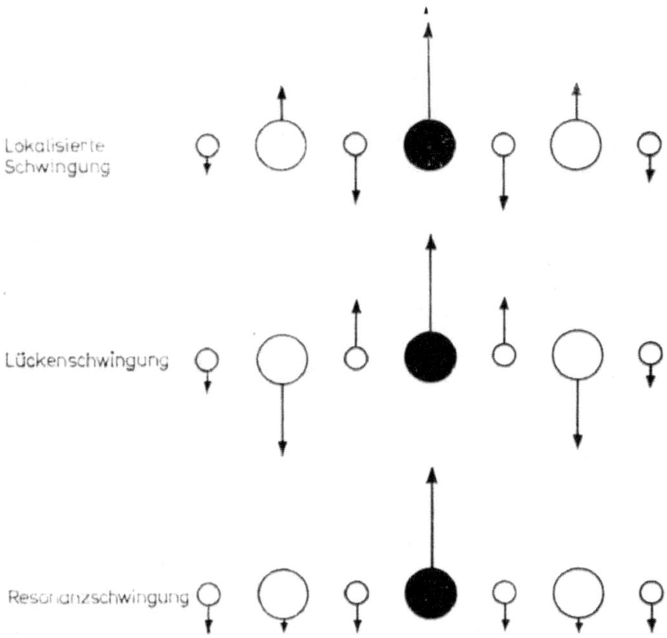

Abb. 5.24
Teilchenamplituden für lokalisierte Schwingungen, für Lücken- und Resonanzschwingungen in einem Kristall mit zwei Atomen pro Elementarzelle. Der schwarze Kreis kennzeichnet die Lage des Verunreinigungsatoms.

in das Gitter eingebaut ist. Untersuchte Fälle solcher Störungen, die man als *U-Zentren* bezeichnet, liegen vor allem für H^--Ionen auf Anionen-Plätzen von Alkalihalogenid-Kristallen vor. Das leichte Fremdatom ist gewissermaßen zwischen den schwereren Nachbarn eingezwängt und kann diese bei seiner Schwingung nur geringfügig mitführen. Wie die Rechnung lehrt, liegt die Eigenfrequenz der lokalisierten Schwingung dieses Teilchens über der maximalen Phononenfrequenz des ungestörten Gitters. Die Amplitude besitzt für das Fremdatom ein Maximum und fällt nach beiden Seiten rasch ab. Eine andere Art lokalisierter Gitterschwingungen wird beim Einbau von Fremdatomen beobachtet, die schwerer sind als die Teilchen des Wirtsgitters. So findet man für J^--Ionen in KCl eine Phononenfrequenz, die in den verbotenen Bereich zwischen akustischem und optischem Zweig fällt, und man spricht dann von *Lückenschwingungen.* Schließlich können bei schweren Fremdatomen, wie beispielsweise Ag^+ in KI, auch Resonanzeffekte eintreten, die bei

Frequenzen im erlaubten Bereich ein besonders starkes — „quasilokalisiertes" — Schwingen des Punktdefekts zur Folge haben.

Bei genügender Konzentration der Punktdefekte lassen sich die mit ihnen verknüpften Phononen durch *selektive Absorptionsmaxima* im Infrarot-Spektrum nachweisen. Wenn die Energie der Photonen genau mit der der lokalisierten Phononen übereinstimmt, werden die Gitterschwingungen durch Absorption von Lichtquanten angefacht. Voraussetzung für scharfe Maxima sind genügend tiefe Temperaturen, da schon bei Raumtemperatur infolge Störungen durch die Wärmebewegung die Resonanz sehr unscharf wird.

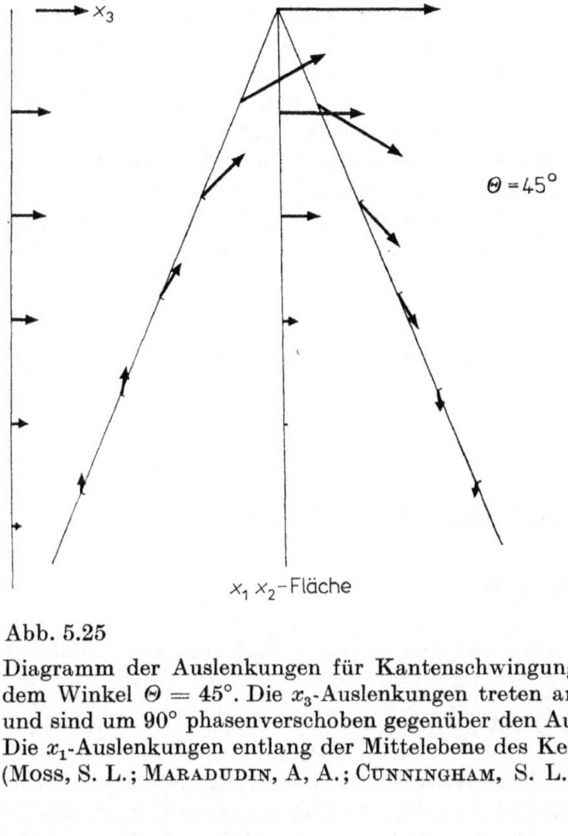

Abb. 5.25

Diagramm der Auslenkungen für Kantenschwingungszustände an einem Keil mit dem Winkel $\Theta = 45°$. Die x_3-Auslenkungen treten an der Oberfläche des Keils auf und sind um 90° phasenverschoben gegenüber den Auslenkungen in der x_1x_2-Fläche. Die x_1-Auslenkungen entlang der Mittelebene des Keils sind Null.
(Moss, S. L.; Maradudin, A, A.; Cunningham, S. L., Phys. Rev. B 8 (1973) 2999).

Schwingungen an Oberflächen. Die Atome an Kristalloberflächen sind wegen des Fehlens äußerer Nachbarn schwächer gebunden als Teilchen in normalen Positionen des Volumens. Die veränderte Kraftkonstante der Bindung führt zu speziellen Gitterschwingungen, die sich als Oberflächenwellen ausbreiten können, während die Amplitude nach dem Inneren des Kristalls hin rasch abnimmt. Die Frequenzen dieser *Oberflächen-Phononen* liegen unter den entsprechenden Werten für das Volumen, so daß optische Phononen im verbotenen Gebiet erscheinen können. Besondere Gitterschwingungen wurden schließlich auch für die keilförmigen Bezirke von Wachstumsstufen realer Kristalle berechnet (Abb. 5.25). Bei ferroelektrischen und magnetischen Materialien sind Oberflächen-Phononen eng mit periodischen Änderungen der Polarisation beziehungsweise der Magnetisierung an der Oberfläche verknüpft (vgl. Plasmonen und Magnonen in Abschnitt 10.4.3.). Daraus ergeben sich künftig möglicherweise Anwendungen für akustoelektrische oder akustomagnetische Bauelemente, wie beispielsweise Meßwandler oder Schallverstärker.

Ultraschall-Reverberationen durch Versetzungen. Bei der Werkstoffdiagnostik mit Ultraschall wird die an gröberen Materialdefekten wie Rissen oder Blasen (technisch: Lunker) gestörte Schallfortpflanzung benutzt, um Fehler in Gußkörpern, Werkstücken usw. aufzufinden. Genauere oszillographische Analysen der in Festkörpern gestreuten Schallsignale ließen an ruhenden und besonders an dynamisch beanspruchten Werkstoffen charakteristische Schwingungen erkennen, die als *Ultraschall-Reverberationen* bezeichnet werden. Da die untersuchten Frequenzen im Bereich von nur 100 kHz liegen, sind die Quellen dieser Signale nicht in atomaren Defekten, sondern in ausgedehnteren Baufehlern zu suchen. Als Ursache werden kollektive Schwingungen angesehen, an denen Versetzungen beziehungsweise Versetzungsnetzwerke entsprechend der Quasiteilchenkonzeption als Ganzes beteiligt sind. Obwohl die theoretische Interpretation erst am Anfang steht, nimmt man an, daß Versetzungen und die von ihnen aufgebauten elastischen Spannungsfelder durch Ultraschall zu Eigenschwingungen angeregt werden und danach Echos abstrahlen. Andererseits sollten Versetzungen, die bei plastischer Verformung durch den Festkörper wandern, analog zu Schwingungen angeregt werden. Die weitere Erforschung dieser Phänomene, die nicht unpassend als „*singende Versetzungen*" charakterisiert worden sind, bringt sicher neue Einblicke in die Gitterdynamik der Festkörper und eröffnet interessante Möglichkeiten für die Frühdiagnostik von Schäden an hochbeanspruchten Maschinenteilen.

5.3. Spezifische Wärmekapazität von Festkörpern

5.3.1. Empirische Grundlagen

Nach dem 1. Hauptsatz der Thermodynamik ist die Änderung der Inneren Energie W gegeben durch:

$$\mathrm{d}W = \mathrm{d}Q + \mathrm{d}A = T\,\mathrm{d}S - p\,\mathrm{d}V, \tag{5,90}$$

wobei $\mathrm{d}Q$ die zu- oder abgeführte Wärme, $\mathrm{d}A$ die geleistete Arbeit, S die Entropie und p, V sowie T die Zustandsvariablen Druck, Volumen und Temperatur bezeichnen. Durch Bildung der partiellen Differentialquotienten folgt als Definition der spezifischen Wärmekapazität bei konstantem Volumen des Körpers:

$$C_v \equiv \left(\frac{\partial W}{\partial T}\right)_v = T\left(\frac{\partial S}{\partial T}\right)_v. \tag{5,91}$$

Dabei beziehen wir die thermodynamischen Zustandsgrößen, also auch C_v, im Hinblick auf die atomistische Interpretation stets auf ein Mol (bei Elementen entsprechend auf 1 g-Atom). C_v ist somit die bei konstantem Volumen gemessene *molare Wärmekapazität*. Experimentell wird allerdings bei festen Stoffen fast ausnahmslos die spezifische Wärmekapazität bei konstantem Druck C_p gemessen, denn ein konstantes Volumen ließe sich nur mit sehr hohen Drücken aufrechterhalten. Für den Unterschied ΔC zwischen C_p und C_v ergibt sich aus thermodynamischen Überlegungen — wie hier ohne Beweis angeführt sei — die Beziehung:

$$\Delta C \equiv C_p - C_v = -T \frac{(\partial V/\partial T)_p^2}{(\partial V/\partial p)_T}. \tag{5,92}$$

Für den Nenner auf der rechten Seite können wir mit (5,46) die Kompressibilität $\varkappa$ beziehungsweise den Kompressionsmodul $B \equiv \frac{1}{\varkappa}$ einführen:

$$\left(\frac{\partial V}{\partial p}\right)_T = -\varkappa V = -\frac{V}{B}. \tag{5,93}$$

Entsprechend läßt sich der Zähler durch den Koeffizienten der thermischen Volumenzunahme α_v ausdrücken:

$$\alpha_v \equiv \frac{1}{V}\left(\frac{\partial V}{\partial T}\right)_p \cong 3\alpha. \tag{5,94}$$

Unter Benutzung von (5,19), wonach bei isotropen Körpern die relative Volumenänderung annähernd gleich der dreifachen relativen Längenänderung ist, haben wir dabei den linearen thermischen Ausdehnungskoeffizienten α eingeführt (vgl. auch

Tabelle 5.6
Molare Wärmekapazitäten C_p und C_v einiger Substanzen bei 25° C

Substanz	$C_v/\mathrm{J \cdot mol^{-1} \cdot K^{-1}}$	$C_p/\mathrm{J \cdot mol^{-1} \cdot K^{-1}}$
Ag	24,27	25,49
Al	23,03	24,34
Au	24,47	25,38
Ca	24,21	26,28
Cd	24,57	26,04
Cr	22,78	23,35
Cu	23,63	24,47
K	24,80	29,51
Li	22,53	23,64
Mg	23,46	24,81
Mo	23,06	23,75
Na	24,58	28,12
Pb	24,84	26,82
Pt	24,95	26,57
W	23,59	24,08
Al_2O_3	78,96	79,01
$CaCO_3$	82,52	83,50
KBr	52,49	51,51
KCl	49,42	51,46
KF	47,89	50,00
NaCl	48,50	50,79
SiO_2	41,06	44,48
AgCl	52,48	55,78
CaF_2	65,08	67,03
$FeCO_3$	78,81	82,10

Abschnitt 5.4). Einsetzen von (5,93) und (5,94) in (5,92) liefert die nützliche Beziehung:

$$\Delta C \equiv C_p - C_v = T \cdot 9\alpha^2 B V. \tag{5,95}$$

Bei der praktischen Anwendung zur Umrechnung von C_p in C_v ist zu beachten, daß die empirisch zu bestimmenden Größen α und B selbst von der Temperatur abhängen. In Tabelle 5.6 sind für eine Anzahl von Elementen und einfachen Ver-

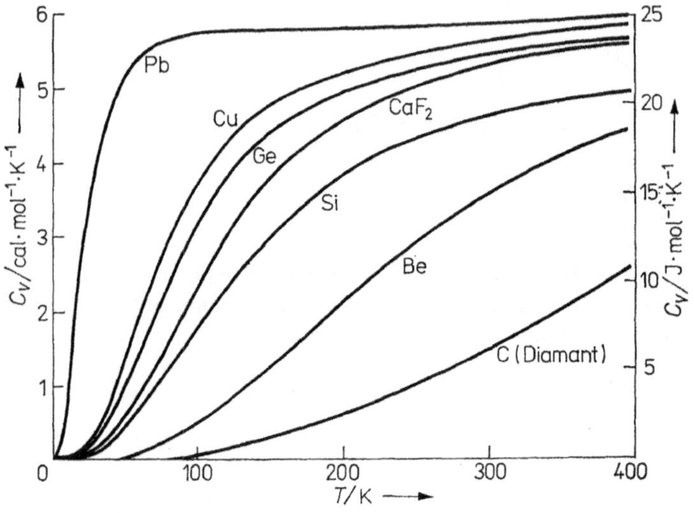

Abb. 5.26a
Spezifische Wärmekapazität $C_v(T)$ für verschiedene Stoffe.

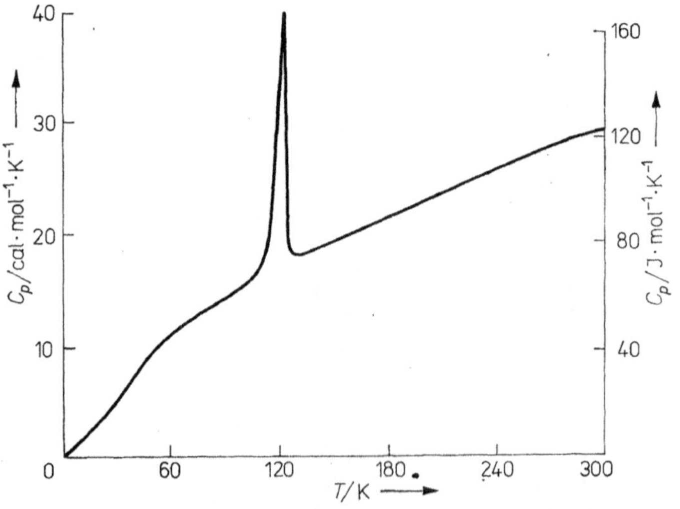

Abb. 5.26b
Spezifische Wärmekapazität $C_p(T)$ von KH_2PO_4, das bei 120 K einen Phasenübergang 1. Ordnung besitzt.

bindungen die bei 25 °C bestimmten Werte von C_v und C_p (bei Normaldruck) zusammengestellt. Man erkennt, daß die Differenzen wegen der kleinen thermischen Ausdehnung und dem dadurch bedingten geringen Beitrag zur Volumenarbeit zwar klein, aber bei genauen Messungen nicht vernachlässigbar sind.

Von besonderem Interesse ist die Abhängigkeit der spezifischen Wärmekapazität von Festkörpern von der Temperatur. In Abb. 5.26 ist die Funktion $C_v(T)$ für einige typische Stoffe nach Meßwerten dargestellt. Aus dem Vergleich der molaren Wärmekapazitäten und ihrer Temperaturabhängigkeit ergeben sich wichtige Regeln und Besonderheiten:

Die molaren (bzw. atomaren) Wärmekapazitäten fester Elemente besitzen bei Zimmertemperatur und darüber den annähernd gleichen Wert von:

$$3R = 3N_L k_B \cong 6 \text{ cal} \cdot \text{K}^{-1} \cdot \text{mol}^{-1} \cong 25 \text{ J} \cdot \text{K}^{-1} \cdot \text{mol}^{-1} \tag{5,96}$$

($R = 1{,}986 \text{ cal} \cdot \text{K}^{-1} \cdot \text{mol}^{-1} = 8{,}314 \text{ J} \cdot \text{K}^{-1} \cdot \text{mol}^{-1}$ — Gaskonstante;
$N_L = 6{,}0225 \cdot 10^{23} \text{ mol}^{-1}$ — Loschmidt-Avogadrosche Zahl.)

Diese auffallende Übereinstimmung wurde schon 1819 aufgefunden und nach ihren Entdeckern *Dulong-Petitsche Regel* genannt. Bei den leichten Elementen Be, B, C oder Si mit Valenzkristallen findet man freilich niedrigere spezifische Wärmekapazitäten, die sich erst bei höheren Temperaturen dem Wert $3R$ aus (5,96) annähern. Die Dulong-Petitsche Regel folgt klassisch aus dem Gleichverteilungssatz der statistischen Mechanik, nach dem auf jeden Schwingungsfreiheitsgrad je Atom

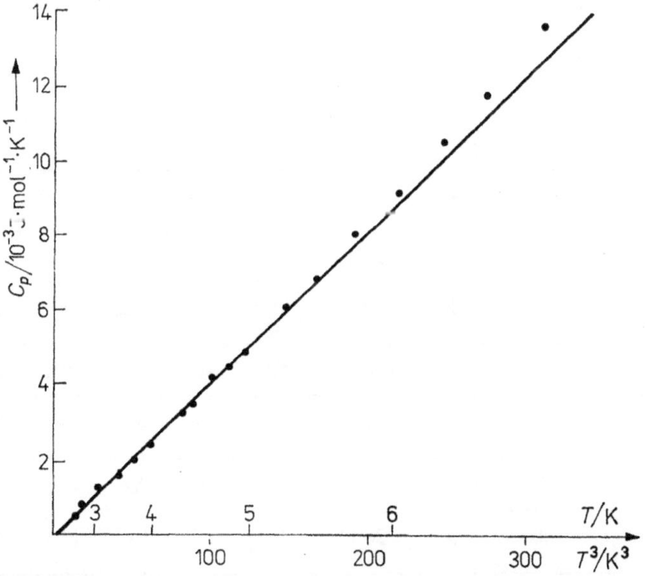

Abb. 5.27

Vergleich des Debyeschen T^3-Gesetzes für die spezifische Wärmekapazität von Germanium mit dem experimentell ermittelten Kurvenverlauf bei niedrigen Temperaturen. Aus dem Anstieg der Geraden erhält man als Debye-Temperatur für Germanium $\Theta = 361$ K.

(C_p-Werte entnommen aus: Problems in Solid State Physics. Hrsg. von H. J. Goldsmid. — London: Pion Ltd. 1968, S. 31).

der mittlere Energiebetrag $2k_BT/2$ entfällt, was bei 3 Normalschwingungen auf (5,96) führt. Wir erinnern daran, daß Schwingungsfreiheitsgrade gegenüber Translationen oder Rotationen mit $k_BT/2$ doppelt zu zählen sind, da harmonische Oszillatoren im Zeitmittel eine kinetische und eine potentielle Energie gleicher Größe besitzen.

Bei einfachen Verbindungen setzt sich die molare Wärmekapazität näherungsweise additiv aus den Beiträgen der Elemente zusammen (*Neumann-Koppsche Regel*). So erwarten wir z.B. für Quecksilber-(II)-chlorid (Sublimat) durch den Beitrag der 3 Atome eine molare Wärmekapazität von $3 \cdot 6$ cal $\cdot$ K^{-1} $\cdot$ mol^{-1}, und der gemessene Wert beträgt 18,6 cal $\cdot$ K^{-1} $\cdot$ mol^{-1}. Wenn in der Verbindung Elemente mit kleinen Atommassen vorhanden sind, muß man bei derartigen Abschätzungen für diese Komponenten die bei Zimmertemperatur gemessenen kleineren Werte von C_v ansetzen.

Mit sinkender Temperatur nehmen die spezifischen Wärmekapazitäten der Festkörper zuerst schwächer, danach steil ab, und bei Annäherung an den absoluten Nullpunkt verschwinden sie asymptotisch. Im Gebiet zwischen 0···75 K läßt sich der Temperaturverlauf meist durch das von DEBYE aufgestellte T^3-Gesetz wiedergeben (Abb. 5.27):

$$C_v = \frac{464{,}4}{\Theta^3} \cdot T^3 \cdot \mathrm{J} \cdot \mathrm{mol}^{-1} \cdot \mathrm{K}^{-1}. \tag{5,97}$$

Tabelle 5.7
Debye-Temperatur Θ für verschiedene Stoffe

Element	Li	Be	C	Ne	Na	Mg	Al	Si	Ar
Θ/K	344	1440	2230	75	158	400	428	645	92
Element	K	Ca	Sc	Ti	V	Cr	Mn	Fe	Co
Θ/K	91	230	360	420	380	630	410	470	445
Element	Ni	Cu	Zn	Ga	Ge	As	Se	Kr	Rb
Θ/K	450	343	327	320	374	282	90	72	56
Element	Sr	Y	Zr	Nb	Mo	Ru	Rh	Pd	Ag
Θ/K	147	280	271	275	450	600	480	274	225
Element	Cd	In	Sn	Sb	Te	Xe	Cs	Ba	La
Θ/K	209	108	200	211	153	64	38	110	142
Element	Hf	Ta	W	Re	Os	Ir	Pt	Au	Hg
Θ/K	252	240	400	430	500	420	240	165	72
Element	Tl	Pb	Bi	Gd	Dy	Yb	Lu	Th	U
Θ/K	78,5	105	119	200	210	120	210	163	207

Hier ist Θ eine von der Art des Materials abhängige Größe, die als *Debye-Temperatur* oder *charakteristische Temperatur* bezeichnet wird (Tab. 5.7). Dieser Gang der spezifischen Wärmekapazität beruht auf einem typischen Quanteneffekt. Wegen der endlichen Größe der Phononen sinkt bei tiefen Temperaturen die Wahrscheinlichkeit, daß bei der Wärmebewegung die für die Anregung der Schwingungszustände notwendige minimale Energie $\hbar\Omega$ aufgebracht wird, allmählich auf Null.

Bei Metallen ergeben sich Besonderheiten, weil außer den Gitterschwingungen auch die kinetische Energie der Leitungselektronen einen Beitrag zur Inneren Energie liefert. Infolge der starken Entartung des Elektronengases ist dieser Anteil jedoch bei Raumtemperatur sehr klein und beträgt größenordnungsmäßig an der molaren Wärmekapazität nur 0,1 cal $\cdot$ K^{-1} $\cdot$ mol^{-1}. Bei tiefen Temperaturen, wenn die Gitterschwingungen schon weitgehend „eingefroren" sind, wird die spezifische Wärmekapazität dagegen maßgeblich von dem verbleibenden Elektronenanteil bestimmt, der etwa linear mit T abfällt und im Falle von Supraleitern bei der Sprungtemperatur abrupt gegen Null geht (vgl. Abschnitt 6.2.4. und 8.6.). Andererseits nimmt C_v bei Metallen auch oberhalb der Zimmertemperatur allmählich zu, was ebenfalls auf einen kontinuierlich wachsenden Beitrag der Elektronen zurückzuführen ist.

Auch bei Nichtmetallen zeigt eine genauere Analyse des Verlaufs der molaren Wärmekapazitäten Besonderheiten, die verschiedenartige Ursachen haben können: *Anharmonische Effekte* bewirken, daß sich die Innere Energie nicht mehr einfach aus der Summation der Anteile der einzelnen Gitterschwingungen zusammensetzt. Daraus können sich „Buckel" im Temperaturgang von C_v ergeben, und bei höheren

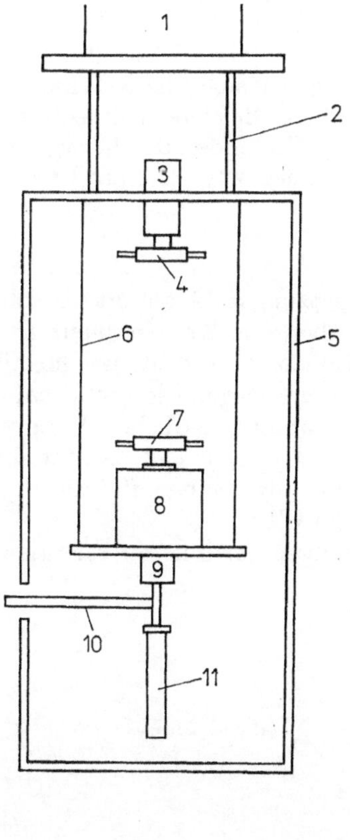

Abb. 5.28

Apparatur zur Messung der spezifischen Wärmekapazität im Bereich von 1 bis 10 K (nach Cochra, J. F.; Shiffman, C. A.; Neighbor, J. E., Rev. sci. Instrum. **37** (1966) 499). Die dargestellte Apparatur befindet sich in einem von flüssigem Helium umgebenen Vakuummantelgefäß.

1 — Helium-Wärmebad
2 — Stäbe aus rostfreiem Stahl
3 — Schutzheizer
4 — Thermometer für den Schutzheizer
5 — adiabatischer Wärmeschutzschirm
6 — wärmeisolierende Aufhängefäden
7 — Probenthermometer
8 — Probe
9 — Probenheizer
10 — Ankopplung an den mechanischen Wärmeschalter
11 — Supraleitendes Kontrollthermometer.

Temperaturen wurden Abweichungen von der Konstanz bewirkt. Weiterhin können mit zunehmender Temperatur zusätzliche Bewegungsfreiheitsgrade „erwachen“, beispielsweise innermolekulare Schwingungen der Bausteine in Molekülkristallen, Rotationen von molekularen Bausteinen, die Translation von Gitterbausteinen infolge der Diffusion über Punktdefekte oder schließlich die Anregung von Elektronen.

Anomalien im Verlauf der spezifischen Wärmekapazität treten ferner bei allen Stoffen in Verbindung mit inneren Phasenumwandlungen auf, etwa bei Änderungen der Kristallstruktur, bei Umordnungsvorgängen in Legierungen, bei der Aufhebung magnetischer oder elektrischer Ordnungszustände usw. Hierauf wird in den entsprechenden Abschnitten des Buches besonders eingegangen (vgl. Abb. 5.26 b).

Zur Messung der spezifischen Wärmekapazität von Festkörpern benutzt man *Kalorimeter*, die dem jeweiligen Temperaturbereich der Untersuchungen angepaßt sind. Heute wird der Probe gewöhnlich eine definierte Wärmemenge durch elektrisches Heizen zugeführt und die Temperaturänderung bei Beachtung notwendiger Korrekturen durch Wärmeverluste gleichfalls elektrisch mit Widerstandsthermometern oder Thermoelementen gemessen. Abbildung 5.28 zeigt schematisch eine Versuchseinrichtung für die Bestimmung der spezifischen Wärmekapazität von Metallen in der Nähe des absoluten Nullpunkts.

5.3.2. Allgemeiner Ansatz zur Berechnung von C_v

Nach den Ausführungen in Abschnitt 5.2. besitzt ein Festkörper mit N Elementarzellen und je 1 Atom pro Zelle 3 N Schwingungsfreiheitsgrade, wobei wir wegen der großen Zahl N vernachlässigen, daß eigentlich 6 Freiheitsgrade für die Translation und Rotation des gesamten Körpers abzuziehen wären. Diese $3N$ Schwingungszustände bilden den akustischen Phononenzweig, der sich aus 3 Teilzweigen mit je N Schwingungen zusammensetzt. Im thermischen Gleichgewicht soll ein Zustand der Wellenzahl K und der Polarisation q mit $\langle n_{Kq}\rangle$ Phononen der Energie $\hbar\Omega_{Kq}$ angeregt sein. Der Beitrag eines Schwingungszustandes zur inneren Energie beträgt dann:

$$W_{Kq} = \langle n_{Kq}\rangle\, \hbar\Omega_{Kq}. \tag{5,98}$$

Die spitze Klammer drückt aus, daß die Besetzungszahl als statistischer Mittelwert aufzufassen ist. Der Zusammenhang zwischen der Kreisfrequenz Ω_{Kq} und der Wellenzahl K wird durch die Dispersionsrelationen vermittelt, die im allgemeinen für die drei Polarisationsrichtungen q, d. h. eine vorwiegend longitudinale und zwei hauptsächlich transversale Schwingungen, einen unterschiedlichen Verlauf besitzen. Im Rahmen der Kontinuumsnäherung gilt $\Omega_{Kq} = v_q K$, jedoch besitzt die Phasengeschwindigkeit der Schallwellen nach (5,55) im allgemeinen für die drei durch q gekennzeichneten Polarisationen unterschiedliche Werte.

Um den gesamten Beitrag der Gitterschwingungen zur inneren Energie zu berechnen, ist (5,98) über alle Zustände zu summieren:

$$\begin{aligned} W &= \sum_{K,q} \langle n_{Kq}\rangle\, \hbar\Omega_{Kq} \\ &= \sum_{K=0}^{K\,\mathrm{max}} \langle n_{K\mathrm{l}}\rangle\, \hbar\Omega_{K\mathrm{l}} + \sum_{K=0}^{K\,\mathrm{max}} \langle n_{K\mathrm{t}'}\rangle\, \hbar\Omega_{K\mathrm{t}'} + \sum_{K=0}^{K\,\mathrm{max}} \langle n_{K\mathrm{t}''}\rangle\, \hbar\Omega_{K\mathrm{t}''}. \end{aligned} \tag{5,99}$$

Die drei Summen der unteren Zeile entsprechen den Anteilen des vorwiegend *longitudinalen* (l) beziehungsweise der beiden *transversalen* (t′ und t″) Schwingungszweige.

Falls nur die Gitterschwingungen zur inneren Energie beitragen, ergibt sich C_v durch Differenzieren von (5,99) nach der Temperatur T.

Enthält der Kristall je primitiver Elementarzelle nicht 1, sondern p Atome, so sind zusätzlich weitere $(p - 1)$ Summen der Form (5,99) für die optischen Phononen anzusetzen.

Es sei noch angemerkt, daß zu (5,98) und entsprechend zu den Summengliedern von (5,99) vom strengen Gesichtspunkt der Quantentheorie noch jeweils ein Glied $\frac{\hbar \Omega_{Kq}}{2}$ hinzugefügt werden müßte, das die *Nullpunktsenergie* harmonischer Oszillatoren berücksichtigt. Da der zusätzliche Beitrag zu W klein ist und nicht von der Temperatur abhängt, so daß er beim Differenzieren herausfällt, wird dieser meist vernachlässigt.

Naturgemäß bereitet die konkrete Berechnung der Summen große Schwierigkeiten, da hierfür die genaue Kenntnis der Phononenspektren des betrachteten Festkörpers erforderlich ist und auch dann noch große mathematische Schwierigkeiten auftreten, die den Einsatz der elektronischen Rechentechnik erfordern. Um den Verlauf der spezifischen Wärmekapazität prinzipiell zu deuten, wurden daher vereinfachende Näherungen gelöst, die wir in den nachfolgenden Abschnitten behandeln. Zunächst ist jedoch zu klären, wie die mittlere Phononenzahl $\langle n_{Kq} \rangle$ eines einzelnen Schwingungszustandes ermittelt werden kann.

Nach der statistischen Quantenmechanik wird die Verteilung von n Quanten auf N unabhängige Oszillatoren bei der Temperatur T durch die *Bose-Einstein-Statistik* beschrieben. Danach ergibt sich für die mittlere Besetzung der Ausdruck:

$$\langle n_{Kq} \rangle = \frac{1}{\exp \frac{\hbar \Omega_{Kq}}{k_B T} - 1}. \tag{5,100}$$

Dieser für Photonen und Phononen gültige Spezialfall der Bose-Einstein-Statistik wurde bereits von M. Planck für die Ableitung seiner berühmten Strahlungsformel eingeführt. Wir wollen uns hier darauf beschränken, den Verlauf von (5,100) zu interpretieren, wobei die Indizes fortgelassen werden. In Abb. 5.29 ist der Zusammenhang zwischen $\langle n \rangle$ und T gemäß (5,100) als kontinuierliche Funktion dargestellt. Da wir es mit statistischen Mittelwerten zu tun haben, sind natürlich auch gebrochene $\langle n \rangle$ zulässig. Zuerst sei der Grenzfall hoher Temperaturen betrachtet, für den $\frac{\hbar \Omega}{k_B} \ll T$ gilt. Entwickeln wir die Exponentialfunktion gemäß $\exp x \cong 1 + x + \cdots$, so folgt:

$$\langle n \rangle \cong \frac{k_B T}{\hbar \Omega}. \tag{5,101}$$

Eingesetzt in (5,98) ergibt sich damit für sämtliche Schwingungen der gleiche Energieanteil $k_B T$, und nach Multiplikation mit $3N$ und Differenzieren nach T erhalten wir die spezifische Wärme entsprechend dem klassischen Gleichverteilungssatz (5,96).

Im Grenzfall hoher Temperaturen nähert sich die molare Wärmekapazität somit dem Wert der Dulong-Petitschen Regel.

Auf der anderen Seite kann bei sehr niedrigen Temperaturen die 1 im Nenner von (5,100) neben der Exponentialfunktion vernachlässigt werden, so daß in diesem Grenzfall gilt:

$$\langle n \rangle \cong \exp\left(-\frac{\hbar\Omega}{k_B T}\right). \tag{5,102}$$

Die Besetzung der Schwingungszustände mit Phononen fällt bei tiefen Temperaturen daher exponentiell auf Null ab. Entsprechend kommen die Gitterschwingungen der Reihe nach zum Stillstand, und zwar werden zuerst diejenigen mit großem Ω

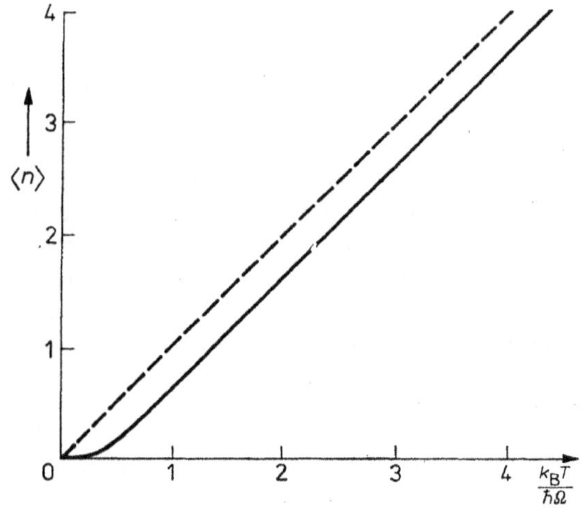

Abb. 5.29

Verlauf der Bose-Einstein-Verteilungsfunktion. Bei hohen Temperaturen hängt die mittlere Besetzungszahl $\langle n \rangle$ annähernd linear von der Temperatur ab.

und später auch die niederfrequenten Zustände erfaßt. Da optische Phononen nach Abb. 5.22 besonders hohe Kreisfrequenzen ($10^{13} \cdots 10^{14}$ Hz) aufweisen, geht ihr Beitrag zuerst zurück. Meist sind sie auch bei Zimmertemperatur noch nicht voll angeregt, weshalb die molaren Wärmekapazitäten vieler Stoffe mit mehreren Teilchen in der Elementarzelle erst bei höheren Temperaturen, wenn überhaupt, einen etwa konstanten Wert annehmen. Infolgedessen ist die Neumann-Koppsche Regel bei Zimmertemperatur vielfach schlechter erfüllt als die Dulong-Petitsche.

5.3.3. Einstein-Modell

Eine erste Näherung für den Temperaturverlauf der spezifischen Wärmekapazität gewinnen wir, indem die Frequenz für sämtliche $3N$ Schwingungszustände von (5,99) mit dem gleichen mittleren Wert $\hat{\Omega}$ angesetzt wird. Wir erhalten:

$$W = 3N_L \frac{\hbar\hat{\Omega}}{\exp\frac{\hbar\hat{\Omega}}{k_B T} - 1}. \tag{5,103}$$

Da wir uns für die molare Wärmekapazität interessieren, wurde die Anzahl der im Festkörper enthaltenen Teilchen gleich der Loschmidtschen Zahl N_L gesetzt. Differenziert nach T ergibt sich:

$$C_v = 3N_L \cdot k_B \left(\frac{\hbar\hat{\Omega}}{k_B T}\right)^2 \frac{\exp \frac{\hbar\hat{\Omega}}{k_B T}}{\left(\exp \frac{\hbar\hat{\Omega}}{k_B T} - 1\right)^2}. \tag{5,104}$$

Die Funktion (5,104) ist in Abb. 5.30 aufgetragen. Wie man sieht, wird der Abfall der spezifischen Wärme qualitativ wiedergegeben. Gerade darauf kam es EINSTEIN 1907 an, als er diesen Verlauf als Quanteneffekt deutete und damit gleichermaßen

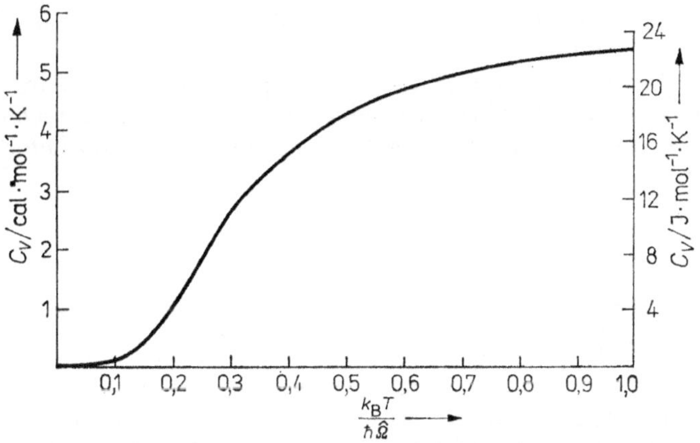

Abb. 5.30

Temperaturverlauf der spezifischen Wärmekapazität C_v, der sich bei der Berechnung von C_v auf der Grundlage des Einstein-Modells ergibt.

für die sich entwickelnde Quantentheorie und die Festkörperphysik einen bahnbrechenden Beitrag leistete. Naturgemäß stimmt der Verlauf bei sehr niedrigen Temperaturen, für die analog zu (5,102) eine exponentielle Abhängigkeit herauskommt, nicht mit dem bei Festkörpern beobachteten T^3-Gesetz überein. Immerhin läßt sich der Gang von C_v etwa oberhalb $3/2R$, also des halben Dulong-Petitschen Wertes, recht gut durch die Funktion (5,104) beschreiben, indem man den Parameter $\hat{\Omega}$ so wählt, daß der empirische Verlauf $C_v(T)$ möglichst gut angenähert wird. In Anbetracht der grob vereinfachenden Annahme gleicher Frequenzen erscheint dies zunächst überraschend. Man muß jedoch bedenken, daß der Abfall von C_v zunächst überwiegend von den Schwingungen mit den höchsten Frequenzen bestimmt wird, die im Schwingungsspektrum nur ein schmales Intervall $\Delta\Omega$ überdecken.

Bei Kristallen mit p Atomen in der Elementarzelle ist in (5,104) der Faktor p hinzuzufügen, womit auch der Beitrag der optischen Phononen berücksichtigt wird. Da die Schwingungen der optischen Zweige, wie Abb. 5.22 veranschaulicht, ohnehin nur ein relativ schmales Frequenzband besetzen, eignet sich die Einstein-Näherung besonders für die Wiedergabe des Temperaturverlaufs der Anteile von C_v, die von den optischen Phononen herrühren. Dies gilt erst recht von den innermolekularen Schwingungen bei organischen Molekülkristallen sowie für den Verlauf der spezifischen Wärmekapazität bei Gasmolekülen; denn in diesen Systemen ist die Kopplung sehr schwach, und man kann die schwingungsfähigen Gebilde als weitgehend separat mit einheitlicher Frequenz auffassen.

5.3.4. Theorie der spezifischen Wärmekapazität nach Debye

Debye und Mitarbeiter entwickelten ab 1910 eine Theorie der spezifischen Wärmekapazität von Festkörpern, die ein Spektrum von Gitterschwingungen verschiedener Frequenzen berücksichtigt. Allerdings wurde der Festkörper als elastisches Kontinuum im Sinne von Abschnitt 5.1.8. angenähert. Infolgedessen ist die Debye-Näherung vor allem bei tiefen Temperaturen sinnvoll, wenn die Schwingungszustände mit hohen Frequenzen — beziehungsweise Wellenlängen in der Größenordnung atomarer Dimensionen — bereits „eingeschlafen" sind.

Zunächst werden die Summen in (5,99) durch Integrale ersetzt, was in Anbetracht der dichten Folge von Schwingungszuständen in Festkörpern gerechtfertigt erscheint. Jede der Teilsummen für die verschiedenen Polarisationen liefert dann ein Integral der Form:

$$W_q = \int_{\Omega=0}^{\Omega_D} d\Omega \, \langle n(\Omega, T) \rangle \, \vartheta(\Omega) \, \hbar\Omega \, . \qquad (5{,}105)$$

Hier ist $\langle n(\Omega T) \rangle$ durch die Verteilung (5,100) gegeben, wenn der Parameter K als kontinuierlich veränderlich aufgefaßt wird. Das Problem läuft daher auf die Bestimmung der Funktion $\vartheta(\Omega)$ hinaus. Diese *Zustandsdichtefunktion* gibt die Anzahl der Schwingungszustände bezogen auf ein Frequenzintervall 1 wieder. Die Zahl der Schwingungen einer Polarisation zwischen Ω und $\Omega + d\Omega$ beträgt dann $D(\Omega)\, d\Omega$. Ein entscheidender Kunstgriff der Debye-Näherung besteht nun darin, daß die obere Integrationsgrenze Ω_D aus folgender Beziehung festgelegt wird:

$$N = \int_{\Omega=0}^{\Omega_D} d\Omega \, D(\Omega) \, . \qquad (5{,}106)$$

Auf diese Weise wird sichergestellt, daß die Zahl der berücksichtigten Schwingungszustände mit der Anzahl der Freiheitsgrade des Systems für eine Polarisation übereinstimmt. Debye berücksichtigt den atomaren Aufbau der Festkörper, indem das unbegrenzte Schwingungsspektrum des elastischen Kontinuums an der oberen Grenze Ω_D künstlich abgeschnitten wird. Für alle Werte oberhalb Ω_D wird demnach $D(\Omega) = 0$ gesetzt. Wir wenden uns nun der Berechnung von $D(\Omega)$ im Gebiet zwischen $\Omega = 0$ und $\Omega = \Omega_D$ zu und betrachten im Anschluß an Abschnitt 5.2.3. zunächst die Verhältnisse in einer Dimension.

Für die lineare Atomkette hatten wir für feste Randbedingungen eine Zustandsdichte $Z(K) = \frac{L}{\pi}$ für $0 \leqq |K| \leqq \frac{\pi}{a}$ gefunden (5,78). Um diese Zustandsdichte als Funktion von K in die gesuchte Funktion $D(\Omega)$ umzurechnen, formen wir folgendermaßen um:

$$D(\Omega)\, d\Omega = Z(K) \frac{dK}{d\Omega} d\Omega = \frac{Z(K)}{d\Omega/dK} d\Omega \, . \qquad (5{,}107)$$

Hier ist $\mathrm{d}\Omega/\mathrm{d}K = v_q$ definitionsgemäß die Gruppengeschwindigkeit, die für das elastische Kontinuum wegen der linearen Dispersionsbeziehung $\Omega = v_q K$ den konstanten Wert der Schallgeschwindigkeit v_q in der betrachteten Polarisation q besitzt. Damit ergibt sich:

$$D(\Omega) = \frac{L}{\pi v_q}. \tag{5,108}$$

In einer Dimension besitzt die Zustandsdichte somit einen konstanten Wert. Aus (5,106) folgt für die obere Grenzfrequenz:

$$\Omega_\mathrm{D} = \frac{N}{L} \pi v_q. \tag{5,109}$$

Wir erweitern nun auf drei Dimensionen und betrachten einen würfelförmigen Kristall der Kantenlänge L mit $N = n^3$ primitiven Elementarzellen, die jeweils 1 Atom enthalten. Von den ebenen Wellen

$$u \sim \exp \mathrm{i}(\boldsymbol{K}\boldsymbol{r} - \Omega t) = \exp \mathrm{i}(K_x x + K_y y + K_z z) \exp(-\mathrm{i}\Omega t) \tag{5,110}$$

mit den Komponenten K_x, K_y, K_z des Wellenzahlvektors sind als erlaubte Schwingungszustände diejenigen auszuwählen, die den dreifach periodischen Randbedingungen genügen:

$$\begin{aligned} \exp \mathrm{i}(K_x x + K_y y + K_z z) = \exp \mathrm{i}[(K_x(x + L) + K_y(y + L) \\ + K_z(z + L)]. \end{aligned} \tag{5,111}$$

Analog zu (5,80) ergeben sich hieraus für die Komponenten von $\boldsymbol{K}$ die Werte:

$$\left.\begin{matrix} K_x \\ K_y \\ K_z \end{matrix}\right\} = 0, \pm\frac{2\pi}{L}; \pm\frac{4\pi}{L}; \ldots; \frac{n\pi}{L}; \qquad n \text{ gerade.} \tag{5,112}$$

Jedem Punkt im K-Raum mit den durch (5,112) gegebenen Koordinaten entspricht demnach ein erlaubter Schwingungszustand des Festkörpers. Da auf ein Volumen $\left(\frac{2\pi}{L}\right)^3$ im K-Raum eine Schwingung entfällt, beträgt die Zustandsdichte je Volumeneinheit:

$$Z(K) = \left(\frac{L}{2\pi}\right)^3 = \frac{V}{8\pi^3}. \tag{5,113}$$

Hier ist $V = L^3$ das Volumen des Kristalls.

Im Rahmen der Kontinuumsnäherung gilt für eine Polarisation $\Omega = v_q|\boldsymbol{K}|$, wobei wir gegenüber den Debyeschen Arbeiten vereinfachend annehmen, daß die Schallgeschwindigkeit nicht von der Ausbreitungsrichtung abhängt (isotroper Festkörper). Die gesuchte Funktion $D(\Omega)$ erhalten wir nun, indem wir das Volumen einer Kugelschale im K-Raum mit den Radien Ω und $\Omega + \mathrm{d}\Omega$ berechnen und mit der Zustandsdichte (5,113) multiplizieren:

$$D(\Omega)\,\mathrm{d}\Omega = \frac{V}{8\pi^3} 4\pi K^2\,\mathrm{d}|\boldsymbol{K}| = \frac{V}{2\pi^2} \frac{\Omega^2}{v_q^2} \frac{\mathrm{d}\Omega}{v_q}. \tag{5,114}$$

Damit ergibt sich für die gesuchte Zustandsdichtefunktion:

$$D(\Omega) = \frac{V\Omega^2}{2\pi^2 v_q^3} \quad \text{für} \quad \Omega \leqq \Omega_\mathrm{D}. \tag{5,115}$$

Die *Grenzfrequenz*, oberhalb der die quadratisch ansteigende Zustandsdichte abzubrechen ist, finden wir mit (5,106) oder einfacher aus dem Volumen einer Kugel im K-Raum zu:

$$\Omega_\mathrm{D} = v_q \left(\frac{6\pi^2 N}{V}\right)^{\frac{1}{3}}.$$

Ihr entspricht eine Grenzwellenzahl $K_\mathrm{D} = \frac{\Omega_\mathrm{D}}{v_q}$. Sämtliche Zustände der Debye-Näherung füllen demnach im K-Raum eine Kugel mit dem Radius K_D. In dieser Wahl des Gebietes der erlaubten Zustände zeigt sich eine weitere Vereinfachung, denn tatsächlich sind die Schwingungszustände eines dreidimensionalen Atomgitters von der Polyederfläche der 1. Brillouinschen Zone eingeschlossen.

Durch Einsetzen der Zustandsdichtefunktion in (5,105) erhalten wir für die innere Energie der Schwingungen eines Zweiges in einer Polarisation:

$$W_q = \int_0^{\Omega_\mathrm{D}} \mathrm{d}\Omega \left(\frac{V\Omega^2}{2\pi^2 v_q^3}\right) \left(\frac{\hbar\Omega}{\exp\frac{\hbar\Omega}{k_\mathrm{B}T} - 1}\right). \tag{5,116}$$

Diesen Ausdruck formen wir um, indem wir

— die Schallgeschwindigkeit v_q mit Hilfe von (5,115) eliminieren;

— die *charakteristische oder Debye-Temperatur* durch die Definition

$$\Theta \equiv \frac{\hbar\Omega_\mathrm{D}}{k_\mathrm{B}} \tag{5,117}$$

einführen;

— die Integrationsvariable bzw. die obere Grenze durch

$$x \equiv \frac{\hbar\Omega}{k_\mathrm{B}T}, \quad x_\mathrm{D} \equiv \frac{\hbar\Omega_\mathrm{D}}{k_\mathrm{B}T} = \frac{\Theta}{T} \tag{5,118}$$

substituieren. Man erhält:

$$W_q = 3Nk_\mathrm{B}T\left(\frac{T}{\Theta}\right)^3 \int_0^{x_\mathrm{D}} \mathrm{d}x \, \frac{x^3}{\mathrm{e}^x - 1}. \tag{5,119}$$

Um auf 1 Mol zu beziehen, legen wir fest, daß die Zahl der primitiven Elementarzellen gleich der Loschmidtschen Zahl N_L sein soll und beachten $R \equiv N_\mathrm{L}k_\mathrm{B}$ (R — Gaskonstante). Durch Differentiation von (5,119) gewinnen wir unter Beachtung von (5,117) und (5,118) für die molare Wärmekapazität den Ausdruck:

$$C_{vq} = 3R\left(\frac{T}{\Theta}\right)^3 \int_0^{x_\mathrm{D}} \mathrm{d}x \, \frac{x^4\mathrm{e}^x}{(\mathrm{e}^x - 1)^2}. \tag{5,120}$$

Dieser Ausdruck gilt für den Beitrag der Schwingungen einer Polarisationsrichtung q. Um den Schwingungsanteil der spezifischen Wärmekapazität für den gesamten akustischen Phononenzweig zu berechnen, müßte entsprechend (5,99) über die 3 Polarisationen summiert werden. Da Θ über Ω_D von der für die Polarisation unterschiedlichen Schallgeschwindigkeit abhängt, ergeben sich für die Teilzweige der longitudinalen und der transversalen Phononen unterschiedliche Ausdrücke. Für kubische Gitter, bei denen die Geschwindigkeiten $v_{t'}$ und $v_{t''}$ der verschieden polarisierten Transversalwellen übereinstimmen, ist es bequem, eine mittlere Schallgeschwindigkeit $\hat{v}$ einzuführen:

$$\frac{3}{\hat{v}^3} \equiv \frac{1}{v_l^3} + \frac{2}{v_t^3}. \tag{5,121}$$

Mit der zugehörigen Debye-Temperatur $\hat{\Theta}$ folgt dann für den akustischen Phononenzweig:

$$C_v = 9R\left(\frac{T}{\hat{\Theta}}\right)^3 \int\limits_0^{\hat{x}_D} \mathrm{d}x \frac{x^4 \mathrm{e}^x}{(\mathrm{e}^x - 1)^2}. \tag{5,122}$$

Die in diesen Formeln enthaltenen Integrale lassen sich nicht geschlossen auswerten. Genäherte Berechnungen mittels Reihenentwicklung liefern für $x \ll 1$ oder tiefe Temperaturen:

$$C_v \cong 233{,}8R\left(\frac{T}{\hat{\Theta}}\right)^3. \tag{5,123}$$

Dies ist das *Debyesche T^3-Gesetz*, das wir bereits in (5,97) eingeführt hatten.

Für hohe Temperaturen $\frac{T}{\Theta} > 0{,}5$ ergibt sich dagegen:

$$C_v \cong 3R - \frac{3}{20} R \left(\frac{\hat{\Theta}_D}{T}\right)^2. \tag{5,124}$$

Aus Abb. 5.31 geht hervor, daß sich die empirischen Daten der Elemente durch diese Ausdrücke in guter Näherung wiedergeben lassen. Die ausgezogene Kurve entspricht dem Verlauf der gesamten Funktion (5,122). Selbstverständlich stellen die Debye-Temperaturen, die man durch Anpassung an die Meßwerte erhält, stets Mittelwerte im Sinne von $\hat{\Theta}$ dar, obwohl dies normalerweise nicht explizit gekennzeichnet wird. In Tabelle 5.8 sind einige Werte für Θ und Ω_D zusammengestellt.

Die große Leistung der Debye-Theorie, die wir hier relativ ausführlich behandelt haben, besteht darin, daß die molare Wärmekapazität von Festkörpern auf der Basis eines atomistischen Modells durch eine für alle Stoffe gleichartige Funktion von T/Θ ausgedrückt wird. In Tabellenwerken, insbesondere dem „Landolt-Börnstein“, findet man neben empirischen Daten für eine Vielzahl von Stoffen auch Zahlentafeln für die in den obigen Formeln auftretenden Integrale, die gewöhnlich durch die *Debye-Funktion*

$$D(x) = \int\limits_0^x \mathrm{d}\xi \frac{\xi^3}{\exp \xi - 1} \tag{5,125}$$

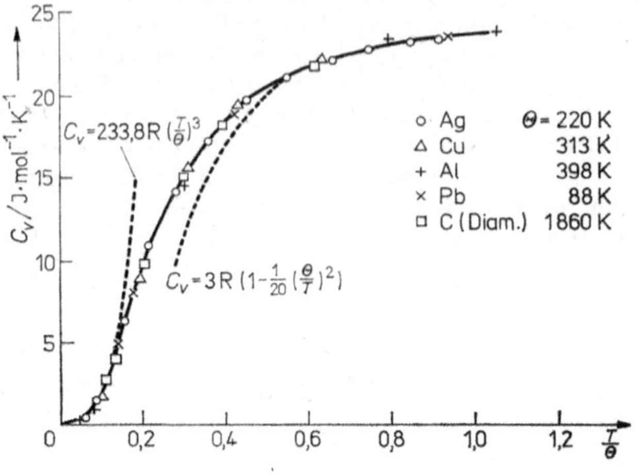

Abb. 5.31

Spezifische Wärmekapazität als Funktion von T/Θ.
Vergleich von Meßwerten (ausgezogene Kurve) mit den Näherungen für tiefe Temperaturen (Debyesches T^3-Gesetz) und für hohe Temperaturen.

Tabelle 5.8

Vergleich der kalorimetrisch ermittelten Debye-Temperaturen Θ und Debye-Frequenzen Ω_D mit den aus den elastischen Konstanten berechneten Werten

Substanz	Kalorimetrisch bestimmt		Aus der Schallgeschwindigkeit berechnet	
	Debye-Temperatur* Θ^C/K	Debye-Frequenz $\Omega_D^C/10^{13}\,\mathrm{s^{-1}}$	Debye-Temperatur* Θ^E/K	Debye-Frequenz $\Omega_D^E/10^{13}\,\mathrm{s^{-1}}$
Cu	343,8	4,50	344,4	4,51
Ag	225,3	2,95	226,4	2,96
Au	164,6	2,15	161,6	2,12
LiF	737	9,65	734,1	9,61
Mg	403,3	5,28	385,8	5,05
Zn	302	3,95	327,1	4,28
Al	408	5,34	428,2	5,61
Li	369	4,83	335,9	4,40
KBr	174	2,28	152,8	2,00
NaCl	320	4,19	321,9	4,21

Die Debye-Temperaturen sind die jeweils auf $T = 0$ K extrapolierten Werte
(* Meßwerte von Alers, G. A.; Neighbours, J. R., Rev. mod. Phys. **31** (1959) 675).

und die *Planck-Funktion*

$$P(x) \equiv \frac{x}{\exp x - 1} \tag{5,126}$$

ausgedrückt werden. Anstelle von (5,120) läßt sich dann schreiben:

$$C_{vq} = 3R\left[4\left(\frac{T}{\Theta}\right)^3 D\left(\frac{\Theta}{T}\right) - P\left(\frac{\Theta}{T}\right)\right]. \tag{5,127}$$

Bei genauer Analyse des Verlaufs der molaren Wärmekapazitäten zeigen sich, wie in Abschnitt 5.3.1. schon ausgeführt wurde, Abweichungen vom Verlauf der Debye-Näherung. Das gilt in besonderem Maße für Kristalle mit mehreren Teilchen in der Elementarzelle sowie für Molekülkristalle. Um $C_v(T)$ bei hohen Temperaturen empirisch wiederzugeben, ist es dann häufig zweckmäßig, gemischte Ausdrücke aus der Debye- und der Einstein-Näherung anzusetzen. Daraus gewinnt man umgekehrt Hinweise für den Beitrag der optischen Phononen und der innermolekularen Schwingungen zur spezifischen Wärmekapazität.

5.3.5. Hinweise zur Gittertheorie der spezifischen Wärmekapazität

Eindimensionale Betrachtung. Seit den klassischen Arbeiten zur Theorie der Gitterschwingungen, die durch Born und v. Kármán gleichzeitig zum Debyeschen Kontinuumsmodell vorgelegt worden sind, wurde mit immer genaueren Rechnungen versucht, die spezifische Wärmekapazität auf die Schwingungsspektren atomarer Gitter zurückzuführen. Um die wesentlichen Gedankengänge zu erläutern, gehen wir wieder vom eindimensionalen Modell aus.

Zur Ermittlung der Zustandsdichtefunktion setzen wir jetzt in (5,107) anstelle der linearen Dispersionsrelation des Kontinuums die Beziehung (5,69) ein, die wir für die Atomkette erhalten hatten. Aus

$$\Omega(K) = \left(\frac{4\gamma_1}{M}\right)^{\frac{1}{2}} \left|\sin \frac{1}{2} Ka\right|$$

folgt durch Auflösen nach K:

$$K = \frac{2}{a} \arcsin \frac{\Omega}{\Omega_{\max}}; \quad \Omega_{\max} \equiv \left(\frac{4\gamma_1}{M}\right)^{\frac{1}{2}}. \tag{5,128}$$

Daraus ergibt sich für die reziproke Gruppengeschwindigkeit:

$$\frac{\mathrm{d}K}{\mathrm{d}\Omega} = \frac{2}{a} \frac{1}{(\Omega_{\max}^2 - \Omega^2)^{\frac{1}{2}}}. \tag{5,129}$$

Mit (5,107) folgt:

$$D(\Omega) = \frac{L}{\pi} \frac{\mathrm{d}K}{\mathrm{d}\Omega} = \frac{2L}{\pi a} (\Omega_{\max}^2 - \Omega^2)^{-\frac{1}{2}}. \tag{5,130}$$

Der Verlauf dieser Zustandsdichtefunktion ist in Abb. 5.32 im Vergleich zum konstanten Wert (5,108) der eindimensionalen Debye-Näherung dargestellt. Man erkennt folgende Besonderheiten:

— Nur für den Bereich kleiner Frequenzen (großer Wellenlängen) stimmen beide Modelle etwa überein, wenn man die gleiche Schallgeschwindigkeit zugrunde legt.

— Für die Maximalfrequenz der Atomkette weist die Zustandsdichte eine Singularität auf, da hier die Gruppengeschwindigkeit $\frac{d\Omega}{dK}$ Null wird.

— Damit die Anzahl der Schwingungsfreiheitsgrade übereinstimmt, müssen die schraffierten Flächen gleich sein. In der Debye-Näherung sind daher im Bereich $\Omega_{max} \ldots \Omega_D$ Schwingungen enthalten, deren Frequenz oberhalb des Maximalwertes der diskreten Atomkette liegt. Dieser Unterschied wird geringer, wenn man entsprechend dem gestrichelten Verlauf für die Debye-Näherung eine mittlere Schallgeschwindigkeit ansetzt.

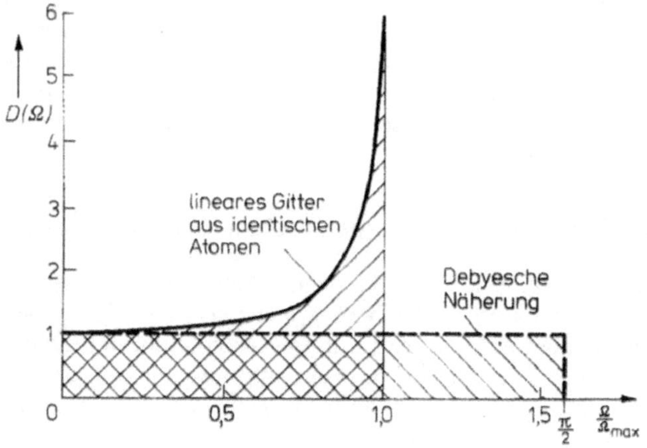

Abb. 5.32

Verlauf der Zustandsdichtefunktion von Phononen für eine eindimensionale lineare Atomkette im Vergleich zum konstanten Wert für die Zustandsdichte der eindimensionalen Debye-Näherung.

Insgesamt ergeben sich aus der gitterdynamischen Betrachtungsweise demnach wesentliche Unterschiede zum Kontinuumsmodell. Daß die Debye-Näherung dennoch befriedigende Resultate liefert, ist dem Umstand zu verdanken, daß der Verlauf der spezifischen Wärmekapazität wegen der Mittelung über viele Schwingungsfreiheitsgrade nicht sehr kritisch von der Gestalt der Zustandsdichtefunktion abhängt. Außerdem tragen bei tiefen Temperaturen vorwiegend die Schwingungen niederer Frequenzen zur spezifischen Wärmekapazität bei.

Die vorstehenden Betrachtungen lassen sich auf optische Phononenzweige verallgemeinern, indem für $\Omega(K)$ Ausdrücke in der Form (5,86) angesetzt werden. Aus Abb. 5.22 erkennt man, daß dann nicht nur an den Grenzen der 1. Brillouin-Zone, sondern auch für $K = 0$ horizontale Tangenten, also Nullstellen der Gruppengeschwindigkeit, auftreten. An solchen kritischen Stellen ergeben sich Besonderheiten der Zustandsdichtefunktion, die als *Van-Hove-Singularitäten* bezeichnet werden.

Zustandsdichte in 3 Dimensionen. Beim Übergang zum räumlichen Gitter müssen die Dispersionsbeziehungen für dreidimensionale Gitterschwingungen ermittelt werden, worauf wir hier nicht eingehen können. Ferner ist es notwendig, bei der Abzählung der erlaubten Zustände statt eines kugelschalenförmigen Gebietes im K-Raum (vgl. 5,114) ein Volumen zu betrachten, das von zwei benachbarten Flächen mit Schwingungszuständen gleicher Frequenz Ω bzw. $\Omega + \mathrm{d}\Omega$ begrenzt wird. Mit Rücksicht auf die Theorie der Elektronenzustände in Festkörpern (Abschnitt 6.3.1.), wo wir das Ergebnis noch benötigen werden, wollen wir einen allgemeinen Ausdruck für die Ermittlung der Zustandsdichtefunktion aufstellen.

In jedem Volumen $\frac{8\pi^3}{V}$ (V — Volumen des Kristalls) des K-Raumes ist nach (5,113) ein erlaubter Schwingungszustand enthalten. Demnach beträgt die Anzahl der Zustände in einer Schale, die von den Flächen $\Omega = \mathrm{const}$ beziehungsweise $\Omega + \mathrm{d}\Omega = \mathrm{const}$ begrenzt wird,

$$D(\Omega)\,\mathrm{d}\Omega = \int\limits_{(\mathrm{Schale})} \mathrm{d}\tau_{(\mathrm{K})}\,\Omega(K) = \left(\frac{V}{8\pi^3}\right)\int\limits_{(\mathrm{Schale})} \mathrm{d}\tau_{(\mathrm{K})}. \tag{5,131}$$

Das Integral ist dabei über eine Schale im K-Raum zu erstrecken, die in Abb. 5.33 schematisch dargestellt ist. Wie aus dem vergrößert gezeichneten Bildausschnitt zu entnehmen ist, können wir das Volumenelement des K-Raumes $\mathrm{d}\tau_{(\mathrm{K})}$ durch einen differentiellen Zylinder der Grundfläche $\mathrm{d}A_{(\Omega)}$, die in der Fläche $\Omega = \mathrm{const}$ liegen soll, und der Höhe $\mathrm{d}K_\perp$ ausdrücken. Bei bekannter Gestalt der Flächen $\Omega(K) = \mathrm{const}$, die aus der Dispersionsrelation folgt, gilt:

$$\mathrm{d}\Omega = \mathrm{d}\boldsymbol{K}\cdot\frac{\partial}{\partial\boldsymbol{K}}\Omega = \left|\frac{\partial}{\partial\boldsymbol{K}}\Omega\right|\mathrm{d}K_\perp, \tag{5,132}$$

wobei $\frac{\partial}{\partial\boldsymbol{K}}$ die Operation „grad" im K-Raum und $\mathrm{d}K_\perp$ die Komponente von $\mathrm{d}\boldsymbol{K}$ senkrecht zur Fläche $\Omega = \mathrm{const}$ bedeuten.

Damit erhalten wir für die Zustandsdichtefunktion:

$$D(\Omega) = \frac{V}{8\pi^3}\int \frac{\mathrm{d}A_{(\Omega)}}{\left|\frac{\partial}{\partial\boldsymbol{K}}\Omega\right|}. \tag{5,133}$$

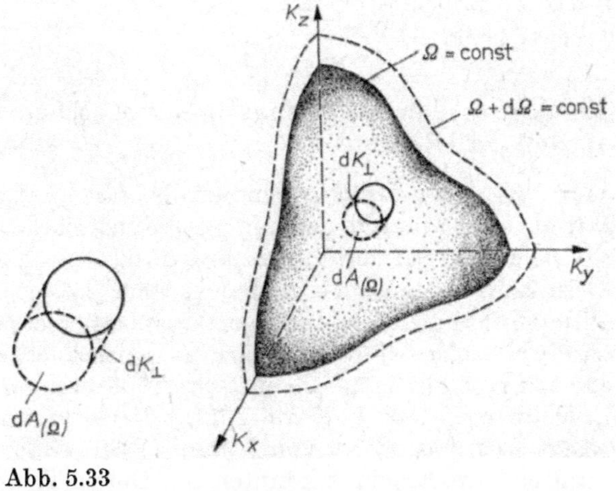

Abb. 5.33
Darstellung einer Fläche $\Omega = \mathrm{const}$ im K-Raum. Das Volumenelement $\mathrm{d}\tau_{(K)}$ ist nochmals vergrößert dargestellt.

Hier ist $\frac{\partial}{\partial \boldsymbol{K}} \Omega$ die Gruppengeschwindigkeit, die im allgemeinen von der Richtung abhängt. Speziell für isotrope Festkörper läßt sie sich als Konstante vor das Integral ziehen, und man erhält dann aus (5,133) die bei der Debye-Näherung benutzten Ausdrücke (5,114) und (5,115). Setzt man dagegen für $\Omega(K)$ Dispersionsrelationen an, wie sie sich für dreidimensionale Kristalle aus den Meßdaten der unelastischen Neutronenstreuung berechnen lassen, und erstreckt man die Integration über die Flächen konstanter Frequenz in der 1. Brillouinschen Zone, so ergeben sich Zustandsdichteverteilungen, die erheblich vom Verlauf der Debye-Näherung abweichen. Abb. 5.34 zeigt $D(\Omega)$ in der Debye-Näherung bei Integration über Kugelschalen (a) beziehungs-

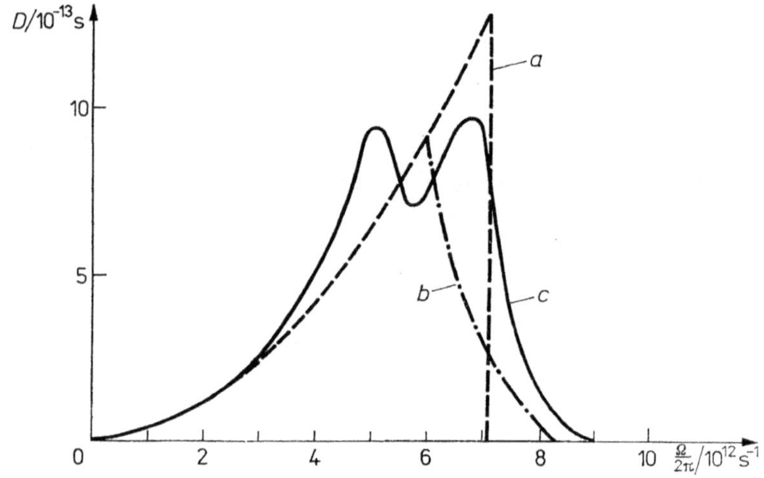

Abb. 5.34
Zustandsdichtefunktionen, die man erhält

a) bei einer Integration über Kugelschalen in der Debye-Näherung
b) bei Integration über die 1. Brillouinsche Zone
c) aus Meßdaten für Vanadium (nach Weiss).

weise über die 1. Brillouinsche Zone (b) sowie Ergebnisse für akustische und optische Phononenzweige eines Metalls (c) nach Meßdaten.

Zurückführung auf atomare Kraftkonstanten. Eine vollständige atomistische Theorie der spezifischen Wärmekapazität und anderer gitterdynamischer Erscheinungen müßte imstande sein, die Spektren der Gitterschwingungen ausgehend von den atomaren Bindungskräften bzw. -potentialen zu beschreiben. Dazu ist es notwendig, die Kraftkonstanten der Bindungen quantentheoretisch zu berechnen, wobei auch Wechselwirkungen zwischen entfernteren Nachbarn zu berücksichtigen sind. Mit Hilfe der so gewonnenen atomaren elastischen Konstanten sind dann die Gitterschwingungen zu ermitteln, wie dies im Anschluß an (5,71) angedeutet wurde. Die hierzu notwendigen Rechnungen wurden zuerst von Fuchs (1936) für das Metall Lithium näherungsweise bewältigt. Im Ergebnis konnten die Debye-Temperaturen für drei Ausbreitungsrichtungen und daraus die spezifische Wärmekapazität für dieses Metall berechnet werden. Inzwischen sind weiterführende Methoden für die konsequente gitterdynamische Theorie entwickelt worden, so insbesondere von Toya in den 50er Jahren für Metalle. Unter Einsatz der elektronischen Rechentechnik konnten für einige Metalle die Schwingungsspektren immer genauer ermittelt werden, wozu mehrere tausend einzelne Schwingungszustände berechnet worden sind. Parallel dazu wurde die Auswertung experimenteller Daten der Neutronenstreuung so weit verfeinert, daß auch eine Überprüfung der Ergebnisse möglich ist. Speziell für Metalle konnte Kohn (1959) zuerst theoretisch begründen, daß für bestimmte Wellenzahlen abrupte Änderungen der atomaren Kraftkonstanten auftreten. Diese *Kohn-Anomalien* äußern sich als Sprünge in den Dispersionskurven. Die Ursache besteht in der Natur der metallischen Bindung, die eine enge Kopplung zwischen Gitterschwingungen und den Zuständen der Metallelektronen bedingt. Infolgedessen ist es möglich, aus den Anomalien der Dispersionsspektren auf die Verteilung der Elektronenzustände (Fermi-Flächen, vgl. Abschnitt 8.5.2.) zu schließen.

5.3.6. Methoden der thermischen Analyse von Festkörpern

Genaue Messungen des Temperaturverlaufs der spezifischen Wärmekapazität von Festkörpern liefern wichtige Informationen über strukturelle oder chemische Veränderungen. Die wichtigsten Vorgänge, die als Funktion der Temperatur neben dem Anfachen oder Abschwächen der Gitterschwingungen auftreten können, sind *Phasenumwandlungen* 1. und 2. Ordnung sowie *Dissoziationsprozesse* oder chemische Reaktionen mit dem umgebenden Medium (Oxydation). Um derartige Veränderungen, die für das Werkstoffverhalten meist sehr wichtig sind, aufzufinden und zu untersuchen, wurden spezielle Methoden der *thermischen Analyse* entwickelt. Die Messungen werden bei konstantem Druck ausgeführt, und es gilt daher nach dem 1. Hauptsatz:

$$\mathrm{d}H = \mathrm{d}W + p\,\mathrm{d}V - V\,\mathrm{d}p; \quad \mathrm{d}W = \mathrm{d}Q - p\,\mathrm{d}V. \tag{5,134}$$

Wegen $p = \mathrm{const}$ ist die Änderung der Enthalpie $\mathrm{d}H$ demnach gleich der zu- oder abgeführten Wärme $\mathrm{d}Q$:

$$\mathrm{d}H = \mathrm{d}Q = T\,\mathrm{d}S; \quad C_\mathrm{p} \equiv \left(\frac{\partial H}{\partial T}\right)_\mathrm{p}. \tag{5,135}$$

Da strukturelle oder chemische Vorgänge in Festkörpern mit einer Änderung des Ordnungszustandes verbunden sind, treten zusätzliche Änderungen der Entropie auf, die in der Wärmebilanz erscheinen und den Anteilen infolge der Gitterschwingungen überlagert sind. Darüber hinaus werden die Schwingungsspektren selbst durch die Umwandlungen beeinflußt, so daß die molaren Wärmekapazitäten $C_\mathrm{p}(T)$ Unstetigkeiten aufweisen.

Nach dem Temperaturverlauf von H und C_p sind dabei folgende wichtige Fälle zu unterscheiden (Abb. 5.35):

— H ändert sich sprunghaft, d. h., es wird bei konstanter Temperatur eine latente Wärme zugeführt, wodurch C_p theoretisch unendlich wird und in den Meßkurven $C_\mathrm{p}(T)$ zumindest auch ein Sprung auftritt. In diesen Fällen, zu denen neben dem Schmelzen auch Änderungen der Kristallstruktur polymorpher Festkörper oder Umordnungsvorgänge in Legierungen gehören, spricht man von Phasenumwandlungen 1. Ordnung.

— In anderen Fällen, beispielsweise bei der Änderung magnetischer oder parelektrischer Ordnungszustände oder Umwandlungen in Plasten oder Gläsern, bleibt der Verlauf von H kontinuierlich, jedoch weisen die Kurven von $C_p(T)$ Sprünge, Knicke oder Maxima auf (Phasenumwandlungen 2. Ordnung).

Beispiele für derartige Phasenumwandlungen, die in der Festkörperphysik und den Werkstoffwissenschaften von großem Interesse sind, werden in den entsprechenden Kapiteln dieses Buches behandelt. Nachfolgend sollen die wichtigsten Methoden der Untersuchung solcher Vorgänge mittels thermischer Analyse beschrieben werden.

Differentialthermoanalyse (DTA). Die zu untersuchende Probe und ein Vergleichskörper werden unter gleichen Bedingungen in einem elektrisch beheizten Ofen nach einem vorgegebenen Programm erwärmt (Abb. 5.36). Die Referenzsubstanz ist dabei so zu wählen, daß im untersuchten Temperaturbereich keine inneren Umwandlungen auftreten, also nur eine Anfachung der Schwingungen erfolgt. Die Temperaturdifferenz zwischen den beiden Proben wird nun mit einem Thermoelement sehr empfindlich gemessen und nach Verstärkung als Funktion der Versuchszeit auf einem Schreiber registriert. Normalerweise erhält man wegen des analogen Temperaturgangs der spezifischen Wärmekapazität verschiedener Festkörper eine Gerade parallel zur Zeitachse, die als Basislinie bezeichnet wird. Treten in der untersuchten Probe jedoch Phasenumwandlungen 1. Ordnung auf, ergeben sich Spitzen der Temperaturdifferenz (nach dem engl. Ausdruck häufig „Peaks“ genannt), aus deren Vorzeichen

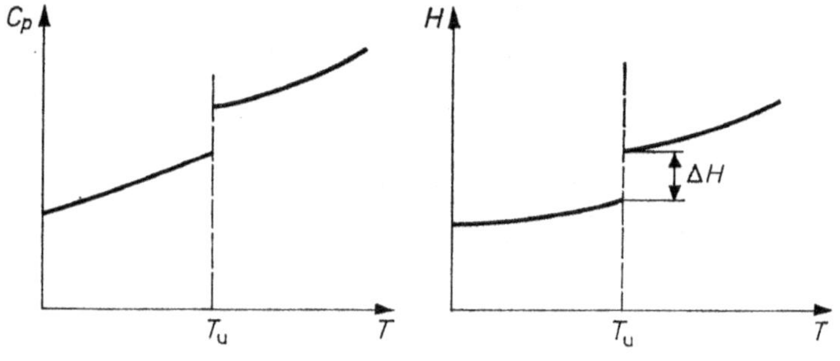

Abb. 5.35

a) Temperaturverlauf der Enthalpie H und der spezifischen Wärmekapazität C_p bei Umwandlungen 1. Ordnung

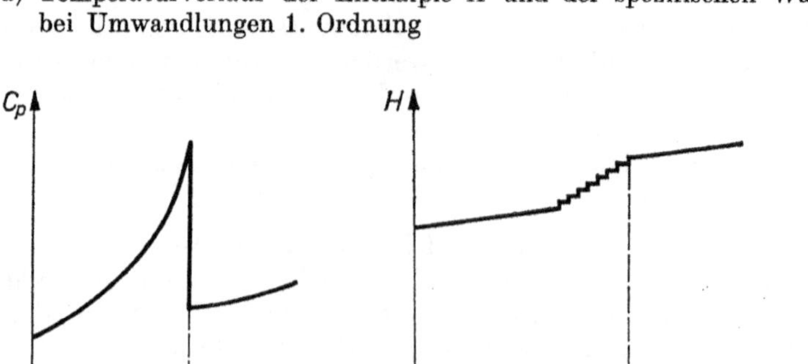

b) Temperaturverlauf der Enthalpie H und der spezifischen Wärmekapazität C_p bei Umwandlungen 2. Ordnung (C_p weist einen sog. λ-Punkt auf).

hervorgeht, ob der Prozeß exotherm oder endotherm verläuft. Bei Phasenumwandlungen 2. Ordnung erfolgt im wesentlichen nur eine Verschiebung der Basislinie. Aus der Fläche unter den Spitzen kann angenähert die *latente Umwandlungswärme* ermittelt werden. Weiterhin wurden spezielle Methoden entwickelt, um aus den bei verschiedenen Programmparametern gewonnenen Kurven kinetische Daten (Aktivierungsenergie, Frequenzfaktoren) zu ermitteln.

Differentielle Scanning-Kalorimetrie (DSC). Die thermische Analyse erfolgt analog wie beim vorigen Verfahren, jedoch sind Versuchsprobe und Referenzkörper mit elektrischen Zusatzheizungen ausgestattet. Mit Hilfe einer elektronischen Regelschaltung, die vom Thermoelement ausgelöst wird, lassen sich auftretende Temperaturdifferenzen kompensieren, indem bei exothermen Vorgängen der Referenzkörper, bei endothermen Prozessen die Probe zusätzlich beheizt werden. Diese zusätzlichen

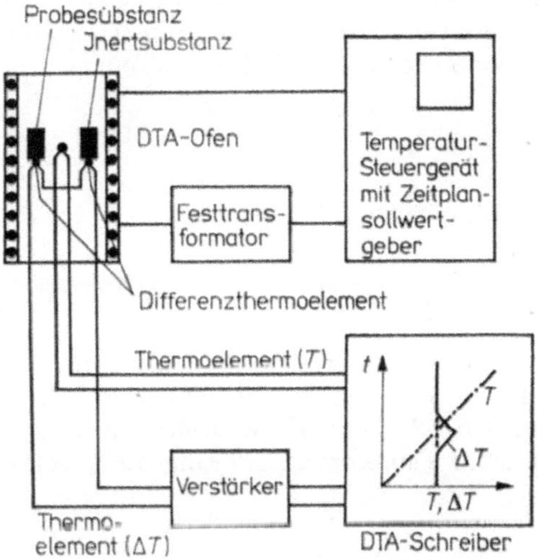

Abb. 5.36

a) Schematischer Aufbau einer Apparatur für die Differentialthermoanalyse

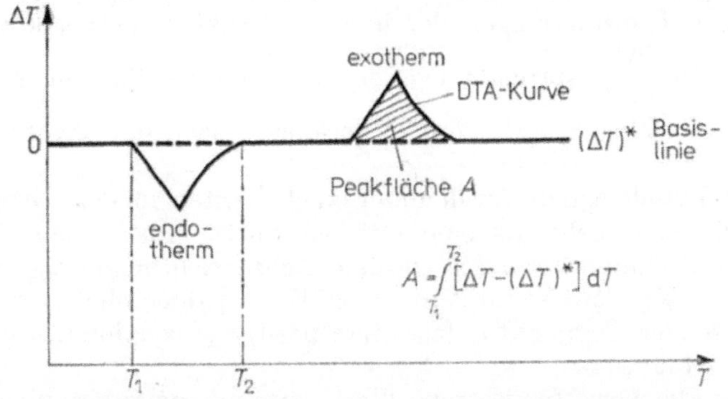

b) Diagramm einer Differentialthermoanalyse (schematisch).

Heizleistungen werden registriert, und über einen nachgeschalteten Integrator und Meßwertdrucker ist es möglich, die Umwandlungswärmen direkt anzugeben.

Thermogravimetrie (TG). Abschließend sei noch eine Methode der thermischen Analyse erwähnt, bei dem nicht die Wärmebilanz, sondern die Massenänderung einer Festkörperprobe als Funktion der Temperatur sehr genau bestimmt wird. Der Meßplatz besteht aus einer hochempfindlichen Thermowaage (Empfindlichkeit $5 \cdot 10^{-8} \cdots 10^{-7}$ g!), einem programmierbaren Heizgerät und einer Registriervorrichtung. Gemessen wird die differentielle oder integrale Variation der Probenmasse m als Funktion der Temperatur:

$$\mathrm{d}m = f'(T)\,\mathrm{d}T; \quad m = f(T). \tag{5,136}$$

Auf diese Weise lassen sich Prozesse, die mit einer Massenänderung verbunden sind, also Dissoziations- oder Oxydationsvorgänge und sogar die Adsorption oder Desorption an Festkörperoberflächen qualitativ und quantitativ untersuchen. In Verbindung mit den zuvor beschriebenen kalorimetrischen Verfahren liefert die Methode wertvolle Informationen über Reaktionen an und in festen Stoffen.

5.4. Wärmeausdehnung — anharmonische Einflüsse

5.4.1. Experimentelle Befunde

Wenn Kristalle gleichförmig erwärmt werden, wächst ihr Volumen, wobei in den verschiedenen Gitterrichtungen eine im allgemeinen verschiedene, also *anisotrope Dehnung* erfolgt. Mit den in Abschnitt 5.1.2. eingeführten Dehnungskomponenten e_{ik} läßt sich für die Verzerrung infolge einer Temperaturänderung ΔT ansetzen

$$(e_{ik}) = (\alpha_{ik})\,\Delta T. \tag{5,137}$$

Die Wärmeausdehnungskoeffizienten α_{ik} bilden also einen Tensor 2. Stufe, dessen Hauptachsen mit denen des Verzerrungstensors (e_{ik}) gleichgerichtet sind. In Tabelle 5.9 sind einige Beispiele für die Werte der *linearen Ausdehnungskoeffizienten* α_{I}, α_{II}, α_{III} in den Hauptachsenrichtungen nichtkubischer Kristalle zusammengestellt. Die lineare Näherung (5,137) ist häufig auch über größere Temperaturgebiete gut erfüllt. Finden jedoch Umwandlungen der inneren Struktur im Festkörper statt, so ändern sich α_{ik} bzw. $\dfrac{\mathrm{d}\alpha_{ik}}{\mathrm{d}T}$ sprunghaft. Bei Phasenumwandlungen 2. Ordnung weisen die α_{ik} einen Knick auf, d. h., ihre Ableitungen nach der Temperatur sind diskontinuierlich.

Die Unterschiede zwischen den Ausdehnungskoeffizienten in den verschiedenen Achsenrichtungen können mehr als eine Größenordnung ausmachen. Manchmal werden bei niedrigen Temperaturen für einzelne Achsenrichtungen sogar negative Werte beobachtet — beispielsweise für Zink bei 60 K —, jedoch bleibt die Volumenänderung mit wachsender Temperatur fast stets positiv (Ausnahme: δ'-Plutonium im Bereich von 451 ⋯ 485 °C).

Für kubische Kristalle sowie für isotrope Werkstoffe mit polykristallinem Gefüge oder amorpher Struktur geht α in einen Skalar über, und für die relative Längen-

Tabelle 5.9
Hauptachsenausdehnungskoeffizienten für einige Substanzen

Substanz	$\alpha_{II}(\parallel c)/10^{-6} \cdot K^{-1}$	$\alpha_{I}(\perp c)/10^{-6} \cdot K^{-1}$	
Arsen	43,0	3,0	
Zink	53,0	15,0	
Kupfer	−7,5	50,0	
Bismut	16,20	11,60	
Quarz	8,7	14,2	
ZnS*	3,3	4,25	
Al_2O_3	5,6	4,89	
Smaragd	−1,06	1,37	
Turmalin	8,74	3,67	
Se (Trikl.)	−17,89	74,09	
	$\alpha([100])/10^{-6} \cdot K^{-1}$	$\alpha([001])/10^{-6} \cdot K^{-1}$	
KH_2PO_4	26,5	44,4	
	$\alpha_{I}/10^{-6} \cdot K^{-1}$	$\alpha_{II}/10^{-6} \cdot K^{-1}$	$\alpha_{III}/10^{-6} \cdot K^{-1}$
Se (Monokl.)	−1,5	84,7	63,3
Aragonit Rhomb.)	10	16	33

* für 60···243 K, alle anderen Werte bei Zimmertemperatur

Tabelle 5.10
Wärmeausdehnungskoeffizienten α polykristalliner und amorpher Werkstoffe

Werkstoff	$\alpha/10^{-5}$ K^{-1}	Werkstoff	$\alpha/10^{-5}$ K^{-1}
Aluminium	2,2	Diamant	0,118
Blei	2,7	Fensterglas	1,0
Bronze	1,8	Flintglas	0,79
Chromium	0,8	Granit	0,83
Gußeisen	1,2	Graphit	0,78
Stahl	0,9	Hartgummi	8,0
Germanium	0,5	Jenaer Glas	0,4···0,8
Gold	1,4	Kautschuk	7,7
Kupfer	1,6	Konstantan	1,5
Messing	1,9	Kovar	0,5
Platin	0,9	Marmor	1,2
Zink	2,7	Porzellan	0,41
Zinn	2,0	PTFE	12···14
		PVC hart	7,5
Bakelit	2,2	Quarzglas	0,06
Bauxit	0,44	Wolfram	0,45
Beton	0,75···1,4	Ziegelstein	0,3···1,2

änderung $\frac{\Delta l}{l}$ bzw. die Volumenänderung $\frac{\Delta V}{V}$ als Funktion der Temperatur gilt:

$$\frac{\Delta l}{l} = \alpha \, \Delta T; \quad \frac{\Delta V}{V} = \alpha_v \, \Delta T; \quad \alpha_v \cong 3\alpha. \tag{5,138}$$

Nach der letzten dieser Beziehungen, die sich aus (5,19) ergibt, beträgt der *Volumenkoeffizient* das 3fache des linearen. Nach der in Tabelle 5.10 gegebenen Übersicht liegen die linearen Ausdehnungskoeffizienten vieler Werkstoffe in der Größenordnung von 10^{-5} K^{-1}; sie sind also um 2 bis 3 Zehnerpotenzen kleiner als bei Gasen. Trotzdem spielt die Wärmeausdehnung fester Stoffe in der Technik eine wichtige Rolle, denn die gewaltigen mit ihr verbundenen Spannungen können in Maschinen, Anlagen und Gebäuden zu schwerwiegenden Deformationen, Rissen, Brüchen Anlaß geben. Dies ist bei der Konstruktion von Eisenbahnschienen, Hallen und beim Verschmelzen von Gläsern untereinander oder mit Metallen zu beachten. Auffallend sind die sehr kleinen α-Werte von Quarzglas und Graphit. Diese Materialien werden in der Laborpraxis häufig eingesetzt, wenn die Wärmeausdehnung weitgehend ausgeschlossen werden soll. Umgekehrt nützt man die unterschiedlichen Ausdehnungskoeffizienten bestimmter Metalle aus, um temperaturabhängige Schalt- oder Regelsignale mittels Bimetall-Streifen auszulösen, die sich als Folge einer Temperaturänderung verbiegen.

5.4.2. Phänomenologische Beschreibung — Grüneisen-Regel

In der Vergangenheit sind immer wieder Versuche unternommen worden, das Volumen der Festkörper durch einfache Beziehungen als Funktion des Druckes und der Temperatur empirisch darzustellen, also ähnlich wie bei Gasen eine Zustandsgleichung aufzufinden. Nach dem Theorem der übereinstimmenden Zustände sollte es möglich sein, die individuellen Eigenschaften der Stoffe zu berücksichtigen, indem man sogenannte *reduzierte Zustandsgrößen* einführt, das heißt, beispielsweise statt der wirklichen Temperatur die Größen $\frac{T}{T_{sl}}$ bzw. $\frac{T}{\Theta}$ benutzt, wo T_{sl} und Θ die Schmelz- und die Debye-Temperatur bezeichnen. Wir wissen heute, daß die atomaren Vorgänge — Anfachen der Gitterschwingungen, Strukturumwandlungen — in Festkörpern als Folge eines Temperaturwechsels zu differenziert verlaufen, um eine übereinstimmende Wiedergabe mit einem einzigen empirischen Parameter zu gestatten. Trotzdem gibt es einige nützliche Regeln, die auf Stoffe mit ähnlicher Bindungsnatur und gleichartigem kristallographischen Bau angewendet werden können. So beträgt die gesamte Volumenausdehnung von Metallen mit fcc-Struktur zwischen $T = 0$ K und dem Schmelzpunkt T_{sl} ungefähr 7%. Entsprechend dieser von Grüneisen gefundenen Regel müßte man erwarten, daß die Wärmeausdehnung als Funktion der reduzierten Temperatur $\frac{T}{T_{sl}}$ für fcc-Metalle ungefähr den gleichen Verlauf zeigt. Wie Abb. 5.37 erkennen läßt, stimmen die Meßkurven tatsächlich angenähert überein. Wir entnehmen ferner, daß die Proportionalität zwischen Wärmeausdehnung und Temperatur nur bei höheren Temperaturen gut erfüllt ist.

Beim Versuch einer atomistischen Interpretation stört allerdings das Auftreten der Schmelztemperatur, für die es auch heute noch keine quantitativ befriedigende Theorie gibt. Günstiger wäre es, die Zustandsgröße T auf die Debye-Temperatur zu beziehen, denn in den vorausgegangenen Abschnitten haben wir diesen charakteristischen Parameter im Rahmen eines angenäherten, aber physikalisch begründeten Modells der Gitterschwingungen eingeführt. Letztlich sind die Gleichungen (5,120), (5,122), (5,123) sowie (5,124), die den Zusammenhang zwischen der molaren Wärmekapazität und der Temperatur vermitteln, gleichfalls ein Ausdruck für das Theorem übereinstimmender Zustände. Die Funktion $C_v\left(\frac{T}{\Theta}\right)$ besitzt nach der Debye-Näherung für die verschiedenen Festkörper den gleichen Verlauf. Tatsächlich wurde nun von LINDEMANN halbempirisch eine Schmelzformel vorgeschlagen, in der T_{sl} mit Θ verknüpft ist:

$$T_{sl} = CV^{2/3}M\Theta^2. \tag{5,139}$$

Hier bedeuten M die spezifische Molmasse, V das Molvolumen (in cm³) und C einen Faktor, dessen Wert je nach dem Gittertyp $6{,}4\cdots 9{,}6 \cdot 10^{-3}$ K beträgt. Mit Hilfe dieser Beziehung lassen sich die Debye-Temperaturen aus den Schmelztemperaturen abschätzen, wofür Tabelle 5.11 einige Beispiele gibt. Um die *Lindemann-Formel* atomistisch zu begründen, betrachten wir die Amplitude der mittleren Auslenkung, mit der ein Atom als Folge sämtlicher Gitterschwingungen aus seiner Gleichgewichts-

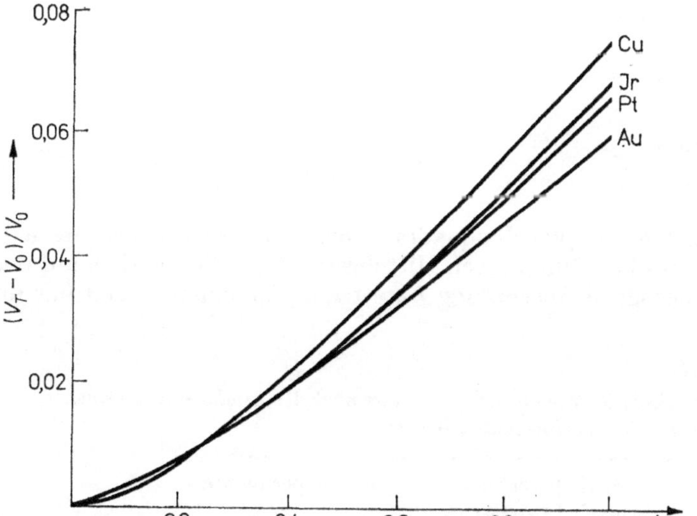

Abb. 5.37

Zur Regel von GRÜNEISEN. Angenäherte Proportionalität besteht zwischen der relativen Volumenänderung $\frac{V_T - V_0}{V_0}$ für Metalle und der auf die Schmelztemperatur T_{sl} reduzierten Temperatur T (V_0 — Volumen am absoluten Nullpunkt, V_T — Volumen bei der Temperatur T) (aus SCHWABE, K.: Physikalische Chemie. Band 1. — Berlin: Akademie-Verlag 1973).

lage verschoben ist. Durch Superposition sämtlicher Teilamplituden u_{Kq} in einer Koordinatenrichtung ergibt sich für das mittlere Amplitudenquadrat:

$$\frac{\hat{u}^2}{3} = \frac{1}{3} \sum \hat{u}_{Kq}^2 . \qquad (5{,}140)$$

Der Faktor 1/3 erscheint hier, weil im Mittel nur der dritte Teil der gesamten Auslenkung auf eine Richtung, beispielsweise die x-Achse, entfällt. Klassisch können wir das schwingende Atom als einen harmonischen Oszillator ansehen, dessen Energie sich im Zeitmittel aus der kinetischen und einer gleich großen potentiellen Energie zusammensetzt. Mit (5,110) ergibt sich für die Schwingungsenergie eines Teilchens der Masse m in einem Gitter mit einem Atom je Elementarzelle

$$\hat{w} = \frac{1}{3} m \left(\frac{\mathrm{d}\hat{u}}{\mathrm{d}t}\right)^2 = \frac{1}{3} m\hat{\Omega}^2\hat{u}^2 . \qquad (5{,}141)$$

Der Beitrag zur Schwingungsenergie ist also dem mittleren Amplitudenquadrat proportional. Durch Gleichsetzen von (5,141) mit dem für hohe Temperaturen gültigen Grenzwert der inneren Energie erhalten wir

$$3k_{\mathrm{B}}T = \frac{1}{3} m\hat{\Omega}^2\hat{u}^2 . \qquad (5{,}142)$$

Die hier auftretende Frequenz identifizieren wir nun näherungsweise mit der *Debye-Frequenz* Ω_{D}, so daß mit Hilfe von (5,117) die charakteristische Temperatur Θ eingeführt werden kann:

$$T = \frac{k_{\mathrm{B}}}{9\hbar^2} m\Theta^2\hat{u}^2 . \qquad (5{,}143)$$

Mit der Substitution

$$\hat{u}^2 = f^2 a^2 \qquad (5{,}144)$$

läßt sich das mittlere Amplitudenquadrat durch die Gitterkonstante a (bzw. bei nichtkubischen Kristallen durch einen Mittelwert) sowie die relative, auf den Gleichgewichtsabstand bezogene Auslenkung f ersetzen. Übereinstimmend mit der Erfah-

Tabelle 5.11
Charakteristische Temperatur Θ, berechnet nach der Lindemann-Formel, im Vergleich mit experimentellen Werten

Element	Θ/K, berechnet nach LINDEMANN	Θ/K, experimentell
Al	365	428
Cu	326	343
Zn	211	227
Ag	211	225
Pb	86	105
C*	1536	2230

C*: Diamant

rung schmelzen die meisten Festkörper, wenn ein kritischer Wert f_{max} von 10···15% erreicht wird. Damit lautet die Lindemann-Formel in atomistischer Schreibweise:

$$T_{sl} = \frac{k_B}{9\hbar^2} m f_{max}^2 a^2 \Theta^2 \quad \text{mit} \quad f_{max} = 0{,}1 \cdots 0{,}15. \tag{5,145}$$

Als lehrreiches Ergebnis dieser naturgemäß groben Modellbetrachtung entnehmen wir, daß die Atome in Festkörpern dicht unterhalb des Schmelzpunktes immerhin um rund 10% aus ihren normalen Gitterpositionen ausgelenkt werden. In Anbetracht der unsymmetrischen und vom quadratischen Verlauf abweichenden Form des Bindungspotentials (vgl. 1.2.3.) müssen wir demnach bei den thermischen Gitterschwingungen mit einem merklichen Einfluß nichtlinearer Effekte rechnen. Gerade auf dieser bisher vernachlässigten *Anharmonizität* beruhen wichtige Erscheinungen der Festkörperphysik, wie zunächst am Beispiel der Wärmeausdehnung erläutert werden soll.

5.4.3. Deutung der thermischen Ausdehnung fester Stoffe

Das Zustandekommen der Wärmeausdehnung verstehen wir qualitativ an Hand des in Abb. 5.38 dargestellten Beispiels für den Verlauf des Wechselwirkungspotentials zwischen benachbarten Atomen im Festkörper. Bei quadratischem oder allgemeinem symmetrischem Potential (gestrichelte Kurve) dürfte keinerlei Ausdehnung auftreten, denn die Amplitude der Schwingungen steigt zwar mit wachsender Temperatur an, jedoch der mittlere Atomabstand bleibt unverändert. Anders liegen die Verhältnisse bei dem ausgezogen eingezeichneten *unsymmetrischen Potentialverlauf*. Die Atome schwingen jetzt nach außen weiter aus als nach innen. Der mittlere Atomabstand wächst demzufolge mit steigender Temperatur, und zwar um so stärker, je größer die Auslenkung ist. Bei tiefen Temperaturen und entsprechend

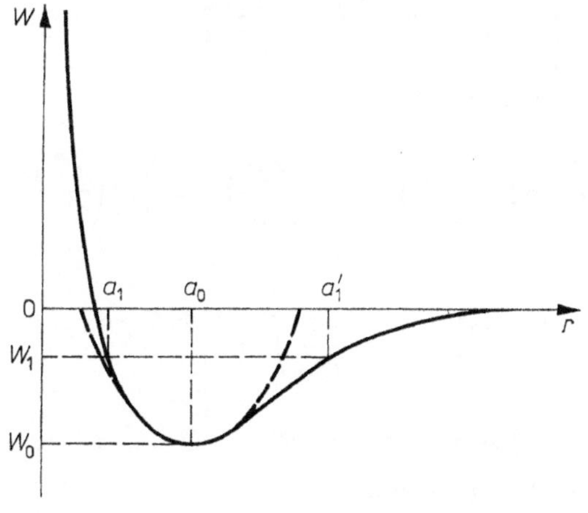

Abb. 5.38

Symmetrisches (gestrichelte Kurve) und unsymmetrisches (ausgezogene Kurve) Wechselwirkungspotential zwischen benachbarten Atomen im Festkörper. Für das unsymmetrische Potential sind die Umkehrpunkte für eine Schwingungsbewegung (a_1 bzw. a_1') eingezeichnet.

kleinen Amplituden läßt sich der asymmetrische Potentialverlauf hingegen gut durch die quadratische Kurve annähern. Wir erwarten daher im Einklang mit der Erfahrung, daß die Ausdehnungskoeffizienten der Festkörper für $T \to 0$ verschwinden.

Wir verfolgen diese Gedankengänge nun quantitativ für einen eindimensionalen Festkörper, indem wir für das Potential zwischen zwei Nachbaratomen der Kette ansetzen:

$$W_{\text{pot}} = \gamma u^2 - \delta u^3. \tag{5,146}$$

Durch Aufnahme des kubischen Terms wird dabei die Abweichung vom harmonischen Oszillatorpotential berücksichtigt. Wenn sich die Atome in Ruhe befinden, ist die Verrückung u der Atome Null, und der Gleichgewichtsabstand soll a_0 betragen. Für höhere Temperaturen ergibt sich als Abstand entsprechend $a = a_0 + \langle u \rangle$, wenn $\langle u \rangle$ der statistische Mittelwert der Verrückung ist. Die Nullpunktsbewegung wird dabei vernachlässigt. Um $\langle u \rangle$ zu berechnen, benutzen wir die bei höheren Temperaturen als Näherung geeignete *Boltzmann-Statistik* und erhalten

$$\langle u \rangle = \frac{\int\limits_{-\infty}^{+\infty} \mathrm{d}u \, u \exp\left(-\frac{W_{\text{pot}}}{k_B T}\right)}{\int\limits_{-\infty}^{+\infty} \mathrm{d}u \exp\left(-\frac{W_{\text{pot}}}{k_B T}\right)}. \tag{5,147}$$

Es sei daran erinnert, daß der Integrand im Zähler die Häufigkeit der Auslenkung u ausdrückt, die durch den Boltzmann-Faktor $\exp(-W_{\text{pot}}/k_B T)$ festgelegt wird. Das Zustandsintegral im Nenner entspricht dem statistischen Gewicht aller Verrückungen.

Da die Atome in Festkörpern nach der Abschätzung im vorigen Abschnitt höchstens um ca. 10% ausgelenkt werden, können wir die Exponentialausdrücke nach Einsetzen von (5,146) entwickeln:

$$\exp\left[-\frac{(\gamma u^2 - \delta u^3)}{k_B T}\right] \cong \left[\exp\left(-\frac{\gamma u^2}{k_B T}\right)\right]\left(1 + \frac{\delta u^3}{k_B T}\right). \tag{5,148}$$

Für die Integrale in (5,147) ergibt sich damit:

$$\int\limits_{-\infty}^{+\infty} \mathrm{d}u \, u \exp\left(-\frac{W_{\text{pot}}}{k_B T}\right) \cong \int\limits_{-\infty}^{+\infty} \mathrm{d}u \left(\exp\left(-\frac{\gamma u^2}{k_B T}\right)\right)\left(u + \frac{\delta u^4}{k_B T}\right) = \frac{3}{4}\,\delta\left(\frac{\pi (k_B T)^3}{\gamma^5}\right)^{1/2}$$

$$\int\limits_{-\infty}^{+\infty} \mathrm{d}u \exp\left(-\frac{W_{\text{pot}}}{k_B T}\right) \cong \int\limits_{-\infty}^{+\infty} \mathrm{d}u \exp\left(-\frac{\gamma u^2}{k_B T}\right)\left(1 + \frac{\delta u^3}{k_B T}\right) = \left(\frac{\pi k_B T}{\gamma}\right)^{1/2}. \tag{5,149}$$

Bei der Nachrechnung sind folgende Regeln zu beachten:

— partielle Integration liefert die Rekursionsformel

$$\int \mathrm{d}x \, x^n \exp(-\gamma x^2) = -\frac{1}{2\gamma} x^{n-1} \exp(-\gamma x^2) - (n-1) \int \mathrm{d}x \, x^{n-2} \cdot \exp - \gamma x; \tag{5,150}$$

— Terme mit ungeraden Funktionen von u tragen nichts zu den Integralen bei;

— funktionentheoretische Auswertung liefert

$$\int_{-\infty}^{+\infty} \mathrm{d}x \exp(-\alpha x^2) = \left(\frac{\pi}{\alpha}\right)^{1/2} \tag{5,151}$$

eine Formel, die in der statistischen Mechanik häufig benutzt wird.

Für die Änderung des mittleren Atomabstandes mit der Temperatur folgt somit

$$\langle u \rangle = \frac{3}{4} \frac{\delta}{\gamma^2} k_{\mathrm{B}} T. \tag{5,152}$$

Die relative Längenänderung $\frac{\langle u \rangle}{a_0}$ wäre demnach der Temperatur proportional und der Ausdehnungskoeffizient $\frac{1}{a_0} \frac{\mathrm{d}\langle u \rangle}{\mathrm{d}T}$ eine Konstante.

Nachträglich können wir die Beschränkung auf den klassischen Fall dadurch korrigieren, daß wir in (5,152) die Energie des klassischen Oszillators $3k_{\mathrm{B}}T$ durch die Ausdrücke (5,103) beziehungsweise (5,119) der quantentheoretischen Modelle nach Einstein oder Debye ersetzen. Erwartungsgemäß ergibt sich dann der empirisch beobachtete Abfall des Wärmeausdehnungskoeffizienten mit sinkender Temperatur. In einer quantitativen Theorie der Wärmeausdehnung müßte darüber hinaus auch der vereinfachte Potentialansatz (5,146) durch Hinzufügen weiterer Potenzen oder ausgehend von anderen Funktionen so verbessert werden, daß der tatsächliche Verlauf der zwischenatomaren Potentiale im Festkörper richtig wiedergegeben wird.

5.4.4. Weitere Folgen der Anharmonizität

Die Aufnahme nichtquadratischer Glieder in die potentielle Energie bringt, wie wir am Beispiel der Wärmeausdehnung sahen, wesentliche Komplikationen in der mathematischen Behandlung mit sich. Glücklicherweise ist ihr Einfluß auf die Gitterdynamik relativ klein, so daß er in 1. Näherung vernachlässigt werden kann. Andererseits gibt es außer der thermischen Ausdehnung andere wichtige Phänomene, die erst durch den Beitrag der Anharmonizität verständlich werden. Unter Verzicht auf eine detaillierte theoretische Begründung sind vor allem folgende Effekte anzuführen:

— Die in Abschnitt 5.1. ausführlich behandelten „elastischen Konstanten“ hängen in Wirklichkeit von der vorausgegangenen Verzerrung des Festkörpers ab. Wir erkennen dies sofort, wenn wir (5,146) im Sinne von (5,32) als elastisches Potential auffassen und nach u ableiten. Die Kräfte bzw. Spannungen hängen dann nicht mehr linear von den Verrückungen ab. Die Aufnahme entsprechender kubischer Glieder in den dreidimensionalen Ausdruck (5,32) führt in allgemeiner Form zu diesem Ergebnis, jedoch erhält man wegen der 27 Kombinationsmöglichkeiten von 3 Indizes zahlreiche Terme.

— In den Ansätzen für die Gitterschwingungen (vgl. Abschnitt 5.2.) bewirken anharmonische Terme eine Nichtlinearität der Differentialgleichungen. Die theoretische und experimentelle Erforschung solcher *nichtlinearer Schwingungsformen* ist sehr schwierig und befindet sich noch in einem frühen Stadium. Die wichtigste Folge einer Anharmonizität besteht darin, daß sich die Schwingungen nicht mehr ungestört überlagern, sondern daß anstatt der einfachen Superposition Wechselwirkungen auftreten, durch die Schwingungszustände und innere Energie beeinflußt werden. Nur auf Grund der Anharmonizität werden Phononen aneinander gestreut, wofür die zuerst von Shiren durchgeführten Experimente einen direkten Beweis liefern (Abb. 5.39). Zwei von Ultraschallgeneratoren in einem Kristall unter verschiedenen Ausbreitungsrichtungen $\boldsymbol{K}_1$ und $\boldsymbol{K}_2$ und gegebenfalls auch verschiedenen Polarisationen q_1 und q_2 erzeugte Phononenbündel liefern danach mit bestimmter Wahrscheinlichkeit Phononen der Kreisfrequenz $\Omega_3 = \Omega_1 + \Omega_2$, die sich in einer durch den resultierenden Wellenvektor $\boldsymbol{K}_3 = \boldsymbol{K}_1 + \boldsymbol{K}_2 + \boldsymbol{R}^*$ gegebenen Richtung ausbreiten. Anschaulich läßt sich die *Phonon-Phonon-*

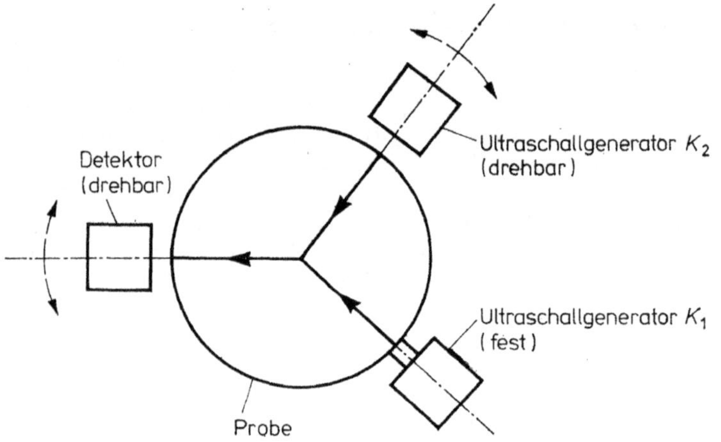

Abb. 5.39

Schematischer Aufbau der experimentellen Anordnung von Shiren zur Untersuchung nichtlinearer Gitterschwingungen.

Wechselwirkung deuten, indem man sich vorstellt, daß die elastischen Konstanten des Gitters durch ein Phonon periodisch moduliert werden. Ein anderes Phonon „spürt" diese Modulation, an der es — ähnlich wie Licht an einem Beugungsgitter — gestreut werden kann.

— Schließlich erwiesen sich die elastischen Konstanten der Festkörper bei genauer Messung als temperaturabhängige Größen, und isotherm beziehungsweise adiabatisch bestimmte Werte stimmen nicht völlig überein.

Von den hier besprochenen Erscheinungen ist die Phonon-Phonon-Wechselwirkung besonders wichtig. Sie bildet die Ursache dafür, daß sich Phononen miteinander ins thermische Gleichgewicht setzen, und sie ist, wie wir im folgenden noch untersuchen, für das beobachtete Verhalten der Wärmeleitfähigkeit von Isolatoren verantwortlich.

5.4.5. Grüneisen-Parameter

Da eine einfache atomistische Theorie anharmonischer Effekte in Festkörpern nicht existiert, versucht man häufig, eine halbempirische phänomenologische Beschreibung anzuwenden. Der Grundgedanke besteht im Sinne des Theorems der übereinstimmenden Zustände darin, die Debye-Temperatur Θ beziehungsweise die ihr zugeordneten Kreisfrequenzen Ω der Gitterschwingungen als Funktion des Volumens V durch einen einzigen Parameter auszudrücken. Man setzt

$$\Gamma \equiv -\frac{\mathrm{d}\ln\Omega}{\mathrm{d}\ln V} = -\frac{V}{\Omega}\frac{\mathrm{d}\Omega}{\mathrm{d}V}. \tag{5,153}$$

Die so definierte dimensionslose Größe Γ wird *Grüneisen-Konstante* genannt und liegt für viele Festkörper in der Nähe von 2 (Tab. 5.12). Je größer Γ ist, um so stärker ändern sich die Frequenzen der Gitterschwingungen mit dem Volumen und um so größer ist demnach der Einfluß der Anharmonizität. Anschaulich läßt sich die Volumenabhängigkeit der Schwingungsfrequenzen so verstehen: Die anharmonischen Terme in der potentiellen Energie bewirken, daß ein mechanisch oder thermisch gedehnter bzw. komprimierter Festkörper ein etwas anderes elastisches Verhalten aufweist. Dies führt zu veränderten Parametern in den Schwingungsgleichungen und damit zu anderen Frequenzen der Gitterschwingungen. Umgekehrt reagiert der Festkörper auf ein Anfachen der Gitterschwingungen durch Erwärmen mit einer Zunahme seines Volumens. Das Gleichgewicht stellt sich ein, wenn die Freie Energie als Funktion des Volumens und der Schwingungsfrequenzen bzw. der Debye-Temperatur ein Minimum besitzt. Daraus läßt sich thermodynamisch die Grüneisen-Beziehung

$$3\alpha B V = \Gamma C_v \tag{5,154}$$

ableiten, nach der die molare Wärmekapazität C_v mit dem linearen Ausdehnungskoeffizienten α und dem Kompressionsmodul B verknüpft ist.

Eine feinere Analyse zeigt, daß die verschiedenen Schwingungsfrequenzen unterschiedlich vom Volumen abhängen. Für anharmonische Effekte, an denen vorwiegend optische Phononen beteiligt sind, ist Γ viel größer als für akustische Phononen. Man kann dies berücksichtigen, indem für die verschiedenen Schwingungszweige unterschiedliche Grüneisen-Konstanten angesetzt werden.

Tabelle 5.12

Grüneisen-Konstanten Γ (nach KITTEL, Ch.: Einführung in die Festkörperphysik. - Leipzig: Akademische Verlagsgesellschaft Geest & Portig K. G. 1973)

Substanz	Grüneisen-Konstante Γ	Substanz	Grüneisen-Konstante Γ
Na	1,25	Ag	2,40
K	1,34	Pt	2,54
Al	2,17	NaCl	1,63
Mn	2,42	KF	1,45
Fe	1,6	KCl	1,60
Co	1,87	KBr	1,68
Ni	1,88	KI	1,63
Cu	1,96		

5.5. Wärmeleitung in festen Stoffen — Phononenanteil

5.5.1. Phänomenologische Beschreibung

Wenn innerhalb eines Stoffes Temperaturdifferenzen bestehen, so fließen *Wärmeströme*, deren Größe gegeben ist durch

$$\boldsymbol{w} = -\lambda \cdot \frac{\partial}{\partial \boldsymbol{r}} T. \tag{5,155}$$

Der Betrag des Vektors der *Wärmestromdichte* $\boldsymbol{w}$ gibt die Energie an, die je Zeiteinheit bezogen auf eine zur Strömung senkrechte Einheitsfläche transportiert wird. Der Proportionalitätsfaktor λ zwischen dem Gradienten der Temperatur und der Wärmestromdichte wird *Wärmeleitzahl* oder auch *Wärmeleitvermögen* genannt (Dimension: $[\lambda] = \mathrm{W \cdot cm^{-1} \cdot K^{-1}}$). Betrachtet man die Wärmebilanz in einem Volumen-

Tabelle 5.13

a) *Wärmeleitzahlen von Metallen und Metallegierungen*

Metall, Legierung	Wärmeleitzahl in $\frac{\mathrm{cal}}{\mathrm{cm \cdot s \cdot K}}$	Wärmeleitzahl in $\frac{\mathrm{W}}{\mathrm{cm \cdot K}}$
Silber	1,00	4,19
Kupfer	0,94	3,94
Gold	0,74	3,10
Aluminium	0,55	2,30
Wolfram	0,40	1,67
Magnesium	0,40	1,67
Al-Legierungen	0,37	1,55
Messing (70% Cu)	0,27	1,13
Zink	0,27	1,13
Nickel	0,22	0,92
Reineisen	0,18	0,75
Platin	0,17	0,71
Zinn	0,16	0,67
Bronze (84% Cu)	0,14	0,59
Tantalum	0,13	0,54
Stahl (C-)	0,11	0,46
Blei	0,08	0,33
Neusilber	0,058	0,24
Konstantan	0,054	0,23
Monelmetall	0,053	0,22
Antimon	0,04	0,17
Stahl (V2A)	0,036	0,15
Stahl (Cr-, Ni-)	0,03	0,13
Invar	0,026	0,11
Bismut	0,02	0,08
Quecksilber	0,018	0,07

b) *Wärmeleitzahlen von Bau- und Isolierstoffen*

Stoff	Wärmeleitzahl in $\frac{\text{kcal}}{\text{m} \cdot \text{h} \cdot \text{K}}$	Wärmeleitzahl in $\frac{10^{-3}\,\text{W}}{\text{cm} \cdot \text{K}}$
Holzfaserhartplatten	0,09	1,05
Holzwoll-Leichtbauplatten	0,08	0,93
Preßkorkplatten	0,07	0,81
Asbest, lose	0,06	0,70
Asbestwolle	0,05	0,58
Filzplatten	0,05	0,58
Kieselgur	0,05	0,58
Torfplatten	0,04	0,47
Holzfaserdämmplatten	0,04	0,47
Glas-, Mineral-, Schlacken-Steinfasern	0,035	0,41
Kunstharzschaum	0,035	0,41

element bei Abwesenheit innerer Wärmequellen, so ergibt sich als Differentialgleichung der Wärmeleitung:

$$\frac{\partial T}{\partial t} = \frac{\lambda}{c\varrho} \Delta T; \quad \left(\Delta = \frac{\partial^2}{\partial x^2} + \frac{\partial^2}{\partial y^2} + \frac{\partial^2}{\partial z^2}\right). \tag{5,156}$$

Die Größe $\frac{\lambda}{c\varrho}$ (c spezifische Wärmekapazität, ϱ Dichte) mit der Dimension $\text{cm}^2 \cdot \text{s}^{-1}$ heißt Temperaturleitzahl.

In einem homogenen Stab der Länge L, dessen Enden auf den konstanten Temperaturen T_1 bzw. T_2 gehalten werden, stellt sich ein konstanter Temperaturgradient ein, so daß gilt

$$w = -\lambda \frac{T_2 - T_1}{L} \quad (T_2 > T_1). \tag{5,157}$$

Dies ist, wie man sich leicht überzeugt, eine Lösung von (5,156) für eine Dimension und den durch $\frac{\partial T}{\partial t} = 0$ gekennzeichneten stationären Fall. Demnach ist λ die Wärmemenge, die in der Zeiteinheit durch einen Einheitswürfel fließt, wenn zwei gegenüberliegende Flächen die Temperaturdifferenz von 1 K aufweisen und alle übrigen Flächen wärmeundurchlässig sind.

Für eine Anzahl fester Materialien sind Wärme- und Temperaturleitzahlen in Tab. 5.13 angegeben. Die Werte sind je nach Art und Struktur des Stoffes sehr unterschiedlich, und man spricht in diesem Zusammenhang von guten und schlechten Wärmeleitern. Häufig werden auch die reziproken Größen, die sog. *Wärmewiderstände*, benutzt. Beim Vergleich der Wärmeleitzahlen verschiedener Arten fester Stoffe ergeben sich folgende Regeln:

— Die Metalle sind gute Wärmeleiter. Nach dem *Wiedemann-Franzschen Gesetz* ist das Verhältnis aus der Wärmeleitzahl λ und der elektrischen Leitfähigkeit σ

proportional der absoluten Temperatur:

$$\frac{\lambda}{\sigma} = L \cdot T; \quad L = 2{,}45 \cdot 10^{-8}\ \mathrm{V}^2 \cdot \mathrm{K}^{-2}. \tag{5,158}$$

Die hier auftretende *Lorenz-Zahl* L ist für alle Metalle konstant. Die Gültigkeit des Wiedemann-Franzschen Gesetzes, das außer bei tiefen Temperaturen gut befolgt wird, weist auf einen gemeinsamen Mechanismus der Wärme- und Elektrizitätsleitung in Metallen hin, wofür die leicht beweglichen Leitungselektronen verantwortlich zu machen sind. Wir kommen auf den für Metalle maßgeblichen Beitrag der Elektronen zur Wärmeleitung in Abschnitt 6.4. zurück und beschränken uns in den folgenden Abschnitten auf den Phononenanteil, der bei Isolatoren bestimmend ist.

— Einkristalle nichtmetallischer Festkörper sind wesentlich bessere Wärmeleiter als polykristalline oder amorphe Stoffe. Besonders kleine Wärmeleitzahlen weisen Gläser und viele Plaste auf.

— Die Wärmeleitzahlen sind bei tiefen Temperaturen stark von T abhängig. Während λ für amorphe Stoffe mit T zunimmt, beobachtet man bei Einkristallen ein Maximum und danach mit wachsender Temperatur einen Abfall, der im Fall von Isolatoren angenähert $\sim \frac{1}{T}$, bei Metallen etwa $\sim \frac{1}{T^2}$ vor sich geht (Abb. 5.40 und 5.41). Bemerkenswert sind die hohen Werte einiger Isolatorkristalle in der Nähe des Maximums. In diesem Bereich wurden an synthetischen Saphirkristallen mehrfach höhere Wärmeleitzahlen als bei den besten metallischen Leitern gemessen!

— Ebenso wie viele andere Festkörpereigenschaften wird auch das Wärmeleitvermögen von Kristallen stark durch die Realstruktur beeinflußt. Punktdefekte,

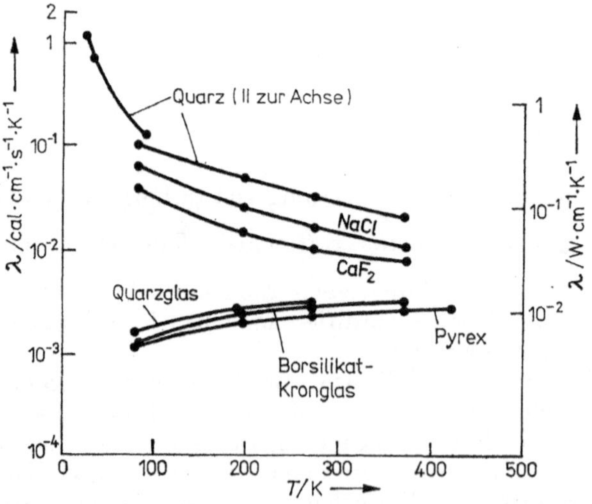

Abb. 5.40

Wärmeleitzahl in Abhängigkeit von der Temperatur für verschiedene amorphe Stoffe und Kristalle (Kittel, Ch.: Einführung in die Festkörperphysik. — Leipzig: Akademische Verlagsgesellschaft Geest & Portig K.-G. 1973).

Versetzungen und Korngrenzen setzen die Wärmeleitung herab, und bei tiefen Temperaturen machen sich geometrische Einflüsse bemerkbar, beispielsweise an dünnen Schichten oder bei feinkörnigem Gefüge.

— Auffallend sind schließlich die bei einigen Elementen beobachteten starken *Isotopie-Effekte*: Im Vergleich zu Proben mit normaler Zusammensetzung mehrerer stabiler Nuklide („isotoper Kerne") fand man bei angereicherten oder reinen Nukliden mehrfach höhere Wärmeleitzahlen. Offenbar genügt also schon die geringfügige Störung der strengen Gitterperiodizität durch den unregelmäßigen Einbau von Kernen etwas verschiedener Masse, um die Wärmeleitzahl erheblich herabzusetzen.

Für den technischen Einsatz von Werkstoffen bilden die Wärme- bzw. die Temperaturleitzahlen wichtige Kenngrößen, die für die Auswahl optimaler Materialien entscheidend sein können. So wird von modernen Baustoffen wegen des besseren Energiehaushalts ein möglichst geringes Wärmeleitvermögen gefordert, während die Unterlagen oder Halterungen elektronischer Leistungsschaltkreise die auftretende Joulesche Wärme möglichst gut abführen sollen.

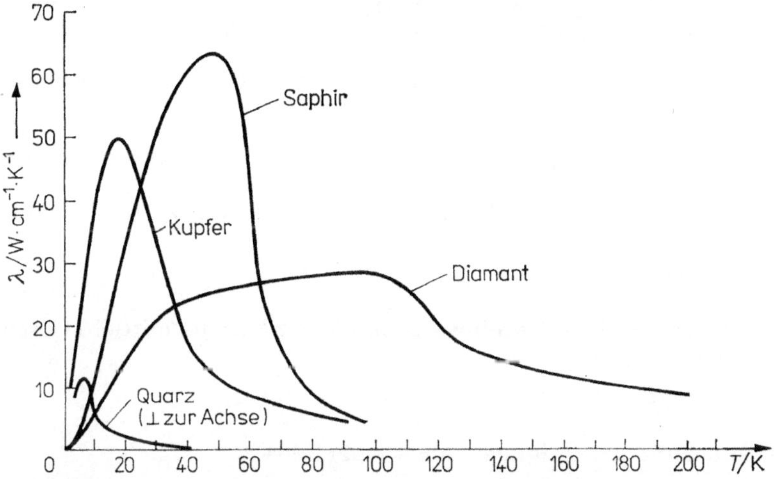

Abb. 5.41

Wärmeleitzahl in Abhängigkeit von der Temperatur für verschiedene Einkristalle im Bereich tiefer Temperaturen (nach BERMAN, SIMON und WILKS).

5.5.2. Phononenmodell der Wärmeleitung

Die grundlegenden phänomenologischen Gesetze der Wärmeleitung (5,155) und (5,156) stimmen in der mathematischen Form mit den entsprechenden Gleichungen für die Diffusion überein (vgl. Abschnitt 4.11.). Infolgedessen liegt es nahe, die Wärmeleitung als ein statistisches Phänomen zu deuten, bei dem Energie als Folge zahlreicher ungeordneter „Stöße" oder Wechselwirkungsprozesse zwischen atomaren Gebilden transportiert wird. Auf dieser Grundlage wird bekanntlich die Wärmeleitung von Gasen gedeutet. An Hand von Abb. 5.42 sei die elementare Ableitung der kinetischen Gastheorie kurz wiederholt:

In einer Gassäule soll längs der z-Achse ein Temperaturgradient $\frac{\mathrm{d}T}{\mathrm{d}z}$ vorhanden sein. Der Wärmetransport erfolgt durch Stöße zwischen wärmeren und kälteren Teilchen. Dabei muß im stationären Fall die in einen Querschnitt bei $z = z_T$ mit der Temperatur T hinein- und hinausgehende Wärmestromdichte w_z gleich sein. Die bei z_T ankommenden Teilchen stammen im Mittel aus den Schichten $z_1 = z_T + \langle \Lambda \rangle$ beziehungsweise $z_2 = z_T - \langle \Lambda \rangle$, wenn $\langle \Lambda \rangle$ die *mittlere freie Weglänge* bezeichnet. Die Teilchen vom wärmeren Ende der Gassäule transportieren somit die Energie:

$$w_1 = \frac{1}{6} \langle |v| \rangle \, n \, \frac{C_v}{N_\mathrm{A}} \left(T + \langle \Lambda \rangle \frac{\mathrm{d}T}{\mathrm{d}z} \right). \tag{5,159}$$

Hier bezeichnen $\langle |v| \rangle$ den statistischen Mittelwert des Betrages der Geschwindigkeit der Gasteilchen, n die Teilchendichte, N_A die Avogadrosche Zahl und C_v die molare Wärmekapazität bei konstantem Volumen. Der Faktor 1/6 tritt auf, weil sich nur dieser Bruchteil der Teilchen in positiver z-Richtung bewegt. Analog gilt für den Transport durch die Teilchen, die von der kälteren Seite her kommen,

$$w_2 = \frac{1}{6} \langle |v| \rangle \, n \, \frac{C_v}{N_\mathrm{A}} \left(T - \langle \Lambda \rangle \frac{\mathrm{d}T}{\mathrm{d}z} \right). \tag{5,160}$$

Als Differenz von (5,159) und (5,160) erhalten wir für die gesamte Wärmestromdichte:

$$w = -\frac{1}{3} \langle |v| \rangle \, n \, \frac{C_v}{N_\mathrm{A}} \langle \Lambda \rangle \frac{\mathrm{d}T}{\mathrm{d}z}. \tag{5,161}$$

Durch Vergleich mit (5,155) ergibt sich schließlich für die Wärmeleitzahl:

$$\lambda = \frac{1}{3} \bar{v} \hat{C} \langle \Lambda \rangle. \tag{5,162}$$

Entsprechend der üblichen Schreibweise haben wir hier die mittlere Geschwindigkeit durch $\bar{v}$ abgekürzt und mit

$$\hat{C} \equiv C_v n / N_\mathrm{L} \tag{5,163}$$

die Wärmekapazität pro Volumeneinheit eingeführt.

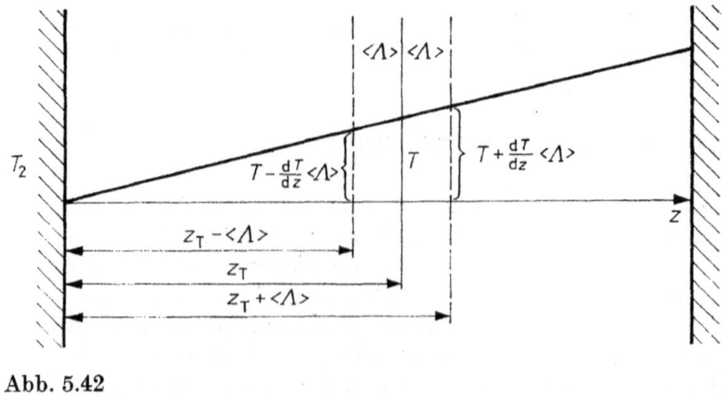

Abb. 5.42
Zur elementaren Ableitung der Wärmeleitung in Gasen über die kinetische Gastheorie.

Nach DEBYE läßt sich die für ideale Gase gültige Formel (5,162) nun auf Festkörper übertragen, wenn man den Wärmetransport als Folge der Wechselwirkung in einem *Phononengas* auffaßt. In diesem Modell werden die Quanten der Gitterschwingungen, die ja nach Abschnitt 5.2. den Charakter von Quasiteilchen besitzen, als ein in den Festkörper eingebettetes Gas betrachtet. Solche Hilfsvorstellungen erweisen sich vielfach als nützlich, um bestimmte Eigenschaften von Festkörpern zu deuten. In Kapitel 6. werden wir in analoger Weise die Metallelektronen als ein „quantentheoretisch entartetes Gas" betrachten.

Formal bereitet die Übertragung von (5,162) auf die Verhältnisse des Festkörpers keine Schwierigkeiten. Anstelle von $\bar{v}$ setzen wir die Gruppengeschwindigkeit der Gitterschwingungen, die im Rahmen der Debye-Näherung der konstanten Schallgeschwindigkeit v_s entspricht. Für $\hat{C}$ bzw. C_v setzen wir analog die Wärmekapazität

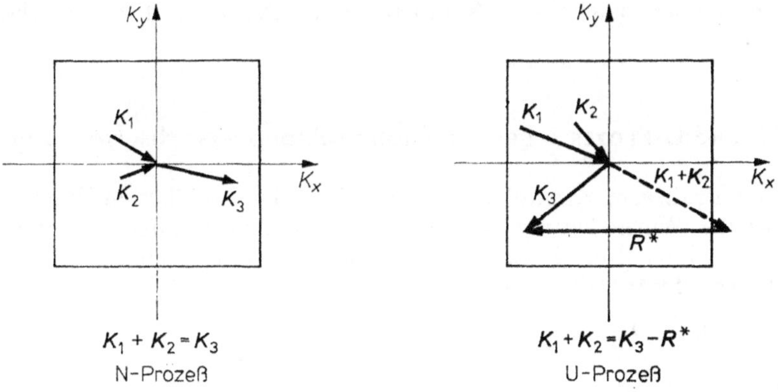

Abb. 5.43

N- und U-Prozesse bei der Phonon-Phonon-Wechselwirkung.

pro Volumeneinheit oder die molare Wärmekapazität der Gitterschwingungen ein, also in den einfachsten Fällen die Ausdrücke des Einstein- oder des Debye-Modells. Problematischer ist die Interpretation von $\langle \Lambda \rangle$ als mittlere freie Weglänge der Phononen, doch wollen wir einstweilen annehmen, daß hierunter der mittlere Weg zu verstehen ist, der von einem Phonon zwischen zwei Streuprozessen mit anderen Phononen oder an Gitterfehlern, Elektronen usw. zurückgelegt wird. Mit diesen Vereinbarungen ergibt sich für die Wärmeleitzahl fester Stoffe:

$$\lambda = \frac{1}{3} v_s \hat{C} \langle \Lambda_{\text{Phonon}} \rangle. \tag{5,164}$$

Auf eine Besonderheit des Phononengases muß allerdings hingewiesen werden: Die Anzahl der „Teilchen" ist nicht konstant, sondern sie erhöht sich mit der Temperatur und wird schließlich im Bereich der klassischen Näherung proportional zu T (vgl. (5,101)). Im Fall der stationären Wärmeleitung werden am heißen Ende immer wieder neue Phononen erzeugt, die am kalten Ende durch Ableitung oder Abstrahlung von Energie vernichtet werden. Der Nutzen des hier geschilderten Modells besteht darin, daß es die Abhängigkeit des Wärmeleitvermögens von der Temperatur und der Realstruktur wenigstens qualitativ zu erklären vermag. Bei genügend tiefen Temperaturen ist zu erwarten, daß der Gang von λ gemäß dem Debyeschen T^3-

Gesetz (5,123) durch die Zunahme der spezifischen Wärmekapazität $C_v \sim \hat{C}$ bestimmt wird. Mit zunehmender Temperatur nimmt die mittlere freie Weglänge $\langle \Lambda_{\text{Phonon}} \rangle$ immer mehr ab, weil der Einfluß der Phonon-Phonon-Wechselwirkung hervortritt. In ganz grober Näherung kann man $\langle \Lambda_{\text{Phonon}} \rangle$ umgekehrt proportional zur Gesamtzahl der Phononen ansetzen, und diese steigt nach (5,101) bei hohen Temperaturen $\sim T$. Daraus resultiert der bei Isolatorkristallen häufig beobachtete Abfall der Wärmeleitzahlen mit T^{-1}. Zwischen diesen beiden Extremfällen, Anstieg $\sim T^3$ und Abfall $\sim T^{-1}$ liegt ein Übergangsgebiet mit einem Maximum, dessen theoretische Erfassung große Schwierigkeiten bereitet. Im Falle amorpher Stoffe wie Gläsern oder Plasten findet man aus den gemessenen Wärmeleitzahlen nach (5,164) *Phononenweglängen* in der Größenordnung von 1 nm, was etwa dem Durchmesser einer Atomgruppe, z. B. $(SiO_4)^{--}$, gleichkommt. Infolge der nichtperiodischen Struktur dürfte $\langle \Lambda_{\text{Phonon}} \rangle$ daher so klein sein, daß es geometrisch von der Nahordnung bestimmt wird. Demgemäß steigt λ auch bei höheren Temperaturen entsprechend dem Verlauf von C_v an.

5.5.3. N- und U-Prozesse bei der Phonon-Phonon-Wechselwirkung

Abschließend zu diesem Kapitel wollen wir die Rolle der Phonon-Phonon-Wechselwirkung bei der Wärmeleitung betrachten. Nach dem Impuls- und dem Energiesatz gelten für einen Prozeß, an dem 3 Phononen beteiligt sind, die Auswahlregeln (vgl. Abschnitt 5.2.2.):

$$\boldsymbol{K}_1 + \boldsymbol{K}_2 = \boldsymbol{K}_3 \tag{5,165}$$

$$\Omega_1 + \Omega_2 = \Omega_3 . \tag{5,166}$$

Merkwürdigerweise führen solche Prozesse, wie PEIERLS zeigte, nicht zur Einstellung eines lokalen thermischen Gleichgewichts, und das gleiche gilt für sämtliche Wechselwirkungen, an denen nur Phononen beteiligt sind (N-Prozesse, nach „normal"). Die Ursache hierfür besteht darin, daß der Gesamtimpuls

$$\boldsymbol{P} = \sum_k \hbar \boldsymbol{K} n_k \tag{5,167}$$

eines Kollektivs von jeweils n_k Phononen mit den Wellenvektoren $\boldsymbol{K}$ unverändert bleibt. Eine Gruppe von „*heißen Phononen*" würde sich also durch den Festkörper ohne Dissipation ihres zusätzlichen Impulses ausbreiten, und die Wärmeleitzahl müßte unendlich groß sein. Normale Wechselwirkungen, die man als *Phonon-Phonon-N-Prozesse* oder kurz *N-Prozesse* bezeichnet, vermögen den Wärmewiderstand daher nicht zu erklären.

Nun existiert jedoch ebenso wie bei der Photon-Phonon- oder der Neutron-Phonon-Wechselwirkung eine zweite Art von Prozessen, bei denen der Kristall als Ganzes beteiligt ist. Anstelle von (5,165) gilt dann

$$\boldsymbol{K}_1 + \boldsymbol{K}_2 = \boldsymbol{K}_3 \pm \boldsymbol{R}^*, \tag{5,168}$$

wobei $\boldsymbol{R}^*$ einen reziproken Gittervektor bezeichnet. In diesen Fällen spricht man von *Phonon-Phonon-U-Prozessen* oder kurz von *U-Prozessen*. Der Name wurde nach dem Anfangsbuchstaben von „Umklappen" geprägt, weil derartige Vorgänge unter bestimmten Bedingungen im reduzierten Zonenschema (vgl. Abschnitt 5.2.) einem

Richtungsumschlag eines $\boldsymbol{K}$-Vektors entsprechen (Abb. 5.43). Damit U-Prozesse überhaupt möglich sind, muß die Summe von $\boldsymbol{K}_1$ und $\boldsymbol{K}_2$ außerhalb der ersten Brillouinschen Zone liegen. Andererseits muß $\boldsymbol{K}_3$ groß genug sein, damit der Energiesatz (5,166) erfüllt werden kann. Nach dem Debye-Modell muß gelten, daß alle beteiligten Phononen die Bedingung

$$K \geqq \beta K_{\mathrm{D}}; \quad \beta = 0{,}5 \cdots 0{,}67 \tag{5,169}$$

erfüllen. Mit (5,115) und (5,117) folgt daraus

$$K \geqq \beta k_{\mathrm{B}} \Theta . \tag{5,170}$$

Nur Phononen im kurzwelligen Teil der Schwingungsspektren sind also für U-Prozesse geeignet. Die Häufigkeit solcher Phononen fällt aber bei tiefen Temperaturen exponentiell ab, da diese Schwingungsquanten dann kaum noch angeregt werden. Andererseits können aber nur U-Prozesse das für den Wärmewiderstand erforderliche Gleichgewicht herstellen.

Zusammenfassend wird also die Phonon-Phonon-U-Wechselwirkung mit abnehmender Temperatur gegen Null gehen, und bei sehr tiefen Temperaturen wird die mittlere freie Weglänge der Phononen nur noch durch geometrische Begrenzungen bestimmt.

Aus diesen Darlegungen folgt, daß die bei Wärmeleitungsprozessen auftretende mittlere freie Weglänge der Phononen nicht dem gesamten Phononenspektrum zugeordnet ist, sondern nur den U-Prozessen zwischen den kurzwelligen Schwingungsquanten.

6. Elektronen im Festkörper

6.1. Quantenmechanische Grundlagen

Nach den Gesetzen der Quantenphysik besetzen die Elektronen der Atome Zustände, denen eine feste Energie und eine bestimmte räumliche Verteilung der Elektronen zuzuordnen ist, die statistischen Charakter trägt. Beim Aufbau des Festkörpers aus Atomen ändern sich diese Elektronenzustände. Ursache dafür ist die zusätzliche Einwirkung benachbarter Atomkerne und der sie umgebenden Elektronen. Diese zusätzliche Wechselwirkung hat für die kernnahen, sogenannten Rumpfelektronen nur geringe Auswirkungen, führt dagegen für die schwach gebundenen Außen- oder auch Valenzelektronen zu grundlegend neuen Zuständen (Abschnitt 6.3.2.). Charakteristisch für diese Zustände ist, daß sie

— für real existierende Kristallstrukturen energetisch tiefer liegen als die entsprechenden Niveaus der Atome, was letztlich zur chemischen Bindung und damit zum Zusammenhalt des Festkörpers führt, und daß sie

— räumliche Elektronenverteilungen haben, die in der Regel über den gesamten Kristall ausgebreitet sind.

Die atomaren „Außen"-Elektronen sind also in vielen Festkörpern nicht mehr an den einzelnen Atomrumpf gebunden. Sie können sich innerhalb des Kristalls relativ frei bewegen und werden als *Kristallelektronen* bezeichnet, da ihre Eigenschaften vom gesamten Kristall bestimmt werden und sich somit von denen freier Elektronen unterscheiden.

In besonderem Maße trifft dieses Bild der quasifreien Kristallelektronen auf die Metalle zu, während zum Beispiel die Valenzelektronen in Ionenkristallen wie NaCl oder ZnF_2 noch in stärkerem Maße lokalisiert sind.

In diesem Kapitel sollen die Eigenschaften des Festkörpers behandelt werden, die wesentlich durch das Verhalten der frei beweglichen Kristallelektronen bestimmt werden. Hierzu gehören die Elektronenemission (Abschnitt 6.2.6.), das Verhalten in statischen elektrischen Feldern (Abschnitt 6.2.5.), die Wärmekapazität (Abschnitt 6.2.4.) und -leitung (Abschnitt 6.5.6.) der Festkörper, die Stromleitung (Abschnitt 6.5.3.) und der Einfluß von äußeren Magnetfeldern (Abschnitt 6.2.7.).

Die Elektronenzustände im Festkörper werden durch dessen Schrödinger-Gleichung bestimmt. Diese Gleichung kann zwar exakt angegeben werden, eine Lösung für makroskopische Kristalle ist aber unmöglich, da die Wellenfunktion, die den Gesamtzustand beschreibt, von größenordnungsmäßig 10^{23} Variablen abhängt. Praktische Rechnungen sind nur unter einschneidenden Näherungen möglich, deren Gültigkeitsbereich von der theoretischen Festkörperphysik untersucht wird und die letztlich nur durch die Erfolge bei der Beschreibung realer Festkörper gerechtfertigt werden.

Für die Berechnung der Elektronenzustände erhält man schließlich folgende stationäre Schrödinger-Gleichung:

$$\left[-\frac{\hbar^2}{2m_0}\frac{\partial^2}{\partial \boldsymbol{r}^2} - \sum_{k=1}^{M}\frac{Z_k e^2}{4\pi\varepsilon_0|\boldsymbol{r} - \boldsymbol{R}_k^0|} + W_{\text{el}}(\boldsymbol{r})\right]\Psi_n(\boldsymbol{r}) = W_n\Psi_n(\boldsymbol{r}). \tag{6,1}$$

Die $\Psi_n(\boldsymbol{r})$ beschreiben Einelektronenzustände, sie sind jeweils durch 4 Quantenzahlen charakterisiert, die hier zusammengefaßt mit n bezeichnet werden. Der Summenausdruck enthält die Coulomb-Wechselwirkung des Elektrons mit den M Atomkernen. Es wird angenommen, daß sich die Atomkerne in ihren Gleichgewichtslagen $\boldsymbol{R}_k^0$ befinden. Die potentielle Energie $W_{\text{el}}(\boldsymbol{r})$ steht näherungsweise für den exakten Ausdruck der Elektron-Elektron-Wechselwirkung, der in dieser Einteilchennäherung nur so beschrieben werden kann. $W_{\text{el}}(\boldsymbol{r})$ soll also auf jedes der N Elektronen so wirken wie die jeweils $(N - 1)$ übrigen Elektronen.

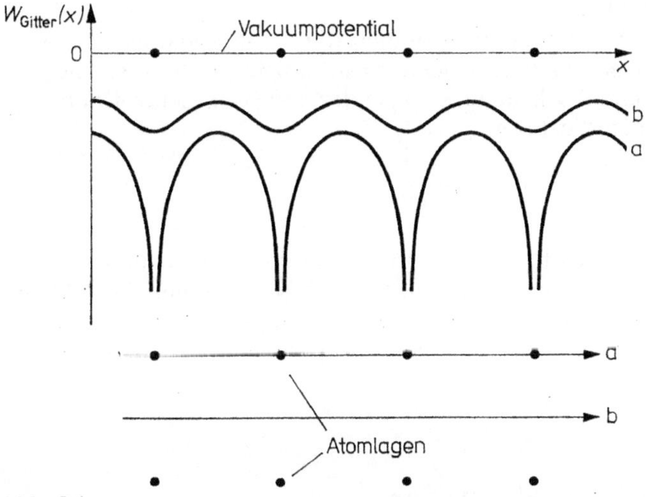

Abb. 6.1
Schematische Darstellung des Gitterpotentials $W_{\text{Gitter}}(\boldsymbol{r})$
a) entlang einer Atomreihe
b) entlang einer parallelen Geraden zwischen zwei Atomreihen.

Im ersten Ausdruck von (6,1) können die beiden Anteile der potentiellen Energie noch zu einem gemeinsamen gitterperiodischen Potential für die Elektronen $W_{\text{Gitter}}(\boldsymbol{r})$ zusammengefaßt werden (Abb. 6.1)

$$\left[-\frac{\hbar^2}{2m_0}\frac{\partial^2}{\partial \boldsymbol{r}^2} + W_{\text{Gitter}}(\boldsymbol{r})\right]\Psi_n(\boldsymbol{r}) = W_n\Psi_n(\boldsymbol{r}), \tag{6,1'}$$

$W_{\text{Gitter}}(\boldsymbol{r} + \boldsymbol{R}) = W_{\text{Gitter}}(\boldsymbol{r})$; $\boldsymbol{R}$: Gittervektor.

Die Besetzung der berechneten Einteilchenzustände durch die im Festkörper vorhandenen Elektronen erfolgt entsprechend dem Pauli-Prinzip, d. h., jeder durch 4 Quantenzahlen bestimmte Zustand kann nur einfach besetzt werden. Die gesamte Elektronenenergie ergibt sich als Summe über die Energien der besetzten Zustände

$$W_{\text{ges}} = \sum_{\text{besetzt}} W_n. \tag{6,2}$$

Die Wahrscheinlichkeit dw dafür, daß ein Elektron im Zustand Ψ_n sich im Volumenelement d^3r am Ort $\boldsymbol{r}$ aufhält, ist gegeben durch

$$dw = \Psi_n^*(\boldsymbol{r}) \cdot \Psi_n(\boldsymbol{r}) \, d^3r. \tag{6,3}$$

Für nichtlokalisierte Kristallelektronen ist dieser Ausdruck und damit die Wellenfunktion $\Psi_n(\boldsymbol{r})$ deshalb im ganzen Kristall verschieden von Null. Da die Summe der Wahrscheinlichkeiten dw — summiert über alle Orte $\boldsymbol{r}$ innerhalb des Kristallvolumens V — den Wert Eins ergeben muß, folgt die bekannte Normierungsbedingung für die Wellenfunktion

$$\int_{(V)} d^3r \Psi_n^*(\boldsymbol{r}) \, \Psi_n(\boldsymbol{r}) = \langle \Psi_n \mid \Psi_n \rangle = 1. \tag{6,4}$$

Die zweite Darstellung ist eine verkürzte Schreibweise, bei der die Klammern die Integralbildung symbolisieren.

Die Lösungen $\Psi_n(\boldsymbol{r})$ von (6,1) beschreiben die zeitunabhängigen oder stationären Zustände des Problems. Die zugehörigen vollständigen, d. h. auch die Zeitabhängigkeit enthaltenden, Wellenfunktionen $\varphi_n(\boldsymbol{r}, t)$ der zugeordneten zeitabhängigen Schrödinger-Gleichung haben die Form

$$\varphi_n(\boldsymbol{r}, t) = \exp\left(-\frac{i}{\hbar} W_n t\right) \cdot \Psi_n(\boldsymbol{r}). \tag{6,5}$$

Bei der Berechnung der Aufenthaltswahrscheinlichkeit nach (6,3) oder von Mittelwerten physikalischer Größen kompensieren sich aber immer die Exponentialfunktionen in $\varphi_n(\boldsymbol{r}, t)$ und $\varphi_n^*(\boldsymbol{r}, t)$, die die Zeitabhängigkeit enthalten. Die meßbaren physikalischen Größen für Elektronen in stationären Zuständen sind deshalb immer zeitunabhängig.

6.2. Näherung freier Elektronen

6.2.1. Grundlagen und Anwendungsbereich

Für eine Reihe von elektronischen Eigenschaften des Festkörpers, insbesondere bei Metallen, aber auch bei Halbleitern, erhält man schon relativ weitgehende Aussagen, wenn man den periodischen Verlauf des Gitterpotentials vernachlässigt und dieses durch seinen räumlichen Mittelwert $W_0 = \overline{W_{\text{Gitter}}(\boldsymbol{r})}$ ersetzt. Wir gelangen dabei zur Näherung freier Elektronen, die erstmalig von Sommerfeld durchgeführt worden ist.

Die Bedeutung dieser Näherung liegt einmal darin, daß das quantenmechanische Problem der Berechnung von Elektronenzuständen und ihrer Besetzung exakt und anschaulich behandelt werden kann und daß dabei eine Reihe von verallgemeinerungsfähigen Begriffen und Definitionen eingeführt wird.

Andererseits hat diese Näherung aber auch physikalisch ihre Berechtigung. Zur Begründung wollen wir das Ergebnis der späteren Abschnitte 6.3.2. und 6.3.3. heranziehen. Danach kann der Einfluß des periodischen Gitterpotentials auf die Elektronen in manchen Fällen schon durch die Einführung einer effektiven Masse m^* berücksichtigt werden. Physikalisch bedeutet das den Übergang vom realen Festkörper, in dem sich Elektronen befinden, zu einem Modell-Festkörper, in dem sich im konstanten Potential Kristallelektronen bewegen. Diese Kristallelektronen sind wie die im Abschnitt 5.2.1. eingeführten Phononen ein weiteres Beispiel für Quasiteilchen. Da sie die Wechselwirkung mit dem Kristall schon enthalten, werden ihre Eigenschaften sowohl durch die „normaler Elektronen" (Spin, Ladung) als auch durch das gitterperiodische Potential (effektive Masse) bestimmt. Im allgemeinen hängt auch m^* von der Energie ab. Für eine Reihe wichtiger Fälle, z. B. für viele Halbleiter an den Bandkanten oder für die Alkalimetalle kann aber m^* zumindest über einen interessierenden Energiebereich hinweg als konstant angesehen werden. Dann verhalten sich die betreffenden Kristallelektronen wie freie Elektronen der Masse m^*.

6.2.2. Beschreibung der Elektronenzustände und ihre Besetzung im Grundzustand

Infolge der Anziehung der Elektronen durch die positiven Atomrümpfe ist die mittlere potentielle Energie im Kristall W_0 negativ in Hinsicht auf das Außenpotential. Ein quaderförmiger Festkörper der Abmessungen L_x, L_y und L_z wird darum durch ein Kastenpotential approximiert, das für eine Dimension in Abb. 6.2 schematisch dargestellt wurde. Bezüglich des frei wählbaren Energienullpunkts wollen wir zunächst festlegen, daß am Boden des Potentialtopfs $W = 0$ gilt; das Außen- oder Vakuumpotential hat dann den Wert $|W_0|$. Im Volumen $V = L_x \cdot L_y \cdot L_z$ sollen sich insgesamt N Elektronen befinden.

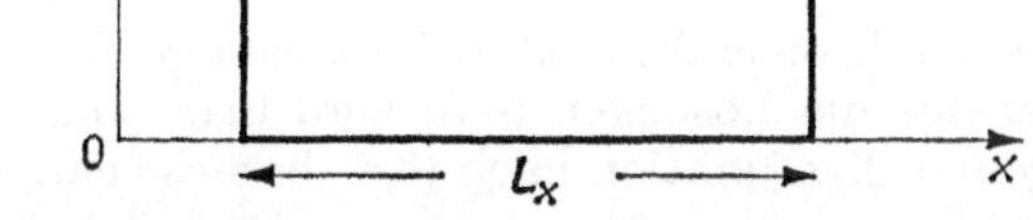

Abb. 6.2
Schematische eindimensionale Darstellung des Potentialkastens.

Die zugehörige Schrödinger-Gleichung für das Innere des Potentialkastens hat die Form:

$$-\frac{\hbar^2}{2m}\frac{\partial^2}{\partial \boldsymbol{r}^2}\Psi(\boldsymbol{r}) = W\Psi(\boldsymbol{r}) \tag{6,6}$$

oder ausgeschrieben

$$-\frac{\hbar^2}{2m}\left[\frac{\partial^2\Psi(x, y, z)}{\partial x^2} + \frac{\partial^2\Psi(x, y, z)}{\partial y^2} + \frac{\partial^2\Psi(x, y, z)}{\partial z^2}\right] = W\Psi(x, y, z).$$

Wir werden für die Elektronenmasse in den nächsten Abschnitten m schreiben. Für Beispiele werden wir zwar immer die Masse m_0 freier Elektronen einsetzen, wir schließen aber damit die Beschreibung von Teilchen mit der effektiven Masse m^* ein.

Durch Randbedingungen muß über den Verlauf der Wellenfunktion an der Oberfläche verfügt werden. Hier interessieren nur die Elektronenzustände, die bei makroskopischen Abmessungen des Kristalls nicht mehr durch Oberflächeneffekte beeinflußt werden. Üblicherweise faßt man deshalb den betrachteten Kristall nur als Teil oder auch Grundgebiet eines aus gleichartigen Grundgebieten zusammengesetzten unbegrenzten Kristalls auf. Wegen der Gleichwertigkeit der Grundgebiete mit den Abmessungen L_x, L_y und L_z ergeben sich dann die Born-v.-Karmanschen, periodischen Randbedingungen (vgl. 5.2.)

$$\begin{aligned}\Psi(x + L_x, y, z) &= \Psi(x, y + L_y, z)\\ &= \Psi(x, y, z + L_z) = \Psi(x, y, z).\end{aligned} \tag{6,7}$$

Die Lösungen von (6,5) sind ebene Wellen

$$\Psi_{\boldsymbol{k}}(\boldsymbol{r}) = \frac{1}{\sqrt{V}} \mathrm{e}^{\mathrm{i}\boldsymbol{k}\boldsymbol{r}} = \frac{1}{\sqrt{V}} \mathrm{e}^{\mathrm{i}(k_x x + k_y y + k_z z)}, \tag{6,8}$$

$$W_{\boldsymbol{k}} = \frac{\hbar^2 \boldsymbol{k}^2}{2m} = \frac{\hbar^2}{2m} (k_x^2 + k_y^2 + k_z^2). \tag{6,9}$$

Die Aufenthaltswahrscheinlichkeit eines Elektrons am Ort $\boldsymbol{r}$ im Volumen d^3r ist dann

$$\mathrm{d}w = \Psi_{\boldsymbol{k}}^*(\boldsymbol{r}) \cdot \Psi_{\boldsymbol{k}}(\boldsymbol{r})\, \mathrm{d}^3r = |\Psi_{\boldsymbol{k}}(\boldsymbol{r})|^2\, \mathrm{d}^3r = \frac{1}{V}\, \mathrm{d}^3r.$$

Die Wahrscheinlichkeit ist also unabhängig von $\boldsymbol{r}$. Das Normierungsintegral lautet

$$\int_{(V)} |\Psi_{\boldsymbol{k}}(\boldsymbol{r})|^2\, \mathrm{d}^3r = \langle \Psi_{\boldsymbol{k}} \mid \Psi_{\boldsymbol{k}} \rangle = 1,$$

d. h., die Summe aller Aufenthaltswahrscheinlichkeiten im Grundgebiet ist 1. Die übliche Bezeichnung *ebene Wellen* für die Lösungen (6,8) wird klar, wenn man die Zeitabhängigkeit der vollständigen Wellenfunktion nach (6,5) berücksichtigt:

$$\varphi_{\boldsymbol{k}}(\boldsymbol{r}, t) = \frac{1}{\sqrt{V}}\, \mathrm{e}^{-\mathrm{i}\left(\frac{1}{\hbar} W_n t - \boldsymbol{k}\boldsymbol{r}\right)}. \tag{6,8a}$$

Beim Einsetzen von (6,8) in (6,7) ergeben sich folgende Bedingungen für die Komponenten von $\boldsymbol{k}$:

$$k_x = \frac{2\pi}{L_x} \cdot n_x, \qquad k_y = \frac{2\pi}{L_y} n_y, \qquad k_z = \frac{2\pi}{L_z} n_z \tag{6,10}$$

mit $n_x, n_y, n_z = 0, \pm 1, \pm 2, \pm 3, \ldots$

Jeder Elektronenzustand wird also durch seine Quantenzahlen k_x, k_y und k_z charakterisiert, die diskrete Werte durchlaufen. Damit werden auch die möglichen Elektronenenergien $W_{\boldsymbol{k}}$ diskret (Abb. 6.3).

Die Werte für $\boldsymbol{k}$ können sehr anschaulich in dem in Abschnitt 3.4. eingeführten reziproken Raum oder $\boldsymbol{k}$-Raum dargestellt werden. Wegen (6,10) bilden die erlaubten

$\boldsymbol{k}$-Werte ein einfach kubisches Gitter (Abb. 6.4). Jedem Punkt dieses Gitters entspricht ein Zustand, der nach dem Pauli-Prinzip durch zwei Elektronen mit der Spinquantenzahl $m_s = +\frac{1}{2}$ bzw. $m_s = -\frac{1}{2}$ besetzt werden kann. Weiterhin läßt sich jedem Zustand ein Volumen $\Delta V_{\boldsymbol{k}}$ des $\boldsymbol{k}$-Raums zuordnen:

$$\Delta V_{\boldsymbol{k}} = \Delta k_x \cdot \Delta k_y \cdot \Delta k_z = \frac{(2\pi)^3}{L_x \cdot L_y \cdot L_z} = \frac{(2\pi)^3}{V}. \tag{6,11}$$

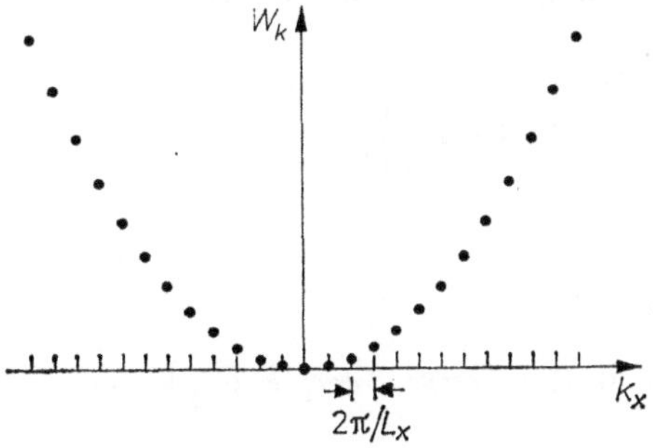

Abb. 6.3
Darstellung der nach den Randbedingungen erlaubten Werte von k_x und $W_{\boldsymbol{k}}$ für $k_y = k_z = 0$.

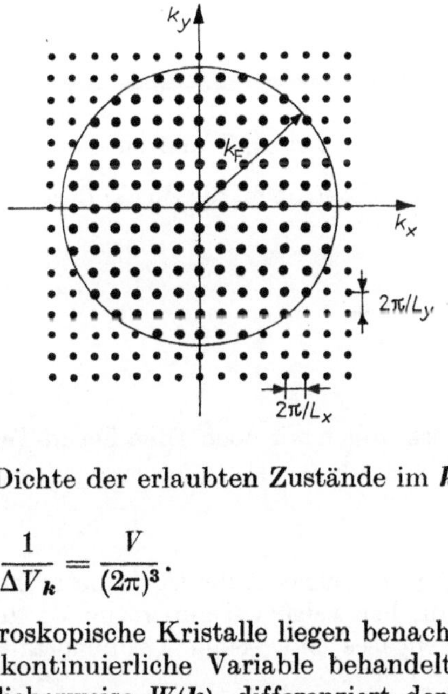

Abb. 6.4
Schnitt durch den $\boldsymbol{k}$-Raum in der k_x-k_y-Ebene mit den erlaubten k-Werten und der Fermi-Kugel. Alle Zustände mit $k_x^2 + k_y^2 \leqq k_F^2$ sind mit 2 Elektronen entgegengesetzten Spins besetzt. Das Raster ist übertrieben groß gezeichnet. Für einen Metallkristall von 1 mm Durchmesser ist $k_F \approx 10^6 \, \Delta k_x$.

Für die Dichte der erlaubten Zustände im $\boldsymbol{k}$-Raum ergibt sich damit der konstante Wert

$$\frac{1}{\Delta V_{\boldsymbol{k}}} = \frac{V}{(2\pi)^3}. \tag{6,12}$$

Für makroskopische Kristalle liegen benachbarte, erlaubte $\boldsymbol{k}$-Werte so dicht, daß $\boldsymbol{k}$ als quasikontinuierliche Variable behandelt werden kann. Statt $W_{\boldsymbol{k}}$ schreibt man dann üblicherweise $W(\boldsymbol{k})$, differenziert derartige Funktionen und ersetzt Summationen über $\boldsymbol{k}$-Zustände durch Integrale

$$\sum_{\boldsymbol{k}} f_{\boldsymbol{k}} = \frac{V}{(2\pi)^3} \iiint \mathrm{d}^3k \, f(\boldsymbol{k}). \tag{6,13}$$

Nunmehr wollen wir die Frage beantworten, welche Einteilchenzustände von den betrachteten N Elektronen im Grundzustand, also bei $T = 0$ K, besetzt werden.

Die Bedingung dafür ist, daß die Gesamtenergie des Systems minimal wird:

$$W_{\mathrm{ges}} = 2 \sum_{\boldsymbol{k},\mathrm{besetzt}} W_{\boldsymbol{k}} \to \min. \tag{6,14}$$

Nach (6,9) sind die Flächen konstanter Energie im $\boldsymbol{k}$-Raum Kugelflächen, wobei mit zunehmendem Radius $k = \sqrt{k_x^2 + k_y^2 + k_z^2}$ die Energie $W(\boldsymbol{k})$ quadratisch zunimmt. Die gesuchten Zustände minimaler Energie liegen also im $\boldsymbol{k}$-Raum innerhalb einer Kugel, der Fermi-Kugel. Der Radius der Fermi-Kugel ist k_{F}, alle Zustände mit $k \leqq k_{\mathrm{F}}$ sind doppelt besetzt, alle mit $k > k_{\mathrm{F}}$ sind unbesetzt (Abb. 6.4). Damit folgt:

$$N = \frac{V}{4\pi^3} \iiint\limits_{\mathrm{besetzt}} \mathrm{d}^3k = \frac{V}{4\pi^3} \int\limits_0^{k_{\mathrm{F}}} 4\pi k^2 \,\mathrm{d}k = \frac{V}{3\pi^2} k_{\mathrm{F}}^3, \tag{6,15}$$

$$k_{\mathrm{F}} = \left(3\pi^2 \frac{N}{V}\right)^{1/3} = (3\pi^2 n)^{1/3}. \tag{6,16}$$

Für die Maximalenergie der Elektronen, die *Fermi-Energie*, ergibt sich

$$W_{\mathrm{F}}^0 = \frac{\hbar^2}{2m} k_{\mathrm{F}}^2$$

$$= \frac{\hbar^2}{2m} (3\pi^2 n)^{2/3}. \tag{6,17}$$

Der Elektronenimpuls $\boldsymbol{p}$ und die Geschwindigkeit $\boldsymbol{v}$ sind für freie Teilchen gegeben durch $\boldsymbol{p} = \hbar\boldsymbol{k}$ und $\boldsymbol{v} = \frac{\hbar}{m}\boldsymbol{k}$. Speziell für die Elektronen, die Zustände an der Fermi-Fläche besetzen, gilt dann

$$p_{\mathrm{F}} = \hbar(3\pi^2 n)^{1/3} \quad \text{und} \tag{6,18}$$

$$v_{\mathrm{F}} = \frac{\hbar}{m} (3\pi^2 n)^{1/3}. \tag{6,19}$$

Als weitere Kenngröße des Elektronengases wollen wir noch seine Fermi-Temperatur

$$T_{\mathrm{F}} = \frac{W_{\mathrm{F}}^0}{k_{\mathrm{B}}} \quad \text{einführen.} \tag{6,20}$$

T_{F} ist nicht etwa die Temperatur des Elektronengases, die ist im betrachteten Fall $T = 0\,\mathrm{K}$. Die Fermi-Temperatur gibt an, bei welcher Temperatur T_{F} die zusätzliche thermische Energie des Elektronengases mit seiner Grundzustandsenergie vergleichbar würde.

In Abb. 6.5 sind für die Näherung freier Elektronen W_{F}^0, T_{F}, k_{F} und v_{F} in Abhängigkeit von n dargestellt. Für einige Metalle, bei denen die Näherung freier Elektronen gut anwendbar ist, wurden die Werte herausgehoben. Die Elektronendichte n ist berechnet worden nach

$$n = r \frac{\varrho \cdot N_{\mathrm{A}}}{M}. \tag{6,21}$$

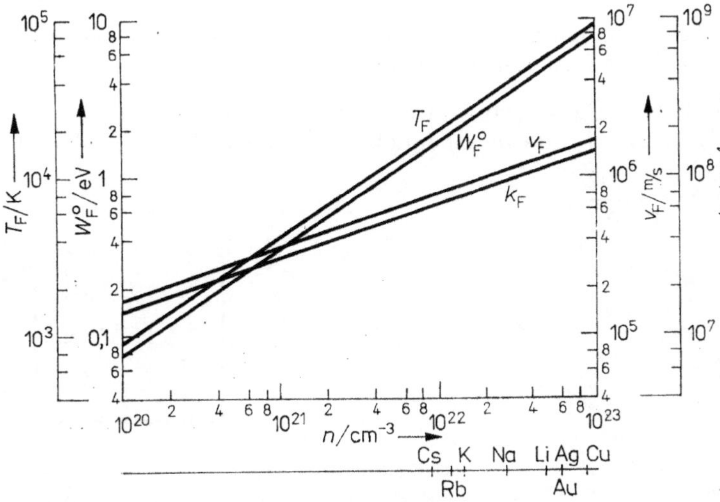

Abb. 6.5

Fermi-Energie W_F^0, Fermi-Temperatur T_F, Fermi-Geschwindigkeit v_F und Fermi-Wellenzahl k_F in Abhängigkeit von der Dichte freier Elektronen ($m = m_0$). Die nach (6,21) berechneten Elektronendichten einiger Metalle sind angegeben.

$$W_F^0 = 7{,}84 \cdot \mathrm{eV} \left(\frac{n}{10^{23}\ \mathrm{cm}^{-3}}\right)^{2/3}$$

$$T_F = 9{,}1 \cdot 10^4\ \mathrm{K} \left(\frac{n}{10^{23}\ \mathrm{cm}^{-3}}\right)^{2/3}$$

$$v_F = 1{,}66 \cdot 10^6\ \frac{\mathrm{m}}{\mathrm{s}} \left(\frac{n}{10^{23}\ \mathrm{cm}^{-3}}\right)^{1/3}$$

$$k_F = 1{,}44 \cdot 10^8\ \mathrm{cm}^{-1} \left(\frac{n}{10^{23}\ \mathrm{cm}^{-3}}\right)^{1/3}$$

Dabei sind r die Zahl der Valenzelektronen pro Atom, ϱ die Kristalldichte, N_A die Avogadrosche Konstante und M die Kilomolmasse. Wichtig ist die Feststellung, daß die angegebenen Größen nur von der Konzentration n der freien Ladungsträger abhängen. Insbesondere sind sie unabhängig von willkürlichen Parametern, wie der Größe des Grundgebietes, die über die Randbedingungen eingeführt worden sind. Neben der in Abb. 6.4 benutzten Veranschaulichung der besetzten Zustände durch die Fermi-Kugel sind Darstellungen in einem $W(\boldsymbol{k})$-Schema (Abb. 6.6a) und im Kastenpotential von Abb. 6.2 (Abb. 6.6b) üblich. In der letzten Darstellung wurde die Austrittsarbeit $W_A = W_0 - W_F^0$ eingezeichnet, d. h. die Energie, die einem Elektron an der Fermi-Kante mindestens zugeführt werden muß, damit es den Festkörper verlassen kann. Berechnen wir nun noch die Gesamtenergie W_{Ges} des Elektronengases. Aus (6,13) und (6,14) folgt

$$W_{\mathrm{Ges}} = \frac{V}{4\pi^3} \int_0^{k_F} \mathrm{d}k \cdot 4\pi k^2 \cdot \frac{\hbar^2}{2m} k^2 = \frac{V}{\pi^2} \frac{\hbar^2}{2m} \frac{k_F^5}{5}$$

$$= \frac{3}{5} \cdot \frac{V}{3\pi^2} k_F^3 \cdot \frac{\hbar^2 k_F^2}{2m} = \frac{3}{5} N W_F^0 . \tag{6,22}$$

Die mittlere Elektronenenergie des Grundzustandes beträgt also $\frac{3}{5}\,W_F^0$, das sind nach Abb. 6.5 für Metallelektronen einige eV.

Die Zustandsdichte. Die Zustandsdichte $D(W)$ gibt die Anzahl der Elektronenzustände $\mathrm{d}Z$ im Volumen V und im Energiebereich von W bis $W + \mathrm{d}W$ an

$$D(W) = \frac{2}{V} \cdot \frac{\mathrm{d}Z}{\mathrm{d}W}. \tag{6,23}$$

Abb. 6.6

Schematische Darstellungen der besetzten Zustände

a) im $W(k)$-Schema

b) im Potentialkasten.

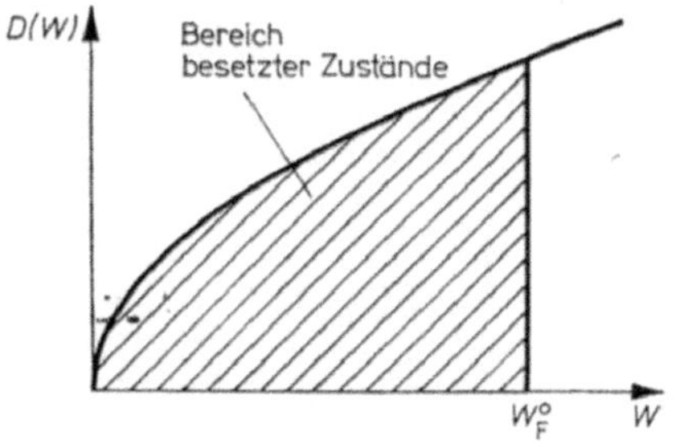

Abb. 6.7

Zustandsdichte $D(W)$ des dreidimensionalen Potentialkastens.

Der Faktor 2 berücksichtigt, daß jeder durch ein $\boldsymbol{k}$ charakterisierte Zustand 2 Elektronen mit unterschiedlicher Spinorientierung aufnehmen kann. Allgemein erhält man $\mathrm{d}Z$, indem das Volumen des $\boldsymbol{k}$-Raums, das durch die Flächen $W = \text{const}$ und $W + \mathrm{d}W = \text{const}$ eingeschlossen wird, mit der konstanten Dichte der Zustände im $\boldsymbol{k}$-Raum (6,12) multipliziert wird. Für freie Teilchen gilt

$$\mathrm{d}Z = \frac{\mathrm{d}^3k}{\frac{(2\pi)^3}{V}} = \frac{V}{8\pi^3} \cdot 4\pi k^2 \mathrm{d}k = \frac{V}{4\pi^2} \left(\frac{2m}{\hbar^2}\right)^{3/2} W^{1/2} \mathrm{d}W. \tag{6,24}$$

Der letzte Term folgt für $W = \frac{\hbar^2}{2m} k^2$; beim Einsetzen in (6,23) erhalten wir

$$D(W) = \frac{1}{2\pi^2} \left(\frac{2m}{\hbar^2}\right)^{3/2} W^{1/2}. \tag{6,25}$$

Dieser Ausdruck ist in Abb. 6.7 dargestellt. Die Bedeutung der Zustandsdichte $D(W)$ liegt darin, daß sehr oft Mittelwerte oder Summen von physikalischen Größen zu berechnen sind, die nicht direkt vom Zustand $\boldsymbol{k}$, sondern von dessen Energie

$W(\boldsymbol{k})$ abhängen. Dann können Integrationen der Art (6,13) in eine einfachere Integration über die Energie überführt werden. Als Gewichtsfunktion tritt dabei die Zustandsdichte $D(W)$ auf. Beispiele für solche Berechnungen sind die folgenden Integrale für die Teilchendichte n und die Gesamtenergie W_{Ges}.

$$n = \int_0^{W_F^0} \mathrm{d}W\, D(W), \tag{6,26}$$

$$W_{\text{Ges}} = V \int_0^{W_F^0} \mathrm{d}W\, D(W) \cdot W. \tag{6,27}$$

Mit (6,25) erhält man die schon bekannten Ergebnisse von (6,17) und (6,22).

6.2.3. Besetzung der Zustände bei T ≠ 0

Für Temperaturen $T \neq 0$ ist das Elektronengas thermisch angeregt. Die Elektronen besetzen dann auch Zustände außerhalb der Fermi-Kugel mit Energien $W > W_F^0$. Bei konstanter Elektronendichte n müssen nun aber Zustände mit $W < W_F^0$ leer sein. Die Besetzungswahrscheinlichkeit $f(W)$ eines Zustands der Energie W bei der Temperatur T ist gegeben durch die Verteilungsfunktion

$$f_0(W) = \frac{1}{1 + \exp\left(\dfrac{W - W_F}{k_B T}\right)} \tag{6,28}$$

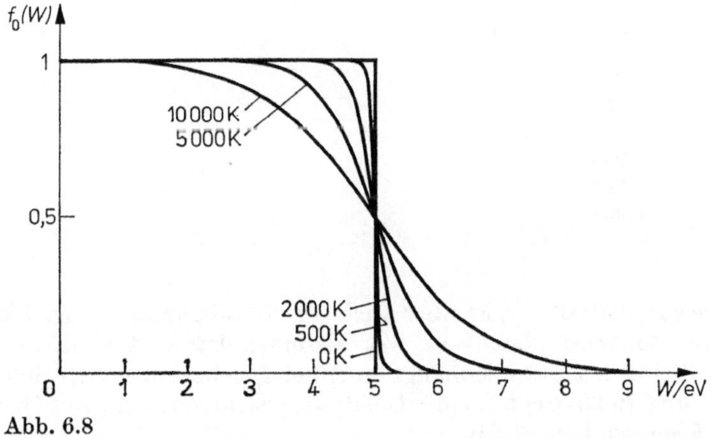

Abb. 6.8
Fermi-Verteilungsfunktion $f_0(W)$ für verschiedene T; $W_F = W_F^0 = 5\,\text{eV} = \text{const.}$

der Fermi-Dirac-Statistik. In Abb. 6.8 ist $f_0(W)$ für verschiedene Temperaturen skizziert. Bei $T = 0$ ist $f_0(W)$ eine Stufenfunktion, die für $W \lessgtr W_F$ die Werte 1 bzw. 0 annimmt, daraus folgt $W_F(T = 0) = W_F^0$. Bei $T \neq 0$ nimmt die Besetzungswahrscheinlichkeit mit zunehmendem W monoton ab und hat für $W = W_F$ den Wert 1/2. Der Energiebereich ΔW, innerhalb dessen die Verteilungsfunktion von 90% auf 10% ihres Maximalwertes abfällt, um den also die Fermi-Kugel — anschaulich gesprochen — aufgeweicht wird, ist nach (6,28) von der Größenordnung $k_B T$ (Tabelle 6.1). Wenden wir uns nun der Bedeutung des Fermi-Niveaus W_F zu. Dafür betrachten wir ein System von N Elektronen mit $N \gg 1$. W_F ist dann gleich der Energiedifferenz, um die sich die Gesamtenergie aller Elektronen ändert, wenn die Elektronenzahl auf $N - 1$ verringert bzw. auf $N + 1$ erhöht wird. Es ist üblich, das Fermi-Niveau auch als *chemisches Potential* zu bezeichnen. Dieser Ausdruck selbst stammt aus der Thermodynamik, wo das chemische Potential bei der Behandlung von Systemen mit variabler Teilchenzahl eingeführt wird. Diese Theorie wurde ursprünglich entwickelt für Systeme, in denen chemische Reaktionen ablaufen — deshalb der Ausdruck „chemisches Potential" —, ist aber auch für die Beschreibung des Elektronengases anwendbar. Zunächst genügt es, W_F als einen Parameter aufzufassen, der mit der Teilchendichte n zusammenhängt und bei gegebenem n berechnet werden kann. Aus (6,23) und (6,28) folgt für die Dichte der Elektronen $\mathrm{d}n = n(W)\,\mathrm{d}W$ mit Energien W im Energieintervall $\mathrm{d}W$

Tabelle 6.1
Werte der Fermi-Funktion $f_0(W) = \left[1 + \exp\left(\frac{W - W_F}{k_B T}\right)\right]^{-1}$ *und der Boltzmann-Funktion* $f_B = \exp\left(-\frac{W - W_F}{k_B T}\right)$

$\frac{W - W_F}{k_B T}$	f_0	f_B
5	0,007	0,007
4	0,018	0,018
3	0,047	0,050
2	0,12	0,135
1	0,27	0,37
0	0,5	1
−1	0,73	
−2	0,88	
−3	0,953	
−4	0,982	
−5	0,993	

$$\mathrm{d}n(W) = \frac{2 \cdot \mathrm{d}Z}{V} \cdot f_0(W) = D(W)\, f_0(W)\, \mathrm{d}W = n(W)\, \mathrm{d}W \tag{6,29}$$

(Abb. 6.9). Für die Gesamtdichte gilt dann

$$n = \int_0^\infty n(W)\, \mathrm{d}W = \int_0^\infty \mathrm{d}W\, D(W) \cdot f_0(W) \tag{6,30}$$

und für freie Teilchen mit (6,25)

$$n = \frac{1}{2\pi^2}\left(\frac{2m}{\hbar^2}\right)^{3/2} \int\limits_0^\infty \frac{\mathrm{d}W\, W^{1/2}}{1 + \exp\left(\frac{W - W_F}{k_B T}\right)}. \tag{6,31}$$

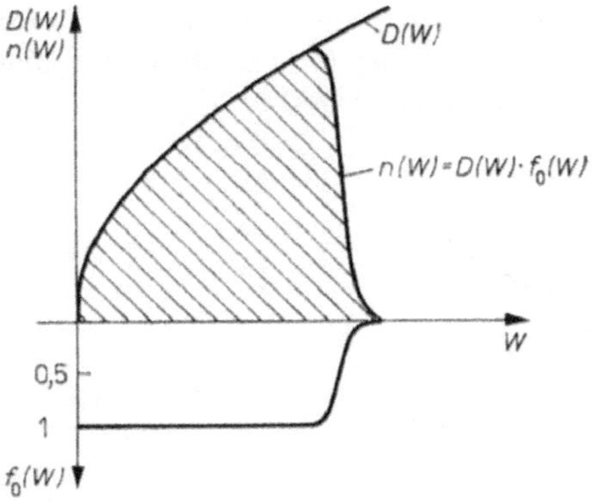

Abb. 6.9

Besetzung der Energieniveaus des dreidimensionalen Potentialkastens für $T > 0$.

Aus dieser Beziehung kann bei gegebener Elektronenkonzentration n das Fermi-Niveau $W_F(T)$ berechnet werden. Eine allgemeine Lösung des Integrals in (6,31) ist allerdings in analytischer Form nicht möglich. Zweckmäßig wird die Gleichung deshalb mit der Substitution $\frac{W}{k_B T} = x$ umgewandelt in

$$n = 2\left(\frac{2\pi m k_B T}{h^2}\right)^{3/2} \cdot \frac{2}{\sqrt{\pi}} \cdot \int\limits_0^\infty \frac{x^{1/2}\,\mathrm{d}x}{1 + \exp\left(x - \frac{W_F}{k_B T}\right)} \tag{6,32}$$

$$= n_0 \cdot \frac{2}{\sqrt{\pi}} F_{1/2}\left(\frac{W_F}{k_B T}\right)$$

mit

$$n_0 = 2\left(\frac{2\pi m k_B T}{h^2}\right)^{3/2}. \tag{6,33}$$

Das Fermi-Integral $F_{1/2}$ (Abb. 6.10) kann aus Tabellenwerken entnommen werden. Die Bezugskonzentration n_0, sie wird auch als effektive Zustandsdichte bezeichnet (siehe Abschnitt 7.3.2.), ist in Abb. 6.11 für $m = m_0$ in Abhängigkeit von T dargestellt. Aus den beiden Abbildungen kann nunmehr bei gegebenem n und T der Wert des Fermi-Niveaus W_F entnommen werden. Mit (6,28) und (6,29) ist damit die Verteilung der Elektronen auf die Energiezustände vollständig festgelegt. Der Mittelwert einer physikalischen Größe $A = A(W)$, deren Wert nur von der Energie des

Elektronenzustandes abhängen soll, kann dann berechnet werden aus

$$\langle A \rangle = \frac{\int_0^\infty \mathrm{d}W D(W) f_0(W) \cdot A(W)}{\int_0^\infty \mathrm{d}W D(W) f_0(W)}. \tag{6,34}$$

Der allgemeine Zusammenhang (6,32) zwischen n und W_F ist wenig anschaulich, wir wollen deshalb im folgenden auf zwei wichtige Grenzfälle näher eingehen, die die Behandlung der meisten praktischen Probleme erlauben.

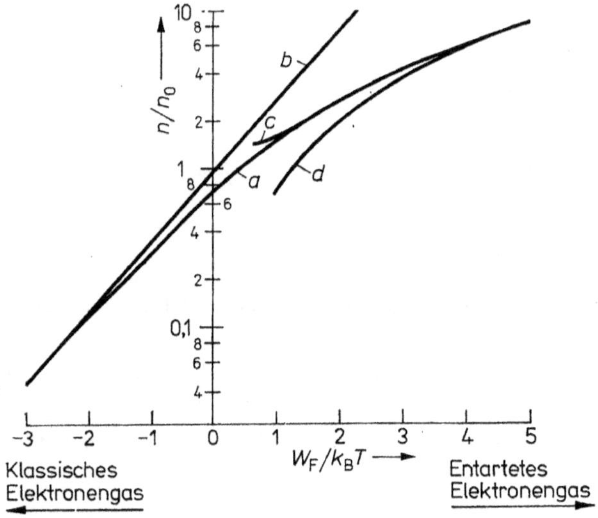

Abb. 6.10
Abhängigkeit der Elektronenkonzentration n vom chemischen Potential W_F
a) exakter Zusammenhang (6,32)
b) „klassische" Näherung (6,37)
c) Näherung für Entartung (6,40)
d) Näherung für starke Entartung (6,44).

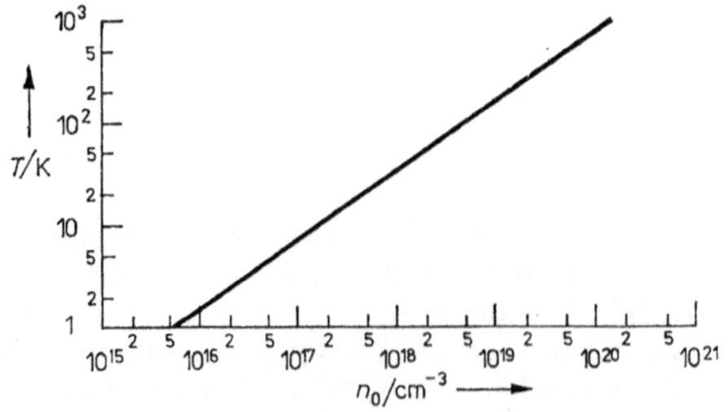

Abb. 6.11
Abhängigkeit der Konzentration n_0 (effektive Zustandsdichte) von der Temperatur T.

Der Fall des klassischen Elektronengases liegt vor, wenn die Bedingungen $n \ll n_0(T, m)$ bzw. $T \gg T_F(n, m)$ erfüllt sind. Setzt man aus (6,33), (6,20) und (6,17) ein, so wird deutlich, daß beide Bedingungen bis auf einen Faktor, der nahe bei 1 liegt, auf die Bedingung

$$\frac{n^{2/3}}{mT} \ll \frac{k_B}{4\hbar^2} \tag{6,35}$$

führen. Das Verhalten des klassischen Elektronengases erwarten wir demgemäß für kleine Elektronendichten, große effektive Massen und hohe Temperaturen. Diese auch als Boltzmann-Grenzfall bezeichnete Näherung kann für die Behandlung des Elektronengases in Halbleitern in weiten Bereichen herangezogen werden. Für

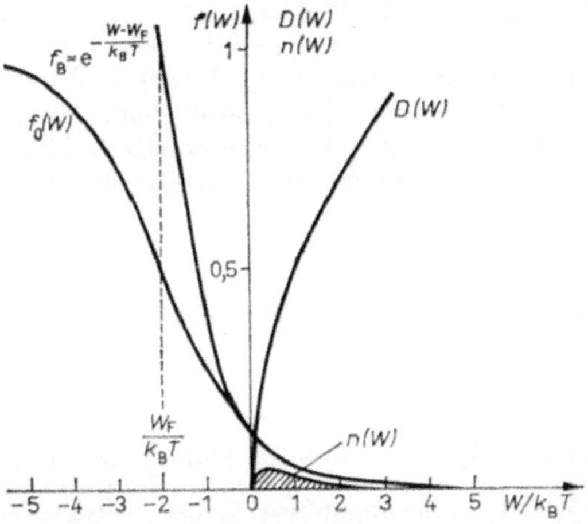

Abb. 6.12
Beschreibung der Energieverteilung $n(W)$ durch die klassische Boltzmann-Verteilung für negatives W_F (Fall des nichtentarteten Elektronengases).

$n = 10^{17}\,\text{cm}^{-3}$, $T > 50$ K und $m = m_0$ wird $\dfrac{n}{n_0}$ nach (6,33) oder Abb. 6.11 klein gegen Eins. Aus Abb. 6.10 ist zu entnehmen, daß $\dfrac{W_F}{k_B T}$ dann so stark negativ wird, daß die Fermi-Funktion $f_0(W)$ in guter Näherung durch die Boltzmann-Verteilungsfunktion ersetzt werden kann (Abb. 6.12)

$$f_0(W) = \frac{1}{1 + \exp\left(\dfrac{W - W_F}{k_B T}\right)} \approx \exp\left(\frac{W_F}{k_B T}\right) \cdot \exp\left(-\frac{W}{k_B T}\right). \tag{6,36}$$

Da in unserem Modell besetzbare Zustände nur für $W > 0$ vorliegen, kann der Summand 1 im Nenner immer gegenüber dem größeren Exponentialausdruck vernachlässigt werden, wenn $\dfrac{W_F}{k_B T} \lesssim -3$ erfüllt ist. Setzen wir (6,36) in (6,32) ein, so folgt

$$n = n_0 \cdot \frac{2}{\sqrt{\pi}} \exp\left(\frac{W_F}{k_B T}\right) \int_0^\infty dx\, x^{1/2} e^{-x}, \tag{6,37}$$

$$n = n_0 \exp\left(\frac{W_F}{k_B T}\right) \quad \text{(Abb. 6.10)}.$$

Für das bestimmte Integral gilt

$$\int_0^\infty dx\, x^{1/2} e^{-x} = \Gamma\left(\frac{3}{2}\right) = \frac{\sqrt{\pi}}{2}.$$

Einen zweiten Grenzfall erhält man für $T \ll T_F(n, m)$ bzw. $n \gg n_0(T, m)$. Man nennt ihn auch den Fermi-Grenzfall, er ist für das Elektronengas in Metallen mit $T_F \approx 10^4$ K bis zu höchsten praktisch interessierenden Temperaturen sehr gut erfüllt. Ein solches Elektronengas wird auch als *entartet* bezeichnet, da es sich gegenüber dem zeitlich früher behandelten klassischen Gas *andersartig* verhält.

Für den Fermi-Grenzfall führt die Berechnung von Mittelwerten der Art (6,34) oft auf Integrale des Typs

$$F_n\left(\frac{W_F}{k_B T}\right) = \int_0^\infty \frac{dx \cdot x^n}{1 + \exp\left(x - \dfrac{W_F}{k_B T}\right)}; \tag{6,38}$$

der Ausdruck (6,32) für die Elektronendichte n ist ein Spezialfall hiervon für $n = \frac{1}{2}$. Diese Integrale können für $\frac{W_F}{k_B T} \gg 1$ näherungsweise gelöst werden, wenn man partiell integriert und danach berücksichtigt, daß der Integrand nur für $x \approx \frac{W_F}{k_B T}$ wesentliche Beiträge zum Integral liefert. Bis auf Korrekturen von vierter und höherer Ordnung in $\frac{k_B T}{W_F}$ folgt dann

$$F_n\left(\frac{W_F}{k_B T}\right) \approx \frac{1}{n+1}\left(\frac{W_F}{k_B T}\right)^{n+1}\left[1 + \frac{\pi^2}{6}\, n(n+1)\left(\frac{k_B T}{W_F}\right)^2\right]. \tag{6,39}$$

Für Metallelektronen ist die Bedingung $\frac{W_F}{k_B T} \gg 1$ immer erfüllt, (6,39) gilt also in sehr guter Näherung. Wir werten nunmehr (6,32) mit Hilfe von (6,39) aus und erhalten

$$n = \frac{1}{3\pi^2}\left(\frac{2m}{\hbar^2}\right)^{3/2} W_F^{3/2}\left[1 + \frac{\pi^2}{8}\left(\frac{k_B T}{W_F}\right)^2\right]. \tag{6,40}$$

Dieser für den Entartungsfall gültige Zusammenhang von n und W_F ist ebenfalls in Abb. 6.10 eingetragen. Die Konzentration n der Elektronen können wir in Metallen als temperaturunabhängig annehmen, damit läßt sich n mit Hilfe von (6,17) durch

W_F^0 ersetzen:

$$(W_F^0)^{3/2} = W_F^{3/2}\left[1 + \frac{\pi^2}{8}\left(\frac{k_B T}{W_F}\right)^2\right]. \tag{6,41}$$

Wegen $\frac{k_B T}{W_F} \ll 1$ ist $W_F \approx W_F^0$, und wir können im Korrekturterm W_F durch W_F^0 ersetzen:

$$W_F = W_F^0\left[1 + \frac{\pi^2}{8}\left(\frac{k_B T}{W_F^0}\right)^2\right]^{-2/3}. \tag{6,42}$$

Entwickelt man hier den Klammerausdruck, so folgt

$$W_F(T) = W_F^0\left[1 - \frac{\pi^2}{12}\left(\frac{k_B T}{W_F^0}\right)^2\right]. \tag{6,43}$$

Für Metalle mit $W_F^0 \approx 5$ eV liegt der Korrekturterm selbst bei Temperaturen von 2000 K erst in der Größenordnung von 10^{-3}, W_F kann praktisch als konstant angesehen und mit W_F^0 gleichgesetzt werden. Für (6,32) gilt demzufolge im Fall starker Entartung

$$n = \frac{1}{3\pi^2}\left(\frac{2m}{\hbar^2}\right)^{3/2} W_F^{3/2}. \tag{6,44}$$

Auch dieser Näherungsausdruck ist in Abb. 6.10 dargestellt. Die Ursache für die schwache Abnahme von W_F mit zunehmender Temperatur liegt darin, daß die Verteilungsfunktion $f_0(W)$ insofern symmetrisch zu $W = W_F$ ist, als ein Zustand bei $W_F - W$ in gleicher Weise geleert ist, wie ein Zustand bei $W_F + W$ besetzt wird, d. h.

$$f_0(W_F - W) + f_0(W_F + W) = 1. \tag{6,45}$$

Da andererseits die Zustandsdichte $D(W)$ für den dreidimensionalen Fall mit zunehmender Energie größer wird, muß W_F kleiner werden, damit n, wie vorausgesetzt, konstant bleibt. Analog zu (6,27) berechnen wir nun noch die Gesamtenergie des Elektronengases

$$W_{\mathrm{Ges}}(T) = V\int_0^\infty \mathrm{d}W D(W)\, f_0(W)\, W$$

$$= \frac{V}{2\pi^2}\left(\frac{2m}{\hbar^2}\right)^{3/2}\int_0^\infty \frac{\mathrm{d}W\, W^{3/2}}{1 + \exp\left(\frac{W - W_F}{k_B T}\right)}. \tag{6,46}$$

Mit der Substitution $W = k_B T \cdot x$ folgt unter Beachtung von (6,38)

$$W_{\mathrm{Ges}}(T) = \frac{V}{2\pi^2}\left(\frac{2m}{\hbar^2}\right)^{3/2}(k_B T)^{5/2}\cdot F_{3/2}\left(\frac{W_F}{k_B T}\right). \tag{6,47}$$

Die Fermi-Funktion $F_{3/2}\left(\frac{W_F}{k_B T}\right)$ kann nach (6,39) berechnet werden:

$$W_{\text{Ges}}(T) = \frac{V}{2\pi^2}\left(\frac{2m}{\hbar^2}\right)^{3/2} \cdot \frac{2}{5}\, W_F^{5/2}\left[1 + \frac{5\pi^2}{8}\left(\frac{k_B T}{W_F}\right)^2\right]. \tag{6,48}$$

Auch hier setzen wir im Korrekturglied $W_F = W_F^0$; der Faktor $W_F^{5/2}$ wird mit (6,43) umgewandelt:

$$W_{\text{Ges}}(T) = \frac{V}{5\pi^2}\left(\frac{2m}{\hbar^2}\right)^{3/2} (W_F^0)^{5/2}\left[1 - \frac{\pi^2}{12}\left(\frac{k_B T}{W_F^0}\right)^2\right]^{5/2}\left[1 + \frac{5\pi^2}{8}\left(\frac{k_B T}{W_F^0}\right)^2\right]. \tag{6,49}$$

Setzt man nun aus (6,17) $N = \frac{V}{3\pi^2}\left(\frac{2m}{\hbar^2}\right)^{3/2}(W_F^0)^{3/2}$ ein, entwickelt die erste Klammer und berechnet den gesamten Ausdruck bis zur 2. Ordnung in $\frac{k_B T}{W_F^0}$, so ergibt sich

$$W_{\text{Ges}}(T) = \frac{3}{5}\, N W_F^0\left[1 + \frac{5\pi^2}{12}\left(\frac{k_B T}{W_F^0}\right)^2\right]. \tag{6,50}$$

Für $T = 0$ folgt das schon bekannte Ergebnis (6,22). Nach (6,50) nimmt die Energie des Elektronengases nur sehr schwach mit der Temperatur zu. Wir werden hierauf im nächsten Abschnitt in Zusammenhang mit dem Beitrag des Elektronengases zur spezifischen Wärmekapazität des Festkörpers zurückkommen.

6.2.4. Beitrag der Elektronen zur Wärmekapazität des Festkörpers

Im Abschnitt 5.3. haben wir den Gitteranteil der Wärmekapazität des Festkörpers behandelt. Die experimentellen Ergebnisse zeigen nun, daß bei Temperaturen T, die groß sind gegen die Debye-Temperatur Θ, die gesamte Wärmekapazität allein durch diesen Gitterbeitrag bestimmt wird (Dulong-Petitsches Gesetz). Der Anteil der Elektronen ist demgegenüber zu vernachlässigen, obwohl diese in den Metallen in hoher Konzentration vorliegen. Prinzipiell kann dieser Sachverhalt erklärt werden, wenn man die Kristallelektronen in der Näherung freier Elektronen behandelt. Das war eines der wesentlichen Ergebnisse, die SOMMERFELD 1928 bei der quantenmechanischen Behandlung des Elektronengases erhielt.

Die Wärmekapazität ergibt sich aus

$$C_V^{\text{el}} = \left(\frac{\partial W_{\text{Ges}}(T)}{\partial T}\right)_{V=\text{const}}. \tag{6,51}$$

Für das in Metallen vorliegende entartete Elektronengas folgt mit (6,50)

$$C_V^{\text{el}} = \frac{\partial}{\partial T}\left\{\frac{3}{5}\, N W_F^0\left[1 + \frac{5\pi^2}{12}\left(\frac{k_B T}{W_F^0}\right)^2\right]\right\} = \frac{\pi^2}{2}\,\frac{k_B T}{W_F^0} \cdot N k_B = \gamma' T \tag{6,52}$$

mit

$$\gamma' = \frac{\pi^2}{2}\,\frac{k_B^2 N}{W_F^0}. \tag{6,53}$$

Die Wärmekapazität eines klassischen Systems von N Teilchen mit je f Freiheitsgraden beträgt

$$C_V^{\text{klass}} = \frac{f}{2} N k_{\text{B}}, \tag{6,54}$$

denn nach dem Gleichverteilungssatz gilt für die mittlere Gesamtenergie

$$W_{\text{Ges}}^{\text{klass}}(T) = N \cdot f \cdot \frac{1}{2} k_{\text{B}} T. \tag{6,55}$$

Demgegenüber ist die Wärmekapazität des Elektronengases temperaturabhängig und bei Zimmertemperatur um einen Faktor der Größenordnung

$$\frac{k_{\text{B}} T_{\text{Zi}}}{W_{\text{F}}^0} = \frac{T_{\text{Zi}}}{T_{\text{F}}} \approx 10^{-2} \tag{6,56}$$

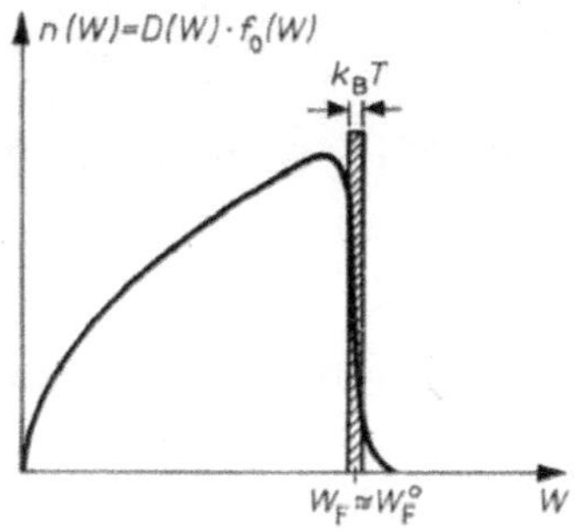

Abb. 6.13
Anteil der thermisch anregbaren Elektronen des entarteten Elektronengases an der Fermi-Fläche.

kleiner. Man kann dieses Ergebnis in sehr anschaulicher Weise interpretieren. Wegen des Pauli-Prinzips werden Elektronen nur dann thermisch angeregt, wenn geeignete freie Zustände vorhanden sind. Das aber ist lediglich der Fall für Elektronen, die Zustände an der Oberfläche der Fermi-Kugel besetzen, denn nur dort gibt es innerhalb eines Energiebereiches der Breite $k_{\text{B}}T$ mit einiger Wahrscheinlichkeit sowohl besetzte Anfangszustände als auch unbesetzte Endzustände (Abb. 6.13).

Die Anzahl der anregbaren Elektronen beträgt danach etwa

$$N_{\text{eff}} \approx V \cdot D(W_{\text{F}}^0) \cdot k_{\text{B}} T. \tag{6,57}$$

Aus (6,17) und (6,25) folgt

$$D(W_{\text{F}}^0) = \frac{3}{2} \frac{1}{V} \frac{N}{W_{\text{F}}^0}, \tag{6,58}$$

weiter gilt dann

$$N_{\text{eff}} \approx \frac{3}{2} \frac{k_{\text{B}} T}{W_{\text{F}}^0} \cdot N. \tag{6,59}$$

Setzt man diese Anzahl wirksamer Elektronen in (6,54) ein (mit $f = 3$), so erhält man bis auf einen Faktor der Größenordnung 1 das Ergebnis (6,52). Letztlich ist also der geringe Beitrag der Elektronen zur Wärmekapazität darauf zurückzuführen, daß wegen des Pauli-Prinzips nur ein Bruchteil der insgesamt vorhandenen Elektronen thermisch angeregt wird.

Allerdings wird bei sehr tiefen Temperaturen $T \ll \Theta$ im Bereich von 1 K der Elektronenanteil größer als der des Gitters, da dieser nach der Debyeschen Theorie mit T^3 abfällt (Abb. 6.14). Für die gesamte Wärmekapazität des Metalls gilt dann

$$C_{V,\mathrm{Mol}}^{\mathrm{Ges.}} = \gamma T + \alpha T^3. \tag{6,60}$$

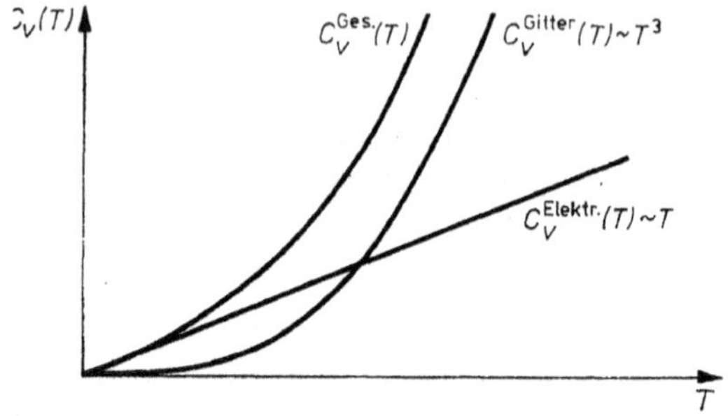

Abb. 6.14

Temperaturabhängigkeit der Wärmekapazität $C_V^{\mathrm{Ges}}(T)$ der Metalle für $T \to 0$ sowie deren Gitter- und Elektronenanteil.

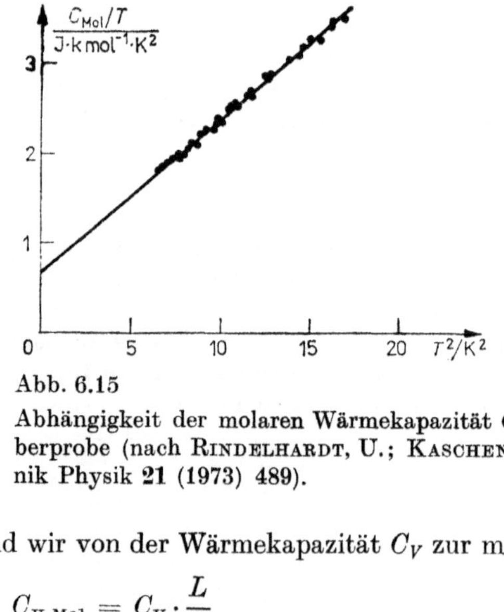

Abb. 6.15

Abhängigkeit der molaren Wärmekapazität C_{Mol} von der Temperatur für eine Silberprobe (nach RINDELHARDT, U.; KASCHENZ, H.; HEGENBARTH, E., Exper. Technik Physik **21** (1973) 489).

Hier sind wir von der Wärmekapazität C_V zur molaren Wärmekapazität

$$C_{V,\mathrm{Mol}} = C_V \cdot \frac{L}{N} \tag{6,61}$$

übergegangen, $L = 6{,}02 \cdot 10^{26}\ \mathrm{kmol^{-1}}$. Aus der gemessenen molaren Wärmekapazität erhält man α und γ, wenn man $\frac{C_{V,\mathrm{Mol}}^{\mathrm{Ges}}}{T}$ in Abhängigkeit von T^2 darstellt und den Anstieg sowie den Ordinatenschnittpunkt der Geraden bestimmt (Abb. 6.15).

Aus den so experimentell erhaltenen Werten für γ können nunmehr charakteristische Parameter des Elektronengases abgeleitet werden, wenn man ein spezielles Modell zugrunde legt. Für die Alkalimetalle z. B. ist die Näherung freier Elektronen als eine brauchbare Beschreibung anzusehen. Aus (6,53), (6,17) und (6,61) folgt dann

$$\gamma_{\text{exp}} = \frac{\pi^2 k_B^2}{\hbar^2} \frac{m N_A}{(3\pi^2 n)^{2/3}}. \tag{6,62}$$

n kann eingesetzt werden aus (6,21) mit $r = 1$, da jedes Atom ein Elektron an das Elektronengas abgibt. Aus (6,62) kann schließlich eine „thermische" effektive Masse m_{th}^* der Kristallelektronen berechnet werden (Tabelle 6.2).

Tabelle 6.2

Nach (6,62) berechnete „thermische" effektive Massen der Kristallelektronen
(Werte für γ aus ARDENNE, M. v.: Tabellen zur angewandten Physik, Band III. — Berlin: VEB Deutscher Verlag der Wissenschaften 1973)

	r	$\frac{\gamma}{10^{-3}\ \text{Ws/mol}\cdot\text{K}^2}$	$\frac{\varrho}{\text{g/cm}^3}$	$\frac{M}{\text{g/mol}}$	$\frac{m_{\text{th}}^*}{m_0}$
Li	1	1,75	0,534	6,94	2,32
Na	1	1,37	0,97	22,99	1,22
K	1	2,08	0,862	39,10	1,20
Rb	1	2,41	1,53	85,47	1,21
Cs	1	3,20	1,90	132,91	1,39
Ag	1	0,609	10,50	107,87	0,95
Cu	1	0,70	8,93	63,54	1,39
Au	1	0,70	19,3	196,97	1,09
Be	2	0,222	1,85	0,91	0,90
Mg	2	1,37	1,71	24,31	2,72
Ca	2	2,73	1,52	40,08	3,6
Sr	2	3,65	2,6	87,62	4,08
Ba	2	2,70	3,65	137,34	2,81
Zn	2	0,627	7,13	65,37	1,67
Cd	2	0,69	8,64	112,40	1,46

Für die Übergangsmetalle andererseits ist die Näherung freier Elektronen kaum anwendbar. Aus (6,53), (6,58) und (6,62) läßt sich aber ein Ausdruck für γ herleiten, der über diese Näherung hinaus gilt:

$$\gamma_{\text{exp}} = \frac{\pi^2}{3} k_B^2 \cdot V_{\text{Mol}} \cdot D(W_F^0). \tag{6,63}$$

Mit γ bestimmt man also den Wert der Zustandsdichte an der Fermi-Fläche. Die hohen Werte von γ_{exp} für die Übergangsmetalle Fe, Co und Ni sind ein experimenteller Hinweis auf die auch aus anderen Untersuchungen bekannte Überlappung von s- und d-Bändern (s. Abschnitt 8.5.1.) an der Fermi-Grenze, die zu großen $D(W_F^0)$ führt.

Allgemein kann festgestellt werden, daß die Elektronen des Festkörpers nur in *Metallen* bei tiefen Temperaturen einen meßbaren Einfluß auf dessen Wärmekapazität haben. In allen anderen Fällen kann der Elektronenanteil völlig vernachlässigt werden, denn die Anzahl der im thermischen Gleichgewicht angeregten Elektronen ist immer verschwindend klein gegen die Anzahl der Atome und geht mit abnehmender Temperatur exponentiell gegen Null.

6.2.5. Elektrostatische Abschirmung

Die Leitungselektronen in Metallen und Halbleitern sind innerhalb des Festkörpers beweglich. Unter dem Einfluß elektrischer Felder werden sie deshalb verschoben. Solche Felder können von außen angelegt sein, durch Oberflächenladungen hervorgerufen werden oder von einer geladenen Störstelle im Festkörper ausgehen. Die Umordnung der Elektronen führt dann zu einer räumlichen Ladungsverteilung, deren elektrisches Feld sich der ursprünglichen Störung derart überlagert, daß diese weitgehend abgeschirmt wird. Wir wollen diese Erscheinung ebenfalls in der Näherung des Modells freier Elektronen im Fermi-Grenzfall betrachten.

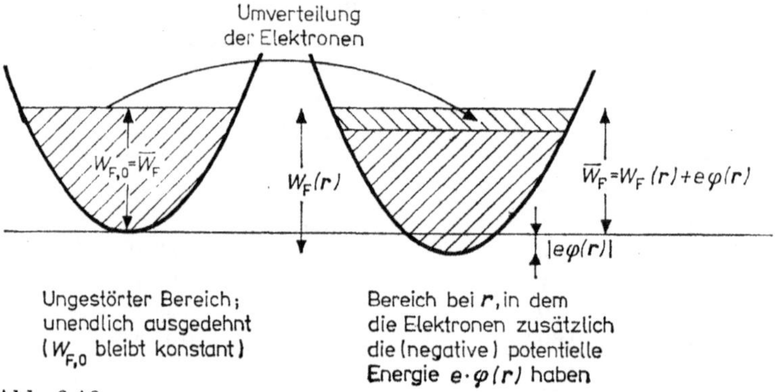

Abb. 6.16

Besetzung der Elektronenzustände an verschiedenen Orten $\boldsymbol{r}$ unter der Wirkung des ortsabhängigen Potentials $\varphi(\boldsymbol{r})$. (Im Bildtext steht e für die negative Ladung des Elektrons.)

Die Konzentration der freien Ladungsträger sei im ungestörten, sehr weit entfernten Bereich n_0. Das Fermi-Niveau hat dort den Wert $W_{F,0} \approx W^0_{F,0} = \frac{\hbar^2}{2m}(3\pi^2 n_0)^{2/3}$. In der Umgebung der Störung soll bei $\boldsymbol{r}$ ein Störpotential $\varphi(\boldsymbol{r})$ auftreten. Gegenüber dem ungestörten Bereich haben die Elektronen dann an dieser Stelle eine zusätzliche potentielle Energie $-e\varphi(\boldsymbol{r})$ (Abb. 6.16). Das führt zur Verschiebung von Elektronen an die Stellen niedriger potentieller Energie. Damit werden die Ladungsträgerkonzentration $n(\boldsymbol{r})$ und das Fermi-Niveau

$$W_F(\boldsymbol{r}) = \frac{\hbar^2}{2m} \cdot 3\pi^2 n(\boldsymbol{r})^{2/3} \tag{6,64}$$

ortsabhängig. Nach Einstellung des Gleichgewichts muß die Summe aus dem Fermi-Niveau und der elektrostatischen Energie $-e\varphi(\boldsymbol{r})$ im ganzen Festkörper konstant sein. Diese Summe wird als *elektrochemisches Potential* $\overline{W}_F$ bezeichnet,

$$\overline{W}_F = W_{F,0} = W_F(\boldsymbol{r}) - e\varphi(\boldsymbol{r}) = \text{const.} \tag{6,65}$$

Aus Abb. 6.16 folgt anschaulich, daß bei der Einstellung des Gleichgewichts die „obere Schicht“ von Elektronenzuständen aufgefüllt wird, daß sich die Ladungsträgerkonzentration am Ort $\boldsymbol{r}$ also um

$$\delta n(\boldsymbol{r}) \approx +D(W_F)\, e\varphi(\boldsymbol{r}) \tag{6,66}$$

ändert. Verbunden damit ist eine lokale Änderung der Ladungsdichte

$$\delta\varrho(\boldsymbol{r}) = \varrho(\boldsymbol{r}) = -e\,\delta n(\boldsymbol{r}) = -e^2 D(W_F)\cdot\varphi(\boldsymbol{r}). \tag{6,67}$$

Andererseits müssen aber die Ladungsdichte $\varrho(\boldsymbol{r})$ und das elektrostatische Potential die Poisson-Gleichung erfüllen:

$$\frac{\partial^2}{\partial \boldsymbol{r}^2}\,\varphi(r) = \Delta\varphi(\boldsymbol{r}) = -\frac{\varrho(\boldsymbol{r})}{\varepsilon_0}. \tag{6,68}$$

Mit (6,67) und (6,58) ergibt sich daraus die Bestimmungsgleichung für $\varphi(\boldsymbol{r})$:

$$\frac{\partial^2}{\partial \boldsymbol{r}^2}\,\varphi(\boldsymbol{r}) = \frac{1}{l^2}\,\varphi(\boldsymbol{r}) \tag{6,69}$$

mit

$$l = \left(\frac{2\varepsilon_0 W_F}{3e^2 n_0}\right)^{1/2}.$$

Die Konstante l ist eine charakteristische Abklinglänge, die durch die Konzentration der freien Ladungsträger festgelegt wird. Führt man den Bohrschen Radius $a_0 = \dfrac{4\pi\varepsilon_0\hbar^2}{m_0 e^2} = 0{,}53\cdot 10^{-10}$ m ein, so gilt mit (6,44):

$$l = \left(\frac{\pi}{3}\right)^{1/6}\frac{1}{2}\sqrt{a_0 n_0^{-1/3}} \approx \frac{1}{2}\sqrt{a_0 n_0^{-1/3}}. \tag{6,70}$$

Da für Metalle auch $n_0^{-1/3}$, d. h. der mittlere Abstand der Leitungselektronen, im Bereich von $2\cdots5\cdot10^{-10}$ m liegt, ist die Abschirmlänge kleiner als die Atomabstände.

In Halbleitern ist die Konzentration der freien Ladungsträger um Größenordnungen kleiner. Statt (6,66) gilt aber mit (6,65) und (6,37) im Boltzmann-Grenzfall

$$\delta n(\boldsymbol{r}) = n_0\cdot \mathrm{e}^{-\frac{e\varphi(\boldsymbol{r})}{k_B T}} - n_0. \tag{6,71}$$

Für $k_B T \gg |e\varphi(\boldsymbol{r})|$ ergibt sich eine zu (6,69) analoge Beziehung mit

$$l_D = \left(\frac{\varepsilon\varepsilon_0 k_B T}{e^2 n_0}\right)^{1/2}.$$

Die Debye-Länge l_D ist charakteristisch für die Ausdehnung von Raumladungsschichten in Störstellenhalbleitern. Gegenüber l in (6,70) ist l_D sehr viel größer, für $n_0 = 10^{16}\ \mathrm{cm}^{-3}$, $\varepsilon = 12$ (Silicium) und Zimmertemperatur z. B. wird $l_D = 41{,}5$ nm.

Potential einer punktförmigen Störung. Ein substituiertes zweiwertiges Fremdatom in einem Gitter einwertiger Atome kann als eine Störung mit der Ladung e angesehen werden. Wir wollen nach (6,69) das Potential einer derartigen punktförmigen Störung mit der Ladung q berechnen. Die gesuchte Lösung hängt nur vom Abstand r von der Störung ab. Demzufolge braucht nur der Radialteil des Laplace-Operators berücksichtigt zu werden:

$$\left(\frac{\mathrm{d}^2}{\mathrm{d}r^2} + \frac{2}{r}\frac{\mathrm{d}}{\mathrm{d}r}\right)\varphi(r) = \frac{1}{l^2}\,\varphi(r). \tag{6,72}$$

Durch Einsetzen überprüft man, daß die Lösung von (6,72)

$$\varphi(r) = A \cdot \frac{1}{r} e^{-\frac{r}{l}} \tag{6,73}$$

lautet.

Für $r \to 0$ muß (6,73) in das Coulomb-Potential einer Punktladung q übergehen:

$$\lim_{r \to 0} \varphi(r) = \frac{A}{r} = \frac{q}{4\pi\varepsilon_0 r}. \tag{6,74}$$

Damit gilt

$$\varphi(r) = \frac{q}{4\pi\varepsilon_0 r} e^{-\frac{r}{l}}. \tag{6,75}$$

Dieses Potential wird als abgeschirmtes Coulomb-Potential bezeichnet. Seine Reichweite ist gegenüber dem Coulomb-Potential wesentlich verkürzt (Abb. 6.17). Die geladene Störung wirkt deshalb auf Elektronen, die sich weiter als einige l entfernt befinden, nicht mehr ein.

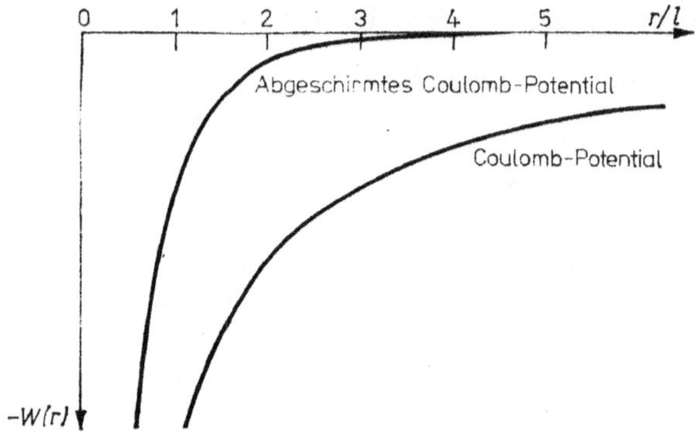

Abb. 6.17
Abschirmung eines anziehenden Coulomb-Potentials.

Abschirmung eines äußeren Feldes. Mit der Einführung periodischer Randbedingungen in Abschnitt 6.2.2. haben wir zunächst die Behandlung jeglicher Oberflächeneffekte ausgeschlossen. Die Wirkung eines äußeren elektrischen Feldes oder die im nächsten Abschnitt behandelte Elektronenemission sind aber typische Grenzflächenerscheinungen, man müßte also prüfen, ob die Ergebnisse von Abschnitt 6.2.2. noch gelten. Tatsächlich zeigt eine solche Untersuchung, daß dann zusätzliche Oberflächenzustände (Abschnitt 7.2.4.) auftreten, daß sich aber hinsichtlich der Verteilung und Dichte der in Abschnitt 6.2.2. berechneten Volumenzustände keine Änderungen ergeben, solange die Abmessungen des Festkörpers in den drei Raumrichtungen groß gegenüber den Gitterkonstanten sind.

In der Näherung, die auf (6,69) führt, berechnen wir nun das Eindringen eines äußeren elektrischen Feldes $\boldsymbol{E}_0 = E_0 \boldsymbol{x}^0$ in den Festkörper, der den Halbraum $x > 0$ ausfüllt. (6,69) geht dann über in

$$\frac{d^2\varphi}{dx^2} = \frac{1}{l^2} \varphi. \tag{6,76}$$

Die allgemeine Lösung lautet

$$\varphi(x) = a_1 e^{-\frac{x}{l}} + a_2 e^{+\frac{x}{l}}, \tag{6,77}$$

aus den Randbedingungen folgt $a_1 = lE_0$ und $a_2 = 0$,

$$\varphi(x) = lE_0 e^{-\frac{x}{l}}, \tag{6,78}$$

$$E(x) = -\frac{d\varphi(x)}{dx} = E_0 \cdot e^{-\frac{x}{l}}. \tag{6,79}$$

Das äußere Feld wird also in einer Oberflächenschicht mit einer Dicke von einigen l abgeschirmt (Abb. 6.18). Befindet sich an der Oberfläche des Materials eine Oberflächenladung der konstanten Flächendichte $\sigma = \frac{Q}{A}$, so gelten (6,78) und (6,79) mit $E_0 = \frac{\sigma}{\varepsilon_0}$.

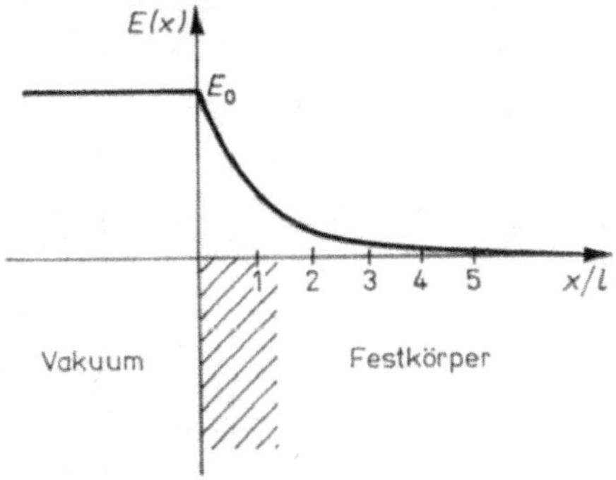

Abb. 6.18
Abschirmung eines äußeren Feldes $\boldsymbol{E}_0 = E_0 \cdot \boldsymbol{x}^0$ im Festkörper.

6.2.6. Elektronenemission

In sehr vielen modernen Verfahren und Geräten werden Strahlen freier Elektronen benötigt. Hierzu gehören z. B. die vielen speziellen Typen von Elektronenröhren (Fernsehbildröhren), die Elektronenmikroskopie- und -beugungsanlagen, Röntgengeräte, Elektronenstrahlschweiß- und -bearbeitungsverfahren, Elektronenbeschleuniger usw. Diese Strahlen werden durch Elektronenemission aus Metalloberflächen erzeugt; wir wollen im folgenden diesen Vorgang auf der Basis der Näherung freier Elektronen behandeln. Dabei gehen wir vom Potentialtopfmodell (Abb. 6.19) aus. Legen wir den Energienullpunkt auf den Grund des Potentialtopfes, so befindet sich das Außen- oder Vakuumpotential bei W_0. Damit ein Elektron das Metall verlassen kann, muß seine kinetische Energie also größer als W_0 sein. Schon im Grundzustand sind aber alle Energieniveaus bis $W = W_F^0$ besetzt, die energiereichsten Elektronen benötigen danach nur noch die zusätzliche Energie $W_A = W_0 - W_F^0$, um aus dem Metall austreten zu können. Die Austrittsarbeit W_A ist eine Materialeigenschaft, sie hat Werte von einigen eV (Tabelle 6.3).

Die für die Emission erforderliche Energiezufuhr kann in verschiedener Weise erfolgen. Der technisch wichtigste Vorgang ist die Thermo- oder Glühemission, bei der die Anregungsenergie durch Temperaturerhöhung zugeführt wird. Weiterhin kann die Emission bewirkt werden durch starke elektrische Felder, die Elektronen — bildlich gesprochen — aus dem Material heraussaugen (Feldemission), durch elektromagnetische Strahlung (Photoemission) und durch Elektronen- oder Ionenbeschuß (Sekundärelektronenemission).

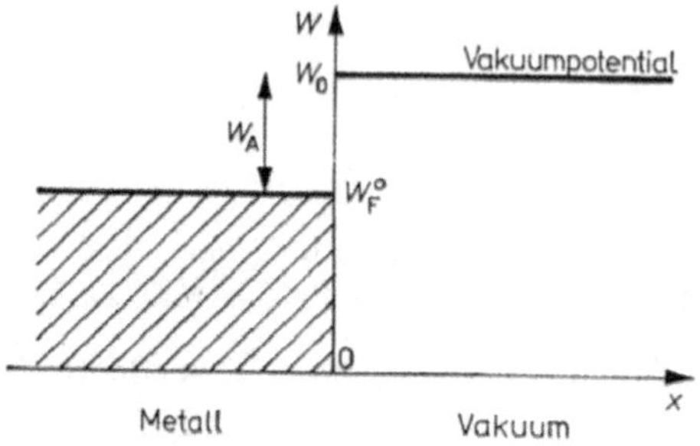

Abb. 6.19

Schematische Darstellung der Potentialstufe beim Übergang Metall—Vakuum.

Tabelle 6.3

Zahlenwerte für die thermischen Austrittsarbeiten W_A und die Mengenkonstanten A der Richardson-Gleichung (6,87)

(nach LANDOLT-BÖRNSTEIN: Zahlenwerte und Funktionen aus Naturwissenschaften und Technik. Band 2, Teil 6. — Berlin/Göttingen/Heidelberg: Springer-Verlag 1959.

	W_A/eV	A/A cm^{-2}K^{-2}
C	4,45	35
W	4,5	60
Ta	4,09	37
Mo	4,29	107
W-Ba	2,01	100
W-Cs	1,38	3,26
W-Th	2,66	5,0
BaO	1,0···1,5	0,1

Glühemission. Zunächst wollen wir die Sättigungsstromdichte $j_x(T)$ des Thermostroms aus einer Metalloberfläche bei $x = 0$ berechnen. Die austretenden Elektronen sollen durch ein elektrisches Feld abgesaugt werden, so daß sich vor der Oberfläche keine Raumladung aufbaut, die zu einer teilweisen Reflexion der Elektronen führen würde. Weiterhin wollen wir annehmen, daß alle Elektronen aus dem Metall austreten, für die gilt

$$\frac{\hbar^2}{2m} k_x^2 = W_x \geqq W_0, \quad v_x > 0. \tag{6,80}$$

Diese Forderung ist vom Standpunkt der klassischen Physik aus leicht einzusehen; quantenmechanisch läßt sich jedoch zeigen, daß auch die Elektronen, die (6,80) erfüllen, mit einer gewissen Wahrscheinlichkeit an der Potentialschwelle vom Festkörper zum Vakuum reflektiert werden. Die genauere Untersuchung zeigt aber, daß die Durchgangswahrscheinlichkeit bei dem allmählichen Potentialübergang, wie er durch das Bildkraftpotential (Abb. 6.21) bewirkt wird, tatsächlich nahe bei 1 liegt.

Die gesuchte Stromdichte folgt aus

$$\begin{aligned} \mathrm{d}j_x &= -ev_x\,\mathrm{d}n\,, \\ j_x &= -e\int v_x\,\mathrm{d}n\,. \end{aligned} \tag{6,81}$$

Dabei ist $\mathrm{d}n$ die Konzentration derjenigen Elektronen, die Zustände bei $\boldsymbol{k}$ im Volumenelement d^3k des $\boldsymbol{k}$-Raums besetzen:

$$\mathrm{d}n = f_0[W(\boldsymbol{k})]\,\frac{2\,\mathrm{d}^3k}{(2\pi)^3}\,. \tag{6,82}$$

Nach (6,24) gibt der zweite Faktor die Konzentration der besetzbaren Zustände an und $f_0(W)$ deren mittlere Besetzung. Weiter gilt wegen (6,9) und $\boldsymbol{v} = \frac{\hbar}{m}\,\boldsymbol{k}$

$$v_x = \frac{1}{\hbar}\frac{\partial W}{\partial k_x}; \tag{6,83}$$

damit wird aus (6,81)

$$\begin{aligned} j_x &= \frac{-e}{2\pi^2 h}\iiint \mathrm{d}k_z\,\mathrm{d}k_y\,\mathrm{d}k_x\,\frac{\partial W(\boldsymbol{k})}{\partial k_x}\,f_0[W(\boldsymbol{k})] \\ &= \frac{-e}{2\pi^2 h}\int\limits_{-\infty}^{+\infty}\int\limits_{-\infty}^{+\infty}\mathrm{d}k_z\,\mathrm{d}k_y\int\limits_{W_{\min}}^{\infty}\mathrm{d}W\,\frac{1}{1+\exp\left(\dfrac{W-W_\mathrm{F}}{k_\mathrm{B}T}\right)}\,, \end{aligned} \tag{6,84}$$

$$W_{\min} = W_0 + \frac{\hbar^2}{2m}\,(k_y^2 + k_z^2).$$

Wegen der partiellen Ableitung kann die Integration über k_x in eine solche über die Energie umgewandelt werden; die Integrationsgrenzen sind so gewählt, daß (6,80) erfüllt wird. Berücksichtigt man weiter, daß im Integrationsintervall gilt

$$W - W_\mathrm{F} \approx W - W_\mathrm{F}^0 \geqq W_\mathrm{A} \gg k_\mathrm{B}T\,, \tag{6,85}$$

so kann der Summand 1 im Nenner vernachlässigt werden (Übergang zur Boltzmann-Verteilung):

$$\begin{aligned} j_x &= \frac{-e}{2\pi^2 h}\int\limits_{-\infty}^{+\infty}\int\limits_{-\infty}^{+\infty}\mathrm{d}k_y\,\mathrm{d}k_z\int\limits_{W_{\min}}^{\infty}\mathrm{d}W\,\exp\left(-\frac{W-W_\mathrm{F}}{k_\mathrm{B}T}\right) \\ &= \frac{-ek_\mathrm{B}T}{2\pi^2 h}\int\limits_{-\infty}^{+\infty}\int\limits_{-\infty}^{+\infty}\mathrm{d}k_y\,\mathrm{d}k_z\,\exp\left(-\frac{\hbar^2(k_y^2+k_z^2)}{2mk_\mathrm{B}T}\right)\cdot\exp\left(-\frac{W_\mathrm{A}}{k_\mathrm{B}T}\right). \end{aligned} \tag{6,86}$$

Durch die Einführung von Polarkoordinaten, d. h. $k_y^2 + k_z^2 = k^2$, $\mathrm{d}k_y\,\mathrm{d}k_z = 2\pi k\,\mathrm{d}k$ können die übrigen Integrale elementar gelöst werden; man erhält die Richardson-Gleichung

$$j_x(T) = \frac{-4\pi e m k_B^2}{h^3} T^2 \cdot \exp\left(-\frac{W_A}{k_B T}\right) = -AT^2 \exp\left(-\frac{W_A}{k_B T}\right) \qquad (6,87)$$

mit

$$A = \frac{4\pi e m_0 k_B^2}{h^3} = 120 \frac{\mathrm{A}}{\mathrm{cm}^2 \cdot \mathrm{K}^2}.$$

Die experimentellen Ergebnisse stimmen mit einer Abhängigkeit der Form (6,87) qualitativ gut überein (Abb. 6.20). Allerdings erweist sich A als materialabhängig und weicht unter Umständen erheblich von dem angegebenen universellen Wert ab (Tabelle 6.3). Als Ursache hierfür kann vor allem die Temperaturabhängigkeit

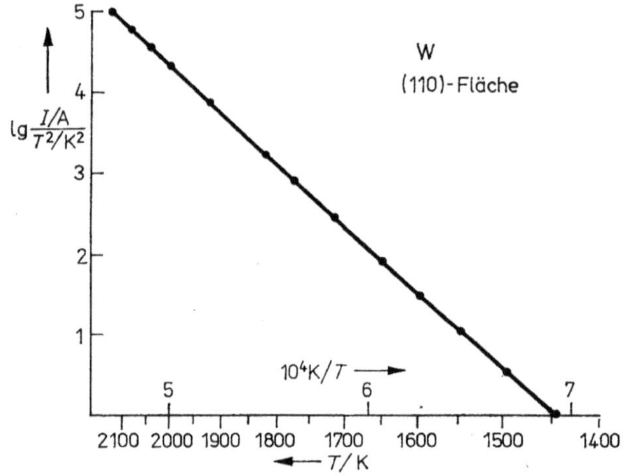

Abb. 6.20
Abhängigkeit des Glühemissionsstromes J einer Wolframkatode von $\frac{1}{T}$ (entsprechend 6.87) (nach Smith, G. F., Phys. Rev. **94** (1954) 294).

von W_A angesehen werden, die auch noch für verschiedene Stoffe unterschiedlich ist. Weiterhin spielt die atomare Struktur der Oberfläche eine entscheidende Rolle. Hierzu gehören die Abhängigkeit der Austrittsarbeit von der emittierenden Netzebene (Tabelle 6.4), der Einfluß von Mikrorauhigkeiten an der Oberfläche und die sehr empfindliche Abhängigkeit der Parameter W_A und A vom Vorhandensein adsorbierter Fremdschichten.

Für den Einsatz in der Technik ist man an Materialien mit möglichst kleiner Austrittsarbeit interessiert (6,87). Die Alkali- und Erdalkalimetalle sind jedoch wegen ihrer niedrigen Schmelztemperaturen für den direkten Einsatz ungeeignet. Die besten Ergebnisse erreicht man, indem das hochschmelzende Wolfram mit einer dünnen Schicht aus Alkali- oder Erdalkalioxiden überzogen wird. Bei höheren Temperaturen bilden sich dann sehr dünne, meist nur monoatomare Schichten des Alkali- oder Erdalkalimetalls, deren Austrittsarbeiten noch unter denen des reinen Materials liegen (Tabelle 6.3). Derartige Katoden setzen allerdings spezielle Betriebsbedingungen voraus, bei denen sie nicht „vergiftet" werden. Im technischen Einsatz sind außerdem reine und thorierte Wolframkatoden, bei den letzteren wird dem Wolfram vor der Verarbeitung Thoriumoxid zugesetzt.

Tabelle 6.4

Abhängigkeit der thermischen Austrittsarbeit W_A und der Mengenkonstante A von der emittierenden Netzebene für Wolfram

(nach SMITH, G. F., Phys. Rev. **94** (1954) 294.

Ebene	(111)	(112)	(116)	(100)	(110)
W_A/eV	4,38	4,65	4,29	4,52	4,58
A/A cm^{-2} · K^{-2}	52	120	40	105	8

Schottky-Effekt. Unter der Wirkung eines hinreichend starken elektrischen Feldes $\left(|E| \gtrsim 10^5 \frac{\text{V}}{\text{m}}\right)$ wird die effektive Austrittsarbeit verkleinert, der thermische Emissionsstrom vergrößert sich also. Diese Erscheinung wird als Schottky-Effekt bezeichnet; seine Behandlung setzt voraus, daß wir den Potentialverlauf zwischen dem Metallinnern und dem Vakuumniveau genauer angeben.

Ein Elektron, welches den Festkörper verlassen hat und sich im Abstand x von der Oberfläche befindet, bewirkt durch das von ihm ausgehende elektrische Feld eine Abstoßung der übrigen Metallelektronen. Die sich im Festkörper einstellende Ladungsverteilung kann ersetzt werden durch eine Ladung $+e$ bei $-x$. Die Verbindungslinie beider Ladungen steht senkrecht auf der Oberfläche. Dann wird die betrachtete Ladung von der Spiegelladung (also dem Metall) angezogen mit der „Bild"kraft

$$F_B = -\frac{e^2}{4\pi\varepsilon_0(2x)^2}. \tag{6,88}$$

Das zugehörige Bildkraftpotential vermittelt den gesuchten Übergang der Potentialkurve an der Metalloberfläche (Abb. 6.21)

$$W_B(x) = W_0 + \int_{\infty}^{x} \frac{e^2\,dx'}{4\pi\varepsilon_0(2x')^2} = W_0 - \frac{e^2}{16\pi\varepsilon_0 x}. \tag{6,89}$$

Für sehr kleine x im Bereich der Gitterkonstanten muß die Wirkung zusätzlicher Kräfte mit kurzer Reichweite berücksichtigt werden, wir schließen das Potential dort stetig an.

Wird nun ein konstantes äußeres Feld $\boldsymbol{E} = E\boldsymbol{x}^0$ $(E < 0)$ angelegt, das die Elektronen vom Metall absaugt, so muß zusätzlich die daraus resultierende potentielle Energie

$$W_E(x) = +e\int_0^x E\,dx' = +eEx \tag{6,90}$$

überlagert werden. Insgesamt gilt also

$$W(x) = W_B(x) + W_E(x) = W_0 - \frac{e^2}{16\pi\varepsilon_0 x} + eEx. \tag{6,91}$$

Aus der Bedingung $\left.\frac{\mathrm{d}W(x)}{\mathrm{d}x}\right|_{x=x_\mathrm{m}} = 0$ folgen der Abstand x_m, bei dem (6,91) ein Maximum durchläuft, und dessen Wert W_m:

$$x_\mathrm{m} = \left(\frac{e}{16\pi\varepsilon_0\,|E|}\right)^{1/2}, \quad W_\mathrm{m} = W_0 - \left(\frac{e^3\,|E|}{4\pi\varepsilon_0}\right)^{1/2}. \tag{6,92}$$

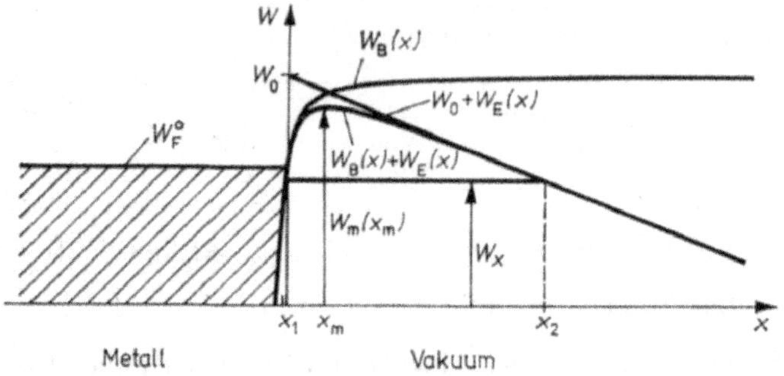

Abb. 6.21
Potentialübergang Metall—Vakuum unter Berücksichtigung des Bildkraftpotentials $W_\mathrm{B}(x)$ mit angelegtem elektrischem Feld.

Das elektrische Feld bewirkt also eine Erniedrigung der Austrittsarbeit um

$$\Delta W = \left(\frac{e^3\,|E|}{4\pi\varepsilon_0}\right)^{1/2} = 3{,}79 \cdot 10^{-5}\,\mathrm{eV}\left(\frac{|E|}{\mathrm{V/m}}\right)^{1/2} \tag{6,93}$$

und damit nach (6,87) eine Erhöhung des Emissionsstroms

$$j_x(T, E) = j_x(T, E = 0) \cdot \exp\frac{\left(\frac{e^3\,|E|}{4\pi\varepsilon_0}\right)^{1/2}}{k_\mathrm{B}T}. \tag{6,94}$$

Aus (6,93) und (6,94) kann abgeschätzt werden, daß der Schottky-Effekt für Feldstärken $|E| \gtrsim 10^5\,\frac{\mathrm{V}}{\mathrm{m}}$ meßbar und für $|E| \gtrsim 10^8\,\frac{\mathrm{V}}{\mathrm{m}}$ praktisch wichtig wird, da er für den letzteren Wert den Emissionsstrom um etwa eine Größenordnung erhöht.

Feldemission. Legt man an eine sehr feine Metallspitze eine hohe negative Spannung an, so können dabei Feldstärken im Bereich $|E| \gtrsim 10^9\,\frac{\mathrm{V}}{\mathrm{m}}$ erreicht werden. Unter diesen Bedingungen beobachtet man auch schon bei tiefen Temperaturen den Austritt von Elektronen, die Feldemission.

Der Vorgang beruht auf dem quantenmechanischen Tunneleffekt; dabei „übersteigen" die Elektronen den Potentialwall (Abb. 6.21) nicht und brauchen demzufolge auch nicht angeregt zu werden. Statt dessen durchtunneln sie ihn mit einer gewissen Wahrscheinlichkeit $T(W_x)$, die stark von der Breite und der Höhe des zu durchlaufenden Potentialwalls abhängt. Beide Einflußgrößen nehmen aber mit wachsender Feldstärke ab.

Die Durchdringungswahrscheinlichkeit $T(W_x)$ kann nach dem in Lehrbüchern der Quantentheorie abgeleiteten WKB-Verfahren berechnet werden:

$$T(W_x) \approx \exp\left\{-\frac{2}{\hbar}\int_{x_1}^{x_2}\left[2m\left(W(x) - W_x\right)\right]^{1/2} \mathrm{d}x\right\}. \tag{6,95}$$

Dabei ist W_x der Anteil der Elektronenenergie, der der Bewegung in x-Richtung entspricht, und $W(x)$ der Potentialverlauf an der Oberfläche. x_1 und x_2 bezeichnen — bildlich gesprochen — den Anfang und das Ende des Tunnels. Unter Vernachlässigung des Bildkraftpotentials gilt

$$W(x) = \begin{cases} W_0 + eEx & \text{für} \quad x > 0 \\ 0 & \text{für} \quad x < 0. \end{cases} \tag{6,96}$$

Aus (6,95) folgt dann

$$T(W_x) \approx \exp\left\{-\frac{2}{\hbar}\int_0^{\frac{W_0 - W_x}{e|E|}} [2m(W_0 - W_x + eEx)]^{1/2}\,\mathrm{d}x\right\}$$
$$= \exp\left\{-\frac{4\sqrt{2m}}{3\hbar e\,|E|}\,(W_0 - W_x)^{3/2}\right\}. \tag{6,97}$$

Tabelle 6.5
Nach (6,97) berechnete Tunnelwahrscheinlichkeiten $T(W_x)$ in Abhängigkeit von der Stärke des angelegten Feldes E und der Energie $W_0 - W_x$

$E/10^9\,\mathrm{Vm}^{-1}$ ↓ \ $\frac{W_0 - W_x}{\mathrm{eV}}$ →	2	3	4
1	$4{,}1 \cdot 10^{-9}$	$3{,}8 \cdot 10^{-16}$	$1{,}9 \cdot 10^{-24}$
2	$6{,}4 \cdot 10^{-5}$	$2{,}0 \cdot 10^{-8}$	$1{,}4 \cdot 10^{-12}$
3	$1{,}6 \cdot 10^{-3}$	$7{,}3 \cdot 10^{-6}$	$1{,}2 \cdot 10^{-8}$
4	$8{,}0 \cdot 10^{-3}$	$1{,}4 \cdot 10^{-4}$	$1{,}2 \cdot 10^{-6}$

Diese Tunnelwahrscheinlichkeit ändert sich stark mit E und W_x, einige nach (6,97) berechnete Werte sind für $m = m_0$ in Tabelle 6.5 angegeben.

Die Stromdichte j_x der austretenden Elektronen folgt aus (6,84). Wir berechnen den Emissionsstrom für $T = 0\,\mathrm{K}$, für f ist deshalb die Stufenfunktion (Abb. 6.8) einzusetzen:

$$j_x = \frac{-e}{4\pi^3\hbar}\iiint \mathrm{d}k_y\,\mathrm{d}k_z\,\mathrm{d}W\;T(W_x). \tag{6,98}$$

Die Gesamtenergie W der tunnelnden Elektronen reicht bis W_F^0, entsprechend werden die Integrationsgrenzen nach einigen Umformungen in (6,101) festgelegt. Für die Berechnung von (6,98) führen wir statt der Variablen k_y, k_z und W die Größen W_x, $W_\perp$ und φ ein. W_x bzw. $W_\perp$ sind die Anteile der Elektronenenergie, die der Bewegung in x-Richtung bzw. senkrecht dazu entsprechen. Der Winkel φ variiert von

0 bis 2π. Mit $W_\perp = \frac{\hbar^2}{2m}(k_y^2 + k_z^2)$ gilt:

$$W = W_\perp + W_x; \quad k_y = \left(\frac{2mW_\perp}{\hbar^2}\right)^{1/2} \cos\varphi; \quad k_z = \left(\frac{2mW_\perp}{\hbar^2}\right)^{1/2} \sin\varphi. \tag{6,99}$$

Für die Umrechung von (6,98) auf die neuen Variablen erhalten wir:

$$\mathrm{d}k_y\,\mathrm{d}k_z\,\mathrm{d}W = \begin{vmatrix} \frac{\partial W}{\partial\varphi} & \frac{\partial W}{\partial W_x} & \frac{\partial W}{\partial W_\perp} \\ \frac{\partial k_y}{\partial\varphi} & \frac{\partial k_y}{\partial W_x} & \frac{\partial k_y}{\partial W_\perp} \\ \frac{\partial k_z}{\partial\varphi} & \frac{\partial k_z}{\partial W_x} & \frac{\partial k_z}{\partial W_\perp} \end{vmatrix} \cdot \mathrm{d}W_x\,\mathrm{d}W_\perp\,\partial\varphi.$$

Mit (6,99) kann die Determinante berechnet werden, und man erhält:

$$\mathrm{d}k_y\,\mathrm{d}k_z\,\mathrm{d}W = \frac{m}{\hbar^2}\,\mathrm{d}W_x\,\mathrm{d}W_\perp\,\mathrm{d}\varphi. \tag{6,100}$$

Nach dem Einsetzen in (6,98) folgt

$$\begin{aligned} j_x &= \frac{-em}{4\pi^3\hbar^3} \int\limits_{W_x=0}^{W_F^0} \int\limits_{W_\perp=0}^{W_F^0-W_x} \int\limits_{\varphi=0}^{2\pi} \mathrm{d}W_x\,\mathrm{d}W_\perp\,\mathrm{d}\varphi T(W_x) \\ &= \frac{-em}{2\pi^2\hbar^3} \int\limits_{W_x=0}^{W_F^0} \mathrm{d}W_x (W_F^0 - W_x) \exp\left\{-\frac{4\sqrt{2m}}{3\hbar e\,|E|}(W_0 - W_x)^{3/2}\right\}. \end{aligned} \tag{6,101}$$

Zu dem emittierten Strom tragen nach (6,101) vorwiegend Elektronen mit $W_x \approx W_F^0$ bei, da die Tunnelwahrscheinlichkeit mit abnehmendem W_x schnell sinkt (Tabelle 6.5). Wir führen deshalb die Substitution

$$W_x = W_F^0 - W' \tag{6,102}$$

durch und entwickeln dann im Exponenten für kleine W'.

Mit

$$a = -\frac{em}{2\pi^2\hbar^3} \quad \text{und} \quad b = -\frac{4\sqrt{2m}}{3\hbar e} \tag{6,103}$$

gilt

$$\begin{aligned} j_x &= a\int\limits_0^{W_F^0} \mathrm{d}W'W' \exp\left[-\frac{b}{E}(W_A + W')^{3/2}\right] \\ &= a\int\limits_0^{W_F^0} \mathrm{d}W'W' \exp\left[-\frac{b}{E}W_A^{3/2}\left(1 + \frac{3}{2}\frac{W'}{W_A} + \cdots\right)\right] \end{aligned} \tag{6,104}$$

$$\approx a \exp\left(-\frac{bW_A^{3/2}}{E}\right) \cdot \int_0^\infty dW' W' \exp\left[-\frac{3bW_A^{1/2}}{2E} W'\right] \tag{6,105}$$

$$= \frac{4a}{9b^2} \cdot \frac{E^2}{W_A} \cdot \exp\left(-\frac{bW_A^{3/2}}{E}\right). \tag{6,106}$$

In (6,105) konnte die Integration bis ∞ ausgedehnt werden, da der entsprechende Beitrag zum Integral gegen Null geht. Qualitativ steht (6,106) in Übereinstimmung mit den Experimenten, nach denen der Emissionsstrom im wesentlichen die Abhängigkeit $\lg I \sim \frac{1}{E}$ hat (Abb. 6.22). Jedoch bewirkt die Berücksichtigung des Bildkraftpotentials, die ja zu einer Erniedrigung der Potentialschwelle führt, eine wesentliche Vergrößerung von $T(W_x)$ und damit des Stroms. Die entsprechenden Rechnungen von Fowler und Nordheim ergeben statt (6,106) den Ausdruck

$$j_x = \frac{4a}{9b^2} \frac{E^2}{W_A \cdot t^2(y)} \cdot \exp\left[-\frac{b \cdot W_A^{3/2}}{E} \cdot v(y)\right]. \tag{6,107}$$

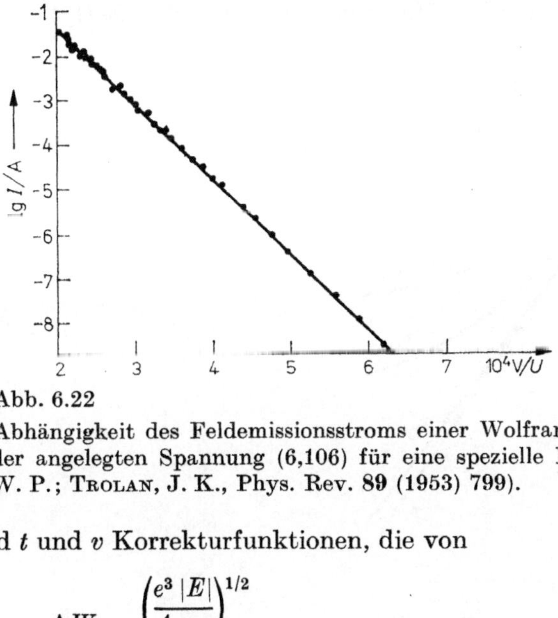

Abb. 6.22
Abhängigkeit des Feldemissionsstroms einer Wolframkatode vom reziproken Wert der angelegten Spannung (6,106) für eine spezielle Röhrengeometrie (nach Dyke, W. P.; Trolan, J. K., Phys. Rev. **89** (1953) 799).

Dabei sind t und v Korrekturfunktionen, die von

$$y = \frac{\Delta W}{W_A} = \frac{\left(\frac{e^3 |E|}{4\pi\varepsilon_0}\right)^{1/2}}{W_A}$$

abhängen. $t(y)$ liegt nahe bei 1 und ist eine unwesentliche Korrektur, $v(y)$ geht mit zunehmendem y von 1 gegen Null (Abb. 6.23) und bewirkt damit eine beträchtliche Vergrößerung von j_x gegenüber (6,106). Die aus (6,107) folgende Abhängigkeit der Stromdichte von $\frac{1}{|E|}$ zeigt Abb. 6.24 für Wolfram ($T = 0$ K). Bei der höchsten Feldstärke erkennt man außerdem die Temperaturabhängigkeit des Feldemissionsstroms, für kleinere $|E|$ überlagert sich ein thermisch aktivierter Stromanteil.

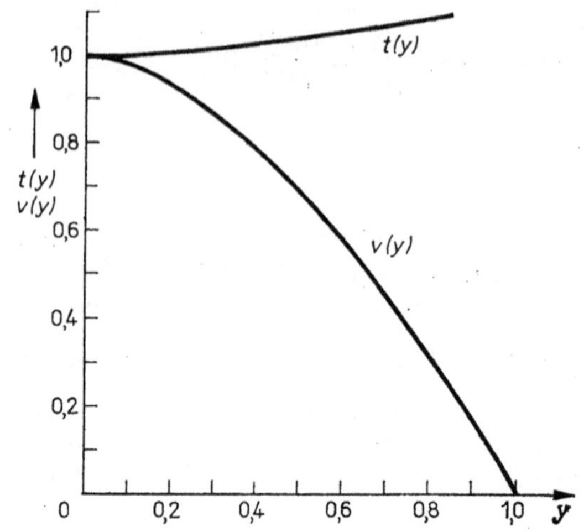

Abb. 6.23

Korrekturfunktionen $v(y)$ und $t(y)$ aus (6.107) (nach FOWLER und NORDHEIM, in: URGENS, R. E.; KROEMER, H.; HOUSTON, J. M., Phys. Rev. **90** (1953) 515).

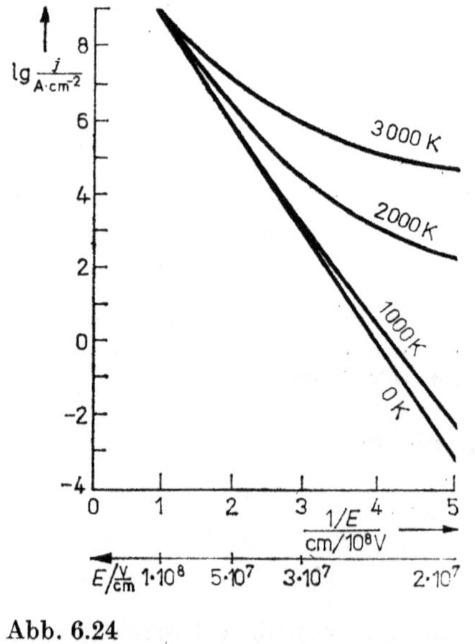

Abb. 6.24

Berechnete Abhängigkeit des Elektronenemissionsstroms von der Temperatur T und der Feldstärke E für Wolfram ($W_A = 4{,}5$ eV) (nach DOLAN, W. W.; DYKE, W. P., Phys. Rev. **95** (1954) 327).

6.2.7. Zustände freier Elektronen im Magnetfeld

Die meisten experimentellen Verfahren, mit denen die Fermi-Flächen der Metalle oder die Flächen konstanter Energie an den Bandkanten bei Halbleitern untersucht werden, arbeiten mit starken Magnetfeldern. Die Ursache liegt darin, daß die Kraft, die das Magnetfeld auf ein geladenes Teilchen ausübt, immer senkrecht auf dessen Geschwindigkeit steht. Die äußere Kraft führt also keine Energie zu, die Ladungsträger bewegen sich auf Bahnen konstanter Energie. Die dabei im $\boldsymbol{k}$-Raum durchlaufene Kurve liegt ebenfalls in einer Fläche $W(\boldsymbol{k}) = \text{const}$. Verändert man die Richtung des Magnetfeldes bezüglich des zu untersuchenden Kristalls, so erhält man aus den jeweiligen Messungen Aussagen über die Form der Flächen konstanter Energie. Wir untersuchen den Einfluß eines Magnetfeldes in diesem Abschnitt für freie Teilchen, um die Ergebnisse später auf praktische Beispiele anzuwenden.

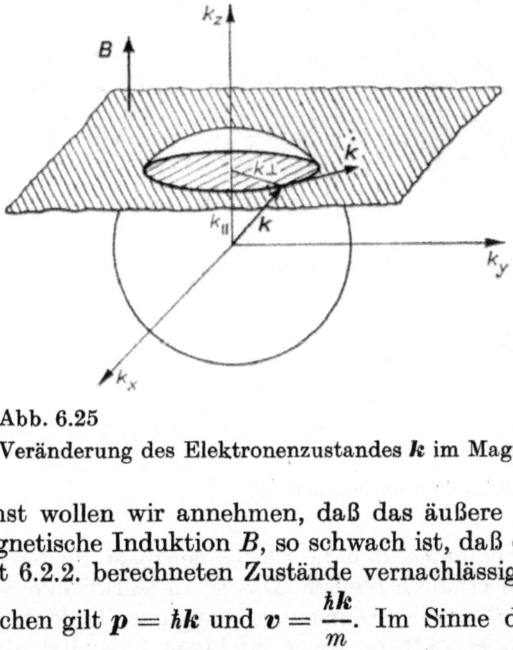

Abb. 6.25
Veränderung des Elektronenzustandes $\boldsymbol{k}$ im Magnetfeld.

Zunächst wollen wir annehmen, daß das äußere Magnetfeld, beschrieben durch seine magnetische Induktion B, so schwach ist, daß die Lage und Besetzung der im Abschnitt 6.2.2. berechneten Zustände vernachlässigbar schwach gestört wird. Für freie Teilchen gilt $\boldsymbol{p} = \hbar\boldsymbol{k}$ und $\boldsymbol{v} = \frac{\hbar\boldsymbol{k}}{m}$. Im Sinne des Bohrschen Korrespondenzprinzips können wir deshalb die Kraftwirkung des Magnetfeldes

$$\boldsymbol{F} = \dot{\boldsymbol{p}} = -e\boldsymbol{v} \times \boldsymbol{B} \tag{6,108}$$

beschreiben durch

$$\begin{aligned} \hbar\dot{\boldsymbol{k}} &= -e\,\frac{\hbar\boldsymbol{k}}{m} \times \boldsymbol{B} \\ \dot{\boldsymbol{k}} &= -\frac{e}{m}\,\boldsymbol{k} \times \boldsymbol{B}. \end{aligned} \tag{6,109}$$

Nach (6,109) steht die Änderung des $\boldsymbol{k}$-Vektors $\mathrm{d}\boldsymbol{k} = -\frac{e}{m}\boldsymbol{k} \times \boldsymbol{B} \cdot \mathrm{d}t$ immer senkrecht auf $\boldsymbol{k}$ und $\boldsymbol{B}$, deshalb sind der Betrag von $\boldsymbol{k}$ und die Komponente $k_\parallel = \boldsymbol{k}\,\frac{\boldsymbol{B}}{|\boldsymbol{B}|}$

konstant. Das ist in Abb. 6.25 dargestellt. Das Elektron durchläuft im $\boldsymbol{k}$-Raum Zustände, die auf einem Kreis liegen, der Schnittlinie der Kugelfläche $W(\boldsymbol{k}) = \frac{\hbar^2}{2m}\boldsymbol{k}^2 = \text{const}$ und der Ebene $k_{\parallel} = \boldsymbol{k}\frac{\boldsymbol{B}}{|\boldsymbol{B}|} = \text{const}$. Man spricht in diesem Zusammenhang auch von einer Bahn, die das Elektron im $\boldsymbol{k}$-Raum durchläuft. Die Zeit T für einen Umlauf im $\boldsymbol{k}$-Raum wie auch im Ortsraum ist für freie Teilchen durch die Zyklotronfrequenz

$$\omega_0 = \frac{2\pi}{T} = \frac{e}{m}B \tag{6,110}$$

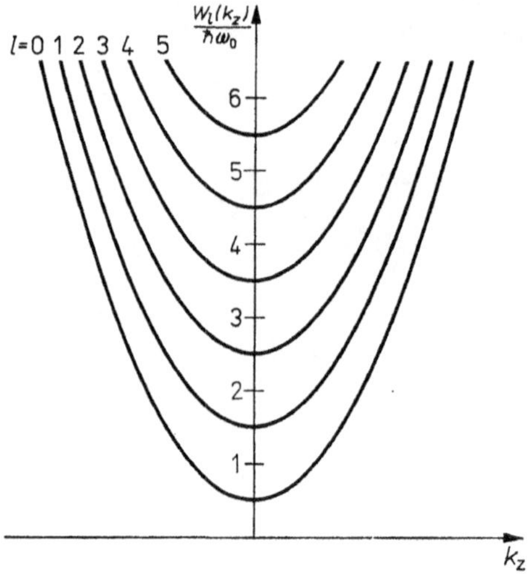

Abb. 6.26.
Energiezustände freier Elektronen im Magnetfeld.

gegeben. Bisher hatten wir angenommen, daß die Elektronenzustände der Näherung freier Elektronen im Magnetfeld erhalten bleiben. Das ist in Wirklichkeit nicht der Fall, wie LANDAU bei der Behandlung des Diamagnetismus freier Elektronen zeigte. Das quasikontinuierliche Energiespektrum freier Elektronen spaltet danach in diskrete B-abhängige Landau-Niveaus auf. Für $\boldsymbol{B} = B\boldsymbol{z}^0$ erhält man

$$W_l(k_z) = \frac{\hbar^2}{2m}k_z^2 + \hbar\omega_0\left(l + \frac{1}{2}\right) \tag{6,111}$$

$$l = 0, 1, 2, 3, \ldots$$

Dieser Energieausdruck besteht aus einem quasikontinuierlichen Anteil, welcher der weiterhin ungestörten Bewegung in Richtung des Magnetfeldes entspricht, und einem Anteil mit diskreten Energiezuständen, den Landau-Niveaus, die auf der Energieskala den gleichen Abstand $\hbar\omega_0$ voneinander haben (Abb. 6.26). ω_0 ist die Zyklotronfrequenz (6,110).

Oft veranschaulicht man die Zustände, die bei Anwesenheit eines Magnetfeldes besetzt werden können, dadurch, daß man (6,111) formal im $\boldsymbol{k}$-Raum darstellt, obwohl k_x und k_y nicht mehr die ursprüngliche Bedeutung haben und im Energieausdruck nicht auftreten. Dazu behält man die ursprüngliche $W(\boldsymbol{k})$-Abhängigkeit bei und ordnet den diskreten Anteil von (6,111) den nicht mehr „benötigten" Termen zu, die von k_x und k_y abhängen:

$$W = \frac{\hbar^2}{2m}\boldsymbol{k}^2 = \frac{\hbar^2}{2m}(k_x^2 + k_y^2 + k_z^2) = \frac{\hbar^2}{2m}k_z^2 + \frac{\hbar^2}{2m}k_\perp^2 . \tag{6,9}$$

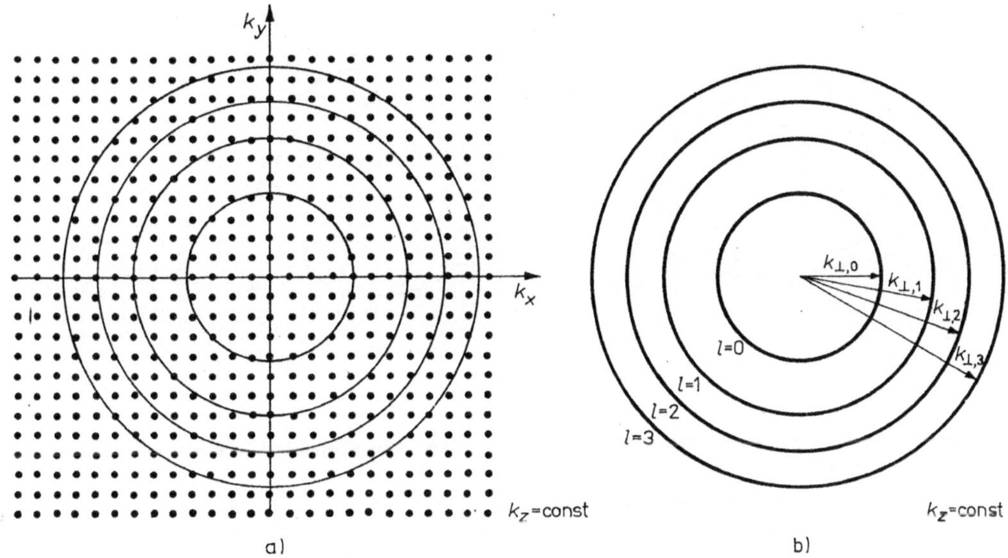

Abb. 6.27

Schema der Zustände freier Elektronen

a) ohne Magnetfeld b) mit Magnetfeld.

Auf jedem Kreis in b) liegen $p = \frac{eBL_xL_y}{2\pi\hbar}$ Zustände, die in a) durch je einen Punkt charakterisiert sind.

Aus (6,9) und (6,111) folgt

$$\frac{\hbar^2}{2m}k_{\perp,l}^2 = \hbar\omega_0\left(l + \frac{1}{2}\right)$$
$$k_{\perp,l} = \left[\frac{2m\omega_0}{\hbar}\left(l + \frac{1}{2}\right)\right]^{1/2} . \tag{6,112}$$

Die für $B = 0$ homogen in der Ebene $k_z = \text{const}$ verteilten Zustände sind nun auf Kreise mit den Radien $k_{\perp,l}$ konzentriert, die durch jeweils ein l charakterisiert sind (Abb. 6.27). Zustände mit anderen benachbarten k_z liegen auf benachbarten Kreisen mit gleichen Radien. Insgesamt befinden sich also die Zustände auf konzentrischen Zylindern mit den Radien $k_{\perp,l}$, deren Achsen durch $\boldsymbol{k} = 0$ gehen und parallel zu $\boldsymbol{B}$ liegen (Abb. 6.28).

Die Flächen konstanter Energie, also auch die Fermi-Flächen, sind weiterhin durch (6,9) bestimmt. Allerdings handelt es sich nun nicht mehr um flächenhafte Gebilde.

Denn der Schnitt von $W = W_F^0 = \frac{\hbar^2}{2m} k_F^2$ mit den Zylindern, auf denen sich die besetzbaren Zustände befinden, liefert eine diskrete Folge von Kreisen im $\boldsymbol{k}$-Raum, die in ihrer Gesamtheit die „Fermi-Fläche" bilden. Für $\hbar\omega_0 \ll W_F^0$ bleibt deshalb die Form der ursprünglich bei $B = 0$ vorliegenden Fermi-Fläche noch gut erkennbar als Einhüllende der dicht liegenden Schnittkreise. Für $\hbar\omega_0 \approx W_F^0$ ist jedoch die ursprüngliche Topografie stark verändert (Abb. 6.28).

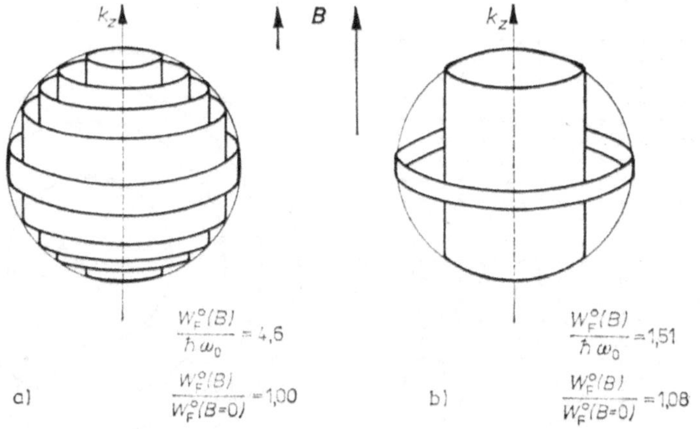

Abb. 6.28

Schema der besetzten Zustände im $\boldsymbol{k}$-Raum für zwei verschieden starke Magnetfelder. Auf den Zylindern, die bis zur Fermi-Energie $W_F(B)$ besetzt sind, befinden sich genau so viele Zustände wie innerhalb der Fermi-Kugel mit $W_F^0 = W_F^0(B = 0)$.

Der Ausdruck (6,111) für die Energien der Elektronen ist insofern noch nicht vollständig, als wir die Wechselwirkung des mit dem Elektronenspin gekoppelten magnetischen Moments mit dem äußeren Feld nicht berücksichtigt haben. Wir könnten das durch einen Summanden

$$\Delta W = \pm m_B B = \pm \frac{e\hbar}{2m_0} B = \pm \frac{1}{2} \hbar\omega_0 \tag{6,113}$$

in (6,111) korrigieren (Abschnitt 10.2.), wollen aber hier der Übersichtlichkeit wegen darauf verzichten.

Wie im B-freien Fall werden wir jeden durch 3 Quantenzahlen charakterisierten Zustand doppelt besetzen. Der Energieausdruck (6,111) selbst hängt nur von den beiden Quantenzahlen k_z und l ab. Bezüglich der dritten Quantenzahl, die die zugehörigen Wellenfunktionen kennzeichnet, liegt Entartung vor. Jedes durch l und k_z beschriebene Niveau kann danach p-fach besetzt werden:

$$p = \frac{eB \cdot L_x L_y}{2\pi\hbar}$$

$$= \frac{m\omega_0 L_x L_y}{2\pi\hbar}. \tag{6,114}$$

Nach (6,114) befinden sich also auf jedem Ring (Abb. 6.27) p Zustände, die doppelt besetzt werden können. Mit zunehmendem B wandern die Ringe nach außen, und ihr Abstand vergrößert sich, zugleich nimmt aber wegen (6,114) die Anzahl der besetzbaren Zustände zu. Insgesamt bleibt dadurch die mittlere Dichte der Zustände im $\boldsymbol{k}$-Raum (6,12) erhalten und ist unabhängig von B.

Aus (6,112) folgt für die Fläche zwischen zwei Kreisen $k_{\perp,l}$ und $k_{\perp,l+1}$ in Abb. 6.27

$$\Delta A = \pi(k_{\perp,l+1}^2 - k_{\perp,l}^2) = \frac{2\pi m\omega_0}{\hbar}. \tag{6,115}$$

Nach (6,11) beansprucht für $B = 0$ ein Zustand eine Fläche $\Delta k_x \cdot \Delta k_y = \dfrac{(2\pi)^2}{L_x \cdot L_y}$ in der $k_x - k_y$-Ebene. Die Anzahl der Zustände zwischen zwei Kreisen beträgt also

$$\Delta Z = \frac{\Delta A\, L_x L_y}{4\pi^2} = \frac{m\omega_0 L_x L_y}{2\pi\hbar} = p. \tag{6,116}$$

Anschaulich gesprochen bewirkt deshalb das Magnetfeld eine Umverteilung der Energiezustände derart, daß diese sich auf dem energetisch am nächsten gelegenen Zylinder konzentrieren.

Wir wollen nun die Zustandsdichte $D(B, W)$ ableiten. Für festes l gilt

$$D_l(B, W)\,\mathrm{d}W = 2p \cdot \frac{1}{V}\,\frac{2 \cdot \mathrm{d}k_z}{\dfrac{2\pi}{L_z}}. \tag{6,117}$$

Der zweite Faktor wurde analog zu (6,24) berechnet. Ein Faktor 2 in (6,117) berücksichtigt, daß bei gegebenem W und $\mathrm{d}W$ auf jeder Parabel zwei symmetrisch gelegene k_z-Bereiche besetzt werden können. Weiterhin ist wegen (6,114) und der angenommenen Spinentartung jedes durch k_z und l beschriebene Niveau $2p$-fach entartet. Mit (6,111) folgt

$$D_l(B, W)\,\mathrm{d}W = \frac{m\omega_0}{2\pi^2\hbar}\left(\frac{2m}{\hbar^2}\right)^{1/2}\left[W - \left(l + \frac{1}{2}\right)\hbar\omega_0\right]^{-1/2}\mathrm{d}W;$$

$$D(B, W) = \sum_{l=0}^{\infty} D_l(B, W), \tag{6,118}$$

$$D(B, W) = \frac{\hbar\omega_0}{(2\pi)^2}\left(\frac{2m}{\hbar^2}\right)^{3/2}\sum_{l=0}^{\infty}\left[W - \left(l + \frac{1}{2}\right)\hbar\omega_0\right]^{-1/2}.$$

Die Zustandsdichte $D(B, W)$ ergibt sich als Summe über die Teildichten der Subbänder $D_l(B, W)$, sie wird eine periodische Funktion von W (Abb. 6.29). Ihre Maxima liegen bei $W = \hbar\omega_0\left(l + \dfrac{1}{2}\right)$, den Landau-Niveaus. Mit zunehmendem B oder ω_0 verschieben sich die Maxima nach größeren Energien hin. Zugleich nimmt die Aufnahmefähigkeit jedes Niveaus wegen des Faktors ω_0 zu. Zum Vergleich ist $D(W)$ für $B = 0$ eingezeichnet.

Mit der Zustandsdichte (6,118) kann nunmehr nach (6,27) die Gesamtenergie des Elektronengases $W_{\mathrm{Ges}}(B)$ bei $T = 0$ berechnet werden. Führt man als Bezugsgrößen die Fermi-Energie $W_{\mathrm{F}}^0(B = 0)$ (6,17) und die Gesamtenergie $W_{\mathrm{Ges}}(B = 0)$

(6,22) des Elektronengases ein, die bei fester Teilchendichte konstant sind, so erhält man das in Abb. 6.30 dargestellte Ergebnis. Die Gesamtenergie wird danach eine periodische Funktion von $\frac{1}{B}$, wobei die Periodenlänge

$$\Delta\left(\frac{1}{B}\right) = \frac{2m_B}{W_F^0(B=0)} = \frac{2\pi e}{\hbar}\cdot\frac{1}{\pi k_F^2} = \frac{2\pi e}{\hbar}\,\frac{1}{A_F} \tag{6.119}$$

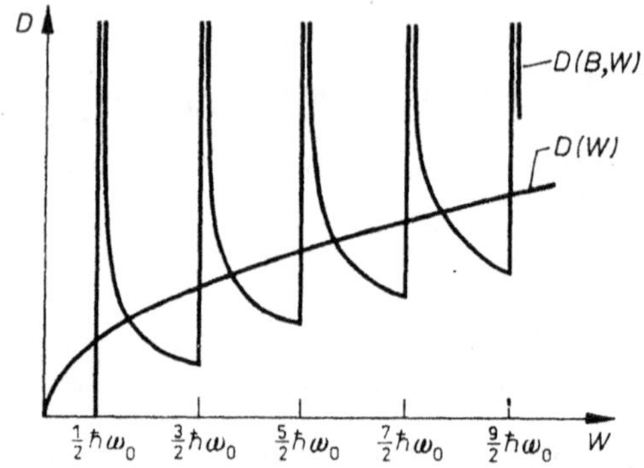

Abb. 6.29

Zustandsdichte freier Elektronen im Magnetfeld $D(B, W)$ und ohne Magnetfeld $D(W)$.

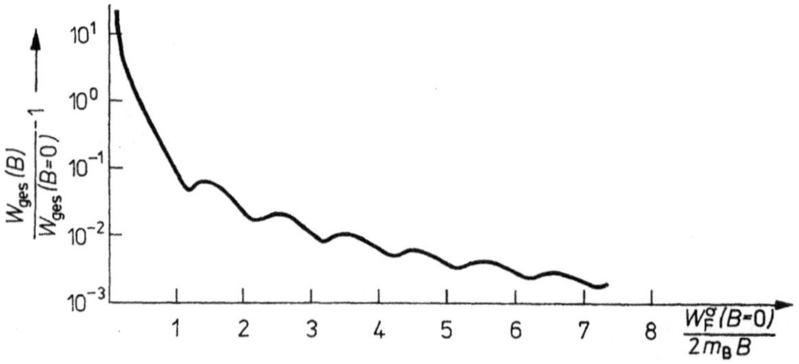

Abb. 6.30

Abhängigkeit der Gesamtenergie $W_{ges}(B)$ von $\frac{1}{B}$ in der Näherung freier Elektronen

$W_{ges}(B = 0)$: Gesamtenergie der Elektronen für $B = 0$

$W_F^0(B = 0)$: Fermi-Energie der Elektronen für $B = 0$.

beträgt. A_F ist die größte Fläche, die beim Schnitt der Fermi-Kugel mit einer Ebene senkrecht zu B entsteht. Die gleiche periodische Abhängigkeit gilt für weitere meßbare physikalische Größen. Ihre Untersuchung erlaubt deshalb die Bestimmung von A_F. Über die Näherung freier Elektronen hinausgehend gilt (6,119) auch für reale Fermi-Flächen, A_F ist in diesen Fällen eine sogenannte Extremalfläche, d. h. eine größte oder kleinste Fläche, die beim Schnitt des Fermi-Körpers mit einer Normalebene von B auftritt. Hierauf gehen wir in Abschnitt 8.5.2. bei der Behandlung des De-Haas-van Alphen-Effekts näher ein.

6.3. Elektronen im periodischen Potential

6.3.1. Allgemeine Eigenschaften der Lösungen, Bloch-Funktionen

Wir behandeln die Eigenschaften von Kristallelektronen im Rahmen der Einelektronennäherung, d. h. über die Schrödinger-Gleichung (6,1). Es soll noch einmal darauf verwiesen werden, daß neben der Wellenfunktion $\Psi(\boldsymbol{r})$ und dem Energieeigenwert W auch der genaue Verlauf des Gitterpotentials $W_{\text{Gitter}}(\boldsymbol{r})$ unbekannt ist. Denn $W_{\text{Gitter}}(\boldsymbol{r})$ enthält die Wechselwirkung eines betrachteten Elektrons mit allen übrigen Elektronen und damit implizit deren Zustände, die aber aus (6,1) erst berechnet werden. Prinzipiell kann dieses Problem daher nur über ein Iterationsverfahren gelöst werden.

Wir wissen aber, daß $W_{\text{Gitter}}(\boldsymbol{r})$ eine gitterperiodische Funktion ist, und allein hieraus lassen sich eine Reihe von allgemeinen Aussagen über $\Psi(\boldsymbol{r})$ und W gewinnen. Das wichtigste Ergebnis — das Auftreten erlaubter Energiebereiche, die durch Energielücken voneinander getrennt sein können — hat zu der Bezeichnung Bändermodell für die näherungsweise Beschreibung der Kristallelektronen durch (6,1) geführt. In den nächsten beiden Abschnitten wird dieses Auftreten erlaubter und verbotener Energiebereiche für zwei sehr verschiedene Näherungsverfahren nachgewiesen. Dazu wird in Abschnitt 6.3.2. der Einfluß des periodischen Potentials auf das quasikontinuierliche Energiespektrum freier Elektronen berechnet. Zum anderen wollen wir in Abschnitt 6.3.3. von den diskreten Energieniveaus der Elektronen in getrennten Atomen ausgehen und deren Veränderung berechnen, wenn die Wechselwirkung mit benachbarten Atomen berücksichtigt wird.

In der Schrödinger-Gleichung

$$\left[-\frac{\hbar^2}{2m_0}\frac{\partial^2}{\partial \boldsymbol{r}^2} + W_{\text{Gitter}}(\boldsymbol{r})\right]\Psi(r) = W\Psi(\boldsymbol{r}) \tag{6,1}$$

gilt für das periodische Potential

$$W_{\text{Gitter}}(\boldsymbol{r} + \boldsymbol{R}) = W_{\text{Gitter}}(\boldsymbol{r}).$$

$\boldsymbol{R}$ ist ein beliebiger Gittervektor $\boldsymbol{R} = n_a\boldsymbol{a} + n_b\boldsymbol{b} + n_c\boldsymbol{c}$ mit ganzzahligen n und den Basisvektoren des Gitters $\boldsymbol{a}$, $\boldsymbol{b}$ und $\boldsymbol{c}$. Im unendlich ausgedehnten Kristall sind also alle Punkte $\boldsymbol{r}$, die sich um Gittervektoren $\boldsymbol{R}$ voneinander unterscheiden, physikalisch gleichwertig. Demzufolge muß auch die Aufenthaltswahrscheinlichkeit eines Elektrons im Zustand $\Psi(\boldsymbol{r})$ an allen diesen Punkten gleich groß sein

$$|\Psi(\boldsymbol{r} + \boldsymbol{R})|^2 = |\Psi(\boldsymbol{r})|^2. \tag{6,120}$$

Aus (6,120) folgt $\Psi(\boldsymbol{r} + \boldsymbol{R}) = \mathrm{e}^{\mathrm{i}\alpha(\boldsymbol{R})}\Psi(\boldsymbol{r})$; die Funktion $\alpha(\boldsymbol{R})$ ist reell. Wegen $\boldsymbol{R}_1 + \boldsymbol{R}_2 = \boldsymbol{R}$ gilt weiter

$$\alpha(\boldsymbol{R}_1 + \boldsymbol{R}_2) = \alpha(\boldsymbol{R}_1) + \alpha(\boldsymbol{R}_2).$$

Diese Funktionalgleichung hat die allgemeine Lösung $\alpha(\boldsymbol{R}) = \boldsymbol{k}\boldsymbol{R}$. Für die Wellenfunktion gilt demnach

$$\Psi(\boldsymbol{r} + \boldsymbol{R}) = \mathrm{e}^{\mathrm{i}\boldsymbol{k}\boldsymbol{R}}\Psi(\boldsymbol{r}), \quad \boldsymbol{k}\text{: reell.} \tag{6,121}$$

Diese Transformationsgleichung ist eine mögliche Formulierung des Blochschen Theorems, das eine allgemeine Aussage über die Form der Lösungen macht, die die Schrödinger-Gleichung (6,1) hat. Nach (6,121) müssen die Wellenfunktionen $\Psi_{\boldsymbol{k}}$ folgende Form haben:

$$\Psi_{\boldsymbol{k}}(\boldsymbol{r}) = c\mathrm{e}^{\mathrm{i}\boldsymbol{kr}}u_{\boldsymbol{k}}(\boldsymbol{r}) \tag{6,122}$$

mit

$$u_{\boldsymbol{k}}(\boldsymbol{r}+\boldsymbol{R}) = u_{\boldsymbol{k}}(\boldsymbol{r}); \tag{6,123}$$

c ist ein Normierungsfaktor. Das kann durch Einsetzen von (6,122) in (6,121) oder (6,120) leicht überprüft werden.

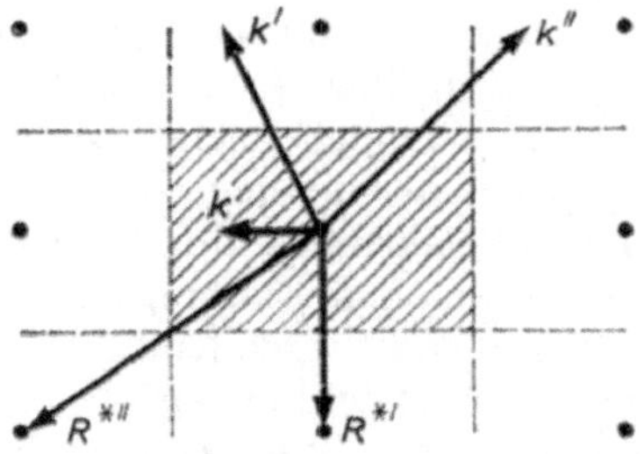

Abb. 6.31
Durch Addition der Vektoren $\boldsymbol{R}^{*\prime}$ und $\boldsymbol{R}^{*\prime\prime}$ werden die Vektoren $\boldsymbol{k}'$ und $\boldsymbol{k}''$ auf die 1. Brillouin-Zone (schraffiert) des ebenen rechtwinkligen Gitters reduziert.

Die Funktionen (6,122) werden Bloch-Funktionen genannt, in anschaulicher Weise bezeichnet man sie auch als gitterperiodisch modulierte ebene Wellen. Insbesondere folgt aus (6,122), daß die ebenen Wellen freier Elektronen spezielle Bloch-Funktionen (für $u_{\boldsymbol{k}} = \mathrm{const}$) sind.

Wenden wir uns nun der Bedeutung des Ausbreitungsvektors $\boldsymbol{k}$ zu. In (6,121) wurde $\boldsymbol{k}$ zunächst als ein willkürlicher Vektor des reziproken Raums mit reellen Komponenten eingeführt. Betrachten wir verschiedene Vektoren

$$\boldsymbol{k}' = \boldsymbol{k} + \boldsymbol{R}^*, \tag{6,124}$$

die aus $\boldsymbol{k}$ durch die Addition eines beliebigen Gittervektors $\boldsymbol{R}^* = m_a\boldsymbol{a}^* + m_b\boldsymbol{b}^* + m_c\boldsymbol{c}^*$ des reziproken Gitters hervorgehen. Nach 3.4.1. ist

$$\mathrm{e}^{\mathrm{i}\boldsymbol{RR}^*} = \mathrm{e}^{2\pi\mathrm{i}l} = 1. \tag{6,125}$$

Aus (6,121) wird deshalb beim Einsetzen von (6,124)

$$\Psi(\boldsymbol{r}+\boldsymbol{R}) = \mathrm{e}^{\mathrm{i}\boldsymbol{k}'\boldsymbol{R}}\Psi(\boldsymbol{r}).$$

Derselbe Zustand Ψ kann demnach durch $\boldsymbol{k}$ oder eins der äquivalenten $\boldsymbol{k}'$ charakterisiert werden. Unabhängig voneinander sind nur die $\boldsymbol{k}$-Werte, die in einer Elementarzelle des reziproken Gitters liegen. Üblicherweise wählt man die 1. Brillouin-Zone (Abschnitt 3.4.5.) als dieses Grundgebiet im reziproken Raum, das von $\boldsymbol{k}$ überstrichen wird. $\boldsymbol{k}$ wird dann als reduzierter Wellenzahlvektor bezeichnet. Ein beliebiger Wert $\boldsymbol{k}'$ kann nach (6,124) immer durch Addition eines Vektors $\boldsymbol{R}^*$ in die 1. Brillouin-Zone überführt — man sagt auch reduziert — werden (Abb. 6.31). Umgekehrt folgt aus der Festlegung, daß $\boldsymbol{k}$ und $\boldsymbol{k}' = \boldsymbol{k} + \boldsymbol{R}^*$ denselben Zustand beschreiben, daß die Wellenfunktion und damit alle physikalischen Größen periodische Funktionen von $\boldsymbol{k}$ werden. Zum Beispiel gilt für die Energie

$$W(\boldsymbol{k}) = W(\boldsymbol{k} + \boldsymbol{R}^*).$$

Durch Einsetzen der Bloch-Funktionen (6,122) in (6,1) können wir nun die Bestimmungsgleichung für die $u_{\boldsymbol{k}}(\boldsymbol{r})$ ableiten:

$$-\frac{\hbar^2}{2m_0}\left(\frac{\partial^2}{\partial \boldsymbol{r}^2} + 2\mathrm{i}\boldsymbol{k}\frac{\partial}{\partial \boldsymbol{r}}\right) u_{\boldsymbol{k}}(\boldsymbol{r}) + \left(\frac{\hbar^2\boldsymbol{k}^2}{2m_0} + W_{\text{Gitter}}(\boldsymbol{r})\right) u_{\boldsymbol{k}}(\boldsymbol{r}) = W(\boldsymbol{k})\, u_{\boldsymbol{k}}(\boldsymbol{r}). \tag{6,126}$$

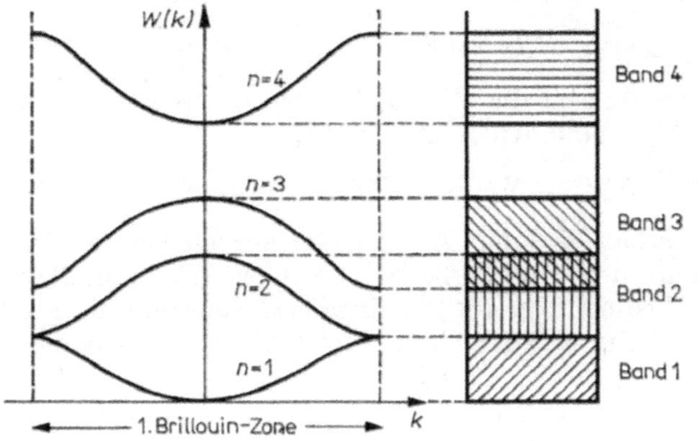

Abb. 6.32
Schematische Darstellung
a) des kontinuierlichen Anschließens zweier Energiebänder (Band 1 und Band 2)
b) des Überlappens von Energiebändern (Band 2 und Band 3) und
c) der Trennung der Energiebänder 3 und 4 durch eine Energielücke

Diese Gleichung ist zwar eher komplizierter als (6,1), man erkennt aber besser, daß bei gegebenem $\boldsymbol{k}$ eine Reihe möglicher Energieeigenwerte $W_{\boldsymbol{k}n} = W_n(\boldsymbol{k})$ auftreten ($n = 1, 2, 3\ldots$). Denn von allen Lösungen $u_{\boldsymbol{k}}(\boldsymbol{r})$ der Differentialgleichung (6,126) sind nur die zugelassen, die die Periodizitätsbedingung (6,123) erfüllen. Damit werden bestimmte $u_{\boldsymbol{k}n}$ ausgesondert, denen die erlaubten $W_n(\boldsymbol{k})$ entsprechen. Der reduzierte Wellenzahlvektor $\boldsymbol{k}$ ist bei Berücksichtigung der Randbedingungen eine quasikontinuierliche Variable. Man kann darum annehmen, daß für benachbarte $\boldsymbol{k}$ bei festem n auch benachbarte Energieeigenwerte $W_n(\boldsymbol{k})$ auftreten. Andererseits ist $\boldsymbol{k}$ auf einen endlichen Bereich, die 1. Brillouin-Zone, beschränkt. Daraus folgt, daß auch $W_n(\boldsymbol{k})$ einen endlichen Energiebereich überstreicht, der als Energieband zum Bandindex n bezeichnet werden soll. Energiebänder zu verschiedenen n können nun

— kontinuierlich aneinander anschließen,
— sich überlappen oder
— durch eine Energielücke voneinander

getrennt sein.

Qualitativ sind diese Fälle in Abb. 6.32 dargestellt. Aus der Differentialgleichung (6,107) läßt sich weiterhin die allgemeine Beziehung

$$W_n(\boldsymbol{k}) = W_n(-\boldsymbol{k}) \tag{6,127}$$

ableiten. Zum Beweis betrachten wir den in (6,126) auf die Funktion u angewendeten Differentialoperator $\hat{L}$, der die Eigenschaft $\hat{L}^*(\boldsymbol{k}) = \hat{L}(-\boldsymbol{k})$ hat. Für die Eigenwerte folgt daraus $W_n^*(\boldsymbol{k}) = W_n(-\boldsymbol{k})$, da die W_n als Eigenwerte des hermiteschen Hamilton-Operators reell sein müssen, folgt die Beziehung (6,127).

Wenden wir uns nun dem Problem der Randbedingungen für die $\Psi_{n\boldsymbol{k}}$ zu.

Wie in Abschnitt 6.2.2. für den Fall freier Elektronen führen wir auch jetzt periodische Randbedingungen ein und normieren die Wellenfunktion auf das Grundgebiet. Neu ist lediglich, daß sich die Elektronen in einem Kristall befinden. Wenn $\boldsymbol{a}$, $\boldsymbol{b}$ und $\boldsymbol{c}$ die Basisvektoren des Gitters sind, so verlangen wir deshalb

$$\Psi(\boldsymbol{r} + N_1\boldsymbol{a}) = \Psi(\boldsymbol{r} + N_2\boldsymbol{b}) = \Psi(\boldsymbol{r} + N_3\boldsymbol{c}) = \Psi(\boldsymbol{r}). \tag{6,128}$$

Das Grundgebiet ist demnach ein Parallelepiped, das von den Vektoren $N_1\boldsymbol{a}$, $N_2\boldsymbol{b}$, $N_3\boldsymbol{c}$ aufgespannt wird. Sein Volumen V ist

$$V = N_1\boldsymbol{a}(N_2\boldsymbol{b} \times N_3\boldsymbol{c}) = N_1 \cdot N_2 \cdot N_3\boldsymbol{a}(\boldsymbol{b} \times \boldsymbol{c}) = N V_{\text{EZ}}, \tag{6,129}$$

d. h., das Grundgebiet enthält $N = N_1 \cdot N_2 \cdot N_3$ Elementarzellen vom Volumen V_{EZ}. Die mit (6,128) eingeführten N_i sind große ganze Zahlen. Wird nun die Wellenfunktion (6,122) in die Randbedingungen (6,128) eingesetzt, so erfüllt die Funktion $u_{\boldsymbol{k}}(\boldsymbol{r})$ die Forderung allein auf Grund ihrer Gitterperiodizität. Die Exponentialfunktion liefert

$$\mathrm{e}^{\mathrm{i}\boldsymbol{k}N_1\boldsymbol{a}} = \mathrm{e}^{\mathrm{i}\boldsymbol{k}N_2\boldsymbol{b}} = \mathrm{e}^{\mathrm{i}\boldsymbol{k}N_3\boldsymbol{c}} = 1. \tag{6,130}$$

Diese Bedingungen werden nur erfüllt, wenn für $\boldsymbol{k}$ gilt

$$\boldsymbol{k} = \frac{n_1}{N_1}\boldsymbol{a}^* + \frac{n_2}{N_2}\boldsymbol{b}^* + \frac{n_3}{N_3}\boldsymbol{c}^*; \tag{6,131}$$

die n_i sind ganze Zahlen. Durch die Bedingung (6,131) werden diskrete $\boldsymbol{k}$-Werte als „erlaubt" ausgezeichnet. Da die N_i aber große Zahlen sein sollen, liegen die $\boldsymbol{k}$ wiederum quasikontinuierlich. Nach (6,131) kann jeder erlaubte Ausbreitungsvektor im reziproken Gitter durch einen Punkt charakterisiert werden. Diese Punkte bauen ein „Untergitter" mit den Basisvektoren $\dfrac{\boldsymbol{a}^*}{N_1}$, $\dfrac{\boldsymbol{b}^*}{N_2}$ und $\dfrac{\boldsymbol{c}^*}{N_3}$ auf. Jedem Zustand kann deshalb im $\boldsymbol{k}$-Raum ein Volumen

$$\Delta V_{\boldsymbol{k}} = \frac{1}{N_1N_2N_3}\boldsymbol{a}^*(\boldsymbol{b}^* \times \boldsymbol{c}^*) = \frac{\boldsymbol{a}^*(\boldsymbol{b}^* \times \boldsymbol{c}^*)}{N} \tag{6,132}$$

zugeordnet werden. Da $\boldsymbol{a}^*(\boldsymbol{b}^* \times \boldsymbol{c}^*)$ das Volumen einer Elementarzelle im reziproken Gitter und damit auch gleich dem Volumen der 1. Brillouin-Zone ist, folgt daraus die Anzahl erlaubter Einelektronenzustände in einem Energieband zum Bandindex n:

$$Z_e = 2\,\frac{V_{\text{Brillouin}}}{\Delta V_{\boldsymbol{k}}} = 2N. \tag{6,133}$$

Hier wurde berücksichtigt, daß jeder durch ein $\boldsymbol{k}$ beschriebene Zustand durch 2 Elektronen mit entgegengesetztem Spin besetzt werden kann. Fassen wir noch einmal zusammen:

In jedem Energieband können pro Elementarzelle des Gitters 2 Elektronen untergebracht werden.

Diese Aussage (6,133) ist außerordentlich wichtig, denn sie erlaubt in Verbindung mit einer speziellen Bandstruktur allgemeine Aussagen über die elektrischen Eigenschaften des betreffenden Kristalls. Insbesondere kann erklärt werden, warum verschiedene Stoffe, die etwa gleich viel Elektronen enthalten, in einem Fall Metalle, in anderen Isolatoren oder Halbleiter sind (Kapitel 7. bis 9.).

Der Ausdruck (6,132) soll nun noch so umgeformt werden, daß man die Anzahl der Elektronenzustände im Volumenelement d^3k des $\boldsymbol{k}$-Raums erhält. Aus (3,28) folgt

$$\boldsymbol{a}^*(\boldsymbol{b}^* \times \boldsymbol{c}^*) = (2\pi)^3\,[\boldsymbol{a}(\boldsymbol{b} \times \boldsymbol{c})]^{-1} = (2\pi)^3\, V_{\mathrm{EZ}}^{-1} = (2\pi)^3 \frac{N}{V}.$$

Damit gilt

$$\mathrm{d}Z = \frac{1}{\Delta V_{\boldsymbol{k}}}\,\mathrm{d}^3k = \frac{V}{8\pi^3}\,\mathrm{d}^3k. \tag{6,24}$$

Dieses Ergebnis ist unabhängig vom speziellen Gitter und stimmt mit dem für freie Elektronen abgeleiteten überein.

In Analogie zu der in Abschnitt 6.2.2. abgeleiteten Zustandsdichte $D(W)$ freier Elektronen soll nun ein entsprechender Ausdruck für ein Energieband abgeleitet werden. Aus (6,23) und (6,24) folgt

$$D(W)\,\mathrm{d}W = \frac{1}{4\pi^3} \int\limits_{W}^{W+\mathrm{d}W} \mathrm{d}^3k. \tag{6,134}$$

Das Integral ist über ein Gebiet im $\boldsymbol{k}$-Raum zwischen den Flächen konstanter Energie mit W und $W + \mathrm{d}W$ zu führen: Nach Abb. 5.33 kann dieses Integral in ein Flächenintegral über die Fläche konstanter Energie überführt werden. Es gilt $\mathrm{d}^3k = \mathrm{d}S \cdot \mathrm{d}k_\perp$, andererseits folgt aus $W = W_n(\boldsymbol{k})$

$$\mathrm{d}W = \frac{\partial W_n(\boldsymbol{k})}{\partial \boldsymbol{k}}\,\mathrm{d}\boldsymbol{k} = \left|\frac{\partial W_n}{\partial \boldsymbol{k}}\right| \cdot \mathrm{d}k_\perp. \tag{6,135}$$

Das zweite Gleichheitszeichen gilt, da $\frac{\partial W}{\partial \boldsymbol{k}}$ senkrecht auf der Ebene konstanter Energie steht und damit parallel zu $\mathrm{d}k_\perp$. Aus (6,134) wird nun

$$D_n(W) = \frac{1}{4\pi^3} \iint\limits_{W=\mathrm{const}} \frac{\mathrm{d}S}{\left|\frac{\partial W_n}{\partial \boldsymbol{k}}\right|}. \tag{6,136}$$

Die gesamte Zustandsdichte kann aus (6,136) durch Summation über n berechnet werden. Da die Gesamtzahl der Elektronenzustände pro Band gleich ist, gilt allgemein, daß die Zustandsdichte schmaler Bänder groß und die breiter Bänder klein ist.

Für die Normierung der Bloch-Funktionen (6,122) fordern wir wie bei freien Elektronen

$$\langle \Psi_{n\boldsymbol{k}} \mid \Psi_{n\boldsymbol{k}} \rangle = 1. \tag{6,137}$$

Beim Einsetzen von (6,122) entsteht

$$c^2\langle u_{nk} \mid u_{nk}\rangle = c^2 \int\limits_{(V)} u^*_{nk}(\boldsymbol{r})\, u_{nk}(\boldsymbol{r})\, \mathrm{d}^3r = 1. \tag{6,138}$$

Da die u_{nk} gitterperiodisch sind, liefert die Integration für jede der N Elementarzellen V_{EZ} dasselbe Ergebnis

$$c^2N \int\limits_{(V_{\mathrm{EZ}})} u^*_{nk}(\boldsymbol{r})\, u_{nk}(\boldsymbol{r})\, \mathrm{d}^3r = 1. \tag{6,139}$$

Üblicherweise wird $c^2N = 1$ gewählt, damit sind die $u_{nk}(\boldsymbol{r})$ in der Elementarzelle auf 1 normiert. Für die Ψ_{nk} gilt

$$\Psi_{nk}(\boldsymbol{r}) = \frac{1}{\sqrt{N}}\, \mathrm{e}^{\mathrm{i}\boldsymbol{kr}} u_{nk}(\boldsymbol{r}). \tag{6,122a),}$$

Als Lösungen der Schrödinger-Gleichung sind die Bloch-Funktionen orthogonal, d. h., sie erfüllen die Bedingung

$$\langle \Psi_{nk} \mid \Psi_{n'k'}\rangle = \delta_{nn'}\delta_{kk'}. \tag{6,140}$$

Auf der rechten Seite steht ein Produkt aus 4 Kronecker-Symbolen $\delta_{ll'}$ — für n und die 3 Komponenten von $\boldsymbol{k}$ — mit der Eigenschaft

$$\delta_{ll'} = \begin{cases} 1 \text{ für } l = l', \\ 0 \text{ für } l \neq l'. \end{cases} \tag{6,141}$$

6.3.2. Näherung fast freier Elektronen

Das in Abschnitt 6.2.2. eingehend behandelte Modell freier Elektronen kann als nullte Näherung für das Kristallelektronen-Problem angesehen werden. Zu einer besseren Beschreibung gelangt man, wenn über eine quantenmechanische Störungsrechnung näherungsweise berechnet wird, wie das periodische Kristallpotential $W_{\mathrm{Gitter}}(\boldsymbol{r})$ die Wellenfunktionen und Energieeigenwerte der Näherung freier Elektronen verändert. Man bezeichnet dieses Vorgehen auch als die Brillouinsche Näherung des Kristallelektronenproblems oder als die Näherung der quasifreien Elektronen. Schon hieraus ist ersichtlich, daß diese Behandlung nicht zu quantitativen Ergebnissen führen kann, da das Kristallpotential nicht als sehr schwach angesehen werden kann.

Der Hamilton-Operator $\hat{H}$ für das vollständige Problem (6,1) hat die Form

$$\hat{H} = -\frac{\hbar^2}{2m_0}\frac{\partial^2}{\partial \boldsymbol{r}^2} + W_{\mathrm{Gitter}}(\boldsymbol{r}). \tag{6,142}$$

Er kann aufgespaltet werden in den Hamilton-Operator freier Elektronen $\hat{H}^0$ und ein Störpotential

$$\begin{aligned} \hat{H} &= -\frac{\hbar^2}{2m_0}\frac{\partial^2}{\partial \boldsymbol{r}^2} + W_0 + \big(W_{\mathrm{Gitter}}(\boldsymbol{r}) - W_0\big) \\ &= \hat{H}^0 + \big(W_{\mathrm{Gitter}}(\boldsymbol{r}) - W_0\big). \end{aligned} \tag{6,142a}$$

Die Lösungen für $\hat{H}^0$ sind bekannt:

$$\Psi_{\boldsymbol{k}}^0(\boldsymbol{r}) = \frac{1}{\sqrt{V}} \mathrm{e}^{\mathrm{i}\boldsymbol{kr}} \quad \text{mit} \quad W^0(\boldsymbol{k}) = \frac{\hbar^2}{2m_0} \boldsymbol{k}^2. \tag{6,143}$$

Das Störpotential wurde so eingeführt, daß sein räumlicher Mittelwert Null ist.

Weiterhin berücksichtigen wir, daß $W_{\text{Gitter}}(\boldsymbol{r})$ gitterperiodisch ist und deshalb in der Form einer Fourier-Reihe

$$W_{\text{Gitter}}(\boldsymbol{r}) = W_0 + \sum_{\boldsymbol{R}^*} W_{\boldsymbol{R}^*} \mathrm{e}^{-\mathrm{i}\boldsymbol{R}^*\boldsymbol{r}},$$

$$W_{\boldsymbol{R}^*} = \frac{1}{V} \int\limits_{(V)} \mathrm{d}^3r \, (W_{\text{Gitter}}(\boldsymbol{r}) - W_0) \, \mathrm{e}^{\mathrm{i}\boldsymbol{R}^*\boldsymbol{r}} \tag{6,144}$$

dargestellt werden kann. Die Summation geht über alle Vektoren $\boldsymbol{R}^*$ des reziproken Gitters mit Ausnahme des Nullvektors (Dieser Anteil ist in W_0 enthalten.). Durch Einsetzen kann einfach gezeigt werden, daß für die Summendarstellung in (6,144) die Periodizitätsbedingung $W_{\text{Gitter}}(\boldsymbol{r} + \boldsymbol{R}) = W_{\text{Gitter}}(\boldsymbol{r})$ erfüllt ist:

$$W_{\text{Gitter}}(\boldsymbol{r} + \boldsymbol{R}) - W_0 = \sum_{\boldsymbol{R}^*} W_{\boldsymbol{R}^*} \mathrm{e}^{-\mathrm{i}\boldsymbol{R}^*(\boldsymbol{r}+\boldsymbol{R})} = \sum_{\boldsymbol{R}^*} W_{\boldsymbol{R}^*} \mathrm{e}^{-\mathrm{i}\boldsymbol{R}^*\boldsymbol{r}}$$

$$= W_{\text{Gitter}}(\boldsymbol{r}) - W_0, \quad \text{denn} \quad \mathrm{e}^{\mathrm{i}\boldsymbol{R}^*\boldsymbol{R}} = 1.$$

Für die durch das Kristallpotential „gestörten" Energieeigenwerte $W^1(\boldsymbol{k})$ liefert die Schrödingersche Störungsrechnung folgende erste Näherung:

$$W^1(\boldsymbol{k}) = W^0(\boldsymbol{k}) + \sum_{\boldsymbol{k}'} \frac{|W_{\boldsymbol{kk}'}|^2}{W^0(\boldsymbol{k}) - W^0(\boldsymbol{k}')}. \tag{6,145}$$

Dieser Ausdruck wird in Lehrbüchern der Theoretischen Physik abgeleitet, er gilt für den Fall, daß keine Energieentartung vorliegt, d. h. $W^0(\boldsymbol{k}') \neq W^0(\boldsymbol{k})$. Die $W_{\boldsymbol{kk}'}$ sind die Matrixelemente des Störpotentials im System der ungestörten Wellenfunktionen $\Psi_{\boldsymbol{k}'}^0$:

$$W_{\boldsymbol{kk}'} = \langle \Psi_{\boldsymbol{k}}^0 | W_{\text{Gitter}} - W_0 | \Psi_{\boldsymbol{k}'}^0 \rangle$$

$$= \frac{1}{V} \int\limits_{(V)} \mathrm{d}^3r \, \mathrm{e}^{-\mathrm{i}\boldsymbol{kr}} \big(W_{\text{Gitter}}(\boldsymbol{r}) - W_0\big) \, \mathrm{e}^{\mathrm{i}\boldsymbol{k}'\boldsymbol{r}}. \tag{6,146}$$

Wird nun (6,144) eingesetzt, so folgt

$$W_{\boldsymbol{kk}'} = \sum_{\boldsymbol{R}^*} W_{\boldsymbol{R}^*} \langle \Psi_{\boldsymbol{k}}^0 | \Psi_{\boldsymbol{k}'-\boldsymbol{R}^*}^0 \rangle$$

$$= \sum_{\boldsymbol{R}^*} W_{\boldsymbol{R}^*} \int\limits_{(V)} \frac{1}{V} \mathrm{d}^3r \, \mathrm{e}^{\mathrm{i}(\boldsymbol{k}'-\boldsymbol{R}^*-\boldsymbol{k})\boldsymbol{r}}. \tag{6,147}$$

Das Integral in (6,147) liefert nach (6,140) den Wert 1, wenn der Exponentialausdruck im Integranden 1 wird, d. h. für

$$\boldsymbol{k}' - \boldsymbol{k} = \boldsymbol{R}^*, \tag{6,148}$$

und wird Null, wenn (6,148) nicht erfüllt ist. Für die Matrixelemente folgt deshalb

$$W_{\boldsymbol{k}\boldsymbol{k}'} = \sum_{\boldsymbol{R}^*} W_{\boldsymbol{R}^*} \cdot \delta_{\boldsymbol{k}',\boldsymbol{k}+\boldsymbol{R}^*}. \tag{6,149}$$

Die Energieeigenwerte der ersten Näherung $W^1(\boldsymbol{k})$ erhalten wir nach Einsetzen von (6,149) und (6,143) in (6,145):

$$W^1(\boldsymbol{k}) = W^0(\boldsymbol{k}) + \sum_{\boldsymbol{R}^*} \frac{|W_{\boldsymbol{R}^*}|^2}{\frac{\hbar^2}{2m_0}\boldsymbol{k}^2 - \frac{\hbar^2}{2m_0}(\boldsymbol{k}+\boldsymbol{R}^*)^2}. \tag{6,150}$$

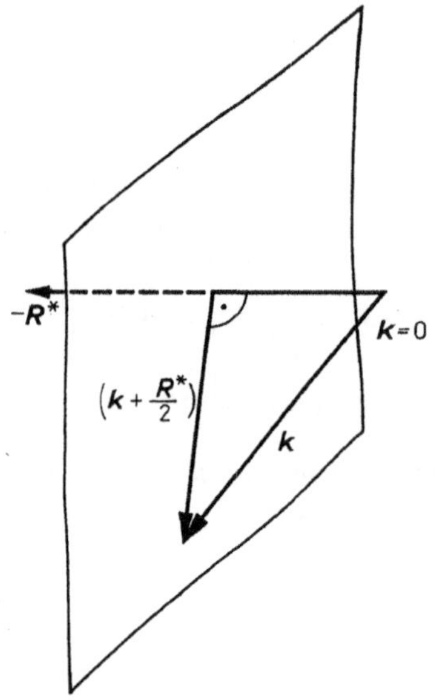

Abb. 6.33

Lage der Ebene $\left(\boldsymbol{k} + \frac{\boldsymbol{R}^*}{2}\right)\boldsymbol{R}^* = 0$ im $\boldsymbol{k}$-Raum.

Diese Korrektur ist gering, wenn gilt

$$|W_{\boldsymbol{R}^*}| \ll \left| \frac{\hbar^2}{2m_0}\boldsymbol{k}^2 - \frac{\hbar^2}{2m}(\boldsymbol{k}+\boldsymbol{R}^*)^2 \right|.$$

Grundsätzliche Änderungen im Eigenwertspektrum treten nach (6,150) dagegen in solchen Fällen auf, für die der Energienenner gegen Null geht. Das ist für alle $\boldsymbol{k}$ der Fall, die die Bedingung

$$\boldsymbol{k}^2 = (\boldsymbol{k}+\boldsymbol{R}^*)^2 \tag{6,151}$$

erfüllen oder die zu solchen $\boldsymbol{k}$-Werten benachbart liegen. Im folgenden sind darum zwei Fragen zu klären: An welchen „Stellen" des $\boldsymbol{k}$-Raumes ändert sich das Energiespektrum der Einteilchenzustände, und wie ändert es sich?

Durch (6,151) werden Flächen im $\boldsymbol{k}$-Raum beschrieben; wird der Klammerausdruck berechnet, so erhalten wir

$$\left(\boldsymbol{k} + \frac{\boldsymbol{R}^*}{2}\right)\boldsymbol{R}^* = 0. \tag{6,152}$$

Das ist die Gleichung einer Ebene im $\boldsymbol{k}$-Raum, die senkrecht auf dem Vektor des reziproken Gitters $-\boldsymbol{R}^*$ steht und ihn halbiert (Abb. 6.33).

Nach den Ergebnissen von Abschnitt 3.4.5. bilden diese Ebenen aber gerade die Grenzen der Brillouinschen Zonen (Abb. 3.12, 3.13, 8.34).

Zusammengefaßt sind wir damit zu folgendem erstem Ergebnis gekommen: Wenn der Wellenzahlvektor $\boldsymbol{k}$ eines „ungestörten" Zustands der Näherung freier Elektronen im Innern einer Brillouinzone liegt, so unterscheidet er sich nur unwesentlich von dem Zustand, der sich unter der Einwirkung eines periodischen Kristallpotentials einstellt. Liegt $\boldsymbol{k}$ dagegen auf der Zonengrenze oder in ihrer Nähe, so verursacht das Kristallpotential entscheidende Veränderungen der Wellenfunktion und des Energieeigenwerts. Dieses Ergebnis kann physikalisch sehr anschaulich interpretiert werden. In Abschnitt 3.2. ist die Ausbreitung von Röntgenwellen in Kristallen untersucht worden. Wir zeigten, daß sich die Wellen im allgemeinen ungestört im Kristall ausbreiten. Nur für bestimmte Einfallsrichtungen und Wellenlängen, beide werden durch den Wellenzahlvektor $\boldsymbol{k}$ charakterisiert, tritt eine Streuwelle mit $\boldsymbol{k}'$ auf. Die Bedingung dafür ist die Laue-Bedingung (Abschnitt 3.4.3.), die mit (6,151) übereinstimmt. Analog hierzu werden auch die ebenen Wellen freier Elektronen mit $\boldsymbol{k}$-Vektoren, die auf der Zonengrenze oder in deren Nähe liegen, am Kristallgitter elastisch gestreut. Dabei geht ein Teil ihrer Energie in Streuwellen mit

$$\boldsymbol{k}' = \boldsymbol{k} + \boldsymbol{R}^* \quad \text{und} \quad |\boldsymbol{k}'| = |\boldsymbol{k}| \tag{6,153}$$

über. Wichtig ist in diesem Zusammenhang die Frage, ob die Wellenlängen der Kristallelektronen $\lambda = \dfrac{2\pi}{|\boldsymbol{k}|}$ überhaupt so klein sind, daß entsprechend der Laue-Gleichung konstruktive Interferenzen auftreten können. Wir wollen ein einfach kubisches Elementgitter der Gitterkonstanten a betrachten. Aus (6,52) folgt als Bedingung dafür, daß $\boldsymbol{k}$ wenigstens die erste Zonengrenze erreicht:

$$|\boldsymbol{k}| \geqq \left| \frac{\boldsymbol{R}^*_{\min}}{2} \right| = \frac{1}{2} \frac{2\pi}{a} = \frac{\pi}{a} \tag{6,154}$$

oder $\lambda \leqq 2a$.

Der größte Wert für $|\boldsymbol{k}|$ gilt für die Fermi-Grenze

$$k_F = (3\pi^2 n)^{1/3}. \tag{6,16}$$

Schreiben wir die Elektronendichte n als Produkt der Atomdichte n_{At} und der pro Atom abgegebenen Zahl r von Valenzelektronen, so gilt weiter

$$(3\pi^2 n_{\text{At}} \cdot r)^{1/3} \geqq \frac{\pi}{a}.$$

Mit $n_{\text{At}} = \dfrac{1}{a^3}$ erhalten wir

$$r \geqq \frac{\pi}{3} \approx 1. \tag{6,155}$$

Aus dieser Abschätzung folgt, daß für $r \geqq 2$ die Wellenlängen der Kristallelektronen so klein werden, daß (6,152) erfüllt wird. Für zwei- und mehrwertige Elemente sind also grundsätzlich wesentliche Korrekturen des Energiespektrums der Näherung freier Elektronen durch die Einwirkung des periodischen Kristallpotentials zu erwarten. Für $r = 1$ ist keine so eindeutige Aussage möglich. Hier müßte das spezielle

Gitter und das Kristallpotential in die Überlegungen einbezogen werden. Diese Abschätzung wird in der Praxis bestätigt: die Fermi-Flächen der einwertigen Alkalimetalle sind näherungsweise Kugeln innerhalb der 1. Brillouin-Zone, während die Fermi-Flächen der ebenfalls einwertigen Metalle Cu und Au die Zonengrenze erreichen (Abb. 8.36, 8.37).

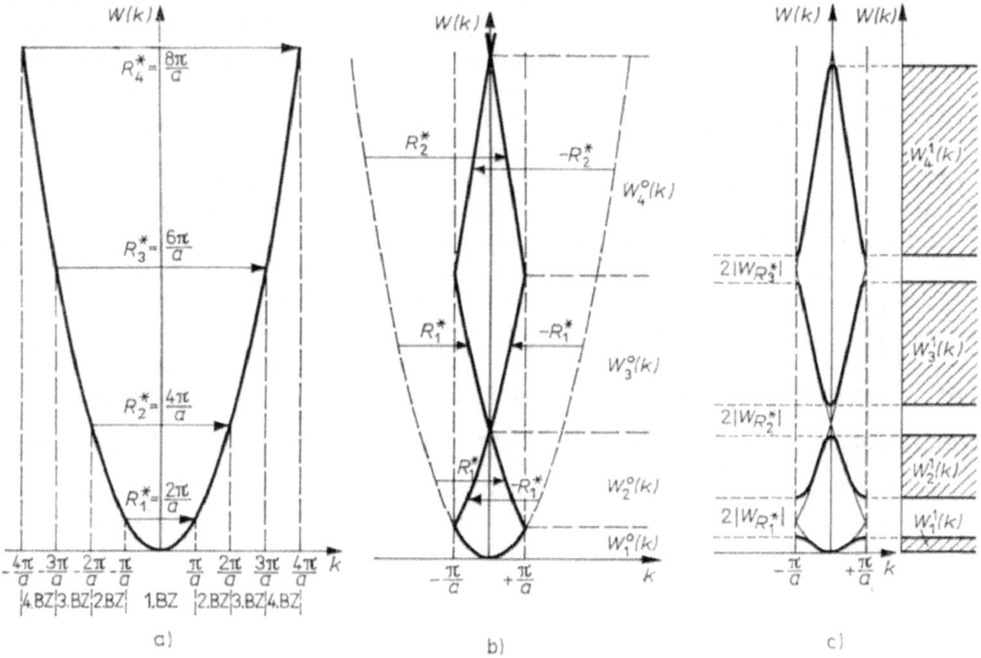

Abb. 6.34

a) $W(k)$-Abhängigkeit freier Elektronen im Eindimensionalen
b) Reduktion der $W(k)$-Beziehung aus a) auf die 1. Brillouin-Zone
c) Veränderung der $W(k)$-Funktion b) unter dem Einfluß des periodischen Gitterpotentials.

Wenn aber zumindest die $\boldsymbol{k}$-Vektoren der energiereichsten Elektronen auf Zonengrenzen liegen, so finden Bragg-Reflexionen statt. Die ebenen Wellen können dann keine stationären, das heißt zeitunabhängigen Lösungen des Problems mehr sein. Vielmehr sind diese stationären Lösungen als Linearkombinationen der ungestörten Zustände $\Psi^0_{\boldsymbol{k}'}$ anzusetzen. Dabei müssen $\boldsymbol{k}$ und $\boldsymbol{k}'$ die Bedingungen (6,153) erfüllen.

Besonders einfach wird das Problem im eindimensionalen Fall (Abb. 6.34a). Die Zonengrenzen entarten zu jeweils zwei Punkten $k_{1,2;n} = \pm n \frac{\pi}{a}$, $n = 1, 2, 3, \ldots$ Diese beiden k-Werte gehören zur gleichen Energie, und sie unterscheiden sich um ein Vielfaches der Gitterperiode des reziproken Gitters $a^* = \frac{2\pi}{a}$:

$$k_{1,n} - k_{2,n} = n \cdot \frac{2\pi}{a}.$$

Für die stationären Lösungen sind deshalb Linearkombinationen der zugehörigen Wellenfunktionen als Näherung anzusetzen:

$$\Psi = a\Psi^0_{k_1} + b\Psi^0_{k_2}. \tag{6,156}$$

Im allgemeinen dreidimensionalen Fall liegen die Verhältnisse komplizierter. Zu einem Vektor $\boldsymbol{k}$ auf der Grenze einer Brillouin-Zone gehören dann 2, 3 oder mehr Vektoren $\boldsymbol{k}'$, die mit verschiedenen $\boldsymbol{R}^*$ die Bedingungen $\boldsymbol{k}' = \boldsymbol{k} + \boldsymbol{R}^*$ und $|\boldsymbol{k}'| = |\boldsymbol{k}|$ erfüllen. Wenn $\boldsymbol{k}$ zugleich auf m Ebenen der Art (6,152) liegt, so ist die analog zu (6,153) gebildete stationäre Lösung aus $m + 1$ ebenen Wellen aufzubauen.

Noch anschaulicher lassen sich die Wellenzahlvektoren $\boldsymbol{k}$, für die das periodische Potential die Energieeigenwerte freier Elektronen wesentlich ändert, im *reduzierten Zonenschema* auffinden.

Für die Darstellung der $W^0(\boldsymbol{k})$-Funktion (6,143) benutzen wir dann den im vorigen Abschnitt 6.3.1. eingeführten reduzierten Wellenzahlvektor $\boldsymbol{k}$. Alle Zustände mit einem $\boldsymbol{k}'$ außerhalb der 1. Brillouin-Zone werden so um einen Vektor $\boldsymbol{R}^*$ des reziproken Gitters verschoben, daß sie innerhalb derselben liegen. Während die $W^0(\boldsymbol{k}')$-Funktion bei Benutzung des freien, d. h. unbeschränkten Ausbreitungsvektors $\boldsymbol{k}'$ eine eindeutige Funktion war, wird sie nun allerdings mehrdeutig, da alle $W^0(\boldsymbol{k}') = W^0(\boldsymbol{k} + \boldsymbol{R}^*)$ mit verschiedenen $\boldsymbol{R}^*$ zum gleichen $\boldsymbol{k}$ gehören. Durch den Bandindex n, der als zusätzliche Quantenzahl eingeführt wird, können die Zustände aber wieder eindeutig charakterisiert werden; dabei wird festgelegt:

$$W^0_n(\boldsymbol{k}) \leqq W^0_{n+1}(\boldsymbol{k}). \tag{6,157}$$

Solche reduzierten $W^0_n(\boldsymbol{k})$-Funktionen sind für den eindimensionalen Fall in Abb. 6.34b) und im dreidimensionalen Fall für die hexagonal dichteste Kugelpackung in Abb. 6.35 dargestellt. Die Bedingungen (6,153) sind immer dann erfüllt, wenn in (6,157) das Gleichheitszeichen gilt. In den grafischen Darstellungen schneiden oder berühren sich dann die entsprechenden $W^0_n(\boldsymbol{k})$-Kurven. Da ein Teil der Grenzen der 2., 3. usw. Brillouin-Zonen bei der Reduzierung in das Innere der 1. Zone transformiert wird, können diese Schnitt- oder Berührungspunkte also auch innerhalb derselben liegen. An diesen „Stellen" des $\boldsymbol{k}$-Raums, an denen in der Näherung freier Elektronen Energieentartung vorliegt, bewirkt also das periodische Gitterpotential besonders starke Korrekturen. Wir werden erfahren, daß es diese Entartung im allgemeinen aufhebt, daß dort Energielücken für das Spektrum der Einteilchenenergien auftreten.

Wenden wir uns nun wieder dieser noch offenen Fragestellung zu. In der reduzierten Darstellung kann (6,150) folgendermaßen geschrieben werden:

$$W^1_m(\boldsymbol{k}) = W^0_m(\boldsymbol{k}) + \sum_l \frac{|W_{ml}|^2}{W^0_m(\boldsymbol{k}) - W^0_l(\boldsymbol{k})}, \tag{6,158}$$

denn der Bandindex l hängt wegen $W^0_l(\boldsymbol{k}) = W^0(\boldsymbol{k} + \boldsymbol{R}^*)$ bei gegebenem $\boldsymbol{k}$ eindeutig mit $\boldsymbol{R}^*$ zusammen. Zu untersuchen sind nun solche Zustände, für die zwei oder mehr Energiebänder sich berühren oder sehr nahekommen. Wir wollen annehmen, daß sich bei $\boldsymbol{k} = \boldsymbol{k}_0$ die Bänder m und l berühren. Die zugehörigen ungestörten Wellenfunktionen sind $\Psi^0_{m,\boldsymbol{k}_0}$ und $\Psi^0_{l,\boldsymbol{k}_0}$, der entsprechende Fourier-Koeffizient des Potentials ist

$$W_{\boldsymbol{R}^*} = W_{ml} = \int_{(V)} \mathrm{d}^3r\, \Psi^{0*}_{m,\boldsymbol{k}_0}(\boldsymbol{r}) \left(W_{\text{Gitter}}(\boldsymbol{r}) - W_0\right) \Psi^0_{l,\boldsymbol{k}_0}(\boldsymbol{r}). \tag{6,159}$$

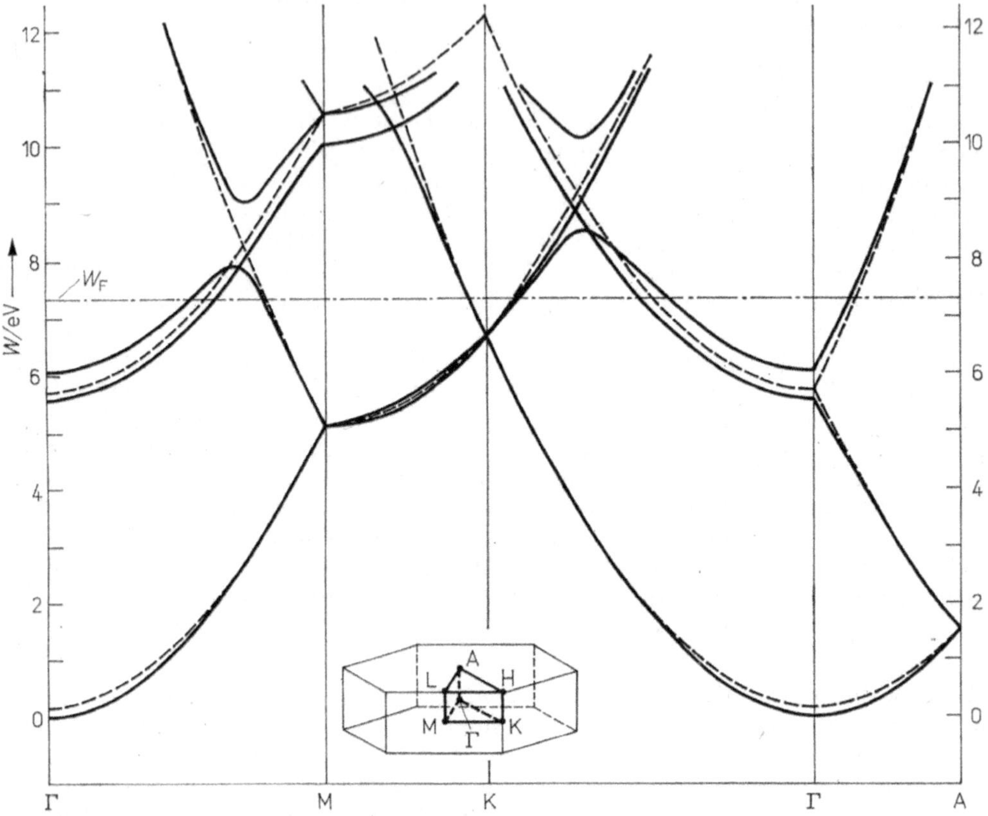

Abb. 6.35

Berechnete Bandstruktur von Magnesium entlang einiger ausgezeichneter Richtungen im $\boldsymbol{k}$-Raum (nach Taut, M.; Ziesche, P., Phys. Status solidi (b) 78 (1976) 169).
Die entsprechende $W(\boldsymbol{k})$-Beziehung nach dem Modell freier Elektronen ist für das „Magnesium-Leergitter" gestrichelt eingezeichnet.

Als ungestörte Lösungen zum gleichen Energieeigenwert können Linearkombinationen

$$\Psi_{\boldsymbol{k}_0}(\boldsymbol{r}) = a\Psi^0_{l,\boldsymbol{k}_0}(\boldsymbol{r}) + b\Psi^0_{m,\boldsymbol{k}_0}(\boldsymbol{r}) \tag{6,160}$$

angesetzt werden. Man könnte hier durch physikalische Überlegungen a und b so bestimmen, daß trotz der „Reflexionen" an den Gitterebenen $\Psi_{\boldsymbol{k}_0}$ ein stationärer Zustand wird. Im Rahmen der Störungstheorie kommt man zum gleichen Ergebnis durch folgendes Verfahren: In Analogie zu (6,159) werden die Matrixelemente des Störpotentials mit den Funktionen (6,160) gebildet. Die Koeffizienten a und b werden danach so bestimmt, daß diese Matrixelemente Null werden. Trotz des gegen Null gehenden Nenners divergiert dann das Korrekturglied in (6,158) nicht mehr, sondern wird ebenfalls Null. Mathematisch entspricht dieses Vorgehen einer Diagonalisierung der Energiematrix. Man berechnet darum die gestörten Einteilchenenergien $W^1(\boldsymbol{k})$

aus der Gleichung

$$\begin{vmatrix} W_m^0(\boldsymbol{k}) - W^1(\boldsymbol{k}) & W_{ml} \\ W_{lm} & W_l^0(\boldsymbol{k}) - W^1(\boldsymbol{k}) \end{vmatrix} = 0. \tag{6,161}$$

Wir haben hier noch vorausgesetzt, daß der Ansatz (6,160) näherungsweise auch für benachbarte Wellenzahlvektoren $\boldsymbol{k} \approx \boldsymbol{k}_0$ gemacht werden kann. Die Determinante (6,161) führt auf eine quadratische Gleichung für $W^1(\boldsymbol{k})$; deren Lösungen sind:

$$W_{1,2}^1(\boldsymbol{k}) = \frac{W_m^0(\boldsymbol{k}) + W_l^0(\boldsymbol{k})}{2} \pm \sqrt{\frac{[W_m^0(\boldsymbol{k}) - W_l^0(\boldsymbol{k})]^2}{4} + |W_{ml}|^2}. \tag{6,162}$$

Für $\boldsymbol{k} = \boldsymbol{k}_0$ gilt wegen $W_m^0(\boldsymbol{k}_0) = W_l^0(\boldsymbol{k}_0)$

$$\begin{aligned} W_m^1(\boldsymbol{k}_0) &= W_m^0(\boldsymbol{k}_0) + |W_{ml}| \\ W_l^1(\boldsymbol{k}_0) &= W_0^l(\boldsymbol{k}_0) - |W_{ml}|. \end{aligned} \tag{6,163}$$

Das ist ein wichtiges Ergebnis: an allen Orten $\boldsymbol{k}_0$ des $\boldsymbol{k}$-Raumes, für die in der Näherung freier Elektronen Energieentartung vorliegt, kann diese unter dem Einfluß des periodischen Potentials aufgehoben werden. Die Energieflächen werden dabei durch eine Energielücke der Breite

$$\Delta W = W_m^1(\boldsymbol{k}_0) - W_l^1(\boldsymbol{k}_0) = 2\,|W_{ml}| \tag{6,164}$$

voneinander getrennt (Abb. 6.34c). Wir haben betont, daß diese Aufspaltung auftreten kann, denn für ein spezielles Potential ist der betreffende Fourier-Koeffizient unter Umständen Null.

Auch für $\boldsymbol{k}$-Vektoren, die zu $\boldsymbol{k}_0$ benachbart sind, kann aus (6,162) die Energieaufspaltung entnommen werden. Wir führen als Parameter die Energiedifferenz $\Delta W^0(\boldsymbol{k}) = W_m^0(\boldsymbol{k}) - W_l^0(\boldsymbol{k})$ der nahe beieinander liegenden Bänder m und l ein und erhalten

$$\left.\begin{aligned} W_m^1(\boldsymbol{k}) - W_m^0(\boldsymbol{k}) &= + \\ W_l^1(\boldsymbol{k}) - W_l^0(\boldsymbol{k}) &= - \end{aligned}\right\} \left(\sqrt{|W_{ml}|^2 + \frac{\Delta W^0(\boldsymbol{k})^2}{4}} - \frac{\Delta W^0(\boldsymbol{k})}{2}\right). \tag{6,165}$$

Diese Ausdrücke liefern für $\Delta W^0(\boldsymbol{k}_0) = 0$ das Ergebnis (6,614). Mit zunehmendem $\Delta W^0(\boldsymbol{k})$, d. h. für zunehmenden Abstand von $\boldsymbol{k}_0$, wird die Aufspaltung kleiner (Abb. 6.34c).

Entwickelt man die Funktionen $W_m^1(\boldsymbol{k})$ und $W_l^1(\boldsymbol{k})$ um $\boldsymbol{k}_0$ nach dem senkrechten Abstand $\Delta k = (\boldsymbol{k} - \boldsymbol{k}_0)\,\dfrac{\boldsymbol{R}^*}{|\boldsymbol{R}^*|}$ von der Zonengrenze, auf der $\boldsymbol{k}_0$ liegt und die $\boldsymbol{R}^*$ zugeordnet ist, so ergibt sich:

$$\begin{aligned} W_m^1(k) &= W_m^1(\boldsymbol{k}_0) + \frac{\hbar^2}{2m_0}\,\Delta k^2 \left(1 + \frac{\hbar^2 \boldsymbol{R}^{*2}}{4m_0\,|W_{ml}|}\right) \\ W_l^1(k) &= W_l^1(\boldsymbol{k}_0) + \frac{\hbar^2}{2m_0}\,\Delta k^2 \left(1 - \frac{\hbar^2 \boldsymbol{R}^{*2}}{4m_0\,|W_{ml}|}\right). \end{aligned} \tag{6,166}$$

Führen wir hier formal eine effektive Masse

$$m^* = \frac{m_0}{1 \pm \dfrac{\hbar^2 \boldsymbol{R}^{*2}}{4m_0 \, |W_{ml}|}}$$

ein, so kann (6,166) geschrieben werden:

$$W^1(k) = \text{const} + \frac{\hbar^2}{2m^*} \Delta k^2. \tag{6,167}$$

Zwar gilt diese Darstellung nur in der Umgebung von $\boldsymbol{k}_0$ und in dieser einfachen Form nur für eine bestimmte Richtung, trotzdem ist diese Form der $W(k)$-Beziehung in der Nähe einer Bandkante sehr wichtig, denn sie zeigt, daß sich die Kristallelektronen dort ähnlich wie freie Elektronen verhalten. Ähnlich bedeutet, daß sie eine effektive Masse m^* zu haben scheinen, die von der Masse freier Elektronen verschieden ist und die richtungsabhängig sein kann. Wir werden später auf dieses Problem zurückkommen. Sind an einer Stelle $\boldsymbol{k}_1$ der 1. Brillouinschen Zone 3 oder mehr Energiebänder miteinander entartet, so ist entsprechend zu (6,160) eine Linearkombination aller zugehörigen Wellenfunktionen zu bilden. Statt (6,161) erhält man dann eine Determinante, die auf eine Gleichung 3. oder höheren Grades führt. Die energetisch durch Lücken getrennten Lösungen bei $\boldsymbol{k}_1$ können dann wiederum den verschiedenen Bändern zugeordnet werden.

In Abb. 6.35 ist die $W(\boldsymbol{k})$-Beziehung von Magnesium für bestimmte Richtungen innerhalb der 1. Brillouin-Zone dargestellt. Zum Vergleich sind die äquivalenten Bänder der Näherung freier Elektronen angegeben. Man erkennt deutlich das Auftreten von Energielücken an den Stellen des $\boldsymbol{k}$-Raums, für die Entartung vorlag. So ist z. B. das Energieband, welches von Γ nach M im Energiebereich von ca. 5,5 eV bis 10,5 eV ansteigt, längs der gesamten Strecke zweifach entartet, d. h., in Richtung ΓM liegen zwei Energiebänder $W^0(\boldsymbol{k})$ der Näherung freier Elektronen mit verschiedenen $\boldsymbol{R}^*$ übereinander. Diese Entartung wird durch das periodische Gitterpotential nach (6,163) aufgehoben, es entstehen zwei getrennte Bänder. Zusätzlich schneiden diese beiden Bänder im rechten Drittel von Abschnitt ΓM ein drittes Band; das führt zu einer weiteren wesentlichen Änderung der Bandstruktur in der Nähe dieses Schnittpunktes. Dagegen wird die Entartung an den energetisch tiefsten Stellen bei M und K nicht aufgehoben, hier liegt also ein Beispiel dafür vor, daß der zugehörige Fourier-Koeffizient $W_{\boldsymbol{R}^*}$ (6,144) des Gitterpotentials Null ist.

Für den eindimensionalen Fall sind die Energiebänder, wie in Abb. (6.34c) dargestellt, immer durch Energielücken voneinander getrennt, wenn die W_{ml} nicht zufällig Null werden. Dieses Ergebnis ist für den praktisch wichtigen dreidimensionalen Fall aber untypisch, wir wollen das erläutern. Nach (6,163) tritt auch im dreidimensionalen Gitter eine Energielücke bei $\boldsymbol{k}_0$ auf. Deren energetische Lage wird aber durch $W^0(\boldsymbol{k}_0)$ bestimmt und verschiebt sich mit der Änderung von $\boldsymbol{k}_0$. Wenn Δk_0 die Änderung von $\boldsymbol{k}_0$ längs einer bestimmten Richtung auf der Zonengrenze ist, so haben $W^0(\Delta k_0)$, $W^1_m(\Delta k_0)$ und $W^1_l(\Delta k_0)$ qualitativ den in Abb. 6.36 skizzierten Verlauf. Diese Bandüberlappung liegt z. B. auch in Abb. 6.35 im Abschnitt ΓM für die Bänder 2 bis 4 vor. In vielen Fällen werden sich die Energiebänder also trotz der Aufspaltung überlappen. Letztlich liegt hierin die Ursache dafür, daß die überwiegende Zahl der Elementgitter metallische Eigenschaften besitzt, wie in Abschnitt 8.2.1. näher ausgeführt wird.

Die Entwicklungskoeffizienten a und b in (6,160) können aus (6,161) abgeleitet werden,

$$a\left(W^0_{m,l}(\boldsymbol{k}) - W^1(\boldsymbol{k})\right) + bW_{ml} = 0,$$

denn die Determinante enthält gerade die Koeffizienten des homogenen Gleichungssystems zur Bestimmung von a und b.

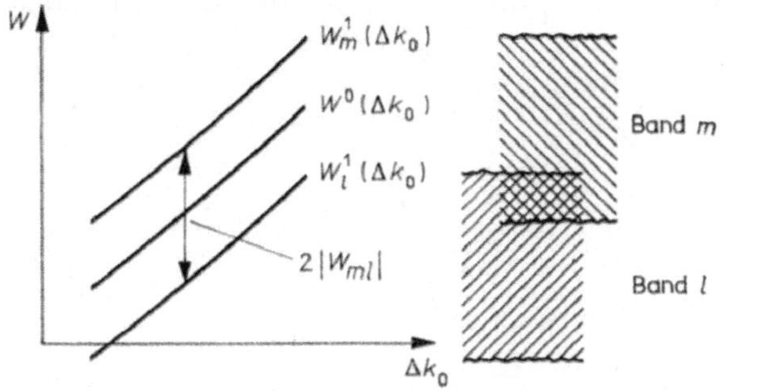

Abb. 6.36
Veranschaulichung der Bandüberlappung im Dreidimensionalen (die aufgespalteten Energiebänder W_l^1 und W_m^1 überlappen sich für verschiedene $\boldsymbol{k}$).

Mit (6,165) und nach Einführung einer Abkürzung

$$\varDelta = \sqrt{1 + \left(\frac{\Delta W^0(\boldsymbol{k})}{2\,|W_{ml}|}\right)^2} - \frac{\Delta W^0(\boldsymbol{k})}{2\,|W_{ml}|}$$

ergibt sich:

$$\varPsi_1 = \frac{1}{\sqrt{1+\varDelta^2}}\,\varPsi^0_{l\boldsymbol{k}}(\boldsymbol{r}) - \frac{\varDelta}{\sqrt{1+\varDelta^2}}\,\varPsi^0_{m\boldsymbol{k}}(\boldsymbol{r}) \qquad (6{,}168)$$

und

$$\varPsi_2 = \frac{\varDelta}{\sqrt{1+\varDelta^2}}\,\varPsi^0_{l\boldsymbol{k}}(\boldsymbol{r}) + \frac{1}{\sqrt{1+\varDelta^2}}\,\varPsi^0_{m\boldsymbol{k}}(\boldsymbol{r}).$$

Bei $\boldsymbol{k} = \boldsymbol{k}_0$ wird $\varDelta = 1$; $\varPsi_1$ und $\varPsi_2$ sind dann die antisymmetrische bzw. symmetrische Kombination von $\varPsi^0_{l\boldsymbol{k}_0}$ und $\varPsi^0_{m\boldsymbol{k}_0}$. Die Anteile dieser ebenen Wellen mit dem Wellenzahlvektor $\boldsymbol{k}_\perp = \left(\boldsymbol{k}_0 \cdot \frac{\boldsymbol{R}^*}{|\boldsymbol{R}^*|}\right)\frac{\boldsymbol{R}^*}{|\boldsymbol{R}^*|}$, die die Bewegung senkrecht zur Zonengrenze beschreiben, werden dann stehende Wellen. Zum gleichen Ergebnis kommt man im anschaulicheren eindimensionalen Fall. Für $k_0 = -\frac{\pi}{a}$ und $|\boldsymbol{R}^*| = +\frac{2\pi}{a}$ erhält man entsprechend zu (6,168) die Linearkombinationen

$$\varPsi_{1,2} = \frac{1}{\sqrt{2L}}\left(e^{ik_0x} \pm e^{i(k_0+R^*)x}\right) = \frac{1}{\sqrt{2L}}\left(e^{-i\frac{\pi}{a}x} \pm e^{+i\frac{\pi}{a}x}\right)$$

$$\varPsi_1(x) = \sqrt{\frac{2}{L}}\cos\frac{\pi}{a}x, \quad \varPsi_2(x) = \frac{1}{i}\sqrt{\frac{2}{L}}\sin\frac{\pi}{a}x. \qquad (6{,}169)$$

Die Aufenthaltswahrscheinlichkeiten der Elektronen sind proportional zu

$$\left|\Psi_1(x)\right|^2 = \frac{2}{L}\cos^2\frac{\pi}{a}x, \quad \left|\Psi_2(x)\right|^2 = \frac{2}{L}\sin^2\frac{\pi}{a}x.$$

Anschaulich folgt aus Abb. 6.37, daß die Lösung Ψ_1 in einem anziehenden Potential zu einer Lösung niedrigerer Energie führt, denn das beschriebene Elektron hält sich vorwiegend in den Mulden des Gitterpotentials auf; das Umgekehrte gilt für Ψ_2.

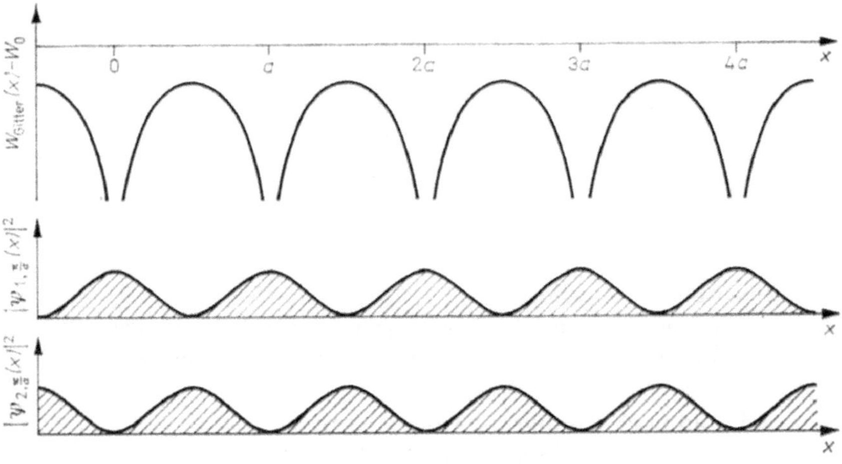

Abb. 6.37

Zur Veranschaulichung der Energieaufspaltung unter der Einwirkung des periodischen Gitterpotentials für den eindimensionalen Fall.

6.3.3. Näherung stark gebundener Elektronen

Auch in diesem Abschnitt wollen wir eine näherungsweise Lösung der Schrödinger-Gleichung

$$-\frac{\hbar^2}{2m_0}\frac{\partial^2}{\partial \boldsymbol{r}^2}\Psi_{n\boldsymbol{k}}(\boldsymbol{r}) + W_{\text{Gitter}}(\boldsymbol{r})\,\Psi_{n\boldsymbol{k}}(\boldsymbol{r}) = W_n(\boldsymbol{k})\,\Psi_{n\boldsymbol{k}}(\boldsymbol{r}) \qquad (6{,}1)$$

für die Kristallelektronenzustände ableiten. Im vorigen Abschnitt haben wir den periodischen Anteil des Gitterpotentials $W_{\text{Gitter}}(\boldsymbol{r}) - W_0$ als eine Störung betrachtet, deren Einfluß auf das Energiespektrum freier Elektronen berechnet wurde. Die dabei vorgenommene Vereinfachung des Problems ist sehr drastisch und sicher nur für die locker gebundenen, also energiereichen Valenzelektronen erlaubt, deren Energiezustände oberhalb der „Potentialberge“ liegen. Ungeeignet ist diese Näherung dagegen für die „Rumpf“elektronen, die relativ fest an einem Atomkern gebunden sind, durch den quantenmechanischen Tunneleffekt aber doch in benachbarte Energiemulden gelangen können. Für diesen Fall der stark gebundenen Elektronen können mit der Blochschen Näherung qualitative Aussagen über die Energiezustände hergeleitet werden.

Wir gehen aus von der Überlegung, daß die $\Psi_{nk}(\boldsymbol{r})$ in der Nähe der Atomrümpfe den Elektronenzuständen isolierter Atome sehr ähnlich sind. Für die Wellenfunktion wird deshalb in nullter Näherung eine Linearkombination von Atomeigenfunktionen angesetzt. Diese Atomeigenfunktionen sind an den Ruhelagen der Atomkerne zentriert, die durch die Gittervektoren $\boldsymbol{R}$ bestimmt sind:

$$\Psi^0_{nk} = \sum_{\boldsymbol{R}} C_{nk}(\boldsymbol{R})\, \Psi^{\mathrm{At}}_n(\boldsymbol{r} - \boldsymbol{R}). \tag{6,170}$$

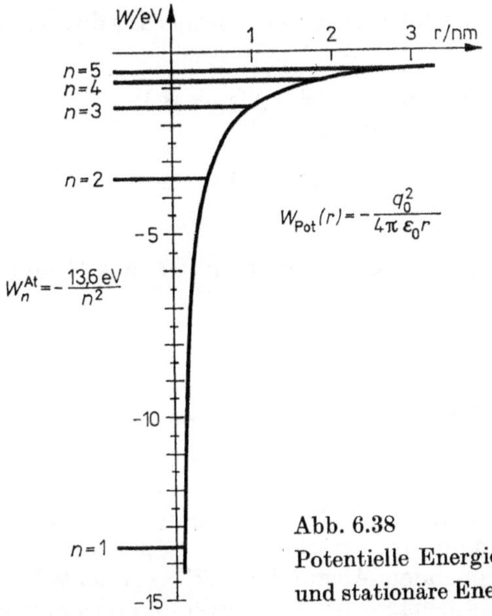

Abb. 6.38
Potentielle Energie $W_{\mathrm{pot}}(r)$ des Elektrons am H-Atom und stationäre Energiezustände W_n^{At} des Problems.

Die $\Psi^{\mathrm{At}}_n(\boldsymbol{r})$ sind Lösungen der Schrödinger-Gleichung für ein isoliertes Atom:

$$-\frac{\hbar^2}{2m_0}\frac{\partial^2}{\partial \boldsymbol{r}^2}\Psi^{\mathrm{At}}_n(\boldsymbol{r}) + W^{\mathrm{At}}(\boldsymbol{r})\,\Psi^{\mathrm{At}}_n(\boldsymbol{r}) = W^{\mathrm{At}}_n \Psi^{\mathrm{At}}_n(\boldsymbol{r}); \tag{6,171}$$

wir wollen annehmen, daß diese Funktionen bekannt sind. Der Index n steht hier als Abkürzung für die Energiequantenzahl n, die Drehimpulsquantenzahl l und die Orientierungsquantenzahl m_l. Für das Wasserstoffatom sind $W^{\mathrm{At}}(\boldsymbol{r}) = -\frac{e^2}{4\pi\varepsilon_0\,|\boldsymbol{r}|}$ und die diskreten Energieniveaus W^{At}_n in Abb. 6.38 skizziert.

Die Entwicklungskoeffizienten $C_{nk}(\boldsymbol{R})$ in (6,170) müssen so bestimmt werden, daß die $\Psi_{nk}(\boldsymbol{r})$ die Bloch-Bedingung

$$\Psi^0(\boldsymbol{r} + \boldsymbol{R}') = \mathrm{e}^{\mathrm{i}\boldsymbol{k}\boldsymbol{R}'}\Psi^0(\boldsymbol{r}) \tag{6,121}$$

erfüllen. Daraus folgt

$$\Psi^0_{nk}(\boldsymbol{r}) = a_{nk}\sum_{\boldsymbol{R}} \mathrm{e}^{\mathrm{i}\boldsymbol{k}\boldsymbol{R}}\Psi^{\mathrm{At}}_n(\boldsymbol{r} - \boldsymbol{R}), \tag{6,172}$$

denn nun gilt

$$\begin{aligned}\Psi^0_{n\boldsymbol{k}}(\boldsymbol{r}+\boldsymbol{R}') &= a_{n\boldsymbol{k}} \sum_{\boldsymbol{R}} \mathrm{e}^{\mathrm{i}\boldsymbol{k}\boldsymbol{R}} \Psi^{\mathrm{At}}_n(\boldsymbol{r}+\boldsymbol{R}'-\boldsymbol{R}) \\ &= a_{n\boldsymbol{k}} \sum_{\boldsymbol{R}''} \mathrm{e}^{\mathrm{i}\boldsymbol{k}\boldsymbol{R}'}\, \mathrm{e}^{\mathrm{i}\boldsymbol{k}\boldsymbol{R}''} \Psi^{\mathrm{At}}_n(\boldsymbol{r}-\boldsymbol{R}'') \\ &= \mathrm{e}^{\mathrm{i}\boldsymbol{k}\boldsymbol{R}'} \cdot \Psi^0_{n\boldsymbol{k}}(\boldsymbol{r}); \quad \text{mit} \quad \boldsymbol{R} = \boldsymbol{R}' + \boldsymbol{R}''.\end{aligned} \tag{6,173}$$

Die Summationen sind jeweils über die N verschiedenen Werte von $\boldsymbol{R}$ zu führen, die den N Elementarzellen des Periodizitätsvolumens entsprechen (6,129).

Die Koeffizienten $a_{n\boldsymbol{k}}$ in (6,172) sind durch die Normierungsbedingung (6,137) festgelegt:

$$\begin{aligned} &|a_{n\boldsymbol{k}}|^2 \int_{(V)} \mathrm{d}^3r \sum_{\boldsymbol{R}} \mathrm{e}^{-\mathrm{i}\boldsymbol{k}\boldsymbol{R}} \Psi^{\mathrm{At}*}_n(\boldsymbol{r}-\boldsymbol{R}) \sum_{\boldsymbol{R}'} \mathrm{e}^{\mathrm{i}\boldsymbol{k}\boldsymbol{R}'} \Psi^{\mathrm{At}}_n(\boldsymbol{r}-\boldsymbol{R}') = 1 \\ &\frac{1}{|a_{n\boldsymbol{k}}|^2} = N \sum_{\boldsymbol{R}''} \mathrm{e}^{-\mathrm{i}\boldsymbol{k}\boldsymbol{R}''} \int_{(V)} \mathrm{d}^3r'\, \Psi^{\mathrm{At}*}_n(\boldsymbol{r}'-\boldsymbol{R}'')\, \Psi^{\mathrm{At}}_n(\boldsymbol{r}') = N(1+\ddot{U}). \end{aligned} \tag{6,174}$$

In der zweiten Zeile wurde die Doppelsumme über $\boldsymbol{R}$ und $\boldsymbol{R}'$ mit Hilfe der Substitutionen

$$\boldsymbol{r} - \boldsymbol{R}' = \boldsymbol{r}' \tag{6,175}$$

und

$$\boldsymbol{r} - \boldsymbol{R} = \boldsymbol{r} - \boldsymbol{R}' - (\boldsymbol{R} - \boldsymbol{R}') = \boldsymbol{r}' - \boldsymbol{R}''$$

in Einfachsummen über $\boldsymbol{R}''$ umgewandelt. Der Summand für $\boldsymbol{R}'' = 0$ wird wegen der Normierung von $\Psi^{\mathrm{At}}_n(\boldsymbol{r})$ Eins. Der Wert der übrigen Summanden $\ddot{U}$ wird durch die sogenannten Überlappungsintegrale in (6,174) bestimmt, bei denen die beiden Atomeigenfunktionen im Integranden an verschiedenen Gitterpunkten zentriert sind. Da die $\Psi^{\mathrm{At}}_n(\boldsymbol{r}'-\boldsymbol{R}'')$ mit zunehmendem Abstand von $\boldsymbol{R}''$ exponentiell abnehmen, tragen nur die Summenglieder mit benachbart zentrierten Funktionen wesentlich zu $\ddot{U}$ bei. Anschaulich folgt das auch aus Abb. 6.39b.

Das Energiespektrum der Kristallelektronen kann nun in 1. Näherung berechnet werden, indem (6,172) in (6,1) eingesetzt wird:

$$\left[-\frac{\hbar^2}{2m_0}\frac{\partial^2}{\partial \boldsymbol{r}^2} + W_{\text{Gitter}}(\boldsymbol{r})\right] \Psi^0_{n\boldsymbol{k}}(\boldsymbol{r}) = W^1_n(\boldsymbol{k})\, \Psi^0_{n\boldsymbol{k}}(\boldsymbol{r}). \tag{6,176}$$

Multipliziert man diese Gleichung von links mit $\Psi^0_{n\boldsymbol{k}}(\boldsymbol{r})$ und integriert über das Periodizitätsvolumen, so folgt

$$W^1_n(\boldsymbol{k}) = \int_{(V)} \mathrm{d}^3r\, \Psi^{0*}_{n\boldsymbol{k}}(\boldsymbol{r}) \left[-\frac{\hbar^2}{2m_0}\frac{\partial^2}{\partial \boldsymbol{r}^2} + W_{\text{Gitter}}(\boldsymbol{r})\right] \Psi^0_{n\boldsymbol{k}}(\boldsymbol{r}). \tag{6,177}$$

Nach dem Einsetzen von (6,172) und (6,174) erhalten wir

$$\begin{aligned} W^1_n(\boldsymbol{k}) = \frac{1}{N(1+\ddot{U})} \sum_{\boldsymbol{R}} \sum_{\boldsymbol{R}'} \mathrm{e}^{\mathrm{i}\boldsymbol{k}(\boldsymbol{R}'-\boldsymbol{R})} \int_{(V)} \mathrm{d}^3r\, \Psi^{\mathrm{At}*}_n(\boldsymbol{r}-\boldsymbol{R}) \\ \times \left[-\frac{\hbar^2}{2m_0}\frac{\partial^2}{\partial \boldsymbol{r}^2} + W_{\text{Gitter}}(\boldsymbol{r})\right] \Psi^{\mathrm{At}}_n(\boldsymbol{r}-\boldsymbol{R}'). \end{aligned} \tag{6,178}$$

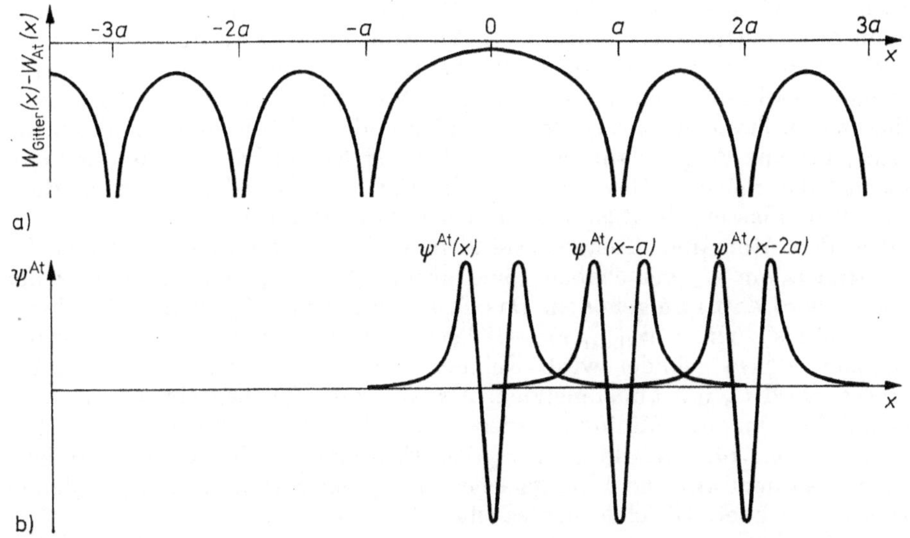

Abb. 6.39

a) Eindimensionale Veranschaulichung des Störpotentials $W_{Gitter}(x) - W_{At}(x)$ in der Näherung stark gebundener Elektronen.

b) Schematische Darstellung des Verlaufs der Atomeigenfunktionen, die bei $x = 0$, $x = a$ und $x = 2a$ zentriert sind.

Mit Hilfe der Schrödinger-Gleichung (6,171) für Ψ_n^{At} folgt

$$\begin{aligned} W_n^1(\boldsymbol{k}) &= \frac{1}{N(1+\ddot{U})} \sum_{\boldsymbol{R}} \sum_{\boldsymbol{R}'} e^{i\boldsymbol{k}(\boldsymbol{R}'-\boldsymbol{R})} \int_{(V)} d^3r\, \Psi_n^{At*}(\boldsymbol{r}-\boldsymbol{R}) \left[W_n^{At} - W^{At}(\boldsymbol{r}-\boldsymbol{R}')\right. \\ &\quad \left. + W_{Gitter}(\boldsymbol{r})\right] \Psi_n^{At}(\boldsymbol{r}-\boldsymbol{R}') \\ &= W_n^{At} + \frac{1}{1+\ddot{U}} \sum_{\boldsymbol{R}''} e^{-i\boldsymbol{k}\boldsymbol{R}''} \int_{(V)} d^3r'\, \Psi_n^{At*}(\boldsymbol{r}'-\boldsymbol{R}'') \left[W_{Gitter}(\boldsymbol{r}')\right. \\ &\quad \left. - W^{At}(\boldsymbol{r}')\right] \Psi_n^{At}(\boldsymbol{r}'). \end{aligned} \tag{6,179}$$

Bei der letzten Umwandlung wurden wiederum die Substitutionen (6,175) vorgenommen, außerdem muß die Periodizität von $W_{Gitter}(\boldsymbol{r}')$ beachtet werden.

Zusammengefaßt kann das Ergebnis (6,179) dargestellt werden in der Form

$$W_n^1(\boldsymbol{k}) = W_n^{At} + C_n + \sum_{\boldsymbol{R}} e^{-i\boldsymbol{k}\boldsymbol{R}} A_n(\boldsymbol{R}) \tag{6,180}$$

mit

$$C_n = \frac{1}{1+\ddot{U}} \int_{(V)} d^3r\, \Psi_n^{At*}(\boldsymbol{r}) \left[W_{Gitter}(\boldsymbol{r}) - W^{At}(\boldsymbol{r})\right] \Psi_n^{At}(\boldsymbol{r}) \tag{6,181}$$

und

$$A_n(\boldsymbol{R}) = \frac{1}{1+\ddot{U}} \int_{(V)} d^3r\, \Psi_n^{At*}(\boldsymbol{r}-\boldsymbol{R}) \left[W_{Gitter}(\boldsymbol{r}) - W^{At}(\boldsymbol{r})\right] \Psi_n^{At}(\boldsymbol{r}). \tag{6,182}$$

In (6,180) bis (6,182) wurde der einfacheren Bezeichnung wegen wieder $\boldsymbol{r}$ als Ortsvariable und $\boldsymbol{R}$ als Gittervektor eingeführt. Wir wollen diesen Ausdruck, der in der Blochschen Näherung stark gebundener Elektronen das Energiespektrum der Kristallelektronen beschreibt, näher untersuchen. Wir werden feststellen, daß auch diese Näherung, in ihrem Ansatz so grundsätzlich anders als die in Abschnitt 6.3.2. beschriebene, auf eine Folge erlaubter und verbotener Energiebänder führt und daß sich prinzipiell die gleichen Aussagen über die Eigenschaften derjenigen Kristallelektronen ableiten lassen, die Zustände an den Bandkanten besetzen.

Gegenüber den atomaren Energiezuständen W_n^{At} sind die Energieniveaus der Kristallelektronen um C_n verschoben; eine eventuell vorliegende Entartung der Atomzustände wird dabei aufgehoben. Das Coulomb-Integral C_n ist der Mittelwert des „Störpotentials" $\Delta W = W_{\text{Gitter}}(\boldsymbol{r}) - W^{\text{At}}(\boldsymbol{r})$ (Abb. 6.39a), der mit den Atomeigenfunktionen $\Psi_n^{\text{At}}(\boldsymbol{r})$ gebildet wird. Nehmen wir an, daß der Atomabstand a variabel sei, so wird C_n mit abnehmendem Abstand zunächst negativ, nimmt aber nach dem Durchlaufen eines Minimums wieder zu und wird schließlich stark positiv. Der Abstand $a = a_0$, für den die Summe aller Energien von besetzten Zuständen minimal wird, bei dem also die Bindungsenergie W_{B} ein Maximum hat, ist der in Abschnitt 2.6. berechnete Gleichgewichtsabstand.

Der zweite $\boldsymbol{k}$-abhängige Korrekturterm bewirkt eine symmetrische Aufspaltung jedes atomaren Energieniveaus in ein Energieband mit jeweils N Zuständen, die den N erlaubten $\boldsymbol{k}$-Werten entsprechen. Da neben $\boldsymbol{R}$ auch $-\boldsymbol{R}$ ein Gittervektor ist und die zugehörigen Austauschintegrale den gleichen Wert haben, kann (6,180) wie folgt geschrieben werden:

$$W_n^1(\boldsymbol{k}) = W_n^{\text{At}} + C_n + \sum_{\boldsymbol{R}} A_n(\boldsymbol{R}) \cos \boldsymbol{kR}. \tag{6,183}$$

Die Breite jedes Energiebandes wird danach durch den Wert der Integrale A_n bestimmt. Auch hier genügt es, wegen des exponentiellen Abfalls von Ψ_n^{At} mit $|\boldsymbol{r}|$ nur Summanden mit kleinen $|\boldsymbol{R}|$ zu erfassen, d. h. die Wechselwirkung eines betrachteten Elektrons mit benachbarten Potentialmulden zu berücksichtigen. Allgemein gilt, daß die $|A_n(\boldsymbol{R})|$ größer werden, wenn sich die an verschiedenen Gitterpunkten zentrierten Atomeigenfunktionen stärker überlappen; das ist der Fall für höher angeregte atomare Zustände und für abnehmende Gitterkonstanten. Wird ein Kristall also komprimiert, so verändern sich dabei seine Bandstruktur und damit seine elektronischen Eigenschaften. In der Regel werden die verbotenen Zonen schmaler, es kann zu Überlappungen kommen. Das führt dazu, daß unter genügend hohem Druck alle Kristalle metallische Eigenschaften bekommen.

Die Beträge der Austauschintegrale $A_n(\boldsymbol{R})$ werden ebenfalls größer mit zunehmendem „Störpotential" in (6,182). Diese Bedingung ist ebenfalls für die locker gebundenen Außenelektronen erfüllt, für die das Potential des einzelnen Atomkerns durch innere Elektronen stark abgeschirmt wird, während die in $W_{\text{Gitter}}(\boldsymbol{r})$ enthaltene effektive Wechselwirkung mit allen anderen Elektronen groß ist.

Die prinzipielle Abhängigkeit der Bandkanten vom Atomabstand a ist in Abb. 2.9 dargestellt. Die entsprechenden Energiebänder für $a = a_0$ sind in Abb. 6.40 schematisch im periodischen Gitterpotential $W_{\text{Gitter}}(x)$ veranschaulicht.

Für spezielle Gitter kann der Ausdruck (6,183) noch weiter ausgewertet werden, man gelangt dann allein unter Berücksichtigung der Gittersymmetrie zu sehr einfachen $W(\boldsymbol{k})$-Abhängigkeiten, denen natürlich nur qualitative Bedeutung zukommt.

Um ein solches orientierendes Ergebnis zu erhalten, genügt es, die Summation über die Gittervektoren $\boldsymbol{R}$ zu führen, die den nächsten Nachbarn entsprechen.

Zunächst betrachten wir das einfach kubische Gitter, bei dem jedes Atom 6 nächste Nachbarn mit den Relativkoordinaten

$$\boldsymbol{R}_{1,2} = \pm a\boldsymbol{x}^0, \quad \boldsymbol{R}_{3,4} = \pm a\boldsymbol{y}^0, \quad \boldsymbol{R}_{5,6} = \pm a \cdot \boldsymbol{z}^0 \tag{6,184}$$

hat. Für $W_n^1(\boldsymbol{k})$ folgt dann

$$W_n^1(\boldsymbol{k}) = W_n^{\mathrm{At}} + C_n + 2A_n(\cos k_x a + \cos k_y a + \cos k_z a). \tag{6,185}$$

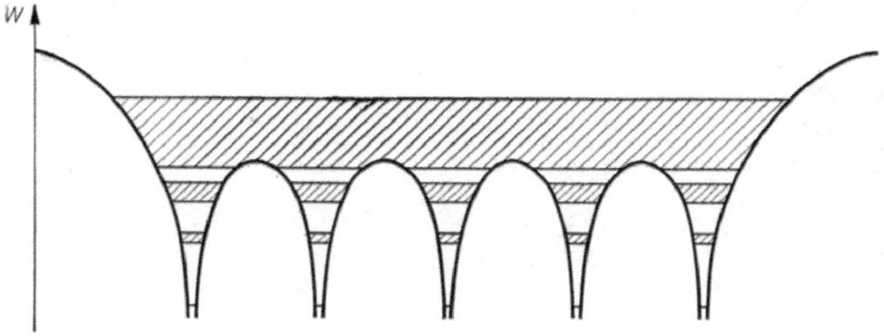

Abb. 6.40
Schematische Darstellung der Bänder erlaubter Energiezustände im periodischen Gitterpotential.

Für $A_n > 0$ liegt das Maximum der Energie bei $\boldsymbol{k} = 0$ ($W_{n,\max}^1 = W_n^{\mathrm{At}} + C_n + 6A_n$), acht äquivalente Minima befinden sich an den Ecken der 1. Brillouinschen Zone, d. h. bei $\boldsymbol{k} = \frac{\pi}{a}(\boldsymbol{x}^0 + \boldsymbol{y}^0 + \boldsymbol{z}^0)$ usw. ($W_{n,\min}^1 = W_n^{\mathrm{At}} + C_n - 6A_n$). Die Breite des Energiebandes beträgt demnach $\Delta W = 12A$. Einen Schnitt der $W(\boldsymbol{k})$-Beziehung für $k_z = 0$, d. h. in der $k_x - k_y$-Ebene, zeigt Abb. 6.41a, die dazugehörigen Linien konstanter Energie sind in Abb. 6.41b dargestellt. Für $A_n < 0$ vertauschen nach (6,185) das Maximum und das Minimum der Energie ihre Lage. Das ist in Abb. 6.42 veranschaulicht, wo mehrere Energiebänder mit verschiedenen A_n in einer $W(k_x)$-Darstellung, d. h. einem Schnitt aus (6,185) mit $k_y = k_z = 0$, eingezeichnet wurden.

In der Umgebung der Extremalpunkte sind die Flächen konstanter Energie Kugelflächen (in Abb. 6.41b ergeben sich dementsprechend um $\boldsymbol{k} = 0$ Kreise). Entwickeln wir die Beziehung (6,185) um diese Punkte, so erhalten wir für die Umgebung von $\boldsymbol{k} = 0$

$$\begin{aligned} W_n^1(\boldsymbol{k}) &= W_n^{\mathrm{At}} + C_n + 2A_n - A_n a^2 \boldsymbol{k}^2 \\ &= W_n^1(\boldsymbol{k} = 0) + \frac{\hbar^2}{2m_{n,0}^*}\boldsymbol{k}^2 \end{aligned} \tag{6,186}$$

mit $m_{n,0}^* = \frac{-\hbar^2}{2A_n a^2}$. Entsprechend gilt für die Umgebung von $\boldsymbol{k}_1 = \frac{\pi}{a}(\boldsymbol{x}^0 + \boldsymbol{y}^0 + \boldsymbol{z}^0)$

$$W_n^1(\boldsymbol{k}) = W_n^1(\boldsymbol{k}_1) + \frac{\hbar^2}{2m_{n,1}^*}(\boldsymbol{k} - \boldsymbol{k}_1)^2; \quad m_{n,1}^* = \frac{\hbar^2}{2A_n a^2}. \tag{6,187}$$

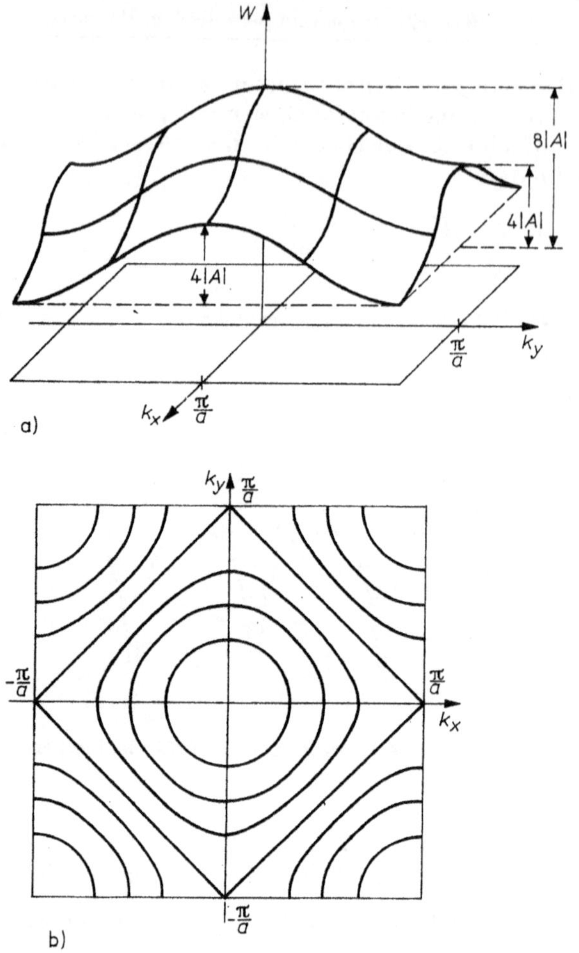

Abb. 6.41

a) Schnitt durch die $W(\boldsymbol{k})$-Abhängigkeit (6,185) bei $k_z = \text{const}$ für $A > 0$

b) Linien konstanter Energie der in a) dargestellten Energiefläche.

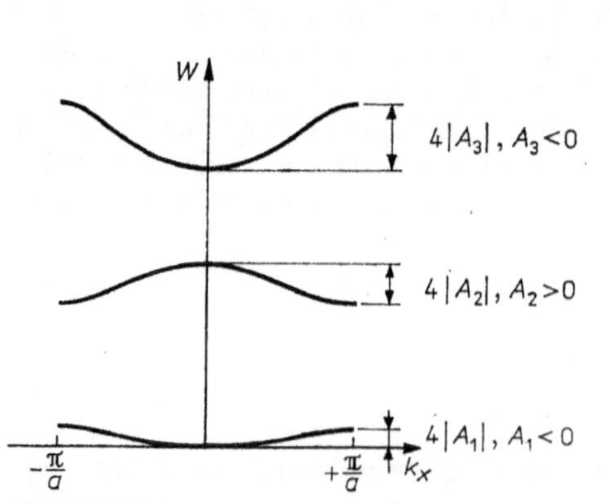

Abb. 6.42

Schnitt durch die $W(\boldsymbol{k})$-Beziehung (6,185) bei $k_y = k_z = 0$ und für Austauschintegrale A verschiedenen Vorzeichens.

In der Nähe der Bandkanten ergibt sich also formal wiederum eine $W(\boldsymbol{k})$-Abhängigkeit, wie sie für die Näherung freier Elektronen in Abschnitt 6.2.2. abgeleitet wurde. Daraus folgt, daß sich diejenigen Kristallelektronen, die Zustände nahe der Bandkante besetzen, ähnlich wie freie Elektronen verhalten. Die Wechselwirkung mit dem Kristallgitter bewirkt jedoch, daß diesen Elektronen eine effektive Masse m^* zuzuordnen ist, die für jede Bandkante verschieden ist, stark von der freier Elektronen abweichen kann und, wie (6,186) als Beispiel zeigt, an oberen Bandkanten negativ wird.

Analog zur Ableitung von (6,185) kann der $W_n^1(\boldsymbol{k})$-Zusammenhang auch für andere Gitter dargestellt werden. Beim kubisch raumzentrierten Gitter zum Beispiel werden die 8 nächsten Nachbarn (Abb. 2.26) berücksichtigt, und man erhält

$$W_n^1(\boldsymbol{k}) = W_n^{\mathrm{At}} + C_n + 8A_n \cos\frac{k_x a}{2} \cdot \cos\frac{k_y a}{2} \cdot \cos\frac{k_z a}{2}. \tag{6,188}$$

Die Bandbreite beträgt in diesem Fall $16A_n$, das Maximum und das Minimum der Energie liegen je nach dem Vorzeichen von A_n bei $\boldsymbol{k} = 0$ und bei $\boldsymbol{k}_1 = \frac{2\pi}{a}\,\boldsymbol{x}^0$ bzw. den fünf zu $\boldsymbol{k}_1$ äquivalenten Punkten auf dem Rand der 1. Brillouin-Zone. Auch in diesem Fall kann die Funktion $W_n^1(\boldsymbol{k})$ um die Extremalpunkte entwickelt werden. Sie läßt sich daher analog zu (6,186) und (6,187) darstellen.

6.4. Eigenschaften und Dynamik der Kristallelektronen

6.4.1. Quasiklassische Bewegungsgleichungen

In den vorangegangenen Abschnitten wurde gezeigt, wie man für die beiden Fälle fast freier beziehungsweise stark gebundener Kristallelektronen die Energiezustände $W(\boldsymbol{k})$ und die zugehörigen Wellenfunktionen berechnen kann. Diese Überlegungen bezogen sich auf den statischen Kristall, auf den keine äußeren Kräfte oder Felder einwirken. In der Praxis interessieren jedoch vorwiegend solche physikalischen Phänomene, bei denen sich die Kristallelektronen unter dem Einfluß äußerer oder innerer Ursachen bewegen. Als Beispiele erwähnen wir die elektrische oder thermische Leitfähigkeit, die Bewegung der Kristallelektronen in magnetischen Feldern sowie ihre Wechselwirkung mit Photonen oder Phononen. Um solche Fälle zu behandeln, benötigen wir eine theoretische Beschreibung der *Dynamik der Kristallelektronen*, die wir im folgenden in vereinfachter Form entwickeln wollen. Dies wird uns zugleich eine tiefere Einsicht in das Verhalten und die Eigenschaften der Kristallelektronen eröffnen. Prinzipiell könnte man Probleme bewegter Elektronen analog zum Vorgehen in den vorigen Abschnitten durch Lösung der *zeitabhängigen Schrödinger-Gleichung* berechnen, jedoch führt ein solches Vorgehen zu großen mathematischen Schwierigkeiten. Glücklicherweise gibt es aber einen viel einfacheren Weg, der auf eine quasiklassische Behandlung hinausläuft und bei nicht zu extremen Feldern eine gute Näherung darstellt.

Wir betrachten dazu einzelne Kristallelektronen als *Wellenpakete* von Bloch-Funktionen eines gewissen Bereiches der Bandzustände $W(\boldsymbol{k})$. Nach dem *Korrespon-*

denzprinzip, das die Quantenmechanik mit der klassischen Mechanik verbindet, bewegen sich solche Wellenpakete in der gleichen Weise wie klassische Teilchen. Um die grundlegenden Bewegungsgleichungen der Kristallelektronen durch die Energiezustände des periodischen Kristalls $W(\boldsymbol{k})$ und die Variable $\boldsymbol{k}$ auszudrücken, setzen wir die quasiklassische *Hamilton-Funktion*

$$\hat{H}(\boldsymbol{r}, \boldsymbol{p}) = W_{\text{kin}}\left(\frac{\boldsymbol{p}}{\hbar}\right) + W_{\text{pot}}(\boldsymbol{r})$$

an. Gegenüber der Gleichung (6,123) bedeutet dieser Schritt, daß wir von den Impuls- und Ortsoperatoren der Schrödinger-Gleichung zum klassischen Impuls $\boldsymbol{p}$ und Ort $\boldsymbol{r}$ des Wellenpakets bzw. Teilchens übergehen.

Aus der Hamilton-Funktion erhalten wir — wie in der klassischen Mechanik gezeigt wird — die *Hamiltonschen kanonischen Bewegungsgleichungen* durch Differentiation:

$$\frac{\partial \boldsymbol{r}}{\partial t} = \frac{\partial \hat{H}}{\partial \boldsymbol{p}}, \quad \frac{\partial \boldsymbol{p}}{\partial t} = -\frac{\partial \hat{H}}{\partial \boldsymbol{r}}. \tag{6,189}$$

Die erste dieser Gleichungen liefert uns mit $\boldsymbol{p} = \hbar\boldsymbol{k}$ eine Beziehung für die Geschwindigkeit des betrachteten Elektrons

$$\boldsymbol{v}(\boldsymbol{k}) = \frac{\partial}{\partial \boldsymbol{p}}\left[W_{\text{kin}}\left(\frac{\boldsymbol{p}}{\hbar}\right) + W_{\text{pot}}(\boldsymbol{r})\right] = \frac{1}{\hbar}\,\frac{\partial W(\boldsymbol{k})}{\partial \boldsymbol{k}} \tag{6,190}$$

als Funktion des Wellenzahlvektors $\boldsymbol{k}$. Dies ist offensichtlich die Gruppengeschwindigkeit des Wellenpakets.

Die zweite Hamiltonsche Bewegungsgleichung können wir in der Form

$$\hbar\,\frac{\partial \boldsymbol{k}}{\partial t} = -\frac{\partial}{\partial \boldsymbol{r}}\,W_{\text{pot}}(\boldsymbol{r}) \tag{6,191}$$

schreiben. Der Ausdruck auf der rechten Seite stellt im Falle konservativer Systeme die auf das Elektron wirkende äußere Kraft dar. Wir erhalten somit als *Bewegungsgleichung eines Kristallelektrons* die wichtige Beziehung

$$\hbar\,\frac{\mathrm{d}\boldsymbol{k}}{\mathrm{d}t} = \boldsymbol{F} \tag{6,192}$$

($\boldsymbol{F}$ — äußere Kraft),
die an die Stelle des Newtonschen Gesetzes

$$m_0\,\frac{\mathrm{d}^2\boldsymbol{r}}{\mathrm{d}t^2} = \boldsymbol{F} \tag{6,193}$$

tritt.

In der Festkörperphysik haben wir es im allgemeinen mit elektrischen und magnetischen Kräften zu tun. Wir setzen dann

$$\boldsymbol{F} = -e(\boldsymbol{E} + \boldsymbol{v} \times \boldsymbol{B}) \tag{6,194}$$

($\boldsymbol{E}$ — elektrische Feldstärke; $\boldsymbol{B}$ — magnetische Induktion) und erhalten

$$\hbar \frac{\mathrm{d}\boldsymbol{k}}{\mathrm{d}t} = -e(\boldsymbol{E} + \boldsymbol{v} \times \boldsymbol{B}). \qquad (6{,}195)$$

Die hier vorgenommene Erweiterung auf die *Lorentz-Kraft* $e(\boldsymbol{v} \times \boldsymbol{B})$ folgt nicht unmittelbar aus der oben gegebenen Ableitung. Der Beweis für die Gültigkeit von (6,192) für magnetische Kräfte ist wesentlich schwieriger, so daß wir ihn hier überspringen.

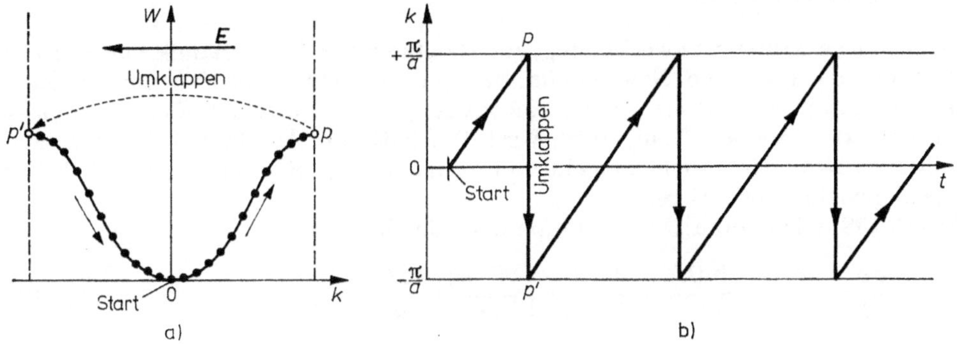

Abb. 6.43
Bewegung eines Kristallelektrons unter dem Einfluß einer äußeren Kraft (elektrisches Feld)
a) im $W(\boldsymbol{k})$-Diagramm b) im $\boldsymbol{k}$-Raum (eindimensional).

Die grundlegenden Gleichungen (6,192) und (6,195) beschreiben in einfacher Weise, wie sich der Pseudoimpuls $\hbar\boldsymbol{k}$ eines Kristallelektrons unter dem Einfluß einer äußeren Kraft ändert. Danach nimmt $\boldsymbol{k}$ bei konstanter Kraft gleichmäßig zu. Wenn wir dies auf ein Elektron anwenden, das sich anfangs bei $\boldsymbol{k} = 0$ in einem eindimensionalen Band entsprechend Abb. 6.43 befindet, so gelangen wir zu einem eigentümlich anmutenden Ergebnis: Der Pseudoimpuls $\boldsymbol{k}$ wächst bei einer positiven Kraft zunächst an, bis das Elektron an der oberen Kante bei P angelangt ist. Nach den Ausführungen in Abschnitt 6.3.1. ist der Pseudoimpuls bei P aber gleichwertig mit dem an Punkt P', da sich beide Positionen um einen reziproken Gittervektor unterscheiden (Reduktion des Pseudoimpulses). Demzufolge erfolgt an der Grenze der 1. Brillouinschen Zone ein Umklappen des Impulses, der Pseudoimpuls erreicht wieder den Wert $k = 0$, und dies kann sich, wie veranschaulicht, beliebig oft wiederholen.

Weiter entnehmen wir aus Gleichung (6,190), daß die Gruppengeschwindigkeit des Kristallelektrons bei diesem Vorgang proportional zur Steigung der Funktion $W(k)$ zunimmt, d. h., sie wächst beginnend von $k = 0$ und $v = 0$ zunächst an, nimmt nach dem Wendepunkt des Bandverlaufes von Abb. 6.43 wieder ab und erreicht an der oberen Bandkante wieder den Wert 0.

Als Ergebnis dieser Betrachtung folgt somit, daß ein Kristallelektron durch die äußere Kraft entweder beschleunigt oder verzögert wird, je nachdem, ob es sich im unteren oder im oberen Bereich des Bandes befindet.

Dies ist verständlich, wenn man bedenkt, daß in der Bewegungsgleichung (6,192) nur die äußere Kraft betrachtet wird. In Wirklichkeit unterliegt das Elektron sowohl dem Einfluß des Gitters als auch dem der äußeren Kraft, und die Resultierende beider Wirkungen kann bei konstanter Kraft je nach der Position im Band unterschiedliche Vorzeichen und Werte annehmen.

Im Falle einer rein magnetischen Kraft bleibt der Betrag von $\boldsymbol{k}$ konstant, und das Elektron bewegt sich entlang der Fermi-Flächen, indem $\boldsymbol{k}$ seine Richtung ändert.

6.4.2. Effektive Masse

Es erweist sich häufig als zweckmäßig, zur Beschreibung der Dynamik von Kristallelektronen die klassische Newtonsche Bewegungsgleichung (6,193) beizubehalten und den Einfluß des Gitters zu berücksichtigen, indem statt der Elektronenmasse m_0 eine effektive Masse m^* eingeführt wird. Wir hatten in Abschnitt 6.3. für Spezialfälle bereits davon Gebrauch gemacht und wollen nun die Konzeption der effektiven Masse allgemeiner diskutieren.

Aus (6,190) folgt durch Differenzieren nach der Zeit

$$\frac{\partial \boldsymbol{v}}{\partial t} = \frac{\partial}{\partial t}\frac{1}{\hbar}\frac{\partial W(\boldsymbol{k})}{\partial \boldsymbol{k}} = \frac{1}{\hbar^2}\frac{\partial}{\partial \boldsymbol{k}} \circ \left[\frac{\partial W(\boldsymbol{k})}{\partial \boldsymbol{k}}\right]\frac{\hbar \mathrm{d}\boldsymbol{k}}{\mathrm{d}t}, \tag{6,196}$$

und durch Einsetzen von (6,192) erhalten wir

$$\dot{\boldsymbol{v}} = \frac{1}{\hbar^2}\left[\frac{\partial}{\partial \boldsymbol{k}} \circ \frac{\partial}{\partial \boldsymbol{k}} W(\boldsymbol{k})\right]\boldsymbol{F}. \tag{6,197}$$

Nebeneinanderstehende Vektoren bilden ein Skalarprodukt. Stehen, wie in (6,196), mehr als zwei Vektoren nebeneinander, so trennt das Zeichen $\circ$ die nicht skalar, sondern dyadisch verknüpften.

Aus dem formalen Vergleich von (6,197) mit (6,193) ergibt sich als Definition der effektiven Masse:

$$\frac{1}{m^*} = \frac{1}{\hbar^2}\frac{\partial}{\partial \boldsymbol{k}} \circ \frac{\partial}{\partial \boldsymbol{k}} W(\boldsymbol{k}). \tag{6,198}$$

Als zweite vektorielle Ableitung eines Skalars muß (6,198) im allgemeinen eine Tensorgröße sein. Die effektive Masse m^* eines Kristallelektrons ist also das Reziproke eines Tensors, dessen Ellipsoid in Hauptachsendarstellung durch eine Energiefläche

$$W(\boldsymbol{k}) = \hbar^2\left(\frac{k_1^2}{2m_1} + \frac{k_2^2}{2m_2} + \frac{k_3^2}{2m_3}\right) \tag{6,199}$$

veranschaulicht werden kann.

Die Kraftwirkung auf ein Kristallelektron kann demnach in den unterschiedlichen Gitterrichtungen sehr verschiedenartig sein. Darüber hinaus können die Komponenten der effektiven Masse sowohl positive als auch negative Werte annehmen. Wir sehen dies sofort, wenn wir zum eindimensionalen Fall von Abb. 6.43a zurückkehren. Die effektive Masse ist dann nach (6,198) durch die skalare Größe

$$m^* = \hbar^2 \frac{1}{\dfrac{\partial^2 W(\boldsymbol{k})}{\partial k^2}} \tag{6,200}$$

gegeben. Da die zweite Ableitung einer Funktion bekanntlich ein Maß für die Krümmung darstellt, richtet sich das Vorzeichen von m^* nach der Krümmung der Funktion $W(k)$. Im unteren Bereich des Bandverlaufes von Abb. 6.43a ist die Krümmung positiv — bezogen auf die k-Achse konvex — und demzufolge $m^* > 0$. Dagegen liegt im oberen Bereich des Bandes eine konkave, negative Krümmung vor, so daß $m^* < 0$ gilt.

Natürlich ist die wahre Masse der Elektronen im Kristall stets positiv und gleich m_0. Die willkürliche Zuordnung der Gittereinflüsse zur Masse bildet die Ursache für das merkwürdige Verhalten von m^*. Eine negative effektive Masse bedeutet anschaulich, daß der Einfluß des Gitters überwiegt und dem der äußeren Kraft entgegengerichtet ist.

In Tabelle 7.2 sind einige Werte für effektive Massen verschiedener Stoffe zusammengestellt. Zur experimentellen Bestimmung von m^* benutzt man vorzugsweise die Methode der *Zyklotronresonanz* (vgl. Abschnitt 8.5.2.).

6.4.3. Isolatoren — Halbleiter — Metalle

Wir zeigen im folgenden zunächst, daß der Stromfluß in einem vollbesetzten Band verschwindet und betrachten dann die Verhältnisse in teilweise besetzten Bändern. Daraus leitet sich die Einteilung der Festkörper in Isolatoren, Halbleiter und Metalle ab.

Für ein eindimensionales Band, in dem sämtliche Zustände mit Elektronen besetzt sind, entnehmen wir der Abb. 6.43a, daß zu jedem Zustand $+k$ ein entsprechender Zustand $-k$ gehört. Das Band ist bezüglich k symmetrisch. Infolgedessen gilt

$$\sum \boldsymbol{k} = 0. \tag{6,201}$$

Aus der Symmetrie folgt mit (6,190) außerdem

$$\sum_{\boldsymbol{k}} \boldsymbol{v}(\boldsymbol{k}) = 0, \tag{6,202}$$

d. h., zu jedem Elektron der Gruppengeschwindigkeit v_k gibt es einen Partner mit der entgegengerichteten Bewegung $-v_k$. Diese Überlegung läßt sich ausgehend von der *Punktgruppensymmetrie* der Brillouinschen Zonen unmittelbar auf mehrere Dimensionen übertragen, weshalb wir die wichtigen Beziehungen (6,201) und (6,202) sogleich in allgemeiner vektorieller Form geschrieben haben. Da nun die Stromdichte definitionsgemäß

$$\boldsymbol{j} = -\frac{2}{V} \sum_{\boldsymbol{k}} e\boldsymbol{v}(\boldsymbol{k}) = -e\,\frac{2}{V} \sum_{\boldsymbol{k}} \boldsymbol{v}(\boldsymbol{k}) \tag{6,203}$$

(V: Volumen des Festkörpers, Faktor 2 wegen 2 Spinzuständen)
beträgt, verschwindet auch der Beitrag vollbesetzter Bänder zum Stromfluß: *In vollständig besetzten Bändern kann kein resultierender elektrischer Strom fließen.*

Trotzdem gilt beim Anlegen eines elektrischen Feldes die Bewegungsgleichung (6,195). Danach ändert sich $\boldsymbol{k}$ für sämtliche Elektronen des Bandes. Weil aber die Elektronen an der Grenze der Brillouinschen Zone „umklappen" und danach entgegengesetzt beschleunigt werden, bleibt (6,203) gültig. Um einen resultierenden Stromfluß auszulösen, müßten einige Elektronen in höhere unbesetzte Zustände gehoben werden, wo sie keinen gegenläufigen Partner besäßen. Das ist jedoch nicht möglich, weil zwischen dem oberen vollbesetzten Band eines Isolators und dem nächsthöheren unbesetzten Band eine Lücke klafft. Die Existenz der Bandlücken erklärt somit, warum Stoffe mit vollbesetztem Valenzband den Strom nicht leiten. Dies gilt streng freilich nur für tiefe Temperaturen beziehungsweise nicht zu hohe Feldstärken. Wie Abb. 6.44 veranschaulicht, werden bei nicht zu großem Bandabstand infolge thermischer Stöße stets Elektronen aus dem Valenzband in das Leitungsband angeregt. Praktisch führt dies bei Zimmertemperatur zu einer merklichen elektronischen Leitfähigkeit, wenn der Bandabstand höchstens etwa 2,5 eV beträgt.

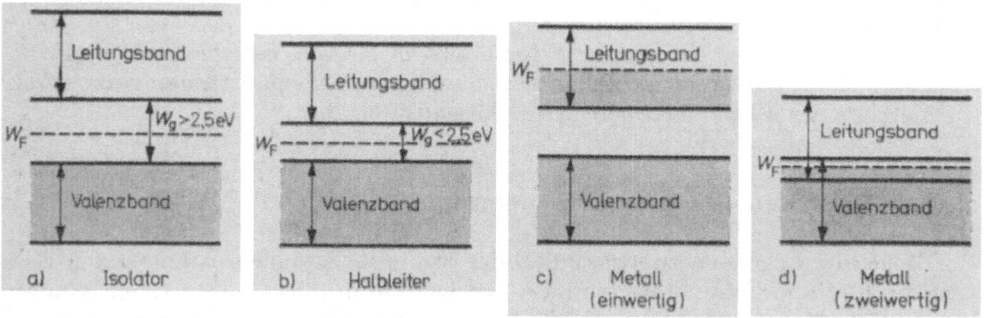

Abb. 6.44
Energiebänder in Isolatoren, Halbleitern und Metallen.

Wegen des exponentiellen Verlaufs der Fermi-Statistik, aus der die Wahrscheinlichkeit der thermischen Anregung berechnet werden kann, ist bei größerem Bandabstand erst bei sehr hohen Temperaturen eine elektronische Leitfähigkeit zu erwarten (Abb. 6.44a und b). Man teilt daher die Festkörper konventionell in Isolatoren bzw. Halbleiter nach der Größe des Bandabstandes ein. Gemeinsam ist beiden Stoffgruppen, daß die obersten interessierenden Bänder, die man — nicht sehr glücklich — als das Valenz- und das Leitungsband bezeichnet, durch eine endliche Bandlücke voneinander getrennt sind. Die Unterscheidung zwischen Halbleiter und Isolator ist demnach nicht prinzipieller Natur. Manchmal rechnet man auch Stoffe mit größerem Bandabstand, beispielsweise ZnO mit $W_g = 3{,}2$ eV noch zu den Halbleitern, falls man die durchaus noch meßbare Leitfähigkeit im Blickfeld hat. Hinsichtlich der Unterscheidung von Metallen liegen die Verhältnisse anders: ein Metall hat stets, auch bei $T = 0$ K, ein nur teilweise gefülltes oberes Band (Abb. 6.44c und d). Ursache hierfür kann einmal die geringe Zahl der verfügbaren Valenzelektronen sein. Offensichtlich lassen sich die Bandzustände bei ungerader Zahl der Außenelektronen nicht vollständig besetzen. Darüber hinaus treten aber bei Elementen und Legierungen häufig energetische Überlappungen der äußeren Bänder auf, wodurch die Elektronen eines vollbesetzten Bandes teilweise in ein anderes leeres Band auslaufen.

Wir werden diese Verhältnisse in den Kapiteln 7., 8. und 9. noch ausführlich betrachten. Hier kam es nur darauf an, zu zeigen, daß die Unterschiede zwischen Isolatoren, Halbleitern und Metallen auf der Grundlage des Bändermodells zwanglos erklärt werden können.

Wir merken noch an, daß auch durch sehr starke Felder Elektronen aus dem Valenzband in das Leitungsband angeregt werden können (*Zener-Effekt*).

6.4.4. Elektronen — Defektelektronen

Wenn ein Band nur schwach mit Elektronen besetzt ist, so halten sich diese Ladungsträger vorzugsweise in den energetisch günstigen Positionen nahe der unteren Kante auf. Hier besitzen sie eine positive effektive Masse, und ihr Verhalten kann näherungsweise mit den für das Modell freier Elektronen in Abschnitt 6.2. abgeleiteten Gleichungen beschrieben werden. Insbesondere lassen sich die Formeln für die Zustandsdichtefunktion

$$D(W) = \frac{1}{2\pi^2}\left(\frac{2m^*}{\hbar^2}\right)^{\frac{3}{2}}(W - W_c)^{\frac{1}{2}} \tag{6,204}$$

und für die Energie

$$W(\boldsymbol{k}) = W_C + \frac{\hbar^2 k^2}{2m^*} \tag{6,205}$$

übernehmen. Nur ist die wahre Elektronenmasse m_0 hier durch die effektive Masse m^* zu ersetzen, und die Energieskala ist von der unteren Kante des Leitungsbandes W_C ausgehend zu rechnen. Aus diesem formalen Anschluß an die einfachen und übersichtlichen Beziehungen des freien Elektronenmodells rechtfertigt sich die zunächst ungewöhnlich erscheinende Konzeption der effektiven Masse. In einem äußeren Feld werden die Elektronen gemäß der Bewegungsgleichung (6,197) so beschleunigt, als besäßen sie die Masse m^*. Bei praktischen Leitungs- und Transportprozessen wirken der fortlaufenden Beschleunigung bremsende Einflüsse entgegen; insbesondere die Streuung der Ladungsträger an Gitterdefekten sowie an Phononen. Ihre quantitative Erfassung ist relativ kompliziert, worauf wir in Abschnitt 6.5. eingehen werden. Pauschal läßt sich das dynamische Gleichgewicht zwischen beschleunigender Wirkung des Feldes und Bremsung durch Streuprozesse durch Einführung der *Teilchenbeweglichkeit* beschreiben. Man definiert als Beweglichkeit den Quotienten aus der mittleren Driftgeschwindigkeit und der Stärke des elektrischen Feldes

$$\mu = \frac{|\boldsymbol{v}|}{|\boldsymbol{E}|}. \tag{6,206}$$

Aufgabe einer genaueren Theorie der Streuprozesse ist es, die Größe μ aus den elementaren Streumechanismen zu berechnen. Praktisch ist die Beweglichkeit, die bei Einkristallen anisotrop sein kann, angenähert konstant, solange die Feldstärke Werte von etwa 10^4 V/cm nicht übersteigt. Schließlich betrachten wir noch den wichtigen Fall eines nahezu gefüllten Bandes, in dem nur relativ wenige Elektronenzustände unbesetzt sind. Diese „Löcher" werden sich vorzugsweise in den für sie günstigen Positionen nahe der oberen Bandkante aufhalten. Um den Beitrag eines solchen Bandes zur elektrischen Leitfähigkeit zu beschreiben, müßte man streng genommen über den Beitrag aller Elektronen des Bandes summieren.

Es gibt jedoch eine viel einfachere Möglichkeit. Man betrachtet statt der Dynamik der Elektronengesamtheit die Bewegung der *Löcher*, auch *Defektelektronen* genannt, und wendet auf sie die Fermi-Statistik mit umgekehrter Energieskala an (Abb. 6.45). Dies läßt sich mit folgender Überlegung begründen: Das Defektelektron muß sich in gleicher Weise bewegen wie die benachbarten Elektronen, die durch Wellenpakete beschrieben werden, also gilt

$$\boldsymbol{v}_{\boldsymbol{k}}(\text{Loch}) = \frac{1}{\hbar} \frac{\partial W(\boldsymbol{k})}{\partial \boldsymbol{k}}. \qquad (6{,}207)$$

Der mit diesem Transport verknüpfte Strom folgt aus der Differenz zum Gesamtstrom des vollständig gefüllten Bandes, der nach (6,203) Null ist. Also beträgt der Strombeitrag eines einzelnen Defektelektrons

$$\boldsymbol{j}(\text{Loch}) = \frac{1}{V}\,[0 - (-e\boldsymbol{v}_{\boldsymbol{k}})] = \frac{1}{V}\, e\boldsymbol{v}_{\boldsymbol{k}}. \qquad (6{,}208)$$

Das Defektelektron besitzt somit die Eigenschaften eines positiv geladenen Kristallelektrons.

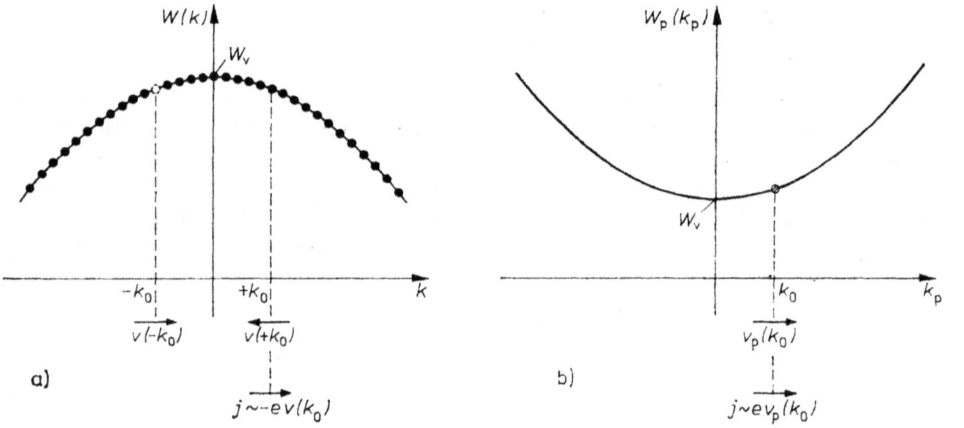

Abb. 6.45

Zur Einführung des Defektelektrons

a) Das fast gefüllte Band mit einer Lücke bei $k = -k_0$. Ein Stromfluß wird durch das unpaarige Elektron bei $k = +k_0$ hervorgerufen.

b) Das dynamische Verhalten aller Elektronen des Bandes kann auch durch ein Defektelektron (Loch) bei $k_p = +k_0$ beschrieben werden. Der Übergang zu W_p und k_p erfolgt nach (6,209).

Das ist ein außerordentlich wichtiges Ergebnis, mit dem sich die Behandlung der Stromleitung in Festkörpern, besonders in Halbleitern, außerordentlich vereinfachen läßt (vgl. Abschnitt 7.1.). Folgerichtig lassen sich alle hier abgeleiteten Formeln auf die Defektelektronen übertragen. Dabei wird jedem nicht besetzten Elektronenzustand mit dem Wellenzahlvektor $\boldsymbol{k}$ und der Energie $W(\boldsymbol{k})$ ein Defektelektron mit dem Wellenzahlvektor $\boldsymbol{k}_{\text{p}}$ und der Energie $W_{\text{p}}(k_{\text{p}})$ zugeordnet. Für den Zusammenhang zwischen diesen Größen gilt

$$\boldsymbol{k}_{\text{p}} = -\boldsymbol{k} \qquad (6{,}209)$$

und

$$W(\text{Loch}) = W_{\text{p}}(\boldsymbol{k}_{\text{p}}) = 2W_{\text{V}} - W(\boldsymbol{k}).$$

Die Energie der Defektelektronen ist also von der oberen Kante des Leitungsbandes W_V an nach unten positiv zu zählen.

Die effektive Masse des Loches ist dann völlig analog zu (6,200) durch

$$m_p \equiv m^*(\text{Loch}) = \hbar^2 \frac{1}{\dfrac{\partial^2 W_p(k_p)}{\partial k_p^2}} = -\hbar^2 \frac{1}{\dfrac{\partial^2 W(k)}{\partial k^2}} \tag{6,210}$$

gegeben. Im oberen Teil des Bandes von Abb. 6.43a war die effektive Masse der Elektronen negativ, nach (6,210) ist m_p dann aber positiv. Allgemein gilt, daß die Defektelektronenbeschreibung vorteilhaft dann einzuführen ist, wenn in der Nähe oberer Bandkanten relativ wenige Elektronenzustände unbesetzt sind. Die Defektelektronen erscheinen dann als Teilchen mit positiver effektiver Masse und mit positiver Ladung. Um in den Gleichungen für die effektive Masse, die Beweglichkeit, die Stromdichte usw. Elektronen und Defektelektronen bequem unterscheiden zu können, benutzt man gewöhnlich die Indizes n für Elektronen (von „negativ") und p für Defektelektronen (von „positiv"). Also schreiben wir fortan m_n, m_p, μ_n, μ_p usw., wenn Eigenschaften der beiden Ladungsträgerarten behandelt werden. Abschließend zu diesem wichtigen Abschnitt merken wir noch an, daß das Verhalten der Ladungsträger (Gruppengeschwindigkeit, effektive Masse) durch den Verlauf der Funktionen $W(\boldsymbol{k})$ weitgehend bestimmt wird. Aus der Steigung der $W(\boldsymbol{k})$-Kurve sowie aus ihrer Krümmung lassen sich wichtige Eigenschaften sofort ablesen. Im Mehrdimensionalen sind entsprechend Schnitte des Verlaufes $W(\boldsymbol{k})$ für die verschiedenen Richtungen zu verwenden. Die Ermittlung des Zusammenhanges $W(\boldsymbol{k})$ für konkrete Materialien ist daher eine wichtige Aufgabe der theoretischen und experimentellen Festkörperphysik.

6.5. Transportvorgänge

6.5.1. Grundlagen

Unter der Wirkung von äußeren Kräften sowie von Temperatur- und Dichtegradienten bewegen sich die Ladungsträger im Festkörper derart, daß makroskopisch elektrische Ladung und Energie transportiert werden. Die Gesamtheit dieser Erscheinungen wird als Transport- oder Leitfähigkeitsphänomene bezeichnet. Einfachste Beispiele dafür sind die elektrische Leitfähigkeit und die (elektronische) Wärmeleitfähigkeit der Metalle und Halbleiter. Sie sind Spezialfälle der *thermoelektrischen Effekte*; allgemeiner zählen wir hierzu alle Transportvorgänge unter dem Einfluß eines elektrischen Feldes und eines Temperaturgradienten. Weiterhin sind die *galvanomagnetischen Effekte* und die *thermomagnetischen Effekte* zu nennen, bei denen der Einfluß eines äußeren Magnetfeldes auf den elektrischen Strom bzw. auf den Wärmestrom behandelt wird. Ziel der physikalischen Beschreibung ist es, die Transportkoeffizienten und deren Abhängigkeit z. B. von der Temperatur oder von Kristallstörungen auf der Basis des Bändermodells herzuleiten. Die große Bedeutung dieses Teilgebiets der Festkörperphysik folgt alleine daraus, daß es eine wesentliche Grundlage für das Verständnis der Festkörperelektronik war und ist.

Für die in diesem Abschnitt behandelten Beispiele von Transportvorgängen werden nur die Beiträge der Elektronen und Defektelektronen erfaßt. Zum Wärmetransport tragen darüber hinausgehend die Gitterschwingungen (s. Kapitel 5.5.) und zum Ladungstransport eventuell vorhandene Ionen bei. Genauer ist es nach den Ausführungen des Abschnittes 6.4. sogar möglich, sich auf die Beiträge der Ladungsträger in nicht gefüllten Bändern zu beschränken, denn nach (6,203) — eine entsprechende Beziehung gilt für die Wärmestromdichte — sind die Gesamtstromdichten für gefüllte Bänder Null.

Welche Kräfte wirken nun insgesamt auf die Elektronen im Festkörper ein und wie kann ihr Einfluß bei der theoretischen Behandlung von Transportvorgängen beschrieben werden? Die an sich stärksten Kräfte, die durch den Gradienten des gitterperiodischen Potentials gegeben sind, brauchen explizit nicht berücksichtigt zu werden. Sie gehen indirekt über die von ihnen bestimmte $W(\boldsymbol{k})$-Beziehung in die Rechnung ein.

Weiterhin sind alle Abweichungen von diesem idealen periodischen Kristallpotential zu berücksichtigen. Hierzu gehören die in Kapitel 4. behandelten Gitterfehler und die durch die Wärmebewegung des Gitters bewirkten Störungen. Von besonderer Wichtigkeit — insbesondere in Halbleitern — ist die Wechselwirkung der Ladungsträger mit Phononen und mit ionisierten Störstellen. Bei der theoretischen Behandlung kann man davon ausgehen, daß der Wechselwirkungsprozeß selbst innerhalb einer sehr kurzen Zeit abläuft, verglichen mit der mittleren Zeit $\bar{\tau}$ zwischen zwei derartigen Vorgängen. Wir können ihn deshalb als einen Stoß zwischen der Gitterstörung und dem Ladungsträger auffassen, bei dem sich „plötzlich" dessen Quasiimpuls $\hbar\boldsymbol{k}$ ändert. Dazu berechtigt das aus experimentellen Befunden abgeleitete Ergebnis, daß die mittlere *freie Weglänge* $\bar{\lambda}$, d. h. die Wegstrecke, die ein Ladungsträger zwischen zwei Streuprozessen zurücklegt, groß gegenüber dem Wirkungsbereich des Streupotentials ist. Je nach der Kristallperfektion und der Temperatur liegt λ danach im Bereich von 10 nm bis 10 cm, während der Streubereich von der Größenordnung der Gitterkonstanten ist.

Nach diesem Modell bewegen sich die Kristallelektronen also frei und geradlinig über Wegstücke $\lambda(\boldsymbol{k})$, deren Länge vom Streumechanismus, von der Konzentration der Streuzentren und vom $\boldsymbol{k}$-Zustand des Ladungsträgers abhängt. Die freie Weglänge $\lambda(\boldsymbol{k})$ wird innerhalb der *freien Flugzeit* $\tau(\boldsymbol{k})$ zurückgelegt:

$$\tau(\boldsymbol{k}) = \frac{\lambda(\boldsymbol{k})}{|v(\boldsymbol{k})|}. \tag{6,211}$$

Näherungsweise folgt für die mittlere freie Flugzeit

$$\bar{\tau} = \frac{\bar{\lambda}}{\bar{v}}. \tag{6,212}$$

Für Metalle ist v von der Größenordnung der Fermi-Geschwindigkeit $v_F \approx 10^6 \, \frac{\text{m}}{\text{s}}$, mit $\bar{\lambda} \approx 30$ nm folgt dann aus (6,212), daß $\bar{\tau}$ von der Größenordnung 10^{-14} s ist (Tabelle 6.6).

Nunmehr wollen wir uns dem Einfluß äußerer Kräfte zuwenden. Nach (6,195) bewirken diese, daß die Kristallelektronen in benachbarte $\boldsymbol{k}$-Zustände übergehen. Damit wird die im thermischen Gleichgewicht vorhandene Besetzung des $\boldsymbol{k}$-Raums geändert, die durch die Fermi-Verteilungsfunktion f_0 beschrieben wird.

Tabelle 6.6

Abschätzung mittlerer freier Weglängen $\bar{\lambda}$ und mittlerer freier Flugzeiten $\bar{\tau}$ nach dem Modell freier Elektronen mit (6,238), (6,21), (6,212) *und* (6,19), *für* $r = 1$ *und* $m = m_0$, σ *bei* 0 °C

	$n/10^{22}$ cm^{-3}	$\sigma/10^5$ $(\Omega\text{cm})^{-1}$	$\bar{\lambda}$/nm	$\bar{\tau}/10^{-14}$ s
Li	4,6	1,17	12	0,9
Na	2,5	2,34	35	3,3
K	1,3	1,63	38	4,4
Cu	8,5	6,45	43	2,7
Ag	5,8	6,71	57	4,1
Au	5,9	4,85	41	2,9

Unter der resultierenden Wirkung der äußeren Kräfte, von Diffusionsvorgängen und der Stoßprozesse mit dem Kristallgitter stellt sich ein stationärer Zustand ein, der durch eine Verteilungsfunktion $f = f(\boldsymbol{r}, \boldsymbol{k})$ beschrieben wird. Dabei wirken die äußeren Kräfte und die Streuprozesse gegeneinander. Während die ersteren das Elektronensystem durch Energiezuführung aus dem Zustand des thermischen Gleichgewichts „herausdrängen", verursachen die Streuprozesse bevorzugt solche Übergänge im $\boldsymbol{k}$-Raum, die den Ausgangszustand wieder herstellen. Hört also die Wirkung der äußeren Kraft auf, so stellt sich das thermische Gleichgewicht wieder ein.

Im nächsten Abschnitt werden wir die Bestimmungsgleichung für die gestörte Verteilungsfunktion $f(\boldsymbol{r}, \boldsymbol{k})$, die *Boltzmann-Gleichung*, angeben und die einfachsten Verfahren für ihre näherungsweise Lösung besprechen. In den folgenden Abschnitten werden dann einige spezielle Transportvorgänge auf der Grundlage dieser Näherungen behandelt.

6.5.2. Boltzmann-Gleichung

Die Verteilungsfunktion $f(\boldsymbol{r}, \boldsymbol{k}, t)$ beschreibt die Besetzung der Zustände $\boldsymbol{k}$ durch Ladungsträger, die sich zur Zeit t bei $\boldsymbol{r}$ befinden. Im Zeitablauf ändert sich f beim Übergang von t nach $t + \mathrm{d}t$ durch 3 Prozesse:

- Ladungsträger mit der Geschwindigkeit $\boldsymbol{v}(\boldsymbol{k})$, die sich zur Zeit t bei $\boldsymbol{r} - \boldsymbol{v}\,\mathrm{d}t$ befanden, wandern nach $\boldsymbol{r}$.
- Unter der Wirkung äußerer Felder werden Ladungsträger die Zustände $\boldsymbol{k}$ besetzen, die zur Zeit t die Zustände $\boldsymbol{k} - \dot{\boldsymbol{k}}\,\mathrm{d}t$ innehatten.
- Durch Streuprozesse werden Ladungsträger aus anderen Zuständen $\boldsymbol{k}'$ in einen betrachteten Zustand $\boldsymbol{k}$ gebracht oder aus diesem Zustand in andere Zustände $\boldsymbol{k}'$ überführt.

Die beiden ersten Vorgänge führen auf die Beziehung

$$f(\boldsymbol{r}, \boldsymbol{k}, t + \mathrm{d}t) = f(\boldsymbol{r} - \boldsymbol{v}\,\mathrm{d}t, \boldsymbol{k} - \dot{\boldsymbol{k}}\,\mathrm{d}t, t). \tag{6,213}$$

Für die Änderung von f durch Diffusion und Feldeinfluß gilt darum

$$\left(\frac{\partial f}{\partial t}\right)_{\text{Diff}} = -\boldsymbol{v}\,\frac{\partial f}{\partial \boldsymbol{r}} \tag{6,214}$$

und mit (6,176)

$$\left(\frac{\partial f}{\partial t}\right)_{\text{Feld}} = -\dot{\boldsymbol{k}}\,\frac{\partial f}{\partial \boldsymbol{k}} = \frac{e}{\hbar}\,(\boldsymbol{E} + \boldsymbol{v} \times \boldsymbol{B})\,\frac{\partial f}{\partial \boldsymbol{k}}. \tag{6,215}$$

Im stationären Fall ist die Gesamtänderung von f Null, und wir erhalten:

$$\left(\frac{\partial f}{\partial t}\right)_{\text{Stöße}} = \boldsymbol{v}\,\frac{\partial f}{\partial \boldsymbol{r}} - \frac{e}{\hbar}\,(\boldsymbol{E} + \boldsymbol{v} \times \boldsymbol{B})\,\frac{\partial f}{\partial \boldsymbol{k}}. \tag{6,216}$$

Das ist die Boltzmann-Gleichung; ihre zumindest näherungsweise Lösung gestattet es, f und damit die gesuchten Transportkoeffizienten zu berechnen.

Für den Stoßterm gilt allgemein

$$\left(\frac{\partial f}{\partial t}\right)_{\text{Stöße}} = \frac{1}{8\pi^3}\int \mathrm{d}^3k'\,\{Q(\boldsymbol{k}', \boldsymbol{k})\,f(\boldsymbol{k}')\,[1 - f(\boldsymbol{k})] - Q(\boldsymbol{k}, \boldsymbol{k}')\,f(\boldsymbol{k})\cdot[1 - f(\boldsymbol{k}')]\}. \tag{6,217}$$

$Q(\boldsymbol{k}', \boldsymbol{k})$ ist die Übergangswahrscheinlichkeit aus dem Zustand $\boldsymbol{k}'$ in den Zustand $\boldsymbol{k}$, sie kann für einen speziellen Streumechanismus genähert berechnet werden. Die übrigen Faktoren berücksichtigen die Wahrscheinlichkeiten f bzw. $(1 - f)$ für die Besetzung des Anfangs- und die Nichtbesetzung des Endzustandes.

Die Lösung von (6,216) mit dem Stoßterm (6,217) wird durch zwei Näherungen wesentlich vereinfacht, die in fast allen Anwendungsfällen gerechtfertigt sind. Zunächst ist das die Relaxationszeitnäherung. Dabei wird der Ansatz

$$\left(\frac{\partial f}{\partial t}\right)_{\text{Stöße}} = -\frac{f - f_0}{\tau} = -\frac{g}{\tau} \tag{6,218}$$

eingeführt mit einer Relaxationszeit $\tau(\boldsymbol{k})$, die nur vom Streumechanismus abhängen soll. $g(\boldsymbol{r}, \boldsymbol{k})$ beschreibt die Abweichung der Funktion f vom Zustand des thermischen Gleichgewichts. Wegen $\left(\frac{\partial f_0}{\partial t}\right)_{\text{Stöße}} = 0$ folgt für die Wirkung der Stoßprozesse nach dem „Abschalten" eines äußeren Feldes

$$\frac{\partial g}{\partial t} = -\frac{g}{\tau}. \tag{6,219}$$

Die Lösung von (6,219) lautet

$$g(t) = g(0)\cdot \mathrm{e}^{-\frac{t}{\tau}}. \tag{6,220}$$

Abweichungen g von f_0 klingen also exponentiell mit der Zeit ab.

Die hier eingeführte Relaxationszeit hängt eng mit der im vorigen Abschnitt benutzten freien Flugzeit der Ladungsträger zusammen. Da ein Elektron seinen aus dem Feld aufgenommenen Zusatzimpuls in einem oder doch in wenigen Stößen abgeben kann, folgt anschaulich die Äquivalenz beider Größen. Mit (6,218) gilt für die Boltzmann-Gleichung

$$g = -\tau\left[\boldsymbol{v}\,\frac{\partial(f_0 + g)}{\partial \boldsymbol{r}} - \frac{e}{\hbar}\,(\boldsymbol{E} + \boldsymbol{v} \times \boldsymbol{B})\,\frac{\partial(f_0 + g)}{\partial \boldsymbol{k}}\right]. \tag{6,221}$$

Die zweite wesentliche Vereinfachung folgt daraus, daß sich die gestörte Verteilungsfunktion f in fast allen praktisch interessierenden Fällen nur wenig von f_0 unterscheidet. Wir können dann g als eine kleine Korrektur an f_0 auffassen und (6,221) weiter annähern durch

$$g = -\tau \left[\boldsymbol{v} \frac{\partial f_0}{\partial \boldsymbol{r}} - \frac{e}{\hbar} (\boldsymbol{E} + \boldsymbol{v} \times \boldsymbol{B}) \frac{\partial f_0}{\partial \boldsymbol{k}} \right]. \tag{6,222}$$

Damit ist der Übergang zur linearisierten Boltzmann-Gleichung erfolgt, deren Lösung in dieser Form explizit gegeben ist. Für f_0 ist einzusetzen

$$f_0 = \left(1 + \exp \frac{W(\boldsymbol{k}) - W_F(\boldsymbol{r})}{k_B T(\boldsymbol{r})}\right)^{-1}. \tag{6,223}$$

Dabei wurde berücksichtigt, daß in dem Festkörper ein Temperaturgradient auftreten kann und daß das Fermi-Niveau W_F direkt durch chemische Inhomogenitäten (z. B. Dotierung im Halbleiter) und indirekt über die Temperatur ortsabhängig werden kann. Thermisches Gleichgewicht herrscht dann nur noch innerhalb kleiner Gebiete d^3r um $\boldsymbol{r}$, in denen $T(\boldsymbol{r})$ als konstant anzusehen ist.

Mit (6,223) gilt

$$\left(\frac{\partial f_0}{\partial \boldsymbol{r}}\right) = \frac{\partial f_0}{\partial W} \left(-\frac{W - W_F}{T} \frac{\partial T}{\partial \boldsymbol{r}} - \frac{\partial W_F}{\partial \boldsymbol{r}}\right) \tag{6,224}$$

und mit (6,190)

$$\frac{\partial f_0}{\partial \boldsymbol{k}} = \frac{\partial f_0}{\partial W} \cdot \frac{\partial W}{\partial \boldsymbol{k}} = \frac{\partial f_0}{\partial W} \cdot \hbar \boldsymbol{v}. \tag{6,225}$$

Wir erhalten

$$g = \tau \boldsymbol{v} \left(-\frac{\partial f_0}{\partial W}\right) \left[-e\boldsymbol{E} - \frac{\partial W_F}{\partial \boldsymbol{r}} - \frac{W - W_F}{T} \frac{\partial T}{\partial \boldsymbol{r}}\right] \tag{6,226}$$

und damit die Nichtgleichgewichtsverteilungsfunktion $f = f_0 + g$ in Abhängigkeit von den treibenden Feldern. Die einzelnen Anteile entsprechen einem Driftstrom unter der Wirkung des elektrischen Feldes und Diffusionsströmen auf Grund eines Konzentrationsgradienten der Ladungsträger bzw. eines Temperaturgradienten.

Zu beachten ist, daß das Magnetfeld in dieser linearen Näherung keinen Einfluß hat. Physikalisch resultiert das daraus, daß in (6,226) die freie Weglänge $\lambda(\boldsymbol{k}) = \tau \boldsymbol{v}$ senkrecht auf der magnetischen Kraft $\boldsymbol{F_B} = -e\boldsymbol{v} \times \boldsymbol{B}$ steht, so daß diese keine Energie zuführt. Da andererseits nach (6,223) Zustände gleicher Energie mit derselben Wahrscheinlichkeit besetzt sind, bewirkt das Magnetfeld keine Umbesetzung von Zuständen im $\boldsymbol{k}$-Raum. Das Magnetfeld hat deshalb erst in zweiter Näherung einen Einfluß auf g, wir werden in einem späteren Abschnitt darauf zurückkommen.

6.5.3. Elektrische Leitfähigkeit

Die elektrische Leitfähigkeit $\boldsymbol{\sigma}$ macht eine Aussage über die Stromdichte $\boldsymbol{j}$ bei Vorhandensein eines elektrischen Feldes $\boldsymbol{E}$

$$\boldsymbol{j} = \boldsymbol{\sigma} \boldsymbol{E}. \tag{6,227}$$

Im allgemeinsten Fall ist $\boldsymbol{\sigma}$ im Festkörper ein Tensor, d. h., $\boldsymbol{j}$ und $\boldsymbol{E}$ haben nicht die gleiche Richtung. In sehr vielen praktischen Fällen, z. B. bei Kristallen mit kubischer Symmetrie oder in polykristallinen Materialien, kann $\boldsymbol{\sigma}$ jedoch durch eine skalare Größe dargestellt werden.

Allgemein gilt für die elektrische Stromdichte $\boldsymbol{j}$ nach (6,203) und (6,13)

$$\boldsymbol{j} = -\frac{1}{4\pi^3} \int \mathrm{d}^3k \, e\boldsymbol{v}(\boldsymbol{k}) \cdot f(\boldsymbol{k}). \tag{6,228}$$

Bei konstanter Temperatur erhält man aus (6,226) für einen homogenen Kristall

$$f = f_0 - \tau \boldsymbol{v} \left(-\frac{\partial f_0}{\partial W}\right) \cdot e\boldsymbol{E}. \tag{6,229}$$

Die Gleichgewichtsverteilung f_0 liefert in (6,228) eingesetzt natürlich keinen Beitrag; mathematisch folgt das daraus, daß ein antisymmetrischer Integrand über einen symmetrischen Bereich integriert wird. Dann folgt mit (6,227) für die elektrische Leitfähigkeit

$$\boldsymbol{\sigma} = \frac{e^2}{4\pi^3} \int \mathrm{d}^3k \, \tau(\boldsymbol{k}) \, \boldsymbol{v}(\boldsymbol{k}) \circ \boldsymbol{v}(\boldsymbol{k}) \left(-\frac{\partial f_0}{\partial W}\right). \tag{6,230}$$

Die beiden Vektoren $\boldsymbol{v}$ sind im Sinne der dyadischen Schreibweise nicht vektoriell miteinander verknüpft, daraus ergibt sich der Tensorcharakter von $\boldsymbol{\sigma}$.

Die weitere Auswertung ist in allgemeiner Form nicht möglich. Benötigt werden Angaben über die speziellen Streuprozesse der Ladungsträger, die dann zu bestimmten $\tau(\boldsymbol{k})$-Abhängigkeiten führen (Abschnitt 6.5.). Weiterhin ist die Kenntnis der $W(\boldsymbol{k})$-Beziehung erforderlich, die es gestattet, $\boldsymbol{v}(\boldsymbol{k})$ nach (6,190) einzusetzen.

Entartetes Elektronengas in Metallen. Zunächst werden wir (6,230) für Metalle und stark entartete Halbleiter weiter auswerten. Dann fällt f_0 bei der Energie $W = W_\mathrm{F}$ in einem schmalen Energiebereich der Breite $k_\mathrm{B}T$ von 1 auf 0 (Abb. 6.8). Der Faktor $\left(-\frac{\partial f_0}{\partial W}\right)$ hat deshalb den Charakter einer δ-Funktion (Abb. 6.46); zur Leitfähigkeit tragen nur Zustände mit $W \approx W_\mathrm{F}$, d. h. Zustände an der Fermi-Fläche, wesentlich bei. Wir wenden deshalb die Umformungen vor (6,135) u. (6,190) an und erhalten

$$\boldsymbol{\sigma} = \frac{e^2}{4\pi^3\hbar} \int\limits_{W=0}^{\infty} \mathrm{d}W \left(-\frac{\partial f_0}{\partial W}\right) \int\limits_{W=\mathrm{const.}} \mathrm{d}S \, \tau(\boldsymbol{k}) \, \frac{\boldsymbol{v}(\boldsymbol{k}) \circ \boldsymbol{v}(\boldsymbol{k})}{|\boldsymbol{v}(\boldsymbol{k})|}. \tag{6,231}$$

Da das erste Integral nur für $W \approx W_\mathrm{F}$ wesentliche Beiträge liefert, genügt es, das zweite Integral über die Fermi-Fläche zu führen. Mit

$$\int\limits_{W=0}^{\infty} \mathrm{d}W \left(-\frac{\partial f_0}{\partial W}\right) = 1 \quad \text{folgt} \tag{6,232}$$

$$\boldsymbol{\sigma} = \frac{e^2}{4\pi^3\hbar} \int\limits_{W=W_\mathrm{F}} \mathrm{d}S_\mathrm{F} \, \tau(\boldsymbol{k}_\mathrm{F}) \, \frac{\boldsymbol{v}(\boldsymbol{k}_\mathrm{F}) \circ \boldsymbol{v}(\boldsymbol{k}_\mathrm{F})}{|\boldsymbol{v}(\boldsymbol{k}_\mathrm{F})|}. \tag{6,233}$$

Eine wesentliche Vereinfachung erhält man für Kristalle mit kubischer Symmetrie. $\boldsymbol{\sigma}$ kann dargestellt werden durch einen Skalar, es gilt

$$\begin{aligned}\sigma &= \sigma_{xx} = \sigma_{yy} = \sigma_{zz} \\ &= \frac{1}{3}(\sigma_{xx} + \sigma_{yy} + \sigma_{zz})\end{aligned} \tag{6,234}$$

mit

$$\sigma_{xx} = \frac{e^2}{4\pi^3\hbar} \int_{(W=W_F)} dS_F \tau(\boldsymbol{k}_F) \frac{v_x^2}{|\boldsymbol{v}(\boldsymbol{k}_F)|}. \tag{6,235}$$

Wegen $\boldsymbol{v}^2 = v_x^2 + v_y^2 + v_z^2$ erhält man

$$\sigma = \frac{e^2}{12\pi^3\hbar} \int dS_F \, v_F \, \tau(\boldsymbol{k}_F). \tag{6,236}$$

Danach wird also die Leitfähigkeit von Metallen und entarteten Halbleitern durch die Geschwindigkeit und die freie Flugzeit der Ladungsträger und durch die „Größe" der Fermi-Fläche bestimmt. Die weitere Auswertung von (6,236) wollen wir für das Modell freier Elektronen vornehmen:

$$\sigma = \frac{e^2}{12\pi^3\hbar} \cdot 4\pi k_F^2 \cdot v_F \cdot \tau(k_F). \tag{6,237}$$

Mit (6,16) und (6,19) folgt daraus

$$\sigma = \frac{e^2 n \tau(k_F)}{m^*} = en\mu \tag{6,238}$$

mit der Ladungsträgerbeweglichkeit

$$\mu = \frac{e\tau(k_F)}{m^*}. \tag{6,239}$$

Einen Ausdruck der Form (6,238) hatte schon Drude erhalten, der die Elektronen im Festkörper als ein klassisches Gas von Ladungsträgern auffaßte. Unter der Wirkung eines elektrischen Feldes erhält dann jedes Elektron eine Zusatzgeschwindigkeit $\delta \boldsymbol{v}_{\text{Drift}} = -\mu \boldsymbol{E}$, und mit (6,203) ergibt sich (6,238). Dagegen zeigt der Ausdruck (6,236), daß diese Interpretation physikalisch nicht exakt ist, daß in dem hier betrachteten Fall des entarteten Elektronengases nur Ladungsträger an der Fermi-Fläche zum Stromfluß beitragen.

Diese Aussage wird besonders deutlich, wenn wir die Verteilungsfunktion (6,229) mit $\boldsymbol{v} = \frac{1}{\hbar} \frac{\partial W}{\partial \boldsymbol{k}}$ auffassen als Taylor-Entwicklung von

$$f = f_0\left(\boldsymbol{k} + \frac{e\tau}{\hbar} \boldsymbol{E}\right). \tag{6,240}$$

Unter der Wirkung von $\boldsymbol{E}$ wird danach die Fermi-Kugel starr in Feldrichtung verschoben um $\delta \boldsymbol{k} = -\frac{e\tau}{\hbar} \boldsymbol{E}$ (Abb. 6.46). Dieser Zustand ist stationär, er wird aufrechterhalten durch die in der Skizze eingezeichneten Übergänge, die durch das elektrische Feld bzw. die Stöße mit dem Gitter verursacht werden.

Leitfähigkeit nichtentarteter Halbleiter. Die obige Auswertung von (6,230) kann für diesen Fall nicht übernommen werden, da W_F innerhalb der verbotenen Zone liegt, dort also, wo $\left(-\frac{\partial f_0}{\partial W}\right)$ große Werte annimmt, befinden sich keine besetzbaren Zustände. Zur Leitfähigkeit tragen sowohl die Elektronen im Leitungsband als auch

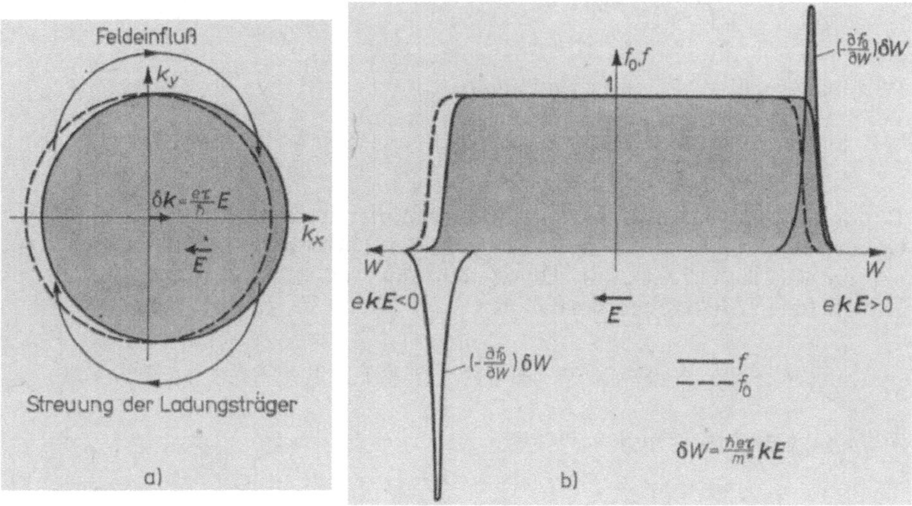

Abb. 6.46
„Verschiebung" der Fermi-Kugel unter der Wirkung des elektrischen Feldes $\boldsymbol{E}$
a) im $\boldsymbol{k}$-Raum b) auf der Energieachse
(Fermi-Verteilungsfunktion für $W_F = 5$ eV, $T = 600$ K; im Bildtext steht e für die negative Ladung des Elektrons).

die Defektelektronen im Valenzband bei. Analog zu (6,238) gilt

$$\sigma = \sigma_n + \sigma_p$$

$$\sigma = en\mu_n + ep\mu_p \tag{6,241}$$

$$\sigma = \frac{e^2 n \tau_n}{m_n} + \frac{e^2 p \tau_p}{m_p}.$$

Wir berechnen die gemittelten Relaxationszeiten $\bar{\tau}_n$ und $\bar{\tau}_p$ aus der noch allgemein gültigen Formel (6,231) für konstante, skalare effektive Massen m^*. Für das Leitungsband gilt dann mit

$$W = W_C + \frac{\hbar^2 k^2}{2m_n}, \quad \boldsymbol{v} = \frac{\hbar \boldsymbol{k}}{m_n} \tag{6,242}$$

$$\sigma_n = \frac{e^2}{m_n} \cdot \frac{1}{3\pi^2} \left(\frac{2m_n}{\hbar^2}\right)^{3/2} \int_{W_C}^{\infty} \mathrm{d}W \, (W - W_C)^{3/2} \left(-\frac{\partial f_0}{\partial W}\right) \tau_n(W). \tag{6,243}$$

Dabei ist das zweite Integral in (6,231) mit (6,242) und analog zu den Rechnungen von (6,233) bis (6,237) ausgewertet worden. Führen wir mit (6,31) und (6,242) noch die Ladungsträgerkonzentration

$$n = \frac{1}{2\pi^2}\left(\frac{2m_n}{\hbar^2}\right)^{3/2}\int_{W_C}^{\infty} dW\,(W - W_C)^{1/2} f_0$$

$$= \frac{1}{3\pi^2}\left(\frac{2m_n}{\hbar^2}\right)^{3/2}\int_{W_C}^{\infty} dW\,(W - W_C)^{3/2}\left(-\frac{\partial f_0}{\partial W}\right) \tag{6,244}$$

ein — der zweite Ausdruck folgt durch partielle Integration —, so gilt

$$\bar{\tau}_n = \frac{\int\limits_{W_C}^{\infty} dW\,\tau_n(W)\,(W - W_C)^{3/2}\left(-\frac{\partial f_0}{\partial W}\right)}{\int\limits_{W_C}^{\infty} dW\,(W - W_C)^{3/2}\left(-\frac{\partial f_0}{\partial W}\right)}. \tag{6,245}$$

Nach (6,244) ist das die über die Teilchenzahl gemittelte Relaxationszeit

$$\bar{\tau}_n = \frac{\int dn\,\tau}{\int dn}.$$

Bei gegebenem $\tau_n(W)$ — diese Funktion ist durch den speziellen Streumechanismus bestimmt — kann aus (6,245) der Elektronenanteil der elektrischen Leitfähigkeit berechnet werden. Entsprechend gilt für den Beitrag des Valenzbandes

$$\bar{\tau}_p = \frac{\int\limits_{-\infty}^{W_V} dW\,\tau_p(W)\,(W_V - W)^{3/2}\left(-\frac{\partial f_0}{\partial W}\right)}{\int\limits_{-\infty}^{W_V} dW\,(W_V - W)^{3/2}\left(-\frac{\partial f_0}{\partial W}\right)}. \tag{6,246}$$

Im nichtentarteten Halbleiter kann nach (6,36) in (6,245) und (6,246) für f_0 die Boltzmann-Verteilungsfunktion eingesetzt werden. Mit der Relaxationszeit

$$\tau_n(W) = \tau_{n,0}\cdot(W - W_C)^r \tag{6,247}$$

kann das Integral dann allgemein gelöst werden und ergibt

$$\bar{\tau}_n = \tau_{n,0}(k_B T)^r\,\frac{\Gamma\left(r + \frac{5}{2}\right)}{\Gamma\left(\frac{5}{2}\right)}. \tag{6,248}$$

Für die Gammafunktion gilt: $\Gamma(x + 1) = x\Gamma(x)$, $\Gamma(1) = 1$ und $\Gamma\left(\frac{1}{2}\right) = \sqrt{\pi}$.

6.5.4. Streuung der Ladungsträger

Die Beweglichkeit μ der Ladungsträger wird nach (6,239) oder (6,241) durch deren effektive Masse und durch die nach (6,236) oder (6,245) gemittelte Relaxationszeit bestimmt. Grundsätzlich kann $\tau(\boldsymbol{k}, T)$ aus (6,217) und (6,218) bestimmt werden. Diese Rechnungen sind für spezielle Streumechanismen mit vereinfachenden Modellen über den Streuvorgang und meist in der Näherung freier Elektronen durchgeführt worden. Entsprechend ist die quantitative Übereinstimmung mit dem Experiment nicht immer gut, dagegen erhält man prinzipiell richtige Aussagen zur Temperaturabhängigkeit der Ladungsträgerbeweglichkeit. Aus experimentell bestimmten $\mu(T)$-Kurven kann deshalb auf den im Material dominierenden Streuvorgang geschlossen werden.

Als Streuzentren für die Ladungsträger im Festkörper wirken:

- Phononen
- ionisierte Störstellen
- neutrale Störstellen
- Leerstellen und Zwischengitterbesetzungen
- Versetzungen
- Korngrenzen und Oberflächen und
- die Ladungsträger selbst.

Im folgenden werden einige grundsätzliche Ergebnisse dargestellt, die beispielhaften Charakter tragen.

Streuung an Phononen. Die longitudinalen Gitterschwingungen können als periodische Deformationen des Gitters aufgefaßt werden, die nach Abb. 2.9 (S. 43) mit einer periodischen Verschiebung der Energiezustände verbunden sind. An diesen Potentialänderungen werden die Ladungsträger gestreut. Für einen n-Halbleiter erhält man z. B. für die Streuung an longitudinalen akustischen Gitterschwingungen

$$\tau_{\mathrm{n,P}}(W) = \frac{\pi \hbar^4 \varrho v_1^2}{\sqrt{2}\, m_{\mathrm{n}}^{3/2} u_{\mathrm{n}}^2 k_{\mathrm{B}} T (W - W_{\mathrm{C}})^{1/2}} = \tau_{\mathrm{n,P,0}} \cdot (W - W_{\mathrm{C}})^{-1/2} \tag{6,249}$$

ϱ: Dichte des Kristalls
v_1: longitudinale Schallgeschwindigkeit

Die Deformationspotentialkonstante u_{n} stellt den Zusammenhang her zwischen der Deformation des Gitters und den daraus resultierenden Potentialänderungen im Leitungsband. Mit (6,248) und (6,241) erhält man für die Beweglichkeit der Elektronen bei Phononenstreuung im nichtentarteten Halbleiter

$$\mu_{\mathrm{n,P}} = \frac{2^{3/2} \pi^{1/2} e \hbar^4 \varrho v_1^2}{3 u_{\mathrm{n}}^2 m_{\mathrm{n}}^{5/2} (k_{\mathrm{B}} T)^{3/2}}, \tag{6,250}$$

$$\mu_{\mathrm{n,P}} \sim T^{-3/2}.$$

Im Fall der Entartung folgt aus (6,249) und (6,239)

$$\mu_{\mathrm{n,P}} = \mu_{\mathrm{n,P,0}} \cdot (W_{\mathrm{F}} - W_{\mathrm{C}})^{-1/2}. \tag{6,251}$$

Entsprechende Ausdrücke können hier wie auch bei den folgenden Beispielen für die Defektelektronen abgeleitet werden, wenn m_n, $(W - W_C)$ und u_n durch m_p, $(W_V - W)$ und u_p ersetzt werden.

Auch für Metalle gilt bei Temperaturen oberhalb der Debye-Temperatur ein zu (6,249) ähnlicher Ausdruck, der wegen (6,239) auf die bekannte lineare Temperaturabhängigkeit des elektrischen Widerstands der Metalle führt; bei tiefen Temperaturen verläuft τ dagegen proportional zu T^{-5}; vgl. (8,62).

Neben der hier angeführten Deformationspotentialstreuung spielt speziell in Festkörpern mit teilweiser Ionenbindung auch die Streuung an den elektrischen Dipolmomenten eine Rolle, die insbesondere mit den optischen Phononen verknüpft sind.

Streuung an ionisierten Störstellen. Geladene Fremdatome lenken die Ladungsträger auf Grund der Coulomb-Wechselwirkung ab. Von CONWELL und WEISSKOPF ist dieser Vorgang als Rutherford-Streuung an Z-fach geladenen Ionen der Konzentration N_I beschrieben worden. Für Elektronen im Halbleiter erhielten sie

$$\tau_{n,I}(W) = \frac{(2m_n)^{1/2}\,(4\pi\varepsilon\varepsilon_0)^2(W - W_C)^{3/2}}{\pi e^4 N_I \ln(1 + \alpha^2)} \tag{6,252}$$

$$\alpha = \frac{4\pi\varepsilon\varepsilon_0(W - W_C)}{e^2 N_I^{1/3}}.$$

Für den entarteten Halbleiter kann (6,252) mit (6,239) direkt ausgewertet werden. Dagegen ist die Berechnung von μ im Fall der Nichtentartung nach (6,245) schwieriger. Näherungsweise wird der logarithmische Term als konstant angesehen und vor das Integral gezogen. Für die Energie wird dabei der Wert eingesetzt, bei dem der Zähler maximal wird, d. h. $W - W_C = 3k_BT$. Damit gilt für die Elektronenbeweglichkeit bei der Streuung an ionisierten Störstellen

$$\mu_{n,I} = \frac{2^{7/2}(4\pi\varepsilon\varepsilon_0)^2\,(k_BT)^{3/2}}{\pi^{3/2}e^3 m_n^{*1/2} N_I}\left\{\ln\left[1 + \left(\frac{12\pi\varepsilon\varepsilon_0 k_B T}{e^2 N_I^{1/2}}\right)^2\right]\right\}^{-1}. \tag{6,253}$$

Für Metalle kann der Ausdruck (6,252) nicht übernommen werden, weil die in großer Zahl vorhandenen freien Ladungsträger die Störpotentiale stark abschirmen. Ähnliche Rechnungen auf quantenmechanischer Grundlage führen jedoch zu richtigen Ergebnissen für den temperaturunabhängigen Restwiderstand der Metalle.

Streuung an neutralen Störstellen. Bei tiefen Temperaturen sind in Halbleitern viele Störatome ungeladen. In diesem Fall hat man die Wechselwirkung der Ladungsträger mit den Störstellen der Konzentration N_N durch ein Modell beschrieben, bei dem die Elektronenstreuung an neutralen Wasserstoffatomen berechnet wird. Für τ gilt

$$\tau_{n,N} = \frac{e^2 m_n^{*2}}{80\pi\varepsilon\varepsilon_0\hbar^3 N_N}. \tag{6,254}$$

Aus (6,239) und (6,248) erhält man dann eine nur über N_N indirekt von der Temperatur abhängige Beweglichkeit

$$\mu_{n,N} = \frac{e^3 m_n^*}{80\pi\varepsilon\varepsilon_0\hbar^3 N_N}. \tag{6,255}$$

Streuung an Versetzungen. Nur in stark gestörtem Halbleitermaterial mit Versetzungsdichten N_V im Bereich von 10^7 bis 10^{10} cm^{-2} spielt die Streuung an Versetzungen eine wesentliche Rolle. Derartige Dichten werden z. B. in Heteroepitaxieschichten von Si auf Spinell oder Saphir beobachtet und begrenzen die erreichbaren Ladungsträgerbeweglichkeiten. Bei der Behandlung des Problems sind verschiedene Modelle benutzt worden. Für die Streuung an dem mit der Versetzung verbundenen Deformationsbereich des Gitters erhält man

$$\mu_{n,V} = \frac{32\hbar e(1-\vartheta)^2\, k_B T}{3\pi u_n^2 \boldsymbol{b}^2 (1-2\vartheta)^2\, m_n^* N_V}. \tag{6,256}$$

ϑ: Poisson-Zahl
u_n: Deformationspotentialkonstante
$\boldsymbol{b}$: Burgers-Vektor

Darüber hinaus berücksichtigte PÖDÖR, daß die nichtabgesättigten Bindungen, die sich längs der Versetzungslinie im Abstand a voneinander befinden, als geladene Störstellen wirken, die mit einer Wahrscheinlichkeit f besetzt sind. Das zylinderförmige Raumladungsfeld streut die Elektronen der Konzentration n, für μ gilt

$$\mu_{n,V} = \frac{30\sqrt{2\pi}\,(\varepsilon\varepsilon_0)^{3/2}\, a^2 \sqrt{n}\, k_B T}{e^2 f^2 m_n^{*1/2} N_V}. \tag{6,257}$$

Experimentell wurde f für Siliciumschichten auf Spinell zu 0,1…0,3 bestimmt.

Weitere Streumechanismen. Im Rahmen der hier behandelten Einelektronennäherung ist die gesamte Wechselwirkung der Elektronen untereinander in (6,1) bereits summarisch berücksichtigt worden, in diesem Sinne können wir also annehmen, daß die Elektron-Elektron-Streuung zu vernachlässigen ist. Außerdem spielt diese Streuung auch deshalb eine untergeordnete Rolle für die Ladungsträgerbeweglichkeit, da sich dabei der Gesamtimpuls des Elektronengases nicht ändert.

Zum Einfluß von Oberflächen auf die Streuung soll im nächsten Abschnitt etwas gesagt werden. Und schließlich ist anzumerken, daß Leerstellen und besetzte Zwischengitterplätze je nach ihrer elektronischen Struktur wie geladene oder ungeladene Störstellen wirken.

Gesamtwirkung aller Streumechanismen. Im realen Festkörper werden stets mehrere Streumechanismen nebeneinander wirken, eine resultierende Relaxationszeit kann dann genähert bestimmt werden über

$$\frac{1}{\tau} = \sum_i \frac{1}{\tau_i}. \tag{6,258}$$

Hierbei wurde berücksichtigt, daß die τ_i den Streuwahrscheinlichkeiten umgekehrt proportional sind. Weiterhin haben wir angenommen, daß die verschiedenen Streuprozesse völlig unabhängig voneinander wirken, daß die Wahrscheinlichkeiten dementsprechend additiv sind. Beim Einsetzen von (6,258) in (6,245) erhält man für die gemittelte, resultierende Relaxationszeit sehr komplizierte Integrale, da jedes τ_i seine spezielle Energieabhängigkeit hat.

Ist jedoch in einem bestimmten Temperaturbereich ein τ_i bedeutend kleiner als alle anderen, so überwiegt dieser Term in (6,258) und bestimmt die resultierende

Beweglichkeit. In diesem Sinne verwendet man für Abschätzungen den Ausdruck

$$\frac{1}{\mu} = \sum_i \frac{1}{\mu_i} \tag{6,259}$$

für die resultierende Beweglichkeit μ, der auf die Näherung

$$\bar{\tau} = \overline{\frac{1}{\sum_i \frac{1}{\tau_i}}} \approx \frac{1}{\sum_i \frac{1}{\bar{\tau}_i}} \tag{6,260}$$

zurückgeht. Allgemein kann (6,259) deshalb keinesfalls angewendet werden.

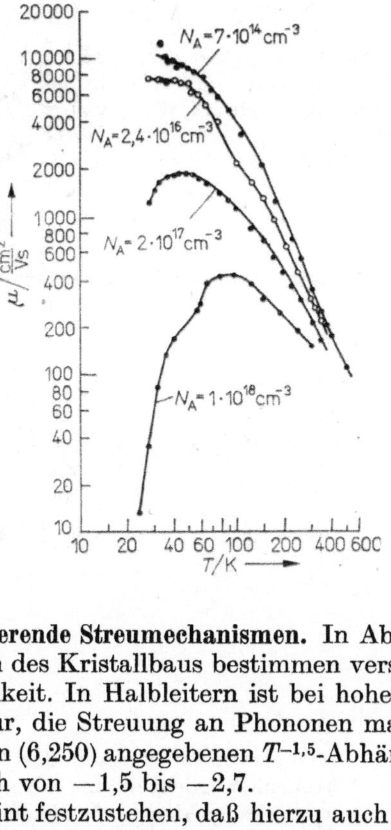

Abb. 6.47
Temperaturabhängigkeit der Elektronenbeweglichkeit in Silicium mit verschieden starker Arsen-Dotierung (nach MORIN, F. J.; MAITA, J. P., Phys. Rev. **96** (1954) 28).

Dominierende Streumechanismen. In Abhängigkeit von der Temperatur und den Störungen des Kristallbaus bestimmen verschiedene Streuvorgänge die resultierende Beweglichkeit. In Halbleitern ist bei hohen Temperaturen, d. h. etwa bei Zimmertemperatur, die Streuung an Phononen maßgeblich. Allerdings beobachtet man oft statt der in (6,250) angegebenen $T^{-1,5}$-Abhängigkeit steilere Anstiege mit Exponenten im Bereich von $-1,5$ bis $-2,7$.

Es scheint festzustehen, daß hierzu auch die Streuung der Ladungsträger zwischen verschiedenen Energietälern des $\boldsymbol{k}$-Raums (z. B. in Si) und Prozesse, an denen mehrere Phononen beteiligt sind, beitragen. Insgesamt ist diese Problematik jedoch noch nicht geklärt. Mit abnehmender Temperatur wird der Einfluß der Gitterstreuung geringer, während nach (6,253) die Wirkung der ionisierten Störstellen zunimmt. Die Beweglichkeit erreicht deshalb ein Maximum, um dann wieder abzufallen (Abb. 6.47 und Abb. 6.48). Mit zunehmender Konzentration ionisierter Störstellen liegt dieses Maximum bei höheren Temperaturen und bei niedrigeren Beweglichkeiten. Mit weiter fallender Temperatur nimmt schließlich die Konzentration der

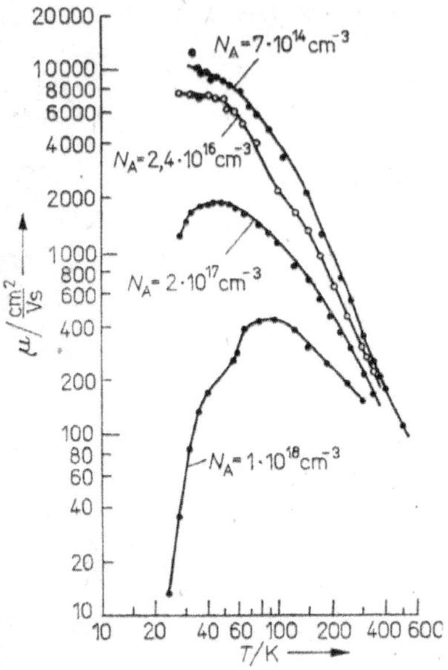

Abb. 6.48
Temperaturabhängigkeit der Defektelektronenbeweglichkeit in Silicium mit verschieden starker Bor-Dotierung (nach MORIN, F. J.; MAITA, J. P., Phys. Rev. **96** (1954) 28).

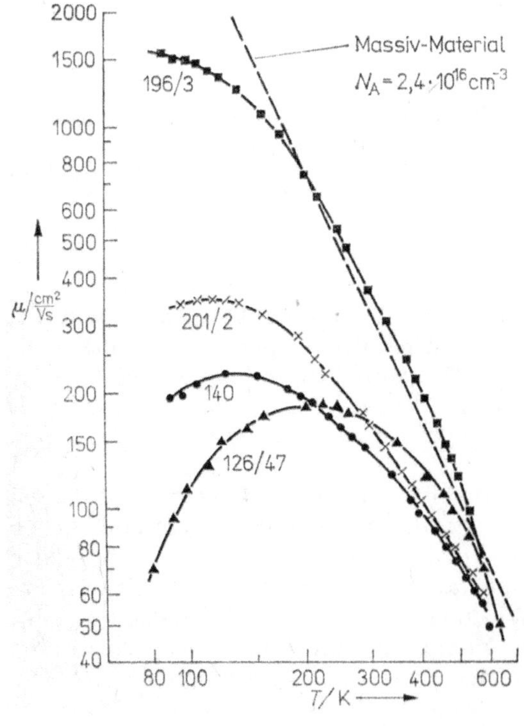

Abb. 6.49
Temperaturabhängigkeit der Defektelektronenbeweglichkeit in Silicium-Heteroepitaxieschichten auf Spinell (Schichtdicken: $d = 1\,\mu m$, Probe 196/3 $d = 8\,\mu m$). Zum Vergleich ist aus Abb. 6.48 die Beweglichkeit von Massivmaterial etwa der gleichen Dotierungskonzentration angegeben (nach HINNEBERG, H.-J., u. a., Thin Solid Films **33** (1976) 29).

ionisierten Störstellen ab, so daß bei sehr tiefen Temperaturen die Streuung an neutralen Störungen dominiert.

Ein besonderer Fall sind die schon erwähnten Heteroepitaxieschichten Si/Spinell, bei denen die Versetzungsstreuung u. U. den gesamten Einfluß der ionisierten Störstellen überdeckt (Abb. 6.49).

Für Metall wird die Beweglichkeit der Ladungsträger bzw. der spezifische Widerstand in Kapitel 8. näher behandelt. Wir wollen nur noch darauf hinweisen, daß in (6,259) dann die temperaturunabhängige Streuung an Störstellen eingeht, die für $T \to 0$ dominiert, und bei höheren Temperaturen die Streuung an Phononen. Und schließlich ist zu bemerken, daß (6,259) eine spezielle Schreibweise der Matthiessen-Regel (8,60) ist.

6.5.5. Leitfähigkeit dünner Schichten

Bisher wurde nur die Streuung im Kristallvolumen berücksichtigt; dieses Vorgehen ist gerechtfertigt, solange die Probenabmessungen L groß gegenüber der freien Weglänge λ der Ladungsträger sind. Für übliche Metalle ist λ bei Zimmertemperatur von der Größenordnung 10 nm. Daraus folgt, daß z. B. in sehr dünnen Schichten die zusätzliche Streuung an den Probenoberflächen eine Rolle spielt. Entsprechende Rechnungen sind erstmals auf klassischer Grundlage von Thomson durchgeführt und später von Fuchs und Sondheimer verbessert worden. Ziel der Beschreibung — sie wird auch als *Weglängentheorie* bezeichnet — ist es, den Geometrieeinfluß auf die elektrische Leitfähigkeit zu erfassen. Dagegen werden Bandverbiegungen an der Oberfläche oder der Einfluß von Oberflächenzuständen nicht erfaßt. Hinsichtlich des Streuvorgangs selbst ist man zu recht pauschalen Annahmen genötigt, da natürlich die spezielle atomare Struktur der Oberfläche diesen Prozeß bestimmt. Wir nehmen an, daß die Ladungsträger an der Oberfläche diffus reflektiert werden, daß sie sich also nach dem Stoß mit gleicher Wahrscheinlichkeit in alle Richtungen des Halbraums bewegen und dabei wieder die ungestörte thermische Verteilung f_0 haben. In späteren Arbeiten wurde zusätzlich berücksichtigt, daß ein Anteil p der Ladungsträger spiegelnd reflektiert wird oder auch, daß dieser Anteil noch vom Auftreffwinkel auf die Grenzfläche abhängt. Man kann sich einfach überlegen, daß die effektive freie Weglänge und damit die Leitfähigkeit bei spiegelnder Reflexion nicht verkleinert wird.

Für die rechnerische Beschreibung sollen die in Abb. 6.50 skizzierten Bedingungen gelten: Das elektrische Feld wirkt in x-Richtung, die Probe hat in z-Richtung die Dicke d. Aus der Boltzmann-Gleichung (6,221) folgt dann in der Näherung freier Elektronen

$$g = -\tau\left[v_z \frac{\partial g}{\partial z} - \frac{e}{\hbar} E_x \cdot \frac{\partial f_0}{\partial W} \hbar v_x\right]. \tag{6,261}$$

Die Verteilungsfunktion g wird nun z-abhängig. Wir erwarten, daß sich g in der Nähe der Oberflächen stark von der entsprechenden Lösung (6,226) für die homogene Probe unterscheidet, während beide in großem Abstand zusammenfallen. Die allgemeine Lösung von (6,261) ist, wie man durch Einsetzen nachprüft,

$$g = +e\tau E_x \frac{\partial f_0}{\partial W} v_x \left[1 + \Phi(\boldsymbol{v})\, e^{-\frac{z}{\tau v_z}}\right]. \tag{6,262}$$

Die Funktion $\Phi(\boldsymbol{v})$ ist aus den Randbedingungen zu bestimmen. Für $p = 0$ lauten diese

$$g(\boldsymbol{v}, z = 0) = 0 \quad \text{für } v_z > 0$$

und (6,263)

$$g(\boldsymbol{v}, z = \mathrm{d}) = 0 \quad \text{für } v_z < 0,$$

da die Elektronen nach der Reflexion die Verteilung f_0 haben sollen. Aus (6,262) und (6,263) folgt

$$g(v_z > 0) = +e\tau E_x \frac{\partial f_0}{\partial W} v_x \left[1 - \mathrm{e}^{-\frac{z}{\tau v_z}}\right]$$

und (6,264)

$$g(v_z < 0) = +e\tau E_x \frac{\partial f_0}{\partial W} v_x \left[1 - \mathrm{e}^{-\frac{d-z}{\tau v_z}}\right].$$

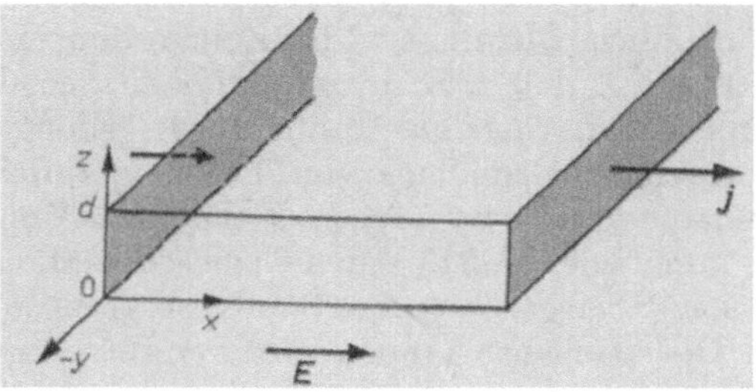

Abb. 6.50
Festlegung eines Koordinatensystems bei der Beschreibung der elektrischen Leitfähigkeit einer dünnen Schicht der Dicke d.

Durch Einsetzen in (6,228) erhält man die Leitfähigkeit σ der dünnen Schicht. Für Metalle — hier ist für f_0 die Fermi-Verteilungsfunktion einzusetzen — ergeben sich dann Integrale der Art (6,38), die, wie dort beschrieben, genähert zu lösen sind. Man erhält

$$\sigma = \sigma_\infty \left[1 - \frac{3}{8\varkappa} + \frac{3}{2\varkappa} \int_1^\infty \mathrm{d}s \left(\frac{1}{s^3} - \frac{1}{s^5}\right) \mathrm{e}^{-\varkappa s}\right] \tag{6,265}$$

mit $\varkappa = \dfrac{d}{\lambda} = \dfrac{d}{\tau v_\mathrm{F}}$. σ_∞ ist die Leitfähigkeit des gleichen Materials bei unbegrenzter bzw. großer Probe. Auf den allgemeineren Fall $p \neq 0$ erweitert, gilt entsprechend

$$\sigma = \sigma_\infty \left[1 - \frac{3}{2\varkappa} (1 - p) \int_1^\infty \mathrm{d}s \left(\frac{1}{s^3} - \frac{1}{s^5}\right) \frac{1 - \mathrm{e}^{-\varkappa s}}{1 - p \cdot \mathrm{e}^{-\varkappa s}}\right]. \tag{6,266}$$

Für $p = 1$ folgt daraus $\sigma = \sigma_\infty$, die Streuung an den Oberflächen hat keine Wirkung; für $p = 0$ folgt wieder (6,265). Der Verlauf von σ/σ_∞ ist für verschiedene p in Abb. 6.51 dargestellt. Außerdem sind dort die Ergebnisse veranschaulicht, die man für nichtentartete Ladungsträger in Halbleitern erhält, bei denen die entsprechenden Ausdrücke mit der Boltzmann-Verteilungsfunktion geschrieben werden können und in der Art wie (6,248) zu lösen sind.

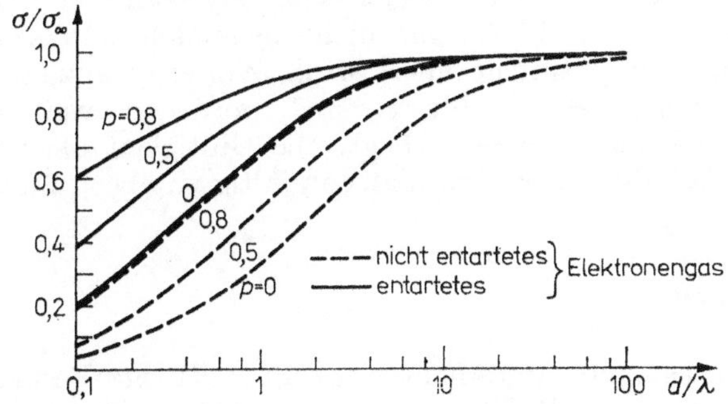

Abb. 6.51

Aus der Weglängentheorie abgeleitete Abhängigkeit der Leitfähigkeit σ einer dünnen Schicht der Dicke d von der freien Weglänge λ und vom Anteil p der spiegelnd reflektierten Ladungsträger (Anderson, J. C., Adv. in Phys. **19** (1970) 311).

Die Beziehung (6,265) kann für kleine bzw. große Schichtdicken angenähert werden durch

$$\sigma = \sigma_\infty \cdot \frac{3}{4}\frac{d}{\lambda}\left(0{,}4228 + \ln\frac{\lambda}{d}\right); \quad \frac{d}{\lambda} \leqq 0{,}15, \qquad (6{,}267)$$

$$\sigma = \sigma_\infty\left(1 - \frac{3\lambda}{8d}\right); \quad \frac{d}{\lambda} \gg 1. \qquad (6{,}268)$$

Insgesamt ist festzustellen, daß die grundsätzlichen Aussagen der Weglängentheorie, insbesondere für Metallschichten, experimentell bestätigt worden sind. So ist es z. B. gelungen, durch die Messung von σ in Abhängigkeit von d die freie Weglänge λ der Elektronen zu bestimmen (Abb. 6.52). Dabei ist nach (6,267) σ/d linear

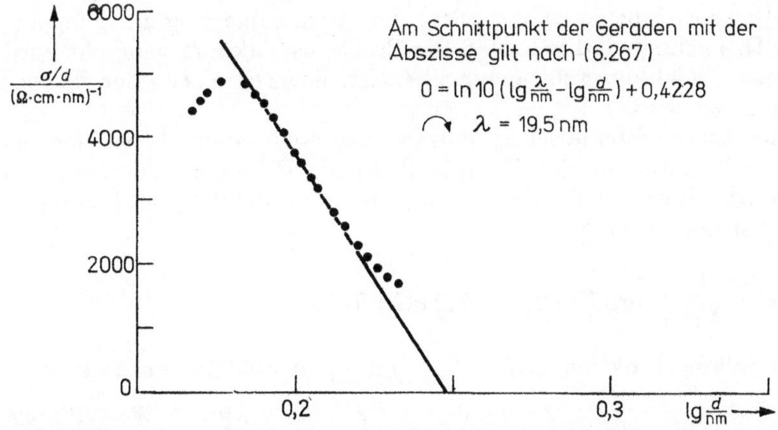

Abb. 6.52

Bestimmung der mittleren freien Weglänge der Leitungselektronen in Kalium nach der Weglängentheorie (Nossek, R., Z. Physik **142** (1955) 321).

von $\log d$ abhängig und λ aus dem Schnittpunkt der Geraden mit der Abszisse bestimmbar.

Andererseits ist aber nicht zu übersehen, daß die Weglängentheorie nur eine sehr pauschale Beschreibung darstellt, daß der eigentliche physikalische Vorgang der Ladungsträgerstreuung an der Oberfläche gar nicht behandelt und sein Einfluß in den unbekannten Parameter p transformiert wird. Weiter ist anzumerken, daß sehr dünne Schichten oft nicht mehr geschlossen sind, worin eine weitere Ursache für ein scheinbar schichtdickenabhängiges σ liegt. Die Gültigkeit aller zu (6,265) führenden Annahmen ist deshalb von Fall zu Fall sorgfältig zu überprüfen.

6.5.6. Wärmeleitfähigkeit

Unter der Wirkung eines Temperaturgradienten $\partial T/\partial \boldsymbol{r}$ tritt im Festkörper eine Wärmestromdichte $\boldsymbol{w}$ auf, d. h., in Richtung niedrigerer Temperatur wird Energie transportiert. Für $\boldsymbol{w}$ gilt allgemein

$$\boldsymbol{w} = -\lambda \frac{\partial T}{\partial \boldsymbol{r}}. \tag{6,269}$$

Zur Wärmeleitfähigkeit λ tragen sowohl die Phononen bei (Abschnitt 5.5.) als auch die Ladungsträger; dieser zweite Anteil soll im folgenden betrachtet werden. Er liefert den dominierenden Beitrag für die Wärmeleitfähigkeit der Metalle, während in Halbleitern und natürlich in Isolatoren der Phononenanteil überwiegt. Den prinzipiellen Aufbau einer Apparatur zur Bestimmung von λ zeigt Abb. 6.53. Eine stabförmige Probe vom Querschnitt A wird an einem Ende durch einen Heizer mit der Leistung N beheizt, am anderen Ende gekühlt. In Richtung der Stabachse fließt dann ein Wärmestrom N. Wird längs einer Strecke l, etwa durch Thermoelemente, eine Temperaturdifferenz $T_2 - T_1$ gemessen, so gilt

$$\lambda = \frac{N \cdot l}{A \cdot (T_1 - T_2)}. \tag{6,270}$$

Als wesentliche Störquelle ist vor allem der Wärmeübergang zur Umgebung auszuschließen. Das gelingt dadurch, daß die Probe ins Vakuum gebracht wird und daß sie von einem Strahlungsschirm umgeben ist, längs dem etwa der gleiche Temperaturabfall erzeugt wird.

Aus einer thermodynamischen Betrachtung folgt, daß als Wärmeenergie eines einzelnen Ladungsträgers der Energie $W(\boldsymbol{k})$ die Differenz zum Fermi-Niveau W_{F} anzusehen ist. Man erhält deshalb $\boldsymbol{w}$, wenn in (6,228) die Ladung $-e$ durch $\big(W(\boldsymbol{k}) - W_{\mathrm{F}}\big)$ ersetzt wird:

$$\boldsymbol{w} = \frac{1}{4\pi^3} \int \mathrm{d}^3k \, \big(W(\boldsymbol{k}) - W_{\mathrm{F}}\big) \, \boldsymbol{v}(\boldsymbol{k}) \, f(\boldsymbol{k}). \tag{6,271}$$

Für die Verteilungsfunktion ist $f = f_0 + g$ mit g aus (6,226) einzusetzen:

$$\boldsymbol{w} = \frac{1}{4\pi^3} \int \mathrm{d}^3k \, (W - W_{\mathrm{F}}) \, \tau \left(-\frac{\partial f_0}{\partial W}\right) (\boldsymbol{v} \circ \boldsymbol{v}) \left(-\mathrm{e}\boldsymbol{E} - \frac{\partial W_{\mathrm{F}}}{\partial \boldsymbol{r}} - \frac{W - W_{\mathrm{F}}}{T} \frac{\partial T}{\partial \boldsymbol{r}}\right). \tag{6,272}$$

Bei der Auswertung dieses Ausdrucks treten Integrale der Art

$$\mathsf{K}_r = \frac{1}{4\pi^3} \int \mathrm{d}^3k \, (W - W_\mathrm{F})^r \, \tau \left(-\frac{\partial f_0}{\partial W}\right) (\boldsymbol{v} \circ \boldsymbol{v}) \tag{6,273}$$

auf mit $r = 0, 1, 2$. Die K_r sind im allgemeinen Fall Tensoren, beschränken wir uns auf Kristalle mit kubischer Symmetrie, so folgt wie beim Übergang zu (6,236)

$$K_r = \frac{1}{12\pi^3} \int \mathrm{d}^3k \, (W - W_\mathrm{F})^r \, \tau \left(-\frac{\partial f_0}{\partial W}\right) \boldsymbol{v}^2. \tag{6,274}$$

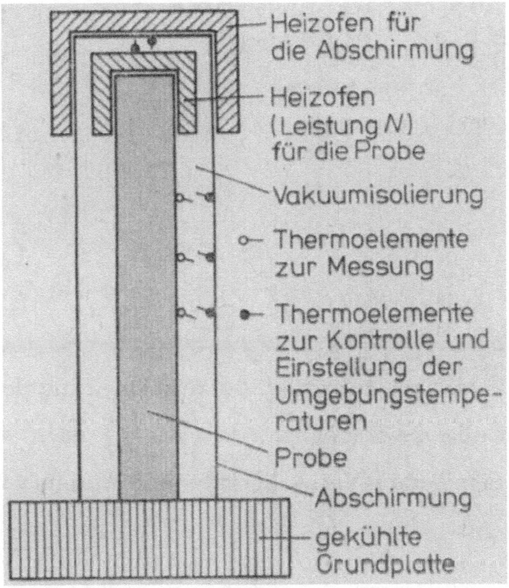

Abb. 6.53
Prinzipskizze einer Apparatur zur Bestimmung der Wärmeleitfähigkeit λ.

Mit diesen Abkürzungen hat (6,272) die Form

$$\boldsymbol{w} = K_1 \left(-e\boldsymbol{E} - \frac{\partial W_\mathrm{F}}{\partial \boldsymbol{r}}\right) + K_2 \frac{1}{T} \left(-\frac{\partial T}{\partial \boldsymbol{r}}\right). \tag{6,275}$$

Entsprechend der in Abb. 6.53 skizzierten Anordnung wird die Wärmeleitfähigkeit im offenen Stromkreis gemessen, d. h. unter der Nebenbedingung $\boldsymbol{j} = 0$. Die Stromdichte $\boldsymbol{j}$ erhält man aus (6,226) und (6,228):

$$\boldsymbol{j} = -eK_0 \left(-e\boldsymbol{E} - \frac{\partial W_\mathrm{F}}{\partial \boldsymbol{r}}\right) - K_1 \frac{e}{T} \left(-\frac{\partial T}{\partial \boldsymbol{r}}\right). \tag{6,276}$$

Für $\boldsymbol{j} = 0$ folgt nach Einsetzen in (6,275)

$$\boldsymbol{w} = \frac{1}{T} \left(K_2 - \frac{K_1^2}{K_0}\right) \left(\frac{\partial T}{\partial \boldsymbol{r}}\right) \tag{6,277}$$

oder

$$\lambda_{el} = \frac{1}{T}\left(K_2 - \frac{K_1^2}{K_0}\right). \tag{6,278}$$

Die weitere Bestimmung von λ_{el} setzt nun die Lösung der Integrale (6,274) voraus. Wie im Fall der elektrischen Leitfähigkeit können diese Rechnungen entweder für das entartete Elektronengas in Metallen und entarteten Halbleitern oder für den Fall der Nichtentartung durchgeführt werden.

Wärmeleitfähigkeit der Metalle. Mit der auf (6,136) führenden Umformung können die Integrale (6,274) geschrieben werden als

$$K_r = \frac{1}{12\pi^3\hbar} \int\limits_{W=0}^{\infty} \mathrm{d}W \left(-\frac{\partial f_0}{\partial W}\right) (W - W_F)^r \int\limits_{W=\mathrm{const}} \mathrm{d}Sv\tau \tag{6,279}$$

oder, weiter zusammengefaßt mit der Abkürzung

$$\frac{1}{12\pi^3\hbar} \int\limits_{W=\mathrm{const}} \mathrm{d}S\, v\tau = F(W), \tag{6,280}$$

$$K_r = \int\limits_0^{\infty} \mathrm{d}W \left(-\frac{\partial f_0}{\partial W}\right) (W - W_F)^r\, F(W). \tag{6,281}$$

Die näherungsweise Auswertung derartiger Integrale, die die Ableitung der Fermi-Verteilungsfunktion enthalten, ist allgemein möglich, da $\left(-\frac{\partial f_0}{\partial W}\right)$ nach Abb. 6.46 nur für $W \approx W_F$ wesentliche Beiträge liefert. Vernachlässigt man Anteile von vierter und höherer Ordnung in $\frac{k_B T}{W_F}$, so gilt

$$\int \mathrm{d}W \left(-\frac{\partial f_0}{\partial W}\right) G(W) \approx G(W_F) + \frac{\pi^2}{6} (k_B T)^2 \left[\frac{\mathrm{d}^2}{\mathrm{d}W^2} G(W)\right]_{W=W_F}. \tag{6,282}$$

Damit können die K_r aus (6,281) ausgewertet werden:

$$K_0 = F(W_F) = \frac{1}{12\pi^3\hbar} \int\limits_{W=W_F} \mathrm{d}S_F \cdot v_F \cdot \tau(k_F) = \frac{1}{e^2}\,\sigma, \tag{6,283}$$

die Beziehung zur elektrischen Leitfähigkeit σ folgt aus (6,236);

$$K_1 = \frac{\pi^2}{3} (k_B T)^2 \left[\frac{\mathrm{d}}{\mathrm{d}W} F(W)\right]_{W=W_F}, \tag{6,284}$$

$$K_2 = \frac{\pi^2}{3} (k_B T)^2 \cdot F(W_F). \tag{6,285}$$

Beim Einsetzen in (6,278) ergibt sich, daß der zweite Term vernachlässigt werden kann, für λ_{el} gilt

$$\lambda_{el} = \frac{\pi^2}{3} k_B^2 T F(W_F). \tag{6,286}$$

In der Näherung freier Elektronen folgt weiter nach (6,238) und (6,283)

$$\lambda_{el} = \frac{\pi^2 k_B^2 T n \bar{\tau}(k_F)}{3m^*}. \tag{6,287}$$

Nach (6,283) und (6,286) sind die elektrische Leitfähigkeit und die Wärmeleitfähigkeit der Metalle einander proportional, es gilt das Wiedemann-Franzsche Gesetz

$$\frac{\lambda}{\sigma T} = \frac{\pi^2}{3} \left(\frac{k_B}{e}\right)^2 = L \tag{6,288}$$

mit der konstanten Lorenz-Zahl $L = 2{,}45 \cdot 10^{-8}\ V^2K^{-2}$. Die experimentellen Werte stimmen hiermit recht gut überein (Tabelle 6.7). Die Gültigkeit dieses Zusammenhangs ist gebunden an die Voraussetzung, daß die Relaxationszeiten τ_λ und τ_σ für die Wärmeleitfähigkeit bzw. für die elektrische Leitfähigkeit gleich sind, das ist im Bereich höherer Temperaturen, d. h. oberhalb der Debye-Temperatur, der Fall. Bei tiefen Temperaturen jedoch verläuft $\tau_\sigma \sim T^{-5}$ und $\tau_\lambda \sim T^{-3}$, und das Wiedemann-Franzsche Gesetz verliert seine Gültigkeit, weil unterschiedliche Streuprozesse zum Gleichgewicht führen.

Wärmeleitfähigkeit der Halbleiter. Für entartete Halbleiter können die oben abgeleiteten Beziehungen ebenfalls angewendet werden. Allerdings sind dann, wie auch im Fall der Nichtentartung, die Ladungsträgerdichten um Größenordnungen kleiner als in Metallen, die elektronische Wärmeleitfähigkeit λ_{el} ist darum meist klein gegenüber dem Phononenanteil. Wir werden uns darum im folgenden auf die Darstellung der Ergebnisse beschränken.

Prinzipiell müßten die Integrale (6,274) in der Art ausgewertet werden, wie das im Anschluß an (6,243) durchgeführt wurde. Dabei erhält man für einen n-Halbleiter

$$\lambda_{el} = \frac{\left(\mathrm{r} + \frac{5}{2}\right) k_B^2 T n \bar{\tau}_n}{m_n^*} \tag{6,289}$$

Tabelle 6.7

Elektrische Leitfähigkeit σ, Wärmeleitfähigkeit λ, Lorenz-Zahl $L = \frac{\lambda}{\sigma T}$ und Seebeck-Koeffizient S (bei $T = 0\,°C$) für einige Metalle

(nach LANDOLDT-BÖRNSTEIN: Zahlenwerte und Funktionen aus Naturwissenschaften und Technik. Band II. Teil 6. — Berlin/Göttingen/Heidelberg: Springer-Verlag 1959.

	$\sigma/10^5\ (\Omega\ cm)^{-1}$	$\lambda/W\ cm^{-1} \cdot K^{-1}$	$L/10^{-8}\ V^2 \cdot K^{-2}$	$S/\mu V \cdot K^{-1}$
Li	1,17	0,71	2,21	+11,5
Na	2,34	1,43	2,23	− 8,3
K	1,6	0,99	2,26	−15,6
Cu	6,45	3,93	2,23	+ 1,73
Au	4,85	3,11	2,35	+ 1,7
Pt	1,02	0,70	2,51	− 4,42
W	2,04	1,61	2,88	+ 0,2
Pb	0,52	0,35	2,47	

mit r aus (6,247). Für die Lorenz-Zahl gilt dann

$$L = \frac{\lambda_{el}}{\sigma T} = \left(\frac{k_B}{e}\right)^2 \left(r + \frac{5}{2}\right), \tag{6,290}$$

sie unterscheidet sich also nur unwesentlich von (6,288). Dagegen kann L um Größenordnungen höhere Werte annehmen, wenn das Material etwa eigenleitend ist. Dann gilt

$$L = \left(\frac{k_B}{e}\right)^2 \left[\left(r + \frac{5}{2}\right) + \frac{\sigma_n \sigma_p}{\sigma^2} \left(r + \frac{5}{2} + \frac{W_C - W_V}{k_B T}\right)^2\right] \tag{6,291}$$

mit σ_n, σ_p und σ aus (6,241). Für den Fall der Störstellenleitung erhält man wiederum (6,290), wenn dagegen $\sigma_n \approx \sigma_p$ gilt, so wird der quadratische Term dominierend. Für $W_C - W_V = 1$ eV, $\sigma_n = \sigma_p$ und $r = -1/2$ wird z. B. L etwa um einen Faktor 100 größer als (6,288). Diese Erscheinung ist zurückzuführen auf die Erzeugung von Elektron-Defektelektron-Paaren am heißen Ende der Probe, die gemeinsam in die Richtung niedrigerer Temperatur diffundieren und dort rekombinieren. Sie transportieren also nicht nur kinetische Energie, sondern auch die Paaranregungsenergie $W_C - W_V$. Da diese Elektron-Defektelektron-Paare aber insgesamt ungeladen sind, rufen sie keinen Stromfluß hervor, wodurch L groß wird.

6.5.7. Thermoelektrische Effekte

In einem offenen Stromkreis, d. h. bei $\boldsymbol{j} = 0$, baut sich nach (6,276) bei vorhandenem Temperaturgradienten ein elektrisches Feld $\boldsymbol{E}$ auf:

$$\begin{aligned} \boldsymbol{E} &= -\frac{1}{e}\frac{\partial W_F}{\partial \boldsymbol{r}} - \frac{K_1}{eTK_0}\frac{\partial T}{\partial \boldsymbol{r}} \\ &= -\frac{1}{e}\frac{\partial W_F}{\partial \boldsymbol{r}} + S\frac{\partial T}{\partial \boldsymbol{r}}. \end{aligned} \tag{6,292}$$

Diese Erscheinung wird als *Seebeck-Effekt* bezeichnet, sie wird z. B. ausgenutzt zur Temperaturmessung mit Thermoelementen. S ist der Seebeck-Koeffizient (Tabelle 6.7), er wird auch als absolute differentielle Thermokraft des Materials bezeichnet. Um das Feld $\boldsymbol{E}$ bzw. eine damit in Zusammenhang stehende Potentialdifferenz U zu messen, baut man einen Stromkreis aus zwei verschiedenen Materialien auf (Abb. 6.54a). Der Innenwiderstand des Spannungsmessers muß dabei groß gegenüber dem Widerstand der in Reihe geschalteten Drähte sein, damit die Bedingung $\boldsymbol{j} = 0$ etwa erfüllt ist. Für die gemessene Spannung folgt aus (6,292)

$$\begin{aligned} U_{AB} &= -\oint \boldsymbol{E}\, d\boldsymbol{s} = -\int_{T_0}^{T_1} S_A\, dT - \int_{T_1}^{T_2} S_B\, dT - \int_{T_2}^{T_0} S_A\, dT + \oint \frac{\partial W_F}{e\, \partial \boldsymbol{r}}\, d\boldsymbol{s} \\ U_{AB} &= \int_{T_1}^{T_2} (S_A - S_B)\, dT. \end{aligned} \tag{6,293}$$

Das Umlaufintegral über das Fermi-Niveau wird Null, weil W_F eine Zustandsgröße ist.

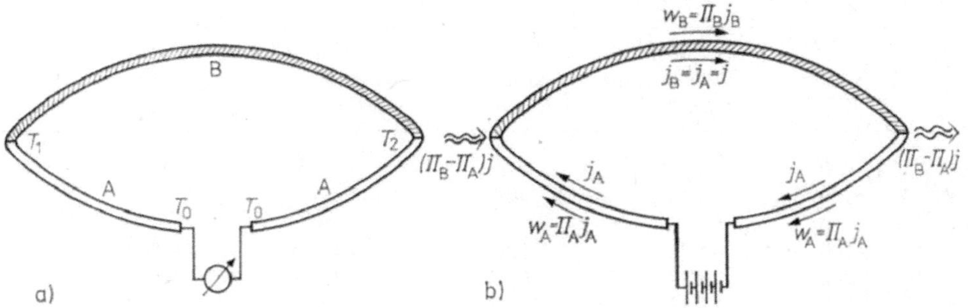

Abb. 6.54a

Grundsätzlicher Aufbau eines Thermoelements aus den Materialien A und B

Abb. 6.54b

Prinzipskizze zur Erläuterung des Peltier-Effekts

Zur Charakterisierung des Materials wird auch die integrale absolute Thermospannung

$$V(T) = \int_0^T S \, \mathrm{d}T \tag{6,294}$$

eingeführt, damit gilt für (6,293)

$$U_{AB} = V_A(T_2) - V_A(T_1) - [V_B(T_2) - V_B(T_1)]. \tag{6,295}$$

Weiterhin können verschiedene Materialpaarungen oder Thermopaare, wie sie z. B. in der Temperaturmeßtechnik eingesetzt werden (Tabelle 6.8), durch ihre relative differentielle Thermokraft $S_{AB} = S_A - S_B$ beschrieben werden. Von besonderem Interesse sind dann Paarungen mit hohen und möglichst in einem weiten Temperaturbereich nur schwach temperaturabhängigen S_{AB}, weil dabei nach (6,294) ein annähernd linearer Zusammenhang zwischen Temperatur und Spannung auftritt, der für die meßtechnische Anwendung vorteilhaft ist.

Für Metalle kann $S = -\frac{K_1}{eTK_0}$ mit (6,281) und (6,282) ausgewertet werden:

$$S = -\frac{1}{eT}\frac{\pi^2}{3}(k_B T)^2 \left[\frac{\partial}{\partial W}\ln F(W)\right]_{W=W_F}. \tag{6,296}$$

Um die Größenordnung abzuschätzen, kann $F(W)$ in der Näherung freier Elektronen (Abschnitt 6.2.) eingesetzt werden, wir nehmen dabei τ als energieunabhängig an und erhalten $F(W) \sim W^{3/2}$ und

$$S = -\frac{\pi^2}{2}\frac{k_B}{e}\frac{k_B T}{W_F}. \tag{6,297}$$

Tabelle 6.8

Thermospannungen gebräuchlicher Thermopaarungen (die zweite Verbindungsstelle hat die Temperatur 0 °C)

T/°C	Kupfer/ Konstantan U/mV	Eisen/ Konstantan U/mV	Nickel—Chrom/ Nickel U/mV	Platin—Rhodium/ Platin U/mV
−200	−5,20	−8,15		
−100	−3,40	−4,60	−3,49	
0	0	0	0	0
+100	4,25	5,37	4,10	0,643
+200	9,20	10,95	8,13	1,436
+300	14,89	16,55	12,21	2,316
+400	20,99	22,15	16,40	3,251
+500	27,40	27,84	20,65	4,221
+600		33,66	24,91	5,224
+700		39,72	29,14	6,260
+800		46,23	33,30	7,329
+900			37,36	8,432
+1000			41,31	9,570
+1200			48,89	11,935
+1400				14,337
+1600				16,716

Für $T = 300$ K, $W_F = 5$ eV und mit $\frac{k_B}{e} = 8{,}6 \cdot 10^{-5}$ VK^{-1} wird $|S| \approx 2 \cdot 10^{-6}$ VK^{-1} und liegt somit in der experimentell beobachteten Größenordnung. Allerdings sind die benutzte Näherung freier Elektronen und die Annahme über die Energieabhängigkeit von τ in vielen praktischen Fällen nicht anwendbar, was alleine daraus folgt, daß S nach (6,297) negativ sein sollte, z. B. aber für die Edelmetalle Cu, Ag und Au positiv gemessen wird.

Die Thermokräfte von nichtentarteten Halbleitern sind im allgemeinen um Größenordnungen höher als die der Metalle. Für einen n-Halbleiter erhält man bei der Auswertung von $S = \frac{K_1}{eTK_0}$ nach (6,274)

$$S_n = -\frac{k_B}{e}\left[\left(\frac{5}{2} + r\right) + \frac{W_C - W_F}{k_B T}\right]. \tag{6,298}$$

Für $r = -1/2$, $W_C - W_F = 0{,}2$ eV und $T = 300$ K folgt $S \approx 0{,}9$ mV $\cdot$ K^{-1}. In einem Metall-Halbleiter-Thermokreis wird deshalb die gemessene Thermospannung fast ausschließlich durch die Thermokraft des Halbleitermaterials bestimmt. Hierauf und weil bei p-Leitung das Vorzeichen von S wechselt,

$$S_p = \frac{k_B}{e}\left[\left(\frac{5}{2} + r\right) + \frac{W_F - W_V}{k_B T}\right], \tag{6,299}$$

beruht ein Routineverfahren zur Bestimmung des Leitungstyps von Halbleitern. Dazu werden zwei Metallspitzen, von denen eine beheizt wird, auf das Material aufgesetzt und mit einem Spannungsmesser verbunden. Die Polarität der kalten Spitze stimmt dann mit derjenigen der Majoritätsladungsträger überein.

Als zweite, auch für die praktische Nutzung wichtige Erscheinung, soll nun noch der *Peltier-Effekt* behandelt werden. Für $\frac{\partial T}{\partial \boldsymbol{r}} = 0$ folgt aus (6,275) und (6,276), daß ein elektrischer Strom stets von einem Wärmestrom begleitet ist:

$$\boldsymbol{w} = \Pi \boldsymbol{j}, \quad \Pi = -\frac{K_1}{eK_0}. \tag{6,300}$$

Der Peltier-Koeffizient Π stimmt nach (6,292) bis auf einen Faktor T mit dem Seebeck-Koeffizienten überein. Die experimentelle Bestätigung und Anwendung erfolgt in einem geschlossenen Stromkreis (Abb. 6.54b), in den ein Strom I eingespeist wird. Dieser Strom durchsetzt beide Verbindungsstellen stetig. Wenn die Materialien verschiedene Peltier-Koeffizienten haben, so folgt, daß an einer Lötstelle eine Wärmequelle, an der anderen eine Wärmesenke vorliegt. Für $\Pi_B > \Pi_A$ wird für die in der Skizze dargestellten Verhältnisse Wärme von der Lötstelle 1 zur Lötstelle 2 transportiert. Hinsichtlich der praktischen Anwendung ist man an der Abkühlung der Lötstelle 1 interessiert. Bringt man z. B. die Probenhalterung einer Meßapparatur in Wärmekontakt zur Lötstelle 1 und verhindert den Wärmeaustausch mit der Umgebung, so kühlt sich die Halterung ab. Dabei stellt sich allerdings ein Temperaturgradient ein, d. h., längs der Drähte fließt ein zusätzlicher Wärmestrom, der die erreichbare Abkühlung begrenzt. Praktisch erreicht man Temperaturdifferenzen bis ca. 50 K, dabei werden Halbleiter mit hohen Peltier-Koeffizienten verwendet.

6.5.8. Hall-Effekt und magnetische Widerstandsänderung

Aus Leitfähigkeitsmessungen erhält man nach (6,238) nur Aussagen über das Produkt aus der Ladungsträgerkonzentration und der Beweglichkeit. Zur getrennten Bestimmung beider Größen wird meist der Hall-Effekt ausgenutzt. Dabei befindet sich z. B. eine quaderförmige Probe (Abb. 6.55) in einem Magnetfeld der Induktion $\boldsymbol{B}$.

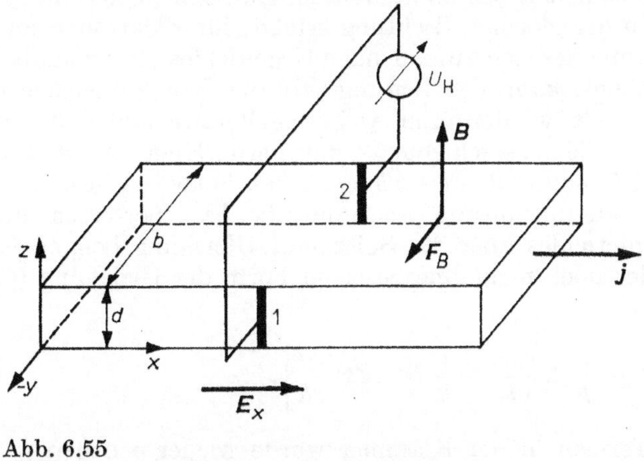

Abb. 6.55
Anordnung zur Messung des Hall-Effekts.

Die Kontakte 1 und 2 sollen einander direkt gegenüber stehen, so daß bei homogener Probe auch beim Fließen eines Stromes I_x keine Spannung an dem hochohmigen Spannungsmesser auftritt. Beim Einschalten des Magnetfeldes unterliegen die Ladungsträger seiner zusätzlichen Einwirkung, für eine vorläufige Beschreibung genügt der Ausdruck (+ für Defektelektronen, − für Elektronen)

$$\boldsymbol{F}_{\mathrm{B}} = \pm e(\boldsymbol{v}_{\mathrm{D}} \times \boldsymbol{B}), \tag{6,301}$$

wobei $\boldsymbol{v}_{\mathrm{D}}$ die als konstant angenommene Driftgeschwindigkeit der Ladungsträger in x-Richtung ist. Mit $\boldsymbol{j} = \pm en\boldsymbol{v}_{\mathrm{D}}$ folgt

$$\boldsymbol{F}_{\mathrm{B}} = \frac{1}{n}(\boldsymbol{j} \times \boldsymbol{B}). \tag{6,302}$$

Wenn $\boldsymbol{B}$ in die z-Richtung weist, so verläuft $\boldsymbol{F}_{\mathrm{B}}$ parallel zur negativen y-Achse. Da die Probe in der y-Richtung begrenzt ist, bewirkt die Kraft $\boldsymbol{F}_{\mathrm{B}}$ jedoch nur eine geringfügige Verschiebung der Ladungsträger, denn die Ladungsanhäufungen an den Grenzflächen bauen ein elektrisches Gegenfeld, das Hall-Feld $\boldsymbol{E}_y = \boldsymbol{E}_{\mathrm{H}}$, auf. Für Elektronen gilt im sich einstellenden Kräftegleichgewicht

$$\boldsymbol{F}_{\mathrm{B}} - e\boldsymbol{E}_{\mathrm{H}} = 0 \tag{6,303}$$

und

$$\boldsymbol{E}_{\mathrm{H}} = +\frac{1}{en}(\boldsymbol{j} \times \boldsymbol{B}) = -R_{\mathrm{H}}(\boldsymbol{j} \times \boldsymbol{B}). \tag{6,304}$$

Für die Hall-Spannung U_{H} an den Kontakten 1 und 2 gilt dann

$$U_{\mathrm{H}} = E_{\mathrm{H}} \cdot b = R_{\mathrm{H}} \frac{I \cdot B}{d}; \tag{6,305}$$

b und d sind die Breite und die Dicke der Probe. Aus dem experimentell bestimmten Hall-Koeffizienten kann nach (6,303) die Ladungsträgerkonzentration und mit (6,238) auch die Beweglichkeit μ bestimmt werden. Da nach (6,303) die Ablenkung durch das Magnetfeld in der gleichen Richtung erfolgt, für Elektronen und Defektelektronen die Orientierung des sich aufbauenden Gegenfeldes aber von der Polarität der Ladungsträger abhängt, kann der Leitungstyp aus dem Vorzeichen der Hall-Spannung einfach ermittelt werden. Zur weiteren Veranschaulichung des Hall-Effekts ist in Abb. 6.56 die „Verschiebung" der Fermi-Kugel im $\boldsymbol{k}$-Raum unter der Wirkung eines elektrischen und eines magnetischen Feldes dargestellt.

Nach dieser elementaren Einführung sollen nun die Transporterscheinungen bei Anwesenheit eines Magnetfeldes über die Boltzmann-Gleichung behandelt werden. Dabei gehen wir von der noch nicht linearisierten Form der Gleichung (6,221) aus und erhalten

$$g = -\tau\left[\boldsymbol{v}\,\frac{\partial f_0}{\partial \mathrm{r}} - \frac{e}{\hbar}\,\boldsymbol{E}\,\frac{\partial f_0}{\partial \boldsymbol{k}} - \frac{e}{\hbar}\,(\boldsymbol{v} \times \boldsymbol{B})\,\frac{\partial g}{\partial \boldsymbol{k}}\right]. \tag{6,306}$$

In den ersten beiden Termen in der Klammer wurde wieder g neben f_0 vernachlässigt wie beim Übergang von (6,221) nach (6,222), im $\boldsymbol{B}$-abhängigen dritten Term wird jedoch $\frac{\partial g}{\partial \boldsymbol{k}}$ beibehalten. Trotz der Relation

$$\left|\frac{\partial g}{\partial \boldsymbol{k}}\right| \ll \left|\frac{\partial f_0}{\partial \boldsymbol{k}}\right| \tag{6,307}$$

hat aber dieser letzte Beitrag einen wesentlichen Einfluß, weil die Ausdrücke, die in (6,306) die „treibenden" Felder beschreiben, auch von sehr unterschiedlicher Größenordnung sind. In Metallen beispielsweise ist $E \lesssim 1\ \mathrm{Vm^{-1}}$ und für $B = 10^4$ Gauß $= 1\ \mathrm{Vsm^{-2}}$ wird $v_F \cdot B \approx 10^6\ \mathrm{ms^{-1}} \cdot 1\ \mathrm{Vsm^{-2}} = 10^6\ \mathrm{Vm^{-1}}$.

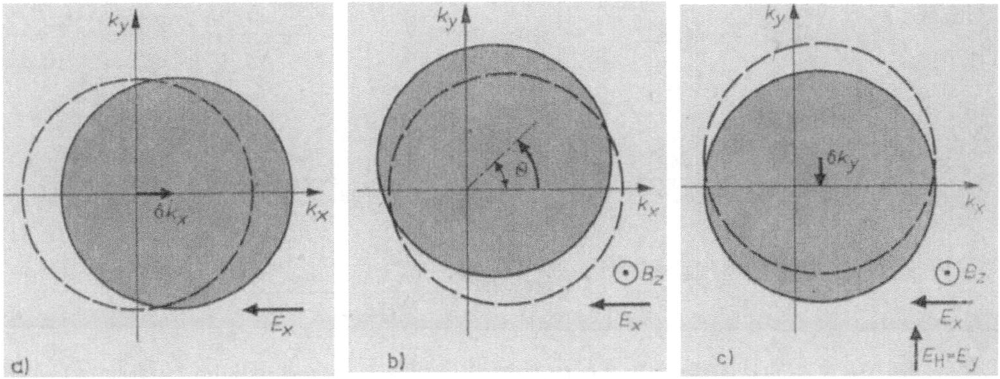

Abb. 6.56
„Verschiebung" der Fermi-Kugel beim Hall-Effekt. Die Gesamtwirkung wurde in 3 Teilvorgänge zerlegt.

a) Wirkung des von außen angelegten elektrischen Feldes E_x.
b) Das Magnetfeld bewirkt eine Drehung der gesamten Verteilung um $\boldsymbol{k} = 0$ mit dem Drehwinkel Θ.
c) Durch Ladungsträgeranhäufung an den Probenrändern wird das Hall-Feld E_H aufgebaut, das den Kugelmittelpunkt wieder auf die k_x-Achse verschiebt ($j_y = 0$).

gestrichelt: jeweilige Ausgangslage
ausgezogen: jeweilige Endlage
Zu erkennen ist auch der Effekt der magnetischen Widerstandsänderung, d. h., in c) ist die Fermi-Kugel weniger stark verschoben als in a).

Eine einfache Lösung von (6,306) ist nur für die Näherung freier Elektronen mit $\hbar\boldsymbol{k} = m^*\boldsymbol{v}$ möglich. Für eine homogene Probe mit konstanter Temperatur folgt

$$g = +\tau\left[e\boldsymbol{E}\,\frac{\partial f_0}{\partial W}\,\boldsymbol{v} + \frac{e}{m^*}\,(\boldsymbol{v}\times\boldsymbol{B})\,\frac{\partial g}{\partial \boldsymbol{v}}\right]. \tag{6,308}$$

Weiterhin wollen wir annehmen, daß $\boldsymbol{B}$ senkrecht auf $\boldsymbol{E}$ steht; dann liegen die magnetische Kraft $\boldsymbol{F}_B$ und $\boldsymbol{j}$ wie $\boldsymbol{E}$ in der Normalenebene von $\boldsymbol{B}$. Für eine Komponentenschreibweise benutzen wir im folgenden die Richtungsbeziehungen von Abb. 6.55, d. h. $\boldsymbol{B} = B\boldsymbol{z}^0$.

Eine Lösung von (6,308) ist, wie man durch Einsetzen überprüfen kann,

$$g = -e\tau\left(-\frac{\partial f_0}{\partial W}\right)\frac{1}{1+\omega_0^2\tau^2}\left[(E_x - E_y\omega_0\tau)\,v_x + (E_y + E_x\omega_0\tau)\,v_y\right] \tag{6,309}$$

mit der Zyklotronfrequenz $\omega_0 = \frac{eB}{m^*}$ aus (6,110). Mit dieser Festlegung für ω_0 gilt (6,309) nur für Elektronen, für Defektelektronen ist hier wie im folgenden ω_0 durch $-\omega_0$ zu ersetzen. Weiterhin bemerken wir, daß (6,309) für $B = 0$ in (6,229) übergeht.

In Analogie zu (6,228) bzw. (6,231) kann nun mit (6,309) die Stromdichte $\boldsymbol{j}$ berechnet werden. Wir erhalten

$$\begin{aligned} j_x &= M_1E_x - M_2E_y, \\ j_y &= M_2E_x + M_1E_y \end{aligned} \tag{6,310}$$

mit

$$\begin{aligned} M_1 &= \frac{e^2}{m^*}\frac{1}{3\pi^2}\left(\frac{2m^*}{\hbar^2}\right)^{3/2}\int\limits_0^\infty \mathrm{d}W\, W^{3/2}\left(-\frac{\partial f_0}{\partial W}\right)\frac{\tau}{1+\omega_0^2\tau^2}, \\ M_2 &= \frac{e^2}{m^*}\frac{1}{3\pi^2}\left(\frac{2m^*}{\hbar^2}\right)^{3/2}\int\limits_0^\infty \mathrm{d}W\, W^{3/2}\left(-\frac{\partial f_0}{\partial W}\right)\frac{\omega_0\tau^2}{1+\omega_0^2\tau^2}. \end{aligned} \tag{6,311}$$

M_1 geht für $B = 0$ wieder in σ aus (6,243) über, eine unwesentliche Differenz besteht nur darin, daß die Energienullpunkte der $W(\boldsymbol{k})$-Parabeln freier Elektronen in (6,9) und in (6,242) verschieden definiert sind.

Bei der in Abb. 6.55 skizzierten Anordnung zur Messung der Hall-Spannung gilt $j_y = 0$, daraus folgt nach (6,310)

$$E_y = -j_x\frac{M_2}{M_1^2 + M_2^2}. \tag{6,312}$$

Für den Hall-Koeffizienten folgt nach (6,305)

$$R_\mathrm{H} = \frac{U_\mathrm{H}\cdot d}{I\cdot B} = \frac{E_y}{j_x\cdot B} = -\frac{1}{B}\frac{M_2}{M_1^2 + M_2^2}. \tag{6,313}$$

Für Metalle ist die Auswertung der Integrale (6,311) nach (6,282) und mit (6,40) einfach

$$\begin{aligned} M_1 &= \frac{e^2n}{m^*}\frac{\tau(W_\mathrm{F})}{1+\omega_0^2\tau^2(W_\mathrm{F})}, \\ M_2 &= \frac{e^2n}{m^*}\,\omega_0\,\frac{\tau^2(W_\mathrm{F})}{1+\omega_0^2\tau^2(W_\mathrm{F})}. \end{aligned} \tag{6,314}$$

Der Hall-Koeffizient hat wie in (6,304) die Form

$$R_\mathrm{H} = -\frac{1}{en} \tag{6,315}$$

(Tabelle 6.9).

Tabelle 6.9

Werte der Hall-Konstanten R_H für einige Metalle bei Zimmertemperatur und daraus nach (6,315) berechnete Elektronen- bzw. Defektelektronenkonzentrationen

	$R_H/10^{-10}\ \frac{m^3}{As}$	Leitungstyp	n oder $p/10^{22}\ cm^{-3}$
Li	−1,7	n	3,7
Na	−2,1	n	3,0
K	−4,2	n	1,5
Rb	−5,0	n	1,2
Cu	−0,6	n	10,4
Ag	−0,9	n	7,0
Au	−0,7	n	8,9
Be	+2,4	p	2,6
W	+1,2	p	5,2

Bei nichtentarteten Halbleitern kann dagegen keine so allgemeine Lösung angegeben werden. Die Ursache dafür sind die komplizierten energieabhängigen Nenner in (6,311). Einfache Ausdrücke erhält man deshalb nur für schwache bzw. starke Magnetfelder, weil dann die Integranden näherungsweise vereinfacht werden können. Weiterhin geht in das Ergebnis, wie schon bei der Leitfähigkeit σ, der Exponent r der Energieabhängigkeit von τ ein.

Für schwache Magnetfelder, d. h. $(\omega_0\tau)^2 = (\mu B)^2 \ll 1$, vernachlässigen wir die Faktoren $(\omega_0\tau)^2$ im Nenner von (6,311) und erhalten mit (6,244), (6,245) und (6,248) für einen n-Halbleiter

$$R_{H,n} = -A\,\frac{1}{en} \qquad (6,316)$$

und für einen p-Halbleiter

$$R_{H,p} = A\,\frac{1}{en}. \qquad (6,317)$$

Für A gilt

$$A = \frac{\overline{\tau^2}}{\overline{\tau}^2} = \frac{\Gamma\left(\frac{5}{2} + 2r\right)\cdot\Gamma\left(\frac{5}{2}\right)}{\left[\Gamma\left(\frac{5}{2} + r\right)\right]^2}. \qquad (6,318)$$

Werte von A für verschiedene r sind in Tabelle 6.10 angegeben.

Für den Fall, daß mehrere Sorten von Ladungsträgern am Stromtransport teilnehmen, das könnten Elektronen und Defektelektronen sein, aber auch leichte und schwere Defektelektronen wie in Ge und Si, erhält man folgenden Ausdruck:

$$R_H = \frac{A_1 e_1 n_1 \mu_1^2 + A_2 e_2 n_2 \mu_2^2}{(e_1 n_1 \mu_1 + e_2 n_2 \mu_2)^2}. \qquad (6,319)$$

Für bipolare Leitung mit $A_n = A_p$ folgt

$$R_H = A\,\frac{-en\mu_n^2 + ep\mu_p^2}{(en_n\mu + ep\mu_p)^2}. \qquad (6,320)$$

Dieser Ausdruck geht für den n- und p-Halbleiter wieder in (6,316) bzw. (6,317) über.

Für starke Magnetfelder, $(\omega_0\tau)^2 = (\mu B)^2 \gg 1$, wird $M_1^2 \ll M_2^2$, und M_2 wird unabhängig von τ, d. h. von r. Dann erhält man

$$R_{\mathrm{H,n}} = -\frac{1}{en} \tag{6,321}$$

und

$$R_{\mathrm{H,p}} = +\frac{1}{ep}.$$

Tabelle 6.10
Werte für die Konstante $A = \frac{\overline{\tau^2}}{\overline{\tau}^2}$ *aus (6,318) für verschiedene Energieexponenten r nach (6,247)*

r	A
$-\frac{1}{2}$	$\frac{3\pi}{8} = 1{,}18$
0	1
$\frac{1}{2}$	$\frac{45\pi}{128} = 1{,}13$
1	$\frac{7}{5} = 1{,}4$
$\frac{3}{2}$	$\frac{315\pi}{512} = 1{,}93$

Die magnetfeldabhängige Widerstandsänderung eines Festkörpers kann ebenfalls aus (6,310) abgeleitet werden. Für $j_y = 0$ gilt

$$\sigma_{\mathrm{B}} = \frac{j_x}{E_x} = M_1 + \frac{M_2^2}{M_1}. \tag{6,322}$$

Die relative Änderung der elektrischen Leitfähigkeit beträgt dann

$$\frac{\sigma_0 - \sigma_{\mathrm{B}}}{\sigma_0} = 1 - \frac{M_1^2 + M_2^2}{e^2 K_0 M_1} \tag{6,323}$$

mit σ_0 aus (6,236) und (6,283). Auch dieser Ausdruck ist für die verschiedenen, beim Hall-Effekt besprochenen Fälle näherungsweise lösbar. Für schwache Magnetfelder gilt zum Beispiel für einen nichtentarteten n-Halbleiter oder p-Halbleiter

$$\frac{\sigma_0 - \sigma_{\mathrm{B}}}{\sigma_0} = \alpha\mu^2 B^2, \tag{6,324}$$

wobei α vom Streumechanismus abhängt:

$$\alpha = \frac{\overline{\tau^3}}{\overline{\tau}^3} - \left(\frac{\overline{\tau^2}}{\overline{\tau}^2}\right)^2 = C - A^2 \tag{6,325}$$

mit

$$C = \frac{\Gamma\left(\frac{5}{2} + 3r\right)\left[\Gamma\left(\frac{5}{2}\right)\right]^2}{\left[\Gamma\left(\frac{5}{2} + r\right)\right]^3} \tag{6,326}$$

und A aus (6,318). Für die Streuung an akustischen Phononen, d. h. für $\tau \sim W^{-1/2}$, gilt zum Beispiel

$$\sigma_B = \sigma_0 \left[1 - \frac{9\pi}{16}\left(1 - \frac{\pi}{4}\right)\mu^2 B^2\right]. \tag{6,327}$$

Charakteristisch ist, daß die Leitfähigkeit bei schwachen Feldern proportional zu B^2 abnimmt und bei starken Feldern einem Sättigungswert zustrebt.

Zu bemerken ist schließlich, daß die Koeffizienten der magnetischen Widerstandsänderung sehr empfindlich von den Besonderheiten in der Bandstruktur eines bestimmten Festkörpers abhängen. Dementsprechend ist die hier eingeführte Näherung freier Elektronen schlecht geeignet, um z. B. die zweiwertigen und die Übergangsmetalle zu beschreiben. Andererseits folgt daraus, daß die Untersuchung dieses Effekts eine aussagefähige, aber auch sehr schwierige Methode zur Charakterisierung von Bandstrukturen ist.

6.5.9. Weitere Transporterscheinungen unter Einwirkung eines Magnetfeldes

Untersucht man die gleichzeitige Einwirkung eines elektrischen Feldes, eines Temperaturgradienten und eines Magnetfeldes auf den Festkörper, so ergeben sich eine Vielzahl weiterer Erscheinungen. Gegenüber den bisher behandelten ist ihre Bedeutung aber weitaus geringer, sie treten zum Beispiel als Störeinflüsse bei elektrischen Untersuchungen auf und sind deshalb für den Spezialfall zu behandeln. Wir wollen hier nur einige von ihnen erwähnen, die jeweiligen Transportkoeffizienten sollen durch γ und einen hochgestellten Index bezeichnet werden.

Ettinghausen-Effekt. Bei der Einwirkung eines Magnetfeldes B_y auf einen Strom entsteht senkrecht zu beiden ein Temperaturgradient

$$\frac{\partial T}{\partial z} = \gamma^{\mathrm{E}} j_x \cdot B_y. \tag{6,328}$$

Nernst-Effekt. Ein Magnetfeld B_y wirkt auf einen Wärmestrom in x-Richtung und erzeugt dabei ein elektrisches Feld

$$E_z = \gamma^{\mathrm{N}} \cdot w_x B_y. \tag{6,329}$$

Righi-Leduc-Effekt. Fließt ein Wärmestrom in x-Richtung, auf den ein Magnetfeld B_y wirkt, so entsteht für $w_z = 0$ ein Temperaturgradient

$$\frac{\partial T}{\partial z} = \gamma^{\mathrm{RL}} \cdot w_x B_y. \tag{6,330}$$

Nernst-Ettinghausen-Effekt. Der Nernst-Ettingshausen-Koeffizient charakterisiert die Änderung der Thermokraft S unter der Wirkung eines Magnetfeldes:

$$E_x(B) = S(B) \frac{\partial T}{\partial x} = S(0) \, [1 + \gamma^{\mathrm{NE}} B_y^2] \frac{\partial T}{\partial x}; \tag{6,331}$$

und schließlich sei noch der *Maggi-Righi-Leduc-Effekt* erwähnt, der die Abhängigkeit der Wärmeleitfähigkeit von einem senkrecht zum Wärmestrom stehenden Magnetfeld beschreibt:

$$w_x(B) = \varkappa(B) \left(-\frac{\partial T}{\partial x}\right) = \varkappa(0) \, (1 - \gamma^{\mathrm{MRL}} B_y^2) \left(-\frac{\partial T}{\partial x}\right). \tag{6,332}$$

6.6. Grenzen des Bändermodells

Das Bändermodell kann zwar die wichtigsten Erscheinungen der elektrischen Leitfähigkeit von Festkörpern und der ihm zugrundeliegenden Verteilung und Bewegung der Kristallelektronen richtig erklären, hat aber wie jede Theorie Grenzen seiner Anwendbarkeit. Das Bändermodell beschreibt nur die Elektronenzustände des idealen Festkörpers von Anfang an richtig und auch einigermaßen vollständig. Alle Abweichungen von der strengen Gitterperiodizität, z. B. an Oberflächen und inneren Grenzflächen, durch die gesamte Realstruktur, z. B. durch Versetzungen, Leerstellen oder Zwischengitteratome und Substitutionsstörstellen, können Anlaß zum Auftreten gesonderter Elektronenzustände innerhalb verbotener Energiebereiche sein. Das gilt auch für die generelle Störung der Fernordnung durch das Vorhandensein amorpher Bereiche. Die Elektronen oder Defektelektronen, die sich in solchen Störtermen aufhalten, sind im Gegensatz zu den Kristallelektronen mehr oder weniger lokalisiert, das heißt, ihre Eigenfunktionen sind nur in einem gewissen räumlichen Bereich um die Störstelle herum von Null verschieden. Das führt für derartige Ladungsträger zu anderen Generations- und Transportprozessen, wobei insbesondere ihre effektive Beweglichkeit sehr klein werden kann und Vorstellungen eines Driftvorgangs im elektrischen Feld verlassen werden müssen. Man ist aber in der Lage, Störterme in der verbotenen Zone nachträglich in das Bändermodell einzubauen, und kann ihren Einfluß auf die elektronischen Generations-, Rekombinations-, Haft- und Transportprozesse berücksichtigen.

Eine weitere prinzipielle Begrenzung des Bändermodells ist dadurch gegeben, daß es sich um ein Ein-Elektronen-Modell handelt, bei dem nur die Zustände und die Bewegungen einzelner repräsentativer Elektronen betrachtet werden. Unberücksichtigt bleibt dabei insbesondere die exakte Wechselwirkung der Kristallelektronen untereinander (Abschnitt 6.1.). Die neuere, keineswegs abgeschlossene Forschung hat gefunden, daß einige wesentliche experimentelle Befunde nur unter Berücksichtigung der Vielelektronen-Wechselwirkung verstanden werden können. Einige wenige Beispiele sollen hier herausgestellt werden.

Polaronen sind Quasiteilchen, die man zur Beschreibung des aus einem Kristallelektron und aus der von ihm im Kristallgitter hervorgerufenen Deformation zusammengesetzten Zustandes heranzieht. Wenn sich Elektronen durch einen Kristall bewegen, erzeugen sie auf Grund ihrer elektrischen Ladung in nächster Nachbarschaft eine Polarisation. Die benachbarten Elektronen werden etwas abgedrängt, die Atomrümpfe dagegen angezogen. Diese Polarisationswolke wird vom Elektron mitgeführt und bewirkt eine Erhöhung der effektiven Masse. Besonders groß ist die Wahrscheinlichkeit zur Entstehung von Polaronen in Ionenkristallen und Kristallen mit einem hohen Ionenbindungsanteil.

Exzitonen entstehen in einem halbleitenden oder isolierenden Kristall, wenn Lichtquanten eingestrahlt werden, die annähernd die Energie der Bandlücke oder spezieller Anregungsniveaus besitzen, oder wenn eine thermische Anregung in geeigneter Weise stattfindet. Paare von Elektronen und Defektelektronen, die als der Spezialfall einer Anregung von Kristallelektronen aufzufassen sind, können sich als neutrales Quasiteilchen durch den Festkörper hindurchbewegen. Der stromlose Transport von Anregungsenergie mittels Exzitonen ist vor allem für viele photoelektrische und Szintillations-Erscheinungen wichtig. Man unterscheidet Frenkel-Exzitonen, bei denen der Anregungszustand nahezu auf eine Elementarzelle lokalisiert ist, und Wannier-Mott-Exzitonen, bei denen als anderer Grenzfall Elektron und Defektelektron viele Gitterabstände voneinander entfernt sind.

Cooper-Paare entstehen in einem supraleitenden Festkörper bei Temperaturen unterhalb der Sprungtemperatur (s. Kapitel 8.). Elektronen schließen sich mit entgegengesetzten Spins zu Paaren unter der Wirkung der Elektron-Phonon-Wechselwirkung zusammen.

Plasmonen entstehen in einem Festkörper unter der Wirkung einer starken energetischen Beeinflussung, die ausreicht, um ein ganzes Elektronen-Kollektiv anzuregen. Plasmonen entstehen in Metallen durch Beschuß mit schnellen Elektronen. Es bilden sich quantisierte Plasmaschwingungen aus. Ihre Frequenz beträgt in Metallen einige 10^{15} Hz. Plasmonen beschreiben im Festkörper die Schwingungsbewegung eines Elektronen-Kollektivs relativ zum Gitter der Atomrümpfe.

7. Halbleiter

7.1. Historisches, Begriff und Eigenschaften

Die Einteilung der Stoffe hinsichtlich ihrer Leitfähigkeit in Leiter und Isolatoren ist seit 1729 (S. Gray) allgemein üblich. Ein Jahrhundert später fand M. Faraday beim Silbersulfid einen negativen Temperaturkoeffizienten des elektrischen Widerstands und damit eine auffällige Eigenschaft eines Vertreters derjenigen Stoffklasse, die wir heute als Halbleiter bezeichnen. Während sich der metallische Zustand exakt definieren läßt (Abschnitt 8.1.), ist eine scharfe Abgrenzung zwischen Halbleiter und Isolator nahezu unmöglich.

In den achtziger Jahren waren schon vier wesentliche Eigenschaften des halbleitenden Zustandes bekannt. Außer dem negativen Temperaturkoeffizienten waren das: Die Gleichrichterwirkung (Braun, 1874), die lichtelektrische Leitung (Smith, 1873) und der Sperrschichtfotoeffekt (H. Becquerel, 1839). Auch die technische Nutzung begann bald danach. 1876 wurde von Adams und Day das erste Fotoelement, 1883 der erste Trockengleichrichter von Fritts konstruiert und zu Beginn des 20. Jahrhunderts die Eignung von Halbleitern im Spitzendetektor zum Nachweis hochfrequenter Ströme erkannt.

Obwohl in den kommenden Jahren die Anwendung von Halbleitern in der Hochfrequenztechnik infolge der Entwicklung der Vakuumelektronik in den Hintergrund trat, entfaltete sich die Halbleiterphysik und ihre technische Anwendung für spezielle technische Aufgaben kontinuierlich in enger Wechselwirkung mit anderen Gebieten der Festkörperphysik.

Die Untersuchung der lichtelektrischen Leitung der Ionenkristalle in den Jahren 1904···1906 durch A. F. Joffé, der gelegentlich als „Vater der sowjetischen Halbleiterphysik" bezeichnet wurde, das Bändermodell von A. H. Wilson (1931), die Ausarbeitung der Gleichrichtertheorie unabhängig voneinander durch B. J. Davydov, N. F. Mott und W. Schottky (1939), die Einführung des Begriffs der Oberflächenzustände auf Grund theoretischer Überlegungen durch I. Tamm (1932), die Arbeiten von A. F. Joffé, J. Frenkel sowie L. Nordheim und vieler anderer aus den dreißiger und vierziger Jahren unseres Jahrhunderts sind nur einige Beispiele für die damalige physikalische Forschung auf dem Halbleitergebiet.

Die Entdeckung des Transistoreffekts durch J. Bardeen, W. Brattain und W. Shockley im Jahre 1947 war ein Beitrag zur Halbleiterphysik von herausragender praktischer Bedeutung und gab den entscheidenden Impuls zur raschen und breiten Entwicklung der Halbleiterelektronik, deren Produkte uns heute auf Schritt und Tritt begegnen.

Als wichtigste Kennzeichen eines Halbleiters betrachten wir heute:

- Die Leitfähigkeit variiert über viele Größenordnungen und liegt vorwiegend im Bereich von 10^2 $(\Omega \cdot \text{cm})^{-1}$ bis 10^{-3} $(\Omega \cdot \text{cm})^{-1}$;
- die Leitfähigkeit hängt stark, meist exponentiell, von der Temperatur ab;

- sie nimmt mit T, außer in begrenzten Temperaturbereichen bei dotierten Halbleitern, zu (negativer Temperaturkoeffizient des Widerstandes);
- Leitfähigkeit, Beweglichkeit der Ladungsträger, ihre Lebensdauer und ihre Konzentration hängen stark von strukturellen und chemischen Störstellen ab;
- oft ändert sich die Leitfähigkeit sprunghaft beim Einwirken elektromagnetischer Strahlung;
- statische magnetische und elektrische Felder beeinflussen den Ladungstransport;
- Halbleiter können üblicherweise sogar bezüglich ein- und desselben Materials elektronenleitend (n-Typ) oder defektelektronenleitend (p-Typ) sein;
- sie werden bei tiefen Temperaturen nicht supraleitend;
- viele Halbleiter sind im reinen Zustand und bei tiefen Temperaturen praktisch nichtleitend.

Der Begriff des Halbleiters wurde in der Vergangenheit wiederholt präzisiert. Die treffendste Definition läßt sich auf Grund des Bändermodelles geben: *Halbleitend sind diejenigen Stoffe, bei denen das Fermi-Niveau für beliebig niedrige Temperaturen in der verbotenen Zone liegt, deren Breite höchstens* 2,5···3,0 eV *beträgt.*

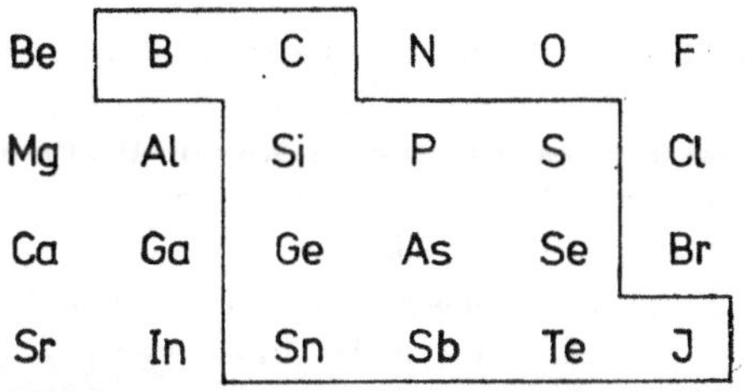

Abb. 7.1
Abschnitt aus dem Periodensystem der Elemente. Die Elemente mit halbleitenden Modifikationen sind umrahmt. (Für Iod *lies* I *statt* J.)

Die angeführten Eigenschaften bilden die Grundlage für die Verwendung von Halbleiterwerkstoffen für elektronische Bauelemente von der Halbleiterdiode bis zum integrierten Schaltkreis, vom Halbleiterfotoelement bis zum Halbleiterlaser, von der Hall-Sonde bis zum Halbleiterdehnungsmesser.

Halbleiter lassen sich grob in Elementhalbleiter, halbleitende Verbindungen, glasartige und organische Halbleiter einteilen. Die zwölf Elementhalbleiter findet man im Periodensystem in dem in Abb. 7.1 umrandeten Bereich. Die wichtigsten — Silicium und Germanium — besitzen wie der Kohlenstoff kovalente Bindungen. Die Gitterbausteine bilden ein Diamantgitter. Jeder Baustein besitzt 4 tetraederförmig orientierte kürzeste Bindungsabstände zu nächsten Nachbarn. Die entstehende Elektronenkonfiguration der Valenzelektronen entspricht jeweils einer abgeschlossenen Achterschale.

Elemente wie Zinn und Antimon sind nur in einer bestimmten Kristallmodifikation halbleitend. Andere, wie Phosphor, Schwefel, Selen, Iod, besitzen einen teilweise molekularen Aufbau mit einem bestimmten Anteil von kovalenten und Van-der-Waals-Bindungen. Beim Tellur liegt ein anisotropes Kettengitter vor, wobei zwischen den Ketten schwache Van-der-Waals-Kräfte den Zusammenhalt sichern.

Tabelle 7.1
Vierelektronen-Verbindungen

Grad der halbleitenden Verbindungen	Zahl der möglichen Kombinationen	real vorhandene Kombinationen	Beispiele	Beispiel für konkrete halbleitende Verbindungen
binär	21	9	$A^{III}B^{V}$, $A^{II}B^{IV}$, $A^{I}B^{VII}$ $A_2^{II}B_3^{VI}$, $A_3^{II}B_3^{VII}$, $A_2^{III}B^{VI}$	GaAs InSb, CdS
ternär	70	10	$A^{I}B^{III}C_2^{VI}$, $A_2^{I}B^{IV}C_3^{VI}$ $A^{II}B^{IV}C_2^{V}$, $A_3^{I}B^{V}C_4^{VI}$	$CuGaSe_2$
quaternär	105	37	$A_{3y}^{I}B_{1/2-4y}^{II}C_y^{V}D_{1/2}^{VI}$	$CuGaSe_2$/GaAs
5komponentig	84	42	$A^{III}B^{V}/A^{I}B^{III}C_2^{VI}/A_2^{III}B^{IV}C^{VI}$ $m \quad /n \quad /1-m-n$	—
6komponentig	35	21	$A_{1-x-y-z-u-\iota}B_xC_yD_zE_uF_v$	—
7komponentig	6	4	$A_{1-x-y-z-u-v-w}B_xC_yD_zE_uF_vG_w$	—

Die offensichtlich für Halbleitereigenschaften sehr günstige Konfiguration des kovalent gebundenen Diamant-, Zinkblende- oder Wurtzitgitters mit im Mittel 4 Valenzelektronen pro Baustein und der damit verbundenen Möglichkeit, daß abgeschlossene Elektronenschalen (gefüllte Valenzbänder) entstehen, läßt sich auch durch geschickte Kombination von 2 und mehr Elementen des Periodensystems erreichen. In Tabelle 7.1 sind die Möglichkeiten zusammengestellt. Die Buchstaben A, B, C... usw. stehen für ein Elementsymbol einer bestimmten Gruppe des Periodensystems. Die Festlegung der Gruppe erfolgt durch die römische Zahl (Alkalimetalle I, Kohlenstoffgruppe IV usw.). Neben den Vierelektronen-Verbindungshalbleitern sind viele andere Halbleiter bekannt, deren mittlere Valenzelektronenzahl bei 2, 3, 5, 6 und 7 pro Gitterbaustein und auch bei definierten Zwischenwerten liegt. Wichtige Halbleiter dieser Art sind z. B. PbS, PbSe und PbTe (Strahlungsdetektoren) mit 5, Bi_2Se_3 und Bi_2Te (Thermoelektrika) mit 5, 6 Valenzelektronen pro Gitterbaustein.

Von einem Vielkomponentensystem zu halbleitenden Gläsern ist es ein im Prinzip kleiner Schritt. Man findet in halbleitenden Gläsern dieselben wichtigen Basiselemente wie sie für andere anorganische Halbleiter typisch sind, nur daß hier der Festkörper ganz oder vorherrschend eine amorphe Struktur besitzt. Bekannte halbleitende Gläser sind Kombinationen aus As/Te/Si/Ge; As/Te/Ga/Ge; As/Te/Ge; As/Se/Te und As/Te/Tl.

Neuerdings haben organische Halbleiter in der festkörperphysikalischen Forschung zunehmendes Interesse erlangt. Ihr Hauptkennzeichen ist es, daß Kohlenstoff-Kohlenstoff-Bindungen überwiegen (organische Stoffe), wobei der Halbleiterzustand durch bestimmte Besonderheiten des Typs der Kohlenstoffbindungen zustandekommt. Wesentlich für halbleitende organische Strukturen ist der im Einzelmolekül vorhandene regelmäßige Wechsel zwischen Einfach- und Doppelbindungen (konjugierte Struktur). Man kann zeigen, daß eine derartige Struktur (Abb. 7.2) pro C-Atom ein bewegliches Elektron freisetzt, das im Molekül nahezu vollständig delokalisiert ist. In die Bindungsfolgen der C-Atome können auch Heteroatome, z. B. Stickstoffatome, eingebaut sein. Da organische Halbleiter vorwiegend Molekülkristalle vom Van-der-Waals-Typ sind, sind sie trotz einer relativ großen Häufigkeit konjugierter Strukturen relativ selten, da der Ladungstransport von Molekül zu Molekül nur durch geringe Überlappung der Elektronenwellenfunktionen benachbarter Moleküle, durch Tunnelung oder „Hüpfen" (hopping) möglich ist.

Kristall	Struktur	$\frac{\mu_n}{cm^2/V\cdot s}$	$\frac{\mu_p}{cm^2/V\cdot s}$
Benzen		1,5	0,2
Naphtalen	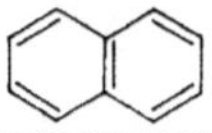	0,7	1,4
1,4-Dibrom-naphtalen	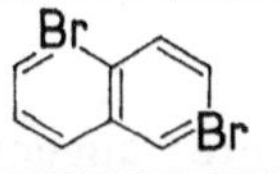	0,03	0,9
Anthracen	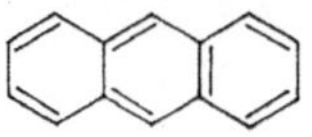	2,0	2,0
Phenazin	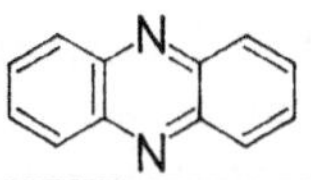	1,1	—
Phenothiazin	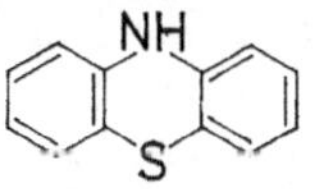	5	0,1
Pyren	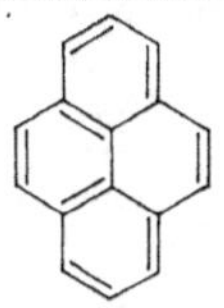	—	0,35
p-Terphenyl	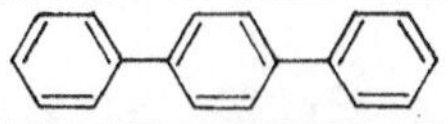	—	$3\cdot10^{-2}$
Stilben	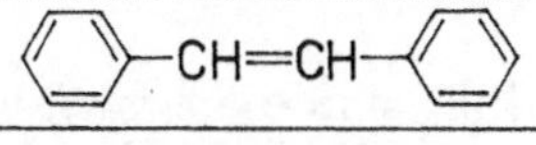	—	$2\cdot10^{-3}$

Abb. 7.2 Beispiele organischer Halbleiter

Wichtige organische Halbleiter mit monoklinen und triklinen Kristallgittern sind einige Aromaten wie Anthracen, Tetrazen, die Phthalocyanine, bestimmte polymere Pyrolyseprodukte und definierte Mischsysteme wie Polyvinylcarbazol mit geeigneten Beimischungen, die die Leitfähigkeit erhöhen. An der Grenze zu den Metallen sind bestimmte Ladungsübertragungskomplexe einzuordnen, die vorwiegend Ionenbindungen besitzen. Ihre Hauptvertreter sind die TCNQ(Tetracyanochinodimethan)-Komplexe mit organischem oder anorganischem Akzeptorpartner.

Zusammenfassend läßt sich feststellen, daß der halbleitende Zustand alle Bereiche des kondensierten Zustandes — es gibt auch flüssige Halbleiter — erfaßt. Die Bauelementeindustrie hat sich, vor allem aus Gründen der Technologie und Ökonomie, dem für viele Zwecke optimalen Halbleiterwerkstoff Silicium zugewandt. Es gibt aber auch zur Zeit keine vergleichbare Werkstoffvariante, die nur annähernd das leisten könnte, was mit Silicium erreicht worden ist.

Zugleich sind jedoch für spezielle Anwendungsgebiete, beispielsweise die Optoelektronik, andere Halbleiterwerkstoffe einschließlich der Verbindungshalbleiter von hohem praktischen Interesse. Die systematische Erforschung weiterer halbleitender Stoffe ist überdies von prinzipieller Bedeutung und noch voll im Fluß.

7.2. Bandstruktur der Halbleiter

7.2.1. Standardbänder

Die $W(\boldsymbol{k})$-Beziehung für Halbleiter in ihrer allgemeinsten Form ist eine komplizierte Funktion der Art

$$W(\boldsymbol{k}) = W(k_x, k_y, k_z, x, y, z), \tag{7,1}$$

wenn räumliche Inhomogenitäten im Halbleitermaterial vorhanden sind. Diese werden z. B. im Falle der GaAs-GaP-Lumineszenzdiode bewußt ausgenutzt. Für einen homogenen Halbleiter liegt keine Ortsabhängigkeit der *Bandstruktur* vor. Um eine zweidimensionale Darstellung von der Bandstruktur zu geben, sind entsprechende Schnitte der $W(\boldsymbol{k})$-Beziehung auszuwählen. An Hand des „primitiven" Bändermodells, der sogenannten *Standardbänder*, lassen sich diese Schnitte am besten verdeutlichen. *Standardbänder* besitzen eine parabolische $W(\boldsymbol{k})$-Abhängigkeit der Form:

$$W(\boldsymbol{k}) = W_\mathrm{C} + \frac{\hbar^2}{2m_\mathrm{n}} (k_x^2 + k_y^2 + k_z^2) \tag{7,2}$$

für das Leitungsband und

$$W(\boldsymbol{k}) = W_\mathrm{V} - \frac{\hbar^2}{2m_\mathrm{p}} (k_x^2 + k_y^2 + k_z^2) \tag{7,3}$$

für das Valenzband (m_n und m_p sind die *effektiven Massen* der Elektronen im Leitungsband bzw. der Löcher im Valenzband).

Für die Berechnung der Elektronenkonzentration im Leitungsband und der Löcherkonzentration im Valenzband werden im allgemeinen die $W(\boldsymbol{k})$-Beziehungen realer Halbleiter im Minimum des Leitungsbandes und im Maximum des Valenzbandes durch Standardbänder angenähert. Dies geschieht durch Reihenentwicklung der $W(\boldsymbol{k})$-Beziehung in der Nähe der Extremwerte bzw. durch Transformation der Flächen konstanter Energie auf Kugelflächen (Abschnitt 7.2.2.).

Die gebräuchlichsten Schnitte der $W(\boldsymbol{k})$-Beziehung sind die Darstellungen

$W(\boldsymbol{k}) = W(k_x)$ (Abb. 7.3a)

$W(\boldsymbol{k}) = \mathrm{const}$ (Abb. 7.3b)

$W(\boldsymbol{k}) = W(x)$ (Abb. 7.3c)

Abb. 7.3a zeigt die $W(\boldsymbol{k})$-Abhängigkeiten nach (7,2) und (7,3) für $k_y = k_z = 0$ für einen homogenen Halbleiter. Der Bezugspunkt der Energie ist so gewählt, daß ein in Ruhe befindliches Elektron, das vom Halbleiterkörper abgetrennt wurde und sich im Vakuum befindet, die Energie $W = 0$ hat. Die Elektronen im Halbleiter besitzen negative Energiewerte, was ein Ausdruck ihrer Bindungsenergie ist. Da gewöhnlich nur Energiedifferenzen interessieren, ist die Lage des Bezugspunktes

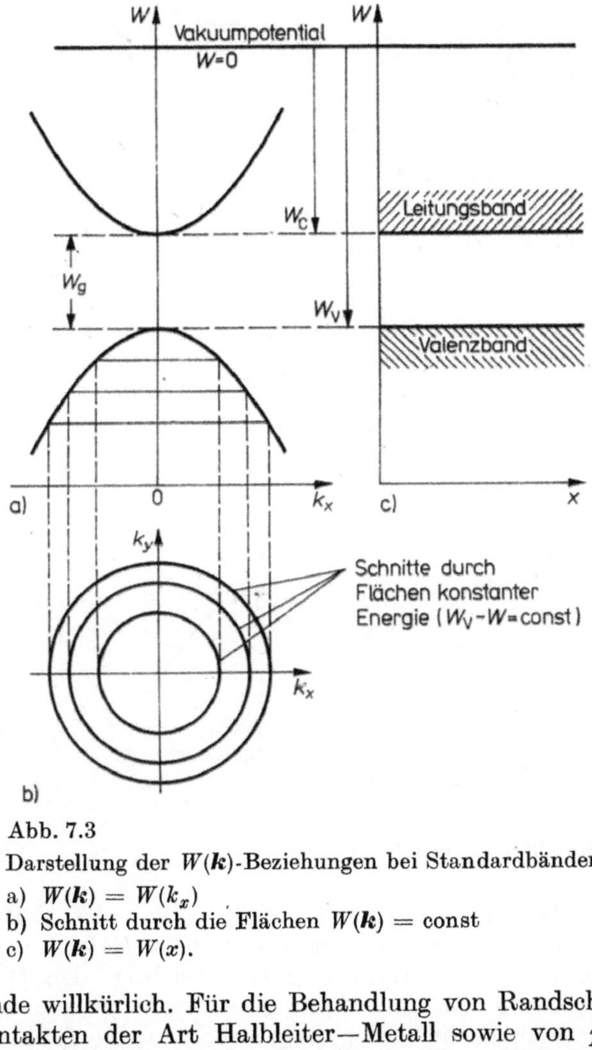

Abb. 7.3

Darstellung der $W(\boldsymbol{k})$-Beziehungen bei Standardbändern

a) $W(\boldsymbol{k}) = W(k_x)$

b) Schnitt durch die Flächen $W(\boldsymbol{k}) = \text{const}$

c) $W(\boldsymbol{k}) = W(x)$.

im Grunde willkürlich. Für die Behandlung von Randschichten im Halbleiter und von Kontakten der Art Halbleiter—Metall sowie von p/n-Übergängen zeigt die gewählte Darstellung einige Vorteile. In den üblichen Darstellungen konkreter Bänderstrukturen wird der Bezugspunkt der Energie nicht explizit aufgeführt. Die Energiedifferenz $W_C - W_V = W_g$ wird als *Bandabstand* bezeichnet und stellt eine charakteristische Größe des Halbleiters dar. Die Abhängigkeit $W(x)$ wird hier in der einfachsten Form dargestellt. In späteren Abschnitten (7.2.5) und (7.3.) findet der Leser mehr über den Einfluß von Makropotentialen bzw. über Bandverbiegungen.

Die Flächen $W(\boldsymbol{k}) - W_C = \text{const}$ bzw. $W_V - W(\boldsymbol{k}) = \text{const}$ sind im Falle des primitiven Bändermodells konzentrische Kugeln um den Ursprung $\boldsymbol{k} = 0$. Die Schnitte dieser Kugeln mit der Fläche $k_z = 0$ (Abb. 7.3b) ergeben konzentrische Kreise. Die effektiven Massen der Leitungselektronen und der Löcher im Valenzband sind in diesem einfachen Fall skalare Größen und nicht von $\boldsymbol{k}$ abhängig. Für die *Zustandsdichtefunktion* $D(W)$ (Abschnitt 6.2.2. und 6.3.1.), die die Zahl der Zustände pro Einheitsvolumen angibt, erhält man nach (6,25) und (6,134)

$$D(W) = 4\pi \left(\frac{2m_n}{h^2}\right)^{3/2} (W - W_C)^{1/2} \tag{7,4}$$

im Falle des Leitungsbandes und

$$D(W) = 4\pi \left(\frac{2m_p}{h^2}\right)^{3/2} (W_V - W)^{1/2} \tag{7,5}$$

im Falle des Valenzbandes.

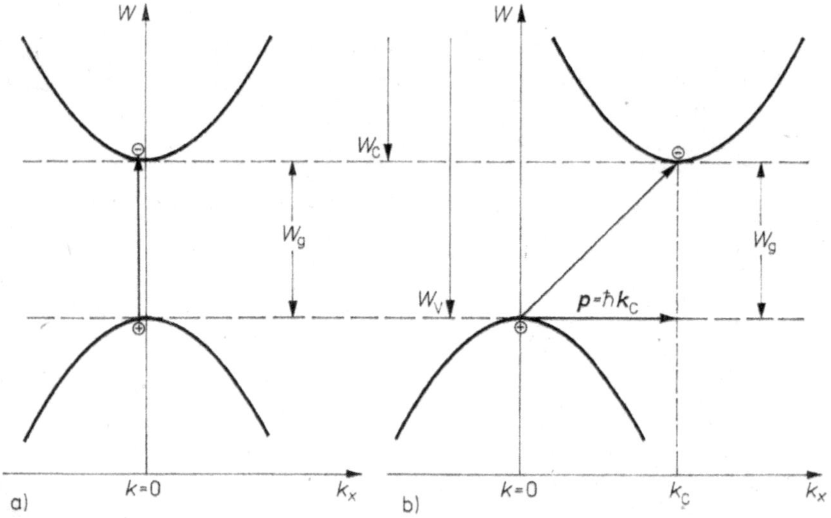

Abb. 7.4
Direkter (a) und indirekter (b) Halbleiter.

Liegen das Minimum des Leitungsbandes und das Maximum des Valenzbandes beim selben $\boldsymbol{k}$-Wert (Abb. 7.4a), so spricht man von *direkten Halbleitern*, andernfalls von *indirekten Halbleitern*. Diese Einteilung berücksichtigt den Übergangsmechanismus von Elektronen aus dem Valenzband in das Leitungsband und umgekehrt. Abbildung 7.4 veranschaulicht diesen Sachverhalt. Beim direkten Halbleiter muß ein Elektron des Valenzbandes die Energie $W_g = W_C - W_V$ aufnehmen, um in das Leitungsbandminimum beim selben $\boldsymbol{k}$-Wert (hier $\boldsymbol{k} = 0$) zu gelangen. Das Elektron ändert beim Übergang seinen Impuls $\boldsymbol{p} = \hbar\boldsymbol{k}$ nicht. Nach erfolgtem Übergang enthält das Leitungsband ein Elektron und das Valenzband ein *Loch* (*Defektelektron*), die beide am Stromtransport teilnehmen können.

Liegen das Minimum des Leitungsbandes und das Maximum des Valenzbandes nicht beim selben $\boldsymbol{k}$-Wert, sondern bei den Werten $\boldsymbol{k}_C$ und $\boldsymbol{k}_V$, so ist außer der Energie

$W_g = W_C - W_V$ dem Elektron des Valenzbandes noch der Impuls $\boldsymbol{p} = \hbar(\boldsymbol{k}_C - \boldsymbol{k}_V)$ zuzuführen, damit der in Abb. 7.4b eingezeichnete Übergang stattfinden kann. Quantenmechanische Berechnungen der Übergangswahrscheinlichkeiten für beide Fälle zeigen, daß der indirekte Übergang viel weniger wahrscheinlich ist. Andererseits ist dadurch die *Lebensdauer* der angeregten freien Ladungsträger (Elektronen im Leitungsband, Defektelektronen im Valenzband) beim indirekten Halbleiter erheblich größer als beim direkten Halbleiter, weil auch der umgekehrte Vorgang, die *Rekombination*, viel unwahrscheinlicher ist.

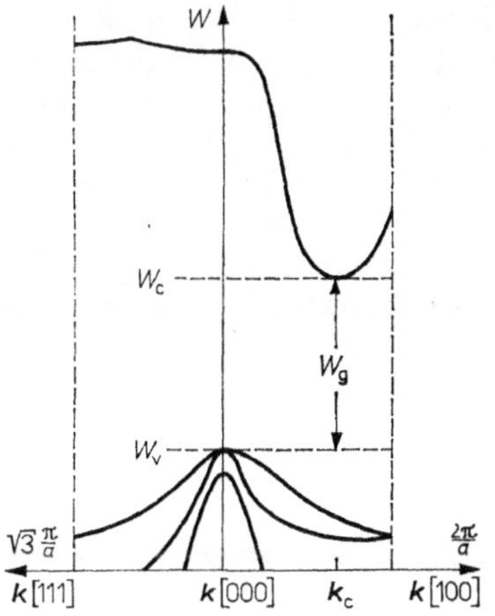

Abb. 7.5
Bandstruktur des Siliciums.

Die zum Band-Band-Übergang notwendige Energie liefern im Normalfall die thermischen Gitterschwingungen (Phononen) bzw. die Elektron-Elektron-Wechselwirkungen (Auger-Prozesse) der Kristallelektronen. Diese Prozesse ergeben beim indirekten Übergang auch den Impuls $\boldsymbol{p} = \hbar\boldsymbol{k}_C$. Die Energie für den Übergang kann außerdem durch Absorption von elektromagnetischer Strahlung (Licht) gewonnen werden. Dazu ist Licht der Energie $\hbar\omega \geqq W_g$ notwendig. Für Silicium mit einem Bandabstand von 1,12 eV bei Zimmertemperatur benötigt man Licht der Wellenlänge von ca. 1,1 μm. Photonen der Wellenlänge λ besitzen einen Betrag des Impulses von $p = h/\lambda$. Der für den indirekten Übergang aufzubringende Impuls ist aber dem Betrage nach $p = \hbar \cdot 0{,}85\, 2\pi/a$ (s. Abb. 7.5), wobei a die Gitterkonstante des Si ist. Sie beträgt $a = 5{,}43 \cdot 10^{-10}$ m. Das Licht hat also einen um 3 Größenordnungen zu niedrigen Impuls, um der Gültigkeit des Impulssatzes gerecht zu werden. Nur durch gleichzeitige Aufnahme eines Impulses $\boldsymbol{p} = \hbar\boldsymbol{k}_C$ von einem Phonon kann bei Absorption eines Photons entsprechender Energie der Band-Band-Übergang eines Elektrons in einem indirekten Halbleiter stattfinden. Die Energie der Phononen ist auf Grund der sehr geringen Ausbreitungsgeschwindigkeit (Schallgeschwindigkeit) sehr klein und kann in erster Näherung vernachlässigt werden.

7.2.2. Bandstrukturen einiger Halbleiter

Die theoretischen Verfahren zur Berechnung der Bandstruktur von Halbleitern ergeben zur Zeit noch nicht die exakten Werte, wie sie in vielen experimentellen Untersuchungen gefunden werden. Die gegenwärtigen Vorstellungen über die

Bandstruktur von Halbleitern beruhen sowohl auf theoretischen Aussagen als auch auf experimentellen Befunden.

Bandstruktur des Siliciums (Diamantgitter). Bewegt sich ein Elektron im Si-Kristall, so tritt es, je nach der kristallographischen Richtung seiner Bewegung, verschieden mit Si-Atomen auf Gitterplätzen in Wechselwirkung (s. Diamantgitter, Abschnitt 2.4.2.). In [100]-Richtung erfolgt das immer nach einem Weg von $a = 0{,}54$ nm, während in [111]-Richtung die Atome bei $0 \cdot a$; $\frac{a}{4} \cdot \sqrt{3}$; $\frac{3a}{4} \cdot \sqrt{3}$ und $a \cdot \sqrt{3}$ längs der Raumdiagonale der Elementarzelle liegen. Für ein Elektron haben beide Wege unterschiedliche Potentialverläufe. Auch daraus wird ersichtlich, daß die $W(\boldsymbol{k})$-Beziehung richtungsabhängig ist. Bei der Darstellung der $W(\boldsymbol{k})$-Beziehung beschränkt man sich deshalb auf die kristallographischen Richtungen, wo Minima oder Maxima auftreten. Abbildung 7.5 zeigt den Verlauf von $W(\boldsymbol{k})$ in der [100]- und der [111]-Richtung innerhalb der ersten Brillouinschen Zone. Leitungsband und Valenzband bestehen aus 3 sich teilweise überlappenden Bändern. Die Minima des Leitungsbandes liegen in den $\langle 100 \rangle$-Richtungen, und zwar bei Werten von

$$\begin{aligned} k_C &= \{\pm 0{,}85;\, 0;\, 0\}\, \frac{2\pi}{a} \quad x\text{-Richtung}, \\ k_C &= \{0;\, \pm 0{,}85;\, 0\}\, \frac{2\pi}{a} \quad y\text{-Richtung}, \\ k_C &= \{0;\, 0;\, \pm 0{,}85\}\, \frac{2\pi}{a} \quad z\text{-Richtung}. \end{aligned} \tag{7,6}$$

Die Leitungselektronen sammeln sich in den 6 Tälern um diese k_C-Werte herum an. Die Flächen konstanter Energie sind gestreckte Rotationsellipsoide mit den langen Achsen in den $\langle 100 \rangle$-Richtungen. Ordnen wir den kristallographischen Richtungen [100] die x-Achse, [010] die y-Achse und [001] die z-Achse eines kartesischen Koordinatensystems zu und lassen die Ebene $k_z = 0$ die Flächen konstanter Energie schneiden, so erhalten wir Abb. 7.6. Da die Krümmung der Energieflächen in den einzelnen Richtungen verschieden groß ist, so ist auch (Abschnitt 6.4.2.) die effektive Masse der Leitungselektronen richtungsabhängig. In Richtung der großen Achsen beträgt die effektive Masse, die als *longitudinale Masse* m_l bezeichnet wird, $m_{nl} = 0{,}98\, m_0$. Senkrecht zur großen Halbachse tritt die *transversale Masse* $m_{nt} = 0{,}19\, m_0$ auf.

Die Zustandsdichtefunktion für ellipsoidale Energieflächen lautet bei einer $W(\boldsymbol{k})$-Beziehung

$$W(\boldsymbol{k}) = \frac{\hbar^2}{2} \left(\frac{k_x^2}{m_1} + \frac{k_y^2}{m_2} + \frac{k_z^2}{m_3} \right) \tag{7,7}$$

$$D(W) = \frac{4\pi}{h^3} (8 m_1 m_2 m_3)^{1/2} (W - W_C)^{1/2}. \tag{7,8}$$

m_1, m_2, m_3 sind die Elemente der Hauptdiagonale des Tensors der effektiven Masse. Da die Flächen konstanter Energie bei Silicium Rotationsellipsoide sind, gilt

$$m_1 = m_2 = m_{nt} \quad \text{und} \quad m_3 = m_{nl}.$$

Berücksichtigen wir ferner die Tatsache, daß 6 Täler vorhanden sind, so nimmt die Zustandsdichtefunktion die Form

$$D(W) = 6 \cdot \frac{4\pi}{h^3} (8m_{\mathrm{nt}}^2 m_{\mathrm{nl}})^{1/2} (W - W_{\mathrm{C}})^{1/2} \tag{7,9}$$

an.

Durch Einführung der sogenannten *Zustandsdichte-Masse*

$$m_{\mathrm{zn}} = 6^{2/3}(m_{\mathrm{nt}}^2 m_{\mathrm{nl}})^{1/3} \tag{7,10}$$

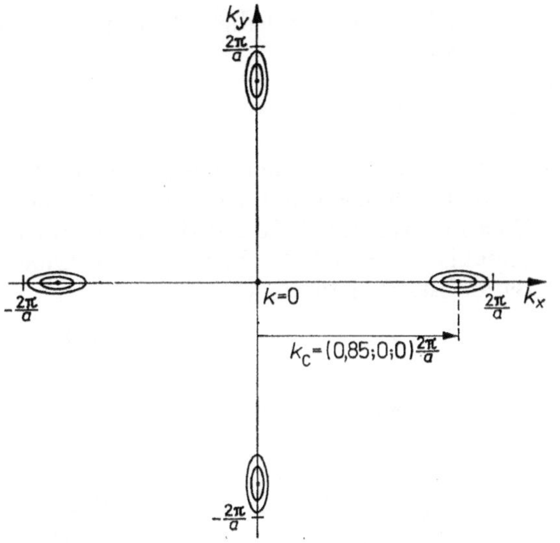

Abb. 7.6

Schnitt durch die Flächen konstanter Energie ($W(\boldsymbol{k}) - W_{\mathrm{C}} = \mathrm{const}$) der Leitungsbandminima bei Si.

für Elektronen im Leitungsband ergibt sich formal eine Übereinstimmung mit der Zustandsdichtefunktion für kugelförmige Energieflächen, wie sie bei den Standardbändern vorliegen:

$$D(W) = 4\pi \left(\frac{2m_{\mathrm{zn}}}{h^2}\right)^{3/2} (W - W_{\mathrm{C}})^{1/2}. \tag{7,11}$$

Für Silicium hat m_{zn} den Wert 1,08 m_0.

Die Valenzbänder besitzen alle bei $\boldsymbol{k} = 0$ ein Maximum. Die obersten beiden Bänder berühren sich bei $\boldsymbol{k} = 0$. Das dritte Band liegt bei $\boldsymbol{k} = 0$ um 0,035 eV tiefer. Die Flächen konstanter Energie für alle drei Valenzbänder sind in Abb. 7.7 dargestellt. Mehrere Valenzbänder kommen hier und auch im allgemeinen durch die Spin-Bahn-Kopplung der Valenzelektronen zustande. Will man näherungsweise effektive Massen einführen, so muß die Richtungsabhängigkeit von $W(\boldsymbol{k})$ der beiden oberen Bänder berücksichtigt werden, indem man über alle $\boldsymbol{k}$-Richtungen mittelt. Man ersetzt die gewölbten Energieflächen durch angenäherte kugelförmige Energieflächen. Dementsprechend ergibt sich für jedes Band eine derartige mittlere skalare effektive Masse für die Löcher, die entsprechend der Größe der Masse als

„*schwere*" und „*leichte*" *Löcher* bezeichnet werden. Sie haben die Werte:

$$m_{p1} = 0{,}49 m_0$$

und (7,12)

$$m_{p2} = 0{,}16 m_0 .$$

Für die Statistik der Kristallelektronen sind die beiden oberen Bänder von Interesse, deren Zustandsdichten sich addieren. Mit Hilfe der sogenannten Zustandsdichte-Masse

$$m_{zp} = (m_{p1}^{3/2} + m_{p2}^{3/2})^{2/3} = 0{,}59\, m_0 \qquad (7,13)$$

für Löcher im Valenzband nimmt auch die Zustandsdichtefunktion $D(W)$ eine dem Standardvalenzband ähnliche Form an:

$$D(W) = 4\pi \left(\frac{2m_{zp}}{h^2}\right)^{3/2} (W_V - W)^{1/2}. \qquad (7,14)$$

Der Bandabstand bei Silicium ist die Differenz der Energiewerte zwischen dem Minimum des Leitungsbandes bei $\boldsymbol{k}_C$ und dem Maximum des Valenzbandes bei $\boldsymbol{k} = 0$. Sie beträgt bei 0 K 1,165 eV und ist in geringem Maße von der Temperatur abhängig, und zwar um größenordnungsmäßig 10^{-4} eV K^{-1}. Für Zimmertemperatur wird der Wert von 1,12 eV für den Bandabstand gefunden.

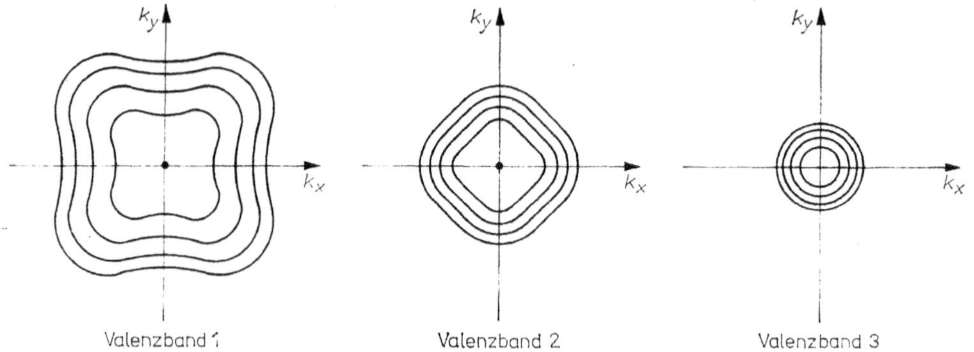

Abb. 7.7

Schnitt durch die Flächen konstanter Energie ($W_V - W(\boldsymbol{k}) = \text{const}$) der Valenzbänder von Si.

Bandstruktur des Germaniums (Diamantgitter). Durch die Ähnlichkeit der chemischen Bindung von Ge und Si im Kristallgitter sind die Bandstrukturen vergleichbar. Bei Ge liegen die Minima des Leitungsbandes in den ⟨111⟩-Richtungen tiefer als die Minima in den ⟨100⟩-Richtungen (Abb. 7.8). Hinzu kommt noch ein Minimum bei $\boldsymbol{k} = 0$, das aber höher liegt als die Minima in den ⟨111⟩-Richtungen. Da sich die Minima in den ⟨111⟩-Richtungen jeweils an der Grenze der *1. Brillouin-Zone* befinden, gehört jedes nur zur Hälfte in die 1. Brillouin-Zone. Es gibt 8 ⟨111⟩-Richtungen, so daß in der Zustandsdichtefunktion mit 4 ganzen Tälern zu rechnen ist. Die Valenzbänder sind denen des Si ähnlich. Die Flächen konstanter Energie für die Leitungsbandminima und das Valenzbandmaximum sind denen der Abbildungen 7.6 und 7.7 ähnlich. Als Werte für die effektiven Massen erhält man

$$m_{nl} = 1{,}58 m_0; \quad m_{nt} = 0{,}08 m_0,$$
$$m_{p1} = 0{,}34 m_0; \quad m_{p2} = 0{,}04 m_0 \qquad (7,15)$$

und für die Zustandsdichte-Massen, die sich aus (7,10) und (7,13) errechnen, wenn wir in (7,10) 4 Täler einsetzen,

$$m_{zn} = 0{,}56 m_0; \quad m_{zp} = 0{,}37 m_0. \tag{7,16}$$

Der Bandabstand beträgt bei 300 K 0,665 eV. Germanium und auch Silicium sind indirekte Halbleiter. Die Rekombination (Abschnitt 7.4.1.) eines Elektrons des Leitungsbandes mit einem Loch des Valenzbandes kann nur indirekt erfolgen, so daß sich lange Lebensdauern der freien Ladungsträger ergeben. Theoretisch müßten diese 0,61 s bei Ge und 4,6 h bei Si für die strahlende Rekombination betragen. Praktisch begrenzt die strahlungslose Rekombination über Rekombinationszentren, die im Kristall vorhanden sind, die Lebensdauer der freien Ladungsträger auf 0,1 bis 10 ms bei Si. Diese Werte sind aber immer noch wesentlich größer als die Lebensdauer in anderen Halbleitern. Die überragende Bedeutung von Si und auch von Ge für die Herstellung aktiver elektronischer Bauelemente beruht zu einem großen Teil darauf.

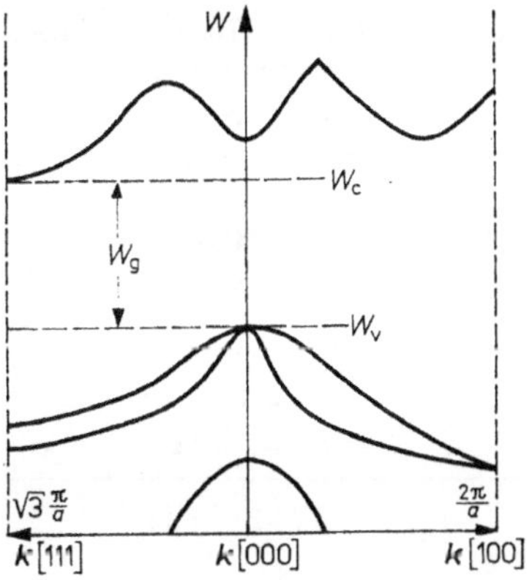

Abb. 7.8
Bandstruktur von Germanium.

Bandstrukturen von A^{III}-B^{V}-Verbindungen. Die bekannten A^{III}-B^{V}-Verbindungen (außer GaN) kristallisieren im Typ des Zinkblendegitters. Die zu erwartende Ähnlichkeit der Bänderstruktur der A^{III}-B^{V}-Verbindungen mit denen von Si und Ge ist tatsächlich vorhanden. Bei einer Reihe dieser Verbindungen hat sich das bei Ge bei $\boldsymbol{k} = 0$ vorhandene Minimum soweit abgesenkt, daß es das tiefste Minimum des Leitungsbandes geworden ist. Das trifft für GaAs und InSb (Abb. 7.9) und InAs zu. Andere Verbindungen dieser Reihe, z. B. AlP und GaP, sind indirekte Halbleiter wie Si und Ge. Die Valenzbänder der A^{III}-B^{V}-Verbindungen sind denen von Si und Ge ähnlich. Die Energieflächen des Leitungsbandes bei den direkten A^{III}-B^{V}-Halbleitern im Minimum bei $\boldsymbol{k} = 0$ haben annähernd kugelförmige Gestalt, so daß eine skalare effektive Masse auftritt. Dies gilt nur nahe am Rande des Leitungsbandes bei $\boldsymbol{k} = 0$, während mit zunehmender Energie sehr bald Abweichungen davon auftreten, die sich bei höherer Elektronendichte bemerkbar machen. Die Lebensdauer der freien Ladungsträger bei den direkten Halbleitern liegt in der Praxis in der Größenordnung von µs und kleiner. Tabelle 7.2 gibt einen Überblick über die Bandabstände und die effektiven Massen einer Reihe von Halbleitern.

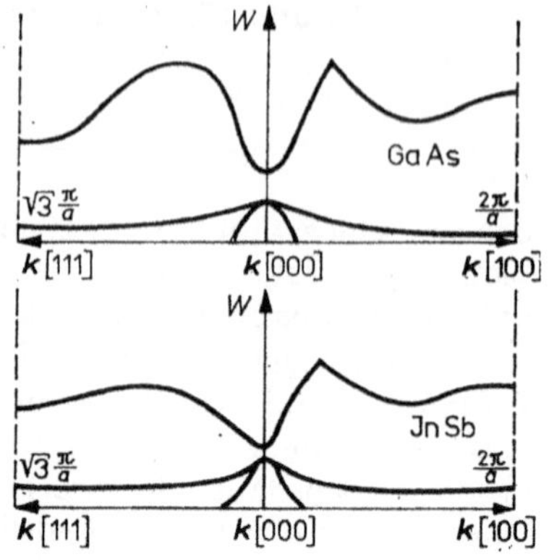

Abb. 7.9
Bandstruktur von GaAs und InSb.

Tabelle 7.2
Bandabstände und effektive Massen

a) Stoff	Si	Ge	GaAs	GaP	InSb	InAs	GaSb
W_g[1])/eV	1,12	0,665	1,43	2,24	0,18	0,36	0,71
m_{nl}/m_0	0,98	1,58	0,7	0,34	0,012	0,025	0,047
m_{nt}/m_0	0,19	0,08					
m_{p1}/m_0	0,49	0,34	0,5	0,5	0,5	0,3	0,35
m_{p2}/m_0	0,16	0,04	0,12	—	0,015	0,025	0,052

[1]) W_g bei Zimmertemperatur $T = 300$ K

b) Stoff	C	SiC	Sn	P	S	Te	Se	I
W_g/eV	5,2	2,86	0,08	1,5	2,6	0,34	1,7	1,24
m_n/m_0	—	0,6	1,0					
m_p/m_0	0,59	1,2	0,5					

c) Stoff	CdS	CdTe	PbS	PbTe	Bi_2Se_3	Bi_2Te_3
W_g/eV	2,42	1,65	0,37	0,29	1,3	0,15
m_n/m_0	0,36	0,34	0,15	0,3		
m_p/m_0						

7.2.3. Einfluß der chemischen Fehlordnung auf die Bandstruktur

Unter *chemischer Fehlordnung* soll der Einbau von solchen chemischen Elementen in den Halbleiterkristall verstanden werden, die im reinen Zustand in diesem nicht enthalten sind (vgl. Abschnitt 4.1.3.). Auch Abweichungen von der Stöchiometrie bei Verbindungshalbleitern fallen unter diese Bezeichnung. Das gezielte Einbringen von chemisch fremden Atomen in den Halbleiterkristall, auch *Dotierung* genannt, bewirkt eine Änderung der freien Ladungsträgerkonzentration in den Bändern und damit der elektrischen Leitfähigkeit des Halbleitermaterials (Abschnitt 7.3.4.).

Diese Tatsache ist eine entscheidende Voraussetzung für die Herstellung von aktiven elektronischen Halbleiterbauelementen mit p/n-Übergängen.

Jedes artfremde Atom in einem Halbleiterkristall führt am Ort, wo es eingebaut ist, zu einer lokalisierten Störung (vgl. Abschnitt 6.2.5.) des periodischen Gitterpotentials. Diese lokalisierte Störung wirkt sich auf die $W(\boldsymbol{k})$-Beziehung aus. An Hand einer *Substitutionsstörstelle* (Phosphor auf Siliciumplatz) soll das näher untersucht werden. Phosphor hat gegenüber dem Silicium ein Valenzelektron mehr als zur kovalenten Bindung benötigt wird. Durch die feste Bindung von 4 Valenzelektronen des Phosphors wird die Bindung des 5. Valenzelektrons an den Phosphorrumpf erheblich gelockert. Das 5. Valenzelektron kann um viele Atomabstände vom Phosphoratom entfernt sein. Es bildet in einem Medium der Dielektrizitätskonstante ε mit dem einfach positiv geladenen Rumpf des Phosphoratoms (Abb. 7.10a) ein wasserstoffähnliches System. Das Coulomb-Potential

$$W'_{\text{pot}} = -\frac{e^2}{4\pi\varepsilon\varepsilon_0}\cdot\frac{1}{r} \tag{7,17}$$

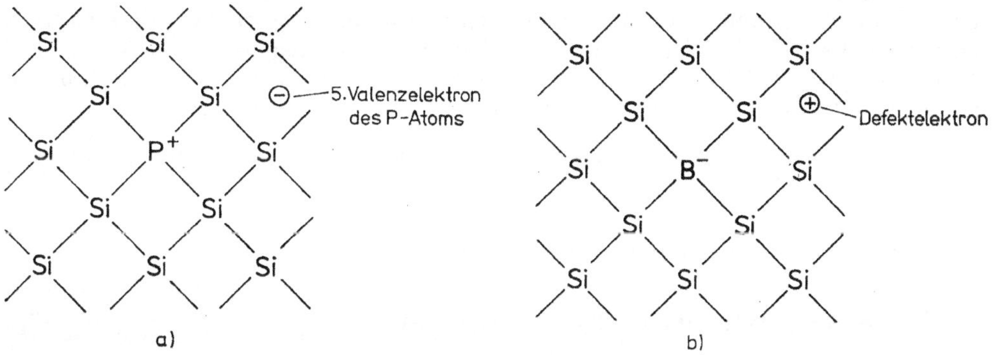

Abb. 7.10

Chemische Fehlordnung durch einwertige Störstellen in Si.

überlagert sich dem periodischen Gitterpotential W_{pot} als kleine Störung, d. h., es gilt $W'_{\text{pot}} \ll W_{\text{pot}}$. Das periodische *Gitterpotential* W_{pot} liegt in der Größenordnung von 10 eV. Exakt müßte man für dieses Problem die Schrödinger-Gleichung für die Einelektronennäherung

$$\left(-\frac{\hbar^2}{2m_0}\Delta + W_{\text{pot}} + W'_{\text{pot}}\right)\Psi = W\Psi \tag{7,18}$$

lösen.

Für den obigen Fall ($W'_{\text{pot}} \ll W_{\text{pot}}$) läßt sich die *Methode der effektiven Masse* anwenden. Sie besagt, daß man bei einer $W(\boldsymbol{k})$-Beziehung

$$W(\boldsymbol{k}) = W_{\text{C}} + \frac{\hbar^2 k^2}{2m_{\text{n}}} \tag{7,2}$$

den Einfluß des periodischen Potentials näherungsweise durch die Einführung einer effektiven Masse m_{n} berücksichtigen kann. An Stelle von (7,18) ergibt sich also die Gleichung:

$$\left(-\frac{\hbar^2}{2m_n}\Delta + W'_{\text{pot}}\right)\Psi = (W - W_C)\,\Psi \tag{7,19}$$

und nach Einsetzen des Coulomb-Potentials

$$\left(-\frac{\hbar^2}{2m_n}\Delta - \frac{e^2}{4\pi\varepsilon\varepsilon_0 r}\right)\Psi = (W - W_C)\,\Psi. \tag{7,20}$$

Die Gleichung entspricht der Schrödinger-Gleichung für das Wasserstoffatom.

Die diskreten Energiewerte errechnen sich zu

$$W = W_C - \frac{m_n e^4}{2\hbar^2(4\pi\varepsilon_0)^2}\cdot\frac{1}{\varepsilon^2}\cdot\frac{1}{n^2} \quad (n = 1, 2, 3, \ldots). \tag{7,21}$$

Die Störstellenniveaus haben eine dem Wasserstoffspektrum ähnliche Struktur und liegen unterhalb von W_C. Erst für $n \to \infty$ gilt $W \to W_C$. Das entspricht der vollständigen Ionisierung des Systems, d. h., das 5. Valenzelektron hat sich dem Einfluß des positiven Phosphorrumpfes entzogen und ist im Kristallverband frei beweglich. Es befindet sich an der Unterkante des Leitungsbandes. Störstellen, die in der Lage sind, Elektronen in das Leitungsband abzugeben, werden als *Donatoren* bezeichnet. Für den Grundzustand W_D einwertiger Donatoren ergibt sich:

$$W_D - W_C = -\frac{m_0 e^4}{2\hbar^2(4\pi\varepsilon_0)^2}\cdot\frac{m_n}{m_0}\cdot\frac{1}{\varepsilon^2}. \tag{7,22}$$

Die so berechneten Werte für Si und Ge sind:

$$\text{Si } (\varepsilon = 12): \quad W_C - W_D = 0{,}094\,\frac{m_n}{m_0}\,\text{eV}, \tag{7,23}$$

$$\text{Ge } (\varepsilon = 16): \quad W_C - W_D = 0{,}053\,\frac{m_n}{m_0}\,\text{eV}.$$

Da Si und Ge an der unteren Kante des Leitungsbandes keine kugelförmigen Energieflächen besitzen, muß man die realen Verhältnisse durch Näherungsverfahren berücksichtigen. Es ergeben sich für den Grundzustand folgende Werte:

$$\text{Si:} \quad W_C - W_D = 0{,}0298\,\text{eV},$$

$$\text{Ge:} \quad W_C - W_D = 0{,}0091\,\text{eV}.$$

Die experimentell gemessenen Werte liegen für Si bei 0,039···0,049 eV und für Ge bei 0,0095···0,013 eV.

Eine analoge Behandlung der Substitutionsstörstelle mit einem fehlenden Bindungselektron (z. B. Bor in Si, Abb. 7.10b) führt auf eine ähnliche Gleichung, wobei die Störstellenniveaus in der Nähe der Valenzbandkante liegen. Für die Energieniveaus erhalten wir den Ausdruck

$$W = W_V + \frac{m_p e^4}{2\hbar^2(4\pi\varepsilon_0)^2}\cdot\frac{1}{\varepsilon^2}\cdot\frac{1}{n^2}. \tag{7,24}$$

Für $n \to \infty$ befindet sich das Defektelektron außerhalb der Reichweite des negativ geladenen Boratoms. Die Störstelle hat ein Elektron des Valenzbandes fest gebunden. Im Valenzband verbleibt ein Loch, das frei beweglich ist und am Stromtransport teilnehmen kann. Eine Störstelle, die aus dem Valenzband ein Elektron einfängt, bezeichnet man als *Akzeptor*. Unter Berücksichtigung, daß die Energie am oberen Rand des Valenzbandes bei Si und Ge entartet ist, ergeben sich folgende theoretische Werte für den Grundzustand W_A der Akzeptoren:

$$\text{Si: } W_A - W_V = 0{,}034\,\text{eV},$$

$$\text{Ge: } W_A - W_V = 0{,}0089\,\text{eV}.$$

Die experimentellen Werte liegen für Si zwischen 0,045 und 0,065 eV und für Ge bei 0,01 eV. Die Näherung stimmt bei Ge besser als bei Si.

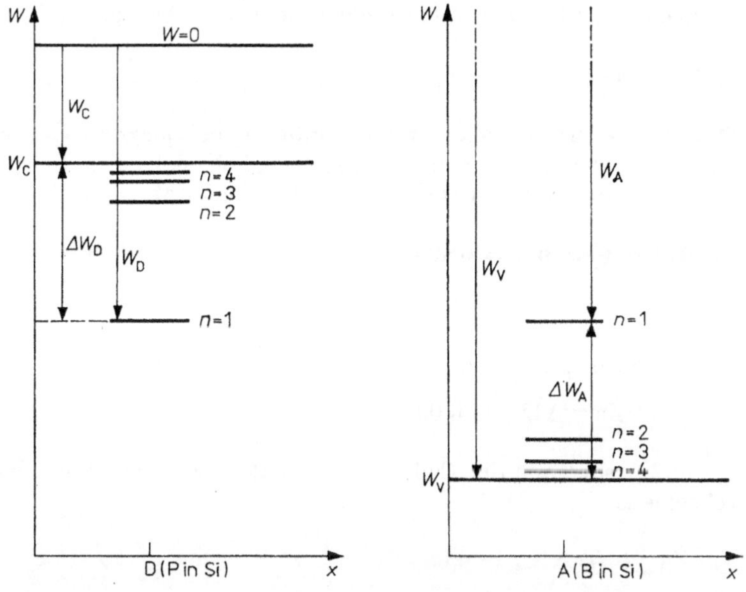

Abb. 7.11

Termschema einwertiger flacher Störstellen in Halbleitern.

Die lokalisierten Störstellenniveaus für einen einwertigen Donator und einen einwertigen Akzeptor sind in Abb. 7.11 dargestellt. Zur Charakterisierung eines Donators bzw. eines Akzeptors gibt man gewöhnlich den Abstand des Grundzustandes ($n = 1$) zum jeweiligen Band an:

$$\begin{aligned} \Delta W_D &= W_C - W_D, \\ \Delta W_A &= W_A - W_V. \end{aligned} \tag{7,25}$$

Bei Substitutionsstörstellen, die entweder 6 Valenzelektronen oder 2 Valenzelektronen besitzen, würden unsere obigen Überlegungen auf heliumähnliche Störstellen führen. Die Rechnungen ergaben, daß die erhaltenen Werte nicht mehr mit den experimentellen übereinstimmen. Die benutzte Näherung versagt hier, da die Grundzustände sehr weit vom Bandrand entfernt liegen. Man spricht von „tiefen" Störstellen, im Gegensatz zu den „flachen" wasserstoffähnlichen Störstellen. Tiefe Störstellen sind für den Ablauf von Nichtgleichgewichtsprozessen von wesentlicher Bedeutung. Die überzähligen Elektronen bzw. die durch die Störstellen erzeugten Löcher werden bei tiefen Störstellen wesentlich stärker an die jeweiligen Störstellen gebunden. Ganz allgemein kann gesagt werden, daß die chemische Fehlordnung lokalisierte Störstellenniveaus im verbotenen Band erzeugt. Durch optische, elektrische und fotoelektrische Untersuchungen kann ihre energetische Lage in der verbotenen Zone bestimmt werden.

Während bei *einwertigen Störstellen* entsprechend dem Abtrennen eines Elektrons vom neutralen Donator (D^*)

$$D^* \rightleftharpoons D^+ + \ominus \tag{7,26}$$

bzw. dem Einfangen eines Elektrons durch einen neutralen Akzeptor (A^*)

$$A^* + \ominus \rightleftharpoons A^- \tag{7,27}$$

jeweils ein Störstellen-Termschema entsteht, gibt es bei *mehrwertigen Störstellen* soviel Termschemata, wie Elektronenübergänge möglich sind. Als Beispiele seien Te und Zn in Germanium als Substitutionsstörstellen genannt:

$$\begin{aligned} \mathrm{Te}^* &\rightleftharpoons \mathrm{Te}^+ + \ominus / \Delta W_\mathrm{D} = 0{,}10\ \mathrm{eV}, \\ \mathrm{Te}^+ &\rightleftharpoons \mathrm{Te}^{++} + \ominus / \Delta W_\mathrm{D} = 0{,}28\ \mathrm{eV}, \end{aligned} \tag{7,28}$$

$$\begin{aligned} \mathrm{Zn}^* + \ominus &\rightleftharpoons \mathrm{Zn}^- / \Delta W_\mathrm{A} = 0{,}03\ \mathrm{eV}, \\ \mathrm{Zn}^- + \ominus &\rightleftharpoons \mathrm{Zn}^{--} / \Delta W_\mathrm{A} = 0{,}09\ \mathrm{eV}. \end{aligned} \tag{7,29}$$

Die Übergänge (7,29) sind aus der Sicht der im Valenzband entstehenden Löcher wie folgt zu schreiben:

$$\begin{aligned} \mathrm{Zn}^* &\rightleftharpoons \mathrm{Zn}^- + \oplus / \Delta W_\mathrm{A} = 0{,}03\ \mathrm{eV}, \\ \mathrm{Zn}^- &\rightleftharpoons \mathrm{Zn}^{--} + \oplus / \Delta W_\mathrm{A} = 0{,}09\ \mathrm{eV}. \end{aligned} \tag{7,30}$$

Für das Einfangen von Elektronen durch positiv geladene (ionisierte) Donatoren bzw. die Abgabe von Elektronen durch negativ geladene Akzeptoren gelten die Pfeile in umgekehrter Richtung. Vorgänge dieser Art werden als Störstellenreaktionen bezeichnet, da man sie bei geringer Konzentration der Störstellen ähnlich wie bei chemischen Reaktionen mittels des *Massenwirkungsgesetzes* beschreiben kann. Über die energetische Lage des Grundzustandes verschiedener chemischer Elemente in Si gibt Abb. 7.12 Auskunft.

Flache Störstellen, die bei Zimmertemperatur gewöhnlich ionisiert sind, werden in der Halbleitertechnologie bewußt in das Material eingebracht, um entweder im Leitungsband eine bestimmte Elektronenkonzentration n oder im Valenzband eine bestimmte Löcherkonzentration p zu erzeugen. Die entsprechenden Materialien werden dann als n-leitend bzw. als p-leitend bezeichnet (s. Abschnitt 7.3.4.). Als chemische Elemente benutzt man Bor für p-leitendes Material sowie Phosphor und

Arsen für n-leitendes Material bei Silicium. Das bewußte Einbringen flacher Störstellen (Dotierung) geschieht vornehmlich durch Diffusion, durch Einlagerung der Fremdstoffe beim einkristallinen Wachstum des Halbleitermaterials bzw. durch Ionenimplantation.

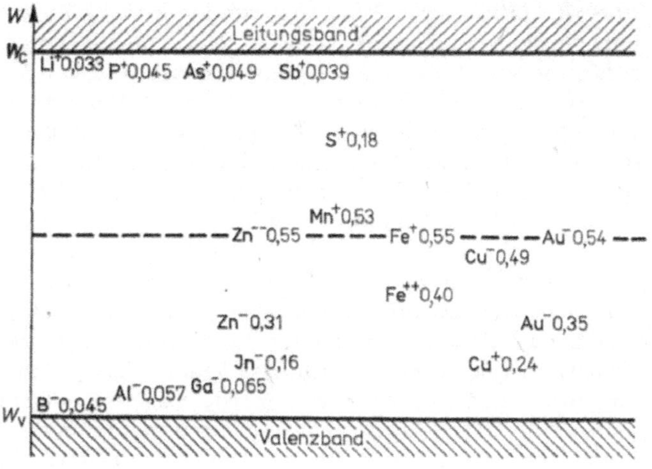

← *Statt:* Au^- 0,35 *lies:* Au^+ 0,35!

Abb. 7.12
Lage der lokalisierten Niveaus im verbotenen Band von Si.

7.2.4. Einfluß der strukturellen Fehlordnung und der Oberfläche auf die Bandstruktur

Die in Kapitel 4. beschriebenen Arten der *strukturellen Fehlordnung* stellen, wie die Substitutionsstörstellen, Störungen des periodischen Gitterpotentials dar und führen zu *lokalisierten Energieniveaus* im Bänderschema. An den Störungen des periodischen Potentials erfolgt eine Streuung der Elektronen, d. h., die Beweglichkeit der Ladungsträger wird sehr stark durch die strukturelle Fehlordnung beeinflußt (Abschnitt 7.3.4.). Darüber hinaus sind mit diesen Störungen weitreichende Auswirkungen auf die Lebensdauer der Minoritätsladungsträger, auf das Diffusionsverhalten der chemischen Fehlordnung sowie auf die Ausbeute von funktionstüchtigen p/n-Übergängen in elektronischen Bauelementen verbunden. Für die Betrachtung kommen alle Kristalldefekte in Frage, die wir in Kapitel 4. ausführlich behandelt haben.

Der Einfluß punktförmiger Defekte ist am besten in Germanium untersucht und verstanden worden. Für Zwischengitterplätze gibt es im Diamantgitter genügend Raum. Das Ge-Atom auf einem Zwischengitterplatz hat in seiner Umgebung nur vollbesetzte Gitterplätze. Die Valenzelektronen werden nicht zur kovalenten Kristallbindung benötigt und können relativ leicht abgegeben werden. Die Interpretation der Versuchsergebnisse zu dieser Art von Fehlstellen ergab für Ge auf einem Zwischengitterplatz 3 Donatorniveaus entsprechend den möglichen Ladungszuständen D^{+++}; D^{++}; D^{+}; D^{*} und für die Gitterlücke 4 Akzeptorniveaus mit den Ladungszuständen A^{----}; A^{---}; A^{--}; A^{-}; A^{*}. Eine hohe *Frenkel-* und *Schottky-Fehlordnung*, auch *ther-*

mische Fehlordnung des idealen Kristallgitters genannt, kann durch Temperaturbehandlung erzeugt werden, wenn das Material nach dem Herstellungs- bzw. Verarbeitungsprozeß, die bei hohen Temperaturen erfolgen, schnell abgekühlt wird, ohne daß sich das thermodynamische Gleichgewicht einstellen kann (vgl. Abschnitt 4.1.). Andererseits treten diese Fehlordnungen auch beim Beschuß mit energiereichen Ionen auf, wie z. B. bei der *Ionenimplantation.* Sie werden durch eine anschließende Temperaturbehandlung wieder weitgehend beseitigt. Gitterlücken wandern zusätzlich bei hohen Temperaturen von der Oberfläche des Kristalls und von Versetzungen des Kristalls aus in das Kristallvolumen hinein. Die plastische Verformung, die viele Versetzungen erzeugt, und das gleichzeitige Tempern von Kristallen führen zur Erzeugung einer hohen Gitterlückenkonzentration. Das hat Einfluß auf das Diffusionsverhalten und den Einbau von Fremdstoffen im Material. Ähnliche Auswirkungen sind an Si, den A^{III}-B^{V}-Verbindungen und anderen Halbleitermaterialien beobachtet worden.

Die Stufen- und Schraubenversetzungen, die für das plastische Verhalten der Festkörper und das Kristallwachstum von außerordentlicher Bedeutung sind, beeinflussen auch die elektrischen Eigenschaften der Halbleiter. So konnte am Ge nachgewiesen werden, daß die Lebensdauer der Minoritätsladungsträger (s. 7.3.7.) umgekehrt proportional zur Konzentration der Versetzungslinien ist. Das gilt sowohl für n- als auch für p-Germanium. Die Wechselwirkung mit Verunreinigungen kann aber auch zu einer Erhöhung der Lebensdauer führen. Auch auf die Beweglichkeit der Ladungsträger hat die Versetzungsdichte einen großen Einfluß.

Auf Grund der bevorzugten Kopplung von Versetzungen und Gitterlücken bei plastischer Verformung und thermischer Behandlung des Kristalls können sich die Gitterlücken um eine Versetzungslinie herum mit Fremdatomen füllen (vgl. Abschnitt 4.2.4.) und so einen röhrenförmigen Kanal längs der Versetzungslinie bilden. Dieses „Dekorieren“ der Versetzungslinien mit Fremdatomen wird teilweise zur Sichtbarmachung und damit zur Untersuchung von Versetzungen eingesetzt. Andererseits bilden derartige Kanäle, wenn sie in p/n-Übergänge aktiver Bauelemente eingreifen, eine große Störung des p/n-Übergangs. Röntgentopographische Untersuchungen der Versetzungsdichte an Si-Scheiben, auf denen integrierte Schaltkreise mit bipolaren Bauelementen hergestellt wurden, zeigten, daß die Ausfallraten der Schaltkreise dort hoch waren, wo große Versetzungsdichten auftraten. Auch wenn es heute möglich ist, annähernd versetzungsfreie Einkristalle für die Produktion von Halbleiterbauelementen einzusetzen, so muß man dennoch mit dem Einfluß von Versetzungen rechnen, die durch die Herstellungstechnologie (Oxydation, Maskierung, Ätzung, Diffusion) induziert werden.

Wenn auch bei der Züchtung der Halbleitereinkristalle bzw. beim Epitaxieprozeß möglichst solche Bedingungen eingehalten werden, daß sich flächenförmige Defekte nicht bilden können, soll einiges zum Einfluß von Stapelfehlern und Zwillingen gesagt werden. Dabei spielen makroskopische Zwillinge, d. h. größere, gegeneinander verzwillingte Kristallbereiche keine Rolle. Vielmehr treten bei Epitaxieschichten von Si und A^{III}-B^{V}-Verbindungen häufig Zwillingslamellen auf, die aber örtlich stark begrenzt sind. Sie sind eng mit der Existenz von Stapelfehlern verbunden. Über den detaillierten Einfluß dieser Baufehler auf die Bänderstruktur, die Minoritätsladungsträgerlebensdauer und die Beweglichkeit der Ladungsträger ist wenig bekannt. Meist wird versucht, durch eine optimale Herstellungstechnologie derartige Baufehler zu vermeiden. In letzter Zeit wurde von verschiedenen Autoren auf die Bedeutung mikroskopischer Stapelfehler mit einer Ausdehnung von weniger als 50 μm für die Ausbeute von aktiven bipolaren Halbleiterbauelementen hingewiesen. Obwohl dasHalbleiterausgangsmaterial stapelfehlerfrei war und eine Versetzungsdichte $< 10^3$ cm^{-2} hatte, wurden im Ergebnis einiger technologischer Schritte (Oxydation) Mikrostapelfehler in der Größenordnung von 10^5 cm^{-2} beobachtet. Diese Mikrostapelfehler sind von einer Versetzungslinie umgeben. Ähnlich wie bei den reinen Versetzungen können sich auch hier Fremdatome sowohl entlang der umgebenden Versetzungslinie als auch über die ganze Fläche des Stapelfehlers verteilt ausscheiden. Reicht ein Stapelfehler, dessen Ausdehnung kleiner als ca. 40 μm ist, in einen p/n-Übergang hinein, so wird dadurch die Durchbruchsspannung erniedrigt und der Leckstrom erhöht. Stapelfehler kleiner Ausdehnung zeigen eine größere Wirkung. Nicht jeder auftretende Stapelfehler zeigt dieses Verhalten. Man spricht von „elektrisch aktiven" oder „elektrisch nichtaktiven" Stapelfehlern. Theoretisch sind die Zusammenhänge noch nicht restlos aufgeklärt.

Von besonderer theoretischer und praktischer Bedeutung ist der Einfluß der Oberfläche auf die Bandstruktur. Die Oberflächen eines Kristalls stellen grobe Inhomogenitäten des periodischen Potentials dar, das im Kristallinnern herrscht. Für die theoretische Berechnung der Auswirkungen der Oberflächen auf die Bandstruktur ist vor allem der Potentialverlauf beim Übergang zum Außenraum, d. h. senkrecht zur Oberfläche, von Bedeutung. Je nach dem periodischen Potential, das man im Kristallvolumen ansetzt, und seinem Übergang zum Außenraum, ergeben sich andere Aussagen über die Lage und die Anzahl der an der Oberfläche lokalisierten Niveaus im verbotenen Band. Allgemein erhält man für die atomar glatte und reine Oberfläche im Vakuum theoretisch ein *Oberflächenband*, wie es zuerst von Tamm angegeben wurde. Die Anzahl der Zustände im Oberflächenband, das sich zwischen W_C und W_V befindet, beträgt $N^{2/3} \approx 10^{14}$ cm^{-2}, wenn N die Anzahl der Gitterteilchen pro cm^3 ist. Da derartige Aussagen auf bestimmten Modellpotentialen basieren, sind sie nur von beschränktem Wert. Die realen Kristalle sind rauh und haben an den Oberflächen erhöhte Gitterlückenkonzentrationen sowie Fremdatome und Fremdschichten. Bei den gebräuchlichsten Halbleitermaterialien Ge, Si und GaAs ist die Oberfläche mit Oxid bedeckt. Dabei kann der Oxydationsgrad z. B. bei Si zwischen SiO und SiO_2 kontinuierlich variieren. Der Feuchtigkeitsgehalt und die Fremdatome (z. B. Na) beeinflussen sehr stark die elektrischen Eigenschaften, insbesondere die Zahl, die energetische Lage und den Charakter der Oberflächenzustände sowie die Relaxationszeit der Umladungsprozesse. Je nach Besetzung der Oberflächenniveaus ist die Oberfläche verschieden stark negativ oder positiv geladen. Dadurch wird in der Halbleiterrandschicht eine positive bzw. negative Raumladung influenziert. Diese Randschichten sind für die Funktionsweise der oberflächengesteuerten elektronischen Bauelemente (z. B. von MIS [engl. Metal-Insulator-Semiconductor]-Anordnungen) von grundlegender Bedeutung. Wichtig sind sie auch für die Fälle, wo p/n-Übergänge an die Kristalloberfläche heranreichen und von Oxidschichten bedeckt sind. Obwohl die entscheidenden Oberflächenprobleme beim technologischen Ablauf der Herstellung von bipolaren Bauelementen (z. B. Dioden, Transistoren, Thyristoren) sowie teilweise bei der Herstellung von MIS-Anordnungen empirisch gelöst sind, ist noch eine umfangreiche Forschungsarbeit notwendig, um zum vollen physikalischen Verständnis dieser komplizierten Vorgänge zu gelangen.

7.2.5. Bändermodell und Makropotentiale

In vielen Fällen wirken auf die Ladungsträger in einem kristallinen Festkörper nicht nur periodische Gitterpotentiale, sondern auch andere elektrische Felder ein. Diese können von außen bzw. durch Raumladungen im Festkörper erzeugt sein. Um die Gesamtenergie eines Elektrons im Festkörper zu berechnen, geht man gewöhnlich von der Annahme aus, daß durch die zusätzlichen makroskopischen elektrischen Potentiale die $W(\boldsymbol{k})$-Beziehung nicht geändert wird. Die Gesamtenergie $\overline{W}$ wird folglich aus

$$\overline{W} = W(\boldsymbol{k}) - e\varphi \tag{7,31}$$

zusammengesetzt, d. h., die potentielle Energie des Elektrons im elektrischen Potential wird zur Energie $W(\boldsymbol{k})$ addiert (Abb. 7.13). Diese, aus der Methode der effektiven Masse folgende Aussage gilt aber nur näherungsweise. Ähnlich wie in Abschnitt 7.2.3.

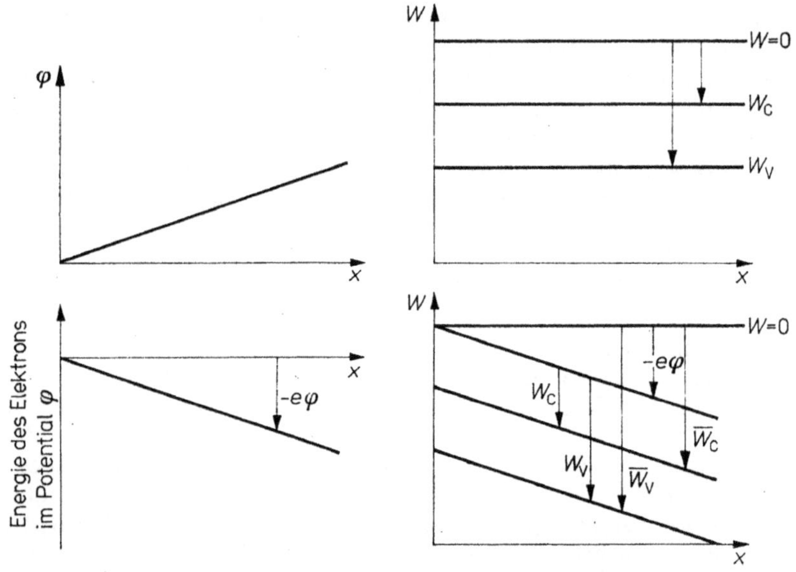

Abb. 7.13
Schiefe Bänder durch den Einfluß von elektrostatischen Potentialen.

muß in diesem Fall die während des Durchfliegens eines Gitterabstandes im elektrischen Feld aufgenommene Energie klein sein gegen das periodische Kristallpotential, das in der Größenordnung von 10 eV liegt. Das bedeutet, daß bei Si selbst Felder von 10^7 V/cm dem Elektron, das einen Gitterabstand von 0,54 nm durchfliegt, nur eine Energie von ca. 0,5 eV vermitteln. Je nach Verlauf des elektrostatischen Potentials ändert sich die Gesamtenergie der Kristallelektronen.

Abbildung 7.13 zeigt für ein mit x linear anwachsendes elektrisches Potential die Änderung der Gesamtenergie der möglichen Elektronenzustände im Leitungs- und Valenzband. Wir erhalten geneigte Energiebänder. Ist φ nicht linear vom Ort abhängig, so ergeben sich *Bandverbiegungen.*

7.3. Statistik der freien Ladungsträger im thermodynamischen Gleichgewicht

7.3.1. Besetzungswahrscheinlichkeiten der Energiezustände

Ein realer Halbleiterkristall enthält auf Grund der immer vorhandenen strukturellen und chemischen Fehlordnungen neben den Energieeigenwerten in den erlaubten Bändern noch diskrete lokalisierte Energieniveaus im verbotenen Band.

Die Besetzung der Energieniveaus mit Elektronen ist durch die *Fermi-Dirac-Statistik* gegeben. Wir verwenden die Besetzungswahrscheinlichkeit (6,28) in der Näherung $\mu = W_F$:

$$f(W) = \frac{1}{\exp\left(\frac{W - W_F}{k_B T}\right) + 1}. \tag{7,32}$$

Die Elektronenkonzentration im Leitungsband errechnet sich entsprechend (6,30) zu

$$n = \int\limits_{W=W_C}^{\infty} D(W)\, f(W)\, \mathrm{d}W. \tag{7,33}$$

Da $f(W)$ bei hohen Energien schnell Null wird, kann die obere Grenze nach ∞ verlegt werden.

Für die Besetzung der lokalisierten Energieniveaus in der verbotenen Zone mit Donator- bzw. Akzeptorcharakter ist die Verteilungsfunktion (7,32) nicht ohne Korrektur anwendbar, da die Zustände W_D und W_A nur jeweils ein Elektron aufnehmen können.

Nach Anlagerung eines Elektrons an einen einwertigen positiven Donatorrumpf (ionisierter Donator) ist dieser elektrisch neutral, und ein zweites Elektron mit entgegengesetztem Spin findet keine Potentialmulde mehr vor. Die statistische Ableitung der Verteilungsfunktion für die Besetzung der Störstellen mit Elektronen führt auf den Ausdruck

$$f(W_i) = \frac{1}{\frac{1}{g_i}\exp\left(\frac{W_i - W_F}{k_B T}\right) + 1}; \tag{7,34}$$

g_i ist der Entartungsgrad des i-ten Störstellenzustandes. Für einen einwertigen Donator hat g_i den Wert 2. Für einen einwertigen Akzeptor gilt dagegen

$$g_i = \frac{1}{2}. \tag{7,35}$$

Zur Bezeichnung der Konzentrationen der neutralen, geladenen und der Gesamtzahl der Störstellen benutzen wir folgende Symbole:

— Konzentration der Störstellen mit Donatorcharakter einer bestimmten Sorte i

N_{Di},

— Konzentration der neutralen (besetzten) Donatoren der Sorte i

N_{Di^*},

— Konzentration der einfach positiv geladenen Donatoren der Sorte i

$N_{\mathrm{D}i^+}$,

— Konzentration der Störstellen mit Akzeptorcharakter einer bestimmten Sorte j

$N_{\mathrm{A}j}$,

— Konzentration der neutralen Akzeptoren der Sorte j

$N_{\mathrm{A}j^*}$,

— Konzentration der einfach negativ geladenen (besetzten) Akzeptoren der Sorte j

$N_{\mathrm{A}j^-}$. (7,36)

Die Verteilungsfunktionen für die Besetzung von einwertigen Donator- bzw. Akzeptorzuständen mit Elektronen lauten:

$$\frac{N_{\mathrm{D}^*}}{N_{\mathrm{D}}} = f_{\mathrm{D}}(W_{\mathrm{D}}) = \frac{1}{\frac{1}{2}\exp\left(\frac{W_{\mathrm{D}} - W_{\mathrm{F}}}{k_{\mathrm{B}}T}\right) + 1} \tag{7,37}$$

und

$$\frac{N_{\mathrm{A}^-}}{N_{\mathrm{A}}} = f_{\mathrm{A}}(W_{\mathrm{A}}) = \frac{1}{2\exp\left(\frac{W_{\mathrm{A}} - W_{\mathrm{F}}}{k_{\mathrm{B}}T}\right) + 1}. \tag{7,38}$$

Bei mehrwertigen Störstellen kommen je nach Ionisierungsstufe beide Werte für den Faktor g_i vor.

Durch Einführen sogenannter *effektiver Störstellenniveaus* läßt sich formal der Spinfaktor vermeiden. Die effektiven Störstellenniveaus erhalten nur eine zusätzliche Temperaturabhängigkeit.

Am Beispiel des einwertigen Donators soll das kurz dargestellt werden:

$$f_{\mathrm{D}}(W_{\mathrm{D}}) = \frac{1}{\exp\left(\frac{W_{\mathrm{D}} - k_{\mathrm{B}}T\ln 2 - W_{\mathrm{F}}}{k_{\mathrm{B}}T}\right) + 1} = \frac{1}{\exp\left(\frac{W_{\mathrm{D}}(T) - W_{\mathrm{F}}}{k_{\mathrm{B}}T}\right) + 1}, \tag{7,39}$$

$$W_{\mathrm{D}}(T) = W_{\mathrm{D}} - k_{\mathrm{B}}T\ln 2\,. \tag{7,40}$$

Analoge Ausdrücke lassen sich für einwertige Akzeptoren sowie für mehrwertige Störstellen gewinnen. Mit Einführung der effektiven Störstellenniveaus $W_{\mathrm{D}}(T)$ stimmt die Verteilungsfunktion für die Besetzung von Störstellenniveaus mit der Fermi-Verteilungsfunktion formal überein.

7.3.2. Konzentrationen der Elektronen und Löcher

Bei der Berechnung der Konzentrationen der Elektronen im Leitungsband und der Löcher im Valenzband werden die in Abschnitt 7.2.2. eingeführten Standardbänder und die dazugehörigen Zustandsdichtefunktionen benutzt. Die Integration über alle besetzten Energiezustände zwischen unterer und oberer Bandgrenze liefert alle Elektronen des Leitungsbandes, während die Integration über alle nichtbesetzten Energiezustände zwischen der unteren und oberen Bandgrenze alle Löcher im Valenzband ergibt. Da, wie aus Abb. 7.14 ersichtlich, $D(W) \cdot f(W)$ an der oberen Leitungsbandgrenze bzw. $D(W)\big(1 - f(W)\big)$ an der unteren Valenzbandgrenze Null werden, kann man in diesen Fällen die Integrationsgrenzen bis $+\infty$ bzw. $-\infty$ ausdehnen.

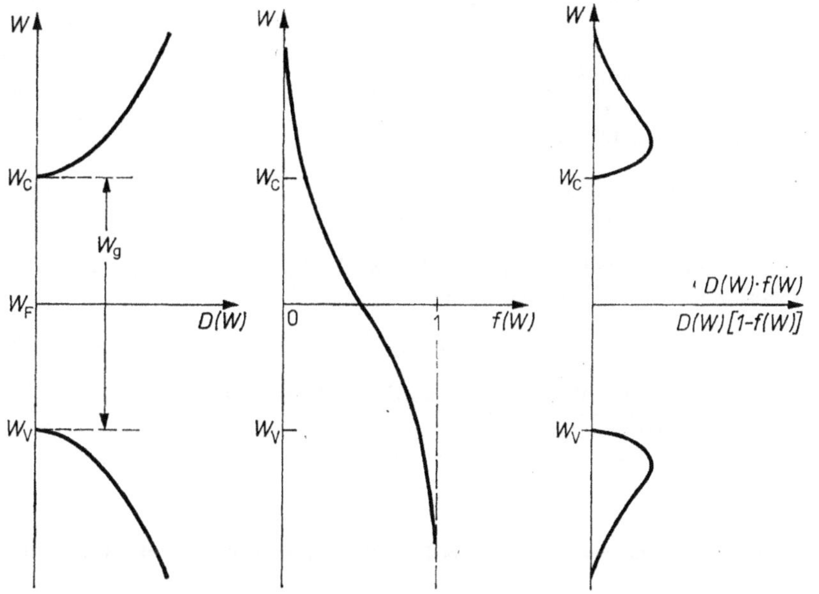

Abb. 7.14

Besetzung der Zustände im Leitungsband und Nichtbesetzung der Zustände im Valenzband bei einem Eigenhalbleiter.

Für die Konzentration der Elektronen im Leitungsband erhalten wir unter Benutzung der Gleichungen (7,11), (7,32) und (7,33) den Ausdruck

$$n = \int\limits_{W=W_C}^{\infty} 4\pi \left(\frac{2m_{zn}}{h^2}\right)^{3/2} \frac{(W - W_C)^{1/2}}{\exp\left(\frac{W - W_F}{k_B T}\right) + 1} \, dW. \tag{7,41}$$

Ist W_F bekannt, so kann die Elektronenkonzentration im Leitungsband berechnet werden. Dazu führen wir die dimensionslosen Größen analog zu Abschnitt 6.2.3. ein:

$$\frac{W - W_C}{k_B T} = x; \quad dx = \frac{dW}{k_B T}; \tag{7,42}$$

$$\frac{W_F - W_C}{k_B T} = z$$

(Transformation der unteren Integrationsgrenze). Die Gleichung (7,41) erhält dann die Gestalt

$$n = 4\pi \left(\frac{2m_{zn} k_B T}{h^2}\right)^{3/2} \int\limits_0^{\infty} \frac{x^{1/2} \, dx}{\exp(x - z) + 1}. \tag{7,43}$$

Durch Umformung ergibt sich:

$$n = 2\left(\frac{2\pi m_{zn} k_B T}{h^2}\right)^{3/2} \cdot \frac{2}{\sqrt{\pi}} \int_0^\infty \frac{x^{1/2}\,\mathrm{d}x}{\exp(x-z)+1}. \tag{7,44}$$

Der Ausdruck $2\left(\frac{2\pi m_{zn} k_B T}{h^2}\right)^{3/2}$ heißt *effektive Zustandsdichte des Leitungsbandes* und wird mit N_C bezeichnet:

$$N_C = 2\left(\frac{2\pi m_{zn} k_B T}{h^2}\right)^{3/2}. \tag{7,45}$$

Für das in (7,44) auftretende Fermi-Integral $F_{1/2}(z)$ existieren (s. auch (6,39)) für gewisse Bereiche Näherungslösungen:

$$F_{1/2}(z) = \frac{2}{\sqrt{\pi}} \int_0^\infty \frac{x^{1/2}\,\mathrm{d}x}{\exp(x-z)+1} = \begin{cases} \mathrm{e}^z & \text{für } -\infty < z < -1 \\ (0{,}25 + \mathrm{e}^{-z})^{-1} & \text{für } -1 < z < 5 \\ \frac{4}{3\sqrt{\pi}} z^{3/2} & \text{für } 5 < z < \infty \end{cases} \tag{7,46}$$

Der Fall $z = \frac{W_F - W_C}{k_B T} < -1$ besagt, daß W_F mindestens um $k_B T$ unterhalb der Leitungsbandkante liegt und daß das Ergebnis der *Boltzmann-Statistik* entspricht. Der Halbleiter wird als *nichtentartet* bezeichnet. Befindet sich das Fermi-Niveau mehr als $5k_B T$ oberhalb W_C, ist der Halbleiter *vollständig entartet*. Das Übergangsgebiet zwischen Nichtentartung und Entartung ist gekennzeichnet durch

$$W_C - k_B T < W_F < W_C + 5k_B T. \tag{7,47}$$

Für die Elektronenkonzentration im nichtentarteten Fall gilt:

$$n = N_C \cdot \mathrm{F}_{1/2} = N_C \mathrm{e}^z = N_C \exp\left(\frac{W_F - W_C}{k_B T}\right). \tag{7,48}$$

Die effektive Zustandsdichte N_C ist ebenfalls temperaturabhängig:

$$N_C = 2\left(\frac{2\pi m_{zn} k_B T}{h^2}\right)^{3/2} = 2{,}5 \cdot 10^{19} \left(\frac{m_{zn}}{m_0}\right)^{3/2} \left(\frac{T}{300\,\mathrm{K}}\right)^{3/2}. \tag{7,49}$$

Formel (7,48) können wir nach W_F auflösen:

$$W_F = W_C + k_B T \ln \frac{n}{N_C}. \tag{7,50}$$

Für Silicium ($m_{zn} = 1{,}08 m_0$) bei Zimmertemperatur darf n nur Werte bis ca. $10^{19}\,\mathrm{cm}^{-3}$ annehmen, wenn die Bedingung, daß W_F mindestens um $k_B T$ unterhalb W_C bleibt, eingehalten werden soll. Im nichtentarteten Fall ist also n immer kleiner als N_C. Ist m_{zn} viel kleiner als m_0, wie z. B. bei InSb ($m_{zn} = 0{,}013 m_0$), so setzt das Übergangsgebiet schon bei geringeren Ladungsträgerkonzentrationen ein. Die für die Fertigung elektronischer Bauelemente benutzten Halbleiteranordnungen haben teilweise Gebiete, die so hoch dotiert sind, daß das Fermi-Niveau im Übergangsgebiet $W_C - k_B T < W_F < W_C + 5k_B T$ liegt.

Für den entarteten Fall erhalten wir:

$$n = N_C F_{1/2} = N_C \cdot \frac{4}{3\sqrt{\pi}} z^{3/2} = N_C \frac{4}{3\sqrt{\pi}} \left(\frac{W_F - W_C}{k_B T}\right)^{3/2}, \tag{7,51}$$

$$n = 2\left(\frac{2\pi m_{zn} k_B T}{h^2}\right)^{3/2} \cdot \frac{4}{3\sqrt{\pi}} \left(\frac{W_F - W_C}{k_B T}\right)^{3/2}, \tag{7,52}$$

$$n = \frac{8\pi}{3}\left(\frac{2m_{zn}}{h^2}\right)^{3/2} (W_F - W_C)^{3/2}. \tag{7,53}$$

Die Gleichung (7,53) entspricht der Formel für die Ladungsträgerkonzentration bei Metallen (s. (6,44)). Die Elektronenkonzentration ist unabhängig von der Temperatur.

Analoge Gleichungen lassen sich auch für die Löcher, d. h. für die nicht mit Elektronen besetzten Zustände im Valenzband herleiten. Die Wahrscheinlichkeit, daß ein Zustand im Valenzband nicht besetzt ist, ist

$$\big(1 - f(W)\big) = 1 - \frac{1}{\exp\left(\frac{W - W_F}{k_B T}\right) + 1} = \frac{1}{\exp\left(\frac{W_F - W}{k_B T}\right) + 1}. \tag{7,54}$$

Unter Benutzung der Zustandsdichte des Valenzbandes ergibt sich die Löcherkonzentration im Valenzband zu

$$p = \int\limits_{W=-\infty}^{W_V} 4\pi \left(\frac{2m_{zp}}{h^2}\right)^{3/2} \frac{(W_V - W)^{1/2}}{\exp\left(\frac{W_F - W}{k_B T}\right) + 1} \, dW. \tag{7,55}$$

Durch Einführen der dimensionslosen Variablen

$$\frac{W_V - W}{k_B T} = x; \quad dx = -\frac{dW}{k_B T}; \quad \frac{W_V - W_F}{k_B T} = z \tag{7,56}$$

erhalten wir einen der Elektronenkonzentration analogen Ausdruck für die Löcherkonzentration:

$$p = 2\left(\frac{2\pi m_{zp} k_B T}{h^2}\right)^{3/2} \frac{2}{\sqrt{\pi}} \int\limits_0^\infty \frac{x^{1/2}\, dx}{\exp(x - z) + 1}. \tag{7,57}$$

$$N_V = 2\left(\frac{2\pi m_{zp} k_B T}{h^2}\right)^{3/2} \tag{7,58}$$

heißt *effektive Zustandsdichte des Valenzbandes*. Auch für das Integral (7,57) existieren die aus Gleichung (7,46) bekannten Näherungslösungen. Im nichtentarteten p-Halbleiter kann die Löcherkonzentration durch den Ausdruck

$$p = N_V e^z = 2 \left(\frac{2\pi m_{zp} k_B T}{h^2} \right)^{3/2} \exp \left(\frac{W_V - W_F}{k_B T} \right) \tag{7,59}$$

beschrieben werden. Die Bedingung $z < -1$ bedeutet $\left(\frac{W_V - W_F}{k_B T} \right) < -1$ oder $W_F > W_V + k_B T$, d. h., das Fermi-Niveau liegt mehr als $k_B T$ oberhalb des oberen Randes des Valenzbandes. Für den Übergangsbereich und den entarteten p-Halbleiter gelten ähnliche Gleichungen wie für den n-Halbleiter.

7.3.3. Eigenhalbleiter

Als *Eigenhalbleiter* wird ein Material bezeichnet, das keine Störstellen enthält oder dessen Störstellen in ihrer Wirkung auf die Ladungsträgergeneration vernachlässigt werden können. Jedes Elektron im Leitungsband kann nur aus dem Valenzband stammen und dort ein Loch hinterlassen haben. In diesem Fall gilt

$$n = p. \tag{7,60}$$

Betrachten wir nun einen *Eigenhalbleiter im nichtentarteten Zustand*, so sind die Ladungsträgerkonzentrationen durch (7,48) und (7,59) gegeben.

Eine Umstellung nach W_F liefert (7,50) und

$$W_F = W_V - k_B T \ln \frac{p}{N_V}. \tag{7,61}$$

Durch Addition von (7,50) und (7,61) und unter Beachtung von (7,60) wird

$$W_F = \frac{W_C + W_V}{2} + \frac{k_B T}{2} \ln \frac{N_V}{N_C}. \tag{7,62}$$

Einsetzen von (7,44) für N_C und (7,58) für N_V führt auf die Gleichung

$$W_F = \frac{W_C + W_V}{2} + \frac{3 k_B T}{4} \ln \frac{m_{zp}}{m_{zn}}. \tag{7,63}$$

Bei $T = 0$ K liegt W_F in der Mitte des verbotenen Bandes und behält diesen Wert auch für $T > 0$ K bei, wenn $m_{zp} = m_{zn}$ ist. Ansonsten nähert sich das Fermi-Niveau mit steigender Temperatur dem Band mit der geringeren Zustandsdichtemasse oder geringeren effektiven Zustandsdichte. Für Si mit $m_{zn} = 1{,}08 m_0$ und $m_{zp} = 0{,}59 m_0$ liegt W_F bei 300 K um 0,012 eV unterhalb der Mitte des verbotenen Bandes. Bei einem Bandabstand von 1,12 eV bei Zimmertemperatur ist diese Abweichung annähernd zu vernachlässigen. Anders liegen die Verhältnisse z. B. beim InSb, wo $m_{zn} = 0{,}013 m_0$ und $m_{zp} = 0{,}20 m_0$ betragen. Hier weicht W_F bei 300 K um ca. 0,05 eV von der Mitte der Bandlücke in Richtung des Leitungsbandes ab. Bei einem Bandabstand von 0,18 eV bei Zimmertemperatur macht sich diese Abweichung schon stark bemerkbar.

Um die Ladungsträgerkonzentration n bzw. p zu bestimmen, bilden wir das Produkt aus (7,48) und (7,59):

$$n \cdot p = N_C \cdot N_V \exp\left(\frac{W_V - W_C}{k_B T}\right), \tag{7,64}$$

$$n \cdot p = N_C \cdot N_V \exp\left(-\frac{W_g}{k_B T}\right). \tag{7,65}$$

Für den Eigenhalbleiter mit $n = p$ wird

$$n = p = n_i = (N_C N_V)^{1/2} \exp(-W_g/2k_B T). \tag{7,66}$$

Die Konzentration der Elektronen und Löcher im Eigenhalbleiter wird *Inversionsdichte* n_i genannt. Für Silicium erhält man aus (7,66) einen Wert von $n_i = 8 \cdot 10^9\ \mathrm{cm}^{-3}$. Die Inversionsdichte ist stark temperaturabhängig, wie aus (7,66) zu ersehen ist. Werden für N_C und N_V die Ausdrücke (7,44) bzw. (7,58) eingesetzt, ergibt sich

$$n_i = \text{const} \cdot T^{3/2} \exp\left(-\frac{W_g}{2k_B T}\right). \tag{7,67}$$

Für Halbleiter mit relativ großem Bandabstand liefert die graphische Darstellung von $\ln n_i$ über $1/T$,

$$\ln n_i = \text{const} + \frac{3}{2} \ln T - \frac{W_g}{2k_B} \cdot \frac{1}{T}, \tag{7,68}$$

eine Gerade, da man in Gl. (7,68) den zweiten Ausdruck gegenüber dem dritten vernachlässigen kann. Aus dem Anstieg der Geraden errechnet sich der Bandabstand (Abb. 7.17) zu

$$W_g = 2k_B\,|\tan \alpha|. \tag{7,69}$$

7.3.4. Störstellenhalbleiter

Halbleiter enthalten oft Störstellen vom Donator- bzw. vom Akzeptortyp in einer Konzentration, die sich in den Eigenschaften bemerkbar macht. Dabei können gleichzeitig mehrere Arten von Donatoren und Akzeptoren vorhanden sein. Das Fermi-Niveau, dessen Lage von der Temperatur und der Ladungsträgerkonzentration abhängt, ändert sich bei Dotierung. Die Lage des Fermi-Niveaus wird mit Hilfe der Neutralitätsbedingung errechnet. Diese sagt aus, daß für einen Kristall bzw. für ein Teilstück des Kristalls die Summe der negativen gleich der Summe der positiven Ladungen ist, wenn dieser sich im thermodynamischen Gleichgewicht befindet. Die Größe des betrachteten Volumens muß die thermodynamische Betrachtungsweise rechtfertigen. Die Konzentration der Elektronen im Leitungsband plus der Konzentration der negativen Ladungen der besetzten Akzeptorzustände ist gleich der Konzentration der Löcher im Valenzband plus der Konzentration der positiven Ladungen der nicht besetzten Donatorzustände. Dabei sind mehrwertige Störstellen entsprechend Gl. (7,34) und Abschnitt 7.3.1. zu berücksichtigen. Für die normale *Leitfähigkeitsdotierung* werden einwertige Donatoren und Akzeptoren eingesetzt. Bei je einer Sorte Donatoren und Akzeptoren lautet die Neutralitätsbedingung

$$-e(n + N_{A^-}) + e(p + N_{D^+}) = 0 \tag{7,70}$$

oder

$$(n + N_{A^-}) - (p + N_{D^+}) = 0. \tag{7,71}$$

n bzw. p sind entsprechend den Integralen (7,41) bzw. (7,55) zu berechnen. Dabei wird im allgemeinen W_F nicht den Wert für den Eigenhalbleiter (W_{Fi}) nach Gl. (7,63) annehmen. Die Dichte der besetzten Akzeptoren ergibt sich mit (7,38) zu

$$N_{A^-} = \frac{N_A}{2\exp\left(\frac{W_A - W_F}{k_B T}\right) + 1}. \tag{7,72}$$

Aus (7,37) erhalten wir unter Beachtung der Bilanzgleichung

$$N_D = N_{D^\bullet} + N_{D^+} \tag{7,73}$$

für die Konzentration der einfach positiv geladenen Donatoren:

$$N_{D^+} = (N_D - N_{D^\bullet}) = N_D\left[1 - \frac{1}{\frac{1}{2}\exp\left(\frac{W_D - W_F}{k_B T}\right) + 1}\right], \tag{7,74}$$

$$N_{D^+} = \frac{N_D}{2\exp\left(\frac{W_F - W_D}{k_B T}\right) + 1}. \tag{7,75}$$

Für (7,71) können wir ausführlich schreiben:

$$\int_{W_C}^{\infty} 4\pi\left(\frac{2m_{zn}}{h^2}\right)^{3/2} \frac{(W - W_C)^{1/2}}{\exp\left(\frac{W - W_F}{k_B T}\right) + 1}\,dW + \frac{N_A}{2\exp\left(\frac{W_A - W_F}{k_B T}\right) + 1}$$
$$= \int_{-\infty}^{W_V} 4\pi\left(\frac{2m_{zp}}{h^2}\right)^{3/2} \frac{(W_V - W)}{\exp\left(\frac{W_F - W}{k_B T}\right) + 1}\,dW + \frac{N_D}{2\exp\left(\frac{W_F - W_D}{k_B T}\right) + 1}. \tag{7,76}$$

Auch hier gilt für den nichtentarteten Fall (7,48) und (7,59), wobei gewöhnlich $W_F \neq W_{Fi}$ ist. Andererseits bleibt die Beziehung

$$n \cdot p = n_i^2 = N_C N_V \exp\left(\frac{-W_g}{k_B T}\right) \tag{7,65}$$

auch für den Störstellenhalbleiter gültig.

Wird nun durch eine Dotierung mit Donatoren das Fermi-Niveau zum Leitungsband hin verschoben, erhöht sich die Konzentration n der Leitungselektronen. Wegen $n \cdot p = n_i^2$ muß sich dabei die Konzentration der Defektelektronen im Valenzband verringern. Der umgekehrte Fall tritt ein, wenn wir in den Halbleiter Akzeptoren einbringen. Bei $n > n_i$ ist $W_F > W_{Fi}$. Der Halbleiter wird n-leitend genannt, da $p < n_i$ ist und zur Stromleitung nicht wesentlich beiträgt. Bei $p > n_i$ heißt der Halbleiter p-leitend. Da bei n_i der Übergang von der n- zur p-Leitung erfolgt, wird n_i die *Inversionsdichte* genannt und W_{Fi} das *Inversionsniveau.*

7.3.5. Störstellenhalbleiter mit einer Sorte einwertiger Störstellen

Wir betrachten einen Halbleiter mit einer Sorte einwertiger Donatoren der Konzentration N_D. In diesem Fall vereinfacht sich (7,71) zu

$$n = p + N_{D^+}. \tag{7,77}$$

Bei der Dotierung mit einwertigen Donatoren liegen die Energiezustände W_D nur wenig unterhalb von W_C (Abschnitt 7.2.3.). Da bei den üblichen Halbleitern $\Delta W_D \ll W_g$ ist, werden bei tiefen Temperaturen im wesentlichen Elektronen nur aus den Donatoren ins Leitungsband gelangen (Abb. 7.15). Das Valenzband ist vollständig gefüllt, so daß $p \ll n$ ist und damit

$$n = N_{D^+} \tag{7,78}$$

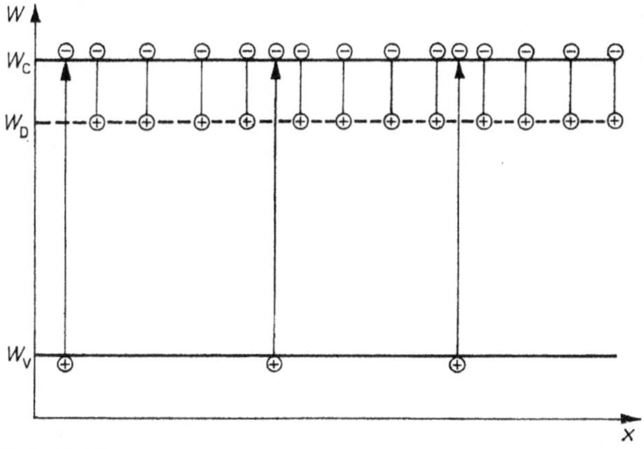

Abb. 7.15
Herkunft der Elektronen im Leitungsband bei einem n-Halbleiter.

gilt. Wenn sich mit zunehmender Temperatur die Konzentration der neutralen Donatoren erschöpft, wird $n = N_D$. Man spricht in diesem Gebiet der temperaturunabhängigen Ladungsträgerkonzentration von *Störstellenerschöpfung*. Wird die Temperatur weiter erhöht, gewinnt die Band-Band-Generation von Ladungsträgern an Bedeutung. Mit der Elektronenkonzentration im Leitungsband wächst auch die Konzentration der Löcher im Valenzband. Bei hohen Temperaturen wird schließlich ein Gebiet erreicht, in dem $p \gg N_{D^+}$ ist. Der Halbleiter wird wieder eigenleitend mit $n = p$. Der Übergang von einem zum anderen Bereich hängt von der Störstellenkonzentration ab.

Einsetzen von (7,48) und (7,75) in (7,78) liefert

$$n = N_C \exp\left(\frac{W_F - W_C}{k_B T}\right) = \frac{N_D}{2\exp\left(\frac{W_F - W_D}{k_B T}\right) + 1} = N_{D^+}. \tag{7,79}$$

Führen wir die Abkürzung $\exp\left(\frac{W_F}{k_B T}\right) = x$ ein, so geht (7,79) über in

$$N_C \exp\left(-\frac{W_C}{k_B T}\right) x \left[1 + 2\exp\left(-\frac{W_D}{k_B T}\right) x\right] = N_D \tag{7,80}$$

oder

$$x^2 + \frac{1}{2} \exp\left(\frac{W_D}{k_B T}\right) x - \frac{N_D}{2N_C} \exp\left(\frac{W_D + W_C}{k_B T}\right) = 0. \tag{7,81}$$

Mit $\Delta W_D = W_C - W_D$ ergeben sich folgende Lösungen

$$x = \frac{1}{4} \exp\left(\frac{W_D}{k_B T}\right) \left(\pm \sqrt{1 + \frac{8N_D}{N_C} \exp\left(\frac{\Delta W_D}{k_B T}\right)} - 1\right). \tag{7,82}$$

Da der Logarithmus einer negativen Zahl physikalisch nicht sinnvoll ist, wird nur die Lösung mit dem Pluszeichen vor der Wurzel betrachtet. Das ergibt

$$W_F = k_B T \ln \left[\frac{1}{4} \exp\left(\frac{W_D}{k_B T}\right) \left(\sqrt{1 + \frac{8N_D}{N_C} \exp\left(\frac{\Delta W_D}{k_B T}\right)} - 1\right)\right]. \tag{7,83}$$

Bei tiefen Temperaturen ($k_B T \ll \Delta W_D$ und N_C nicht sehr groß gegen N_D) gilt die Ungleichung

$$\frac{8N_D}{N_C} \exp\left(\frac{\Delta W_D}{k_B T}\right) \gg 1. \tag{7,84}$$

Für W_F erhält man:

$$W_F = \frac{W_C + W_D}{2} + \frac{k_B T}{2} \ln \frac{N_D}{2N_C}. \tag{7,85}$$

Im Grenzübergang für $T \to 0$ K wird

$$W_F = \frac{W_C + W_D}{2}. \tag{7,86}$$

Das Fermi-Niveau liegt bei 0 K in der Mitte zwischen dem Störstellenniveau und der Leitungsbandkante. Mit steigender Temperatur wächst W_F zunächst an und sinkt nach Durchlaufen eines Maximums wieder ab, da N_C zunimmt. Bei $2N_C = N_D$ befindet sich das Fermi-Niveau wieder beim Wert

$$W_F = \frac{W_C + W_D}{2}.$$

Einsetzen von (7,85) in (7,48) liefert

$$n = N_C \exp\left(\frac{W_F - W_C}{k_B T}\right) = \left(\frac{N_C \cdot N_D}{2}\right)^{1/2} \exp\left(-\frac{\Delta W_D}{2k_B T}\right). \tag{7,87}$$

Die Elektronenkonzentration ist der Wurzel aus der Störstellenkonzentration N_D proportional und ändert sich exponentiell mit der Temperatur. Der Anstieg der Geraden $\ln n$ über $1/T$ beträgt $-\frac{\Delta W_D}{2k_B}$ (Abb. 7.17). Ein Halbleiter unter diesen Bedingungen befindet sich im Zustand der *Störstellenreserve*, d. h., es können noch weitere Störstellen ihre Elektronen in das Leitungsband abgeben.

Analoge Überlegungen für einen Halbleiter mit nur einer Sorte einwertiger Akzeptoren bei Störstellenreserve führt auf die äquivalenten Ausdrücke für das Fermi-

Niveau

$$W_F = \frac{W_V + W_A}{2} - \frac{k_B T}{2} \ln \frac{N_A}{2N_V} \tag{7,88}$$

und die Defektelektronenkonzentration

$$p = \left(\frac{N_A N_V}{2}\right)^{1/2} \exp\left(-\frac{\Delta W_A}{2k_B T}\right). \tag{7,89}$$

Bei höheren Temperaturen, bei denen $k_B T$ nicht mehr sehr klein gegen ΔW_D und $N_C \gg 8N_D$ ist, wird der Ausdruck

$$\frac{8N_D}{N_C} \exp\left(\frac{N_D}{k_B T}\right) \ll 1. \tag{7,90}$$

Jetzt kann die Wurzel in (7,82) in eine Reihe entwickelt werden:

$$x = \frac{1}{4} \exp\left(\frac{W_D}{k_B T}\right)\left(1 + \frac{4N_D}{N_C} \exp\left(\frac{\Delta W_D}{k_B T}\right) + \cdots - 1\right), \tag{7,91}$$

$$x = \frac{N_D}{N_C} \exp\left(\frac{W_C}{k_B T}\right). \tag{7,92}$$

Daraus wird wegen $x = \exp\left(\frac{W_F}{k_B T}\right)$

$$W_F = W_C + k_B T \ln \frac{N_D}{N_C}. \tag{7,93}$$

Einsetzen von W_F in (7,48) liefert

$$n = N_C \exp\left(\ln \frac{N_D}{N_C}\right) = N_D. \tag{7,94}$$

Die Elektronenkonzentration ist gleich der Störstellenkonzentration und hängt nicht von der Temperatur ab. Die dafür notwendige Bedingung (7,90) ist für wasserstoffähnliche Störstellen in Si, Ge und GaAs bei Zimmertemperatur und in einem relativ breiten Bereich um diese Temperatur herum erfüllt, wenn die Dotierung nicht zu hoch gewählt wird.

Die analogen Gleichungen für diesen Bereich lauten für den Halbleiter mit Akzeptoren:

$$W_F = W_V - k_B T \ln \frac{N_A}{N_V} \tag{7,95}$$

und mit (7,59)

$$p = N_V \exp\left(\ln \frac{N_A}{N_V}\right) = N_A. \tag{7,96}$$

Die Temperaturabhängigkeit des Fermi-Niveaus in einem Halbleiter mit Donatoren zeigt Abb. 7.16, während Abb. 7.17 den Verlauf der Konzentration der Leitungselektronen als Funktion von $1/T$ für einen Halbleiter mit Donatoren wiedergibt.

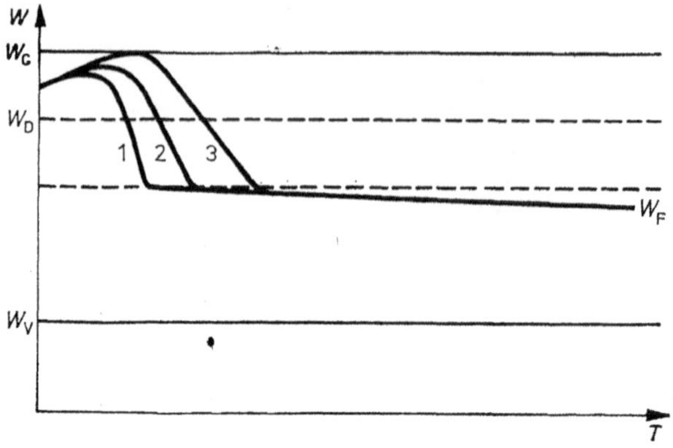

Abb. 7.16

Abhängigkeit des Fermi-Niveaus von der Temperatur bei einem *n*-Halbleiter unterschiedlicher Dotierung; 1 $\triangleq N_{D1}$; 2 $\triangleq N_{D2}$; 3 $\triangleq N_{D3}$; $N_{D1} < N_{D2} < N_{D3}$.

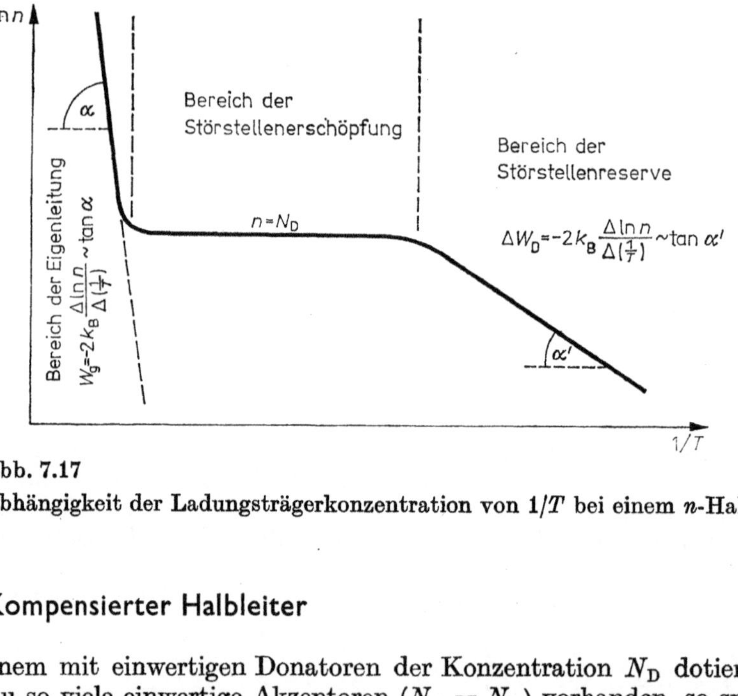

Abb. 7.17

Abhängigkeit der Ladungsträgerkonzentration von $1/T$ bei einem *n*-Halbleiter.

7.3.6. Kompensierter Halbleiter

Sind in einem mit einwertigen Donatoren der Konzentration N_D dotiertem Halbleiter genau so viele einwertige Akzeptoren ($N_A = N_D$) vorhanden, so sprechen wir von einem *kompensierten Halbleiter*. Die Donatoren geben ihre Elektronen vollständig an die Akzeptoren ab, so daß $N_{A^-} = N_{D^+}$ ist. In diesem Fall werden die Donatoren für eine Änderung der Ladungsträgerkonzentration im Leitungsband nicht wirksam. Elektronen können nur aus dem Valenzband bzw. von den Akzeptorzuständen in das Leitungsband gelangen. Da die Akzeptorzustände sehr nahe beim Valenzband liegen, ist praktisch die gesamte Bandbreite wirksam. Die Elektronenkonzentration im Leitungsband hat die gleiche Temperaturabhängigkeit wie beim Eigenhalbleiter. Das Fermi-Niveau liegt in der Mitte des verbotenen Bandes ($m_{zn} = m_{zp}$ vorausgesetzt). Die Konzentration der Elektronen im Leitungsband ist gleich der Konzentration der Defektelektronen im Valenzband. Die Beweglichkeit der Ladungsträger wird allerdings infolge der Störungen der Gitterperiodizität durch die eingebauten Akzeptoren und Donatoren stärker verändert.

In den meisten Fällen stimmen die Donatorkonzentration und die Akzeptorkonzentration nicht überein (*teilweise kompensierter Halbleiter*). Wir wollen den Fall $N_\mathrm{D} > N_\mathrm{A}$ behandeln. Dazu muß die Neutralitätsbedingung

$$n - p = N_{\mathrm{D}^+} - N_{\mathrm{A}^-} \tag{7,97}$$

herangezogen werden. Für den nichtentarteten Halbleiter wird daraus

$$N_\mathrm{C} \exp\left(\frac{W_\mathrm{F} - W_\mathrm{C}}{k_\mathrm{B}T}\right) - N_\mathrm{V} \exp\left(\frac{W_\mathrm{V} - W_\mathrm{F}}{k_\mathrm{B}T}\right)$$

$$= \frac{N_\mathrm{D}}{2 \exp\left(\frac{W_\mathrm{F} - W_\mathrm{D}}{k_\mathrm{B}T}\right) + 1} - \frac{N_\mathrm{A}}{2 \exp\left(\frac{W_\mathrm{A} - W_\mathrm{F}}{k_\mathrm{B}T}\right) + 1}. \tag{7,98}$$

Da die allgemeine Lösung für W_F kompliziert ist, sollen einzelne Bereiche diskutiert werden.

1. Bei $T \to 0$ K gehen auch n und p wegen $N_\mathrm{C} \to 0$ und $N_\mathrm{V} \to 0$ gegen Null. Wir können (7,97) einfach schreiben als

$$N_{\mathrm{A}^-} = N_{\mathrm{D}^+}. \tag{7,99}$$

Gleichung (7,99) gilt auch bei $T > 0$ K, wenn N_{A^+} und N_{D^-} groß sind und der Kompensationsgrad hoch ist. (7,99) lautet dann:

$$\frac{N_\mathrm{A}}{2 \exp\left(\frac{W_\mathrm{A} - W_\mathrm{F}}{k_\mathrm{B}T}\right) + 1} = \frac{N_\mathrm{D}}{2 \exp\left(\frac{W_\mathrm{F} - W_\mathrm{D}}{k_\mathrm{B}T}\right) + 1}. \tag{7,100}$$

Da in unserem Beispiel der kompensierte Halbleiter nach wie vor n-leitend sein soll, liegt W_F oberhalb der Bandmitte zum Leitungsband hin. Damit wird

$$\frac{W_\mathrm{A} - W_\mathrm{F}}{k_\mathrm{B}T} \ll -1,$$

und

$$2 \exp\left(\frac{W_\mathrm{A} - W_\mathrm{F}}{k_\mathrm{B}T}\right)$$

ist gegen die 1 im Nenner der linken Seite von (7,100) zu vernachlässigen. Für das Fermi-Niveau erhalten wir dann

$$\exp\left(\frac{W_\mathrm{F} - W_\mathrm{D}}{k_\mathrm{B}T}\right) = \frac{N_\mathrm{D} - N_\mathrm{A}}{2N_\mathrm{A}}, \tag{7,101}$$

$$W_\mathrm{F} = W_\mathrm{D} + k_\mathrm{B}T \ln \frac{N_\mathrm{D} - N_\mathrm{A}}{2N_\mathrm{A}}. \tag{7,102}$$

Für $T \to 0$ K geht $W_\mathrm{F} \to W_\mathrm{D}$, d. h., das Fermi-Niveau fällt mit dem Donatorniveau zusammen.

Einsetzen von W_F in (7,48) liefert

$$n = \frac{N_C(N_D - N_A)}{2N_A} \exp\left(-\frac{\Delta W_D}{k_B T}\right) \tag{7,103}$$

(vgl. (7,87)). Beim unkompensierten Halbleiter (7,87) war $n \sim \exp\left(-\frac{\Delta W_D}{2k_B T}\right)$.
Für den Fall $N_A > N_D$ erhalten wir unter den gleichen Voraussetzungen

$$W_F = W_A - k_B T \ln \frac{N_A - N_D}{2N_D} \tag{7,104}$$

und

$$p = \frac{N_V(N_A - N_D)}{2N_D} \exp\left(-\frac{\Delta W_A}{k_B T}\right). \tag{7,105}$$

2. Kann für den Halbleiter mit Donatoren bei höheren Temperaturen n nicht mehr vernachlässigt werden, geht (7,99) über in

$$n + N_{A^-} = N_{D^+}$$

oder

$$N_C \exp\left(\frac{W_F - W_C}{k_B T}\right) + \frac{N_A}{2\exp\left(\frac{W_A - W_F}{k_B T}\right) + 1} = \frac{N_D}{2\exp\left(\frac{W_F - W_D}{k_B T}\right) + 1}. \tag{7,106}$$

Da es sich um einen n-Halbleiter mit W_F oberhalb der Bandmitte handelt, gilt:

$$\frac{W_A - W_F}{k_B T} \ll -1; \qquad 2\mathrm{e}^{\frac{W_A - W_F}{k_B T}} \ll 1. \tag{7,107}$$

Das bedeutet, daß alle Akzeptoren besetzt sind.

Unter Beachtung von (7,108) wird aus (7,107)

$$N_C\, \mathrm{e}^{\frac{W_F - W_C}{k_B T}} + N_A = \frac{N_D}{2\mathrm{e}\,\dfrac{W_F - W_D}{k_B T} + 1}. \tag{7,108}$$

Mit $\exp(W_F/k_B T) = x$ läßt sich (7,108) wie folgt schreiben:

$$x^2 + x\left[\frac{1}{2}\exp\left(\frac{W_D}{k_B T}\right) + \frac{N_A}{N_C}\exp\left(\frac{W_C}{k_B T}\right)\right] - \frac{(N_D - N_A)}{2N_C}\exp\left(\frac{W_C + W_D}{k_B T}\right) = 0. \tag{7,109}$$

Da bei den meisten einwertigen Donatoren die Zustände W_D sehr eng bei W_C liegen (Abschnitt 7.2.3.), ist $\exp\left(\frac{W_D}{k_B T}\right) \approx \exp\left(\frac{W_C}{k_B T}\right)$. Auf Grund der Nichtentartung und einer nicht zu starken Kompensation bleibt $N_A \ll N_C$, so daß aus (7,109)

$$x^2 + \frac{x}{2}\exp\left(\frac{W_D}{k_B T}\right) - \frac{(N_D - N_A)}{2N_C}\exp\left(\frac{W_C + W_D}{k_B T}\right) = 0 \tag{7.10}$$

wird.

Diese Gleichung entspricht (7,81), wenn man N_D durch $(N_D - N_A)$ ersetzt. In Analogie zu (7,85) und (7,87) erhalten wir

$$W_F = \frac{W_C + W_D}{2} + \frac{k_B T}{2} \ln \frac{N_D - N_A}{2N_C} \tag{7,111}$$

und

$$n = \sqrt{\frac{(N_D - N_A)\,N_C}{2}} \exp\left(-\frac{\Delta W_D}{2k_B T}\right). \tag{7,112}$$

Im Gegensatz zu (7,85) und (7,87) gelten (7,111) und (7,112) nicht für den Grenzübergang $T \to 0$, da dann auch $N_C \to 0$ geht und die Annahme $N_A \ll N_C$ nicht mehr gilt, die von (7,109) auf (7,110) führte.

In diesem zweiten Bereich bei höheren Temperaturen lauten für $N_A > N_D$ die äquivalenten Gleichungen

$$W_F = \frac{W_V + W_A}{2} - \frac{k_B T}{2} \ln \frac{N_A - N_D}{2N_V}, \tag{7,113}$$

$$p = \sqrt{\frac{(N_A - N_D)\,N_V}{2}} \exp\left(-\frac{\Delta W_A}{2k_B T}\right). \tag{7,114}$$

3. Bei noch höheren Temperaturen tritt bei einwertigen Donatoren, die teilweise kompensiert sind, eine *Störstellenerschöpfung* ein. Dies gilt z. B. für wasserstoffähnliche Störstellen mit Akzeptor- und Donatorcharakter in Si, Ge und GaAs im Bereich der Zimmertemperatur. Ähnliche Überlegungen wie zu (7,90) führen für den kompensierten n-Halbleiter auf

$$W_F = W_C + k_B T \ln\left(\frac{N_D - N_A}{N_C}\right) \tag{7,115}$$

bzw.

$$n = N_D - N_A. \tag{7,116}$$

Für einen kompensierten p-Halbleiter erhalten wir in der Störstellenerschöpfung

$$W_F = W_V - k_B T \ln\left(\frac{N_A - N_D}{N_V}\right) \tag{7,117}$$

und

$$p = N_A - N_D. \tag{7,118}$$

Für sehr hohe Temperaturen geht auch der kompensierte Halbleiter in den Eigenleitungsbereich über. Abbildung 7.18 zeigt für verschiedene Kompensationsgrade die Abhängigkeit der Konzentration der Leitungselektronen von der reziproken Temperatur für einen n-Halbleiter. Für stark kompensierte Halbleiter tritt der Bereich 2 $\left[n \sim \exp\left(-\frac{\Delta W_D}{2k_B T}\right)\right]$ gar nicht mehr auf, sondern Bereich 1 $\left[n \sim \exp\left(-\frac{\Delta W_D}{k_B T}\right)\right]$ mündet gleich in die Störstellenerschöpfung. Zur besseren Einordnung der verschiedenen Bereiche sind in Tabelle 7.3 einige wichtige Größen als Funktion der Temperatur zusammengestellt.

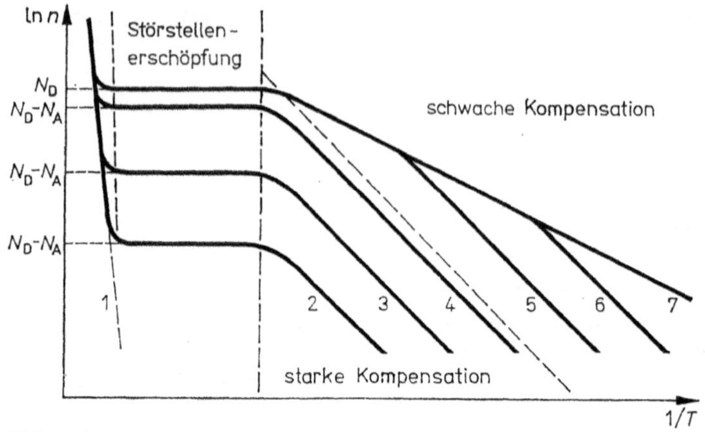

Abb. 7.18

Abhängigkeit der Ladungsträgerkonzentration von $1/T$ bei unterschiedlich kompensierten n-Halbleitern

1 — Eigenhalbleiter
2···6 — abnehmender Grad der Kompensation
7 — nichtkompensierter n-Halbleiter.

7.3.7. Raumladungen und Felder in Halbleitern

Die bisherigen Aussagen zur Statistik der freien Ladungsträger in Halbleitern bezogen sich immer auf den raumladungsfreien Festkörper, d. h., wir nahmen immer die Gültigkeit der Neutralitätsbedingung (7,70) an. Bei realen Halbleiteranordnungen tritt häufig der Fall ein, daß die geladenen lokalisierten Störstellen Raumladungen erzeugen, die nicht von frei beweglichen Elektronen bzw. Löchern kompensiert werden können. Das trifft für Randschichten, Metall-Halbleiter-Übergänge, p/n-Übergänge und andere Inhomogenitäten in Halbleitern zu. Die Raumladungen erzeugen elektrische Felder, die auf die freien Ladungsträger einwirken. Statt der Neutralitätsbedingung (7,70) gilt in diesen Fällen die *Poisson-Gleichung*

$$\frac{d^2\varphi}{d\boldsymbol{r}^2} = -\frac{\varrho}{\varepsilon\varepsilon_0} \tag{7,119}$$

mit

$$\varrho = e(p + N_{D^+} - n - N_{A^-}). \tag{7,120}$$

Das mit der Raumladung verbundene elektrische Potential ruft eine Bandverbiegung hervor (Abschnitt 7.2.5.), so daß

$$\overline{W}_C = W_C - e\varphi \tag{7,121}$$

und

$$\overline{W}_V = W_V - e\varphi$$

wird. Für die Gesamtenergie der Zustände im Leitungsband können wir in Anlehnung an (7,2)

$$W = W_C - e\varphi + \frac{\hbar^2k^2}{2m_{zn}} \tag{7,122a}$$

Tabelle 7.3

Temperaturabhängigkeit von N_C und n_i

T/K	1	4	20	50	100	200	300	400	500	600	800
$k_B T$/eV	$8{,}6 \cdot 10^{-5}$	$3{,}4 \cdot 10^{-4}$	$1{,}7 \cdot 10^{-3}$	$4{,}3 \cdot 10^{-3}$	$8{,}6 \cdot 10^{-3}$	$1{,}7 \cdot 10^{-2}$	$2{,}6 \cdot 10^{-2}$	$3{,}4 \cdot 10^{-2}$	$4{,}3 \cdot 10^{-2}$	$5{,}1 \cdot 10^{-2}$	$6{,}9 \cdot 10^{-2}$
N_C/cm^{-3}	$5 \cdot 10^{16}$	$4 \cdot 10^{16}$	$4 \cdot 10^{17}$	$2 \cdot 10^{18}$	$5 \cdot 10^{18}$	$1 \cdot 10^{19}$	$2{,}6 \cdot 10^{19}$	$4 \cdot 10^{19}$	$5 \cdot 10^{19}$	$7 \cdot 10^{19}$	$1 \cdot 10^{20}$
n_i/cm^{-3}	—	—	—	—	$2 \cdot 10^{-10}$	$5 \cdot 10^{4}$	$8 \cdot 10^{9}$	$2 \cdot 10^{12}$	$8 \cdot 10^{13}$	$9 \cdot 10^{14}$	$2 \cdot 10^{16}$

N_C berechnet unter der Annahme $m_{zn} = m_0$;
n_i für Si mit $W_g = 1{,}12$ eV bei 300 K; $m_{zn} = 1{,}08 m_0$; $m_{zp} = 0{,}59 m_0$

schreiben. Durch Einfügen von (7,121) in (7,122) erhalten wir:

$$W = \overline{W}_C + \frac{\hbar^2 k^2}{2m_{zn}}, \tag{7,122b}$$

so daß sich für die Zustandsdichtefunktion

$$D(W) = 4\pi \left(\frac{2m_{zn}}{\hbar^2}\right)^{3/2} (W - \overline{W}_C)^{1/2} \tag{7,123}$$

formal eine Übereinstimmung mit (7,4) ergibt. Eine dem Abschnitt 7.3.2. analoge Rechnung für die Konzentrationen der Elektronen im Leitungsband und der Defektelektronen im Valenzband führt auf folgende Ausdrücke für den nichtentarteten Halbleiter:

$$n = N_C \exp\left(\frac{\overline{W}_F - \overline{W}_C}{k_B T}\right) \tag{7,124}$$

und

$$p = N_V \exp\left(\frac{\overline{W}_V - \overline{W}_F}{k_B T}\right). \tag{7,125}$$

Daraus folgen für $\overline{W}_F$ die Beziehungen

$$\overline{W}_F = \overline{W}_C + k_B T \ln \frac{n}{N_C} \tag{7,126}$$

und

$$\overline{W}_F = \overline{W}_V - k_B T \ln \frac{p}{N_V}. \tag{7,127}$$

Unter Beachtung von (7,121) wird

$$\overline{W}_F = W_C - e\varphi + k_B T \ln \frac{n}{N_D} \tag{7,128}$$

und

$$\overline{W}_F = W_V - e\varphi - k_B T \ln \frac{p}{N_V}. \tag{7,129}$$

Im thermodynamischen Gleichgewicht gilt für ein System mit veränderlicher Teilchenzahl, das sich unter dem Einfluß eines elektrischen Feldes befindet, im gesamten Raum

$$\overline{W}_F = \text{const.} \tag{7,130}$$

$\overline{W}_F$ wird als *elektrochemisches Potential* bezeichnet und geht aus W_F, dem Fermi-Niveau bzw. dem *chemischen Potential,* durch Addition der elektrostatischen Energie hervor:

$$\overline{W}_F = W_F - e\varphi \tag{7,131}$$

bzw.

$$\overline{W}_F = W_C - k_B T \ln \frac{n}{N_C} - e\varphi. \tag{7,132}$$

Sind im thermodynamischen Gleichgewicht die elektrischen Potentiale φ ortsabhängig, so muß auch n ortsabhängig sein, damit (7,130) erfüllt werden kann. Wir können (7,124) und (7,125) explizit schreiben als

$$n(\boldsymbol{r}) = N_C \exp\left(\frac{\overline{W}_F - W_C + e\varphi(\boldsymbol{r})}{k_B T}\right) \tag{7,133}$$

und

$$p(\boldsymbol{r}) = N_V \exp\left(\frac{W_V - e\varphi(\boldsymbol{r}) - \overline{W}_F}{k_B T}\right). \tag{7,134}$$

Für zwei verschiedene Orte $\boldsymbol{r}_1$ und $\boldsymbol{r}_2$ erhält man

$$n(\boldsymbol{r}_1) = n(\boldsymbol{r}_2) \exp\left(\frac{e}{k_B T}\left[\varphi(\boldsymbol{r}_1) - \varphi(\boldsymbol{r}_2)\right]\right) \tag{7,135}$$

und

$$p(\boldsymbol{r}_1) = p(\boldsymbol{r}_2) \exp\left(\frac{e}{k_B T}\left[\varphi(\boldsymbol{r}_2) - \varphi(\boldsymbol{r}_1)\right]\right). \tag{7,136}$$

Die für den Eigenhalbleiter und den Störstellenhalbleiter geltende Beziehung

$$n \cdot p = n_i^2 = N_C N_V \exp \frac{W_g}{k_B T} \tag{7,66}$$

bleibt auch beim Vorhandensein elektrischer Potentiale gültig, wie eine Multiplikation von (7,133) mit (7,134) zeigt:

$$n(\boldsymbol{r}) \cdot p(\boldsymbol{r}) = n_i^2 = N_C \cdot N_V \exp\left(-\frac{W_g}{k_B T}\right). \tag{7,137}$$

Bei einem Halbleiter im thermodynamischen Gleichgewicht sind die beschriebenen Verhältnisse besonders an Oberflächen und Dotierungsinhomogenitäten anzutreffen. Wie in Abschnitt 7.2.4. bereits erwähnt wurde, können sich die Halbleiteroberflächen negativ bzw. positiv aufladen. Diese Aufladung influenziert im Halbleiterinnern eine exponentiell abklingende Raumladung zur Kompensation. Abbildung 7.19 gibt für einen Eigenhalbleiter den Verlauf des elektrostatischen Potentials und der Bänder wieder. In beiden Fällen wurde von einem halbseitig in x-Richtung unendlich ausgedehnten Halbleiter ausgegangen. Die Oberfläche (y-z-Ebene) trägt entweder eine homogene negative oder eine homogene positive Ladung. Ein Ausschnitt davon ist in den oberen Darstellungen von Abb. 7.19 sichtbar gemacht. Darunter sind die Verläufe des dazugehörigen elektrostatischen Potentials $\varphi(x)$ zu sehen, wenn wir voraussetzen, daß der Halbleiter im Inneren neutral ist und das elektrostatische Potential $\varphi = 0$ besitzt. Im Beispiel von Abb. 7.19a wurden Elektronen von den Zuständen in der Oberfläche eingefangen. Dafür verbleiben im Halbleiter die nicht kompensierten positiven Ladungen, deren Konzentration zum Halbleiterinnern hin allmählich abfällt. Für große x-Werte liegt Neutralität mit den Konzentrationen $n = p = n_i$ vor. Am Rande führt das elektrostatische Potential $\varphi(x)$ über $\overline{W}_C = W_C - e\varphi(x)$ auf eine Elektronenkonzentration im Leitungsband

$$n(x) = N_C \exp\left(\frac{W_F - W_C + e\varphi(x)}{k_B T}\right) \tag{7,138}$$

und eine Defektelektronenkonzentration im Valenzband

$$p(x) = N_V \exp\left(\frac{W_V - e\varphi(x) - W_F}{k_B T}\right). \tag{7,139}$$

Im Halbleiterinnern ist $\varphi(x) = 0$. Da $\overline{W}_F = W_F = \text{const}$ ist, gelten hier die Beziehungen (7,48) und (7,59). Für den Rand erhalten wir

$$n(x) = n_H \exp\left(\frac{e\varphi(x)}{k_B T}\right) \tag{7,140}$$

und

$$p(x) = p_H \exp\left(-\frac{e\varphi(x)}{k_B T}\right). \tag{7,141}$$

n_H und p_H sind die Gleichgewichtsladungsträgerkonzentrationen im Halbleiterinnern. Diese Gleichungen hätte man auch direkt aus (7,135) und (7,136) gewinnen können mit $\varphi(x_2) = 0$, wobei x_2 im Halbleiterinnern liegt.

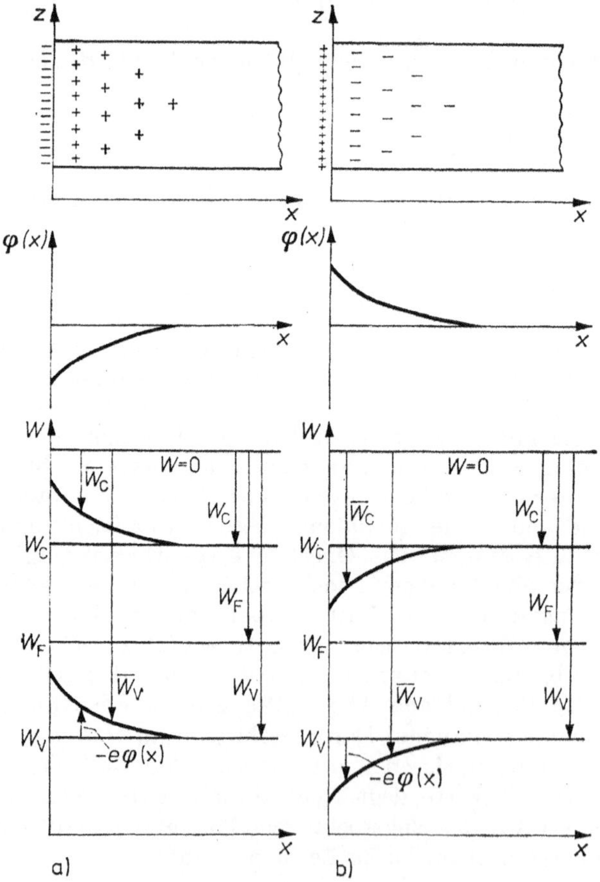

Abb. 7.19

Bandverbiegungen an der Halbleiteroberfläche.

Da das Potential in Abb. 7.19a zur Oberfläche hin negativ wird, nimmt die Konzentration der Elektronen im Leitungsband ab, die Konzentration der Löcher (Defektelektronen) im Valenzband dagegen zu. Wir sprechen in diesem Fall von einer Verarmungsschicht für Elektronen an der Oberfläche. Sie ist gleichzeitig mit einer Anreicherungsschicht für Defektelektronen verbunden, da für jeden Ort x nach (7,137) gilt:

$$n(x) \cdot p(x) = n_i^2. \tag{7,142}$$

Umgekehrt liegen die Verhältnisse bei positiven Oberflächenladungen (Abb. 7.19b). Das Potential $\varphi(x)$ ist positiv. Für Elektronen besteht eine Anreicherungsschicht, verbunden mit einer Verarmungsschicht für Löcher. Diese Überlegungen gelten auch für den Störstellenhalbleiter. Hier kann der für die Funktion der oberflächengesteuerten Bauelemente wichtige Fall der Inversion des Leitungstyps auftreten. Gehen wir wie in Abb. 7.20 von einem n-leitenden Material aus, so sind bei großen x-Werten die Elektronen *Majoritätsladungsträger* ($n > n_i$; $p < n_i$). Der Halbleiter ist neutral. Befinden sich auf der Oberfläche negative Ladungen, so baut sich in Oberflächennähe eine positive Raumladung zur Kompensation auf. Damit ist ein elektrostatisches Potential $\varphi(x)$ entsprechend Abb. 7.19a verbunden. Im Gebiet der Raumladung errechnen sich die Ladungsträgerkonzentrationen für den nichtentarteten Halbleiter zu:

$$n(x) = N_C \exp\left(\frac{\overline{W}_F - \overline{W}_C}{k_B T}\right), \tag{7,143}$$

$$p(x) = N_V \exp\left(\frac{\overline{W}_V - \overline{W}_F}{k_B T}\right). \tag{7,144}$$

Vom Halbleiterinnern aus gesehen fällt die Konzentration der Elektronen im Raumladungsgebiet ab. In Formel (7,143) kommt das dadurch zum Ausdruck, daß $\overline{W}_F - \overline{W}_C$ größere negative Werte annimmt. Gleichzeitig wird der negative Wert $\overline{W}_V - \overline{W}_F$ immer kleiner, und die Konzentration der Löcher nimmt in derselben Richtung zu. Vernachlässigen wir in erster Näherung die unterschiedlichen Werte der Zustandsdichte-Massen für Elektronen im Leitungsband und Löcher im Valenzband, so ist $N_C = N_V$. Bei x_i (Abb. 7.20) wird $\overline{W}_F - \overline{W}_C = \overline{W}_V - \overline{W}_F$ und damit $n(x_i) = p(x_i) = n_i$. In diesem Bereich ist der Halbleiter eigenleitend und auf Grund der im Verhältnis zum Störstellenhalbleiter geringen Ladungsträgerkonzentration sehr hochohmig. Im Gebiet $x < x_i$ nähert sich $\overline{W}_V$ immer mehr $\overline{W}_F$, und $p(x)$ wird größer als n_i. Im oberflächennahen Gebiet ist der Halbleiter p-leitend. Es liegt eine *Inversionsschicht* vor. Die Elektronen sind auf Grund der großen Verarmung zu *Minoritätsladungsträgern* ($n < n_i$) geworden.

Bei einem p-leitenden Material führen negative Oberflächenladungen nur zu einer Anreicherung der Majoritätsladungsträger, der Löcher. Eine Inversion findet nicht statt.

Bei einem p/n-Übergang, dessen Grenzfläche die mit Oxid passivierte Halbleiteroberfläche schneidet, können große negative Oberflächenladungen im n-Gebiet eine Inversion herbeiführen, so daß in Oberflächennähe eine durchgehende p-leitende Schicht entsteht. Der p/n-Übergang ist teilweise kurzgeschlossen. Andererseits ist es auch mit Hilfe einer Feldplatte, die gegenüber dem Halbleiter isoliert und ein negatives bzw. positives Potential besitzt, möglich, Verbiegungen der Bänder in Oberflächennähe herbeizuführen. Gehen wir von einem n-Halbleiter ohne Oberflächenladungen aus, so befinden sich in Oberflächennähe keine Raumladungen. Die Bänder verlaufen gerade bis an die Oberfläche. Wir sprechen vom sogenannten *Flachbandverlauf*. Legt man an die Feldplatte ein negatives Potential gegenüber dem Halbleiterinnern an, so wird in Oberflächennähe eine positive Raumladung influenziert, die zur Bandverbiegung wie bei einer negativen Oberflächenladung führt. Durch eine entsprechend hohe Potentialdifferenz zwischen Feldplatte und Halbleiterinnern ist es möglich, an der Oberfläche ein Inversionsgebiet mit p-Leitung zu erzeugen, das vom darunterliegenden n-Gebiet durch ein hochohmiges Eigenleitungsgebiet getrennt ist. Die Dicke der Inversionsschicht (x_i in Abb. 7.20) wird von der angelegten Potentialdifferenz gesteuert. Ist die Feldplatte nur ein schmaler Streifen, so entsteht an der Oberfläche ein entsprechender p-Kanal mit steuerbarem elektrischem Leitwert. Diese Anordnung stellt das Grundprinzip eines MIS-Transistors dar.

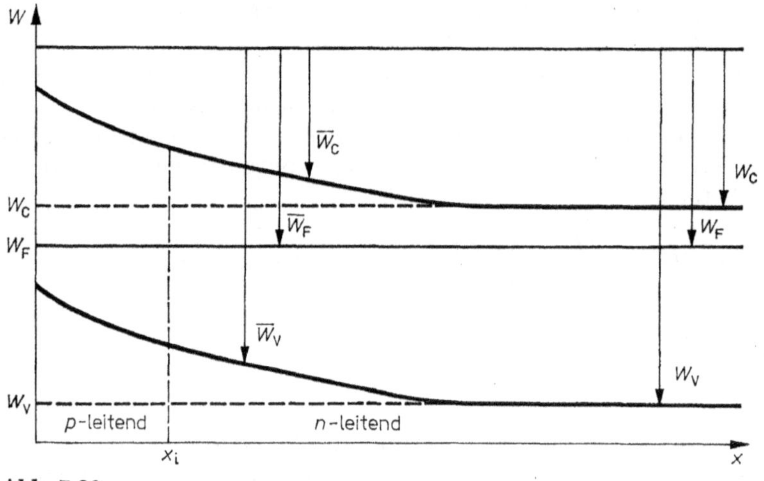

Abb. 7.20
Entstehung einer Inversionsschicht durch Bandverbiegung an der Oberfläche.

Wenn an der Oberfläche Ladungen vorhanden sind, kann man andererseits mittels einer Potentialdifferenz zwischen Feldplatte und Halbleiterinnern die Bandverbiegung aufheben, so daß ein Flachbandverlauf vorliegt. Die dazu notwendige Potentialdifferenz wird *Flachbandspannung* genannt. Sie ist für die Charakterisierung der Bandverbiegung von Bedeutung.

7.3.8. *p*/*n*-Übergang im Gleichgewicht

Ein p/n-Übergang wird durch Aneinandergrenzen eines p-leitenden und eines n-leitenden Gebietes in einem Halbleiter gleicher chemischer Zusammensetzung erzeugt. Derartige Übergänge sind die Grundbestandteile aktiver bipolarer Bauelemente sowohl in diskreter Form als auch in der bipolaren Blocktechnik. Sie werden durch Dotierung mit energetisch flachen Störstellen hergestellt. Die flachen Störstellen befinden sich bei der Arbeitstemperatur elektronischer Bauelemente im Gebiet der Störstellenerschöpfung, so daß für den p-leitenden Halbleiter $N_A = p$ und den n-leitenden Halbleiter $N_D = n$ gilt. Gehen wir, wie in Abb. 7.21a, von einem symmetrischen

p/n-Übergang, an dem keine äußere Spannung liegt, aus, so laufen im Übergangsgebiet folgende Teilprozesse ab:

1. Durch Diffusion wird im Übergangsgebiet das Konzentrationsgefälle der Elektronen und Defektelektronen abgebaut. Vom p- zum n-Gebiet fließt gemäß dem 1. *Fickschen Gesetz* ein Teilchenstrom (Defektelektronen) mit der Stromdichte

$$\boldsymbol{s}_\mathrm{p} = -D_\mathrm{p} \frac{\mathrm{d}p}{\mathrm{d}\boldsymbol{r}} \tag{7,145}$$

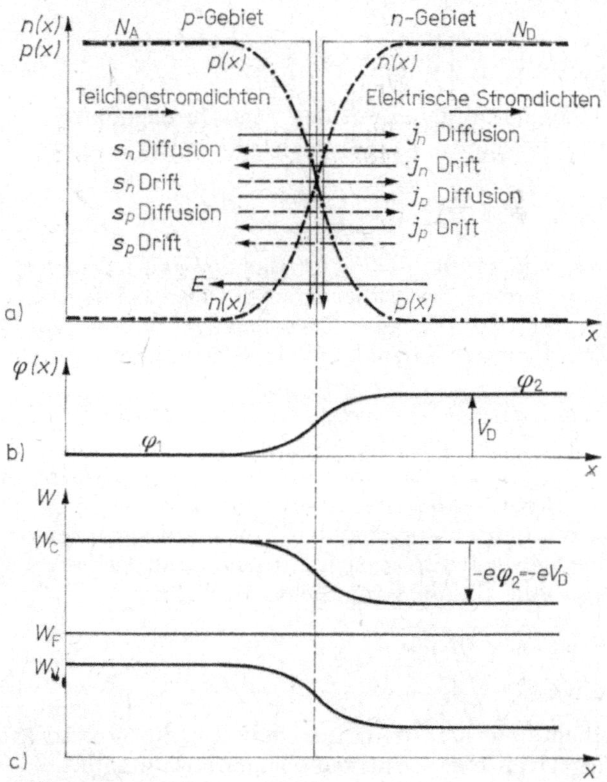

Abb. 7.21
Der p/n-Übergang im Gleichgewicht.

durch die Grenzfläche. Die Teilchenstromdichte von Elektronen in der umgekehrten Richtung beträgt

$$\boldsymbol{s}_\mathrm{n} = -D_\mathrm{n} \frac{\mathrm{d}n}{\mathrm{d}\boldsymbol{r}}, \tag{7,146}$$

D_p bzw. D_n sind die Diffusionskonstanten für Defektelektronen bzw. Elektronen.

2. Durch das Eindiffundieren von Elektronen in das p-Gebiet und durch das Ausdiffundieren von Defektelektronen entsteht im Übergangsgebiet eine negative Raumladung, da die negativ geladenen Akzeptoren im p-Gebiet und die eindiffundierten Elektronen ladungsmäßig nicht kompensiert werden. Entsprechend bildet

sich im n-Gebiet eine positive Raumladung in der Nähe des Übergangs, die in größerem Abstand vom Übergang wieder verschwindet. Durch die Raumladung entsteht eine Potentialdifferenz zwischen beiden Gebieten, die nach (7,135) bzw. (7,136) berechnet werden kann. Es sei $p(x)$ weit im p-Gebiet gleich $p_1 = N_A$ und $p(x)$ weit im n-Gebiet gleich p_2. Wegen $n_2 \cdot p_2 = n_i^2$ und $n_2 = N_D$ wird

$$p_2 = \frac{n_i^2}{N_D}. \tag{7,147}$$

Formel (7,136) auf unseren Fall angewandt lautet:

$$p_1 = p_2 \exp\left[\frac{e}{k_B T}(\varphi_2 - \varphi_1)\right] = \frac{n_i^2}{N_D} \exp \frac{e}{k_B T}(\varphi_2 - \varphi_1). \tag{7,148}$$

Da $p_2 < p_1$ ist, muß in Übereinstimmung mit den oben durchgeführten qualitativen Überlegungen $\varphi_2 > \varphi_1$ sein. Gleichung (7,148) nach φ aufgelöst, ergibt:

$$\varphi_2 - \varphi_1 = \frac{k_B T}{e} \ln \frac{N_D \cdot N_A}{n_i^2} = V_D; \tag{7,149}$$

V_D wird *Diffusionsspannung* genannt, $-eV_D$ ist das *Diffusionspotential.* Bei einer Dotierung von $N_A = N_D = 10^{17}\ \mathrm{cm^{-3}}$ in Silicium ergibt sich bei Zimmertemperatur bei einem Bandabstand von 1,12 eV, einer Zustandsdichte-Masse von $1{,}08 m_0$ für das Leitungsband und $0{,}59 m_0$ für das Valenzband eine Potentialdifferenz von $\varphi_2 - \varphi_1 = 0{,}84$ V.

Im Grenzgebiet erfolgt ein stetiger Übergang von φ_2 zu φ_1 (Abb. 7.21b). Das führt zu einer Verbiegung der Bandkanten in der Bänderdarstellung gemäß Abb. 7.21c. Durch die Abhängigkeit $\varphi(x)$ in der Nähe des p/n-Übergangs wird ein elektrisches Feld $\boldsymbol{E}$ aufgebaut, das in Richtung der negativen Raumladung zeigt. Dieses Feld ruft Driftströme hervor, die den entsprechenden Teilchenströmen entgegengesetzt sind. Im thermischen Gleichgewicht halten sich Diffusion und Driftstrom jeder Teilchensorte die Waage, so daß die Gesamtstromdichte Null ist:

$$\begin{aligned} \boldsymbol{j}_{\mathrm{ngesamt}} &= 0 = \boldsymbol{j}_{\mathrm{nDiffusion}} + \boldsymbol{j}_{\mathrm{nDrift}}, \\ \boldsymbol{j}_{\mathrm{pgesamt}} &= 0 = \boldsymbol{j}_{\mathrm{pDiffusion}} + \boldsymbol{j}_{\mathrm{pDrift}}. \end{aligned} \tag{7,150}$$

Die elektrischen Stromdichten erhält man aus den Teilchenstromdichten durch Multiplikation mit der negativen bzw. positiven Elementarladung e:

$$\begin{aligned} \boldsymbol{j}_{\mathrm{nDiffusion}} &= -e\boldsymbol{s}_{\mathrm{nDiffusion}} = +eD_N \frac{\mathrm{d}n}{\mathrm{d}\boldsymbol{r}}, \\ \boldsymbol{j}_{\mathrm{pDiffusion}} &= +e\boldsymbol{s}_{\mathrm{pDiffusion}} = -eD_p \frac{\mathrm{d}p}{\mathrm{d}\boldsymbol{r}}. \end{aligned} \tag{7,151}$$

Unter Beachtung von (7,151) und der Gleichung für die Driftstromdichte bekommt (7,150) die endgültige Form

$$\begin{aligned} \boldsymbol{j}_{\mathrm{ngesamt}} &= 0 = eD_n \frac{\mathrm{d}n}{\mathrm{d}\boldsymbol{r}} + en\mu_n \boldsymbol{E}, \\ \boldsymbol{j}_{\mathrm{pgesamt}} &= 0 = -eD_p \frac{\mathrm{d}p}{\mathrm{d}\boldsymbol{r}} + ep\mu_p \boldsymbol{E} \end{aligned} \tag{7,152}$$

bzw.

$$\begin{aligned} \boldsymbol{j}_{\text{ngesamt}} &= 0 = eD_{\text{n}} \frac{\mathrm{d}n}{\mathrm{d}\boldsymbol{r}} + \sigma_{\text{n}}\boldsymbol{E}, \\ \boldsymbol{j}_{\text{pgesamt}} &= 0 = eD_{\text{p}} \frac{\mathrm{d}p}{\mathrm{d}\boldsymbol{r}} + \sigma_{\text{p}}\boldsymbol{E} \end{aligned} \tag{7,153}$$

mit $\sigma_{\text{n}} + \sigma_{\text{p}} = \sigma$, der elektrischen Leitfähigkeit des entsprechenden Materials.

Zu einem ähnlichen Ergebnis gelangt man unter Benutzung der Gleichungen (7,128) und (7,129). Diese gelten für den nichtentarteten Halbleiter. Im thermodynamischen Gleichgewicht ist $\overline{W}_{\text{F}}$ eine Konstante. Die Ableitung von $\overline{W}_{\text{F}}$ nach den Ortskoordinaten muß folglich Null sein:

$$\frac{\mathrm{d}\overline{W}_{\text{F}}}{\mathrm{d}\boldsymbol{r}} = 0. \tag{7,154}$$

Wird diese Differentiation auf (7,128) und (7,129) angewendet, so erhalten wir

$$\begin{aligned} 0 &= -e \frac{\mathrm{d}\varphi}{\mathrm{d}\boldsymbol{r}} + \frac{k_{\text{B}}T}{n} \frac{\mathrm{d}n}{\mathrm{d}\boldsymbol{r}}, \\ 0 &= -e \frac{\mathrm{d}\varphi}{\mathrm{d}\boldsymbol{r}} - \frac{k_{\text{B}}T}{p} \frac{\mathrm{d}p}{\mathrm{d}\boldsymbol{r}}, \end{aligned} \tag{7,155}$$

da W_{C}, W_{V}, N_{C}, N_{V} für einen Halbleiter gleicher chemischer Zusammensetzung Konstanten sind. Multipliziert man die Gleichungen mit $n \cdot \mu_{\text{n}}$ bzw. $p \cdot \mu_{\text{p}}$, so wird ein Vergleich mit (7,152) möglich:

$$\begin{aligned} 0 &= en\mu_{\text{n}}\boldsymbol{E} + k_{\text{B}}T\mu_{\text{n}} \frac{\mathrm{d}n}{\mathrm{d}\boldsymbol{r}}, \\ 0 &= ep\mu_{\text{p}}\boldsymbol{E} - k_{\text{B}}T\mu_{\text{p}} \frac{\mathrm{d}p}{\mathrm{d}\boldsymbol{r}}. \end{aligned} \tag{7,156}$$

Für den nichtentarteten Halbleiter gelten folglich die Beziehungen

$$D_{\text{n}} = \frac{k_{\text{B}}T\mu_{\text{n}}}{e} \tag{7,157}$$

und

$$D_{\text{p}} = \frac{k_{\text{B}}T\mu_{\text{p}}}{e}.$$

7.4. Halbleiter im Nichtgleichgewicht

7.4.1. Generation und Rekombination von Ladungsträgern

Störungen der Gleichgewichtsladungsträgerkonzentration führen zu einer Veränderung der Besetzung der elektronischen Zustände gegenüber der Gleichgewichtsbesetzung. Diese wird ausgedrückt durch das Produkt $f(W) \cdot D(W)$ für Elektronen und $[1 - f(W)] \cdot D(W)$ für Defektelektronen. Im Nichtgleichgewicht verändert sich die Besetzungswahrscheinlichkeit auf $f^*(W)$ und damit auch die Ladungsträgerkonzentrationen von n zu n^* und p zu p^*. n^* und p^* sind im allgemeinsten Falle

Funktionen des Ortes und der Zeit:

$$n^* = n^*(\boldsymbol{r}, t),$$
$$p^* = p^*(\boldsymbol{r}, t). \tag{7,158}$$

Andererseits werden n^* und p^* oft als Abweichungen von den Gleichgewichtsladungsträgerkonzentrationen n und p ausgedrückt:

$$n^* = n + n_1,$$
$$p^* = p + p_1. \tag{7,159}$$

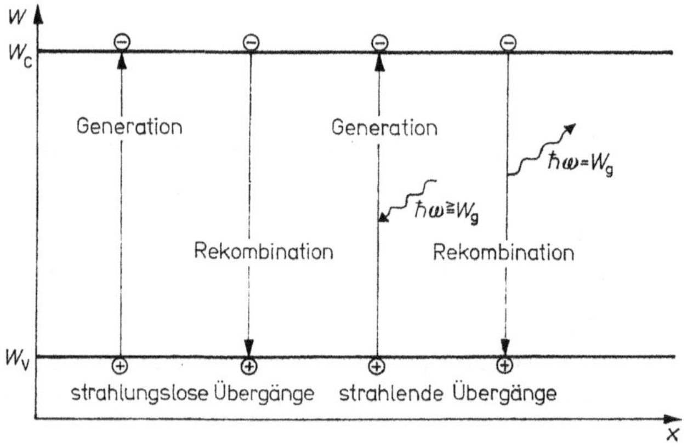

Abb. 7.22
Generations- und Rekombinationsvorgänge im Eigenhalbleiter.

Für die theoretische Behandlung des Nichtgleichgewichts ist die Kenntnis der Besetzungswahrscheinlichkeit $f^*(W)$ der Zustände wichtig. Auch sie ist eine Funktion des Ortes und der Zeit für eine bestimmte Energie:

$$f^* = f^*(W, \boldsymbol{r}, t). \tag{7,160}$$

Unter Benutzung der Verteilungsfunktion ist es mit Hilfe der Boltzmannschen Transportgleichung prinzipiell möglich, die Transporterscheinungen in Halbleitern zu berechnen. Im allgemeinsten Falle stimmt $f^*(W)$ auch in der Form nicht mehr mit $f(W)$, der Fermi-Dirac-Verteilungsfunktion überein. Im Nichtgleichgewicht ist eine Größe wie das chemische bzw. elektrochemische Potential nicht definiert. In vielen praktischen Fällen (s. Abschnitt 7.4.2.), wo die Abweichungen vom Gleichgewicht nicht zu groß werden, kann man Größen einführen, die eine ähnliche Bedeutung für das Nichtgleichgewicht besitzen wie W_F bzw. $\overline{W}_F$ für das Gleichgewicht.

Da thermische Gleichgewichte dynamische Vorgänge sind, die sich die Waage halten, entstehen durch Störungen dieser Prozesse Gleichgewichtsabweichungen. Bezogen auf die Ladungsträgerkonzentrationen im Halbleiter werden die Gleichgewichtsladungsträgerkonzentrationen durch das Wirken der *inneren Generation* und *Rekombination* eingestellt.

Durch äußere Einflüsse, wie z. B. durch ein Strahlungsfeld, kinetische Vorgänge an stromdurchflossenen Kontaktzonen (Abschnitt 7.4.5.) oder durch ein Temperaturfeld, kann das Gleichgewicht gestört werden. Die Prozesse der inneren Rekombination und Generation wirken den Abweichungen vom Gleichgewicht entgegen. In Abb. 7.22

sind die Generations- und Rekombinationsprozesse für den Eigenhalbleiter dargestellt. Die inneren Übergänge werden auch als *strahlungslose Übergänge* bezeichnet, während man die durch das äußere Strahlungsfeld bedingten Übergänge als *strahlende Übergänge* bezeichnet. Letztere besitzen für optoelektronische Bauelemente eine große Bedeutung. Beim Eigenhalbleiter wird bei jeder Generation ein Ladungsträgerpaar erzeugt und bei jeder Rekombination ein Ladungsträgerpaar vernichtet.

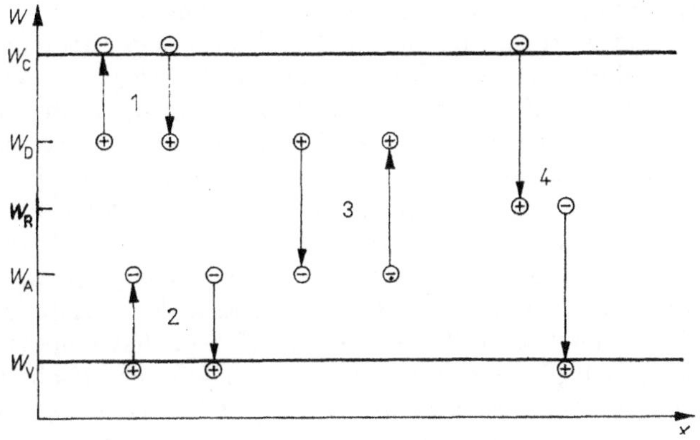

Abb. 7.23
Generations- und Rekombinationsvorgänge im Störstellenhalbleiter.

Beim Störstellenhalbleiter gibt es eine größere Vielfalt von Übergängen, wie Abb. 7.23 zeigt. Dabei sind die in Abb. 7.22 dargestellten Band-Band-Übergänge, die ebenfalls beim Störstellenhalbleiter vorhanden sind, der besseren Übersichtlichkeit wegen weggelassen. Alle eingezeichneten Prozesse können im Prinzip strahlungslos und strahlend verlaufen. Im allgemeinen sind jedoch die strahlungslos verlaufenden Übergänge vorherrschend.

Für Störstellen mit Donatorcharakter nahe der Leitfähigkeitsbandkante und für Störstellen mit Akzeptorcharakter nahe der Valenzbandkante erfolgen die Elektronenübergänge mit dem jeweiligen Band wie in Abb. 7.23 für Vorgang 1 und Vorgang 2 eingezeichnet. Da die Übergangswahrscheinlichkeit für ein Elektron zwischen zwei Zuständen exponentiell mit deren energetischem Abstand abnimmt, werden Elektronen von Donatorstörstellen kaum mit Defektelektronen des Valenzbandes rekombinieren. Ähnliche Überlegungen gelten für flache Akzeptorstörstellen. Charakteristisch für diese Übergänge ist, daß jeweils nur ein freier Ladungsträger erzeugt bzw. vernichtet wird, da die dazugehörige komplementäre Ladung an eine unbewegliche Störstelle gebunden ist. Da bei Zimmertemperatur die flachen Störstellen alle ionisiert sind (Abschnitt 7.3.4.), wird ein Elektron, das aus dem Leitungsband von einem unbesetzten Donatorzustand eingefangen wird (*Rekombination*), sofort wieder an das Leitungsband abgegeben (*Generation*).

Ist eine zweite Sorte Donatorstörstellen im Halbleiter vorhanden, deren Energieniveau in der Nähe des Fermi-Niveaus liegt, d. h. tiefer als die flachen Störstellen, so kann auch hier eine Wechselwirkung der Elektronen dieser Störstellen mit den Defektelektronen des Valenzbandes noch nicht in größerem Umfang erfolgen. Andererseits werden die eingefangenen Elektronen des Leitungsbandes nicht sofort wieder freigegeben, sondern halten sich längere Zeit in diesen Zuständen auf.

Niveaus dieser Art wirken wie „Fallen" (engl. „traps") für Leitungselektronen, man nennt sie *Trapzustände* bzw. *Haftstellen*. Sie beeinflussen entscheidend das An- und Abklingverhalten von Überschußladungsträgerkonzentrationen, indem sie diese Vorgänge stark verlangsamen. Auch für Defektelektronen gibt es entsprechende Haftstellenzustände. Wird der energetische Abstand der Störstellen von der einen Bandkante noch größer, so nimmt die Wahrscheinlichkeit zu, mit dem anderen Band in Wechselwirkung zu treten. In Abb. 7.23 stellt der Vorgang 4 einen derartigen Fall dar (z. B. Au in Si). Ein Elektron des Leitungsbandes wird von einer Störstelle (W_R) eingefangen. Dieses Elektron wird nun nicht in jedem Falle wieder an das Leitungsband abgegeben, sondern häufig an das Valenzband. Dort erfolgt die Vereinigung mit einem Defektelektron. Durch diesen zweistufigen Vorgang wird ein Elektron im Leitungsband und ein Defektelektron im Valenzband vernichtet. Zustände dieser Art werden daher *Rekombinationszentren* genannt. Sie begrenzen die mittlere Dauer des Aufenthaltes eines Elektrons im Leitungsband und eines Defektelektrons im Valenzband. Diese Aufenthaltszeiten tragen die Bezeichnung *Lebensdauer der Ladungsträger*. Ob ein tiefer Zustand als Haftstelle für eine Ladungsträgerart bzw. als Rekombinationszentrum wirkt, hängt außer von der Natur der Störstelle vor allem von der energetischen Lage der Störstelle zum Fermi-Niveau (Gleichgewicht) bzw. zum Quasi-Fermi-Niveau (Nichtgleichgewicht, s. u.) ab. Die energetische Grenzlage in der Bandlücke zwischen dem Gebiet der Haftstellen und dem Gebiet der Rekombinationszentren wird als Demarkationsniveau für den Elektroneneinfang dadurch definiert, daß von dieser Niveaulage aus die Wahrscheinlichkeit für thermische Anregung ins Leitungsband bzw. Rekombination gleich ist. Sinngemäß ist diese Definition auf Defektelektronen zu übertragen. Bei Veränderung der Lage des Fermi-Niveaus kann aus einem Rekombinationszentrum eine Haftstelle werden und umgekehrt. Besonders wirksame Rekombinationszentren in Ge und Si sind Nickel-, Kupfer- und Goldatome sowie Schwermetallatome. Der Vorgang 3 in Abb. 7.23 stellt eine Störstellenumladung dar. Diese Prozesse des Übergangs von Elektronen zwischen den Störstellen laufen in Halbleitern mit mehreren Störstellensorten ab. Bei vielen Lumineszenzbauelementen ist das emittierte Licht das Ergebnis der Umladung von Störstellen.

7.4.2. Quasi-Fermi-Niveaus

Während im Gleichgewicht das Fermi-Niveau bzw. das elektrochemische Potential für Elektronen des Leitungsbandes und Valenzbandes gleich und eine Konstante ist, fällt diese Bedingung im Nichtgleichgewicht weg. Herrscht jedoch für die Teilchen eines jeden Bandes für sich in jedem Volumenelement Gleichgewicht, so kann man für jedes Band ein eigenes *Quasi-Fermi-Niveau* einführen. Diese Näherung ist möglich, wenn die inneren thermischen Vorgänge zur Einstellung des Gleichgewichtes viel schneller ablaufen als die äußeren, das Gleichgewicht störenden Einflüsse. Bei kleineren Abweichungen vom Gleichgewicht ist das eher der Fall als bei größeren, so daß sich dieses Konzept besonders für kleine Störungen eignet. Als Maß für den Geltungsbereich dieser Näherung kann die Ungleichung

$$\begin{matrix}\text{resultierende}\\ \text{Stromdichte}\end{matrix} \ll \begin{matrix}\text{einseitige thermische Stromdichte des Elektronen-}\\ \text{gases bzw. Defektelektronengases}\end{matrix} \qquad (7{,}161)$$

angesehen werden. Die einseitige thermische Stromdichte j_{nth} für Kristallelektronen der Konzentration n und der Zustandsdichte-Masse m_{zn} berechnet sich für den nichtentarteten Halbleiter zu

$$j_{\mathrm{nth}} = -en\sqrt{\frac{k_\mathrm{B}T}{2\pi m_{\mathrm{zn}}}}. \tag{7,162}$$

In Tabelle 7.4 sind einige Werte für die einseitige thermische Stromdichte für Si ($m_{\mathrm{zn}} = 1{,}08 m_0$, $T = 300$ K) angegeben. Mit den *Quasi-Fermi-Niveaus* W_{Fn} für das Leitungsband und W_{Fp} für das Valenzband erhalten wir die Verteilungsfunktion für Elektronen im Leitungsband

$$f_\mathrm{n}(W) = \frac{1}{\exp\left(\frac{W_{\mathrm{Fn}} - W}{k_\mathrm{B}T}\right) + 1} \tag{7,163}$$

Tabelle 7.4

Einseitige thermische Stromdichte

n/cm^{-3}	$2 \cdot 10^{13}$	$2 \cdot 10^{16}$	$2 \cdot 10^{18}$
$j_{\mathrm{nth}}/\mathrm{Acm}^{-2}$	8,5	$8{,}5 \cdot 10^{3}$	$8{,}5 \cdot 10^{5}$

und für Defektelektronen im Valenzband

$$1 - f_\mathrm{p}(W) = 1 - \frac{1}{\exp\left(\frac{W - W_{\mathrm{Fp}}}{k_\mathrm{B}T}\right) + 1} = \frac{1}{\exp\left(\frac{W_{\mathrm{Fp}} - W}{k_\mathrm{B}T}\right) + 1}. \tag{7,164}$$

Die Konzentration der Elektronen im Leitungsband berechnet sich analog zu (7,33) zu

$$n^* = \int_{W_\mathrm{C}}^{\infty} D(W)\, f_\mathrm{n}(W)\, \mathrm{d}W \tag{7,165}$$

und die der Defektelektronen im Valenzband zu

$$p^* = \int_{-\infty}^{W_\mathrm{C}} D(W)\,[1 - f_\mathrm{p}(W)]\, \mathrm{d}W. \tag{7,166}$$

Eine Auswertung dieser Integrale entsprechend Abschnitt 7.3.2. führt für den nichtentarteten Fall (Boltzmann-Fall) auf die Gleichungen

$$n^* = N_\mathrm{C} \exp\left(\frac{W_{\mathrm{Fn}} - W_\mathrm{C}}{k_\mathrm{B}T}\right) \tag{7,165 a}$$

und

$$p^* = N_\mathrm{V} \exp\left(\frac{W_\mathrm{V} - W_{\mathrm{Fp}}}{k_\mathrm{B}T}\right). \tag{7,166 a}$$

Mit

$$n = N_\mathrm{C} \exp\left(\frac{W_\mathrm{F} - W_\mathrm{C}}{k_\mathrm{B}T}\right) \tag{7,48}$$

und

$$p = N_V \exp\left(\frac{W_V - W_F}{k_B T}\right) \tag{7,59}$$

wird daraus

$$n^* = n \exp\left(\frac{W_{Fn} - W_F}{k_B T}\right) \tag{7,167}$$

und

$$p^* = p \exp\left(\frac{W_F - W_{Fp}}{k_B T}\right)$$

sowie

$$\begin{aligned} n^* \cdot p^* &= n \cdot p \exp\left(\frac{W_{Fn} - W_{Fp}}{k_B T}\right) \\ &= n_i^2 \exp\left(\frac{W_{Fn} - W_{Fp}}{k_B T}\right). \end{aligned} \tag{7,168}$$

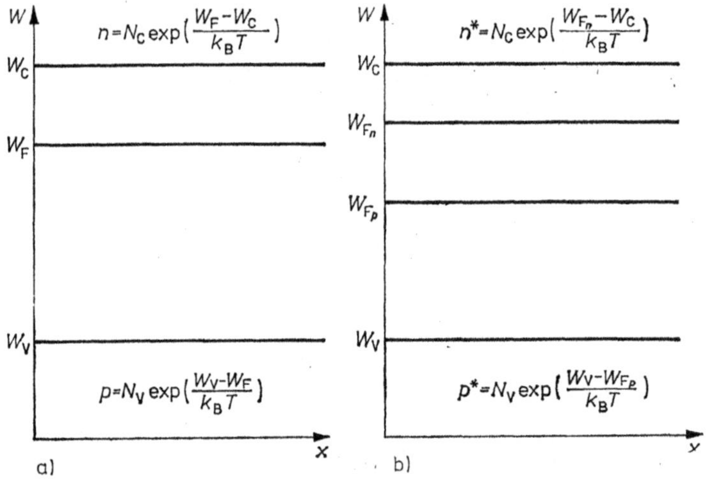

Abb. 7.24

Quasi-Fermi-Niveaus für Elektronen und Defektelektronen im Nichtgleichgewicht.

$W_{Fn} - W_{Fp}$ stellt ein Maß für die Abweichung vom thermischen Gleichgewicht dar. In Abb. 7.24b sind für räumlich homogene Überschußladungsträgerkonzentrationen n_1 und p_1 die Verhältnisse dargestellt. Als Vergleich fungiert in Abb. 7.24a der entsprechende Halbleiter im Gleichgewicht.

Inhomogene Ladungsträgerverteilungen und von außen angelegte elektrische Potentiale müssen in folgender Weise berücksichtigt werden:

$$\begin{aligned} W_C &\to W_C - e\varphi = \overline{W}_C, \\ W_V &\to W_V - e\varphi = \overline{W}_V \end{aligned} \tag{7,121}$$

und

$$\begin{aligned} W_{Fn} &\to \overline{W}_{Fn}, \\ W_{Fp} &\to \overline{W}_{Fp}. \end{aligned} \tag{7,169}$$

Entsprechend Abschnitt 7.3.7. erhalten wir

$$n^*(\boldsymbol{r}) = N_\mathrm{C} \exp\left(\frac{\overline{W}_\mathrm{Fn}(\boldsymbol{r}) - \overline{W}_\mathrm{C}(\boldsymbol{r})}{k_\mathrm{B}T}\right)$$

und

$$p^*(\boldsymbol{r}) = N_\mathrm{V} \exp\left(\frac{\overline{W}_\mathrm{V}(\boldsymbol{r}) - \overline{W}_\mathrm{Fp}(\boldsymbol{r})}{k_\mathrm{B}T}\right) \tag{7,170}$$

mit

$$n(\boldsymbol{r}) \cdot p(\boldsymbol{r}) = n_\mathrm{i}^2 \exp\left(\frac{\overline{W}_\mathrm{Fn}(\boldsymbol{r}) - \overline{W}_\mathrm{Fp}(\boldsymbol{r})}{k_\mathrm{B}T}\right). \tag{7,171}$$

$\overline{W}_\mathrm{Fn}$ und $\overline{W}_\mathrm{Fp}$ können als *elektrochemische Quasipotentiale* bezeichnet werden. In Anlehnung an (7,128) und (7,129) erhalten wir

$$\overline{W}_\mathrm{Fn}(\boldsymbol{r}) = W_\mathrm{C} - e\varphi(\boldsymbol{r}) + k_\mathrm{B}T \ln \frac{n^*(\boldsymbol{r})}{N_\mathrm{C}} \tag{7,172}$$

und

$$\overline{W}_\mathrm{Fp}(\boldsymbol{r}) = W_\mathrm{V} - e\varphi(\boldsymbol{r}) - k_\mathrm{B}T \ln \frac{p^*(\boldsymbol{r})}{N_\mathrm{V}}.$$

Im stationären Fall sind $\overline{W}_\mathrm{Fn}$ und $\overline{W}_\mathrm{Fp}$ Funktionen des Ortes und nicht konstant. Damit sind

$$\frac{\mathrm{d}\overline{W}_\mathrm{Fn}}{\mathrm{d}\boldsymbol{r}} \neq 0 \quad \text{und} \quad \frac{\mathrm{d}\overline{W}_\mathrm{Fp}}{\mathrm{d}\boldsymbol{r}} \neq 0.$$

Analoge Überlegungen, wie sie im letzten Absatz von Abschnitt 7.3.8. angestellt wurden, führen auf folgende Ausdrücke:

$$\begin{aligned} n^*\mu_\mathrm{n} \frac{\mathrm{d}\overline{W}_\mathrm{Fn}}{\mathrm{d}\boldsymbol{r}} &= \boldsymbol{j}_\mathrm{n} = en^*\mu_\mathrm{n}\boldsymbol{E} + k_\mathrm{B}T\mu_\mathrm{n} \frac{\mathrm{d}n^*}{\mathrm{d}\boldsymbol{r}}, \\ p^*\mu_\mathrm{p} \frac{\mathrm{d}\overline{W}_\mathrm{Fp}}{\mathrm{d}\boldsymbol{r}} &= \boldsymbol{j}_\mathrm{p} = ep^*\mu_\mathrm{p}\boldsymbol{E} - k_\mathrm{B}T\mu_\mathrm{p} \frac{\mathrm{d}p^*}{\mathrm{d}\boldsymbol{r}}. \end{aligned} \tag{7,173}$$

Die Abweichungen von der Gleichgewichtsladungsträgerkonzentration sollen keine Veränderungen von μ_n bzw. μ_p hervorrufen. Bei Benutzung der Relationen von (7,157) wird aus (7,173)

$$\begin{aligned} \boldsymbol{j}_\mathrm{n} &= en^*\mu_\mathrm{n}\boldsymbol{E} + eD_\mathrm{n} \frac{\mathrm{d}n^*}{\mathrm{d}\boldsymbol{r}}, \\ \boldsymbol{j}_\mathrm{p} &= ep^*\mu_\mathrm{p}\boldsymbol{E} - eD_\mathrm{p} \frac{\mathrm{d}p^*}{\mathrm{d}\boldsymbol{r}}. \end{aligned} \tag{7,174}$$

Die Ableitungen von $\overline{W}_\mathrm{Fn}$ und $\overline{W}_\mathrm{Fp}$ nach dem Ortsvektor sind ein Maß für die entsprechenden Gesamtströme der Elektronen und Defektelektronen im Nichtgleichgewicht.

7.4.3. Bilanzgleichungen

Bei Gleichgewichtsabweichungen, bei denen im Volumenelement Teilchen erzeugt und vernichtet werden können, ist die Veränderung der Teilchenzahl pro Volumeneinheit nicht allein durch die Divergenz des Teilchenstromes gegeben, sondern die *Generations-* und *Rekombinationsraten* von Teilchen pro Volumeneinheit müssen berücksichtigt werden. Führen wir für die Erzeugung pro Zeiteinheit und pro Volumeneinheit die Größe g und für die Vernichtung pro Zeiteinheit und Volumeneinheit die Größe r ein, so erhalten wir als *Generationsüberschuß*

$$G = g - r \tag{7,175}$$

bzw. als *Rekombinationsüberschuß*

$$R = r - g = -G. \tag{7,176}$$

Physikalische Vorgänge dieser Art werden durch eine Bilanzgleichung beschrieben. Sind g_n und r_n die entsprechenden Größen für Elektronen des Leitungsbandes und g_p und r_p die für Defektelektronen des Valenzbandes, so erhalten wir für jede Teilchensorte eine Bilanzgleichung der Form

$$\frac{\partial n^*}{\partial t} + \frac{1}{-e} \frac{\partial}{\partial \boldsymbol{r}} \boldsymbol{j}_\mathrm{n} = g_\mathrm{n} - r_\mathrm{n} \tag{7,177}$$

und

$$\frac{\partial p^*}{\partial t} + \frac{1}{e} \frac{\partial}{\partial \boldsymbol{r}} \boldsymbol{j}_\mathrm{p} = g_\mathrm{p} - r_\mathrm{p}.$$

$\boldsymbol{j}_\mathrm{n}$ und $\boldsymbol{j}_\mathrm{p}$ sind die Gesamtstromdichten aus (7,174) und hängen mit den Teilchenstromdichten $\boldsymbol{s}$ über

$$\boldsymbol{j}_\mathrm{n} = -e\boldsymbol{s}_\mathrm{n} \quad \text{bzw.} \quad \boldsymbol{j}_\mathrm{p} = e\boldsymbol{s}_\mathrm{p}$$

zusammen.

Entsprechend den möglichen Übergängen von Elektronen im Halbleiter (Abschnitt 7.4.1.) unterscheidet man häufig *innere* und *äußere Generations-* bzw. *Rekombinationsraten* pro Volumeneinheit und die dazugehörigen Überschüsse. Man schreibt für innere Vorgänge

$$G_\mathrm{i} = g_\mathrm{i} - r_\mathrm{i} = -R_\mathrm{i} = r_\mathrm{i} - g_\mathrm{i} \tag{7,178}$$

und für äußere Vorgänge

$$G_\mathrm{a} = g_\mathrm{a} - r_\mathrm{a} = -R_\mathrm{a} = r_\mathrm{a} - g_\mathrm{a}. \tag{7,179}$$

Die Gleichungen (7,177) stellen die Basisgleichungen für die Behandlung von Nichtgleichgewichtsvorgängen dar und sind Grundlage für die Berechnung der charakteristischen Werte aktiver Bauelemente auf der Basis von p/n-Übergängen. Treten im Nichtgleichgewicht Raumladungen in Erscheinung, muß die Poisson-Gleichung

$$\Delta\varphi = -\frac{\varrho}{\varepsilon\varepsilon_0} \tag{7,119}$$

hinzugezogen werden.

7.4.4. Lösungen der Bilanzgleichungen für Sonderfälle

Durch Behandlung einiger Sonderfälle sollen für die Beschreibung von Gleichgewichtsabweichungen wichtige Größen eingeführt und näher erläutert werden. Dabei ist es nicht unbedingt notwendig, daß der Zustand im konkreten Fall so idealisiert auftreten muß.

Zeitliches Abklingen einer homogenen neutralen Dichteabweichung. Die Gleichungen (7,177) können gelöst werden, wenn $\boldsymbol{j} = \boldsymbol{j}(\boldsymbol{r}, t)$; $g = g(\boldsymbol{r}, t)$ und $r = r(\boldsymbol{r}, t)$ bekannt sind und entsprechende Randbedingungen vorgegeben werden. Der Fall einer homogenen neutralen Dichteabweichung ohne angelegtes elektrisches Feld ist durch $\boldsymbol{j} = 0$ und $g_a = r_a = 0$ gekennzeichnet. Als (7,177) erhalten wir

$$\frac{\partial n^*}{\partial t} = g_{ni} - r_{ni} \tag{7,180}$$

und

$$\frac{\partial p^*}{\partial t} = g_{pi} - r_{pi}.$$

Im Gleichgewicht gilt $g^0_{ni} = r^0_{ni}$
und

$$g^0_{pi} = r^0_{pi}$$

mit den entsprechenden Gleichgewichtskonzentrationen n und p. Mit (7,176) wird aus (7,180)

$$\frac{\partial n^*}{\partial t} = -R_n; \quad \frac{\partial p^*}{\partial t} = -R_p. \tag{7,181}$$

Ist R der Überschußladungsträgerkonzentration n_1 bzw. p_1 proportional, so nennt man die Rekombination linear. Der Übergang der Ladungsträger erfolgt dann aus dem freien in den gebundenen Zustand unabhängig von der Anwesenheit von Ladungsträgern entgegengesetzten Vorzeichens. Für die Proportionalitätskonstanten führen wir in diesem Falle die Größen $1/\tau'_n$ und $1/\tau'_p$ ein. Damit wird

$$\begin{aligned} \frac{\partial n^*}{\partial t} &= \frac{\partial n_1}{\partial t} = -R_n = -\frac{n_1}{\tau'_n}, \\ \frac{\partial p^*}{\partial t} &= \frac{\partial p_1}{\partial t} = -R_p = -\frac{p_1}{\tau'_n}. \end{aligned} \tag{7,182}$$

Die Differentialgleichungen besitzen die Lösungen

$$n_1 = n_1(0) \exp\left(-\frac{t}{\tau'_n}\right)$$

und

$$p_1 = p_1(0) \exp\left(-\frac{t}{\tau'_p}\right). \tag{7,183}$$

Dabei sind $n_1(0)$ und $p_1(0)$ die beim Abschalten der äußeren Störung zur Zeit $t = 0$ vorhandenen Überschußladungsträgerkonzentrationen. Diese klingen nach dem Verschwinden der Störung mit den Zeitkonstanten τ'_n bzw. τ'_p ab. Die Zeitkonstanten

τ_n' bzw. τ_p' sind identisch mit der mittleren Lebensdauer der Nichtgleichgewichtsladungsträger nach Abschalten der äußeren Störung und nicht mit der mittleren Lebensdauer der Elektronen im Leitungsband und der Defektelektronen im Valenzband zu verwechseln. Nur in Ausnahmefällen stimmen sie überein. Konstante mittlere Lebensdauern der Überschußladungsträger treten bei direkter Vereinigung von Elektronen und Löchern bei n_1; $p_1 \ll n + p$ und bei der *indirekten Rekombination* über Rekombinationszentren auf. In praktischen Fällen dominiert die indirekte Rekombination.

Besonders wichtig ist der Spezialfall kleiner Störungen (n_1; $p_1 \ll n + p$) bei niedrigen Konzentrationen N_R der Rekombinationszentren unter der Bedingung der Quasineutralität des Halbleiters. Dann folgt

$$n_1 = p_1 \tag{7,184}$$

und im stationären Zustand

$$R_n = R_p = R. \tag{7,185}$$

Damit wird $\tau_n' = \tau_p' = \tau'$. Da in dotierten Halbleitern τ' gleich der mittleren Lebensdauer der Minoritätsladungsträger im jeweiligen Band ist, spricht man auch häufig von der Minoritätsladungsträgerlebensdauer, wenn τ' gemeint ist.

Ist die Voraussetzung einer linearen Rekombination nicht erfüllt, so sind die in (7,182) eingeführten Größen τ_n' und τ_p' keine Konstanten mehr, sondern hängen noch von der Überschußladungsträgerkonzentration selbst ab. Sie werden als momentane Lebensdauer der Überschußladungsträger bezeichnet:

$$\tau'_{n\,\text{mom.}} = \frac{n_1}{\frac{\partial n_1}{\partial t}} \quad \text{und} \quad \tau'_{p\,\text{mom.}} = \frac{p_1}{\frac{\partial p_1}{\partial t}}. \tag{7,186}$$

Zeitliches Abklingen einer Raumladung. In einem ausgedehnten Halbleiter soll eine in einem bestimmten Bereich homogene negative Raumladung vorhanden sein. Die damit verbundene Änderung der Elektronenkonzentration n_1 soll klein sein gegen die Gleichgewichtskonzentration n, so daß wir $n_1 < n$ und $\sigma_n = \text{const}$ annehmen dürfen. Für $t > 0$ soll keine äußere Generation mehr wirken. Für diesen Fall erhalten wir unter Benutzung der Gleichungen (7,177) und (7,174) den zur Beschreibung des Problems notwendigen Ausdruck

$$\frac{\partial n^*}{\partial t} - \frac{1}{e}\frac{\partial}{\partial \boldsymbol{r}}\boldsymbol{j}_n = -R_n = -\frac{n_1}{\tau'} \tag{7,187}$$

mit

$$\boldsymbol{j}_n = \sigma_{n^*}\boldsymbol{E} + eD_n\frac{\partial}{\partial \boldsymbol{r}}n^*.$$

Auf Grund der Homogenität im Innern des Raumladungsgebietes ist $\frac{\partial}{\partial \boldsymbol{r}} n^* = 0$ und die Ladungsdichte beträgt

$$\varrho = -en_1 = \text{const.} \tag{7,188}$$

Wir erhalten aus (7,187) mit (7,188) unter Beachtung von

$$-e\frac{\partial n^*}{\partial t} = -e\frac{\partial n_1}{\partial t} = \frac{\partial \varrho}{\partial t} \tag{7,189}$$

und $\sigma_{n*} \approx \sigma_n$

$$\frac{\partial \varrho}{\partial t} + \sigma_n \frac{\partial}{\partial \boldsymbol{r}} \boldsymbol{E} = -\frac{\varrho}{\tau'}. \tag{7,190}$$

Daraus wird

$$\frac{\partial \varrho}{\partial t} + \frac{\sigma_n \varrho}{\varepsilon \varepsilon_0} + \frac{\varrho}{\tau'} = 0, \tag{7,191}$$

da

$$\frac{\partial}{\partial \boldsymbol{r}} \boldsymbol{E} = -\frac{d^2 \varphi}{d\boldsymbol{r}^2} = \frac{\varrho}{\varepsilon \varepsilon_0}$$

ist.

Die Größe $\sigma_n/\varepsilon\varepsilon_0$ hat die Dimension einer reziproken Zeit. Deshalb wird

$$\frac{\sigma_n}{\varepsilon \varepsilon_0} = \frac{1}{\tau} \tag{7,192}$$

eingeführt.

τ wird *dielektrische Relaxationszeit* bzw. *Maxwellsche Relaxationszeit* genannt. Sie beträgt für Halbleiter mit einem ε von ca. 10 ungefähr 10^{-12} s, wenn $\sigma = 1\ \mathrm{Ohm^{-1}cm^{-1}} = 10^2\ \mathrm{Ohm^{-1}m^{-1}}$ ist, während τ für Metalle in der Größenordnung von 10^{-19} s liegt. Es ergibt sich mit dieser Einführung von τ folgender Ausdruck für (7,191):

$$\frac{\partial \varrho}{\partial t} + \frac{\varrho}{\tau} + \frac{\varrho}{\tau'} = 0.$$

Für Metalle und für nicht zu hochohmige Halbleiter ist $\tau' \gg \tau$, so daß die Gleichung

$$\frac{\partial \varrho}{\partial t} + \frac{\varrho}{\tau} = 0$$

eine gute Näherung darstellt. Diese Differentialgleichung hat die Lösung

$$\varrho = \varrho_0 \cdot e^{-\frac{t}{\tau}}. \tag{7,193}$$

Eine zur Zeit $t = 0$ vorhandene Raumladung ϱ_0 klingt während der Zeit $t = \tau$ auf $1/e$ ab. Sie verschwindet also außerordentlich schnell.

Wird die Raumladung durch einen Überschuß der Majoritätsladungsträger hervorgerufen, führt der Abbau der Raumladung, bedingt durch die hohe Leitfähigkeit der Majoritätsladungsträger, auch zu einem Abbau der Überschußkonzentration. Anders verhält es sich bei Raumladungen, die zunächst durch einen Überschuß an Minoritätsladungsträgern hervorgerufen wurden. Als Beispiel sei n-dotiertes Si einer Konzentration von $10^{15}\ \mathrm{cm^{-3}}$ Leitfähigkeitselektronen genannt. Bei Beachtung von (7,65) beträgt $p = n_i^2/n = 5 \cdot 10^4\ \mathrm{cm^{-3}}$ Defektelektronen. Wird z. B. an einem beliebigen Ort dieses Halbleiters eine Raumladung $\varrho = ep_1$ mit $p_1 = 10^{13}\ \mathrm{cm^{-3}}$ Defektelektronen erzeugt, so reicht die Leitfähigkeit der Defektelektronen $\sigma_p = ep\mu_p$ des übrigen Gebietes nicht aus, die Raumladung schnell abzubauen. Der Abbau der Raumladung erfolgte durch zusätzliche Majoritätsladungsträger, die durch eine kleine Konzentrationsverschiebung die Defektelektronenkonzentration der Dichteabweichung kompensieren. Dadurch entsteht eine neutrale Dichteabweichung, die durch entsprechende Rekombinationsprozesse mit der Zeitkonstante τ' abklingt. Das führt zu einem Auseinanderlaufen der Dichteabweichung. Für die Wirkungsweise verschiedener Halbleiterbauelemente ist gerade der 2. Fall von großer Bedeutung. Er wird bei der ambipolaren Diffusion ausführlich behandelt.

Debyesche Länge. Wird in einem n-Halbleiter in der Fläche $x = 0$ eine Überschußkonzentration $n_1(0)$ stationär aufrechterhalten, so wird diese und die damit verbundene Raumladung $\varrho = -en_1$ für wachsende x allmählich abgebaut.

Ausgehend von Gleichung (7,187) ergibt sich für diesen Fall

$$\frac{\partial \varrho}{\partial t} + \frac{\partial}{\partial \boldsymbol{r}} \boldsymbol{j}_{\mathrm{n}} = -\frac{\varrho}{\tau_{\mathrm{n}}'} \tag{7,194}$$

bzw.

$$\frac{\partial \varrho}{\partial t} + \frac{\partial}{\partial \boldsymbol{r}} \left(\sigma_{\mathrm{n}*} \boldsymbol{E} + eD_{\mathrm{n}} \frac{\partial}{\partial \boldsymbol{r}} n^* \right) = -\frac{\varrho}{\tau_{\mathrm{n}}'}. \tag{7,195}$$

Bei kleinen Störungen gilt $\sigma_{\mathrm{n}*} \approx \sigma_{\mathrm{n}}$, so daß aus (7,195) unter Beachtung der Poisson-Gleichung $\frac{\partial}{\partial \boldsymbol{r}} \boldsymbol{E} = \frac{\varrho}{\varepsilon\varepsilon_0}$ und $\tau = \frac{\varepsilon\varepsilon_0}{\sigma_{\mathrm{n}}}$

$$\frac{\partial \varrho}{\partial t} + \frac{\varrho}{\tau} - D_{\mathrm{n}} \frac{\partial^2}{\partial \boldsymbol{r}^2} \varrho = -\frac{\varrho}{\tau_{\mathrm{n}}'} \tag{7,196}$$

wird.

Für den stationären Fall ist $\partial \varrho / \partial t = 0$. Bei Gültigkeit der Ungleichung $\tau_{\mathrm{n}}' \gg \tau$ erhält man für das vorliegende, in x-Richtung eindimensionale Problem die Differentialgleichung

$$\frac{\partial^2}{\partial x^2} \varrho - \frac{\varrho}{D_{\mathrm{n}} \cdot \tau} = 0$$

mit der Lösung

$$\varrho(x) = \varrho_0 \cdot \exp\left(-\frac{x}{L_{\mathrm{D_n}}}\right) \tag{7,197}$$

$$\varrho_0 = -en_1(0);$$

$$L_{\mathrm{D_n}} = \sqrt{\tau D_{\mathrm{n}}} = \sqrt{\frac{\varepsilon\varepsilon_0}{\sigma_{\mathrm{n}}} \mu_{\mathrm{n}} \frac{k_{\mathrm{B}} T}{e}} = \sqrt{\frac{\varepsilon_0 k_{\mathrm{B}}}{e^2}} \cdot \sqrt{\frac{\varepsilon T}{n}}.$$

Im stationären Fall klingt eine bei $x = 0$ aufrechterhaltene Dichteabweichung nach der Strecke $L_{\mathrm{D_n}}$ (*Debye-Länge*) auf 1/e ab. In einem Halbleiter mit $n = 10^{16}\ \mathrm{cm}^{-3}$ und $\varepsilon = 12$ wird $L_{\mathrm{D_n}} = 50$ nm bei Zimmertemperatur. In nicht zu hochohmigen Halbleitern können sich Raumladungen zeitlich und örtlich nur begrenzt halten. Sie treten vorwiegend in schmalen Bereichen an Kontakten, inneren Grenzflächen (p/n-Übergänge) bzw. an Oberflächen auf, während für makroskopische Dimensionen die Neutralitätsbedingung gilt.

Diffusion und Drift der Minoritätsladungsträger (ambipolare Diffusion). Es soll der Fall betrachtet werden, daß an einem bestimmten Ort im Halbleiter ein Überschuß an Minoritätsladungsträgern erzeugt wird. Dieser wird, wie im vorhergehenden

Beispiel beschrieben, durch eine Verschiebung der Majoritätsladungsträger kompensiert, so daß im betrachteten Gebiet $p_1 \approx n_1$ gilt. Einen ähnlichen Zustand kann man auch durch optische Paarerzeugung in einem Halbleiter hervorrufen. Von Interesse ist der Verlauf beider Konzentrationen als Funktion des Ortes und der Zeit, wenn bei $t = 0$ die Generation plötzlich stattgefunden hat. Abbildung 7.25a zeigt den eindimensionalen Verlauf von n_1 und p_1 zur Zeit $t = 0$. Es soll zunächst kein äußeres Feld anliegen. Die Diffusionsströme versuchen, die Konzentrationen auszugleichen. Ist $D_n \neq D_p$, so eilen die Teilchen mit der größeren Diffusionskonstante

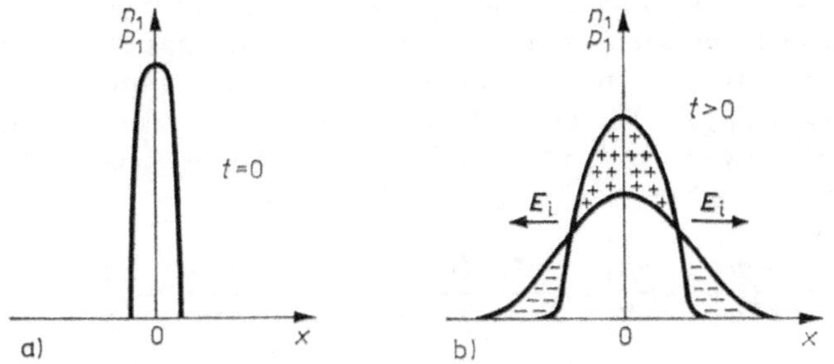

Abb. 7.25

Ambipolare Diffusion ohne äußeres elektrisches Feld.

den anderen voraus. Das führt zu einer geringen Abweichung von der Ladungsneutralität $p_1 \approx n_1$ und ist mit dem Aufbau eines inneren Feldes verbunden, das die weitere Ladungstrennung verhindert (Abb. 7.25b). Beide Teilchenarten diffundieren darum mit einer gemeinsamen Diffusionskonstante D^*. Trotz der geringen Abweichungen n_1 von p_1 können wir zur Lösung der Bilanzgleichungen auch für diesen Fall weiterhin eine *Quasineutralität* $n_1 \approx p_1$ annehmen. Diese Bedingung ist mit hinreichender Genauigkeit in einem Halbleiter erfüllt, wenn die Konzentrationen der Störstellen (Rekombinationszentren, Haftstellen), die an der Umladung beteiligt sind, sehr klein sind. Unter diesen Bedingungen muß die Rate R_n der von Rekombinationszentren eingefangenen Überschußelektronen genauso groß sein wie die Rate R_p der von Rekombinationszentren an das Valenzband abgegebenen Elektronen und damit der vernichteten überschüssigen Defektelektronen.

Daraus folgt $\tau'_n = \tau'_p = \tau'$, da

$$R_n = \frac{n_1}{\tau'_n} = R_p = \frac{p_1}{\tau'_p} \quad \text{und} \quad n_1 \approx p_1 . \tag{7,198}$$

Bei hochdotierten Halbleitern wird τ' gleich der mittleren Lebensdauer der jeweiligen Minoritätsladungsträger im entsprechenden Band.

Die *Bilanzgleichungen* erhalten die Form

$$\begin{aligned} \frac{\partial n^*}{\partial t} - \frac{1}{e}\frac{\partial}{\partial \boldsymbol{r}}\boldsymbol{j}_n &= -\frac{n_1}{\tau'}, \\ \frac{\partial p^*}{\partial t} + \frac{1}{e}\frac{\partial}{\partial \boldsymbol{r}}\boldsymbol{j}_p &= -\frac{p_1}{\tau'}. \end{aligned} \tag{7,199}$$

$\boldsymbol{j}_\mathrm{n}$ und $\boldsymbol{j}_\mathrm{p}$ werden aus (7,174) eingesetzt:

$$\begin{aligned} &\frac{\partial n^*}{\partial t} - n^*\mu_\mathrm{n} \frac{\partial}{\partial \boldsymbol{r}} \boldsymbol{E} - \mu_\mathrm{n}\boldsymbol{E} \frac{\partial}{\partial \boldsymbol{r}} n^* - D_\mathrm{n} \frac{\partial^2}{\partial \boldsymbol{r}^2} n^* = -\frac{n_1}{\tau'}, \\ &\frac{\partial p^*}{\partial t} + p^*\mu_\mathrm{p} \frac{\partial}{\partial \boldsymbol{r}} \boldsymbol{E} + \mu_\mathrm{p}\boldsymbol{E} \frac{\partial}{\partial \boldsymbol{r}} p^* - D_\mathrm{p} \frac{\partial^2}{\partial \boldsymbol{r}^2} p^* = -\frac{p_1}{\tau'}. \end{aligned} \qquad (7{,}200)$$

Bei konstanter Temperatur sind n und p ebenfalls konstant, so daß in den Differentialausdrücken $n^* = n + n_1$ durch n_1 und $p^* = p + p_1$ durch p_1 ersetzt werden können. Durch Beachtung der Quasineutralität $n_1 = p_1$ kann das Gleichungssystem (7,200) zusammengefaßt werden, so daß eine Differentialgleichung entsteht, die sowohl für n_1 als auch für p_1 gilt. Wählen wir p_1 als Variable, multiplizieren die erste Gleichung mit $p^*\mu_\mathrm{p}$, die zweite mit $n^*\mu_\mathrm{n}$ und addieren beide, gelangen wir unter Berücksichtigung von $n^* - p^* = n - p$ zu dem Ausdruck

$$\frac{\partial p_1}{\partial t} + \frac{\mu_\mathrm{n}\mu_\mathrm{p}(n-p)}{n^*\mu_\mathrm{n} + p^*\mu_\mathrm{p}} \boldsymbol{E} \frac{\partial p_1}{\partial \boldsymbol{r}} - \frac{p^*\mu_\mathrm{p} D_\mathrm{n} + n^*\mu_\mathrm{n} D_\mathrm{p}}{n^*\mu_\mathrm{n} + p^*\mu_\mathrm{p}} \frac{\partial p_1}{\partial \boldsymbol{r}^2} = -\frac{p_1}{\tau'}. \qquad (7{,}201)$$

Die Gleichung (7,201) kann in der einfacheren Form

$$\frac{\partial p_1}{\partial t} + \mu^* \boldsymbol{E} \frac{\partial}{\partial \boldsymbol{r}} p_1 - D^* \frac{\partial^2}{\partial \boldsymbol{r}^2} p_1 = \frac{p_1}{\tau'} \qquad (7{,}202)$$

geschrieben werden und wird *ambipolare Transportgleichung* genannt. D^* ist der *ambipolare Diffusionskoeffizient* und μ^* die *ambipolare Beweglichkeit.* Beide sind von der jeweiligen Überschußkonzentration $n_1 = p_1$ bzw. n^* und p^* abhängig:

$$D^* = \frac{p^*\mu_\mathrm{p} D_\mathrm{n} + n^*\mu_\mathrm{n} D_\mathrm{p}}{n^*\mu_\mathrm{n} + p^*\mu_\mathrm{p}}, \qquad (7{,}203)$$

$$\mu^* = \frac{\mu_\mathrm{n}\mu_\mathrm{p}}{n^*\mu_\mathrm{n} + p^*\mu_\mathrm{p}} (n-p). \qquad (7{,}204)$$

Mit $D_\mathrm{n} = \frac{k_\mathrm{B}T}{e} \mu_\mathrm{n}$ und $D_\mathrm{p} = \frac{k_\mathrm{B}T}{e} \mu_\mathrm{p}$ bekommt D^* eine etwas übersichtlichere Form:

$$D^* = \frac{n^* + p^*}{\dfrac{p^*}{D_\mathrm{n}} + \dfrac{n^*}{D_\mathrm{p}}} \qquad (7{,}205)$$

Für hochdotierte Halbleitermaterialien, bei denen $n \gg p$ und damit auch $n^* \gg p^*$ gilt, vereinfacht sich (7,205) zu

$$D^* = D_\mathrm{p} \qquad (7{,}206)$$

bzw. bei $p \gg n$ zu

$$D^* = D_\mathrm{n}. \qquad (7{,}207)$$

Für die *ambipolare Diffusion* ist der Diffusionskoeffizient der Minoritätsladungsträger verantwortlich. Bei den vorstehenden Überlegungen wurde immer davon ausgegangen, daß die Beweglichkeiten μ_n und μ_p sowie die Diffusionskoeffizienten D_n und D_p durch die Anwesenheit von Überschußladungsträgern nicht geändert werden.

Die ambipolare Beweglichkeit μ^* kann je nach dem Verhältnis von n zu p ihr Vorzeichen wechseln. Bei $n = p$ (Eigenhalbleiter) ist $\mu^* = 0$. Das äußere elektrische Feld hat in diesem Falle keinen Einfluß auf die Konzentrationsverteilung und damit auf die Bewegung der Überschußladungsträger.

Die Gleichung (7,202) soll für den eindimensionalen Fall unter stationären Bedingungen ($\partial p_1/\partial t = 0$) mit einem elektrischen Feld in x-Richtung diskutiert werden. Dazu müssen wir die Lösung der Differentialgleichung

$$D^* \frac{\partial^2}{\partial x^2} p_1 - \mu^* E \frac{\partial}{\partial x} p_1 - \frac{p_1}{\tau'} = 0 \tag{7,208}$$

aufsuchen. In Normalform lautet die Gleichung (7,208)

$$\frac{\partial^2}{\partial x^2} p_1 - \frac{\mu^* E}{D^*} \frac{\partial p_1}{\partial x} - \frac{p_1}{\tau' D^*} = 0. \tag{7,209}$$

Wird in der Ebene $x = 0$ die stationäre Konzentration $p_1(0)$ aufrechterhalten, so ist der Ansatz

$$p_1(x) = p_1(0) \cdot \exp(\alpha x) \tag{7,210}$$

eine Lösung der Differentialgleichung für $x > 0$ mit

$$\alpha = \frac{\mu^* E}{2D^*} \pm \sqrt{\left(\frac{\mu^* E}{2D^*}\right)^2 + \frac{1}{\tau' D^*}}. \tag{7,211}$$

Durch Einführung von $l = -\frac{1}{\alpha}$ wird aus (7,210)

$$p_1(x) = p_1(0) \cdot \exp\left(-\frac{x}{l}\right). \tag{7,212}$$

Da $p_1(\infty) = 0$ sein muß, kann nur die Lösung mit

$$\alpha = \frac{\mu^* E}{2D^*} - \sqrt{\left(\frac{\mu^* E}{2D^*}\right)^2 + \frac{1}{\tau' D^*}} \tag{7,213}$$

benutzt werden.

Führen wir $\mu^* \tau' E = l_F$ und $\sqrt{D^* \tau'} = l_D$ als Abkürzungen ein, so folgt:

$$\frac{1}{l} = \sqrt{\left(\frac{l_E}{2l_D^2}\right)^2 + \frac{1}{l_D^2}} - \frac{l_E}{2l_D^2} \tag{7,214}$$

bzw.

$$\frac{1}{l} = \frac{1}{l_D}\left(\sqrt{1 + \frac{l_E^2}{4l_D^2}} - \frac{l_E}{2l_D}\right). \tag{7,215}$$

Die Überschußkonzentration p_1 (entsprechendes gilt für n_1) fällt mit der Länge l exponentiell ab. Die Länge l wird *Verwehungslänge* genannt und gibt die Strecke an, in der die Überschußkonzentration auf $1/e$ abgefallen ist.

Bei $E = 0$ ($\to l_E = 0$) bzw. $l_E \ll l_D$ wird

$$l = l_D = \sqrt{D^*\tau'} \tag{7,216}$$

und damit

$$p_1(x) = p_1(0) \exp\left(-\frac{x}{\sqrt{D^*\tau'}}\right). \tag{7,217}$$

Für dotierte Halbleiter wird D^* gleich dem Diffusionskoeffizienten und τ' gleich der Lebensdauer der Minoritätsladungsträger, so daß Gleichung (7,216) bei einem n-Halbleiter

$$l_D = \sqrt{D_p\tau_p'} = L_p$$

und bei einem p-Halbleiter

$$l_D = \sqrt{D_n\tau_n'} = L_n \tag{7,218}$$

ergibt.

L_n bzw. L_p werden Diffusionslängen der entsprechenden Ladungsträger genannt. l_D stellt eine *effektive Diffusionslänge bei ambipolaren Diffusionsvorgängen* dar.

Ist nun umgekehrt bei einem n-Halbleiter

$$\mu^*E\tau' \gg l_D = \sqrt{D^*\tau'}, \tag{7,219}$$

so wird $l = l_E = \mu^*E\tau'$, wenn $E > 0$ ist. Als Lösung der Differentialgleichung erhalten wir dann

$$p_1(x) = p_1(0) \exp\left(-\frac{x}{\mu^*E\tau'}\right) = p(0) \exp\left(-\frac{x}{l_E}\right). \tag{7,220}$$

Die Größe l_E heißt *Driftlänge* der Nichtgleichgewichtsladungsträger. Legen wir $x = 0$ in die Phasengrenze einer Metall-Halbleiter-Grenzfläche, dann werden bei $p_1(0) > 0$ nud $E > 0$ die überschüssigen Ladungsträger (Löcher) in den Halbleiter hineingezogen. Diese Erscheinung wird *Injektion* von Nichtgleichgewichtsladungsträgern genannt und macht sich auf einige (2 — 3) l_E im Halbleiterinnern bemerkbar. Injektionen von Überschußladungsträgern können auch an p/n-Übergängen stattfinden. Halten wir dagegen die Randkonzentration $p_1(0) < 0$, so tritt eine Verarmung des Halbleiterrandes an freien Ladungsträgern auf, was als *Extraktion* bezeichnet wird. Ist $l_E < 0$ bei $E < 0$, so ergibt sich für die Verwehungslänge l nach (7,215)

$$\frac{1}{l} = \frac{1}{l_D}\left(\sqrt{1 + \frac{l_E^2}{4l_D^2}} + \frac{|l_E|}{3l_D}\right) = \frac{|l_E|}{l_D^2}. \tag{7,221}$$

Für l erhält man

$$l = \frac{l_D^2}{|l_E|}.$$

Geht $|E|$ und damit $|l_E|$ gegen große Werte, so tendiert l gegen 0. Wird die Randkonzentration auf $p_1(0) > 0$ gehalten, so bewirkt das Feld eine Erniedrigung der Überschußkonzentration, während es bei $p_1(0) < 0$ eine Erhöhung der Überschußkonzentration auslöst. Die entsprechenden Vorgänge werden *Exklusion* bzw. *Akkumulation* von Nichtgleichgewichtsladungsträgern genannt. Ähnliche Überlegungen lassen sich beim p-Halbleiter für die Elektronen als Minoritätsladungsträger durchführen. Für einen n-Halbleiter sind die einzelnen Fälle in Abb. 7.26 dargestellt.

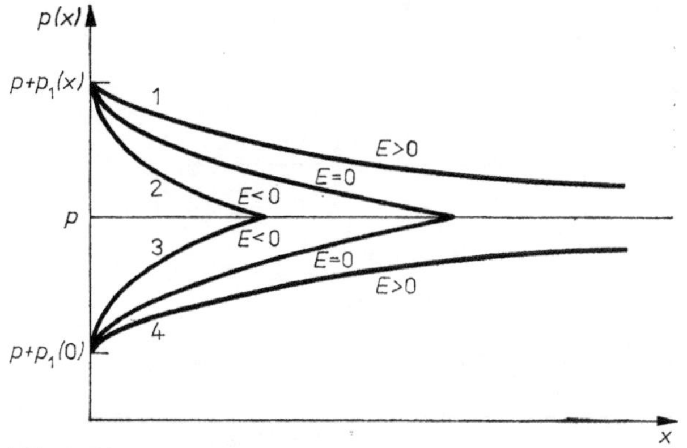

Abb. 7.26
Nichtgleichgewichtsladungsträgerkonzentrationen bei Transportvorgängen in der Halbleiterrandschicht.

7.4.5. Erscheinungen an Kontakten

Die physikalischen Erscheinungen an Metall-Halbleiter- bzw. Metall-Isolator-Grenzflächen sind äußerst kompliziert und bis ins Detail noch nicht restlos geklärt. Zur modellmäßigen Beschreibung der Vorgänge geht man zunächst von zwei halbseitig unendlich ausgedehnten Körpern (Abb. 7.27) aus. Das Makropotential soll Null sein, so daß $-e\varphi$ mit $W = 0$, dem Vakuumpotential, zusammenfällt. Es gibt keine Oberflächenladungen. Die Bänder verlaufen für das Metall und den Halbleiter bis zur Oberfläche ohne Verbiegung. Dieser Zustand herrscht vor, wenn die Oberflächen genügend weit voneinander entfernt sind. Werden beide Oberflächen bis auf atomare Abstände angenähert, kommt es durch die temperaturbedingte Elektronenemission gemäß dem Richardsonschen Gesetz (s. Abschnitt 6.2.6.) zu einem Elektronenstrom vom Metall zum Halbleiter und umgekehrt vom Halbleiter zum Metall. Die Größen der Sättigungsströme in beiden Richtungen sind

$$\begin{aligned} j_{\mathrm{Me}} &= \frac{4\pi m_0 k_{\mathrm{B}}^2 T^2}{h^3} \cdot \exp\left(-\frac{W_{\mathrm{AM}}}{k_{\mathrm{B}}T}\right), \\ j_{\mathrm{HL}} &= \frac{4\pi m_{\mathrm{zn}} k_{\mathrm{B}}^2 T^2}{h^3} \cdot \exp\left(-\frac{W_{\mathrm{AH}}}{k_{\mathrm{B}}T}\right). \end{aligned} \tag{7,222}$$

Da in unserem Fall (Abb. 7.27) die Austrittsarbeit $W_{\mathrm{AM}} < W_{\mathrm{AH}}$ ist, werden Elektronen vom Metall zum Halbleiter übergeben. Dadurch lädt sich das Metall als Ganzes positiv auf, da Metall und Halbleiter nur über die Kontaktzone verbunden sind. Lassen wir das Makropotential des Halbleiters in großer Entfernung von der Kontaktzone ungeändert und gleich dem Vakuumpotential $W = 0$, so senkt sich das Makropotential des Metalls um $-e\varphi_{\mathrm{K}}$ ab. Das elektrostatische Potential φ_{K}

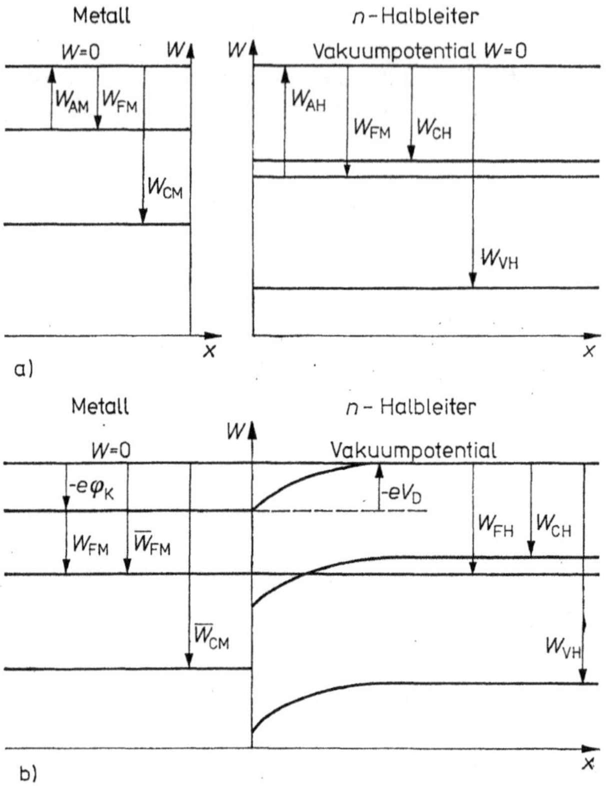

Abb. 7.27

Ausbildung des Kontaktpotentials am Metall-Halbleiter-Übergang (im rechten Titelbild von a) *lies* W_{FH} *statt* W_{FM}).

wird *Kontaktpotential* genannt. Die Verschiebung des Makropotentials des Metalls geht so lange vor sich, bis die Fermi-Niveaus im Metall und Halbleiter gleich und konstant sind (Abb. 7.27). Dieser Sachverhalt entspricht dem thermodynamischen Gleichgewicht zwischen beiden Körpern und folgt bereits aus (7,130). Mit Hilfe dieser Gleichung würde man auch ohne die oben beschriebenen Modellvorstellungen zum gleichen Ergebnis gelangen. Beide Arten der Beschreibung sind äquivalent. Die aus der Elektrostatik folgernde Bedingung der Stetigkeit des elektrostatischen Potentials an Grenzflächen führt dazu, daß die im Halbleiter vorhandenen überschüssigen Elektronen sich so verteilen, daß der in Abb. 7.27 gezeigte Verlauf des Makropotentials erreicht wird. Im Halbleiter bildet sich auf Grund der relativ geringen Konzentration freier Ladungsträger ein Raumladungsrandgebiet aus, das mit der Debye-Länge zum Innern hin verschwindet (vgl. Abschnitt 7.4.4.). In dieser Raumladungszone herrscht Gleichgewicht zwischen Drift- und Diffusionsstrom. Deshalb wird häufig das Diffusionspotential eV_D zur Berechnung der Strom-Spannungs-Kennlinien von Kontakten eingeführt. Da die Größen $W_{AH} = -W_{FH}$ temperaturabhängig sind und auch von der Dotierung abhängen, kann man die Austrittsarbeit eines Halbleiters in weiten Grenzen ändern. Das hat entsprechende Auswirkungen auf die Kontaktzone. Ist nun $W_{AM} < W_{AH}$, so entsteht beim n-Halbleiter eine Anreicherungsschicht und beim p-Halbleiter eine Verarmungsschicht, bezogen auf die jeweiligen Majoritätsladungsträger. Der umgekehrte Fall tritt ein, wenn $W_{AM} > W_{AH}$ ist. Die sich ausbildende Differenz ($e\varphi_K$) des Makropotentials führt zu einer Differenz φ_K des elektrostatischen Potentials. Aus Abb. 7.27 entnimmt man, daß

$$e\varphi_K = W_{FM} - W_{FH} = W_{AH} - W_{AM} \tag{7,223}$$

gilt und damit

$$\varphi_K = \frac{W_{AH} - W_{AM}}{e}. \tag{7,224}$$

Das sich ausbildende Kontaktpotential ist also von der Differenz der Vakuumaustrittsarbeit beider Körper abhängig. Das gilt nicht nur für Metall-Halbleiter-Kontakte, sondern für beliebige Materialpaarungen.

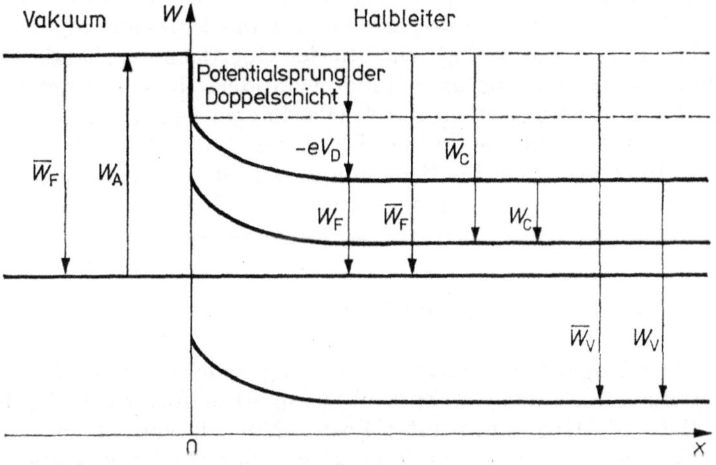

Abb. 7.28
Potentialverläufe bei einer realen Halbleiteroberfläche.

Der bisher diskutierte Fall stellt eine starke Idealisierung der Verhältnisse dar. In Wirklichkeit befinden sich auf allen Oberflächen auch unter Ultrahochvakuum-Bedingungen Oberflächenladungen. Unter normaler Atmosphäre sind die Oberflächen mit sorbierten Gasen bzw. mit Oxiden bedeckt. Dadurch entstehen im Halbleiter Randschichten und an der Oberfläche Aufladungen und Doppelschichten. Solche Doppelschichten befinden sich auch auf Metalloberflächen. Das Modell einer realen Halbleiteroberfläche ist in Abb. 7.28 dargestellt. Die Potentialverhältnisse führen zu einer Verarmungsrandschicht für die Majoritätsladungsträger (n-Halbleiter). Dabei werden die Oberflächenladungen durch die Raumladungen im Halbleiterinnern gerade kompensiert. Diesen Oberflächenladungen kann in der Oberflächenschicht (z. B. geringe Oxidschichten) noch eine Doppelschicht (Dipolschicht) vorgelagert sein. Der Sprung des Makropotentials an der Oberfläche des Halbleiters und damit des elektrostatischen Potentials kann nicht als eine Unstetigkeit bei $x = 0$ verstanden werden. Der Abfall des Potentials erfolgt stetig über die Dicke der Doppelschicht. Da diese aber atomare Dimensionen besitzt, erscheint in der graphischen Darstellung eine sprunghafte Änderung des Potentials. Auf Metalloberflächen

(n sehr groß) kommt es nur zur Ausbildung von Doppelschichten mit den dazugehörigen Potentialsprüngen. Werden reale Metall- und Halbleiteroberflächen zu einem Metall-Halbleiter-Kontakt vereinigt, so stellt sich ebenfalls ein gemeinsames elektrochemisches Potential ($\overline{W}_F$) ein. Das Makropotential und damit das elektrostatische Potential verändert sich so, daß ein stetiger Übergang an der Phasengrenze gewährleistet wird. Das kann gewöhnlich nur durch eine entsprechende Veränderung des *Diffusionspotentials* (eV_D) erreicht werden, wenn wir von einer Änderung der Doppelschichten auf der Oberfläche durch das Kontaktieren absehen.

Dann gilt auch für diesen Fall nach Gleichung (7,223)

$$e\varphi_K = W_{AH} - W_{AM} = -eV_D$$

bzw.

$$eV_D = W_{AM} - W_{AH}. \qquad (7,225)$$

Getrennte Messungen der Kontaktspannungen und des Diffusionspotentials haben ergeben, daß bei den meisten Kontaktpaarungen keine Übereinstimmung zwischen beiden zu erreichen ist ($-e\varphi_K \neq eV_D$). Die auf der Oberfläche vorhandenen Doppelschichten werden bei Annäherung aneinander verändert, bzw. bei der technischen Herstellung von Kontakten entstehen durch Oberflächenreaktionen neue Zwischenschichten. Deshalb wird häufig die Größe eV_D als neue, den Kontakt charakterisierende Größe eingeführt, die für die Berechnung der Strom-Spannungs-Kennlinien von Metall-Halbleiter- und p/n-Übergängen von großer Bedeutung ist.

7.4.6. p/n-Übergang im Nichtgleichgewicht

Wird an einem p/n-Übergang eine äußere Spannung angelegt, so fließt ein äußerer Strom. Der Gesamtstrom ist nicht mehr Null wie in Abschnitt 7.3.8. Zur Erklärung des Verhaltens eines p/n-Übergangs unter Last gehen wir vom Gleichgewicht aus. Hier wird der Diffusionsstrom der Ladungsträger, der infolge des p/n-Übergangs vorhanden ist, durch einen entsprechenden Driftstrom, hervorgerufen durch die *Diffusionsspannung*, kompensiert. In der Nähe des p/n-Übergangs entsteht ein hochohmiges Gebiet durch den Konzentrationswechsel. An der Stelle des p/n-Übergangs gilt $n = p = n_i$; der Halbleiter ist hier eigenleitend und sehr hochohmig, da in σ, abgesehen von den Unterschieden in der Beweglichkeit für beide Ladungsträgerarten, die Summe $n + p$ eingeht:

$$\sigma = \sigma_n + \sigma_p = e(n\mu_n + p\mu_p). \qquad (7,226)$$

Nehmen wir an, daß $\mu_n \approx \mu_p = \mu$ (bei Si $\mu_n \approx 3\mu_p$) ist, so wird

$$\sigma = \sigma_n + \sigma_p = e\mu(n + p). \qquad (7,227)$$

In allen Bereichen der betrachteten Anordnung gilt $n \cdot p = n_i^2$. Da im n-Gebiet n und im p-Gebiet p um viele Größenordnungen über n_i liegen, sind diese Bereiche gegenüber der Übergangszone niederohmig. Die Potentialdifferenz fällt also im wesentlichen am Übergang ab.

Der erfahrungsgemäße hohe Widerstand eines p/n-Gleichrichters bei kleinen Belastungen ist auf die beschriebene Trägerverarmung in der Übergangszone zurückzuführen.

Wird nun wie in Abb. 7.29a an das n-Gebiet eine negative Vorspannung U_{DU} angelegt, so erniedrigt sich der Potentialsprung auf $V_{\mathrm{D}} - U_{\mathrm{DU}}$. Damit werden die Driftströme erniedrigt, während die vom elektrischen Feld nicht beeinflußten Diffusionsströme die Ladungsträgerkonzentrationen im Übergangsgebiet erhöhen, so daß $n^* \cdot p^* > n \cdot p = n_\mathrm{i}^2$ wird. Damit erhöht sich auch die Leitfähigkeit des Übergangsgebietes:

$$\sigma = \sigma_{\mathrm{n}^*} + \sigma_{\mathrm{p}^*} = e(n^* \mu_\mathrm{n} + p^* \mu_\mathrm{p}). \tag{7,228}$$

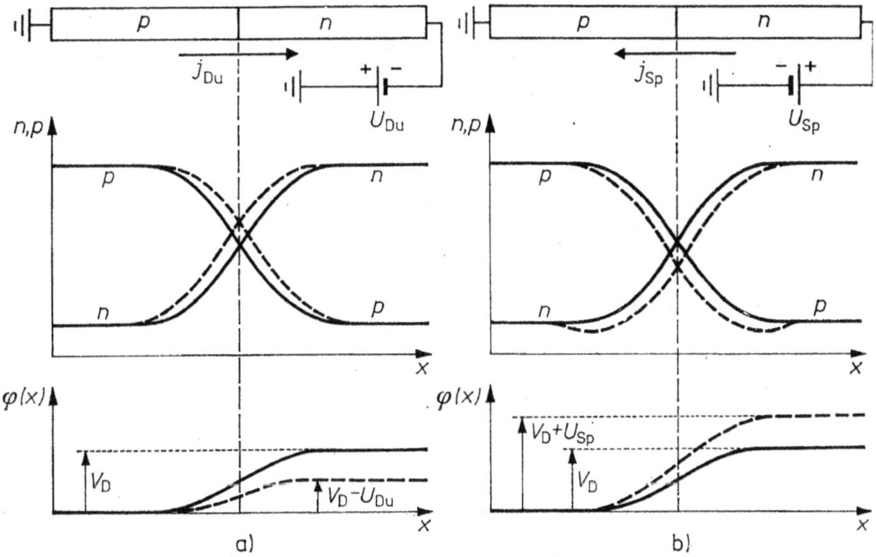

Abb. 7.29
Der p/n-Übergang in Durchlaß- (a) und Sperrichtung (b).

Diese Polung entspricht der Durchlaßrichtung des p/n-Übergangs. Durch die Erhöhung der Ladungsträgerkonzentration über die Gleichgewichtskonzentration überwiegt in der Übergangszone die Rekombination über die Generation, so daß ein Rekombinationsüberschuß R vorhanden ist. Der Rekombinationsüberschuß wird im stationären Fall durch das Einströmen von Ladungsträgern beider Vorzeichen aus den angrenzenden Gebieten gerade gedeckt. Die gesamte Durchlaßstromdichte j_{DU}, die sich im allgemeinen aus einem p-Anteil und einem n-Anteil zusammensetzt, ist weit im p-Gebiet ein reiner Defektelektronenstrom j_p und weit im n-Gebiet ein reiner Elektronenstrom j_n. Legen wir dagegen an das n-Gebiet eine positive Spannung U_{Sp} an (Abb. 7.29b), vergrößert sich der Potentialabfall über der Übergangszone auf $V_\mathrm{D} + U_{\mathrm{Sp}}$. Die Defektelektronen werden stärker in das p-Gebiet und die Elektronen in das n-Gebiet zurückgetrieben, da der Feldstrom überwiegt. Die Übergangszone verarmt an Ladungsträgern ($n^*p^* < np = n_\mathrm{i}^2$), sie wird noch hochohmiger und verbreitert sich. Diese Polung entspricht dem Sperrfall.

Zur Berechnung des p/n-Übergangs müssen wir davon ausgehen, daß die Gesamtstromdichte $\boldsymbol{j}$ aus Elektronen und Defektelektronen besteht:

$$\boldsymbol{j} = \boldsymbol{j}_\mathrm{n} + \boldsymbol{j}_\mathrm{p}. \tag{7,229}$$

Andererseits finden Rekombinations- und Generationsprozesse von Elektronen und Defektelektronen statt, die man durch die Gleichungen (7,177) in Verbindung mit (7,174) beschreiben kann.

Die Gleichungen (7,177) vereinfachen sich erheblich, da wir ein stationäres, eindimensionales Beispiel ausgewählt haben (Abb. 7.29). Damit wird $\partial/\partial t \to 0$ und $\mathrm{d}/\mathrm{d}\boldsymbol{r} \to \mathrm{d}/\mathrm{d}x$. Der Rekombinationsüberschuß R_p ist gleich $R_\mathrm{n} = R$, so daß wir für (7,177) in Übereinstimmung mit (7,198)

$$\frac{\mathrm{d}j_\mathrm{n}}{\mathrm{d}x} = -\frac{\mathrm{d}j_\mathrm{p}}{\mathrm{d}x} = eR \tag{7,230}$$

erhalten. Für j_n und j_p haben wir nach (7,174) entsprechend unserem eindimensionalen Beispiel

$$j_\mathrm{n} = -en^*\mu_\mathrm{n}\frac{\mathrm{d}\varphi}{\mathrm{d}x} + eD_\mathrm{n}\frac{\mathrm{d}n^*}{\mathrm{d}x}$$

und (7,231)

$$j_\mathrm{p} = -ep^*\mu_\mathrm{p}\frac{\mathrm{d}\varphi}{\mathrm{d}x} - eD_\mathrm{p}\frac{\mathrm{d}p^*}{\mathrm{d}x}$$

einzusetzen.

Durch das Auftreten von Raumladungen, insbesondere im Übergangsgebiet, muß die Poisson-Gleichung berücksichtigt werden:

$$\frac{\mathrm{d}^2\varphi}{\mathrm{d}x^2} = -\frac{\varrho}{\varepsilon\varepsilon_0} = -\frac{\mathrm{e}}{\varepsilon\varepsilon_0}(p + N_{\mathrm{D}^+} - n - N_{\mathrm{A}^-}). \tag{7,232}$$

Die Gleichungen (7,230) bis (7,232) stellen das Gleichungssystem für die 5 Unbekannten j_n, j_p, n^*, p^* und φ dar. μ_n, μ_p, D_n, D_p und ε sind Materialkonstanten. R wird durch die Rekombination der Minoritätsladungsträger im p- bzw. n-Gebiet,

$$R = \frac{n^* - n}{\tau_\mathrm{n}} = \frac{p^* - p}{\tau_\mathrm{p}}, \tag{7,233}$$

auf die Materialkonstanten τ_n bzw. τ_p und auf die Gleichgewichtskonzentrationen n und p, die für das benutzte Beispiel konstant sind, zurückgeführt. Eine vollständige Lösung des Gleichungssystems (7,230) bis (7,232) liegt selbst für den eindimensionalen Fall nicht vor. Im allgemeinen wird das Gleichungssystem unter speziellen Voraussetzungen und Randbedingungen gelöst.

Wir erhalten für die Durchlaßstromdichte unter der Bedingung, daß die Breite der Raumladungszone klein gegen die Diffusionslängen L_n, L_p ist,

$$j_\mathrm{DU} = e\left(\frac{D_\mathrm{p}p_\mathrm{n}}{L_\mathrm{p}} + \frac{D_\mathrm{n}n_\mathrm{p}}{L_\mathrm{n}}\right)\cdot\left[\exp\left(\frac{eU_\mathrm{DU}}{k_\mathrm{B}T}\right) - 1\right] \tag{7,234}$$

und für die Sperrichtung

$$j_\mathrm{Sp} = e\left(\frac{D_\mathrm{p}p_\mathrm{n}}{L_\mathrm{p}} + \frac{D_\mathrm{n}n_\mathrm{p}}{L_\mathrm{n}}\right)\cdot\left[1 - \exp\left(-\frac{eU_\mathrm{Sp}}{k_\mathrm{B}T}\right)\right]. \tag{7,235}$$

Für den Ausdruck vor der Klammer wird die Bezeichnung Sättigungsstromdichte eingeführt:

$$j_\mathrm{S} = e\left(\frac{D_\mathrm{p}p_\mathrm{n}}{L_\mathrm{p}} + \frac{D_\mathrm{n}n_\mathrm{p}}{L_\mathrm{n}}\right). \tag{7,236}$$

Dabei sind p_n die Konzentration der Defektelektronen im n-Gebiet und n_p die der Elektronen im p-Gebiet. Bei großen äußeren Spannungen geht der Kurvenverlauf in Durchlaßrichtung in eine reine Exponentialfunktion über (Abb. 7.30), während bei größeren Spannungen in Sperrichtung sich ein Sättigungswert (j_S) einstellt. Bei höheren Spannungswerten erfolgt in Sperrichtung ein Durchbruch der Verarmungsschicht des p/n-Übergangs.

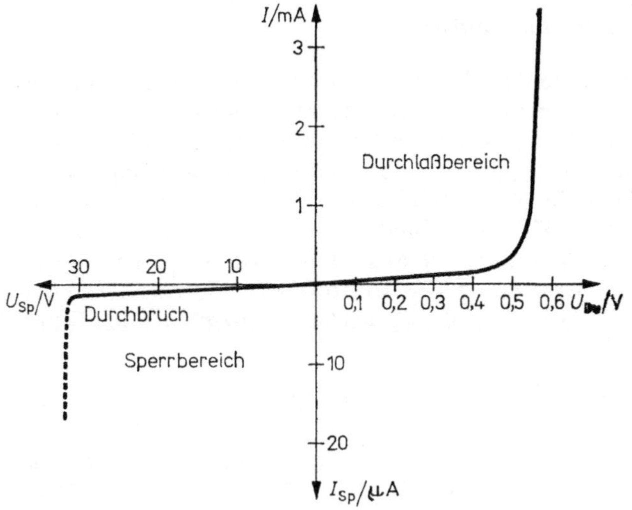

Abb. 7.30

Strom-Spannungs-Kennlinie eines p/n-Übergangs in Durchlaß- und Sperrichtung (Diodenkennlinie).

Die bekannten *bipolaren Transistoren* bestehen aus 2 gegeneinander gepolten p/n- bzw. n/p-Übergängen in der Form *pnp* bzw. *npn*. Durch eine entsprechende Dimensionierung der mechanischen Abmessungen der verschieden dotierten Gebiete und der Höhe der Dotierung kann man bei geeignetem Betrieb der Transistoren eine Vielzahl von Übertragungsfunktionen realisieren. Ganz bewußt wird in die Konstruktion elektronischer Festkörperbauelemente auch das Eigenleitungsverhalten von Halbleitern einbezogen. Derartige räumliche Gebiete werden gewöhnlich durch eine nahezu vollständige Kompensation der Störstellen erzeugt und tragen die Bezeichnung i-Gebiet. Als besonders günstig haben sich z. B. *pin*-Gleichrichter erwiesen, die sich durch eine hohe Sperrspannung auszeichnen.

Die wichtigsten Bauelementeprinzipien sind zur Zeit die Bipolartransistoren und die *MIS-Feldeffekttransistoren.* Bestimmend für die elektronische Funktion sind die Erhöhung der Arbeitsgeschwindigkeit (Grenzfrequenzen > 5 GHz), die Erhöhung der Zuverlässigkeit und die Erhöhung der Wirtschaftlichkeit. Wesentlich sind auch ein niedriger Energieverbrauch und eine möglichst geringe Abmessung. Diese Forderungen haben folgerichtig zur Entwicklung der integrierten Festkörperschaltkreise geführt. Der auf der Basis von einkristallinem Silicium erreichbare Integrationsgrad wird technologisch vorangetrieben durch die immer bessere Beherrschung der Erzeugung feinster lateraler Strukturen im µm- und sub-µm-Bereich (Fotolithographie, Haftmaskentechnik, Röntgenlithographie, Elektronenlithographie und Ionenstrahlätzung). Objektive Grenzen für die Miniaturisierung von Bauelementestrukturen scheinen durch die nicht abstellbaren Dotierungsinhomogenitäten im µm-Bereich zu bestehen. Real sind gegenwärtig Zielsetzungen, mehrere Millionen von Transistoreinheiten auf einer Silicium-Scheibe simultan zu erzeugen. Interessierte Leser müssen an dieser Stelle auf Spezialiteratur der Mikroelektronik und Bauelementetechnologie verwiesen werden.

7.4.7. Halbleiter bei hohen Feldstärken

Steigt in einem Halbleitermaterial die Feldstärke auf große Werte an (ca. 10^5 bis 10^6 $\mathrm{Vcm^{-1}}$), so treten abweichend von dem bisher beschriebenen Transportverhalten einige Effekte auf, die für die Funktion der bipolaren Bauelemente von Bedeutung sind und auch zu einigen neuen Typen von elektronischen Bauelementen geführt haben. In erster Linie seien hier die *Zener-Dioden*, die *Tunneldioden*, die *Gunn-Oszillatoren* und die *Lawinenlaufzeit-(IMPATT-)Dioden* genannt, die auf dem Lawinendurchbruch basieren (**Imp**act-**A**valanche **T**ransit-**T**ime Diodes). Die beiden letzteren werden insbesondere zur Erzeugung von Mikrowellen eingesetzt. Die den genannten Bauelementen zugrunde liegenden physikalischen Prinzipien sollen kurz charakterisiert werden.

Zener-Dioden. Wird in einem Halbleiter die Feldstärke E ständig erhöht, erfolgt gemäß Abschnitt 7.2.5. (Abb. 7.13) eine starke Verbiegung der Bänder, so daß das Leitungsband bei größeren x-Werten tiefer liegt als das Valenzband bei kleineren x-Werten. Wenn dieser Abfall schon über eine kürzere Distanz wirksam wird, setzt ein Tunnelstrom vom Valenzband in das Leitungsband ein (Zener-Effekt). Die Tunnelwahrscheinlichkeit und damit der Tunnelstrom ist proportional zu exp $(-\mathrm{const} \times m^{*1/2} \cdot W_g^{3/2}/E)$. Bei Halbleitern mit einem großen Bandabstand setzt der Tunnelstrom erst bei größeren Feldstärken ein. Diese werden infolge der Trägerverarmung in den Grenzschichten von gesperrten p/n-Übergängen häufig realisiert und können zum Durchbruch der Dioden führen. Das ist aber nur der Fall, wenn die Verarmungsgrenzschichten, in denen sich auch die Raumladungen befinden, sehr schmal sind. Demzufolge muß bei niedrigen Durchbruchspannungen mit dem Zener-Effekt gerechnet werden. Bei hohen Durchbruchspannungen erfolgt die Ladungsträgergeneration durch Sekundärionisation infolge Stoß der in der Verarmungszone stark beschleunigten Ladungsträger. Diese Art der Ladungsträgermultiplikation findet schon im üblichen Sperrbereich statt und verursacht den in Abb. 7.30 dargestellten weiteren Anstieg des Stromes in Sperrichtung, der nach der Theorie (7,235) in den Sättigungswert j_S einmünden müßte. Ab einer bestimmten Feldstärke bildet sich eine *Ladungsträgerlawine* aus, die zum Durchbruch führt. Bei Durchbruchsspannungen, die bei Silicium größer als 7 V sind, überwiegt die Stoßionisation. Reiner Lawinendurchbruch wird in Silicium oberhalb 15 V gefunden. Wird nun dafür gesorgt, daß die beträchtliche Verlustwärme abgeführt wird, so kann der durchbruchsähnliche Steilanstieg der Sperrkennlinie (Abb. 7.30) ohne Zerstörung des Halbleiters reversibel durchlaufen werden.

Tunneldioden. Wird ein p/n-Übergang (Abb. 7.31a), dessen beide Seiten bis zur Entartung dotiert sind, in Durchlaßrichtung betrieben, so ergibt sich die in Abb. 7.31b gezeigte Kennlinie mit einem fallenden Bereich.

Liegt an so einer Diode keine äußere Spannung an, dann gilt $\overline{W}_{\mathrm{Fp}} = \overline{W}_{\mathrm{Fn}} = \overline{W}_{\mathrm{F}}$. Es fließt kein Strom. Durch eine in Durchlaßrichtung gepolte äußere Spannung wird

z. B. das Potential des n-Gebietes so weit angehoben, daß besetzte Elektronenzustände im n-Gebiet unbesetzten Zuständen im p-Gebiet gegenüberstehen. Es kann ein Tunnelstrom fließen, der mit zunehmender Spannung (Feldstärke) größer wird. Wird die Spannung so hoch, daß die untere Leitungsbandkante des n-Gebietes mit der oberen Valenzbandkante zusammenfällt, müßte der Tunnelstrom theoretisch wieder den Wert Null annehmen. Da bei den hohen Dotierungen die Zustandsdichten schweifartige Ausläufer in die verbotene Zone hinein besitzen, geht der Tunnelstrom über diese Zustände weiter, wenn sich die Leitungsbandkante stärker anhebt. Das Tal liegt bei einem endlichen Tunnelstrom. Danach setzt die normale Durchlaßkennlinie der Diode ein. Tunneldioden sind z. B. auf der Basis von Ge, Si, GaSb und GaAs hergestellt worden.

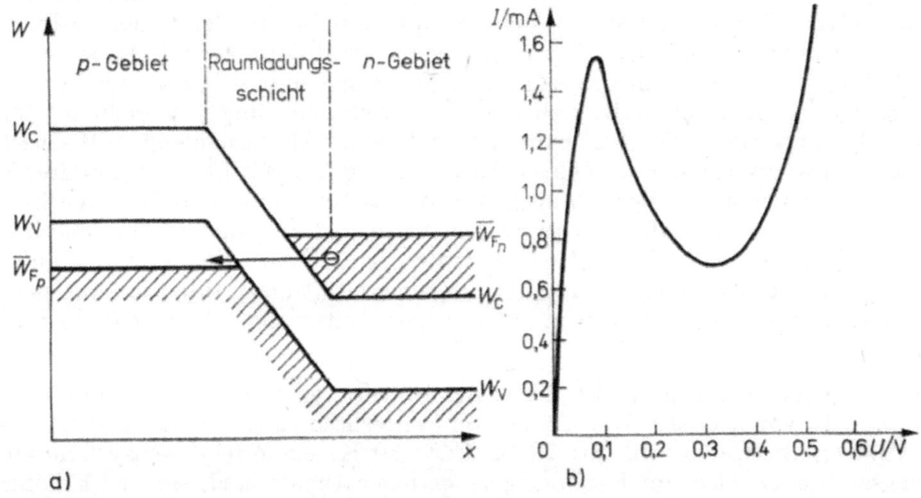

Abb. 7.31

Bandverlauf bei der Tunneldiode (a) und dazugehörige Kennlinie (b).

Gunn-Oszillatoren. Außer dem Tunnelstrom und dem Lawinendurchbruch werden bei hohen Feldstärken bei verschiedenen Halbleitern unter bestimmten Bedingungen Strominstabilitäten beobachtet. Diese haben oft verschiedene physikalische Ursachen. Als Beispiel seien angeführt:

— Rekombinationsinstabilitäten
— Elektroakustische Instabilitäten
— Gradient-Instabilitäten
— Injektionsinstabilitäten
— Plasmainstabilitäten
— Gunn- bzw. Driftinstabilität
— Instabilitäten bei elektrischen Durchschlägen

Die Gunn- bzw. Driftinstabilität hängt eng mit der Beschaffenheit der Energiebänder $W(\boldsymbol{k})$ des betreffenden Halbleiters zusammen. Bei GaAs, in dem diese Instabilität entdeckt wurde, liegt das Minimum des Leitungsbandes bei $\boldsymbol{k} = 0$. In den [100]-Richtungen gibt es 6 Nebenminima, die 0,36 eV darüber liegen. Die effektive Elektronenmasse und damit auch die Zustandsdichte sind im Minimum bei $\boldsymbol{k} = 0$

beträchtlich kleiner als in den Nebenminima. Bei der Elektronenbeweglichkeit ist es umgekehrt. Bei einem starken elektrischen Feld ab ca. 3700 Vcm^{-1}, in dem die Elektronen während einer freien Weglänge die Energie von 0,36 eV gewinnen können, werden diese mit großer Wahrscheinlichkeit in die Nebenminima hineingestreut. Ihre Beweglichkeit nimmt dabei von $\mu \approx 6000\ cm^2\ V^{-1}\ s^{-1}$ bei kleinen Feldstärken auf $\mu \approx 200\ cm^2\ V^{-1}\ s^{-1}$ bei großen Feldstärken ab.

Man erhält unter diesen Bedingungen Strom-Spannungs-Kennlinien mit fallenden Bereichen. Gunn-Bauelemente werden als Verstärker und Oszillatoren für Frequenzen um 10^8 Hz und darüber eingesetzt.

Instabilitäten bei elektrischen Durchschlägen. Sie wurden schon vor der Erfindung der Elektronenröhren in Lichtbogensendern zur Erzeugung ungedämpfter elektrischer Schwingungen ausgenutzt. Diesem Prinzip entspricht die Lawinenlaufzeitdiode (IMPATT-Diode), mit der man Frequenzen bis zu der Größenordnung von 10^{12} Hz erzeugen kann. Bei diesem Bauelement wird der reversible Durchschlag durch Bildung von Lawinen freier Ladungsträger ausgenutzt. Die Lawinenlaufzeitdiode erzeugt bei geeignetem Betrieb eine Phasenverschiebung von mehr als 90° zwischen der angelegten Wechselspannung und dem sich ausbildenden Wechselstrom. Ein Schwingkreis, der an eine solche Diode angekoppelt ist, wird entdämpft. Die Phasenverschiebung zwischen angelegter Wechselspannung und dem Wechselstrom entsteht dadurch, daß die Lawine bei Anlegen der Spannung eine endliche Zeit zur Ausbildung benötigt und die Ladungsträger der Lawine dann zu den äußeren Kontakten wandern müssen. Diese Übergangszeit (transit time) kommt noch hinzu. In einigen Fällen kann sich in einem engen Leitungskanal ein *Mikroplasma* ausbilden.

Elektron-Loch-Flüssigkeit (ELF). Unter der Einwirkung von Laserstrahlung einer Leistungsdichte von $10^5 \cdots 10^6\ W\ cm^{-2}$ entsteht unterhalb einer kritischen Temperatur in Halbleitern (Ge: 6,5 K; Si: 20 K; CdS: 80 K) ein Zweiphasensystem aus Anregungszuständen, das ein Exzitonengas geringer Dichte und eine ELF hoher Dichte umfaßt. Die ELF ist eine Quantenflüssigkeit mit metallischer Leitfähigkeit und außergewöhnlichen optischen Eigenschaften. Nach Abschalten der Anregung zerfällt die ELF mit kleiner Halbwertszeit (Ge: 40 µs; Si: 150 ns; CdS: < 1 ns). 1975 ist es gelungen, in Germanium, das zusätzlich unter Druck stand, einen „Riesentropfen" von 1 mm Durchmesser zu photographieren.

Prinzipiell ist es möglich, weitere festkörperphysikalische Erscheinungen als Funktionsprinzip zu nutzen. In starkem Maße ist das z. B. in Bauelementen der Optoelektronik und des Strahlennachweises (s. Kapitel 11.), bei Halbleiterspeichern, bei akustoelektronischen und piezoelektronischen Bauelementen (s. Kapitel 9.) ober bei Hall-Bauelementen der Fall. Die jetzt verwendeten Bauelementeprinzipien besitzen eine theoretische obere Frequenzgrenze, die durch die Zeitkonstanten der Elementarprozesse von 10^{-12} s bis 10^{-16} s bestimmt wird. Es ist absehbar, daß die auf Silicium, Germanium und speziellen Verbindungshalbleitern (z. B. GaAs) beruhende Halbleitertechnik noch über einen langen Zeitraum den Anforderungen der Elektronik, Nachrichten- und Informationstechnik gerecht werden kann.

Eine Nachfolgetechnik kann auf dem in diesem Kapitel behandelten Gebiet zur Zeit nicht angegeben werden.

8. Metalle und metallische Legierungen

8.1. Historisches, Begriff und Eigenschaften

Ausgehend von den grundlegenden Angaben zur metallischen Bindung in Abschnitt 2.1.3. und der Beschreibung von Kristallelektronen im Festkörper in Kapitel 6. werden wir uns in diesem Kapitel vorrangig mit den elektrischen Eigenschaften von Metallen im normalleitenden und supraleitenden Zustand sowie mit den Zustandsdiagrammen mehrkomponentiger Systeme befassen.

Während das Metall als Konstruktionswerkstoff für Gebrauchs- und Schmuckgegenstände bereits seit der Bronzezeit von ständig wachsender Bedeutung ist, rückten natürlich Probleme der elektrischen Leitfähigkeit erst dann in das Blickfeld der Forschung und Anwendung, als der elektrische Stromfluß entdeckt war und Stromquellen verfügbar wurden. Erst als es erstmalig möglich wurde, Helium zu verflüssigen, nämlich 1908 durch Kamerlingh-Onnes, wurden der Forschung Temperaturen unterhalb 10 K und damit die völlig neuartige Erscheinung der Supraleitung zugänglich.

Einige wenige Daten aus der Metallphysik, die in unserem Zusammenhang von Wichtigkeit sind, seien hier noch aufgeführt. 1731 erkannte Groy den Unterschied zwischen Leitern und Nichtleitern. 1826 konnte Ohm die Proportionalität zwischen Stromstärke und Spannung finden, und er begründete damit den Begriff Widerstand und die Grundlagen der spezifischen Leitfähigkeit. Enorme Impulse gingen und gehen für die Festkörperphysik auf diesem Gebiet von der Entwicklung der Elektrotechnik/Elektronik aus. Höchste Anforderungen erfahren heute vor allem solche Gebiete der Metallphysik, wie z. B. die Supraleiterforschung, die Forschung zur Gewinnung superharter und hochtemperaturbeständiger metallischer Werkstoffe, die Arbeiten zur Abscheidung und zu den Eigenschaften von Metallschichten und die Einkristallzüchtung.

Wie jedes Einteilungsprinzip in der Festkörperphysik oder der Werkstoffwissenschaft kann auch die Einteilung Metall—Halbleiter—Isolator nur insoweit befriedigen, als es mit ihr gelingt, typische Merkmale bestimmter Stoffklassen so abzugrenzen, daß eine Zuordnung für einen großen Teil der Festkörper möglich wird. Begriffe wie Halbmetall oder Halbisolator machen diese Schwierigkeit deutlich. Wir wollen zunächst die makroskopischen Hauptkennzeichen eines Metalls herausstellen. Das sind:

— eine hohe Elektronenkonzentration, verbunden mit einer hohen elektrischen und thermischen Leitfähigkeit sowie hervorragenden Reflexionseigenschaften und
— die plastische Verformbarkeit.

Eine nähere Betrachtung typischer Eigenschaften erlaubt folgende Zusammenstellung:

— Metalle besitzen spezifische Widerstände zwischen 1 und 100 μΩcm.

— Der spezifische Widerstand nimmt mit wachsender Temperatur zu.
— Der Zusammenhang zwischen Stromdichte j und elektrischer Feldstärke E folgt bis zu sehr hohen Stromdichten dem Ohmschen Gesetz $j = \sigma E$.
— Die Lorenz-Zahl $L = \lambda_e/\sigma T$, der Quotient aus Wärmeleitfähigkeit, Leitfähigkeit und Temperatur, ist nahezu eine Konstante: $L = (2{,}6 \pm 0{,}4) \cdot 10^{-8}\ \mathrm{V}^2 \cdot \mathrm{K}^{-2}$ (Wiedemann-Franzsches Gesetz).
— Bei tiefen Temperaturen besitzen Metalle einen endlichen Restwiderstand (Mathiessensche Regel).
— Bei sehr tiefen Temperaturen verlieren fast alle Metalle ihren spezifischen Widerstand und werden supraleitend.
— Bei tiefen Temperaturen haben sie eine sehr kleine spezifische Wärmekapazität.
— Metalle zeigen bei geeignetem Einfluß von elektrischen und magnetischen Feldern sowie von Temperaturgradienten eine Reihe von thermo-galvano-magnetischen Effekten.
— Metalle absorbieren und reflektieren Licht sehr stark.
— Bei hohen Temperaturen emittieren Metalle Elektronen.
— Bei geeigneten Temperaturen lassen sich Metalle unter der Einwirkung äußerer Kräfte plastisch verformen.
— Die mechanischen Eigenschaften besitzen einen breiten Wertebereich.
— Metalle bilden Kristallgitter mit hoher Symmetrie und hoher Packungsdichte der Bausteine.

Aus diesen Eigenschaften leiten sich folgerichtig die volkswirtschaftlich bedeutsamen Anwendungen als Konstruktionswerkstoff, als Leiter und Supraleiter sowie als Reflektormaterial ab.

8.2. Metallische Elemente

8.2.1. Metallischer Zustand und Periodensystem

Weit mehr als 3/4 aller Elemente liegen bei 300 K im metallischen Zustand vor. Ein Blick auf das Periodensystem (Tab. 8.1) beweist, daß die Zuordnung eines elementaren Festkörpers zu den Metallen unter Normalbedingungen nicht zufällig sein kann, sondern eng mit dem Aufbau der Atome selbst verknüpft ist. Es wird weiter deutlich, daß 3/4 aller Metalle vorwiegend im krz-, kfz- oder hexagonalen Gitter kristallisieren. Diese Gittertypen werden durch eine hohe Packungsdichte der Bausteine charakterisiert (Tab. 8.2), was sich in hohen Koordinationszahlen der ersten 3 Koordinationssphären und einer hohen Raumerfüllung (Volumen der kugelförmigen Bausteine/Gesamtvolumen) niederschlägt (vgl. 2.4.2.).

8.2.2. Gitterstruktur

Metalle, die unter Normalbedingungen ein kubisch raumzentriertes Gitter bilden, sind Lithium, Natrium, Kalium, Rubidium, Caesium, Francium, Barium, Radium, Vanadium, Niobium, Tantal, Chromium, Molybdän, Wolfram, Eisen, Europium. Dagegen besitzen Calcium, Strontium, Rhodium, Iridium, Nickel, Palladium, Platin, Kupfer, Silber, Gold, Aluminium, Blei, Actinium, Cerium, Thorium, Americium, Ytterbium ein kubisch flächenzentriertes Gitter.

In der hexagonal dichten Kugelpackung kristallisieren mit dem nahezu idealen Achsenverhältnis 1,61···1,62 Rhenium, Technetium, Cobalt, Magnesium. Hexagonal dichte Packungen mit geringen Abweichungen vom Idealwert $c/a = 1{,}57\cdots1{,}59$ bilden Scandium, Yttrium, Titanium, Zirconium, Hafnium, Ruthenium, Osmium, Beryllium,

Tabelle 8.1

Verbreitung des metallischen Zustandes bei Elementen

(M — Metall, Ü — Übergangsmetall, H — Halbleiter, I — Isolator, k — kubisch, kr — kubisch raumkonzentriert, kf — kubisch flächenkonzentriert, h — hexagonal, d — Diamantstruktur, tr — trigonal, t — tetragonal, r — rhombisch, m — monoklin)

M h H																	I h He
M kr Li	M h Be											H h B	H d C I d	I h N	I k O	I F	I kf Ne
M kr Na	M h Mg											M kf Al	H d Si	H k P	H k S	I t Cl	I kf Ar
M kr K	Ü kf Ca	Ü h Sc	Ü h Ti	Ü kr V	Ü kr Cr	Ü k Mn	Ü kr Fe	Ü h Co	Ü kf Ni	M kf Cu	M h Zn	M r Ga	H d Ge	H tr As	H h Se	I r Br	I kf Kr
M kr Rb	Ü kf Sr	Ü h Y	Ü h Zr	Ü kr Nb	Ü kr Mo	Ü h Tc	Ü h Ru	Ü kf Rh	Ü kf Pd	M kf Ag	M h Cd	M t In	M t Sn H d	H tr Sb	H h Te	H J I r	I kf Xe
M kr Ss	Ü kr Ba	Ü h La	Ü h Hf	Ü kr Ta	Ü kr W	Ü h Re	Ü h Os	Ü kf Ir	Ü kf Pt	M kf Au	M tr Hg	M h Tl	M kf Pb	M tr Bi	M m Po	At	I kf Rn
M kr Fr	Ü kr Ra	Ü kf Ac															

Seltene Erden	Ü kf Ce	Ü h Pr	Ü h Nd	Ü h Pm	Ü h Sm	Ü kr Eu	Ü h Gd	Ü h Tb	Ü h Dy	Ü h Ho	Ü h Er	Ü h Tm	Ü kf Yb	Ü h Lu
Aktiniden	Ü kf Th	Ü Pa	Ü r U	Ü Np	Ü Pu	Ü kf Am	Ü h Cm	Ü Bk	Ü Cf	Ü Es	Ü Fm	Ü Md	Ü No	Ü Lw

Tabelle 8.2

Bevorzugte Gittertypen bei Metallen, Abstände nächster Nachbarn, Koordinationszahlen, Raumerfüllung

Gittertyp	Abstände nächster Nachbarn			Koordinationszahl			Raumerfüllung
	d_1	d_2	d_3	K_1	K_2	K_3	
krz	$\frac{a}{2}\sqrt{3}$	a	$a\sqrt{2}$	8	6	12	0,68
kfz	$\frac{a}{2}\sqrt{2}$	a	$\frac{a}{2}\sqrt{6}$	12	6	24	0,74
hexagonal dichte Kugelpackung $\left(\frac{c}{a} = 1{,}633\right)$	a	$a\sqrt{2}$	$1{,}63\,a$	12	6	2	0,74

Gadolinium, Terbium, Dysprosium, Holmium, Erbium, Thulium und Lutetium. Einen besonders niedrigen Wert von 1,51 besitzt Thallium. Nach oben weichen mit 1,85···1,87 Zink und Cadmium ab. Nahezu das Doppelte des Idealwertes zeigen mit 3,23···3,24 Lanthan, Praseodymium, Neodymium und Curium. Einen extrem hohen Wert besitzt Samarium mit 7,26 (vgl. 2.2.).

Die übrigen, nicht näher zu betrachtenden metallischen Elemente kristallisieren in Gittern geringerer Symmetrie. Darunter befinden sich die wichtigen Metalle Gallium (rhombisch), Indium (tetragonal), Quecksilber (rhomboedrisch), Zinn (tetragonal), Bismut (trigonal) und Uranium (rhombisch).

8.2.3. Polymorphismus durch Temperaturveränderung

Durch Variation der Zustandsgrößen Druck und Temperatur kommt es verbreitet zum Polymorphismus, d. h., die Metalle wechseln reversibel bei bestimmten Temperaturen bzw. Drücken den Gittertyp. Der technisch bedeutendste Wechsel des Kristallgitters durch einen Phasenübergang im festen Zustand, der mit einer Umordnung der Bausteine verbunden ist, ist der des Eisens. Dieser für die Stahlgewinnung wichtige Vorgang ist gekennzeichnet durch den Übergang des α-krz-Gitters bei 909 °C in das γ-kfz-Gitter und bei 1388 °C in das δ-krz-Gitter.

Diese Phasenübergänge können folgendermaßen beschrieben werden:

$$\alpha\text{-krz} \xrightleftharpoons{909\,°C} \gamma\text{-kfz} \xrightleftharpoons{1388\,°C} \delta\text{-krz}.$$

Weitere wichtige Beispiele sind:

Cobalt: $\alpha\text{-hex.} \xrightleftharpoons{450\,°C} \beta\text{-kfz},$

Strontium: $\alpha\text{-kfz} \xrightleftharpoons{225\,°C} \beta\text{-hex.} \xrightleftharpoons{570\,°C} \gamma\text{-krz},$

Zinn: $\alpha\text{-Diamant} \xrightleftharpoons{13{,}2\,°C} \beta\text{-hex.},$

Titanium: $\alpha\text{-hex.} \xrightleftharpoons{882\,°C} \beta\text{-krz},$

Mangan: $\alpha\text{-kub.} \xrightleftharpoons{710\,°C} \beta\text{-kub.} \xrightleftharpoons{1079\,°C} \gamma\text{-kfz} \xrightleftharpoons{1143\,°C} \delta\text{-hex.},$

Uranium: $\alpha\text{-rhomb.} \xrightleftharpoons{662\,°C} \beta\text{-tetrag.} \xrightleftharpoons{775\,°C} \gamma\text{-krz}.$

Bei Cobalt und Eisen ist die Eigenschaft, ferromagnetisch zu sein, auf die α-Modifikation beschränkt. Beim Zinn ist der Modifikationswechsel $\alpha \rightarrow \beta$, wobei α-Sn in der Diamantstruktur kristallisiert, mit einer völligen Änderung des elektrischen Verhaltens verbunden. Unterhalb 13,2°C verhält sich Zinn wie ein Halbleiter und wird damit seiner Nachbarschaft zum Germanium im Periodensystem gerecht (s. Tab. 8.1). Die bekannte Erscheinung der Zinnpest, die sich in einem Zerfall von Zinngegenständen bei Frosteinwirkung bemerkbar macht, geht auf diesen Modifikationswechsel zurück. In diesem speziellen Falle verliert das Gitter nach der Umwandlung seinen Zusammenhalt.

8.2.4. Polymorphismus durch Druckerhöhung

Durch eine starke Erhöhung des Druckes kommt es in vielen Metallen zu Phasenübergängen in eine andere Kristallstruktur. Da Strukturbestimmungen bei hohen Drücken auf große apparative Schwierigkeiten stoßen, werden derartige Übergänge vor allem durch starke Änderungen des spezifischen Widerstandes festgestellt. Einige wichtige Phasenübergänge sind:

Bi I $\overset{25\ \mathrm{GPa}}{\rightleftharpoons}$ Bi II $\overset{27\ \mathrm{GPa}}{\rightleftharpoons}$ Bi III $\overset{\approx 80\ \mathrm{GPa}}{\rightleftharpoons}$ Bi V,

krz-Cs I $\overset{23\ \mathrm{GPa}}{\rightleftharpoons}$ kfz-Cs II $\overset{42\ \mathrm{GPa}}{\rightleftharpoons}$ kfz-Cs III $\overset{125\ \mathrm{GPa}}{\rightleftharpoons}$ Cs IV,

Sn I $\overset{114\ \mathrm{GPa}}{\rightleftharpoons}$ Sn II,

krz-α-Fe $\overset{13{,}3\ \mathrm{GPa}}{\rightleftharpoons}$ ε-Fe (s. auch Abb. 8.1),

krz-Ba I $\overset{59\ \mathrm{GPa}}{\rightleftharpoons}$ Ba II $\overset{144\ \mathrm{GPa}}{\rightleftharpoons}$ Ba III.

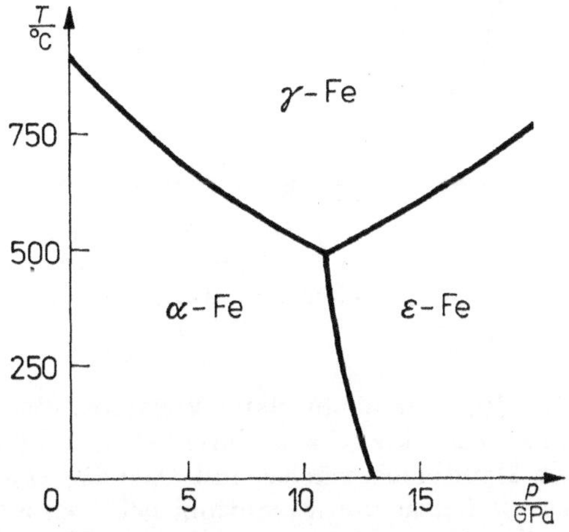

Abb. 8.1
T, *p*-Polymorphismus des Eisens nach Schumann, H.: Metallografie. — Leipzig: Deutscher Verlag für Grundstoffindustrie 1975.

Diese Phasenübergänge durch Druckerhöhung können bei allen Metallen beobachtet werden. Je lockerer ein Metallkristall zunächst gepackt ist, desto wahrscheinlicher liegt der erste Phasenübergang bei einem relativ niedrigen Druck. Aber auch an schon dicht gepackten Gittern wie dem kfz-Gitter und der hexagonal dichten Kugelpackung treten Phasenübergänge auf, nur daß diese hier nicht mit erheblichen Volumenänderungen einhergehen.

Seltene Formen eines Phasenübergangs werden bei Cerium und Caesium beobachtet. Hier bleibt in beiden Fällen bei Druckerhöhung die kfz-Struktur erhalten, aber das Atomvolumen erniedrigt sich beträchtlich. Beim Cerium geht ein 4f-Elektron auf ein 5d-Niveau über (Anhebung eines Elektrons), bei Zäsium tritt Elektronenkollaps ein durch Übergang eines 6s-Elektrons auf ein 5d-Niveau (42 GPA: Cs II $\rightarrow$ Cs III).

Bei Halbleitern des Diamanttyps (Silicium, Germanium) sowie des Zinkblendetyps oder Wurtzittyps (AIII-BV- und AIIBVI-Verbindungen) entsteht unter hohem Druck eine metallische Phase.

Umgekehrt erhalten einige Metalle, wie Ytterbium, Calcium, Strontium, bei hohem Druck Halbleitercharakter. Es verschwindet die Überlappung der Bänder, und es bildet sich eine Energielücke aus. Der Temperaturkoeffizient des spezifischen Widerstandes wird negativ. Das erfolgt bei Yb kontinuierlich. Der Widerstand steigt bei

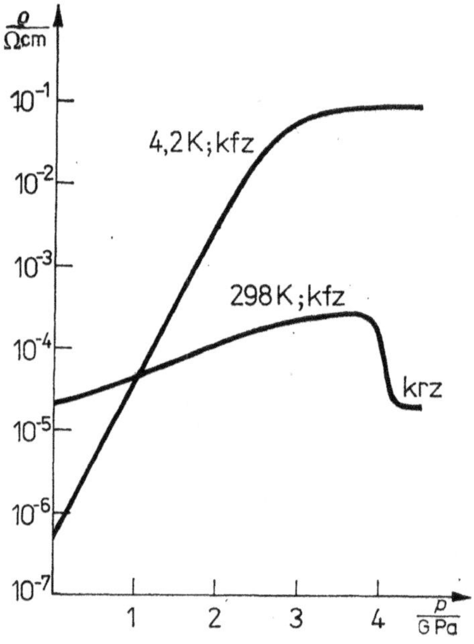

Abb. 8.2
$\varrho(p)$-Verlauf für Ytterbium (McWhan, D. B.; Rice, T. M.; Schmidt, P. H., Phys. Rev. **177** (1969) 1063).

4,2 K und 4,0 GPa um einen Faktor 10^5 und bleibt dann konstant. Bei Zimmertemperatur wird ein Modifikationswechsel kfz $\rightarrow$ krz durch Druckerhöhung auf 4,0 GPa beobachtet (Abb. 8.2). Die Bandlücke wächst mit 0,05 eV/GPa und erreicht bei 4,0 GPa etwa 0,1 eV. Das kfz-Gitter von Strontium geht bei 3,6 GPa in ein krz-Gitter über. Calcium wird allerdings erst bei nahezu 30,0 GPa zum Halbleiter. Typisch ist bei den letztgenannten Elementen, daß bei erhöhtem Druck ein weniger dichter Gittertyp entsteht, durch die Verringerung des Bausteinsvolumens jedoch insgesamt dem äußeren Zwang auf den Festkörper nachgegeben wird.

8.3. Metallische Legierungen

8.3.1. Kennzeichen einer metallischen Legierung

Der umfassende technische Einsatz von Metallen ist nur auf Grund ihrer ausgeprägten Fähigkeit zur Bildung von Legierungen gegeben. Unter einer metallischen Legierung versteht man ein kompaktes Gemisch von Metallen mit Metallen bzw. Nichtmetallen. Bei Legierungsbildung werden wichtige Eigenschaften der Legierungspartner auf die Legierung übertragen, bestimmte Eigenschaften lassen sich gezielt einstellen, und nicht zuletzt bilden sich auch bestimmte Eigenschaften erst bei Legierungsbildung heraus, z. B. eine hohe Korrosionsbeständigkeit oder Härte.

Alle Legierungen lassen sich hinsichtlich der Mischbarkeit der Legierungspartner innerhalb dreier Grenzfälle einordnen:

a) Die Legierungspartner sind im festen Zustand völlig unmischbar. Die Legierung liegt als Kristallgemisch vor.
b) Die Legierungspartner sind im festen Zustand in jedem Verhältnis miteinander mischbar. Die Legierung liegt als Mischkristall vor.
c) Die Legierungen treten in definierten Mischungsverhältnissen der Legierungspartner auf. Die Legierung liegt als intermetallische Verbindung vor.

8.3.2. Kristallgemische

Bei Kristallgemischen handelt es sich um heterogene, polykristalline metallische Legierungen, die entsprechend dem o. g. Grenzfall a) aus zwei oder mehr reinen metallischen Elementen bestehen, die im Festkörper in Form kleiner Einkristalle vorliegen, die praktisch lückenlos aneinanderpassen (s. Abb. 8.3). Die Abmessung der Ein-

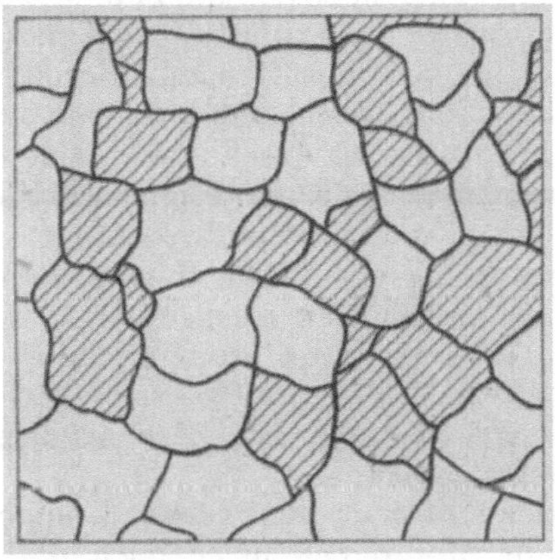

Abb. 8.3
Schnitt durch ein Kristallgemisch bei zwei Legierungspartnern A und B.

kristalle ist von den Herstellungsbedingungen und der Nachbehandlung (Tempern, Abschrecken, Verformen) abhängig. Normalerweise liegen die Abmessungen im Bereich 10···100 μm. Diese kleinen Einkristalle werden als Körner bezeichnet. Ihre Begrenzungsflächen sind entweder Großwinkelkorngrenzen bei Kontakten des Typs A/A, B/B, C/C usw. oder Grenzflächen bei Kontakten A/B, B/C, A/C usw. A, B und C stehen hier für einen bestimmten Legierungspartner. Eine derartige Struktur des Festkörpers, die durch Korngrenzen, Grenzflächen und Versetzungen bestimmt wird und sich nicht im thermodynamischen Gleichgewicht befindet, wird als Gefüge bezeichnet. Da eine geringe Löslichkeit von Elementen ineinander ($< 0{,}01\%$) für die meisten Paarungen nachgewiesen werden konnte, besteht der verbreitetste Fall eines Kristallgemischs darin, daß zwei oder mehrere Mischkristalle im Gefüge vorliegen. Ein oder mehrere Partner können auch intermetallische Verbindungen sein.

Schließlich kann auch mindestens ein Legierungspartner ein nichtmetallischer Stoff sein. Beispiele dafür sind Werkstoffe mit metallischer Komponente als Matrix oder mit Metalleinlagerung in einer nichtmetallischen Matrix (Cermets) für vorwiegend mechanische und elektrische Anwendungen.

Kristallgemische verhalten sich quasiisotrop in ihren Eigenschaften, wenn die Abmessungen des untersuchten Festkörpers groß gegen die Abmessungen der Körner sind. Anisotropie wird dann beobachtet, wenn durch das Herstellungsverfahren oder die Nachbehandlung (Erstarrung unter der Wirkung starker elektrischer und magnetischer Felder, Walzen, Ziehen) des Festkörpers Vorzugsorientierungen der Körner vorliegen.

8.3.3. Mischkristalle

Bei Mischkristallen können zwei Grenzfälle auftreten:

a) die gelöste Komponente baut sich auf Gitterplätzen des Wirtsgitters ein (Substitutionsmischkristalle),
b) die gelöste Komponente findet unter mehr oder weniger starker Deformation der unmittelbaren Gitterumgebung zwischen den Gitterbausteinen Platz (Einlagerungsmischkristalle).

Wie wir in Abschnitt 7.2.3. gezeigt haben, hat die Mischkristallbildung eine enorme Bedeutung für die Dotierung von Halbleitermaterialien. Wir behandeln die zum Verständnis von Löslichkeiten im Festkörper notwendigen Gesetzmäßigkeiten bewußt bei den Metallen, weil hier das volle Spektrum der Löslichkeit zwischen vollständiger Mischbarkeit und geringsten Beimischungen auftritt. Typisch ist für beide Fälle, daß das Grundmaterial bei kleinen Konzentrationen der gelösten Komponente den Gittertyp bestimmt und daß Mischkristallbildung vom kombinierten Typ a/b auftreten kann. Für höhere Konzentrationen kann Fernordnung eine Rolle spielen. Es entstehen Überstrukturen mit völlig regelmäßigem Kristallgitter. Ungeordnete Legierungen können eine Nahordnung aufweisen, wobei ein bestimmtes Atom in seiner Umgebung einen Einfluß auf die Besetzung seiner nächsten Nachbarplätze ausübt. Es entstehen bestimmte Korrelationen der Nahordnungsbesetzung. Im Ergebnis liegen dann Konzentrationsschwankungen im atomaren Bereiche vor.

Grenzfall a) wird bevorzugt, wenn Wirtskomponente und gelöste Komponente im gleichen Gittertyp kristallisieren und ihre Atomradien im Bereich $\pm 15\%$ übereinstimmen.

Grenzfall b) tritt auf, wenn die gelöste Komponente ohne größere Deformation des Gitters in die immer vorhandenen Gitterlücken hineinpaßt.

Die Mischkristallbildung wird ergänzt durch alle anderen Arten von Beimischungseinbau in Punktdefekten, wobei auch räumliche Konzentrationen derartiger Punktdefekte an ein-, zwei- und dreidimensionalen Defekten in Betracht gezogen werden müssen.

Die hier genannten Regeln erlauben es nicht, eine sichere Voraussage zum Mischkristalltyp zu machen. Sie führen aber weiter als die generellen Aussagen, daß sich bei der Kondensation eines festen Körpers ein Gleichgewicht einstellt, das durch die niedrigste mögliche Gesamtenergie charakterisiert wird (Minimalbedingung für die freie Enthalpie).

Beispiele für eine vollständige Substitutionsmischkristallreihe sind Ag/Au, Cu/Au, Ni/Au (s. Tab. 8.3).

Eine beschränkte Mischbarkeit ist für Substitutionsmischkristalle außerordentlich verbreitet. Einlagerungsmischkristalle können gelöst vor allem enthalten: H (Radius 0,08 nm), N (0,08 nm), C (0,08 nm), B (0,09 nm). Da Metalle kürzeste Abstände nächster Nachbarn von 0,125···0,263 nm besitzen, passen diese Elemente in die dichteste Kugelpackung zusätzlich hinein, wenn dort die Atomradien mindestens 0,195 nm betragen (Ca, Sr).

Tabelle 8.3
Mischbarkeit metallischer Elemente

Li				
u	**Na**			
u	v	**K**		
u	sm	m	**Rb**	
u	sm	m	m	**Cs**

Alkalimetalle

Ag								
m	**Au**							
sm	m	**Cu**						
sm	v	m	**Mn**					
u	sm	sm	m	**Ni**				
u	sm	sm	m	m	**βCo**			
u	sm	km	m	m	m	**γFe**		
v	m	m	v	m	m	m	**Pt**	
m	m	m	v	m	m	m	m	**Pd**

Metalle mit kfz-Gitter

αFe								
m	**V**							
m	m	**Cr**						
m	m	m	**Mo**					
v	–	m	m	**W**				
v	m	v	m	m	**Ta**			
v	m	v	m	sm	m	**Ti**		
v	m	v	m	m	m	m	**Nb**	
v	v	v	v	v	sm	m	m	**Zr**

Metalle mit krz-Gitter

u – im flüssigen und festen Zustand nicht mischbar

km – Mischungslücken im flüssigen und festen Zustand

m – im festen und flüssigen Zustand lückenlos mischbar

sm – im festen Zustand Mischungslücke, Eutektikum

v – intermetallische Verbindung

Das gleiche gilt für das krz-Gitter ab Atomradien von mindestens 0,35 nm (nicht vorhanden) bzw. für das hexagonale Gitter ab 0,138 nm (nahezu alle hexagonalen Metalle). Da auch hier Aufweitungen des Gitters eine Rolle spielen, reichen diese rein geometrischen Überlegungen nicht aus, um für oder wider eine Einlagerung zu entscheiden.

Eindrucksvolle Beispiele sind Zirconium, das bei 850°C 50 Atom-% Wasserstoff oder 20% N aufnehmen kann, und Eisen, das Kohlenstoff einlagert, sowie Palladium, in das H^+-Ionen bis 66 Atom-% eingebaut werden.

8.3.4. Intermetallische Verbindungen

Intermetallische Verbindungen lassen sich durch feste Verhältnisse des Anteils ihrer Bestandteile charakterisieren (Berthollide). Allerdings liegt bei vielen dieser Festkörper ein endlicher Homogenitätsbereich vor (Daltonide).

Der Homogenitätsbereich von intermetallischen Verbindungen hat insbesondere für die Technik der Verbindungshalbleiter großes praktisches Interesse. Für die Herstellung von Halbleiterwerkstoffen hat es sich als sehr vorteilhaft erwiesen, daß z. B. die $A_{III}B_V$-Verbindungen wie GaAs, GaP, InSb u. a. einen außerordentlich scharfen Zustandsbereich bei 50 Atom-Prozent besitzen. Dort, wo das nicht der Fall ist, z. B. bei bestimmten $A_{II}B_{VI}$-Verbindungen (CdS, ZnTe, CdSe) oder bei PbTe und SnTe, macht zusätzlich die Einhaltung der optimalen Stöchiometrie große Schwierigkeiten. Allerdings kann auch die gezielte Stöchiometrieabweichung zur Optimierung bestimmter Halbleitereigenschaften benutzt werden.

Für eine minimale Freie Enthalpie

$$G = \sum (H_i - TS_i)$$

(H_i — Enthalpie, S_i — Entropie des i-ten Bestandteils eines Festkörpers)
sind Abschätzungen durch folgende Verfahren möglich:

a) Prinzip der maximalen Packungsdichte,
b) Prinzip der Valenzelektronenkonfiguration.

Laves-Phasen
Laves-Phasen sind binäre intermetallische Verbindungen des Typs AB_2. Sie kristallisieren im $MgCu_2$-, $MgZn_2$- und $MgNi_2$-Strukturtyp. Bekannt sind inzwischen über 300 Vertreter. Fast alle Metalle sind als Partner A oder B vertreten. Eine wichtige

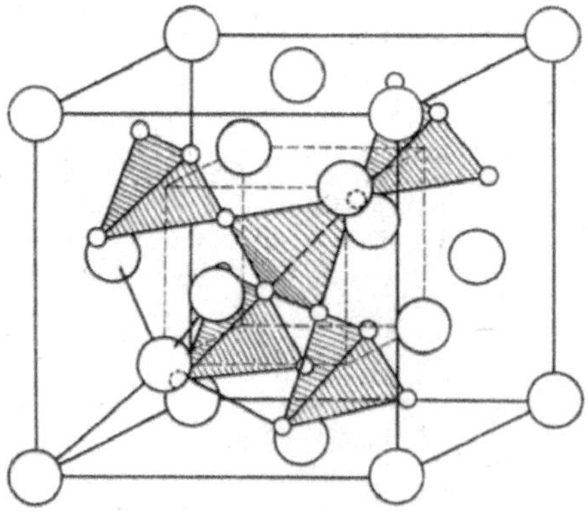

Abb. 8.4
$MgCu_2$-Typ (nach Schulze, G. E. R.): Metallphysik. — Berlin: Akademie-Verlag 1974).

Forderung, die sich aus einer hohen Packungsdichte und einer hohen Symmetrie ergibt, ist, daß die Atomradien sich etwa wie

$$r_A/r_B = \sqrt{3/2}$$

verhalten müssen, wobei die Variation der Atomradien wieder zu berücksichtigen ist. Abb. 8.4 zeigt die Elementarzelle des $MgCu_2$-Typs und Abb. 8.5 einen Schnitt durch die (110)-Ebene desselben Gittertyps. Typisch ist, daß die A-Atome ein Diamantgitter bilden, in das B-Atome so eingebaut sind, daß jedes B-Atom 6 B-Nachbarn mit engem Abstand und 6 A-Nachbarn in größerem Abstand besitzt. Jedes A-Atom hat 4 enge A-Nachbarn und 12 B-Nachbarn in einem weiteren Abstand. Für die Abstände gilt:

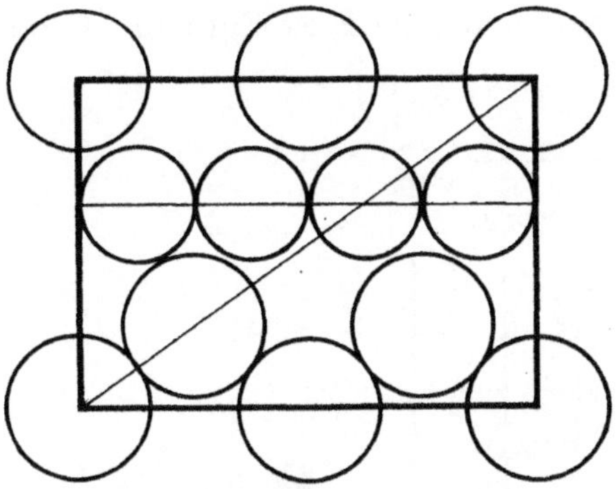

Abb. 8.5
Schnitt durch die (110)-Ebene des $MgCu_2$-Typs (nach SCHULZE, G. E. R.: Metallphysik. — Berlin: Akademie-Verlag 1974).

$d_{AB} = 1{,}05 \cdot \frac{d_{AA} + d_{BB}}{2}$, wenn das ideale Radienverhältnis eingehalten ist. Praktisch werden Werte für $r_A/r_B = 1{,}05 \cdots 1{,}68$ beobachtet. Mit zunehmender Abweichung vom Idealwert 1,22 nimmt die Kristallisationswärme von Laves-Phasen auf Grund der Atomdeformation zu.

Hume-Rothery-Phasen

Bestimmte Legierungen von A = Cu, Ag, Au, γ-Fe, β-Co, Ni, Rh, Pt und Pd mit zwei- bis fünfwertigen Elementen B = Zn, Hg, Sn, Si, Ga, Al, Ge, Be, Cd weisen beim Legieren eine charakteristische Reihe von Modifikationen für das Gesamtgebiet der Mischkristallbildung von 0 bis 100 Atom-% auf. Das sind im einzelnen:

die α-Phase (A-reich, kfz-Gitter),
die β-Phase (krz-Gitter),
die γ-Phase (kubisches Gitter mit 52 Bausteinen in der Elementarzelle. Diese Riesenzelle entsteht, wenn $3 \cdot 3 \cdot 3 = 27$ krz-Grundzellen zusammentreten und in dieser 2 Leerstellen eines A-Platzes vorliegen),
die ε-Phase (hexagonal dichteste Kugelpackung) und
die η-Phase (B-reich, hexagonales Gitter).

Diese Modifikationsfolge wurde 1926 von HUME-ROTHERY gefunden und in den 30iger Jahren durch JONES auf Grund der Brillouin-Zonen-Theorie erklärt.
Charakteristisch sind z. B. folgende Zusammensetzungen:

β-Phase: CuZn, Cu_5Sn, Cu_5Ga, AgMg, Cu_3Al, NiAl, FeAl und CoAl
γ-Phase: Cu_4Zn_8, Au_5Zn_8, Co_5Zn_{21}, Fe_5Zn_{21}, Ni_5Zn_{21}, Pd_5Zn_{21}, Pt_4Zn_{21}, Rh_5Zn_{21}, $Cu_{31}Sn_8$, $Cu_{31}Si_8$, Cu_9Ga_4, Cu_9Al_4.

Diese sehr stark wechselnden Zusammensetzungen haben die Gemeinsamkeit daß ihrem Stabilitätsbereich eine charakteristische mittlere Valenzelektronenkonzentration $\bar{n}_e$ pro Baustein entspricht und zwar für die β-Phase 3/2, die γ-Phase 21/13 und die ε-Phase 1,6···1,7 Valenzelektronen/Baustein. Werden zwei

Elemente verschiedener Wertigkeit miteinander legiert, überstreicht $\bar{n}_e$ in Abhängigkeit von der Konzentration der Bestandteile den gesamten Zwischenbereich. Bei Erhöhung von $\bar{n}_e$ dehnt sich die Fermi-Fläche immer weiter im $\boldsymbol{k}$-Raum aus und berührt schließlich zunehmend die Wand der Brillouin-Zone. Der an der Zonenwand auftretende Energiesprung bewirkt eine starke Erhöhung der Gesamtenergie des Fermi-Gases. Es findet deshalb ein Wechsel zu einer neuen Modifikation des Gitters statt, die in ihrem Stabilitätsbereich eine minimale Freie Enthalpie G des Gesamtsystems garantiert.

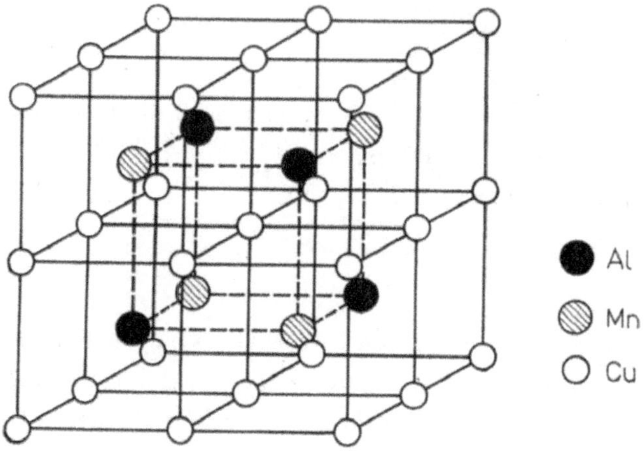

Abb. 8.6

Struktur der Heuslerschen Legierung Cu_2AlMn (nach SCHULZE, G. E. R: Metallphysik. — Berlin: Akademie-Verlag 1974).

Heuslersche Legierungen

Bestimmte metallische Legierungen zeichnen sich durch ihre ferromagnetische Eigenschaften aus (s. auch Kapitel 10.). Ihre Struktur zeigt Abb. 8.6. Sie kann zusammengesetzt werden durch vier einander durchdringende kfz-Untergitter I, II, III, IV, wobei folgende Koordinaten durch die Bausteine der A_2BC-Legierung besetzt werden:

Untergitter	I			II			III			IV		
Koordinate	0	0	0	1/4	1/4	1/4	1/2	1/2	1/2	3/4	3/4	3/4
	0	1/2	1/2	1/4	3/4	3/4	1/2	0	0	3/4	1/4	1/4
	1/2	0	1/2	3/4	1/4	3/4	0	1/2	0	1/4	3/4	1/4
	1/2	1/2	0	3/4	3/4	1/4	0	0	1/2	1/4	1/4	3/4

In Tab. 8.4 ist zusammengestellt, nach welchen Ordnungsprinzipien die Untergitter besetzt sein können.

Folgende Kombinationen für A, B, C sind hergestellt worden:

A = Cu, Ni, Co, Pd,
B = Mn,
C = Al, In, Ga, Sn, Sb, Ge, Si.

Tabelle 8.4
Die Anordnung der Bausteine einer A_2BC-Legierung in kfz-Untergittern I, II, II und IV
(nach WEBSTER, P. J., Contemp. Phys. **10** (1969) 559)

Ordnungstyp	Untergitter I	Untergitter II	Untergitter III	Untergitter IV
ideale Ordnung	A	B	A	C
AB-Unordnung	$(1-\alpha) A + \alpha B$	$(1-\alpha) B + \alpha A$	A	C
ABA-Unordnung	$\left(1-\frac{\alpha}{2}\right) A + \frac{\alpha}{2} B$	$(1-\alpha) B + \alpha A$	$\left(1-\frac{\alpha}{2}\right) A + \frac{\alpha}{2} B$	C
AC-Unordnung	$(1-\alpha) A + \alpha C$	B	A	$(1-\alpha) C + \alpha A$
ACA-Unordnung	$\left(1-\frac{\alpha}{2}\right) A + \frac{\alpha}{2} C$	B	$\left(1-\frac{\alpha}{2}\right) A + \frac{\alpha}{2} C$	$(1-\alpha) C + \alpha A$
BC-Unordnung	A	$(1-\alpha) B + \alpha C$	A	$(1-\alpha) C + \alpha B$
ABAC-Unordnung	$\left(1-\frac{2}{3}\alpha\right) A + \frac{\alpha}{3} (B + C)$	$(1-\alpha) A + \frac{\alpha}{3} (2A + C)$	$\left(1-\frac{2}{3}\alpha\right) A + \frac{\alpha}{3} (B + C)$	$(1-\alpha) C + \frac{\alpha}{3} (2A + B)$

8.4. Zustandsdiagramme

8.4.1. Gibbssches Phasengesetz

In Abschnitt 8.2. wurde gezeigt, daß ein Metall mehrere Modifikationen besitzen kann, deren Existenzbereich durch die Zustandsgrößen Temperatur T und Druck p festgelegt wird. Der vorausgegangene Abschnitt 8.3. gab eine Übersicht über metallische Legierungen, die aus mindestens zwei Komponenten bestehen. Es wurde deutlich, daß die Konzentration der einzelnen Bausteine eine weitere wichtige Zustandsgröße darstellt. Die Summe der Möglichkeiten erscheint bei diesem Stand zunächst unüberschaubar groß. Wir müssen zusätzlich den Aggregatzustand hinzuziehen. Im Falle metallischer Festkörper genügt es, den flüssigen und den festen Aggregatzustand zu betrachten.

Eingangs müssen einige Begriffe festgelegt werden. Wir wollen unter einem thermodynamischen System eine abgeschlossene Gesamtheit von atomaren bzw. molekularen Bausteinen verstehen, die untereinander in physikalischer und chemischer Wechselwirkung stehen. Der Zustand des Systems wird bestimmt durch die Zustandsgrößen p und T sowie die Konzentration der Komponenten. Für Spezialfälle besitzen auch elektrische und magnetische Felder einen merklichen Einfluß.

Eine Komponente ist ein in seiner Menge frei wählbarer Bestandteil des Systems. Die Zahl der Komponenten wird mit K bezeichnet. Um die Zusammensetzung eines Systems anzugeben, genügen $K-1$ Konzentrationsangaben. Ein System kann aus einer Phase oder mehreren Phasen bestehen. Dann heißt das System homogen oder heterogen. Phasen sind homogene Bestandteile des Systems, die durch physikalische oder chemische Meßverfahren in ihrer räumlichen Ausdehnung klar bestimmt werden können. Phasengrenzen liegen an der Berührungsfläche zweier Phasen vor. Über Systeme, die sich im thermodynamischen Gleichgewicht befinden, lassen sich allgemeine Aussagen gewinnen. Der zeitliche Verlauf der Einstellung des Gleichgewichts wird nicht betrachtet. Es wird nichts ausgesagt über den Weg, auf dem das Gleichgewicht erreicht wurde.

Bekanntlich lassen sich Konzentrationsangaben C_i bequem in der Form $C_i = \frac{N_i}{\sum N_i}\,100\%$ machen. N_i ist die Zahl der Bausteine einer bestimmten Komponente im System. Gängig sind auch Angaben in Masseprozent und bezogen auf 1 cm³.

Die Freie Enthalpie G oder das Gibbssche Potential ist definiert durch

$$G = U + pV - TS, \tag{8,1}$$

wobei U die Innere Energie und S die Entropie bedeuten. Das totale Differential lautet

$$\mathrm{d}G = \mathrm{d}U + p\,\mathrm{d}V + V\,\mathrm{d}p - T\,\mathrm{d}S - S\,\mathrm{d}T.$$

Unter Berücksichtigung des I. und II. Hauptsatzes der Thermodynamik,

$$\text{I.: } \mathrm{d}U + p\,\mathrm{d}V = \Delta Q, \tag{8,2}$$

$$\text{II.: } \Delta Q \leqq T\,\mathrm{d}S \tag{8,3}$$

(ΔQ — zugeführte Wärmemenge),
folgt:

$$\mathrm{d}G \leqq V\,\mathrm{d}p - S\,\mathrm{d}T \tag{8,4}$$

und im Gleichgewicht

$$\mathrm{d}G \leqq 0, \qquad G \to \text{Minimum}. \tag{8,5}$$

Der Fall $\mathrm{d}p = 0$, $\mathrm{d}T = 0$ ist für die Züchtung eines Festkörpers aus der Schmelze oder aus der Lösung typisch.

Da die Energieanteile eines Systems eindeutig durch die Zustandsgrößen bestimmt werden, kann G auch in der Form

$$G = G(p, T, N_i) = \sum G^{(\varphi)}(p, T, N_i^{(\varphi)}) \tag{8,6}$$

geschrieben werden. Dann wird für jede Phase φ

$$\mathrm{d}G^{(\varphi)} = \left(\frac{\partial G^{(\varphi)}}{\partial p}\right)\bigg|_{T,N_i^{(\varphi)}} \mathrm{d}p + \left(\frac{\partial G^{(\varphi)}}{\partial T}\right)\bigg|_{p,N_i^{(\varphi)}} \mathrm{d}T + \sum_i \left(\frac{\partial G^{(\varphi)}}{\partial N_i}\right)\bigg|_{p,T,N_k} \mathrm{d}N_i^{(\varphi)}; \quad k \neq i. \tag{8,7}$$

Bleiben wir bei unserer Einschränkung $\mathrm{d}p = 0$, $\mathrm{d}T = 0$, folgt aus dem Wechsel der Teilchenmengen $\mathrm{d}N_i$ aus der Phase φ_2 in die Phase φ_1

$$\mathrm{d}G = \sum_i \left[\left(\frac{\partial G^{(\varphi_1)}}{\partial N_i(\varphi_1)}\right)\bigg|_{p,T,N_k} - \left(\frac{\partial G^{(\varphi_2)}}{\partial N_i(\varphi_2)}\right)\bigg|_{p,T,N_k}\right] \mathrm{d}N_i = 0. \tag{8,8}$$

Die Größe $\mu = \left(\frac{\partial G^{(\varphi)}}{\partial N_i^{(\varphi)}}\right)\Big|_{p,T,N_k}$; $(i \neq k)$ ist das chemische Potential einer Komponente des Systems. Aus (8,8) folgt:

$$\mu_i^{(\varphi_1)} = \mu_i^{(\varphi_2)}. \tag{8,9}$$

Im Gleichgewicht eines Systems hat das chemische Potential jeder Komponente phasenunabhängig den gleichen Wert. Insgesamt ergibt sich für die Zahl der Zustandsvariablen $2 + \Phi(K - 1)$, Φ ist die Anzahl der Phasen. Diesen stehen $K(\Phi - 1)$ Bestimmungsgleichungen der Art (8,9) gegenüber. Frei verfügbar bleiben Z Variable, die sogenannten Freiheitsgrade eines Systems.

Das Gibbssche Phasengesetz lautet also

$$\begin{aligned} Z &= 2 + \Phi(K - 1) - K(\Phi - 1) \\ Z &= 2 + K - \Phi. \end{aligned} \tag{8,10}$$

8.4.2. Die wichtigsten Zustandsdiagramm-Typen

Die Zahl Z bestimmt die Dimensionalität eines Zustandsdiagramms und legt fest, durch wieviel Zustandsgrößen eine Phase bzw. koexistierende Phasen beschrieben werden müssen. Sehr übersichtlich werden die Zusammenhänge bei dem für Metalle

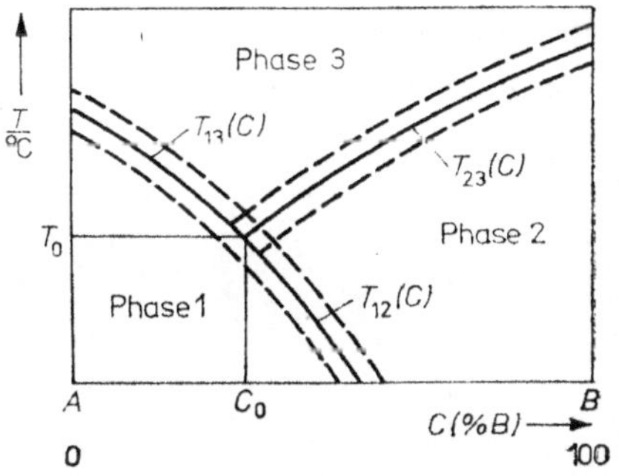

Abb. 8.7
Schema eines Zustandsdiagramms für ein binäres kondensiertes System.

wichtigen Fall des binären Systems ($K = 2$) und bei Beschränkung auf kondensierte Phasen. Da Dampfdrücke von Metallen meist sehr klein und die Phasenübergangstemperaturen durch einen äußeren Druck von $0 \cdots 10^5$ Pa nicht merklich beeinflußt werden, ist es hier zulässig, die Vereinfachung $dp = 0$ vorzunehmen. Damit gilt

$$Z^{(b)} = 3 - \Phi. \tag{8,11}$$

Abb. 8.7 zeigt, daß in einem T,C-Diagramm — $C = \frac{N_1}{N_1 + N_2} \cdot 100\%$ — eine einzelne Phase zweidimensional durch eine Fläche, zwei koexistierende Phasen durch eine Kurve $T_{ij}(C)$ und drei koexistierende Phasen durch einen festen Zustand T_0, C_0 beschrieben werden. Vier Phasen können nicht gleichzeitig im binären System bei Beachtung obiger Vereinfachung vorliegen. Es muß darauf hingewiesen werden, daß Kurven der Art T_{ij} nur bei Gleichgewichtsübergängen auftreten, wobei über den zeitlichen Ablauf nichts ausgesagt wird. Praktisch beobachtet man, daß ein Übergang $\varphi_i \to \varphi_l$ nur erfolgt, wenn eine Überschreitung ΔC oder ΔT vorliegt. Praktisch liegt immer ein metastabiles Gebiet vor, in dem 2 Phasen existieren können. Die Kurven $T_{ij}(C)$ entarten zu metastabilen Streifen (gestrichelt).

Bei exakter Kenntnis des Verlaufs von $G(p, T, N_i)$ wäre es möglich, das Zustandsdiagramm jedes Systems zu berechnen. Diese Angaben stehen nicht im erforderlichen Umfang zur Verfügung, so daß praktisch Zustandsdiagramme aus Abkühlungskurven und durch die thermische Analyse, ergänzt durch andere physikalische Messungen, wie dilatometrische Messungen und chemische Untersuchungen (z. B. analytische Verfahren), gewonnen werden müssen.

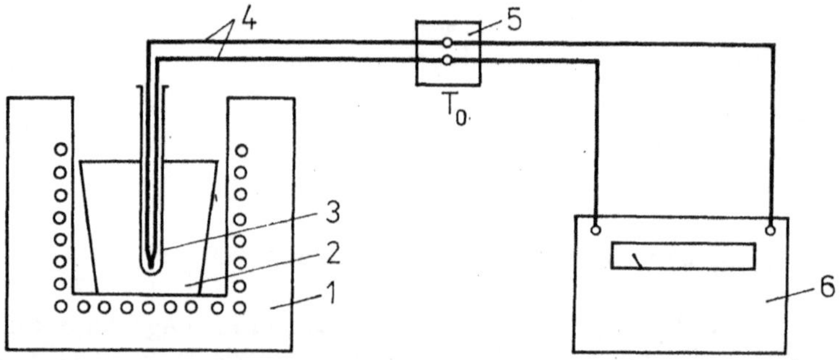

1 elektrischer Ofen
2 Tiegel mit Schmelze
3 Schutzrohr
4 Thermoelement
5 Vergleichsstelle
6 Galvanometer

Abb. 8.8
Versuchsanordnung zur Aufnahme von Abkühlungskurven.

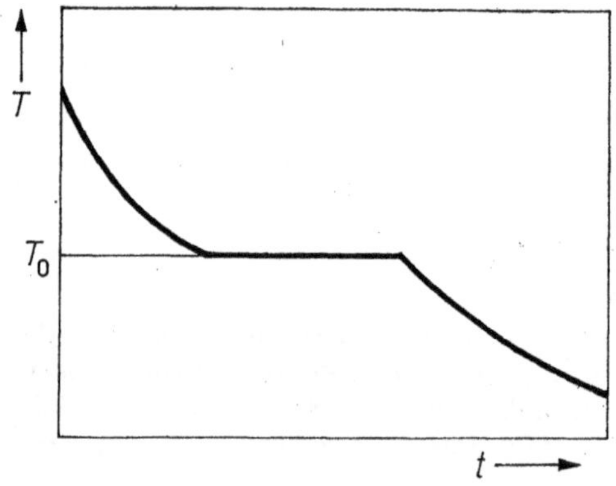

Abb. 8.9
Abkühlungskurve mit Haltepunkt (T_0: Schmelzpunkt).

Abkühlungskurven liefern in einem bestimmten Temperaturbereich normalerweise eine $T(t)$-Kurve, die dem Newtonschen Abkühlungsgesetz $T - T_u = (T_0 - T_u) \times e^{-at}$ entspricht (T_u — Umgebungstemperatur). Die Versuchsanordnung zur Aufnahme von Abkühlungskurven zeigt Abb. 8.8. Treten Phasenübergänge auf, so wird der Newtonsche Abkühlungsverlauf durch Knickpunkt und Änderungen in der Steigung dT/dt variiert. Man erhält für reine Metalle und bei der Erstarrung einer eutektischen Zusammensetzung eine Abkühlungskurve mit Haltepunkt (s. Abb. 8.9).

Für alle anderen Legierungen treten im Abkühlungsverlauf mindestens 2 Knickpunkte auf, die dem Erstarrungsbeginn und dem Erstarrungsende – allgemein dem jeweiligen Phasenübergangsbeginn bzw. Phasenübergangsende (auch fest—fest) – zugeordnet werden können (Auftreten eines Erstarrungsintervalls).

Die differentielle Thermoanalyse (s. Abschnitt 5.3.6.) gestattet es, durch Vergleich der Aufheizungs- oder Abkühlungskurven einer Meß- und einer Vergleichsprobe (Bedingung: Material ohne Phasenübergang im betrachteten Temperaturbereich) Wärmetönungen wie Kristallisationswärme, Umwandlungswärme bei Modifikationswechsel usw. empfindlich nachzuweisen. Bei Phasenübergängen wird in der Meßprobe eine Wärmemenge verbraucht oder freigesetzt. Phasengrenzen im Zustandsdiagramm werden den $\Delta T(T,C)$-Kurven entnommen. Im folgenden sollen die typischen Zustandsdiagramme kurz zusammengestellt werden:

Vollständige Unmischbarkeit im flüssigen und festen Zustand (Abb. 8.10). Es sei angemerkt, daß geringste Löslichkeiten der Elemente ineinander immer bestehen. In dieser groben Darstellung (0···100%) jedoch gehen kleinste Löslichkeiten unter. Die

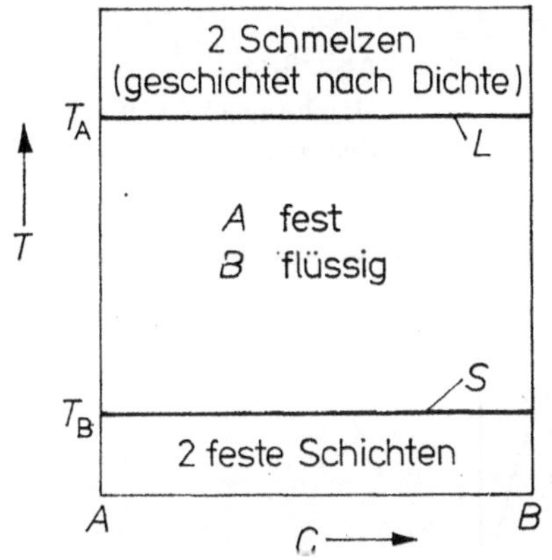

Abb. 8.10
Vollständige Unmischbarkeit im flüssigen und festen Zustand.

Liquiduslinie L ist die Grenzlinie im Zustandsdiagramm, oberhalb der das System durchgehend flüssig ist. Die Soliduslinie S stellt eine obere $T(C)$-Grenzkurve dar, unterhalb der das System durchgehend fest ist. T_A und T_B bedeuten die Schmelzpunkte der reinen Komponenten Element A oder B. Beispiel: Pb/Fe.

Geringe Mischbarkeit im flüssigen Zustand – Unmischbarkeit im festen Zustand (Abb. 8.11). Es liegt eine begrenzte Löslichkeit der Komponenten in der Schmelze vor. S_A und S_B sind die A- bzw. B-reiche Schmelze. Oberhalb der Temperatur T_{max} sind die Komponenten in jedem Verhältnis miteinander mischbar. Der Kurvenzug 1—2 begrenzt die Löslichkeit B in A und 2—3 die von A in B. Die Kurve 1—2—3 ist eine sogenannte Mischungslücke des flüssigen Zustandes. Legierungen unterhalb von 1—2—3 sind zweiphasig, oberhalb einphasig. Beispiel: Zn/Pb.

Mäßige Mischbarkeit im flüssigen Zustand – Unmischbarkeit im festen Zustand (Abb. 8.12). Dieses Diagramm ist durch eine eingeengte Mischungslücke charakterisiert, die von C_1 bis C_2 reicht. Zwischen 0 und C_1 % scheiden sich bei Abkühlung reine A-Kristalle ab. Die Schmelze wird B-reicher, bis C_1 erreicht ist. Dort scheidet sich dann am monotektischen Haltepunkt $(= T_A(C_1))$ A ab, wobei ständig Schmelze diskontinuierlich von S_A in S_B übergeht, d. h., das System besteht an dieser Stelle aus 3 Phasen: A, S_A und S_B. Es wird deswegen ein fester Tripelpunkt $T_A(C_1)$ eingehalten. Charakteristisch ist auch, daß Anfangsschmelze S_A und Endschmelze S_B nicht mischbar sind. C_1 ist die monotektische Zusammensetzung. Beim weiteren Abkühlungsverlauf, wenn S_A aufgezehrt ist, scheidet sich weiter aus S_B A fest aus entsprechend der Löslichkeitskurve 2—3—4. Bei T_B erstarrt dann B. Beispiel: Cu/Pb.

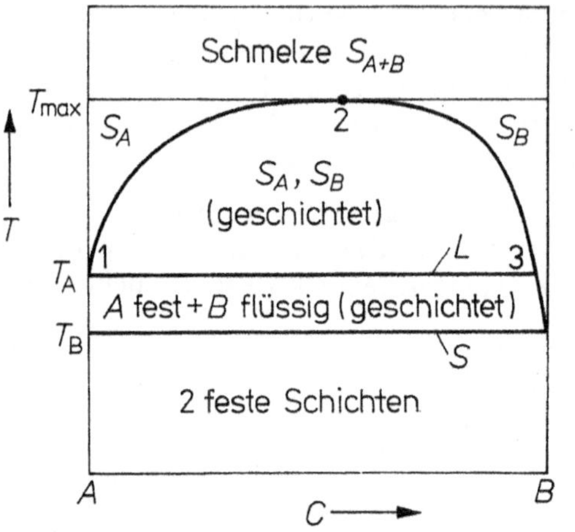

Abb. 8.11
Mischungslücke im flüssigen Zustand.

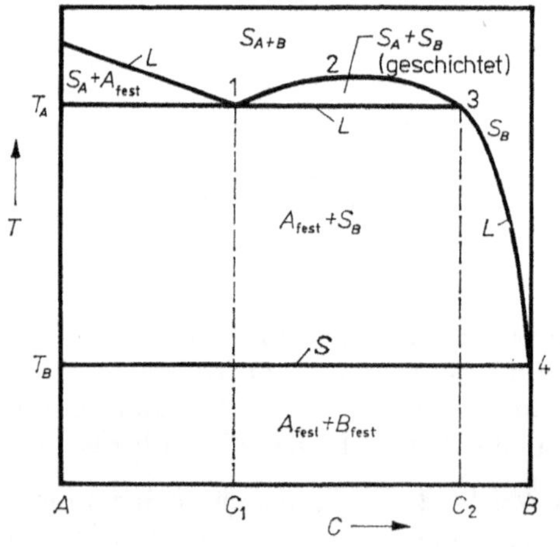

Abb. 8.12
Kleine Mischungslücke im flüssigen Zustand.

Vollständige Mischbarkeit im flüssigen Zustand — Unmischbarkeit im festen Zustand (Abb. 8.13). Beispiel: Al/Sn.

Vollständige Mischbarkeit im flüssigen Zustand — begrenzte Löslichkeit im festen Zustand (Abb. 8.14). Diese Systeme werden auch als eutektische Systeme bezeichnet. Längs 1—3 bzw. 3—5 beginnt die Erstarrung von primären α- bzw. β-Mischkristallen. Bei 3 liegt die eutektische Konzentration C_E vor. Hier stehen 3 Phasen im Tripelpunkt $T_E(C_E)$ im Gleichgewicht, die Schmelze und die festen Phasen α und β, welche als heterogenes Kristallgemisch erstarren. Folgende Besonderheiten sind hervorzuheben: das eutektische Gemisch besitzt den niedrigsten Schmelzpunkt eines bestimmten Konzentrationsbereiches (hier 0···100% B), im eutektischen Punkt berühren sich L und S, das eutektische Gefüge besitzt die kleinsten Kornabmessungen, oft ist damit eine erhöhte Festigkeit verbunden. Bei einer weiteren Abkühlung eines α- oder β-Mischkristalls kann er seine Löslichkeitskurve erreichen. Dann kommt es zu

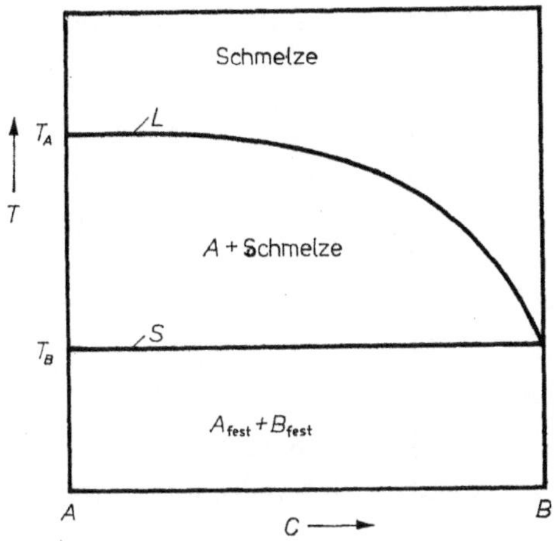

Abb. 8.13
Vollständige Unmischbarkeit im festen Zustand.

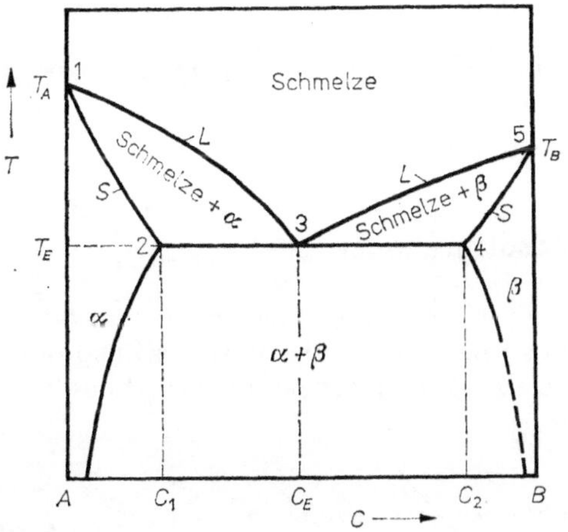

Abb. 8.14
Mischungslücke im festen Zustand (α ≙ A-reicher, β ≙ B-reicher Mischkristall).

Ausscheidungsvorgängen, d. h., aus einer festen Phase mit einheitlicher Kristallstruktur entstehen 2 feste Phasen mit verschiedenen Kristallstrukturen, entweder

$$\alpha \to \alpha' + \beta' \quad \text{oder}$$
$$\beta \to \beta'' + \alpha''.$$

Die Striche sollen andeuten, daß eine andere Konzentration A in B oder B in A auftritt. Die bei tieferen Temperaturen gestrichelten Linien sollen ausdrücken, daß ihre Bestimmung auf Grund der sehr langen Zeiten bis zur Einstellung des Gleichgewichts nicht möglich ist. Viele Stoffe verbleiben deshalb bei Zimmertemperatur entgegen den Gleichgewichtsbedingungen in einem metastabilen Zustand extrem hoher Lebensdauer. Beispiele: Pb/Sb, Al/Zn, Cd/Zn, Sn/Zn.

Vollständige Mischbarkeit im flüssigen Zustand — vollständige Mischbarkeit im festen Zustand (Abb. 8.15). Hier handelt es sich um ein sehr einfaches Zustandsdiagramm. Das linsenförmige Phasengebiet kann bei sehr kleinen Konzentrationen $< 0{,}1\%$ durch Geraden angenähert werden. Das gilt übrigens auch für Abb. 8.14

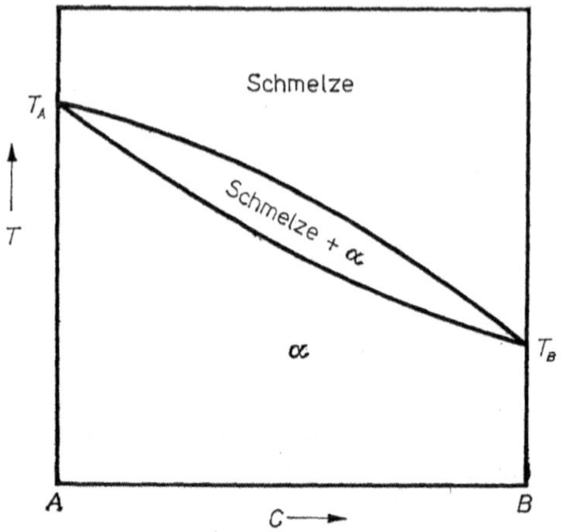

Abb. 8.15
Linsendiagramm.

und alle anderen Typen von Zustandsdiagrammen, weil, wie schon erwähnt, geringste Löslichkeiten überall auftreten. Man findet dann die für die physikalische Hochreinigung wichtige Beziehung $C_L \cdot k = C_s$, $k \lesseqgtr 1$ zwischen Konzentration im Festkörper C_s und Konzentration in der Schmelze C_L. Beispiel: Cu/Ni. k entspricht dem in Abschnitt 2.5. verwendeten Verteilungskoeffizienten $\varkappa$.

8.4.3. Verwendung von Zustandsdiagrammen

Wie Abb. 8.16 zeigt, lassen sich einfache Zustandsdiagramme vollständig aus den Abkühlungskurven bzw. Aufheizkurven gewinnen. Mit Hilfe eines Zustandsdiagramms äßt sich für eine bestimmte Schmelze zu jedem Zeitpunkt des Abkühlungsverlaufes

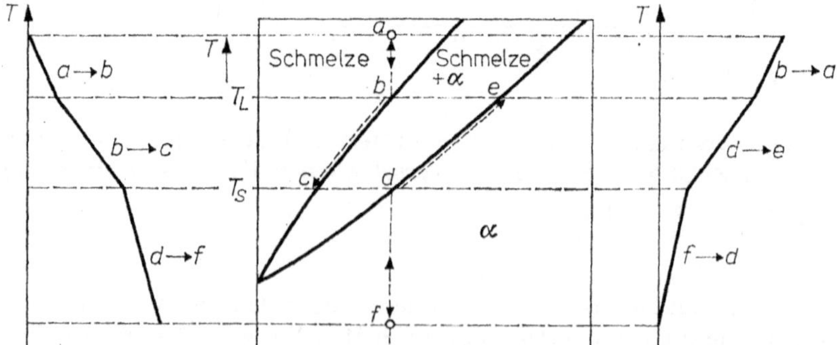

Abb. 8.16
Entstehung und Anwendung eines Zustandsdiagrammes.

angeben, in welcher Konzentration gerade der Festkörper erstarrt und welche Konzentration die Restschmelze besitzt. Auch bei Mischungslücken im flüssigen oder festen Zustand erreicht man durch Einzeichnung der Konoden— das sind isotherme Linien im Zustandsdiagramm —, daß sofort sichtbar wird, welche Phasen bei einer bestimmten Temperatur im Gleichgewicht stehen, welche Konzentrationen diese Phasen aufweisen und in welcher Menge sie vorliegen.

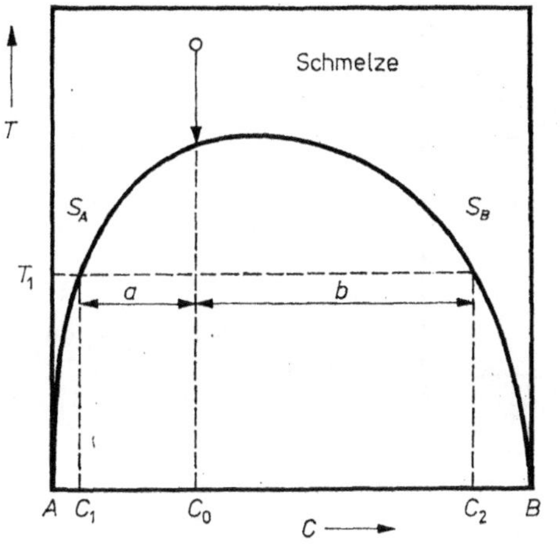

Abb. 8.17
Die Anwendung des Hebelgesetzes (0: Beginn der Abkühlungskurve).

Das Mengenverhältnis m_{SA}/m_{SB} wird durch das Hebelgesetz berechnet (s. Abb. 8.17). Es gilt hier:

$$m_{SA}C_1 + m_{SB}C_2 = C_0,$$

$$m_{SA} + m_{SB} = 1,$$

$$m_{SA} = \frac{C_2 - C}{C_2 - C_1} = \frac{b}{a + b}, \qquad m_{SB} = \frac{C - C_1}{C_2 - C_1} = \frac{a}{a + b},$$

$$\frac{m_{SA}}{m_{SB}} = \frac{b}{a} \quad \text{(Hebelgesetz)}.$$

Daraus folgt auch sofort, daß die letzte Restschmelze, z. B. in Abb. 8.16, bei d mit der Konzentration C_0 fest wird. Deshalb kann überhaupt erst der Knickpunkt des Erstarrungsendes als Punkt der Soliduslinie für die Konzentration C_0 verwendet werden, denn dort gilt $b = 0$ oder m(Schmelze) $= 0$.

Viele praktisch gefundene Zustandsdiagramme sind aus den einfachen Zustandsdiagramm-Typen aufgebaut. Dazu kommen intermetallische Verbindungen, die sich durch ein Maximum der Schmelztemperatur auszeichnen (s. Abb. 8.18). In diesem Fall kombinieren 2 Systeme mit vollständiger Unmischbarkeit im festen Zustand. Dritte Komponente ist die intermetallische Verbindung A_mB_n. Derartige Diagramme werden bei vielen halbleitenden Verbindungen beobachtet. Weiterhin müssen intermediäre und peritektische Phasen sowie eutektoide Umwandlungen berücksichtigt werden. Intermediäre Phasen sind solche, deren Zustandsgebiet nicht bis zu den reinen Komponenten reicht. Peritektische Phasen entstehen nicht primär aus der Schmelze, sondern bilden sich durch Reaktion einer festen Phase mit der Schmelze.

Eutektoide Umwandlungen entsprechen der eutektischen Umwandlung, nur daß der eutektoide Tripelpunkt unterhalb der Soliduslinie liegt. Eutektoide entstehen also aus einer festen Phase.

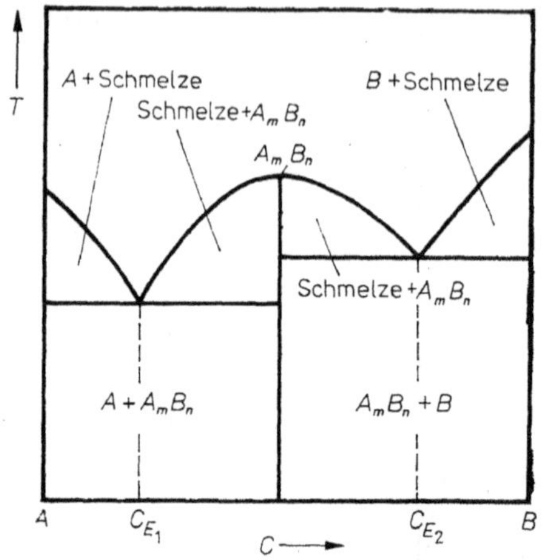

Abb. 8.18
Intermetallische Phase im Zustandsdiagramm.

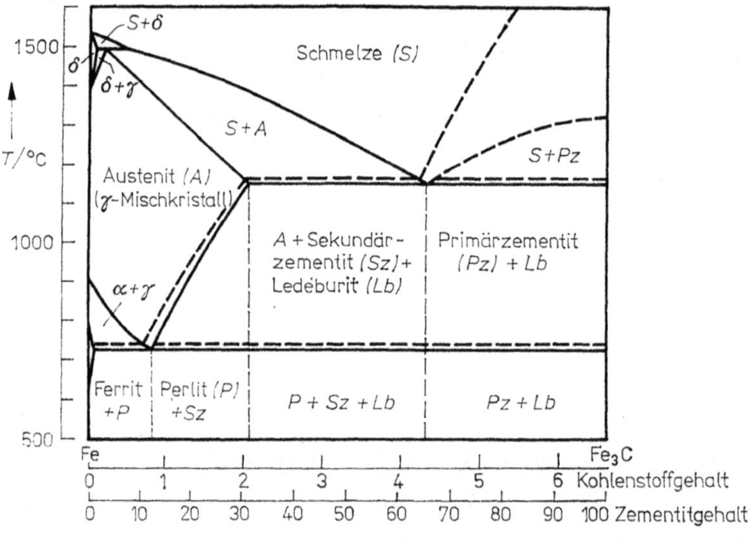

Abb. 8.19
Eisen-Kohlenstoff-Diagramm (nach SCHUMANN, H.: Metallografie. — Leipzig: Deutscher Verlag für Grundstoffindustrie 1975).

Zwei Zustandsdiagramme sollen hier als Beispiele genügen. Im Eisen-Kohlenstoff-Diagramm Abb. 8.19 (A = Fe, B = C bzw. besser Fe_3C) sind enthalten die Mischkristalle α-Fe, γ-Fe, δ-Fe, das Eutektikum Ledeburit, das Eutektoid Perlit. Die ausgezogenen Linien beziehen sich auf das metastabile System Fe/Fe_3C, die gestrichelten auf das stabile System Fe/C. Dieses Diagramm besitzt eine umfassende Bedeutung für die Gewinnung von Kohlenstoff-Stählen und Gußeisen.

Im Zustandsdiagramm des Cu/Zn-Systems finden wir die Hume-Rothery-Phasen α, β, γ, ε, η und ihre Homogenitätsbereiche (Abb. 8.20). Es enthält die Mischkristalle α, β, γ, δ, ε und η; β, γ, δ und ε sind intermediäre Phasen, δ ist eine peritektische Phase. An dieser Abbildung wird die Bezeichnung der festen Phasen von links nach rechts nach dem griechischen Alphabet deutlich.

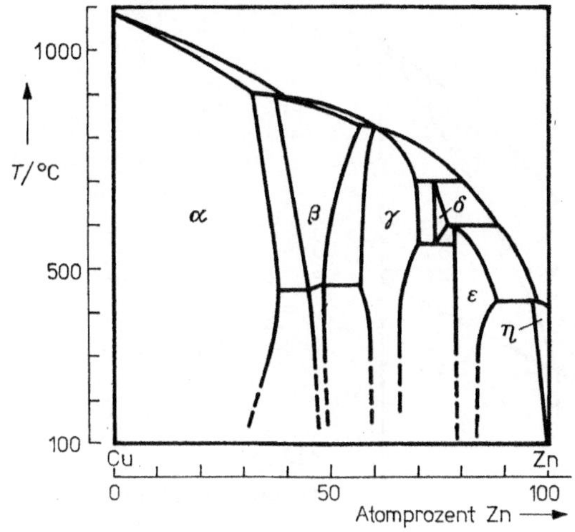

Abb. 8.20
Zustandsdiagramm des Messings (nach SCHULZE; vgl. Abb. 8.6).

Dreistoffsysteme

Mehr als 2 Komponenten im System erfordern komplizierte Zustandsdiagramme. Dreistoffsysteme lassen sich nur in räumlichen Koordinaten vollständig darstellen. Mit Hilfe des Konzentrationsdreiecks (Abb. 8.21) wird die Zusammensetzung eines

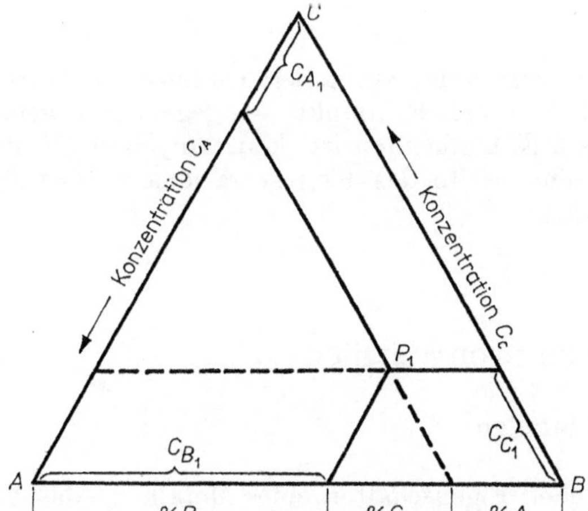

Abb. 8.21
Konzentrationsdreieck zur Angabe der Zusammensetzung von Dreistofflegierungen.

Dreistoffsystems A/B/C durch die Angabe eines Punktes P_1 festgelegt. Beim Übergang zu einem Dreistoffsystem ergeben sich folgende Veränderungen gegenüber dem Zweistoffsystem (Abb. 8.22): Phasenflächen → Phasenräume, Phasengrenzlinien → Phasengrenzflächen (Liquidus-, Solidusfläche), binärer eutektischer Punkt → binäre eutektische Kurven ($E_{AC} \cdots E_{ABC}$, $E_{BC} \cdots E_{ABC}$, $E_{AB} \cdots E_{ABC}$). E_{ABC} ist der

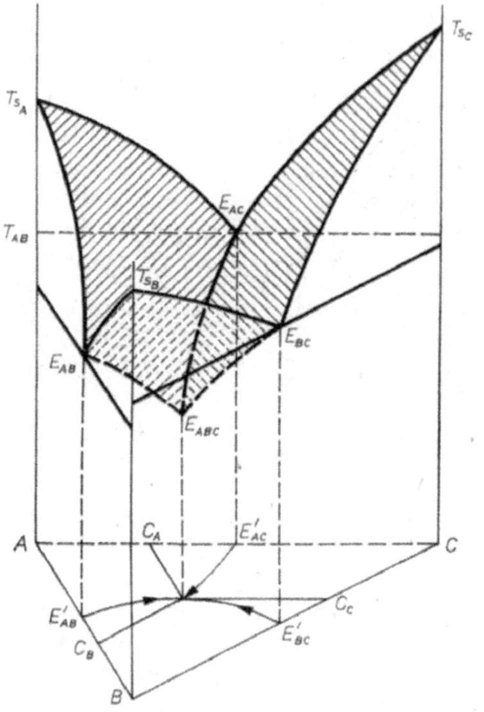

Abb. 8.22
Zustandsdiagramm eines Dreistoffsystems nach SCHATT, W.: Einführung in die Werkstoffwissenschaften. — Leipzig: VEB Deutscher Verlag für Grundstoffindustrie 1972.

ternäre eutektische Punkt. Man verwendet zusätzlich isotherme Schnitte (Horizontalschnitte) und Vertikalschnitte (a: Eckpunkt — gegenüberliegende Seite ≙ Mengenverhältnis von jeweils 2 Komponenten ist konstant, dritte Komponente variiert; b: Parallelschnitt zu einer Seite des Konzentrationsdreiecks ≙ Anteil einer Komponente bleibt konstant).

8.5. Elektrische Leitfähigkeit von Metallen

8.5.1. Elektronensystem in Metallen

Zur Beschreibung der elektronischen Eigenschaften eines Metalls ist das Verhalten der Elektronen zu untersuchen, die zur metallischen Bindung beitragen. Das sind normalerweise ein bis zwei Elektronen pro Atom, die Leitungselektronen. Sie besetzen, in der Terminologie des Bändermodells gesprochen, entweder ein nicht vollständig gefülltes Leitungsband (Alkalimetalle, Edelmetalle) oder ein volles Band, das mit einem leeren so überlappt ist, daß auch dieses Elektronenniveau-System insgesamt nur teilweise gefüllt ist (Erdalkalimetalle).

Das Elektronensystem kann durch die Bandstruktur $W(\boldsymbol{k})$, die Zustandsdichte $D(W)$, die Fermi-Fläche $W(\boldsymbol{k}) = W_F$ und die Wellenfunktion ψ umfassend dargestellt werden.

Die Problemstellung besteht darin, die erlaubten Energiebereiche und ihre Besetzung unter Berücksichtigung des periodischen Gitterpotentials zu berechnen.

Tabelle 8.5
Besetzung der Elektronenschalen und Bindungsenergie von Metallen

Metall	Besetzung der letzten Schalen	W_B/eV	Metall	Besetzung der letzten Schalen	W_B/eV
Li	$2s^1$	1,58	Be	$2s^2$	3,32
Na	$3s^1$	1,13	Mg	$3s^2$	1,57
K	$3d^0$, $4s^1$	0,95	Zn	$4s^2$	1,35
Rb	$4f^0$, $4d^0$, $5s^1$	0,89	Cd	$4f^0$, $5s^2$	1,16
Cs	$4f^0$, $5d^0$, $5f^0$, $6s^1$	0,81	Hg	$5d^0$, $5f^0$, $6s^2$	0,65
Ca	$3d^0$, $4s^2$	2,0	Al	$3p^1$	3,20
Sr	$4d^0$, $4f^0$, $5s^2$	1,70	Ga	$4p^1$	2,88
Ba	$4f^0$, $5d^0$, $5f^0$, $6s^2$	1,81	In	$4f^0$, $5p^1$	2,51
			Tl	$5d^0$, $5f^0$, $6p^1$	1,86
Sc	$3d^1$, $4s^2$	4,01	Sn	$4f^0$, $5p^2$	3,13
Y	$4d^1$, $4f^0$, $5s^2$	4,45	Pb	$5d^0$, $5f^0$, $6p^2$	1,99
La	$4f^0$, $5d^1$, $5f^0$, $6s^2$	3,80	Bi	$5f^0$, $6p^3$	2,15
Ti	$3d^2$, $4s^2$	4,86	Fe	$3d^6$, $4s^2$	3,14
Zr	$4d^2$, $4f^0$, $5s^2$	5,4	Co	$3d^7$, $4s^2$	4,4
Ce	$4f^2$, $5p^6$	3,67	Ni	$3d^8$, $4s^2$	3,7
Cu	$4s^1$	3,51	V	$3d^3$, $4s^2$	5,19
Ag	$4f^0$, $5s^1$	2,98	Nb	$4d^4$, $4f^0$, $5s^1$	7,96
Au	$5d^0$, $5f^0$, $6s^1$	3,56	W	$5d^4$, $5f^0$, $6s^2$	8,74

In einfachen Fällen kann man dazu ein Metall als aus einem Gitter aus positiven Atomrümpfen in einem Leitungselektronensee bestehend auffassen (Alkalimetalle). Bei vielen Metallen sind Einflüsse innerer, nicht vollständig gefüllter Schalen zu berücksichtigen. Tabelle 8.5. gibt die Schalenbesetzung ausgewählter Metalle und deren Bindungsenergie wieder. Bei einigen Metallen sind die s-Bänder (Alkalimetalle, Cu, Ag, Au) oder die p-Bänder (Al, Ga, In, Tl, Sn, Pb, Bi) nur unvollständig besetzt. Bei Be, Mg, Zn, Cd und Hg ist das s-Band vollständig besetzt, aber es tritt Bandüberlappung auf. Die Übergangsmetalle (s. auch Tab. 8.1) sind durch unvollständig besetzte d-Bänder (3d, 4d, 5d) charakterisiert, die mit den ursprünglich (beim atomaren Baustein) vollständig gefüllten s-Bändern überlappen. Die f-Bänder der Übergangsmetalle sind leer oder vollständig besetzt.

Berechnungsmethoden

Die exakte Berechnung des vorliegenden Vielkörperproblems ist unmöglich. Bisher hat sich gezeigt, daß ein mittlerer Aufwand die beste Übereinstimmung zum Experiment herstellt. Oft genügen schon einfachste Ansätze (freie Elektronen, kugelförmige Fermi-Flächen, parabolische Bandstrukturen).

Es seien hier einige dieser Verfahren kurz erläutert, wobei wir uns auf die Einelektronenmodelle beschränken:

Modell freier Elektronen (s. auch Abschnitt 6.2.)

Ohne Berücksichtigung der Gitterperiodizität sind alle Energieeigenwerte, die man durch Lösung der Schrödinger-Gleichung für ein dreidimensionales, endlich ausgedehntes Elektronengas erhält, Energieniveaus des Elektronensystems. Ihre Besetzung regelt das Pauli-Prinzip am absoluten Nullpunkt und für höhere Temperaturen die Fermi-Dirac-Statistik.

Es gilt für die Energieeigenwerte W_k

$$W_k = \frac{\hbar^2}{2m} k^2 \qquad (m \text{ — Elektronenmasse}). \tag{8,12}$$

Die Fermi-Energie W_F wird

$$W_F = \frac{\hbar^2}{2m} (3\pi^2 n)^{2/3} \qquad (n \text{ — Elektronenkonzentration}) \tag{8,13}$$

und damit der Betrag des zugehörigen Wellenzahlvektors $\boldsymbol{k}_F$

$$k_F = (3\pi^2 n)^{1/3}.$$

Für die Geschwindigkeit der Elektronen auf der Fermi-Fläche (Kugelnäherung) gilt:

$$v_F = \hbar k_F/m = (\hbar/m)\,(3\pi^2 n)^{1/3}. \tag{8,14}$$

Die Zustandsdichte $D(W)$ ergibt sich zu

$$D(W) = \frac{V}{2\pi^2} \left(\frac{2m}{\hbar^2}\right)^{3/2} W^{1/2} \tag{8,15}$$

(V — Volumen, das das Elektronengas einnimmt).

Tabelle 8.6

Parameter der Fermi-Fläche für freie Elektronen (nach Kittel)

Metall	$n/10^{-22}$ cm^{-3}	$k_F/10^{-8}$ cm^{-1}	$v_F/10^{-8}$ cm/s	W_F/eV	$T_F/10^{-4}$ K
Li	4,70	1,11	1,3	4,72	5,48
Na	2,65	0,92	1,1	3,23	3,75
K	1,40	0,75	0,85	2,12	2,46
Rb	1,15	0,70	0,75	1,85	2,15
Cs	0,91	0,64	0,73	1,58	1,83
Cu	8,45	1,36	1,96	7,00	8,12
Ag	5,85	1,20	1,39	5,48	6,36
Au	5,90	1,20	1,39	5,51	6,39
Al	18,06	1,75	2,02	11,63	13,49

Tabelle 8.6 vergleicht für einige Metalle die Angaben k_F, v_F, W_F, T_F miteinander auf der Basis der experimentell gefundenen Elektronenkonzentration n. T_F ist dabei eine Temperatur, die das Elektronengas haben müßte, wenn es der Bose-Einstein-Statistik genügen würde und jedes Elektron eine Energie W_F haben sollte ($T_F = W_F/k_B$).

Lineares Modell mit periodischem δ-Potential (Kronig-Penney)
Durch Berücksichtigung der Periodizität der Bausteinanordnung im Gitter wird deutlich, daß das Elektronenniveau-System in erlaubte und verbotene Energiebereiche aufgeteilt ist. Dieser Schritt gelingt schon durch die Annahme eines Potentials der Form nach Abb. 8.23:

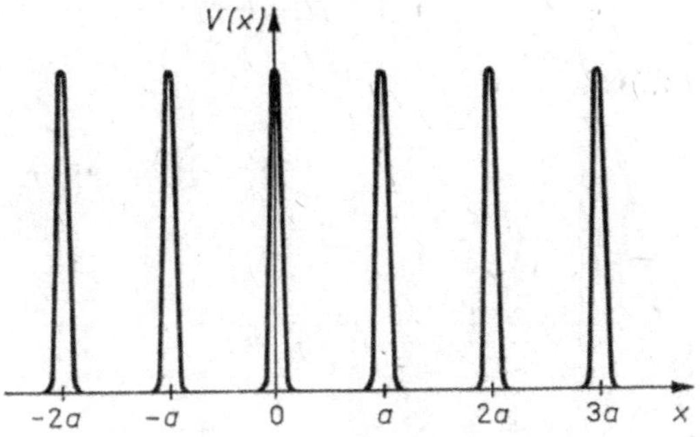

Abb. 8.23
Lineares δ-Potential.

$$V(x) = \frac{\hbar^2}{2m}\,\beta(x), \quad \beta(x) = \beta_0 a \sum_{-\infty}^{+\infty} \delta(x - na). \tag{8,16}$$

Bei Vorliegen eines derartigen Potentials kann die Schrödinger-Gleichung exakt gelöst werden. Die Gitterkonstante ist a. Das Potential soll sich beiderseits bis ins Unendliche erstrecken.

Die Lösung der Schrödinger-Gleichung

$$\frac{d^2}{dx^2}\,\psi + \left(k^2 - \beta(x)\right)\psi = 0 \tag{8,17}$$

ist für $V(x) = 0$, also außerhalb der Singularitäten:

$$\psi = A\,e^{ikx} + B\,e^{-ikx}, \quad 0 \leqq x \leqq a \tag{8,18}$$

bzw.

$$\psi = e^{i\alpha}(A\,e^{ik(x-a)} + B\,e^{-ik(x-a)}), \quad a \leqq x \leqq 2a$$

$$k^2 = \frac{2mW}{\hbar^2}.$$

Mit Hilfe der Stetigkeitsbedingung folgt für $\psi(a)$:

$$A\,e^{ika} + B\,e^{-ika} = e^{i\alpha}(A + B). \tag{8,19}$$

Da das Potential an den Stellen 0, $\pm a$, $\pm 2a$ usw. unendlich wird, besitzt die erste Ableitung der Wellenfunktion dort einen Knick:

$$\frac{d\psi}{dx}\,(a + 0) - \frac{d\psi}{dx}\,(a - 0) = \int dx\,\beta(x)\,\psi(x) = \beta_0\psi(a). \tag{8,20}$$

Die 2. Bestimmungsgleichung lautet also

$$e^{i\alpha} ik(A - B) - ik(A\, e^{ika} - B\, e^{-ika}) - \beta_0\, e^{i\alpha}(A + B) = 0. \tag{8,21}$$

Diese Bedingungen bilden ein homogenes System für die Koeffizienten A und B, das nur Lösungen besitzt, wenn die Koeffizientendeterminante verschwindet. Das führt zu der Bestimmungsgleichung

$$f(ka) = \cos ka + \frac{\beta_0}{2k} \sin ka = \cos \alpha. \tag{8,22}$$

Da $\cos \alpha$ nur zwischen ± 1 variiert, können nur zugehörige $W(k)$-Werte als erlaubte Energieniveaus auftreten. Dieses Verhalten von $W(k)$ zeigt Abb. 8.24 für den Fall $\beta_0/a = 3\pi$.

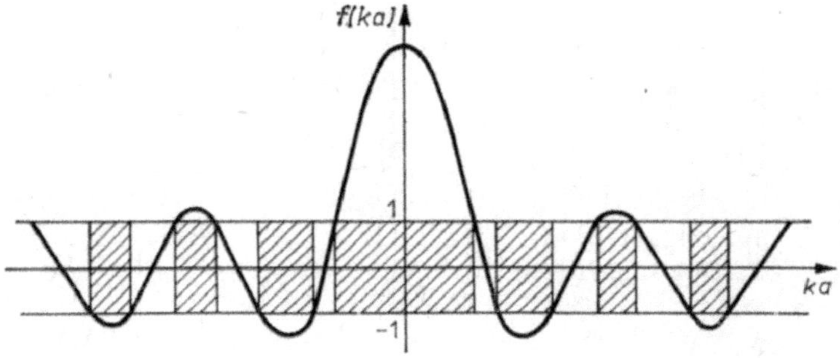

Abb. 8.24

Erlaubte und verbotene Energiebereiche für ein lineares periodisches δ-Potential nach KRONIG und PENNEY. Verbotene Bereiche ($|f(ka)| > 1$) schraffiert, Darstellung für $\beta_0 a = 3\pi$.

Zellenmethode (WIGNER-SEITZ)

Diese Methode löst die Schrödinger-Gleichung exakt in der Wigner-Seitz-Zelle. Die Translationssymmetrie wird durch die Erfüllung von Stetigkeitsbedingungen an der Zellenoberfläche berücksichtigt. Das führt praktisch zu einem hohen Rechenaufwand, weil bei umfassender Berücksichtigung der Kristallstruktur eine sehr große Zahl von Randbedingungen vorliegt. Es hat sich bisher generell gezeigt, daß bei Anwendung dieser Methode Energiebänder von Metallen mit immer größerer Zuverlässigkeit berechnet werden können.

Ausgangspunkt der Methode ist das Blochsche Theorem, daß die Wellenfunktion ψ bei periodischem Gitteraufbau Gitterperiodizität besitzen muß, so daß es genügt, diese Wellenfunktion für eine Wigner-Seitz-Zelle zu kennen. Bei den Alkalimetallen enthält die Wigner-Seitz-Zelle im Mittel ein Metallelektron und ein Metallion. In der Umgebung des Ions ist das Potential kugelsymmetrisch, $W_p(\boldsymbol{r}) = W_p(r)$. Dieses Potential läßt sich näherungsweise zugrunde legen, da die übrigen Wigner-Seitz-Zellen wegen ihrer insgesamt elektrischen Neutralität nur wenig auf das betrachtete Elektron einwirken.

Die zu lösende Schrödinger-Gleichung lautet:

$$\left(-\frac{\hbar^2}{2m}\left(\frac{1}{r}\frac{\partial}{\partial r} r\right)^2 + \frac{1}{2m}\frac{l^2}{r^2} + W_p(r)\right)\varphi = W_n \varphi. \tag{8,23}$$

Sie hat die Lösung:

$$\varphi_{nlm} = \frac{1}{r} U_{nl}(r)\, Y_{lm}(\vartheta, \varphi) \tag{8,24}$$

$$l = 0, 1, 2, \ldots; \quad |m| \leqq l.$$

Für $U_{nl}(r)$ allein gilt:

$$\left(-\frac{\hbar^2}{2m}\frac{\mathrm{d}^2}{\mathrm{d}r^2} + \frac{\hbar^2}{2m}\frac{l(l+1)}{r^2} + W_{\mathrm{p}}(r)\right) U_{nl}(r) = W_{nl} U_{nl}(r). \tag{8,25}$$

Unter Vorgabe von W_{nl}-Werten läßt sich die Lösung $U_{nl}(r)$ numerisch bestimmen. Die allgemeine Lösung der Schrödinger-Gleichung lautet dann:

$$\psi = \sum_{nlm} b_{nlm} \frac{U_{lm}(r)}{r} Y_{lm}(\vartheta, \varphi). \tag{8,26}$$

Die Konstanten b_{nlm} werden unter Berücksichtigung der Randbedingungen — Verschwinden der Tangentialkomponente ψ_0 von ψ auf beträchtlichen Teilen der Zellenwände — bestimmt. $U(r)$ läßt sich nach Hartree-Fock oder mittels des Selfconsistent-Verfahrens gewinnen. Die Kugelfunktionen $Y_{lm}(\vartheta, \varphi)$ lassen sich durch die Vorschrift

$$m = 0{:}\quad Y_{l0} = \sqrt{\frac{2l+1}{4\pi}}\, P_l \qquad (P_l \text{ — Legendresche Polynome}), \tag{8,27}$$

$$m > 0{:}\quad Y_{lm} = C_{l0} C_{l1} \cdots C_{l,m-1} \sin^m\vartheta\, \mathrm{e}^{\mathrm{i}m\varphi} \frac{\partial^m}{\partial \cos^m \vartheta} Y_{l0},$$

$$Y_{l,-m} = Y^*_{l,m},$$

$$C_{lm} = [l(l+1) - m(m+1)]^{-1/2}$$

bis auf einen willkürlichen Phasenfaktor $\mathrm{e}^{\mathrm{i}\alpha}$ erhalten.

Ein weiterer Näherungsschritt ist möglich, weil die Wigner-Seitz-Zellen des krz-Gitters und des kfz-Gitters nahezu Kugelgestalt besitzen (s. Abb. 8.25 und 8.26). Da das krz- und das kfz-Gitter zueinander reziprok sind, sind die gezeigten Zellen in vertauschter Zuordnung auch die ersten Brillouin-Zonen der wichtigsten Gittertypen von Metallen. Wird das Zellenvolumen gleich $4\pi r_{\mathrm{ws}}^3/3$ gesetzt, erhält man den Wigner-Seitz-Radius r_{ws}. Er besitzt bei den Alkalimetallen Werte von 0,17 bis 0,30 nm (Li···Cs), für Cu 0,14 nm sowie für Ag und Au 0,16 nm. Bei kugelförmigen Wigner-Seitz-Zellen gilt einfach als Randbedingung

$$\left(\frac{\partial \psi_0(r)}{\partial r}\right)_{r = r_{\mathrm{ws}}} = 0 \tag{8,28}$$

auf der Kugeloberfläche. Allerdings geht durch diese Näherung der Einfluß des speziellen Gitters vollständig verloren. Für ein s-Elektron (Alkalimetalle) vereinfacht sich (8,28) zu

$$\left(\frac{\partial \psi_0(r)}{\partial r}\right)_{r = r_{\mathrm{s}}} = 0. \tag{8,29}$$

Abb. 8.27 zeigt die so berechnete Wellenfunktion für das Na. Als Einheit a_0 wurde der Bohrsche Radius $a_0 = 0{,}0529$ nm gewählt. Der Ionenradius des Na^+ beträgt

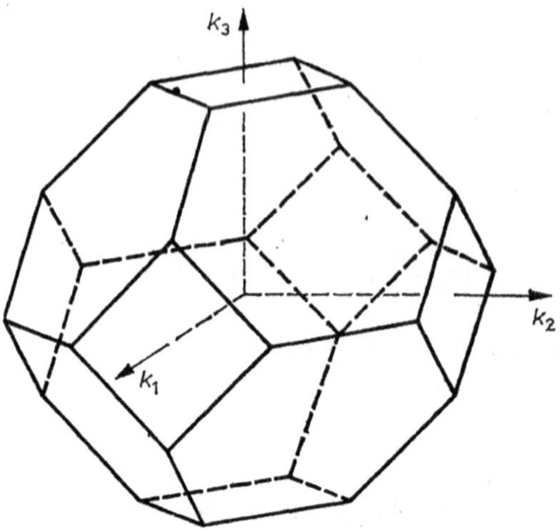

Abb. 8.25
Wigner-Seitz-Zelle des krz-Gitters.

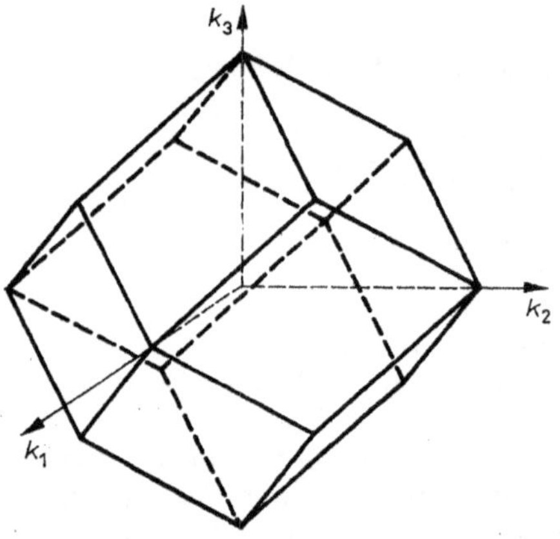

Abb. 8.26
Wigner-Seitz-Zelle des kfz-Gitters.

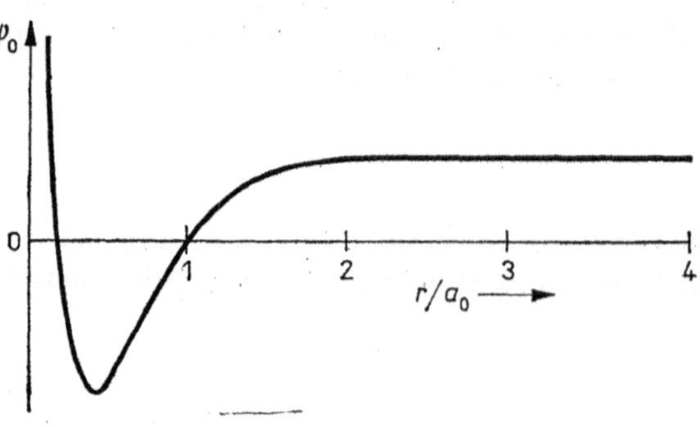

Abb. 8.27
Wellenfunktion des Leitungselektrons des Na im 3s-Grundzustand (ψ_0 nach der Zellenmethode berechnet).

r = 0,098 nm, der Radius $r_{ws} = 0{,}209$ nm. Außerhalb des Ionenradius ist die Wellenfunktion praktisch konstant. In 90% des Volumens der Wigner-Seitz-Zelle von Na tritt also eine ebene Welle als Wellenfunktion auf. Da sich das Leitungselektron von Na im 3s-Grundzustand befindet, sind 2 Knoten der Wellenfunktion vorhanden. Eine starke Ortsabhängigkeit ist nur in Kernnähe ausgeprägt.

Anregungszustände $k \neq 0$ können näherungsweise mit

$$W(k) = W_0(0) + \frac{\hbar^2}{2m^*(0)} k^2 \tag{8,30}$$

berechnet werden. Die effektiven Massen $m^*(0)$ betragen $1{,}4m_0$ für Li, $0{,}98m_0$ für Na und $0{,}8m_0$ für Cs.

Die Bindungsenergie der Alkalimetalle kann nach der Zellenmethode durch Berücksichtigung eines anziehenden Terms W_A und eines abstoßenden Terms W_k (kinetische Energie des Fermi-Gases) näherungsweise bestimmt werden. Man findet:

$$W_B = W_0 - W_A + W_k \tag{8,31}$$

(W_A — Ionisierungsenergie des freien Atoms)

$$W_0 - W_A = -3{,}09\ \text{eV},$$

$$W_k/\text{eV} = \frac{m}{m^*} \frac{30{,}0}{(r_{ws}/a_0)^2}, \tag{8,32}$$

$$W_{k,Na} = +1{,}95\ \text{eV}.$$

Das ergibt $W_{B,Na} = -1{,}14$ eV, gemessen werden $-1{,}13$ eV. Diese Rechnung vernachlässigt vollständig die Wechselwirkung der Leitungselektronen.

OPW-Methode

Eine Kombination der Näherungsverfahren mit starker Bindung (Ausgangspunkt: Atomwellenfunktionen) und schwacher Bindung (Ausgangspunkt: ebene Wellen) stellt die Konstruktion orthogonalisierter Planwellen (OPW) dar.

Man setzt für die Leitungselektronen eine Kombination der Wellenfunktionen der freien Elektronen

$$\psi(\boldsymbol{r}) = \frac{1}{\sqrt{V}} \sum c_{k\nu}\, e^{i(\boldsymbol{k}+\boldsymbol{R}^*)\boldsymbol{r}} \tag{8,33}$$

($\boldsymbol{R}^*$ — Vektor des reziproken Gitters)

und der inneren Rumpfelektronen (LCAO-Typ) an:

$$\Phi_k^j(\boldsymbol{r}) = \sum_{\boldsymbol{R}_m} \sum_j e^{i\boldsymbol{k}\boldsymbol{R}_m} \beta_j U(\boldsymbol{r} - \boldsymbol{R}_m) \tag{8,34}$$

($\boldsymbol{R}_m$ — Ort des betrachteten Bausteins im Gitter).

Die OPW-Funktion folgt daraus zu

$$\psi_k(\boldsymbol{r}) = \sum_{\boldsymbol{R}^*} \alpha_{\boldsymbol{R}^*} \chi_{k,H}, \tag{8,35}$$

$$\chi_{kH}(\boldsymbol{r}) = e^{i(\boldsymbol{k}+\boldsymbol{R}^*)\boldsymbol{r}} - \sum \beta_{j,H} \Phi_k^j(\boldsymbol{r}). \tag{8,36}$$

Graphisch wird diese Konstruktion in Abb. 8.28 deutlich gemacht. Die β_j werden mittels Minimalisierung der Energie bestimmt.

Die OPW-Funktionen bilden den Ausgangspunkt für die Einführung des Pseudopotentials V_p. Das Pseudopotential besitzt außerhalb der Atomrümpfe den Verlauf

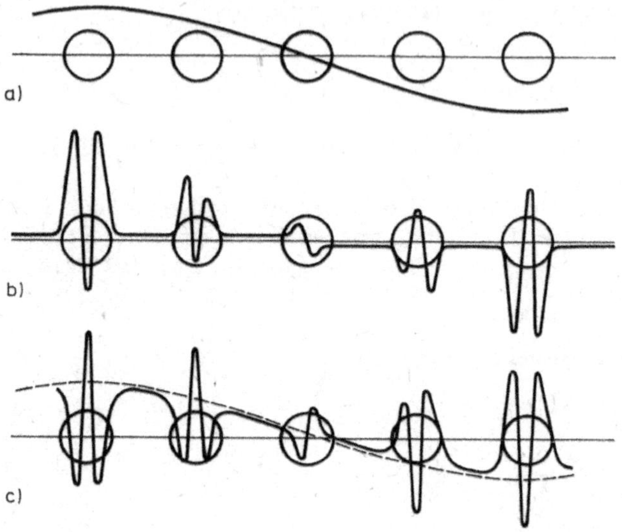

Abb. 8.28

Konstruktion von OPW-Funktionen nach Ziman, J. M.: Prinzipien der Festkörpertheorie. — Berlin: Akademie-Verlag 1974

a) ebene Welle
b) Rumpffunktion
c) OPW-Funktion ($\triangleq$ a — b).

des Gitterpotentials. In der Umgebung der Atomrümpfe weist es weit schwächere Oszillationen als dieses auf. Die Niveaustruktur der Leitungselektronen läßt sich mit Hilfe des Pseudopotentials, wie die Praxis zeigt, für Metalle mit abgeschlossenen inneren Schalen recht gut berechnen.

8.5.2. Fermi-Flächen von Metallen

Bei bekannter Elektronenniveaustruktur können diese Niveaus sukzessive mit den im Metall vorhandenen Elektronen besetzt werden. Im $\boldsymbol{k}$-Raum bildet die Oberfläche dieser Besetzungsgesamtheit die Fermi-Fläche oder anders ausgedrückt: alle Metallelektronenniveaus mit $W = W_F$ bilden die Fermifläche im $\boldsymbol{k}$-Raum. Ist N die Zahl der Elementarzellen, Z die Zahl der Elektronen in der Außenschale des Metallatoms und q die Zahl der Basisatome, dann folgt als Bedingung für ein nicht vollständig gefülltes Leitungsband

$$\begin{aligned} qZ \cdot N &= (2n - 1)\, N\,, \quad n = 1, 2, \ldots, \\ qZ &= 2n - 1. \end{aligned} \tag{8,37}$$

Bandüberlappungen lassen weitergehende Aussagen nicht zu.

Für ein spezielles Metall ist in jedem Fall die experimentelle Bestimmung der Fermi-Fläche von großer Wichtigkeit. Sie erfolgt nach den in Abb. 8.29 aufgeführten Verfahren. Die wichtigsten Informationen werden an hochreinen einkristallinen

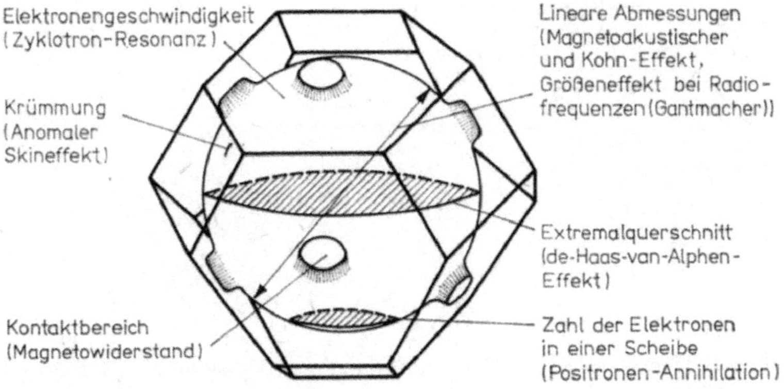

Abb. 8.29
Die experimentelle Ermittlung der Fermi-Fläche.

Metallen bzw. Halbleitern bei sehr tiefen Temperaturen unter dem Einfluß von Magnetfeldern gewonnen. Die experimentellen Bestimmungsmethoden sollen hier im Zusammenhang charakterisiert werden.

Zyklotronresonanz
In einem homogenen Magnetfeld wirkt auf ein Elektron mit der Geschwindigkeit $\boldsymbol{v}$ die Lorentz-Kraft

$$\boldsymbol{F} = -e\boldsymbol{v} \times \boldsymbol{B}$$

ein.

Mit

$$\boldsymbol{v} = \frac{1}{\hbar} \frac{\partial W}{\partial \boldsymbol{k}}, \quad \boldsymbol{F} = \frac{\mathrm{d}\hbar \boldsymbol{k}}{\mathrm{d}t}$$

wird daraus

$$\frac{\mathrm{d}\boldsymbol{k}}{\mathrm{d}t} = -\frac{e}{\hbar^2} \frac{\partial W}{\partial \boldsymbol{k}} \times \boldsymbol{B}. \tag{8,38}$$

Diese Beziehung drückt aus, daß das Elektron sich auf einer Bahn mit konstanter Energie $W = \text{const}$ bewegt, daß die Komponente des Wellenzahlvektors in Feldrichtung $\boldsymbol{k}_{\parallel}$ konstant bleibt und deshalb die Bahn als Schnittkurve senkrecht zum Vektor $\boldsymbol{k}_{\parallel}$ mit der Fermi-Fläche gegeben ist. Legt man ein homogenes statisches Magnetfeld $\boldsymbol{B}$ und ein elektrisches Wechselfeld $\boldsymbol{E}$ parallel zur Metalloberfläche an, wobei $\boldsymbol{E} \perp \boldsymbol{B}$ gilt, so werden Elektronen im Bereich der Skineindringtiefe (≈ 100 nm) beschleunigt (Azbel-Kaner-Anordnung). Bei Übereinstimmung von Wechselfeldfrequenz ω und Zyklotronfrequenz ω_c,

$$\omega = n\omega_c, \quad n = 1, 2, 3, \ldots, \tag{8,39}$$

wird das Elektron phasenrichtig bei jedem Umlauf im unmittelbaren Bereich der Oberfläche beschleunigt (s. Abb. 8.30). Bei Bahnradien im Metall von 10 μm beträgt die Beschleunigungsstrecke ≈ 1 μm. Die Bewegungsgleichung lautet:

$$m^* \left(\frac{\mathrm{d}\boldsymbol{v}}{\mathrm{d}t} + \frac{1}{\tau}\,\boldsymbol{v}\right) = -e(\boldsymbol{E} + \boldsymbol{v} \times \boldsymbol{B}), \tag{8,40}$$

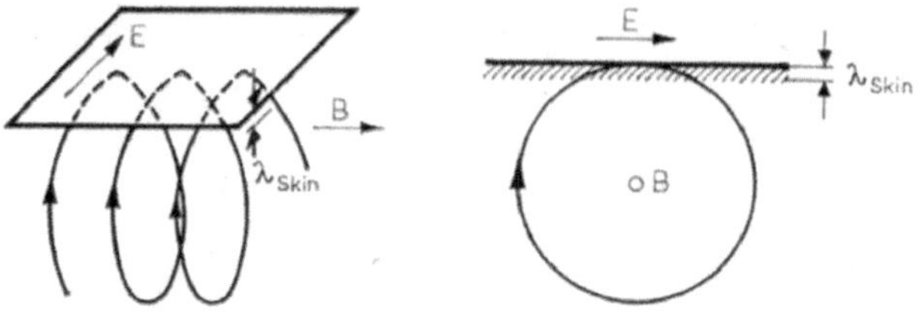

Abb. 8.30
Schematische Darstellung der Anordnung zur Messung der Zyklotronresonanz in einem Metall.

ihre Lösung ist bei $\boldsymbol{E} = \boldsymbol{E}_x \cdot \mathrm{e}^{\mathrm{i}\omega t}$, $\boldsymbol{B} = \boldsymbol{B}_z$,

$$\sigma = \frac{nev_x}{E_x}, \quad \sigma_0 = \frac{ne^2\tau}{m^*}:$$

$$\operatorname{Re}\sigma = \sigma_0 \frac{1 + \omega_c^2\tau^2 + \omega^2\tau^2}{(1 + \omega_c^2\tau^2 - \omega^2\tau^2)^2 + 4\omega^2\tau^2}. \tag{8,41}$$

Die Absorption der Energie des hochfrequenten Wechselfeldes ist proportional zu Re σ, und es tritt deshalb Resonanzabsorption bei $\omega = \omega_c$ auf.

Meßtechnisch wird der metallische Festkörper in einen Hohlraumresonator gebracht und dort mit Mikrowellen im GHz-Bereich bestrahlt. Gemessen wird entweder die Absorption der Mikrowelle oder die Oberflächenimpedanz. Es kommen Magnetfelder von 0,01···0,5 T zur Anwendung. Der Abgleich $\omega = \omega_c$ erfolgt durch Variation des Magnetfeldes nach

$$\omega_c = e \cdot B/m_c^* \qquad (m_c^* \text{ — effektive Zyklotronmasse}). \tag{8,42}$$

Ausgewertet werden die Messungen durch Auftragen von $\mathrm{d}\sigma^{-1}/\mathrm{d}B$ als Funktion von B. Meist wird eine ganze Folge von Oberschwingungen ($n > 1$) beobachtet (Abb. 8.31). Zur Azbel-Kaner-Resonanz tragen nur Elektronen bei, die die Skinschicht mehrfach durchlaufen. Deshalb muß die mittlere Zeit zwischen zwei Stößen τ der Ladungsträger der Bedingung $\tau \gg 1/\omega_c$ genügen. Da $\tau \approx 10^{-11}$ s bei 4 K in hochreinen Metallkristallen beträgt, sind Mikrowellen von 2···4 mm Wellenlänge erforderlich. Die Oberfläche der Metallproben muß sehr gut eben poliert sein.

Prinzipiell ist, auch unter Beachtung der Bragg-Reflexion im Gitter, wobei die Elektronenbahnen modifiziert werden können, die effektive Masse unmittelbar meßbar (s. Tab. 8.7). Über Beziehung (6,200) läßt sich die Krümmung der Fermi-Fläche ermitteln und eine Aussage zur Elektronengeschwindigkeit gewinnen. Zusätzlich wird die Bahnumlaufzeit T in Abhängigkeit vom Magnetfeld und der Kristallorientierung bezüglich $\boldsymbol{B}$ gemessen. Aus

$$T = \oint \mathrm{d}t = -\frac{\hbar^2}{e} \oint \frac{\mathrm{d}\boldsymbol{k}}{\boldsymbol{B} \times \dfrac{\partial W}{\partial \boldsymbol{k}}} \tag{8,43}$$

können dann weitere wesentlichen Parameter der Fermi-Fläche entnommen werden.

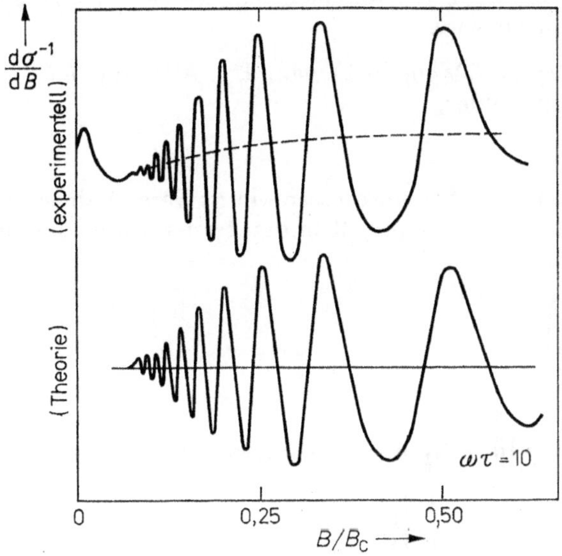

Abb. 8.31

Zyklotronresonanz in Kupfer bei 24 GHz (nach KITTEL, CH.: Einführung in die Festkörperphysik. — Leipzig: Akademische Verlagsgesellschaft Geest & Portig K.-G. 1973).

Tabelle 8.7

Effektive Massen von Metallen, bestimmt durch Messung der Zyklotronenresonanz (nach HARRISON, W. A.: Solid State Thory. — New York/London/Toronto: McGraw-Hill Book Company 1970)

Metall	Li	Na	U	Cu	Ag	Au
m_c^*/m_0	2,4	1,3	1,1	1,5	1,0	1,0

Metall	Be	Mg	Ca	Zn	Cd	Hg
m_c^*/m_0	0,46	1,43	0,8	0,9	0,75	2

Metall	Al	Ga	In	Tl	Sn	Pb
m_c^*/m_0	1,6	0,4	1,3	1,15	1,2	2,1

Anomaler Skineffekt
Bei tiefen Temperaturen tritt in hochreinen Metallkristallen der anomale Skineffekt auf. Zwischen zwei Stößen durchläuft das Elektron eine relativ lange Bahn, auf der das elektrische Wechselfeld stark variiert wird ($\tau \gg 1/\omega$). Er wird merklich, wenn $\lambda_{\text{Skin}} < l$ (mittlere freie Weglänge) ist. Die Skineindringtiefe wird dann $\lambda_{\text{Skin}} \sim \omega^{-1/3}$ und hängt charakteristisch von der Krümmung der Fermi-Fläche ab. Auch mit dieser (inzwischen veralteten) Methode kann ein fast vollständiges Bild einer Fermi-Fläche erhalten werden, wenn der anomale Skineffekt in Abhängigkeit von der Kristallorientierung ermittelt wird.

Magnetische Widerstandsänderung (Magnetowiderstand, s. Abschnitt 6.5.8).
Bei Einwirkung starker Magnetfelder,

$$\omega_c \tau = e\tau B/m^* \gg 1, \tag{8,44}$$

legen die Elektronen zwischen zwei Streuprozessen ein größeres Bahnstück auf der Fermi-Fläche zurück, so daß ihre Form vor allem den transversalen Magnetowiderstand beeinflußt. Wesentlich ist vor allem, daß die Größe der transversalen Magnetowiderstandsänderung D_t

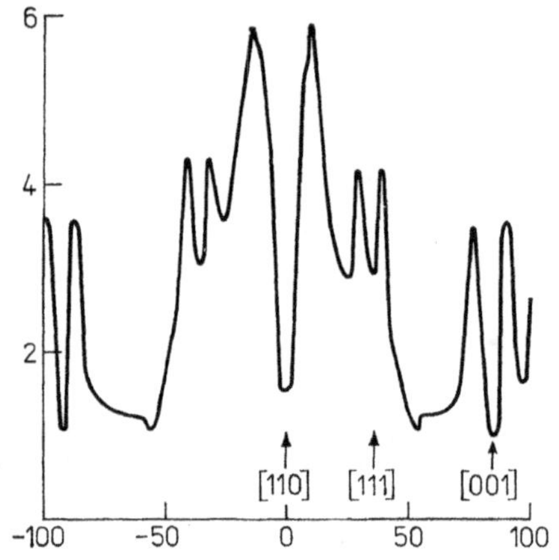

Abb. 8.32
Magnetowiderstand von Gold bei starken Feldern (nach GAIDUKOV, J. P., Z. éksper. i teoret. Fiz. **37** (1959) 1281).

$$D_t = \frac{\Delta\varrho_t}{\varrho(0, T)} = \frac{\varrho_t(B, T)}{\varrho(0, T)} - 1 \tag{8,45}$$

für offene Bahnen auf der Fermi-Fläche in Meßstromrichtung $\sim B^2$ wächst und für offene Bahnen $\perp \boldsymbol{B}$ sowie $\perp \boldsymbol{E}$ einem Sättigungswert zustrebt. Man kann also Aussagen gewinnen, ob eine Fermi-Fläche offene Gebiete zur benachbarten Fermi-Fläche hat oder nicht. Abb. 8.32 gibt Messungen von GAIDUKOV an Gold wieder. Der Stromvektor wies in [110]-Richtung. In der Umgebung der [110]-, [111]- und [001]-Achse weisen Edelmetalle offene Fermi-Flächen auf (s. auch Abb. 8.37 für Cu). In unmittelbarer Nähe dieser Richtungen sinkt allerdings die Zahl der offenen Bahnen bei dieser Kristallorientierung auf 0 ab. Deshalb sind in der Meßkurve die starken D_t-Maxima kraterähnlich eingestülpt. Derartigen Messungen kann neben der Richtung von Berührungsstellen der Fermi-Fläche mit der Brillouin-Zone auch deren Mindestausdehnung entnommen werden.

De-Haas-van-Alphen-Effekt
In Metallen kommt es zu Quantenoszillationen der Größe der magnetischen Suszeptibilität als Funktion eines starken homogenen Magnetfeldes (≈ 10 T). Für Bloch-Elektronen gilt für die Differenz zweier aufeinander folgender kritischer reziproker Induktionswerte (s. Ableitung in Abschnitt 6.2.7.)

$$\Delta \frac{1}{B} = \frac{2\pi e}{hA_{\text{extr.}}} \tag{8,46}$$

($A_{\text{extr.}}$ – extremale Schnittfläche der Fermi-Fläche). Natürlich geben die Elektronen in allen Querschnitten der Fermi-Fläche Anlaß zu Quantenoszillationen. Man beobachtet aber nur Beiträge von Maximal- und Minimalquerschnitten, weil sich in der Umgebung derartiger Querschnitte viel mehr Elektronen als an anderen Stellen der Fermi-Fläche auf nahezu gleichen Querschnittbahnen bewegen.

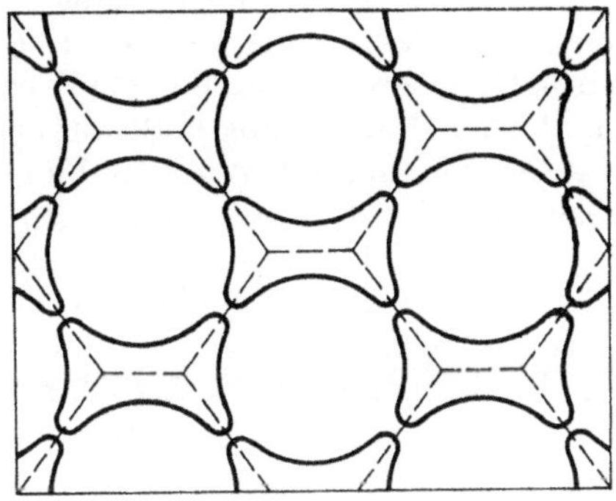

Abb. 8.33
Hundeknochenbahn der Edelmetalle.

Bei Alkalimetallen wird durch dieses Verfahren die Kugelgestalt der Fermi-Fläche gut bestätigt. Die Fermi-Flächen der Edelmetalle lassen Bauchbahnen (maximal) und Halsbahnen (minimal) bei bestimmten Kristallorientierungen (B || [111]) entstehen. Darüber hinaus treten noch Lochbahnen auf, die in die Hälse der Fermi-Fläche hinein- und aus diesen herauslaufen, so daß die Elektronen auf einer sogenannten Hundeknochenbahn vier benachbarte Fermi-Flächen durchlaufen (s. Abb. 8.33). Die Beobachtung dieser Suszeptibilitäts-Quantenoszillationen erfolgt an Metalleinkristallen hoher Reinheit bei sehr tiefen Temperaturen. Diese Methode liefert wesentliche Beiträge zur Strukturaufklärung der Fermi-Fläche.

Magnetoakustischer Effekt
Bei sehr tiefen Temperaturen treten bei hochreinen Metalleinkristallen Oszillationen der Ultraschallabsorption und der Schallgeschwindigkeit als Funktion eines homogenen starken Magnetfeldes auf ($\boldsymbol{B} \perp$ Ultraschallwelle). Die Periode der reziproken magnetischen Induktion ist mit dem Extremaldurchmesser der Fermi-Fläche $2k_{\text{F, extr.}}$ und der Wellenlänge des Ultraschalls λ durch

$$\Delta \frac{1}{B} = \frac{e\lambda\left(n + \frac{1}{4}\right)}{h \cdot 2k_{\text{F,extr.}}} \quad (n \text{ — ganze Zahl}) \tag{8,47}$$

verknüpft. Extremaldurchmesser der Fermi-Flächen können auf diese Weise bestimmt werden oder aber durch den folgenden Effekt.

Gantmacher-Effekt
Oszillationen der Absorption und Reflexion von Radiowellen im MHz-Bereich treten auf, wenn diese senkrecht auf dünne einkristalline Metallschichten bei tiefen Temperaturen einfallen und ein paralleles zur Oberfläche gerichtetes homogenes Magnetfeld verändert wird ($B = 0{,}01 \cdots 0{,}1$ T). Hier gilt für die Periodizität

$$\Delta \frac{1}{B} = \frac{ed}{\hbar \cdot 2k_{\mathrm{F,extr.}}} \quad (d \text{ — Dicke der Metallschicht}). \tag{8,48}$$

Positronen-Annihilation
Eine Methode, die weder ein starkes Magnetfeld noch extrem tiefe Temperaturen erfordert, besteht darin, daß man Metallkristalle mit Positronen bestrahlt und die entstehenden γ-Quanten spektroskopiert. Die eingestrahlten Positronen werden im Metall schnell abgebremst. Das langsame Positron vereinigt sich mit einem Elektron unter Entstehung von im allgemeinen zwei γ-Quanten (Paarzerstrahlung). Da die positiven Atomrümpfe das langsame und dann zur Wechselwirkung fähige Positron aus dem Bereich der Rumpfelektronen abstoßen, reagiert es bevorzugt mit den Leitungselektronen. Bei der Erhaltung des Impulses ist nur der Wellenzahlvektor des Leitungselektrons zu berücksichtigen. Dessen Bestimmung läuft auf eine Koinzidenzmessung der γ-Sekundärstrahlung unter bestimmten Winkeln hinaus. Durch die Aufnahme des Impulsspektrums bezüglich der Kristallorientierung kann die Fermi-Fläche vollständig bestimmt werden. Durch Einstellung einer bestimmten, von der Metallprobe und den zwei γ-Koinzidenzzählern gebildeten Ebene wird jeweils eine Schnittrichtung durch die Fermi-Fläche erfaßt. Die Messung liefert also eine Projektion der Fermi-Fläche auf die Schnittebene. Zusätzlich sind relative Angaben zur Zustandsdichte ablesbar. Das Gesamtverfahren gestattet es, die Fermi-Fläche zu rekonstruieren.

Insgesamt läuft das Verfahren zur Bestimmung einer Fermi-Fläche auf eine Trial-and-error-Methode hinaus. Theoretische Elektronenniveau-Strukturbestimmung und experimentelle Bestimmung der Fermi-Fläche gehen dabei Hand in Hand.

8.5.3. Bandstruktur und Fermi-Flächen spezieller Metalle

Wichtigste metallische Leiter sind Cu und Al. Im Weltmaßstab vollzieht sich ein sehr gezielter Einsatz von Kupfer für Leitungsprobleme, wo es auf eine hohe Homogenität des spezifischen Widerstandes ankommt, z. B. in der Nachrichtentechnik. Aluminium wird einer immer breiteren Nutzung bei Kabeln und Wicklungen zugeführt. Für Freileitungen werden Al/Stahl-Verbundkabel benutzt, um die notwendige Festigkeit zu gewährleisten. Ähnliches Verhalten bezüglich der Bandstruktur und der Fermi-Fläche besitzen die Metalle mit höchster Leitfähigkeit bei Zimmertemperatur: Cu, Ag und Au.

Die ersten vier Brillouin-Zonen dieser Metalle (kfz-Gitter) zeigt Abb. 8.34. In Abb. 8.35 ist die Bandstruktur $W(\boldsymbol{k})$ von Cu aufgetragen. Für die Besetzung der insgesamt 6 Bänder, die im Energiebereich der 3d-(10)- und 4s-Elektronen (1) liegen, sind insgesamt 11 Elektronen zu berücksichtigen. Wie Abb. 8.35 (Σ) beweist, sind 5 Bänder voll besetzt. Das oberste, nahezu parabelförmige ($\triangleq$ freien Elektronen) ist nur halb gefüllt. In $\langle 111 \rangle$-Richtung erreicht kein Band die Fermi-Grenze, d. h., der Fermi-Körper muß sich durch die Brillouin-Zone hindurch erstrecken. Dieses Verhalten weist darauf hin, daß das 4s-Elektron mit den 3d-Elektronen hybridisiert. Ohne diese Hybridisierung wäre ein kugelförmiger Fermi-Körper wie bei den Alkali-

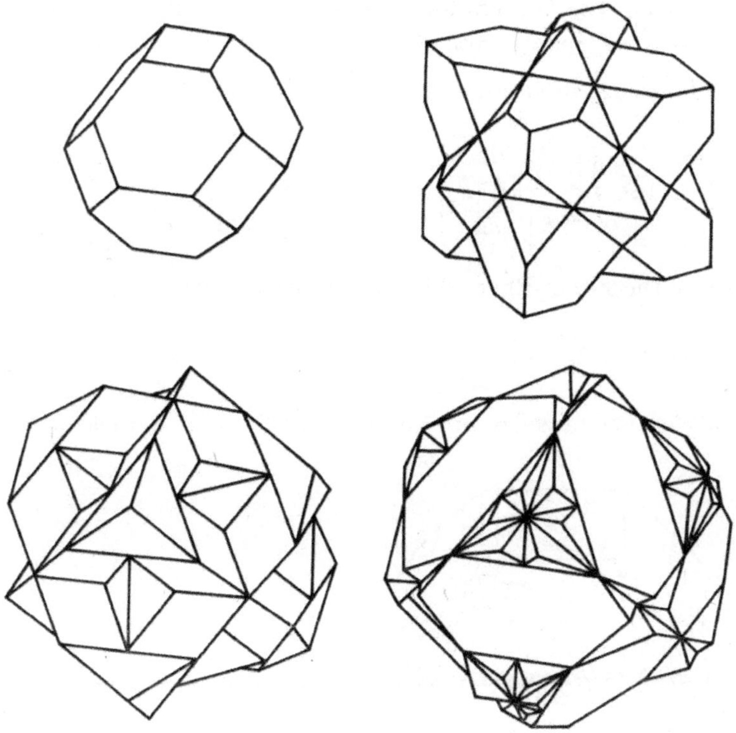

Abb. 8.34
Erste vier Brillouin-Zonen des kfz-Gitters.

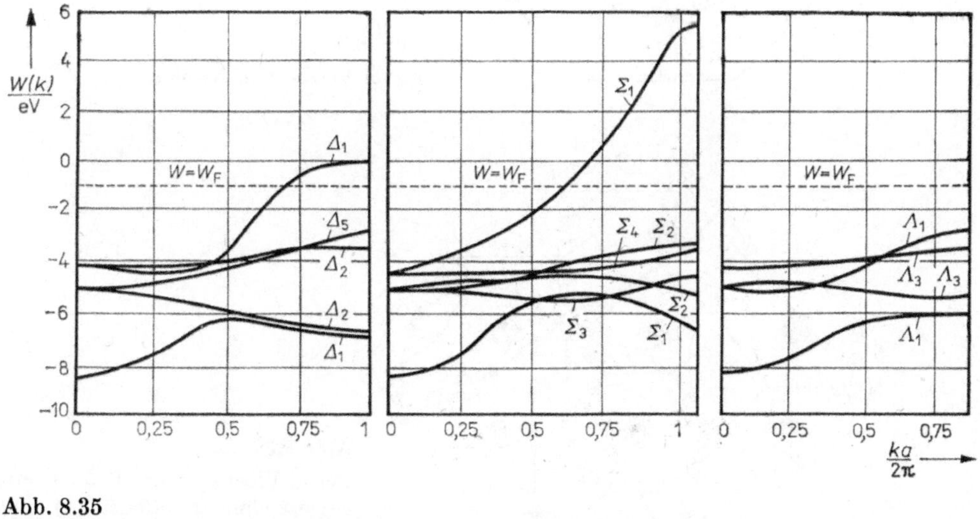

Abb. 8.35
Bandstruktur von Kupfer ($\Delta \parallel \langle 100 \rangle$, $\Sigma \parallel \langle 110 \rangle$, $\Lambda \parallel \langle 111 \rangle$)
(nach Schulze; vgl. Abb. 8.6).

metallen zu erwarten. Das weitere theoretische Vorgehen läuft folgendermaßen ab: Bei genügend genauer Berechnung der $W(\boldsymbol{k})$-Struktur kann die Zustandsdichte $D(W)$ durch graphische Differentiation $\frac{\partial W(\boldsymbol{k})}{\partial \boldsymbol{k}}$ (vgl. (6,136))

$$D(W) = \frac{V}{4\pi^3} \iint\limits_{\text{Energiefläche}} \frac{\mathrm{d}S}{\left|\frac{\partial W(\boldsymbol{k})}{\delta \boldsymbol{k}}\right|} \tag{8,49}$$

ermittelt werden. Die Fermi-Energie W_F gewinnt man aus

$$\int\limits_0^{W_F} D(W)\,\mathrm{d}W = n_z \cdot N_{EZ} \tag{8,50}$$

(N_{EZ} — Zahl der Elementarzellen pro Volumeneinheit, n_z zu berücksichtigende Elektronen).

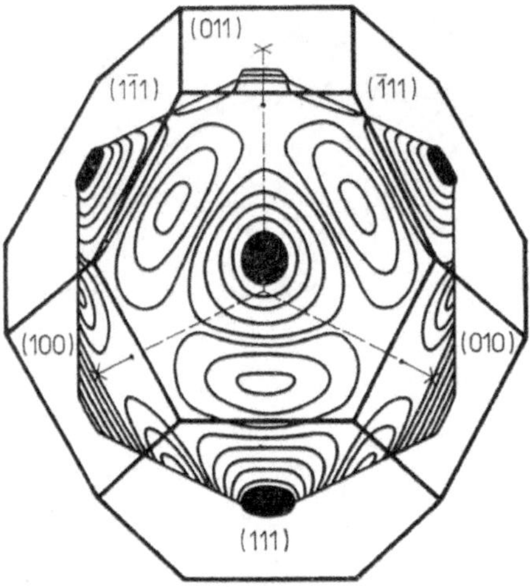

Abb. 8.36
Fermi-Fläche von Kupfer.

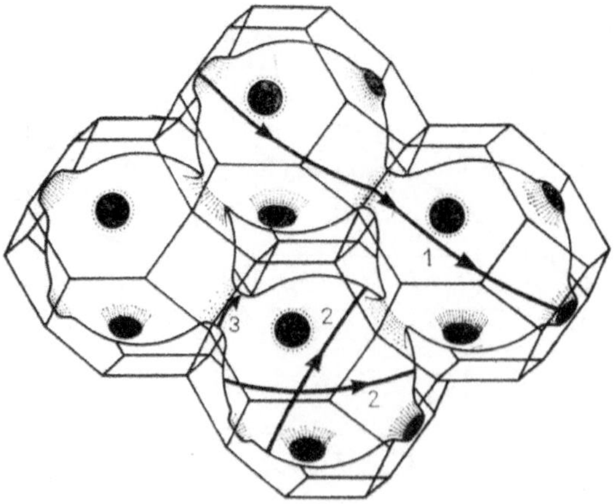

Abb. 8.37
Fermi-Flächen von Kupfer mit eingezeichneter offener (1) und geschlossener Bahn (Bauchbahn 2 und Halsbahn 3).

Die Fermi-Fläche schließlich wird dann konstruiert, indem man im $\boldsymbol{k}$-Raum die zu W_F gehörigen k-Werte aufträgt. Ihre Endpunkte ergeben die Fermi-Fläche. Meistens wird mit Schnitten in bestimmten Ebenen und Kurven gleicher Energie der Entwurf des Fermi-Körpers vorbereitet.

Nach Messungen des anomalen Skineffektes gewann PIPPARD die Fermi-Fläche von Cu in Abb. 8.36. Vier in ⟨111⟩-Richtung miteinander verknüpfte Fermi-Flächen sind in Abb. 8.37 für Cu dargestellt. Die bisher erreichte Genauigkeit beträgt bei

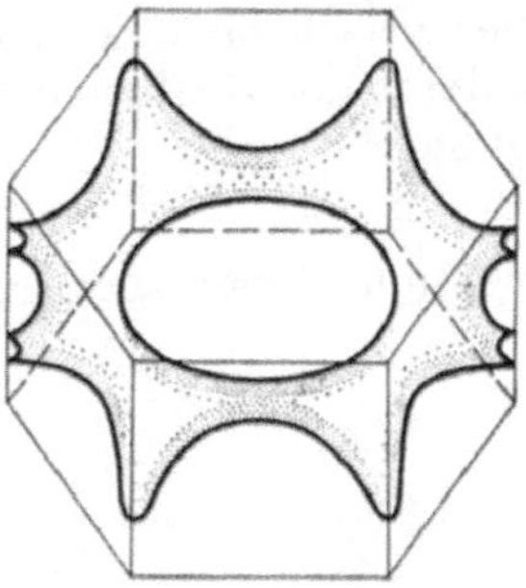

Abb. 8.38
Fermi-Fläche von Magnesium.

Vergleich verschiedener Verfahren $\leq 5\%$. Metalle mit nahezu kugelförmiger Fermi-Fläche sind die Alkalimetalle (Li, Na, K, Rb, Cs). Das heißt natürlich, daß hier die Näherung nahezu freier Elektronen sehr gut geeignet ist. Ähnliches gilt für den guten Leiter Aluminium. Bei starker Bandüberlappung und nichtkubischer Gittersymmetrie werden auch die Fermi-Flächen stärker anisotrop. Abb. 8.38 beweist das am Beispiel der Fermi-Fläche von Magnesium, die durch Auswertung von De-Haas-van-Alphen-Spektren gewonnen wurde.

8.5.4. Elektrische Leitung in Metallen

Wird nach dem Stromfluß $\boldsymbol{j}$ gefragt, den ein elektrisches Feld $\boldsymbol{E}$ hervorruft, so kann eine Berechnung des Zusammenhanges

$$\boldsymbol{j} = \boldsymbol{\sigma} \boldsymbol{E}, \quad \boldsymbol{\sigma} = \boldsymbol{\rho}^{-1}$$

nur dadurch erfolgen, daß man die sich im Feld einstellende Verteilung der Quantenzustände der Elektronen berechnet. In einem idealen Gitter, das darüber hinaus noch frei von Phononen ist, wird durch ein elektrisches Feld $\boldsymbol{E}$ der Fermi-Körper als Ganzes im $\boldsymbol{k}$-Raum um $\delta \boldsymbol{k}$ verschoben. Dann besitzt ein bestimmter Anteil der in der Nähe der Fermi-Fläche befindlichen Elektronen einen Impuls $\hbar \boldsymbol{k}$, der nicht durch einen gleichgroßen entgegengesetzten $-\hbar \boldsymbol{k}$ kompensiert wird. Es gilt dann

$$\sum_{1}^{N} \hbar \boldsymbol{k}_n \neq 0 \tag{8,51}$$

oder

$$\sum_{1}^{N} \boldsymbol{v}_n \neq 0$$

Dabei ist die Anzahl nichtkompensierter Elektronenimpulse $N_{\text{eff}} \ll N$. Es ist zulässig, mit $W = W_F$, $l = l_F$, $\tau = \tau_F$ der Fermi-Energie entsprechende Werte zu verwenden.

Die Bewegungsgleichung für den Schwerpunkt des Fermi-Körpers lautet:

$$\frac{\mathrm{d}\boldsymbol{k}_s}{\mathrm{d}t} = -\frac{e\boldsymbol{E}}{\hbar}. \tag{8,52}$$

Der Verschiebungsvorgang in dieser Form, der einer verschwindend kleinen Leitfähigkeit $\sigma = 0$ entsprechen würde, wird aufgehalten durch den Realbau der Kristalle und die Elektron-Phonon-Wechselwirkung. Es ergibt sich:

$$\delta\boldsymbol{k} = -\frac{e\boldsymbol{E}\tau_F}{\hbar} \quad (\tau_F \text{ — Stoßzeit der Elektronen mit Fermi-Energie}). \tag{8,53}$$

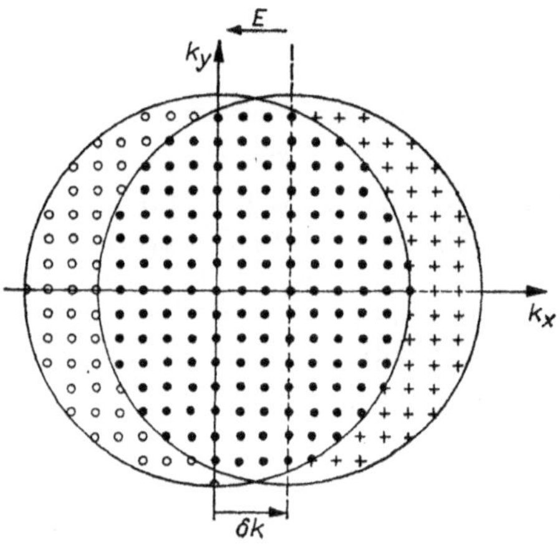

Abb. 8.39
Verschiebung der Fermi-Kugel um δk durch ein elektrisches Feld (die mit + gekennzeichneten Zustände werden besetzt).

Abb. 8.39 macht die Verschiebung des Fermi-Körpers für den einfachen Fall Fermi-Kugel, $\boldsymbol{E} = \boldsymbol{E}_x$, deutlich. Weiter gilt

$$\boldsymbol{j} = -N_{\text{eff}}\, e\, \delta\boldsymbol{v}, \quad \delta\boldsymbol{v} = \frac{\hbar\, \delta\boldsymbol{k}}{m^*} \tag{8,54}$$

und somit

$$\boldsymbol{j} = \frac{N_{\text{eff}}\, e^2 \tau_F}{m^*}\, \boldsymbol{E}. \tag{8,55}$$

$N_{\text{eff}} = n$ ist die Zahl der Leitungselektronen, die zum Ladungstransport beitragen. Damit folgt die spezifische Leitfähigkeit

$$\sigma = ne \cdot \tau_F \cdot \frac{e}{m^*} = \frac{1}{\varrho}. \tag{8,56}$$

Symmetrieeigenschaften des Gitters können in τ_F und in m^* auftreten. Für kubische Metalle ist ϱ ein Skalar, wenn der isotherme ($\Delta T = 0$) und magnetfeldfreie Fall vorliegt ($\boldsymbol{B} = 0$). Der Messung ist auch bei komplizierterem Verhalten

$$\boldsymbol{j} = \boldsymbol{\sigma}\boldsymbol{E},$$

$$\boldsymbol{\sigma} = \begin{pmatrix} \sigma_{xx} & \sigma_{xy} & \sigma_{xz} \\ \sigma_{yx} & \sigma_{yy} & \sigma_{yz} \\ \sigma_{zx} & \sigma_{zy} & \sigma_{zz} \end{pmatrix} = \boldsymbol{\rho}^{-1}$$

nur der spezifische Widerstand

$$\varrho = \frac{\boldsymbol{\rho}\boldsymbol{j}, \boldsymbol{j}}{j^2} \tag{8,57}$$

in einer bestimmten Kristallorientierung zugänglich. $\boldsymbol{\rho}$ ist ein symmetrischer Tensor 2. Stufe. Der allgemeinste Fall tritt z. B. für Ga auf. Bei tetragonalem, hexagonalem und rhomboedrischem Gitter ist das Widerstandsellipsoid rotationssymmetrisch. Dann gilt einfach

$$\varrho(\vartheta) = \varrho_{\parallel} \cos^2 \vartheta + \varrho_{\perp} \sin^2 \vartheta \tag{8,58}$$

(ϑ — Winkel mit der Hauptachse).

Dieser Befund muß für polykristalline Proben wie

$$\frac{1}{\varrho} = \frac{1}{3}\left(\frac{2}{\varrho_{\perp}} + \frac{1}{\varrho_{\parallel}}\right) \tag{8,59}$$

berücksichtigt werden.

Gewöhnlich spaltet ϱ in 2 Anteile auf:

$$\varrho = \varrho_{\mathrm{G}} + \varrho_{\mathrm{p}}(T). \tag{8,60}$$

Das ist die Matthiessensche Regel. Sie besagt, daß der Widerstand eines Metalls durch Kristalldefekte (ϱ_{G}, temperaturunabhängig) und Elektron-Phonon-Streuung (ϱ_{p}, temperaturabhängig) hervorgerufen wird. Beide Streumechanismen überlagern sich nahezu additiv. Damit folgt, daß ϱ_{G}, der Restwiderstand, ein Maß ist für durch Gitterdefekte und Verunreinigungsdefekte hervorgerufene Abweichungen vom idealen Gitter (Abb. 8.40). Weiterhin gilt bei mittleren und hohen Temperaturen für geringe Beimischungskonzentrationen bis zu einigen %

$$\left(\frac{\mathrm{d}\varrho}{\mathrm{d}T}\right)_{\mathrm{Legierung}} = \left(\frac{\mathrm{d}\varrho}{\mathrm{d}T}\right)_{\mathrm{Element}}, \tag{8,61}$$

d. h. aber auch, daß es möglich ist, den Temperaturkoeffizienten

$$\frac{1}{\varrho_0}\left(\frac{\mathrm{d}\varrho}{\mathrm{d}T}\right)$$

durch Erhöhung des Restwiderstandes stark zu reduzieren (s. Tab. 8.8 und Abb. 8.41). Das ist die Grundlage von Widerstandswerkstoffen mit extrem kleinen Temperaturkoeffizienten z. B. für Präzisionswiderstände, Potentiometer, Meßbrücken usw.

Für den Anteil $\varrho_{\mathrm{p}}(T)$ findet man das Bloch-Grüneisen-Gesetz:

$$\varrho_{\mathrm{p}}(T) = \frac{4\pi}{3} \frac{\hbar k_{\mathrm{F}}^2 W_{\mathrm{F}}^2}{e^2 k_{\mathrm{B}} \Theta v_{\mathrm{F}}^2 \eta} \left(\frac{T}{\Theta}\right)^5 I_5\left(\frac{\Theta}{T}\right). \tag{8,62}$$

Der Ableitung dieser Beziehung (Θ — Debye-Temperatur, η — spezifisches Gewicht) liegt die Annahme einer Fermi-Kugel ohne Zonenberührung, eines isotropen Phononenkontinuums und der ausschließlichen Berücksichtigung von Elektron-Phonon-N-Prozessen mit langwelligen Phononen zugrunde. Dabei ist

$$I_5\left(\frac{\Theta}{T}\right) = \int\limits_0^{\frac{T}{\Theta}} \frac{\left(\frac{\hbar\Omega}{k_B T}\right)^5}{[\exp(\hbar\Omega/k_B T) - 1][1 - \exp(-\hbar\Omega/k_B T)]} \, d\left(\frac{\hbar\Omega}{k_B T}\right). \qquad (8{,}63)$$

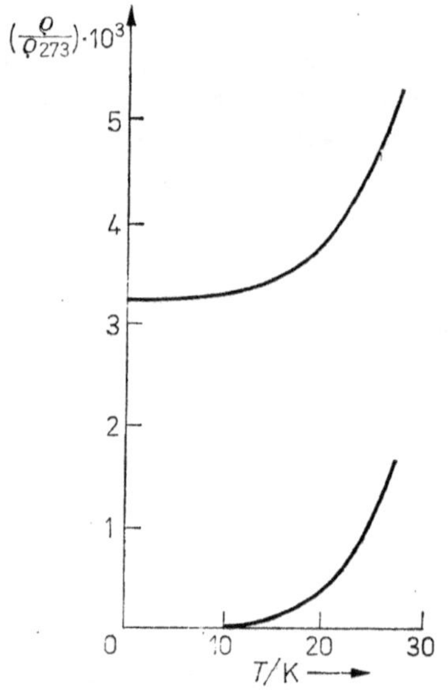

Abb. 8.40
Restwiderstandsverhältnis für zwei Wolfram-Proben $\left(\text{obere Kurve } \frac{\varrho_0}{\varrho_{273}} = 2{,}32 \cdot 10^{-3}, \text{ untere Kurve } \frac{\varrho_0}{\varrho_{273}} = 8 \cdot 10^{-6}\right)$ (nach Schatt; vgl. Abb. 8.22).

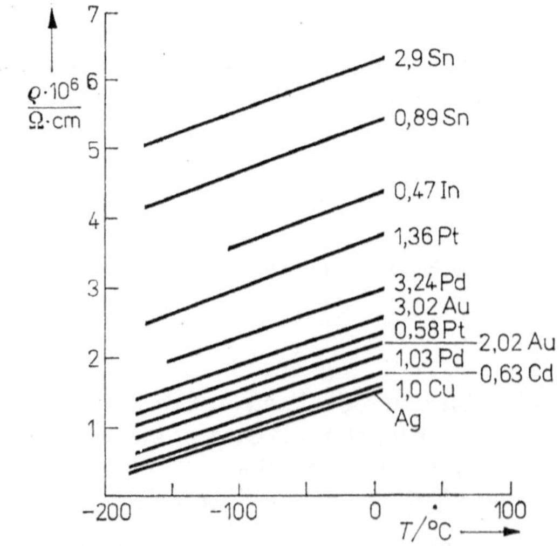

Abb. 8.41
Temperaturabhängigkeit des Widerstandes von Silber-Legierungen (nach Schulze; vgl. Abb. 8.6).

Tabelle 8.8
Spezifischer Widerstand von Metallen und metallischen Legierungen bei Zimmertemperatur (nach SCHULZE)

Metall	Li	Na	K	Rb	Cs	Fr	Ca	Sr	
$\varrho/\mu\Omega \cdot cm$	8,55	4,28	6,1	11,29	18,1	—	4,0	30,3	
Metall	**Ba**	**Ra**	**Sc**	**Y**	**Ti**	**Zr**	**Hf**	**V**	
$\varrho/\mu\Omega \cdot cm$	36	—	66,3	64,9	42	41	30	18,2	
Metall	**Nb**	**Ta**	**Cr**	**Mo**	**W**	**Mn**	**Tc**	**Re**	
$\varrho/\mu\Omega \cdot cm$	15,24	13,2	14,1	5,03	4,89	278	69	18,9	
Metall	**Fe**	**Co**	**Ni**	**Ru**	**Rh**	**Pd**	**Os**	**Ir**	**Pt**
$\varrho/\mu\Omega \cdot cm$	8,6	5,57	6,14	7,16	4,35	9,77	9,5	4,93	9,81
Metall	**Cu**	**Ag**	**Au**	**Al**	**Be**	**Mg**	**Zn**	**Cd**	**Hg**
$\varrho/\mu\Omega \cdot cm$	1,55	1,49	2,06	2,5	$\parallel c$ 3,58 $\perp c$ 3,12	$\parallel c$ 3,48 $\perp c$ 4,18	$\parallel c$ 5,58 $\perp c$ 5,38	$\parallel c$ 8,36 $\perp c$ 6,87	94,1
Metall	**Ga**	**In**	**Tl**	**Sn**	**Pb**	**Bi**	**Po**		
$\varrho/\mu\Omega \cdot cm$	$\parallel c$ 50,5 $\parallel a$ 16,1 $\parallel b$ 7,5	8,19	16,2	$\parallel c$ 11,0 $\perp c$ 9,27	19,2	$\parallel c$ 130 $\perp c$ 102	42		
Metall	**La**	**Ce**	**Pr**	**Nd**	**Pm**	**Sm**	**Eu**	**Gd**	
$\varrho/\mu\Omega \cdot cm$	56,8	75,3	68	64,3	—	88	81,3	140,5	
Metall	**Ho**	**Er**	**Tm**	**Yb**	**Lu**				
$\varrho/\mu\Omega \cdot cm$	87	107	79	27	79				
Metall	**Ac**	**Th**	**Pa**	**U**	**Np**	**Pu**			
$\varrho/\mu\Omega \cdot cm$	—	13	—	29	118	145			

Legierung	Chromiumnickel 20Cr/78Ni/2Mn	Kanthal A1 72Fe/20Cr/5Al/5Co
$\varrho/\mu\Omega \cdot cm$	106	145
$\frac{1}{\varrho_0}\frac{d\varrho}{dT}\Big/\mu K^{-1}$	140	60

Tabelle 8.8 (Fortsetzung)

Legierung	Nickelin 67 Cu/3 Mn/30Ni	Konstantan 54 Cu/1 Mn/45Ni	Manganin 86 Cu/12 Mn/2Ni
$\varrho/\mu\Omega \cdot \mathrm{cm}$	40	50	43
$\frac{1}{\varrho_0}\frac{\mathrm{d}\varrho}{\mathrm{d}T}\Big/\mu\mathrm{K}^{-1}$	110	−30	20

Legierung	Resistin 85Cu/15 Mn	Goldin 70 Au/26 Ag/4 unedle Metalle
$\varrho/\mu\Omega \cdot \mathrm{cm}$	51	31
$\frac{1}{\varrho_0}\frac{\mathrm{d}\varrho}{\mathrm{d}T}\Big/\mu\mathrm{K}^{-1}$	8	150

(Angaben in Gew.-%)

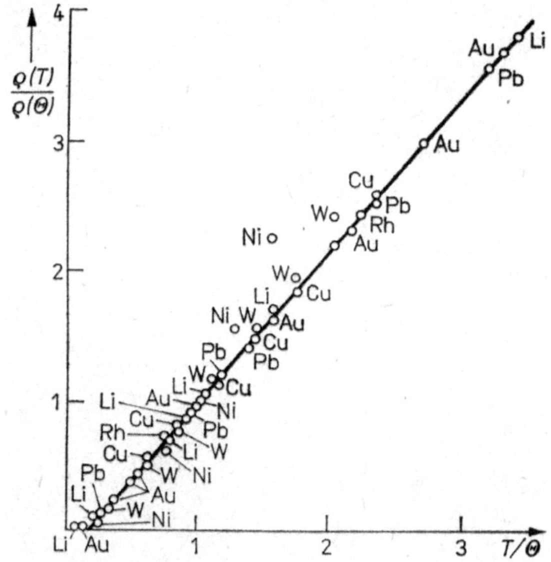

Abb. 8.42
Reduzierte Darstellung der Temperaturabhängigkeit des spezifischen Widerstandes (nach SCHULZE; vgl. Abb. 8.6).

Für $T > \Theta$ folgt daraus

$$\varrho_{\mathrm{P}}(T) = \frac{\pi}{3}\,\frac{\hbar k_{\mathrm{F}}^2 W_{\mathrm{F}}^2}{e^2 k_{\mathrm{B}} \Theta v_{\mathrm{F}}^2 \eta} \cdot \frac{T}{\Theta} = \varrho(\Theta) \cdot \frac{T}{\Theta}. \tag{8,64}$$

Diese Beziehung wird überraschend gut von vielen metallischen Elementen erfüllt (Abb. 8.42).

Im Bereich sehr niedriger Temperaturen folgt:

$$\varrho_{\mathrm{P}}(T) = \frac{498\pi}{3} \frac{\hbar k_{\mathrm{F}}^2 W_{\mathrm{F}}^2}{e^2 k_{\mathrm{B}} \Theta v_{\mathrm{F}}^2 \eta} \left(\frac{T}{\Theta}\right)^5 = 498 \varrho(\Theta) \left(\frac{T}{\Theta}\right)^5. \tag{8,65}$$

Auch dieser Beziehung genügen einige Metalle sehr gut. Die experimentelle Nachprüfung erfordert die exakte Kenntnis des Restwiderstandes.

Nach BRAUER kann mit (8,64) und (8,65) die Debye-Temperatur aus zwei Widerstandsmessungen unter Abzug des Restwiderstandes bestimmt werden:

$$\Theta^4 = 498 \frac{T_1^5}{T_2} \frac{\varrho_{\mathrm{P}}(T_2)}{\varrho_{\mathrm{P}}(T_1)}, \quad T_1 \ll \Theta < T_2. \tag{8,66}$$

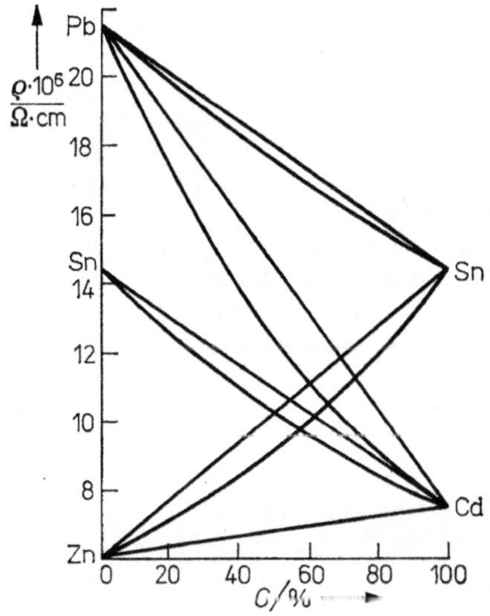

Abb. 8.43
Konzentrationsabhängigkeit des spezifischen Widerstandes binärer Kristallgemische (nach SCHULZE; vgl. Abb. 8.6).

Im mittleren Temperaturbereich $T < \Theta$ wird (8,63) numerisch gelöst.

Der Einfluß der Legierungsbildung unterscheidet sich grundsätzlich für die Fälle: vollständige Mischungslücke, vollständige Mischbarkeit und intermetallische Verbindungen. Bei binären Kristallgemischen wird nach LICHTENECKER und ROTHER folgender mittlerer Widerstand angegeben:

$$\varrho = \frac{\varrho_1 \cdot \varrho_2}{[(1 - C)\, \varrho_1^s + C \varrho_2^s]^{1/s}}. \tag{8,67}$$

Für $s = -1$ wird daraus die Reihenschaltung:

$$\varrho = C \varrho_1 + (1 - C)\, \varrho_2 \tag{8,68}$$

und für $s = 0$ das Lichteneckersche Log-Gesetz

$$\varrho = \varrho_1^C \cdot \varrho_2^{(1-C)}. \tag{8,69}$$

Wie Abb. 8.43 zeigt, genügen viele binäre metallische Kristallgemische der Beziehung (8,69).

Mischkristalle verhalten sich stets so, daß durch Zulegieren der Restwiderstand ansteigt. Das Maximum des spezifischen Widerstandes liegt in der Nähe von $C = 50\%$ (Abb. 8.44). Intermetallische Verbindungen oder Überstrukturen wären prinzipiell oft auch allein durch Widerstandsmessungen einer Legierungsreihe zu finden, da sie sich charakteristisch im $\varrho(C)$-Diagramm markieren (Abb. 8.45).

Metallische Leiter spielen über ihre Anwendung als Hochspannungs- und Niederspannungsleitungen, als Transformatoren, Generator- und Motorwicklungen hinaus

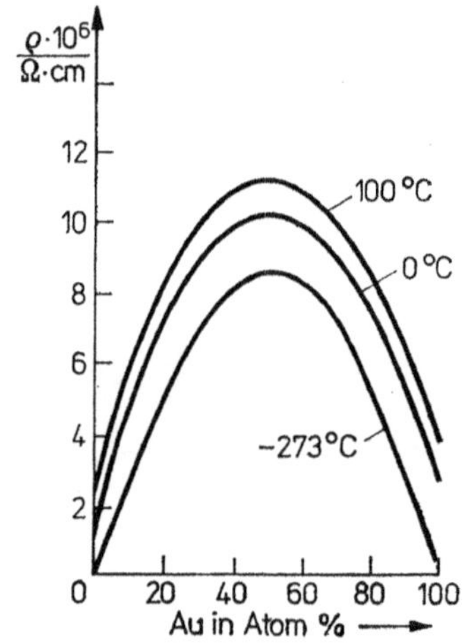

Abb. 8.44
Konzentrationsabhängigkeit des spezifischen Widerstandes der Mischkristalle Ag—Au (nach Schatt; vgl. Abb. 8.22).

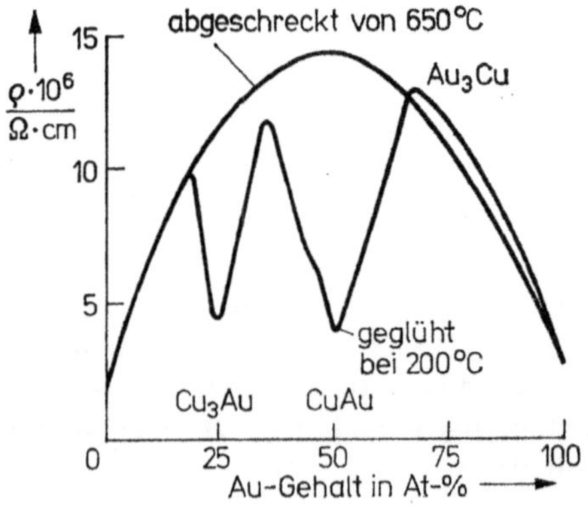

Abb. 8.45
Konzentrationsabhängigkeit des spezifischen Widerstandes binärer Mischkristalle Cu—Au bei Berücksichtigung der Bildung von Überstrukturen Cu_3Au und CuAu (nach Schatt; vgl. Abb. 8.22).

eine große Rolle in den verschiedensten Bereichen. Ohne den Anspruch der Vollständigkeit zu erheben, möchten wir den Leser auf die Anwendung bei ruhenden und schaltenden Kontakten verweisen, wo es auf zuverlässige geringste Kontaktwiderstände an Steckverbindern, bei Wickelkontakten, bei Steckkontakten, bei Halbleiterdots, an Bondstellen der elektronischen Bauelemente und bei Relaiskontakten, Leistungsschaltern u. a. ankommt. Extreme Forderungen werden deshalb an die Korrosionsfestigkeit der Kontaktflächen gestellt. Da ein enormer Bedarf an Edelmetallen einer weltweiten Verknappung dieser und anderer Metalle (wie z. B. Zinn) gegenübersteht, richten sich Forschungsaktivitäten auf die Edelmetalleinsparung und tragfähige Ablösetechniken. Lote und Leiterbahnen müssen die

Funktion elektronischer Einrichtungen zuverlässig garantieren. Dabei sind die spezifischen Probleme zu berücksichtigen, die z. B. bei LSI-Schaltkreisen durch den innigsten Kontakt von hochreinem oder dotiertem Halbleitermaterial und Metall entstehen. Das betrifft vor allem Diffusions-, Legierungs-, Verunreinigungsprobleme, speziell während der Produktion und bei lokaler Erwärmung. Auch die Fertigung von Leiterplatten ist zu einer wesentlichen Aufgabe der Gesamtentwicklung der Elektronik/Elektrotechnik geworden. Der Widerstand von Platin, genauer seine Temperaturabhängigkeit, wird als Normal der internationalen Temperaturskala im Bereich von 90 K bis 904 K verwendet, die von einem geeichten Pt/PtRh-Thermoelement erzeugte Thermospannung fixiert diese Temperaturskala zwischen 904 K und 1336 K. Thermospannungen und Widerstände verschiedenster Metallpaarungen bzw. Metallegierungen dienen als Meßfühler für die Temperatur- und Druckmessung, im letzteren Fall in der Hochdrucktechnik.

Neuerdings gibt es erfolgreiche Bemühungen, metallische Leitfähigkeiten auf völlig neuer oder modifizierter Grundlage zu realisieren. Nach erfolgreichen Bemühungen mit dem KCP-Komplex ($K_2Pt(CN)_4Br_{0,3} \cdot 2{,}3\, H_2O$) spielen heute insbesondere die TCNQ-Komplexe als lineare Leiter und das Polythiazyl $(SN)_x$, eine lineare Polymerstruktur, eine dominierende Rolle in dieser Hinsicht. Zu erwähnen sind auch die sehr interessanten Arbeiten zur metallischen Hochdruckmodifikation des Wasserstoffs.

8.6. Supraleiter

8.6.1. Die typischen Eigenschaften der Supraleiter

1911 entdeckte Kamerlingh-Onnes, daß der spezifische Widerstand von Quecksilber bei 4,2 K, der Sprungtemperatur T_k, innerhalb weniger Hundertstel Kelvin um mindestens 5 Größenordnungen fällt. Er gab dieser Erscheinung den Namen „Supraleitung" in der vollen Erkenntnis, daß es sich hier um einen völlig neuen physikalischen Sachverhalt handelt. Gestützt wurde diese Überlegung dadurch, daß im Gegensatz zum erwarteten Restwiderstand der supraleitende Zustand nicht empfindlich auf Verunreinigungen reagiert. Im Verlauf der Entwicklung wurde zunächst ein umfassendes experimentelles Material angehäuft, ehe erste theoretische Überlegungen folgten. Wesentlich sind dabei die Untersuchungen von Meissner und Ochsenfeld 1933 zum Einfluß des Magnetfeldes auf den supraleitenden Zustand und die Entdeckung von etwa 30 supraleitenden Elementen und mehr als 1000 supraleitenden Legierungen bis hin zum Nb_3Sn (1961). Nachdem es prinzipiell möglich war, Isotope zu trennen, gelang es 1950, den Isotopieeffekt der Supraleitung nachzuweisen. Phänomenologische Theorien wurden 1935 von F. und H. London (London-Theorie) sowie 1950 von Ginzburg und Landau (Ginzburg-Landau-Theorie) erarbeitet. Mikroskopische Theorien wurden zunächst zur Elektronenanziehung im Gitter von Fröhlich und Bardeen 1950 entwickelt, 1956 gab Cooper seine Vorstellungen zur Elektronen-Paarbildung bekannt. Erst 1957, 46 Jahre nach der Entdeckung der Supraleitung, wurde durch Bardeen, Cooper und Schrieffer ihre theoretische Fundierung gegeben (BCS-Theorie). Um die weitere theoretische Untermauerung haben sich vor allem Ginzburg, Landau, Abrikosov und Gorkov (GLAG-Theorie) verdient gemacht.

Supraleitende Elemente und Legierungen

In Tab. 8.9 sind alle bisher bekannten supraleitenden Elemente und einige supraleitende Legierungen aufgeführt. Diese Aufstellung wird ergänzt durch supraleitende Hochdruckmodifikationen und Dünnschichtsupraleiter. Es ist jeweils die höchste gemessene Sprungtemperatur eingetragen. Es besteht bisher theoretisch kein Zwang, daß unbedingt alle Metalle auch supraleitend sein müßten. Halbleitende Elemente

Tabelle 8.9

a) *Sprungtemperaturen von metallischen Elementen unter Normalbedingungen* (nach ROBERTS, B. W., Nat. Bur. Stand. techn. Note 825 (1974))

Metall	Al	Be	Cd	Ga	Hg	In	Ir	
T_k/K	1,175	0,026	0,52	1,0833	4,154	3,405	0,14	
Metall	La	Mo	Nb	OS	Pa	Pb	Re	Ru
T_k/K	4,88	0,916	9,25	0,655	1,4	7,23	1,697	0,493
Metall	Sb	Sn	Ta	Tc	Th	Ti	Tl	
T_k/K	2,7	3,721	4,47	7,78	1,39	0,39	2,39	
Metall	V	W	Zn	Zr				
T_k/K	5,43	0,0154	0,875	0,53				

b) *Sprungtemperaturen metallischer Hochdruckmodifikationen*

Metall	As	As	BaII	BaIII	BiII	BiIII	BiV
p/GPa	> 10,0	> 14,0	> 5,5	> 14,4	> 2,5	> 2,7	> 8,0
T_k/K	0,25	~ 0,5	~ 1,3	~ 5,2	3,9	7,3	8,6
Metall	Ce	CsIV	GaII	Ge	La	P	P
p/GPa	> 5,0	> 12,5	> 3,5	> 12,0	> 14,0	> 10,0	> 17,0
T_k/K	1,7	~ 1,5	6,4	~ 5,4	11,93	4,7	5,8
Metall	PbII	Sb	SeII	Si	SnII	TeII	TeIII
p/GPa	> 16,0	> 10,0	> 13,0	> 12,0	> 11,4	> 5,0	> 7,0
T_k/K	3,6	3,5	6,95	7,1	5,2	3,4	4,3
Metall	Tl	U	Y				
p/GPa	3,5	1,0	> 12,0				
T_k/K	1,95	2,3	~ 2,7				

Tabelle 8.9 (Fortsetzung)

c) *Sprungtemperaturen von metallischen Legierungen*

Legierung	$Al_{1-y}B_yNb_3$	$Al_{0,95}Be_{0,05}Nb_3$	$Al_{0,5}Ga_{0,5}Nb_3$
T_k/K	19,1	19,1	19,0

Legierung	$Al_{0,5}Ga_{0,9}V_3$	$Al_{0,16}Ge_{0,05}Nb_{0,79}$	$Al_{0,85}Ge_{0,15}Nb_{2,85}Ta_{0,15}$
T_k/K	14,9	20,7	20,5

Legierung	$Al_{1-x}In_xNb_3$	$AlNb_3$	$B_3Mo_6S_8Sn$
T_k/K	18,4	18,8	15,0

Legierung	$C_{0,026}N_{0,974}Nb$	$C_{0,25}N_{0,75}Nb_{1-x}Ti_x$	$Ga_{0,32}Nb_{0,68}$
T_k/K	17,3	18,0	20,2

Legierung	$Ga_xNb_3Sn_{1-x}$	GaV_3	$Ge_xNb_3Sn_{1-x}$	In_xNbSn_{1-x}
T_k/K	18,3	14,6	18,1	18,05

Legierung	$N_xNb_yZr_{1-x-y}$	Nb_3Sn	SiV_3	S_2Ta	NbS_2
T_k/K	15,9	18,25	16,9	0,8	6,0

d) *Sprungtemperaturen von Dünnschichten*

Eine hier nachgewiesene Steigerung der Sprungtemperatur (vgl. Tab. 8.9a) erfordert eine technologische Optimierung der Abscheidung und Nachbehandlung.

Metall	Al	Be	Bi	Cd	Ga	In	La
T_k/K	5,7	9,6	6,2	0,91	8,6	4,5	6,7
Metall	Mo	Nb	Pb	Sn	Ta	Ti	Tl
T_k/K	6,7	10,1	7,7	6,0	4,8	1,3	2,6
Metall	V	W	Zn				
T_k/K	6,0	4,1	4,5				

Metall-Isolator-Kombinationen mit Sandwich-Struktur oder bei gemeinsamer Abscheidung (Beispiele)

Metallische Phase	Al	In	S_2Ta
Isolator	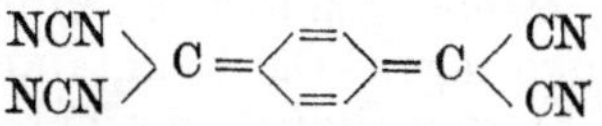 (TCNQ)	Anthrachinon	N,N-dimethylanilin
T_k/K	5,24	4,6	4,3

Metallische Phase	S_2Ta	S_2Ta	NbS_2	NbS_2
Isolator	LiOH	K-Format	Pyridin	Anilin
T_k/K	4,5	4,7	4,0	4,0

sind meist nur als metallische Hochdruckphasen supraleitend (Ge, Si, P, As, Se, Te). Ferromagnetische Materialien können wegen starker innerer magnetischer Felder grundsätzlich nicht supraleitend werden (Fe, Co, Ni). Paramagnetische Verunreinigungen verhindern es wahrscheinlich, daß bisher Sprungtemperaturen $< 0{,}01$ K gefunden werden können. Die Kristallstruktur eines Stoffes beeinflußt zwar die Sprungtemperatur sehr stark, hat aber offensichtlich keine Bedeutung für das Auftreten der Supraleitung überhaupt. Diese Feststellung unterstreicht vor allem das Vorhandensein amorpher Dünnschicht-Supraleiter (s. Tab. 8.9d). Geeignete Abscheidungstechnologien führen bei Supraleiter-Schichten generell zu einem Ansteigen

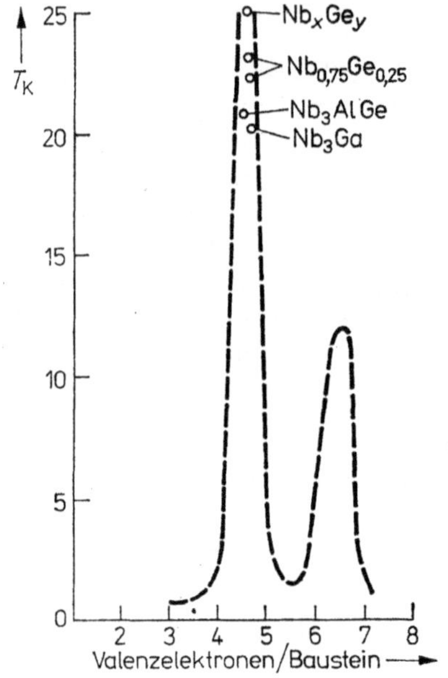

Abb. 8.46
Regel zum Auffinden von Supraleitern hoher Sprungtemperatur der A15-Struktur (nach Matthias, B. T.; in: Roberts, B. W., Nat. Bur. Stand. techn. Note 825 (1974)). Die höchsten Sprungtemperaturen wurden bei metallischen Phasen der allgemeinen Formel A_3B vom Strukturtyp A15 gefunden; jeweils 2 Atome der Komponente A besetzen die Flächen, die B-Atome die Ecken einer kubischen Zelle.

der Sprungtemperatur. Ähnlich kann der Grenzflächeneinfluß Isolator/Supraleiter wirken. Bis 0,01 K wurde keine Supraleitung für Cu, Ag, Au, Pd, Pt, Rh und bis 0,03 K nicht für Li, Na, K, Rb, Mg, Ca, Sr nachgewiesen. Eine empirische Regel für dieses Verhalten wurde von Matthias 1955 angegeben, in die sich auch alle neueren Entdeckungen bis in die Gegenwart einordnen lassen (Abb. 8.46). Entscheidend für das Auftreten von Supraleitern mit hoher Sprungtemperatur (> 1 K) ist danach eine mittlere Valenzelektronenzahl/Gitterbaustein von 4 bis 5 bzw. 6 bis 7. In diesem Diagramm ist die höchste bisher gemessene Sprungtemperatur ($Nb_{0,75}$, $Ge_{0,25}$, gesputterte Schicht, 25 K) eingetragen. Das Diagramm läßt z. Z. eine obere Grenze bei etwa 4,4 bis 4,7 Valenzelektronen/Baustein offen.

Spezifischer Widerstand von Supraleitern
Er kann prinzipiell nur als obere Grenze angegeben werden, da es kein Meßverfahren gestattet, einen Widerstand $\varrho = 0$ wirklich zu messen. Zur Abschätzung eignet sich nur eine Induktionsstrommessung in einem supraleitenden Ring. Ein Induktionsstrom nimmt nach

$$I = I_0 \cdot \exp(-Rt/L) \tag{8,70}$$

ab (L — Selbstinduktion, R — Widerstand). Die Stromstärke des Ringstromes kann an Hand ihrer magnetischen Kraftwirkung gemessen werden. Für dieses Gleichstromexperiment findet man $\varrho \leqq 10^{-23}\ \Omega$ cm.

Isotopieeffekt

Die Abhängigkeit der Sprungtemperatur eines bestimmten Elements von der mittleren Isotopenmasse m (Isotopieeffekt) weist eindeutig auf das Vorhandensein einer Elektron-Phonon-Wechselwirkung beim Zustandekommen der Supraleitung hin. Experimentell wird

$$T_\text{k} \sim m^{-\beta} \tag{8,71}$$

gefunden. Einige β-Werte sind in Tab. 8.10 angegeben. Theoretisch folgt in erster Näherung

$$T_\text{k} = 1{,}13 \frac{\hbar \Omega_\text{D}}{k_\text{B}} \exp\left(-1/D(W_\text{F})\, V^*\right) \tag{8,72}$$

mit der Debye-Frequenz

$$\Omega_\text{D} = m^{-\frac{1}{2}} \tag{8,73}$$

Tabelle 8.10

Isotopenexponent β für einige Supraleiter (nach PARKS u. KITTEL)

Supraleiter	Hg	Sn	Pb	Cd	Tl	Mo	Os	Rn
β	0,50	0,47	0,48	0,5	0,5	0,33	0,2	0,0

Supraleiter	Zn	Zr	Nb_3Sn	Mo_3Ir
β	0,45	0,0	0,08	0,33

($D(W_\text{F})$ — Zustandsdichte bei $W = W_\text{F}$, V^* — Konstante der Elektron-Phonon-Wechselwirkung). Abweichungen von $\beta = \dfrac{1}{2}$ sind mit der BCS-Theorie verträglich. Feinheiten stecken dabei in V^*.

Flußquantisierung

1961 konnte gezeigt werden, daß die von F. LONDON 1950 theoretisch vorausgesagte Quantisierung des magnetischen Flusses wirklich beobachtet wird. Das zu erwartende Flußquant Φ_0 liegt in der Größenordnung $\Phi_0 \approx 10^{-11}$ Vs/m². Experimentell müssen

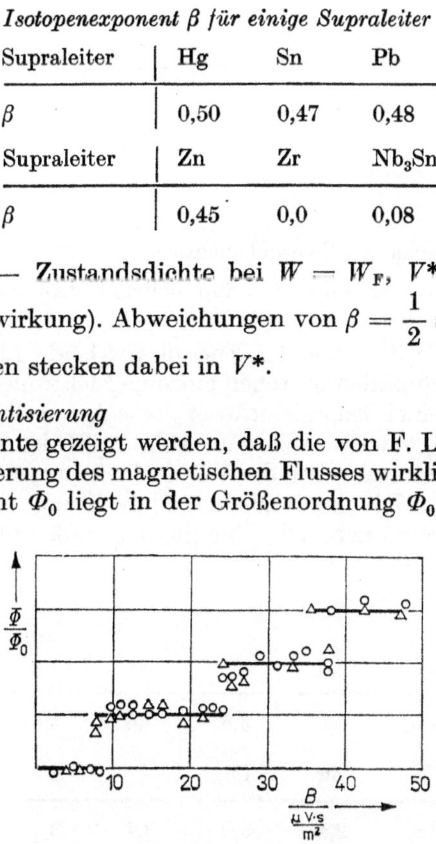

Abb. 8.47
Flußquantisierung (nach DEARER, B. S.; FAIRBANK, W. M., Phys. Rev. Letters 7 (1961) 43).

sehr kleine supraleitende Ringe verwendet werden (Abmessung 10 μm Durchmesser), damit noch über dem Rauschen liegende Magnetfelder verwendet werden können. Geeignet sind z. B. auf Quarzflächen aufgedampfte supraleitende Ringe. In diesen läßt sich ein magnetischer Fluß für sehr lange Zeit einfrieren, wenn der Übergang Normalleiter → Supraleiter in einem Magnetfeld B erfolgt, das eine Komponente parallel zur Ringnormalen besitzt. Die Messung zeigt, daß nur Vielfache von Φ_0 eingefroren werden (s. Abb. 8.47). Das Meßergebnis beweist den Quantencharakter des surpaleitenden Zustandes. Φ_0 hat die Größe $h/2e$. Die 2 im Nenner bedeutet, daß für diesen Vorgang Elektronenpaare verantwortlich sind.

Energielücke

Läßt man Elektronen von Normalleiter (NL) zu Normalleiter durch eine dünne Isolatorschicht ($\leq$ 10 nm) tunneln, wird eine Ohmsche Kennlinie beobachtet (Abb. 8.48a). Wird eine Anordnung Normalleiter-Isolator-Supraleiter (SL) untersucht (sogen. Einelektronentunnelung), tritt eine Kennlinie der Form 8.48b auf.

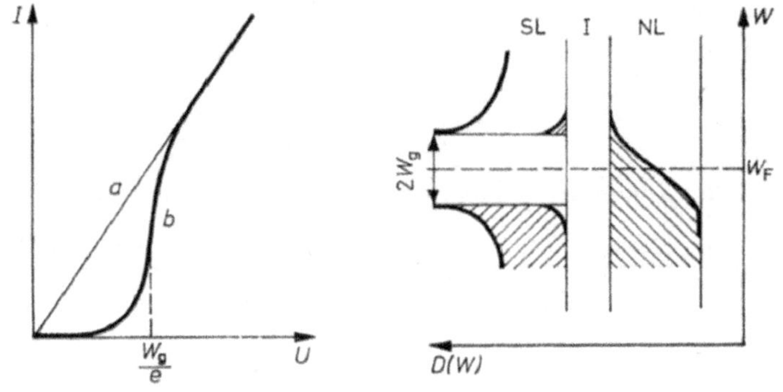

Abb. 8.48

Tunnelkennlinien und Energieschema mit Zustandsdichte

a) NL-I-NL, b) SL-I-SL (NL: Normalleiter, SL: Supraleiter, I: Isolator).

In Abb. 8.48 ist die Zustandsdichte $D(W)$ über der Energie für beide Elektroden für den Fall $T > 0$ K aufgetragen. Im Supraleiter stehen einzelne Elektronen für den Tunnelprozeß nur nach Überwinden einer Energielücke $W_g = eU_g$ zur Verfügung. Bei $T = 0$ K wäre der Anstieg bei U_g extrem steil. Für Abb. 8.48b ist $T > 0$ K, d. h., einige Elektronen sind schon thermisch über die Energielücke angehoben. Es fließt ein kleiner Strom bei $U < U_g$. Die Zustandsdichtedarstellung verwendet das Bild der Niveaubesetzung mit Fermionen. Die Energie W_g muß aufgebracht

Tabelle 8.11
Energielücken in Supraleitern

Metall	Sn	In	Ta	Tl	Nb	Hg	Pb
$2W_g(k_BT_k)$	3,5	3,5	3,5	3,5	3,6	4,6	4,3
Metall	Al	Ga	Zn	Cd	V	Rn	
$2W_g(k_BT_k)$	3,3	3,3	2,4	3,2	3,4	3,1	

werden, um den supraleitenden Quantenzustand der Paarteilchen aufzubrechen. In Tab. 8.11 sind einige Werte der Energielücke von Supraleitern gegeben. Der von der BCS-Theorie geforderte Wert

$$2W_{g0} = 3{,}5k_BT_k$$

wird bei vielen Metallen experimentell bestätigt.

Meissner-Ochsenfeld-Effekt

Bei der Abkühlung eines kompakten Normalleiters wird beim Übergang NL → SL ein vorhandenes magnetisches Feld aus dem Festkörper herausgedrängt. Diese Aussage ist richtig bis auf eine dünne Randschicht, deren Dicke durch die Eindringtiefe λ

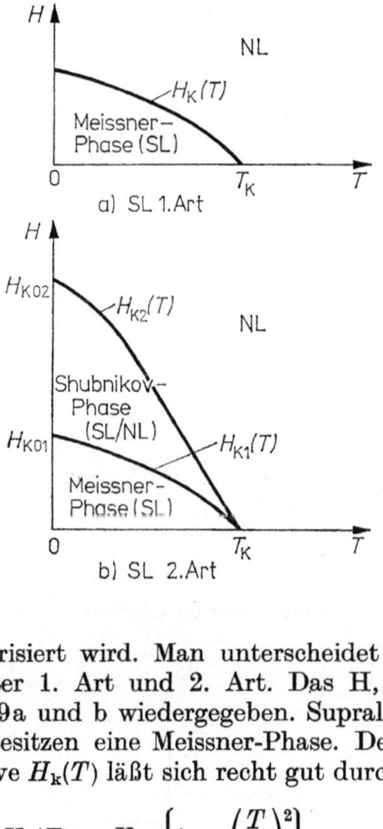

Abb. 8.49
H, T-Zustandsdiagramm von Supraleitern (SL)
a) SL 1. Art
b) SL 2. Art.

charakterisiert wird. Man unterscheidet auf Grund des Verhaltens im Magnetfeld Supraleiter 1. Art und 2. Art. Das H, T-Zustandsdiagramm beider Arten ist in Abb. 8.49a und b wiedergegeben. Supraleiter 1. Art (alle reinen Metalle außer Nb, V, Tc) besitzen eine Meissner-Phase. Der Übergang SL ⇋ NL erfolgt bei $H_k(T)$. Die Kurve $H_k(T)$ läßt sich recht gut durch

$$H_k(T) = H_{k0}\left\{1 - \left(\frac{T}{T_k}\right)^2\right\} \tag{8,74}$$

annähern. Es reichen kleine kritische Magnetfelder H_k aus, um den Übergang SL → NL zu bewirken (s. Tab. 8.12a). Der supraleitende Zustand durchsetzt den Festkörper räumlich homogen.

Supraleiter 2. Art können bei niedrigen Magnetfeldern $H < H_{k1}(T)$ eine Meissner-Phase besitzen. Charakteristisch für diesen Typ ist aber, daß zwischen $H_{k1}(T)$ und $H_{k2}(T)$ eine sogenannte Shubnikov-Phase gemischter Normal- und Supraleitung vorhanden ist. In diesem Bereich der äußeren magnetischen Feldstärke wird der Supraleiter von Flußschläuchen durchsetzt (s. Abb. 8.50a). Der experimentelle Nachweis gelingt durch Dekorieren der Oberflächen mit Eisenkolloidteilchen, die von den Flußschläuchen durchsetzt werden. Für den einzelnen Flußschlauch, der in seinem Kern normalleitend ist (s. Abb. 8.50b) findet man experimentell $\Phi = \Phi_0$. Die Flußschläuche bilden auf Grund von Abstoßungs- und Anziehungskräften ein regelmäßiges Flußquantengitter mit dichtester Packung. Größere räumliche Bereiche können in der Meissner-Phase verbleiben (Abb. 8.50c).

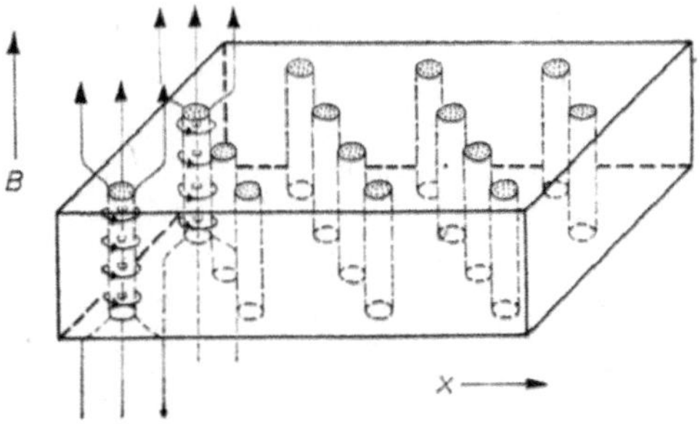

Abb. 8.50a
Flußschläuche durchsetzen einen SL 2. Art im Zustand der Shubnikov-Phase.

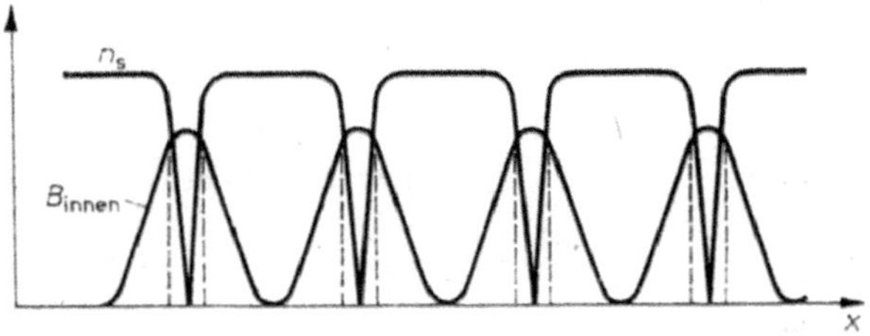

Abb. 8.50b
Magnetische Induktion im SL 2. Art und Konzentration gepaarter Elektronen.

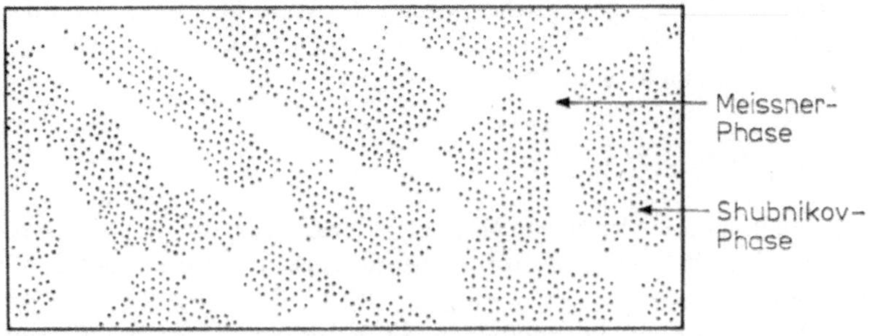

Abb. 8.50c
Statistische Verteilung von Meissner- und Shubnikov-Phase in Supraleitern 2. Art.

Tabelle 8.12

a) *Kritische Feldstärken für Supraleiter 1. Art*

Metall	Al	Cd	Ga	Hg	In	Ir	Mo	Os	Pb
$H_{k0}/\mathrm{kA \cdot m^{-1}}$	8,30	2,36	4,74	3,28	2,26	0,15	0,78	0,52	6,41
Metall	Re	Ru	Sn	Ta	Ti	Tl	W	Zn	Zr
$H_{k0}/\mathrm{kA \cdot m^{-1}}$	1,68	0,53	2,44	6,64	7,96	1,44	0,091	0,44	0,38

b) *Kritische Feldstärken für Supraleiter 2. Art* (nach ROBERTS, vgl. Tab. 8.9)

Metall	Nb	V	$AlNb_3$	$Ga_{0,245}Nb_{0,755}$	NNb	Nb_3Sn	$Al_{0,75}Ge_{0,25}Nb_3$
$H_{k01}/\mathrm{kA \cdot m^{-1}}$	14,8	11,2	—	—	—	—	—
$H_{k02}/\mathrm{kA \cdot m^{-1}}$	31,2	21,4	264	272	~200	207	335

Kritische Ströme in Supraleitern

Bei hohen Driftgeschwindigkeiten v_D wird der Paarzustand von Elektronen im Festkörper aufgebrochen. Dabei ist es gleichgültig, ob eine Erhöhung von v_D durch das Fließen von Ringströmen bei der Abschirmung eines äußeren Magnetfeldes (Meissner-Phase!) oder durch einen Stromfluß längs des Supraleiters zustandekommt. Bei Supraleitern 1. Art kann folgende einfache Beziehung für die kritische Induktion B_k angegeben werden:

$$B_k = 2B_{a\perp} + B_I \tag{8,75}$$

($B_{a\perp}$ — Außenfeld $\perp \boldsymbol{I}$, B_I — magnetische Induktion durch Strom I hervorgerufen). Der Faktor 2 (Maximalwert) entsteht durch den Entmagnetisierungsvorgang der Meissner-Phase. Aus (8,75) wird bei einem zylindrischen Draht der kritische Strom:

$$I_k = 2\pi r\left(H_k(T) - 2H_{a\perp}\right) \tag{8,76}$$

(r — Drahtradius).

Da Ströme in Supraleitern nur in einer dünnen Randzone fließen können (Dicke = Eindringtiefe des Magnetfeldes $\lambda(T)$), gilt für die Stromdichte

$$j_k \approx \frac{I_k}{2\pi r\lambda}. \tag{8,77}$$

Die erreichbaren kritischen Ströme von idealen Supraleitern 2. Art werden durch das Auftreten eines elektrischen Widerstandes relativ klein. Der elektrische Widerstand in Supraleitern 2. Art hat zwei Ursachen, die darauf zurückzuführen sind, daß auf die Flußschläuche der Shubnikov-Phase die Lorentz-Kraft $\perp \boldsymbol{I}$ und $\perp$ zur Flußschlauchachse einwirkt und diese in Richtung der Kraftwirkung wandern. Erstens bringt nun die Bewegung von Flußschläuchen ein örtlich veränderliches Magnetfeld mit sich. Dieses erzeugt ein elektrisches Wechselfeld, in welchem die gepaarten Elektronen beschleunigt werden. Ihre überschüssige Energie geben sie an das Gitter ab. Zweitens findet der durch die Bewegung der Flußschläuche hervorgerufene Übergang NL → SL → NL → usw. in bestimmten räumlichen Gebieten unter Nichtgleichgewichtsbedingungen statt, was zusätzlich zu Wärmeentwicklung führt.

Trotz hoher kritischer Feldstärken H_{k2} bleibt I_k deshalb klein. Gleichung (8,75) gilt nur bis H_{k1}. Die Beweglichkeit der Flußschläuche kann aber durch Gitterdefekte stark eingeschränkt werden (Supraleiter 3. Art). Das erfolgt praktisch durch Abscheidung amorpher Schichten, durch Abschrecken, Kaltverformung usw. Bei geeigneter Herstellungstechnologie entstehen Haftzentren mit Haftkräften, die die Lorentz-Kraft übersteigen. Dann ist H_{k2} voll ausnutzbar und $\varrho_{SL} \approx 0$. Supraleiter 3. Art sind für die praktische Anwendung in Magnetspulen und für den Energietransport von großer Bedeutung.

8.6.2. Theoretische Überlegungen zur Supraleitung

London-Theorie

Diese Theorie geht davon aus, daß die Ringströme, die das Eindringen eines Magnetfeldes in eine Meissner-Phase verhindern, in einer Randschicht des Supraleiters endlicher Dicke fließen müssen. Es wird weiter vorausgesetzt, daß $\boldsymbol{E}$ im Innern der Meissner-Phase auf Grund von $\varrho = 0$ verschwinden muß.

Es gilt dann, da keine Reibungsverluste bei Gleichstrombelastung auftreten, für den idealen Leiter ($\varrho = 0$ unabhängig von B):

$$\boldsymbol{j} = nq\boldsymbol{v} \tag{8,78}$$

und

$$m\dot{\boldsymbol{v}} = q\boldsymbol{E} \tag{8,79}$$

(m — Masse, q — Ladung, n — Konzentration der Ladungsträger). Somit wird:

$$\frac{\partial}{\partial t}\left(\frac{m}{nq^2}\boldsymbol{j}\right) = \boldsymbol{E}. \quad \text{(1. London-Gleichung)} \tag{8.80}$$

Gleichung (8,80) würde bedeuten, daß in einem Idealleiter unendlich hohe Ströme bei Anlegen eines elektrischen Feldes fließen können, die zeitlich linear zunehmen. Diese Gleichung muß für einen Supraleiter in der Meissner-Phase durch das Londonsche Postulat für die Suprastromdichte $\boldsymbol{j}_{SL}$

$$\boldsymbol{j}_{SL} = -\frac{nq^2}{m}\boldsymbol{A} \tag{8,81}$$

($\boldsymbol{A}$ — Vektorpotential)

ergänzt werden. Eine Begründung von (8,81) kann phänomenologisch nicht gegeben werden. Spätere Untersuchungen weisen aus, daß (8,81) durch die Eigenschaft der Wellenfunktion der Ladungsträger der Supraleitung erklärt werden kann, da diese kaum magnetfeldabhängig ist. Gleichung (8,81) wird ergänzt durch 2 Forderungen

$$\frac{\partial}{\partial \boldsymbol{r}}\boldsymbol{j}_{SL} = 0 \triangleq \frac{\partial}{\partial \boldsymbol{r}}\boldsymbol{A} = 0 \tag{8,82}$$

(Gültigkeit der Kontinuitätsgleichung in Supraleitern) und

$$\boldsymbol{j}_{SL\perp} = 0 \triangleq \boldsymbol{A}_{\perp} = 0 \tag{8,83}$$

(senkrecht zur Oberfläche soll kein Strom fließen).

Bekanntlich ist das Vektorpotential $\boldsymbol{A}$ mit der magnetischen Induktion wie

$$\boldsymbol{B} = \frac{\partial}{\partial \boldsymbol{r}} \times \boldsymbol{A} \tag{8,84}$$

verknüpft. Also ergibt sich mit (8,81) und (8,84)

$$\frac{\partial}{\partial \boldsymbol{r}} \times \boldsymbol{j}_{\mathrm{SL}} = -\frac{nq^2}{m} \boldsymbol{B} \quad \text{(2. London-Gleichung)}.$$

Unter Benutzung der Maxwellschen Gleichung

$$\frac{1}{\mu_0}\left(\frac{\partial}{\partial \boldsymbol{r}} \times \boldsymbol{B}\right) = \boldsymbol{j} + \dot{\boldsymbol{D}}, \qquad \dot{\boldsymbol{D}} = 0, \qquad \frac{\partial}{\partial \boldsymbol{r}} \boldsymbol{B} = 0 \tag{8,85}$$

folgt

$$\frac{\partial}{\partial \boldsymbol{r}} \times \frac{\partial}{\partial \boldsymbol{r}} \times \boldsymbol{B} = -\frac{nq^2\mu_0}{m} \boldsymbol{B} \tag{8,86}$$

und schließlich

$$\Delta \boldsymbol{B} = \frac{1}{\lambda^2} \boldsymbol{B} \mathrel{\hat{=}} \Delta \boldsymbol{j}_{\mathrm{SL}} = \frac{1}{\lambda^2} \boldsymbol{j}_{\mathrm{SL}}. \tag{8,87}$$

Für $\boldsymbol{B}$ = konstant gibt es nur die Lösung $\boldsymbol{B} = 0$ (Meissner-Ochsenfeld-Effekt) oder anders ausgedrückt, ein Supraleiter ist ein vollkommener Diamagnet. In einer Randzone der Meißnerphase lautet die Lösung mit $\boldsymbol{B} = \boldsymbol{B}_z$, $T = 0$ K ($z = 0$ an der Oberfläche):

$$\boldsymbol{B}_z = \boldsymbol{B}_{z0} \cdot \mathrm{e}^{-\frac{z}{\lambda_0}} \mathrel{\hat{=}} \boldsymbol{j}_{\mathrm{SL}_z} = \boldsymbol{j}_{\mathrm{SL}_{z0}} \mathrm{e}^{-\frac{z}{\lambda_0}}. \tag{8,88}$$

Die Londonsche Eindringtiefe λ_0 wird

$$\lambda_0 = \left(\frac{m}{\mu_0 n q^2}\right)^{1/2}. \tag{8,89}$$

Sie stimmt trotz einiger Näherungsvoraussetzungen recht gut mit den Meßwerten überein. Ihre Temperaturabhängigkeit kann aus experimentellen Untersuchungen folgend durch

$$\lambda = \lambda_0 \left\{1 - \left(\frac{T}{T_{\mathrm{k}}}\right)^4\right\}^{-\frac{1}{2}} \tag{8,90}$$

beschrieben werden (geringste Eindringtiefe bei $T = 0$ K).

Cooper-Paare

Fröhlich und Bardeen zeigten unabhängig voneinander, daß im Metallgitter Elektronen neben der Coulomb-Abstoßung auch eine Anziehungskraft erfahren. Diese Anziehungskraft kommt durch die Polarisation des Gitters zustande. Andere Elektronen können durch diese polarisierten Stellen im Gitter angezogen werden, wenn sie sich in einem räumlichen Bereich bis 1 µm Abstand befinden. Eine wirkliche länger währende Paarbildung kommt nur bei Elektronen mit symmetrischer Lage im $\boldsymbol{k}$-Raum zustande. Es gilt für jedes Paar

$$\boldsymbol{k}_{\mathrm{ges}} = 0, \qquad \boldsymbol{k}_1 = -\boldsymbol{k}_2. \tag{8,91}$$

Im Teilchenbild läßt sich die Anziehungskraft beschreiben durch den Austausch eines virtuellen Phonons zwischen den Elektronen, die das Cooper-Paar bilden. Die Bezeichnung virtuell wird hier gewählt, weil dieses Phonon nicht ins Gitter abgegeben werden kann. Cooper-Paare gehorchen der Bose-Einstein-Statistik, da sie einen Gesamtspin = 0 besitzen. Bosonen haben die Tendenz, einen einzigen Zustand zu besetzen, es entsteht praktisch ein makroskopischer Quantenzustand. Da die Elektron-Phonon-Wechselwirkung maximal von der Größenordnung 10 meV ist, wird nur eine dünne Schale des Fermi-Körpers in die Wechselwirkung einbezogen. Das heißt, nur etwa der 10^{-4}te Teil der im Normalleiter vorhandenen Elektronen bildet Cooper-Paare ($n_{SL} \approx 10^{-4}\, n_{NL}$). Die Gesamtheit der Cooper-Paare kann durch eine Wellenfunktion ψ_{SL} mit einheitlicher Phase beschrieben werden. Es gilt:

$$n_{SL} \sim |\psi|^2_{SL}. \tag{8,92}$$

Ginzburg-Landau-Theorie

GINZBURG und LANDAU konnten die Beschränkung der London-Theorie auf die homogene Meissner-Phase aufheben. Da es sich beim Übergang NL $\rightleftharpoons$ SL um einen Phasenübergang 2. Ordnung handelt, wurde von ihnen ein Ordnungsparameter $\psi(r)$ eingeführt, der bei T_k Null ist und bis $T = 0$ K stetig anwächst. Das Gibbssche Potential läßt sich in der Umgebung von T_k, $T < T_k$ darstellen als

$$G_{SL} = \int \left\{ g_{NL} - \frac{\mu_0 H_k^2}{n_{SL}} |\psi|^2 + \frac{\mu_0}{2} \frac{H_k^2}{n_{SL}^2} |\psi|^4 + \frac{\mu_0}{2} |H_a - H_i|^2 \right.$$
$$\left. + \frac{1}{4m_0} \left| \left(-\mathrm{i}\hbar \frac{\partial}{\partial \boldsymbol{r}} + 2e\boldsymbol{A} \right) \psi \right|^2 \right\} \mathrm{d}^3\boldsymbol{r} \tag{8.93}$$

(g_{NL} — Gibbs-Funktion der normalleitenden Phase, H_a — äußeres Magnetfeld, H_i — Magnetfeld im Supraleiter). Das Integral ist über das Volumen des Supraleiters zu erstrecken. Die Terme 2 und 3 folgen aus einer Reihenentwicklung. Der 4. Term berücksichtigt die Energie, die notwendig ist, das im Bereich der Normalleitung vorhandene Feld H_a auf H_i im supraleitenden Zustand zu ändern. Der 5. Term enthält Inhomogenitäten von ψ und H_i und damit alle Grenzflächenenergien zwischen supraleitender und normalleitender Phase sowie an der Oberfläche des Supraleiters. Die Minimalbedingung für G_{SL} im Gleichgewicht liefert über eine Variation von ψ und A die Ginzburg-Landau-Gleichungen:

$$\frac{1}{4m_0} \left| -\mathrm{i}\hbar \frac{\partial}{\partial \boldsymbol{r}} + 2eA \right|^2 \psi - \frac{\mu_0 H_k^2}{n_{SL}} \psi + \frac{\mu_0 H_k^2}{n_{SL}^2} |\psi|^2 \psi = 0 \tag{8,94}$$

und

$$\boldsymbol{j}_{SL} = -\frac{\mathrm{i}e\hbar}{2m_0} \int \left\{ \psi^* \frac{\partial}{\partial \boldsymbol{r}} \psi - \psi \frac{\partial}{\partial \boldsymbol{r}} \psi^* \right\} \mathrm{d}^3\boldsymbol{r} - \frac{2e^2}{m_0} |\psi|^2 \boldsymbol{A}. \tag{8,95}$$

Die Randbedingungen (8,82) und (8,83) sind auch hier zu berücksichtigen.

Der Ginzburg-Landau-Ordnungsparameter kann als

$$\psi(\boldsymbol{r}) = (n_{SL})^{\frac{1}{2}}\, e^{\mathrm{i}\chi(\boldsymbol{r})} \tag{8,96}$$

geschrieben werden. $\chi(\boldsymbol{r})$ ist eine Phasenfunktion, die über

$$2m_0 \boldsymbol{v}_{SL}(\boldsymbol{r}) = \hbar \frac{\partial}{\partial \boldsymbol{r}} \chi(\boldsymbol{r}) - 2e\boldsymbol{A}(\boldsymbol{r}) \tag{8,97}$$

die Geschwindigkeit der Cooper-Paare bestimmt. Ohne die Ortsabhängigkeit von $\chi(\boldsymbol{r})$ würde es gar keinen Suprastrom geben. Die schon beschriebene Flußquantisierung folgt nun aus

$$\Phi = \oint \boldsymbol{A}(\boldsymbol{r})\,\mathrm{d}\boldsymbol{r} = \frac{\hbar}{2e} \oint \frac{\partial}{\partial \boldsymbol{r}}\,\chi(\boldsymbol{r})\,\mathrm{d}\boldsymbol{r} = n \cdot 2\pi\hbar/2e = n\Phi_0 \tag{8,98}$$

(n — ganze Zahl, $\Phi_0 = 2{,}07 \cdot 10^{-15}$ Vs).

Der Integrationsweg muß um ein eingeschlossenes Vektorpotential herum ganz in der Meissner-Phase verlaufen. Dann beschreibt (8,98), da $\boldsymbol{v}_{\mathrm{SL}}(\boldsymbol{r})$ entlang des Weges verschwindet, die Flußquantisierung eines innerhalb eines supraleitenden Ringes oder eines Flußschlauches eingeschlossenen Flusses.

BCS-Theorie

Ausgangspunkt dieser von Bardeen, Cooper und Schrieffer gegebenen mikroskopischen Theorie ist das Vorhandensein von Cooper-Paaren. Diese Quasiteilchen haben, ohne daß ein Suprastrom fließt, den Schwerpunktimpuls Null bzw. bei Vor-

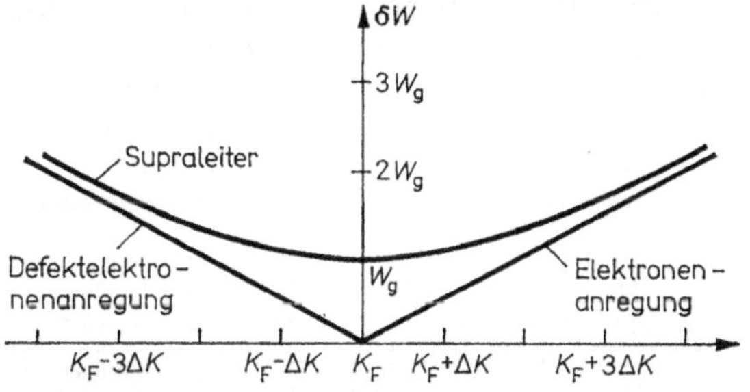

Abb. 8.51

Anregungsenergie in der Umgebung der Fermi-Fläche für Normal- und Supraleiter ($\Delta k = W_g/W_F$). — (Auf der Abszisse *lies* k *statt* K).

liegen eines Suprastromes den einheitlichen Schwerpunktimpuls > 0. Nach der Heisenbergschen Unschärferelation ist ihre räumliche Lage im Supraleiter völlig unbestimmt oder anders ausgedrückt, ihre Wellenfunktion ist über den gesamten Supraleiter ausgedehnt. Das gleichzeitige Wirken der Bose-Einstein-Statistik der Cooper-Paare und der Fermi-Statistik der Elektronen, die diese Cooper-Paare bilden, führt dazu, daß Cooper-Paare aus Elektronen entstehen, die der Beziehung

$$|\boldsymbol{k}| \approx |\boldsymbol{k}_{\mathrm{F}}| \tag{8,99}$$

folgen. Damit folgt für Cooper-Paare auch eine einheitliche kinetische Energie

$$W_{\mathrm{k,CP}} \approx 2W_{\mathrm{F}}. \tag{8,100}$$

Die durch Tunneleffekt beobachtbare Energielücke W_g ist einfach die Bindungsenergie der Cooper-Paare. Der Unterschied zwischen einem Normalleiter und einem Supraleiter wird durch Betrachtung der Anregungsenergie besonders deutlich (s. Abb. 8.51). Bei einem Normalleiter beträgt der Energieunterschied zwischen Grundzustand (vereinfacht hier $T = 0$ K) und angeregtem Zustand $\boldsymbol{k}$

$$\delta W_{\mathrm{NL}} = \frac{\hbar^2}{2m_0} |k^2 - k_{\mathrm{F}}^2|$$

(Elektronenanregung: $|\boldsymbol{k}| > k_{\mathrm{F}}$, Defektelektronenanregung: $|\boldsymbol{k}| < k_{\mathrm{F}}$),

während für einen Supraleiter gilt:

$$\delta W_{\mathrm{SL}} = \left(W_{\mathrm{go}}^2 + \frac{\hbar^4}{4m_0} (k^2 - k_{\mathrm{F}}^2)^2\right)^{1/2}$$

Es ist besonders anzumerken, daß W_{ges} des supraleitenden Grundzustandes tiefer als der Grundzustand des Normalleiters liegt und daß inzwischen auch Supraleiter ohne Energielücke bekannt sind. Für die Temperaturabhängigkeit der Energielücke W_{g} liefert die BCS-Theorie:

$$W_{\mathrm{g}}(T) = W_{\mathrm{g0}} f(T/T_{\mathrm{c}}) = 3{,}06 \cdot k_{\mathrm{B}} T_{\mathrm{c}} (1 - T/T_{\mathrm{k}})^{1/2}. \tag{8,101}$$

Beziehung (8,101) gilt nur für $T \approx T_{\mathrm{k}}$.

Da die virtuellen Phononen ein Spektrum analog zu den Gitterphononen besetzen, erscheint in der BCS-Theorie zwanglos die Debye-Frequenz Ω_{D}, was zu (8,72) führt. Die 2. London-Gleichung folgt aus dem Grundzustand der BCS-Theorie für Magnetfelder, die sich räumlich nur wenig ändern. Damit werden sowohl der Isotopieeffekt als auch der Meissner-Ochsenfeld-Effekt mikroskopisch begründet.

GLAG-Theorie

Während die BCS-Theorie alle Erscheinungen in Supraleitern 1. Art befriedigend begründet, gelang das für die Supraleiter 2. Art erst durch Weiterentwicklung der Ginzburg-Landau-Theorie. Abrikosov wandte die Ginzburg-Landau-Theorie auf die Shubnikov-Phase an, und Gorkov zeigte die Übereinstimmung des Ginzburg-Landau-Ordnungsparameters mit der Gesamtwellenfunktion der Cooper-Paare. Außerdem gelang es ihm, die Ginzburg-Landau-Gleichungen direkt aus der BCS-Theorie abzuleiten. Die GLAG-Theorie macht die Aussage

$$\lambda/\xi \begin{array}{ll} < 1 & \text{für SL 1. Art} \\ > 1 & \text{für SL 2. Art.} \end{array} \tag{8,102}$$

Während die Eindringtiefe λ den exponentiellen Abfall eines äußeren Magnetfeldes im Supraleiter beschreibt, ist die Kohärenzlänge ξ effektiv die „Größe" eines Cooper-Paares, d. h. der Abstand, über den es zu Phasenbeziehungen zwischen den gepaarten Elektronen kommt.

Der Ginzburg-Landau-Ordnungsparameter ψ und mit ihm die Konzentration der Cooper-Paare kann sich nur über den gesamten Bereich einer Kohärenzlänge wesentlich ändern. Für reine Metalle gilt (8,89) und

$$\xi_0 = \frac{2\hbar v_{\mathrm{F}}}{\pi W_{\mathrm{g}}}. \tag{8,103}$$

In stark verunreinigten Metallen ist die Kohärenzlänge gleich der mittleren freien Weglänge der Elektronen:

$$\xi = \bar{l}\,. \tag{8,104}$$

Für den Zwischenbereich folgt mit $\lambda(T)$ nach (8,90):

$$\lambda \approx \lambda(T) \cdot (\xi_0/\bar{l})^{1/2} \tag{8,105}$$

und

$$\xi \approx \xi_0\{T_c/(T_c - T)\}^{1/2} \cdot (\bar{l}/\xi_0)^{1/2}. \tag{8,106}$$

Für die Oberflächenenergie der Grenzfläche zwischen einer Meißner-Phase und einer normalleitenden Phase erhält man grob genähert

$$\begin{aligned} \sigma_{\mathrm{SL/NL}} &\sim \xi B_{\mathrm{k}}^2 \quad \text{für SL 1. Art,} \\ \sigma_{\mathrm{SL/NL}} &\sim -\lambda B_{\mathrm{k}}^2 \quad \text{für SL 2. Art.} \end{aligned} \tag{8,107}$$

Dieses Verhalten schlägt entsprechend (8,102) um. Damit wird verständlich, daß eine Shubnikov-Phase möglichst viel innere Grenzflächen bildet, da so ein niedrigster Energiezustand erreicht wird. Die Shubnikov-Phase ist von Flußschläuchen durchzogen, die ein einzelnes Flußquant umschließen, einen zylindrischen normalleitenden Kern besitzen und von einem Mantel der Dicke $(\lambda - \xi)$ umgeben sind, in dem abschirmende Supraströme fließen. Bis H_{k2} bleibt das dazwischenliegende Material auf Grund der Abstoßung der Flußschläuche makroskopisch supraleitend. Die Supraleitung verschwindet erst bei Überlappung der normalleitenden Bereiche. Gute Supraleiter 2. Art mit hohem H_{k2} besitzen ξ-Werte in der Nähe des Bausteinabstandes. Theoretisch ist eine kritische Induktion $B_{\mathrm{k2}} = 100$ T erreichbar. Oberflächensupraströme in einer Grenzschicht der Dicke ξ können laut GLAG-Theorie noch bis $H_{\mathrm{k3}} = 1{,}7 H_{\mathrm{k2}}$ auftreten. Supraleiter 3. Art lassen sich durch die GLAG-Theorie nicht vollständig verstehen.

8.6.3. Josephson-Effekte

1962 sagte B. D. Josephson wichtige Besonderheiten des Schichtsystems SL — Isolator — SL theoretisch voraus. Diese Voraussagen wurden 1963 in allen Erscheinungsformen glänzend bestätigt. In den letzten Jahren wurde durch die Erforschung der Josephson-Effekte ein tieferes Verständnis makroskopischer Quantensysteme erreicht.

Das Wesen der Josephson-Effekte
Dieses besteht darin, daß bei schwach gekoppelten Supraleitern eine Tunnelung von Cooper-Paaren durch die Kopplungsstelle (Einschnürung, sehr dünne Isolierschicht < 2 nm) möglich wird. Anders ausgedrückt, die Gesamtwellenfunktionen der Supraleiter 1 und 2 (ψ_1 und ψ_2) überlappen sich im Bereich der Kopplungsstelle.

Gleichstrom-Josephson-Effekt
Die Gesamtheit der Cooper-Paare eines Supraleiters wird durch die Wellenfunktion (8,96)

$$\psi(\boldsymbol{r}, t) = n_{\mathrm{SL}}{}^{1/2}(\boldsymbol{r}, t) \exp[\mathrm{i}\chi(\boldsymbol{r}, t)]$$

beschrieben. Da $\chi(\boldsymbol{r}, t)$ die Phase aller Paare ist, beschreibt sie einen makroskopischen Zustand und ist konsequenterweise eine physikalische Observable. Zwei völlig isolierte Supraleiter besitzen Phasenlagen, die sich relativ zueinander völlig willkürlich einstellen können. Die Festlegung der Phasenlage erfolgt für den einzelnen Supraleiter beim Einfriervorgang NL $\to$ SL, also in der Umgebung von $T = T_{\mathrm{k}}$. Bei schwach gekoppelten Supraleitern — Abb. 8.52 zeigt einige Ausführungsformen — übersteigt die Kopplungsenergie die thermischen Schwankungen. Zwischen SL 1 und SL 2 stellt sich eine definierte Phasendifferenz $\Delta\chi$ ein.

In vereinfachter Form gilt für den Übergang:

$$\begin{aligned} \text{SL 1:} \quad & i\hbar\, \partial\psi_1/\partial t = \mu_1\psi_1 + W_T\psi_2, \\ \text{SL 2:} \quad & i\hbar\, \partial\psi_2/\partial t = \mu_2\psi_2 + W_T\psi_1 \end{aligned} \tag{8,108}$$

(μ_1, μ_2 — chemische Potentiale der Cooper-Paare, W_T — Transferwechselwirkungsenergie, berücksichtigt die schwache energetische Kopplung der Wellenfunktionen oder den Austausch der Cooper-Paare).

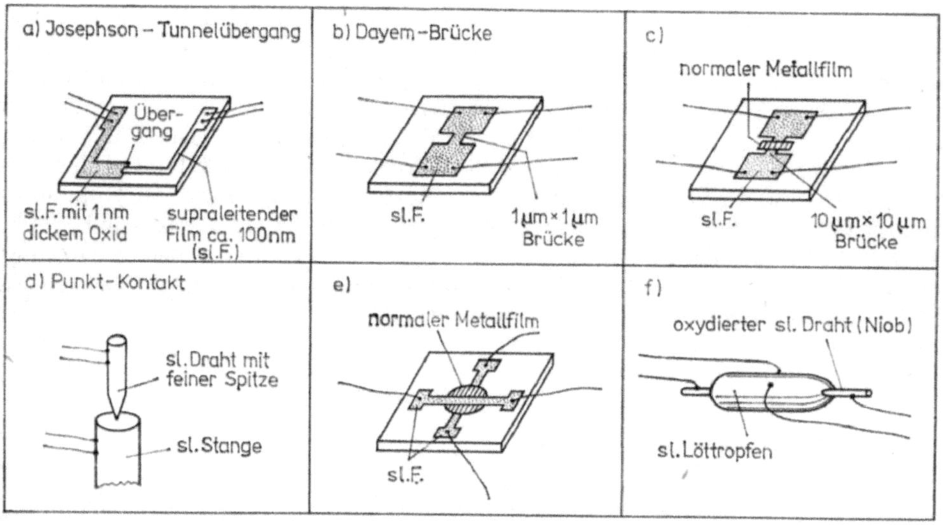

Abb. 8.52
Gebräuchliche Typen von Josephson-Übergängen (nach LANGENBERG).

Mit (8,96) folgt aus (8,108):

$$\frac{1}{2}\, n_{SL1}^{-1/2} \frac{\partial n_{SL1}}{\partial t} e^{i\chi_1} + i n_{SL1}^{1/2} e^{i\chi_1} \frac{\partial \chi_1}{\partial t} = -\frac{i}{\hbar} \left(\mu_1 n_{SL1}^{1/2} e^{i\chi_1} + W_T n_{SL2}^{1/2} e^{i\chi_2}\right) \tag{8,109}$$

und eine für SL 2 analoge Gleichung (8,109a) unter Vertauschung der Indizes 1 und 2.

Die Trennung von Real- und Imaginärteil liefert:

$$\begin{aligned} \frac{\partial n_{SL1}}{\partial t} &= \frac{2W_T}{\hbar} (n_{SL1} \cdot n_{SL2})^{\frac{1}{2}} \sin(\chi_2 - \chi_1) \\ \frac{\partial \chi_1}{\partial t} &= -\frac{1}{\hbar} \left[\mu_1 + W_T \left(\frac{n_{SL1}}{n_{SL2}}\right)^{\frac{1}{2}}\right] \cos(\chi_2 - \chi_1). \end{aligned} \tag{8,110}$$

Eine einfache Lösung ergibt sich für gleiche Supraleiter SL 1 = SL 2, $n_{SL1} \approx n_{SL2} \approx n_{SL}$ und unter der Annahme, daß die Gesamtzahl der Cooper-Paare konstant sein soll,

$$\frac{\partial n_{\mathrm{SL}1}}{\partial t} = -\frac{\partial n_{\mathrm{SL}2}}{\partial t}, \tag{8,111}$$

zu:

$$\frac{\partial n_{\mathrm{SL}}}{\partial t} = \frac{2W_{\mathrm{T}}}{\hbar} n_{\mathrm{SL}} \sin \Delta\chi, \tag{8,112}$$

$$\Delta\chi = \chi_2 - \chi_1.$$

Aus (8,112) folgt die Josephson-Gleichung

$$I_{\mathrm{s}} = I_{\mathrm{s,max}} \cdot \sin \Delta\chi, \quad I_{\mathrm{s,max}} = 2W_{\mathrm{T}} \cdot 2e \cdot n_{\mathrm{SL}} \cdot V/\hbar \tag{8,113}$$

(V — Volumen beider schwach gekoppelten Supraleiter). In einer Anordnung SL—I—SL fließt ohne Anliegen einer Spannung ein Paartunnelungsstrom I_{s}. Sein Wert kann zwischen $\pm I_{\mathrm{s,max}}$ liegen.

Der Wechselstrom-Josephson-Effekt

Aus (8,110) und der analogen Beziehung unter Vertauschung der Indizes 1 und 2 ergibt sich:

$$\frac{\partial \Delta\chi}{\partial t} = \frac{1}{\hbar} (\mu_1 - \mu_2). \tag{8,114}$$

Bei Anliegen einer äußeren Spannung U gilt

$$\mu_1 - \mu_2 = 2eU. \tag{8,115}$$

Aus (8,114) und (8,115) erhält man

$$\frac{\partial \Delta\chi}{\partial t} = \frac{2eU}{\hbar}. \tag{8,116}$$

Daraus folgt durch Integration

$$\Delta\chi = \Delta\chi_0 + \frac{2eU}{\hbar} t. \tag{8,117}$$

Mit (8,113) und (8,117) muß einen unter Spannung stehenden Josephson-Übergang ein Wechselstrom mit der Frequenz

$$\nu = \frac{2eU}{h} \tag{8,118}$$

durchfließen. Bei einer anliegenden Gleichspannung $U = 1\ \mu\mathrm{V}$ beträgt $\nu = 484$ MHz.

Ein Josephson-Übergang besitzt den typischen Kennlinienverlauf der Abb. 8.53. Gleichung (8,118) kann als Folge des Energiesatzes betrachtet werden. Wenn ein Cooper-Paar einen Josephson-Übergang, an dem die Spannung U liegt, überwindet, wird ein Photon $h\nu$ abgestrahlt. Umgekehrt, wenn ein Photonenstrom der Frequenz ν eingestrahlt wird, tritt am Josephson-Übergang eine Spannung U auf. Auf Grund der sehr exakten Gültigkeit von (8,118) sind sehr genaue Messungen von e/h möglich. Tabelle 8.13 weist die erreichte Genauigkeit mit Josephson-Experimenten ermittelter Naturkonstanten nach.

Tabelle 8.13
Naturkonstanten, auf der Basis von Josephson-Experimenten erhalten
(nach Clark, J., Amer. J. Phys. **38** (1970) 1071)

Feinstrukturkonstante	α^{-1}	$(137{,}03602 \pm 1{,}5 \cdot 10^{-6})$
Elementarladung	e	$(1{,}6021917 \pm 4{,}4 \cdot 10^{-6}) \cdot 10^{-19}$ As
Plancksches Wirkungsquantum	h	$(6{,}626196 \pm 7{,}6 \cdot 10^{-6}) \cdot 10^{-34}$ Ws^2
Elektronenmasse	m	$(9{,}109558 \pm 6{,}0 \cdot 10^{-6}) \cdot 10^{-31}$ kg
Avogadro-Konstante	N_A	$(6{,}022169 \pm 6{,}6 \cdot 10^{-6}) \cdot 10^{26}$ kmol^{-1}

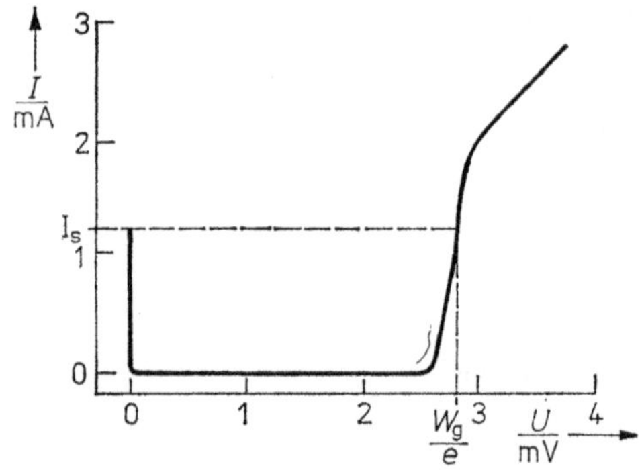

Abb. 8.53
Kennlinie eines Josephson-Überganges.

Josephson-Effekt im Magnetfeld
Für unsere Betrachtungen soll ein sogenanntes SQID (superconducting quantum interference device, supraleitendes Quanten-Interferenz-Bauelement) zugrunde liegen, wie es Abb. 8.54 schematisch zeigt. Die SQID-Fläche A soll von einem magne-

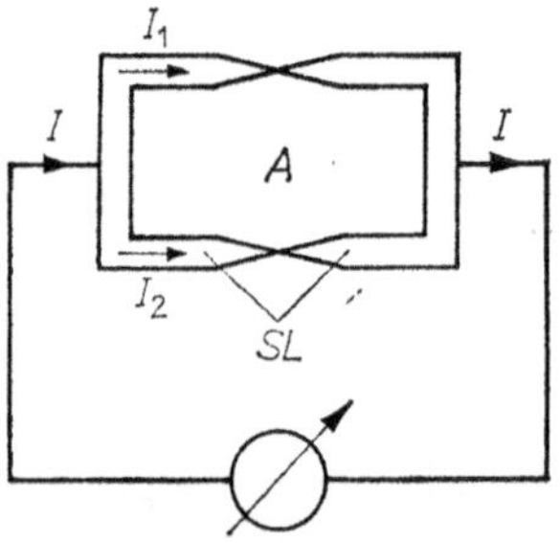

Abb. 8.54
SQID, schematisch

Prinzipiell kann ein SQID aus je zwei gleichen Bausteinen eines Typs aus Abb. 8.52a–f aufgebaut sein.

tischen Fluß Φ durchsetzt werden. Aus (8,98) ergibt sich eine Phasendifferenz im Supraleiterring

$$\Delta\chi_B = \frac{2e}{\hbar}\,\Phi. \tag{8,119}$$

Für den einzelnen Josephson-Übergang findet man

$$\begin{aligned} 1:\quad \Delta\chi_1 &= \Delta\chi + \frac{e}{\hbar}\,\Phi,\\ 2:\quad \Delta\chi_2 &= \Delta\chi - \frac{e}{\hbar}\,\Phi. \end{aligned} \tag{8,120}$$

Damit wird der Gesamtstrom unter Voraussetzung einer ursprünglichen Phasendifferenz $\Delta\chi$ ohne Magnetfeld:

$$I_{\text{ges}} = I_1 + I_2,$$

$$I_{\text{ges}} = I_{s,\max}\left[\sin\left(\Delta\chi + \frac{e}{\hbar}\,\Phi\right) + \sin\left(\Delta\chi - \frac{e}{\hbar}\,\Phi\right)\right],$$

und mit I_s, dem Strom durch den einzelnen Übergang (8,113),

$$I_{\text{ges}} = I_s \cdot \cos\frac{e\Phi}{\hbar}. \tag{8,121}$$

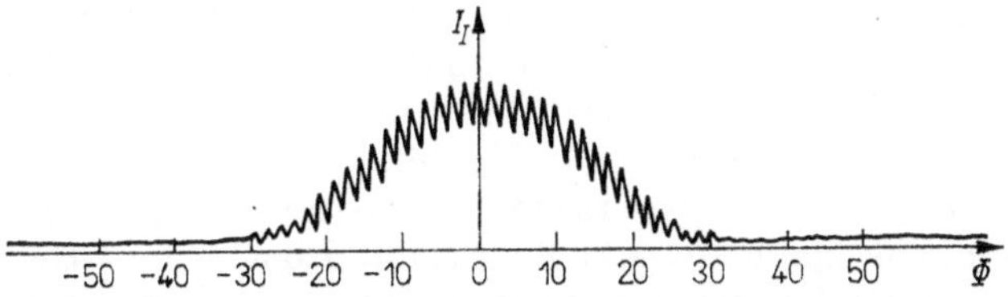

Abb. 8.55
Strominterferenzen eines SQIDs unter Wirkung eines magnetischen Flusses nach PETLEY.

Abbildung 8.55 gibt ein typisches Interferenzbild eines SQIDs wieder. Mit Hilfe von SQIDs sind sehr genaue Flußmessungen möglich. Der Abstand zweier Maxima der Interferenzkurve beträgt

$$\Delta\Phi = \Phi_0. \tag{8,122}$$

Ablesungen sind bis $2 \cdot 10^{-13}$ Vs/m² möglich. Außerdem lassen sich sowohl Ströme als auch diese hervorrufende Spannungen durch das entstehende Magnetfeld sehr genau messen. Erreichbar sind Empfindlichkeiten von 10^{-15} V.

8.6.4. Anwendung von Supraleitern

Wichtigstes Anwendungsgebiet sind heute die supraleitenden Magnetspulen. Mit ihnen gelingt es unter Verwendung von Supraleitern 3. Art, sehr hohe Magnetfelder weit ökonomischer zu erzeugen als mit konventionellen Methoden. Eingesetzt werden derartige Magnete bis zu Abmessungen von 10 m³ Volumen vor allem in der Forschung. Grundlagenmäßig wird an Magneten für Fusionsreaktoren des Tokamak-Typs und MHD-Generatoren gearbeitet. So scheint es sich schon jetzt abzuzeichnen, daß ein lohnender Einsatz von supraleitenden Wicklungen in großen Generator- bzw. Motoreinheiten existiert. Das ist vor allem für Schiffsantriebe von Bedeutung. Die Entwicklung der nächsten Generationen von Teilchenbeschleunigern wird sich auf der Basis von supraleitenden Magneten unter einer enormen Einsparung von ferromagnetischen Werkstoffen vollziehen. Ältere Modelle lassen sich auf supraleitende Ablenkmagnete umrüsten, wobei meist mindestens eine Verdopplung der maximalen Teilchenenergie erreicht wird. Verwendet man supraleitende Spulen für Blasenkammern, dann reduziert sich der Energiebedarf für das Magnetfeld auf 1,5%. Mit großer Intensität werden supraleitende Kabel für den Transport größter Energiemengen untersucht.

In einigen Forschungszentren sind inzwischen Versuchsstrecken für die Lösung der Einkopplungs- und Auskopplungsprobleme großer Ströme an SL/NL-Kontaktstellen in Betrieb genommen worden. In Erprobung befinden sich auch Energiespeicher auf Supraleiterbasis. Bei einer Speicherkapazität von 30 GWh ist derzeit der Supraleiterspeicher-Komplex noch kostenungünstiger als ein Pumpspeicherwerk. Allerdings besteht sein Vorteil darin, daß z. B. für Kernfusionsexperimente kurzzeitig $10^8 \cdots 10^{10}$ Ws entnommen werden können.

Auf Grund des Meissner-Ochsenfeld-Effektes und der Josephson-Effekte sind Schalt- und Speicherelemente sowie Strahlungsdetektoren entwickelt worden. Auf Grund der möglichen Nutzung des charakteristischen Umschaltverhaltens der Paartunnelungskennlinie zwischen zwei stabilen Zuständen in extrem kurzen Zeiten sind Josephson-Tunnel-Kryo-Speicher wieder sehr in den Blickpunkt gerückt. Ihre Schaltzeiten und ihr Miniaturisierungsgrad sind sehr verlockend für eine weitere Erhöhung der Speicherkapazität und für die Senkung der Zugriffszeiten bei Großrechenanlagen. Prinzipiell wäre auch eine Ablösung der TTL-Technik (Transistor-Transistor-Logik) durch eine Josephson-Logik auf der Steuerseite von Rechenanlagen möglich. SQIDs werden als hochempfindliche Magnetometer eingesetzt. Inzwischen ist es gelungen, mit Hilfe der SQIDs Magneto-Kardiogramme und Magneto-Enzephalogramme aufzunehmen. Im letzteren Falle scheint es sich um einen prinzipiellen Weg zu handeln, eine neue Qualität in der Gehirnforschung zu erreichen.

Wesentlichster Forschungsgegenstand ist der supraleitende Werkstoff selbst. Dabei geht es vor allem um die theoretischen Grundlagen und die praktische Realisierung der Erhöhung der Sprungtemperatur und um die Stabilität des supraleitenden Zustandes. Erwartungen werden z. Z. mit dem Exzitonen-Mechanismus der Supraleitung verknüpft. Es sind organische Supraleiter bestimmter Molekülstruktur im Gespräch, die möglicherweise Wege zur Supraleitung bei 300 K eröffnen könnten. Auf diesem Wege war es von enormer Bedeutung, daß eine Polymerstruktur, wie das Kettenmolekül $(SN)_x$, bei 1 K in den supraleitenden Zustand springt. Für die Technik wäre es schon von kaum abzuschätzender Bedeutung, wenn Sprungtemperaturen von 80 K erreicht würden, da flüssiger Stickstoff in ausreichender Menge bereitsteht und wesentlich günstigere kryotechnische Eigenschaften als Helium oder Wasserstoff besitzt. Interessante Versuche laufen derzeit zu gesputterten Legierungen vom A15-Typ, bestehend aus Nb, Ge, Sn, Al oder Si, mit denen entsprechend der Matthias-Regel etwa 35 K erreichbar sein könnten.

Vermutlich wird die Hochgradient-Magnetscheidung die erste großtechnische Anwendung der Supraleitfähigkeit sein. Damit würde es möglich, den Wasserzyklus zu schließen, die Flüsse und Seen zu entgiften und gleichzeitig Mineralien und Sekundärrohstoffe besser zu nutzen.

9. Dielektrika und Ferroelektrika

9.1. Dielektrische Festkörper

9.1.1. Historisches, Bedeutung und typische Eigenschaften

Isolierstoffe und Dielektrika haben für den Entwicklungsweg der Elektrotechnik und Elektronik einen bedeutenden Einfluß. Sie bestimmen oft die Lebensdauer von elektrotechnischen und elektronischen Anlagen dadurch, daß durch Überlastung bzw. Alterung des Isolierstoffs ein Durchschlag erfolgt. Unter dem Begriff Durchschlag faßt man dabei alle Vorgänge zusammen, die zu einem ausheilbaren teilweisen oder vollständigen Verlust des Isolationsvermögens führen. Die Entwicklung immer neuer Isolierstoffe in Form von keramischen, glasartigen, oxidischen und polymeren Stoffen hat es ermöglicht, elektronische Vorgänge bei immer höheren elektrischen Feldstärken, oft auch unter stärkerer thermischer Belastung, in der Technik zu nutzen. Als eindrucksvolle Beispiele möchten wir die Hochspannungstechnik, die Mikroelektronik und Meßtechnik kleinster Ströme hervorheben. So konnte die Fernübertragung von Elektroenergie in riesigen Verbundnetzen ökonomisch immer günstiger gestaltet werden, weil es möglich wurde, unter anderem die bei Wechselspannungen von 500···700 kV auftretenden Isolationsprobleme an Umspannanlagen und Freileitungsmasten zu lösen. Die Miniaturisierung elektronischer Bauelemente, die mit einer Absenkung der Betriebsspannungen einherging, erfordert die zuverlässige Beherrschung der galvanischen Trennung bei Feldstärken von 1 MV/cm, insbesondere bei der Gate-Isolation. Schließlich konnte die Messung kleinster Ströme immer weiter getrieben werden, weil es durch die Entwicklung hochohmiger Isolierstoffe gelang, die dabei störenden Leck- und Kriechströme immer weiter herabzudrücken. Wesentliche Fortschritte wurden bei den Kondensator-Dielektrika erreicht, so daß ein günstiges Verhältnis von Abmessung und Kapazität erreicht werden konnte. Eigentlich sind wesentliche Dinge von den Nichtleitern seit langem bekannt. Carl Wilcke entdeckte 1758 die Polarisation der Dielektrika, allerdings so früh, daß diese Erkenntnis bald wieder verlorenging. Die Leydener Flasche als Urform des Kondensators wurde von Pieter van Musschenbroek (1692—1761) entdeckt. Einen veränderlichen Kondensator beschrieb Äpinus 1759. Faraday konnte 1837 die Wirkung eines Dielektrikums auf die elektrostatischen Vorgänge zeigen. Zu jeder Zeit ist die technische Nutzung der Isolierstoffe ein diffiziles Werkstoffproblem gewesen. Eine stürmische Entwicklung des Gesamtgebietes konnte erst nach entscheidenden Fortschritten in der keramischen Industrie und später durch Einführung der organischen polymeren Werkstoffe eingeleitet werden.

Wir wollen in diesem Kapitel speziell die festkörperphysikalischen Eigenschaften näher betrachten, die durch mikroskopische und makroskopische Ladungsinhomogenitäten entstehen, wobei diese Inhomogenitäten spontan oder durch elektrische Felder zustandekommen.

Ein festes Dielektrikum besitzt die folgenden wesentlichen Eigenschaften:

— Bringt man ein Dielektrikum zwischen die Platten eines Kondensators, so erhöht sich dessen Kapazität gegenüber dem Vakuumwert.

— Dielektrika besitzen bei Zimmertemperatur und bei tieferen Temperaturen nur geringe Konzentrationen von Ladungsträgern.
— Bei hohen äußeren Feldstärken lassen sich in Dielektrika von metallischen oder elektrolytischen Elektroden aus sehr hohe Ladungsträgerkonzentrationen injizieren.
— Alle Dielektrika besitzen die Eigenschaft, daß bei starker Temperaturerhöhung das Produkt aus Ladungsträgerkonzentration und Beweglichkeit ansteigt.
— Ein Dielektrikum besitzt extrem kleine Ladungsträgerbeweglichkeiten, der energetische Abstand zwischen besetzten Elektronenniveaus und Energieniveaus, die für Leitungsvorgänge verantwortlich sind, beträgt einige eV.
— Dielektrika sind vorwiegend durch heteropolare oder Van-der-Waals-Bindungskräfte ihrer atomaren und molekularen Bausteine untereinander gekennzeichnet.
— Dielektrika sind meist schlechte Wärmeleiter.
— Bei hohen elektrischen Feldstärken (> 1 MV/cm) erleiden Dielektrika irresersible morphologische, strukturelle und chemische Änderungen, die als elektrischer Durchschlag bezeichnet werden.

Aus diesen Eigenschaften leitet sich die Anwendung der Dielektrika als Isolierstoffe für Elektronen- bzw. Phononentransport ab.
Zu den Dielektrika gehören:

— die atomaren Elemente:
Helium, Neon, Argon, Krypton, Xenon und Radon
— die molekularen Elemente:
Stickstoff, Sauerstoff, Fluor, Chlor, Brom
— die anorganischen Stoffe:
Salze (wie Fluoride, Chloride, Bromide, Jodide, Sulfate usw.)
Gläser, keramische Werkstoffe, Glimmer, Asbest,
viele Oxide, wie SiO_2, SiO, Al_2O_3, Ta_2O_5, H_2O usw.
Nitride, wie Si_3O_4, Ge_3N_4 usw.
— die organischen Stoffe:
monomolekulare Verbindungen, wie Kohlenwasserstoffe, Heterozyklen, metallorganische Verbindungen, Komplexsalze usw.
polymere Verbindungen wie Polystyren, Polyethylen, Polyvinylchlorid, Polyimide, Polytetrafluorcarbone, Polyester, Polyurethane, Parylen, Epoxidharze, Polysiloxane usw.

9.1.2. Relative Dielektrizitätskonstante

Die Kapazität eines Kondensators beträgt

$$C_0 = Q_0/U \tag{9,1}$$

im Vakuum und

$$C = Q/U, \tag{9,2}$$

wenn sich ein Dielektrikum im Kondensator befindet. Das Verhältnis der Kapazitäten bzw. Ladungsmengen

$$C/C_0 = Q/Q_0 = \varepsilon \tag{9,3}$$

ist die relative Dielektrizitätskonstante. Sie ist zu berücksichtigen in der Beziehung zwischen Verschiebung $\boldsymbol{D}$ und dem elektrischen Feld $\boldsymbol{E}$:

$$\boldsymbol{D} = \boldsymbol{\epsilon}\varepsilon_0\boldsymbol{E}. \tag{9,4}$$

Im allgemeinen ist die relative Dielektrizitätskonstante ein Tensor, bei kubischen Gittern und für polykristallines Material eine skalare Größe. Tabelle 9.1 stellt einige

Tabelle 9.1
Relative Dielektrizitätskonstanten und Verlustwinkel

Dielektrikum		ε	$\delta/10^{-3}$
Gase	Ar	1,0005	
	He	1,00007	
	O_2	1,0007	
	H_2	1,0003	
Flüssigkeiten	Ar	1,53	
	O_2	1,46	
	N_2	1,45	
	H_2	1,23	
	Methanol	33,7	
	Nitrobenzoen	35,7	
	H_2O	80,8	
feste Stoffe	Gläser	2···16	0,1···18
	Keramiken	5···7	$\lessdot$ 25
	Glimmer	6,8	0,02···0,2
	Steinsalz	6,1	0,03
	Turmalin	6,5	0,3
	Quarz	4,2	0,1
	Paraffin	1,9···2,2	0,08···1
	Hartgummi	2,5···3,5	2,5···25
	Polymere	2···4	0,5···30
	SiO	6···7	50
	SiO_2	3,8	0,8
	Si_2O_3	4···5,5	1···10
	Si_3N_4	5,5···9,4	10
	Al_2O_3	7,6···8,6	1···10
	Ta_2O_5	25	80···800

Werte zusammen. Die Polarisation erhält man aus

$$\boldsymbol{P} = \boldsymbol{D} - \varepsilon_0\boldsymbol{E} = (\boldsymbol{\epsilon} - 1)\,\varepsilon_0\boldsymbol{E} = \chi_{\mathrm{el}}\varepsilon_0\boldsymbol{E} \tag{9,5}$$

(χ_{el} — elektrische Suszeptibilität).

Ist $\boldsymbol{E} = \boldsymbol{E}(t)$ ein elektrisches Wechselfeld der Form $\boldsymbol{E} = \boldsymbol{E}_0 \exp(\mathrm{i}\omega t)$, wird immer beobachtet, daß sich ein Dielektrikum in einem derartigen Feld erwärmt. Der Polarisationsvorgang in einem Festkörper ist also verlustbehaftet. Eine günstige Form der Beschreibung dieses Vorgangs ist die Wahl einer komplexen Dielektrizitätskonstante:

$$\varepsilon = \varepsilon' - \mathrm{i}\varepsilon'' \tag{9,6}$$

bzw. eines Verlustwinkels δ

$$\tan \delta = \varepsilon''/\varepsilon' \tag{9,7}$$

(s. Tab. 9.1).

Die Größe „$-i\varepsilon''$“ beschreibt alle Verlustmechanismen im Dielektrikum, bei denen Energie des elektrischen Wechselfeldes irreversibel in Wärme umgesetzt wird. Analog zu Reibungsverlusten in ohmschen Widerständen tritt eine spezifische dielektrische Leitfähigkeit

$$\sigma_{\mathrm{d}} = \omega\varepsilon_0\varepsilon'' \tag{9,8}$$

auf.

9.1.3. Dielektrische Polarisation

Der Vektor $\boldsymbol{P}$ gibt den Anteil der dielektrischen Verschiebung $\boldsymbol{D}$ an, der durch Polarisation des Dielektrikums entsteht. $\boldsymbol{P}$ läßt sich näherungsweise als Summe aller permanenten und induzierten Dipolmomente pro Volumeneinheit berechnen.

$$\boldsymbol{P} = \sum N_n \boldsymbol{p}_n \tag{9,9}$$

(N_n — Zahl der Dipolmomente der Sorte $\boldsymbol{p}_n$).

Man unterscheidet gewöhnlich 3 Arten der Entstehung einer makroskopischen Polarisation im Festkörper:

Orientierungspolarisation
Im Festkörper sind Bausteine mit permanenten Dipolen vorhanden, die in einem elektrischen Feld orientiert werden können. Festkörper mit permanenten Dipolen werden auch als Parelektrika bezeichnet. Die Einstellzeiten permanenter Dipole liegen bei 10^{-11} s. Ein Einfluß dieses Mechanismus auf ε' und ε'' ist daher im Mikrowellenbereich bis 10^3 GHz zu erwarten. Permanente Dipole setzen einen asymmetrischen Molekülbau voraus. Derartige Bausteine besitzen im Kristall Vorzugslagen, so daß neben einer denkbaren freien Rotation im Wechselfeld auch der sprunghafte Wechsel diskreter Dipollagen zu beachten ist.

Ionenpolarisation
In heteropolaren Festkörpern oder solchen mit heteropolaren Bindungsanteil werden Dipolmomente $\boldsymbol{p}$ dadurch induziert, daß der Schwerpunkt der positiven Ionen gegen den Schwerpunkt der negativen im elektrischen Feld verschoben wird. Derartige Dipole werden während ihrer Entstehung ausgerichtet. Die Einstellzeiten für Ionen betragen etwa 10^{-13} s. Das entspricht Wellenlängen im Infrarotgebiet (s. auch Abb. 9.1).

Elektronenpolarisation
In jedem Festkörper treten schließlich bei optischen Frequenzen durch die Verschiebung der Elektronenhülle gegen den Kern eines Atoms induzierte Dipole auf. Die Einstellzeiten der Elektronen betragen 10^{-15} s.

Mit Hilfe obiger Überlegungen kann (9,9) umgeformt werden in:

$$\boldsymbol{P} = \sum_n N_{n0}\boldsymbol{p}_n + \sum_n N_{n\mathrm{I}}\alpha_{n\mathrm{I}}\boldsymbol{E}_{\mathrm{lok}} + \sum N_{n\mathrm{E}}\alpha_{n\mathrm{E}}\boldsymbol{E}_{\mathrm{lok}} \tag{9,10}$$

(N_{n0} — Zahl der permanenten Dipole der Sorte $\boldsymbol{p}_n$, $N_{n\mathrm{I}}$ — Zahl der induzierten ionaren Dipole, $N_{n\mathrm{E}}$ — Zahl der induzierten elektronischen Dipole, $\alpha_{n\mathrm{I}}$ — Polarisierbarkeit der Ionenkonfiguration n im lokalen Feld $\boldsymbol{E}_{\mathrm{lok}}$, $\alpha_{n\mathrm{E}}$ — desgl. der Bausteinsorte n).

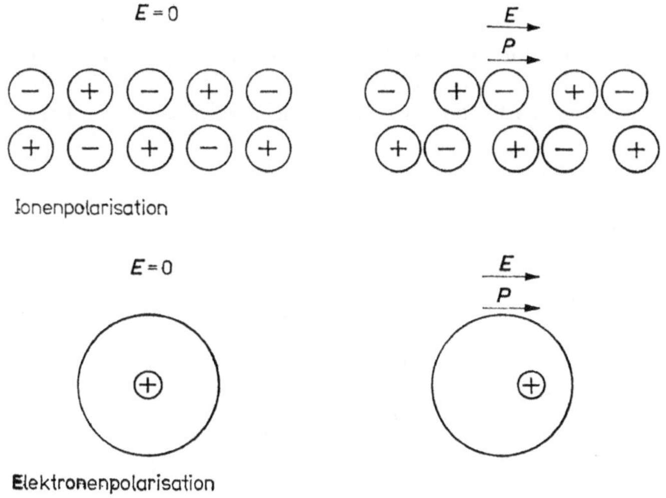

Abb. 9.1
Ionen- und Elektronenpolarisation.

Die 3 Terme beschreiben meist noch mit der Vereinfachung $n = 1$ die Polarisation in einem bestimmten Frequenzgebiet. Die Polarisierbarkeit hängt wesentlich von der Nahordnung im Ionengitter (α_{I}) bzw. von den Eigenschaften eines Atoms ab (α_{E}).

9.1.4. Messung der komplexen Dielektrizitätskonstante

Von 10^{-2} bis 10 MHz lassen sich Kapazität und Verlustwinkel eines Kondensators, der mit dem zu messenden Dielektrikum gefüllt ist, mit Hilfe von Wechselstrom-Meßbrücken bestimmen. Zwischen 10 und 700 MHz werden Resonanzkreise verwendet. Die Information über die Meßgrößen entnimmt man einem Resonanzsignal, dessen Höhe ein Maß für ε' und dessen Breite ein Maß für ε'' ist. Bei 10^9 bis 10^{11} Hz (30 cm bis 3 mm) wird das Dielektrikum in einen Hohlraumresonator gebracht und $\varepsilon' - \mathrm{i}\varepsilon''$ aus der Änderung der Resonanzfrequenz und der Dämpfung bestimmt. Für Frequenzen $> 10^{12}$ Hz werden optische Verfahren verwendet. Der Durchgang einer elektromagnetischen Welle durch ein Dielektrikum läßt sich für die elektrische Feldstärke durch

$$\boldsymbol{E} = \boldsymbol{E}_0 \cdot \mathrm{e}^{\mathrm{i}\omega\left[t - \frac{|\boldsymbol{r} - \boldsymbol{r}'|\, n_{\mathrm{B}}}{c}\right]} \tag{9,11}$$

beschreiben ($\boldsymbol{r} - \boldsymbol{r}'$ — Abstand von Eintritts- und Austrittspunkt im Dielektrikum, $n_{\mathrm{B}} = n - \mathrm{i}n_{\mathrm{A}}$ — komplexer Brechungsindex, $n_{\mathrm{A}} = \eta\lambda\!\!\!^-/2$ — Extinktionskoeffizient, η — Absorptionskoeffizient, $\lambda\!\!\!^- = \lambda/2\pi$ — Wellenlänge der elektromagnetischen Strahlung, n — Brechungsindex).

Handelt es sich um nichtferromagnetische Stoffe (magnetische Permeabilität $\mu \approx 1$), was meist der Fall ist, dann gilt:

$$\varepsilon = n_{\mathrm{B}}^2, \quad \varepsilon' = n^2 - n_{\mathrm{A}}^2, \quad \varepsilon'' = 2nn_{\mathrm{A}}. \tag{9,12}$$

Als Meßverfahren sind hier anwendbar: Die Messung der durchgelassenen Intensität D für 2 Probendicken oder die Messung der durchgelassenen Intensität und der reflektierten Intensität R bei gleicher Probendicke. In beiden Fällen wird die Auswertung durch Verwendung senkrechten Lichteinfalls sehr vereinfacht.

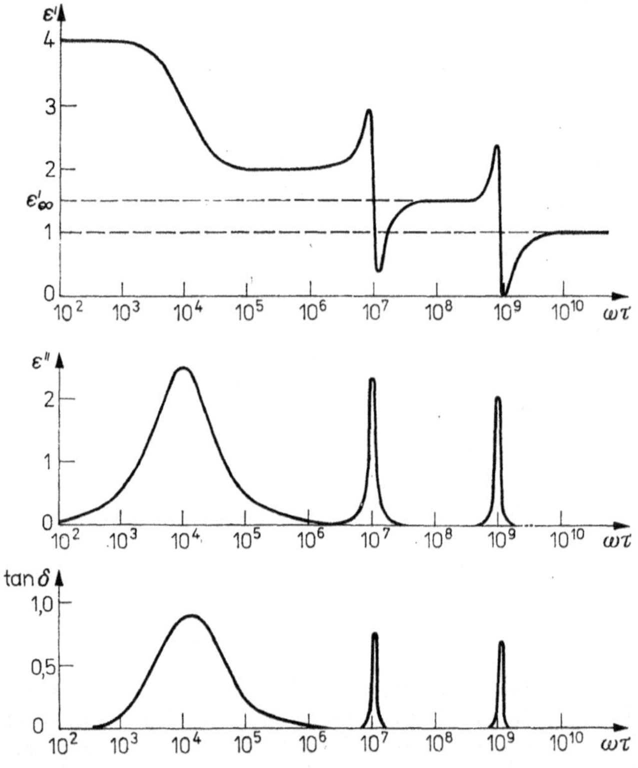

Abb. 9.2
ε', ε'' und $\tan\delta$ als Funktion der Frequenz.

Es gilt bei einfallender Intensität = 1 für den durchgelassenen und den reflektierten Anteil

$$D_\perp = \frac{(1 - R_\perp)^2 \exp(-2n_{\mathrm{A}}d/\lambda\!\!\!^{-})}{1 - R_\perp^2 \exp(-4n_{\mathrm{A}}d/\lambda\!\!\!^{-})} \tag{9,13}$$

bzw.

$$R_\perp = \frac{(n-1)^2 + n_{\mathrm{A}}^2}{(n+1)^2 + n_{\mathrm{A}}^2}$$

(d — Dicke des Dielektrikums).

Den für viele Festkörper typischen Verlauf für ε' und ε'' gibt Abb. 9.2 wieder.

Die Wagnerschen Verluste treten auf, wenn die Meßprobe inhomogen oder heterogen aufgebaut ist. An Phasengrenzen verschiedener Struktur kommt es zur Ausbildung von Raumladungen, die diesen Verlustmechanismus bewirken. Es ist darauf hinzuweisen, daß im Gebiet der ionischen und elektronischen Absorptionsresonanz meist mehrere derartige Stellen im Festkörper auftreten.

9.2. Theoretische Grundlagen dielektrischer Eigenschaften von Festkörpern

9.2.1. Lokales Feld

Das Dipolmoment einer Anordnung von 2 gleichgroßen Ladungen entgegengesetzten Vorzeichens im Abstand s ist

$$\boldsymbol{p} = q\boldsymbol{s}. \tag{9,14}$$

Der Ortsvektor $\boldsymbol{s}$ weist dabei von der negativen Ladung $-q$ zur positiven q. Dieses Dipolmoment erzeugt um sich ein elektrisches Feld der Form

$$\begin{aligned} \boldsymbol{E}(\boldsymbol{r}) &= \frac{3(\boldsymbol{p}\boldsymbol{r})\,\boldsymbol{r} - r^2\boldsymbol{p}}{4\pi\varepsilon_0 r^5}, \\ \boldsymbol{E}_\parallel &= \frac{\boldsymbol{p}(3\cos^2\Theta - 1)}{4\pi\varepsilon_0 r^3}, \\ \boldsymbol{E}_\perp &= \frac{3\boldsymbol{P}}{4\pi\varepsilon_0 r^3}\sin\Theta\cos\Theta \end{aligned} \tag{9,15}$$

(r — Abstand vom Dipol, Θ — Winkel zwischen Dipolachse und $\boldsymbol{r}$, $\boldsymbol{r}$ — Ortsvektor mit $\boldsymbol{r} = 0$ am Ort des Dipols).

Eine Ladungsverteilung erzeugt in erster Näherung in großem Abstand ($r \gg$ Ausdehnung der Ladungsverteilung) ein Feld entsprechend (9,15), nur muß $\boldsymbol{p}$ durch $\boldsymbol{p}_{\text{ges}}$

$$\boldsymbol{p}_{\text{ges}} = \boldsymbol{R}_{+-} \sum_i q_i \tag{9,15a}$$

ersetzt werden ($\sum_i q_i$ — gesamte Ladung eines Vorzeichens, R_{+-} — Abstand der Schwerpunkte der negativen und der positiven Ladungen). In dieser Form ist (9,15) zur Beschreibung von Raumladungen in Festkörpern geeignet.

Für die makroskopischen Eigenschaften von Dielektrika interessieren Vorgänge, für die gilt

$$\lambda \gg a, b, c \tag{9,16}$$

(λ — Wellenlänge der elektromagnetischen Welle, die mit dem Festkörper in Wechselwirkung tritt; a, b, c — Abmessungen der Elementarzelle).

Auf Grund von (9,16) ist es deshalb nur interessant, das lokale Feld in der gemittelten Form

$$\boldsymbol{E} = \frac{1}{V} \int\limits_{\text{Elementarzelle}} \boldsymbol{E}(\boldsymbol{r})\, \mathrm{d}^3\boldsymbol{r} \tag{9,17}$$

zu berücksichtigen. $\boldsymbol{E}(\boldsymbol{r})$ kann (9,15) oder ein anderer mikroskopischer Feldverlauf in der Umgebung von Ladungen sein. Gleichung (9,17) läuft darauf hinaus, daß wir uns das lokale Feld aus Punktladungen und Punktdipolen erzeugt denken.

Das makroskopische Feld im Innern eines Dielektrikums ist:

$$\begin{aligned} \boldsymbol{E} &= \boldsymbol{E}_\mathrm{a} + \boldsymbol{E}_1 \\ \boldsymbol{E}_1 &= -\gamma \boldsymbol{P}/\varepsilon_0 = -\boldsymbol{E}_\mathrm{a} \cdot \gamma \cdot \frac{\varepsilon - \varepsilon_\mathrm{a}}{\varepsilon_\mathrm{a}} \end{aligned} \tag{9,18}$$

($\boldsymbol{E}_\mathrm{a}$ — von außen angelegtes homogenes Feld, $\boldsymbol{E}_1$ — Entelektrisierungsfeld, γ — Entelektrisierungsfaktor).

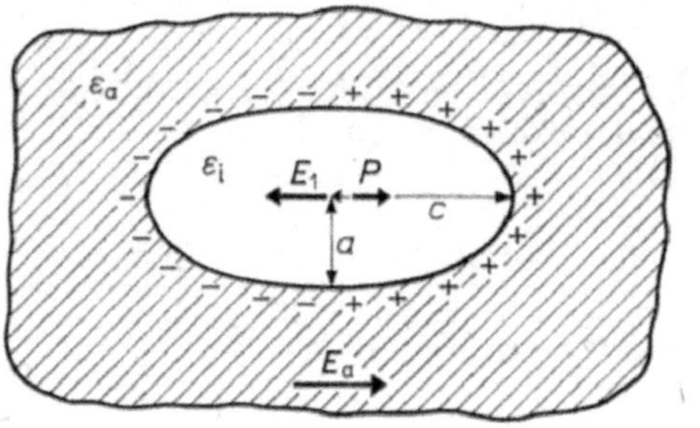

Abb. 9.3
Zur Entstehung des Entelektrisierungsfeldes.

Das Entelektrisierungsfeld wirkt dem außen angelegten Feld entgegen und verringert $\boldsymbol{E}$, wenn die relative statische Dielektrizitätskonstante im unendlich angenommenen Außenraum des Dielektrikums, ε_a, kleiner (Normalfall) als im Dielektrikum, ε, ist (s. Abb. 9.3).

Für γ gilt:

$$\gamma_x + \gamma_y + \gamma_z = 1. \tag{9,19}$$

Normalerweise liegen Meßproben in Form dünner Platten vor, wobei das Feld $\boldsymbol{E}_{\mathrm{a}z}$ normal zur Plattenebene angelegt wird. Hier gilt: $\gamma_z = 1$, $\gamma_x = \gamma_y = 0$. Für einen langen, dünnen Stab findet man $\gamma_z = 0$, $\gamma_x = \gamma_y = 1/2$ und für eine Kugel $\gamma_x = \gamma_y = \gamma_z = 1/3$. Der Entelektrisierungsfaktor γ ist nur von der Probenform abhängig, wenn $\boldsymbol{P}$ homogen ist. Das ist nur in Ellipsoiden der Fall. Für Rotationsellipsoide lassen sich geschlossene Ausdrücke angeben:

$$\begin{aligned} c \gg a = b \qquad & \gamma_z = (\ln 2m - 1)/m^2 \\ & \gamma_x = \gamma_y = [1 - (\ln 2m - 1)/m^2]/2, \\ c \ll a = b \qquad & \gamma_z = 1 - \pi/2m + 2/m^2 \\ & \gamma_x = \gamma_y = \pi/[4m(1 - 4/\pi m)] \end{aligned} \tag{9,20}$$

($m = a/c$).

Zur Gleichung des Feldes am Ort eines Gitterbausteins muß (9,18) durch 2 weitere Feldanteile $\boldsymbol{E}_2$ und $\boldsymbol{E}_3$ erweitert werden:

$$\boldsymbol{E}_{\text{lok}} = \boldsymbol{E}_a + \boldsymbol{E}_1 + \boldsymbol{E}_2 + \boldsymbol{E}_3 . \tag{9,21}$$

Dabei wird die Auftrennung in $\boldsymbol{E}_2$ und $\boldsymbol{E}_3$ so vorgenommen, daß $\boldsymbol{E}_2$ durch Integration über das Dipolfeld der Fernordnung, $\boldsymbol{E}_3$ durch Summation des Einflusses der Nahordnung des betreffenden Gitterbausteins gefunden wird.

Es gilt weiter mit (9,15)

$$\boldsymbol{E}_1 + \boldsymbol{E}_2 + \boldsymbol{E}_3 = \sum \boldsymbol{E}(\boldsymbol{r}) . \tag{9,22}$$

Die inneren Feldanteile rühren von den im Dielektrikum vorhandenen Dipolen p_i her. Damit findet man z. B. für eine Kugel mit einheitlicher Dipolorientierung in z-Richtung $|p| = p_z$ und kubischer Bausteinumgebung:

$$E_{1z} + E_{2z} + E_{3z} = \sum_i \frac{3p_z z_i^2 - (x_i^2 + y_i^2 + z_i^2)\, p_z}{4\pi\varepsilon_0 r^5} = 0 . \tag{9,23}$$

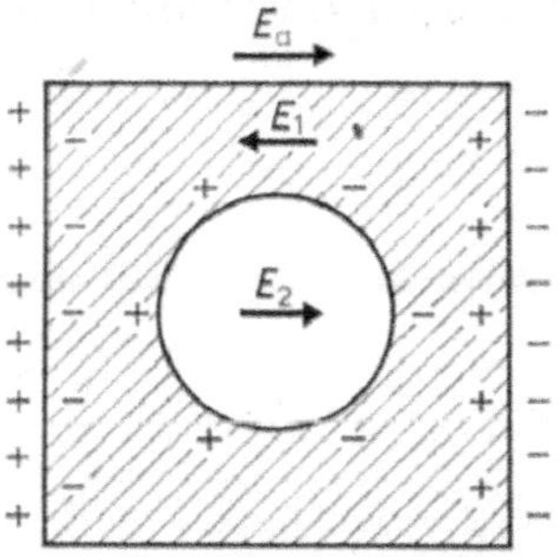

Abb. 9.4
Zum inneren Feld in einem Dielektrikum.

Das Ergebnis (9,23) folgt aus der völligen Symmetrie des Gitters und der Probenform.

In einem derartigen einfachen Fall gilt für den Kugelmittelpunkt:

$$\boldsymbol{E}_{\text{lok}} = \boldsymbol{E}_a \neq \boldsymbol{E} . \tag{9,24}$$

Das lokale Feld ist gleich dem Außenfeld und verschieden vom Durchschnittswert des makroskopischen Feldes $\boldsymbol{E}$.

Der Ausdruck (9,23) wird $\neq 0$ für andere Kristallgitter. Das ist von Bedeutung für das Auftreten der Ferroelektrizität.

Von Lorentz stammte der Vorschlag, aus einem beliebigen Dielektrikum eine Kugel so herauszuschneiden, daß ihr Mittelpunkt mit dem Gitterpunkt zusammenfällt, an dem man das lokale Feld berechnen will. Diese Kugel muß so groß sein ($\approx$ 1000 Elementarzellen), daß man außerhalb der so entstehenden Hohlkugel das Dielektrikum als völlig homogen, beschreibbar durch ε, auffassen kann (Abb. 9.4).

Auf ihrer Oberfläche sitzt damit eine Flächenladungsdichte σ

$$|\sigma| = \boldsymbol{P} \cdot \frac{\boldsymbol{r}}{r} . \tag{9,25}$$

Diese Oberflächenladung bewirkt das Feld $\boldsymbol{E}_2$ $(\alpha - \sphericalangle(\boldsymbol{P}\boldsymbol{r}))$:

$$\boldsymbol{E}_2 = -\frac{1}{4\pi\varepsilon_0 r^2} \int_{\text{Kugel}} |\sigma| \, \mathrm{d}^2\boldsymbol{r} = +\frac{\boldsymbol{P}}{2\varepsilon_0} \int_{-1}^{+1} \cos^2 \alpha \, \mathrm{d}(\cos \alpha). \tag{9,26}$$

Mit (9,26) folgt das Lorentz-Feld:

$$\boldsymbol{E}_2 = \frac{\boldsymbol{P}}{3\varepsilon_0} \tag{9,27}$$

und das lokale Feld:

$$\boldsymbol{E}_{\text{lok}} = \boldsymbol{E}_{\text{a}} + \boldsymbol{E}_1 + \boldsymbol{P}/3\varepsilon_0 + \boldsymbol{E}_3 \overset{\text{kub.}}{\Rightarrow} \boldsymbol{E}_{\text{a}} + \frac{\boldsymbol{P}}{3\varepsilon_0}. \tag{9,28}$$

Für viele kubische Gitter ist $\boldsymbol{E}_3 = 0$. Sonst muß $\boldsymbol{E}_3$ nach (9,22) bei Summation über das Volumen der herausgetrennten Kugel berechnet werden. Auch $\boldsymbol{E}_1$ folgt aus (9,18) zu Null, da in unserem Fall $\varepsilon_{\text{a}} = \varepsilon$ ist.

Clausius-Mossotti-Gesetz

Aus (9,10) erhält man mit (9,28) z. B. für reine Atompolarisation und kubische Umgebung

$$\boldsymbol{P} = \sum_n N_{n\text{E}} \alpha_{n\text{E}} \boldsymbol{E}_{\text{lok}} \tag{9,29}$$

oder

$$\boldsymbol{P} = \sum_n N_{n\text{E}} \alpha_{n\text{E}} \left(\boldsymbol{E}_{\text{a}} + \frac{\boldsymbol{P}}{3\varepsilon_0} \right).$$

Mit (9,5) ergibt sich für die elektrische Suszeptibilität $\chi_{\text{e}} = \varepsilon - 1$

$$(\varepsilon - 1)\, \varepsilon_0 \boldsymbol{E}_{\text{a}} = \sum_n N_{n\text{E}} \alpha_{n\text{E}} \boldsymbol{E}_{\text{a}} \left(1 + \frac{(\varepsilon - 1)\, \varepsilon_0}{3\varepsilon_0} \right), \tag{9,30}$$

woraus das Gesetz von Clausius und Mossotti für einen Festkörper mit kubischer Symmetrie folgt:

$$\frac{\varepsilon - 1}{\varepsilon + 2} = \frac{1}{3\varepsilon_0} \sum_n N_{n\text{E}} \alpha_{n\text{E}}. \tag{9,31}$$

Für beliebige Gitter muß links im Nenner statt $3\varepsilon_0$ ein anderer mit (9,28) und (9,22) zu bestimmender Wert stehen. (9,35) hat nur für Stoffe ohne permanente Dipole Gültigkeit.

9.2.2. Theoretische Beschreibung der Polarisation in Festkörpern im Gleichfeld

Für Dielektrika ohne permanente Dipole läßt sich die Clausius-Mossottische Formel (9,31) verwenden. Der Temperaturkoeffizient TK_ε ist

$$\text{TK}_\varepsilon = \frac{1}{\varepsilon} \cdot \frac{\mathrm{d}\varepsilon}{\mathrm{d}T} = -\frac{(\varepsilon - 1)(\varepsilon + 2)}{3\varepsilon} \beta \tag{9,32}$$

(β — kubischer Ausdehnungskoeffizient).

Da unpolare Dielektrika meist ε-Werte im Bereich 2 bis 3 besitzen, folgt $\mathrm{TK}_\varepsilon \approx -\beta$, ε nimmt etwa um 1% ab bei Temperaturerhöhung um 100 K. Feinheiten der Temperaturabhängigkeit von ε sind auf Kristallanisotropien bzw. auf die Anisotropie der Polarisierbarkeit komplizierter molekularer Bausteine zurückzuführen.

Theoretische Vorstellungen von KIRKWOOD, die er für polare Flüssigkeiten ableiten konnte, sind bedingt auch für die Beschreibung fester polarer Dielektrika geeignet. Dabei ist allerdings zu beachten, daß der in der Kirkwoodschen Formel auftretende Strukturfaktor g meist nur abgeschätzt werden kann und daß die Einstellung eines stationären Gleichgewichts im festen Dielektrikum sehr große Zeiten erfordert. Die Kirkwood-Gleichung lautet:

$$\frac{(\varepsilon - 1)(2\varepsilon + 1)}{9\varepsilon} = \frac{1}{3\varepsilon_0}\left(\sum N\alpha + \sum N_i p_i\right)$$

$$= \frac{1}{3\varepsilon_0}\left[\sum N_n\left(\alpha + \frac{\boldsymbol{p}\cdot\boldsymbol{p}_\mathrm{u}}{3kT}\right)\right] \tag{9,33}$$

(α beschreibt hier die Polarisierbarkeit durch induzierte Dipolmomente, $\boldsymbol{p}$ ist das permanente Dipolmoment des Bausteins oder Bausteinteils in einem polaren Dielektrikum, $\boldsymbol{p}_\mathrm{u}$ ist das mittlere Dipolmoment der Bausteinumgebung).

Da sich jeder Baustein (jedes polare Molekül) vor allem im Feld seiner nächsten Nachbarn der Anzahl z befindet, gilt für $\boldsymbol{p}_\mathrm{u}$:

$$\boldsymbol{p}\boldsymbol{p}_\mathrm{u} = p^2(1 + z\,\overline{\cos\gamma}) = p^2 \cdot g \tag{9,34}$$

(γ — Winkel benachbarter Dipole zueinander, ist vom speziellen Gittertyp abhängig) und (9,33) vereinfacht sich unter der Voraussetzung identischer Bausteine zu

$$\frac{(\varepsilon - 1)(2\varepsilon + 1)}{9\varepsilon} = \frac{N}{3\varepsilon_0}\left(\alpha + \frac{p^2 g}{3kT}\right). \tag{9,35}$$

Polymere

In Polymeren werden die Elektronenpolarisation und die Orientierungspolarisation beobachtet. Für das Auftreten der Orientierungspolarisation können einige Mechanismen unterschieden werden:

a) Bei sehr tiefen Temperaturen befinden sich die Moleküle in fest verankerten Lagen. Eine Orientierung von Dipolen ist nur im Rahmen elastischer Vorgänge möglich. Charakteristische Einstellzeiten liegen bei 10^{-12} s. Es treten keine Relaxationserscheinungen auf.

b) Bei mittleren Temperaturen unterhalb des Erweichungsbereiches befinden sich die amorphen Anteile im Glaszustand. Die Moleküle selbst nehmen relativ feste Lagen ein. Molekülteile, die oft Träger von Radikalstellen sind, können sich in einem elektrischen Feld geeignet orientieren. Dieser Vorgang erfordert Zeit und führt zu Relaxationserscheinungen.

c) Bei hohen Temperaturen oberhalb des Erweichungsgebietes befinden sich Polymere in einem hochelastischen Zustand. In den amorphen Anteilen können sich große Molekülabschnitte oder niedermolekulare Anteile bewegen. Die relative Dielektrizitätskonstante ist größer als bei b). Relaxationserscheinungen sind ausgeprägt.

d) Die kristallinen Anteile eines Polymeren schmelzen bei der entsprechenden Schmelztemperatur. Dieser Vorgang führt zu einer intensiven Wärmebewegung der Moleküle, die Orientierung wird durch Stöße gestört und ε verringert sich. $\varepsilon(T)$ besitzt bei polymeren Festkörpern ein Maximum.

Molekülkristalle

Eis, HBr, HCl, CH_3NO_2, H_2S u. a. Molekülkristalle bilden Dipol-Kristalle. Bei tiefen Temperaturen wird Orientierungspolarisation im Rahmen elastischer Vorgänge oder eine Dipolrelaxation beobachtet. Meist steigt ε bei einer bestimmten Temperatur steil um einen Faktor von 10···20 an. Diese charakteristische Temperatur

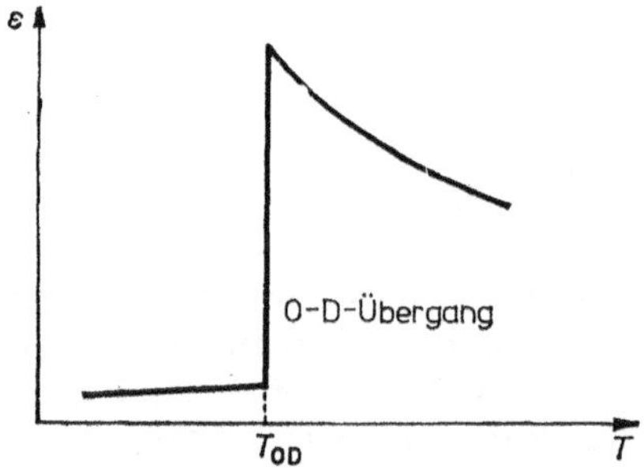

Abb. 9.5

Abhängigkeit der relativen Dielektrizitätskonstanten von der Temperatur für niedermolekulare Festkörper mit permanenten Dipolen

T_{OD} — Temperatur des O-D-Überganges.

wird bestimmt durch einen Übergang Ordnung—Unordnung („O-D-Übergang" nach engl. „order—disorder"). Sie muß aber keinesfalls mit dem Schmelzpunkt übereinstimmen, da es im Nahordnungsbereich auch unterhalb des Schmelzpunktes tiefgreifende Änderungen geben kann (z. B. Wechsel der Kristallmodifikation, Auftauen der Freiheitsgrade der Rotation bzw. Auftreten diskreter Dipoleinstellmöglichkeiten), andererseits aber beim Phasenübergang fest—flüssig im Nahordnungsbereich nicht unbedingt zu derartigen Änderungen kommen muß. Für das prinzipielle Verhalten kann die Abhängigkeit in Abb. 9.5 als charakteristisch gelten.

Ionenkristalle

Ionenkristalle mit kleinen ε-Werten, wie die Alkalihalogenide und verschiedene Oxide (hierzu gehören bedeutende Vertreter technisch wichtiger Keramiken und oxidischer Isolierschichten), können mit Hilfe der Bornschen Formel beschrieben werden:

$$\varepsilon = 1 + \frac{\sum n_i \alpha_i}{\varepsilon_0} + \frac{q^2}{\varepsilon_0 \omega^2} \frac{\varrho N^2}{M_1 \cdot M_2} \tag{9,36}$$

(n_i — Ionenkonzentration, α_i — elektronische Polarisierbarkeit der Ionensorte i, q — Ionenladung, $i = 2$ angenommen, N — Loschmidtzahl, M_i — Atomgewicht der Ionensorte i, ϱ — Dichte des Ionenkristalls).

Bei der Bornschen Gleichung ist das auf die Ionen wirkende Feld dem mittleren anliegenden elektrischen Feld gleichgesetzt worden. Der 3. Term wird wirksam, wenn eine elektromagnetische Welle oder ein elektrisches Wechselfeld mit der Kreisfrequenz ω, die im Bereich der transversalen optischen Eigenschwingungen des Ionenkristalls liegen muß, einwirkt. Diese einfache Gleichung bildet nur eine erste Orientierung, wenn komplizierte Strukturen, wie oxidische und silicatische Strukturen, betrachtet werden sollen. Da durch die gleichzeitig auftretende Elektronenpolarisation das einwirkende Feld am Ort der Ionen verstärkt wird, werden die ε-Werte zu klein berechnet.

Nach SIGETI kann für Alkalihalogenide (9,36) so korrigiert werden, daß eine Übereinstimmung Experiment—Theorie von durchschnittlich $\pm 10\%$ erzielt wird. In (9,36) wird dabei q^2 durch

$$q^2 = q^{*2} \frac{[(1 + \sum n_i \alpha_i)^2 + 2]^2}{36} \tag{9,37}$$

ersetzt. (q^* — durch Abschirmungseffekte bedingte effektive Ionenladung). Die Größe $(1 + \sum n_i\alpha_i)^2$ liegt bei Ionenkristallen des NaCl-Typs bei 2 bis 3, $q^* = 0{,}7 \cdots 0{,}9q$. Es folgt also durch Berücksichtigung des lokalen Feldes nach (9,28) am Ort der Ionen eine Korrektur des 3. Terms in (9,36) um einen Faktor 1 bis 2. Die Temperaturabhängigkeit $\varepsilon(T)$ enthält Formel (9,36) durch $\varrho(T)$ (ε sinkt mit steigender Temperatur) und durch $\alpha(T)$. Auch diese Abhängigkeit ist leicht verständlich. Da mit steigender Temperatur die Anziehungskraft benachbarter Ionen sinkt, nimmt $\alpha(T)$ zu (ε steigt mit steigender Temperatur). Allgemein kann die Aussage gemacht werden, daß der TK_ε positiv ist, wenn die Ionenpolarisation überwiegt, und negativ, wenn die Elektronenpolarisation den stärksten Beitrag liefert.

Stoffe mit besonders hohem ε, wie TiO_2 oder $CaTiO_3$, die wesentliche Bestandteile von Kondensatorkeramiken sind, besitzen eine Gitterstruktur, für die (9,23) nicht gleich Null wird und einen Beitrag zum lokalen Feld liefert. Beispielsweise kann TiO_2 durch eine erweiterte Clausius-Mossotti-Gleichung (s. (9,31)) beschrieben werden:

$$\frac{\varepsilon - 1}{\varepsilon + 2} = \frac{N}{3\varepsilon_0} \frac{\alpha_1 + 2\alpha_2 + \alpha}{1 - \alpha_1 C_{11} - \alpha_2 C_{22} - \alpha C_{21}} \tag{9,38}$$

(α_1, α_2, α — Polarisierbarkeiten der Ionen Ti^{4+} bzw. O^{2-} und der gesamten TiO_2-Gruppierung; C_{11}, C_{22}, C_{21} — Strukturkoeffizienten des inneren Feldes, die folgende Wechselwirkungen erfassen: $Ti^{4+} \leftrightarrow Ti^{4+}$ bzw. $O^{2-} \leftrightarrow O^{2-}$ und $Ti^{4+} \leftrightarrow O^{2-}$).

9.2.3. Beschreibung der Polarisation von Festkörpern im Wechselfeld

Relaxationserscheinungen

Müssen bei Ausbildung einer Polarisation im Festkörper Massen von der Größenordnung eines Atoms oder Moleküls bewegt werden, benötigt dieser Vorgang eine Zeit von $t > 10^{-11}$ s. Das trifft zu auf die Orientierungspolarisation allein, die Elektronen- und Ionenpolarisation, wenn sie in einem veränderlichen Lorentz-Feld ablaufen, und die Polarisation an inneren Grenzflächen.

Nach Anlegen des elektrischen Feldes zum Zeitpunkt $t = 0$ wächst P näherungsweise wie

$$P = P_0(1 - e^{-t/\tau}) \tag{9,39}$$

(τ — Relaxationszeit, P_0 — Polarisation bei $t = \infty$).

Die Polarisation fällt nach Abschalten des äußeren Feldes wie

$$P = P_0 e^{-t/\tau} \tag{9,40}$$

ab. Besitzt eine bestimmte Bausteinorientierung im Dielektrikum die Verweilzeit τ_V und wird angenommen, daß lokal das Feld (9,28) einwirkt, so folgt mit (9,31):

$$\tau = \frac{\varepsilon_s + 2}{\varepsilon_\infty + 2}\,\tau_V. \tag{9,41}$$

Die Relaxationszeit τ kann die mittlere Verweilzeit τ_V stark übertreffen, wenn die statische Dielektrizitätskonstante (abgekürzt oft „DK" genannt) ε_s groß ist gegen ε_∞, die optische DK bei hohen Frequenzen.

Liegt ein veränderliches elektrisches Feld $\boldsymbol{E}(t)$ am Dielektrikum an, so folgt für die Polarisation

$$\boldsymbol{P} = (\varepsilon_\infty - 1)\,\varepsilon_0 \boldsymbol{E}(t) + (\varepsilon_s - \varepsilon_\infty)\,\varepsilon_0 \int_{-\infty}^{t} \boldsymbol{E}(t')\,\mathrm{e}^{-(t-t')/\tau}\,\frac{\mathrm{d}t'}{\tau}. \tag{9,42}$$

In (9,42) ist eine Aufspaltung in einen trägheitslosen Anteil und einen relaxationsbehafteten Anteil vorgenommen worden. Die Integrationsgrenze $-\infty$ ist willkürlich, da die Integration von $-\infty$ bis zum Einschalten eines Feldes $\boldsymbol{E}(t)$ Null ergibt.

Wird jetzt für $\boldsymbol{E}(t)$ der technisch wichtige Fall

$$\boldsymbol{E}(t) = \boldsymbol{E}_0 \mathrm{e}^{\mathrm{i}\omega t} \tag{9,43}$$

angesetzt, ergibt sich

$$\int_{-\infty}^{t} \mathrm{e}^{\mathrm{i}\omega t'} \mathrm{e}^{t'/\tau}\,\mathrm{d}t' = \frac{1}{\left(\mathrm{i}\omega + \dfrac{1}{\tau}\right)}\,\mathrm{e}^{\mathrm{i}\omega t}\mathrm{e}^{t/\tau}$$

und

$$\boldsymbol{P}(t) = (\varepsilon_\infty - 1)\,\varepsilon_0 \boldsymbol{E}_0 \sin \omega t + (\varepsilon_s - \varepsilon_\infty)\,\varepsilon_0 \boldsymbol{E}_0 \times \frac{1}{1 + (\omega\tau)^2}\,(\sin \omega t - \omega\tau \cos \omega t). \tag{9,44a}$$

Bei niedrigen Frequenzen gilt $\omega\tau \ll 1$, und damit wird

$$\boldsymbol{P}(t) = (\varepsilon_s - 1)\,\varepsilon_0 \boldsymbol{E}(t). \tag{9,44b}$$

Der Relaxationsanteil in (9,44a) besteht aus einem Glied, das mit $\boldsymbol{E}(t)$ in Phase ist, und einem, das um $\frac{\pi}{2}$ phasenverschoben ist. Eine trigonometrische Umformung führt auf

$$\boldsymbol{P}(t) = (\varepsilon_\infty - 1)\,\varepsilon_0 \boldsymbol{E}_0 \sin \omega t + (\varepsilon_s - \varepsilon_\infty)\,\varepsilon_0 \boldsymbol{E}_0 \frac{1}{[1 + (\omega t)^2]^{1/2}} \sin(\omega t - \varphi), \tag{9,45}$$

$$\varphi = \arctan(\omega\tau), \quad \delta = \frac{\pi}{2} - \varphi; \quad \text{(s. 9,7)}.$$

Bei Frequenzen im Gebiet $\omega\tau \approx 1$ bleibt der Relaxationsanteil, dessen Amplitude $\boldsymbol{P}_r(t)$ dann von Null verschieden ist, um φ hinter der Phase des Wechselfeldes zurück. Abbildung 9.6 gibt die Zusammenhänge zwischen $\boldsymbol{P}$, φ und ω prinzipiell wieder.

Für die Verluste ist nur der Anteil der Polarisation von Bedeutung, der um $\pi/2$ phasenverschoben ist. Die Verluststromdichte durch ein Dielektrikum ist

$$\boldsymbol{j} = \boldsymbol{j}_0 + \boldsymbol{j}_\mathrm{P} + \boldsymbol{j}_\mathrm{E}. \tag{9,46}$$

Wir bezeichnen hier mit $\boldsymbol{j}_0$ den Stromdichteanteil, der durch vorhandene oder injizierte Ladungsträger bewirkt wird und gesondert betrachtet werden muß. Für die

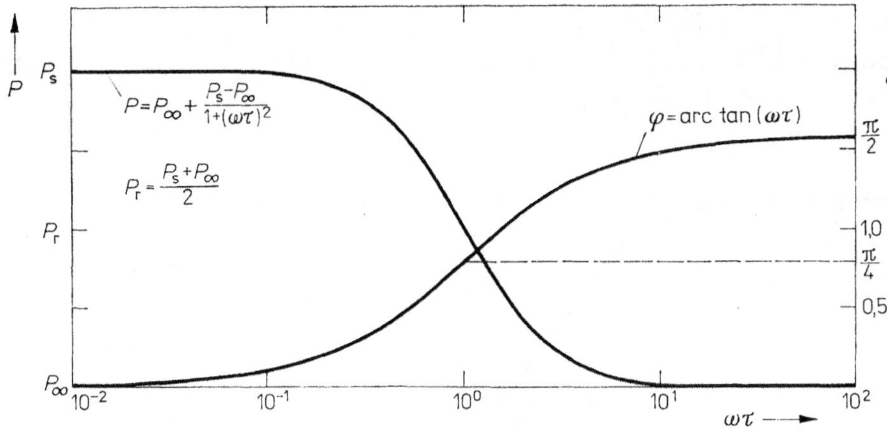

Abb. 9.6
Amplitude P der Polarisation und Phasenwinkel φ in Abhängigkeit von $\omega\tau$.

Relaxationsstromdichte findet man aus (9,44a)

$$\boldsymbol{j}_\mathrm{P}(t) = \frac{\mathrm{d}\boldsymbol{P}(t)}{\mathrm{d}t}, \quad \boldsymbol{j}_\mathrm{E} = \frac{\mathrm{d}(\varepsilon_0 \boldsymbol{E})}{\mathrm{d}t}$$

$$\boldsymbol{j}_\mathrm{P}(t) = (\varepsilon_\infty - 1)\,\varepsilon_0\omega\boldsymbol{E}_0 \cdot \cos\omega t + (\varepsilon_\mathrm{s} - \varepsilon_\infty)\,\varepsilon_0\omega\boldsymbol{E}_0\,\frac{1}{1+(\omega\tau)^2}\,(\cos\omega t + \omega\tau\sin\omega t). \tag{9,47}$$

Nur der letzte Term ist mit dem angelegten Feld in Phase und ergibt eine im Dielektrikum umgesetzte Leistung von

$$N = \frac{1}{t}\int_0^t \mathrm{d}t\; j_\mathrm{P}(t) \int_0^d \mathrm{d}\boldsymbol{r}\boldsymbol{E}(t, \boldsymbol{r}) \tag{9,48}$$

(d — Dicke des Dielektrikums, t — Vielfaches einer Schwingungsperiode).

Für eine ebene Anordnung ($\boldsymbol{E}(\boldsymbol{r})$ = konstant) findet man:

$$N_\mathrm{p} = \frac{(\varepsilon_\mathrm{s} - \varepsilon_\infty)\,\varepsilon_0\omega^2\tau}{1+(\omega\tau)^2} \cdot \frac{\boldsymbol{E}_0^2 d}{2} \tag{9,49}$$

und

$$N = N_\mathrm{p} + \boldsymbol{j}_0\boldsymbol{E}_0 d = N_\mathrm{p} + \frac{\sigma\boldsymbol{E}_0^2 d}{2}. \tag{9,50}$$

Wir weisen schon hier darauf hin, daß σ stark von $\boldsymbol{E}$ abhängen kann.

Mit (9,47) findet man für

$$\tan\delta = \frac{j_{\text{Phase,max}}}{j_{\frac{\pi}{2},\text{max}}}$$

$$\tan\delta = \frac{\dfrac{\sigma}{\omega\varepsilon_0} + \dfrac{(\varepsilon_s - \varepsilon_\infty)\,\omega\tau}{1 + (\omega\tau)^2}}{\varepsilon_\infty + \dfrac{\varepsilon_s - \varepsilon_\infty}{1 + (\omega\tau)^2}} = \frac{\varepsilon''}{\varepsilon'}. \tag{9,51}$$

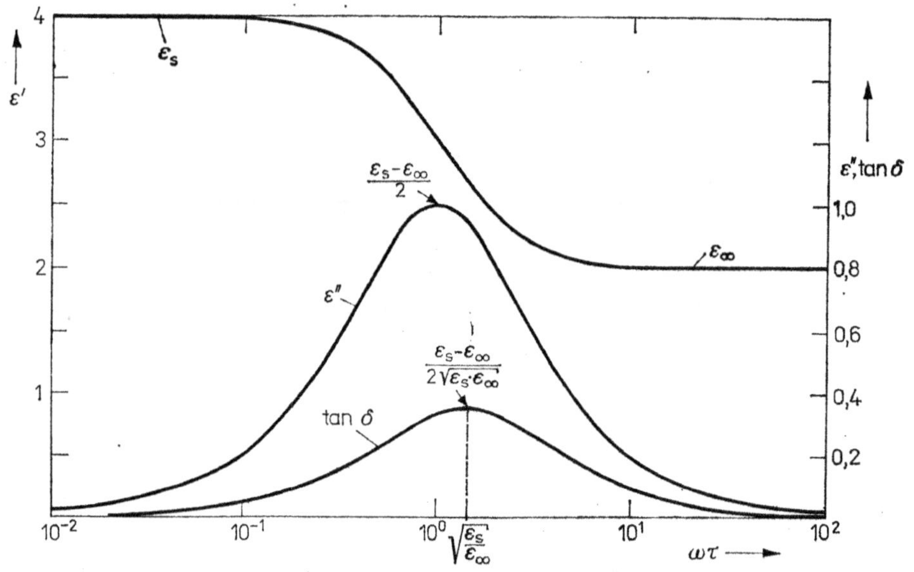

Abb. 9.7
Frequenzabhängigkeit der Größen ε', ε'' und $\tan\delta$.

Das Glied mit σ kann bei hohen Frequenzen vernachlässigt werden, wie das in Abschnitt 9.1.1. vorausgesetzt wurde.

Abbildung 9.7 zeigt die Zusammenhänge für hohe Frequenzen. Berücksichtigt man bei niedrigen Frequenzen auch den Einfluß der geringen vorhandenen Leitfähigkeit, ergibt sich für $\tan\delta$ Abb. 9.8. Es sei darauf hingewiesen, daß bei hohen Frequenzen Meßkurven einen zunächst überraschenden Anstieg des $\tan\delta$ zeigen. Dieser Anstieg geht auf den Einfluß des Widerstandes der Meßelektroden und der Zuleitungsdrähte zurück. Die Temperaturabhängigkeit der Lage der Maxima von ε'' und $\tan\delta$ folgt aus der Erniedrigung der Verweilzeit τ_v und damit der Relaxationszeit τ mit steigender Temperatur. Die Maxima verschieben sich mit steigender Temperatur zu höheren Frequenzen. Für eine Serie von Relaxationszeiten müssen in allen Formeln Ausdrücke $g(\tau)$, die τ enthalten, durch

$$g(\tau) \to \int_0^\infty f(\tau) \cdot g(\tau) \cdot d\tau$$
$$\int_0^\infty f(\tau)\, d\tau = 1 \qquad (9,52)$$

($f(\tau)$ — Wahrscheinlichkeit für das Auftreten einer Relaxationszeit τ im Intervall $\tau \ldots \tau + d\tau$) ersetzt werden. In den experimentell ermittelten Abhängigkeiten führt das Auftreten mehrerer Maxima zu einer Verbreiterung des Relaxationsbereiches.

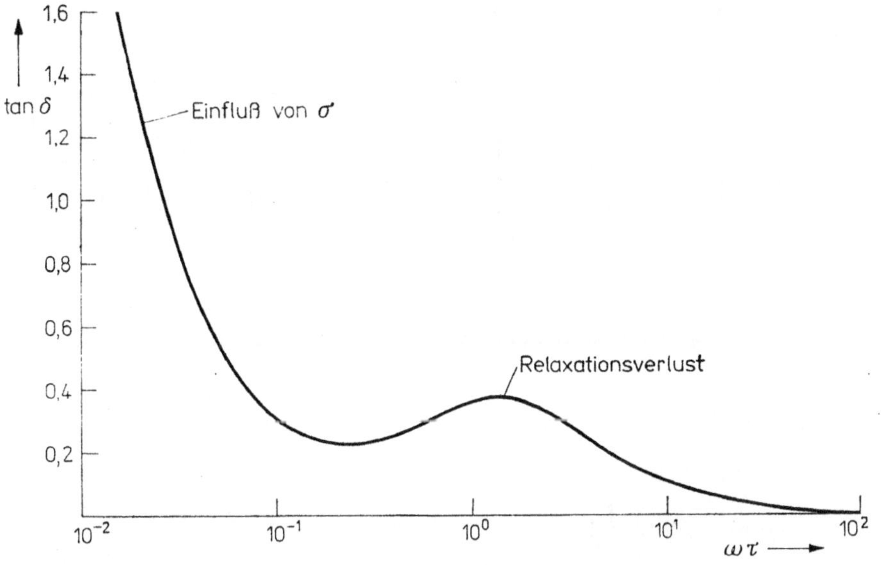

Abb. 9.8
Abhängigkeit des tan δ von der Frequenz unter Berücksichtigung der Gleichstromleitfähigkeit σ.

Wagnersche Verluste
Raumladungspolarisation kann in einem einheitlichen Dielektrikum auftreten, wenn genügend Haftstellen für Ladungsträger (Elektronen, Ionen) vorhanden sind. Es kommt dann zu Polarisationserscheinungen durch diese schwer bewegliche Ladungsverteilung, die durch (9,15) und (9,15a) beschreibbar sind. Von großem Einfluß sind Inhomogenitäten und Grenzflächen.

Der einfachste Fall eines inhomogenen Dielektrikums ist in Abb. 9.9 skizziert. Er gilt im Moment des Einschaltens, wobei sich noch keine Grenzschichtladungen ausgebildet haben:

$$\varepsilon_1 E_{10} = \varepsilon_2 E_{20},$$
$$U_0 = (E_{10} + E_{20})\, d \qquad (9,53)$$
$$E_{10} = \frac{\varepsilon_2}{\varepsilon_1 + \varepsilon_2} \cdot \frac{U_0}{d}, \quad E_{20} = \frac{\varepsilon_1}{\varepsilon_1 + \varepsilon_2} \cdot \frac{U_0}{d}.$$

Stationär stellt sich dagegen eine bestimmte Belegung der Grenzflächen mit Ladungen ein, und zwar so, daß gilt:

$$j = j_1 = j_2 = \sigma_1 E_1 = \sigma_2 E_2$$
$$E_1 = \frac{\sigma_2}{\sigma_1 + \sigma_2}\frac{U_0}{d}, \quad E_2 = \frac{\sigma_1}{\sigma_1 + \sigma_2}\frac{U_0}{d}. \tag{9,54}$$

E_{i0} und E_i stimmen nur dann überein, wenn ε/σ für alle beteiligten Schichten den gleichen Wert besitzt. Andernfalls sind die E_i zeitabhängige Größen, wenn U_0

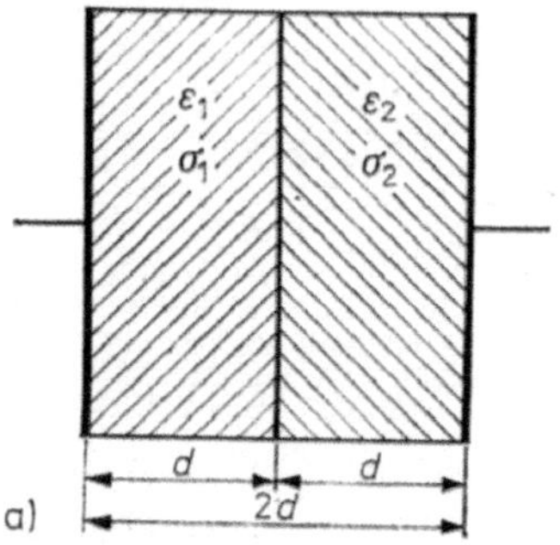

Abb. 9.9a
Inhomogenes Dielektrikum im Plattenkondensator.

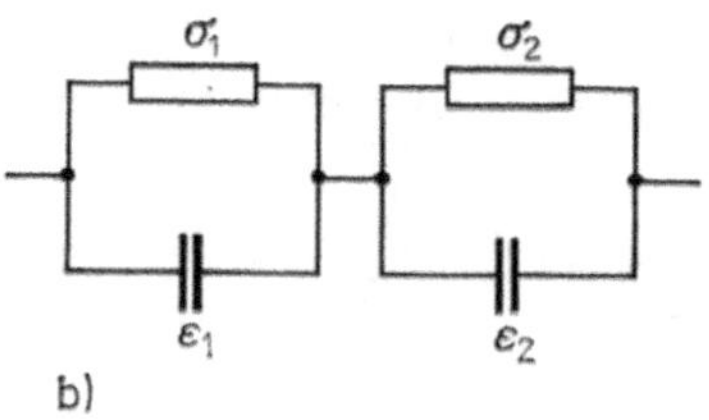

Abb. 9.9b
Ersatzschaltbild.

variiert wird. Bei einem einfachen Einschaltvorgang findet man

$$j = j_0 + j_{\text{abs}}$$
$$j_0 = \frac{\sigma_1 \sigma_2}{\sigma_2 + \sigma_1}\frac{U_0}{d}. \tag{9,55}$$
$$j_{\text{abs}} = \frac{(\varepsilon_1 \sigma_2 - \varepsilon_2 \sigma_1)^2}{(\varepsilon_2 + \varepsilon_1)^2 (\sigma_1 + \sigma_2)}\, e^{-\frac{t}{\tau}}$$

(j_0 ist durch eigene oder injizierte Ladungsträger bedingt, j_{abs} ist der Absorptionsstrom, der zur Beladung der Grenzflächen mit Ladungsträgern führt).

Für die Zeit, die eine Beladung in Anspruch nimmt, findet man:

$$\tau = \frac{(\varepsilon_1 + \varepsilon_2)\,\varepsilon_0}{(\sigma_1 + \sigma_2)}. \tag{9,56}$$

Diese Größe τ kann bei guten Isolatoren in der Größenordnung 10^4 s liegen und ist deshalb bei elektrischen Messungen an Isolierstoffen stets zu beachten.

Mit dem Ersatzschaltbild der Abb. 9.9b findet man für $\tan\delta$:

$$\tan\delta = \frac{1 + [(\tau_1 + \tau_2)\,\tau - \tau_1\tau_2]\,\omega^2}{(\tau_1 + \tau_2 - \tau)\,\omega + \tau_1\tau_2\tau\omega^3}, \tag{9,57}$$

$$\tau_1 = \frac{\varepsilon_1\varepsilon_0}{\sigma_1}, \quad \tau_2 = \frac{\varepsilon_2\varepsilon_0}{\sigma_2}.$$

Das ist eine Abhängigkeit von ω, die im Prinzip Abb. 9.8 entspricht, nur daß sie hier allein auf den Auf- und Abbau von Grenzflächenladungen zurückzuführen ist. Für niedrige Frequenzen ist $\tan\delta$ sehr groß, d. h., ein inhomogenes Dielektrikum besitzt ungünstig große Verluste. Für hohe Frequenzen $\omega\tau \gg 1$ findet man

$$\tan\delta \approx \frac{1}{\omega}\left(\frac{1}{\tau_2} + \frac{1}{\tau_1} - \frac{1}{\tau}\right), \tag{9,58}$$

d. h., $\tan\delta$ geht $\sim 1/\omega$ gegen Null.

Resonanzerscheinungen

In Frequenzbereichen, in denen die optischen Eigenschwingungen der Festkörper, insbesondere der Ionenkristalle, bzw. die Dipoleigenschwingungen molekularer Bausteine liegen, kommt es zu Resonanzerscheinungen der Polarisation.

Wirkt auf ein Ionenkristall ein elektrisches Wechselfeld ein, dann entstehen Verschiebungen der negativen und positiven Ionen aus ihrer Ruhelage. Unter den vereinfachten Annahmen

— Verschiebung in Richtung einer Koordinate x unter der Wirkung eines Feldes $E_x = E_{x0} \cdot e^{i\omega t}$,
— Rückstellkraft proportional der Auslenkung $F = -c(x - x_0)$ (harmonischer Oszillator),
— Berücksichtigung der Verluste durch eine geschwindigkeitsproportionale Reibungskraft $F_R \sim \dot{x}$

kann das Problem gelöst werden.

Man findet nach Drude und Lorentz die Bewegungsgleichung eines geladenen Bausteins im lokalen Wechselfeld:

$$\begin{aligned} m\ddot{x} + a_r\dot{x} + bx &= qE_{x,\mathrm{lok}} \\ E_{x,\mathrm{lok}} &= E_x + P_x/3\varepsilon_0 \end{aligned} \tag{9,59}$$

(m — Bausteinmasse, a_r — Reibungskoeffizient, b — Kraftkonstante des harmonischen Oszillators, x — Auslenkung aus der Ruhelage, q — Ladung des Bausteins).

(9,59) kann in eine Gleichung für die Ionenpolarisation P_I umgewandelt werden, wenn man berücksichtigt, daß nach (9,9) und (9,14)

$$P_I = \lambda N q x$$

(λ — Koeffizient, der den Gitteraufbau berücksichtigt, N — Zahl der Ionenpaare in der Volumeneinheit) gilt. Es wird also

$$\ddot{P}_I + \frac{a_r}{m}\dot{P}_I + \frac{b}{m}P_I = \frac{\lambda N q^2}{m}E_{x,\mathrm{lok}}. \tag{9,60}$$

Daraus folgt sofort mit (9,28) und unter Berücksichtigung von

$$P = P_1 + P_2 \tag{9,61}$$

(P_1 — träger Anteil, im speziellen Fall $= P_I$; P_2 — trägheitsloser Anteil im Infrarotgebiet)

und

$$P_2 = (\varepsilon_\infty - 1)\,\varepsilon_0 E,$$

$$\ddot{P}_\mathrm{I} + \frac{a_\mathrm{r}}{m}\dot{P}_\mathrm{I} + \omega_0^2 P_\mathrm{I} = \frac{\varepsilon_\infty + 2}{3}\cdot\frac{\lambda N q^2}{m}E_x, \tag{9,62}$$

$$\omega_0^2 = \frac{b}{m} - \frac{\lambda N q^2}{3\varepsilon_0 m}.$$

Für einfache Gitter, bei denen die Richtung des äußeren Feldes und die Polarisationsrichtung übereinstimmen, kann (9,62) in folgender verallgemeinerter Form geschrieben werden:

$$\ddot{\boldsymbol{P}}_1 + a\dot{\boldsymbol{P}}_1 + \omega_0^2 \boldsymbol{P}_1 = \frac{(\varepsilon_\infty + 2)}{3} C\boldsymbol{E}, \tag{9,63}$$

$$C = \frac{\lambda N q^2}{m}, \qquad a = \frac{a_\mathrm{r}}{m}.$$

Die Größe C enthält die Besonderheiten des Ionengitters. Die Lösung von (9,63) lautet:

$$\boldsymbol{P}_1 = \frac{\varepsilon_\infty + 2}{3} C \cdot \boldsymbol{E}_0 \mathrm{e}^{\mathrm{i}\omega t}\frac{1}{\omega_0^2 - \omega^2 + \mathrm{i}a\omega} = \boldsymbol{P}_{10}\cdot \mathrm{e}^{\mathrm{i}(\omega t - \varphi)}. \tag{9,64}$$

Zwischen anliegendem Wechselfeld und Polarisation kommt es zu einer durch Verluste bedingten Phasenverschiebung φ. Unter Berücksichtigung von (9,61) und (9,62) folgt weiter

$$\boldsymbol{P} = \boldsymbol{E}_0 \mathrm{e}^{\mathrm{i}\omega t}\left[(\varepsilon_\infty - 1)\,\varepsilon_0 + \frac{\varepsilon_\infty + 2}{3}\,\frac{C}{\omega_0^2 - \omega^2 + \mathrm{i}a\omega}\right].$$

Benutzt man (9,5), (9,6) und (9,7), gewinnt man die in der Praxis wichtigen Beziehungen für eine Resonanzerscheinung in einem Ionenkristall im Bereich der Infrarotfrequenzen:

$$\varepsilon' = \varepsilon_\infty + \frac{\omega_0^2 - \omega^2}{(\omega_0^2 - \omega^2)^2 + (a\omega)^2}\,\frac{\varepsilon_\infty + 2}{3\varepsilon_0} C, \tag{9,65}$$

$$\varepsilon'' = \frac{\omega a}{(\omega_0^2 - \omega^2)^2 + (a\omega)^2}\,\frac{\varepsilon_\infty + 2}{3\varepsilon_0} C. \tag{9,66}$$

Die Abhängigkeiten $\varepsilon'(\omega)$, $\varepsilon''(\omega)$ und $\tan\delta(\omega)$ werden in Abb. 9.10 skizziert. Stimmen die Wechselfeldfrequenz und die durch das Polarisationsfeld modifizierte Eigenschwingungsfrequenz des Ionengitters überein ($\omega = \omega_0$), folgt

$$\varepsilon' = \varepsilon_\infty, \tag{9,67}$$

$$\varepsilon''_{\max} = \frac{\varepsilon_\infty + 2}{3\varepsilon_0 a\omega}\cdot C.$$

Für niedrige Frequenzen $\omega \ll \omega_0$ gilt:

$$\varepsilon_1' \approx \varepsilon_\infty + \frac{\varepsilon_\infty + 2}{3\varepsilon_0\omega_0^2} C. \tag{9,68}$$

Die Größe C kann also durch die Messung von ε_∞, ω_0 und ε_1' bestimmt werden.

Die eben dargelegten Zusammenhänge sind auch auf die Resonanzerscheinungen im ultravioletten Frequenzbereich übertragbar. Besonderheiten der Elektronenpolarisation stecken dann in den etwas anders definierten C und a, und für ε_∞ ist Eins zu setzen. Die Resonanzfrequenz ω_0 wird höher, da für m in (9,62) die viel kleinere Elektronenmasse m_0 eingesetzt werden muß. Normalerweise sind jeweils mehrere Ionenresonanzen und Elektronenresonanzen im Festkörper vorhanden.

Für Metalle und niederohmige Halbleiter entstehen durch das Vorhandensein quasifreier Leitungselektronen einige Besonderheiten (vgl. Abschnitt 8.5.). Diese

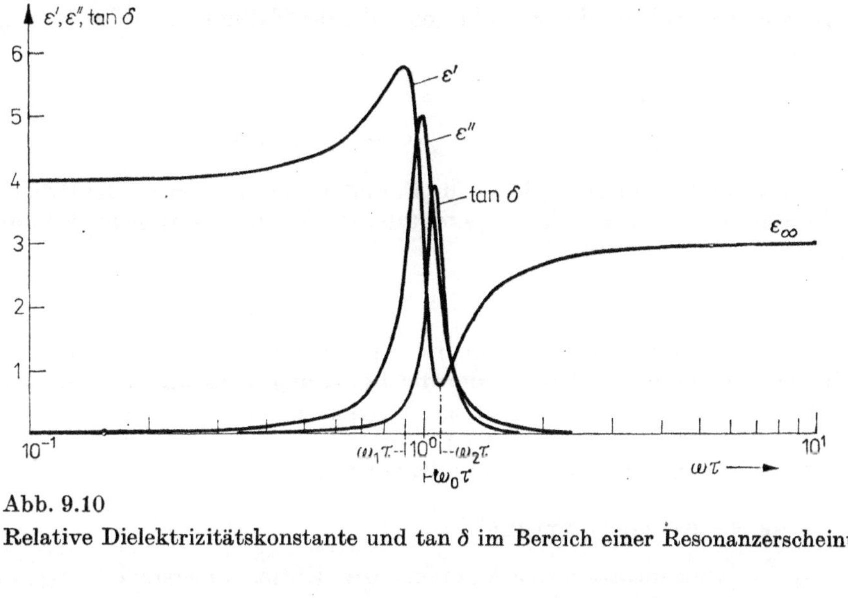

Abb. 9.10

Relative Dielektrizitätskonstante und tan δ im Bereich einer Resonanzerscheinung.

Elektronen sind nicht an einen bestimmten Gitterplatz gebunden. Die rücktreibende Kraft in (9,59) entfällt ($b = 0$). Ein inneres Polarisationsfeld kann sich nicht aufbauen. Man kann also in den Formeln (9,62) bis (9,68) einfach

$$\omega_0 = 0$$

setzen. Aus (9,65) und (9,66) wird so:

$$\begin{aligned} \varepsilon' &= 1 - \frac{ne^2}{\varepsilon_0 m^*} \frac{1}{\omega^2 + a^2}, \\ \varepsilon'' &= \frac{a}{\omega(\omega^2 + a^2)} \frac{ne^2}{\varepsilon_0 m^*} \end{aligned} \tag{9,69}$$

(n — Konzentration der Leitungselektronen, m^* — effektive Masse der Leitungselektronen).

Aus (9,69) kann man unmittelbar entnehmen, daß unterhalb $\omega = a$ für ein Metall die dielektrische Leitfähigkeit $\sigma_d = \varepsilon'' \omega \varepsilon_0$ groß ist und ein Absorptionsgebiet vorliegt. Bei Frequenzen $\omega \gg a$ wird $\sigma_d \approx 0$ und weiterhin $\varepsilon' < 0$, d. h., es liegt Reflexion vor. Erst etwa bei $\omega \approx 10^{16}\ \mathrm{s}^{-1}$ wird $\varepsilon' > 0$, und das Metall wird durchsichtig.

9.3. Leitungsvorgänge in Isolierstoffen

9.3.1. Ionenleitung

Bei heteropolaren Festkörpern muß immer mit einer Beweglichkeit der Ionenbausteine gerechnet werden. Ionen können aber auch Strombeiträge bei anderen Festkörpern ergeben, wenn sie als chemische Verunreinigungen in diesen enthalten sind. Die Leitungsvorgänge lassen sich durch das Faradaysche Gesetz beschreiben. Fast ausschließlich durch Ionentransport — in den auch der Transport von Elektrodenmaterial stark mit eingeschlossen ist — treten Verluste in Alkalihalogeniden sowie den Halogeniden des Silbers, der Erdalkalimetalle, des Talliums und des Bleis auf. Meist läßt sich

$$\begin{aligned} \sigma &= \sigma_{\mathrm{E}} + \sigma_{\mathrm{Fr}} \\ \sigma &= \sigma_{0\mathrm{E}} \exp\left(-W_{\mathrm{E}}/k_{\mathrm{B}}T\right) + \sigma_{0\mathrm{F}} \exp\left(-W_{\mathrm{Fr}}/k_{\mathrm{B}}T\right) \end{aligned} \tag{9,70}$$

(E — Index für Eigenleitung, Fr — für Fremdleitung) ansetzen. Die Größe σ_{Fr} hängt vom Verunreinigungsgrad des Wirtskristalls ab. Für die Aktivierungsenergien findet man

$$W_{\mathrm{E}}/W_{\mathrm{Fr}} \approx 2. \tag{9,71}$$

W_{E} enthält neben der Aktivierung des Transportvorgangs zusätzlich die Energie für die Entstehung eines Defekts, der die Bewegung eines Ions im perfekten Ionenkristall erst ermöglicht. Als derartige Defekte kommen Frenkel- und Schottky-Defekte in Frage (vgl. Abschnitt 4.1.).

Der Eigenleitungsanteil ist bestimmbar aus

$$\sigma_{\mathrm{E}} = e(n_{\mathrm{AL}}\mu_{\mathrm{AL}} + n_{\mathrm{KL}}\mu_{\mathrm{KL}}) \tag{9,72}$$

(n_{AL}, n_{KL} — Konzentration der Anionen- bzw. Kationenleerstellen; μ_{AL}, μ_{KL} — die zugehörigen Beweglichkeiten).

In (9,72) wird vorausgesetzt, daß es sich um einfach geladene Ionen handelt. Mit Hilfe der klassischen Statistik wird für die Beweglichkeiten gefunden:

$$\mu = (\lambda a^2 e \nu_0/k_{\mathrm{B}}T) \exp\left(-W_{\mathrm{AL}}/k_{\mathrm{B}}T\right) \tag{9,73}$$

(a — Gitterparameter, Abstand benachbarter Potentialbarrieren, ν_0 — Schwingungsfrequenz der Nachbarbausteine, W_{AL} — Aktivierungsenergie beim Platzwechsel einer Leerstelle, λ — Faktor, der die Zahl und Anordnung der nächsten Nachbarn berücksichtigt). (9,73) gilt für kleine Feldstärken. Die Potentialverhältnisse in einem Ionenkristall, wenn ein elektrisches Feld $\boldsymbol{E}$ anliegt, zeigt Abb. 9.11. Die Beziehung für μ folgt aus der Wahrscheinlichkeit des Übergangs eines Ions auf einen Nachbarplatz pro Zeiteinheit

$$w_{+-} = \nu_0 \exp\left[(-W_{\mathrm{A}} \pm eEa/2)/k_{\mathrm{B}}T\right] \tag{9,74}$$

in oder entgegen Feldrichtung, und für kleine Feldstärken wird

$$\mu = (w_- - w_+)\frac{\lambda a}{E}. \tag{9,75}$$

Die Konzentration der Leerstellen bestimmt man aus dem Massenwirkungsgesetz für den reinen Ionenkristall mit $n_{AL} = n_{KL}$, der Neutralitätsbedingung, zu

$$n_{AL} \cdot n_{KL} = N^2 \cdot \exp(-W_s/k_B T) \qquad (9,76)$$

(N — Zahl der Leerstellen, W_S — Energie zur Bildung eines Schottky-Defekts).

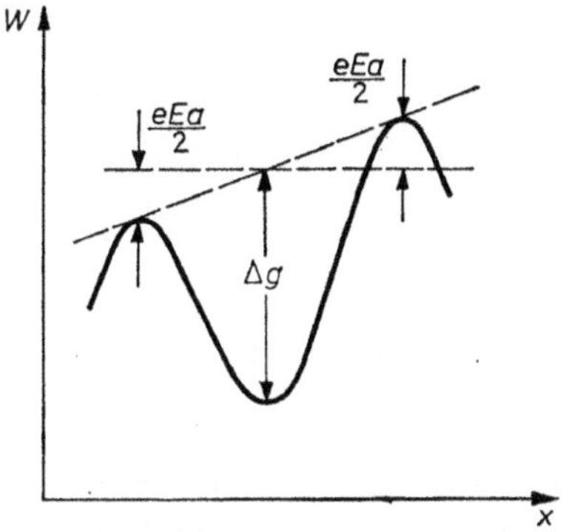

Abb. 9.11
Schematische Darstellung der mittleren potentiellen Energie der Kationenleerstellen bei Anwesenheit eines elektrischen Feldes in x-Richtung.

Im Fall einer Verunreinigung mit z. B. zweiwertigen Kationen der Konzentration n — das angenommene Gitter besitzt einwertige Ionen als Bausteine — ergibt sich

$$n_{KL} = n_{AL} + n_I \qquad (9,77)$$

und

$$n_{KL}(n_{KL} - n_I) = N^2 \exp(-W_S/k_B T). \qquad (9,78)$$

Andere praktisch auftretende Fälle können mit der Vorschrift (9,77) und (9,78) konstruiert werden. Die angegebene erste Näherung läßt sich durch Berücksichtigung der Wechselwirkung benachbarter Defekte im Gitter erweitern.

9.3.2. Elektronenleitung bei niedrigen Feldstärken

Leitung in Bändern

Molekulare Bausteine in Isolatoren werden vorwiegend durch schwache Bindungskräfte vom Van-der-Waals-Typ oder durch Wasserstoffbrücken zusammengehalten. Man kann deshalb nur eine schwache Überlappung benachbarter Elektronenverteilungen erwarten. Wenn es zur Ausbildung von Bändern kommt, sind diese schmal. Bandstrukturberechnungen sind bisher nur bei sehr einfach gebauten Molekülkristallen gelungen. Der für die Beschreibung von Halbleitern erarbeitete Formalismus kann auf Isolierstoffe unter der Bedingung angewandt werden, daß die Grenzen seiner Anwendbarkeit Beachtung finden. Unter Berücksichtigung der Heisenbergschen Unschärferelation liegt diese Grenze bei Beweglichkeiten von $\mu \geqq 0{,}1\ \mathrm{cm^2/Vs}$. Das folgt aus der Bedingung, daß das Produkt der Energieunschärfe ΔW und der Lebensdauer eines Quantenzustandes der Ungleichung

$$\Delta W \cdot \tau > \hbar \qquad (9,79)$$

genügen muß.

Mit den vereinfachten Ansätzen (vgl. Abschnitt 6.5.3., (6,183))

$$\mu = \overline{ev^2\tau}/k_B T, \quad W = \frac{\Delta W}{2} (1 - \cos \boldsymbol{ka}) \tag{9,80}$$

und

$$\overline{v^2} = \frac{a}{2\pi} \int_{-\pi/a}^{+\pi/a} \left\{ \frac{1}{\hbar} \left(\frac{\partial W}{\partial k} \right) \right\}^2 \mathrm{d}k,$$

$$\overline{v^2} = (\Delta W)^2 \, a^2/8\hbar^2,$$

folgt

$$\mu \geqq \frac{ea^2}{8\hbar} \frac{\Delta W}{k_B T} \approx 0{,}1 \frac{\Delta W}{k_B T} \text{ [in cm}^2\text{/Vs]} \tag{9,81}$$

(ΔW — Breite des Bandes, a — Gitterkonstante $\approx 0{,}3$ nm).

Hopping-Leitung
Wenn die Beweglichkeit der Ladungsträger sehr niedrig ist, kann die Elektron-Phonon-Wechselwirkung nicht mehr als kleine Störung angesehen werden. Die Ladungsträger bleiben deshalb an einem Gitterplatz längere Zeit lokalisiert. Zwischen benachbarten Gitterplätzen, an denen sich der Ladungsträger infolge durch ihn selbst bewirkte Gitterdeformation längere Zeit aufhalten kann, existiert eine Potentialbarriere, die analog zur Ionenleitung überwunden werden muß. Für diesen durch thermische Stöße vermittelten Hüpf- (Hopping-) Prozeß gilt:

$$\mu \approx [\lambda a^2 e (k_B T)^2/h^3 \nu^2] \exp(-W_S/k_B T) \tag{9,82}$$

(a — mittlerer Abstand benachbarter Gitterplätze, ν — Schwingungsfrequenz der Gitterbausteine, W_S — Barrierenhöhe, λ — Faktor, der die Zahl und Anordnung der nächsten Nachbarn berücksichtigt).

Polaronenleitung (s. auch Abschnitt 6.6.)
Auch in einem heteropolaren Gitter ist die Wechselwirkung zwischen einem langsamen Elektron und dem Gitter so stark, daß das Elektron im Nahordnungsbereich einen Polarisationszustand erzeugt, der auf das Elektron zurückwirkt und dessen Energie verringert. Elektron und begleitender Polarisationszustand werden als Polaron bezeichnet. Man unterscheidet zwischen großen und kleinen Polaronen. Ein Polaron ist groß, wenn der Radius der Gitterstörung die Gitterkonstante übertrifft.

Auf der Basis einer einfachen Polaron-Phonon-Wechselwirkung ergibt die Theorie in der Näherung schwacher Kopplung:

$$\mu = (16/9\pi)^{1/2} \, (e/m_p^* \alpha \cdot 2\pi\nu) \, (k_B T/h\nu)^{1/2} \, (\exp\{h\nu/k_B T\} - 1). \tag{9,83}$$

Starke Kopplungen zwischen Elektron und Gitter werden schon bei der Formulierung des Quasiteilchens Polaron berücksichtigt. In (9,83) ist die effektive Polaronenmasse

$$m_p^* = m^*(1 + \alpha/6) \tag{9,84}$$

enthalten (m^* — effektive Masse der Elektronen bei starrem Gitter).

Die Wechselwirkungskonstante α ist

$$\alpha = e^2(m^*/4\hbar^3\pi\nu)^{1/2}/\varepsilon^*, \qquad (9,85)$$

$$\frac{1}{\varepsilon^*} = \frac{1}{\varepsilon_\infty} - \frac{1}{\varepsilon_s}$$

(ν — Frequenz der Gitterbausteine $\approx 5 \cdot 10^{12}$ Hz).
Die Masse großer Polaronen nimmt Werte an von $m_p^* \approx 1{,}5 \cdots 6\, m_0$. Die Elektronenenergie wird um den Betrag $\alpha h\nu$ erniedrigt wie

$$W(k) = (\hbar^2/2m_p^*)\, k^2 - \alpha h\nu. \qquad (9,86)$$

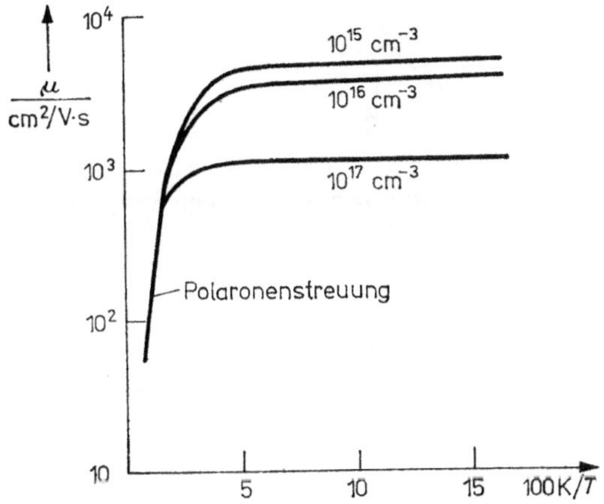

Abb. 9.12

Hallbeweglichkeiten von Elektronen in KCl bei verschiedener F-Zentrenkonzentration (nach O'Dwyer, I. I.: The theory of electrical conduction and breakdown in solid dielectrics. — Oxford: Clarendon Press 1973).

Hall-Beweglichkeiten von Elektronen in KCl zeigt Abb. 9.12. Die Gleichungen (9,83) bis (9,86) beschreiben den Leitungsvorgang im Ionengitter beim Vorhandensein großer Polaronen.

Während große Polaronen mit Hilfe einer Kontinuumsnäherung erfaßt werden können, müssen kleine Polaronen mit Hilfe lokalisierter Orbitale und unter Zuhilfenahme des Heitler-London-Formalismus beschrieben werden. Dieser Rechengang ist nur numerisch möglich. Zu vergleichbar einfachen Ausdrücken gelangt man bei Annahme eines Polaron-Hopping-Mechanismus:

$$\mu \approx \mu_0 \exp(-W_H/k_B T), \qquad (9,87)$$

$$W_H = \gamma h\nu/2 \qquad (\gamma \text{ — Kopplungskonstante}),$$

$$\mu_0 = \frac{ea^2}{16 k_B T} \frac{1}{\hbar} \left\{\frac{\pi}{4\gamma h\nu k_B T}\right\}^{1/2} (\Delta W)^2$$

(a — Gitterkonstante, ΔW — Bandbreite des Polaronenbandes). Es sei erwähnt, daß auch Defektelektronen-Polaronen in LiF, NaCl, KCl und KBr gefunden wurden.

Mott-Modell

Ausgangspunkt für die Beschreibung eines stark defektbehafteten Isolators ist die Annahme unscharfer Bandkanten. Sowohl dem Leitungs- als auch dem Valenzband sind lokalisierte Niveaus vorgelagert, wie das Abb. 9.13 schematisch zeigt. In den so formulierten Bändern gelten alle Überlegungen des Bändermodells. Die lokalisierten Zustände sind durch exponentiell abklingende Wellenfunktionen charak-

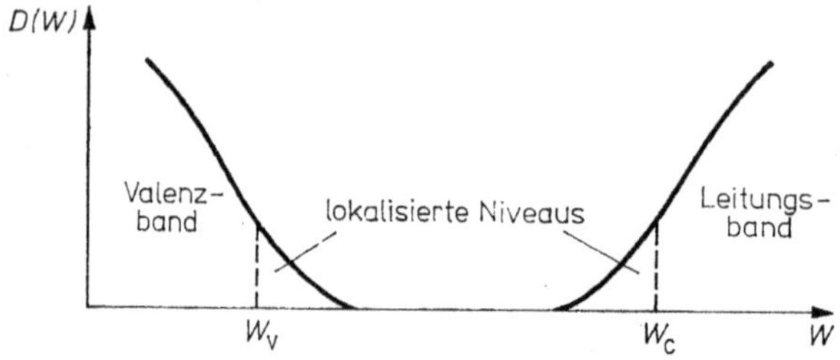

Abb. 9.13a

Zustandsdichte in Abhängigkeit von der Energie für einen Isolator mit unscharfen Bandkanten.

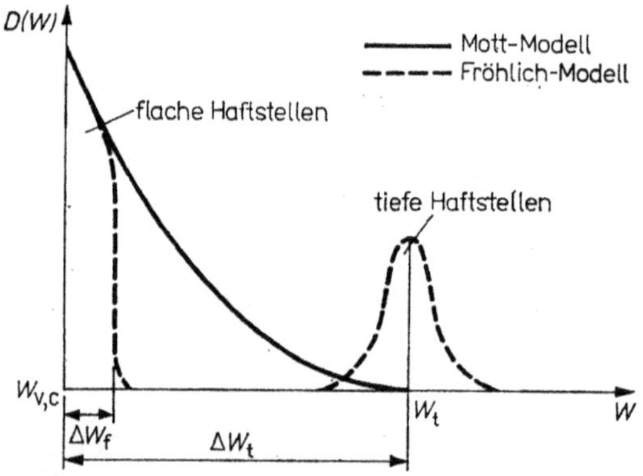

Abb. 9.13b

Zur Unterscheidung flacher und tiefer Haftstellen.

terisiert. Der Grad der Lokalisierung nimmt mit $(W - W_V)$ bzw. $(W_C - W)$ im Energiebereich der lokalisierten Zustände stark zu.

Eine Einteilung der lokalisierten Zustände ist bezüglich ihrer Lage zum Band möglich (s. Abb. 9.13b). Es gilt dann:

$$k_B T_e \approx \Delta W_f \ll \Delta W_t \tag{9,88}$$

(T_e — hier Elektronentemperatur, die von T des Gitters verschieden sein kann) und

$$n_C \ll n_f \ll n_t \tag{9,89}$$

(Konzentration der Elektronen im Band n_C bzw. ihr vorgelagerten flachen Haftstellen n_f und tiefen Haftstellen n_t).

Es läßt sich dann im thermischen Gleichgewicht finden:

$$n_C = n_t \frac{D(W_c)}{D(W_t)} \exp\{-(W_C - W_t)/2k_B T\}. \tag{9,90}$$

Nimmt man die Beziehung

$$\sigma = e n_C \mu_C = e(n_C + n_t)\,\mu_{eff} \approx e n_t \mu_{eff}$$

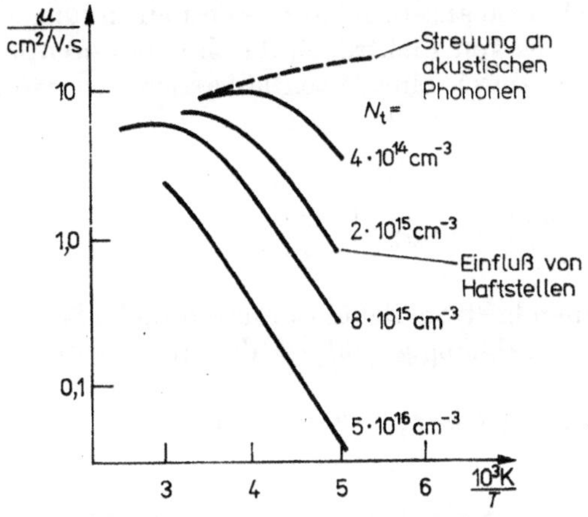

Abb. 9.14
Temperaturabhängigkeit der Beweglichkeit von Defektelektronen für Schwefel (orthorhombischer Einkristall) (nach O'DWYER; vgl. Abb. 9.12).

zu Hilfe, kann so eine haftstellenbedingte effektive Beweglichkeit definiert werden:

$$\mu_{eff} = \mu_C \cdot \frac{D(W_c)}{D(W_t)} \exp\{-(W_C - W_t)/2k_B T\}, \tag{9,91}$$

die selbst stark temperaturabhängig ist. Abbildung 9.14 stellt die Ergebnisse der Beweglichkeitsmessung für Schwefel dar.

9.3.3. Elektronenleitung bei hohen Feldstärken

Wir haben einen Überblick der Leitungsvorgänge in Isolierstoffen bei niedrigen Feldstärken gegeben. Liegen hohe elektrische Felder an einem Isolator an, werden aus den Elektroden stammende Ladungsträger injiziert. Hohe elektrische Felder verändern stark die Potentialverhältnisse im Innern des Festkörpers. Aus der Vielzahl der Mechanismen soll hier nur eine Zusammenstellung einfacher Zusammenhänge gegeben werden.

Feldemission und Tunnelung

Unter der Wirkung hoher Felder werden die grundsätzlich vorhandenen Potentialbarrieren an einer Metallgrenzfläche, die an das Vakuum oder an ein Dielektrikum angrenzt, deformiert. In jedem Fall bewirkt ein hohes elektrisches Feld die Absenkung der Höhe und eine Verringerung der Breite dieser Potentialbarriere. Für bestimmte Potentialbarrierenabmessungen wird es für einen vergleichbar hohen Anteil von Elektronen möglich, diese Barriere zu durchtunneln. Sie treten dann zusätzlich in den vorhandenen Ladungsträgern als injizierte Ladungsträger im Isolator auf. Zur Berechnung des Ladungsträgerangebots steht heute eine Fülle von Verfahren für die verschiedenen Barrierenformen zur Verfügung. Meist genügt es zu zeigen, daß an einer Metall-Isolator-Grenzfläche bei hohen Feldstärken so viel Ladungsträger zur Verfügung stehen, daß man ihre Konzentration dort relativ zum Volumen des Isolators als unendlich hoch ansetzen kann. Alle Berechnungen basieren auf der WKB-Näherung des Tunnelns von Elektronen durch eine Potentialbarriere. Für die Stromdichte bei Tunnelung durch eine Potentialbarriere der Höhe Φ und der Breite d gilt für

$$eU \ll \Phi$$

$$j = \frac{e^2 U}{h^2 d} (2m^* \Phi)^{1/2} \exp\left[-\frac{4\pi d}{h} (2m^* \Phi)^{1/2}\right]. \tag{9,92}$$

Diese durch Feldemission bereitstehende Stromdichte ist nur schwach über die Wärmeausdehnung der Dicke d temperaturabhängig und ist der anliegenden Spannung direkt proportional.

Ist dagegen die anliegende Spannung sehr groß und es gilt

$$eU \gg \Phi,$$

dann folgt für die Stromdichte durch die Barriere:

$$j = \frac{e^3 U^2}{8\pi h \Phi \mathrm{d}^2} \exp\left[-\frac{8\pi d}{3ehU} (2m^*)^{1/2} \Phi^{3/2}\right]. \tag{9,93}$$

Mit (9,93) ist ersichtlich, daß für Barrieren von z. B. $\Phi = 1$ eV, d $= 5$ nm und unter der Annahme $m^* = m_0$ hohe Stromdichten

$$j/\mathrm{A} \cdot \mathrm{cm}^{-2} = 1{,}35 \cdot 10^7\, U^2/\mathrm{V}^2 \cdot \exp\left(-\frac{3{,}4}{U/\mathrm{V}}\right) \tag{9,94}$$

fließen können, wenn dieser Stromfluß allein durch die Feldemission begrenzt wird (vgl. auch Abschnitt 6.2.6.).

Thermische Emission — Schottky-Emission

Eine Metallelektrode kann auf Grund der thermischen Emission auch Elektronen in ein Dielektrikum injizieren. Im Unterschied zu einer Emission ins Vakuum muß eine Potentialbarriere und die relative Dielektrizitätskonstante des Dielektrikums berücksichtigt werden. Die Potentialbarriere kann auch als Metall-Isolator-Austrittsarbeit bezeichnet werden. Sie ist physikalisch die Energiedifferenz zwischen Leitungsband des Dielektrikums (bzw. der Niveaulage zur Leitung befähigter Ladungsträger) und dem Fermi-Niveau im Metall. Man kann für die Stromdichte ansetzen (vgl. (6,87)):

$$j = AT^2 \exp\{-(\Phi - \Delta\Phi)/k_\mathrm{B}T\}. \tag{9,95}$$

A ist dabei die Richardson-Konstante:

$$A = 4\pi e m k_\mathrm{B}^2/h^3 = 120\ \mathrm{Acm^{-2}\,K^{-2}}$$

und $\Delta\Phi$ die Erniedrigung der Potentialbarriere (Austrittsarbeit) durch die Bildladung an der Grenzfläche (vgl. (6,93)):

$$\Delta\Phi = (e^3E/4\pi\varepsilon\varepsilon_0)^{1/2}. \tag{9,96}$$

Gewöhnlich bringt man (9,95) mit (9,96) in die Form

$$j = AT^2 \exp\left\{\frac{\beta_s U^{1/2}}{k_B T \cdot d^{1/2}} - \frac{\Phi}{k_B T}\right\}, \tag{9,97}$$

$$\beta_s = (e^3/4\pi\varepsilon\varepsilon_0)^{1/2}.$$

Auch durch Schottky-Emission sind sehr hohe Stromdichten realisierbar, so daß letzten Endes — außer bei dünnen Schichten — andere Mechanismen im Volumen des Isolators den Stromtransport begrenzen.

Auf einige wenige Volumen-Mechanismen soll im folgenden eingegangen werden:

Poole-Frenkel-Effekt

Bei hohen im Volumen des Dielektrikums wirkenden Feldstärken kann die thermische Befreiung von Ladungsträgern aus Haftstellen feldabhängig ansteigen, weil das

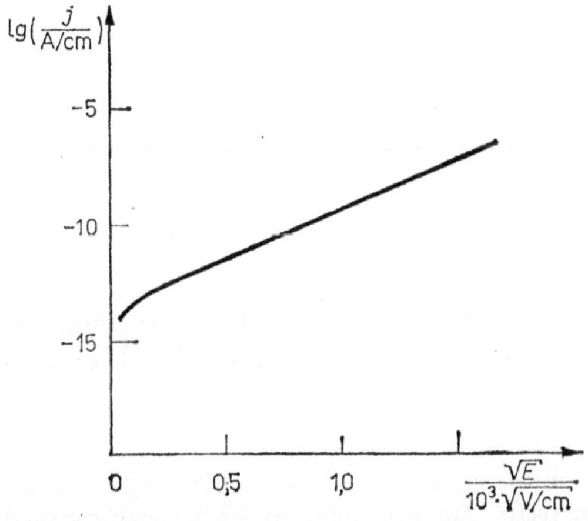

Abb. 9.15
Poole-Frenkel-Effekt (PTFE-Film)
(VOLLMANN, W., Dissertation, Techn. Hochschule Karl-Marx-Stadt 1976).

Potential im Dielektrikum stark verändert wird. Die Haftstellentiefen reduzieren sich um einen Betrag

$$\Delta W_H = 2(e^3E/4\pi\varepsilon\varepsilon_0)^{1/2}. \tag{9,98}$$

Normalerweise würde die thermische Entleerung besetzter Haftstellen über die volle Haftstellentiefe W_H erforderlich sein. Mit (9,98) findet man für die Strom-Spannungs-Charakteristik (vgl. Abb. 9.15)

$$j = e\mu(N_C N_H)^{1/2} \frac{U}{d} \exp\left(\frac{\beta_{PF} U^{1/2}}{2k_B T d^{1/2}} - \frac{W_H}{2k_B T}\right), \tag{9,99}$$

$$\beta_{PF} = (e^3/\pi\varepsilon\varepsilon_0)^{1/2}$$

(μ — Beweglichkeit der Elektronen im Leitungsband, N_C — Zustandsdichte an der Unterkante des Leitungsbandes, N_H — Haftstellenkonzentration, W_H — Haftstellentiefe).
Für Isolatoren mit hoher Störstellendichte muß die Überlappung benachbarter Coulomb-Potentiale berücksichtigt werden. Man erhält bei einem mittleren Abstand a_s zwei Näherungslösungen

$$j_1 \approx e\mu(N_C N_H)^{1/2} \frac{U}{d} \cdot \exp\left(-\frac{W_H - \frac{e^2}{\pi\varepsilon\varepsilon_0 a_s} - \frac{1}{2} e a_s \frac{U}{d} + \frac{1}{8} a_s^3 \pi\varepsilon\varepsilon_0 \left(\frac{U}{d}\right)^2}{2k_B T}\right)$$

mit

$$\frac{U}{d} < \frac{e}{\pi\varepsilon\varepsilon_0 a_s^2},$$

$$j_2 \approx e\mu(N_C N_H)^{1/2} \frac{U}{d} \cdot \exp\left(-\frac{W_H - \beta_{PF} \cdot \left(\frac{U}{d}\right)^{1/2} \left[1 + \frac{1}{2a_2}\left(\frac{e \cdot d}{4\pi\varepsilon\varepsilon_0 U}\right)^{1/2} + \frac{1}{2a_s^2} \cdot \frac{ed}{4\pi\varepsilon\varepsilon_0 U}\right]}{2k_B T}\right)$$

mit

$$\frac{U}{d} > \frac{e}{\pi\varepsilon\varepsilon_0 a_s^2}.$$

Dieser Mechanismus wirkt begrenzend für den Stromfluß durch das Volumen des Isolators, weil das Elektrodengebiet durch die injizierten Ladungsträger praktisch kurzgeschlossen wird. In der Nähe der Elektroden stellt sich die elektrische Feldstärke so ein, daß

$$j_{\text{Emmission}} = j_{PF}$$

gilt. Auf Grund der begrenzten Lebensdauer und der damit zusammenhängenden mittleren Diffusionslänge der Ladungsträger ist die Dicke des Elektrodengebietes etwa mit bis zu 10 nm abzuschätzen.

Raumladungsbegrenzte Ströme
Auch ohne Haftstellen wird in einem Isolator der Stromtransport begrenzt, weil sich in ihm eine Raumladung aufbaut. Im einfachsten Fall setzt man einen Festkörper voraus, der weder thermisch erzeugte Ladungsträger noch Haftstellen enthält. Hier liegt ein Analogon zur Vakuumdiode vor, nur daß sich im Festkörper die injizierten Elektronen — man könnte alles weitere ebenso für Defektelektronen diskutieren — durch Streuprozesse bedingt mit einer konstanten mittleren Driftgeschwindigkeit bewegen.

Als Randbedingung des eindimensional zu behandelnden Problems setzen wir Ohmsche Kontakte voraus, die sich beschreiben lassen durch:

$$E(0) = 0 \tag{9,100}$$

($x = 0$, an der Katode bei Elektroneninjektion).

Allgemein müßte man ansetzen:

$$j = en\mu E - eD \frac{dn}{dx} \tag{9,101}$$

(D — Diffusionskonstante der Ladungsträger), da hier von vornherein mit einem Konzentrationsgefälle der Ladungsträger zu rechnen ist. Es läßt sich zeigen, daß der Diffusionsstrom gegenüber dem Driftstrom vernachlässigt werden kann. Als weitere Ausgangsgleichung wird das Gesetz von POISSON

$$\varepsilon\varepsilon_0 \frac{\mathrm{d}E(x)}{\mathrm{d}x} = ne \tag{9,102}$$

benötigt. Aus (9,101) und (9,102) folgt:

$$E \frac{\mathrm{d}E}{\mathrm{d}x} = \frac{j}{\varepsilon\varepsilon_0\mu}. \tag{9,103}$$

Diese Gleichung läßt sich unter Verwendung von (9,100) integrieren:

$$\int_0^E E \,\mathrm{d}E = \int_0^d \frac{j}{\varepsilon\varepsilon_0\mu} \,\mathrm{d}x,$$

$$U = \int_0^d E \,\mathrm{d}x = \int_0^d \left(\frac{2j}{\varepsilon\varepsilon_0\mu}\right)^{1/2} x^{1/2} \,\mathrm{d}x,$$

$$j = \frac{9}{8} \varepsilon\varepsilon_0\mu \frac{U^2}{d^3}. \tag{9,104}$$

Gleichung (9,104) ist das Childsche Gesetz für den haftstellenfreien idealen Isolator.

Selbst in diesem einfachen Fall sind stets Abweichungen der entscheidenden Größen vom Verhalten eines Ohmschen Widerstandes vorhanden. Es gilt:

$$\frac{E(x)}{E_\Omega} = \frac{3}{2}\left(\frac{x}{d}\right)^{1/2}, \quad \frac{U(x)}{U} = \left(\frac{x}{d}\right)^{3/2}, \tag{9,105}$$

$$\frac{n(x)}{n} = \left(\frac{d}{x}\right)^{1/2}.$$

Dieses einfache Modell läßt sich für weitere konkrete Fälle erweitern, wenn man
— thermisch erzeugte Ladungsträger

$$j = en_0\mu E \tag{9,106}$$

und
— diskrete Haftstellen N_H der Tiefe $(W_\mathrm{C} - W_\mathrm{H})$ zuläßt.

Dann folgt das modifizierte Childsche Gesetz

$$j = en_0\mu E + \frac{9}{8} \varepsilon\varepsilon_0\Theta \frac{U^2}{d^3}, \tag{9,107}$$

Θ ist das Verhältnis der injizierten Ladungsträger im Leitungsband zur Gesamtzahl der injizierten Ladungsträger

$$\Theta = (N_\mathrm{C}/N_\mathrm{H}) \exp\left(-(W_\mathrm{C} - W_\mathrm{H})/k_\mathrm{B}T\right), \quad (W_\mathrm{C} - W_\mathrm{H})/k_\mathrm{B}T \gg 1. \tag{9,108}$$

Abbildung 9.16 stellt einige mögliche Strom-Spannungs-Charakteristiken übersichtlich zusammen.

Weitere Spezialfälle entstehen dadurch, daß die Raumladungsbegrenzung durch Haftstellen hervorgerufen wird, die eine energetische Verteilung besitzen. Zwei noch gut überschaubare Fälle sind:

— die homogene Haftstellenverteilung

$$h(W) = \text{konstant} = h_0/(\text{eV})^{-1}\,\text{cm}^{-3} \tag{9,109}$$

— die exponentielle Haftstellenverteilung

$$h(W) = \frac{H}{kT_c} \exp\{(W - W_C)/k_B T_c\} \tag{9,110}$$

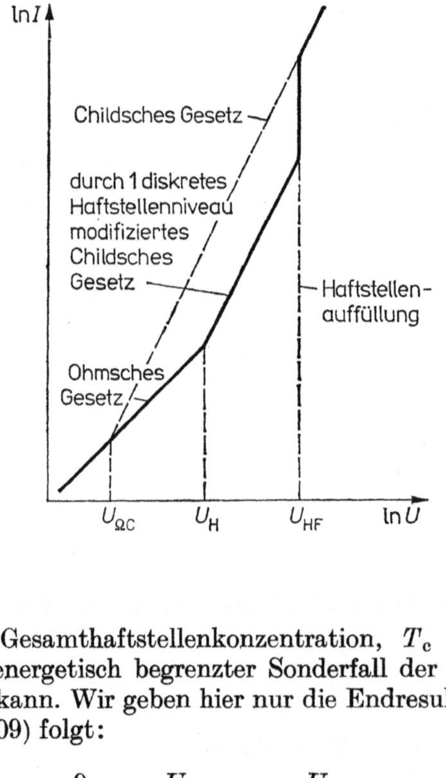

Abb. 9.16
Raumladungsbegrenzte Ströme (diskretes Haftstellenniveau).

(H — Gesamthaftstellenkonzentration, T_c — Haftstellenverteilungsparameter), die als energetisch begrenzter Sonderfall der Verteilung $h(W) \sim \cosh W$ aufgefaßt werden kann. Wir geben hier nur die Endresultate an.
Mit (9,109) folgt:

$$j = \frac{9}{8} e n_0 \mu \frac{U}{d} \exp \frac{\varepsilon\varepsilon_0 U}{h_0 k T e d^2} \tag{9,111}$$

die Strom-Spannungs-Charakteristik der homogenen Haftstellenverteilung.

Wird (9,110) zugrunde gelegt, ergibt sich

$$j = e\mu N_C \left[\frac{\varepsilon\varepsilon_0 l}{eH(l+1)}\right]^l \left(\frac{2l+1}{l+1}\right)^{l+1} \frac{U^{l+1}}{d^{2l+1}}; \quad l = \frac{T_c}{T} \tag{9,112}$$

für die Strom-Spannungs-Charakteristik der exponentiellen Haftstellenverteilung. Abbildung 9.17 stellt Meßkurven vor, die der Charakteristik (9,112) genügen, wobei zusätzlich ein Ohmscher Stromanteil zu berücksichtigen ist.

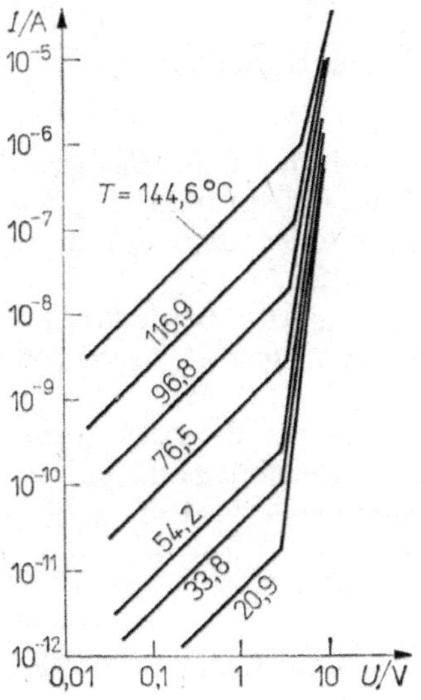

Abb. 9.17

Raumladungsbegrenzte Ströme bei experimenteller Haftstellenverteilung für eine Kupferphthalocyanin-Dünnschicht.

9.3.4. Durchschlagsmechanismen

Jeder Isolierstoff kann durch das Anlegen hoher Spannungen zerstört werden. Die exakte Kenntnis des sicheren Einsatzgebietes bezüglich seiner Belastung mit elektrischen Gleich- und Wechselspannungen in Abhängigkeit vom Elektrodenmaterial, der Temperatur, der Feuchtigkeit, des Einflusses von Strahlung, von Gasen und Dämpfen ist für einen elektrischen Isolator von hoher technischer Bedeutung. Während das Vordurchschlagsgebiet mit seinen hohen Stromdichten von den Mechanismen her gut überschaubar ist, sind die Vorgänge, die zum Durchschlag selbst führen, sehr kompliziert und nur unter starker Vereinfachung beschreibbar. Das liegt darin begründet, daß die unter 9.3. beschriebenen Leitungsmechanismen nahezu homogen ganze Grenzflächen bzw. das gesamte Isolatorvolumen beherrschen. Durchschlagsvorgänge sind dagegen immer räumlich inhomogene Erscheinungen, die weit davon entfernt sind, unter Gleichgewichtsbedingungen abzulaufen.

Man unterscheidet grundsätzlich zwei Stadien des Durchschlagsvorgangs:

— das nahezu sprunghafte Anwachsen der Stromdichte bei Erreichen von Spannungen im Durchschlagsgebiet $\frac{\mathrm{d}j}{\mathrm{d}U} \to \infty$ und

— die mechanische oder thermische Zerstörung des Isolatormaterials am Durchschlagsort.

Theoretische Vorstellungen lassen sich für das erste Stadium angeben. Der Messung ist der Quotient aus angelegter Spannung U^*, bei der Stadium 2 eintritt, und Elektrodenabstand d zugänglich. Die Größe

$$E^* = U^*/d \tag{9,113}$$

wird als Durchschlagsfeldstärke bezeichnet. Auf Grund des komplizierten Feldstärkeverlaufs im Isolatorvolumen (s. z. B. (9,105)) ist E^* eine Funktion der Probendicke. Generell werden für sehr dünne Proben die höchsten Werte gefunden. Für die Anwendung ist es erforderlich, Probenabmessungen zu verwenden, die den Praxisbedingungen nahekommen.

Bezüglich der Durchschlagsursachen wird z. Z. eine Einteilung der Durchschlagsmechanismen in drei Gruppen bevorzugt:

— Beim thermischen Durchschlag handelt es sich um das wechselseitige Aufschaukeln von Joulescher Wärme und Leitfähigkeit, bis ein sprunghafter Stromanstieg eine thermische Zersetzung, eine Verdampfung oder eine damit verbundene mechanische Zerstörung des Isolatormaterials auslöst.
— Beim elektrischen Durchschlag wird der sprunghafte Stromanstieg dadurch bewirkt, daß auf rein elektrischem Wege plötzlich eine große Anzahl von Ladungsträgern freigesetzt wird.
— Elektromechanischer Durchschlag liegt vor, wenn die Zerstörung des Isolatormaterials durch die starken elektrostatischen Anziehungskräfte zwischen geladenen Metallelektroden erfolgt. Dieser Mechanismus wird vor allem bei polymeren Werkstoffen beobachtet.

Thermischer Durchschlag

Wir wollen hier nur auf einfachste Ansätze eingehen und folgen dabei für den thermischen Durchschlag der Theorie von WHITEHEAD. Die zu lösende Grundgleichung ist:

$$c\,\frac{\partial T}{\partial t} - \frac{\partial}{\partial \boldsymbol{r}}\left(\lambda\,\frac{\partial}{\partial \boldsymbol{r}}\,T\right) = \sigma E^2 \qquad (9{,}114)$$

(c — spezifische Wärmekapazität, λ — Wärmeleitfähigkeit, σ — elektrische Leitfähigkeit). Sie kann wesentlich vereinfacht werden, wenn eine ebene Elektrodenanordnung ($d \ll x$-, y-Ausdehnung) vorausgesetzt wird. Die Elektroden sollen sehr gut wärmeleitend sein und konstant auf der Temperatur T_1 gehalten werden. Die Spannung wird so langsam erhöht, daß sich stationäre Verhältnisse ausbilden können. Dann reduziert sich (9,114) auf das eindimensionale Problem

$$\frac{\partial}{\partial z}\left(\lambda\,\frac{\partial T}{\partial z}\right) + \sigma\left(\frac{\partial U}{\partial z}\right)^2 = 0. \qquad (9{,}115)$$

Es gilt definitionsgemäß:

$$\sigma\,\frac{\partial U}{\partial z} = -j. \qquad (9{,}116)$$

Ziel der Näherungsrechnung ist die Gewinnung einer maximalen Spannung, die dann U^* entspricht. Unter Verwendung von (9,115) und (9,116) erhält man:

$$\frac{\partial}{\partial z}\left(\lambda\,\frac{\partial T}{\partial z}\right) - j\,\frac{\partial U}{\partial z} = 0. \qquad (9{,}117)$$

Man kann bei einem homogenen Isolierstoff voraussetzen, daß sich ein Maximum der Temperatur $T_{\max}$ in der Probenmitte einstellt. Durch Integration von (9,117) folgt:

$$jU = \int_0^z \frac{\partial}{\partial z}\left(\lambda \frac{\partial T}{\partial z}\right) dz = \lambda \frac{\partial T}{\partial z} \tag{9,118}$$

($z = 0$ wurde hier in die Probenmitte gelegt, wo $\partial T/\partial z = 0$ gelten muß). Unter Verwendung von (9,116) folgt daraus

$$U\,dU = -\frac{\lambda}{\sigma}\,dT \tag{9,119}$$

und über einen einfachen Integrationsschritt

$$U^2 = 2\int_{T_1}^{T_{max}} (\lambda/\sigma)\,dT.$$

Da zwischen Elektrode und Probenmitte die halbe Spannung anliegt und in vielen Fällen für σ eine Temperaturabhängigkeit

$$\sigma = \sigma_0 \cdot \exp(-\Delta W/k_B T)$$

(ΔW — Aktivierungsenergie der elektrischen Leitfähigkeit) angesetzt werden kann, während $\lambda \approx \lambda_0$ nahezu temperaturunabhängig ist, folgt

$$U^{*2} = 8\int_{T_1}^{T_{max}} \frac{\lambda_0}{\sigma_0} \exp(\Delta W/k_B T)\,dT. \tag{9,120}$$

Das ergibt schließlich eine kritische Spannung, die durch $T_{max} \to \infty$ gekennzeichnet ist, von

$$U^* \approx 2\left(\frac{8\lambda_0 T_1}{\sigma_0}\right)^{1/2}\left(\frac{k_B T_1}{\Delta W}\right)^{1/2} \exp(\Delta W/2k_B T_1). \tag{9,121}$$

Elektrischer Durchschlag

Beim elektrischen Durchschlag kann von einem behandelten Grundmechanismus des Vordurchschlagsgebietes, z. B. (9,93), ausgegangen werden. Gelingt es, die injizierten Ladungsträger in einem angelegten elektrischen Feld so zu beschleunigen, daß sie Isolatorbausteine ionisieren können, tritt Lawinendurchschlag ein. Werden pro Längeneinheit durchlaufener Isolator von einem Elektron im Mittel

$$\frac{\partial n}{\partial x} = eE/W_I \tag{9,122}$$

(W_I — Ionisierungsenergie) neue Ladungsträger erzeugt, dann ist die Stromdichte an der Anode j_A bezüglich der Stromdichte j_K der Katode

$$j_A = j_K \cdot \exp(eEd/W_I). \tag{9,123}$$

Das Auffinden eines Durchschlagskriteriums geht so vor sich, daß ein bestimmter Grundmechanismus herangezogen und geprüft wird, wann die Stromdichte an der Anode schlagartig wächst. Für die Feldemission (9,93) würde das mit (9,123) bedeuten:

$$j_A = j_0 \exp\left[-\frac{8\pi(2m^*)^{1/2}\,\Phi^{3/2}}{3ehE} + \frac{eEd}{W_I}\right] \tag{9,124}$$

(j_0 faßt hier den Präexponentialfaktor zusammen).
Da wir festgestellt hatten, daß j_0 in der Größenordnung von 10^7 A/cm² liegt, ist es berechtigt, die Durchschlagsfeldstärke so festzulegen, daß der Exponent in (9,124) gleich Null wird. Mit diesem Kriterium ergibt sich:

$$E^* = \left(\frac{8\pi W_I}{3e^2hd}\right)^{1/2} (2m^*\Phi^3)^{1/4}. \tag{9,125}$$

Interessant ist, daß mit dieser Abschätzung eine Abhängigkeit der Durchschlagsfeldstärke $E^* \sim d^{-1/2}$ gefunden wird. Diese Abhängigkeit wird für anorganische Isolatoren experimentell bestätigt.

9.4. Die typischen Eigenschaften der Ferroelektrika

Ferroelektrische Festkörper unterscheiden sich vor allem dadurch von den bisher behandelten Dielektrika, weil sie eine spontane Polarisation besitzen. Was wir in 9.1.1. für die Dielektrika an Besonderheiten zusammengestellt haben, ist für die Ferroelektrika voll gültig. Eine darüber hinausgehende Liste typischer Eigenschaften muß folgendes hervorheben:

- Das Auftreten einer spontanen Polarisation ist auf bestimmte kristallografische Achsen beschränkt.
- Die spontane Polarisation ist umkehrbar.
- Bei einem vollständigen Durchlauf des Umpolens der spontanen Polarisation in die entgegengesetzte Richtung und zurück in die Ausgangslage wird eine typische Hysteresekurve beobachtet.
- Der ferroelektrische Zustand umfaßt bezüglich der Temperatur meist nicht das gesamte Existenzgebiet des Kristalls.
- Oberhalb einer charakteristischen Temperatur liegen die meisten Ferroelektrika als nichtpolare Phase vor, wobei oft parelektrische Eigenschaften vorherrschen.
- In der Umgebung der charakteristischen Umwandlungstemperatur besitzt die relative Dielektrizitätskonstante ein ausgeprägtes Maximum, das bis in die Größenordnung 10^5 reichen kann.
- Ferroelektrika sind pyroelektrisch und piezoelektrisch.
- In der Nähe der Umwandlungstemperatur von der ferroelektrischen in die parelektrische Phase ordnet sich der Festkörper im Nahordnungsbereich und meist auch bezüglich der Fernordnung um. Zu höheren Temperaturen hin nimmt die Symmetrie des Gitteraufbaus in der Regel zu.
- Das Temperaturgebiet des Umwandlungspunktes ist auch durch anomale Temperaturabhängigkeiten, z. B. der piezoelektrischen und elastischen Koeffizienten, der spezifischen Wärmekapazität, der Leitfähigkeit sowie optischer Konstanten, gekennzeichnet.
- Ein ferroelektrischer Kristall kann mit einheitlicher Polarisationsrichtung als Eindomänenkristall oder in Raumgebiete unterschiedlicher Polarisationsrichtung eingeteilt auftreten.

Für die bisher bekannten Ferroelektrika gibt es nur in einfachen Fällen eine befriedigende theoretische Begründung. Deshalb ist eine Einteilung vorläufig nach strukturellen Merkmalen zu empfehlen. Derartige Merkmale sind:

— die Zahl der polaren Achsen,
— das Vorhandensein oder Fehlen eines Symmetriezentrums und damit verbunden das Fehlen oder das Vorhandensein piezoelektrischer Eigenschaften der nichtpolaren Phase.

Zum zentrosymmetrischen Typ der Ferroelektrika gehören: Bariumtitanat ($BaTiO_3$), Bleititanat ($PbTiO_3$), Triglyzinsulfat (TGS, $(NH_2CH_2COOH)_3 \cdot H_2SO_4$), Triglyzinselenat ($(NH_2CH_2COOH)_3 \cdot H_2SeO_4$), Lithiumniobat ($LiNbO_3$), Cadmiumniobat ($Cd_2Nb_2O_7$), Bleiniobat ($PbNb_2O_6$), Colemanit ($Ca_2B_4O_{11} \cdot 5H_2O$) u. a.

Dem nichtzentrosymmetrischen Typ gehören an: Seignettesalz ($NaKC_4O_6 \cdot 4H_2O$), Kaliumdihydrogenphosphat (KDP, KH_2PO_4), Rubidiumdihydrogenphosphat ($RbH_2 \cdot PO_4$), Caesiumdihydrogenarsenat (CsH_2AsO_4) u. a.

Auch bei diesem einfachen Einteilungsprinzip können bestimmte wichtige Ferroelektrika wie Guanidinaluminiumsulfathexahydrat (GASH, $[C(NH_2)_3][Al(H_2O)_6] \cdot [SO_4]_2$), bestimmte Alaune, Sulfate und Selenate diesen Typen nicht zugeordnet werden, weil sie sich vor Erreichen einer nichtpolaren Phase zersetzen.

9.5. Phänomenologische Beschreibung der Ferroelektrika

9.5.1. Potentialfunktion der Ferroelektrika

Im allgemeinen Fall unterliegt ein Kristall dem Einfluß der Zustandsgrößen Temperatur T, mechanische Spannung σ, elektrische Feldstärke E und magnetische Feldstärke H. In diesem Kapitel wollen wir die magnetischen Eigenschaften zunächst nicht näher betrachten. Auf diese Weise kann die Änderung der inneren Energie dU eines Kristalls beschrieben werden als

$$dU = T\,dS + \boldsymbol{\sigma}\,d\mathbf{e} + \boldsymbol{E}\,d\boldsymbol{P} \tag{9,126}$$

($\boldsymbol{\sigma}$ — symmetrischer Spannungstensor, $\sigma_{mn} = \sigma_{nm}$, S — Entropie, $\mathbf{e}$ — symmetrischer Dehnungstensor, $e_{nm} = e_{mn}$). Das erste Glied beschreibt die reversibel zugeführte Wärmemenge, die beiden anderen Glieder die von äußeren Kräften geleistete Arbeit pro Volumeneinheit (vgl. auch Abschnitt 5.1.)

$$G(T, \boldsymbol{\sigma}, \boldsymbol{E}) = U - TS - \boldsymbol{\sigma}\mathbf{e} - \boldsymbol{EP}. \tag{9,127}$$

Mit (9,126) und (9,127) folgt für das totale Differential der freien Enthalpie

$$dG(T, \boldsymbol{\sigma}, E) = -S\,dT - \mathbf{e}\,d\boldsymbol{\sigma} - \boldsymbol{P}\,d\boldsymbol{E}. \tag{9.128}$$

9.5.2. Phasenumwandlungen in festen Körpern

Wir verwenden hier dieselbe Phasendefinition, wie sie in Abschnitt 8.4.1. gegeben wurde. Für den hier betrachteten Gegenstand ist es von Interesse, Umwandlungen der Struktur eines Festkörpers unter dem Einfluß von äußeren Kräften zu betrachten. Dabei müssen zwei Typen unterschieden werden:

— Phasenumwandlungen 1. Ordnung, bei denen sich sprunghafte Änderungen struktureller Art, verbunden mit sprunghaften Änderungen des Volumens, vollziehen. Bei diesem Umwandlungstyp wird eine definierte Energiemenge frei oder verbraucht (Umwandlungswärme).
— Phasenumwandlungen 2. Ordnung, bei denen sich stetige Änderungen struktureller Art vollziehen, die von sprunghaften Änderungen bestimmter Stoffeigenschaften begleitet sein können.

Allgemein wird die Ordnung eines Übergangs nach Ehrenfest festgelegt durch:
Phasenübergang n-ter Ordnung (Ableitung nach Zustandsgrößen)
— 1. bis $(n-1)$te Ableitung von G stetig,
— n-te Ableitung von G unstetig,
— $(n+1)$te Ableitung von G unendlich.
Phasenübergänge 3. und höherer Ordnung wurden bisher noch nicht nachgewiesen.

Im Falle der Phasenumwandlung 1. Ordnung, wobei Phase (1) in Phase (2) übergeht, ergibt sich bei vereinfachter Benutzung skalarer Größen für die mechanische Spannung $\boldsymbol{\sigma} = p$ sowie für das elektrische Feld $\boldsymbol{E} = E$ und die Polarisation $\boldsymbol{P} = P$ mit

$$\mathrm{d}G(1) = \mathrm{d}G(2)$$

unter der Wirkung einer Druckänderung

$$\frac{\partial G(1)}{\partial T}\,\mathrm{d}T + \frac{\partial G(1)}{\partial p}\,\mathrm{d}p = \frac{\partial G(2)}{\partial T}\,\mathrm{d}T + \frac{\partial G(2)}{\partial p}\,\mathrm{d}p \qquad (9{,}129)$$

und unter der Wirkung einer wachsenden elektrischen Feldstärke

$$\frac{\partial G(1)}{\partial T}\,\mathrm{d}T + \frac{\partial G(1)}{\partial E}\,\mathrm{d}E = \frac{\partial G(2)}{\partial T}\,\mathrm{d}T + \frac{\partial G(2)}{\partial E}\,\mathrm{d}E\,. \qquad (9{,}130)$$

Mit $\partial G/\mathrm{d}T = -S$, $\partial\sigma/\partial p = -1$ und $\partial G/\partial p = (\partial G/\partial\boldsymbol{\sigma})\cdot(\partial/\partial\boldsymbol{\sigma}p) = \Delta V/V$ (V — Volumen) folgt aus (9,129) die Clausius-Clapeyronsche Gleichung:

$$\frac{\mathrm{d}p}{\mathrm{d}T} = \frac{S(1) - S(2)}{[V(1) - V(2)]/V}\,. \qquad (9{,}131)$$

Das ist eine Gleichung zur Berechnung der Funktion $p(T)$ bzw. $T(p)$, bei der zwei Phasen koexistieren. Eine analoge Beziehung gewinnt man für den Fall $\mathrm{d}E \neq 0$ und $\mathrm{d}p = 0$ aus (9,130).

$$\frac{\mathrm{d}E}{\mathrm{d}T} = \frac{S(1) - S(2)}{P(1) - P(2)}\,. \qquad (9{,}132)$$

Für Umwandlungen 1. Ordnung ist das Auftreten metastabiler Phasen charakteristisch, da wachstumsfähige Keime der neuen Phase in der alten Phase entstehen müssen, bevor die Umwandlung mit hoher Geschwindigkeit vonstatten geht.

Nach Landau läßt sich eine stetige Strukturänderung durch einen Ordnungsparameter q beschreiben, wobei q in den hier interessierenden Fällen z. B. die Verschiebung von Kristallbausteinen wie Ionen, Atomgruppen bedeuten kann. Man kommt bei der Entwicklung der freien Enthalpie bezüglich des Ordnungsparameters q für Phasenumwandlungen 2. Ordnung in Ferroelektrika in der Nähe des Umwandlungspunktes mit der Beziehung

$$G = G_0 + aq^2 + bq^4 \tag{9,133}$$

aus, da G in q symmetrisch sein muß (Symmetrie bei Umkehr der Polarisationsrichtung).

Da im thermodynamischen Gleichgewicht gelten muß (Minimum der freien Enthalpie)

$$\frac{\partial G}{\partial q} = 0, \quad \frac{\partial^2 G}{\partial q^2} > 0 \tag{9,134}$$

und die nichtpolare Phase durch nichtvorhandene Verschiebungen $q = 0$ gekennzeichnet ist, folgt für diese Phase: $a > 0$. Die Konstante b ist generell positiv, weil für große q die Energie zunehmen muß, anderenfalls ist das Gitter instabil. Im Existenz-

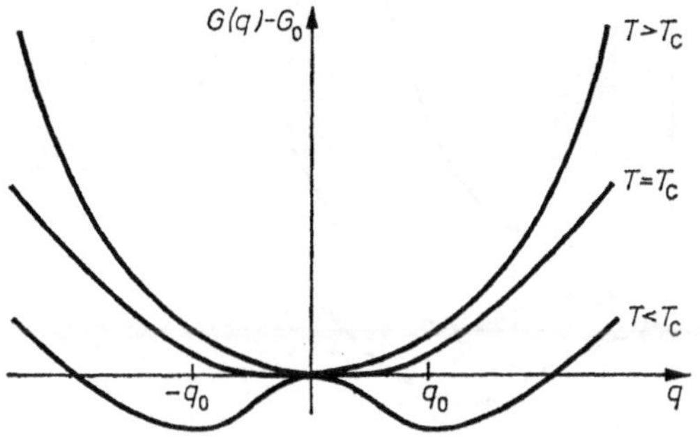

Abb. 9.18

Freie Enthalpie eines einachsigen ferroelektrischen Kristalls in der Umgebung der Umwandlungstemperatur als Funktion des Ordnungsparameters q (Umwandlung 2. Ordnung).

gebiet der polaren Phase soll $q \neq 0$ sein (+ oder − kann durch Definition bezüglich der Kristallorientierung festgelegt werden). Da

$$\frac{\partial G}{\partial q} = 2aq + 4bq^3 = 0$$

erfüllt sein soll, muß die Größe a bei der Umwandlungstemperatur das Vorzeichen wechseln. Man macht in Vorgriff auf experimentelle Befunde folgenden einfachen Ansatz:

$$a = a_0(T - T_c). \tag{9,135}$$

Die freie Enthalpie

$$G = G_0 + a_0(T - T_c)\, q^2 + bq^4 \tag{9,136}$$

ist in Abb. 9.18 dargestellt. Die Gleichgewichtskurve $G(q)$ für $T < T_c$ ist durch 2 Minima $G(q_0)$ gekennzeichnet:

$$q_0 = \left(\frac{a_0(T_c - T)}{2b}\right)^{1/2}. \tag{9,137}$$

Die Entropie $S = (-\partial G/\partial T)$ muß als erste Ableitung der freien Enthalpie nach einer Zustandsgröße stetig sein. Man findet diese Bedingung mit (9,136) und (9,137) erfüllt:

$$S = S_0 - \frac{a_0^2(T_c - T)}{2b}. \tag{9,138}$$

Dagegen besitzt der Verlauf der spezifischen Wärmekapazität eine Anomalie. Nach

$$C(T_c) = -T_c \frac{\partial^2 G}{\partial T^2} = C_0 + \frac{a_0^2 T_c}{2b} \tag{9,139}$$

ergibt sich ein Sprung. Da $b > 0$ ist, ist die spezifische Wärmekapazität der polaren Phase $C(T_c)$ hier größer als die der nichtpolaren C_0.

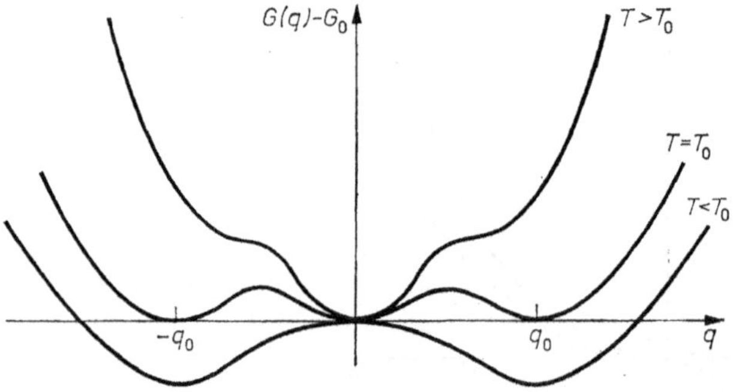

Abb. 9.19

Freie Enthalpie eines einachsigen ferroelektrischen Kristalls in der Umgebung der Umwandlungstemperatur als Funktion des Ordnungsparameters *q* (Umwandlung 1. Ordnung).

Auch Phasenumwandlungen erster Ordnung lassen sich durch einen Ordnungsparameter q beschreiben. Hier muß (9,133) durch ein Glied erweitert werden:

$$G = G_0 + a_0(T - T_c)\, q^2 + bq^4 + cq^6. \tag{9,140}$$

Da in erster Ordnung $\partial G/\partial q = 0$ sein muß, folgt

$$2a_0(T_0 - T_c) + 4bq_0^3 + 6cq_0^5 = 0, \tag{9,141}$$

und da für stabile Umwandlungsbedingungen mindestens ein Zustand $G_{\min}(0) = G_{\min}(q_0)$ erreicht wird (s. auch Abb. 9.19), folgt weiter:

$$a_0(T_0 - T_c)\, q_0^2 + bq_0^4 + cq_0^6 = 0. \tag{9,142}$$

Aus (9,141) und (9,142) ergibt sich

$$q_0 = \left(\frac{-b}{2c}\right)^{1/2}. \tag{9,143}$$

Da $c > 0$ sein muß, um für hohe Werte von q wieder die Stabilität zu sichern, folgt aus dieser Gleichung für die Lage des 2. und 3. Minimums der Kurve $(G - G_0)$, $b < 0$. Der Wert von q springt am Umwandlungspunkt von $q = 0$ nach $q = q_0$.

Für die Umwandlungstemperatur findet man abweichend von der Umwandlung 2. Ordnung

$$T_0 - T_c = \frac{b^2}{4a_0c}. \tag{9,144}$$

Abbildung 9.20 vergleicht den prinzipiellen Temperaturverlauf für den Ordnungsparameter q für die behandelten beiden Fälle. Ganz ähnliche Verhältnisse ergeben

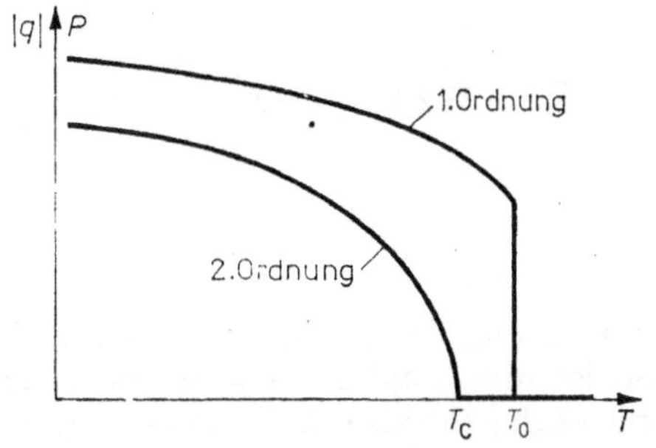

Abb. 9.20
Abhängigkeit des Ordnungsparameters q von der Temperatur.

sich, wenn z. B. q nicht eine bestimmte Orientierung als Ordnungsprinzip beschreibt, sondern für die Festlegung eines Ordnungszustandes der Lage von Bausteinen in einem binären System, z. B. einer Überstruktur, verantwortlich zeichnet.

9.5.3. Hysteresekurve ferroelektrischer Kristalle

Von Ginzburg stammt der Vorschlag, die allgemeine Londonsche Theorie der Phasenumwandlung durch die Substitution $\boldsymbol{P} \triangleq q$ für die Behandlung von Ferroelektrika zu verwenden. Der Formalismus (9,133) bis (9,144) einschließlich der Abb. 9.18 bis

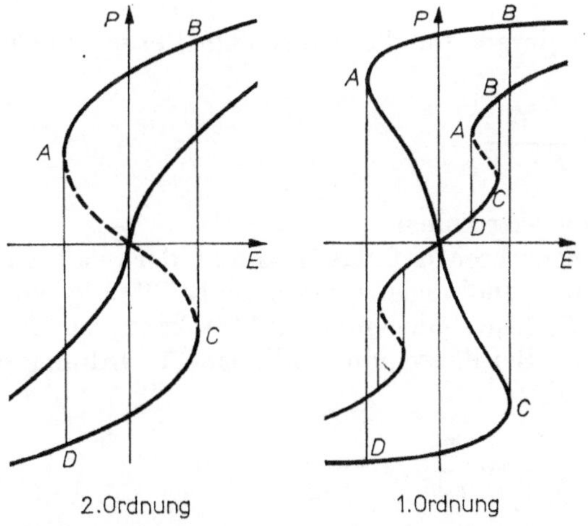

Abb. 9.21
Durch phänomenologische Betrachtungen gewonnene Hysteresekurven einachsiger Ferroelektrika.

9.20, der auch viele andere Phasenumwandlungen richtig erfaßt, wird so auf den vorliegenden Spezialfall eingeengt. Dabei müssen im allgemeinen die Polarisation P als Vektor und die Konstanten a_0, b, c als Tensoren formuliert werden. Bei Beschränkung auf einachsige Ferroelektrika gilt einfach

$$q \to P. \tag{9,145}$$

Mit dieser Vereinfachung folgt für Eindomänenkristalle in Richtung der spontanen Polarisation aus (9,140):

$$E = \frac{\partial G}{\partial P} = 2a_0(T - T_c)\, P + 4bP^3 + 6cP^5 \tag{9,146}$$

$b < 0, \quad c > 0$ 1. Ordnung

$b > 0, \quad c = 0$ 2. Ordnung.

Trägt man den so gewonnenen Zusammenhang $P(E)$ auf, ergeben sich die Kurven von Abb. 9.21. Der gestrichelte Verlauf ist nicht stabil, da zwischen A und B $\partial^2 G/\partial P^2 < 0$ gilt. Die Kurve springt also, wie es der Praxis sehr nahe kommt, von A nach D und von C nach B. Bei einem realen Ferroelektrikum setzt sich die $P(E)$-Kurve immer aus der spontanen und der induzierten Polarisation zusammen.

9.5.4. Dielektrizitätskonstante ferroelektrischer Kristalle

Mit Hilfe der phänomenologischen Theorie läßt sich auch das typische Verhalten der Dielektrizitätskonstanten in der Nähe der Umwandlungspunkte gut darstellen. Aus (9,5) und (9,146) erhält man

$$\frac{1}{\varepsilon - 1} = \frac{1}{\chi_{el}} = \frac{\varepsilon_0 \partial^2 G}{\partial P^2} = \varepsilon_0(2a_0(T - T_c) + 12bP^2 + 30cP^4)\,. \tag{9,147}$$

Für schwache Polarisation folgt daraus für die nichtpolare Phase das Curie-Weiss-Gesetz:

$$(\varepsilon - 1) = \frac{(1/2a_0\varepsilon_0)}{T - T_c} = \frac{C}{T - T_c} \tag{9,148}$$

(C — Curie-Konstante des Ferroelektrikums).

An dieser Stelle sei darauf hingewiesen, daß das Maximum der relativen Dielektrizitätskonstante ε_{max} bei Phasenumwandlungen 1. Ordnung bei $T = T_c$ und nicht bei der Umwandlungstemperatur T_0 liegt. Gleichung (9,148) kann zur Bestimmung von T_c und a_0 verwendet werden. Bei Phasenumwandlungen 1. Ordnung ergibt sich mit (9,144) und (9,147) für $\varepsilon_{max}(T_0)$:

$$\varepsilon_{max} - 1 = \frac{1}{2a_0\varepsilon_0(T_0 - T_c)} = \frac{2c}{\varepsilon_0 b^2}\,. \tag{9,149}$$

Hier bleibt ε auch theoretisch endlich. Die relative Dielektrizitätskonstante kann auch bei Phasenumwandlungen 2. Ordnung keinen unendlichen Wert annehmen, wie das Gleichung (9,148) fordert, weil man es in der Praxis immer mit Realkristallen zu tun hat. Abb. 9.22 gibt 2 Meßkurven wieder, die dem Typ 1. Ordnung und 2. Ordnung entsprechen.

Unterhalb der Umwandlungstemperatur folgt für $\varepsilon - 1$ mit (9,143), (9,144) und (9,147) bei $T \approx T_0$:

$$\varepsilon - 1 = \frac{c}{\varepsilon_0 2b^2}.$$

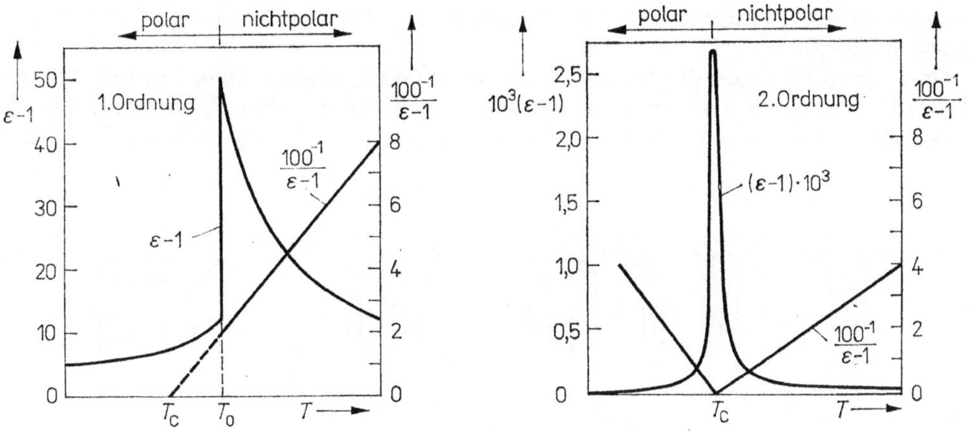

Abb. 9.22
Temperaturabhängigkeit von ε für einen Phasenübergang 1. und 2. Ordnung.

Damit ergibt sich die wichtige Aussage, daß am Punkt $T = T_0$ ein Sprung der relativen Dielektrizitätskonstante von

$$\frac{\varepsilon - 1}{\varepsilon_{\max} - 1} = 4 \qquad (9,150)$$

eintritt (Abb. 9.22a).

Für Phasenumwandlungen 2. Ordnung mit $b > 0$, $c = 0$ findet man im polaren Bereich unter Verwendung der Gleichungen (9,143) und (9,147)

$$\varepsilon - 1 = \frac{1}{4a_0\varepsilon_0(T_c - T)}. \qquad (9,151)$$

Der Vergleich mit (9,148) ergibt:

$$\frac{\frac{d}{dT}\left(\frac{1}{\varepsilon - 1}\right)_{\text{polar}}}{\frac{d}{dT}\left(\frac{1}{\varepsilon - 1}\right)_{\text{nichtpolar}}} = -2, \qquad (9,152)$$

was auch durch Experimente gut bestätigt wird (s. auch Abb. 9.22b).

9.5.5. Domänen in ferroelektrischen Kristallen

Unter einer Domäne in einem Festkörper versteht man ein physikalisch abgrenzbares Raumgebiet, in dem eine den Zustand des Festkörpers charakterisierende vektorielle Größe überall den gleichen Wert hat. In unserem Fall ist diese Vektorgröße die spontane Polarisation. Man spricht von einer ferroelektrischen Domäne, wenn in einem makroskopischen Raumgebiet eines Einkristalls die spontane Polarisation überall den gleichen Absolutbetrag und die gleiche Richtung besitzt. Normalerweise besteht ein einkristallines Ferroelektrikum aus mehreren Domänen. Das hat energetische Gründe.

Da nach (9,136) und (9,140) mit (9,145) die freie Enthalpie eines ferroelektrischen Kristalls in geraden Potenzen von der spontanen Polarisation P_s abhängt, sind für jede polare Achse die positive ($+P_s$) und negative ($-P_s$) Einstellung der Polari-

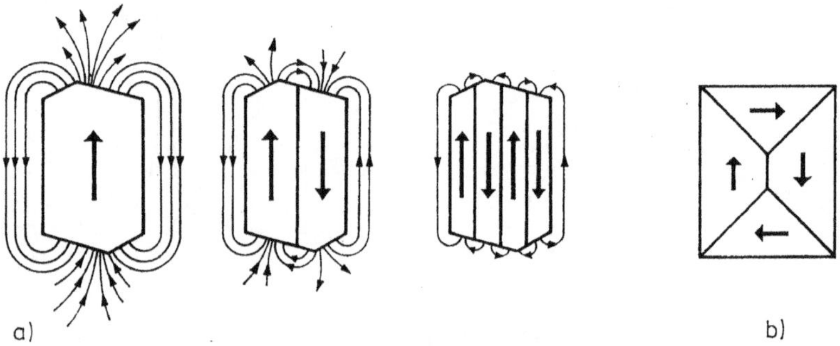

Abb. 9.23a
Äußeres Feld eines in 180°-Domänen eingestellten ferroelektrischen Kristalls.
Abb. 9.23b
Ideale Anordnung von 90°-Domänen.

sationsrichtung gleich wahrscheinlich. Dieses Kriterium läßt die beliebige Einteilung in Domänen zu. Bei vielachsigen polaren Kristallen treten dabei nicht nur antiparallele Domänen auf, sondern auch andere durch die Kristallstruktur vorgegebene.

— In der Umgebung des ferroelektrischen Festkörpers wird ein äußeres Feld aufgebaut, das um so größere Raumbereiche umfaßt und damit einen um so größeren zusätzlichen Energieanteil repräsentiert, je weniger Domänen der Festkörper enthält (s. Abb. 9.23). Dieser Energieanteil ist

$$G_U = \int_{\text{Außenraum}} dV \cdot \varepsilon_0 E^2. \qquad (9,153)$$

Er bewirkt, da G_{ges} im Gleichgewicht ein Minimum ist, die starke Unterteilung in 180°-Domänen oder Strukturen des Typs 9.23b in vielachsigen polaren Kristallen.

— Zwischen den Domänen entstehen im Inneren des Festkörpers Grenzflächen, die Domänenwände, in denen sich die spontane Polarisation umkehrt (180°-Domänen) oder umorientiert. Im allgemeinen sind folgende Anteile zur Wandenergie zu erwarten:
  — die Korrelationsenergie, sie entsteht durch die räumliche Änderung der spontanen Polarisation ($\partial P_s/\partial r \neq 0$),

— die Elektrostriktionsenergie, sie entsteht durch die Wechselwirkung von Polarisation und Deformation des Kristalls,
— die Änderung der freien Enthalpie bei Variation von P_s.

Diese Anteile summieren sich so, daß im Bereich der Domänenwand eine erhöhte Energiedichte relativ zum Volumen der Domänen herrscht. In einer 180°-Domänenwand ändert sich auf einer endlichen Strecke von bis zu 2 nm (bei 90°-Domänenwänden bis zu 10 nm) die Polarisationsrichtung. Abbildung 9.24 macht deutlich, daß die Änderung der Polarisationsrichtung bei Ferroelektrika durch

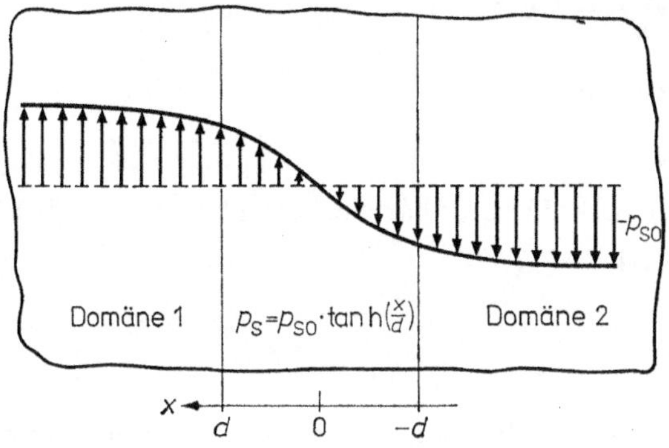

Abb. 9.24
Ferroelektrische 180°-Domänenwand.

Änderung des Absolutbetrages von $+P_s$ über ± 0 zu $-P_s$ erreicht wird. Dieses 3. Kriterium würde allein eine Einteilung in möglichst wenig Domänen bewirken.

Die Domänenstruktur eines Realkristalls entsteht zunächst zufällig bei seiner Entstehung. Bleibt dieser Kristall elektrisch isoliert, so stellt sich im Gleichgewicht ein Vieldomänenkristall als Kompromiß zwischen dem 2. und 3. Kriterium ein. Wird der Kristall dagegen mit Elektroden an den Domänenendflächen versehen, entfällt Kriterium 2, und Kriterium 3 (minimale Wandenergie) bewirkt eine Tendenz zum Eindomänenkristall hin.

9.5.6. Ferroelektrische Gitterschwingungen

In der Nähe des Umwandlungspunktes von der polaren in die nichtpolare Phase ferroelektrischer Kristalle lassen sich niederfrequente optische Gitterschwingungen beobachten. Sie besitzen minimale Wellenlängen im Millimeterbereich. Ihre Untersuchung erfolgt mit Hilfe der Infrarotspektroskopie, der Mikrowellenspektroskopie und durch Streuexperimente mit langsamen Neutronen, deren Energien von 0,01 bis 0,1 eV mit denen der Gitterbausteine vergleichbar sind. Das ergibt gut meßbare Energieänderungen bei der Wechselwirkung mit den Phononen im Gitter.

Für die Erklärung des Auftretens sehr niederfrequenter Gitterschwingungen benutzen wir das einfachste hierfür geeignete Modell, die eindimensionale zweiatomige Ionenkette (vgl. auch Abschnitt 2.6.2.). Wir betrachten eine einzelne Elementarzelle und setzen voraus, daß die Wellenlänge der Gitterschwingung groß ist gegen die Abmessung der Elementarzelle. Dann lassen sich Phasenunterschiede für die Rechnung vernachlässigen, und man erhält zwei Bewegungsgleichungen:

$$\begin{aligned} m_1\ddot{x}_1 &= 2f(x_2 - x_1) + eE_x\,\mathrm{e}^{-\mathrm{i}\omega t}, \\ m_2\ddot{x}_2 &= 2f(x_1 - x_2) - eE_x\,\mathrm{e}^{-\mathrm{i}\omega t} \end{aligned} \tag{9,154}$$

(x_1, x_2 sind die Auslenkungen aus der Ruhelage für das Ion 1 bzw. Ion 2; $E_x\mathrm{e}^{-\mathrm{i}\omega t}$ ist das anliegende Wechselfeld $= E_{\mathrm{lok}}$; f ist die Kraftkonstante; m_1, m_2 sind die Ionenmassen). Das Gleichungssystem (9,154) hat die Lösung

$$x_2 - x_1 = \frac{eE_x(1/m_1 + 1/m_2)}{\omega_{\mathrm{T}}^2 - \omega^2}\,\mathrm{e}^{-\mathrm{i}\omega t}. \tag{9,155}$$

Die Eigenschwingungsfrequenz ω_{T} ist

$$\omega_{\mathrm{T}}^2 = 2f(1/m_1 + 1/m_2). \tag{9,156}$$

Die mit der Auslenkung (9,155) verknüpfte Polarisierbarkeit α ist mit (9,10)

$$\begin{aligned} \alpha &= (x_2 - x_1)\cdot e/E_x\,\mathrm{e}^{-\mathrm{i}\omega t}, \\ \alpha &= \frac{e^2(1/m_1 + 1/m_2)}{\omega_{\mathrm{T}}^2 - \omega^2}. \end{aligned} \tag{9,157}$$

Diese Gleichung kann für die weiteren Überlegungen benutzt werden, wenn folgende Verallgemeinerungen getroffen werden:

— die Berücksichtigung des lokalen Feldes,
— die Berücksichtigung der Kraftwirkung des gesamten Nahordnungsbereiches,
— die Berücksichtigung nichtharmonischer Anteile bei der Kraftwirkung zwischen den Bausteinen.

Da hier in ausreichender Näherung $\varepsilon' \sim \alpha$ gilt, kann das erhaltene Ergebnis zusammengefaßt werden als:

$$\varepsilon'(\omega) \approx \varepsilon_\infty + \frac{\Omega_1^2}{\omega_{\mathrm{T}}^2 + \omega^2} \tag{9,158}$$

(Ω_1^2 — Konstante). Prinzipiell erhält man dieses Resultat aus (9,65), wenn man Reibungskräfte vernachlässigt und in die dortige Konstante C den speziellen Einfluß des Gitters hineinpackt. Die statische Dielektrizitätskonstante $\varepsilon(0)$ wird dann

$$\varepsilon_{\mathrm{stat.}} \approx \varepsilon_\infty + \frac{\Omega_1^2}{\omega_{\mathrm{T}}^2} \tag{9,159}$$

(ε_∞ — relative Dielektrizitätskonstante im Bereich zwischen Ionenpolarisation und Elektronenpolarisation, ω_{T} — Kreisfrequenz eines transversalen optischen Gitterschwingungsastes). Im Gebiet, wo ω den Wert von ω_{T} übersteigt, wird $\varepsilon'(\omega)$ negativ. Derartige elektromagnetische Wellen werden von der Kristalloberfläche totalreflektiert. Die Dielektrizitätskonstante wird erst wieder positiv, wenn ein Kreisfrequenzwert

$$\omega_2^2 = \omega_{\mathrm{T}}^2 + \frac{\Omega_1^2}{\varepsilon_\infty} \tag{9,160}$$

erreicht wird.

Mit Hilfe von (9,159) und (9,160) läßt sich die wichtige Lyddane-Sachs-Teller-Beziehung

$$\frac{\omega_2^2}{\omega_T^2} = \frac{\varepsilon_{\text{stat.}}}{\varepsilon_\infty} \tag{9,161}$$

(ω_2 — longitudinale Gitterschwingung) gewinnen, die für jeden heteropolaren Festkörper gilt. Aus (9,161) folgt eine weitere Bedingung für das Auftreten einer polaren Phase. Die statische Dielektrizitätskonstante nimmt sehr große Werte an, wenn ω_T^2 gegen Null geht. Bei dieser Frequenz wird der Kristall instabil gegen transversale optische Gitterschwingungen ($f_T \to 0$). Anders ausgedrückt, unter diesen Bedingungen lassen sich Gitterbausteine mit Hilfe relativ kleiner Kräfte aus ihrer Ruhelage verschieben. Über die Temperaturabhängigkeit $\omega_T(T)$ lassen sich Relationen zu (9,155) herstellen.

9.6. Eigenschaften wichtiger Ferroelektrika

Bevor wir uns einigen wenigen ferroelektrischen Kristallen näher zuwenden, wollen wir einige interessante historische Betrachtungen anstellen. Die Ferroelektrizität wurde 1921 von VALASEK am Seignette-Salz ($NaKC_4H_4O_6 \cdot 4H_2O$) entdeckt. Dieses Natrium-Kalium-Tartrat synthetisierte 1655 ELIE SEIGNETTE, ein Apotheker in

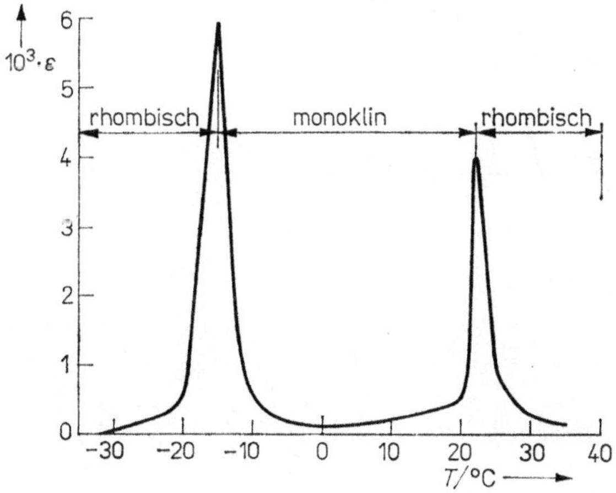

Abb. 9.25
Relative Dielektrizitätskonstante von Seignettesalz (nach KURTČATOV, I. V.: Seignetteelektrizität. — Moskau: GITTLI 1933 [russ.]).

La Rochelle. 1880 erst wurde die erste physikalische Eigenschaft, das piezoelektrische Verhalten, dieses Salzes gefunden. Auf Grund seiner hohen Piezoelektrizität wurde das Salz nach dem 1. Weltkrieg bis in die 40er Jahre hinein als bevorzugte Substanz für die Erzeugung und die Messung von Schallwellen bei Echoloten und bei Geräten zur Aufspürung von U-Booten verwendet.

Für die physikalische Forschung bestand die Schwierigkeit darin, daß bis 1940, als Busch und Scherrer das KDP als Ferroelektrikum erkannten, nur Seignette-Salz mit ausnahmsweise zwei Curie-Punkten zur Untersuchung zur Verfügung stand. Wir geben in Abb. 9.25 zur Erläuterung dieses Sachverhalts den Temperaturverlauf der relativen Dielektrizitätskonstante wieder. Deutlich markieren sich die beiden Curie-Temperaturen durch Maxima von ε. Zwischen diesen beiden Temperaturen ist Seignette-Salz ferroelektrisch, außerhalb parelektrisch. Es war von großer Bedeutung, daß 1945 unabhängig voneinander in der Sowjetunion von Vul und Goldman und in den USA von Hippel, Breckenridge, Chesley und Tisza die ferroelektrischen Eigenschaften des Bariumtitanats entdeckt wurden. Diese Substanz zeigt in theoretisch gut überschaubarer Weise alle weiter oben beschriebenen Effekte und konnte deshalb als Modellsubstanz und als Prüfstein der theoretischen Erkenntnisse dienen. Inzwischen sind über 100 ferroelektrische Werkstoffe bekannt geworden. Sie finden z. Z. vor allem Anwendung für Kondensatoren großer Kapazität und kleiner Abmessung, für Piezobauelemente, für Varikonden, als Kaltleiter, als elektrooptische Wandler, als Werkstoffe für die nichtlineare Optik und als pyroelektrische Strahlungsempfänger.

Bariumtitanat

Es besitzt Perowskit-Struktur und wird als Einkristall nach der Stockbarger-Methode gewonnen. Aus der Schmelze erhält man Multidomänenkristalle. Die Orientierung der Domänen läßt sich nicht vorausbestimmen. Eindomänenkristalle mit einer nahezu

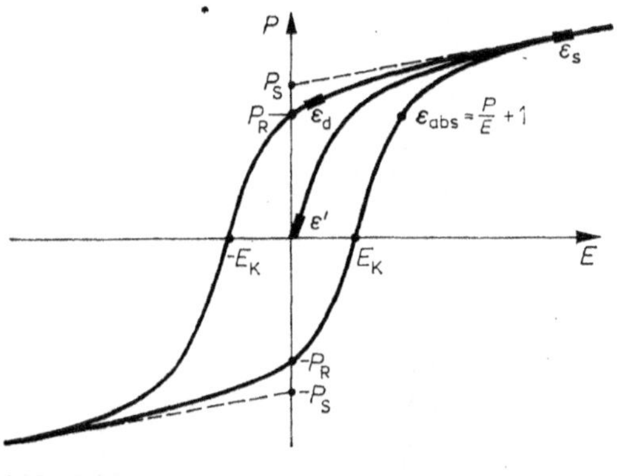

Abb. 9.26

Ferroelektrische Hysteresekurve.

rechteckigen Hystereseschleife entstehen, wenn man $BaTiO_3$ aus einer 30%igen Lösung in Kaliumfluorid unter Zusatz von 0,2% Eisen(III)oxid züchtet. Derartige Kristalle sind potentiell auch für Speicherzwecke geeignet. Abbildung 9.26 zeigt eine Hysteresekurve, wie sie für Bariumtitanat typisch ist. Man entnimmt dieser Kurve in der skizzierten Weise die Werte der spontanen Polarisation P_s, der remanenten Polarisation P_r und der Koerzitivfeldstärke E_K. Letztere Größe des elektrischen Feldes ist erforderlich, um ein Umklappen von P_s zu erreichen. Des weiteren können die eingezeichneten Größen für die Dielektrizitätskonstante bei kleinen Feldern ε', die differentielle Dielektrizitätskonstante ε_d, die absolute Dielektrizitätskonstante ε_{abs} und ihr Sättigungswert ε_S entnommen werden. Der exakte Kurvenverlauf läßt sich dadurch erklären, daß die Umpolung von Domänen und die Verschiebung von Domänenwänden im Realkristall infolge von Gitterstörungen behindert wird. Für einen kompletten Umlauf ist eine Energie erforderlich, die dem Flächeninhalt der Hysteresekurve proportional ist, und im Kristall in Wärme umgesetzt wird. Die Neukurve kann gefunden werden, wenn zuvor der Kristall in Multidomänenform das thermodynamische Gleichgewicht erreichen konnte. Bei sehr hohen Feldstärken tritt ein Polarisationszuwachs durch induzierte Anteile auf. Derartige Hysteresekurven werden für eine bestimmte Kristallorientierung und für eine bestimmte Temperatur unterhalb des Curie-Punktes gewonnen.

Aus Neutronen-Beugungsexperimenten ist klar ersichtlich, daß die spontane Polarisation des $BaTiO_3$ durch die räumliche Verschiebung der 3 verschiedenen Gitterbausteine in der Elementarzelle gegeneinander möglich wird. Wie Abb. 9.27

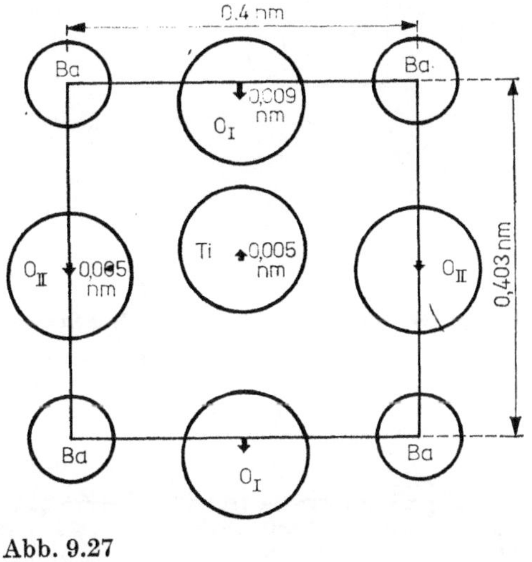

Abb. 9.27

Verschiebung der Gitterbausteine in der tetragonalen Phase des Bariumtitanats (nach Fraser, B. C.; Danner, H.; Papinsky, R., Phys. Rev. **100** (1955) 745.

ausweist, sind für die tetragonale Phase alle Titanatome einer Domäne um 5 pm nach oben, alle Sauerstoffatome des Typs O_I um 9 pm und alle Sauerstoffatome des Typs O_{II} um 5 pm nach unten gegenüber ihrer Ruhelage in der kubischen nichtpolaren Phase verschoben. Es entsteht ein permanentes Dipolmoment in jeder Elementarzelle und damit in der gesamten Domäne. Aus diesem mikroskopischen Verhalten des Bariumtitanats wird ersichtlich, daß die in Abschnitt 9.5.2. gegebenen theoretischen Vorstellungen ihre reale Basis in der Zuordnung

Ordnungsparameter $q \triangleq$ Verschiebung von Gitterbausteinen
$\triangleq$ Entstehung eines permanenten Dipolmoments
$\triangleq$ Entstehung einer spontanen Polarisation P_s

haben.

Untersucht man das Verhalten von Bariumtitanat im gesamten Existenzbereich des Kristalls, findet man dreimal einen Wechsel der Kristallstruktur, verbunden mit Anomalien im Verlauf bestimmter Eigenschaften. Insgesamt ergeben sich die in

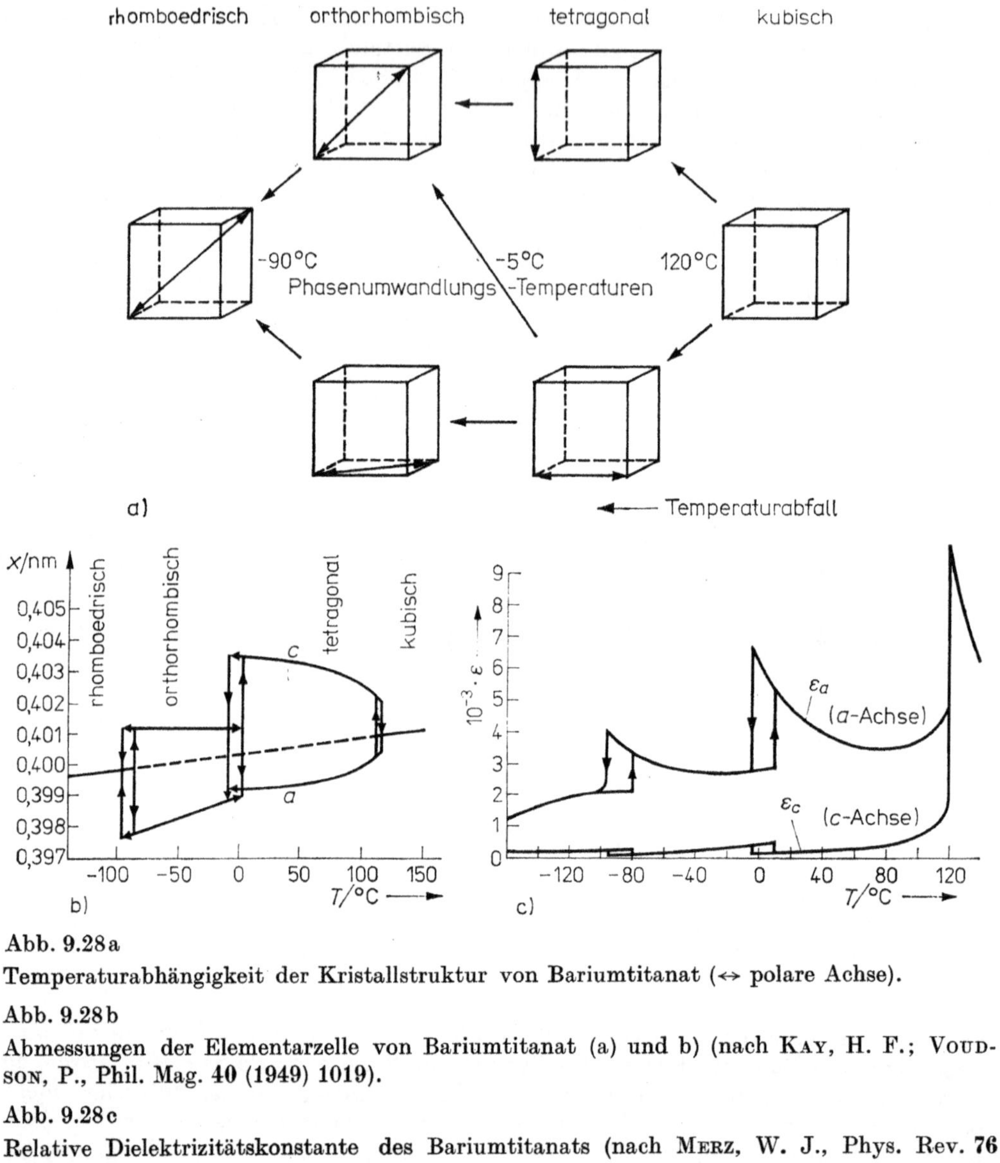

Abb. 9.28a

Temperaturabhängigkeit der Kristallstruktur von Bariumtitanat (↔ polare Achse).

Abb. 9.28b

Abmessungen der Elementarzelle von Bariumtitanat (a) und b) (nach Kay, H. F.; Voudson, P., Phil. Mag. **40** (1949) 1019).

Abb. 9.28c

Relative Dielektrizitätskonstante des Bariumtitanats (nach Merz, W. J., Phys. Rev. **76** (1949) 1221).

Abb. 9.28 skizzierten Änderungen. Besonders zu beachten sind hier die thermischen Hystereseeffekte, die ihre Ursache in der Realstruktur der Kristalle besitzen.

Die Domänenstruktur eines Ferroelektrikums ist stark von äußeren Einflüssen abhängig, wie Temperatur, Druck, mechanische Spannungen und elektrische Feldstärke. Dazu kommen andere Einflußgrößen, wie Gitterdefekte, innere Spannungen, Alterungsvorgänge. Die momentane Domänenstruktur wird mit Hilfe verschiedener Methoden sichtbar gemacht:

- Die Ätztechnik erlaubt es, die Durchstoßflächen bestimmter Domänen auf der Kristalloberfläche aufzufinden; z. B. werden die positiven Endflächen von c-Domänen von Bariumtitanat in Säuren schneller aufgelöst als die negativen.
- Die polarisationsmikroskopische Unterscheidung ist deshalb möglich, weil die spontane Polarisation von optischer Anisotropie begleitet wird. Zwischen gekreuzten Polarisatoren lassen sich deshalb verschiedene Domänentypen voneinander unterscheiden.
- Die Staubmethode beruht darauf, daß sich bestimmte kolloidal gelöste Teilchen, wie Schwefel oder Pb_3O_4, bevorzugt auf Grund ihrer eigenen Ladung an negativen Domänenenden abscheiden.
- Die Taumethode gestattet es, Domänenwände sichtbar zu machen, da eine Kondensation von Dämpfen auf der gekühlten Kristalloberfläche bevorzugt dort stattfindet, wo hohe Feldstärkegradienten auftreten.

Tabelle 9.2
Eigenschaften von Ferroelektrika

Stoff	T_c in °C	ε_{max}	Curie-Konstante in °C
$BaTiO_3$	120	10^4	$1{,}7 \cdot 10^4$
$PbTiO_3$	490		$1{,}1 \cdot 10^4$
TGS	49	$6 \cdot 10^3$	$3{,}3 \cdot 10^3$
TGSe	22		
$LiNbO_3$	−126		
$Cd_2Nb_2O_7$	−90	$5 \cdot 10^3$	$4{,}6 \cdot 10^4$
$Ca_2B_4 \cdot O_{11} \cdot 5\,H_2O$	−7		
$NaKC_4H_4O_6 \cdot 4\,H_2O$	−18/+24	$5 \cdot 10^3$	94/178
KDP	−150	$\sim 10^5$	
RbH_2PO_4	−126		
CsH_2AsO_4	−130		
GASH	> 200	15	

Sieht man von den kleinen Änderungen der Elementarzelle beim Übergang von der kubischen zur tetragonalen Phase des Bariumtitanats ab, kann man die Netzebenenbeziehungen der kubischen Phase zur Charakterisierung der Domänenlage verwenden. Man findet c-Domänen senkrecht zur [001]-Richtung und a-Domänen parallel dazu. Zwischen diesen Domänen gibt es 3 Arten von Domänenwänden:

- c-c-Wände, 180°-Wände, (100)- und (010)-Netzebenen,
- a-a-Wände, 90°-Wände, (110)-Netzebenen,
- a-c-Wände, 90°-Wände, (011)- und (101)-Netzebenen.

Tatsächlich werden oft die energiearmen „Kopf-Schwanz-Konfigurationen" betrachtet, wie sie die Gleichgewichtsbedingung fordert. In Tab. 9.2 sind wichtige Eigenschaften der Ferroelektrika zusammengestellt.

9.7. Antiferroelektrika

Eine der Ferroelektrizität sehr verwandte Erscheinung ist die Antiferroelektrizität. Sie wurde erstmalig am Bleizirkonat $PbZrO_3$ nachgewiesen. Man findet für die antiferroelektrische Phasenumwandlung ähnliche Anomalien des Temperaturverlaufs der Dielektrizitätskonstanten und anderer Eigenschaften, kann aber keine makroskopisch meßbare, spontane Polarisation nachweisen. Wesentlich ist, daß sich benachbarte Elementarzellen, auch ganze benachbarte Elementarzellenebenen, so

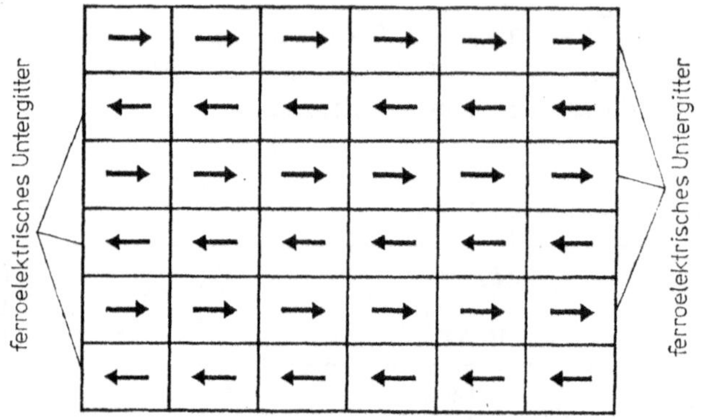

Abb. 9.29
Schema eines Antiferroelektrikums.

Tabelle 9.3
Curie-Temperaturen einiger Antiferroelektrika

Substanz	Curie-Temperatur (in °C)
$PbZrO_3$	230
ADP	−125
$ND_4D_2PO_4$	−28
$PbHfO_3$	215
$NaNbO_3$	360
$(NH_4)_2H_3IO_6$	−20

deformieren, daß sie ein zueinander antiparalleles Dipolmoment aufbauen. Man kann deshalb Antiferroelektrika durch 2 antiparallele ferroelektrische Untergitter beschreiben, deren spontane Polarisation sich exakt gegenseitig kompensiert. Abbildung 9.29 macht dieses Verhalten an einer Skizze deutlich.

Wichtige Antiferroelektrika sind Bleizirconat ($PbZrO_3$), Natriumniobat ($NaNbO_3$), Bleihafnat ($PbHfO_3$), Ammoniumdihydrogenphosphat (ADP, $NH_4H_2PO_4$), Diammoniumtrihydrogenperiodat ($(NH_4)_2H_3IO_6$) u. a. Inzwischen sind auch hier mehr als 100 verschiedene Kristalle gefunden worden.

In Tab. 9.3 sind die Curie-Temperaturen einiger Antiferroelektrika angegeben. Als typisch können folgende Eigenschaften angesehen werden:

- Oberhalb der Curie-Temperatur sind Antiferroelektrika parelektrisch.
- Am Curie-Punkt erfolgt bei Temperaturerniedrigung der Übergang zu einer Kristallstruktur niedrigerer Symmetrie.

– In der Nähe des Curie-Punktes ist das Curie-Weiss-Gesetz erfüllt, wobei nicht so hohe relative Dielektrizitätskonstanten erreicht werden wie bei den Ferroelektrika.
– Der antiferroelektrische Zustand kann durch hohe elektrische Felder E_{AF} in den ferroelektrischen umgewandelt werden. Dieser Vorgang ist reversibel und führt zu den in Abb. 9.30 aufgezeichneten charakteristischen Hystereseerscheinungen.

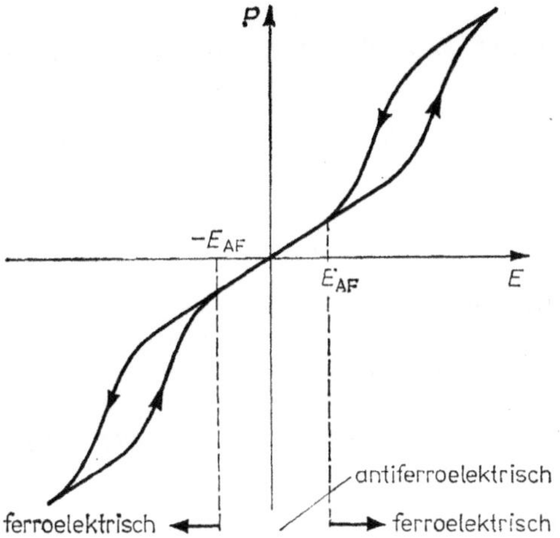

Abb. 9.30
Hysteresekurve eines Antiferroelektrikums.

Antiferroelektrika finden Anwendung als Speicherkondensatoren und als elektroakustische Wandler.

In der Zwischenzeit sind auch Ferroelektrika oder Antiferroelektrika mit Halbleitereigenschaften, magnetischen Eigenschaften oder Supraleitereigenschaften gefunden worden. Hier eröffnet sich ein Vorrat an hochwertigen Wandler-Werkstoffen. Derartige Eigenschaftskombinationen sind auch für den Fortgang der theoretischen Arbeiten von großer Bedeutung, da so ein Vergleich unterschiedlicher Ordnungs-Unordnungs-Übergänge möglich wird.

9.8. Piezoelektrizität und verwandte Erscheinungen

9.8.1. Grundgleichungen elektromechanischer Effekte (vgl. auch Abschnitt 5.1.)

Bei der Ableitung wichtiger Zusammenhänge zwischen elektrischen und mechanischen Größen piezoelektrischer Kristalle können wir von (9,127) und (9,128) ausgehen. Für nicht zu große elektrische Felder $\boldsymbol{E}$ und mechanische Spannungen $\boldsymbol{\sigma}$ lassen sich die folgenden experimentell bestätigten Gleichungen für die Polarisation

$$\boldsymbol{P} = \mathbf{d}\boldsymbol{\sigma} + \chi_{el}\varepsilon_0\boldsymbol{E} \tag{9,162}$$

und den Dehnungstensor:

$$\mathbf{e} = \mathbf{S}\boldsymbol{\sigma} + \mathbf{d}\boldsymbol{E} \tag{9,163}$$

($\mathbf{S}$ — Tensor der elastischen Nachgiebigkeit, $\mathbf{d}$ — Tensor 3. Stufe des Piezomoduls, $\boldsymbol{\sigma}$ — Tensor 2. Stufe der mechanischen Spannung) angeben.

Gleichung (9,162) besagt, daß bei d $\neq$ 0 eine mechanische Spannung eine zusätzliche Polarisation erzeugt. Das ist der piezoelektrische Effekt. Andererseits entsteht eine Dehnung als Folge eines angelegten elektrischen Feldes. Das ist der reziproke piezoelektrische Effekt; für die freie Enthalpie kann man mit Hilfe von (9,162) und (9,163) schreiben:

$$G = G_0 - \frac{1}{2} \sum S_{ij}\sigma_i\sigma_j - \frac{1}{2} \sum \chi_{mn}\varepsilon_0 E_m E_n - \sum d_{mj} E_m \sigma_j. \tag{9,164}$$

In dieser Gleichung ist davon Gebrauch gemacht, daß $\boldsymbol{\sigma}$ ein symmetrischer Tensor 2. Stufe mit den Komponenten

$$\boldsymbol{\sigma} = \begin{pmatrix} \sigma_{11} & \sigma_{12} & \sigma_{13} \\ \sigma_{12} & \sigma_{22} & \sigma_{23} \\ \sigma_{13} & \sigma_{23} & \sigma_{33} \end{pmatrix} \tag{9,165}$$

ist, der in der Matrixschreibweise die Form

$$\sigma_j = (\sigma_1\sigma_2\sigma_3\sigma_4\sigma_5\sigma_6) \tag{9,166}$$

mit

$$\sigma_1 = \sigma_{11}, \quad \sigma_2 = \sigma_{22}, \quad \sigma_3 = \sigma_{33}, \quad \sigma_4 = \sigma_{23}, \quad \sigma_5 = \sigma_{13}, \quad \sigma_6 = \sigma_{12}$$

annimmt.

Analog verwendet man für den Tensor der Dehnung

$$\boldsymbol{e} = (e_1e_2e_3e_4e_5e_6) \tag{9,167}$$

mit

$$e_1 = e_{11}, \quad e_2 = e_{22}, \quad e_3 = e_{33}, \quad e_4 = e_{23}, \quad e_5 = e_{13} \quad \text{und} \quad e_6 = e_{12}.$$

Die Ziffern 1, 2, 3 bezeichnen dann mechanische Normalspannungen bzw. -deformationen und 4, 5, 6 Schub- und Scherspannungen bzw. -deformationen.

Die vollständige Matrix des Piezomoduls für trikline piezoelektrische Kristalle ist:

$$d_{mj} = \begin{pmatrix} d_{11} & d_{12} & d_{13} & d_{14} & d_{15} & d_{16} \\ d_{21} & d_{22} & d_{23} & d_{24} & d_{25} & d_{26} \\ d_{31} & d_{32} & d_{33} & d_{34} & d_{35} & d_{36} \end{pmatrix}. \tag{9,168}$$

Er ist für den direkten und für den reziproken Piezoeffekt identisch, da $d_{mj} = \partial^2 G/\partial\sigma_j\,\partial E_m$ gilt.

9.8.2. Eigenschaften der Piezoelektrika

Für anwendungstechnisch wichtige Kristalle oder polykristalline Piezokeramiken vereinfacht sich (9,168) bedeutend, da die Kristallsymmetrie zu einer starken Reduzierung der Zahl der Matrixelemente des Piezomoduls führt (vgl. Abb. 5.9a···c). Von den 32 Kristallklassen erlauben 20 das Auftreten eines piezoelektrischen Effekts. Wichtig ist, daß kein Symmetriezentrum vorhanden ist. Wir erwähnten schon, daß Ferroelektrika in der polaren Phase grundsätzlich piezoelektrisch sind. Darüber hinaus gibt es viele piezoelektrische Kristalle, die nicht ferroelektrisch sind und auch in keinem Temperaturbereich eine ferroelektrische Phase besitzen. Technische Bedeutung besitzt vor allem Quarz. Geeignet geschnittene Quarzkristalle werden als Schwingungsstandard für Quarzuhren, Quarzsender und Frequenzmesser, als Schwingungserzeuger, für die Schichtdickenmessung u. a. verwendet. Abbildung 2.31 (Seite 80) zeigt typische Kristalle des Links- und Rechtsquarzes. Quarzschwinger lassen sich in ihren Eigenfrequenzen temperaturstabil bei Einhaltung bestimmter Abmessungen und Kristallorientierungen der herausgeschnittenen Plättchen erzeugen. Die Frequenzkonstanz ist $\Delta\nu/\nu \approx 10^{-8}$. Als Biege-, Flächen-, Längs- und Dickenscherschwinger wird der enorme Eigenfrequenzbereich von $5 \cdot 10^2$ bis $3 \cdot 10^8$ Hz zugänglich. Beide Quarzmodifikationen besitzen eine optische z-Achse und die 3 polaren Achsen x, y, z. Man findet für Quarz aus Symmetriegründen nur 5 Elemente des Piezomoduls:

$$d_{mj} = \begin{pmatrix} d_{11} & d_{12} & 0 & d_{14} & 0 & 0 \\ 0 & 0 & 0 & 0 & d_{25} & d_{26} \\ 0 & 0 & 0 & 0 & 0 & 0 \end{pmatrix} \tag{9,169}$$

oder unter Berücksichtigung der Absolutwerte

$$d_{mj} = \begin{pmatrix} d_{11} & -d_{11} & 0 & d_{14} & 0 & 0 \\ 0 & 0 & 0 & 0 & -d_{14} & -2d_{11} \\ 0 & 0 & 0 & 0 & 0 & 0 \end{pmatrix}.$$

Dabei beschreibt d_{11} die Polarisation P_x unter Zugspannung längs der x-Achse, d_{12} die Polarisation P_x unter Zugspannung längs der y-Achse, d_{14} die Polarisation P_x unter Schubspannung in der zur x senkrechten Ebene, und d_{25} sowie d_{26} gestatten die Berechnung von P_y bei angelegter Schubspannung. Längs der z-Achse läßt sich keine Polarisation erzeugen.

Dieses konkrete Beispiel zeigt, daß eine äußere mechanische Spannung in piezoelektrischen Kristallen definierte Verschiebungen der positiven und negativen Gitterbausteine hervorruft. Dabei entsteht je nach Anordnung der Bausteine im Gitter in bestimmten Richtungen ein Dipolmoment.

Um den Anschluß an die Ferroelektrika herzustellen, wollen wir auch auf Bariumtitanat und TGS noch kurz eingehen. $BaTiO_3$ ist nur in der ferroelektrischen Phase piezoelektrisch und besitzt dann einen Piezomodul:

$$d_{mj} = \begin{pmatrix} 0 & 0 & 0 & 0 & d_{15} & 0 \\ 0 & 0 & 0 & d_{15} & 0 & 0 \\ d_{31} & d_{31} & d_{33} & 0 & 0 & 0 \end{pmatrix}. \tag{9,170}$$

Es genügen also 3 Angaben, um die mechanisch hervorgerufene Polarisation, die sich der spontanen überlagert, vollständig zu beschreiben.

Für Triglyzinsulfat sind zwei Matrizen anzugeben, da TGS auch in der parelektrischen Phase piezoelektrisch ist. Man findet für die nichtpolare Phase höherer Symmetrie oberhalb 24 °C:

$$d_{mj} = \begin{pmatrix} 0 & 0 & 0 & d_{14} & 0 & 0 \\ 0 & 0 & 0 & 0 & d_{25} & 0 \\ 0 & 0 & 0 & 0 & 0 & d_{36} \end{pmatrix} \tag{9,171}$$

und für die ferroelektrische Phase:

$$d_{mj} = \begin{pmatrix} d_{11} & d_{12} & d_{13} & d_{14} & 0 & 0 \\ 0 & 0 & 0 & 0 & d_{25} & d_{26} \\ 0 & 0 & 0 & 0 & d_{35} & d_{36} \end{pmatrix}. \tag{9,172}$$

Tabelle 9.4 gibt einige Piezomoduln piezoelektrischer Kristalle wieder. Für Piezokeramiken reicht es aus, den longitudinalen d_{33} und den transversalen Koeffizienten d_{13} zu kennen.

Tabelle 9.4
Piezomoduln (nach MARTIN)

	Substanz	Koeffizient des Piezomoduls (in m/V)	
Einkristall	Quarz	$d_{11} = 2{,}25 \cdot 10^{-12}$	$d_{14} = 0{,}85 \cdot 10^{-12}$
	TGS	$d_{14} = 2{,}3 \cdot 10^{-9}$	$d_{25} = -5{,}6 \cdot 10^{-11}$
		$d_{36} = 1{,}16 \cdot 10^{-11}$	
	$BaTiO_3$	$d_{15} = 3{,}9 \cdot 10^{-10}$	$d_{31} = -3{,}4 \cdot 10^{-11}$
		$d_{33} = 8{,}6 \cdot 10^{-11}$	
Polykristall	$Ba(Ti_{0,95}Zr_{0,05})O_3$	$d_{33} = 1{,}50 \cdot 10^{-10}$	$d_{31} = -6 \cdot 10^{-11}$
	$(Na_{0,8}Cd_{0,2})NbO_3$	$d_{33} = 2{,}0 \cdot 10^{-10}$	$d_{31} = -8 \cdot 10^{-11}$

Piezoelektrische Festkörper haben der Nutzung akustoelektronischer Effekte in der Technik einen breiten Spielraum eröffnet. Geeignete elektromechanische Wandler, vor allem auf der Basis von Quarz und Lithiumniobat, bestehen aus einer piezoelektrischen Substratplatte, auf der zwei Paare von kammartig ineinandergreifenden Metallelektroden im gewünschten Abstand angebracht sind. Benachbarte Finger haben einen Zwischenraum von der halben Länge der anzuregenden Oberflächenwellen. Ein an die Elektroden gelegtes elektrisches Wechselfeld regt an der Substratoberfläche mechanische Schwingungen an, die sich an der Oberfläche ausbreiten. Am anderen Elektrodenpaar kann das elektrische Signal z. B. verzögert wieder abgegriffen werden. Auf dieser Basis realisierte akustoelektronische Verzögerungsleitungen sehr geringer Abmessung nutzen die relativ niedrigen Schallgeschwindigkeiten von einigen km/s aus. Da ein derartiges Bauelement eine ausgesprochene Bandpaßcharakteristik aufweist, ist es als Filter einsetzbar. Akustoelektrische Verstärker lassen sich in ähnlicher Weise herstellen, wenn als Substrat ein piezoelektrischer Halbleiter verwendet wird. Akustische Oberflächenwellen werden dadurch verstärkt, daß in einem elektrischen Feld driftende Elektronen der Oberflächenschwingung Energie zuführen.

9.8.3. Elektrostriktion

Ein Kristall muß nicht piezoelektrisch sein, um in einem elektrischen Feld deformiert zu werden. Während der eben beschriebene reziproke Piezoeffekt eine mit der Feldrichtung linear wechselnde Dehnung oder Kontraktion in bestimmten Kristallrichtungen hervorruft, führt die Elektrostriktion, da sie dem Quadrat der Polarisation proportional ist, zu einer feldrichtungsunabhängigen Deformation. Dieser Effekt tritt in allen Festkörpern auf. Wir beschränken uns hier der Übersichtlichkeit wegen auf zentrosymmetrische Kristalle. Man findet dann:

$$e_i = S_{ij}\sigma_j + q_{mni}p_m p_n \tag{9,173}$$

(q_{mni} — Elektrostriktionsmodul). Sieht man zur Vereinfachung von äußeren Spannungen ab, so kann eine kubische parelektrische Phase durch den Dehnungstensor

$$\begin{aligned} \mathbf{e} &= (e_1 e_2 e_3\, 0\, 0\, 0) \\ e_1 &= e_2 = q_{331}P_3^2, \qquad e_3 = q_{333}P_3^2 \end{aligned} \tag{9,174}$$

beschrieben werden, die durch eine Polarisation P_3 hervorgerufen wird. In der polaren Phase eines Dielektrikums wirkt auf den Kristall dagegen die Summe aus induzierter und spontaner Polarisation $P_3 + P_s$ ein. Man muß deshalb hier ansetzen:

$$\begin{aligned} e_1 = e_2 &= q_{331}(P_s + P_3)^2 \\ &\approx q_{331}P_s^2 + 2q_{331}P_sP_3, \\ e_3 &= q_{333}(P_s + P_3)^2 \\ &\approx q_{333}P_s^2 + 2q_{333}P_sP_3. \end{aligned} \tag{9,175}$$

Die Glieder mit P_s^2 beschreiben die spontane Elektrostriktion, die auch bei Antiferroelektrika auftreten muß. Dagegen berücksichtigt der jeweils 2. Anteil einen Piezoeffekt, dem wir die piezoelektrischen Koeffizienten

$$d_{31} = 2\varepsilon_0\chi_{el}q_{331}P_s \tag{9,176}$$

und

$$d_{33} = 2\varepsilon_0\chi_{el}q_{333}P_s$$

zuordnen können. Dieser zweite Anteil wird in Antiferroelektrika und für Multidomänenkristalle mit $P_s = 0$ nicht beobachtet. Die Koeffizienten der Elektrostriktion liegen für Ferroelektrika in der Großenordnung $q = 0{,}05\ \mathrm{m^4/A^2s^2}$. Kristalle mit einem hohen Elektrostriktionsmodul werden als Ultraschallgeber verwendet.

9.8.4. Pyroelektrizität

Von den 21 piezoelektrischen Kristallklassen können 10 spontane Polarisation aufweisen. Nicht jeder Kristall mit einer derartigen spontanen Polarisation besitzt aber ein davon herrührendes Feld, da zum Teil die Leitfähigkeit der Ferroelektrika so gut ist, daß bewegliche Ladungsträger das Feld neutralisieren oder, wenn sie gute Isolatoren sind, vagabundierende Ladungen aus der Umgebung an der Oberfläche eingefangen werden und ebenfalls eine Neutralisation durch Entstehung von Doppelschichten eintritt. Die so entstehende Ladungsverteilung an der Oberfläche ist allerdings so stabil, daß sie plötzlichen Änderungen der spontanen Polarisation nicht folgen kann. Der pyroelektrische Effekt besteht nun im Auftreten von Oberflächenladungen durch eine homogene Temperaturänderung eines Kristalls. Er geht allein auf die Temperaturabhängigkeit der spontanen Polarisation zurück. Der pyroelektrische Koeffizient γ ist nichts weiter als der Temperaturkoeffizient der spontanen

Polarisation:

$$\gamma = \frac{\partial P_s}{\partial T}. \tag{9,177}$$

Der pyroelektrische Effekt wird zur Messung von Infrarotstrahlung verwandt. Heute betragen die Ansprechzeiten derartiger Detektoren $< 1\ \mu s$. Besonders günstig

Tabelle 9.5
Eigenschaften pyroelektrischer Kristalle bei 300 K
(nach PUTLEY, E. H.: Semiconductors and Semimetals, Vol. 5. — New York: Academic Press Inc. 1970, S. 260)

Substanz	$\frac{\gamma}{\text{As/cm}^2 \cdot \text{K}}$	ε'_{max}	$\frac{\lambda}{\text{W/cm} \cdot \text{K}}$
Turmalin	$4 \cdot 10^{-10}$	—	—
$BaTiO_3$	$2 \cdot 10^{-8}$	4100	$9 \cdot 10^{-3}$
TGS	$3 \cdot 10^{-8}$	50	$6{,}8 \cdot 10^{-3}$
$Li_2SO_4 \cdot H_2O$	$1 \cdot 10^{-8}$	10	$17 \cdot 10^{-3}$
$LiNbO_3$	$4 \cdot 10^{-9}$	75	—
$LiTaO_3$	$6 \cdot 10^{-9}$	58	—
SbSI	$2{,}6 \cdot 10^{-7}$	10^4	—
$NaNO_2$	$1{,}2 \cdot 10^{-8}$	8	—

lassen sich Pyroelektrika in der Nähe der Curie-Temperatur verwenden, da dort mit (9,137) und (9,177) γ sehr groß wird:

$$\gamma = \frac{\partial}{\partial T}\left[\pm\left(\frac{a(T_c - T)}{2b}\right)^{1/2}\right] = \mp\left(\frac{a}{8b(T_c - T)}\right)^{1/2}.$$

Tabelle 9.5 gibt einige Eigenschaften pyroelektrischer Materialien wieder.

10. Magnetische Erscheinungen in festen Stoffen

10.1. Diamagnetismus

10.1.1. Die typischen Eigenschaften der Magnetwerkstoffe

Zwischen den Veränderungen, die ein magnetisches Feld in einem Festkörper auslöst, und denen, die durch ein elektrisches Feld bewirkt werden, besteht eine große Ähnlichkeit. Diese weitgehende Analogie wird insbesondere bei der phänomenologischen Beschreibung deutlich. Der Zusammenhang zwischen magnetischer Induktion $\boldsymbol{B}$ und magnetischer Feldstärke $\boldsymbol{H}$ wird durch

$$\boldsymbol{B} = \mu\mu_0\boldsymbol{H} \tag{10,1}$$

($\mu_0 = 1{,}2566 \cdot 10^{-6}$ Vs/Am) mittels der *relativen Permeabilität* μ beschrieben. Im allgemeinen Fall ist μ ein Tensor, der die mögliche Abweichung der Richtungen von $\boldsymbol{H}$ und $\boldsymbol{B}$ in einem Festkörper beschreibt. Führt man analog zur Polarisation die *Magnetisierung* $\boldsymbol{M}$ ein, dann folgt aus (10,1)

$$\boldsymbol{B} = \mu_0\boldsymbol{H} + \boldsymbol{M}, \qquad \boldsymbol{M} = \chi_{\mathrm{m}}\mu_0\boldsymbol{H} \tag{10,2}$$

$$\mu = 1 + \chi_{\mathrm{m}}.$$

Die *magnetische Suszeptibilität* χ_{m} ist im allgemeinen ein Tensor 2. Stufe. Wesentliche Unterschiede zu den dielektrischen und ferroelektrischen Erscheinungen sind vorhanden und lassen sich folgendermaßen kurz charakterisieren:

a) χ_{m} ist eine Größe, die für induzierte magnetische Momente negativ, für permanente positiv ist. Durch Messung von χ_{m} läßt sich eine Einteilung der Festkörper in Diamagnetika und Paramagnetika vornehmen.

b) Atomare magnetische Momente besitzen Wechselwirkungsenergien, die um einen Faktor 10^{-5} kleiner sind als die elektrischen Dipolmomente. Da ihre Größenordnung bei 10^{-4} eV $\ll k_{\mathrm{B}}T$ liegt, ist $\boldsymbol{M} \ll \mu_0\boldsymbol{H}$ und $\chi \ll 1$.

c) Außer bei ferromagnetischen Stoffen kann das entstehende innere magnetische Feld vernachlässigt werden. Das heißt aber, daß für die Berechnung dia- und paramagnetischer Stoffe die Theorie magnetischer Erscheinungen in Gasen verwendet werden kann. Allerdings ist die im Festkörper vorhandene, etwas abweichende Elektronenkonfiguration der Atome bzw. Moleküle zu berücksichtigen.

d) Ein wesentlicher Unterschied ist schließlich bei der Kraftwirkung elektrischer und magnetischer Felder auf elektrische Ladungen vorhanden:

$$\begin{aligned} \boldsymbol{F}_{\mathrm{el}} &= q\boldsymbol{E}, \\ \boldsymbol{F}_{\mathrm{m}} &= q\boldsymbol{v} \times \boldsymbol{B}. \end{aligned} \tag{10,3}$$

Unterschiede bestehen in der Richtung der Kraft und in ihrer Geschwindigkeitsabhängigkeit.

Auf Grund der sehr schwachen Wechselwirkungsenergien sind Magnetwerkstoffe im engeren Sinne nur solche, bei denen magnetisch geordnete Strukturen auftreten. Wir werden uns damit näher im Abschnitt Ferromagnetismus beschäftigen.

10.1.2. Grundlagen magnetischer Erscheinungen

Es ist nachgewiesen, daß bereits vor 3 Jahrtausenden in China ein Kompaß verwendet wurde. Noch nicht sicher erwiesen ist, ob in Südamerika diese Kenntnis ähnlich früh vorhanden war. 1820 entdeckte Oersted die Wirkung eines elektrischen Stroms auf einen Permanentmagneten. Permanentmagnete auf der Basis von Magnetit (31% FeO + 69% Fe_2O_3), einem natürlichen Mineral, waren schon in der Antike bekannt. Dominique Anego und Louis Gay-Lussac konstruierten den ersten Elektromagneten. Das grundlegende Gesetz der magnetischen Wirkung eines elektrischen Stroms stellten Jean Babtiste Biot (1774—1862) und Felix Savart (1791—1841) auf. 1831 wurde von Faraday das Induktionsgesetz entdeckt. Auf dieser Basis wurde erst 1867 das Dynamo- oder Generatorprinzip von Werner von Siemens in die Technik eingeführt. Ampère äußerte später den Gedanken, daß alle magnetischen Felder von elektrischen Strömen hervorgebracht werden. Diese Hypothese wurde auf der Grundlage der Kenntnis des Atombaus und des Verhaltens der Elektronen für den atomaren Magnetismus bestätigt. Es läßt sich nun leicht zeigen (s. Abb. 10.1), daß ein einfacher Zusammenhang zwischen dem Magnetfeld einer Stromschleife und dem durch einen magnetischen Dipol erzeugten Magnetfeld in großem Abstand $r \gg R$ (maximale Ausdehnung der Stromschleife) besteht. Es gilt mit dem Durchflutungsgesetz im stationären Fall

$$\oint \mathrm{d}\boldsymbol{r}\boldsymbol{B} = \mu_0 i \qquad (10{,}4)$$

und bei Annahme einer Dipolschicht (wirbelfreier Fall)

$$\oint \mathrm{d}\boldsymbol{r}\boldsymbol{B} = \oint \mathrm{d}\boldsymbol{r}\boldsymbol{M} = Md \qquad (10{,}5)$$

($\boldsymbol{M}$ — Magnetisierung $\triangleq$ magnetische Dipoldichte).

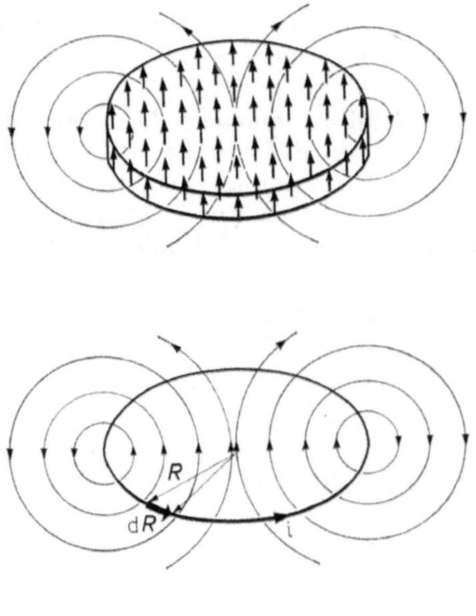

Abb. 10.1
Äquivalenz zwischen Stromschleife und Dipolschicht (Dicke d).

Die Ausdrücke auf der rechten Seite der Gleichungen (10,4) und (10,5) werden gleich, wenn die Dipoldichte M der Beziehung

$$Md = \mu_0 i$$

oder

$$\boldsymbol{m} = \mu_0 i \boldsymbol{A}, \tag{10,6}$$

$$|\boldsymbol{m}| = MdA \quad \text{(ebene Stromschleife der Fläche } A\text{)}$$

genügt. Formel (10,6) gilt in großem Abstand, wo nur das Gesamtmoment und nicht seine räumliche Dichteverteilung eingeht, auch für beliebig geformte Stromschleifen. Auf der Grundlage von (10,6) kann deshalb die magnetische Induktion einer Stromschleife mit

$$\boldsymbol{B} = -\frac{\partial}{\partial \boldsymbol{r}}\left(\frac{\boldsymbol{m}\boldsymbol{r}}{4\pi r^3}\right) = -\frac{\partial}{\partial \boldsymbol{r}}\left(\frac{\mu_0 i \boldsymbol{A}\boldsymbol{r}}{4\pi r^3}\right),$$

$$\boldsymbol{B} = \left[3\frac{\boldsymbol{r}}{r}\left(\frac{\boldsymbol{r}}{r}\,\mu_0 i\boldsymbol{A}\right) - \mu_0 i \boldsymbol{A}\right]/4\pi r^3 \tag{10,6a}$$

berechnet werden. Es sei darauf hingewiesen, daß $\boldsymbol{m}$ so gerichtet ist, daß der Umlaufsinn des Stromes und $\boldsymbol{m}$ eine Rechtsschraube bilden.

Für eine rotierende Elektronenladung wird daraus mit $i = -\frac{e}{\tau}$ (τ — Zeit eines Umlaufs)

$$\boldsymbol{m} = -\mu_0 \frac{e}{\tau} \boldsymbol{A} \tag{10,7}$$

und mit Hilfe des Drehimpulses $\boldsymbol{L}$

$$\begin{aligned} \boldsymbol{L} = \boldsymbol{R} \times m_0 \dot{\boldsymbol{R}} &= \frac{\oint \mathrm{d}t(\boldsymbol{R} \times \dot{\boldsymbol{R}})\, m_0}{\oint \mathrm{d}t} \\ &= \frac{m_0}{\tau}\, 2 \oint \frac{\mathrm{d}\boldsymbol{R}}{2} \times \boldsymbol{R} = \frac{2m_0}{\tau} \boldsymbol{A} \end{aligned} \tag{10,8}$$

mit m_0 als Elektronenmasse. Hier ist davon Gebrauch gemacht, daß für den Umlauf eines Elektrons der Drehimpuls eine Erhaltungsgröße ist und deshalb durch sein Zeitmittel ersetzt werden kann (s. auch Abb. 10.1). Mit (10,8) ergibt sich

$$\boldsymbol{m} = -\frac{\mu_0 e \boldsymbol{L}}{2m_0}. \tag{10,9}$$

Da der Drehimpuls eines Elektrons von der Größenordnung $\hbar$ ist, wird als praktisches Maß für atomare Momente das Bohrsche Magneton

$$m_{\mathrm{B}} = \frac{\mu_0 e \hbar}{2m_0} = 1{,}1653 \cdot 10^{-29}\ \mathrm{V \cdot s \cdot m} \tag{10,10}$$

verwendet.

10.1.3. Magnetisches Moment diamagnetischer Stoffe

Ist der Gesamtdrehimpuls eines Elektronensystems gleich Null, so kann auch kein permanentes magnetisches Moment vorhanden sein. Ein derartiges Verhalten ist bei Van-der-Waals-Bindungen, also bei Molekülkristallen, zu erwarten, wenn die Moleküle abgeschlossene Elektronenschalen besitzen (Edelgase, anorganische Isolierstoffe, Oxide, organische Stoffe), bei Ionenbindung, wo abgeschlossene Schalen gebildet werden (Salze, Säuren) und bei homöopolarer Bindung, die durch Spinabsättigung gekennzeichnet ist (wichtige Halbleiter). Es sei an dieser Stelle ausdrücklich darauf hingewiesen, daß alle Stoffe auf Grund ihres atomaren Aufbaus einen diamagnetischen Effekt zeigen. Oft wird aber der Diamagnetismus durch paramagnetische Erscheinungen überdeckt.

Unter *Diamagnetismus* versteht man das zusätzliche Auftreten eines magnetischen Moments entgegengesetzt zum äußeren Magnetfeld. Diese Erscheinung befolgt die Lenzsche Regel für Induktionsströme, wonach diese so gerichtet sind, daß sie ihrer Entstehungsursache entgegenwirken. Bekanntlich stellen sich in Auswirkung dieses Verhaltens Stäbe eines diamagnetischen Stoffes in einem Magnetfeld so ein, daß ihre Längsachse parallel zur magnetischen Feldrichtung liegt.

LANGEVIN hat die diamagnetische Suszeptibilität auf der Basis der Bohrschen Atomtheorie berechnet. Da ein Elektron im Atom eine reibungslose Bewegung ausführt, bleibt der durch Zuschalten eines äußeren Magnetfeldes erzielte Induktionsstrom während der gesamten Dauer des Anstieges des Feldes erhalten. Hat die magnetische Induktion die Größe $B = B_z$, dann präzediert die Elektronenhülle des Atoms um die z-Achse mit der Larmor-Frequenz

$$\omega_{\mathrm{L}} = \frac{eB}{2m_0}, \quad \text{hier} \quad \omega_{\mathrm{L}z} = \frac{eB_z}{2m_0}. \tag{10,11}$$

Da es sich bei Beziehung (10,11) um eine grundsätzliche Erscheinung handelt, gehen wir kurz auf ihre Herleitung ein. Beim Einschalten eines Magnetfeldes wird an einem Elektronensystem eine Arbeit geleistet, die sich aus Anteilen W_i zusammensetzt. Mit Hilfe der Maxwellschen Gleichung erhält man für $\frac{\mathrm{d}t}{\tau}$ Umläufe:

$$W_i = -e\frac{\mathrm{d}t}{\tau}\oint \boldsymbol{E}\,\mathrm{d}\boldsymbol{r} = e\frac{\mathrm{d}t}{\tau}\cdot\frac{\mathrm{d}}{\mathrm{d}t}\oiint \boldsymbol{B}\cdot\mathrm{d}\boldsymbol{A} = \frac{\mathrm{e}}{\tau}\boldsymbol{B}\boldsymbol{A}$$

$$W_i = -\frac{\boldsymbol{m}_i\boldsymbol{B}}{\mu_0}.$$

Diese zusätzliche kinetische Energie steckt in der Präzessionsbewegung des magnetischen Moments $\boldsymbol{m}_i$ des i-ten Elektrons um die raumfeste Richtung des Vektors $\boldsymbol{B}$. Die zugehörige Präzessionsfrequenz ω_{L} findet man im rotierenden Koordinatensystem. In diesem Koordinatensystem ruht das Elektron bei $B = 0$. Dann gilt:

$$m_0\frac{\mathrm{d}^2\boldsymbol{r}}{\mathrm{d}t^2} = -e(\boldsymbol{v}_{\mathrm{rel}} + \boldsymbol{\omega}_{\mathrm{L}}\times\boldsymbol{r})\times\boldsymbol{B} - 2m_0\boldsymbol{\omega}_{\mathrm{L}}\times\boldsymbol{v}_{\mathrm{rel}} - m_0\boldsymbol{\omega}_{\mathrm{L}}\times(\boldsymbol{\omega}_{\mathrm{L}}\times\boldsymbol{r}).$$

Im stationären Gleichgewicht halten sich die Coriolis-Kraft und die Lorentz-Kraft die Waage, wobei wir die Zentrifugalkraft wegen $|\boldsymbol{w}\times\boldsymbol{r}| < \boldsymbol{v}_{\mathrm{rel}}$ vernachlässigen können. Es folgt dann schließlich (10,11):

$$\boldsymbol{v}_{\text{rel}} \times e\boldsymbol{B} = +\boldsymbol{v}_{\text{rel}} \times 2m_0\boldsymbol{\omega}_{\text{L}}.$$

In einem homogenen Magnetfeld H_z muß der Hamilton-Operator zur Berechnung der Energie eines atomaren Bausteins folgendes Aussehen besitzen (vgl. Abschnitt 6.2.7.):

$$H = H_0 + H',$$

$$H_0 = -\frac{\hbar^2}{2m_0} \sum_K \frac{\partial^2}{\partial r_K^2} + W_{\text{pot}}, \tag{10,12}$$

$$H' = \omega_{\text{L}z} \sum_K (l_{zK} + 2s_{zK}) + W_{\text{SL}} + \frac{1}{2} m_0 \omega_{\text{L}z} \sum_K r_K^2$$

(l_{zK} — z-Komponente des Drehimpulses des K-ten Elektrons, s_{zK} — z-Komponente des Spinvektors des K-ten Elektrons, W_{SL} — Spin-Bahn-Wechselwirkungsenergie, r_K — Abstand des K-ten Elektrons von der durch den Atomkern gehenden z-Achse).

Zur Beschreibung des Diamagnetismus ist das letzte Glied in H' heranzuziehen, da das erste bei diamagnetischen Festkörpern Null ist. Man findet χ_{m}, indem man das Glied als kleine Störung auffaßt, über

$$\mathrm{d}W' = -m_z \,\mathrm{d}H_z, \tag{10,13}$$

(m_z — zusätzliches mittleres magnetisches Moment pro Elektron)

$$\chi_{\text{m}} = +\frac{\text{M}}{\mu_0 H_z} = +\frac{n}{\mu_0 H_z} \cdot m_z = -\frac{n}{B_z} \frac{\mathrm{d}W'}{\mathrm{d}H_z} \tag{10,14}$$

(n — Anzahl der Elektronen pro Volumeneinheit, $\mathrm{d}W'$ — hier: Änderung der Energie infolge des Magnetfeldes).

Aus (10,11) und (10,12) folgt der Erwartungswert der diamagnetischen Energie

$$W' = \frac{e^2 B_z^2}{8m_0} \sum_K \overline{r_K^2}. \tag{10,15}$$

Wird über alle Atome gemittelt, so ist keine Richtung ausgezeichnet, und es gilt

$$\overline{r_K^2} = \frac{2}{3} \overline{r_0^2} \tag{10,16}$$

(r_0 — Bahnradius).

Die Suszeptibilität wird:

$$\chi_{\text{m}} = -\frac{e^2 \mu_0 n}{6m_0} \overline{r_0^2}. \tag{10,17}$$

Sie ist negativ und temperaturunabhängig. Formel (10,17) wurde auf klassischem Wege zuerst als Langevinsche Gleichung bekannt. Ihre Anwendung läuft auf die Lösung des Vielelektronenproblems hinaus. Einen Richtwert für χ_{m} erhält man, wenn man berücksichtigt, daß sich die mittlere Ausdehnung der Elektronenhüllen verschiedener Atome nur wenig vom Bohrschen Radius unterscheidet. Man findet mit

$$\overline{r_0^2} \approx r_{\text{B}}^2$$

Tabelle 10.1

Spezifische Suszeptibilität diamagnetischer Stoffe

(Angaben nach Mende, D. und Simon, G.; in 10^{-5} cm^3/g)

a) *Elemente*

b) *Anorganische Verbindungen*

c) *Organische Verbindungen*

Ar	B	Cl	He	Ne	N_2	H_2	Cu	Bi	Ge	Si
−0,61	−0,78	−0,74	−0,59	−0,45	−0,54	−2,5	−0,108	−1,6	0,15	0,17

b)

Al_2O_3	CaO	$CaSO_4$	$CaCO_3$	CO_2	Cu_2O	D_2O	HNO_3	H_2O
−0,35	−0,34	−0,48	−0,44	−0,60	−0,25	−0,79	−0,39	−0,905

H_2SO_4	NH_3	SO_2
−0,50	−1,23	−0,30

c)

Äthylalkohol	Anilin	Azeton	Benzol	Glyzerin	Harnstoff
−0,92	−0,93	−0,73	−0,89	−0,78	−0,70

Petroleum	Methylalkohol
−1,14	−0,88

die spezifische Suszeptibilität:

$$\chi_s \approx -4 \cdot 10^{-5} \frac{cm^3}{g}$$

($\chi_s = \chi_m/\varrho$, ϱ — Dichte des Diamagneten). Tabelle 10.1 gibt einen Vergleich experimenteller Werte.

10.1.4. Diamagnetische Festkörper

Bei Isolatoren sind nur die Gitterbausteine für die Größe der Suszeptibilität entscheidend, die näherungsweise mit χ der freien Atome oder Ionen übereinstimmt. Meist besitzen die Gitterbausteine die Drehimpulsquantenzahl $J = 0$ und treten in sehr stabiler Konfiguration auf. Isolatoren sind also vorwiegend diamagnetisch.

Bei Metallen stehen die meist diamagnetische Suszeptibilität der Gitterbausteine und der Paramagnetismus der Leitungselektronen in Konkurrenz. Da beide Anteile von gleicher Größenordnung sind, können sowohl dia- als auch paramagnetische

Metalle auftreten. Es sind auch Fälle bekannt, z. B. Bismut, wo die Leitungselektronen einen diamagnetischen Anteil liefern. HAUG gibt unter Berücksichtigung der Ladungsträger dafür die Beziehung

$$\chi = \chi_{\text{Gitter}} + m_{\mathrm{B}}^2 D(W_{\mathrm{F}}) \left\{1 - \frac{1}{3}\left(\frac{m_0}{m'}\right)^2\right\}, \tag{10,18}$$

$$m' = (m_{xx}^{*-1} m_{yy}^{*-1} - m_{xy}^{*-2})^{-1/2} \tag{10,19}$$

an ($D(W_{\mathrm{F}})$ — Dichte der Energieniveaus an der Fermi-Fläche, m_{xx}^* — Tensorkomponente der effektiven Masse, m_{B} — Bohrsches Magneton). Das heißt also, in den Fällen, wo die Leitungselektronen sehr kleine effektive Massen besitzen, wird auch das 2. Glied in (10,18), das von den Leitungselektronen herrührt, negativ.

Bei Halbleitern können (10,18) und (10,19) sinngemäß angewandt werden. Die Dichte der Leitungselektronen ist wesentlich geringer und stark temperaturabhängig. Auch die Defektelektronen liefern einen Beitrag. Meist überwiegt bei Halbleitern der diamagnetische Gitteranteil.

10.2. Paramagnetismus

10.2.1. Magnetisches Moment eines Gitterbausteins

Paramagnetismus kann auftreten, wenn im Gitterbaustein nicht abgeschlossene Elektronenkonfigurationen vorhanden sind. Nach (10,9) und (10,10) läuft die Berechnung des magnetischen Moments $\boldsymbol{m}$ eines isolierten Gitterbausteins auf die Berechnung seines Gesamtdrehimpulses $\hbar \boldsymbol{J}$ hinaus. Für den Bahndrehimpuls gilt

$$\boldsymbol{m}_{\mathrm{L}} = -\frac{\mu_0 e \boldsymbol{L}}{2m_0} = -g_{\mathrm{L}} m_{\mathrm{B}} \frac{\boldsymbol{L}}{\hbar}; \quad g_{\mathrm{L}} = 1; \quad |\boldsymbol{L}| = \hbar \sqrt{L(L+1)} \tag{10,20}$$

und für den Spin

$$\boldsymbol{m}_{\mathrm{S}} = -\frac{\mu_0 e \boldsymbol{S}}{m_0} = -g_{\mathrm{S}} m_{\mathrm{B}} \frac{\boldsymbol{S}}{\hbar}; \quad g_{\mathrm{S}} = 2; \quad |\boldsymbol{S}| = \frac{\hbar}{2} \sqrt{S(S+1)}$$

mit

$$g_{\mathrm{s}} = 2\left(1 + \frac{\alpha}{2\pi} - \cdots\right) = 2{,}0023 \approx 2$$

($\alpha = \dfrac{1}{137{,}0}$ ist die Sommerfeldsche Feinstrukturkonstante).

Der Wert g_{s} für den Elektronenspin folgt aus der Quantenelektrodynamik und war vor Ausarbeitung derselben experimentell gefunden worden. Im allgemeinen Fall tragen Spin *und* Bahnbewegung zum magnetischen Moment bei. Es gilt dann

$$\boldsymbol{m}_J = -\frac{g \mu_0 e \boldsymbol{J}}{2m_0} = -g m_{\mathrm{B}} \frac{\boldsymbol{J}}{\hbar}; \quad |\boldsymbol{J}| = \hbar \sqrt{J(J+1)} \tag{10,21}$$

$\sqrt{J(J+1)}$ ist der Erwartungswert des Gesamtdrehimpulses des Gitterbausteins).

Bei Gitterbausteinen mit mehreren Elektronen ist Russell-Saunders-Kopplung vorhanden. Die Kopplung von Bahnbewegung und Spin ist für das einzelne Elektron vernachlässigbar. Man bildet also einen Gesamtbahnimpuls und einen Gesamtspin

$$\boldsymbol{L} = \sum \boldsymbol{l}_i$$

bzw.

$$\boldsymbol{S} = \sum \boldsymbol{s}_i$$

und daraus den Gesamtdrehimpuls

$$\boldsymbol{J} = \boldsymbol{L} + \boldsymbol{S} \tag{10,22}$$

(s_i, l_i — Spin, Bahndrehimpuls des einzelnen Elektrons). Da resultierender Drehimpuls $\boldsymbol{J}$ und resultierendes magnetisches Moment $\boldsymbol{m}_{\mathrm{res}}$ nicht die gleiche Richtung besitzen (s. Abb. 10.2), präzediert $\boldsymbol{m}_{\mathrm{res}}$ um den raumfesten Drehimpuls $\boldsymbol{J}$. Für g in (10,21) ist der Landé-Faktor

$$g = \frac{3J(J+1) + S(S+1) - L(L+1)}{2J(J+1)} \tag{10,23}$$

(J, S, L — Quantenzahlen des Gesamtdrehimpulses, Gesamtspins bzw. Bahndrehimpulses) einzusetzen, der angibt, ob bevorzugt Spinanteile ($g \approx 2$) oder Bahnanteile wirksam sind ($g \approx 1$). Man erhält ihn mit Hilfe von Abb. 10.2 folgendermaßen:

$$m_J = m_B(L \cos \alpha + 2S \cos \beta),$$

$$m_J = m_B \left(\frac{J^2 + L^2 - S^2}{2J} + \frac{2(J^2 + S^2 - L^2)}{2J} \right)$$

und nach Einsetzen der quantenmechanischen Erwartungswerte

$$m_J = m_B \frac{3J(J+1) + S(S+1) - L(L+1)}{2J(J+1)} \sqrt{J(J+1)}.$$

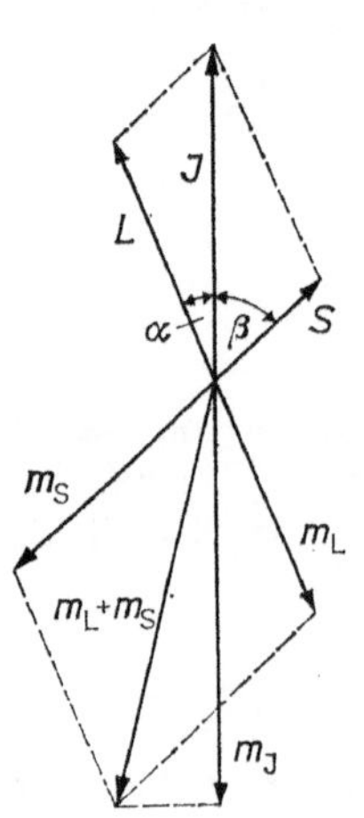

Abb. 10.2
Magnetisches Moment eines Gitterbausteines.

10.2.2. Elektronensystem im Magnetfeld

In einem Magnetfeld $\boldsymbol{H}$ können sich mikroskopische magnetische Dipole nur so einstellen, daß gilt:

$$W_{\mathrm{m}} = -\boldsymbol{m}_J \boldsymbol{H} = -g m_{\mathrm{B}} \cdot \frac{\boldsymbol{J}}{\hbar} \boldsymbol{H} = g m_{\mathrm{B}} H M_J \tag{10,24}$$

mit

$$M_J = J, J-1 \cdots -J; \qquad \Delta M_J = \pm 1$$

(M_J — Quantenzahl der Richtungsquantelung). Diese Einstellmöglichkeiten müssen für die Berechnung des mittleren magnetischen Moments $\overline{m_H}$ berücksichtigt werden. Im allgemeinen bleibt bei nicht zu hohen Feldern die Spin-Bahn-Kopplung erhalten, und die Mittelung kann über die Einstellmöglichkeiten der $\boldsymbol{m}_J$ mit Hilfe der Boltzmann-Statistik erfolgen:

$$\overline{m_H} = \frac{\sum\limits_{-J}^{+J} M_J g m_{\mathrm{B}} \, \mathrm{e}^{M_J g m_{\mathrm{B}} H / k_{\mathrm{B}} T}}{\sum\limits_{-J}^{+J} \mathrm{e}^{M_J g m_{\mathrm{B}} H / k_{\mathrm{B}} T}}. \tag{10,25}$$

Gleichung (10,25) kann zur Berechnung der Magnetisierung M herangezogen werden, wenn die Elektronensysteme (magnetische Dipole) untereinander nicht wechselwirken. Das ist vor allem in Gasen der Fall. Ist n die Zahl der Dipole in der Volumeneinheit, folgt

$$M = n \overline{m_H} \tag{10,26}$$

und

$$M = n g J m_{\mathrm{B}} B_J (g J m_{\mathrm{B}} H / k_{\mathrm{B}} T) = n g J m_{\mathrm{B}} B_J(x), \tag{10,27}$$

$$B_J(x) = \frac{2J+1}{2J} \coth \frac{(2J+1)\,x}{2J} - \frac{1}{2J} \coth \left(\frac{x}{2J}\right) \tag{10,28}$$

($B_J(x)$ — Brillouin-Funktion).
Die Formel (10,27) erhält man aus (10,25) mit

$$\overline{m_H} = \frac{\sum\limits_{-J}^{+J} m_{\mathrm{B}} g \cdot M_J \cdot \mathrm{e}^{\alpha M_J}}{\sum\limits_{-J}^{+J} \mathrm{e}^{\alpha M_J}},$$

$$\alpha = \frac{g m_{\mathrm{B}} \cdot H}{k_{\mathrm{B}} T}.$$

Durch Summation folgt mit $K = M_J + J$

$$\sum_{M_J=-J}^{+J} \mathrm{e}^{\alpha M_J} = \mathrm{e}^{\alpha J} \sum_{K=0}^{2J} \mathrm{e}^{-\alpha K} = \mathrm{e}^{\alpha J} \frac{1 - \mathrm{e}^{-(2J+1)\alpha}}{1 - \mathrm{e}^{-\alpha}},$$

$$= \frac{\mathrm{e}^{-\frac{\alpha}{2}} \left[\mathrm{e}^{\left(J+\frac{1}{2}\right)\alpha} - \mathrm{e}^{-\left(J+\frac{1}{2}\right)\alpha}\right]}{\mathrm{e}^{-\frac{\alpha}{2}} \left(\mathrm{e}^{\frac{\alpha}{2}} - \mathrm{e}^{-\frac{\alpha}{2}}\right)},$$

$$= \frac{\sinh\left(J + \frac{1}{2}\right)\alpha}{\sinh\frac{\alpha}{2}},$$

$$\overline{m_J} = m_B g \cdot \frac{\frac{\partial}{\partial\alpha}\dfrac{\sinh\left(J + \frac{1}{2}\right)\alpha}{\sinh\frac{\alpha}{2}}}{\dfrac{\sinh\left(J + \frac{1}{2}\right)\alpha}{\sinh\frac{\alpha}{2}}},$$

$$\overline{m_H} = m_B \cdot g \cdot \frac{\sinh\frac{\alpha}{2}}{\sinh\left(J + \frac{1}{2}\right)\alpha}\left(\frac{\left(J + \frac{1}{2}\right)\cosh\left(J + \frac{1}{2}\right)\alpha}{\sinh\frac{\alpha}{2}} - \frac{\sinh\left(J + \frac{1}{2}\right)\alpha \cdot \frac{1}{2}\cosh\frac{\alpha}{2}}{\sinh^2\frac{\alpha}{2}}\right),$$

$$= m_B g\left[\left(J + \frac{1}{2}\right)\coth\left(J + \frac{1}{2}\right)\alpha - \frac{1}{2}\coth\frac{\alpha}{2}\right].$$

Aus der letzten Beziehung ergibt sich

$$B_J(x) \quad \text{mit} \quad x = \alpha \cdot J.$$

Für den Spezialfall $L = 0$, $S = \frac{1}{2}$, $J = \frac{1}{2}$, $M_J = \pm\frac{1}{2}$, $g = g_S = 2$ folgt aus (10,25) (einzelnes Elektron)

$$\overline{m_H} = \frac{\frac{1}{2} \cdot 2m_B\, e^{\frac{1}{2}\cdot 2m_B H/k_B T} - \frac{1}{2} \cdot 2m_B\, e^{\frac{1}{2}\cdot 2m_B H/k_B T}}{e^{\frac{1}{2}\cdot 2m_B H/k_B T} + e^{-\frac{1}{2}\cdot 2m_B H/k_B T}} \tag{10,29}$$

und

$$M = nm_B \cdot \frac{e^x - e^{-x}}{e^x + e^{-x}} = nm_B \cdot \tanh x, \tag{10,30}$$

$$x = \frac{W_m}{k_B T}.$$

Für große Felder und tiefe Temperaturen wird die Sättigungsmagnetisierung

$$M_s = nm_B \tag{10,31}$$

erreicht. Bei kleinen Feldern und Zimmertemperatur (Normalfall) gilt mit $x \ll 1$ und $\tanh x \approx x$

$$M \approx n \frac{m_B^2}{k_B T} H \tag{10,32}$$

oder

$$\chi_m \approx \frac{1}{\mu_0} n \frac{m_B^2}{k_B} \cdot \frac{1}{T} = \frac{C}{T}. \tag{10,33}$$

Gleichung (10,33) ist das Curie-Gesetz dieses einfachen Modellfalles: Magnetische Suszeptibilität und absolute Temperatur sind für Paramagnetika zueinander umgekehrt proportional. C ist die Curie-Konstante. Entwickelt man (10,27) für $x \ll 1$, folgt auch für den allgemeineren Fall mit $\coth x \approx \frac{1}{x} + \frac{x}{3}$

$$\chi_m = \frac{1}{\mu_0} \frac{nJ(J+1)\, g^2 m_B^2}{3k_B T} = \frac{C}{T} \tag{10,34}$$

das Curie-Gesetz. Die Sättigungsmagnetisierung ist hier:

$$M_S = ngJ \cdot m_B. \tag{10,35}$$

Durch Messung von χ_m oder M_S läßt sich die effektive Zahl der Bohrschen Magnetonen $g\sqrt{J(J+1)}$ ermitteln. Tabelle 10.2 gibt einen Vergleich berechneter und gemessener Werte. Für Ionen der seltenen Erden liegt eindeutig Russel-Saunders-Kopplung vor. Samarium- und Europium-Ionen zeigen Abweichungen auf Grund dicht über dem Grundzustand liegender Anregungsniveaus. Für den hier gezeigten Spezialfall kann gefolgert werden, daß die chemische Bindung die für die Berechnung zugrunde gelegte Elektronenkonfiguration des isolierten Ions nicht beeinflußt.

Tabelle 10.2
Effektive Zahl der Magnetonen
(nach Kreher, K.: Festkörperphysik. 2. Aufl. — Berlin: Akademie-Verlag 1973)

Ion	J	$J(J+1)\, g$	
		berechnet	gemessen
Ce^{3+}	5/2	2,54	2,4
Pr^{3+}	4	3,58	3,5
Nd^{3+}	9/2	3,62	3,6
Sm^{3+}	5/2	0,84	1,5
Eu^{3+}	0	0	3,4
Gd^{3+}	7/2	7,94	8,0
Tb^{3}	6	9,72	9,5
Dy^{3+}	15/2	10,63	10,6
Ho^{3+}	8	10,60	10,4
Er^{3+}	15/2	9,59	9,5
Tm^{3+}	6	7,57	7,3
Yb^{3+}	7/2	4,54	4,5

10.2.3. Van-Vleckscher Paramagnetismus

Wir hatten in Formel (10,12) den Hamilton-Operator unter Berücksichtigung eines anliegenden Magnetfeldes gegeben. Das Störungsglied

$$\omega_{\mathrm{L}z} \sum_K l_{zK} + 2s_{zK} = -m_z H_z \tag{10,36}$$

wurde für den normalen Paramagnetismus in 1. Ordnung von H berücksichtigt und führt zu (10,25). Wird (10,36) in 2. Näherung ausgewertet, so ergibt sich für die zusätzlich auftretende Energie nach der Störungsrechnung

$$W'_{\mathrm{m}} = -H_z^2 \sum_{n,M} \frac{|m_{znM} \cdot m_{z0M_0}|}{W_n - W_0} \tag{10,37}$$

(n — Bahnquantenzahl $\triangleq$ Hauptquantenzahl und Drehimpulsquantenzahl beim Atom, M, M_0 — Orientierungsquantenzahlen, m_{znM}, m_{z0M_0} usw. Matrixelemente der z-Komponente des magnetischen Moments). Daraus folgt mit (10,14) und unter Berücksichtigung, daß der statistische Mittelwert gesucht ist für die magnetische Suszeptibilität dieses paramagnetischen Anteils (Van-Vleckscher Paramagnetismus)

$$\chi_{\mathrm{m}} = -\frac{N}{B_z}\frac{\mathrm{d}W'_{\mathrm{m}}}{\mathrm{d}H_z} = \frac{2N \cdot \mu_0^{-1}}{\sum\limits_{M_0} \mathrm{e}^{-\alpha M_0}} \sum_{M_0} \sum_{n,M} \frac{|m_{znM} \cdot m_{z0M_0}|}{W_n - W_0} \mathrm{e}^{-\alpha M_0} \tag{10,38}$$

(W_0 — Grundzustand, W_n — angeregter Zustand, N — Gitterbausteine im Volumen). Da im allgemeinen $\alpha \ll 1$ ist, machen wir von der Vereinfachung $\mathrm{e}^{\alpha M} = 1$ Gebrauch.

Dann findet man

$$\chi_{\mathrm{m}} = \frac{2N}{(2J+1)\,\mu_0} \sum_{M_0} \sum_{n,M} \frac{|m_{znM} m_{z0M_0}|}{W_n - W_0}, \tag{10,39}$$

weil wieder $2J + 1$ Einstellmöglichkeiten vorliegen. Bei Atomen folgt der temperaturunabhängige Van-Vleck-Paramagnetismus daraus zu

$$\chi_{\mathrm{m}} = \frac{N m_{\mathrm{B}}^2 \cdot \mu_0^{-1}}{6(2J+1)} \left(\frac{F(J+1)}{W_{J+1} - W_J} + \frac{F(J)}{W_{J-1} - W_J} \right) \tag{10,40}$$

mit

$$F(J) = \frac{\left((S+L+1)^2 - J^2\right)\left(J^2 - (S-L)^2\right)}{J}.$$

Bei Molekülen ist dieser paramagnetische Anteil besonders einflußreich, weil sie meist nicht kugelsymmetrisch gebaut sind und die hier verwendeten Matrixelemente stärker ins Gewicht fallen. Bei Atomen wird durch (10,40) berücksichtigt, daß ein Teil durch thermische Stöße immer im angeregten Zustand W_n ist.

10.2.4. Paramagnetismus quasifreier Elektronen

Um den Suszeptibilitätsanteil der Ladungsträger in einem Metall oder Halbleiter zu erfassen, muß berücksichtigt werden, daß diese der Fermi-Statistik unterliegen. Das magnetische Moment der Ladungsträger kann sich im Magnetfeld H_z nur wie

$$m_z = \pm m_{\mathrm{B}z} \tag{10,41}$$

einstellen. Abbildung 10.3 zeigt die resultierende Zustandsdichte für parallele und antiparallele Orientierung im Magnetfeld $D_{\uparrow\uparrow}(W)$ und $D_{\uparrow\downarrow}(W)$. Im Magnetfeld werden alle Zustände mit Spin parallel zum Magnetfeld um $m_B H$ gegenüber dem Energieniveau ohne Magnetfeld abgesenkt und umgekehrt um den gleichen Betrag angehoben, wenn antiparallele Einstellung vorliegt. Für die Berechnung von χ_m ist nur die Differenz der parallelen und antiparallelen Spins entscheidend, und es muß grundsätzlich

$$\chi = \frac{1}{H\mu_0} m_B(N_{\uparrow\uparrow} - N_{\uparrow\downarrow}) \tag{10,42}$$

gelten.

$$(N_{\uparrow\uparrow} - N_{\uparrow\downarrow}) = \int_{W_F - m_B H}^{W_F + m_B H} f(W)\, D(W, B)\, \mathrm{d}W \approx \frac{1}{2} \int_{W_F - m_B H}^{W_F + m_B H} D(W_F, B)\, \mathrm{d}W \tag{10,43}$$

($f(W)$ — Fermi-Dirac-Funktion, $D(W)$ — Zustandsdichte ohne Magnetfeld).

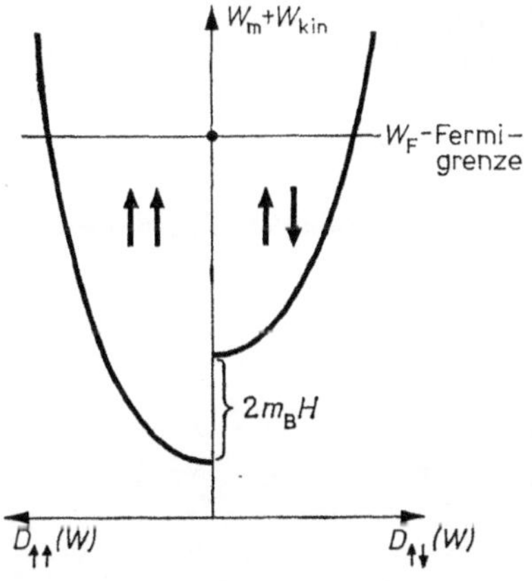

Abb. 10.3
Besetzung von Elektronenniveaus im Magnetfeld.

In (10,43) wird berücksichtigt, daß nur ein kleiner Anteil von Elektronen in der Nähe von $W_F (m_B H \ll W_F)$ einen Beitrag liefert. Hier liegt ein ähnlicher Fall wie für den Anteil der spezifischen Wärme von Elektronen vor. Da an der Fermi-Fläche $W = W_F$ ohne Berücksichtigung der veränderten Zustandsdichte (vgl. Abschnitt 6.2.7) mit (6,58)

$$D(W_F, B) \approx D(W_F) = \frac{3n}{2W_F} \tag{10,44}$$

gilt, folgt sofort

$$(N_{\uparrow\uparrow} - N_{\uparrow\downarrow}) \approx \frac{3}{2} \frac{n}{W_F} m_B H, \tag{10,45}$$

und die Paulische Suszeptibilität der Leitungselektronen eines Metalls bzw. eines entarteten Halbleiters wird

$$\chi_{\text{Pauli}} \approx \frac{3}{2} \frac{n}{W_F} \frac{m_B^2}{\mu_0}. \tag{10,46}$$

Für nichtentartete Halbleiter gilt dagegen (10,33), da hier die Boltzmann-Statistik Gültigkeit besitzt. In Tab. 10.3 sind spezifische Suszeptibilitäten einiger paramagnetischer Elemente und Verbindungen gegeben. Soweit Angaben vorlagen, werden in der 2. Spalte berechnete Werte angefügt. Schließlich soll darauf hingewiesen werden, daß die Leitungselektronen im Magnetfeld so in ihrer Bewegung beeinflußt werden, daß ein zusätzlicher diamagnetischer Anteil entsteht. Das ist der Landau-Diamagnetismus:

$$\chi_{\text{Landau}} \approx -\frac{1}{3}\,\chi_{\text{Pauli}}\,. \tag{10,47}$$

Tabelle 10.3
Spezifische Suszeptibilitäten paramagnetischer Stoffe

Stoff	χ/ϱ (in 10^{-5} cm³/g)	χ/ϱ (berechnet nach Gl. (10,46)) (in 10^{-5} cm³/g)
Al	0,77	0,57
Ba	0,19	0,25
Ca	1,38	0,63
Fe (1200°C)	33	—
Co (1400°C)	88	—
Mg	1,0	0,69
Mu	12,1	—
Ni (800°C)	15,1	—
Pt	1,2	—
Ti	4,0	
Cr	3,7	
Ir	0,13	
U	0,52	
Li	0,5	
Mo	0,6	
Na	0,55	
Pd	5,2	
W	0,30	
$CoCl_2$	128	—
CuO	3,8	—
FeS	18	—
NO	6,0	—

10.2.5. Dia- und Paramagnetismus in Festkörpern

Einfache Verhältnisse bezüglich der magnetischen Eigenschaften von Festkörpern liegen dort vor, wo die für das Zustandekommen magnetischer Momente verantwortlichen Elektronenkonfigurationen der Gitterbausteine durch die chemische Bindung nicht beeinflußt werden. Das ist der Fall bei den seltenen Erden mit nicht gefüllter 4f-Schale. Übergangsmetalle, die unabgeschlossene 3d-Schalen besitzen, verhalten sich demgegenüber so, daß sich die im isolierten Atom vorhandenen Bahnmomente im Festkörper weitgehend kompensieren und nur die Spinmomente zum Festkörper-Magnetismus beitragen. Bei den meisten Metallen ist eine exakte

Berechnung der magnetischen Suszeptibilität bisher nicht möglich. Nahezu die Hälfte aller Metalle ist paramagnetisch, der andere Teil diamagnetisch (s. auch Tabellen 10.1 und 10.3). Generell bietet aber die vorhandene Theorie magnetischer Eigenschaften die Möglichkeit, Suszeptibilitäten immer genauer zu berechnen. Dazu werden als wichtige Anteile die Suszeptibilität der freien Atome, die Pauli- und die Landau-Suszeptibilität berücksichtigt. Die Festkörpereigenschaften stecken in der durch die chemische Bindung veränderten Elektronenkonfiguration der Gitterbausteine und im Anteil der quasifreien Elektronen. Der Einfluß bestimmter Kristallanisotropien kommt durch die Tensorkomponenten der effektiven Masse z. B. in (10,18) zum Ausdruck. Benötigt werden für die Berechnung der mittlere Bahnradius der Elektronen (10,15), die Zustandsdichte der Leitungselektronen an der Fermi-Fläche (10,43), der Tensor der effektiven Masse (10,19) und der Landé-Faktor (10,23). Die von uns gegebenen Gleichungen gelten meist nur bei tiefen Temperaturen exakt. Man ist aber in der Lage, durch Messungen bei tiefen Temperaturen und Separieren der einzelnen Suszeptibilitätsanteile auf Grund ihrer Temperaturabhängigkeit andererseits Aussagen zu den genannten Werten zu gewinnen. So ist es möglich, $D(W_F)$ oder m^* der Leitungselektronen in Metallen zu bestimmen.

Zusammenfassend kann für Isolatoren festgestellt werden, daß ihre Suszeptibilität allein durch die Gitterbausteine bestimmt wird. Abgeschlossene Elektronenschalen liefern diamagnetische, nicht abgeschlossene paramagnetische Eigenschaften. Bei Molekülkristallen schwächt der Van-Vleck-Paramagnetismus den Diamagnetismus oder überdeckt ihn völlig.

In Halbleitern haben die Leitungselektronen neben den Gitterbausteinen einen entsprechenden Anteil. Hochdotierte Halbleiter sind wie Metalle zu behandeln. Bei Halbleitern wie Si und Ge ist der Gitteranteil diamagnetisch. Die paramagnetische Suszeptibilität der Leitungselektronen hängt durch die starke Temperaturabhängigkeit der Konzentration der Leitungselektronen exponentiell von der Temperatur ab. Auch die Defektelektronen liefern einen Beitrag, der bei gleicher Konzentration einem entsprechenden Elektronenbeitrag entspricht. Störstellen machen sich in magnetischen Messungen kaum bemerkbar.

10.3. Ferromagnetismus

10.3.1. Die typischen Eigenschaften der Ferromagnetika

Während paramagnetische oder diamagnetische Eigenschaften für jeden Festkörper durchaus typisch sind, tritt eine spontane Magnetisierung nur bei einer beschränkten Zahl von Stoffen auf, die man unter dem Oberbegriff der Magnetwerkstoffe zusammenfaßt. Emil Warburg (1880) und James Alfred Ewing (1882) entdeckten unabhängig voneinander die Hystereseerscheinungen in Magnetwerkstoffen vom ferromagnetischen Typ. Einen bedeutenden Anstoß erhielt das Gebiet durch die Entdeckung Pierre Curies (1859—1906), daß der Ferromagnetismus oberhalb einer bestimmten Temperatur in Paramagnetismus übergeht.

Die typischen Eigenschaften dieser Stoffe lassen sich folgendermaßen charakterisieren:

— In Magnetwerkstoffen tritt eine spontane Magnetisierung auf.

— Die spontane Magnetisierung ist auf bestimmte kristallografische Richtungen beschränkt.
— Die spontane Magnetisierung ist umkehrbar.
— Bei einem vollständigen Durchlauf des Umpolens der spontanen Magnetisierung in die entgegengesetzte Richtung und zurück in die Ausgangslage wird eine typische Hysteresekurve beobachtet.
— Der Bereich des Auftretens einer spontanen Magnetisierung umfaßt bezüglich der Temperatur meist nicht das gesamte Existenzgebiet des Festkörperkristalls.
— Oberhalb einer charakteristischen Temperatur liegen die meisten Magnetwerkstoffe in einer nichtpolaren Phase vor, wobei paramagnetische Eigenschaften vorherrschen.
— In der Umgebung der charakteristischen Umwandlungstemperatur besitzt die relative Permeabilität bzw. die magnetische Suszeptibilität ein ausgeprägtes Maximum, das bis in die Größenordnung 10^6 reichen kann.
— In der Nähe der Umwandlungstemperatur von der spontan geordneten Phase in die paramagnetische Phase ordnet sich der Festkörper im Nahordnungsbereich um.
— Ein spontan magnetisierter Kristall kann mit einheitlicher Magnetisierungsrichtung als Eindomänenkristall oder in Raumgebiete unterschiedlicher Magnetisierungsrichtung eingeteilt auftreten.

Zu den Ferromagnetika gehören Fe, Co, Ni, Gd, Tb, Dy, Ho, Er, Tm als ferromagnetische Elemente und eine Vielzahl von Legierungen, von denen die Heuslersche Legierung (vgl. Abschnitt 8.3.4.), Permalloy, Supermalloy, Alnico die bekanntesten sind.

10.3.2. Hysteresekurve ferromagnetischer Kristalle

Die zum Problem der Phasenumwandlung geordneter in ungeordnete Strukturen im Abschnitt 9.5.2. getroffenen grundsätzlichen Feststellungen brauchen hier nicht wiederholt zu werden. Die große Ähnlichkeit zwischen ferromagnetischem und ferroelektrischem Verhalten besteht eben gerade, trotz verschiedener Ursache der Erscheinungen, darin, daß beide Zustände auf der Ausrichtung zunächst statistisch orientierter Dipole beruhen.

Während man für Paramagnetika immer einen linearen Zusammenhang zwischen Magnetisierung und magnetischer Feldstärke findet und damit die magnetische Suszeptibilität feldstärkeunabhängig ist, ist dies bei Ferromagnetika nicht mehr der Fall. In Abb. 10.4 ist eine typische Hysteresekurve des Zusammenhangs zwischen Magnetisierung und magnetischer Feldstärke eines ferromagnetischen Kristalls gegeben. Es ist diesem Bild zu entnehmen, wie die Anfangssuszeptibilität χ_a, die differentielle χ_d und die totale χ_{tot} gewonnen werden. M_R ist die remanente Magnetisierung, M_S die Sättigungsmagnetisierung und H_c die Koerzitivfeldstärke. An Hand ihrer Hysteresekurven werden die Magnetwerkstoffe in hartmagnetische und weichmagnetische unterteilt. Es genügt festzulegen, daß weichmagnetische Stoffe eine Koerzitivfeldstärke $H_c \leqq 2$ A/cm und hartmagnetische eine solche von $H_c \geqq 500$ A/cm besitzen. Der Zwischenbereich ist nicht exakt zuzuordnen. Abbildung 10.5 gibt eine Übersicht des Spektrums inzwischen bekannter Magnetwerkstoffe in einer Darstellung $\mu_a(H_c)$.

Die besten weichmagnetischen Materialien liegen jetzt bei $H_c = 5$ mA/cm und die besten Materialien für Dauermagneten bei $H_c = 20$ kA/cm. Das ist eine Spanne von über 6 Größenordnungen. Das besondere Interesse konzentriert sich z. Z. auf die intermetallischen Verbindungen der Seltenen Erden, die H_c-Spitzenwerte und Spitzenwerte für die Hysteresefläche ($\sim 4M_R \cdot H_c$) besitzen. Damit sind diese Materialien für die Produktion von Permanentmagneten geeignet. Inzwischen wurden Werte von $4M_R \cdot H_c > 1{,}6 \cdot 10^5$ Ws/m³ erreicht. Auf Grund des hohen Preises bieten sich zunächst nur Spezialanwendungen wie Einsatz in elektrischen Uhren oder Wanderfeldröhren an, wo bisher die noch wesentlich teureren PtCo-Legierungen Placo oder Oerstit eingesetzt wurden. In Zukunft wird der Einsatz derartiger Ferromagnetika für Magnete in Gleichstrommotoren und -generatoren erwartet.

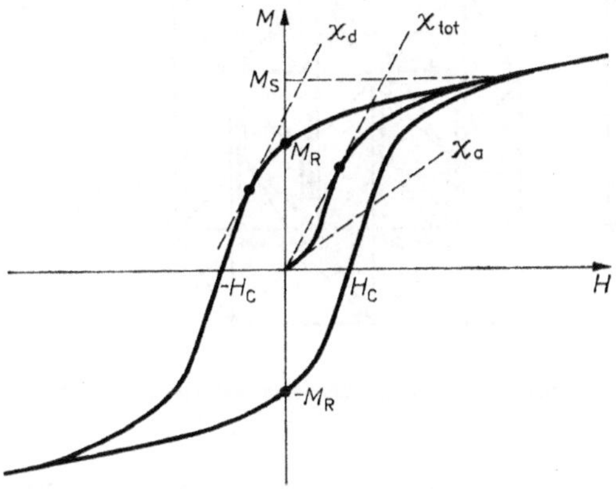

Abb. 10.4
Hysteresekurve eines Ferromagnetikums.

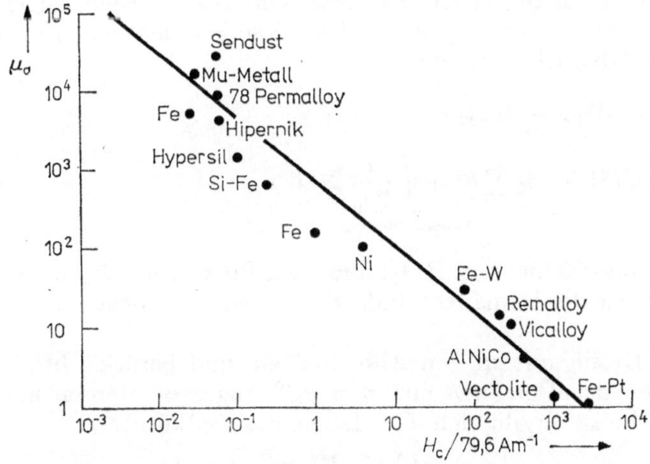

Abb. 10.5
Anfangspermeabilität und Koerzitivfeldstärke von Magnetwerkstoffen (nach Reinboth, H.: Technologie und Anwendung magnetischer Werkstoffe. – Berlin: Verlag Technik 1970).

10.3.3. Ferromagnetische Domänen

Wie wir das für die Ferroelektrika in 9.5.5. gezeigt hatten, ist auch ein ferromagnetischer Festkörper normalerweise in Domänen unterteilt. Alle dort getroffenen Feststellungen bleiben richtig. Auf einige Besonderheiten müssen wir ergänzend hinweisen. Auch bei den Ferromagnetika stellt sich die Domäneneinteilung so ein, daß der Festkörper einen energetisch minimalen Zustand annimmt. Wenn wir uns nur auf das Wesentliche beschränken, dann muß die Summe aus magnetostatischer Energie W_{mst} und Domänenwandenergie W_{DW} ein Minimum annehmen. Gleichzeitig muß gefordert werden, daß das Außenfeld klein bleibt oder verschwindet, was

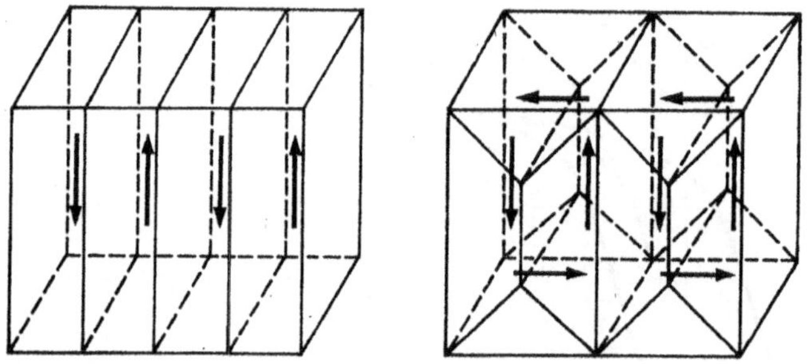

Abb. 10.6
Mögliche Domänenkonfigurationen.

durch die Forderung: resultierende Magnetisierung ≈ 0 erfüllt wird. Es sind also Domänenstrukturen unter Mitwirkung von 180°- und 90°-Domänenwänden denkbar, wie sie Abb. 10.6 zeigt. Derartige Konfigurationen lassen sich in Magnetwerkstoffen vielfach durch Dekorierung von polierten Oberflächen mittels Suspensionen ferro- oder ferrimagnetischer kleinster Teilchen nachweisen. Die Teilchen lagern sich bevorzugt an den Domänenwänden an und machen diese gut sichtbar. Für Domänenformen der Abb. 10.6 läßt sich ansetzen:

$$W \approx W_{\text{mst}} + W_{\text{DW}} + W_{\text{auß}} \tag{10,48}$$

$$W \approx \frac{1}{2\mu_0\mu}\,\gamma M^2 V + \sigma_0 \sum b^2 + \int\limits_{\text{Außenraum}} \frac{1}{2\mu_0}\,M^2\,\mathrm{d}^3\boldsymbol{r} \tag{10,49}$$

(γ — Entmagnetisierungsfaktor; s. z. B. Kohlrausch, Praktische Physik, V — Volumen, $A_{\text{DW}} = b^2$ — Fläche der Domänenwände, d — Dicke der Domänen, σ_0 — Grenzflächenenergie).

Setzt man die erste Konfiguration von Abb. 10.6 ein und berücksichtigt, daß die äußeren Begrenzungen der Domänen mit $\sigma_0' \approx \sigma_0/2$ angesetzt werden können und $\sum A_{\text{DW}} \gg$ Mantelfläche ist, ergibt sich (l — Länge des Festkörpers):

$$W \approx \frac{1}{2\mu_0\mu}\,\gamma M^2 b^2 \cdot l + \sigma_0 \cdot b^2 \left(\frac{l}{d}\right) + \frac{M^2}{2\mu_0}\,\frac{\pi d}{2}\,db \cdot 2\,\frac{b}{d}\,. \tag{10,50}$$

Beim 3. Term in (10,50) ist der Außenraum jedes benachbarten Domänenpaares durch einen Luftspalt der Breite $\pi d/2$ und der Fläche $d \cdot b$ grob angenähert worden.

Aus (10,50) folgt dann mit

$$\frac{\partial W}{\partial d} \to \text{Min.}$$

$$d \approx \left(\frac{2\sigma_0 \mu_0 b}{\pi M^2}\right)^{\frac{1}{2}}. \tag{10,51}$$

Bei Eisen ergibt sich mit einer Sättigungsmagnetisierung $M_S = 2\ \mathrm{Vs/m^2}$, einer Grenzflächenenergie $\sigma_0 = 1{,}8 \cdot 10^{-3}\ \mathrm{Ws/m^2}$ und $b = 1$ cm $d_0 \approx 2\ \mu$m. Charakteristisch für diesen günstigsten Wert der Domänendicke ist seine Abhängigkeit von der Probengeometrie, die hier in b enthalten ist. Sehr kleine Teilchen sind nicht in Domänen unterteilt.

Domänenwände

Die Domänenwände oder Bloch-Wände sind Grenzflächen innerhalb eines Ferromagnetikums, die verschiedene Magnetisierungsrichtungen voneinander trennen. Wie bei den Ferroelektrika erfolgt der Übergang von einer Magnetisierungsrichtung in die andere stetig. Eine Bloch-Wand umfaßt also den Bereich vieler Gitterebenen oder anders ausgedrückt, ihre Dicke ist das Vielfache der Abmessung einer Elementarzelle a ($\sim$ 100···1000 a). Abbildung 10.7 macht die Orientierung magnetischer Dipole in einer Bloch-Wand deutlich. Die Orientierung der Dipolschichten in einer Bloch-Wand erfolgt so, daß kein magnetostatischer Energiebeitrag entsteht (Dipolorientierung parallel zur Wandfläche), und so, daß die weiter unten zu behandelnde Austauschenergie klein bleibt. In dünnen Schichten, wo die Schichtdicke mit der Domänenwanddicke vergleichbar wird, kommt es dagegen zur Ausbildung von

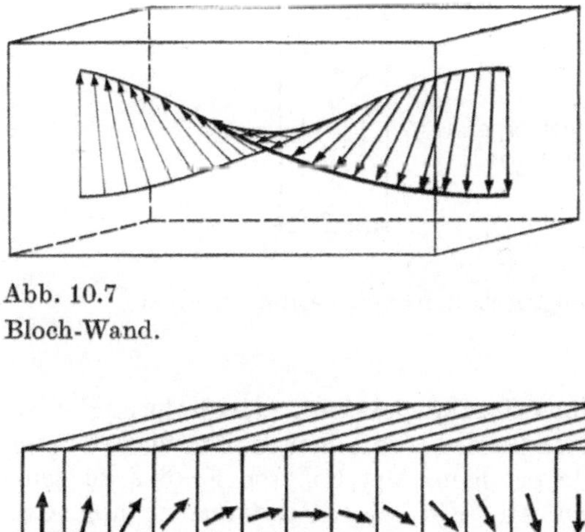

Abb. 10.7
Bloch-Wand.

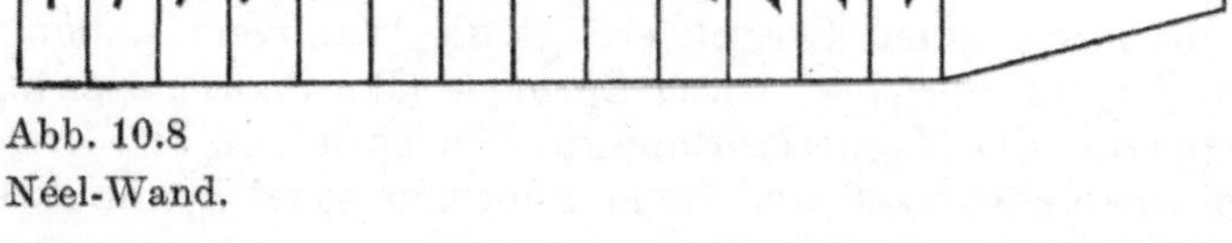

Abb. 10.8
Néel-Wand.

Néel-Wänden. Auch hier wird die energetisch günstigere Konfiguration bevorzugt. Bloch-Wände würden zu freien Polen an der Schichtoberfläche führen und Streufelder erzeugen. Néel-Wände besitzen Dipolorientierungen senkrecht zur Domänenwand, wie das Abb. 10.8 zeigt. Zwischen den Wandarten sind Übergangsformen vorhanden. Beide, Bloch- und Neel-Wände, können durch äußere Magnetfelder relativ leicht in die Nachbardomänen hinein verschoben werden.

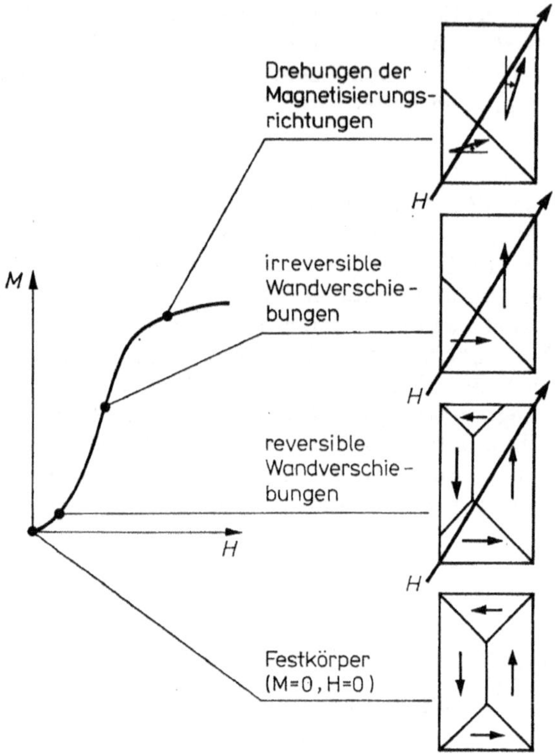

Abb. 10.9
Ursachen des Magnetisierungsverhaltens von Ferromagnetika.

Magnetisierungsvorgang

Der Magnetisierungsvorgang eines Festkörpers mit der ursprünglichen Gesamtmagnetisierung M = 0 läßt sich dadurch beschreiben, daß zunächst reversible Verschiebungen der Domänenwände erfolgen. Bei höherer Feldstärke schließen sich irreversible Wandverschiebungen an. Für die Wandverschiebung existieren in Festkörpern bevorzugte Richtungen — die sogenannten leichten Magnetisierungsrichtungen. Stimmen die Richtung des Magnetfeldes und die leichte Richtung überein, erfolgt der Magnetisierungsvorgang besonders effektiv. Wandverschiebungen erfolgen so lange, bis dem äußeren Feld entgegengerichtete Magnetisierungen verschwunden sind. Im irreversiblen Bereich erfolgt die Wandverschiebung diskontinuierlich in Form kleiner Sprünge. Diese Sprünge (Barkhausen-Sprünge) lassen sich als kleine Treppen in der Magnetisierungskurve nachweisen. Die Irreversibilität ist eine Folge der Gitterstörungen und innerer mechanischer Spannungen; sie ist

Grundlage des Auftretens von Permanentmagneten, der Hystereseerscheinungen, der Remanenz und der Koerzitivfeldstärke. Eine weitere Erhöhung der Magnetisierung bis hinein in den Sättigungsbereich erfolgt durch Drehung der Magnetisierungsrichtung ganzer Domänen. Für technische Zwecke gilt als Sättigungsmagnetisierung der Grad der Magnetisierung, der durch Drehprozesse erreichbar ist. Bei weiterer Erhöhung der Feldstärke erfolgt ein weiterer langsamer Anstieg von M. Man bezeichnet diesen Anteil als Paramagnetisierung. Diesem Anstieg liegt eine Vergrößerung der Magnetisierung der dann schon weitgehend in Feldrichtung weisenden Domänen selbst zugrunde. Er kann bei höheren Temperaturen eher beobachtet werden, weil da die Dipolorientierung durch eine größere Zahl zunächst falsch orientierter Dipole gekennzeichnet ist. Abbildung 10.9 stellt diese Zusammenhänge für die Neukurve in Abb. 10.4 übersichtlich zusammen.

Man kann aus diesem Kurvenverlauf ablesen, daß die Drehprozesse die größten äußeren Kräfte benötigen oder daß dafür hohe Energien erforderlich sind. Für sehr kleine Kristalle, die dann als Eindomänen-Teilchen auftreten, sind im polykristallinen Festkörperverband nur Drehprozesse für den Magnetisierungsvorgang maßgebend. Deshalb hat feinkristallines Material Bedeutung für das Erreichen hoher Koerzitivfeldstärken.

Mikroskopisch kleine ferromagnetische Eindomänen-Teilchen, die etwa 10^5 Elementardipole umfassen, besitzen Ummagnetisierungsenergien, die kleiner als die mittlere thermische Energie sind. Im zeitlichen Mittel werden solche Teilchen auch unter Anliegen starker Magnetfelder laufend ummagnetisiert. Ferromagnetika mit derartigen Kristallitgrößen — das ist vor allem bei Ausscheidungen zu erreichen — zeigen keine Hystereseerscheinungen. Sie verhalten sich wie Paramagnetika mit extrem großen magnetischen Momenten. Diese Erscheinung trägt deshalb den Namen Superparamagnetismus.

10.3.4. Curie-Temperatur

Als Erscheinung eines Ordnung-Unordnung Übergangs — im konkreten Falle der räumlichen Orientierung magnetischer Dipole — ist der Ferromagnetismus durch eine Temperatur charakterisiert, die den Übergang von ferromagnetischem zu paramagnetischem Verhalten festlegt. Diese Curie-Temperatur T_c fixiert die Grenze in der Abhängigkeit der Sättigungsmagnetisierung M_S von der Temperatur T, bei der die Wärmebewegung alle Fernordnungskräfte, die eine Parallelorientierung von Dipolen in Domänen bewirken, überwunden hat. Abbildung 10.10 zeigt dieses Verhalten in geeigneter Darstellung $M_S(T)/M_S(0)$ über T_c. Derartige Kurven werden für alle ferromagnetischen Elemente beobachtet. Anders ausgedrückt: Die spontane Magnetisierung verschwindet bei $T = T_c$.

Weiss, der sich um die Aufklärung der magnetischen Erscheinungen sehr verdient gemacht hat, kam auf Grund der Temperaturabhängigkeit der spontanen Magnetisierung zu der Annahme (Molekularfeldtheorie), daß in Ferromagnetika Molekularfelder der Größenordnung

$$m_B \cdot H_{Mol} \approx k_B T_c \tag{10,52}$$

vorhanden sein müßten. Mit $T_c \approx 1000$ K (s. Tab. 10.4) wird ein enorm hoher Wert von $H_{Mol} \approx 10^9$ A/m gefordert. Mit Hilfe dieser Theorie kann man, ausgehend von Gleichung (10,30), sowohl das Curie-Weiß-Gesetz als auch Angaben zu den Konstanten

Curie-Konstante:

$$C = \frac{n \cdot m_B^2}{\mu_0 k_B} \tag{10,53}$$

und Curie-Temperatur:

$$T_c = \frac{n m_B^2}{\mu_0 k_B} \cdot \frac{\mu_0 H_{\text{Mol}}}{M_S} = C \cdot \frac{\mu_0 H_{\text{Mol}}}{M_S}, \tag{10,54}$$

die in dieser Näherung mit der paramagnetischen Umwandlungstemperatur T_0 übereinstimmt, gewinnen. Hier wurde ein Gesamtdrehimpuls $J = 1/2$ für die Elementardipole vorausgesetzt. Wir gehen auf diese Theorie deshalb nicht näher ein, weil ihr durch einen Versuch von Dorfman 1927 die Grundlage entzogen wurde. Wenn Elektronen durch eine Nickelfolie hindurchtreten und die Ablenkung für $M = 0$ und $M = M_S$ gemessen wird, müßte das Molekularfeld im 2. Fall einen sehr starken

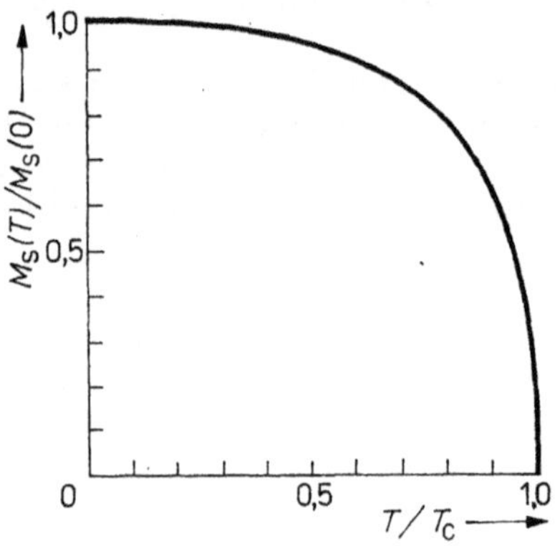

Abb. 10.10
Abhängigkeit der Sättigungsmagnetisierung von der Temperatur für Fe, Co, Ni (nach Wert, C. A.; Thomson, R. M.: Physics of Solids. – New York/San Francisco/Toronto/London: McGraw-Hill Book Company 1964).

Tabelle 10.4
Eigenschaften ferromagnetischer Stoffe

Stoff	T_c/K
Fe	1043
Ni	631
Co	1400
Gd	1980
MnBi	630
Dy	85
Ho	20
Er	20
Tm	22
Tb	219

Effekt zeigen. Tatsächlich wird eine um Größenordnungen kleinere Ablenkung beobachtet. Damit war erwiesen, daß Felder

$$H_{\mathrm{Mol}} \gg H_{\mathrm{Dipol\,WW}} \tag{10,55}$$

nicht vorhanden sind.

10.4. Theoretische Vorstellungen zum Ferromagnetismus

10.4.1. Heisenberg-Modell

Da rein magnetische Wechselwirkungen auf Grund der dazu notwendigen hohen inneren Felder nicht in Frage kommen, muß nach anderen Erklärungsmöglichkeiten gesucht werden. HEISENBERG fand eine solche Grundlage in Form des Austauschoperators H_{A}

$$H_{\mathrm{A}} = -2 \sum_{i,j} J_{\mathrm{A}ij} S_i S_j \tag{10,56}$$

(S_i, S_j — Spinoperatoren, J_{A} — Austauschintegral).

Eine Behandlung des Problems der Wechselwirkung von magnetischen Momenten im Ferromagnetikum setzt die Lokalisation dieser Momente in der Umgebung bestimmter Gesichtspunkte voraus. In Ionenkristallen wäre eine solche Lokalisation von vornherein gegeben. In den wichtigen Übergangsmetallen Fe, Co und Ni konnte erst durch die Kleinwinkelstreuung polarisierter Neutronen gezeigt werden, daß man ihre Momentverteilung als Überlagerung lokalisierter 3d-Elektronen-Momente (Spin- und Bahnanteil) in einem entgegengerichtet magnetisierten Kontinuum auffassen kann. Das Gesamtmoment, über einen Gitterplatz summiert, ist dadurch immer verschieden von dem eines freien Atoms.

Betrachtet man zunächst nur des Verhalten von zwei benachbarten Atomen A und B mit äquivalenten Elektronen, so ist das Pauli-Prinzip zu berücksichtigen, wenn sich die Elektronenwellenfunktionen beider Gitterbausteine genügend überlappen. Bezüglich der Aufenthaltswahrscheinlichkeit der Elektronen kann der Schluß gezogen werden, daß sich diese bevorzugt zwischen benachbarten Atomkernen aufhalten, wenn der Kernabstand r_{AB} klein ist (Abschirmeffekt). Trifft eine solche räumliche Anordnung auf die für das lokalisierte magnetische Moment verantwortlichen Elektronen zu, dann folgt auf Grund dieser räumlichen Symmetrie mit dem Pauli-Prinzip die Forderung nach entgegengerichteter Spinorientierung. Parallele Spinorientierung wird dagegen dann gefunden, wenn das Pauli-Prinzip noch wirksam bleibt, aber die Abstoßung benachbarter Kerne noch keine wesentliche, räumliche Elektronensymmetrie erzwingt. Auf Grund dieser Überlegungen verwundert es nicht, daß das entscheidende Kriterium des Auftretens von Ferromagnetismus die Ungleichung

$$r_{\mathrm{AB}} > 3 r_{\mathrm{E}} \tag{10,57}$$

(r_{AB} — mittlerer Atomabstand im Gitter, r_{E} — mittlerer Abstand des lokalisierten Moments vom Atomkern) ist. Man findet tatsächlich nur für wenige Elemente diese Bedingung erfüllt. Das sind: Fe (3,26 > 3), Co (3,62), Ni (3,94) und Gd (3,10).

Es ist nun möglich, auf der Basis von (10,56) der Weissschen Theorie eine andere Basis zu geben (Wegfall des Molekularfeldes), aber die anderen Überlegungen, die zu experimentell bestätigten Beziehungen führen, zu benutzen.

Sind n parallele Spins $|\boldsymbol{S}| = S\hbar$ in der Volumeneinheit vorhanden, so ergeben diese eine maximale spontane Magnetisierung

$$M_{\text{Sp}}(0) = 2m_{\text{B}}Sn \tag{10,58}$$

und eine aus der Wechselwirkung resultierende zusätzliche Energiedichte von

$$w_{\text{m}J} = -J_{\text{A}}znS^2 \tag{10,59}$$

(z — Zahl der nächsten Nachbarn).
Folgern wir nun aus dem experimentellen Befund des Vorhandenseins einer Curie-Temperatur T_{c}, daß die Parallelorientierung der magnetischen Momente dort aufgebrochen wird, wo thermische und magnetische Energiedichte etwa gleich sind

$$|w_{\text{th}}| \approx |w_{\text{m}J}|, \quad w_{\text{th}} \approx n\,\frac{3}{2}\,k_{\text{B}}T_{\text{c}}. \tag{10,60}$$

Dann folgt:

$$J_{\text{A}} \approx \frac{3k_{\text{B}}T_{\text{c}}}{2zS(S+1)}. \tag{10,61}$$

Gleichung (10,61) ist ein sehr brauchbarer Zusammenhang für die experimentelle Bestimmung des Austauschintegrals in der Näherung erstnächster Nachbarn.

Nach Klärung der Ursache des Zustandekommens einer Parallelorientierung von magnetischen Momenten in einem großen Kristallbereich können wir uns der Frage der Temperaturabhängigkeit von $M_{\text{Sp}}(T)$ zuwenden.

Zu einer Aussage über das Verhalten der Suszeptibilität in der Umgebung von $T \approx T_{\text{c}}$ gelangt man folgendermaßen: Gleichung (10,27) wird für kleine x und $J = S = \frac{1}{2}$ entwickelt. Es ergibt sich:

$$\begin{aligned} M &\approx nm_{\text{B}} \cdot \left\{2\left(\frac{1}{2x} + \frac{2x}{3}\right) - \left(\frac{1}{x} + \frac{x}{3}\right)\right\}, \\ M &\approx nm_{\text{B}} \cdot x = nm_{\text{B}} \cdot \frac{m_{\text{B}}\left(H + \lambda\,\dfrac{M_{\text{Sp}}}{\mu_0}\right)}{k_{\text{B}}T}. \end{aligned} \tag{10,62}$$

Für H muß nun unter Berücksichtigung der Austauschwechselwirkung $H + \lambda M_{\text{Sp}}/\mu_0$ gesetzt werden. Hier kehren wir noch einmal zum Gedankengut der Weissschen Molekularfeldtheorie zurück, die ein zusätzliches inneres Feld proportional der herrschenden Magnetisierung annimmt. Der Zusatzterm $\lambda M_{\text{Sp}}/\mu_0$ widerspricht nicht dem Heisenberg-Modell, wenn man ihn interpretiert als Berücksichtigung des mittleren magnetischen Moments der spontanen Magnetisierung pro Gitterbaustein. Der Austauschoperator H_{A} geht mit M_{Sp} gegen Null, da die Parallelstellung benachbarter Spins durch thermische Stöße in Antiparallelstellung übergeht und letzten Endes nur der paramagnetische Anteil zurückbleibt.

Aus (10,62) folgt für die Suszeptibilität

$$\chi_{\text{m}} = \frac{1}{\mu_0}\frac{\partial M}{\partial H} = \frac{nm_{\text{B}}^2}{\mu_0 k_{\text{B}}T}\left(1 + \frac{\lambda}{\mu_0}\frac{\partial M}{\partial H}\right), \quad M \approx M_{\text{Sp}} \tag{10,63}$$

und

$$\chi_m(T) = \frac{nm_B^2/k_B\mu_0}{T - T_c}. \quad T_c = \frac{nm_B^2\lambda}{k_B\mu_0}. \tag{10,64}$$

T_c ist die Curie-Temperatur, bei der die spontane Magnetisierung verschwindet. Die Curie-Konstante wird hier:

$$C = nm_B^2/k_B\mu_0 = T_c/\lambda. \tag{10,65}$$

Abhängigkeit (10,64) gilt im paramagnetischen Bereich $T > T_c$ und findet breite experimentelle Bestätigung.

Mit (10,64) und (10,61) läßt sich auch ein Zusammenhang zwischen der sogenannten Molekularfeldkonstante λ und dem Austauschintegral J_A finden:

$$J_A = \frac{2}{z}\, nm_B\lambda. \tag{10,66}$$

Eine konsequente Anwendung des dreidimensionalen Heisenberg-Modells, was die Berücksichtigung der Nahordnung (Clusterbildung) einschließt, erlaubt eine Verfeinerung der Ergebnisse in der Form

$$\chi_m(T) = \frac{C}{(T - T_c)^{4/3}}. \tag{10,67}$$

Diese Abhängigkeit wird experimentell für Fe sehr gut bestätigt.

10.4.2. Bändertheorie des Ferromagnetismus

Von einer dem Heisenberg-Modell entgegengesetzten Position geht die Bändertheorie an das Problem des Ferromagnetismus heran. Wir benutzen dabei die in Abschnitt 10.2.4. gegebenen Überlegungen. Wieder gehen wir von Bloch-Elektronen

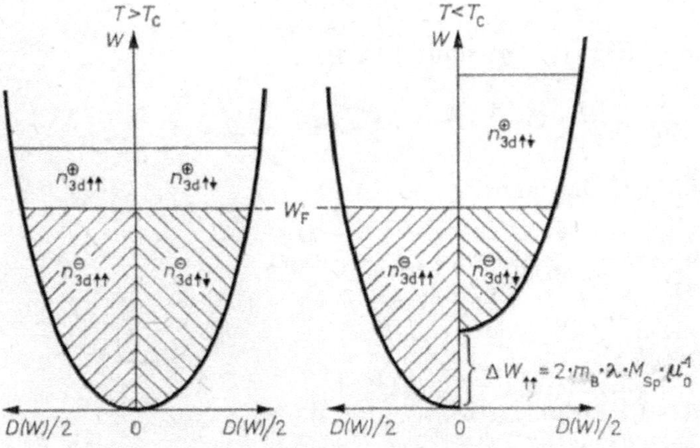

Abb. 10.11

Schema der Besetzung von Energiebändern in Ferromagnetika, $n^\oplus$ Defektelektronenkonzentration, $n^\ominus$ Elektronenkonzentration.

aus und besetzen die Energieniveaus unter Berücksichtigung der magnetischen Energieterme (vgl. Abschnitt 6.2.7.). Dabei wird das Vorhandensein delokalisierter Energiebänder im Festkörper vorausgesetzt. Eine genaue Analyse der Besetzung in den wichtigen ferromagnetischen Elementen Fe, Co und Ni zeigt, daß nur die 3d-Schale bei tiefen Temperaturen keine Spinabsättigung zeigt. Auf Grund der Austauschwechselwirkung und der damit verbundenen bevorzugten Parallelorientierung einiger Elektronenspins spaltet das 3d-Band in zwei Unterbänder

$$(3d) \to (3d_{\uparrow\uparrow}) + (3d_{\uparrow\downarrow})$$

auf. Die Energie der im $(3d_{\uparrow\uparrow})$-Band untergebrachten Elektronen sinkt um

$$\Delta W_{\uparrow\uparrow} = 2m_B \cdot \lambda M_{sp}/\mu_0 \tag{10,68}$$

ab. Das heißt praktisch, paramagnetische Übergangsmetalle besitzen gleichviel Elektronen in den beiden (3d)-Unterbändern, da $M_{sp} = 0$ ist. Da das (3d)-Band nicht voll besetzt ist, sind hier Defektelektronen in jedem Unterband in gleicher Zahl vorhanden. Tritt spontane Magnetisierung auf, entsteht die in Abb. 10.11 skizzierte Unsymmetrie, die es auch zuläßt, die Defektelektronen im $(3d_{\uparrow\uparrow})$-Unterband als Träger des Ferromagnetismus aufzufassen. Für die spontane Magnetisierung gilt dann am absoluten Nullpunkt

$$\begin{aligned} M_{sp} &= n_{3d} \cdot m_B, \quad n_{3d} = n_{3d\uparrow\uparrow} - n_{3d\uparrow\downarrow} \\ &= m_B \int_0^\infty \frac{1}{2} \{f_{\uparrow\uparrow}(W) - f_{\uparrow\downarrow}(W)\} D_{3d}(W, B) \, dW \end{aligned} \tag{10,69}$$

($D_{3d}(W, B)$ — Zustandsdichte im 3d-Band, $f(W)$ — Fermi-Dirac-Funktion). Betrachtet man $\Delta W_{\uparrow\uparrow}$ als kleine energetische Verschiebung — in praktischen Fällen ist $\Delta W_{\uparrow\uparrow} \approx 0{,}3$ eV $\ll W_F$ —, kann wieder

$$D_{3d}(W, B) = D(W_F)$$

gesetzt werden und es folgt (s. Abschnitt 10.2.4.)

$$M = m_B \cdot \frac{1}{2} \cdot \frac{3n_{3d}}{2W_F} \cdot 2m_B \cdot (H + \lambda M_{sp}/\mu_0). \tag{10,70}$$

Für die Suszeptibilität findet man:

$$\begin{aligned} \chi_m &= \frac{1}{\mu_0} \frac{\partial M}{\partial H} = \frac{1}{\mu_0} \frac{3}{2} \frac{n_{3d}}{W_F} m_B^2 \left(1 + \frac{\lambda}{\mu_0} \frac{\partial M}{\partial H}\right), \\ \chi_m &= \frac{\chi_{Pauli}}{1 - \lambda \chi_{Pauli}}. \end{aligned} \tag{10,71}$$

Offensichtlich ist das Kriterium

$$\lambda > 1/\chi_{Pauli} \tag{10,72}$$

geeignet, die Mindestgröße des Proportionalitätsfaktors für das Auftreten von Ferromagnetismus ($\chi_m \to \infty$) festzulegen.

10.4.3. Spinwellentheorie und Magnonen

Für ein Ferromagnetikum im Grundzustand sind bei vorliegender Sättigungsmagnetisierung alle magnetischen Momente, die als permanente Dipole verfügbar sind, parallel ausgerichtet. Bei Temperaturen $T > 0\,\mathrm{K}$ sind nun in einem solchen System definierte Anregungszustände möglich. Diese Abweichungen von der parallelen Spinorientierung sind zunächst am günstigsten an einer linearen Spinkette zu erläutern, wie sie in Abb. 10.12 gezeigt wird. Der Grundzustand besitzt bei Berücksichtigung nur der nächsten Nachbarn die Energie

$$W_0 = -\frac{1}{2}\, 2 \sum_{j=1}^{N} J_{\mathrm{A}j} S_j (S_{j-1} + S_{j+1}) = -2J_{\mathrm{A}} S^2 N \tag{10.73}$$

($N + 1$ — Zahl der Spins in der Kette). Der einfachste Anregungszustand ist durch Umklappen eines einzelnen Spins zu konstruieren. Dann folgt:

$$W_1 = -2J_{\mathrm{A}}S^2(N-2) + 2J_{\mathrm{A}}S^2 \cdot 2 = W_0 + 8J_{\mathrm{A}}S^2. \tag{10,74}$$

Wir hatten gezeigt, daß

$$8J_{\mathrm{A}}S^2 \approx \frac{12k_{\mathrm{B}}T_{\mathrm{c}}}{z} \tag{10,75}$$

ist. Da z für das kfz-Gitter 14 ist, liegt die Anregungsenergie in der Größenordnung von $k_{\mathrm{B}}T_{\mathrm{c}} \approx 0{,}05 \cdots 0{,}1\,\mathrm{eV}$. Anders ausgedrückt, derartige Anregungszustände sind erst in der Nähe von $T = T_{\mathrm{c}}$ zu erwarten. Es ist nun einfach, Anregungszustände weit geringerer Anregungsenergie zu finden. Dazu betrachten wir Abb. 10.12c und stellen uns vor, daß alle Spins um eine raumfeste Achse präzedieren, wobei benachbarte Spinvektoren um eine geringe Phasendifferenz $\mathrm{d}\varphi$ gegeneinander verdreht sind. Die Berechnung eines solchen Anregungszustandes erfordert die Festlegung, daß die

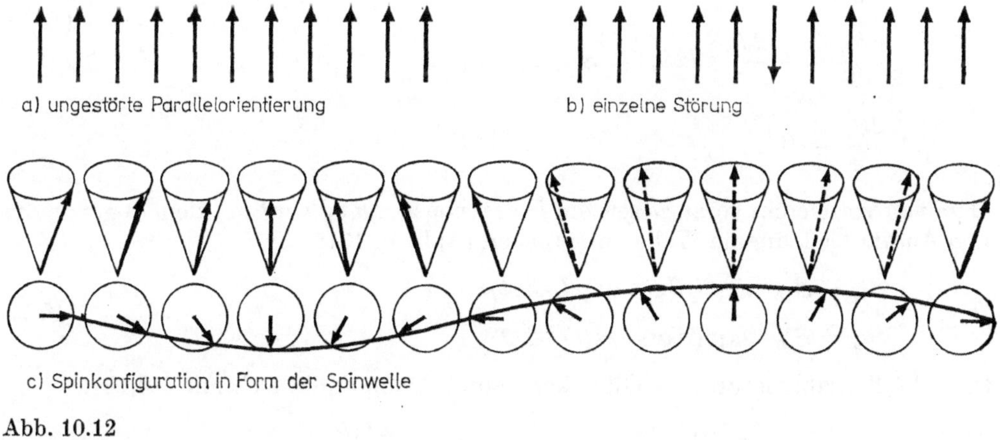

Abb. 10.12
Spinwellen

a) ungestörte Parallelorientierung
b) einzelne Störung
c) Spinkonfiguration in Form der Spinwelle.

Auslenkung der Spinvektoren aus der Lage des Grundzustandes klein ist: $S_z \approx S$; $S_x, S_y \ll S$ (lineare Spinwellennäherung). Da grundsätzlich die Bewegungsgleichung eines Spinimpulses im Magnetfeld

$$\frac{\mathrm{d}(\boldsymbol{S}_j\hbar)}{\mathrm{d}t} = 2m_\mathrm{B}\boldsymbol{S}_j \times \boldsymbol{H}_j \tag{10,76}$$

lautet, kann für einen einzelnen Spin hier folgender Ansatz ausgehend von Gl. (10,73) für den Energieanteil in der Kette

$$W_j = -2 \cdot J_\mathrm{A} S_j(S_{j-1} + S_{j+1}) = -\boldsymbol{m}_{\mathrm{S}_j}\boldsymbol{H}_j$$

gemacht werden. $\boldsymbol{H}_j$ ist das durch die Spinkette erzeugte Magnetfeld am Ort des j-ten Spins unter Berücksichtigung nächster Nachbarn. Mit Gl. (10,20) folgt

$$\boldsymbol{m}_{\mathrm{S}_j} = -g_\mathrm{s} m_\mathrm{B} \cdot \hbar^{-1} \cdot \boldsymbol{S}_j \quad \text{und damit}$$

$$\boldsymbol{H}_j = \frac{2 \cdot J_\mathrm{A}(\boldsymbol{S}_{j-1} + \boldsymbol{S}_{j+1})}{\hbar g_\mathrm{s} m_\mathrm{B}}, \quad \boldsymbol{S}_j = \hbar(S_{jx}\boldsymbol{i} + S_{jy}\boldsymbol{j} + S_{jz}\boldsymbol{k}).$$

Schließlich ergibt sich

$$\frac{\mathrm{d}\,\boldsymbol{S}_j}{\mathrm{d}t} = \frac{2J_\mathrm{A}}{\hbar^2}\big(\boldsymbol{S}_j \times (\boldsymbol{S}_{j-1} + \boldsymbol{S}_{j+1})\big). \tag{10,77}$$

In Komponentenschreibweise lautet das Gleichungssystem, wobei die obige Festlegung und die Symmetrie des Problems berücksichtigt werden:

$$\begin{aligned}
\frac{\mathrm{d}S_{jx}}{\mathrm{d}t} &= \frac{2J_\mathrm{A}}{\hbar}(S_{jy}S_{j-1,z} - S_{j,z}S_{j-1,y} + S_{jy}S_{j+1,z} - S_{j,z}S_{j+1,y}),\\
\frac{\mathrm{d}S_{jx}}{\mathrm{d}t} &= \frac{2J_\mathrm{A}S}{\hbar}(2S_{jy} - S_{j-1,y} - S_{j+1,y}), \quad S_{j,z} \approx S,\\
\frac{\mathrm{d}S_{jy}}{\mathrm{d}t} &= -\frac{2J_\mathrm{A}S}{\hbar}(2S_{jx} - S_{j-1,x} - S_{j+1,x}),\\
\frac{\mathrm{d}S_{jz}}{\mathrm{d}t} &= 0.
\end{aligned} \tag{10,78}$$

Dem von vornherein vorausgesetzten Präzessionsvorgang wird mit dem angenommenen Ansatz als laufende Welle entsprochen (Abb. 10.13):

$$\begin{aligned}
S_{jx} &= S_{x0} \cdot \exp(\mathrm{i}jka) \cdot \exp(-\mathrm{i}\omega t)\\
S_{jy} &= S_{y0} \cdot \exp(\mathrm{i}jka) \cdot \exp(-\mathrm{i}\omega t)
\end{aligned} \tag{10,79}$$

($\boldsymbol{k}$ — Wellenzahlvektor, a — Gitterkonstante). Dann ergibt sich mit (10,78):

$$\begin{aligned}
-\mathrm{i}\omega S_{x0} &= \frac{2J_\mathrm{A}S}{\hbar}(2 - \mathrm{e}^{-\mathrm{i}ka} - \mathrm{e}^{\mathrm{i}ka})\,S_{y0} = \frac{4J_\mathrm{A}S}{\hbar}S_{y0}(1 - \cos ka)\\
-\mathrm{i}\omega S_{y0} &= -\frac{4J_\mathrm{A}S}{\hbar}S_{x0}(1 - \cos ka).
\end{aligned} \tag{10.80}$$

Gleichungssystem (10,80) besitzt nichttriviale Lösungen nur bei verschwindender Koeffizientendeterminante:

$$\begin{vmatrix} i\hbar\omega_k & 4JS(1-\cos ka) \\ -4J_A S(1-\cos ka) & i\hbar\omega_k \end{vmatrix} = 0 \tag{10,81}$$

$$\hbar\omega_k = 4J_A S(1-\cos ka). \tag{10,82}$$

Damit ergibt sich aber durch (10,80):

$$S_{y0} = -iS_{x0}. \tag{10,83}$$

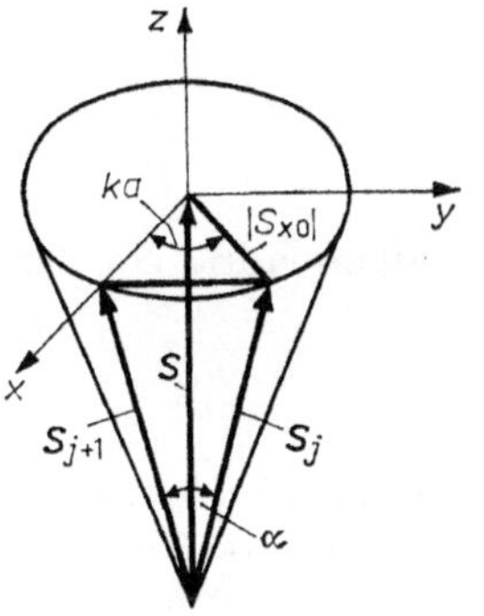

Abb. 10.13
Räumliche Zuordnung benachbarter Spinvektoren in der Spinwelle.

Das führt auf die richtige Beschreibung der Präzessionsbewegung der Spitze des Spinvektors in der x,y-Ebene, wenn (10,79) herangezogen wird. Gleichung (10,82) stellt die Dispersionsbeziehung der Spinwellen $\omega(k)$ im eindimensionalen Fall dar, wenn nur nächste Nachbarn berücksichtigt werden.

Magnonen
Als Magnonen bezeichnet man die Quanten $\hbar\omega_k$, um die sich der Energieinhalt von Spinwellen ändern kann. Infolge der Auswahlregeln für den Drehimpuls kann ein System aus N Spins nur die Gesamtdrehimpulswerte $2NS\hbar$; $2(N-1)S\hbar \cdots -NS\hbar$ annehmen. Eine Energieänderung $\hbar\omega_k$ ist deshalb mit einer Spinänderung $\Delta|S_{ges}| = \pm\hbar$ verknüpft. Dieser Zusammenhang läßt sich mit Hilfe der Spinkette zeigen. Hier gilt:

$$S_z = (S^2 - S_{x0}^2)^{1/2} \approx S\left(1 - \frac{1}{2}\left(\frac{S_{x0}}{S}\right)^2\right). \tag{10,84}$$

Zwei benachbarte Spins besitzen zu einem bestimmten Zeitpunkt einen Winkel α zueinander, der aus dem Skalarprodukt z. B. von $\mathbf{S}_j$ und $\mathbf{S}_{j+1}$ folgt:

$$\frac{\mathbf{S}_j\mathbf{S}_{j+1}}{\hbar^2} = S_z^2 + S_{jx}S_{j+1,x} + S_{jy}S_{j+1,y} = S^2 \cdot \cos\alpha, \tag{10,85}$$

$$\frac{\mathbf{S}_j\mathbf{S}_{j+1}}{\hbar^2} = S^2 - S_{x0}^2 + S_{x0}^2 \cos ka, \tag{10,86}$$

$$\cos\alpha = 1 - \frac{S_{x0}^2}{S^2}(1-\cos ka). \tag{10,87}$$

Mit Hilfe von (10,87) läßt sich die Gesamtenergie einer Spinwelle berechnen. Sie beträgt:

$$W_S = -2NJ_A S^2 \cdot \cos\alpha, \tag{10,88}$$

$$W_S = W_0 + 2NJ_A S_{x0}^2(1 - \cos ka) \tag{10,89}$$

und unter Anwendung der Dispersionsbeziehung (10,82)

$$W_S = W_0 + \frac{NS_{x0}^2}{2S}\hbar\omega_k. \tag{10,90}$$

Da sich W_S nur um ganzzahlige Werte von $\hbar\omega_k$ ändern kann, ist die Zahl der Magnonen der Frequenz ω_k:

$$n_k = \frac{N}{2}\frac{S_{x0}^2}{S}. \tag{10,91}$$

Interessant ist dabei, daß n_k proportional dem Amplitudenquadrat S_{x0}^2 der Spinwelle ist. Da auf Grund der periodischen Randbedingung

$$S_j = S_{j+N} \tag{10,92}$$

$ka = \pi \cdot l/N$ $(l = 1 \ldots N)$ nur Werte von $-\pi$ bis $+\pi$ durchlaufen kann, variiert auch hier k innerhalb der ersten Brillouin-Zone. Für kleine k-Werte ($ka \ll 1$) folgt aus (10,82):

$$\hbar\omega_k \approx 2J_A S k^2 a^2 \ll W_1 - W_0. \tag{10,93}$$

Magnonen besitzen also auch weit geringere Energien als der einfache Umklappvorgang eines einzelnen Spins und treten deshalb auch bei sehr tiefen Temperaturen auf.

Magnonen und Magnetisierung

Die Magnetisierung einer Domäne berechnet sich nach der Spinwellentheorie zu

$$M = N \cdot 2S_z m_B, \tag{10,94}$$

d. h., die S_x- und S_y-Anteile mitteln sich zeitlich heraus. Man findet mit (10,84) und (10,91) für eine einzelne Magnonensorte

$$M = M_0 - 2m_B \cdot n_k, \qquad M_0 = N \cdot 2Sm_B. \tag{10,95}$$

Diese Beziehung bedeutet, daß sich die Magnetisierung in einem Ferromagnetikum nur diskret um den Betrag $2m_B$ ändern kann, wobei eine Änderung des Gesamtspins um $|\Delta \mathbf{S}_{ges}| = 1\hbar$ auftritt.

Für niederenergetische Magnonen läßt sich die Temperaturabhängigkeit in der Näherung $ka \ll 1$ angeben, indem man (10,95) für den allgemeinen Fall beliebiger Magnonenverteilung erweitert:

$$M = M_0 - 2m_B \sum_k n_k, \tag{10,96}$$

$$\sum n_k \approx \int d\omega D(\omega) \cdot f(\omega) \tag{10,97}$$

$D(\omega)$ — Zustandsdichte der Magnonenniveaus, $f(\omega)$ — Besetzungsfunktion).

Magnonen gehorchen der Bose-Einstein-Statistik:

$$f(\omega) = \left(\exp\left(\hbar\omega/k_B T\right) - 1\right)^{-1}. \qquad (10{,}98)$$

Die Zustandsdichte wird im dreidimensionalen k-Raum

$$D(k)\,dk = (aN/2\pi)^3\,4\pi k^2\,\mathrm{d}k, \qquad (10{,}99)$$

$$k = (\hbar\omega/2J_A S a^2)^{1/2},$$

und man findet für

$$D(\omega) = D(k)\,\frac{\mathrm{d}k}{\mathrm{d}\omega}\,\mathrm{d}\omega = \frac{N^3}{4\pi^2}\left(\frac{\hbar}{2J_A S}\right)^{3/2}\omega^{1/2}\,\mathrm{d}\omega. \qquad (10{,}100)$$

Damit folgt für die Magnetisierung in einem Ferromagnetikum

$$M(T) = 2m_B N^3 S - 2m_B \cdot \frac{N^3}{4\pi^2}\left(\frac{k_B T}{2J_A S}\right)^{3/2}\int\limits_0^\infty \frac{x^{1/2}}{\mathrm{e}^x - 1}\,\mathrm{d}x, \qquad (10{,}101)$$

$$x = \frac{\hbar\omega}{k_B T}$$

nach Berechnung des bestimmten Integrals das Blochsche $T^{3/2}$-Gesetz

$$M(T) = M_0 - 0{,}117 m_B \cdot N^3\left(\frac{k_B}{2J_A S}\right)^{3/2} T^{3/2}. \qquad (10{,}102)$$

Bei tiefen Temperaturen wird diese Gesetzmäßigkeit bestätigt. Magnonen werden also auch thermisch angeregt.

Magnonen und spezifische Wärmekapazität

Der Anteil der Magnonen an der inneren Energie eines Ferromagnetikums läßt sich nach (10,90) verallgemeinert als

$$W_M = +\sum_n \hbar\omega_k n_k \qquad (10{,}103)$$

schreiben. Gehen wir wieder für große Zustandsdichten zum Integral über, dann folgt:

$$W_M = \int\limits_0^\infty \hbar\omega \cdot D(\omega) \cdot f(\omega)\,\mathrm{d}\omega. \qquad (10{,}104)$$

Hier haben wir wieder die obere Integrationsgrenze mit ∞ angesetzt. Dabei wird kein Fehler gemacht, obwohl ω endlich bleibt, da die Bose-Einstein-Statistik eindeutig niederenergetische Zustände bevorzugt. Nach einfacher Umformung findet man

$$W_M = \frac{N^3}{4\pi^2}\,\frac{(k_B T)^{5/2}}{(2J_A S)^{3/2}}\int\limits_0^\infty \frac{x^{3/2}}{\mathrm{e}^x - 1}\,\mathrm{d}x \qquad (10{,}105)$$

und nach Berechnung des bestimmten Integrals

$$c_M = \frac{\mathrm{d}W_M}{\mathrm{d}T} = 0{,}113\,\frac{N^3 k_B^{5/2}}{(2J_A S)^{3/2}}\,T^{3/2} = AT^{3/2}. \qquad (10{,}106)$$

Da der Phononenanteil $\sim T^3$ steigt (vgl. Abschnitt 5.3.), erhält man für ein Ferromagnetikum die in der Praxis bestätigte Beziehung:

$$c = A \cdot T^{3/2} + BT^3. \tag{10,107}$$

Direkter Nachweis von Magnonen

Magnonen lassen sich als Quasiteilchen bzw. diskreten Quantenzustand durch die inelastische Streuung von Photonen oder Neutronen nachweisen. Im letzteren Fall werden sowohl Normal- als auch Umklappprozesse (vgl. Abschnitt 5.5.3.) beobachtet. Es gelten wieder Impuls- und Energiesatz unter Einbeziehung des Gitters:

$$\hbar \boldsymbol{k}_{\mathrm{n}} = \hbar \boldsymbol{k}'_{\mathrm{n}} + \hbar \boldsymbol{k}_{\mathrm{M}} + \hbar \boldsymbol{R}^* \tag{10,108}$$

(Wellenzahlvektor $\boldsymbol{k}_{\mathrm{n}}$ des eingestrahlten Neutrons, $\boldsymbol{k}'_{\mathrm{n}}$ des gestreuten Neutrons, $\boldsymbol{k}_{\mathrm{M}}$ des Magnons, $\boldsymbol{R}^*$ Vektor des reziproken Gitters, m_{n} Neutronenmasse)

$$\frac{\hbar^2 k_{\mathrm{n}}^2}{2m_{\mathrm{n}}} = \frac{\hbar^2 k_{\mathrm{n}}'^2}{2m_{\mathrm{n}}} + \hbar\omega_k. \tag{10,109}$$

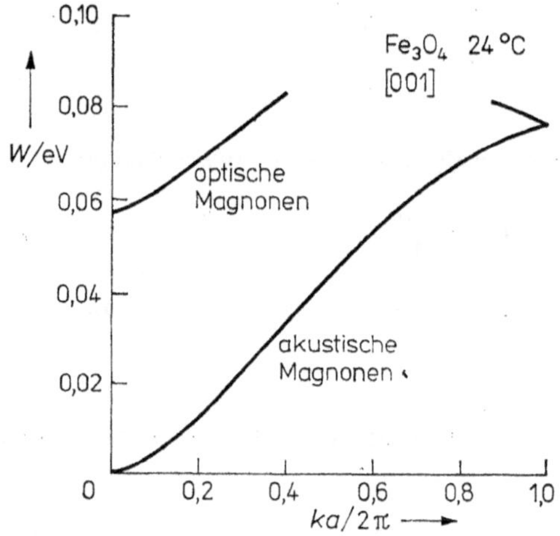

Abb. 10.14

Akustischer und optischer Magnonenzweig des Magnetits Fe_3O_4, mit unelastischer Neutronenstreuung gemessen nach KREHER, K.: Festkörperphysik. — Berlin: Akademie-Verlag 1973.

Aus dem Streuwinkel des gestreuten Neutrons und der Messung der Neutronenenergie kann das Magnonenspektrum eines Festkörpers bestimmt werden. Diesen Streuexperimenten liegt die Wechselwirkung des magnetischen Moments des Neutrons und der magnetischen Momente der Elektronen zugrunde. Abbildung 10.14 gibt ein Magnonenspektrum wieder.

In dünnen Schichten kommt es zur Resonanzabsorption eines magnetischen Wechselfeldes der Frequenz ω, wenn gleichzeitig auf die ferromagnetische Schicht ein Magnetfeld H einwirkt. H kann nun so variiert werden, daß stehende Wellen entstehen. Das ist immer der Fall, wenn

$$d = n \cdot \frac{\lambda}{2} = n \frac{\pi}{k} \tag{10,110}$$

gilt (d — Schichtdicke, n — ganze Zahl, λ — Wellenlänge der Magnonen). Bei der Energiebilanz müssen alle durch ein äußeres Magnetfeld beeinflußten Energieanteile im Festkörper berücksichtigt werden. Das heißt, eingestrahlte Magnonenenergie und magnetische Resonanzenergie sind identisch, wenn

$$\hbar\omega = 2m_{\mathrm{B}}\left(H - \frac{M_0}{\mu_0}\right) + 2J_{\mathrm{A}}Sk^2a^2 \qquad (10{,}111)$$

erfüllt ist. Maximale Resonanz tritt in der Schicht bei Feldern auf, die der Beziehung

$$H = \frac{\hbar\omega}{2m_{\mathrm{B}}} + \frac{M_0}{\mu_0} - n^2 \cdot \frac{a^2J_{\mathrm{A}}S\pi^2}{d^2m_{\mathrm{B}}} \qquad (10{,}112)$$

genügen. Abbildung 10.15 gibt das Mikrowellenabsorptionsspektrum einer Cobaltschicht wieder.

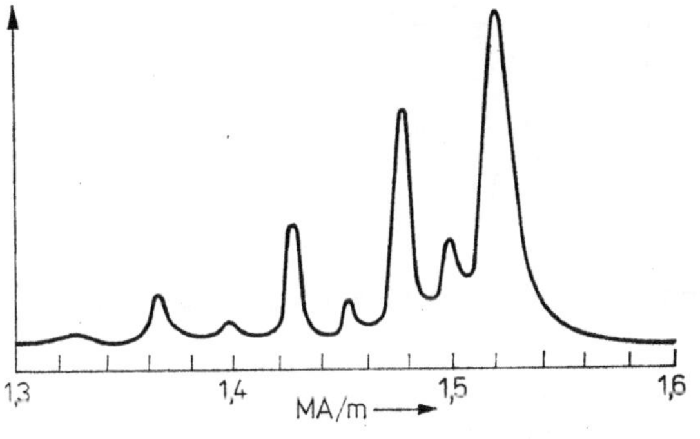

Abb. 10.15
Mikrowellenabsorption bei 8,79 GHz in einer Cobaltschicht der Dicke 294 nm (nach TANNENWALD und WEBER, in: KIRENSKI, L. W.: Magnetismus; vgl. Abb. 10.22).

10.5. Antiferromagnetismus

Antiferromagnetische Erscheinungen wurden erst sehr spät (1932 NÉEL) entdeckt, da Antiferromagnetika keine spontane Magnetisierung besitzen und sich deshalb nach außen hin wie Paramagnetika verhalten. Die antiferromagnetische Spinorientierung hat man sich als Ergebnis eines negativen Austauschintegrals J_{A} vorzustellen. Unterhalb einer charakteristischen Temperatur, der Néel-Temperatur, wird ein Energiegewinn im Festkörper erzielt, wenn sich benachbarte magnetische Momente antiparallel einstellen (s. z. B. Abb. 10.16). Man kann deshalb den antiferromagnetischen Zustand auch als die Kombination zweier genau gleicher, aber entgegengesetzt magnetisierter ferromagnetischer Untergitter auffassen, die jedes N/2 Spins enthalten. Meßbar wird die Néel-Temperatur durch deutliche Anomalien der Temperaturabhängigkeit der magnetischen Suszeptibilität, der spezifischen Wärme und bei Streuexperimenten. Antiferromagnetika sind wie die Ferromagnetika im allgemeinen in verschieden orientierte Domänen unterteilt. Damit verknüpft ist das Vorhandensein von allerdings wenig ausgeprägten Hystereseerscheinungen. Zu den Antiferromagnetika gehören die in Tab. 10.5. aufgeführten Stoffe.

Zur Charakterisierung der Antiferromagnetika geben wir einige wichtige Abhängigkeiten an. Die Suszeptibilität χ_m wird:

$$\chi_m = \frac{C}{T + \Theta}, \quad T > T_N \quad (T_N - \text{Néel-Temperatur}) \tag{10,113}$$

(Θ ist eine charakteristische Temperatur und kann durch Auswertung der experimentellen Kurven gefunden werden, $\Theta/T_N = 0{,}4 \cdots 5{,}3$; C — Curie-Weiss-Konstante). Ein Vergleich mit (10,64) zeigt, daß hier die Curie-Temperatur negativ ist. Das ist eine Folge des negativen Austauschintegrals J_A. Das theoretische Vorgehen läßt sich an Abb. 10.16 erläutern. Man benutzt für die AB-Wechselwirkung nächster Nachbarn λ_{AB} und für die AA- bzw. BB-Wechselwirkung der zweitnächsten Nachbarn die Molekularfeldkonstante λ_{AA}. Dann ist einfach (vgl. (10,65)):

$$T_N = \frac{\lambda_{AB} - \lambda_{AA}}{2} C, \quad \Theta = \frac{\lambda_{AB} + \lambda_{AA}}{2} C. \tag{10,114}$$

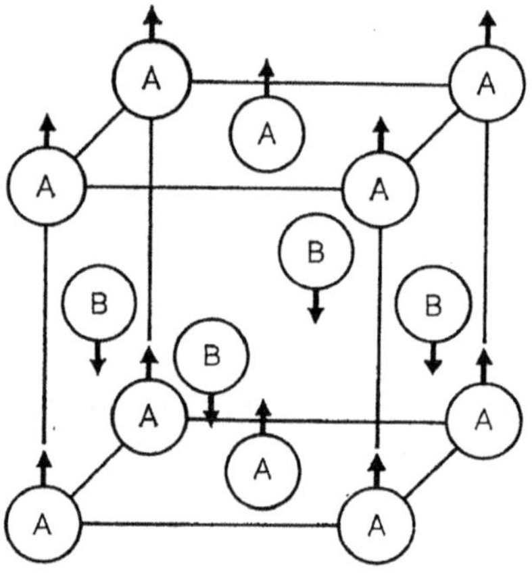

Abb. 10.16
Magnetische Struktur von Uraniumnitrid (UN) (nach SIDHU, S.S.; VOGELSANG, W.; ANDERSON, K. O., J. phys. Chem. Solids **27** (1966) 1197).

Tabelle 10.5
Eigenschaften der Antiferromagnetika

Stoff	Néel-Temperatur in °C	Stoff	Néel-Temperatur in °C
Cr	35	Cr_2O_3	47
Mn	−170	CrSb	427
FeO	−75	$FeCO_3$	−216
CoO	−2	UN	−221
MnO	−157	UP	−143
NiO	247	Dy	−94
MnSe	−26	Ho	−140
MnTe	34	Er	−188
		Tm	−213
		Tb	−43

Für die Magnonen-Dispersionskurve (vgl. (10.82)) eines eindimensionalen Antiferromagnetikums gilt:

$$\hbar^2\omega_k^2 = 4J_A^2S^2(1 - \cos^2 ka). \tag{10,115}$$

Das Verhalten der Suszeptibilität χ_m bei tiefen Temperaturen wollen wir nur qualitativ diskutieren. Infolge der Einteilung in Domänen kommt es in einem Antiferromagnetikum zu Spinorientierungen nahezu in Feldrichtung und auch nahezu senkrecht zum äußeren Feld H. Wie wir oben für da Spinwellenmodell gezeigt haben, ist

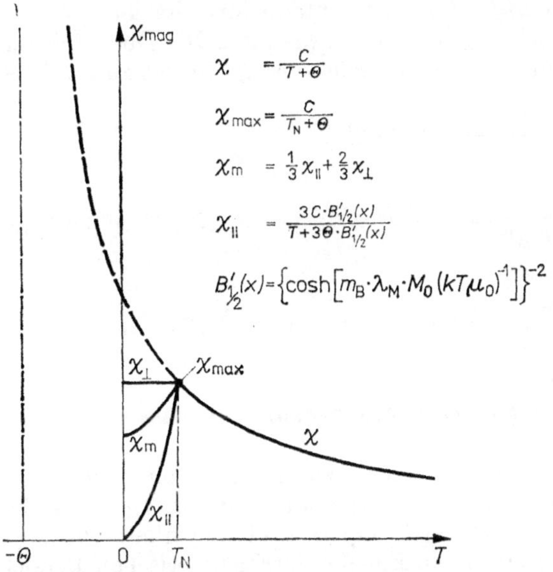

Abb. 10.17
Suszeptibilität eines Antiferromagnetikums
(M_0: Maximale Magnetisierung des ferromagnetischen Untergitters).

das Umklappen eines einzelnen Spins mit einem hohen Energieaufwand verbunden, während kleine Änderungen in der Spinorientierung sehr leicht zu erzielen sind. Man kann also erwarten, daß $\chi_\perp$ den einmal bei T_N erreichten Wert auch bei tiefen Temperaturen beibehält, daß aber $\chi_{\parallel}$ stetig gegen Null geht, da die kleiner werdenden Phononenenergien nicht mehr ausreichen, in der Nähe von $T = 0$ K einen Umklappvorgang zu bewerkstelligen. Insgesamt ergibt sich das auch experimentell sehr gut bestätigte Verhalten von χ_m mit einem Maximum bei T_N. In Abb. 10.17 ist dieser Verlauf aufgetragen.

10.6. Ferrimagnetismus

Eine nicht vollständige Kompensation der Magnetisierung verschiedener Untergitter im Festkörper wird immer dann beobachtet, wenn das Austauschintegral J_A für benachbarte Spins zwar negativ ist, aber die Untergitter aus Bausteinen bestehen, die verschieden große magnetische Momente besitzen. Dann gilt

$$M_A - M_B = M_{Sp} \quad \begin{cases} \neq 0 & \text{Ferrimagnetikum} \\ = 0 & \text{Antiferromagnetikum.} \end{cases} \tag{10,116}$$

Das wirksame innere Feld ist hier

$$\begin{aligned} H_{iA} &= H - \lambda_{AB} M_B - \lambda_{AA} M_A \\ H_{iB} &= H - \lambda_{AB} M_A - \lambda_{BB} M_B \end{aligned} \tag{10,117}$$

(λ_{AA}, λ_{BB} — Molekularfeldkonstanten der Untergitter). Es sind $N_0 = N_A + N_B$ magnetische Momente der Sorte m_A bzw. m_B vorhanden. Die Durchführung längerer Rechnungen gestattet es dann, die magnetische Suszeptibilität zu ermitteln:

$$\frac{1}{\chi_m} = \frac{T}{C} + \frac{1}{\chi_0} - \frac{AC}{T - BC}, \quad T > T_N, \tag{10,118}$$

$$\frac{1}{\chi_0} = \frac{1}{(N_A m_A^2 + N_B m_B^2)^2} (2\lambda_{AB} N_A N_B m_A^2 m_B^2 + \lambda_{AA} N_A^2 m_A^4 + \lambda_{BB} N_B^2 m_B^4), \tag{10,119}$$

$$A = \frac{N_A N_B m_A^2 m_B^2}{(N_A m_A^2 + N_B m_B^2)^3} (N_A m_A^2 (\lambda_{AB} - \lambda_{AA}) - N_B m_B^2 (\lambda_{AB} - \lambda_{BB}))^2, \tag{10,120}$$

$$B = \frac{N_A N_B m_A^2 m_B^2}{(N_A m_A^2 + N_B m_B^2)^2} (2\lambda_{AB} - \lambda_{AA} - \lambda_{BB}). \tag{10,121}$$

Die Suszeptibilität setzt sich aus 3 Gliedern zusammen, von denen das erste das Curie-Gesetz des Paramagnetismus ist. Insgesamt nimmt $1/\chi_m$ die Form einer Hyperbel an. Die genaue Messung der Temperaturabhängigkeit von $1/\chi_m$ gibt die Möglichkeit, die λ-Werte zu bestimmen. Für den ferrimagnetischen Bereich $T < T_N$ wollen wir auf eine detaillierte Behandlung verzichten, da sehr unübersichtliche Ausdrücke schon für die einfachsten Fälle auftreten. Sieht man von Feinheiten ab, gibt auch für Ferrimagnetika Abb. 10.17 einen guten Einblick in die wirklichen Verhältnisse.

10.7. Eigenschaften wichtiger magnetischer Werkstoffe

Die Anwendung magnetischer Werkstoffe hat eine enorme Breite erreicht. Hauptanwendungsgebiete sind die Dynamo- und Transformatorenbleche, die mengenmäßig mehr als 95% aller magnetischen Werkstoffe beanspruchen. In dieser Anwendungsform werden magnetische Werkstoffe benötigt als wichtiger Bestandteil von Maschinen für die Umwandlung von mechanischer in elektrische Energie und zurück in mechanische Energie (Generatoren, Motoren) sowie für Transformatoren und Schalter. Antrieb für eine ständige Verbesserung der Dynamo- und Transformatorenbleche sind die Bemühungen um immer verlustärmere Erzeugung, Verteilung und Nutzung der Elektroenergie sowie die Forderungen der Materialökonomie. Der magnetische Werkstoff muß eine möglichst günstige induktive Kopplung zwischen Rotor und Stator bzw. Primär- und Sekundärwicklung erzielen. Man verwendet hier vor allem eisenreiche Siliciumlegierungen, die eine hohe Sättigungsmagnetisierung mit einer leichten Magnetisierung (kleine Hysteresefläche) verknüpfen. Das wird auch durch Texturierung gesichert. Die Wirbelstromverluste bleiben klein, wenn der Werkstoff einen möglichst hohen spezifischen Widerstand aufweist und lamelliert ist. Heute übliche Verlustleistungen im Energieversorgungsnetz betragen etwa 4% der Gesamtmenge der bereitgestellten Elektroenergie. Für Kleintransformatoren kommen im Interesse einer höheren Sättigungsinduktion auch Fe—Co-Legierungen zum Einsatz. Weitere Anwendungen weichmagnetischer Legierungen sind Relaiswerkstoffe (hohe Sättigungsinduktion, niedrige Koerzitivfeldstärke) und Übertragerbleche (hohe An-

Tabelle 10.6

Kenndaten von Magnetwerkstoffen

a) *Dynamo- und Transformatorenbleche*

Werkstoff	ϱ / $\mu\Omega \cdot$ cm	B_s / T	$\Delta l/l$ bei 1,75 T / 10^{-6}	Hystereseverlust / W/kg
Fe/3,25 Si	50	2,00	20	0,5
Fe/6,5 Si	80	1,85	0,8	0,1

b) *Weichmagnetische Werkstoffe für Kerne*

Werkstoff	μ_{max}	B_s / T	B_R / T	H_c / A/m	Hystereseverlust / W/kg
Fe/50 Ni isotrop	80000	1,55	1,25	6	0,7
Fe/50 Ni anisotrop	125000	1,50	1,4	1,2	0,16
Fe/50 Ni texturiert durch Walzen	50000	1,55	1,5	12	0,8

c) *Ferrite für Spulen*

Werkstoff	μ	ϱ / $\Omega \cdot$ cm	$\tan\delta$ / $\mu \cdot 10^{-6}$ 10^4 Hz	$\tan\delta$ / $\mu \cdot 10^{-6}$ 10^6 Hz	$T_K\mu \cdot 10^{-6}$ / K^{-1}	B_s / T	B_R / T	H_c / A/m
Mn—Zn-Ferrit	3000	100	10	50	2	0,4	0,14	20
Ni—Zn-Ferrit	12	10^7	100	140	20	0,15	0,12	1200

d) *Mikrowellenferrite*

Struktur	T_c / °C	ϱ / $\Omega \cdot$ cm	H_c / A/m
Spinell	200—500	10^3—10^9	100—500
Granat	200—270	10^{10}	120—400

fangspermeabilität). Hartmagnetische Werkstoffe werden als Dauermagnete für akustische, magnetomechanische und elektromechanische Wandler sowie für die Meß-, Steuer- und Regelungstechnik gebraucht. Tabelle 10.6 gibt eine Übersicht über wichtige Kenndaten, und Abb. 10.18 vermittelt einen Eindruck, was Werkstoffentwicklung heute vermag. Außerdem treten uns magnetische Materialien in der Praxis als Speicherwerkstoffe zur Informationsspeicherung, -übertragung und -verarbeitung entgegen. Bei den magnetischen Speichern unterscheidet man zwischen magnetodynamischen Speichern (Magnetband, Magnetplatte, Magnettrommel) und magnetostatischen Speichern (Kernspeicher, Dünnschichtspeicher). Tabelle 10.7 gibt einen Vergleich verschiedener Speicherprinzipien wieder.

Für Magnetspeicher werden Werkstoffe mit nahezu rechteckiger Hystereseschleife gebraucht. Als wesentlicher Vertreter soll hier der Ferritkernspeicher beschrieben werden. Er besteht aus kleinsten Ferritringkernen (Abb. 10.19), die in Speichermatrizen angeordnet sind. Minimale Außendurchmesser der Ringkerne betragen 0,3 mm. Der Ferritkern wird zwischen $+B_R$ und $-B_R$ durch ein Feld H_m ummagnetisiert (1 oder 0). Das Feld $H_m/2$ darf dabei keinesfalls schon zu einer Ummagnetisierung führen (Grund für Rechteckschleife). Eine Ummagnetisierung wird

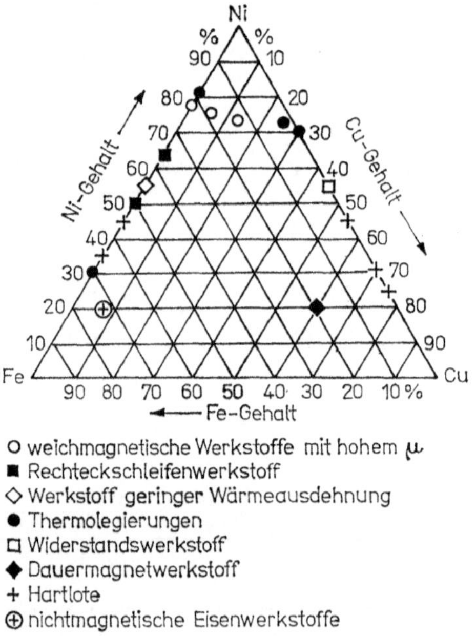

Abb. 10.18

Werkstoffentwicklung am Beispiel des ternären Systems Fe/Ni/Cu

- ○ weichmagnetische Werkstoffe mit hohem μ
- ■ Rechteckschleifenwerkstoff
- ◊ Werkstoff geringer Wärmeausdehnung
- • Thermolegierungen
- □ Widerstandswerkstoff
- ♦ Dauermagnetwerkstoff
- \+ Hartlote
- ⊕ nichtmagnetische Eisenwerkstoffe.

Tabelle 10.7
Speichersysteme

Typ	Schaltzeit / s	Zykluszeit / s	Kapazität / bit	bit / cm	bit / cm²	bit / cm³
Magnetband-	10^{-6}	<10	$10^{7}-10^{9}$	50–200	1000	—
Ferritkern-	$10^{-5}-10^{-7}$	$10^{-5}-10^{-7}$	$10^{4}-10^{7}$	—	2–120	< 500
Dünnschicht-	10^{-8}	$5 \cdot 10^{-7}$ bis $5 \cdot 10^{-8}$	$10^{4}-10^{6}$	10	300	1000
Halbleiter-	10^{-8}	10^{-7}	10^{5}	—	10^{4}	—
Supraleiter-	10^{-8}	$10^{-6}-10^{-8}$	$10^{7}-10^{9}$	—	$10^{3}-10^{5}$	—
Optomagnetischer	—	$10^{-3}-10^{-6}$	$10^{6}-10^{8}$	—	$10^{4}-10^{6}$	—
Optoelektronischer	—	$10^{-4}-10^{-7}$	$10^{6}-10^{7}$	—	10^{6}	—
Fotoelektrischer	10^{-6}	—	10^{6}	—	10^{6}	—
Biologischer	—	—	10^{14}	—	—	10^{6}

durch gleichzeitige Erzeugung von $2 \times H_m/2 = H_m$ durch den x- und y-Draht erreicht. Der Ummagnetisierungsvorgang induziert im Lesedraht einen auswertbaren Spannungsimpuls. Soll eine Null eingeschrieben werden, wird mit dem z-Draht vor dem Einschreiben ein Magnetfeld $(-H_m/2)$ erzeugt.

Magnetische Dünnschichtspeicher bestehen aus einer Vielzahl kreisförmiger, 20 bis 100 nm dicker Schichten in Matrix-Anordnung auf einem Substrat. Auch hier wird wieder von B_R nach $-B_R$ umgeschaltet. Das ist deshalb möglich, weil diese kleinen zweidimensionalen Metallscheiben nur als Eindomänenteilchen auftreten.

In dünnen Orthoferritschichten, deren Kristallgitter aus orthorhombischen Molekular- und Magnetzellen besteht, bilden sich kleinste Domänen oder Magnetblasen aus. Diese Magnetblasen lassen sich leicht in der Schichtebene durch ein Magnetfeld verschieben. Sie können mit Hilfe von zusätzlich aufgedampften, elektrisch leitenden Schichten bestimmter Strukturierung locker verankert werden. Das Vorhandensein einer Magnetblase in der Schicht läßt sich mit optischen, elektrischen und magnetischen Methoden nachweisen. Damit ist auch mit diesem sogenannten Bubble-Speicher eine Informationsspeicherung möglich.

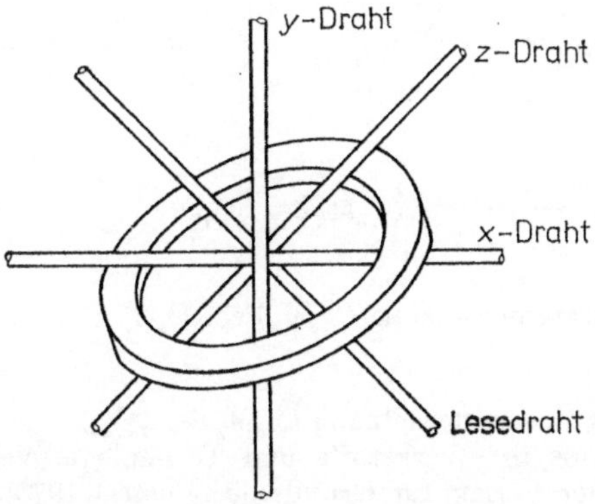

Abb. 10.19
Ferritkern als Speicherzelle.

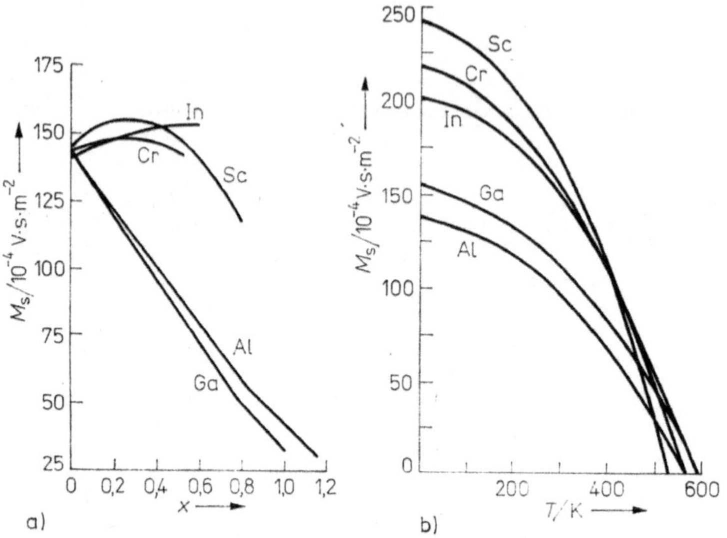

Abb. 10.20a

Sättigungsmagnetisierung M_s des Granats der Zusammensetzung ($Y_3M_xFe_{5-x}O_{12}$).

Abb. 10.20b

Temperaturabhängigkeit der Sättigungsmagnetisierung M_s des Granats $Y_3M_{0,25}Fe_{4,75}O_{12}$.

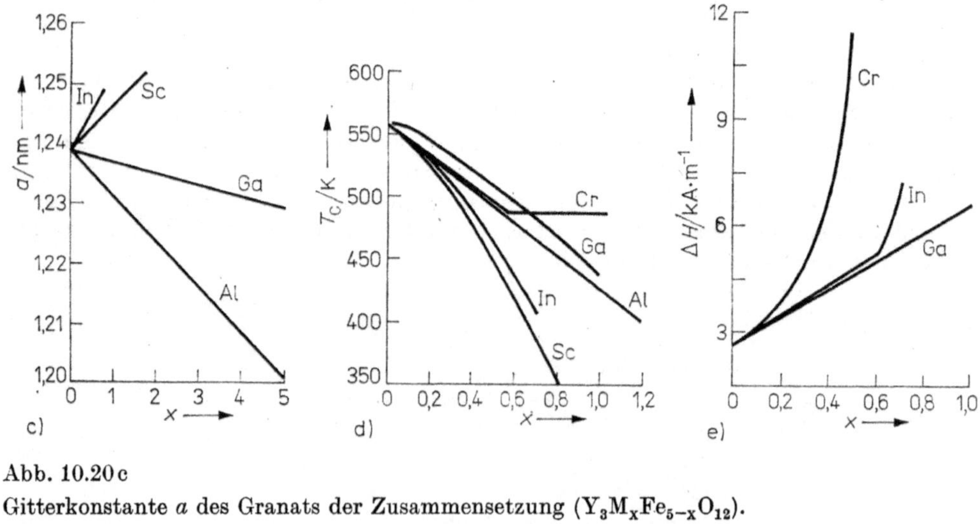

Abb. 10.20c

Gitterkonstante a des Granats der Zusammensetzung ($Y_3M_xFe_{5-x}O_{12}$).

Abb. 10.20d

Curie-Temperatur T_c des Granats der Zusammensetzung ($Y_3M_xFe_{5-x}O_{12}$).

Abb. 10.20e

Resonanzlinienbreite ΔH des Granats der Zusammensetzung ($Y_3M_xFe_{5-x}O_{12}$)
(Abb. 10.20a–e nach Sterk und Tardos in: Werkstoffe und Technologie elektronischer Bauelemente. — Leipzig: VEB Deutscher Verlag für Grundstoffindustrie 1975).

Ferrite

Die Ferrite mit Spinellgitter haben die allgemeine Zusammensetzung $Me(II)Fe_2(III) \cdot O_4$. Das Symbol Me(II) bezeichnet dabei ein zweiwertiges Metallion wie: Fe, Mn, Co, Ni, Cu, Zn, Cd oder Mg. Auch Mischferrite lassen sich durch Sintern aus Oxidpulvergemischen bei 1200 °C mit der Zusammensetzung $Me_x^{(1)}(II)Me_{1-x}^{(2)}(II)Fe_2(III)O_4$ oder $Me_x^{(1)}(II)Me_y^{(2)}(II)Me_{1-x-y}^{(3)}(II)Fe(III)O_4$ herstellen. Ferrite haben den Vorteil eines hohen spezifischen Widerstandes, was für die Unterdrückung von Wirbelstromverlusten von großer Bedeutung ist. Für Speicherkerne kommen vor allem Ni—Zn-Ferrite und Mg—Mn-Ferrite in Betracht. Bei tiefen Temperaturen können Li—Ni-Ferrite verwendet werden.

Für die Mikrowellentechnik wurden speziell die ferrimagnetischen Granate entwickelt. Sie zeichnen sich durch ihre geringe Resonanzlinienbreite und eine praktisch kontinuierliche Einstellmöglichkeit der Sättigungsmagnetisierung aus, wobei die Curie-Temperatur große Werte behält. Granate besitzen die allgemeine Summenformel $A_3B_2C_3O_{12}$. Bekannteste Vertreter sind $Y_3Fe_2Fe_3O_{12}$ (YIG, Yttriumgranat) und $Gd_3Fe_2Fe_3O_{12}$ (Gadoliniumgranat). Die Kationen sitzen auf Dodekaeder-(A), Oktaeder-(B) und Tetraederplätzen (D). Zwischen B- und C-Plätzen besteht eine negative magnetische Austauschwechselwirkung, so daß eine antiparallele Orientierung der magnetischen Momente auftritt. Granate können danach eingeteilt werden, ob in drei, zwei oder einem Untergitter Ionen mit magnetischem Moment eingebaut sind. Vorwiegend an Oktaederplätzen lassen sich Cr^{3+}-, Sc^{3+}-, In^{3+}-Ionen, an Tetraederplätzen dagegen Al^{3+}- und Ga^{3+}-Ionen einbauen. Dodekaederplätze lassen sich durch andere seltene Erden besetzen. Für die Praxis hat vor allem die teilweise Substitution von Y durch Gd in den Granaten $Gd_xY_{1-x}Fe_2Fe_3O_{12}$ (GdYIG) Bedeutung. Abbildung 10.20 stellt einige wesentliche Eigenschaften zusammen. Von künftiger Bedeutung ist auch das System $(Bi_{3-2x}Ca_{2x})Fe_2(Fe_{3-y}V_y)O_{12}$. Hier werden die teueren seltenen Erdmetalle durch billigere Metalle ersetzt. Diese Substanz besitzt eine extrem niedrige Sättigungsmagnetisierung (V^{5+}-Einfluß) und eine hohe Curie-Temperatur (Bi^{3+}-Einfluß). Polykristalline Granate werden durch Sintern hochreiner feingemahlener Oxide hergestellt.

10.8. Magnetische Anisotropie

Fast alle wichtigen ferromagnetischen Kristalle gehören zu kubischen (Fe: krz, Ni: kfz) und hexagonalen (Co) Kristallsystemen. Messungen an Einkristallen zeigen, daß sowohl die Sättigungsmagnetisierung als auch die Curie-Temperatur isotrope Größen sind. Unterschiede treten bei dynamischen Messungen des Magnetisierungsvorgangs auf. Es stellt sich heraus, daß es sogenannte leichte Richtungen und schwere Richtungen gibt. Leichte Richtungen sind durch einen minimalen Energieaufwand für den Magnetisierungsvorgang gekennzeichnet. Abbildung 10.21 zeigt die Magnetisierungskurven für Einkristalle des Fe, Ni und Co. Leichte Richtungen sind also für das krz-Gitter die Kanten der kubischen Elementarzelle, für das kfz-Gitter die Raumdiagonale und für das hexagonale Gitter die hexagonale Achse. Die Magnetisierungsenergie kann der Abb. 10.21 als Fläche

$$\int (M_S - M)\, dH$$

entnommen werden.

In Abb. 10.22 ist die Magnetisierungsenergie als Polardiagramm für Eisen dargestellt. Man findet für kubische Kristalle die einfache Beziehung

$$W_M = W_{Mo} + K(\cos^2\alpha \cdot \cos^2\beta + \cos^2\beta \cdot \cos^2\gamma + \cos^2\gamma \cdot \cos^2\alpha).$$

W_M ist eine beliebige Magnetisierungsarbeit. Die Kristallorientierung zum äußeren Magnetfeld H wird durch die Winkel α, β, γ festgelegt. K beträgt bei Zimmertemperatur für Fe $= +4{,}28 \cdot 10^{-2}$ J/cm³ und für Nickel $= -5{,}12 \cdot 10^{-3}$ J/cm³. Für hexagonale Kristalle gilt

$$W_M = W_{Mo} + K_1 \sin^2\alpha + K_2 \sin^4\alpha$$

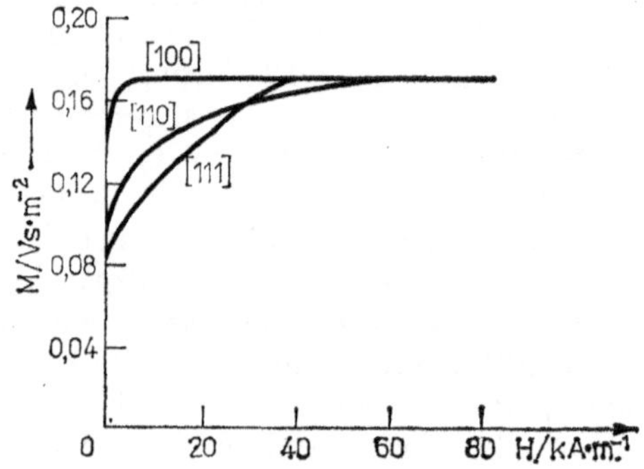

Abb. 10.21 a
Magnetisierungskurven für Eisen.

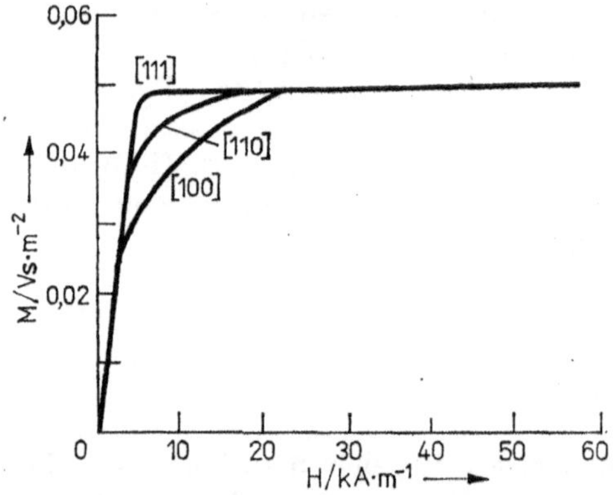

Abb. 10.21 b
Magnetisierungskurven für Nickel.

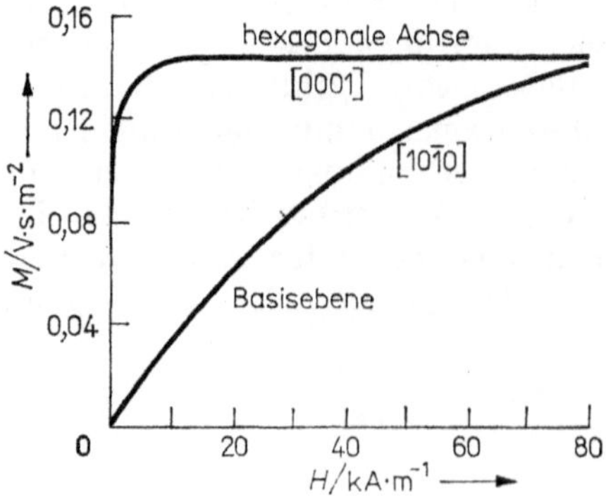

Abb. 10.21 c
Magnetisierungskurven für Cobalt

(Abb. 10.21 a—c nach HONDA und KAYA bei KIRENSKI).

(W_{Mo} — Magnetisierungsarbeit der leichtesten Richtung, α — Winkel zwischen der gesuchten Richtung und der hexagonalen Achse, Co: $K_1 = 4{,}1 \cdot 10^{-1}$ J/cm³, $K_2 = 1{,}0 \times 10^{-1}$ J/cm³). Die magnetischen Anisotropiekonstanten sind stark temperaturabhängig.

Bei seltenen Erden wie Dy, Er, Ho usw. treten komplizierte Zusammenhänge auf, da hier eine spiralige Spinstruktur beobachtet wird. Von Basisebene zu Basisebene im hexagonalen Kristall tritt eine systematische Änderung der Spinorientierung auf, wie das Abb. 10.23 zeigt. Die leichte Richtung liegt bei Dysprosium in der Basisebene (|| a-Achse), bei Erbium oder Holmium bildet sie einen spitzen Winkel mit der hexagonalen c-Achse.

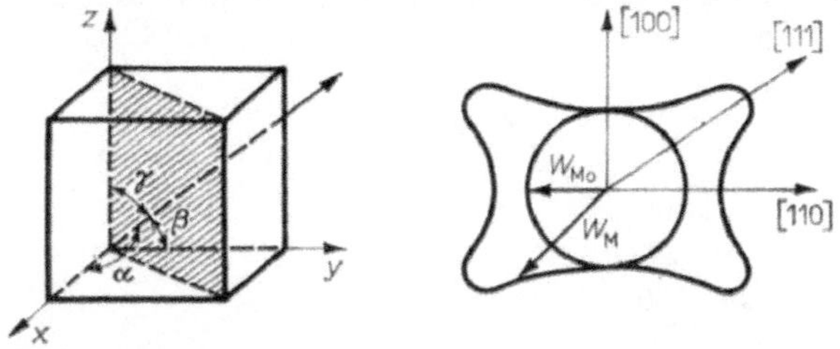

Abb. 10.22
Anisotropie für einen Eiseneinkristall (nach Kirenski, L. W.: Magnetismus. — Leipzig: B. G. Teubner Verlagsgesellschaft 1969).

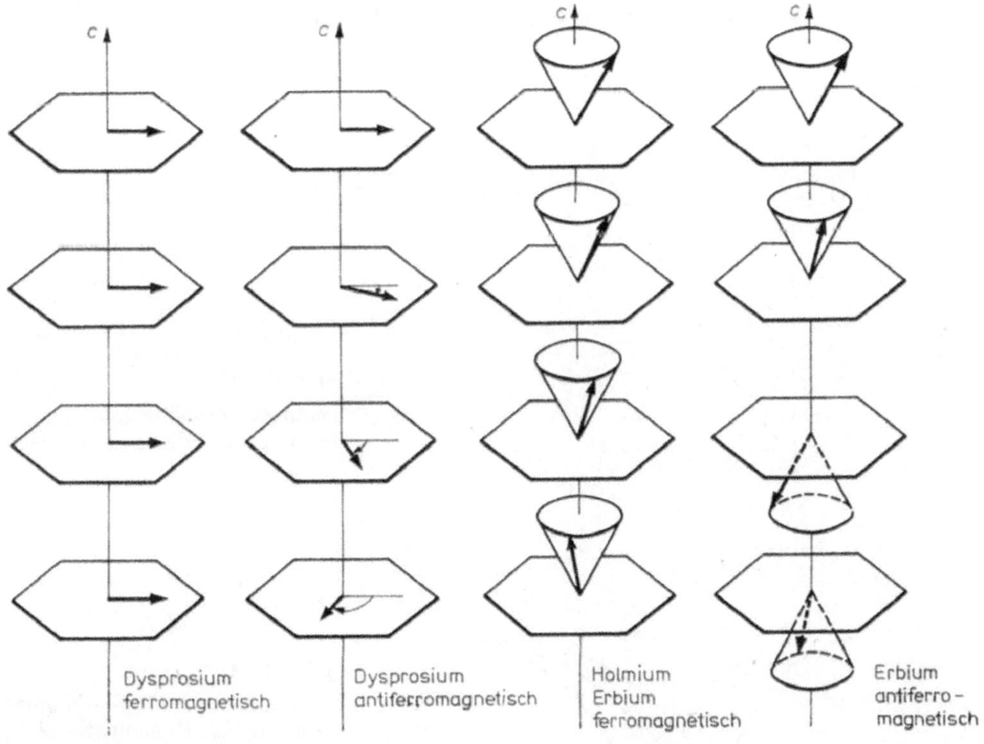

Abb. 10.23
Spinstruktur von Seltenen Erden.

10.9. Magnetostriktion

Auch Magnetwerkstoffe erfahren wie die Ferroelektrika eine Längenänderung, wenn der Ordnungszustand verändert wird. Die Magnetostriktion oder die Gitterdeformation unter der Wirkung eines Magnetfeldes entsteht durch geringfügige anisotrope Änderungen der Atomabstände infolge Magnetisierung. Sie wird makroskopisch als Gestaltsänderung des Festkörpers sichtbar, wenn ein äußeres Magnetfeld die Richtung und Größe der Magnetisierung ändert und damit elastische Spannungen erzeugt. Man kann diesen Effekt deutlich zeigen, indem man eine einkristalline Kugel eines Paramagnetikums in einem hohen Magnetfeld unter den Curie-Punkt abkühlt. Bei posi-

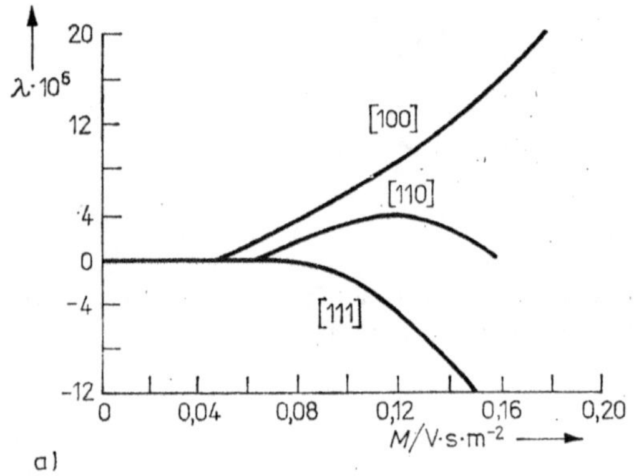

Abb. 10.24a
Magnetostriktion von Eisen $\lambda(M)$.

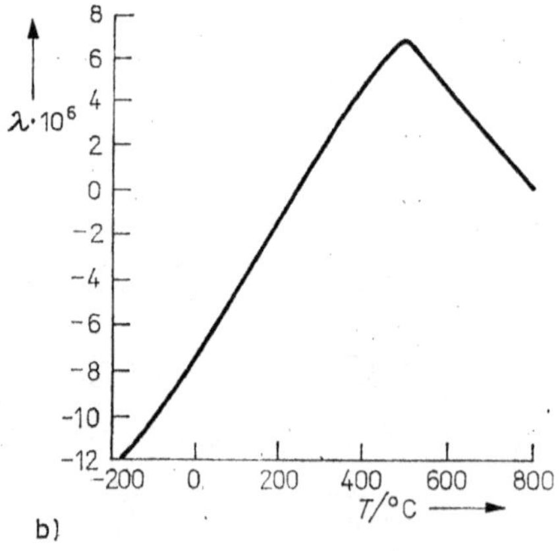

Abb. 10.24b
Temperaturabhängigkeit der Magnetostriktion von Eisen.

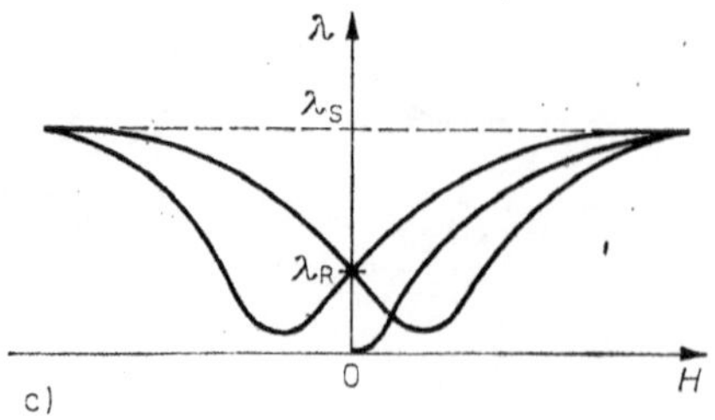

Abb. 10.24c
Hysteresekurve für die Magnetostriktion (λ_R: Remanente-, λ_S: Sättigungsmagnetostriktion).

tiver Magnetostriktionskonstante entsteht aus dieser Kugel ein Ellipsoid mit der großen Halbachse in Feldrichtung. Man erhält allgemein:

$$\frac{\Delta l}{l} = \sum_{ijkl} \cos\beta_i \cos\beta_j \lambda_{ijkl} \cos\alpha_k \cos\alpha_l \tag{10,122}$$

($\Delta l/l$ — relative Längenänderung in beliebiger Richtung, $\beta_{i,j}$ — Winkel des Vektors $\boldsymbol{l}$ bzw. des Gittervektors, $\alpha_{k,l}$ — Winkel des Vektors $\boldsymbol{H}$ bzw. des Gittervektors).

Die Tensordarstellung läßt sich durch eine skalare Beziehung ersetzen, wenn die Magnetostriktionskonstante λ isotrop ist:

$$\frac{\Delta l}{l} = \frac{3}{2} \lambda \left(\cos^2 \vartheta - \frac{1}{3}\right) \tag{10,123}$$

(ϑ — Winkel zwischen $\boldsymbol{l}$ und $\boldsymbol{H}$).
Eindrucksvoll zeigt Abb. 10.24 a, daß in Einkristallen des Eisens die Magnetostriktionskonstante λ(M, T) anisotrop ist. Für die [100]- und die [111]-Richtung folgt λ recht gut der Beziehung.

$$\lambda \sim M^2. \tag{10,124}$$

Die Magnetostriktionskonstante ist stark temperaturabhängig (Abb. 10.24b). Auf Grund ihrer Abhängigkeit von der Magnetisierung zeigt λ in Ferromagnetika Hystereseerscheinungen (Abb. 10.24c). Durch geeignete Legierungen kann λ_s, die Sättigungs-Magnetostriktion, sehr klein gemacht werden. Das ist z. B. für Permalloy (78,5% Ni/21,5% Fe) der Fall, wo gleichzeitig die relative Permeabilität μ einen sehr hohen Wert erreicht. Für weichmagnetische Werkstoffe ist der Magnetostriktionseffekt von großem Interesse, weil der dynamische Betrieb in magnetischen Werkstoffen enorme mechanische Spannungen erzeugen kann, deren Nichtbeachtung zu Schwingungen und Zerstörungen von Transformatoren, Motoren, Generatoren usw. führen kann.

Der magnetostriktive Effekt wird gezielt für die Erzeugung von Ultraschall bis 60 kHz durch ein magnetisches Wechselfeld und für Ultraschallempfänger angewandt. Ferromagnetische Ultraschallstrahler haben die Eigenschaft, daß sie ein scharfes Ultraschallwellenbündel zu erzeugen gestatten. Weiterhin werden magnetostriktive Filter verwendet.

Neben der normalen Magnetostriktion wird auch eine Volumen-Magnetostriktion λ_V,

$$\frac{\Delta V}{V} = \lambda_V(T, \boldsymbol{H}); \quad \lambda_V \sim H, H \text{ groß} \tag{10,125}$$

beobachtet. Eine Erklärung findet die Volumen-Magnetostriktion durch die Thermostriktion $(\Delta V/V)_{th}$. Die Thermostriktion ist eine Folge der spontanen Magnetisierung bei Unterschreiten des Curie-Punktes und des bekannten M_{sp}(T)-Verlaufes. Die Volumenänderung ist ein Ergebnis der Spinorientierung. Diese Spinorientierung kann auch annähernd durch große Magnetfelder erreicht werden.

Abbildung 10.25 zeigt das Verhalten von Fe—Ni-Legierungen. Normalerweise ist $\lambda_V \ll \lambda$. Hier liegt eine Ausnahme vor. Die Abhängigkeit $(\Delta V/V_{th}) = f(T)$ wird als Kompensationsvorgang zur Wärmeausdehnung benutzt. Die Thermostriktion nimmt bei einer Erhöhung der Temperatur wegen der abnehmenden spontanen Magnetisierung ab. Auf diese Weise lassen sich Legierungen erzeugen, die in einem bestimmten

Temperaturbereich eine zunehmende kleine Wärmeausdehnung zeigen. Das ist z. B. bei Invar (Fe/36 Ni), Superinvar (Fe/Co/Ni) und Stainless-Invar (Fe/Co/Cr) der Fall. Die Ausdehnungskoeffizienten dieser Legierungen betragen $\alpha = 10 \cdot 10^{-7}$, $2 \cdot 10^{-7}$ bzw. $1 \cdot 10^{-7}\,\mathrm{K}^{-1}$. Sie finden Anwendung für Meßwerkzeuge und Präzisionspendel.

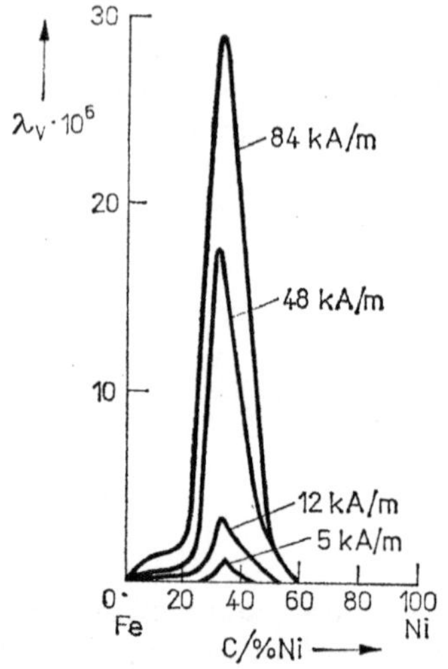

Abb. 10.25
Volumenmagnetostriktion von Fe—Ni-Legierungen (Abb. 10.24a—c und 10.25 nach Kirenski).

10.10. Elektronenspinresonanz (ESR)

Werden in einem Festkörper, der sich in einem Magnetfeld befindet, elektromagnetische Wellen eingestrahlt, so kommt es zur Resonanzabsorption, wenn er permanente magnetische Dipole enthält und die Resonanzbedingung

$$h\nu = g m_{\mathrm{B}} \boldsymbol{H} \tag{10,126}$$

(ν — Frequenz des elektromagnetischen Wechselfeldes) erfüllt ist. Diese Beziehung folgt sofort aus (10,24) unter Beachtung der Auswahlregel $\Delta M_J = \pm 1$. Der Landé-Faktor g liegt oft bei 2,0023, so daß experimentell bestätigt werden kann, daß nur eine sehr geringe Spin-Bahn-Kopplung für unpaarige Elektronen (freie Radikale) vorhanden ist. Im allgemeinen Fall wird g in Kristallen anisotrop, da im Kristall vorhandene starke Felder die Entartung von Elektronenniveaus bei bestimmter Orientierung der Elementarmagnete aufheben.

Die apparativen Voraussetzungen sind in Abb. 10.26 skizziert. Eine Mikrowellenbrücke wird mit einem Sender für Mikrowellen von 10 GHz (seltener 25 GHz oder 35 GHz) gespeist. Die Meßprobe befindet sich innerhalb des Hohlraumresonators in einem Magnetfeld H. Mit Hilfe der Dämpfungsglieder und des Kurzschlußschiebers wird die Brücke so abgeglichen, daß der Detektor (Diode) kein Signal anzeigt. Das Magnetfeld wird so moduliert, daß alle vermuteten Resonanzstellen der Meßprobe in einem Hub überstrichen werden. An jeder Stelle, wo Resonanz eintritt, wird die Meßbrücke verstimmt und deshalb im Detektor ein Signal nachgewiesen. Üblich ist heute die Verwendung einer Modulationsfrequenz:

$$\boldsymbol{H} = \boldsymbol{H}_0 + \Delta\boldsymbol{H} \sin \omega t, \qquad \omega/2\pi \approx 100\,\mathrm{kHz}, \tag{10,127}$$

und phasenempfindliche Gleichrichtung.

Wesentliche Aussagen über die Nahordnung paramagnetischer Zentren und damit auch über Molekülstrukturen, Bindungsprobleme und die räumliche Lage ungepaarter Elektronen erhält man auf Grund der Feinstruktur und Hyperfeinstruktur der Resonanzsignale.

Feinstrukturlinien entstehen durch die Nullfeldaufspaltung, d. h., im Innern eines Kristalls vorhandene elektrische Felder reichen aus, um die Niveauaufspaltung zu beeinflussen (Stark-Effekt). Während ohne diese Aufspaltung nur eine einzige Reso-

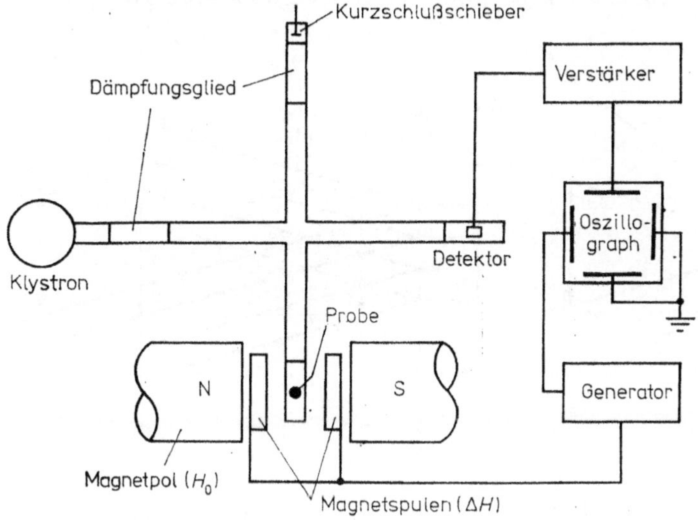

Abb. 10.26
ESR-Spektrometer.

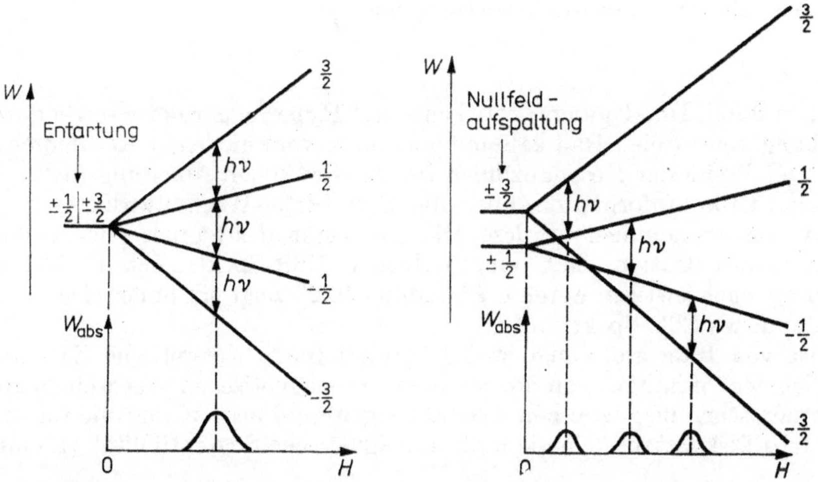

Abb. 10.27
Feinstruktur von Resonanzlinien (Gesamtspin: $\frac{3}{2}$).

nanzlinie beobachtet wird (Abb. 10.27a), kommt es so zu einer Folge von Resonanzlinien (Abb. 10.27b).

Hyperfeinstrukturlinien werden durch die Wechselwirkung der magnetischen Momente von ungepaarten Elektronen und von Kernen bewirkt. Die Kernmomente des Atoms, das Sitz des freien Radikals ist, oder benachbarter Atome erzeugen in Abhängigkeit von der Spinorientierung ein zusätzliches Magnetfeld. Dieses Zusatzfeld überlagert sich mit dem äußeren Feld und führt zusätzlich zur Aufspaltung jedes einzelnen Elektronenniveaus (Abb. 10.28). Das hier angenommene Kernmoment hat 4 Einstellmöglichkeiten: $m = +3/2, +1/2, -1/2$ und $-3/2$. Komplizierte Spektren

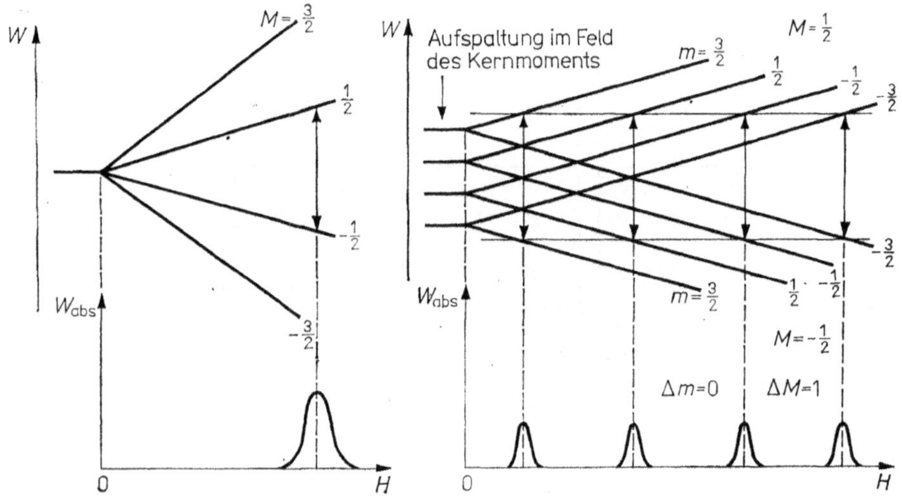

Abb. 10.28

Hyperfeinstruktur von Resonanzlinien (Kernspin: $\frac{3}{2}$).

entstehen durch Überlagerung von Fein- und Hyperfeinstruktur sowie durch Wechselwirkung eines freien Radikals mit mehreren verschiedenen Kernmomenten. Der Form und Breite der Resonanzlinien (meist wird die 1. Ableitung ($\mathrm{d}W_{abs}/\mathrm{d}H$) ausgewertet) kann Information über die Spin-Gitter-Wechselwirkungen und über Anisotropien entnommen werden. Die Intensität des Signals gibt Auskunft über die Spinkonzentration. Mit empfindlichen ESR-Spektrometern können schon 10^{10} Spin/g nachgewiesen werden. Abbildung 10.29 zeigt ein linienreiches experimentell gefundenes ESR-Spektrum.

Es ist von Interesse, einige wenige grundlegende theoretische Zusammenhänge bezüglich des Verhaltens von Stoffen in einem magnetischen Wechselfeld anzugeben. Bei dynamischen magnetischen Erscheinungen muß man analog wie für die relative Dielektrizitätskonstante eine komplexe magnetische Suszeptibilität χ_m einführen:

$$\chi_m = \chi'_m - i\chi''_m. \tag{10,128}$$

Sehr allgemein geben die Kronig-Kramers-Beziehungen den Zusammenhang zwischen

χ'_m und χ''_m wieder:

$$\chi'_m(\nu) = \frac{2}{\pi} \int_0^\infty \frac{\nu' \chi''_m(\nu')}{\nu'^2 - \nu^2} \, d\nu' + \text{const}$$
$$\chi''_m(\nu) = -\frac{2}{\pi} \int_0^\infty \frac{\nu \chi'_m(\nu')}{\nu'^2 - \nu^2} \, d\nu' . \tag{10,129}$$

Die für die Absorption verantwortliche Größe χ''_m läßt sich durch bestimmte Resonanz-

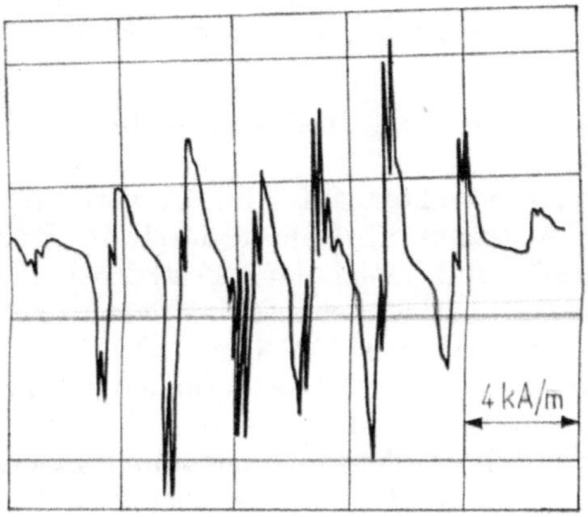

Abb. 10.29
ESR-Spektrum von bestrahltem Polytetrafluorethylen
($\cdots-CF_2-CF_2-\dot{C}F-CF_2-CF_2-\cdots$) (nach WOJEWODSKI, in: LÖSCHE, A.: Kern-induktion. — Berlin: VEB Deutscher Verlag der Wissenschaften 1957).

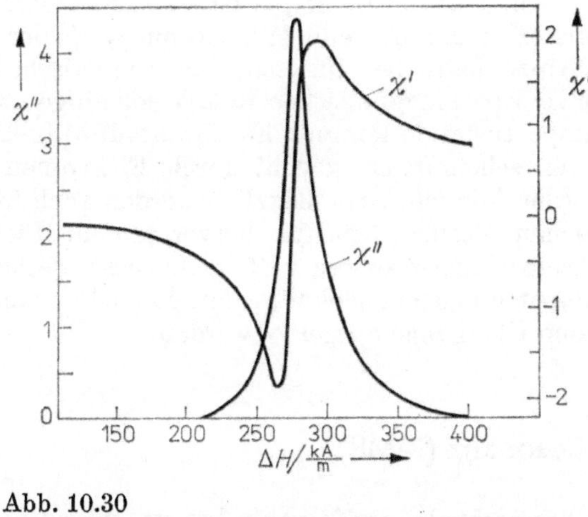

Abb. 10.30
Resonanzkurven für $MnSO_4$ bei 9620 MHz (nach KOSYREW, B. M.; ALTSCHULER, S. A.: Paramagnetische Elektronenresonanz. — Leipzig: B. G. Teubner Verlags-gesellschaft 1963, S. 13).

linienformen $g(\nu)$ annähern:

$$\chi_m''(\nu) = \frac{\pi}{2}\,\nu\chi_0 g(\nu). \tag{10,130}$$

Man benutzt gewöhnlich zwei Näherungen:
die Gauß-Form

$$g_G(\nu) = \frac{1}{(2\pi)^{1/2}\,\sigma}\left(\exp\{-(\nu-\nu_0)^2/2\sigma^2\} + \exp\{-(\nu+\nu_0)^2/2\sigma^2\}\right) \tag{10,131}$$

oder die Lorentz-Form

$$g_L(\nu) = \frac{\Delta\nu}{2\pi}\left(\{(\nu-\nu_0)^2 + (\Delta\nu/2)^2\}^{-1} + \{(\nu+\nu_0)^2 + (\Delta\nu/2)^2\}^{-1}\right) \tag{10,132}$$

mit $h\nu_0 = gm_BH$ und $\sigma = \Delta\nu/(8\ln 2)^{1/2}$. $\Delta\nu$ ist die Halbwertsbreite der Absorptionslinie.

Bei ESR-Experimenten wählt man ν = konstant und H variabel und mißt $\chi_m''(H)$ (s. Abb. 10.30). Wesentliche Aussagen erhält man durch die ESR-Spektroskopie insbesondere für Ionenkristalle und molekulare Festkörper. Freie Radikale (ungepaarte Elektronenspins) bestimmter Lebensdauer lassen sich in allen Festkörpern durch Bestrahlung mit radioaktiven Teilchen und mit Photonen erzeugen. Bestimmte organische Substanzen (z. B. α,α'-Diphenylpikrylhydrazyl; DPPH) bestehen aus Molekülen, die selbst chemisch stabile freie Radikale darstellen. Derartige Substanzen werden auf Grund ihrer sehr genau bekannten Resonanzlinienform und der exakt angebbaren Spinkonzentration als Eichnormale der ESR-Spektroskopie verwendet.

10.11. Akustische paramagnetische Resonanz (APR)

Auch eine Resonanzabsorption von Ultraschallenergie ist in Festkörpern möglich. Ein derartiger Vorgang tritt immer dann auf, wenn (10,126) mit ν_u als der Frequenz des Ultraschalls erfüllt ist. Im Prinzip kann die akustische paramagnetische Resonanz als Umkehreffekt zu dem Anteil der paramagnetischen Relaxation aufgefaßt werden, der durch Einphononenübergänge zustande kommt. Es sei darauf aufmerksam gemacht, daß derartige Resonanzerscheinungen sowohl durch Elektronen als auch durch Kerne hervorgerufen werden können. Grundsätzlich werden auch hier wieder verschiedene Übergänge zwischen Zeeman-Niveaus hervorgerufen. Insbesondere lassen sich Spin-Phonon-Wechselwirkungsprozesse verfolgen. Diese Methodik stellt eine echte Erweiterung der Untersuchungsmöglichkeiten dar, da auch für rein magnetische Wechselwirkung verbotene Übergänge ausgelöst werden.

10.12. Kernmagnetische Resonanz (NMR)

Da einige Kerne einen von Null verschiedenen Kernspin besitzt, tragen diese Kerne auch ein magnetisches Moment:

$$|\boldsymbol{m}| = g_I m_K \sqrt{I(I+1)}\,, \qquad |\boldsymbol{I}| = \hbar\sqrt{I(I+1)} \tag{10,133}$$

(I — Kernspinquantenzahl, g_I — Kern-g-Faktor, m_K — Kernmagneton, $m_\mathrm{K} = (m_\mathrm{e}/m_\mathrm{p})\, m_\mathrm{B}$, m_p — Protonenmasse). Der Vektor des Kernspins kann sich in einem äußeren Magnetfeld $\boldsymbol{H}$ nur diskret wie

$$M_\mathrm{I}\hbar,\ M_\mathrm{I} = I, I - 1 \cdots -I, \qquad \Delta M_\mathrm{I} = \pm 1 \tag{10,134}$$

einstellen. Es gilt also:

$$h\nu = g_\mathrm{I} m_\mathrm{K} H. \tag{10,135}$$

Bei der magnetischen Kernresonanz (NMR nach engl. „**N**uclear **M**agnetic **R**esonance") wird ein System von Kernen gleichzeitig in ein magnetisches Gleichfeld H_z und ein magnetisches Wechselfeld $2H_x \cos \omega t$ gebracht. Wenn $\omega = 2\pi\nu$ Gleichung (10,135) genügt, treten Absorptionserscheinungen auf. Ohne ein äußeres oder inneres Magnetfeld sind die Kernspins isotrop orientiert und ihre Zeeman-Niveaus entartet.

Das Gesamtsystem $|\boldsymbol{M}| = \sum_i m_i$, $W = -\boldsymbol{M}\boldsymbol{H}_z$ läßt sich durch die Blochschen Gleichungen beschreiben:

$$\begin{aligned}
\frac{\partial M_z}{\partial t} &= -\frac{g_\mathrm{I} m_\mathrm{K}}{\hbar} M_y H_x + \frac{M_0 - M_z}{\tau_1},\\
\frac{\partial M_x}{\partial t} &= M_y \omega_z + \frac{g_\mathrm{I} m_\mathrm{K}}{\hbar} M_y H_z - \frac{M_x}{\tau_2},\\
\frac{\partial M_y}{\partial t} &= \frac{g_\mathrm{I} m_\mathrm{K}}{\hbar} H_x - M_x \omega_z + \frac{g_\mathrm{I} m_\mathrm{K}}{\hbar} M_x H_z - \frac{M_y}{\tau_2}
\end{aligned} \tag{10,136}$$

($\boldsymbol{M}$ — Magnetisierung, τ_1 — longitudinale, τ_2 — transversale Relaxationszeit). τ_1 wird durch eine Relaxation bewirkt, an der das Spinsystem und die Umgebung (z. B. ein Wärmebad) beteiligt sind. Für τ_2 sind nur Wechselwirkungen innerhalb des Spinsystems verantwortlich. Die Lösung des Gleichungssystems (10,136) ergibt, daß die Transversalkomponente $\boldsymbol{M}_\perp$ mit konstanter Größe um die H_z-Achse mit der Kreisfrequenz ω rotiert.

Die Absorptionskurve $\chi''(\omega)$ hat in einfachen Fällen die Form einer Lorentz-Kurve und besitzt die Halbwertsbreite

$$\Delta\omega = \frac{2}{\tau_2}\left(1 + \frac{g_I^2 m_\mathrm{K}^2 H_x^2 \tau_1 \tau_2}{\hbar^2}\right)^{1/2}, \tag{10,137}$$

$$\chi''(\omega) = \frac{1}{2}\,\chi_0 \omega_0 \tau_2\, \frac{1}{1 + (\omega_0 - \omega)^2 \tau_2^2 + g_I^2 m_\mathrm{K}^2 H_x^2 \tau_1 \tau_2/\hbar^2} \tag{10,138}$$

($\omega_0 = H_z \cdot g_I m_\mathrm{K}/\hbar$). Abweichungen von diesem einfachen Verhalten treten in Festkörpern auf Grund der anisotropen Nahordnung in Erscheinung.

Ein Kernresonanzspektrometer besteht im wesentlichen aus dem hochstabilisierten Magneten, dem Detektor, einer Demodulations- und Verstärkungselektronik sowie aus einer Registrier- und Recheneinheit. Um die Resonanzbedingung (10,135) zu erfüllen, können die Parameter $\boldsymbol{H}_z$, $\boldsymbol{H}_x$ und ω verändert werden. Da das Kernresonanzsignal sehr schmal ist, kann nur das demodulierte Signal im Hauptverstärker verarbeitet werden. Zwei gängige Wege sind:

$$H_x,\ \omega = \mathrm{const}, \qquad H_z = H_{z0} + H_{z\mathrm{M}} \cos \omega_\mathrm{M} t \tag{10,139}$$

und

$$H_x, H_z = \text{const}, \quad \omega = \omega_0 + \omega_1 \cos \omega_M t, \qquad (10{,}140)$$
$$\omega_M = 30 \cdots 70 \text{ Hz}.$$

Für sehr kleine Signale, wie sie für Festkörper typisch sind, verwendet man ein differentielles Abtastverfahren (s. Abb. 10.31). H_M ist hier klein gegen ΔH, und H_z wird zeitlinear von H_1 bis H_2 erhöht. Prinzipiell erhält man in guter Näherung eine Signalspannung der Modulationsfrequenz, deren Amplitude $\sim \mathrm{d}g(H)/\mathrm{d}H$, der 1. Ableitung der Resonanzkurve, ist. Als Detektor kommt vor allem ein schwach schwingender Oszillator (Autodynprinzip) in Frage.

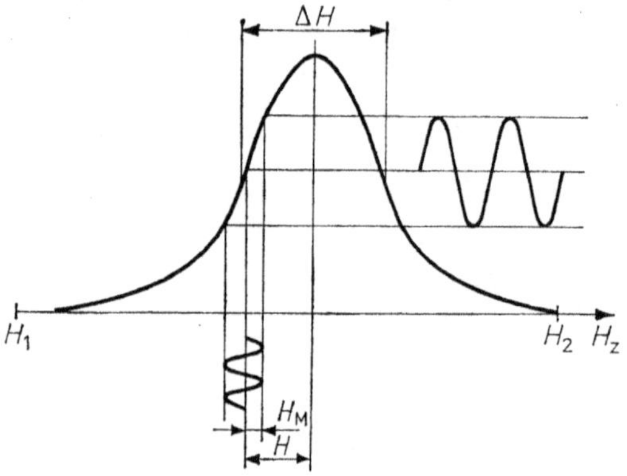

Abb. 10.31
Differentielles Abtasten einer NMR-Resonanzlinie ($H_z(t) = H_1 + \alpha t(H_2 - H_1)$).

Die wesentlichen Spektrometerarten sind das Breitlinien-Kernresonanzspektrometer (s. Abb. 10.32), das Quadrupolresonanzspektrometer und die Doppelresonanzspektrometer. Während das Breitlinienspektrometer in der beschriebenen Weise arbeitet, wird beim Quadrupolresonanzspektrometer der Linienabstand von Linien gemessen, die durch Aufspaltung der Zeeman-Linien infolge der Kernquadrupolmomente und innerer elektrischer Felder des Festkörpers entstehen. Das äußere Magnetfeld H_z entfällt hier, als Sonde wird ein HF-Feld benutzt, das frequenzmoduliert ist. Die Quadrupolresonanzfrequenzen liegen zwischen 1 MHz und 2 GHz. Ein Doppelresonanzspektrometer schließlich arbeitet z. B. nach dem ESR-Prinzip, wobei eine sehr hohe Empfindlichkeit vorhanden sein muß. Notwendig ist die Einspeisung eines Hochfrequenzfeldes $\perp H$ zusätzlich zum Mikrowellenfeld mit einer Frequenz, die der Larmor-Präzessionsfrequenz der Kerne entspricht. Allgemein spricht man von Doppelresonanz, wenn gleichzeitig zwei Resonanzübergänge unterschiedlicher Frequenz angeregt werden. Wesentlich ist dabei, daß es so möglich ist, die Spin-Spin-Wechselwirkung aufzuheben, die zwischen zwei verschiedenen Kernarten im Festkörper wirkt. Interessant ist, daß infolge der Sättigung der paramagnetischen Elektronenresonanz durch Einstellung eines geeigneten Mikrowellenfeldes in Metallen die Kernresonanz mit stark vergrößertem Signal beobachtet werden kann (Overhauser-Effekt). In diamagnetischen Kristallen läßt sich durch eine paramagnetische Dotierung und Sättigung der verbotenen Elektronenresonanzübergänge

$h\nu = h\nu_e \pm h\nu_K$ mit Hilfe eines Mikrowellenfeldes der Festkörpereffekt ausnutzen, der zu einer starken Erhöhung der Kernpolarisation führt. Die ENDOR-Technik schließlich nutzt aus, daß die Sättigung eines ESR-Übergangs bei gleichzeitiger starker Anregung eines Kernresonanzübergangs wieder aufgehoben wird und damit die Kernresonanz indirekt, dafür aber mit starkem Signal nachgewiesen werden kann.

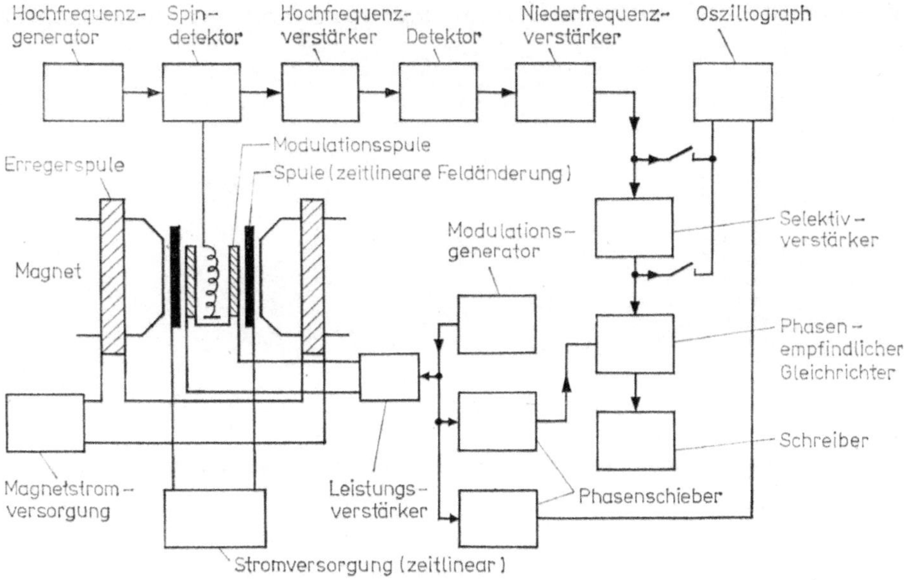

Abb. 10.32

Blockschaltbild eines Breitlinien-Kernresonanzspektrometers (nach Ebert, I.; Seifert, G.: Kernresonanz in Festkörpern. — Leipzig: Verlagsgesellschaft Geest & Portig K. G. 1966, S. 298).

10.13. Ergebnisse hochfrequenzspektroskopischer Forschung an Festkörpern

Wesentliche Ergebnisse wurden mit Hilfe der ESR-Technik vor allem bei Ionenkristallen, Metallen, Halbleitern und Molekülkristallen erzielt, wobei auch eine Vorbestrahlung mit Photonen zur Erzeugung freier Radikale eine große Rolle spielt. Für paramagnetische Salze sind aus diesen Arbeiten die Elektronenniveaus der paramagnetischen Ionen und ihre Wechselwirkung in der Nahordnung sehr genau bekannt. Der Nachweis paramagnetischer Bestandteile und von Farbzentren ist qualitativ und quantitativ möglich, und man gewinnt Aussagen zur Spin-Gitter-Relaxation.

In Molekülkristallen, aber auch in jedem organischen Material einschließlich biologischer Systeme lassen sich Radiolyseprozesse, die radikalischen Reaktionsabläufe, die Elektronendelokalisation, der Elektronentransfer von Molekül zu Molekül und bestimmte Bindungsarten analysieren.

Bei Metallen sind die Leitungselektronen Träger des Paramagnetismus. Das ESR-Signal wird durch den Skineffekt und die starke Spin-Gitter-Wechselwirkung modifiziert. Für die Relaxationsmechanismen muß man nur die Spin-Bahn-Wechselwirkung als Vermittler des Energieaustausches zwischen Elektronenspin und Gitter heranziehen.

In Halbleitern lassen sich durch ESR-Messungen Ladungsträger im Leitungsband, in Donatorzentren und in zufällig benachbarten Donatoren (Austauschwechselwirkung) sowie in durch ionisierende Strahlung hervorgerufenen Defekten nachweisen.

11. Optische Eigenschaften der Festkörper

11.1. Historisches, Begriff und Bedeutung

Die optischen Eigenschaften von Kristallen, Metallen, Gläsern haben schon frühzeitig das Interesse der Menschen erweckt. Zu den ältesten Anwendungen gehören der Gebrauch von Spiegeln und die Nutzung des metallischen Glanzes für ästhetische Zwecke. Die Farben vieler Edelsteine sowie das infolge Lichtbrechung hervorgerufene Funkeln bildeten den Anreiz für das Sammeln dieser Objekte, und durch die zu immer größerer Vollkommenheit entwickelte Schmucksteinschleiferei lernte man es, diese Lichteffekte stärker hervortreten zu lassen. Etwa im 2. Jahrtausend vor unserer Zeitrechnung entstand in Phönizien und Ägypten die Kunst des Glasschmelzens. Damit wurde der Grundstein für die wichtigste Gruppe lichtdurchlässiger Werkstoffe gelegt.

Unser Wort „Brille" geht auf den lateinischen Ausdruck „beryllus" zurück, mit dem außer dem eigentlichen Beryll auch andere Edelsteine bezeichnet worden sind. Bereits von Nero wird berichtet, daß er die Gladiatorenkämpfe durch einen konkaven Smaragd beobachtet habe. Im 13. Jahrhundert lernte man es, Brillen aus Gläsern herzustellen; im 17. Jahrhundert wurden die ersten Mikroskope und Fernrohre gebaut (Lippershey, Galilei, Kepler, Huyghens). Mit dem weiteren Fortschritt der optischen Instrumente wuchsen die Forderungen an die optische Qualität der Gläser. Fraunhofer und Abbé trugen im 19. Jahrhundert wesentlich zur gezielten Entwicklung von Gläsern mit definierten optischen Parametern bei.

Die *Anisotropie* nichtkubischer Kristalle bezüglich ihrer optischen Eigenschaften wurde als *Doppelbrechung* bereits von Huyghens beschrieben, jedoch konnte sie erst im 19. Jahrhundert im Ergebnis der Arbeit vieler Forscher gedeutet und für Polarisationsapparate genutzt werden.

Den entscheidenden Schlüssel für das physikalische Verständnis optischer Erscheinungen lieferte die *Maxwellsche Theorie*, nach der Licht nur eine besondere Form elektromagnetischer Wellen darstellt. Die Anwendung dieser Erkenntnis auf das optische Verhalten von festen Stoffen wurde von H. A. Lorentz, Fresnel, Liebisch, Drude und anderen Physikern vollzogen. In Verbindung mit der in unserem Jahrhundert entstandenen Atom- und Festkörperphysik gelang es schließlich, die optischen Eigenschaften fester Stoffe immer besser atomistisch zu deuten. Dabei hat sich ein Wechselspiel zwischen Optik und Festkörperphysik herausgebildet: Die ausgeklügelten und sehr genauen spektroskopischen und photometrischen Meßverfahren gewähren wertvolle Einblicke in die atomistische Struktur der Stoffe und trugen wesentlich zum Verständnis des Aufbaus der Festkörper, ihrer Elektronenbandstruktur und des Verhaltens von Kristallfehlern bei. Darauf aufbauend wurden neue Effekte gefunden und bessere Werkstoffe entwickelt, die ihrerseits die Optik bereichern. Herausragende Beispiele bilden optische Dünnschichtsysteme, die als reflektierende oder antireflektierende Medien für hochwertige optische Bauelemente bedeutungsvoll sind; ferner in neuester Zeit Materialien für *Festkörperlaser* und

Systeme der nichtlinearen Optik. Dabei zeichnen sich in der neueren Entwicklung zunehmend engere Verflechtungen zwischen elektronischen und optischen sowie optischen und magnetischen Bauelementen und Funktionseinheiten ab. Möglicherweise wird die *Optoelektronik* eine Basis der künftigen Informationstechnik sein.

In diesem letzten Kapitel werden die wichtigsten Grundlagen und Anwendungen der optischen Eigenschaften behandelt, wobei wir den Begriff „optisch" weit fassen und allgemein elektromagnetische Wellen berücksichtigen. Nach dem Abriß der phänomenologischen Theorie und ihrer Anwendung für Dünnschicht- und Kristalloptik werden die Wechselwirkungen von Quanten mit Festkörpern und darunter die erwähnten neueren Entwicklungen umrissen.

11.2. Optische Materialgrößen isotroper Festkörper

11.2.1. Grundlagen der klassischen Theorie

Wenn Lichtwellen auf die Oberfläche eines *isotropen* Festkörpers auftreffen, so wird ein Teil der Strahlung reflektiert, während der Rest in den Festkörper eindringt (Abb. 11.1). Die Winkelbeziehungen zwischen den drei Strahlen folgen aus dem Reflexions- und dem Brechungsgesetz:

$$\alpha_0 = \alpha_0', \tag{11,1}$$

$$\frac{\sin \alpha_0}{\sin \alpha_1} = \frac{n_1}{n_0}. \tag{11,2}$$

Der Brechungsindex n ist eine wichtige Stoffkonstante, die dem Verhältnis der Vakuumlichtgeschwindigkeit c zur Ausbreitungsgeschwindigkeit im Medium v

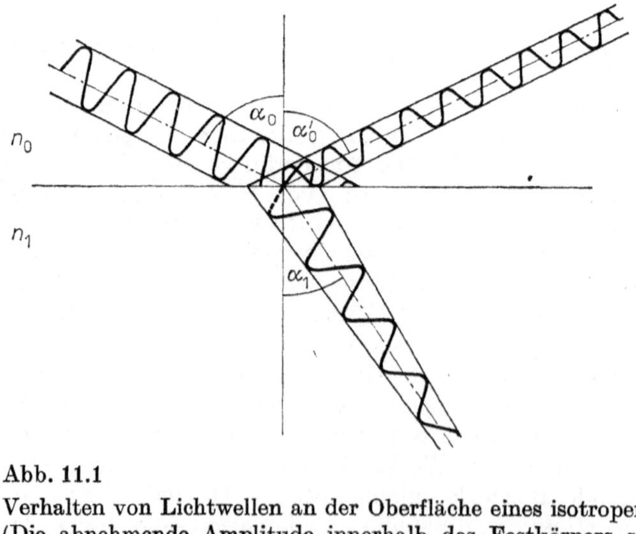

Abb. 11.1
Verhalten von Lichtwellen an der Oberfläche eines isotropen Festkörpers.
(Die abnehmende Amplitude innerhalb des Festkörpers soll die Absorption veranschaulichen.)

gleich ist. Fallen die Strahlen aus dem Vakuum — oder näherungsweise aus Luft — ein, so wird $n_0 = 1$. Reale Festkörper sind niemals völlig durchsichtig. Infolgedessen unterliegt die Strahlung im Inneren des Festkörpers einer *Absorption*. Um sie zu kennzeichnen, führt man einen weiteren Parameter $\varkappa$ ein, der die Dämpfung der Wellen beschreibt. (Die vielfach übliche Bezeichnung k vermeiden wir, um Verwechslungen mit dem Wellenvektor auszuschließen.)

Durch die beiden Größen n und $\varkappa$ wird das makroskopische optische Verhalten der Festkörper vollständig charakterisiert. Wir skizzieren hier zunächst die Grundlagen der elektronenmagnetischen Theorie und behandeln danach die atomistische Interpretation dieser Stoffgrößen.

Allgemein gelten für elektromagnetische Vorgänge die *Maxwellschen Gleichungen*:

$$\frac{\partial}{\partial \boldsymbol{r}} \times \boldsymbol{E} = -\frac{\partial \boldsymbol{B}}{\partial t}; \quad \frac{\partial}{\partial \boldsymbol{r}} \times \boldsymbol{H} = \frac{\partial \boldsymbol{D}}{\partial t} + \boldsymbol{j}; \tag{11,3}$$

$$\frac{\partial}{\partial \boldsymbol{r}} \boldsymbol{D} = \varrho; \quad \frac{\partial}{\partial \boldsymbol{r}} \boldsymbol{B} = 0; \tag{11,4}$$

$$\boldsymbol{j} = \sigma \boldsymbol{E}; \tag{11,5}$$

$$\boldsymbol{D} = \varepsilon_0 \varepsilon \boldsymbol{E}; \tag{11,6}$$

$$\boldsymbol{B} = \mu_0 \mu \boldsymbol{H}. \tag{11,7}$$

Mit den üblichen Bezeichnungen bedeuten:
$\boldsymbol{E}$ — elektrische Feldstärke; $\boldsymbol{H}$ — magnetische Feldstärke; $\boldsymbol{D}$ — dielektrische Verschiebung; $\boldsymbol{B}$ — magnetische Induktion; $\boldsymbol{j}$ — Stromdichte; ϱ — Ladungsdichte; σ — elektrische Leitfähigkeit; ε_0 bzw. μ_0 — Dielektrizitätskonstante bzw. Permeabilität des Vakuums; ε bzw. μ — relative Dielektrizitätskonstante bzw. relative Permeabilität des Stoffes.

Betrachtet wird nun ein *homogener Festkörper, in dem keine freien Ladungen vorhanden sind* ($\varrho = 0$), und vorübergehend wird auch angenommen, daß die Stromdichte $\boldsymbol{j}$ verschwindet. Außerdem wird vereinfachend Isotropie vorausgesetzt. Anstelle von (11,3) und (11,4) können wir dann unter Benutzung von (11,5) bis (11,7) schreiben, wobei wir hier zunächst μ, ε und σ als skalare Größen verwenden (vgl. Abschnitt 8.9 und 10)

$$\frac{\partial}{\partial \boldsymbol{r}} \times \boldsymbol{E} = -\mu_0 \mu \frac{\partial \boldsymbol{H}}{\partial t}; \quad \frac{\partial}{\partial \boldsymbol{r}} \times \boldsymbol{H} = \varepsilon_0 \varepsilon \frac{\partial \boldsymbol{E}}{\partial t} + \sigma \boldsymbol{E} \tag{11,8}$$

$$\frac{\partial}{\partial \boldsymbol{r}} \cdot \boldsymbol{E} = 0; \quad \frac{\partial}{\partial \boldsymbol{r}} \cdot \boldsymbol{H} = 0. \tag{11,9}$$

Die elektromagnetischen Wellen im Festkörper — und natürlich auch die im äußeren Vakuum — müssen periodische Lösungen des Systems (11,8) und (11,9) sein. Um sie aufzufinden, eliminieren wir die magnetische Feldstärke, indem auf die erste Gleichung (11,8) die Operation $\left(\frac{\mathrm{d}}{\mathrm{d}\boldsymbol{r}} \times\right)$ angewendet und die zweite Gleichung nach der Zeit differenziert wird:

$$\frac{\partial}{\partial \boldsymbol{r}} \times \left(\frac{\partial}{\partial \boldsymbol{r}} \times \boldsymbol{E}\right) = -\mu_0 \mu \frac{\partial}{\partial \boldsymbol{r}} \times \frac{\partial \boldsymbol{H}}{\partial t}, \tag{11,10}$$

$$\frac{\partial}{\partial \boldsymbol{r}} \times \frac{\partial \boldsymbol{H}}{\partial t} = \varepsilon_0 \varepsilon \frac{\partial^2 \boldsymbol{E}}{\partial t^2} + \sigma \frac{\partial \boldsymbol{E}}{\partial t}. \tag{11,11}$$

Die linke Seite von (11,10) formen wir unter Beachtung von $\frac{\partial}{\partial \boldsymbol{r}} \boldsymbol{E} = 0$ und mit $\frac{\partial}{\partial \boldsymbol{r}} \times \left(\frac{\partial}{\partial \boldsymbol{r}} \times \boldsymbol{E}\right) = \frac{\partial}{\partial \boldsymbol{r}} \left(\frac{\partial}{\partial \boldsymbol{r}} \boldsymbol{E}\right) - \frac{\partial^2 \boldsymbol{E}}{\partial \boldsymbol{r}^2}$ um:

$$\frac{\mathrm{d}^2 \boldsymbol{E}}{\mathrm{d}\boldsymbol{r}^2} = -\mu_0 \mu \frac{\mathrm{d}}{\mathrm{d}\boldsymbol{r}} \times \frac{\partial \boldsymbol{H}}{\partial t}. \tag{11,12}$$

Einsetzen von (11,11) liefert für $\boldsymbol{E}$ die Wellengleichung:

$$\frac{\partial^2 \boldsymbol{E}}{\partial \boldsymbol{r}^2} = \varepsilon_0 \varepsilon \mu_0 \mu \frac{\partial^2 \boldsymbol{E}}{\partial t^2} + \mu_0 \mu \sigma \frac{\partial \boldsymbol{E}}{\partial t}. \tag{11,13}$$

Setzen wir vorübergehend $\varepsilon = \mu = 1$ und $\sigma = 0$, so folgt aus (11,13) die bekannte Gleichung der elektrischen Feldstärke einer elektromagnetischen Welle im Vakuum

$$\frac{\partial^2 \boldsymbol{E}}{\partial \boldsymbol{r}^2} = \frac{1}{c^2} \frac{\partial^2 \boldsymbol{E}}{\partial t^2}, \tag{11,14}$$

wobei wir für die Lichtgeschwindigkeit des Vakuums die wichtige Beziehung

$$c = (\varepsilon_0 \mu_0)^{1/2} \tag{11,15}$$

erhalten. Als weiteren Spezialfall betrachten wir einen *Isolator* mit $\sigma \approx 0$:

$$\frac{\partial^2 \boldsymbol{E}}{\partial \boldsymbol{r}^2} = \frac{\varepsilon \mu}{c^2} \frac{\partial^2 \boldsymbol{E}}{\partial t^2} = \frac{1}{v^2} \frac{\partial^2 \boldsymbol{E}}{\partial t^2}. \tag{11,16}$$

Für die Phasengeschwindigkeit des Lichts im Medium v gilt also

$$\frac{1}{v^2} = \frac{\varepsilon \mu}{c^2}; \quad v = \frac{c}{\sqrt{\varepsilon \mu}}. \tag{11,17}$$

Die relative Permeabilität der meisten Stoffe, ausgenommen Ferromagnetika, liegt nahe bei 1, so daß in der Optik gewöhnlich $\mu \approx 1$ gesetzt wird. Führen wir außerdem mit $n = c/v$ den Brechungsindex ein, so ergibt sich

$$n = \frac{c}{v} = \sqrt{\varepsilon \mu}. \tag{11,18}$$

Damit ist eine der optischen Stoffkonstanten auf die relative *Dielektrizitätskonstante* zurückgeführt, deren atomistische Deutung in Kapitel 9. bereits abgehandelt wurde.

Um nun auch den zweiten Parameter $\varkappa$ einzuführen, kehren wir zur vollständigen Gleichung (11,13) zurück, für die wir mit (11,17) und $\mu = 1$ schreiben

$$\frac{\partial^2 \boldsymbol{E}}{\partial r^2} = \frac{\varepsilon}{c^2} \frac{\partial^2 \boldsymbol{E}}{\partial t^2} + \frac{\sigma}{c^2 \varepsilon_0} \frac{\partial \boldsymbol{E}}{\partial t}. \tag{11,19}$$

Als Lösung dieser Gleichung setzen wir *fortlaufende Wellen* mit dem Wellenzahlvektor $\boldsymbol{k}$ und der Kreisfrequenz ω an

$$\boldsymbol{E} = \hat{\boldsymbol{E}} \exp\left[\mathrm{i}(\boldsymbol{k} \cdot \boldsymbol{r} - \omega t)\right]. \tag{11,20}$$

Einsetzen liefert als Dispersionsrelation zwischen $\boldsymbol{k}$ und ω

$$\boldsymbol{k}^2 = \frac{\omega^2}{c^2}\,\varepsilon + \mathrm{i}\frac{\omega}{c^2}\,\frac{\sigma}{\varepsilon_0} \tag{11,21}$$

oder

$$k = \frac{\omega}{c}\left(\varepsilon + \mathrm{i}\,\frac{\sigma}{\omega\varepsilon_0}\right)^{1/2}. \tag{11,22}$$

Hier ist $\frac{\omega}{c} = k_0$ die Wellenzahl, die man mit $\varepsilon = 1$ und $\sigma = 0$ als Lösung von (11,14) für elektromagnetische Wellen im Vakuum erhält. Analog zu (11,18) bilden wir daher

$$n' = \frac{k}{k_0} = \left(\varepsilon + \mathrm{i}\,\frac{\sigma}{\omega\varepsilon_0}\right)^{1/2}. \tag{11,23}$$

Die so definierte Größe n' ist der *komplexe Brechungsindex* eines Stoffes mit nicht vernachlässigbarer Absorption. Für den Real- und Imaginärteil von n' läßt sich formal

$$n' = n + \mathrm{i}\varkappa \tag{11,24}$$

schreiben, womit sich für die Wellenzahl

$$k = \frac{\omega}{c}\,n + \mathrm{i}\,\frac{\omega}{c}\,\varkappa \tag{11,25}$$

ergibt. Für $\varkappa = 0$ geht dieser Ausdruck offensichtlich in (11,18) über; also entspricht der *Realteil* von N dem *gewöhnlichen Brechungsindex* n. Um den *Imaginärteil* zu untersuchen, bilden wir mit dem Wellenansatz 11,20 eine ebene Welle, die sich in Richtung der z-Achse ausbreitet

$$\boldsymbol{E} = \hat{\boldsymbol{E}}\exp\left[-\left(\frac{\omega}{c}\,\varkappa z\right)\right]\exp\left[\mathrm{i}\left(\frac{\omega}{c}\,nz - \omega t\right)\right]. \tag{11,26}$$

Die allgemeinen Lösungen von (11,13) für elektromagnetische Wellen im Inneren des Festkörpers sind somit *gedämpfte Wellen*, und $\varkappa$ ist ein Maß für den *Dämpfungsfaktor*. Diese zweite Stoffkonstante wird als *Absorptionsindex* bezeichnet.

Der *Absorptionskoeffizient* η ist demgegenüber als Bruchteil der Intensität definiert, der beim Durchlaufen einer Längeneinheit in dem betrachteten Stoff absorbiert wird:

$$\eta = -\frac{1}{\mathrm{w}}\cdot\frac{\mathrm{dw}}{\mathrm{d}z} = -\frac{\mathrm{d}\ln \mathrm{w}}{\mathrm{d}z}. \tag{11,27}$$

Mit der Energiedichte

$$\mathrm{w} = \frac{1}{2}\,\boldsymbol{ED} + \frac{1}{2}\,\boldsymbol{HB} = \varepsilon_0\varepsilon\,|\boldsymbol{E}|^2$$

und (11,26) erhält man für den Absorptionskoeffizienten

$$\eta = 2\,\frac{\omega}{c}\,\varkappa = 2k_0\varkappa, \tag{11,28}$$

der somit bei gegebener Frequenz beziehungsweise Wellenzahl eindeutig festgelegt ist.

11.2.2. Zurückführung auf Dielektrizitätskonstante und Leitfähigkeit

Um die optischen Materialgrößen n und $\varkappa$ einzeln durch die elektrischen Stoffparameter ε und σ auszudrücken, bilden wir mit (11,23) und (11,24)

$$n'^2 = (n + \mathrm{i}\varkappa)^2 = \varepsilon + \mathrm{i}\,\frac{\sigma}{\omega\varepsilon_0},$$

woraus durch Ausrechnen und Vergleich von Real- und Imaginärteil

$$n^2 - \varkappa^2 = \varepsilon \tag{11,29}$$

und

$$2n\varkappa = \frac{\sigma}{\omega\varepsilon_0} \tag{11,30}$$

folgt. Wenn wir diese beiden Gleichungen nach n und $\varkappa$ auflösen, so erhalten wir die Beziehungen

$$\begin{aligned} n^2 &= \frac{1}{2}\left[\varepsilon \pm \left(\varepsilon^2 + \frac{\sigma^2}{4\omega^2\varepsilon_0^2}\right)^{1/2}\right], \\ \varkappa^2 &= \frac{1}{2}\left[-\varepsilon \pm \left(\varepsilon^2 + \frac{\sigma^2}{4\omega^2\varepsilon_0^2}\right)^{1/2}\right], \end{aligned} \tag{11,31}$$

womit die optischen Größen vollständig auf die Dielektrizitätskonstante und die Leitfähigkeit zurückgeführt sind. Da die atomistische Deutung von ε und σ in früheren Kapiteln (vgl. 9.2., 6.5.3. und 8.5.) bereits behandelt worden ist, können wir uns im folgenden mit einer knappen Diskussion der Auswirkungen auf die optischen Eigenschaften fester Stoffe, wie *Reflexion*, *Absorption* und *Brechung*, begnügen. Zuvor wollen wir jedoch noch auf einige Grundlagen der physikalischen Optik eingehen.

Wenn σ Null ist und ε einen Wert > 1 besitzt, folgt aus (11,31)

$$n = \sqrt{\varepsilon}, \quad \varkappa = 0, \tag{11,32}$$

also das bereits oben für Isolatoren abgeleitete Ergebnis. Betrachtet man nun eine linear polarisierte Welle mit der elektrischen Feldstärke

$$E_x = \hat{E}_x \exp\left[\mathrm{i}(kz - \omega t)\right], \quad E_y = 0, \quad E_z = 0, \tag{11,33}$$

die sich in z-Richtung ausbreitet, und setzt dies in die *Maxwell*-Gleichungen (11,8) ein, so findet man für die magnetische Feldstärke der Welle

$$H_y = \hat{H}_y \exp\left[\mathrm{i}(kz - \omega t\right]); \quad H_z = 0, \quad H_x = 0 \tag{11,34}$$

mit

$$\hat{H}_y = \left(\frac{\varepsilon_0\varepsilon}{\mu_0\mu}\right)^{1/2} \hat{E}_x \cong \left(\frac{\varepsilon_0\varepsilon}{\mu_0}\right); \quad \hat{E}_x\,(\mu \cong 1). \tag{11,35}$$

Wenn keine Absorption stattfindet, schwingen die stets senkrecht zueinander polarisierten Feldvektoren demnach in Phase, und das Amplitudenverhältnis ist durch (11,35) gegeben.

Wie am Ende von Abschnitt 9.2.3. erläutert wurde, kann ε bei hohen Frequenzen im Anschluß an Resonanzen negativ werden. Für den Extremfall $\sigma = 0$ geht (11,31) dann in

$$n = 0; \qquad \varkappa = \sqrt{-\varepsilon} \tag{11,36}$$

über. Unter diesen Bedingungen kann sich im Festkörper keine elektromagnetische Welle ausbreiten, da die Vakuumlichtgeschwindigkeit nicht überschritten werden darf, und es findet an der Oberfläche *Totalreflexion* des auffallenden Lichtes statt.

In allen Fällen, die zwischen den beiden durch (11,32) und (11,36) dargestellten Grenzen liegen, kommt es zu teilweiser Reflexion und anteiligem Eindringen mit partieller Absorption. Durch Einsetzen von Wellen in die *Maxwell*-Gleichungen kann gezeigt werden, daß für $\varkappa \neq 0$ die elektrische und magnetische Feldstärke nicht mehr phasengleich schwingen, sondern daß zwischen ihnen die Beziehung

$$H_y = \left(\frac{\varepsilon_0 \varepsilon}{\mu_0 \mu}\right)^{1/2} \left(1 + \mathrm{i}\frac{\varkappa}{n}\right) E_x \cong \left(\frac{\varepsilon_0}{\mu_0}\right)^{1/2} n' E_x \tag{11,37}$$

besteht. Hier haben wir wieder eine linear polarisierte Welle mit $\boldsymbol{E}$ parallel zur x-Achse vorausgesetzt. Allgemein gilt für beliebige Polarisation

$$\boldsymbol{H} = \left(\frac{\varepsilon_0}{\mu_0}\right)^{1/2} n' (\boldsymbol{s}_0 \times \boldsymbol{E}), \tag{11,38}$$

wenn $\boldsymbol{s}_0$ den Einheitsvektor in der Ausbreitungsrichtung bezeichnet. Der Phasenwinkel zwischen $\boldsymbol{E}$ und $\boldsymbol{H}$ beträgt

$$\Phi = \operatorname{arc\,tan} \frac{\varkappa}{n}, \tag{11,39}$$

11.2.3. Reflexion bei senkrechter Inzidenz

Durch die beiden Materialgrößen n und $\varkappa$ lassen sich auch die Intensitäten des an einer Festkörperoberfläche reflektierten und durchgelassenen Lichts beschreiben. Außer dem komplexen Brechungsindex werden dazu Anschlußbedingungen für die elektrische und die magnetische Feldstärke benötigt, die aus den *Maxwell*-Gleichungen folgen. Wir zeigen dies zunächst für den übersichtlichen Fall *senkrechter Inzidenz*.

Für die gedämpfte Welle innerhalb des Festkörpers ($z > 0$) schreiben wir gemäß (11,33)

$$E_x = \hat{E}_1 \exp\left[\mathrm{i}\left(\frac{\omega}{c} n_1' z - \omega t\right)\right], \tag{11,40}$$

wobei mit (11,23) der komplexe Brechungsindex eingeführt wurde. Entsprechend setzen wir für den Außenraum ($z < 0$) mit $n' = n = 1$ (Vakuum)

$$E_x = \hat{E}_0' \exp\left[\mathrm{i}\left(\frac{\omega}{c} z - \omega t\right)\right] + \hat{E}_0'' \exp\left[-\mathrm{i}\left(\frac{\omega}{c} z + \omega t\right)\right]. \tag{11,41}$$

Hier entspricht der erste Term der in positiver z-Richtung einfallenden Welle, während der zweite Term den reflektierten Anteil ausdrückt. Die Oberfläche des Festkörpers liegt in der x-y-Ebene bei $z = 0$.

Als Anschlußbedingungen an der Oberfläche ist Stetigkeit der tangential schwingenden elektrischen Feldstärken und ihrer 1. Ableitung nach z zu fordern, d. h.

$$\hat{E}_1 = \hat{E}_0' + \hat{E}_0'' \tag{11,42}$$

und

$$n' \hat{E}_1 = \hat{E}_0' - \hat{E}_0''. \tag{11,43}$$

Danach beträgt das Verhältnis der im allgemeinen komplexen Amplituden der einfallenden und der reflektierten Welle

$$\frac{\hat{E}_0''}{\hat{E}_0'} = \frac{1 - n'}{1 + n'}. \tag{11,44}$$

Das Auftreten *komplexer Amplituden* bringt nach den Rechenregeln der Wellenlehre einen *Phasensprung* zum Ausdruck, denn eine komplexe Zahl $A + iB$ läßt sich stets durch $Ce^{i\varphi}$ mit reellem C ausdrücken, wobei C der Betrag ist.

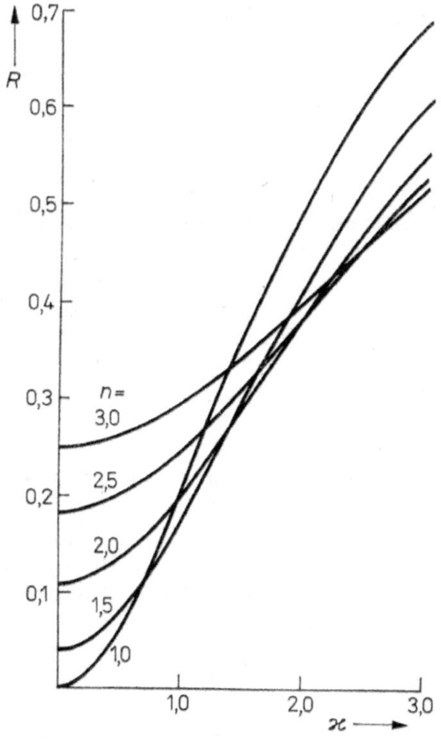

Abb. 11.2
Abhängigkeit des Reflexionsvermögens von der Dämpfung mit dem Brechungsindex als Parameter.

Das *Reflexionsvermögen R* ist nun als Verhältnis der Intensitäten zwischen einfallender und reflektierter Welle definiert. Diese sind aber den Quadraten der Amplituden proportional, so daß wir

$$R = \left|\frac{1 - n'}{1 + n'}\right|^2 = \frac{(n - 1)^2 + \varkappa^2}{(n + 1)^2 + \varkappa^2} \tag{11,45}$$

erhalten. Die Funktion (11,45) ist in Abb. 11.2 in Abhängigkeit von $\varkappa$ mit n als Parameter dargestellt. Wie man sieht, nimmt die Reflexion mit wachsendem Absorptionsindex zu.

Die Formeln (11,28) und (11,45) stellen zwei Gleichungen für n und $\varkappa$ dar. Diese Materialgrößen lassen sich demnach experimentell bestimmen, indem man getrennt den Reflexionskoeffizienten und den Absorptionskoeffizienten mißt. Hierauf beruhen im Prinzip die verschiedenen Verfahren zur Messung der optischen Materialkonstanten. Im einzelnen wurden verschiedenartige Methoden und Versuchseinrichtungen entwickelt, die im Rahmen dieses Buches nicht besprochen werden können (vgl. Abschnitte 9.1.3. und 11.2.6.). Die Reflexionskoeffizienten werden vielfach nicht bei senkrechter Inzidenz, sondern unter anderen Einfallswinkeln bestimmt, wobei man *Interferenzeffekte* für den genauen Abgleich nutzt. Dabei muß natürlich auch die *Polarisation* des verwendeten Lichts und ihre Änderung bei der Reflexion beachtet werden, und schließlich setzt sich die reflektierte Intensität bei den dünnen Schichten aus mehreren Anteilen zusammen. Neben der Reflexion an der Oberseite sind bei transparenten Stoffen auch Beiträge durch Reflexionen an der unteren Grenzfläche sowie durch Mehrfachreflexionen zu berücksichtigen, worauf wir in Abschnitt 11.3. zurückkommen.

11.2.4. Fresnel-Koeffizienten

Mit Rücksicht auf die im Rahmen der angewandten Festkörperphysik besonders wichtige *Dünnschichtoptik* deuten wir die Berechnung der reflektierten und durchgelassenen Lichtintensitäten für beliebige Polarisationen und Einfallswinkel kurz an.

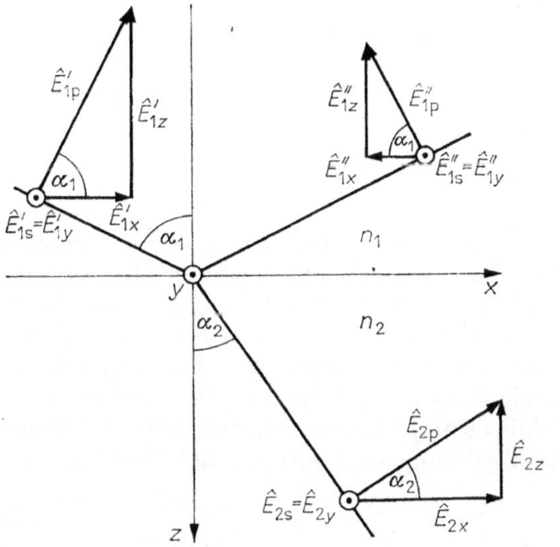

Abb. 11.3

Zerlegung des linear polarisierten Lichtes bei Reflexion und Brechung in einfallenden, reflektierten und gebrochenen Strahl.

Wir betrachten dazu gemäß Abb. 11.3 eine ebene Grenzfläche zwischen zwei Medien mit den reellen Brechungsindizes n_1 und n_2 und beschränken uns auf ideal transparente Stoffe mit $\varkappa = 0$. Die Amplituden der drei Wellen $\boldsymbol{E}_1'$, $\boldsymbol{E}_1''$ und $\boldsymbol{E}_2$ werden zweckmäßigerweise in Komponenten (linear polarisierte Teilwellen) senkrecht und parallel zur Einfallsebene zerlegt, was wir mit dem zusätzlichen Index s ($\perp$) oder p ($\parallel$) kennzeichnen. Aus einfachen geometrischen Überlegungen folgt dann für die

Komponenten der elektrischen Feldstärke parallel zur x-, y- und z-Achse

$$\begin{aligned}
&\hat{E}_{2x} = \hat{E}_{2p} \cos\alpha_2; \quad \hat{E}'_{1x} = \hat{E}'_{1p} \cos\alpha_1; \quad \hat{E}''_{1x} = \hat{E}''_{1p} \cos\alpha_1, \\
&\hat{E}_{2z} = -\hat{E}_{2p} \sin\alpha_2; \quad \hat{E}'_{1z} = -\hat{E}'_{1p} \sin\alpha_1; \quad \hat{E}''_{1x} = -\hat{E}''_{1p} \sin\alpha_1, \\
&\hat{E}_{2y} = \hat{E}_{2s}; \quad \hat{E}'_{1y} = \hat{E}'_{1s}; \quad \hat{E}''_{1y} = \hat{E}''_{1s}.
\end{aligned} \tag{11,46}$$

Für die drei Wellen erhalten wir damit folgende Ansätze:

$$\begin{aligned}
\hat{E}'_1 &= \{(\boldsymbol{x}^0 \cos\alpha_1 - \boldsymbol{z}^0 \sin\alpha_1)\, \hat{E}'_{1p} + \boldsymbol{y}^0 \hat{E}'_{1s}\} \exp i \left[\frac{\omega}{c}\, n_1(\varkappa \sin\alpha_1 + 2\cos\alpha_1) - \omega t\right], \\
\hat{E}''_1 &= \{(-\boldsymbol{x}^0 \cos\alpha_1 - \boldsymbol{z}^0 \sin\alpha_1)\, \hat{E}''_{1p} + \boldsymbol{y}^0 \hat{E}''_{1s}\} \exp i \left[\frac{\omega}{c}\, n_1(\varkappa \sin\alpha_1 - 2\cos\alpha_1) - \omega t\right], \\
\boldsymbol{E}_2 &= \{(\boldsymbol{x}^0 \cos\alpha_2 - \boldsymbol{z}^0 \sin\alpha_2)\, \hat{E}_{2p} + \boldsymbol{y}^0 \hat{E}_{2s}\} \exp i \left[\frac{\omega}{c}\, n_2(\varkappa \sin\alpha_2 + 2\cos\alpha_2) - \omega t\right]
\end{aligned} \tag{11,47}$$

($\boldsymbol{x}^0$, $\boldsymbol{y}^0$, $\boldsymbol{z}^0$ — Einheitsvektoren des rechtshändigen Koordinatensystems).
Mit Hilfe von (11,38) lassen sich die entsprechenden Gleichungen für die magnetischen Feldstärken $\boldsymbol{H}'_1$, $\boldsymbol{H}''_1$ und $\boldsymbol{H}_2$ aufstellen.

Die Anschlußbedingungen zwischen diesen Wellen in der Ebene $z = 0$ verlangen nun, daß

$$\begin{aligned}
&E'_{1x} + E''_{1x} = E_{2x}; \quad E'_{1y} + E''_{1y} = E_{2y}, \\
&H'_{1x} + H''_{1x} = H_{2x}; \quad H'_{1y} + H''_{1y} = H_{2y}
\end{aligned} \tag{11,48}$$

erfüllt ist, da die Tangentialkomponenten beider Feldstärken stetig sein müssen. Da bei reellem Brechungsindex, wie man (11,47) entnimmt, kein Phasensprung auftritt, müssen diese Bedingungen auch für die Amplituden gelten. Man braucht also nur die Komponenten der Amplituden gemäß (11,46) beziehungsweise die mit (11,37) daraus berechneten magnetischen Größen in (11,48) einzusetzen, um den Anschluß durchzuführen. Damit erhält man vier Gleichungen, aus denen sich die Amplituden der reflektierten und der durchgelassenen Welle aus den beiden Komponenten (parallel und senkrecht zur Einfallsebene) der ankommenden Welle berechnen lassen. Wir überspringen die einfache Rechnung und bringen das Ergebnis in Form der Amplitudenverhältnisse

$$r_p \equiv \frac{\hat{E}''_{1p}}{\hat{E}'_{1p}} = \frac{n_2 \cos\alpha_1 - n_0 \cos\alpha_2}{n_2 \cos\alpha_1 + n_0 \cos\alpha_2}; \quad t_p \equiv \frac{\hat{E}_{2p}}{\hat{E}'_{1p}} = \frac{2n_2 \cos\alpha_2}{n_2 \cos\alpha_1 + n_1 \cos\alpha_2}, \tag{11,49}$$

$$r_s \equiv \frac{\hat{E}''_{1s}}{\hat{E}'_{1s}} = \frac{n_2 \cos\alpha_2 - n_1 \cos\alpha_1}{n_2 \cos\alpha_2 + n_1 \cos\alpha_1}; \quad t_s \equiv \frac{\hat{E}_{2s}}{\hat{E}'_{1s}} = \frac{2n_2 \cos\alpha_2}{n_2 \cos\alpha_2 + n_1 \cos\alpha_1}. \tag{11,50}$$

Die hier definierten Größen, bei denen „r" für „reflektiert" und „t" für „transmittiert" steht, werden zu Ehren des Wegbereiters der physikalischen Optik als *Fresnel*-Koeffizienten bezeichnet. Übrigens können diese wichtigen Beziehungen auch für absorbierende Medien ($\varkappa \neq 0$) benutzt werden; nur hat man dann die komplexen Brechungsindizes einzusetzen.

In der Praxis gibt man statt der Amplitudenverhältnisse (11,49) und (11,50) meist die relativen Intensitäten an. Man definiert durch

$$R_p \equiv \frac{I''_{1p}}{I'_{1p}}; \quad R_s \equiv \frac{I''_{1s}}{I'_{1s}} \tag{11,51}$$

das *Reflexionsvermögen* oder die *Reflektanz* und durch

$$T_p \equiv \frac{I_{2p}}{I'_{1p}} \frac{\cos \alpha_2}{\cos \alpha_1}; \quad T_s \equiv \frac{I_{2s}}{I'_{1s}} \frac{\cos \alpha_2}{\cos \alpha_1} \tag{11,52}$$

die *Durchlässigkeit* oder *Transmittanz* bezüglich der parallel bzw. senkrecht zur Einfallsebene linear polarisierten Wellen. Mit I''_{1p}, I'_{1p} sind dabei die Intensitäten der

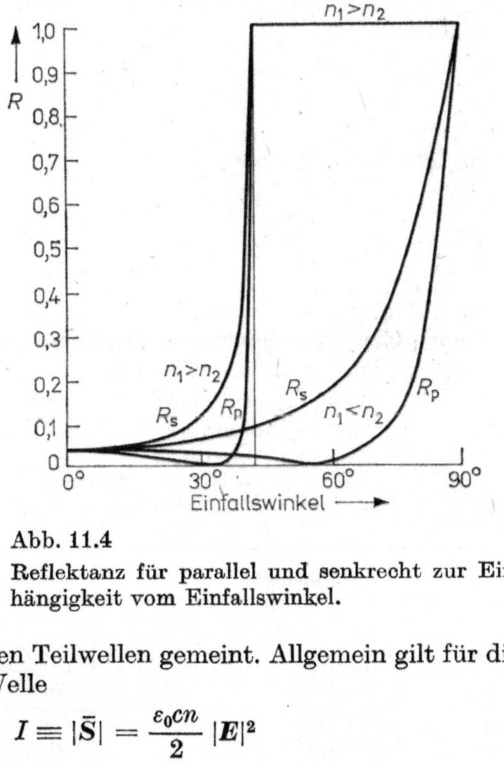

Abb. 11.4

Reflektanz für parallel und senkrecht zur Einfallsebene polarisiertes Licht in Abhängigkeit vom Einfallswinkel.

jeweiligen Teilwellen gemeint. Allgemein gilt für die Intensität einer elektromagnetischen Welle

$$I \equiv |\bar{S}| = \frac{\varepsilon_0 c n}{2} |\boldsymbol{E}|^2 \tag{11,53}$$

($|\bar{S}|$ — mittlerer Betrag des Poyntingschen Vektors $\boldsymbol{S} = \boldsymbol{E} \times \boldsymbol{H}$, $c = (\varepsilon_0 \mu_0)^{-1/2}$ — Vakuumlichtgeschwindigkeit, n — Brechungsindex).

Demnach sind also nur die Reflektanzen dem Verhältnis der Amplitudenquadrate gleich, während bei den Transmittanzen in der Umrechnung von (11,50) auf (11,52) noch das Verhältnis der Brechungsindizes eingeht. Die außerdem in (11,52) noch enthaltenen Kosinus-Relationen berücksichtigen die Unterschiede im Energiestrom pro Flächeneinheit, die zwischen einfallenden und gebrochenen Strahlen wegen der verschiedenen Winkel zur Normalen bestehen. Für den Spezialfall senkrechter Inzidenz werden alle Kosinus-Terme 1, und man findet:

$$R_p = R_s = \frac{(n_1 - n_2)^2}{(n_1 + n_2)^2}; \quad T_p = T_s = \frac{4 n_1 n_2}{(n_1 + n_2)^2}. \tag{11,54}$$

Naturgemäß verschwindet dann der Einfluß der Polarisationsrichtung, und die erste Formel ist identisch mit dem Ergebnis (11,45), das wir für die Grenzfläche Vakuum-Festkörper erhalten hatten, wenn ein Brechungsindex gleich 1 und $\varkappa = 0$ gesetzt wird.

Die große Leistungsfähigkeit der Theorie geht aus Abb. 11.4 hervor. Das Diagramm zeigt den Verlauf von R_s und R_p für eine Grenzfläche Vakuum-Glas ($n_1 = 1$, $n_2 = 1{,}5$). Bei streifendem Einfall findet fast vollständige Reflexion statt, während die Durchlässigkeit entsprechend klein ist. Mit zunehmend steilerer Inzidenz fällt R_s monoton auf einen Wert von wenigen Prozent ab, dagegen sinkt R_p zunächst auf Null und nähert sich erst danach dem gleichen Wert. Die Summe aus Reflektanz und Transmittanz einer Grenzfläche muß natürlich stets 1 ergeben.

Im umgekehrten Fall des Übergangs aus einem optisch dichteren in ein dünneres Medium ($n_1 > n_2$) tritt oberhalb eines durch

$$\sin \alpha_1 = \frac{n_2}{n_1} \tag{11,55}$$

gegebenen Grenzwinkels die bekannte Totalreflexion ein.

11.2.5. Meßergebnisse

Nach dem im vorigen Abschnitt unternommenen Abstecher in die Wellenoptik wollen wir zur Diskussion der optischen Materialgrößen von Festkörpern zurückkehren. In den Tabellen 11.1 und 11.2 sind Werte von n für eine Anzahl transparenter fester Stoffe sowie von n und $\varkappa$ für einige absorbierende Medien zusammengestellt. Die Angaben beziehen sich auf sichtbares Licht der aufgeführten Wellenlängen. Die

Tabelle 11.1
Brechungsindex einiger fester Stoffe

Stoff	Brechungsindex	Wellenlänge in nm
Gläser		
Fluor-Kron-Glas	1,44···1,49	58,76
Kron-Glas	1,49···1,54	58,76
Bor-Kron-Glas	1,49···1,54	58,76
Schwer-Kron-Glas	1,54···1,63	58,76
Barit-Kron-Glas	1,54···1,60	58,76
Leicht-Flint-Glas	1,54···1,60	58,76
Flint-Glas	1,57···1,65	58,76
Schwer-Flint-Glas	1,62	58,76
Lanthan-Kron-Glas	1,69	58,76
Quarz-Glas	1,458	589,3
transparente Kunststoffe		
Polytetrafluorethylen (PTFE)	1,35···1,37	589,3
Polyethylen	1,51	589,3
Ethylcellulose	1,473	589,3
Polystyren	1,59···1,60	589,3
Epoxydharze	1,57···1,58	589,3
Polyvinylchlorid	1,54···1,95	589,3

Tabelle 11.1 (Fortsetzung)

Stoff	Brechungsindex	Wellenlänge in nm
Halbleiter		
CdS	2,506	589,3
Se	2,93	588,0
Si	4,18	589
GaAs	4,04	546,1
Ge	5,3	546,1
SiO	1,43	589,3
ZnS (Zinkblende)	2,366	589,3
Salze		
NaF	1,3258	587,7
	1,3930	186
NaCl	1,5441	589
KCl	1,4899	577,0
	1,7077	202,6
KNO_3 (Kalisalpeter)	1,3346	589,3
	1,367	253,0
NH_4Cl (Salmiak)	1,6422	589
$CaSO_4$ (Anhydrit)	1,569	589,3
$CaCO_3$ (Kalkspat)	1,658	589
$CuSO_4 \cdot 5H_2O$ (Kupfervitriol)	1,5141	589
einige Oxide		
Li_2O	1,644	589
BeO (Bromellit)	1,719	589
MgO (Periklas)	1,7366	589
CaO	1,837	589
SrO	1,867	600
BaO	1,980	589
Al_2O_3 (Korund)	1,7738	589,3
TiO_2 (Anatas)	2,5612	589,3
Fe_2O_3 (Magnetit)	2,42	589,3
SnO_2 (Zinnstein)	2,00	585,1

Tatsache, daß ein abgestuftes Angebot von Materialien mit unterschiedlichem Brechungsindex verfügbar ist, besitzt für die Optik zusammengesetzter Systeme große Bedeutung.

Die optischen Materialgrößen sind nur bei einer bestimmten Frequenz Stoffkonstanten, die allerdings infolge anharmonischer Effekte etwas von der Temperatur und — hauptsächlich wegen der Rayleigh-Streuung — erheblich von der Realstruktur abhängen. Wichtiger ist der charakteristische Verlauf von n und $\varkappa$ als Funktion der Frequenz der elektromagnetischen Strahlen, den man als Dispersion bezeichnet. Einige Beispiele von Dispersionskurven sind in Abb. 11.5 dargestellt. Man unterscheidet Bereiche normaler Dispersion, in denen n mit wachsendem ω ansteigt, und schmalere Gebiete anormaler Dispersion mit umgekehrtem Frequenzgang.

Generell ist festzustellen, wie auch aus (11,45) folgt, daß in Frequenzbändern mit hoher Absorption auch eine bevorzugte Reflexion stattfindet. Im reflektierten Licht erscheinen die Stoffe also in der Farbe, die selektiv absorbiert wird, während das durchgelassene Licht die Komplementärfarbe aufweist.

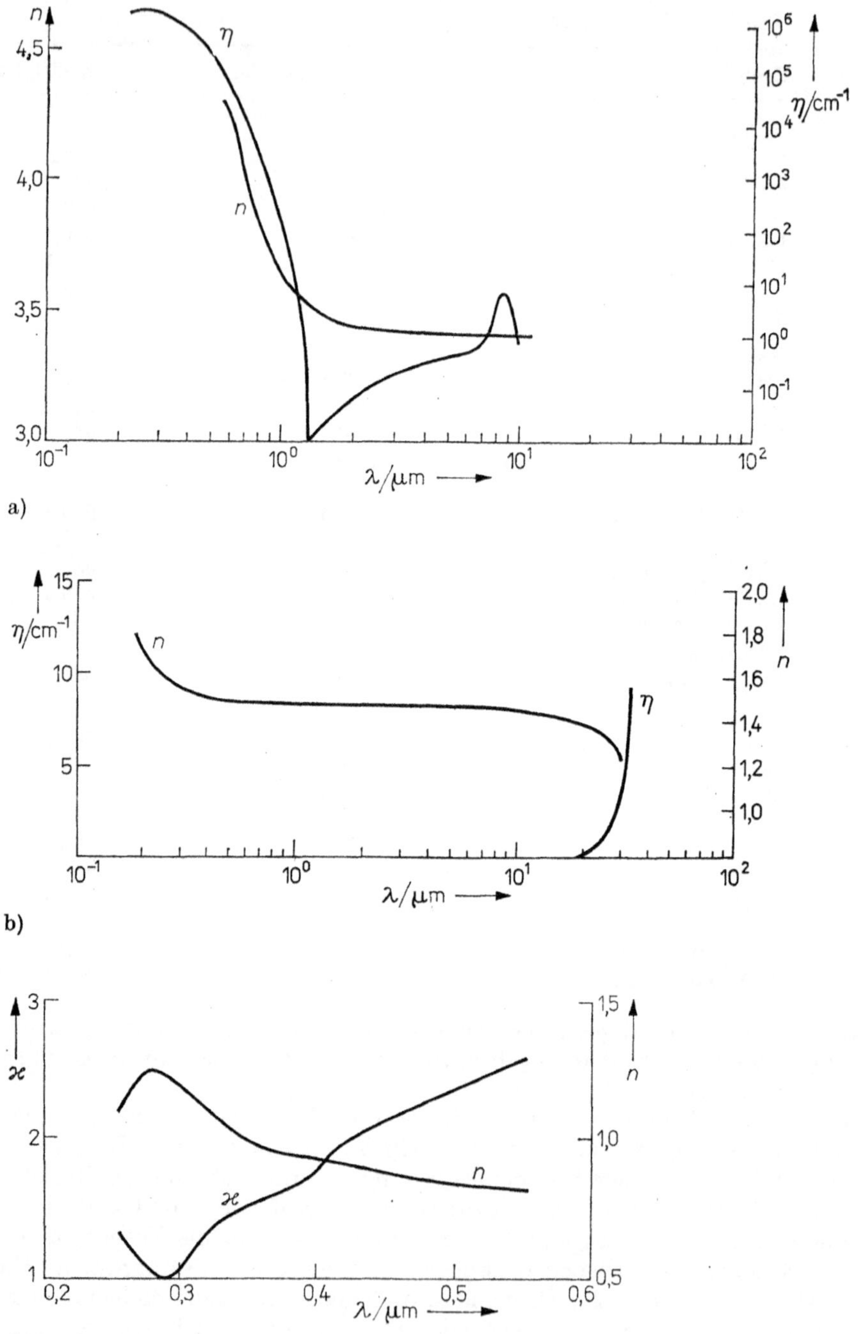

Abb. 11.5

Abhängigkeit des Brechungsindex und des Absorptionsindex beziehungsweise Absorptionskoeffizienten von der Wellenlänge für Si (a), KCl (b) und Cu (c).

Tabelle 11.2

Brechzahl n und Absorptionsindex ϰ einiger Stoffe bei λ = 589 nm

Stoff	n	$\varkappa$
Na	0,048	1,86
K	0,07	1,5
Cs	0,321	1,19
Be	2,6	2,27
Ca	0,29	3,31
Sr	0,6	2,13
Mg	0,37	4,42
Ba	0,9	2,0
Al	1,44	5,23
V	2,90	3,13
Ta	2,18	2,16
Cr	3,59	4,5
Mo	1,99	1,126
W	3,46	3,25
Mn	2,41	3,88
Re	3,18	3,55
Fe	2,36	3,20
Co	2,0	4,0
Ni	1,74	3,39
Ru	0,131	1,19
Rh	1,54	4,67
Pa	1,62	3,14
Ir	2,1	4,9
Pt	1,82	3,78
Cu	0,617	2,63
Ag	0,181	3,67
Au	0,366	2,82
Zn	1,93	4,66
Cd	1,13	5,01
Hg	1,63	4,91
Ga	3,69	5,43
Sn	3,10	4,50
Bb	2,01	3,48
Bi	1,782	2,8
Sb	2,43	4,51

Tabelle 11.3

Brechzahl n einiger Ionenkristalle für verschiedene Wellenlängen

Stoff	n	λ/nm
NaCl	1,56820	396
	1,56123	431
	1,55319	486
	1,54896	527
	1,54414	589
	1,54046	656
	1,53915	686
CsCl	1,6510	480,01
	1,6434	546,10
	1,6397	589,62
	1,6347	670,78
ZnS	2,4313	486
(Zink-	2,4071	518
blende)	2,4007	527
	2,3676	589
	2,3439	656
	2,3348	687
TiO_2	2,7180	486
(Rutil)	2,6795	518
	2,6664	527
	2,6340	556
	2,6030	589
	2,5840	618
	2,5624	656
	2,5469	687
LiF	1,4450	193,5
	1,4367	206,3
	1,4300	219,4
	1,4162	257
	1,4039	334
	1,3967	436
	1,3915	589
CsI	1,8115	489
	1,7876	589
	1,7784	656

11.2.6. Interpretation der Dispersionskurven

Eine elektromagnetische Welle erzeugt im Festkörper am Ort $\boldsymbol{r}$ die periodisch veränderliche elektrische Feldstärke

$$\boldsymbol{E}(\boldsymbol{r}) = \hat{\boldsymbol{E}} \exp (\boldsymbol{kr} - \omega t), \tag{11,56}$$

durch die *erzwungene Schwingungen* der *polarisierbaren Gitterbausteine* angeregt werden. Wie in Abschnitt 9.2.3. gezeigt wurde, treten in den Oszillationen der Polarisation *Resonanzen* auf, die im Real- bzw. im Imaginärteil der komplexen Dielektrizitätskonstanten durch Glieder der Form

$$n^2 - \varkappa^2 = \varepsilon = \varepsilon' = \varepsilon_\infty + \frac{\omega_0^2 - \omega^2}{(\omega_0^2 - \omega^2)^2 + (a\omega)^2}\,\hat{C}, \tag{11,57}$$

$$2n\varkappa = \frac{\sigma}{\omega\varepsilon_0} = \varepsilon'' = \frac{a\omega}{(\omega_0^2 - \omega^2)^2 + (a\omega)^2}\,\hat{C} \tag{11,58}$$

beschrieben werden. Hier haben wir mit (11,29) und (11,30) die Komponenten der komplexen DK durch die optischen Materialgrößen ausgedrückt und die konstanten Faktoren in $\hat{C}$ zusammengefaßt. Wir verweisen weiter auf Abb. 9.10, in dem der Verlauf dieser Funktionen dargestellt ist, und erinnern daran, daß ω_0 eine Resonanzfrequenz und a eine Dämpfungskonstante bezeichnen, während ε_∞ den asymptotischen Wert von ε für $\omega \gg \omega_0$ ausdrückt.

Die Gleichungen (11,57) und (11,58) erweisen sich als recht allgemeine Ansätze für die Dispersionsfunktionen, die auf so unterschiedliche Vorgänge wie die Anregung *optischer Phononen* oder Elektronenübergänge zwischen diskreten Energieniveaus im Festkörper angewendet werden können. Natürlich sind dann ω_0 und a in verschiedener Weise zu deuten, und es können im gleichen Festkörper mehrere Resonanzfrequenzen ω_j auftreten. In diesem Fall ist über die einzelnen Beiträge zu summieren.

Ferner sei angemerkt, daß die Materialgrößen n und $\varkappa$ nach (11,57) und (11,58) voneinander nicht unabhängig sind. Offensichtlich läßt sich eine dieser Größen aus der anderen bestimmen, wenn für diese der gesamte Frequenzgang zwischen $\omega = 0$ und $\omega = \infty$ bekannt ist. Davon ausgehend kann man die *Kramers-Kronig*-Relationen zwischen $n(\omega)$ und $\varkappa(\omega)$ ableiten, die jedoch meistens praktisch wenig nützen, weil die Kenntnis der gesamten Dispersionsfunktion lückenhaft ist.

Nachfolgend soll das optische Verhalten für die Haupttypen der Festkörper qualitativ diskutiert werden.

Molekülkristalle. Wir setzen voraus, daß die Gitterbausteine keine permanenten Dipolmomente besitzen und haben dann nur die Elektronenpolarisation zu berücksichtigen. Nach der Quantentheorie der Dispersion erzeugt das elektrische Feld der Welle ein Störpotential, dessen Einfluß auf die Elektronenverteilung durch eine Störungsrechnung erfaßt werden kann. Das Ergebnis läßt sich in Beziehungen ausdrücken, die im Verlauf mit (11,57) und (11,58) übereinstimmen. Man erhält

$$n^2 - \varkappa^2 = \varepsilon = 1 + \frac{n_e e^2}{\varepsilon_0 m_e} \sum_j f_j \frac{\omega_j^2 - \omega^2}{(\omega_j^2 - \omega^2)^2 + (a_j\omega_j)^2}; \tag{11,59}$$

$$n\varkappa = \frac{n_e e^2}{m_e} \sum_j f_j \frac{a_j\omega_j}{(\omega_j^2 - \omega^2)^2 + (a_j\omega_j)^2} \tag{11,60}$$

(n_e — Elektronendichte, e — Elementarladung, m_e — Elektronenmasse).
Hier wurde über mehrere Resonanzfrequenzen ω_j summiert, die den möglichen Übergängen eines Elektrons vom Grundzustand 0 in die angeregten Niveaus j entsprechen. Für diese Quantensprünge gilt

$$\hbar\omega_2 \equiv W_j - W_0 \tag{11,61}$$

(W_j, W_0 — Energieeigenwert des angeregten und des Grundzustandes).
Die relativen Beiträge der Übergänge werden durch die Koeffizienten f_j festgelegt,

die man *Oszillatorstärken* nennt. Es gilt

$$f_j = \frac{2m_e}{\hbar^2 e} \hbar\omega_j M_{0j} M_{j0}, \tag{11,62}$$

wobei

$$M_{0j} = -\int \varphi_j^*(e\boldsymbol{r})\, \varphi_0 \, d\tau; \qquad M_{j0} = -\int \varphi_0^*(e\boldsymbol{r})\, \varphi_j \, d\tau \tag{11,63}$$

(φ_j, φ_0 — Eigenfunktionen des Elektrons in den Zuständen j und 0, $\boldsymbol{r}$ — Ortskoordinate bezogen auf den Atom- bzw. Molekülmittelpunkt)
die Matrixelemente des atomaren oder molekularen Dipolmoments sind (vgl. Abschnitt 6.3.). Im allgemeinen besitzen diese Größen Tensorcharakter, und man müßte dann (f_{0j}) schreiben, jedoch können wir dies außer acht lassen, wenn nur sphärisch symmetrische s-Eigenfunktionen für die Grundzustände berücksichtigt werden.

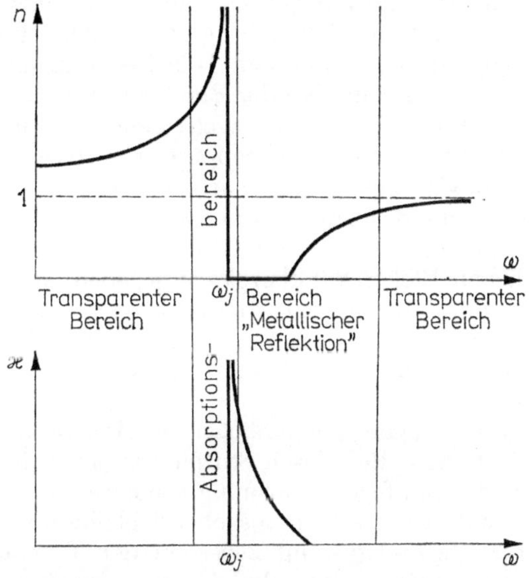

Abb. 11.6

Optisches Verhalten von Molekülkristallen in der Nähe einer Resonanzstelle.

Anschaulich bedeuten diese Gleichungen, daß die Elektronen im Molekülkristall unter dem Einfluß der elektromagnetischen Strahlung mit bestimmter *Wahrscheinlichkeit* in andere Niveaus übergehen. Im Idealfall sollten diese Sprünge ungedämpft sein, d. h., mit $a = 0$ würden sich für die Resonanzen ($\omega = \omega_j$) nach (11,59) unendliche hohe Werte für ε bzw. n ergeben. Daß dies nicht geschieht, kommt durch die natürliche *Linienbreite* der Übergänge und vor allem durch *Wechselwirkungen mit dem Gitter* zustande, wodurch ein Teil der Lichtenergie absorbiert und auf Phononen verteilt wird.

An Hand von Abb. 11.6 betrachten wir die Konsequenzen der hier erläuterten Gesetzmäßigkeiten für das optische Verhalten von Molekülkristallen in der Umgebung einer Resonanzfrequenz. Wir unterscheiden vier Bereiche:

— Für niedrige Frequenzen ist der Brechungsindex nur schwach von der Frequenz abhängig, vorausgesetzt, daß dort keine andere Resonanzfrequenz liegt. Mit Annäherung an den kritischen Wert ω_j steigt n jedoch steil an, und wir beobachten einen Bereich starker normaler Dispersion.

— Im Bereich der durch a bestimmten Linienbreite schließt sich ein Frequenzband anormaler Dispersion an, in dem ε wegen $\omega > \omega_j$ nach (11,59) schließlich negativ wird, während n auf Null absinkt. Der Absorptionsindex $\varkappa$ nimmt in der Nachbarschaft der Resonanz hohe Werte an.

— Auch bei höheren Frequenzen bleibt ε zunächst noch negativ; es liegt also der in (11,36) behandelte Fall vor, wonach mit $n = 0$ „metallische" Totalreflexion stattfindet.

— Mit weiter wachsender Frequenz „erholt" sich der Brechungsindex wieder, da ε positiv wird und schließlich dem Wert 1 zustrebt. Der Kristall wird also wieder durchlässig, obwohl das Medium optisch dünner ist als das Vakuum.

Praktisch kann der hier dargestellte Verlauf durch zwei Umstände modifiziert werden. Erstens ist das wirksame elektrische Feld zu korrigieren, indem man das *Polarisationsfeld* berücksichtigt, d. h. die in Abschnitt 9.2.1. behandelte lokale Feldstärke, die natürlich auch frequenzabhängig ist, zugrunde legt. Wie Rechnungen ergaben, kann der Einfluß dieser Korrektur so stark sein, daß der Bereich negativer ε, also die metallische Reflexion im Anschluß an die Resonanz verschwindet. Das beobachten wir bei vielen gefärbten Kristallen, die zwar eine ausgeprägte selektive Absorption zeigen, jedoch keine metallische Reflexion bestimmter Farben erkennen lassen. Eine zweite Berichtigung der oben aufgestellten Thesen ist notwendig, weil in den Gleichungen (11,59) und (11,60) die optischen Konstanten durch die Summe der Beiträge aller genügend wahrscheinlichen Elektronenübergänge gegeben ist. Wenn bei höheren Frequenzen weitere Resonanzstellen liegen, was praktisch immer der Fall ist, so verschieben sich die Funktionen und damit ε in Richtung positiver Werte. Dieser Einfluß ist natürlich besonders groß, wenn die folgende Resonanz verhältnismäßig dicht hinter der ersten liegt.

Die hier angestellten Überlegungen bezogen sich zunächst auf Molekülkristalle wie feste Edelgase, Iod, organische Stoffe usw. Bei diesen Stoffen verhält sich der Festkörper optisch annähernd wie eine regelmäßige Anordnung atomarer Bausteine, die voneinander nahezu unabhängig sind. Darüber hinausgehend bleibt aber auch in anderen Festkörpern mit stärkerer Wechselwirkung zwischen den Bausteinen die Individualität der Atome oder Ionen soweit erhalten, daß *diskrete Übergänge* zwischen den Niveaus *lokalisierter* Elektronen möglich sind. So ist beispielsweise die schöne Färbung vieler Ionenkristalle, z. B. von Kupfersalzen oder Chromaten, eine Eigenschaft der Ionen und nicht etwa des Festkörpergitters, wie das Auftreten der gleichen Färbung in gelösten Salzen belegt.

Andererseits treten bei den anderen Typen der Festkörper zusätzliche Effekte auf, die durch kollektive Anregungen im Gitter bedingt sind. Während die Elektronenübergänge in den Atomen meist erst bei hohen Frequenzen, vorwiegend im Ultravioletten, merklich zur Lichtabsorption beitragen, werden die Einflüsse des Gitters bereits im sichtbaren und im infraroten Bereich wirksam.

Ionenkristalle. Bei dieser Stoffgruppe können wir uns sehr knapp fassen, da die wesentlichen Gesichtspunkte in Kapitel 9. im Zusammenhang mit den dielektrischen und ferroelektrischen Erscheinungen besprochen worden sind. Zusätzlich zu den oben untersuchten Einflüssen der Elektronenanregung treten bei Ionenkristallen charakteristische Absorptionserscheinungen im Infraroten auf. Sie beruhen darauf, daß die transversalen optischen Phononen durch das elektrische Feld der elektromagnetischen Wellen angeregt werden. Da die Lichtquanten nur einen sehr kleinen Impuls besitzen, beschränkt sich die Wechselwirkung wegen des Impulssatzes

$$\hbar \boldsymbol{k}_{\text{Ph}} = \hbar \boldsymbol{K}_{\text{TO}} \tag{11,64}$$

($\boldsymbol{k}_{\text{Ph}}$, K_{TO} — Wellenzahlvektoren des Photons und des transversalen optischen Phonons) auf das Anfachen von Gitterschwingungen mit sehr kleinen Wellenzahlen $\boldsymbol{K}_{\text{TO}} \to 0$. Infolgedessen können wir entsprechend dem Verlauf der Phononenspektren (vgl. Abschnitt 5.2.4.) mit einer annähernd diskreten Phononenfrequenz Ω_{r} rechnen. Die Dispersionskurven der optischen Materialgrößen werden dann durch (11,57) und (11,58) beschrieben, wenn wir für die Resonanzfrequenz

$$\omega_j = \Omega_{\text{r}} \tag{11,65}$$

setzen. Analog zu Abb. 11.6 des vorigen Abschnitts finden wir wiederum mehrere charakteristische Frequenzbereiche, die jedoch wegen der im Vergleich zu Elektronenübergängen viel kleineren Phononenfrequenz im infraroten Spektralgebiet liegen:

— Bei sehr kleinen Frequenzen (Radiofrequenzbereich, fernes Infrarot) läßt sich ω neben Ω_{r} vernachlässigen, und es gilt die *Bornsche Beziehung*

$$n^2 = \varepsilon = \varepsilon(0) + \frac{\hat{C}}{\Omega_{\text{r}}^2}, \tag{11,66}$$

die wir mit (9,36) in etwas anderer Schreibweise bereits kennengelernt hatten. Wenn ω zunimmt, steigt n mit der Frequenz immer stärker an, d. h., es liegt ein Frequenzband mit normaler Dispersion vor.

— In der Nachbarschaft von Ω_{r} kommt es infolge Resonanz zu einer sehr intensiven Wechselwirkung zwischen den elektromagnetischen Wellen und den transversalen optischen Gitterschwingungen. Dabei bilden sich gemischte Anregungszustände zwischen Photonen und Phononen aus, die sich wie Quasiteilchen verhalten. Analog zu den Polaronen (vgl. Abschnitt 6.6.), an denen Elektronen und Phononen beteiligt sind, werden sie Polaritonen genannt. Anharmonische Effekte führen dazu, daß ein Teil der Energie auf akustische und transversal optische Phononen umverteilt wird, also in Wärme übergeht. Diese Dissipation bildet die Ursache für das Dämpfungsglied in den Dispersionsformeln. Der Brechungsindex fällt nun steil ab, während eine starke Absorption einsetzt.

— Für $\omega > \Omega_{\text{r}}$ wird die Dielektrizitätskonstante negativ, womit nach dem oben Gesagten Totalreflexion stattfinden muß. Die Breite dieses „verbotenen Frequenzgebietes", innerhalb dessen sich im Kristall keine Wellen über größere Entfernungen ausbreiten können, ist durch

$$\Omega_{\text{L}}^2 = \Omega_{\text{r}}^2 + \frac{\Omega_1^2}{\varepsilon_\infty} \tag{11,67}$$

gegeben. In dieser Beziehung, die in Abschnitt 9.5. bereits begründet wurde, bedeuten Ω_{L} die langwellige Grenze ($K = 0$) des longitudinal optischen Phononenzweiges, Ω_1 eine Konstante und ε_∞ die Dielektrizitätskonstante, die sich für $\omega \gg \Omega_{\text{r}}$, aber noch vor Einsetzen der Elektronenübergänge einstellt. Die *selektive Reflexion* der Ionenkristalle in einem meist schmalen Infrarotband ist als

Reststrahleneffekt bekannt. Sie wird in optischen Geräten zum Aussondern von Infrarotstrahlen aus einer kontinuierlichen spektralen Verteilung genutzt (Abb. 11.7).

— Oberhalb der Grenzfrequenz Ω_L, die durch (11,67) beziehungsweise durch die Lyddane-Sachs-Teller-Formel (9,161) gegeben ist, werden Ionenkristalle wieder transparent, denn die Dielektrizitätskonstante wird positiv und nähert sich dem Wert ε_∞. Da in ε_∞ auch der zunächst konstante Beitrag der Elektronenpolarisation eingeht, liegt diese Größe und damit auch der Brechungsindex oberhalb 1, d. h., der Kristall verhält sich wie ein optisch dichtes Medium.

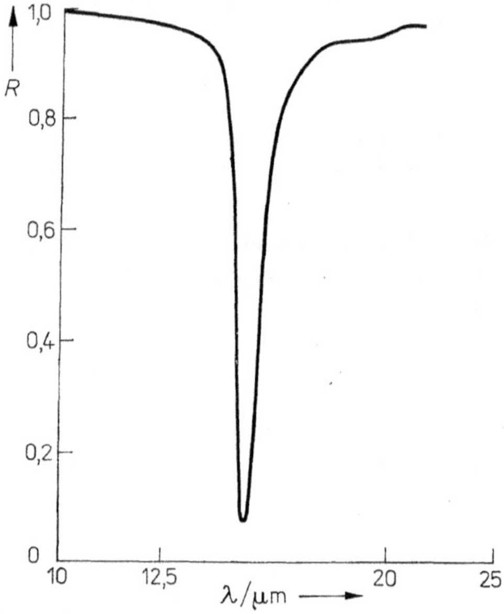

Abb. 11.7

Reststrahleneffekt — Reflektanz in Abhängigkeit von der Wellenlänge für einen Ionenkristall.

— Schließlich steigt die Dispersionsfunktion bei hohen Frequenzen infolge der zunehmenden Elektronenpolarisation weiter an (über ε_∞ hinaus), so daß im sichtbaren Spektralbereich bei transparenten, ungefärbten Ionenkristallen meist normale Dispersion beobachtet wird.

Die optischen Eigenschaften der Ionenkristalle sind für den wissenschaftlichen Gerätebau und allgemein für die Infrarot-Technik bedeutsam. Abbildung 11.8 zeigt die Absorption einiger Ionenkristalle als Funktion der Wellenlänge, und in Tab. 11.3 sind Werte des Brechungsindex zusammengestellt. Aus Einkristallen dieser Stoffe werden optische Fenster, Prismen und andere Bauelemente für infrarote Strahlen gefertigt. Nach (5,68) sind die Frequenzen optischer Phononen proportional zur Summe der reziproken Massen der beiden Atomarten, die am Aufbau der Kristalle beteiligt sind. Übereinstimmend damit findet man für Salze schwerer Ionen (CaI, TlBr) kleinere Grenzfrequenzen bzw. eine höhere Lichtdurchlässigkeit bei großen Wellenlängen als bei Kristallen, die wie LiF oder NaCl aus relativ leichten Ionen bestehen.

Metalle. Nach den Vorstellungen des Modells freier Elektronen, die in klassischer Behandlung der Theorie von DRUDE zugrunde lagen, sollten sich die Metallelektronen wie Oszillatoren der Eigenfrequenz Null (ohne rücktreibende Kraft) verhalten. Hier

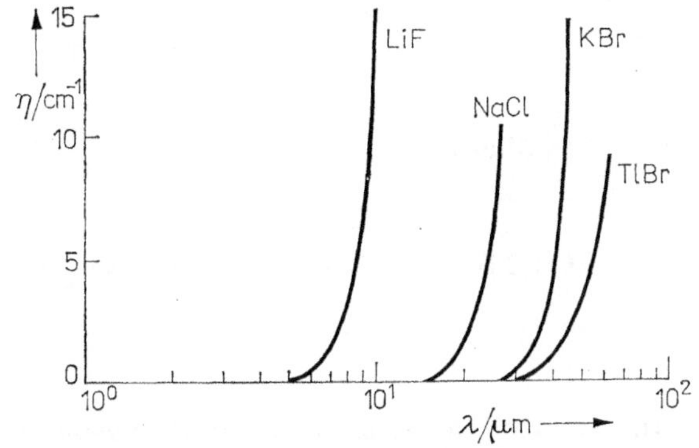

Abb. 11.8
Absorptionskoeffizient in Abhängigkeit von der Wellenlänge für einige Halogenide im Infrarotbereich.

wird für $\varepsilon_\infty = 1$ gesetzt, da wir uns nur für den Beitrag der Metallelektronen interessieren und zusätzliche, auf die Anregung innerer Rumpfelektronen zurückgehende Effekte vernachlässigen. Weiter kann man die Konstante $\hat{C}$ durch die sogenannte *Plasmafrequenz* der Elektronen ω_p ersetzen, und aus dem Vergleich mit (9,69) folgt

$$\hat{C} \equiv \omega_p^2 = \frac{ne^2}{\varepsilon_0 m^*}. \tag{11,68}$$

Die Plasmafrequenz ω_p beschreibt die longitudinalen Schwingungen eines Elektronenensembles gegenüber dem Gitter, wie sie beispielsweise beim Elektronenbeschuß dünner Metallfilme beobachtet werden. Schließlich entspricht die Dämpfungskonstante a der reziproken Relaxationszeit τ_e der Metallelektronen

$$a = \frac{1}{\tau_e}, \tag{11,69}$$

die uns schon in der Theorie der metallischen Leitfähigkeit begegnet ist.

Die Gleichungen (9,68) und (9,69) lassen sich viel allgemeiner begründen, indem man nicht vom Modell freier Elektronen, sondern von der Fermi-Verteilung der Metallelektronen ausgeht, und mit Hilfe der leistungsfähigen Boltzmann-Transportgleichung (vgl. Abschnitt 6.5.) die Frequenzabhängigkeit der Leitfähigkeit untersucht. Dabei treten Integrale über die Fermi-Flächen auf, mit denen über das Verhalten der beteiligten Elektronen gemittelt wird. Wenn die Gestalt der Fermi-Flächen von der Kugeloberfläche des freien Elektronenmodells abweicht, was selbst bei einwertigen Metallen der Fall ist, ergeben sich Besonderheiten, die man pauschal durch entsprechende Wahl der *effektiven Masse* m^* berücksichtigen kann. Allerdings darf man sich nicht wundern, daß diese „optischen Elektronenmassen" erheblich von den Werten abweichen, die bei der Leitfähigkeit oder dem Elektronenbeitrag zur spezifischen Wärme als effektive Massen eingehen.

Wir wollen diese Feinheit der Theorie nicht weiter verfolgen, sondern lediglich den qualitativen Verlauf der optischen Materialgrößen diskutieren, wobei wiederum mehrere Bereiche zu unterscheiden sind:

— Im infraroten Spektralgebiet gilt

$$\omega \ll a = \frac{1}{\tau_e}. \tag{11,70}$$

In diesem Fall wird ε sehr klein, während

$$\sigma \gg \omega\varepsilon_0 \tag{11,71}$$

ist. Angewendet auf die Formel (11,29) folgt dann für vernachlässigbares ε

$$n'^2 = \mathrm{i}\,\frac{\sigma}{\omega\varepsilon_0}, \tag{11,72}$$

so daß der Real- und der Imaginärteil des komplexen Brechungsindex n' wegen

$$n' = n + \mathrm{i}\varkappa = (1 + \mathrm{i}) \left(\frac{\sigma}{2\omega\varepsilon_0}\right)^{1/2} \tag{11,73}$$

betragsmäßig gleich werden. Im betrachteten Frequenzbereich ist das Verhältnis $2\omega\varepsilon_0/\sigma$ sehr klein, und man erhält aus (11,45) für das nahe bei 1 liegende Reflexionsvermögen des Metalls die Beziehung

$$R \cong 1 - 2\left(\frac{2\omega\varepsilon_0}{\sigma}\right)^{1/2}, \tag{11,74}$$

die als *Hagen-Rubens-Relation* bekannt ist.

Der Verlauf der übrigen optischen Eigenschaften läßt sich mit (9,68), (9,69) sowie (11,28) leicht errechnen und ist aus Abb. 11.9 ersichtlich. Allerdings ist ε im Hagen-Rubens-Gebiet nicht überall Null, sondern negativ, jedoch ändert sich dadurch nichts Wesentliches.

— Im praktisch besonders interessierenden sichtbaren Bereich gilt

$$a = \frac{1}{\tau} \ll \omega \ll \omega_p. \tag{11,75}$$

Der letzte Teil dieser Ungleichung ist einigermaßen erfüllt, weil die Plasmonenenergien $\hbar\omega_p$ bei etwa 10···20 eV, also weit im Ultravioletten, liegen. Damit vereinfachen sich (9,68) und (9,69) zu

$$n^2 - \varkappa^2 \cong 1 - \frac{\omega_p^2}{\omega^2} \tag{11,76}$$

und

$$n\varkappa \approx 0. \tag{11,77}$$

Der Absorptionskoeffizient nimmt mit wachsender Frequenz immer steiler ab, jedoch bleibt ε negativ. Infolgedessen ist das Reflexionsvermögen weiterhin sehr groß, und es gilt näherungsweise

$$R \approx 1 - \frac{2a}{\omega_p}. \tag{11,78}$$

— Bei sehr hohen Frequenzen $\omega > \omega_p$, also weit im Ultraviolett-Bereich, wird ε schließlich positiv, der Absorptionskoeffizient η nimmt weiter ab und auch das Reflexionsvermögen fällt nun rasch auf Null. Die Metalle werden im Ultravioletten somit zunehmend transparent. Die Ursache besteht letztlich darin, daß die Elektronen den extrem hochfrequenten elektromagnetischen Schwingungen nicht mehr zu folgen vermögen, wodurch die Leitfähigkeit auf Null absinkt, während sich die Dielektrizitätskonstante dem für das Vakuum gültigen Wert 1 nähert.

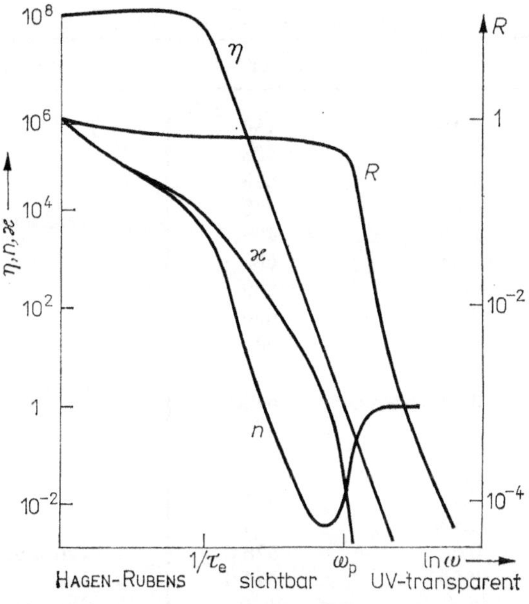

Abb. 11.9
Frequenzabhängigkeit der Reflektanz, des Absorptionskoeffizienten sowie des Real- und Imaginärteils des komplexen Brechungsindex.

Insgesamt weisen die optischen Materialgrößen der Metalle somit eine Frequenzabhängigkeit auf, wie sie bei Molekülkristallen im Anschluß an eine Resonanzfrequenz beobachtet wird. Dies ist auch vom Gesichtspunkt des Bändermodells aus nicht verwunderlich, denn über der Fermi-Grenze, die in einem teilweise besetzten Band verläuft, befinden sich quasikontinuierlich verteilte Elektronenzustände, in die eine Anregung bei beliebigen Frequenzen erfolgen kann. Dem hier dargestellten prinzipiellen Verlauf können sich bei höheren Frequenzen zusätzliche Effekte der Bandstruktur überlagern. So sind ab einer bestimmten Frequenz Anregungen von Elektronen aus der Nähe der Fermi-Oberfläche nicht mehr möglich, weil die entsprechenden Quantensprünge in die verbotene Zone zwischen dem Leitungsband und dem nächsthöheren Band führen würden. Andererseits können bei noch höheren Frequenzen Übergänge zwischen den Bändern nennenswert zur Absorption beitragen.

Das hohe Reflexionsvermögen der Metalle im sichtbaren Gebiet wird seit ältesten Zeiten für die Anfertigung von Spiegeln sowie für dekorative Effekte genutzt. Frühzeitig lernte man es auch, hierfür dünne metallische Schichten aus Quecksilber,

Silber oder anderen Metallen auf Glas einzusetzen. Heute benutzt man vorzugsweise Aluminiumschichten, die durch Aufdampfen, Ionenzerstäubung oder andere Verfahren aufgetragen werden. Tabelle 11.4 enthält einige Daten über die optischen Eigenschaften spiegelnder Metallschichten bei verschiedenen Wellenlängen.

Praktisch wird das optische Verhalten von Metallen durch eine *sehr dünne Oberflächenschicht* bestimmt, denn die Absorption der eindringenden Welle ist so stark,

Tabelle 11.4

Reflexionsvermögen R und Absorptionsindex ϰ spiegelnder Überzüge für verschiedene Wellenlängen

Stoff	R	$\varkappa$	λ/nm	Bemerkung
Ag	17,6	1,16	186	verdampft
	18,9	1,25	208	
	18,1	1,08	289	
	34,3	0,66	360	
	55,0	2,30	460	
	57,2	3,44	560	
	70,4	4,86	660	
	75,5	4,70	690	
	20,4	1,3	265,3	katodenzerstäubt
	12,0	0,7	302	
	94,0	3,14	546,1	
	94,5	3,34	578	
Al	90	3,98	404,6	verdampft
	91,5	5,19	491,6	
	91,0	5,49	546,1	
	90,0	5,68	578,0	
	89,5	6,26	644,0	
	98,4	16,5	2000	
	99,0	67,3	10000	
Hg	65,7	2,257	325,5	hinter Glas
	70,6	2,717	361,1	
	73,1	3,166	398,2	
	74,2	3,424	441,3	
	74,7	3,684	467,8	
	74,6	3,916	508,3	
	76,7	4,697	630,0	

daß die Intensität beispielsweise bei Silber bereits nach 20 nm auf den Bruchteil 1/e geschwächt wird. Dabei ergeben sich Besonderheiten, weil die Leitfähigkeit in der Grenzschicht infolge der *Realstruktur* in Oberflächennähe wesentlich geringer sein kann als im Volumen. Ferner wird die wirksame Leitfähigkeit σ_0' in der Grenzschicht durch den *anomalen Skineffekt* (vgl. Abschnitt 8.5.2.) herabgesetzt. Er hat zur Folge, daß an der Wechselwirkung mit den Lichtwellen im wesentlichen nur Elektronen beteiligt sind, die den größten Teil der mittleren freien Weglänge innerhalb einer Schicht der Dicke δ' (δ' — Eindringtiefe oder Skindicke) zurücklegen, die sich also annähernd parallel zur Oberfläche ausbreiten. Die Theorie liefert für die wirksame

Leitfähigkeit

$$\sigma_0' = \frac{3}{2} \beta \frac{\delta'}{\langle \Lambda_e \rangle} \sigma_0 \tag{11,79}$$

(σ_0 — Leitfähigkeit an der Oberfläche, $\langle \Lambda_e \rangle$ — mittlere freie Weglänge der Elektronen, β — Korrekturfaktor der Größenordnung 1).

Valenzkristalle — Halbleiter. Wie verhalten sich nun typische Valenzkristalle, wie Germanium, Silicium oder Diamant, in optischer Hinsicht? Aus der Erfahrung ist bekannt, daß Germanium und Silicium im sichtbaren Licht stark absorbieren und einen schwach metallischen Glanz aufweisen. Dagegen werden sie im Infraroten durchlässig, wovon in speziellen *Infrarotmikroskopen* zur Inspektion des Halbleiter-

Tabelle 11.5
Brechungsindex n und Absorptionskoeffizient η von Diamant, Silicium und Germanium

Stoff	n	η/cm^{-1}	λ/nm
Diamant	2,70	10	230
	2,62	1	250
	2,24	0,45	300
	2,49	0,25	350
	2,46	0,1	400
Silicium	3,21	10^6	335
	4,62	$5 \cdot 10^4$	406
	4,20	$3 \cdot 10^3$	589
	3,77	$9 \cdot 10^2$	870
	3,49	10^{-2}	1350
	3,44	10^{-1}	2150
	3,42	0,4	4000
	3,41	0,8	8000
Germanium	5,1	10^4	1000
	4,7	10^3	1500
	4,55	10^{-1}	2000

inneren Gebrauch gemacht wird. Andererseits sind reine Diamanten, die ja auch gute Isolatoren darstellen, im sichtbaren Licht transparent, und erst im ultravioletten Bereich setzt gleichfalls starke Absorption ein. Werte für die optischen Materialgrößen dieser Stoffe sind für einige Frequenzen in Tab. 11.5 aufgeführt. Qualitativ kann das optische Verhalten leicht auf der Grundlage des Bändermodells gedeutet werden. Solange die Energie der Lichtquanten kleiner als der Bandabstand W_g ist, d. h. für

$$\hbar\omega < W_g, \tag{11,80}$$

können keine Elektronen aus dem Valenzband in das Leitungsband angeregt werden. Allerdings findet bei niederen Frequenzen bereits eine erhebliche Verschiebung der Ladungsschwerpunkte der Bindungselektronen relativ zu den Rümpfen statt, weshalb n ziemlich groß ist. Überschreitet die Quantenenergie den Bandabstand, so kommen zunehmend Band-Band-Übergänge zustande. Die Kristalle absorbieren dann sehr stark, und es tritt eine zusätzliche Photoleitfähigkeit auf. Im einzelnen verläuft die photoelektrische Anregung allerdings aus folgenden Gründen komplizierter, als es zunächst scheint:

— Optisch induzierte Übergänge setzen vielfach die Mitwirkung von Phononen voraus, damit der Impulssatz erfüllt werden kann;
— bereits vor Einsetzen der Interband-Übergänge wird häufig verstärkte Absorption beobachtet, was durch Bildung von Elektronen-Loch-Paaren oder Exzitonen (vgl. Abschnitt 11.5.3.) zu erklären ist;
— die lokalisierten Elektronenniveaus von Störstellen sowie die Oberflächenzustände können ebenfalls an den optisch ausgelösten Übergängen beteiligt sein, wodurch besonders bei unreinen oder dotierten Kristallen zusätzliche Absorptionsbereiche sowie Farbeffekte auftreten.

Den Mechanismus der Photon-Elektron-Wechselwirkung in Halbleitern und Isolatoren sowie die darauf aufbauenden wichtigen Anwendungen werden wir in Abschnitt 11.5. ausführlich behandeln.

11.3. Dünnschichtoptik

11.3.1. Bedeutung dünner Schichten für die Optik

Chemisch abgeschiedene Metallschichten werden seit Jahrhunderten zum Verspiegeln von Glas genutzt. Ende des vorigen Jahrhunderts erlangten halbdurchlässige Silberfilme, die bereits mittels Kathodenzerstäubung aufgebracht wurden, große Bedeutung in der optischen Präzisionsmeßtechnik, etwa in Interferometern nach Fabry-Perot. Erst in den letzten Jahrzehnten vollzog sich jedoch die immer noch anhaltende systematische Erforschung und Anwendung von *Mehrschichtsystemen*, die als größter Fortschritt der optischen Gerätetechnik seit den grundlegenden Arbeiten Abbés zur Theorie der Abbildung angesehen wird. Je nach dem angestrebten Ziel unterscheidet man zwischen reflexionsmindernden (antireflektierenden), reflektierenden und filternden Überzügen.

Am verbreitetsten ist der Einsatz antireflektierender Systeme, die heute als *optische Vergütungsschichten* bei nahezu allen hochwertigen optischen Geräten, wie Kameras, Mikroskopen, Teleskopen und den wissenschaftlichen Instrumenten, genutzt werden. Normalerweise werden an einer Glasoberfläche selbst bei steiler Inzidenz (vgl. Abb. 11.2) mehrere Prozent des auftreffenden Lichts reflektiert. Enthält nun ein Gerät viele im Strahlengang aufeinanderfolgende Linsen, Prismen usw., so geht der größte Teil des einfallenden Lichts für den Abbildungsvorgang verloren. Beispielsweise können in Periskopen, medizinischen Diagnosegeräten (Zystoskopen) und wissenschaftlichen Instrumenten bis zu 40 reflektierende Glasgrenzflächen vorhanden sein. Neben dem Verlust an Intensität kann das reflektierte Licht auch zu störenden „Geisterbildern" Anlaß geben. Durch das Aufbringen mehrerer hinsichtlich der Dicke und des Brechungsindex genau abgestimmter Schichten aus dielektrischen Materialien läßt sich die Reflexion fast völlig unterdrücken.

Auch bei den Glasscheiben klimatisierter Gebäude, den Beobachtungsfenstern von Weltraumsatelliten und den Oberflächen von Sonnenbatterien spielen Vergütungsschichten eine wichtige Rolle. In diesen Fällen wird neben minimaler Reflexion im sichtbaren Bereich häufig eine geringe Durchlässigkeit in anderen Spektralgebieten gefordert. Beispielsweise sollen die Glasfronten moderner Gebäude das sichtbare Licht möglichst gut durchlassen — neuerdings strebt man sogar selbständig verringerte Durchlässigkeit bei erhöhtem Lichteinfall (Sonnenschein) an —, während infrarote Strahlung aus Gründen des Energiehaushalts weder eingelassen noch ausgestrahlt werden soll.

Der umgekehrte Fall liegt bei den „kalten Spiegeln" lichtstarker Projektoren vor; hier erreicht man durch Aufbringen von Schichten, daß sichtbares Licht nahezu vollständig reflektiert, Wärmestrahlung dagegen zurückgehalten wird.

Eine weitere bemerkenswerte Entwicklung stellen schließlich die optischen Schichtfilter dar. Bei diesen Mehr- oder Vielschichtsystemen läßt sich eine selektive Durchlässigkeit oder Reflexion in einem schmalen Frequenzband verwirklichen.

All diese Anwendungen setzen eine leistungsfähige Vakuumtechnologie voraus, die das Aufbringen gleichmäßiger, reproduzierbarer Schichten verschiedener Materialien gestattet. Häufig werden 20 und mehr aufeinanderfolgende Schichten gefordert, die nacheinander ohne Unterbrechung des Vakuums abzuscheiden sind. Damit die gewünschten Interferenzeffekte auftreten, müssen die *optischen Schichtdicken*

$$\hat{d} \equiv nd \tag{11,81}$$

(n — Brechungsindex, d — geometrische Schichtdicke) ganzzahlige Vielfache von $\lambda/2$ oder $\lambda/4$ sein (λ — mittlere Wellenlänge im interessierenden Bereich).

In der Technik werden heute überwiegend Hochvakuum-Bedampfungsanlagen in Metallkammer-Ausführung und teilautomatisiertem Betrieb für das Aufbringen der Schichten eingesetzt; daneben benutzt man in speziellen Fällen (etwa für besonders haftfeste Schichten) zunehmend die Ionenzerstäubung sowie das Ionenbeschichten oder „ion plating". Zur Kontrolle bzw. Regelung der Schichtdicke und der Abscheidungsrate werden Meßverfahren nach dem Interferenzprinzip oder sogenannte Quarz-Dicken-Messer eingesetzt. Bei letzteren Geräten wird aus der Frequenzverstimmung eines Schwingquarzes infolge der darauf abgeschiedenen Masse auf die Schichtdicke geschlossen.

Für die Serienproduktion verfügt man heute über Beschichtungsanlagen, in denen große Flächen beziehungsweise Stückgüter mit einer Losgröße von $10 \cdots 10^3$ Stück in einem Arbeitsgang behandelt werden. Daneben spielt für Laborzwecke, aber auch für spezielle optische Systeme der Weltraum- oder Militärtechnik die Einzelfertigung „nach Maß" eine nicht zu unterschätzende Rolle.

Eine Auswahl wichtiger Festkörpermaterialien für optische Schichten ist in Tab. 11.6 aufgeführt. Die angegebenen Wertebereiche für den Brechungsindex beziehen sich auf empirische Daten, die bei unterschiedlichen Abscheidungsbedingungen und teilweise abweichender Reinheit bzw. Stöchiometrie gefunden worden sind. Festkörperphysikalisch werden die optischen Eigenschaften dieser Stoffe, die zu verschiedenen Bindungstypen gehören, auf der Grundlage der in den vorausgegangenen Abschnitten dargestellten Theorien im Prinzip gut verstanden. Dies darf aber nicht darüber hinwegtäuschen, daß die praktische Beherrschung optimaler Parameter gerade bei dünnen Schichten wesentlich von Realstruktureinflüssen abhängt, die noch vorwiegend empirisch „so gut es geht" erfaßt werden. Auf Faktoren wie Abhängigkeit von der Korngröße, von Gitterdefekten sowie die wünschenswerte Verbesserung der Haftfestigkeit und Klimabeständigkeit wird sich die weitere Grundlagenforschung daher konzentrieren müssen. Hinzu kommen erhöhte Anforderungen an die Strahlenfestigkeit der Schichten, wie sie durch Weltraum- und Kerntechnik und vor allem durch die extremen Leistungsdichten der Laseroptik gestellt werden.

Immerhin gelingt es mit der gegenwärtigen Technologie, Schichtsysteme herzustellen, die in einem vorgegebenen Frequenzband zwischen dem ultravioletten und dem infraroten Spektralbereich recht genau die gewünschten optischen Parameter aufweisen. Das Prinzip läßt sich sogar auf Mikrowellen ausdehnen, indem die ent-

Tabelle 11.6
Eigenschaften optischer Schichten

Material	transparenter Bereich	Brechungsindex n
Kryolith	200 nm···10 μm	1,35···1,39
MgF_2	230 nm···10 μm	1,39···1,40
SiO_2	200 nm··· 5 μm	1,43···1,45
SiO	500 nm··· 8 μm	1,55···1,95
ZnS	400 nm···14 μm	2,37 bei 500 nm
CeO_2		2,42 bei 550 nm
Ge	1,7 μm···20 μm	4,3···4,6
PbTe	3,8 μm	5,5
Si	1,2 μm	3,6
Si_3N_4		1,8···1,9

sprechenden $\lambda/4$-Schichten aus dickeren Filmen oder Scheiben geeigneter Plaste gefertigt werden.

Der Entwurf eines optischen Schichtsystems erfolgt auf der Grundlage der Berechnung mit den gewünschten Parametern, den optischen Materialgrößen und den Brechungsindizes verfügbarer Stoffe als Eingangsgrößen. In komplizierten Fällen ist hierzu der Einsatz der elektronischen Rechentechnik unentbehrlich. Im Rahmen eines Lehrbuches der Festkörperphysik können nachfolgend nur die grundlegenden Eigenschaften einfacher Systeme erörtert werden.

11.3.2. Transparente Einfachschicht

Wir fragen zunächst nach der Reflektanz und der Transmittanz einer isotropen nichtabsorbierenden Schicht der optischen Dicke $\hat{d}_1 = n_1 d_1$, die auf einem Substrat mit dem Brechungsindex n_2 aufgetragen ist, während der äußere Raum den Brechungsindex n_0 (beispielsweise $n_0 = 1$ für Vakuum) haben soll. Gemäß Abb. 11.10 sind dabei auch die Beiträge mehrfach reflektierter Wellen zu berücksichtigen. Da wir die bei einfacher Reflexion auftretenden Anteile in Abschnitt 11.2.4. bereits ermittelt haben, läuft das Problem auf eine Summation über die Teilintensitäten hinaus, wobei zwischen aufeinanderfolgenden Strahlenbündeln jeweils ein Gangunterschied

$$\delta_1 = \frac{2\pi}{\lambda} n_1 d_1 \cos \alpha_1 = \frac{2\pi}{\lambda} \hat{d}_1 \cos \alpha_1 \tag{11,82}$$

zu berücksichtigen ist. Wir überspringen die Rechnung, in deren Ergebnis

$$R = \frac{r_1^2 + 2r_1r_2\cos 2\delta_1 + r_2^2}{1 + 2r_1r_2\cos 2\delta_1 + r_1^2r_2^2}, \tag{11,83}$$

$$T = \frac{n_2t_1^2t_2^2}{n_0(1 + 2r_1r_2\cos 2\delta_1 + r_1^2r_2^2)} \tag{11,84}$$

gefunden wird. Hier sind für r_1, r_2, t_1 und t_2 gemäß (11,49) oder (11,50) die Fresnel-Koeffizienten einzusetzen, die sowohl für die äußere Oberfläche zwischen den Medien n_0 und n_1 (Index 1) als auch für die innere Phasengrenze zwischen n_1 und n_2 (Index 2)

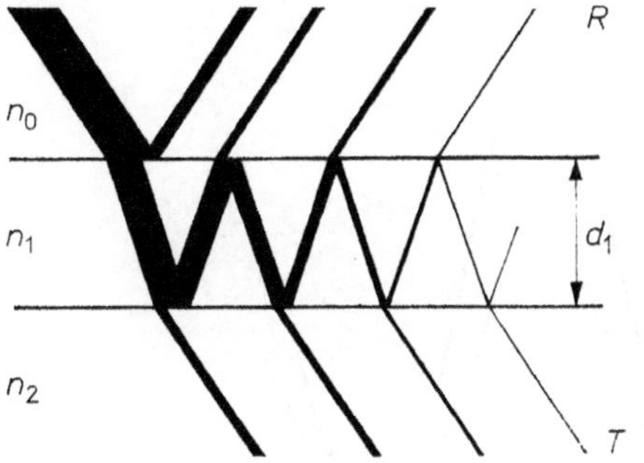

Abb. 11.10
Reflektanz und Transmittanz einer isotropen nichtabsorbierenden Schicht.

auszudrücken sind. Wählt man mit (11,49) die Fresnel-Koeffizienten der Wellenkomponente, die parallel zur Einfallsebene polarisiert ist, so liefern (11,83) und (11,84) die Reflektanz und die Transmittanz (auf Intensitäten bezogen) für Licht dieser Polarisation. Analog erhält man mit (11,50) die Werte für Licht, das senkrecht zur Einfallsebene polarisiert ist.

Die Größen R und T sind im allgemeinen komplizierte Funktionen der Brechungsindizes, der Frequenz (die sowohl über den Gangunterschied als auch durch die Brechungsindizes eingeht), des Einfallswinkels und der Schichtdicke. Wir untersuchen zwei einfache Fälle:

Abhängigkeit der Reflektanz von der Schichtdicke für normale Inzidenz. In Abb. 11.11 ist R als Funktion der optischen Schichtdicke bei konstanter Frequenz (gelbe Natriumlinie) aufgetragen. Dabei wurde $n_0 = 1$ (Vakuum oder Luft), $n_2 = 1{,}5$ (Glas) gesetzt, während für n_1 als Parameter 4 verschiedene Werte entsprechend unterschiedlichen Schichtmaterialien ausgewählt wurden.

Für monochromatisches Licht hängt das Reflexionsvermögen demnach periodisch von der Schichtdicke ab. Die Extremwerte $R_{\max}$ bzw. $R_{\min}$ lassen sich aus (11,83) und (11,84) mit (11,49) und (11,50) berechnen. Man findet

für $n_0 < n_1 < n_2$

$$R_{\max} = \left(\frac{n_2 - n_0}{n_2 + n_0}\right)^2; \quad R_{\min} = \left(\frac{n_1^2 - n_0n_2}{n_1^2 + n_0n_2}\right)^2 \tag{11,85}$$

und für $n_0 < n_1 > n_2$

$$R_{\max} = \left(\frac{n_1^2 - n_0n_2}{n_1^2 + n_0n_2}\right)^2; \quad R_{\min} = \left(\frac{n_2 - n_0}{n_2 + n_0}\right)^2. \tag{11,86}$$

Wenn der Brechungsindex der Schicht kleiner als der des Substrates ist, wird die Reflexion im Vergleich zur unbedeckten Unterlage (R^* — gestrichelte Linie) somit herabgesetzt, und nur im Maximum wird $R = R^*$. Umgekehrt bewirkt das Auftragen einer Schicht mit höherem Brechungsindex eine Zunahme der Reflexion des Gesamtsystems.
Anschaulich ist dieses Verhalten leicht zu verstehen, indem wir Schichten der optischen Dicke $\hat{d} = \lambda/4$ betrachten. Die an der äußeren und inneren Grenzfläche der Schicht reflektierten Teilwellen besitzen dann für $n_1 < n_2$ den Gangunterschied $\lambda/2$ und werden durch Interferenz geschwächt. Um vollständige Auslöschung zu er-

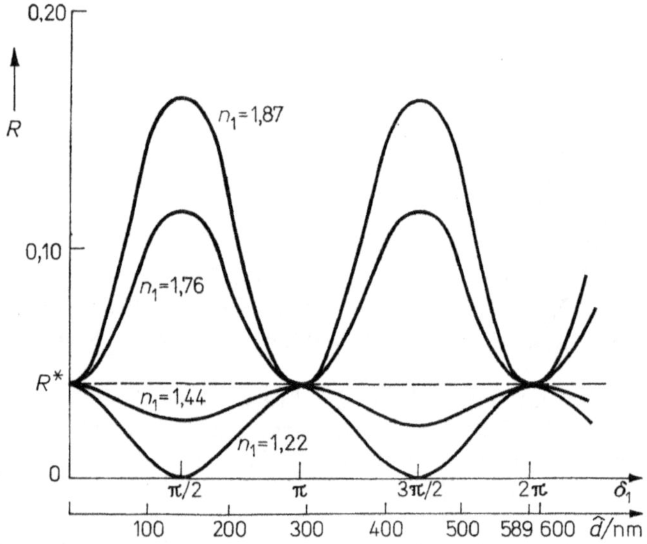

Abb. 11.11

Reflektanz einer Schicht in Abhängigkeit von der Phasendifferenz beziehungsweise der optischen Schichtdicke bei normaler Inzidenz für vier verschiedene Brechungsindizes.

reichen, also die Reflexion für die betrachtete Wellenlänge ganz zu unterdrücken, müßte nach (11,85)

$$n_1 = (n_0 n_2)^{1/2} \quad \text{oder für} \quad n_0 = 1; \quad n_1 = \sqrt{n_2} \tag{11,87}$$

sein. Praktisch ist das für Gläser mit n_2 zwischen 1,5 und 1,8 nicht zu verwirklichen, und zwar aus dem einfachen Grunde, weil keine geeigneten Schichtmaterialien mit so kleinen Brechungsindizes bekannt sind (vgl. Tab. 11.6). Um den Einfluß einer $\lambda/4$-Schicht mit $n_1 > n_2$ einzuschätzen, müssen wir beachten, daß nun an der inneren Grenzfläche ein Phasensprung $\lambda/2$ entsprechend dem Übergang von einem optisch dichteren in ein dünneres Medium hinzukommt. Infolgedessen beträgt der gesamte Gangunterschied zwischen den Teilwellen λ, d. h., es findet — außer an den Orten der Minima — eine Zunahme der Reflexion gegenüber dem unbeschichteten Substrat statt. Der Abstand aufeinanderfolgender Maxima beziehungsweise Minima beträgt nach (11,82) mit $\alpha_1 = 90°$

$$\Delta\delta_1 = 2\pi = \frac{2\pi}{\lambda} n_1 d_1 . \tag{11,88}$$

Durch Ausmessen der Interferenzmaxima läßt sich daher die optische Schichtdicke $n_1 d_1$ oder, bei bekanntem Brechungsindex, die wirkliche Schichtdicke bestimmen, wovon häufig Gebrauch gemacht wird.

Abhängigkeit der Reflektanz von der Frequenz. Bei den folgenden Überlegungen beschränken wir uns auf vernachlässigbare Dispersion im interessierenden Frequenzbereich, was für viele transparente Stoffe im Sichtbaren näherungsweise erfüllt ist. Die Fresnel-Koeffizienten sind dann konstant, und die vorstehenden Überlegungen, insbesondere der in Abb. 11.11 dargestellte Verlauf von R, lassen sich übernehmen, wenn wir nun bei konstanter optischer Schichtdicke $\hat{d} = \lambda/4$ die Frequenz

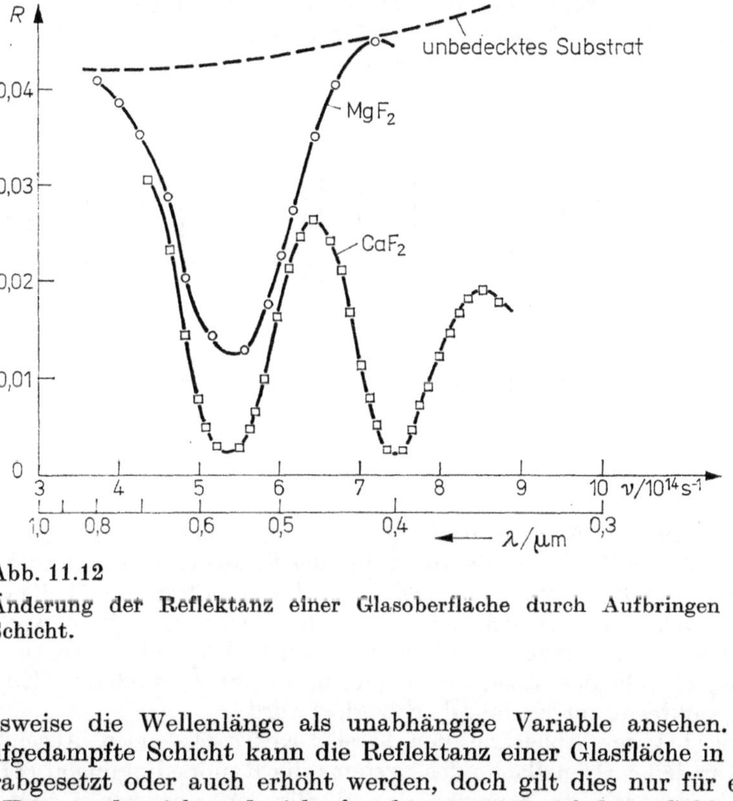

Abb. 11.12
Änderung der Reflektanz einer Glasoberfläche durch Aufbringen einer dünnen Schicht.

beziehungsweise die Wellenlänge als unabhängige Variable ansehen. Durch eine einzige aufgedampfte Schicht kann die Reflektanz einer Glasfläche in gewünschter Weise herabgesetzt oder auch erhöht werden, doch gilt dies nur für einen relativ schmalen Frequenzbereich und nicht für das gesamte sichtbare Gebiet. Abbildung 11.12 zeigt, was man praktisch für MgF_2 und CaF_2 auf Glas erreicht, wenn die optische Schichtdicke auf den grünen Teil des Spektrums ($\lambda \approx 550$ nm) abgestimmt wird. Während der Verlauf der Reflexionskurve für MgF_2 mit der Theorie homogener Schichten im Einklang steht, beobachtet man für Calciumfluorid, das in mäßigem Vakuum abgeschieden wird, einen komplizierteren Frequenzgang. Dies kann einem Gradienten des Brechungsindex normal zur Oberfläche zugeschrieben werden, der durch Einflüsse der Realstruktur während des Schichtwachstums und Einbau von Restgasteilchen zustande kommt. Solche häufig festgestellten Effekte führen zu inhomogenen Schichten, deren optisches Verhalten erfaßt werden könnte, indem man sie gedanklich in aufeinanderfolgende Lagen mit verschiedenem n_1 zerlegt. Durch gezielten Aufbau von *Gradientenschichten* mit einer geregelten Zweiquellen-Verdampfung oder -Zerstäubung erscheint es möglich, die Wirkung einer einzigen Vergütungsschicht zu verbessern. Vorläufig begnügt man sich dabei meist mit empirisch gefundenen Tricks beim einfachen Aufdampfen.

11.3.3. Systeme mehrerer Schichten

In der neueren Entwicklung optischer Geräte haben Systeme mit vielen homogenen, „aufeinandergestapelten" Schichten beträchtliche Bedeutung erlangt. Um die Reflektanz und Transmittanz von Mehrschichtsystemen zu berechnen, wurden mit Hilfe der Matrizenalgebra übersichtliche Verfahren abgeleitet. An Hand von Abb. 11.13 soll eine der beiden gebräuchlichen Rechenmethoden erläutert werden.

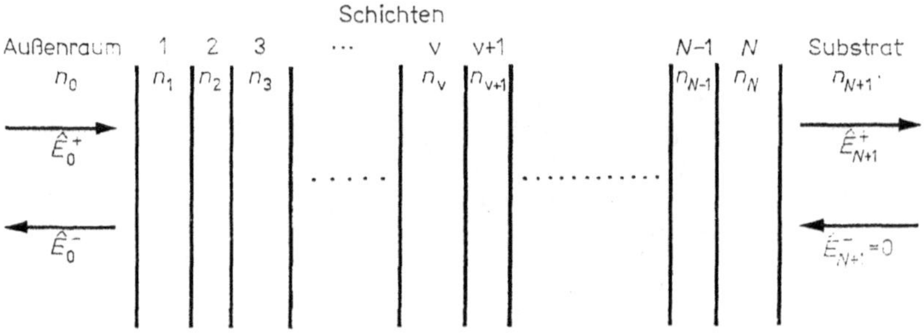

Abb. 11.13
Beispiel eines Mehrschichtsystems.

Das System sei aus N Schichten mit den Brechungsindizes $n_1, n_2 \ldots n_v \ldots n_N$ aufgebaut; die Werte für den Außenraum und das Substrat seien n_0 und n_{N+1}. Ferner bezeichnen $\hat{E}_0^+$ und $\hat{E}_0^-$ sowie $\hat{E}_{N+1}^+$ und $\hat{E}_{N+1}^-$ die Amplitude der Wellen, die an den beiden Grenzflächen des Schichtpakets einfallen oder reflektiert werden. Diese Ansätze beziehen sich zunächst auf senkrechten Lichteinfall, doch lassen sich die Rechnungen auf beliebige Inzidenz erweitern, indem $\hat{E}$ wieder in Komponenten parallel und senkrecht zur Einfallsebene zerlegt wird.

Analog wie bei der Ableitung der Fresnel-Koeffizienten in Abschnitt 11.2.4. müssen nun an jeder Grenzfläche des Systems die Randbedingungen (11,48) erfüllt sein, wobei beiderseitig die Summen der Amplituden einzusetzen sind. Auf diese Weise können die Wellenamplituden beider Ausbreitungsrichtungen in einer bestimmten Schicht durch die entsprechenden Amplituden in der angrenzenden Schicht ausgedrückt werden. Wendet man dieses Prinzip der Reihe nach auf die Grenzflächen von 1 bis $N + 1$ an, so ergibt sich ein eindeutiger Zusammenhang zwischen den Amplituden der einfallenden und reflektierten bzw. transmittierten Wellen an den beiden Seiten des Gesamtsystems. Im Ergebnis findet man hierfür folgende Matrizengleichung:

$$\begin{pmatrix} \hat{E}_0^+ \\ \hat{E}_0^- \end{pmatrix} = \frac{\prod\limits_{v=1}^{N+1} M_v}{\prod\limits_{v=1}^{N+1} t_v} \begin{pmatrix} \hat{E}_{N+1}^+ \\ \hat{E}_{N+1}^- \end{pmatrix}. \tag{11,89}$$

Hier bedeuten t_v die Fresnel-Koeffizienten des durchgelassenen Anteils zwischen der v-ten und der $(v+1)$-ten Schicht, während die (2×2)-Matrizen M_v, die das Verhalten der v-ten Schicht charakterisieren, durch

$$M_v \equiv \begin{pmatrix} \exp i\delta_v & r_v \exp i\delta_v \\ r_v \exp - i\delta_v & \exp - i\delta_v \end{pmatrix} \tag{11,90}$$

in komplexer Schreibweise darstellbar sind (r_v — Fresnel-Koeffizienten der Reflexion an der Grenzfläche $v|v+1$; δ_v — „Phasendicke" der v-ten Schicht gemäß (11,82)).

Durch Ausrechnen des Produktes der M_v in (11,89) ergibt sich formal die Matrix

$$\prod_{v=1}^{N+1} M_v = \begin{pmatrix} m_{11} & m_{12} \\ m_{21} & m_{22} \end{pmatrix}, \tag{11,91}$$

die dem gesamten System zugeordnet ist.

Wir setzen nun voraus, daß von der Substratseite her kein Licht einfällt, also $\hat{E}_{N+1}^{-} = 0$ ist. Für die Amplitudenverhältnisse unseres Schichtsystems auf der Einfalls- und Austrittsseite ergibt sich dann aus (11,89)

$$\hat{r} \equiv \frac{\hat{E}_0^-}{\hat{E}_0^+} = \frac{m_{21}}{m_{11}}; \quad \hat{t} \equiv \frac{\hat{E}_{N+0}^+}{\hat{E}_0^+} = \frac{\prod_{v=1}^{N+1} t_v}{m_{11}}, \tag{11,92}$$

wobei die mit (11,91) definierten Matrixkomponenten m_{ik} verwendet wurden.

Um diese Amplitudenkoeffizienten in die auf Intensitäten bezogene Reflektanz und Transmittanz umzurechnen, verfahren wir analog wie in (11,52), jedoch sind wegen der komplexen Schreibweise statt der Quadrate die Normen zu bilden. Wir erhalten

$$R = \hat{r}\hat{r}^*; \quad T = \frac{n_{N+1}}{n_0} \hat{t}\hat{t}^* \tag{11,93}$$

für das Reflexionsvermögen und die Durchlässigkeit des Schichtsystems.

Die Berechnung der optischen Parameter von Systemen einer größeren Anzahl von Schichten bildet ein schönes Beispiel für den nutzbringenden Einsatz von Computern für technisch-physikalische Problemstellungen. Das gilt erst recht für die umgekehrte Aufgabenstellung, zu vorgegebenen Systemparametern ein geeignetes und realisierbares Schichtsystem zu konzipieren. Natürlich ist es bei Einsatz der elektronischen Rechentechnik auch rationell möglich, die hier vernachlässigte Abhängigkeit der optischen Materialgrößen von der Frequenz einzubeziehen.

11.3.4. Beispiele einfacher Schichtsysteme

Antireflex-Systeme. Schon mit wenigen Schichten lassen sich reflexmindernde Vergütungseffekte erzielen, die für viele Zwecke ausreichen. Im Falle von zwei Schichten wird auf das Substrat — optisches Glas — zunächst ein Film aufgetragen, dessen Brechungsindex $n_2 > n_3$ den der Unterlage (n_3) überschreitet. Darauf folgt eine weitere Schicht mit $n_1 < n_3$. Nach den Darlegungen in Abschnitt 11.3.2. wird die Reflektanz durch die erste Schicht zwar erhöht, jedoch läßt sich nun die Bedingung (11,87) erfüllen, d. h., R kann für eine bestimmte Frequenz zum Verschwinden gebracht werden. Darüber hinausgehend läßt die unabhängige Wahl der Schichtdicken eine weitere Variationsmöglichkeit zu. Wie die theoretische Analyse lehrt, die bei nur zwei Schichten natürlich ohne Computer bewältigt werden kann, gibt es im allgemeinen zwei Nullstellen für R bei verschiedenen Wellenlängen. Eine einfache und häufig praktizierte Lösung liefert die optischen Schichtdicken

$$2\hat{d}_1 = \hat{d}_2 \quad \text{oder} \quad 2n_1d_1 = n_2d_2 \tag{11,94}$$

für die beiden Filme. Bezogen auf eine mittlere Wellenlänge weist die an das Substrat angrenzende Schicht demnach den Gangunterschied $\lambda/2$ auf, während der äußere Film einer $\lambda/4$-Schicht entspricht. Mit den verfügbaren Materialien läßt sich die Reflektanz für den gesamten sichtbaren Spektralbereich auf weniger als 1% herabsetzen.

Analog kann man mit drei Schichten für drei verschiedene Wellenlängen erreichen, daß die Reflektanz verschwindet. Beispielsweise wird R auf weniger als 0,5% im sichtbaren Spektralgebiet verringert, wenn Flintglas mit $n_4 = 1{,}62$ zuerst mit einer Al_2O_3-Schicht der optischen Dicke $3\lambda/4$ ($n_3 \cong 1{,}8$), danach mit einer $\lambda/2$-Schicht von ZnS ($n_2 \cong 2{,}3$) und schließlich mit einer $\lambda/4$-Schicht von MgF_2 ($n_1 \cong 1{,}4$) überzogen wird. Bei modernen Vielschichtsystemen bevorzugt man Lösungen, für die nur alternative Schichten aus zwei Materialien erforderlich sind. Aus technologischen Gründen ist dies günstiger als ein „maßgeschneidertes" Schichtpaket. Für 10 bis 20 Einzelschichten beträgt die erreichte Grenze der Reflektanz im Sichtbaren etwa 0,2···0,3%. Durch eine größere Anzahl von Schichten lassen sich diese Werte nicht mehr verbessern, sondern man muß versuchen, die *Oberflächenrauhigkeit, Schichtinhomogenitäten* usw. herabzusetzen, damit Streuverluste vermieden werden. Dies ist aber ein typisches Problem der Physik realer Festkörper!

Reflektierende Systeme. Stapel dünner dielektrischer Schichten bieten als Spiegel gegenüber Metallen den Vorteil, daß die Lichtverluste durch Absorption minimal gehalten werden können. Um für bestimmte Frequenzbereiche eine weitgehend ideale Reflexion zu erhalten, wird das Substrat mit einer größeren Anzahl von Schichten versehen, die sämtlich die gleiche optische Dicke $\lambda_0/4$ besitzen und abwechselnd aus einem Material mit hohem und einem mit niedrigem Brechungsindex bestehen. Das Schema einer solchen Schichtfolge ist

Luft H L H L ... H L H L Substrat,

wobei die alternierenden Lagen mit hohem und niedrigem Brechungsindex üblicherweise durch H und L (nach „low") gekennzeichnet werden. Offensichtlich schwingen alle bei senkrechter Inzidenz reflektierten Teilwellen für die Wellenlänge λ_0 in Phase. Der besondere Effekt der Vielfachschicht besteht darin, daß die Breite des Bereiches maximaler Reflexion mit wachsender Zahl der Einzelschichten zunimmt (Abb. 11.14). Aus der oben umrissenen Theorie folgt für die Breite des reflektierten Frequenzbandes als Grenzwert

$$\frac{\Delta\nu}{\nu} = \frac{4}{\pi} \arcsin \frac{n_H - n_L}{n_H + n_L}. \tag{11,95}$$

Die Reflektanz im Maximum beträgt theoretisch für gerade beziehungsweise ungerade Anzahl der Schichten

$$R_{2N} = \left(\frac{n_s f - n_0}{n_s f + n_0}\right)^2; \quad R_{2N+1} = \left(\frac{n_H^2 f - n_0 n_s}{n_H^2 f + n_0 n_s}\right)^2 \tag{11,96}$$

mit der Abkürzung

$$f \equiv \left(\frac{n_H}{n_L}\right)^{2N} \tag{11,97}$$

(n_0, n_s — Brechungsindizes für Außenraum und Substrat; n_H, n_L — Brechungsindizes der Schichten). Danach müßte das Reflexionsvermögen für 20 Schichten $R = 0{,}9996$ betragen, was jedoch infolge von Streuverlusten an Filmheterogenitäten nicht erreicht wird. Immerhin lassen sich gegenwärtig mit sorgsamer Beschichtungstechnologie Werte von $R = 0{,}998$ realisieren!

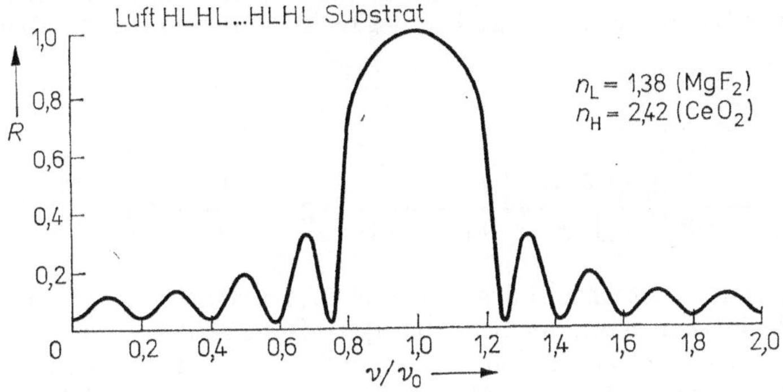

Abb. 11.14
Reflektanz in Abhängigkeit von der Frequenz für ein Mehrschichtsystem.

Interferenzfilter. Das vorstehend beschriebene Reflex-System geht in ein Filter vom Fabry-Perot-Typ über, wenn man in der Mitte des Pakets eine einzelne Schicht mit der doppelten optischen Dicke $\lambda_0/2$ einfügt. In Transmission erscheint dann bei Bestrahlung mit weißem Licht eine scharfe Linie im Spektrum, während beiderseits davon die Durchlässigkeit innerhalb des Bandes der Breite (11,95) praktisch Null ist. Mit solchen rein dielektrischen Systemen werden Linienbreiten bis herab zu 1 nm (ausgedrückt in Wellenlängen) und im Vergleich zu Filtern mit Metallschichten hohe Durchlässigkeiten von etwa 80% im Maximum erreicht.

Andere Lösungen für dielektrische Filter verwenden Systeme mit mehreren $\lambda/2$-Schichten. Die Folge ist ein flacher Scheitel im Maximum und eine häufig erwünschte größere Durchlaßbreite.

11.3.5. Absorbierende Schichten

Die Theorie des optischen Verhaltens absorbierender Schichten ist komplizierter und führt auf weniger übersichtliche Formeln als bei transparenten Filmen. Formal brauchen wir nur in den bisherigen Ansätzen die komplexen Brechungsindizes $n_j' = n_j + i\varkappa_j$ anstelle der reellen Brechzahlen einzusetzen und beim Übergang von Amplituden- zu Intensitätsverhältnissen statt der Quadrate die Normen zu bilden, um die richtigen Beziehungen zu erhalten. Bei nicht senkrechtem Einfall ergeben sich dann allerdings für die Strahlen im absorbierenden Medium komplexe Brechungswinkel. Eine nähere Analyse lehrt, daß die entsprechenden Wellen inhomogen sind, d. h., Flächen gleicher Amplitude beziehungsweise gleicher Phase fallen nicht zusammen, sondern sie sind zueinander geneigt. Solange man sich nicht für die Wellen im Inneren absorbierender Stoffe interessiert und nur die reflektierten oder durchgelassenen Lichtanteile ermitteln will, braucht man diese Schwierigkeit freilich nicht weiter zu beachten. Die Ausdrücke, die man für die nun komplexen Fresnel-Koeffizienten und die daraus abgeleiteten Größen R und T erhält, sind relativ lang, weshalb wir hier auf die Wiedergabe verzichten.

Einfacher liegen die Verhältnisse bei senkrechter Inzidenz, wenn Mehrfachreflexionen vernachlässigt werden, was bei dickeren, stark absorbierenden Schichten gerechtfertigt ist. Für diesen Fall hatten wir die Reflektanz bereits früher abgeleitet (s. (11,45)), und wir fügen hier noch die Formel für die Transmittanz hinzu:

$$R = \frac{(n_1 - n_0)^2 - \varkappa_1^2}{(n_1 + n_0)^2 + \varkappa_1^2};$$
$$T = \frac{16 n_0 n_2 (n_1^2 + \varkappa_1^2)^2}{[(n_1 - n_2)^2 + \varkappa_1^2]\,[(n_0 + n_1)^2 + \varkappa_1^2]} \exp\left(-\frac{4\pi}{\lambda}\varkappa_1 d_1\right) \qquad (11{,}98)$$

(d_1 — Schichtdicke; n_0 — Brechzahl des Außenraumes, anstatt 1 in (11,45); n_1, $\varkappa_1$ — Brechzahl und Absorptionsindex der Schicht; n_2 — Brechzahl des Substrates).
Diese Formeln können benutzt werden, um n_1 und $\varkappa_1$ für absorbierende Filme aus experimentellen Daten zu bestimmen. Man mißt dazu einmal die reflektierte Intensität und zum anderen die Durchlässigkeiten von Filmen verschiedener, anderweitig bestimmter Dicke. Durch Auftragen von $\ln T$ über d_1 ergibt sich bei nicht zu kleiner Schichtdicke eine Gerade, deren Achsenabschnitt dem Faktor vor der Exponentialfunktion im Ausdruck für T entspricht.

Wenn die Absorption nicht sehr stark ist, beispielsweise bei Halbleiterfilmen an der Grenze zum Infraroten oder bei sehr dünnen Metallschichten, ist es nicht mehr zulässig, Mehrfachreflexionen zu vernachlässigen. Insbesondere wird dann auch R eine Funktion der Schichtdicke, die für Einfall von der Luft- oder der Substratseite her unterschiedlich verläuft. In Abb. 11.15 sind R und T in Abhängigkeit von der Schichtdicke für Platin dargestellt. Die ausgezogenen Kurven wurden auf der Grundlage der genaueren Theorie mit Hilfe der Materialgrößen n und $\varkappa$ des kompakten Metalls berechnet, während die gestrichelte Linie Meßergebnisse an aufgestäubten Schichten wiedergibt. Die relativ gute Übereinstimmung bei sehr dünnen Schichten bildet eine Ausnahme. Häufig findet man stärkere Differenzen, was nicht verwunderlich ist, da sehr dünne Metallschichten, wie elektronenmikroskopische Aufnahmen zeigen, gewöhnlich aus mehr oder weniger regellos verteilten *Kristalliten* oder „Inseln“ aufgebaut sind. Für solche Inselstrukturen wurden spezielle Formeln aufgestellt.

Halbdurchlässige Metallschichten werden für sich allein sowie in Kombination mit dielektrischen Ein- oder Mehrfachschichten in großem Umfang für reflektierende oder filternde optische Systeme eingesetzt. Durch das Aufbringen von transparenten Schichten mit alternierendem Brechungsindex wird bei passender Wahl der Schichtdicke auch das Reflexionsvermögen metallischer Oberflächen verbessert. Beispielsweise gelingt es, die Reflektanz eines Aluminiumfilms von 0,83 auf 0,94 zu erhöhen, wenn man darauf zuerst einen Film von Kryolith (Natriumfluoroaluminat Na_3AlF_6, $n_2 \cong 1{,}38$) und danach eine Zinksulfidschicht ($n_1 \cong 2{,}37$) abscheidet. Damit sich die reflektierten Wellen trotz des Phasensprunges an der Oberfläche absorbierender

Medien optimal überlagern, muß die optische Dicke der Kryolithschicht etwas kleiner als $\lambda/4$ gewählt werden.

Eine weitere interessante Anwendung bilden dielektrische Überzüge auf den Metalloberflächen von Satelliten und kosmischen Sonden. Eine SiO-Schicht von $\approx 10^2$ nm Dicke beeinflußt die Reflexion im Infraroten wenig, während infolge starker Ab-

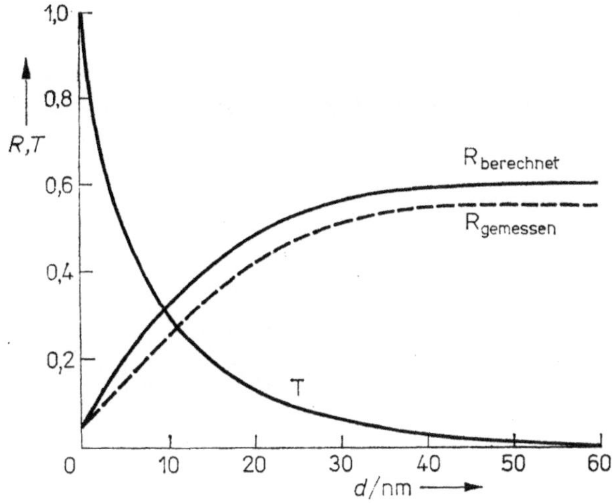

Abb. 11.15

Reflektanz und Transmittanz einer Platinschicht in Abhängigkeit von der Schichtdicke.

sorption die Ausstrahlung zunimmt. Hierdurch wird der Wärmehaushalt im Inneren des Flugkörpers im Sinne besserer Temperaturkonstanz verbessert. Schließlich sind dielektrische Überzüge auch geeignet, um die Reflexion im ferneren Ultravioletten zu erhöhen. Dies spielt bei optischen Strichgittern aus Aluminium auf Glas eine Rolle, die man beispielsweise mit MgF_2 überzieht.

11.3.6. Polarimetrie (Ellipsometrie)

Wegen der großen Bedeutung für die Untersuchung von dünnen Schichten und Festkörperoberflächen streifen wir noch die Methode der Polarimetrie, auch Ellipsometrie genannt. Angenommen, auf die Oberfläche eines absorbierenden Stoffes fällt *linear* polarisiertes Licht, dessen Feldvektoren unter einem Winkel von 45° zur Einfallsebene geneigt sind (Abb. 11.16). Die Amplituden $\hat{E}_p$ und $\hat{E}_s$ der Wellenkomponenten sind dann gleich groß. Sowohl die Amplituden als auch die Phasen der reflektierten Komponenten hängen in unterschiedlicher Weise von den Komponenten des einfallenden Lichts ab, was durch die komplexen *Fresnel*-Koeffizienten beschrieben wird. Durch Superposition der Teilwellen bildet sich eine reflektierte Welle aus, die im allgemeinen elliptisch polarisiert ist. Die Analyse der *Elliptizität* des reflektierten Lichts liefert wertvolle Informationen über die optischen Eigenschaften von Oberflächen und dünnen Schichten, die unter anderem die Bestimmung von n und $\varkappa$

sowie der Schichtdicke gestatten. Übersichtliche Verhältnisse liegen vor, wenn

$$n^2 + \varkappa^2 \gg 1 \tag{11,99}$$

erfüllt ist, also bei Metallen oder im sichtbaren Gebiet bei Halbleitern. Die optischen Materialgrößen sind dann bei kompakten Stoffen oder dicken Schichten in einfacher Weise durch

$$n = \tan\Theta \sin\Theta \cos 2\Psi, \tag{11,100}$$

$$\varkappa = \tan 2\Psi \tag{11,101}$$

gegeben. Die Größen Θ und Ψ sind folgendermaßen definiert:

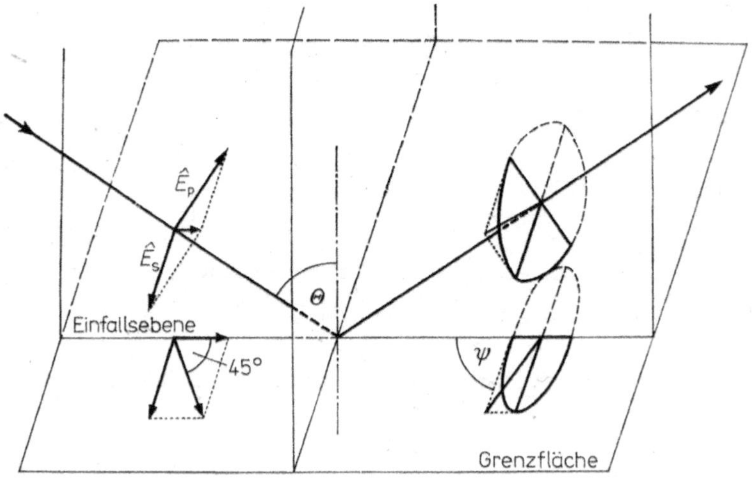

Abb. 11.16

Übergang von linear zu elliptisch polarisiertem Licht bei Reflexion an der Oberfläche eines absorbierenden Stoffes.
(Im unteren Teil des Bildes sind die Projektionen in die Grenzfläche dargestellt).

— Der Haupteinfallswinkel Θ stellt den Einfallswinkel dar, bei dem die Hauptachsen der Polarisationsellipse des reflektierten Strahls parallel bzw. senkrecht zur Einfallsebene stehen. Für Inzidenz unter dem Haupteinfallswinkel weist das Verhältnis der reflektierten Amplituden (die Elliptizität) ein Minimum auf, so daß Θ leicht bestimmt werden kann.
— Der Gangunterschied zwischen den parallel und senkrecht polarisierten Komponenten beträgt $\lambda/4$, wenn die Reflexion unter dem Haupteinfallswinkel erfolgt. Gleicht man diese Differenz durch ein $\lambda/4$-Plättchen aus, so setzen sich die reflektierten Komponenten zu einer linear polarisierten Welle zusammen, jedoch ist die Polarisationsrichtung zur Einfallsebene nun nicht mehr unter 45°, sondern unter einem anderen Winkel Ψ geneigt. Diesen Winkel bezeichnet man als Hauptazimut.

Wenn dünne Oberflächenschichten vorliegen oder die optischen Parameter der Grenzschicht mit der Eindringtiefe variieren, gelten anstelle von (11,100) und (11,101) viel kompliziertere Zusammenhänge, die sich nur mit Computern mit vertretbarem Aufwand analysieren lassen. Die Ergebnisse werden für die Auswertung in Nomogrammen zusammengestellt. Hier bezeichnet Δ im allgemeinen die differentielle Phasenänderung bei der Reflexion, die mit Kompensationsverfahren bestimmt wird. Aus den experimentell gefundenen Werten für Ψ, Δ und die Schichtdicke d können aus solchen Diagrammen die optischen Materialgrößen ermittelt werden.

Für Messungen dieser Art wurden spezielle Geräte entwickelt, die man als Ellipsometer bezeichnet. Mit ihnen lassen sich auch die Schichtdicken rationell und relativ genau bestimmen. Wir merken ferner an, daß ellipsometrische Messungen auch sehr empfindlich auf Änderungen der Realstruktur der Festkörperoberflächen ansprechen. Bereits chemisorbierte Monolagen können auf diese Weise nachgewiesen werden.

11.4. Kristalloptik — nichtlineare Optik

11.4.1. Allgemeine Grundlagen

Es ist hier nicht der Platz, einen auch nur einigermaßen vollständigen Überblick über die Kristalloptik zu geben. Andererseits war die Erforschung der Kristallstrukturen so eng mit dem Studium ihres optischen Verhaltens verbunden, daß es nicht gerechtfertigt erscheint, die Kristalloptik gänzlich aus einer einführenden Darstellung der Festkörperphysik auszuklammern. Hinzu kommt, daß dieses Gebiet nicht, wie es lange Zeit schien, als weitgehend abgeschlossen gelten kann, sondern die höchst aktuellen Arbeiten zur nichtlinearen Optik eröffnen interessante Perspektiven mit wichtigen Anwendungsmöglichkeiten.

Kristalle, außer denen des kubischen Systems, verhalten sich optisch *anisotrop*. Die Lichtgeschwindigkeit im Festkörper hängt dann von der Ausbreitungsrichtung ab, und zu jeder Richtung gibt es im allgemeinen zwei zulässige Werte. Als Folge davon spalten Lichtwellen beim Eintritt in den Kristall in zwei Teilstrahlen auf, die senkrecht zueinander polarisiert sind und sich in verschiedenen Richtungen unterschiedlich schnell ausbreiten. Experimentell äußert sich dies in der bekannten *Doppelbrechung*, in der *Drehung der Polarisationsebene* von linear polarisiertem Licht und anderen physikalischen Effekten.

Der Grund für die Anisotropie besteht darin, daß die vom elektrischen Feld der Welle bewirkte *Polarisation* in den verschiedenen Kristallrichtungen unterschiedlich leicht erfolgt. Bei nicht zu hohen Feldstärken lassen sich $\boldsymbol{P}$ sowie $\boldsymbol{D}$ als lineare Vektorfunktionen von $\boldsymbol{E}$ ausdrücken

$$\boldsymbol{P} = \varepsilon_0 \boldsymbol{\chi}_{\text{el}} \boldsymbol{E}; \qquad \boldsymbol{D} = \varepsilon_0 \boldsymbol{\epsilon} \boldsymbol{E}. \tag{11,102}$$

Die Suszeptibilität $\boldsymbol{\chi}_{\text{el}}$ und die Dielektrizitätskonstante $\boldsymbol{\epsilon}$ sind dann Tensoren 2. Stufe, die — wie aus Betrachtungen über die Energiedichte folgt — symmetrisch sein müssen. Wir betrachten im folgenden zunächst nur die Dielektrizitätskonstante, deren Tensor in Komponenten durch

$$((\varepsilon_{ik})) \equiv \begin{pmatrix} \varepsilon_{11} & \varepsilon_{12} & \varepsilon_{31} \\ \varepsilon_{12} & \varepsilon_{22} & \varepsilon_{23} \\ \varepsilon_{13} & \varepsilon_{23} & \varepsilon_{33} \end{pmatrix} \tag{11,103}$$

wiedergegeben wird. Ähnlich wie bei den elastischen Konstanten nimmt die Zahl der maximal 6 unabhängigen Komponenten mit zunehmender Symmetrie der Kristalle ab. Die Verhältnisse liegen hier allerdings einfacher als bei den *elastischen* oder *piezoelektrischen* Eigenschaften (vgl. Abschnitt 5.2. und 9.8.), da nur der Zusammenhang zwischen den Vektorfeldern $\boldsymbol{D}$ und $\boldsymbol{E}$ zu berücksichtigen ist, während in den früheren Fällen Tensorfelder einander zugeordnet waren, die sich erst mit dem Kunstgriff der Voigtschen Komponenten durch Matrizen darstellen ließen.

Als symmetrischer Tensor kann $\boldsymbol{\varepsilon}$ auf Hauptachsen transformiert werden, und man erhält auf diese Weise die drei *Hauptdielektrizitätskonstanten* ε_{I}, $\varepsilon_{\mathrm{II}}$, $\varepsilon_{\mathrm{III}}$, die sich geometrisch als Achsen eines Indexellipsoids veranschaulichen lassen. Natürlich sind die Komponenten von $\boldsymbol{\varepsilon}$ ebenfalls Funktionen der Frequenz, die im allgemeinen unterschiedlich von ω abhängen.

Welche Folgerungen ergeben sich nun für die Ausbreitung elektromagnetischer Wellen in Kristallen? Um dies im einzelnen zu zeigen, müßten wir, wie in Abschnitt 11.2.1., von den Maxwellschen Gleichungen ausgehen und die Besonderheiten untersuchen, die sich durch den tensoriellen Charakter von $\boldsymbol{\varepsilon}$ ergeben. Beschränkt man sich auf nichtabsorbierende Kristalle ($\sigma = 0$) und setzt wieder $\mu = 1$, so gelangt man durch Einsetzen ebener Wellenansätze für $\boldsymbol{E}$, $\boldsymbol{D}$ und $\boldsymbol{H}$ in die Maxwell-Gleichungen (11,8) und (11,9) zu folgenden bemerkenswerten Ergebnissen:

— Der Vektor der Energiestromdichte (Poynting-Vektor) und damit die *Strahlrichtung* ist auch im anisotropen Medium durch

$$\boldsymbol{S} = \boldsymbol{E} \times \boldsymbol{H} \tag{11,104}$$

gegeben. Mit $\mathbf{s}_{\mathrm{s}}^0$ bezeichnen wir im folgenden den Einheitsvektor in der Strahlrichtung.

— Die Richtung der *Normalen* auf den Wellenflächen konstanter Phase, die durch den Einheitsvektor $\mathbf{s}_{\mathrm{n}}^0$ gekennzeichnet werden soll, fällt im allgemeinen nicht mit der Strahlrichtung zusammen, sondern es gilt

$$\mathbf{s}_{\mathrm{s}}^0 \cdot \mathbf{s}_{\mathrm{n}}^0 = \cos\alpha\,. \tag{11,105}$$

— Für die Beziehungen zwischen den Feldvektoren folgt aus den Maxwell-Gleichungen

$$\varepsilon_0 c n[\mathbf{s}_{\mathrm{n}}^0 \times \boldsymbol{E}] = \boldsymbol{H}; \quad \frac{n}{c}\,[\mathbf{s}_{\mathrm{n}}^0 \times \boldsymbol{H}] = -\boldsymbol{D}, \tag{11,106}$$

$$\mathbf{s}_{\mathrm{n}}^0 \cdot \boldsymbol{D} = 0; \quad \mathbf{s}_{\mathrm{n}}^0 \cdot \boldsymbol{H} = 0, \tag{11,107}$$

wobei der richtungsabhängige Brechungsindex

$$n \equiv \frac{c}{v_n} \tag{11,108}$$

weiterhin als Verhältnis der Vakuumlichtgeschwindigkeit zur Phasengeschwindigkeit in Normalenrichtung — nicht in Strahlrichtung! — definiert ist. Aus (11,104), (11,106) und (11,107) ergibt sich, daß die magnetische Feldstärke auf den vier Vektoren $\mathbf{s}_{\mathrm{s}}^0$, $\mathbf{s}_{\mathrm{n}}^0$, $\boldsymbol{E}$ und $\boldsymbol{D}$ senkrecht steht, die demzufolge alle in einer Ebene liegen. Außerdem schwingt $\boldsymbol{D}$ senkrecht zu $\mathbf{s}_{\mathrm{n}}^0$, $\boldsymbol{E}$ senkrecht zu $\mathbf{s}_{\mathrm{s}}^0$, und $\boldsymbol{E}$ schließt mit $\boldsymbol{D}$ den gleichen Winkel α ein wie die Einheitsvektoren.

— Die *Strahlgeschwindigkeit*, mit der sich die Energiedichte in Richtung $\mathbf{s}_{\mathrm{s}}^0$ ausbreitet, beträgt somit

$$v_{\mathrm{s}} = \frac{v_n}{\cos\alpha}, \tag{11,109}$$

und die *Normalengeschwindigkeit* v_n stellt somit die Projektion der Strahlgeschwindigkeit auf die Normalenrichtung dar.

Zusammenfassend ergeben sich für elektromagnetische Wellen in Kristallen die in Abb. 11.17 schematisch dargestellten Verhältnisse. Bezüglich der Wellennormalen

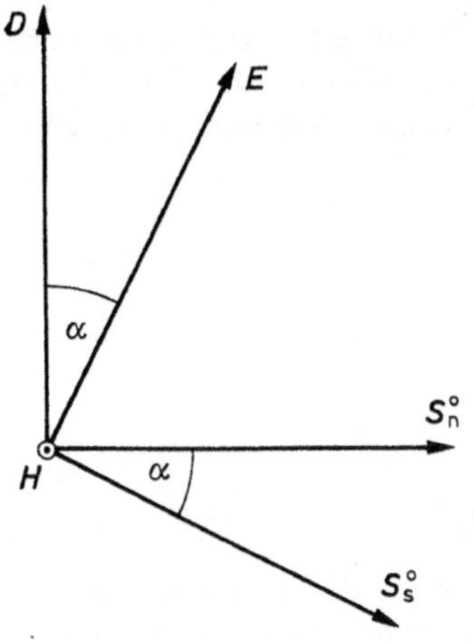

Abb. 11.17
Zuordnung der Vektoren der dielektrischen Verschiebung, der elektrischen Feldstärke, der magnetischen Feldstärke, der Normalenrichtung und der Strahlrichtung für eine elektromagnetische Welle in Kristallen.

schwingt also $\boldsymbol{D}$ transversal, hinsichtlich der Strahlrichtung dagegen $\boldsymbol{E}$. Die hier getroffenen Unterscheidungen sind wichtig, damit die Beschreibung durch ebene transversale Wellen beibehalten werden kann und die Phasen richtig erfaßt werden.

11.4.2. Fresnel-Gleichungen — optische Achsen

Aus den Gleichungen (11,106) eliminieren wir die magnetische Feldstärke und erhalten

$$\boldsymbol{D} = -\varepsilon_0 n^2[\boldsymbol{s}_n^0 \times [\boldsymbol{s}_n^0 \times \boldsymbol{E}]] = \varepsilon_0 n^2[\boldsymbol{E} - \boldsymbol{s}_n^0(\boldsymbol{s}_n^0 \cdot \boldsymbol{E})]. \qquad (11,110)$$

Wir führen in den Kristall nun ein Koordinatensystem ein, dessen rechtwinklige Achsen ξ, η, ζ mit den *Hauptachsen* I, II, II des Tensors der Dielektrizitätskonstante (11,103) zusammenfallen. Die Komponente von (11,110) bezüglich ξ beträgt

$$\boldsymbol{D}_\xi = \varepsilon_0 n^2[\boldsymbol{E}_\xi - \boldsymbol{s}_{n\xi}^0(\boldsymbol{s}_{n\xi}^0 \cdot \boldsymbol{E})] = \varepsilon_0 n^2 \left[\frac{\boldsymbol{D}_\xi}{\varepsilon_0 \varepsilon_I} - \boldsymbol{s}_{n\xi}^0(\boldsymbol{s}_{n\xi}^0 \cdot \boldsymbol{E})\right], \qquad (11,111)$$

wobei berücksichtigt wurde, daß $\boldsymbol{D}_\xi = \varepsilon_0 \varepsilon_I \boldsymbol{E}_\xi$ gilt (ε_I — Brechungsindex für die Hauptachse ξ).

Für die anderen Achsen ergeben sich natürlich analoge Ausdrücke. Auflösen liefert für die Komponenten von $\boldsymbol{D}$ im Hauptachsensystem:

$$\boldsymbol{D}_\xi = \varepsilon_0 \frac{\boldsymbol{s}_{n\xi}^0(\boldsymbol{s}_{n\xi}^0 \cdot \boldsymbol{E})}{\dfrac{1}{\varepsilon_I} - \dfrac{1}{n^2}}; \quad \boldsymbol{D}_\eta = \varepsilon_0 \frac{\boldsymbol{s}_{n\eta}^0(\boldsymbol{s}_{n\eta}^0 \cdot \boldsymbol{E})}{\dfrac{1}{\varepsilon_{II}} - \dfrac{1}{n^2}}; \quad \boldsymbol{D}_\zeta = \varepsilon_0 \frac{\boldsymbol{s}_{n\zeta}^0(\boldsymbol{s}_{n\zeta}^0 \cdot \boldsymbol{E})}{\dfrac{1}{\varepsilon_{III}} - \dfrac{1}{n^2}}. \qquad (11,112)$$

Multiplikation der ersten Beziehung mit $\boldsymbol{s}_{n\xi}^0$, der zweiten mit $\boldsymbol{s}_{n\eta}^0$, der dritten mit $\boldsymbol{s}_{n\zeta}^0$ und Addition der drei Ausdrücke ergibt offensichtlich das Produkt $(\boldsymbol{s}_n^0 \cdot \boldsymbol{D})$, das nach

(11,107) verschwindet. Kürzen wir noch die gemeinsamen Faktoren, so folgt

$$0 = \frac{(\mathbf{s}_{\mathrm{n}\xi}^0)^2}{\frac{1}{\varepsilon_{\mathrm{I}}} - \frac{1}{n^2}} + \frac{(\mathbf{s}_{\mathrm{n}\eta}^0)^2}{\frac{1}{\varepsilon_{\mathrm{II}}} - \frac{1}{n^2}} + \frac{(\mathbf{s}_{\mathrm{n}\zeta}^0)^2}{\frac{1}{\varepsilon_{\mathrm{III}}} - \frac{1}{n^2}}. \tag{11,113}$$

Dies ist eine quadratische Gleichung für n^2, die für jede Normalenrichtung $\mathbf{s}_{\mathrm{n}}^0$ der Kristallwelle im allgemeinen zwei verschiedene Werte für den Brechungsindex liefert. Die als Wurzel von n^2 ebenfalls möglichen Lösungen $-n_1$ und $-n_2$ sind physikalisch bedeutungslos.

Mit den Hauptlichtgeschwindigkeiten

$$v_{\mathrm{n}\xi} = \frac{c}{\sqrt{\varepsilon_{\mathrm{I}}}}; \quad v_{\mathrm{n}\eta} = \frac{c}{\sqrt{\varepsilon_{\mathrm{II}}}}; \quad v_{\mathrm{n}\zeta} = \frac{c}{\sqrt{\varepsilon_{\mathrm{III}}}} \tag{11,114}$$

läßt sich (11,113) umformen in

$$0 = \frac{(\mathbf{s}_{\mathrm{n}\xi}^0)^2}{v_{\mathrm{n}}^2 - v_{\mathrm{n}\xi}^2} + \frac{(\mathbf{s}_{\mathrm{n}\eta}^0)^2}{v_{\mathrm{n}}^2 - v_{\mathrm{n}\eta}^2} + \frac{(\mathbf{s}_{\mathrm{n}\zeta}^0)^2}{v_{\mathrm{n}}^2 - v_{\mathrm{n}\zeta}^2}. \tag{11,115}$$

Das ist die *Fresnelsche Normalengleichung*; sie besagt, daß zu einer bestimmten Richtung der Wellennormalen im Kristall im allgemeinen zwei verschiedene Fortpflanzungsgeschwindigkeiten v_1 und v_2 gehören.

Eine nähere Analyse lehrt, daß diesen Lösungen zwei Wellen entsprechen, die senkrecht zueinander linear polarisiert sind. Da mit den Geschwindigkeiten auch die Brechungsindizes verschieden sind, breiten sich diese Teilwellen im Kristall natürlich auch in unterschiedlichen Strahlrichtungen $\mathbf{s}_{\mathrm{s}1}^0$ bzw. $\mathbf{s}_{\mathrm{s}2}^0$ aus. Zusammenfassend erklärt die Fresnel-Gleichung somit, warum Lichtstrahlen, die durch eine ebene Begrenzungsfläche in einen anisotropen Kristall einfallen, in zwei senkrecht zueinander polarisierte Teilstrahlen aufgespalten werden.

Für das Weitere begnügen wir uns mit anschaulichen geometrischen Betrachtungen, ohne auf die analytischen Beweise einzugehen. In Abb. 11.18 ist schematisch das Indexellipsoid

$$\frac{\xi^2}{\varepsilon_{\mathrm{I}}^2} + \frac{\eta^2}{\varepsilon_{\mathrm{II}}^2} + \frac{\zeta^2}{\varepsilon_{\mathrm{III}}^2} = 1 \tag{11,116}$$

dargestellt, das die Hauptachsen bei den Werten $\varepsilon_{\mathrm{I}}, \varepsilon_{\mathrm{II}}, \varepsilon_{\mathrm{III}}$ schneidet. Zu jeder Richtung von $\boldsymbol{D}$ wird durch (11,116) ein Brechungsindex zugeordnet. Sein Quadrat ist gleich dem Betrag des Ortsvektors $\boldsymbol{r}$, der von O aus in Richtung von $\boldsymbol{D}$ zur Ellipsoidfläche gezogen wird.

Bei gegebener Richtung der Wellennormalen $\mathbf{s}_{\mathrm{n}}^0$ schneiden die senkrecht zu $\mathbf{s}_{\mathrm{n}}^0$ durch den Nullpunkt errichteten Ebenen das Ellipsoid in Schnittflächen, die normalerweise Ellipsen sind. Die beiden Hauptachsen dieser Schnittellipsen weisen in die Richtungen der beiden Vektoren $\boldsymbol{D}_1$ und $\boldsymbol{D}_2$, die den Teilwellen der betrachteten Normalenrichtung entsprechen. Die zugehörigen Brechungsindizes sind gleich den Hauptachsenabschnitten bzw. den halben Durchmessern der Schnittellipsen.

Es gibt nun genau zwei Richtungen, deren Normalebenen das Indexellipsoid in Kreisen schneiden. Die Brechungsindizes der Teilwellen werden dann gleich, so daß sich die Wellenfronten in Richtung ihrer Normalen ohne Aufspalten fortpflanzen. Diese ausgezeichneten Richtungen im Kristall werden *optische Normalenachsen* genannt. Sie definieren die Ebene der optischen Achsen, und die halbierende des von ihnen eingeschlossenen spitzen Winkels heißt *optische Mittellinie* des Kristalls.

Durch (11,105) werden den Normalenachsen in der gleichen Ebene die optischen Strahlenachsen zugeordnet. Man kann sie auch direkt durch ganz analoge Über-

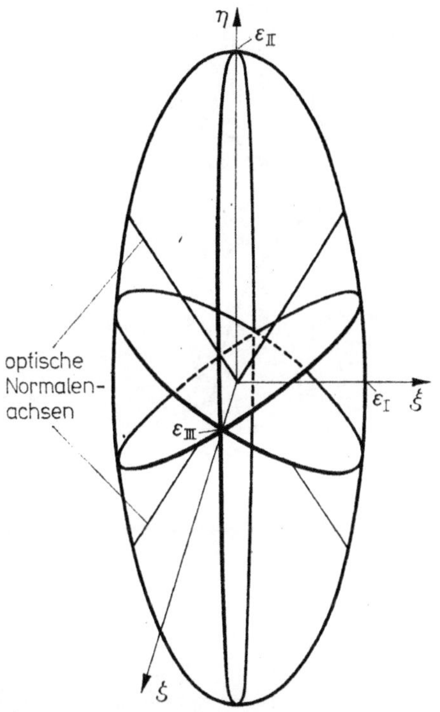

Abb. 11.18
Indexellipsoid im Hauptachsensystem mit optischen Normalenachsen.

legungen aus dem Fresnelschen Strahlenellipsoid

$$\varepsilon_{\mathrm{I}}\xi^2 + \varepsilon_{\mathrm{II}}\eta^2 + \varepsilon_{\mathrm{III}}\zeta^2 = 1 \tag{11,117}$$

ableiten. Bei dieser zu (11,116) äquivalenten Darstellung werden zu einer gegebenen Strahlrichtung $\boldsymbol{s}_{\mathrm{s}}^0$ die Komponenten der Feldstärken $\boldsymbol{E}_1$ und $\boldsymbol{E}_2$ betrachtet.

In Richtung der optischen Strahlenachsen können Lichtstrahlen den Kristall ohne Aufspaltung durchlaufen, wobei die Phase durch den Lichtweg entlang der optischen Normalenachse gegeben wird.

11.4.3. Strahlen- und Normalenflächen

Um sich rasch und anschaulich über das optische Verhalten von Kristallen zu informieren, benutzt man meist die Strahlen- und Normalenflächen. Sie stellen den geometrischen Ort aller Lichterregungen dar, die sich eine Zeiteinheit früher im Nullpunkt des Hauptachsensystems ξ, η, ζ der tensoriellen Dielektrizitätskonstanten befanden.

Wir wenden uns zunächst der Strahlenfläche zu. Wir erhalten sie, indem gedanklich vom Nullpunkt ausgehend die Strahlgeschwindigkeit v_{s} gemäß (11,109) aufgetragen werden, die den Richtungen $\mathbf{s}_s^0$ entsprechen. Da zu jeder Strahlrichtung nach der *Fresnel*-Gleichung (11,115) im allgemeinen zwei verschiedene Geschwindigkeiten gehören, sind auf jedem Radiusvektor zwei Punkte abzutragen. Die Gesamtheit aller so erhaltenen Punkte bildet die Strahlenfläche. Wie Abb. 11.19 perspek-

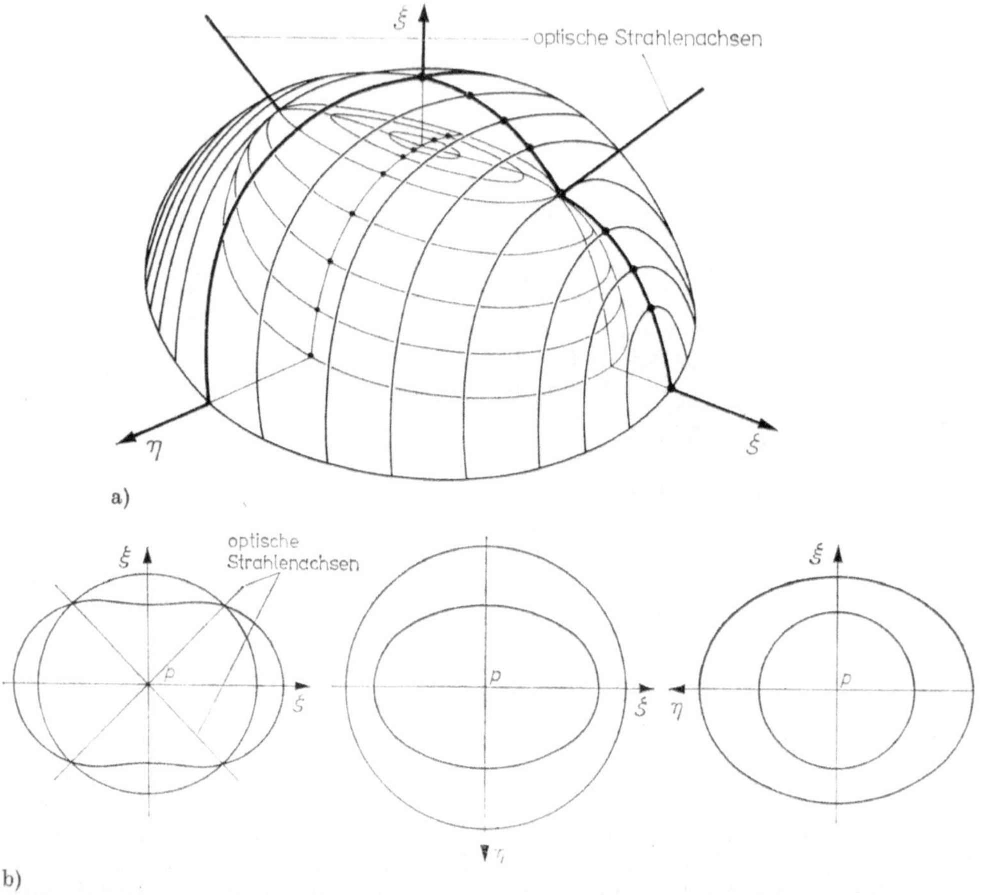

Abb. 11.19
Strahlenfläche im Hauptachsensystem.
In Teilbild b sind die Schnitte der Strahlenfläche mit den drei durch die Hauptachsen aufgespannten Ebenen dargestellt.

tivisch sowie für Meridianschnitte ausweist, besteht die Strahlenfläche aus zwei geschlossenen Schalen, die nur an den vier Durchstoßpunkten der optischen Strahlenachsen zusammentreffen. Analytisch läßt sie sich durch eine Gleichung *vierter* Ordnung beschreiben. Die allgemeine Strahlenfläche besitzt drei aufeinander senkrechte, zweizählige Symmetrieachsen und drei zugehörige Symmetrieebenen, welche die Schalen der Fläche in der in Abb. 11.19b dargestellten Weise schneiden. Physikalisch ist sie der geometrische Ort, bis zu dem die vom Nullpunkt ausgehende Energiedichte in der Zeiteinheit im Kristall längs der möglichen Strahlrichtungen fortschreitet. Dieser Gedankengang läßt sich auch auf *Elementarwellen* im Sinne des *Huyghensschen Prinzips* anwenden. Die Normalenfläche eines Kristalls wird ganz analog erhalten, indem die Normalengeschwindigkeit v_n auf den Radienvektoren abgetragen werden. Wegen (11,109) kann man sie aus der Strahlenfläche durch eine einfache Konstruktion ableiten. Man legt dazu an die Strahlenfläche die Tangentenebenen an und errichtet vom Nullpunkt aus das Lot auf diese Ebenen (Abb. 11.20). Die so erhaltenen Punkte bilden in ihrer Gesamtheit die Normalenfläche, die geometrisch die Fußpunktfläche der Strahlenfläche darstellt. Es sei angemerkt, daß die Tangentenebenen senkrecht zu den optischen Strahlenachsen die Strahlenflächen nicht punktförmig, sondern entlang von Kreisen tangieren.

Die Normalenfläche besteht gleichfalls aus zwei Schalen, die jedoch in Form von Ovaloiden stärker ausgebaucht sind als bei den Strahlenflächen. An den vier Durch-

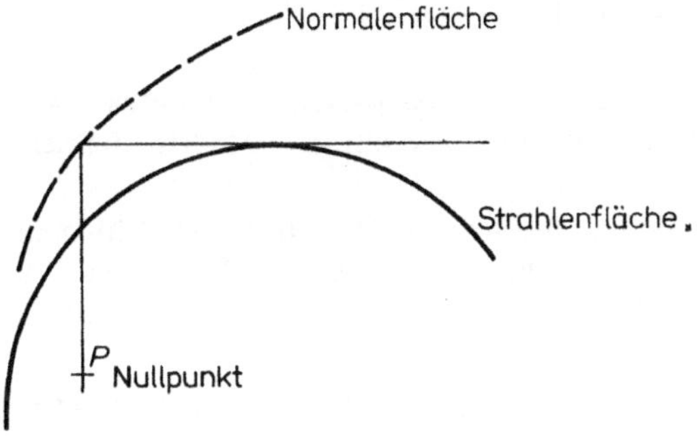

Abb. 11.20
Konstruktion der Normalenfläche aus der Strahlenfläche.

stoßpunkten der optischen Normalenachsen hängen die Teilflächen zusammen. Die Normalenfläche vermittelt einen Überblick über die Phasen von ebenen Wellen, die eine Zeiteinheit früher im Nullpunkt gestartet sind.

Die hier angestellten Betrachtungen beziehen sich auf den allgemeinsten Fall anisotroper Kristalle. Demnach treten bei drei voneinander verschiedenen Werten der Hauptdielektrizitätskonstanten nur zwei optische Achsen auf, in deren Richtungen Licht ohne Doppelbrechung durchgelassen wird. Beträchtliche Vereinfachungen ergeben sich, wenn zwei oder gar alle drei Hauptdielektrizitätskonstanten gleich sind. Dies führt, wie im folgenden Abschnitt noch untersucht wird, auf die bekannten Fälle optisch einachsiger beziehungsweise isotroper Festkörper. Bei einachsigen und teilweise auch bei zweiachsigen Kristallen ist die Position der optischen Achsen durch Symmetrierichtungen bestimmt und damit unveränderlich. Bei zweiachsigen Kristallen niederer Symmetrie wird dagegen *Achsendispersion* beobachtet, d. h., die Lage der optischen Achsen hängt von der Frequenz ab. Eine weitere Besonderheit, die bei Kristallen ohne Inversionszentrum und ohne Spiegelebenen auftreten kann, bildet die *optische Aktivität*. Darunter versteht man die Eigenschaft, die Polarisationsebene von linear polarisiertem Licht um einen Winkel zu drehen, dessen Größe vom Lichtweg im Kristall und der spezifischen Drehung $\hat{\alpha}_D$ abhängt. Eine Scheibe der Dicke d, die senkrecht zur optischen Achse aus einem einachsigen Kristall, beispielsweise Quarz, herausgeschnitten worden ist, dreht die Polarisationsebene von senkrecht auftreffendem Licht um den Winkel

$$\alpha_D = \hat{\alpha}_D \cdot d . \tag{11,118}$$

Man unterscheidet zwischen rechts- und linksdrehenden Stoffen. Im ersten Fall wird die Polarisationsebene im Uhrzeigersinn gedreht, wenn man dem Strahl entgegenblickt. Bemerkenswert ist die starke Abhängigkeit der spezifischen Drehung von der Frequenz, die *Rotationsdispersion* genannt wird (Tab. 11.7).

Tabelle 11.7
Rotationsdispersion von Quarz

δ_D in Grad/mm	370,9	226,91	91,19	48,93	29,72	17,32	6,69	1,55
λ in nm	185,398	217,402	308,76	404,7	508,6	656,3	1040	2140

11.4.4. Optische Eigenschaften und Kristallstruktur

In diesem Abschnitt geben wir zunächst eine Klassifikation der Festkörper nach ihren optischen Eigenschaften und gehen danach auf einige Aspekte der atomistischen Interpretation ein.

Optisch isotrope Festkörper. Hierzu gehören die Kristalle des kubischen Systems sowie die meisten amorphen Stoffe wie Gläser und Plaste. Wenn man die optische Aktivität berücksichtigt, sind auch bei den isotropen Kristallen zwei Gruppen zu unterscheiden:

— I. Einfach brechende Kristalle ohne optische Aktivität. Die Strahlenfläche ist eine Kugel, die durch die skalare Dielektrizitätskonstante festgelegt wird.
— II. Einfach brechende Kristalle mit optischer Aktivität. Die Strahlenfläche besteht aus zwei konzentrischen Kugeln, die durch zwei Konstanten, etwa die skalare Dielektrizitätskonstante und die spezifische Drehung festgelegt werden. Die Polarisationsebene von durchgelassenem Licht wird unabhängig von der Richtung entsprechend (11,118) gedreht. Dieses Verhalten zeigen nur bestimmte Kristalle der Klasse 23 des kubischen Systems wie z. B. $NaClO_3$ oder $KBrO_3$, bei denen durch die Basis ein großer Teil der Symmetrieelemente des Gitters aufgehoben wird.

Optisch einachsige Kristalle. Dieser wichtige Typ umfaßt die Kristallklassen des tetragonalen, hexagonalen und rhomboedrischen (trigonalen) Systems. Je nachdem, ob optische Aktivität vorliegt oder nicht, werden zwei Gruppen unterschieden:

— III. Gewöhnliche einachsige Kristalle. Zwei der drei Hauptdielektrizitätskonstanten sind gleich, und wir setzen

$$\varepsilon_{\mathrm{I}} = \varepsilon_{\mathrm{II}} \equiv \varepsilon_{\mathrm{or}} = n_{\mathrm{or}}^2, \qquad \varepsilon_{\mathrm{III}} \equiv \varepsilon_{\mathrm{ao}} = n_{\mathrm{ao}}^2, \tag{11,119}$$

wobei sich die Indizes auf den *ordentlichen* (or) bzw. den *außerordentlichen* (ao) Strahl beziehen. Das Indexellipsoid geht damit in ein Rotationsellipsoid mit der Gleichung

$$\frac{\xi^2 + \eta^2}{\varepsilon_{\mathrm{or}}^2} + \frac{\zeta^2}{\varepsilon_{\mathrm{ao}}^2} = 1 \tag{11,120}$$

über. Als Strahlenfläche ergibt sich ein Rotationsellipsoid, das an den Durchstoßpunkten der optischen Achse von einer Kugel berührt wird (Abb. 11.21).

Man spricht von einachsig *negativen* oder *positiven* Kristallen, je nachdem ob

$$n_{ao} = \frac{c}{c_{ao}} < n_{or} = \frac{c}{c_{or}} \tag{11,121}$$

oder

$$n_{ao} = \frac{c}{c_{ao}} > n_{or} = \frac{c}{c_{or}}$$

erfüllt ist. Mit c_{ao} und c_{or} bezeichnen wir die *Hauptlichtgeschwindigkeiten*, die für den ordentlichen Strahl in beliebiger Richtung und für den außerordentlichen

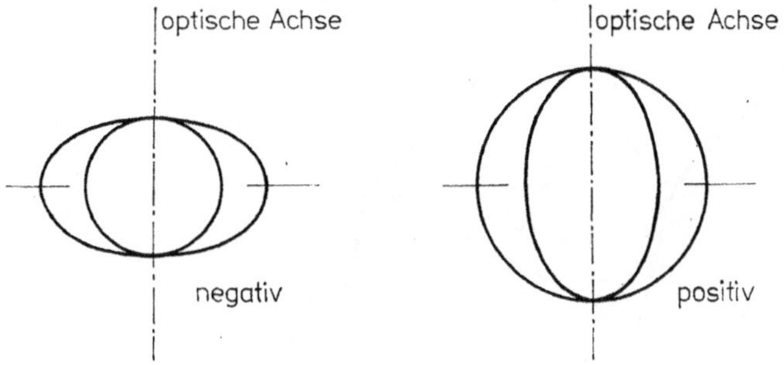

Abb. 11.21

Schnitt durch die rotationssymmetrischen Strahlenflächen negativer und positiver einachsiger Kristalle.

Tabelle 11.8

n_{or} und n_{ao} für einachsige Kristalle der Gruppen III und IV

Stoff	n_{or}	n_{ao}	ϑ_D/Grad · mm^{-1}	λ/nm
Kalkspat	1,681	1,497	—	404,6
Gruppe III	1,655	1,485	—	643,8
Quarz	1,5442	1,5533	21,72	589,3
Gruppe IV	1,550	1,559	32,12	486,1

Strahl senkrecht zur optischen Achse beobachtet werden. Da die Lage der optischen Achse durch die Symmetrie des Kristalls gegeben ist, genügen 2 Konstanten, um die optischen Eigenschaften zu charakterisieren. Daten für die beiden wichtigsten Vertreter sind in Tab. 11.8 angegeben. Für Anwendungen ist der stark doppelbrechende *Kalkspat* mit dem Verhältnis $c_{ao}/c_{or} = 1{,}1157$ besonders geeignet. Aus passend geschliffenen Prismen, die diagonal zersägt und anschließend mit einem optisch dünneren Kleber (z. B. Kanadabalsam) wieder aneinandergefügt werden, fertigt man Polarisatoren, von denen das *Nicolsche Prisma* (Abb. 11.22) am bekanntesten ist. Die senkrecht zueinander polarisierten Strahlenbündel werden dabei durch Totalreflexion an der Grenzfläche voneinander getrennt.

– IV. Einachsige Kristalle mit optischer Aktivität. Bei Kristallen der Klassen 3, 6 und 622 kann optische Aktivität auftreten, die sich der Doppelbrechung überlagert. Die Strahlenfläche besteht aus zwei Rotationsflächen, die nur wenig von einem Rotationsellipsoid bzw. einer Kugel abweichen, sich aber nicht berühren. Um das optische Verhalten zu kennzeichnen, ist eine dritte Konstante notwendig. Gewöhnlich wird die spezifische Drehung δ_D in Achsenrichtung angegeben. Wichtige Beispiele einachsiger Kristalle mit Drehvermögen sind (α)-Quarz und Eis. Anschaulich läßt sich die Ausbreitung in Achsenrichtung durch zwei *zirkular* polarisierte Wellen beschreiben, die sich mit unterschiedlicher Geschwindigkeit fortpflanzen. Bei nicht senkrechter Inzidenz tritt elliptische Polarisation auf, die sich mit wachsendem Winkel zur optischen Achse rasch der linearen Polarisation nähert.

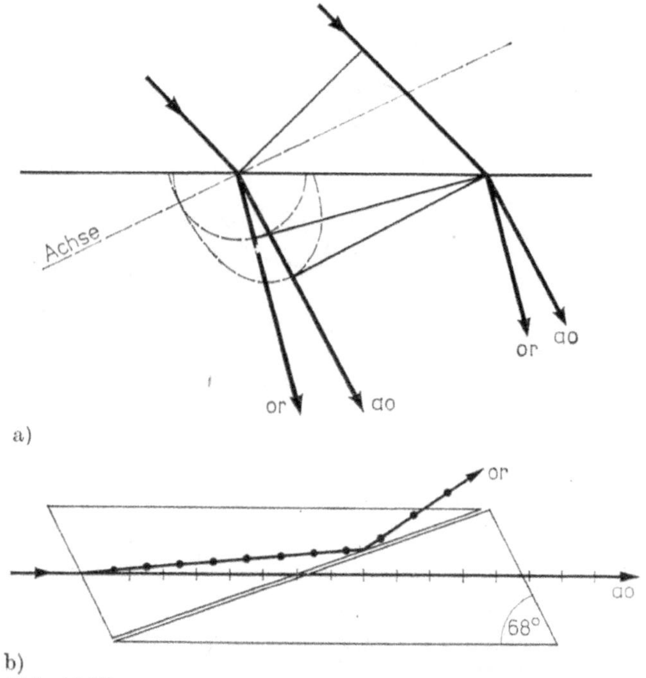

Abb. 11.22

a) Strahlengang und Entstehung des ordentlichen und außerordentlichen Strahls bei der Brechung an einer doppelbrechenden Substanz.

b) Nicol-Prisma.

Optisch zweiachsige Kristalle. Dieser allgemeinste Typ wird durch die Kristalle des rhombischen, monoklinen und triklinen Kristallsystems verkörpert. Die Gestalt der Strahlenflächen hatten wir im vorigen Abschnitt bereits ausführlich diskutiert. Die zweiachsigen Kristalle bilden folgende drei Gruppen, wenn man die Lage der Kristallachsen berücksichtigt:

— V. Bei optisch zweiachsigen Kristallen des rhombischen Systems fallen die Hauptachsen des ϵ-Tensors mit den kristallographischen Symmetrieachsen zusammen, womit die optischen Achsen eindeutig festgelegt sind. Zur Kennzeichnung genügen also drei Konstanten, nämlich die drei Hauptelektrizitätskonstanten oder die entsprechenden Hauptbrechungsindizes.

— VI. Bei monoklinen Kristallen ist nur eine Hauptachse des ϵ-Tensors unveränderlich festgelegt. Sie fällt mit der zweizähligen Symmetrieachse der Kristalle zusammen, die zugleich die *optische Mittellinie* (Winkelhalbierende zwischen den optischen Achsen) darstellt. Die beiden anderen Hauptachsen können variable, frequenzabhängige Richtungen einnehmen, so daß der Tensor der Dielektrizitätskonstante durch 4 Komponenten charakterisiert wird.

— VII. In triklinen Kristallen sind schließlich alle drei dielektrischen Hauptachsen variabel, und man benötigt die Angabe aller **6** Komponenten des Tensors (11,103), um die optischen Eigenschaften, darunter die Lage der beiden optischen Achsen, zu beschreiben.

Die Zugehörigkeit von Kristallen zu einer der Gruppen I···VII läßt sich mit Polarisationsgeräten und bei kleinen Abmessungen in Polarisationsmikroskopen leicht feststellen. Darauf beruhen wichtige Methoden zur Bestimmung des Kristallsystems sowie der Lage der optischen Achsen. Nützliche Informationen gewinnt man auch aus den charakteristischen Interferenzfiguren, die verschiedenartig geschnittene Kristallplatten im polarisierten Licht liefern.

Atomistisch läßt sich die Anisotropie der Dielektrizitätskonstante und der optischen Eigenschaften von Festkörpern im Prinzip leicht verstehen. Viel schwieriger ist eine quantitative Theorie konkreter Systeme, die bisher nur für wenige Stoffe durchgerechnet worden ist. In Ionenkristallen hängen die Frequenzspektren der Phononen von den Richtungen im Kristall ab, so daß die Ionen unter dem Einfluß des elektrischen Feldstärkevektors der Wellen unterschiedlich stark schwingen. Analog prägt sich die Kristallsymmetrie der Elektronenverteilung in Metallen und Halbleitern auf, was durch die Fermi-Flächen beschrieben wird. Auf Störungen durch äußere Felder „antwortet“ das System bei nicht zu großer Feldstärke durch lineare Änderungen der Elektronenverteilung, deren Stärke bei nichtkubischen Kristallen von der Richtung abhängt. Für die Elektronenübergänge in Molekülkristallen hatten wir bereits in (11,62) und (11,63) festgestellt, daß die atomaren Dipolmomente im allgemeinen Tensorcharakter besitzen. Diese Anisotropie der Basis überträgt sich natürlich auf die dielektrischen Eigenschaften des gesamten Kristalls, falls nicht innerhalb der aus mehreren Molekülen bestehenden Basis eine Kompensation erfolgt. Genau dies ist jedoch bei Gitterbausteinen niederer Symmetrie häufig der Fall. Auf diese Weise erklärt sich, warum Kristalle organischer Moleküle mit asymmetrischem Kohlenstoffatom, deren Lösungen bekanntlich optisch aktiv sind, meist kein Drehungsvermögen aufweisen. Umgekehrt ist die optische Aktivität von Salzen wie Natriumchlorat eine Kristalleigenschaft, die beim Auflösen verschwindet, da die asymmetrischen Gitterbausteine dann in Ionen dissoziieren.

Optisch isotrope Stoffe, darunter auch *Gläser* oder *Flüssigkeiten*, können optisch aktiv und/oder doppelbrechend werden, wenn man durch elektrische oder magnetische Felder eine Vorzugsrichtung erzeugt. Das Auftreten einer Doppelbrechung in einem elektrischen Feld wird als *Kerr-Effekt* bezeichnet und für Schalt- und Modulationsvorgänge von Licht, neuerdings besonders bei Lasern, genutzt. Der *Faraday-Effekt* besteht in einer Drehung der Polarisationsebene, die in transparenten Materialien durch Magnetfelder bewirkt wird. Für den Drehwinkel gilt

$$\alpha_D = V \cdot |\boldsymbol{B}| \cdot d \tag{11,122}$$

($\boldsymbol{B}$ — magnetische Induktion, d — Schichtdicke),
wobei die *Verdet*sche Konstante V für genügend hohe Frequenzen (violettes oder

ultraviolettes Licht) durch

$$V = \frac{e}{m_0} \frac{\omega}{2c} \frac{dn}{d\omega} \tag{11,123}$$

($n(\omega)$ — Dispersionsfunktion)
gegeben ist. Bei ferroelektrischen und ferromagnetischen Festkörpern ergeben sich durch die von der spontanen Polarisation ausgelösten Effekte interessante elektro- bzw. magnetooptische Wechselwirkungen, die für die Entwicklung von *Datenspeichern* genutzt werden können (vgl. Abschnitt 10.7.). Als Speichermedien, die optisch abgefragt werden, benutzt man dünne, anisotrope Schichten auf geeigneten einkristallinen Substraten.

Ferner kann *Doppelbrechung* in Plasten und anderen Stoffen durch mechanische *Spannungen* zustande kommen. Hierauf beruht ein interessantes Verfahren zur Analyse mechanischer Spannungen in kompliziert geformten Maschinenteilen. Man bildet die Teile aus durchsichtigen Plasten modellgerecht nach und beobachtet im belasteten Zustand die im polarisierten Licht auftretenden Interferenzen. Auf dem gleichen Effekt beruhen Kontraste und Interferenzfiguren, die im Polarisationsmikroskop an Fasern oder biologischen Objekten sichtbar werden.

11.4.5. Dichroismus — Polarisationsfilter

Die Lichtabsorption anisotroper Festkörper haben wir bisher nicht berücksichtigt, und zwar aus gutem Grunde, denn die Theorie wird dann sehr unübersichtlich, und die Erscheinungen sind im einzelnen wenig erforscht. Von Dichroismus spricht man, wenn die beiden senkrecht zueinander polarisierten Teilstrahlen doppelbrechender Stoffe unterschiedlich absorbiert werden. Besonders große Unterschiede im Absorptionskoeffizienten beobachtet man bei *Turmalinen*, kompliziert zusammengesetzten Aluminiumborosilikaten, die als Mineralien weit verbreitet sind und in ausgebildeten Kristallen als Halbedelsteine gelten. Eine parallel zur optischen Achse geschnittene Turmalinplatte absorbiert den ordentlichen Strahl schon in einer Dicke von 1 mm nahezu vollständig, während der außerordentliche Strahl noch zu einem erheblichen Prozentsatz hindurchgelassen wird. Solche Platten kann man demnach als Polarisatoren einsetzen, jedoch wird auch die Intensität des durchgelassenen Lichtes wesentlich reduziert. In neuerer Zeit gelang es, stark dichroitische Polymere herzustellen, die farblos sind und den durchgelassenen Strahl nur wenig absorbieren. Sie bestehen aus langen Kettenmolekülen, die durch Verstrecken ausgerichtet werden. Solche *Polaroid-Folien* lassen sich in großen Abmessungen herstellen und gewinnen dementsprechend immer größere Bedeutung als Polarisatoren für große Flächen.

11.4.6. Nichtlineare Polarisation

Die innere elektrische Feldstärke, die auf die äußeren Hüllenelektronen durch die Atomrümpfe ausgeübt wird, beträgt bei Halbleitern größenordnungsmäßig 10^7 V/cm und bei Molekülkristallen sogar bis zu 10^9 V/cm. Mit klassischen Lichtquellen lassen sich im Inneren der Festkörper nur Feldstärkeschwingungen erzeugen, deren Amplitude um Größenordnungen kleiner ist als die inneren Felder. Unter diesen Umständen wird die Elektronenverteilung nur geringfügig deformiert, und die linearen Beziehungen zwischen der Polarisation $\boldsymbol{P}$ oder der Verschiebung $\boldsymbol{D}$ und der Feldstärke $\boldsymbol{E}$ (11,102) sind innerhalb der Meßgenauigkeit sehr genau erfüllt. Erst nach Entdeckung der Laser waren intensivere Lichtquellen verfügbar, mit denen sich periodisch veränderliche Felder erzeugen lassen, deren Amplituden in die Nähe der inneren Feldstärken kommen. Gegenwärtig werden mit Laserlichtquellen Feldstärken von $10^6 \cdots 10^8$ V/cm erreicht. Damit eröffnete sich die Möglichkeit, nichtlineare optische Prozesse experimentell zu untersuchen. Aufbauend auf grundlegenden theoretischen Arbeiten von WAWILOW wurde die nichtlineare Optik mit Hilfe von Laserlichtquellen in den Jahren 1962 bis 1965 vor allem durch ACHMANOW und CHOCHLOW in der UdSSR und durch FRANKEN, BLOEMBERGEN und DUOUING in den USA begründet. Anstelle der linearen Relationen (11,102) treten im Gebiet der nichtlinearen Optik die Ansätze

$$\boldsymbol{P} = \varepsilon_0 \boldsymbol{\chi}_{\mathrm{el}}(\boldsymbol{E})\,\boldsymbol{E}; \qquad \boldsymbol{D} = \varepsilon_0 \boldsymbol{\epsilon}(\boldsymbol{E})\,\boldsymbol{E}. \tag{11,124}$$

Die Tensoren der Suszeptibilität und der Dielektrizitätskonstante sind jetzt selbst Funktionen der Feldstärke. In der nichtlinearen Optik ist es üblich, von der Polarisation und der Suszeptibilität auszugehen und nicht von $\boldsymbol{D}$ und $\boldsymbol{\epsilon}$ wie in der üblichen Optik. Der Zusammenhang zwischen den Tensoren $\boldsymbol{\chi}_{\mathrm{el}}$ und $\boldsymbol{\epsilon}$ ist durch

$$\boldsymbol{\chi}_{\mathrm{el}} = \mathbf{I} + \boldsymbol{\epsilon} \tag{11,125}$$

($\mathbf{I}$ — Einheitstensor) gegeben. In Komponentenschreibweise gilt

$$\chi_{ij} = \delta_{ij} + \varepsilon_{ij}, \tag{11,126}$$

wobei das Kronecker-Symbol δ_{ij} für $i = j$ gleich Eins und für $i \neq j$ Null ist.

Da der nichtlineare Beitrag zur Polarisation auch bei Laserexperimenten gewöhnlich klein bleibt, ist es zweckmäßig, die erste Gleichung (11,124) nach Potenzen von $\boldsymbol{E}$ zu entwickeln. Man erhält für die ersten drei Glieder dieser tensoriellen Entwicklung

$$\boldsymbol{P} = \boldsymbol{\chi}^{(1)}\boldsymbol{E} + \boldsymbol{\chi}^{(2)}\boldsymbol{E}_i\boldsymbol{E} + \boldsymbol{\chi}^{(3)}\boldsymbol{E}_i\boldsymbol{E}_i\boldsymbol{E} = \boldsymbol{P}^{(1)} + \boldsymbol{P}^{(2)} + \boldsymbol{P}^{(3)}. \tag{11,127}$$

Wir müssen uns über den mathematischen Charakter der hier auftretenden Größen verständigen. Das erste Glied

$$\boldsymbol{P}^{(1)} = \boldsymbol{\chi}^{(1)}\boldsymbol{E} \tag{11,128}$$

besteht aus dem Produkt des zweistufigen Tensors $\boldsymbol{\chi}^1$ mit dem Vektor der Feldstärke. Es drückt den bisher allein berücksichtigten linearen Anteil aus, was wir durch den oberen Index (1) kennzeichnen, während der Hinweis „el" auf die elektrische Suszeptibilität im folgenden fortgelassen wird. Der zweite Term

$$\boldsymbol{P}^{(2)} = \boldsymbol{\chi}^{(2)}\boldsymbol{E}_i\boldsymbol{E} \tag{11,129}$$

umfaßt den Beitrag quadratischer Glieder, der durch das Produkt des Tensors dritter Stufe $\boldsymbol{\chi}^{(2)}$ mit dem Tensor zweiter Stufe (der aus dem *dyadischen Produkt* hervorgeht) $\boldsymbol{E}_i\boldsymbol{E}$ gegeben ist. In Komponentenschreibweise lautet (11,129)

$$P_i^{(2)} = \sum_{j,k} \chi_{ijk}^{(2)} E_j E_k. \tag{11,130}$$

Analog setzt sich das kubische Glied

$$\boldsymbol{P}^{(3)} = \boldsymbol{\chi}^{(3)}\boldsymbol{E}_i\boldsymbol{E}_i\boldsymbol{E} \tag{11,131}$$

aus dem Produkt eines Tensors vierter Stufe mit einem Tensor dritter Stufe zusammen. Ausgedrückt in Komponenten ergibt sich

$$\boldsymbol{P}_i^{(3)} = \sum_{j,k,l} \chi_{ijkl}^{(3)} E_j E_k E_l . \tag{11,132}$$

Die mehrfach indizierten Komponenten sind normale skalare Entwicklungskoeffizienten einer verallgemeinerten *Taylor*-Reihe. In der Praxis ergeben sich beträchtliche Vereinfachungen auf Grund der Symmetrieverhältnisse. Dadurch ist es möglich, die Tensoren höherer Stufe durch Produkte von Matrizen mit fortlaufend indizierten Zeilenvektoren auszudrücken. Wir erläutern dieses Verfahren, das wir in Abschnitt 5.1.4. im Zusammenhang mit den mechanischen Eigenschaften schon benutzt hatten, für das quadratische Glied am Beispiel des optisch einachsigen Quarzes. Analog zu den *Voigt*schen Indizes in (5,24) ersetzen wir die Paare jk durch einen Parameter m, der die Werte von $1 \cdots 6$ annimmt:

m	1	2	3	4	5	6
jk	xx	yy	zz	yz	zx	xy

(11,133)

Setzen wir nun voraus, daß die z-Achse in Richtung der optischen Achse verläuft, so lassen sich die neuen Komponenten $\chi_{im}^{(2)}$ für Quarz durch folgende Tabelle darstellen:

$i\downarrow$ $m\rightarrow$	1	2	3	4	5	6
x	a	$-a$	0	b	0	0
y	0	0	0	0	$-b$	$-2a$
z	0	0	0	0	0	0

(11,134)

Dieses Schema stellt eine rechteckige Matrix dar, die mit dem Zeilenvektor der 6 Komponenten $E_j E_k$ zu multiplizieren ist. Für die gesuchten quadratischen Anteile des Polarisationsvektors finden wir damit

$$\begin{aligned} P_x^{(2)} &= aE_x^2 - aE_y^2 + bE_y E_z , \\ P_y^{(2)} &= -bE_z E_x - 2aE_x E_y , \\ P_z^{(2)} &= 0 . \end{aligned} \tag{11,135}$$

Wie man sieht, sind also nur wenige der Komponenten von Null verschieden, so daß die Ausdrücke des quadratischen Anteils der Polarisation eine einfache Gestalt annehmen. Dieses Ergebnis bezieht sich auf einachsige Kristalle wie Quarz, die kein Inversionszentrum besitzen und *piezoelektrisch* sind. Ist dagegen ein Symmetriezentrum vorhanden, so verschwindet $\boldsymbol{\chi}^{(2)}$ überhaupt, und in der Entwicklung (11,127) liefert dann nur das kubische Glied $\boldsymbol{P}^{(3)}$ einen nichtlinearen Beitrag zur Polarisation. Abbildung 11.23 veranschaulicht den (übertrieben!) nichtlinearen Verlauf der Funktion $\boldsymbol{P}(\boldsymbol{E})$ im Eindimensionalen für Kristalle mit bzw. ohne Inversionszentrum. Im ersten Fall müssen die Kurven für alle Richtungen symmetrisch zum Nullpunkt sein, d. h., die geraden Potenzen in der Entwicklung verschwinden. Allerdings läßt sich die Inversionssymmetrie beispielsweise in Kalkspat aufheben, wenn kräftige äußere elektrische Felder angelegt werden.

Bevor wir uns mit den Auswirkungen der nichtlinearen Polarisation auf das optische Verhalten befassen, sei noch darauf hingewiesen, daß der hier benutzte Tensorformalismus auch in anderen Bereichen der Festkörperphysik für eine rigorose theoretische Beschreibung benutzt wird. Das gilt beispielsweise für die Gitterschwingungen, wo wir uns bewußt mit einfacheren Hilfsmitteln begnügt hatten.

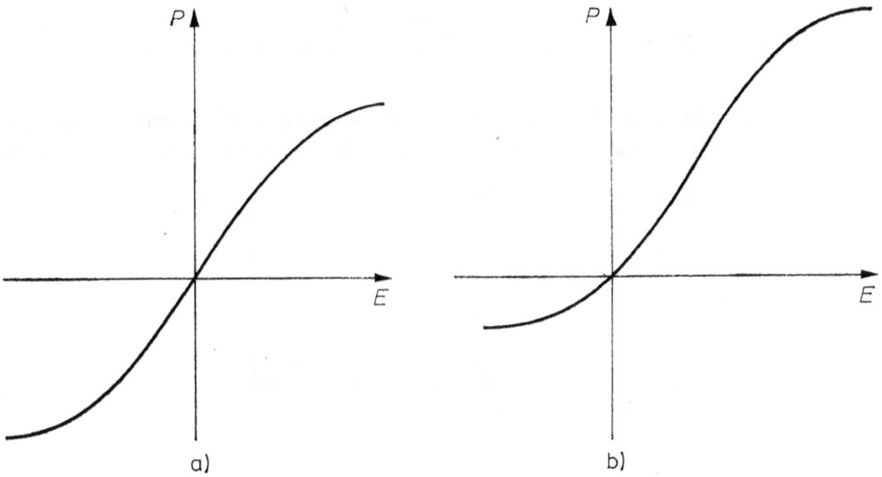

Abb. 11.23
Abhängigkeit der Polarisation von der elektrischen Feldstärke für Kristalle mit (a) und ohne (b) Inversionszentrum.

11.4.7. Erzeugung optischer Oberwellen

Die wichtigste Folge der Nichtlinearität der dielektrischen Festkörpereigenschaften besteht darin, daß sich die elektromagnetischen Wellen im Kristall nicht mehr ungestört überlagern, sondern daß Photon-Photon-Wechselwirkungen möglich werden. Dies führt zum Auftreten von Oberwellen der doppelten oder dreifachen Frequenz, wenn Kristalle mit intensivem Laserlicht bestrahlt werden. Wir betrachten der Einfachheit halber eine Quarzscheibe, die senkrecht zur optischen Achse z geschnitten ist. Für Lichtstrahlen, die sich parallel zur Achse ausbreiten, ist dann $E_z = 0$ und (11,127) geht mit (11,135) in die skalare Gleichung

$$P = \hat{\chi} E + aE^2 \qquad (11,136)$$

über, wenn wir das kubische Glied vernachlässigen und mit $\hat{\chi}$ die senkrecht zur optischen Achse wirksame Suszeptibilität bezeichnen. Das elektrische Feld des Laserstrahlbündels kann durch den reellen Wellenansatz

$$E = \hat{E} \sin (\omega t - k_1 z) \qquad (11,137)$$

beschrieben werden. Durch Einsetzen in (11,136) ergibt sich

$$P = \hat{\chi} \hat{E} \sin (\omega t - k_1 z) + a\hat{E}^2 \sin^2 (\omega t - k_1 z) . \qquad (11,138)$$

Hier wird implizit vorausgesetzt, daß $\boldsymbol{P}$ und $\boldsymbol{E}$ in Phase schwingen. Nach den Ausführungen in den Abschnitten 9.2.3. und 11.2.6. ist dies angenähert der Fall, wenn ω genügend weit unterhalb der Resonanzfrequenzen des Kristalls liegt. Anderenfalls müßte man von der nichtlinearen Differentialgleichung der erzwungenen Polarisationsschwingungen ausgehen, jedoch führt dies zu prinzipiell gleichartigen Ergebnissen.

Durch einfaches trigonometrisches Umformen folgt aus (11,138)

$$P = \chi\hat{E}\sin(\omega t - k_1 z) + \frac{a\hat{E}^2}{2}\{1 - \cos(2\omega t - k_2 z)\}. \tag{11,139}$$

Das quadratische Glied führt also zum Auftreten einer Oberwelle der doppelten Kreisfrequenz 2ω, die man als *zweite Harmonische* bezeichnet. Tatsächlich beobachtete

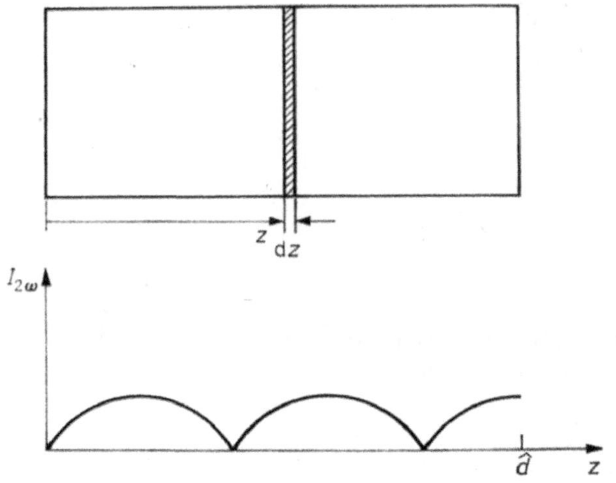

Abb. 11.24
Abhängigkeit der Intensität der Welle mit der doppelten Frequenz von der durchlaufenen optischen Dicke.

erstmalig Franken (1961) eine Frequenzverdoppelung, wenn Quarzscheiben der intensiven Strahlung eines Rubinlasers ausgesetzt werden. Es wurden neben den Photonen der einfallenden Strahlung ($\lambda_1 = 694$ nm) auch ein um Größenordnungen kleinerer Anteil von Photonen der Wellenlänge $\lambda_2 = 347$ nm registriert.

Um die Ursache für die geringe Effektivität der Frequenzverdopplung aufzuzeigen, fragen wir nach der Intensität der zweiten Harmonischen. In der Ebene z des Kristalls der optischen Dicke $\hat{d}$ (Abb. 11.24) beträgt die Phase der Welle (11,137)

$$k_1 z = \frac{2\pi n_1}{\lambda} z. \tag{11,140}$$

Die von dort ausgehenden Wellen der doppelten Frequenz 2ω besitzen die Wellenzahl

$$k_2 = \frac{2\pi n_2}{\lambda/2}, \tag{11,141}$$

denn der Brechungsindex n_2 ist für die Wellen doppelter Frequenz infolge der Dispersion verschieden von n_1. Für normale Dispersion gilt für die Brechungsindizes und die zugehörigen Phasengeschwindigkeiten der beiden Wellen

$$n_2 > n_1; \quad v_1 = \frac{\omega}{k_1} > v_2 = \frac{2\omega}{k_2}, \tag{11,142}$$

d. h., die Primärwelle und die Oberwelle breiten sich verschieden schnell aus. Der Anteil der Kristallschicht dz an der Amplitude der zweiten Harmonischen am Ausgang des Kristalls läßt sich durch

$$d\hat{E} = f \cos\left[2\omega t - k_2\hat{d} + (k_2 - 2k_1) z\right] dz \tag{11,143}$$

ansetzen, wenn man die dispersionsbedingten Unterschiede in der Laufzeit von z bis $\hat{d}$ und die Phasendifferenzen beachtet. Durch den Faktor f, der von dem Faktor a im quadratischen Glied von $\boldsymbol{P}$ abhängt, wird die Wahrscheinlichkeit der Frequenzverdopplung ausgedrückt. Integration von (11,143) von $z = 0$ bis $\hat{d}$ liefert für das gesamte Feld der zweiten Harmonischen

$$\hat{E}(\hat{d}) = \hat{d} f \frac{\sin\left[\left(\frac{k_2}{2} - k_1\right)\hat{d}\right]}{\left(\frac{k_2}{2} - k_1\right)\hat{d}} \cos\left[2\omega t - \left(\frac{k_2}{2} + k_1\right)\hat{d}\right]. \tag{11,144}$$

Für die gesuchte Intensität der austretenden Welle mit der Frequenz 2ω erhalten wir mit (11,53)

$$I^{(2\omega)} = \frac{\varepsilon_0 c n_2}{2}\left\{\hat{d} f \frac{\sin\left[\left(\frac{k_2}{2} - k_1\right)\hat{d}\right]}{\left(\frac{k_2}{2} - k_1\right)\hat{d}}\right\}^2 = \frac{\varepsilon_0 c n_2 \hat{d}^2 f^2}{2}\left\{\frac{\sin\left[\frac{\hat{d}\omega}{c}(n_2 - n_1)\right]}{\frac{\hat{d}\omega}{c}(n_2 - n_1)}\right\}^2. \tag{11,145}$$

Danach ändert sich die Intensität periodisch mit der Kristalldicke $\hat{d}$, wie im unteren Teil von Abb. 11.24 aufgetragen wurde, und die maximalen Werte sind umgekehrt proportional zur Differenz der Brechungsindizes. Dieser störende Einfluß der Dispersion läßt sich qualitativ folgendermaßen verstehen. Zunächst findet mit zunehmender Eindringtiefe in den Kristall ein Energieübergang von der Grund- auf die Oberwelle statt. Mit wachsender Phasenverschiebung ändert sich jedoch der Charakter der Wechselwirkung, so daß die Intensität der zweiten Harmonischen weniger rasch anwächst und schließlich sogar wieder abnimmt. Nachdem die gesamte Energie wieder auf die ursprüngliche Welle zurückgekehrt ist, beginnt erneut das Anfachen der Oberwelle und so fort. Der Abstand benachbarter Nullstellen heißt *Kohärenzlänge.* Sie ist nach (11,145) durch

$$l_k = \frac{\lambda}{4(n_2 - n_1)} \tag{11,146}$$

gegeben. Für Quarz liegt l_k in der Größenordnung von 10^{-5} m. Eine optimale Intensität der zweiten Harmonischen ließe sich erzielen, wenn die Bedingungen

$$n_2 = n_1 \quad \text{oder} \quad k_2 = 2k_1 \tag{11,147}$$

erfüllt werden könnten. Die Intensität wird dann der Dicke des Kristalls proportional, wie man sieht, wenn der Sinus in (11,145) durch das verschwindende Argument ersetzt wird. Entsprechend ergeben sich für die Kohärenzlänge unendlich große

Werte, wenn man von sekundären Effekten (z. B. Streuverlusten) absieht. Praktisch lassen sich die Bedingungen (11,147) bei isotropen Kristallen allerdings höchstens in der Nachbarschaft von Resonanzfrequenzen erfüllen, doch tritt dann zugleich eine starke Absorption auf. Anders verhält es sich, wenn man in anisotropen Kristallen eine Richtung aussucht, für welche die Brechungsindizes bzw. die Phasengeschwindigkeiten des außerordentlichen Strahls der Frequenz 2ω mit denen des ordentlichen Strahls der Frequenz ω übereinstimmen.

11.4.8. Phasenanpassung in anisotropen Kristallen

Besonders günstige Parameter in bezug auf den quadratischen Anteil der nichtlinearen Polarisation weist Kaliumhydrogensulfat (KH_2PO_4) auf, das meist kurz als KDP bezeichnet wird (vgl. Abschnitt 9.4.). KDP-Kristalle, die besonders häufig

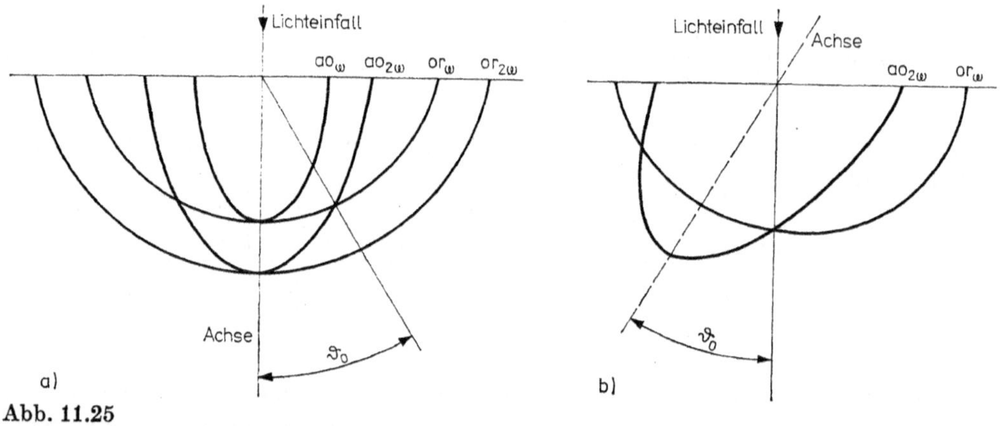

Abb. 11.25

Lichtausbreitung bei Frequenzverdopplung in einem Kristall parallel zur optischen Achse (a) und in Synchronisationsrichtung (b).

für die Frequenzverdopplung eingesetzt wurden, sind einachsig negativ. Wir erläutern das Problem der Phasenanpassung („phase matching") daher für Kristalle dieser Gruppe.

In Abb. 11.25a sind die Strahlenflächen für die Ausbreitung von zwei Wellen der Frequenzen ω und 2ω dargestellt. Wie man sieht, stimmt die Geschwindigkeit des ordentlichen Strahls der Frequenz ω mit der des außerordentlichen Strahls der Frequenz 2ω auf einem Kegel des Öffnungswinkels $2\vartheta_0$ überein. Hier gilt also

$$v_{or}(\omega) = v_{ao}(2\omega), \tag{11,148}$$

und die Bedingungen (11, 147) werden erfüllt. Schneidet man eine Platte so aus dem Kristall heraus, daß die optische Achse zur Oberflächennormalen den Winkel ϑ_0 einschließt, so steht ein Strahl dieses Kegels senkrecht zur Oberfläche, d. h., Bedingung (11,148) gilt nun längs der senkrechten Inzidenz (Abb, 11.25b). Um eine effektive Frequenzverdopplung zu erzielen, muß man Laserlicht in die Platte so einstrahlen, daß die Polarisation mit der des ordentlichen Strahls zusammenfällt. Man erhält dann eine intensive außerordentliche Welle der Frequenz 2ω. Auf diese

Weise wurden experimentell bei KDP mehr als 20% der einfallenden Intensität in Licht der zweiten Harmonischen umgewandelt. Neuerdings gelang es, auch mit anderen Stoffen hohe Umwandlungsgrade zu erreichen. Bei Kristallen mit Symmetriezentrum, beispielsweise Kalkspat, wurde die Erzeugung von Wellen der Frequenz 3ω, allerdings in erheblich geringerer Ausbeute, beobachtet. Das Zustandekommen der *dritten Harmonischen* läßt sich in ähnlicher Weise wie im vorigen Abschnitt durch den Einfluß der *kubischen Terme* der nichtlinearen Polarisation deuten. Zur Phasenanpassung muß man die Kristalle so schneiden, daß die zu (11,148) analoge Beziehung zwischen Wellen mit den Frequenzen ω und 3ω erfüllt wird.

Naturgemäß lassen sich diese Vorgänge auch umkehren, womit man zur Frequenzteilung gelangt. Geeignete Systeme hierfür bestehen aus passend geschnittenen Kristallen, deren Endflächen mit halbdurchlässigen, selektiven Spiegelschichten überzogen werden. Wenn diese Schichten die zweite Harmonische gut reflektieren, die Grundwelle jedoch nur wenig, so bildet sich bei Einstrahlung von Licht der Frequenz 2ω im Festkörper ein intensives Strahlungsfeld aus, und man erhält in guter Ausbeute Licht der halben Frequenz. Praktisch sind die Frequenzvervielfachung oder -teilung bedeutungsvoll, weil man aus Laserlicht des roten oder grünen Bereiches intensive Strahlung in kurz- oder langwelligeren Gebieten erzeugen kann. Über weitere Anwendungen der nichtlinearen Optik, wie parametrische Lichtgeneratoren und -verstärker sowie Kombinationslaser, wird in der Speziallliteratur berichtet. Beim gewöhnlichen Festkörperlaser bilden nichtlineare Prozesse die wesentliche Ursache für die begrenzte Lichtleistung.

Tabelle 11.9
Schichtdicken zur Erzeugung der zweiten Harmonischen

Substanz	Wellenlänge in µm		$\frac{d_{mn}}{d_{36}\,(\mathrm{KDP})}$
KDP		d_{36}	1
(KH_2PO_4)	0,69	d_{14}	0,95
	1,06	d_{36}	1
		d_{14}	1,01
ADP ($NH_4H_2PO_4$)	1,06	d_{36}	6,3
		d_{31}	11,9
CdS	1,06	d_{31}	35
		d_{15}	32
		d_{33}	63
GaAs	1,06	d_{14}	560
	10,6	d_{14}	294
Se	10,6	d_{11}	63
Te	10,6	d_{11}	4230

Zweifellos werden Methoden und Anordnungen der nichtlinearen Optik künftig große Bedeutung erlangen. Bereits jetzt spricht man von einer konsequenten Informationsverarbeitung auf der Basis optischer Systeme, die als *Optronik* eines Tages als leistungsfähige, sehr schnell arbeitende Alternative zur Mikro- und Optoelektronik entstehen könnte. Aufgabe des Festkörperphysikers ist es, hierfür die optimalen Stoffeigenschaften zu erforschen und geeignete Kristalle, Dünnschichtsysteme usw. bereitzustellen. In Tab. 11.9 sind einige Daten von Stoffen zusammengestellt, die in der letzten Zeit für die nichtlineare Optik eingesetzt wurden.

11.4.9. Nichtlineare Prozesse als Photon-Photon-Wechselwirkung

Vom Gesichtspunkt der Quantentheorie sind die Vorgänge der nichtlinearen Optik als Prozesse zwischen mehreren Photonen aufzufassen, in deren Ergebnis Lichtquanten auf Kosten anderer gebildet werden. Für *Dreiphotonenprozesse* fordern Energie- und Impulssatz:

$$\begin{aligned} \omega_1 + \omega_2 &= \omega_3\,, \\ k_1 + k_2 &= k_3\,. \end{aligned} \tag{11,149}$$

Für $\omega_1 = \omega_2$ und $k_1 = k_2$ folgen die Bedingungen für die Frequenz-Verdopplung bzw. -Teilung sowie die Phasenanpassung. Damit ergibt sich für (11,147) eine wichtige quantentheoretische Interpretation. Sie kennzeichnet den Fall, daß bei Dreiphotonenprozessen der Impulssatz ohne Mitwirkung weiterer Partner, insbesondere Phononen, erfüllt wird.

Auch die allgemeinen durch (11,149) beschriebenen Dreiphotonen-Prozesse für $\omega_1 \neq \omega_2$ wurden in geeigneten Kristallen, wie KDP, beobachtet. Schickt man zwei Strahlenbündel der Frequenz ω_1 und ω_2 aus verschiedenen Lasern in den Kristall, so entsteht Kombinationsstrahlung der Frequenz ω_3, wenn für die Phasenanpassung günstige Parameter gewählt werden. Auf diesem Grundprinzip beruhen die oben erwähnten Kombinationslaser. Im übrigen sind Prozesse dieser Art als *Anti-Stokes-Streuung* in der Optik seit langem bekannt.

Für *Vierphotonenprozesse* gilt entsprechend

$$\begin{aligned} \omega_1 + \omega_2 + \omega_3 &= \omega_4\,, \\ k_1 + k_2 + k_3 &= k_4\,, \end{aligned} \tag{11,150}$$

woraus für $\omega_1 = \omega_2 = \omega_3$ und gleiche k wieder der Spezialfall der 3. Harmonischen mit optimaler Phasenanpassung folgt. Übereinstimmend mit den experimentellen Befunden erwartet man, daß die Wahrscheinlichkeit solcher Prozesse rapide abnimmt, je mehr Quanten daran beteiligt sind.

11.5. Photoeffekte

11.5.1. Übersicht

Seit den Versuchen von Becquerel und Hallwachs am Ende des vorigen Jahrhunderts ist eine nahezu unübersehbare Fülle von Arbeiten über die Beeinflussung der elektrischen — und auch anderer — Festkörpereigenschaften durch Lichtstrahlen publiziert worden. Das Studium dieser Photoeffekte liefert einmal äußerst wertvolle

Informationen über die Elektronenbandstruktur der Festkörper, und zum anderen beruht auf ihnen die Funktion zahlreicher Bauelemente der Elektronik und Optik. Beispiele sind *Photozellen, Photoelemente* bis hin zu den *Sonnenbatterien*, aber auch Geräte zur Analysenmeßtechnik fester Körper. Man unterscheidet phänomenologisch folgende Haupttypen der Photoeffekte:

- die *Photoleitung*, auch *innerer* lichtelektrischer Effekt genannt, die als Folge des Einfalls elektromagnetischer Wellen an Isolatoren und Halbleitern beobachtet wird. Sie äußert sich im Einsetzen oder einer Zunahme der elektrischen Leitfähigkeit,
- das Auftreten von *Photospannungen* (Photo-Elektromotorischen Kräften oder Photo-EMK) im Volumen oder an der Oberfläche von Kristallen sowie in Halbleiterstrukturen mit pn-Übergängen,
- den *äußeren* lichtelektrischen Effekt bei Metallen, Halbleitern oder auch Isolatoren, der durch einen Austritt von Photoelektronen aus der Festkörperoberfläche gekennzeichnet ist,
- sekundäre chemische oder strukturelle Wirkungen der Photonen, die eng mit den lichtelektrischen Erscheinungen zusammenhängen, wie etwa die *Photodesorption* oder *-adsorption*, und vor allem natürlich die Grundprozesse der *Photographie*,
- eine Vielzahl von gemischten Effekten, die durch Kopplung lichtelektrischer mit magnetischen, dielektrischen oder auch mechanischen Vorgängen hervorgerufen werden. Gerade bei diesen scheinbar etwas abseitigen Phänomenen, auf die im folgenden nur an wenigen Beispielen eingegangen werden kann, sollte man stets beachten, daß sie interessante Wirkprinzipien für wissenschaftliche und technische Anwendungen verkörpern.

11.5.2. Photon-Elektron-Phonon-Wechselwirkung

Wir betrachten zunächst die Wechselwirkung zwischen Kristallelektronen und elektromagnetischen Wellen im Rahmen der Einelektronen-Näherung des Bändermodells. Bei der quantentheoretischen Behandlung geht man von der zeitabhängigen Schrödinger-Gleichung

$$\{H_0 + V(t)\}\,\psi = -\,\mathrm{i}\hbar\,\frac{\partial\psi}{\partial t} \tag{11,151}$$

aus und faßt $V(t)$ als ein zeitabhängiges Störpotential auf, das sich dem zeitunabhängigen Hamilton-Operator H_0 in einem Zeitintervall $0 \leqq t \leqq \tau$ überlagert. Wenn man den Einfluß des Elektronenspins vernachlässigt, wird die Störfunktion eines elektromagnetischen Feldes durch den Operator

$$V(t) = -\,\frac{e}{m^*}\,\boldsymbol{A}\cdot\boldsymbol{p} + \frac{e^2}{2m^*c}\,\boldsymbol{A}^2 \tag{11,152}$$

beschrieben. Hier bedeuten:

e — die Elementarladung und m^* die Elektronenmasse, für die im Festkörper die effektive Masse eingesetzt wird;

$\boldsymbol{p}$ — den Impulsoperator

$$\boldsymbol{p} = -\mathrm{i}\hbar \frac{\partial}{\partial \boldsymbol{r}}; \tag{11,153}$$

$\boldsymbol{A}$ — das Vektorpotential, für welches

$$\boldsymbol{B} = \frac{\partial}{\partial \boldsymbol{r}} \times \boldsymbol{A} \quad \text{und} \quad \boldsymbol{E} = -\frac{\mathrm{d}\boldsymbol{A}}{\mathrm{d}t} \tag{11,154}$$

($\boldsymbol{B}$ — magnetische Induktion, $\boldsymbol{E}$ — elektrische Feldstärke) gilt.
Speziell für eine ebene Welle der Frequenz ω und dem Wellenzahlvektor $\boldsymbol{k}$ läßt sich ansetzen

$$\boldsymbol{A} = \boldsymbol{A}_0 \cos(\boldsymbol{kr} - \omega t) = \frac{\boldsymbol{A}_0}{2} [\exp(\mathrm{i}\boldsymbol{kr} - \mathrm{i}\omega t) + \exp(-\mathrm{i}\boldsymbol{kr} + \mathrm{i}\omega t)], \tag{11,155}$$

wenn $\boldsymbol{A}_0$ die Amplitude des Vektorpotentials bezeichnet.

Die Lösung von (11,151) erfolgt, wie in Lehrbüchern der Quantenmechanik ausführlich dargestellt wird, mit Hilfe der üblichen Störungstheorie, wobei ψ gemäß

$$\psi_m = \textstyle\sum_n a_{mn}(t)\, \varphi_n \exp\left(-\mathrm{i}W_n \frac{t}{\hbar}\right) \tag{11,156}$$

($a_n(t)$ — zeitabhängige Amplituden, φ_n — stationäre Wellenfunktion für den Energieeigenwert W_n)
in Form einer Reihe dargestellt wird. Weiterhin entwickelt man (11,155) nach Potenzen von ($\mathrm{i}\boldsymbol{kr}$). In der 1. Näherung begnügt man sich mit dem ersten Glied und führt von (11,152) nur den linearen Term mit. Im Ergebnis dieser *Dipolnäherung* gewinnt man die Wahrscheinlichkeiten $[a_{mn}(t)]^2$ für *Übergänge* von Elektronen aus dem Zustand m in den Zustand n unter *Absorption* oder *Emission* eines Lichtquants. Diese Übergangswahrscheinlichkeiten sind proportional zu den Dichten der Elektronenzustände und zum Quadrat der Matrixelemente des Impulsoperators, für die

$$\langle n|\boldsymbol{p}|m\rangle = \frac{\mathrm{i}m^*}{\hbar} (W_n - W_m) \langle n|\boldsymbol{r}|m\rangle \tag{11,157}$$

gilt. Wegen der Bezeichnungsweise vergleiche man z. B. Abschnitt 6.3.1. Wir kehren nun zur qualitativ-anschaulichen Betrachtungsweise zurück und fragen nach dem physikalischen Inhalt der theoretischen Ergebnisse. Ebenso wie bei freien Atomen induziert das periodische Feld einer elektromagnetischen Welle Übergänge der Kristallelektronen, die unter Absorption oder Emission von Lichtquanten verlaufen. Für die Photoeffekte interessiert uns zunächst die Absorption, die nur stattfinden kann, wenn

$$\hbar\omega = W_n - W_m \tag{11,158}$$

gilt und W_m ein besetzter und W_n ein unbesetzter Elektronenzustand ist. Abbildung 11.26 zeigt schematisch die wichtigsten Möglichkeiten bei den verschiedenen Festkörpern. Danach treten in realen Kristallen neben Übergängen innerhalb und zwischen den Bändern auch Elektronensprünge von oder zu lokalisierten Niveaus der Störstellen auf. Die Schärfe oder Linienbreite der Übergänge ergibt sich aus der endlichen Lebensdauer $\Delta\tau$ besetzter Zustände nach der Unschärferelation

$$\Delta W \cdot \Delta t \approx \frac{\hbar}{2} \tag{11,159}$$

sowie durch die Verbreiterung der Niveaus infolge der Wechselwirkung im Gitter. Bestrahlt man den Kristall über längere Zeit mit konstanter Lichtintensität, so finden zunehmend Rücksprünge statt, und es stellen sich schließlich stationäre Konzentrationen angeregter Elektronen ein. Bei reiner Photon-Elektron-Wechselwirkung

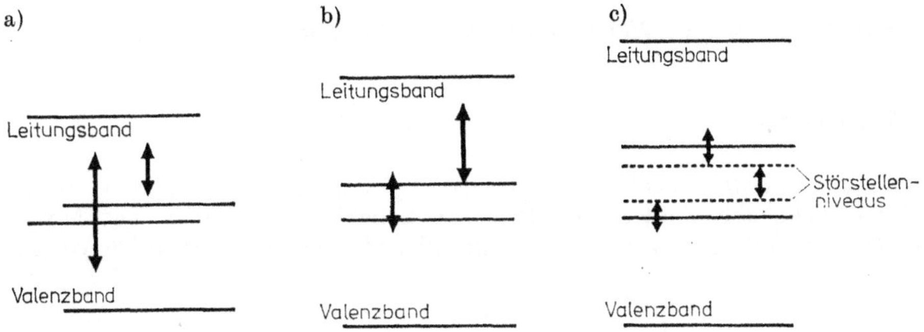

Abb. 11.26
Möglichkeiten von Elektronenübergängen in Metallen (a) sowie Isolatoren und Halbleitern (b, c).

müßten diese Übergänge mit der Emission von Lichtquanten verbunden sein. Praktisch überwiegen jedoch, wie wir in Abschnitt 11.5. noch ausführen werden, strahlungslose Übergänge unter Beteiligung des Gitters.

Bisher haben wir noch nicht berücksichtigt, daß außer dem Energiesatz (11,158) auch die Erhaltung des Impulses erfüllt sein muß. Die oben skizzierte Störungsrechnung liefert hierfür die Auswahlregel

$$\Delta \boldsymbol{k}_{\mathrm{el}} = \boldsymbol{k}_{\mathrm{ph}} \tag{11,160}$$

($\Delta \boldsymbol{k}_{\mathrm{el}}$ — Änderung des Wellenzahlvektors beim Elektronenübergang, $\boldsymbol{k}_{\mathrm{ph}}$ — Wellenzahlvektor des Photons).

Nun ist der Impuls von Photonen wegen der großen Lichtgeschwindigkeit relativ zu den *Quasiimpulsen* von Phononen oder Kristallelektronen außerordentlich klein (vgl. Abschnitt 5.2.1.). Demzufolge wird $\Delta \boldsymbol{k}_{\mathrm{el}} \approx 0$, d. h., bei der Photon-Elektron-Wechselwirkung können zunächst nur solche Übergänge stattfinden, die im $W(\boldsymbol{k})$-Diagramm senkrecht verlaufen (vgl. Abb. 7.4). Bei den sogenannten indirekten Halbleitern, wo der minimale Bandabstand W_{g} nicht durch Zustände von gleichem $\boldsymbol{k}_{\mathrm{el}}$ gegeben ist, dürfte daher für $\hbar\omega = W_{\mathrm{g}}$ überhaupt noch keine nennenswerte Lichtabsorption stattfinden. Die Praxis lehrt jedoch, daß dies nicht der Fall ist, sondern sogar schon unterhalb von Photonenenergien, die der Bandlücke entsprechen, wird ein steiler Anstieg der Absorption und der Photoleitfähigkeit beobachtet. Um diese scheinbare Diskrepanz zu klären, müssen wir den Beitrag des Gitters beachten, der in der Mitwirkung von Phononen zum Ausdruck kommt. Diese Photon-Elektron-Phonon-Wechselwirkung wird in der Störungsrechnung als 2. Näherung erhalten. Sie ist dadurch gekennzeichnet, daß die Absorption oder Emission von Photonen durch Kristallelektronen von der Aufnahme oder Erzeugung eines oder mehrerer

Phononen begleitet wird. Man erhält dann bei der Absorption indirekte Elektronenübergänge. Da bei Phononen die Energie relativ sehr klein ist, können wir den Beitrag eines Phonons durch einen waagerechten Strich andeuten und den gesamten Prozeß durch einen senkrechten und einen waagerechten Übergang im $W(\boldsymbol{k})$-Diagramm beschreiben. Damit ist natürlich nichts über eine Reihenfolge der Teilschritte ausgesagt. Wenn nur ein Phonon beteiligt ist, schreiben wir für Energie und Impulssatz

$$W_n = W_m \pm \hbar\omega \pm \hbar\Omega,$$
$$\Delta\boldsymbol{k}_{\text{el}} = \boldsymbol{k}_{\text{ph}} + \boldsymbol{K} \qquad (11{,}161)$$

(Ω, $\boldsymbol{K}$ — Kreisfrequenz bzw. Wellenzahlvektor des Phonons).

11.5.3. Exzitonen

Unter Exzitonen werden *Elektron-Loch-Paare* in Festkörpern verstanden, die auf Grund der anziehenden Coulomb-Kraft zusammengehalten werden. Die Modellvorstellungen der Exzitonen wurden in den dreißiger Jahren vor allem durch Arbeiten

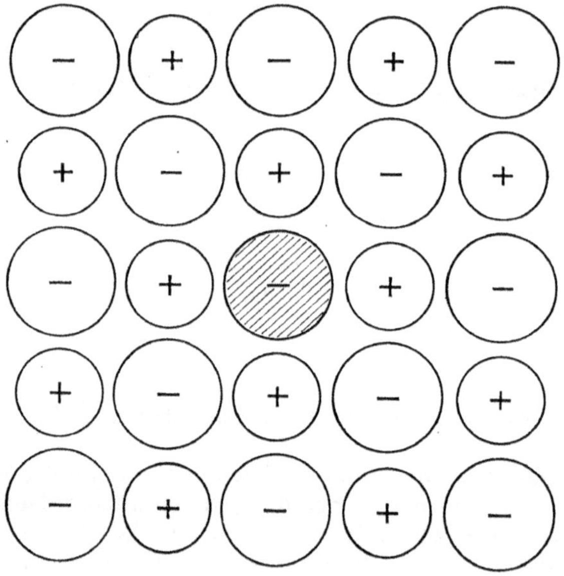

Abb. 11.27

Schematische Darstellung von (a) Frenkel- und (b) Wannier-Exzitionen. Im Teilbild c sind die Anregungsenergien im eindimensionalen Bändermodell dargestellt.

von FRENKEL, MOTT, PEIERLS und WANNIER begründet und seitdem ständig weiterentwickelt. Nach dem mittleren Abstand zwischen Elektron und Loch teilt man die Exzitonen in zwei Gruppen ein: (vgl. Abschnitt 6.6.) (Abb. 11.27) *Frenkel-Exzitonen* sind Anregungszustände, bei denen das Elektron-Loch-Paar jeweils an einem Atom oder Molekül lokalisiert ist. Gegenüber der einfachen Elektronenanregung in isolierten

Atomen oder Molekülen von Gasen ergeben sich Besonderheiten, weil die Gitterbausteine im Kristall miteinander gekoppelt sind. Die Elektronenniveaus werden dadurch verbreitert, wodurch optische Absorptionsbanden entstehen, wie sie vor

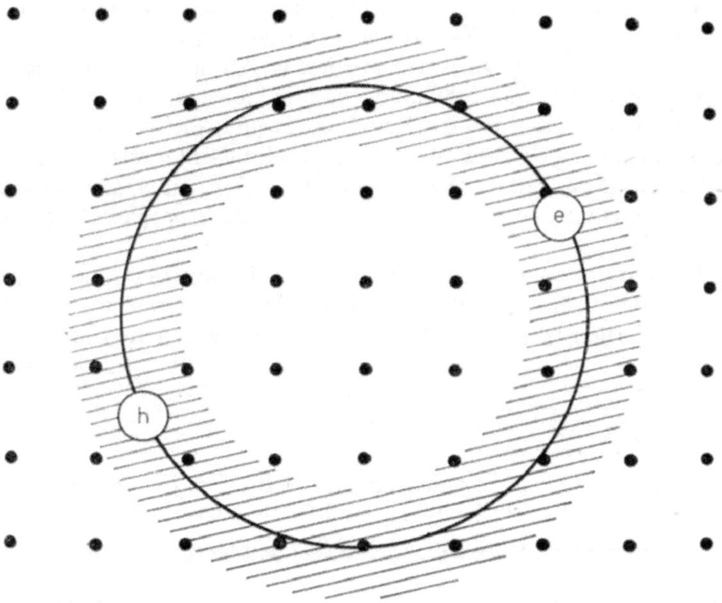

Abb. 11.27 b)

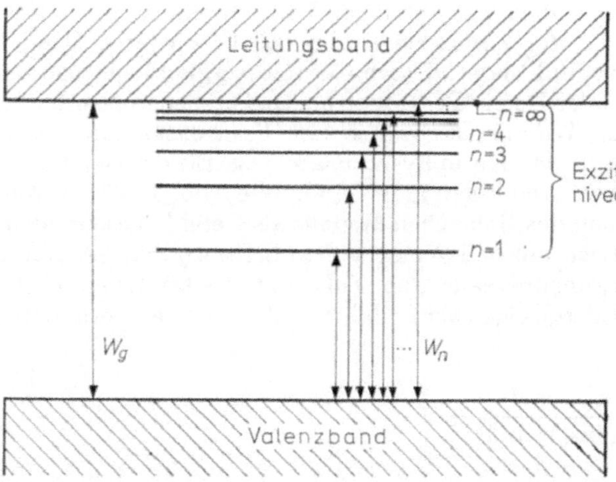

Abb. 11.27 c)

allem bei Molekülkristallen vielfach beobachtet werden. Auch die ausgeprägten Absorptionsmaxima von Alkalihalogeniden im UV-Bereich bei Quantenenergien von 6···8 eV werden als Anregung von Exzitonen gedeutet, die sich den Elektronenzuständen der Halogen-Ionen zuordnen lassen. Eine weitere Folge der Kopplung im Festkörper besteht darin, daß die relativ fest gebundenen *Frenkel*-Exzitonen auf benachbarte, gleichartige Gitterbausteine überwechseln können und auf diese Weise imstande sind, sich durch den gesamten Kristall auszubreiten. Andererseits kann die Kopplung zwischen Lichtwelle und Exzitonen zu gemischten Anregungen führen, die sich als *Polaritonen* durch den Kristall fortpflanzen (vgl. Abschnitt 11.2.6.). Derartige Mechanismen sind mit einem Energietransport verbunden, ohne daß ein Stromfluß stattfindet, denn der Nettostrom ist wegen der gegensätzlichen Ladung der Partner natürlich Null. Infolgedessen werden Exzitonen — berechtigt oder unberechtigt — dafür verantwortlich gemacht, daß bei bestrahlten Kristallen vielfach elektrische, optische oder chemische Effekte an Stellen auftreten, die den Strahlen nicht ausgesetzt waren und auch nicht auf Ladungsträgerströme zurückgeführt werden können. Neuerdings haben exzitonenähnliche Anregungszustände wachsendes Interesse für die Deutung des Energietransports in makromolekularen organischen Stoffen erlangt.

Die Theorie fest gebundener Exzitonen ist relativ kompliziert, da die übliche Einteilchen-Näherung der Festkörperphysik nicht ohne weiteres angewendet werden kann. In einfachen Fällen lassen sich Exzitonen als Quasiteilchen mit der effektiven Masse

$$m_{\mathrm{ex}}^* = \frac{\hbar^2}{2a^2M} \tag{11,162}$$

beschreiben. Hier bezeichnet M das Matrixelement für den Übergang der Anregungsenergie auf ein nächstes Nachbarteilchen und a die Gitterkonstante. Diese Formel ist nur brauchbar, wenn das Produkt $\Delta k\, a$ (Δk — Änderung der Wellenzahl bei der Elektronenanregung) klein ist.

Wannier-Exzitonen, auch *Mott-Exzitonen* genannt, sind Elektron-Loch-Paare mit einem mittleren Abstand von mehreren Gitterkonstanten. Sie entstehen in Halbleitern und Ionenkristallen mit anteiliger Valenzbindung, wenn sich das angeregte Elektron nicht von der zurückbleibenden Lücke entfernt, sondern gemeinsam mit dieser einen Zustand bildet, dessen Gesamtenergie kleiner ist als der Bandabstand W_{g}. Da Löcher oder Defektelektronen als Quasiteilchen positiven Elektronen ähnlich sind, lassen sich Wannier-Exzitonen mit *Positronium-Atomen* vergleichen. Darunter versteht man in der Kernphysik Paare von Elektronen und Positronen, die wasserstoffähnlich aneinander gebunden sind. Wie Abb. 11.27b veranschaulicht, können wir sie im Rahmen des Bohrschen Modells als Gebilde beschreiben, bei denen das Elektron und das Loch um den gemeinsamen Schwerpunkt kreisen. Analog zur Abschätzung der Elektronenniveaus von Substitutionsstörstellen (vgl. Abschnitt 4.10.) lassen sich die Energieeigenwerte daher mit einem abgewandelten Wasserstoffmodell angeben:

$$W_{\mathrm{n}} = W_{\mathrm{g}} - \frac{\mu_{\mathrm{r}} e^4}{(4\pi\varepsilon_0)^2\, 2\varepsilon^2\hbar^2 n^2} \tag{11,163}$$

(n — Hauptquantenzahl; $\dfrac{1}{\mu_{\mathrm{r}}} = \dfrac{1}{m_{\mathrm{n}}^*} + \dfrac{1}{m_{\mathrm{p}}^*}$ — reduzierte Masse, wobei m_{n}^* und m_{p}^* die effektiven Massen des Elektrons und des Lochs sind).

Tatsächlich findet man im optischen Absorptionsspektrum von Cu_2O für Photonenenergien unterhalb W_{g} diskrete Linien, deren Lage erstaunlich gut durch (11,163) wiedergegeben wird. Bei anderen Stoffen ist dies weniger gut erfüllt, und man muß dann von der Schrödinger-Gleichung für ein Zweiteilchensystem ausgehen. Dabei tritt zusätzlich eine abstoßende Austauschwechselwirkung zwischen Elektron und Loch auf.

Im allgemeinen genügt jedoch das einfache Modell zur Interpretation der experimentellen Photoabsorptionsspektren, da die einzelnen Exzitonenlinien meist nicht aufgelöst werden. In Abb. 11.28 sind Meßkurven dargestellt, die an Galliumarsenid bei verschiedenen Temperaturen aufgenommen worden sind. Man erkennt, daß

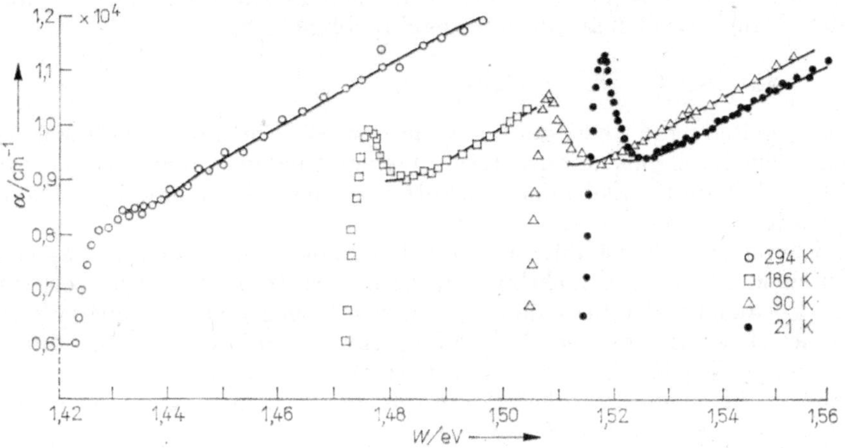

Abb. 11.28
Exzitonen in GaAs für verschiedene Temperaturen (α — Absorptionskoeffizient).

die charakteristischen Maxima mit zunehmender Temperatur immer flacher werden und schließlich ganz verschwinden. Gleichzeitig verschiebt sich das Einsetzen der Photoabsorption zu kleineren Energien hin. Dieses typische Verhalten kann vorläufig nur qualitativ gedeutet werden, indem man Abweichungen von der strengen Gitterperiodizität, eine gegenseitige Beeinflussung der angeregten Teilchen und die Mitwirkung von Phononen in Betracht zieht. Bereits bei Zimmertemperatur ist dies nicht mehr erfüllt, womit die Konzeption definierter Exzitonen fragwürdig wird.

11.5.4. Photoleitung

Prinzipiell läßt sich die Photoleitfähigkeit von Halbleitern und Isolatoren sehr einfach verstehen: Durch die einfallenden Photonen werden Elektronen aus dem Valenzband in das Leitungsband angehoben, und es entstehen paarweise Elektronen und Defektelektronen, die als Ladungsträger eine erhöhte Leitfähigkeit bewirken. Wandert ein Elektron oder ein Loch unter dem Einfluß eines äußeren Feldes um eine Strecke s, bevor es durch Rekombination oder andere Effekte wieder verlorengeht, so wird an der Kristalloberfläche die Ladung

$$Q = \frac{es}{d} \tag{11,164}$$

influenziert, wenn d die Dicke der Probe ist. Bei $\dot{N}$ je Sekunde erzeugten Elektronen ergibt sich als Anteil für den *Photostrom*

$$\boldsymbol{I} = \frac{\dot{N} e \boldsymbol{s}_{\mathrm{n}}}{d}, \tag{11,165}$$

und ein analoger Ausdruck (nur mit dem mittleren Weg $\boldsymbol{s}_{\mathrm{p}}$) gilt für den Beitrag der Löcher. Die mittleren *Driftwege* $\boldsymbol{s}_{\mathrm{n}}$ bzw. $\boldsymbol{s}_{\mathrm{p}}$ können noch durch die Feldstärke $\boldsymbol{E}$, die Beweglichkeiten μ_{n} und μ_{p} sowie die mittlere Lebensdauer τ_{n} bzw. τ_{p} ausgedrückt werden. Damit erhält man für homogene Bedingungen

$$\boldsymbol{s}_{\mathrm{n}} = \mu_{\mathrm{n}} \tau_{\mathrm{n}} \boldsymbol{E}; \quad \boldsymbol{s}_{\mathrm{p}} = \mu_{\mathrm{p}} \tau_{\mathrm{p}} \boldsymbol{E}. \tag{11,166}$$

Übrigens gelten diese Überlegungen auch, wenn die Generation zusätzlicher Ladungsträger nicht durch elektromagnetische Wellen, sondern durch Teilchenstrahlen ausgelöst wird. Darauf beruht der Kristallzähler, der zum Nachweis von Kernstrahlen gelegentlich eingesetzt wird.

Gleichung (11,165) ist nützlich, um den Photostromimpuls zu beschreiben, der durch einen sehr kurzen Lichtblitz oder ein Kernstrahlteilchen hervorgerufen wird. Bei länger anhaltender Bestrahlung stellt sich hingegen ein stationärer Zustand zwischen der Generation zusätzlicher Ladungsträger und ihrer Abnahme durch Rekombination ein. Gemäß Abschnitt 7.3.2. Formel (7,147) können wir die gesamte *Driftstromdichte* in einem Photoleiter unter homogenen Bedingungen als Summe des *Dunkelstromes* (1) und des *Photostromes* (2)

$$\boldsymbol{j} = \boldsymbol{j}_{\mathrm{n}1} + \boldsymbol{j}_{\mathrm{n}2} + \boldsymbol{j}_{\mathrm{p}1} + \boldsymbol{j}_{\mathrm{p}2} = (\sigma_1 + \sigma_2)\boldsymbol{E} \tag{11,167}$$

ausdrücken. Hier ist

$$\sigma_1 = e\mu_{\mathrm{n}} n + e\mu_{\mathrm{p}} p \tag{11,168}$$

die Dunkelleitfähigkeit und

$$\sigma_2 = e\mu_{\mathrm{n}}' \Delta n + e\mu_{\mathrm{p}}' \Delta p \tag{11,169}$$

die Photoleitfähigkeit, die von den zusätzlich gebildeten Ladungsträgern der Dichten Δn und Δp getragen wird. Im idealen Eigenhalbleiter werden die Ladungsträger bei der Absorption von Lichtquanten paarweise gebildet, so daß $\Delta n = \Delta p$ ist. Praktisch ist dies jedoch so gut wie nie der Fall, weil

— zusätzlich Ladungsträger einer Sorte durch Ablösung von Haftstellen, d. h. diskreten Störniveaus in der verbotenen Zone, gebildet werden und weil
— meist eine Ladungsträgerart bevorzugt von Haftstellen eingefangen wird.

Ferner haben wir die Beweglichkeiten in (11,169) mit einem Strich gekennzeichnet, womit ausgedrückt werden soll, daß die Werte für die Photoleitung von denen der Dunkelleitung abweichen können. Dies ist zu erwarten, da die Energieverteilung der Photoelektronen und -löcher wesentlich von der thermischen Verteilung abweichen kann. Beispielsweise werden durch Quanten genügend hoher Frequenz viele „heiße Elektronen" gebildet, die sich zunächst in oberen Bereichen des Leitungsbandes aufhalten. Ferner können auch Ladungsträger durch photoneninduzierte Übergänge innerhalb der Bänder von den Kanten zum Bandinneren angeregt werden.

Die Dichten der Überschußladungsträger Δn und Δp werden durch Bilanzgleichungen analog zu (7,177) festgelegt:

$$\frac{\partial \Delta n}{\partial t} + \frac{1}{-\mathrm{e}} \frac{\mathrm{d}}{\mathrm{d}\boldsymbol{r}} \boldsymbol{j}_\mathrm{n} = g_\mathrm{n} - r_\mathrm{n}, \qquad \frac{\partial \Delta p}{\partial t} + \frac{1}{\mathrm{e}} \frac{\mathrm{d}}{\mathrm{d}\boldsymbol{r}} \boldsymbol{j}_\mathrm{p} = g_\mathrm{p} - r_\mathrm{p} \tag{11,170}$$

(g_n, g_p — Generationsraten; r_n, r_p — Rekombinationsraten).
Im homogenen Fall, der bei der Photoleitung allerdings nicht einfach zu verwirklichen ist, verschwinden die Divergenzen, so daß

$$\frac{\partial \Delta n}{\partial t} = g_\mathrm{n} - r_\mathrm{n}, \qquad \frac{\partial \Delta p}{\partial t} = g_\mathrm{p} - r_\mathrm{p} \tag{11,171}$$

gilt. Bei genügend langer, gleichmäßiger Bestrahlung stellt sich ein stationärer Zustand ein, für den die zeitlichen Ableitungen in (11,171) Null zu setzen sind.

Die Generationsraten sind in guter Näherung proportional zur Anzahl der pro Volumen- und Zeiteinheit absorbierten Photonen $\dot{q}$, und wir schreiben

$$g_\mathrm{n} = \eta_\mathrm{n} \dot{q}; \quad g_\mathrm{p} = \eta_\mathrm{p} \dot{q}. \tag{11,172}$$

Bei Gültigkeit des Lambertschen Absorptionsgesetzes ist $\dot{q}$ proportional zu der auf den Halbleiter bei gegebener Frequenz auffallenden Lichtintensität I. Die durch (11,172) definierten Größen η_n und η_p heißen *Quantenausbeuten*. Normalerweise sollte man erwarten, daß diese Größen nur die Werte 0 oder 1 annehmen können. Bei Bildung eines Ladungsträgerpaares je Photon wären η_n und η_p beide gleich 1, bei Ablösung eines Ladungsträgers von einer Haftstelle wäre eine der Größen 0, die andere 1, während die Ausbeuten für Quanten kleiner Energie beide 0 sind. Praktisch findet man für η_n und η_p vielfach Werte zwischen 0 und 1 und manchmal auch größer als 1. Ursache bilden sekundäre Effekte wie etwa die Mitwirkung von Phononen.

Für die Rekombinationsraten r_n und r_p ergibt sich bei linearer Rekombination über Haftstellen gemäß (7,182)

$$r_\mathrm{n} = \frac{\Delta n}{\tau_\mathrm{n}^{(\mathrm{Ph})}}, \quad r_\mathrm{p} = \frac{\Delta p}{\tau_\mathrm{p}^{(\mathrm{Ph})}}, \tag{11,173}$$

wobei mit $\tau_\mathrm{n}^{(\mathrm{Ph})}$ und $\tau_\mathrm{p}^{(\mathrm{Ph})}$ die mittleren Lebensdauern der Ladungsträger bei der Photoleitung eingeführt wurden. Durch Gleichsetzen von (11,172) und (11,173) finden wir

$$\Delta n = \eta_\mathrm{n} \tau_\mathrm{n}^{(\mathrm{Ph})} \dot{q}; \quad \Delta p = \eta_\mathrm{p} \tau_\mathrm{p}^{(\mathrm{Ph})} \dot{q}, \tag{11,174}$$

womit sich für die Photoleitfähigkeit (11,169)

$$\sigma_2 = e(\mu_\mathrm{n}' \eta_\mathrm{n} \tau_\mathrm{n}^{(\mathrm{Ph})} + \mu_\mathrm{p}' \eta_\mathrm{p} \tau_\mathrm{p}^{(\mathrm{Ph})})\, \dot{q} \tag{11,175}$$

ergibt.

Danach sind die Ladungsträgerdichten und die Photoleitfähigkeit der Lichtintensität proportional. Dieses Ergebnis gilt allerdings nur unter der Voraussetzung einer linearen Rekombination; bei einer direkten Rekombination würden wir mit

$\Delta n = \Delta p$ und einer Konstante C stattdessen

$$r_n = C\Delta n \Delta p = C\Delta n^2; \quad r_p = C\Delta n \Delta p = C\Delta n^2 \tag{11,176}$$

finden, und der Photostrom ist dann proportional zur Wurzel aus der Lichtintensität. Experimentell gefundene Abhängigkeiten lassen sich durch

$$\sigma_2 \sim \dot{q}^\gamma \sim I^\gamma \tag{11,177}$$

(I — Intensität des einfallenden Lichtes) wiedergeben. Je nachdem, ob γ gleich, kleiner oder größer als 1 ist, spricht man von *linearer*, *nichtlinearer* oder *superlinearer Photoleitung*. Vielfach findet man bei niedriger und hoher Lichtintensität lineare Bereiche verschiedener Steigung, zwischen denen ein nicht- oder superlineares Gebiet liegt.

Wir betrachten schließlich einen Photoleiter der Länge l, an dem die Spannung V anliegt. Ferner beschränken wir uns auf eine Ladungsträgerart, beispielsweise die Elektronen. Mit der Driftgeschwindigkeit $v_D^{(Ph)} = \mu_n E$ und der Laufzeit $\Delta t = l/v_D$ folgt aus (11,175) für den gesamten, durch Elektronen getragenen Photostrom

$$I_{Ph} = e\hat{q}\eta_n \frac{\tau_n^{(Ph)}}{\Delta t}. \tag{11,178}$$

Hier wurde mit $\hat{q} = lA\dot{q}$ (A — Probenquerschnitt) die Gesamtzahl der in der Probe je Zeiteinheit absorbierten Photonen eingeführt. Unter der Voraussetzung einer dünnen Probe beziehungsweise nicht zu starker Absorption kann $\dot{q}$ näherungsweise als konstant angesehen werden.

Umformen von (11,178) liefert

$$\frac{I_{Ph}/e}{\hat{q}\eta_n} = \frac{\tau_n^{(Ph)}}{\Delta t} \equiv G_{Ph}. \tag{11,179}$$

Die so definierte Größe G_{Ph} bezeichnet man als den Verstärkungsfaktor des Photoleiters. Anschaulich bedeutet er, wie die linke Seite erkennen läßt, das Verhältnis der Anzahl der Ladungsträger, welche die Probe je Zeiteinheit durchqueren, zur Gesamtzahl der von den Photonen in der Zeiteinheit erzeugten Träger. Der Verstärkungsfaktor ist größer als 1, wenn die Lebensdauer der Photoelektronen $\tau_n^{(Ph)}$ die zum Durchqueren der Probe benötigte Laufzeit übersteigt. Die Träger werden dann aus den Kontakten nachgeliefert. Empirisch wurden unter günstigen Umständen Werte um 10^4 gefunden. Ein einmal gebildetes Photoelektron wird dann viele tausend Male durch den Kontakt ersetzt, bevor es infolge Einfang oder Rekombination „aus dem Verkehr" gezogen wird.

Es sei noch angemerkt, daß G_{Ph} bei Beteiligung beider Trägerarten an der Photoleitung und unter der Voraussetzung $\eta_n = \eta_p$ durch

$$G_{Ph} = \frac{\tau_n^{(Ph)}}{\Delta t_n} + \frac{\tau_p^{(Ph)}}{\Delta t_p} \tag{11,180}$$

gegeben wird. Bei den meisten praktisch wichtigen Photoleitern überwiegt allerdings die Elektronenleitung, da die Löcher zuerst an Haftstellen eingefangen werden.

Bei der Messung der Photoleitfähigkeit können sich allerdings erhebliche Komplikationen ergeben, wenn sich an den Kontakten Sperrschichten ausbilden, die den Photostrom herabsetzen. Man muß daher für *sperrschichtfreie, injizierende Kontakte* sorgen oder aber ganz auf Kontakte verzichten, was durch Messungen mit Kurzzeitimpulsen und induktive Ankopplung erreicht werden kann.

Die Empfindlichkeit eines Photoleiters, die als Materialgröße durch das Verhältnis

$$S_{\text{Ph}} = \frac{\sigma_2}{I} \tag{11,181}$$

zwischen Photoleitfähigkeit und Lichtintensität definiert wird, hängt außer von der Bandstruktur und der Lichtfrequenz stark von der *Fehlordnung* ab. Gitterfehler, wie Fremdatome, Versetzungen, Korngrenzen, wirken als Haftstellen, durch die die Rekombination begünstigt wird. Allerdings kann der bevorzugte Einfang einer

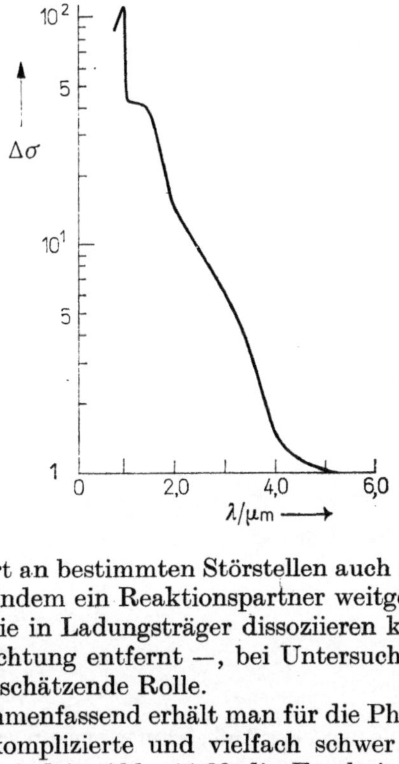

Abb. 11.29
Änderung der Photoleitfähigkeit in Abhängigkeit von der Wellenlänge für eine GaAs-Schicht.

Trägerart an bestimmten Störstellen auch zu einer Herabsetzung der Rekombination führen, indem ein Reaktionspartner weitgehend entzogen wird. Ferner spielen Exzitonen, die in Ladungsträger dissoziieren können — unter Umständen weit vom Ort der Belichtung entfernt —, bei Untersuchungen zur Photoleitung häufig eine nicht zu unterschätzende Rolle.

Zusammenfassend erhält man für die Photoleitfähigkeit als Funktion der Frequenz häufig komplizierte und vielfach schwer zu reproduzierende Abhängigkeiten. Als Beispiel sind in Abb. 11.29 die Ergebnisse von Messungen an heteroepitaktischen Halbleiterschichten wiedergegeben. Charakteristisch ist, daß die Photoleitfähigkeit für Photonenenergien ein Maximum aufweist, die Übergängen von der Oberkante des Valenzbandes zum unteren Rand des Leitungsbandes entsprechen. Bei höheren Quantenenergien wird ein Abfall beobachtet, der durch die mit der Frequenz ansteigende Lichtabsorption verständlich wird. Die Ladungsträger werden dann zunehmend in einer relativ dünnen Oberflächenschicht erzeugt, und durch die hohe Trägerkonzentration nimmt die Wahrscheinlichkeit direkter Rekombinationen stark zu. Besonderheiten im Verlauf ergeben sich einmal bei indirekten Halbleitern (vgl. Abschnitt 7.2.), bei denen der kleinste Bandabstand nicht zur gleichen Wellenzahl $\boldsymbol{k}$ in den $W(\boldsymbol{k})$-Diagrammen der Bänder gehört. Andererseits treten bei genügender Konzentration von Niveaus in der verbotenen Zone (Haftstellen) zusätzliche

Photoströme bei Quantenenergien unterhalb des Bandabstandes auf, die in diesem Bereich Zwischenmaxima der Photoleitfähigkeit hervorrufen können. Daraus lassen sich natürlich interessante Informationen über das Vorhandensein und die Lage von Haftstellen gewinnen. Die Messung der Photoleitfähigkeit als Funktion der Frequenz des eingestrahlten Lichts zählt daher zu den wichtigsten Methoden der *Haftstellenanalyse.*

Glow-Kurven

Zur genaueren Bestimmung von Haftstellen benutzt man häufig die Methode der Glow-Kurven oder „Ausheizkurven". Bei Leuchtstoffen (vgl. Abschnitt 11.5.7.), die zunächst bei tiefen Temperaturen mit Licht oder mit Elektronen bestrahlt wurden,

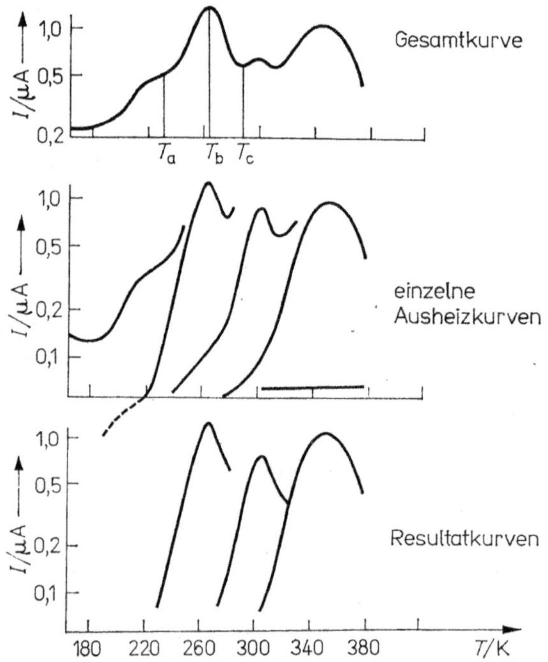

Abb. 11.30
Glow-Kurven
(In die Gesamtkurve sind die Temperaturen der Aufheizstufen eingetragen.)

beobachtet man beim anschließenden Aufheizen, daß bei Erreichen bestimmter Temperaturen eine nachträgliche Lichtemission auftritt. Dieser Effekt ist zu erklären, indem man annimmt, daß die angeregten Ladungsträger in Haftstellen eingefangen werden, von denen sie erst durch thermische Anregung bei höheren Temperaturen wieder freikommen. Analog tritt bei Photoleitern, die zunächst auf tiefe Temperaturen abgekühlt worden sind, ein zusätzlicher Stromfluß durch Elektronen auf, die thermisch von den Haftstellen freigesetzt werden. Praktisch mißt man die elektrische Ausheizkurve bei gleichmäßigem Erwärmen unter konstanter angelegter Spannung. Aus der Lage der auftretenden Maxima kann auf die Natur der Haftstellen geschlossen werden, während die Fläche unter der Glow-Kurve eine Information über ihre Konzentration liefert. Wie Abb. 11.30 veranschaulicht, lassen sich aufeinanderfolgende Maxima trennen, wenn die Kurve in mehreren Aufheizstufen ermittelt wird und man die Teilkurven durch Subtraktion der Überlappungsgebiete korrigiert.

Für den Spezialfall der Emission von eingefangenen Elektronen der Dichte n_H aus einem Haftstellenniveau der Energie W_H in das Leitungsband W_C gilt

$$\frac{dn_H}{dt} = -e_n \cdot n_H, \tag{11,182}$$

wobei

$$e_n(T) = vS_nN_C \exp\left(-\frac{W_C - W_H}{k_BT}\right)$$

der Emissionskoeffizient, v die thermische Geschwindigkeit und S_n der Einfangquerschnitt der Haftstellen für Elektronen sind (vgl. auch (7,79)).

Da der Glow-Strom I durch (e — Elementarladung)

$$I(T) = -e\frac{dn_H}{dt} = ee_n(T) \cdot n_H(T) \tag{11,183}$$

gegeben ist, erhält man unter Berücksichtigung einer linearen Aufheizung

$$T = T_0 + \alpha t \tag{11,184}$$

nach Integration von (11,182)

$$n_H(T) = n_H(T_0) \cdot \exp\left(-\alpha^{-1}\int_{T_0}^{T} e_n(T')\,dT'\right)$$

und somit

$$I(T) = en_H(T_0) \cdot e_n(T) \cdot \exp\left(-\alpha^{-1}\int_{T_0}^{T} e_n(T')\,dT'\right). \tag{11,185}$$

Die I-T-Kurve besitzt ein Maximum für $\left.\frac{dI(T)}{dT}\right|_{T=T_{max}} = 0$.

Mit (11,185) folgt die Beziehung:

$$\frac{(W_C - W_H)\cdot\alpha}{k_BT_{max}^2} = e_n(T) = vS_nN_C \cdot \exp\left(-\frac{W_C - W_H}{k_BT_{max}}\right). \tag{11,186}$$

Nimmt man die Glow-Kurven bei zwei verschiedenen Aufheizgeschwindigkeiten α_1 und α_2 auf, so lassen sich W_H und S_n aus (11,186) bestimmen.

Analog läßt sich der Beitrag von Defektelektronen erfassen, und mit etwas abgeänderten Überlegungen kann auch der Fall eines überwiegenden Wiedereinfangs der Ladungsträger in den Haftstellen berücksichtigt werden.

Weitere Anwendungen der Photoleitung

Die Erscheinung der Photoleitung läßt sich prinzipiell zum Nachweis von Quanten- und Teilchenstrahlung sehr verschiedener Energiebereiche heranziehen. Da für höhere Energien andere und meist einfachere beziehungsweise genauere Methoden verfügbar sind, überwiegt heute die Anwendung für *Infrarotdetektoren*. Man benutzt genügend schmalbandige Halbleiter, wie InSb, Cd_xHg_{1-x}, Te u. a., die entsprechend abgekühlt werden müssen, um den Dunkelstrom herabzusetzen.

Weitere interessante Anwendungen eröffnen sich bei der „Halbleiterphotographie", die gleichfalls für den Infrarotbereich aussichtsreich erscheint, sowie bei *ferroelektrischen Speichern*. In beiden Fällen wird die Photoleitung, wie Abb. 11.31 veranschaulicht, benutzt, um die Information mittels Elektronen auf eine unter dem Photoleiter liegende Schicht (Film bzw. Ferroelektrikum) zu übertragen.

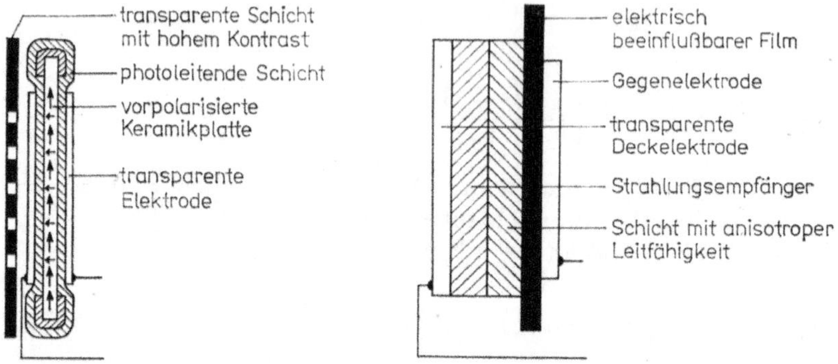

Abb. 11.31
Prinzip des ferroelektrischen Speichers und der Halbleiterphotographie.

11.5.5. Photoelemente, Photospannungen (Photo-EMK)

Photoelektromotorische Kräfte (Photo-EMK oder kurz Photospannungen) entstehen in belichteten Halbleitern oder Isolatoren, wenn die von Quanten erzeugten Ladungsträgerpaare durch innere Felder oder auf Grund der unterschiedlichen Beweglichkeiten teilweise hinsichtlich der Ladungsschwerpunkte getrennt werden. Obwohl historisch gesehen zuerst die unten behandelten Sperrschichtzellen untersucht und genutzt wurden, betrachten wir zunächst die Verhältnisse an einem pn-Übergang, da hier die Verhältnisse am übersichtlichsten sind.

Photoelemente mit pn-Übergang. In Abb. 11.32 ist ein Halbleiterphotoelement mit pn-Übergang schematisch dargestellt; darunter sind der Reihe nach die Feldstärke sowie der Potentialverlauf ohne beziehungsweise mit Belichtung aufgetragen. Bekanntlich bildet sich am Übergang im stromlosen Fall ein Diffusionspotential aus, dessen Größe V_D durch Gleichung (7,149) gegeben ist. Werden nun durch inneren Photoeffekt in der Nähe des Übergangs zusätzliche Ladungsträger gebildet, so erfolgt eine Trennung im Feld des Übergangs: die Elektronen werden dabei vom p-Gebiet auf die n-Seite gezogen, während die Defektelektronen von der n-Seite in den p-Bereich driften. Die entgegengesetzt geladenen Partner verbleiben im stromlosen Fall als Majoritätsträger auf der Seite, wo sie gebildet worden sind. Das Auseinanderziehen der Trägerpaare führt dazu, daß die Potentialbarriere am Übergang teilweise abgebaut wird. Die Differenz zwischen den Potentialbarrieren ohne beziehungsweise mit Belichtung heißt Photospannung V_{ph}. Sie kann an den Elektroden abgenommen werden, falls durch ohmsche Kontakte für definierte Bedingungen gesorgt wurde.

Für die Effektivität eines Photoelements ist nun wichtig, daß am Zustandekommen der Photo-EMK durchschnittlich die Ladungsträgerpaare beteiligt sind, die innerhalb eines Gebietes mit den maximalen Abständen L_n und L_p beidseitig der Raumladungszone des Übergangs gebildet worden sind. L_n und L_p sind dabei die Diffusionslängen der Ladungsträger, für die (vgl. (7,218))

$$L_n = (D_n \tau_n)^{1/2}; \quad L_p = (D_p \tau_p)^{1/2} \tag{11,187}$$

(D_n; D_p — Diffusionskoeffizienten, τ_n; τ_p — mittlere Lebensdauern) gilt. Im allgemeinen sind die Breiten der beteiligten Zonen beidseitig des Übergangs unterschied-

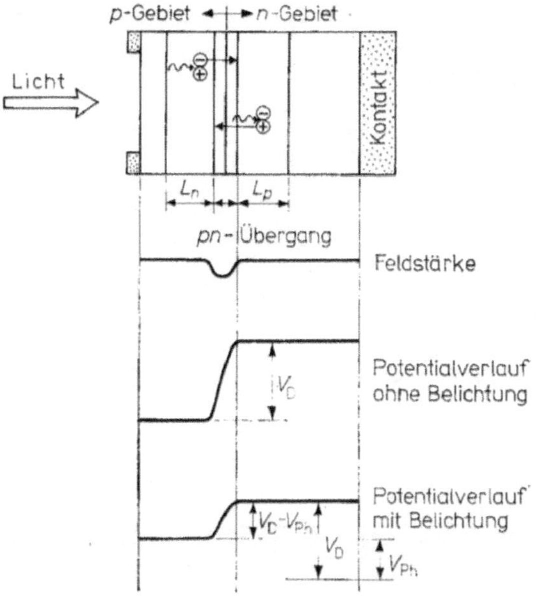

Abb. 11.32
Halbleiterphotoelement.

lich. Experimente mit fein ausgeblendeten Lichtbündeln werden vielfach zur Messung der Diffusionslängen und damit der Lebensdauer der Ladungsträger herangezogen.

Mit Hilfe der Theorie der Halbleiterdioden findet man für die Leerlaufspannung des Photoelements

$$V_{ph} = -\frac{k_B T}{e} \ln\left(1 + \frac{g_{ph}}{g_{th}}\right), \tag{11,188}$$

wenn g_{ph} die Generationsrate von Ladungsträgern durch inneren Photoeffekt und g_{th} die thermische Generationsrate bezeichnen. Gemäß dieser Formel ist die Photospannung bei genügend großer Lichtintensität demnach dem Logarithmus der Lichtintensität proportional. Bei weiter steigender Intensität, die von der einfachen Theorie nicht erfaßt wird, kommt es zu einer Sättigung, da die Photospannung normalerweise nicht größer werden kann als die Potentialdifferenz am unbelichteten p/n-Übergang.

Die maximale Stromdichte, die dem Element entnommen werden kann, finden wir, indem der äußere Kreis gedanklich kurzgeschlossen wird. Da sich dann nirgends Ladungsträger anhäufen können, ergibt sich entsprechend (11,165) die Stromdichte zu

$$j_{(\mathrm{ph})}^{\max} = e g_{\mathrm{ph}}(L_{\mathrm{p}} + L_{\mathrm{n}}). \tag{11,189}$$

Photoelemente haben für meßtechnische Zwecke und neuerdings vor allem für *Solarbatterien* bei irdischem und extraterrestrischem Einsatz Bedeutung erlangt. Abbildung 11.33 zeigt die maximal erreichbare Leistung als Funktion des Band-

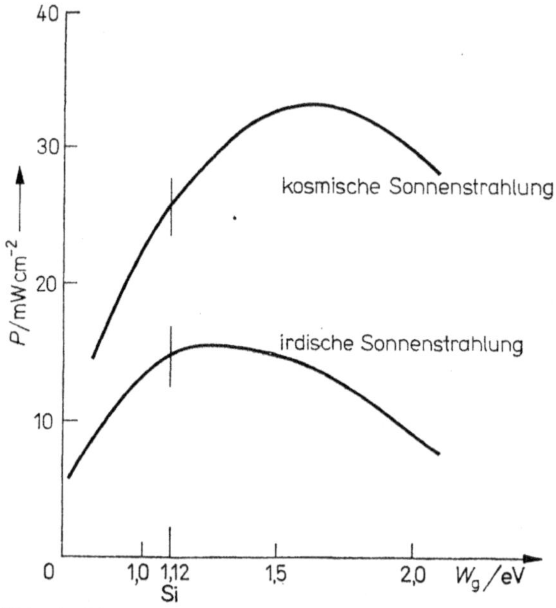

Abb. 11.33
Maximal erreichbare Leistung eines Photoelements in Abhängigkeit vom Bandabstand.

abstandes für kosmische und irdische Sonnenstrahlung. Das Maximum erklärt sich, weil bei der gegebenen spektralen Verteilung zunehmender Bandabstand eine größere Photospannung, jedoch abnehmende Photostromdichte zur Folge hat. Silicium, dessen Technologie bei weitem am besten beherrscht wird, liegt zumindest unter irdischen Verhältnissen dem Optimum nahe. Allerdings wird der theoretisch ermittelte Wirkungsgrad von maximal 22% bei weitem nicht erreicht, da Verluste durch Oberflächenrekombination der Ladungsträger, durch Lichtreflexion an der Oberfläche und andere Effekte schwer zu vermeiden sind.

Sperrschicht-Photozellen. In analoger Weise wie an pn-Übergängen erfolgt eine teilweise Trennung von photoelektrisch erzeugten Ladungsträgerpaaren und damit der Aufbau einer Photo-EMK, wenn an Grenzflächen oder im Volumen des Halbleiters inhomogene Verhältnisse vorliegen. Das gilt insbesondere für die Verarmungs- oder Anreicherungsschichten an Halbleiter-Metall-Kontakten (vgl. Abschnitt 7.3.5.), aber auch wegen des Einflusses der Oberflächenzustände für reine Oberflächen. Im eindimensionalen Bändermodell veranschaulicht man den Potentialverlauf an solchen Randschichten gewöhnlich durch die *Bandverbiegung*. Ladungsträgerpaare in solchen Gebieten werden auseinandergezogen, da die Elektronen bestrebt sind, möglichst tiefe Positionen im Band einzunehmen, während umgekehrt die Defektelektronen längs einer Bandböschung aufsteigen. Beispiele praktisch angewendeter Systeme mit Halbleiter-Metall-Kontakten bilden die CdS- und Se-Zellen, bei denen eine dünne Halbleiterschicht auf einem geeigneten Metallkontakt niedergeschlagen und dann mit einer sehr dünnen lichtdurchlässigen Deckelektrode versehen wird. Der Wirkungsgrad solcher Systeme liegt jedoch höchstens bei wenigen Prozent, so daß sich die Anwendung auf meßtechnische Zwecke — Belichtungsmesser — beschränkt. Einen günstigeren Wirkungsgrad bis zu etwa 10% und damit gewisse Aussichten für die Fertigung großflächiger Sonnenbatterien eröffnen Systeme mit mehreren Halbleiter- und Metallschichten auf der Basis von CdSe und CdTe. Auch Kombinationen aus organischen und anorganischen Halbleitern sind aussichtsreich.

Das Auftreten von Photospannungen an reinen Halbleiteroberflächen sowie infolge innerer Korngrenzen und sonstiger Inhomogenitäten im Volumen ist als Störfaktor bei vielen genauen Messungen zu beachten.

Dember-Effekt oder Kristall-Photoeffekt. Wie DEMBER zuerst erkannte, ist auch bei belichteten homogenen Halbleiterkristallen das Auftreten einer Photo-EMK zu erwarten. Die Ursache hierfür ist darin zu suchen, daß genügend kurzwelliges Licht beim Eintritt in den Halbleiter durch Absorption stark geschwächt wird. Infolgedessen werden im Innern des Kristalls viel weniger Ladungsträgerpaare erzeugt als im oberflächennahen Bereich, und es baut sich senkrecht zur Oberfläche ein Gradient der Ladungsträgerkonzentration auf. Hierdurch kommt es zu einem Diffusionsstrom von der Oberfläche zum Inneren, der im stationären Gleichgewicht durch den entgegengerichteten Driftstrom kompensiert wird. Analog zu (7,150) gilt dann

$$\begin{aligned} j_{\mathrm{n}} &= e\,\Delta n\,\mu_{\mathrm{n}}^{(\mathrm{ph})}E + eD_{\mathrm{n}}^{(\mathrm{ph})}\frac{\mathrm{d}}{\mathrm{d}z}\Delta n = 0, \\ j_{\mathrm{p}} &= e\,\Delta p\,\mu_{\mathrm{p}}^{(\mathrm{ph})}E + eD_{\mathrm{p}}^{(\mathrm{ph})}\frac{\mathrm{d}}{\mathrm{d}z}\Delta p = 0, \end{aligned} \tag{11,190}$$

wenn Δp, Δn die Konzentrationen der photoelektrisch erzeugten Ladungsträger, $\mu_{\mathrm{n}}^{(\mathrm{ph})}$, $\mu_{\mathrm{p}}^{(\mathrm{ph})}$ und $D_{\mathrm{n}}^{(\mathrm{ph})}$, $D_{\mathrm{p}}^{(\mathrm{ph})}$ ihre Beweglichkeiten und Diffusionskoeffizienten sowie z die Koordinate senkrecht zur Oberfläche bedeuten. Der springende Punkt besteht nun darin, daß die Beweglichkeiten sowie die Diffusionskoeffizienten für die beiden Ladungsträgerarten nicht gleich sind. Daher eilt stets eine Ladungsträgerart etwas gegenüber der anderen voraus, wodurch sich ein Potentialgefälle aufbaut.

Die Größe dieser Photo-EMK läßt sich aus (11,190) mit Hilfe der Bilanzgleichungen (11,170) und der *Poisson-Gleichung* für den stationären Fall berechnen. Unter den vereinfachenden Annahmen, daß die optische Generation nur in einer sehr dünnen Oberflächenschicht wesentlich von Null verschieden ist und daß die *Einstein-Beziehung* (7,206) zwischen den Beweglichkeiten und den Diffusionskoeffizienten streng gilt, erhält man für die *Dember-Spannung*

$$V_{\mathrm{DEMBER}} = \frac{\mu_{\mathrm{n}} - \mu_{\mathrm{p}}}{\mu_{\mathrm{n}} + \mu_{\mathrm{p}}}\,\frac{k_{\mathrm{B}}T}{e}\ln\frac{n_{\mathrm{O}}}{n_{\mathrm{V}}} \tag{11,191}$$

(n_{O}, n_{V} — Ladungsträgerkonzentrationen an der Oberfläche bzw. im Volumen).

Gewöhnlich wird die Messung dieser Spannung erschwert, da sekundäre Effekte wie Sperrschichten an Oberflächen oder an Kristallfehlern zusätzliche Beiträge zur Photospannung hervorrufen.

Photoelektromagnetischer Effekt (PEM-Effekt). Bringt man die bestrahlte Kristallprobe entsprechend Abb. 11.34 in ein statisches Magnetfeld, so beobachtet man transversal und longitudinal zusätzliche Photospannungen. Qualitativ läßt sich der *transversale PEM-Effekt* einfach als eine Art *Hall-Effekt* (vgl. Abschnitt 6.5.8.) des in das Halbleiterinnere gerichteten Diffusionsstromes verstehen: Die in Oberflächennähe gebildeten Ladungsträger diffundieren unter dem Einfluß des Konzentrationsgefälles in das Kristallinnere und werden dabei infolge der *Lorentz-Kräfte* nach verschiedenen Richtungen abgelenkt.

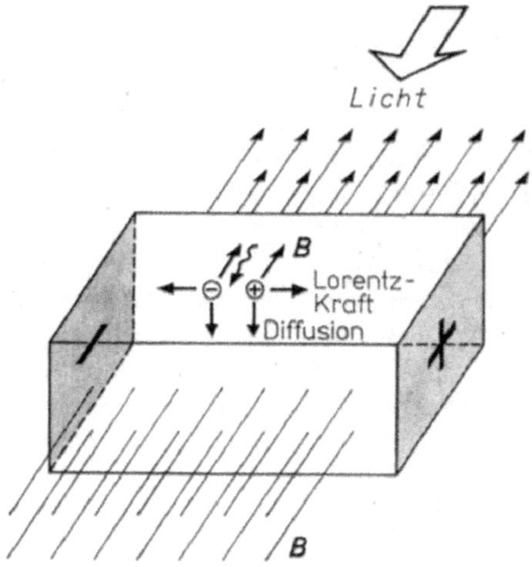

Abb. 11.34
Photoelektromagnetischer Effekt.
(Das Licht soll von oben einfallen.)

Praktisch bedeutsam ist dieser Effekt, weil die auftretenden Spannungen beziehungsweise Ströme von der Lebensdauer der Ladungsträger und besonders von der Oberflächenrekombination abhängen. Zusammen mit Messungen der Photoleitung kann man aus dem PEM-Effekt daher wichtige Informationen über die Oberflächen- und Volumenrekombination gewinnen. Da die Beweglichkeiten der Löcher meist viel kleiner als die der Elektronen sind, wird ihr Beitrag in der 1. Näherung der Theorie vernachlässigt. Man erhält dann für die transversale Kurzschlußstromdichte den Ausdruck

$$j_{\text{PEM}} = \frac{eJ\mu_n^{(\text{ph})}BL_n}{[1 + (\mu_n^{(\text{ph})}B)^2]^{1/2}} \frac{1}{1 + \frac{\tau_n^{(\text{ph})}r_0}{L_n}[1 + (\mu_n^{(\text{ph})}B)^2]^{1/2}} \tag{11,192}$$

(J — auftreffende Lichtintensität; $\mu_n^{(\text{ph})}$, L_n, r_0 — Beweglichkeit, Diffusionslänge und Oberflächenrekombinationsrate für die Photoelektronen; B — Betrag der magnetischen Induktion).

Außer dem PEM-Effekt gibt es weitere festkörperphysikalisch interessante *magnetooptische Erscheinungen*, wie beispielsweise optisch induzierte Übergänge zwischen den

Landau-Niveaus der Kristallelektronen in starken Magnetfeldern (vgl. Abschnitt 6.2.7.). Ferner hatten wir am Ende von Abschnitt 11.4.4. die als *Faraday-Effekt* bezeichnete Drehung der Polarisationsebene des Lichtes in magnetisierten Stoffen gestreift.

11.5.6. Photochemische Erscheinungen

Farbzentren in Kristallen. Perfekte Kristalle der Alkalihalogenide sind normalerweise in einem breiten Spektralbereich, der vom Ultraroten bis zum Ultravioletten reicht, durchsichtig. Durch folgende Behandlungsverfahren kann man diesen Kri-

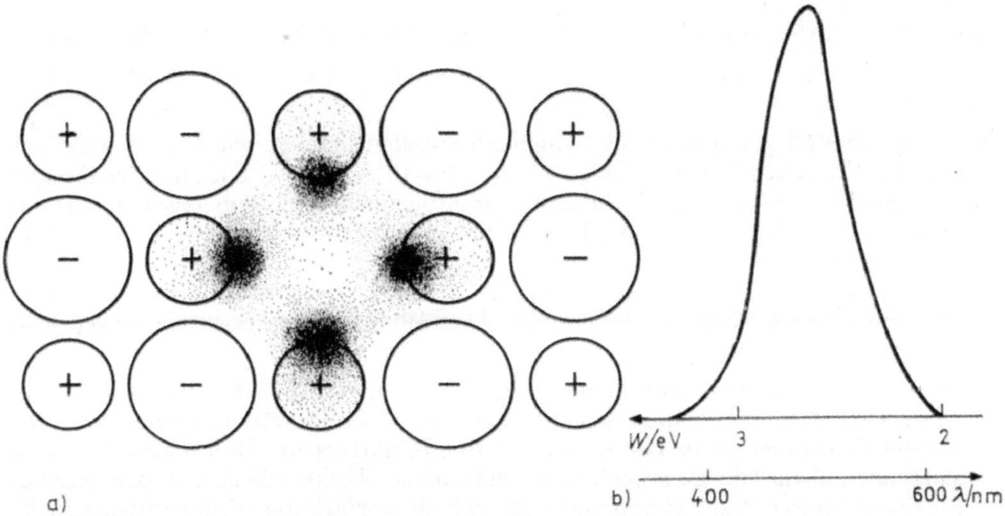

Abb. 11.35
a) Aufenthaltswahrscheinlichkeit des Elektrons im F-Zentrum
b) Absorptionsbande des F-Zentrums für NaCl.

stallen eine charakteristische Färbung verleihen:
- durch Einführen eines Überschusses an Kationen, indem man die Kristalle im Dampf der in ihnen enthaltenen oder einer verwandten metallischen Komponente erhitzt, beispielsweise NaCl in Lithium-, Natrium- oder Kaliumdampf;
- durch Elektrolyse bei genügend hohen Temperaturen und geeigneten Elektroden, wobei Kationen eindiffundieren oder Anionen auswandern;
- durch Bestrahlung mit genügend energiereichen Quanten oder Teilchen, die Strahlenschäden auslösen (vgl. Abschnitt 4.1.8.).

Auffallenderweise hängt die so erzeugte Färbung kaum von der Art der auslösenden Maßnahmen und im Falle der Eindiffusion auch nicht von der Natur der eingeführten Fremdatome ab. So werden LiCl gelb, NaCl gelb-braun, KCl fuchsinrot und KBr sowie CsCl blau. Für dieses eigentümliche Verhalten sind nach POHL und anderen Forschern bestimmte Punktdefekte oder Kombinationen solcher Defekte verantwortlich, die man als *Farbzentren* bezeichnet. Wir betrachten zunächst an Hand von Abb. 11.35 den einfachsten und häufigsten Fall der *F-Zentren.* Dabei handelt es sich um eine Lücke im Anionenteilgitter, die von einem überschüssigen Kation durch Einwanderung von außen oder im Gefolge einer Bestrahlung ein Elektron aufgenommen hat. Quantentheoretische Untersuchungen zeigen, daß eine solche Anionenlücke in der Umgebung der positiv geladenen Nachbarionen eine beträchtliche Elektronenaffinität besitzt. Das eingefangene Elektron am F-Zentrum ist nur teilweise lokalisiert, und es hält sich vorzugsweise in der Nähe eines der benachbarten Kationen auf. Abbildung 11.35a zeigt die aus Berechnungen folgende Aufenthaltswahrscheinlichkeit. Die erste Anregungsstufe des Elektrons beträgt für NaCl 2,7 eV. Weitere Werte für die Anregungsenergien von Farbzentren sind in Tab. 11.10 zusammengestellt.

Tabelle 11.10
Energien von F-Zentren einiger Kristalle (in eV)

LiCl	NaCl	KCl	RbCl	CsCl	LiBr	NaBr	KBr	RbBr	LiF	NaF	KF
3,1	2,7	2,2	2,0	2,0	2,7	2,3	2,0	1,8	5,0	3,6	2,7

Wenn im Kristall genügend viele Anionenleerstellen erzeugt wurden — praktisch erzielt man Konzentrationen zwischen etwa $10^{15} \ldots 10^{20}$ cm^{-3} —, so nimmt der Kristall eine mehr oder weniger tiefe Färbung an, und die spektralphotometrisch gemessene Absorption weist den im Teilbild 11.35b für NaCl dargestellten, typischen Verlauf eines F-Bandes auf.

Das hier skizzierte Modell wurde inzwischen durch experimentelle und theoretische Untersuchungen eindrucksvoll begründet. Als wichtigste experimentelle Belege sind anzuführen:

— Der *Pohlsche Grundversuch*: Legt man an einen auf etwa 600 °C erhitzten Kaliumbromid-Kristall eine Spannung von einigen 10^2 V an, so wandern vom negativen Pol her Elektronen in die Leerstellen des Br^+-Teilgitters ein, die auf diese Weise zu Farbzentren werden. Man beobachtet eine blaue Wolke, die sich in den Kristall hinein ausbreitet. Nach Umpolung zieht sich die Verfärbung wieder zurück, da die zusätzlichen Elektronen dann begünstigt durch den Feldeinfluß in das Leitungsband angeregt werden und zurückwandern.

— Mit Hilfe der magnetischen Elektronenspinresonanz gelang es, die an den Leerstellen eingefangenen Elektronen auf Grund ihres paramagnetischen Verhaltens direkt nachzuweisen.

— Bei bekanntem Kationenüberschuß, der sich mit genauen analytischen Methoden erfassen läßt, entspricht die Anzahl der Leerstellen den Werten, die für die Konzentration der F-Zentren aus der Photoabsorption im F-Band sowie aus Spinresonanzmessungen gefunden werden.

— Durch sehr genaue Dichtemessungen konnte schließlich direkt gezeigt werden, daß eine entsprechende Anzahl von Anionenleerstellen im Kristall vorhanden ist; die Überschußteilchen also nicht etwa auf Zwischengitterpositionen eingelagert sind.

Als Ergebnis zahlreicher Untersuchungen konnte eine Reihe weiterer Farbzentren in Alkalihalogenidkristallen identifiziert werden. Einige Beispiele sind in Abb. 11.36 zusammengestellt. Danach entspricht ein F′-Zentrum einer Anionenleerstelle, die zwei Elektronen eingefangen hat. Die Bindungsenergie ist dann allerdings gering, so daß die zugehörige Absorptionsbande im Ultraroten liegt. M- und R-Zentren sind Agglomerate von 2 beziehungsweise 3 F-Zentren, während beim F_A-Zentrum

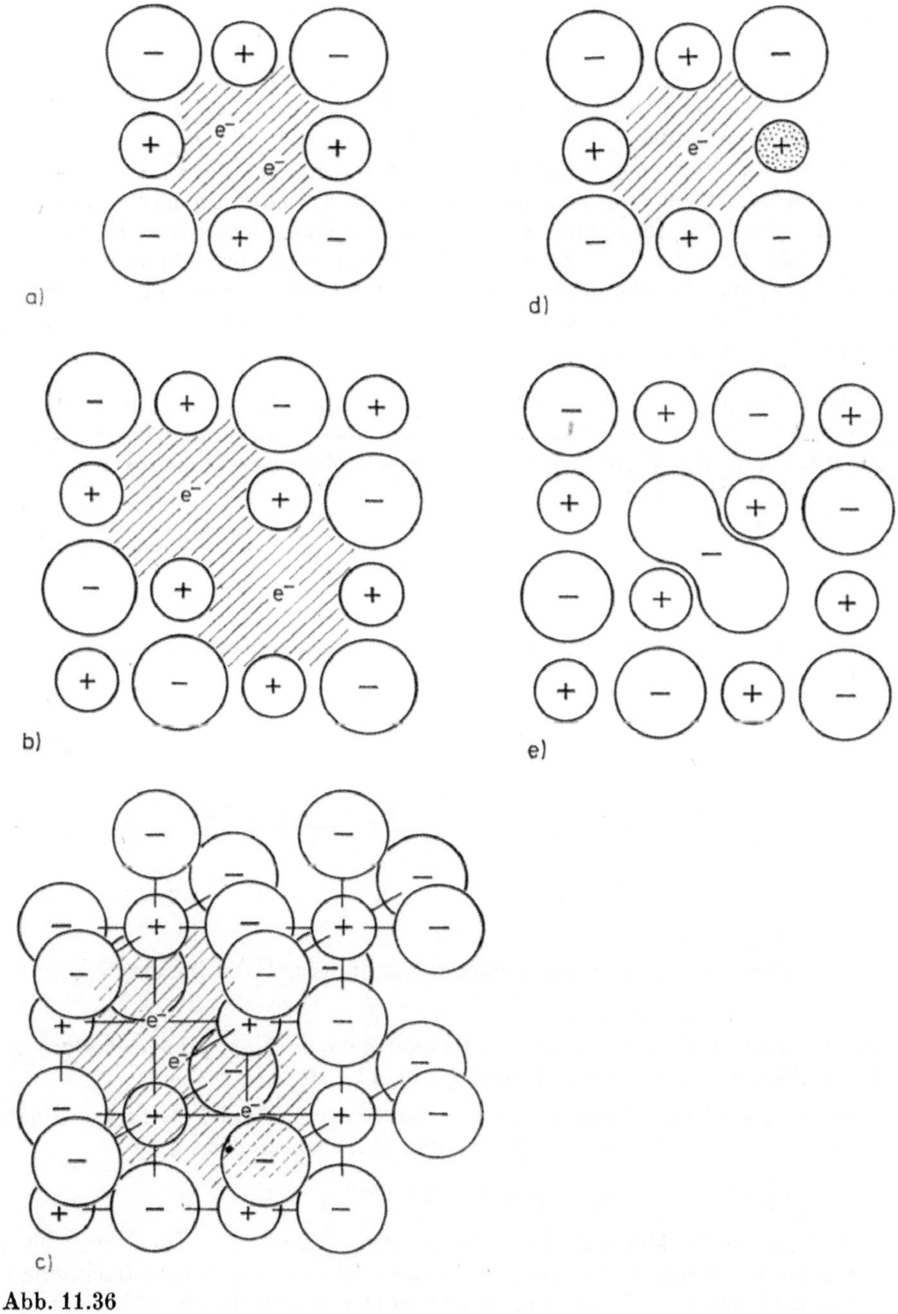

Abb. 11.36
Farbzentren
a) F′-Zentrum b) M-Zentrum c) R-Zentrum d) F_A-Zentrum e) V_K-Zentrum.

eines der benachbarten Kationen des F-Zentrums durch ein Ion eines anderen Alkalimetalls ersetzt ist.

Entsprechende Farbzentren eingefangener Defektelektronen konnten bisher nicht nachgewiesen werden, jedoch können zwei benachbarte Halogenionen ein Defektelektron aufnehmen und dadurch in ein Gebilde übergehen, das einem Molekülion verwandt ist und als V_K-Zentrum bezeichnet wird.

Die an Alkalihalogeniden gewonnenen Erkenntnisse über Farbzentren haben das Verständnis für den Zusammenhang zwischen optischen Eigenschaften, Realstruktur und chemischer Zusammensetzung von Festkörpern wesentlich bereichert. Darüber hinaus bilden sie einen wichtigen Zugang zur Interpretation photochemischer Prozesse in Festkörpern, für deren Ablauf die Bildung und Umladung von Punktdefekten meist eine wichtige Vorstufe darstellt. Aus diesem Grunde wurden die Farbzentren in diesem Abschnitt eingeführt.

Photo-Adsorption und -Desorption. Durch Belichten einer Isolator- oder Halbleiteroberfläche wird die *Chemisorption* von Gasen erheblich beeinflußt. Besonders gründlich sind die Verhältnisse am Zinkoxid ZnO untersucht worden. Danach hat

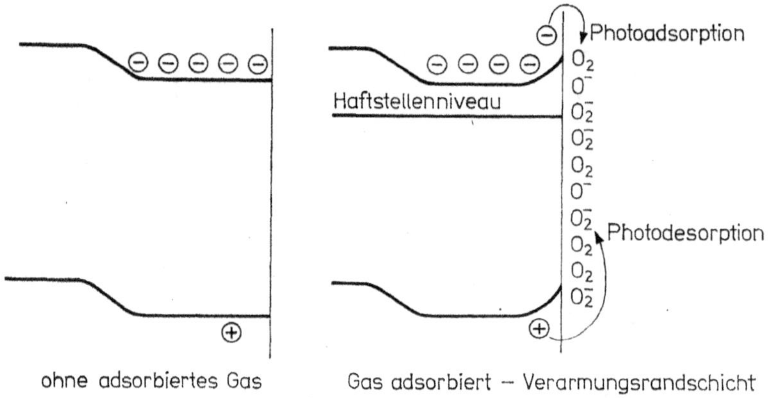

Abb. 11.37
Photoadsorption und Photodesorption an einer Halbleiteroberfläche.

man bei der Chemisorption eines elektronegativen Gases, insbesondere Sauerstoff, zwei Lichteinflüsse zu unterscheiden (Abb. 11.37):

— Die zunächst physikalisch adsorbierten Sauerstoffmoleküle fangen Photoelektronen ein, und es bilden sich gemäß den Reaktionsgleichungen

$$O_2^{(\mathrm{ads})} + \ominus \rightarrow O_2^{-(\mathrm{ads})} + \ominus \rightarrow 2\,O^{-(\mathrm{ads})} \qquad (11{,}193)$$

chemisorbierte Molekül- beziehungsweise Atomionen. Im Vergleich zum unbelichteten Kristall, bei dem nur wenige Elektronen in Oberflächennähe verfügbar sind, wird die Chemisorption hierdurch wesentlich beschleunigt. Die chemisorbierten Teilchen sind nach Wolkenstein nicht als freie Ionen anzusehen, sondern als gebundene Oberflächenpartikel mit lokalisierten Bindungselektronen, deren Niveaus in der verbotenen Zone liegen und den Charakter von *Oberflächenzuständen* besitzen. Sie wirken als Haftstellen für Photoelektronen.

— Umgekehrt können die chemisorbierten Teilchen auch als *Rekombinationszentren* in Erscheinung treten, indem sie Defektelektronen aufnehmen, wodurch es gemäß

$$2\,O^{-(ads)} + 2 \oplus \rightarrow O_2^{(ads)} \rightarrow O_2^{(des)} \qquad (11{,}194)$$

zur Neutralisation und anschließenden Desorption kommt.

Die Lokalisation von Elektronen an chemisorbierten Teilchen führt zum Aufbau einer Verarmungsrandschicht mit positiver Raumladung in Oberflächennähe, die bei der Photodesorption teilweise abgebaut wird. Hierdurch ändert sich die elektrische Leitfähigkeit parallel und senkrecht zur Oberfläche. Praktisch bedeutungsvoll sind diese Phänomene für das Verständnis der *heterogenen chemischen Katalyse*, die durch Belichtung vielfach beeinflußt wird, sowie für die *Elektrophotographie*. Bei den bekannten *Xerox-Verfahren*, die zunehmend für Reproduktionszwecke genutzt werden, erzeugt man ein *latentes Bild* elektrostatischer Natur, indem geeignet präparierte ZnO- oder Se-Pulverschichten zunächst elektrisch aufgeladen und anschließend belichtet werden. An den belichteten Stellen wird die Oberflächenladung bevorzugt abgebaut. Zum „Entwickeln" werden die Matrizen mit feinen, entsprechend eingefärbten Pulvergemischen im Aerosolverfahren oder elektrophoretisch aus Lösungen behandelt. Je nach dem Ladungszustand bleiben die dielektrischen Pulverteilchen besser oder schlechter haften.

Grundprozesse der Photographie. Obwohl gegenwärtig zahlreiche photochemische Reaktionen in anorganischen und organischen festen Stoffen bekannt sind, nimmt die Lichtempfindlichkeit der Silberhalogenide hinsichtlich der praktischen Bedeutung und der intensiven Erforschung eine Sonderstellung ein. Seit nahezu 150 Jahren werden Silbersalze als Grundlage photographischer Materialien genutzt, und auch heute noch beruhen die wichtigsten Verfahren der Schwarz-Weiß- und Farbfotographie auf der Lichtempfindlichkeit der Silberhalogenide. Während für Negative vorwiegend AgBr eingesetzt wird, benutzt man für Photopapier vorzugsweise AgCl. Die weitgehend unikalen Eigenschaften der Silbersalze und der aus ihnen hergestellten gelatinehaltigen Emulsionen erklären sich aus der hohen Lichtempfindlichkeit, die durch Einsatz und Mischung der verschiedenen Halogenide sowie durch die Kristallitgröße und gezielte Verunreinigungen definiert abgestuft werden kann, durch die relative Beständigkeit des latenten Bildes, die einfach zu kontrollierenden Entwicklungs- und Fixierverfahren und andere Vorzüge. Naturgemäß ist in unzähligen Arbeiten zahlreicher Forscher versucht worden, die festkörperphysikalischen Einzelheiten der photographischen Prozesse aufzuklären. Wenn es im Ergebnis auch gelungen ist, die wesentlichen Vorgänge aufzuklären, so besteht noch keineswegs endgültige Klarheit über die Kinetik der Elementarprozesse beim Entstehen und Entwickeln des photographischen Bildes. Hier kann nur auf einige grundlegende Aspekte verwiesen werden. Nach den grundlegenden Vorstellungen von Mott und Gurney (1938) entsteht das *latente Bild* in den Kristallkörnchen der Emulsion, indem sich Photoelektronen mit beweglichen Silberionen auf Zwischengitterplätzen gemäß der Reaktionsgleichung

$$Ag^+ + \ominus \rightarrow Ag \qquad (11{,}195)$$

vereinigen. Aus detaillierten Versuchen über den Anteil entwicklungsfähiger Silberhalogenidkörner als Funktion der Anzahl der durchschnittlich je Korn absorbierten Lichtquanten folgt, daß bereits etwa 10 absorbierte Quanten pro Kristallit ausreichen, um einen stabilen Keim des Latentbildes zu erzeugen. Nach (11,195) liegt die untere Grenze für einen entwicklungsfähigen Silberkeim demnach bei etwa 10 Ag-Atomen. Wie man weiter feststellte, erfolgt die Kombination zwischen beweglichen Silberionen und Photoelektronen bei niedrigen Lichtintensitäten hauptsächlich an *Keimbildungszentren,* die sich teilweise als strukturelle Fehlstellen oder Verunreinigungen an der Oberfläche oder im Volumen identifizieren lassen. Erst bei höheren Lichtintensitäten wird zusätzlich eine spontane, statistisch verteilte Keimbildung beobachtet. Hieraus erklärt sich, warum für optimale Photoempfindlichkeiten die Korngröße, die Realstruktur der Kristallite sowie gezielte Verunreinigungen der

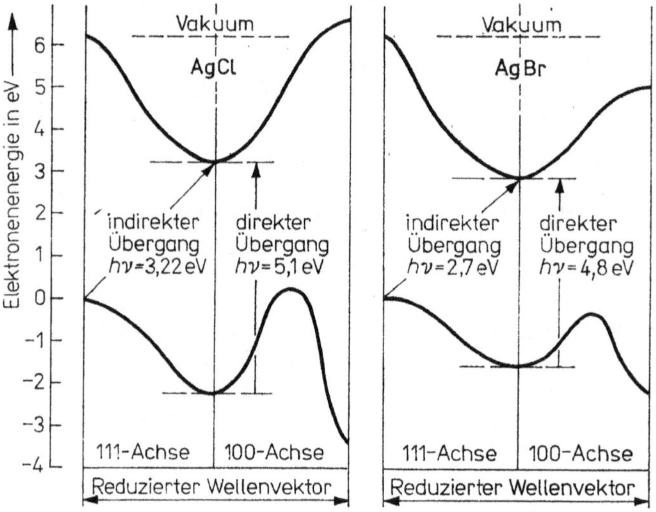

Abb. 11.38

Optisch wichtigste Bandzweige für AgCl und AgBr (nach Bassani, F.; Knox, R. S.; Fowler, W. B., Phys. Rev. **137** (1965) A 1218).

Photoemulsion außerordentlich wichtig sind. In der technologischen Praxis benutzt man bei der Herstellung lichtempfindlicher Schichten für Filme und Photoplatten vorwiegend empirisch ausgearbeitete „Reifeprozesse".

Die physikalische Natur der wesentlichen Vorgänge bei der Entstehung des latenten Bildes konnte in den letzten Jahrzehnten durch gezielte Erforschung der Realstruktur und des Bänderschemas der Silberhalogenide sowie durch interessante Modellversuche weitgehend aufgeklärt werden. Danach besitzen diese Salze bei Zimmertemperatur eine verschwindend geringe Elektronenleitfähigkeit, jedoch eine merkliche Ionenleitung, die durch Frenkel-Fehlordnung (vgl. Abschnitt 4.1.), d. h. Kationen-Leerstellen und Silberionen auf Zwischengitterplätzen, bestimmt wird. Für die Anregung der Photoelektronen sind direkte und vor allem indirekte Übergänge unter Beteiligung von Phononen verantwortlich. Wegen der teilweisen Überlappung der Teilbänder, die aus den 4d-Niveaus der Silberionen hervorgehen, mit denen der 3p-, 4p- und 5p-Bänder der Cl^--, Br^-- und I^--Ionen ist die Bandstruktur erheblich komplizierter als bei den kristallographisch analogen Alkalihalogeniden. Abbildung 11.38 zeigt die optisch wichtigen Bandzweige in vereinfachter Darstellung. Im Einklang mit diesem Schema liegt die maximale Lichtempfindlichkeit reiner Silberhalogenide im Ultravioletten, jedoch weist die Photoabsorption einen langwelligen Ausläufer auf, der für die Photographie im Sichtbaren entscheidend ist und durch indirekte Übergänge hervorgerufen wird. Glücklicherweise läßt sich die mangelhafte Lichtempfindlichkeit für langwelliges Licht ausgleichen, indem die Schichten durch Adsorption von geeigneten organischen Farbstoffen an den Halogenidkörnern *sensibilisiert* werden (Ortho- bzw. Panchromatisierung). Dieser wichtige Effekt, mit dem sich die Empfindlichkeit der Schichten bis in den nahen Infrarotbereich erweitern läßt, kann prinzipiell durch zwei Modelle gedeutet werden:

— Nach einer Hypothese werden in den Farbstoffmolekülen bewegliche Paare von Elektronen und Löchern erzeugt und die Elektronen in das Silberhalogenid injiziert.
— Alternativ wird angenommen, daß die im Farbstoff absorbierte Lichtenergie strahlungslos durch Kopplung zwischen den Molekülschwingungen und den Kriställchen auf das Gitter übertragen wird, wo dann Ladungsträgerpaare erzeugt werden.

Da zahlreiche ausgeklügelte Modellversuche sowohl Belege für den einen wie für den anderen Mechanismus erbracht haben, ist die Diskussion über den vorherrschenden Beitrag noch keineswegs abgeschlossen.

Hingegen konnte die prinzipielle Richtigkeit des Modells der Rekombination zwischen Photoelektronen und Zwischengitterionen durch Belichtung von Silberhalogenidkörnern durch Versuche in starken elektrischen Feldern eindrucksvoll belegt werden. Setzt man die Schicht vor und während der Belichtung einem stationären elektrischen Feld aus, so wandern die beweglichen Silberionen durch Diffusion über Zwischengitterplätze zur Seite des negativen Pols. Infolgedessen findet man nach Belichtung und vorsichtigem Anentwickeln die Silberkeime in elektronenoptischen Aufnahmen fast ausschließlich an der Katodenseite der Körner. Überlagert man dagegen erst bei der Belichtung einen kurzzeitigen Hochspannungsimpuls, bilden sich die Keime vorzugsweise an der Anodenseite, weil die Photoelektronen im Feld sehr rasch driften, während die Ionen wegen ihrer größeren Trägheit nur unwesentlich verlagert werden.

Viel Mühe ist auch aufgewendet worden, um die Kinetik der photographischen Entwicklung aufzuklären. Bekanntlich werden dabei Kristallkörner von einigen μm Durchmesser, die unter Umständen nur einen einzigen latenten Keim von größenordnungsmäßig 10 Ag-Atomen enthalten, vollständig reduziert, während Körner ohne Keim unverändert bleiben und anschließend im Fixierbad herausgelöst werden können. Zweifellos spielt bei diesem sehr selektiven Vorgang die katalytische Wirkung der Silberkeime des latenten Bildes eine wichtige Rolle. Bei der sogenannten „chemischen Entwicklung", die in silberfreien Bädern von Reduktionsmitteln abläuft und für die photographische Praxis maßgeblich ist, lagern sich Silberionen aus dem Kristallkorn an der Grenzfläche Metall/Salz an, wobei sie entladen werden. Dabei wächst der Keim — häufig in Form von fadenförmigen Kristallen, — während das Silberhalogenid verbraucht wird. Andererseits spricht man — historisch bedingt — von „physikalischer Entwicklung", wenn aus Lösungen mit entsprechendem Gehalt an Silberionen die Keime durch elektrolyseähnliche Aufnahme von Silber aus der Lösung wachsen, während das ursprüngliche Halogenid des Korns erhalten bleibt. Im Ergebnis wachsen kompakte Silberkristalle ohne Fadenstruktur.

11.5.7. Lumineszenz und Phosphoreszenz

Als *Lumineszenz* fester Stoffe bezeichnet man die Emission von Licht oder allgemeiner von elektromagnetischer Strahlung bei Temperaturen weit unterhalb des Einsetzens der thermischen Emission. Das Wesen der Lichtemission besteht in Elektronenübergängen von höheren in niedere Energiezustände, bei denen zumindest ein Teil der freiwerdenden Energie in Form von Quanten abgestrahlt wird. Speziell in festen Stoffen — es gibt auch Lumineszenz in Gasen und Flüssigkeiten — kann die Lumineszenz eine Kristall- oder eine Moleküleigenschaft sein, je nachdem ob die Elektronenzustände des Gitters oder die einzelner Molekülbausteine beteiligt sind. Meist spielen Punktdefekte, die als Rekombinationszentren und Ladungsträgerfallen wirken, bei der Lumineszenz im Gitter eine wesentliche Rolle.

Voraussetzung für die Lumineszenz ist das Vorhandensein genügend vieler Elektronen in angeregten Zuständen sowie von freien Plätzen in den unteren Energieniveaus. Die hierzu notwendige Anregung kann auf sehr verschiedenartige Weise erfolgen, beispielsweise durch eingestrahltes Licht (*Photolumineszenz*), durch Elektronen- oder Kathodenstrahlen (*Katodolumineszenz*), durch Gammaquanten oder Partikel radioaktiver Strahlen (*Szintillationen*), durch elektrische Felder (*Destriau-Effekt*, siehe unten), durch Injektion von Ladungsträgern über Tunnelbarrieren oder p/n-Übergänge (*Injektionslumineszenz*) und schließlich durch chemische oder biologisch-chemische Prozesse (*Chemolumineszenz*). Erfolgt die Lichtemission unmittelbar (etwa innerhalb 10^{-7} s) auf die anregende Ursache, so spricht man auch von *Fluoreszenz*, während das — unter Umständen um Stunden oder Tage — verzögerte Leuchten als *Phosphoreszenz* bezeichnet wird. Feste Stoffe mit verzögerter Lumineszenz werden *Phosphore* genannt, obwohl sie meist keinen Phosphor enthalten.

Energetisch entspricht die Lumineszenz einer Umwandlung von Anregungsenergie verschiedener Form in elektromagnetische Strahlung. Die praktischen Anwendungen der Lumineszenzerscheinungen sind außerordentlich vielfältig; sie reichen von *Leuchtstoffen* oder *Luminophoren* für Leuchtstoffröhren und andere Lichtquellen sowie für Bildschirme der Röntgen- und Fernsehtechnik bis zu Bauelementen der Optoelektronik (Leuchtdioden und Phototransistoren). In neuerer Zeit haben vor allem auch die Festkörperlaser auf Rubin-, Neodym-Glas- und Halbleiterbasis Bedeutung erlangt.

Strahlende und strahlungslose Übergänge. In Gasen sind Elektronensprünge von angeregten zu niederen Energiezuständen meist von der Emission entsprechender Lichtquanten begleitet. Nur in Ausnahmefällen wird die Anregungsenergie von Stoßpartnern oder von Elektronen (*Auger-Effekt*) abgeführt. In Festkörpern überwiegen dagegen infolge der Wechselwirkung mit dem Gitter häufig *strahlungslose Übergänge*, bei denen die Anregungsenergie vorwiegend oder ganz für das Anfachen von Phononen verwendet wird. Um dies zu verstehen, erinnern wir daran, daß beispielsweise bei der besonders wichtigen Rekombination von Elektronen des Leitungsbandes mit Defektelektronen des Valenzbandes außer dem Energiesatz auch der Impulssatz erfüllt sein muß. Da Lichtquanten relativ zu ihrer Energie nur einen sehr kleinen Impuls besitzen (vgl. Abschnitt 11.4.2.), ergibt sich als Auswahlregel für direkte strahlende Übergänge

$$\boldsymbol{k} \approx \boldsymbol{k}', \qquad (11{,}196)$$

wenn $\boldsymbol{k}$ und $\boldsymbol{k}'$ die Wellenzahlvektoren des Elektrons im Ausgangs- und im Endzustand bezeichnen. Wie die Berechnung der Matrixelemente für Übergänge zwischen zwei Zuständen mit entsprechenden Bloch-Funktionen lehrt, ist die Wahrscheinlichkeit einer strahlenden Rekombination sehr klein, da es anschaulich gesehen sehr unwahrscheinlich ist, daß ein Elektron auf ein Defektelektron mit gleichem $\boldsymbol{k}$ trifft. Die wichtigsten Ausnahmen und damit die günstigsten Bedingungen für strahlende Rekombination sind (vgl. Abb. 7.4):

— Übergänge zwischen Zuständen mit $\boldsymbol{k} \approx 0$ bei direkten Halbleitern;
— indirekte Übergänge unter Beteiligung eines Phonons, die jedoch schon weniger wahrscheinlich sind und daher die optische Ausbeute verringern.

Da nun die wichtigsten Elementhalbleiter Ge und Si zum indirekten Typ gehören, ist bei ihnen die Wahrscheinlichkeit strahlender Rekombination gering. Wie in neuerer Zeit begründet werden konnte, sind *Multiphononenprozesse*, bei denen die Anregungsenergie auf das Phononenspektrum übertragen wird, als Ursache strahlungsloser Übergänge stark zu beachten. Als weitere Ursachen für verminderte Lichtausbeuten muß man die Übertragung der Anregungsenergie auf Elektronen (*Auger*-Effekt) und die Reabsorption primär gebildeter Quanten berücksichtigen.

Andererseits kann die Auswahlregel (11,196) gemildert werden, wenn Störniveaus am Übergang beteiligt sind. Theoretisch läßt sich zeigen, daß hierfür Störstellen mit hoher Bindungsenergie und demzufolge stark lokalisierten Eigenfunktionen besonders günstige Eigenschaften aufweisen. Praktisch wurde dies für Paare benachbarter Punktdefekte in Realkristallen nachgewiesen.

Kristallphosphore und Szintillatoren. Besonders eingehend sind Lumineszenzerscheinungen in Alkalihalogenid-Kristallen untersucht worden, die mit geeigneten Elementen, insbesondere Thallium, aktiviert werden. Diese Stoffe lassen sich in Form großer Einkristalle ziehen, in denen die Tl^+-Ionen auf Alkaliplätze als Substitutionsstörstellen eingebaut werden. Im einzelnen konnte nun gezeigt werden, daß die beobachteten Absorptions- und Emissionsbanden des sichtbaren und nahen ultravioletten Bereichs durch Anregung von Elektronen der Thallium-Ionen zustande kommen. Da die Rekombination der angeregten Elektronen durch Übergangsverbote teilweise verzögert wird und außerdem ein Teil der Elektronen in Haftstellen verschiedener Art vorübergehend gebunden werden kann, erfolgt die Lichtemission aktivierter Alkalihalogenide mit Zeitkonstanten in der Größenordnung von 10^{-6} s. Dotierte Alkalihalogenide sind daher den Phosphoren zuzurechnen.

Wichtige Anwendungen haben besonders KBr (Tl), NaI(Tl) und CsI(Tl) — die Symbole in Klammern weisen auf das Dotierungselement hin — als *Szintillationskristalle* für den Nachweis von Kernstrahlen gefunden. Gammaquanten oder Partikel lösen zunächst energetische Elektronen aus, die dann im Kristall abgebremst werden, wobei sie zahlreiche Elektronen anregen. Die bei den Rücksprüngen emittierten Quanten bilden einen kleinen Lichtblitz (*Szintillation*), der von einem Sekundärelektronenvervielfacher (SEV) in einen elektrischen Impuls umgeformt und verstärkt wird (Abb. 11.39). Wenn das auslösende Quant oder Partikel im Kristall vollständig absorbiert wird, ist die Intensität der Szintillation der Energie des primären Quants oder Teilchens proportional, und man kann eine Spektrometrie der Kernstrahlen durchführen. Bei Quanten und sehr energiereichen Partikeln benötigt man dann allerdings sehr große und gleichmäßige Szintillatorkristalle. Kommerziell werden Kristalle von ca. 30···100 mm Durchmesser, darunter solche mit Bohrloch zum Einführen der Meßprobe, angeboten. Polykristallines Material scheidet aus, da Lichtstreuung und -absorption an den Korngrenzen unzulässige Verluste an Quanten bewirken würde. Besonders günstig sind Materialien mit hoher Ordnungszahl der Komponenten, insbesondere Caesiumiodid, denn die Absorptionswahrscheinlichkeit der Strahlen steigt mit der Ordnungszahl steil an.

Auch organische Molekülkristalle (Anthracen, Stilben, p-Terphenyl) sind als Szintillatoren geeignet. Zwar ist die Ordnungszahl der Komponenten klein, jedoch bieten sie den Vorteil einer wesentlich kürzeren Zeitkonstante von $10^{-8} \cdots 10^{-10}$ s, was für *Koinzidenzmessungen* wichtig ist. Die Lumineszenz dieser Stoffe ist mit der Elektronenanregung in den Molekülen zu erklären, also keine spezifische Eigen-

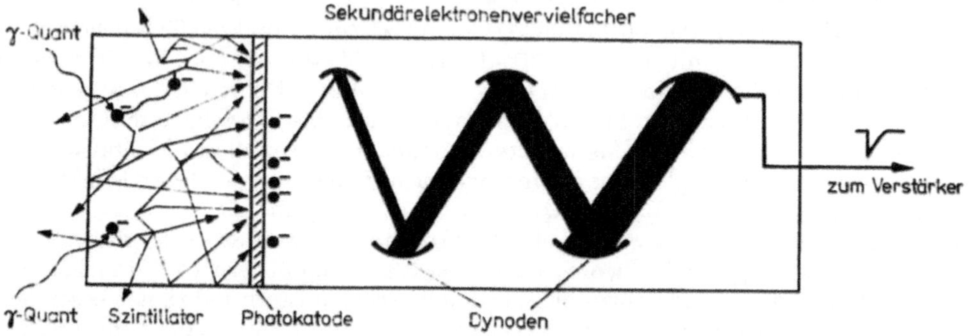

Abb. 11.39
Prinzip des Szintillationszählers.

schaft der Kristalle. Infolgedessen eignen sich einige dieser Materialien auch in gelöster Form oder eingebettet in Polymere (Polystyren) als Szintillatoren. Auf diese Weise lassen sich Strahlungsdetektoren mit sehr großem aktiven Volumen herstellen, in denen die Lichtblitze von zahlreichen Sekundärelektronenvervielfachern registriert werden. Bei Stoffen, die wie p-Terphenyl vorwiegend im UV emittieren, fügt man noch geringe Mengen fluoreszierender Materialien bei, die als ,,Wellenlängenschieber" wirken. Tabelle 11.11 vermittelt eine Übersicht über einige wichtige Szintillator-Materialien.

Die Lumineszenz von Einkristallen ist auch bei zahlreichen anderen Stoffen untersucht worden. Prinzipielle Erkenntnisse vermittelten vor allem die Messungen an CdS und ZnS, die mit Cu oder Ag dotiert waren und zusätzlich Spuren von Halogenen enthielten. Abbildung 11.40 veranschaulicht die Elektronenübergänge in einem derartigen Kristallphosphor: Wesentlich ist das Auftreten von mindestens zwei Arten von Punktdefekten, die als Aktivatoren beziehungsweise Haftstellen gekennzeichnet sind. Angeregte Elektronen können aus dem Leitungsband über die Aktivatoren rekombinieren, wobei eine charakteristische Fluoreszenzstrahlung emittiert wird. Meist werden die Elektronen jedoch zunächst von Haftstellen eingefangen, aus denen sie erst allmählich durch thermische Anregung befreit werden. Auf diese Weise erklärt sich die teilweise sehr beträchtliche Nachleuchtdauer dieser Phosphore. Dieser prinzipielle Mechanismus für die Wirkung von Phosphoren wird durch folgende Effekte belegt:

— Aufheizen angeregter Phosphore befreit die Elektronen vorzeitig aus den Haftstellen. Erwärmt man die Kristalle von tiefen Temperaturen ausgehend in kontrollierter Weise und mißt man die jeweils auftretende Lumineszenz-Strahlung, so

Tabelle 11.11

Eigenschaften einiger Szintillationsmaterialien

Grundstoff	Aktivator	Maximum der emittierten Lumineszenz-Strahlung in nm	Abklingzeit in s	Ausbeute in %	Geeignet für den Nachweis von				
					Elektronen	Röntgen-, Gamma-Strahlung	Höhenstrahlung	Neutronen	Protonen, Deuteronen, α-Teilchen, schweren Ionen
ZnS	Ag	450	$5 \cdot 10^{-6}$	28	×				×
ZnS	Cu	520	$1{,}5 \cdot 10^{-5}$	25	×				×
CdS	Ag	760	10^{-5}	23	×				×
NaI	Tl	410	$2{,}5 \cdot 10^{-7}$	8		×		×	
CsI	Tl	580	10^{-6}	6	×	×			×
KI	Tl	410	10^{-6}	2	×	×			×
$CaWO_4$		430	$6 \cdot 10^{-6}$	5		×			
$CdWO_4$		530	$8 \cdot 10^{-6}$	10		×			
Anthracen-Kristall		440	$3 \cdot 10^{-8}$	4	×	×		×	×
Stilben-Kristall		410	$6 \cdot 10^{-9}$	2	×	×		×	×
p-Terphenyl-kristall		400	$5 \cdot 10^{-9}$	—	×	×		×	×
Polystyren	PT	370	$3 \cdot 10^{-9}$	—	×	×	×	×	×
(Plaste)	PPO	400	—	—	×	×	×	×	×
	POPOP	450	—	—	×	×	×	×	×
Toluen	PT	355	$2{,}2 \cdot 10^{-9}$	—	×	×	×	×	×
(Flüssigkeit)	PPO	380	$3{,}0 \cdot 10^{-9}$	—	×	×	×	×	×
ZnS + Bor	Ag	450	—	—				×	×
LiI	Eu (1%)	—	$2 \cdot 10^{-9}$	—				×	×
LiI	Tl (1%)	1450	$1{,}2 \cdot 10^{-9}$	—		×		×	×
$Li_2Si_2O_5$	Ti (5%)	—	—	—				×	×
Li_2CaSiO_4	Ce (5%)	—	—	—				×	×
Li_2SnO_3	Ti (1%)	440	—	—				×	×

Anmerkung: PT — p-Terphenyl; PPO, POPOP — aromatische Verbindungen mit Phenyl-(P-) und Oxazolyl-(O-) Gruppen lassen sich *Glow-Kurven* aufnehmen, deren Maxima Auskunft über die energetische Lage der beteiligten Haftstellen geben. Die Lichtausbeute des Phosphors nimmt allerdings mit wachsender Temperatur ab, weil strahlungslose Übergänge zunehmend wahrscheinlicher werden.

— Bestrahlung des angeregten Phosphors mit Licht passender Frequenz, die wegen des geringen Abstandes zwischen Haftstellentermen und der Kante des Leitungsbandes meist im Ultraroten liegen muß, führt zum *Ausleuchten* des Phosphors unter vorzeitiger Lichtemission.

— Vielfach bewirkt eingestrahltes Licht jedoch eine *Tilgung* der Anregung, ohne daß es zur Lichtemission kommt. In diesen Fällen erfolgt die Rekombination gleichfalls durch strahlungslose Übergänge.

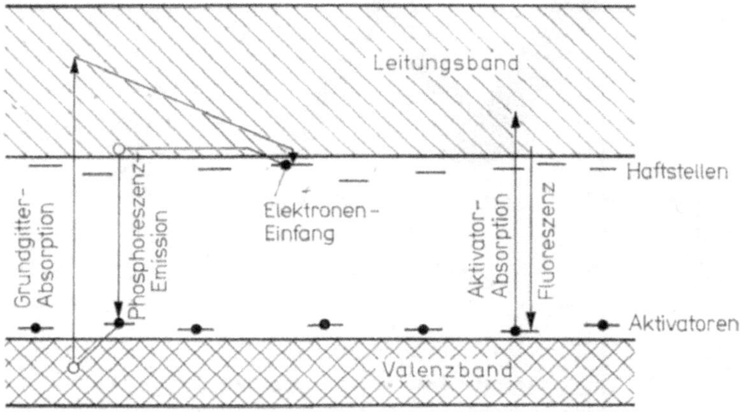

Abb. 11.40
Elektronenübergänge in Kristallphosphoren.

Leuchtstoffe — Luminophore. Die in Lichtquellen, Röntgenschirmen und vor allem in Bildröhren der Fernseh- und Oszillographen-Geräte eingesetzten Leuchtstoffe beruhen auf dem gleichen Prinzip wie die zuletzt besprochenen Kristallphosphore. Der Mechanismus der Anregung und der Lichtemission konnte bei diesen polykristallinen oder glasartigen Materialien jedoch meist noch nicht in den Einzelheiten festkörperphysikalisch aufgeklärt werden, so daß ihre Herstellung und Verarbeitung noch vorwiegend empirisch bestimmt wird. Ihrer chemischen Natur nach gehören die Leuchtstoffe zu sehr verschiedenartigen Stoffgruppen. Man unterscheidet Sulfidphosphore (ZnS, CdS, BaS), Silicatphosphore (Zn_2SiO_4, Cd_2SiO_4), Oxidphosphore (ZnO) und andere. Durch passende Wahl des Grundmaterials und der Dotierungselemente lassen sich Leuchtstoffmassen mit sehr unterschiedlicher Farbe des emittierten Lichtes und Nachleuchtdauer herstellen. Beispielsweise läßt sich das Emissionsgebiet silberdotierter gemischter Zink-Cadmium-Sulfide durch Variation des Zink/Cadmium-Verhältnisses kontinuierlich vom blauen Bereich (ohne Cd) bis zum Dunkelroten (90% Cd) verändern. Für Schwarz-Weiß-Fernsehbildröhren verwendet man zwei solche Stoffe mit Emission in den Komplementärfarben, während für die Farbwiedergabe wenigstens drei Stoffe mit entsprechenden Grundfarben erforderlich sind. Phosphore mit großer Nachleuchtdauer auf der Basis von ZnS und BaS werden für Zifferblätter, Armaturen usw. eingesetzt. Zusätzliche Einlagerung von radioaktivem Material bewirkt durch den Szintillationseffekt eine kontinuierliche Anregung des Leuchtstoffes, so daß die Lumineszenz im Dunkeln praktisch unbegrenzt anhält.

Destriau-Effekt (Leuchtkondensatoren). Die *Elektrolumineszenz* von Festkörpern wurde zuerst von DESTRIAU (1948) an Halbleiter-Isolator-Gemischen unter dem Einfluß genügend starker elektrischer Felder beobachtet. Während das Anlegen einer Gleichspannung meist nur einen einmaligen Lichtimpuls auslöst, regen Wechselfelder von einigen 10^3 V/cm und Frequenzen im Bereich von 500···20000 Hz eine gleichmäßige Lichtemission an, deren spektrale Verteilung durch die Natur und Dotierung des Phosphors bestimmt wird. Die leuchtende Schicht eines Leuchtkondensators besteht aus feinkristallinem Pulver des Kristallphosphors, beispielsweise ZnS(Cu) oder ZnS(Ag), das in ein dielektrisches, gut isolierendes Medium (Silikonöl, Polystyren oder Si_xO_y) eingebettet ist. Während die untere Elektrode aus Metall besteht, verwendet man als Deckelelektrode meist Gläser, deren Unterseiten mit optisch transparenten elektrisch leitenden Stoffen (SnO_2, In_2O_3) beschichtet sind. Da die Destriau-Zellen den anschließend zu behandelnden Lumineszenzdioden hinsichtlich der Lichtausbeute sowie der benötigten Erregungsspannung unterlegen sind, werden sie nur in speziellen Fällen als Anzeigeelemente angewendet. Der Mechanismus der Anregung und Emission, der lange Zeit umstritten war, wird heute als *innere Feldemission* gedeutet. Danach werden Elektronen aus „aktiven Zentren" der Grenzflächen des Halbleiters unter dem Einfluß des elektrischen Feldes in die Isolatorgrenzfläche angeregt und in der Halbwelle umgekehrter Polarität in das Leitungsband des Halbleiters injiziert. Durch Rekombination zwischen den so geschaffenen Löchern mit Elektronen des Leitungsbandes unter Mitwirkung der Haftstellenterme kommt es zur Lichtemission.

Lumineszenz an p/n-Übergängen (Leuchtdioden). Betreibt man Halbleiterdioden in Flußrichtung, so werden Majoritätsträger über den *p/n*-Übergang in die jeweils andere Seite injiziert, wo sie mit Elektronen beziehungsweise Defektelektronen rekombinieren. Die dabei freiwerdende Energie kann über strahlungslose Übergänge an das Gitter abgegeben oder in Form von Lichtquanten emittiert werden. Im zweiten Fall, der die inversen Prozesse zur Photoleitung und zum Aufbau einer Photo-EMK verkörpert, spricht man von einer *Elektrolumineszenz* an *p/n*-Strukturen. Diese Erscheinung ist seit langem bekannt, jedoch ist die Lichtausbeute wegen des Überwiegens strahlungsloser Übergänge in den meisten Fällen — außer bei tiefen Temperaturen — sehr gering. Außerdem ist der Bandabstand üblicher Halbleitermaterialien (Ge, Si) zu klein, so daß nur infrarotes Licht ausgestrahlt wird. Um ausreichende Lichtemission im sichtbaren Gebiet zu erhalten, muß man folgende Gesichtspunkte beachten:

- Der Bandabstand W_g des Halbleitermaterials muß genügend groß sein, d. h. $W_g > 1{,}7$ eV.
- Besonders geeignet sind *direkte Halbleiter* (vgl. Abschnitt 7.2.1.), da die Wahrscheinlichkeit strahlender Übergänge stark abnimmt, wenn zur Impulserhaltung die zusätzliche Beteiligung eines oder mehrerer Phononen erforderlich ist.
- Andererseits können auch *indirekte Halbleiter* brauchbare Lichtausbeuten liefern, wenn die Übergänge über stark gebundene Störstellen erfolgen, jedoch ist die Quantenenergie dann kleiner als der Bandabstand.
- Schließlich muß das Halbleitermaterial sowohl mit Akzeptoren als auch mit

Donatoren dotierbar sein, damit sich steile p/n-Übergänge hoher Leitfähigkeit herstellen lassen.

— Als Maß für die Effizienz definiert man die Quantenausbeute

$$\eta_Q \equiv \frac{\dot{N}_Q}{\left|\frac{I}{e}\right|} \tag{11,197}$$

d. h., die Anzahl $\dot{N}_Q$ der im interessierenden Spektralbereich je Zeiteinheit emittierten Lichtquanten, dividiert durch die Anzahl der Elementarladungen I/e, die den p/n-Übergang je Zeiteinheit durchqueren. In günstigen Fällen erreicht η_Q Werte in der Größenordnung von $10^{-2} \cdots 10^{-1}$, jedoch treten meist noch Verluste durch innere Absorption der erzeugten Quanten sowie infolge Totalreflexion an der Diodenoberfläche auf.

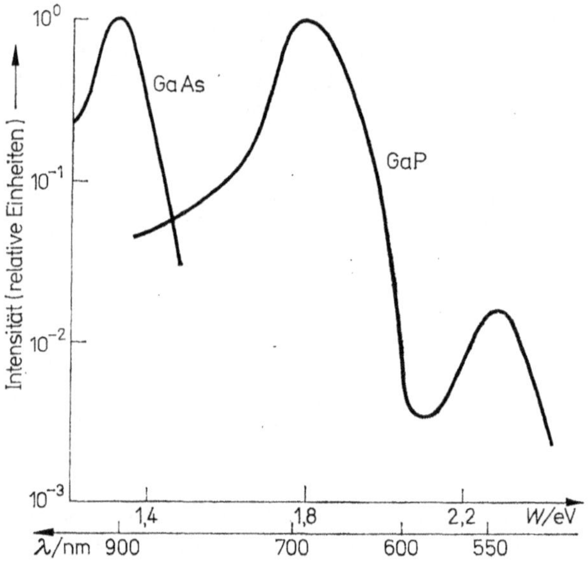

Abb. 11.41
Elektrolumineszenz-Spektren von GaAs und GaP bei Zimmertemperatur.

Praktisch lassen sich die gestellten Forderungen mit einigen halbleitenden Verbindungen erfüllen, von denen besonders GaAs, GaP und SiC technische Bedeutung erlangt haben. In Abb. 11.41 ist die spektrale Verteilung des emittierten Lichts von *Galliumarsenid-* und *Galliumphosphid-Dioden* dargestellt. Das intensive Maximum von GaAs liegt im Infraroten, wobei die Quantenenergie nahezu dem Bandabstand entspricht. Bemerkenswert sind die sehr kleinen Relaxationszeiten von GaAs-Leuchtdioden, die einen Betrieb bis zu Frequenzen von einigen 10 GHz ermöglichen. Dies ist vor allem für die optoelektronische Verarbeitung von Informationen bedeutsam, da sich durch Kopplung zwischen Leuchtdioden und Photodioden bzw. Transistoren sehr schnelle Rechner und Nachrichtensysteme konzipieren lassen.

Im Falle von GaP werden zwei Emissionsmaxima beobachtet. Das eine liegt im grünen Bereich des sichtbaren Gebietes und entspricht Übergängen unter Beteiligung von „*flachen Störstellen*" nahe den Bandkanten, während eine zweite „rote Linie" auf die Beteiligung von *tiefliegenden Rekombinationszentren* zurückzuführen ist. Die Quantenausbeuten sind relativ klein, da GaP im Gegensatz zu GaAs ein Halbleiter mit „indirekter Bandstruktur" ist. Man hat daher mit Erfolg versucht, die ternäre Halbleiterphase $GaAs_{1-x}P_x$ für Lumineszenzdioden zu verwenden. Bis zu einem Phosphoranteil von $x \approx 0{,}35$ bleibt der direkte Halbleitertyp erhalten, während das Emissionsmaximum aus dem Infraroten in das sichtbare Rot verschoben wird. Leuchtdioden auf der Basis von GaP und $GaAs_{1-x}P_x$ werden technisch in großem Umfang produziert und für die Symbol- und Ziffernanzeige eingesetzt.

Als weiteres Material sei SiC erwähnt, an dem die Erscheinung der Elektrolumineszenz zuerst von Lossew (1928) beobachtet worden ist. Infolge des hohen Bandabstandes ($W_g \approx 3$ eV) lassen sich mit diesem Material bei geeigneter Dotierung auch Leuchtdioden für den kurzwelligen Teil des sichtbaren Spektralbereiches herstellen. Schwierigkeiten bereitet allerdings die komplizierte Technologie der Züchtung von Siliciumcarbid-Einkristallen beziehungsweise die Abscheidung entsprechender epitaktischer SiC-Schichten.

11.5.8. Halbleiterlaser, Festkörper-Quantenelektronik

Kurze Zeit nach dem erfolgreichen Betrieb des ersten *Lasers* (1960), der bekanntlich als optisch gepumpter Rubinstab ausgeführt war, wurden Vorschläge für die Entwicklung elektrisch angeregter *Halbleiterlaser* publiziert. Bereits 1962 berichteten mehrere

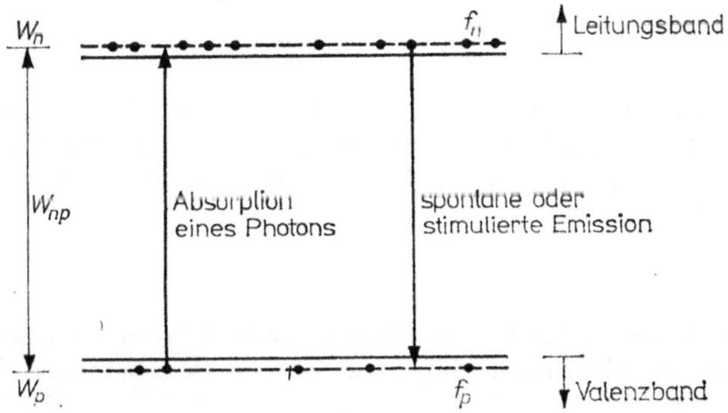

Abb. 11.42
Prinzip des Zweiniveau-Masers.

Forschergruppen über die Realisierung von Lasern auf der Basis von Galliumarsenid-Strukturen mit p/n-Übergang. Seither wurde eine fast unübersehbare Fülle von theoretischen und experimentellen Arbeiten über die Wirkungsweise, die Betriebseigenschaften und die Anwendungsmöglichkeiten von Halbleiterlasern publiziert. Da diese Anordnungen analog zur Leuchtdiode die Injektion von Ladungsträgern über p/n-Übergänge und die bei der Rekombination auftretende Lumineszenz nutzen, spricht man auch von *Injektions-* bzw. *Elektrolumineszenz-Lasern.* Wir begnügen uns mit knappen Ausführungen zum Prinzip derartiger Laser und schließen einige Bemerkungen über andere Festkörperlaser und -maser an.

Bedingungen für den Betrieb eines Lasers

Der Halbleiterlaser unterscheidet sich von anderen Lasertypen (Kristall-, Glas-, Gaslaser) prinzipiell nur dadurch, daß die Anregung, meist als „*Pumpen*" bezeichnet, nicht durch eingestrahltes Licht, sondern durch Stromfluß erfolgt. Im übrigen gelten die Grundbedingungen für den Betrieb eines Lasers, die wir hier kurz zusammenfassen.

Wir betrachten an Hand von Abb. 11.42 ein atomares System mit zwei Energiezuständen W_n und W_p (*Zweiniveau-Laser*), die wir im folgenden als Zustände in der Nähe der Bandkanten des Halbleiters deuten. Die Wahrscheinlichkeiten für die Besetzung (Population) der beiden Niveaus seien f_n und f_p, die Energiedifferenz bezeichnen wir mit W_{np}. Wir setzen weiter voraus, daß durch starke Injektion von Ladungsträgern in der Nähe des p/n-Übergangs die in der Abbildung angedeutete *inverse Population* entstanden ist; d. h., gegenüber dem thermischen Gleichgewicht ist die Besetzungswahrscheinlichkeit des oberen Niveaus sowie der benachbarten Zustände in der Nähe der Bandkante wesentlich erhöht, während die unteren Zustände großenteils unbesetzt sind.

Elektronische Übergänge unter Beteiligung des Photonenfeldes können nach der *Einsteinschen Strahlungstheorie* auf drei verschiedene Weisen vor sich gehen:

1. *Spontane Emission.* Die Wahrscheinlichkeit je Zeiteinheit dafür, daß ein Elektron spontan vom oberen in den unteren Zustand „fällt", wobei ein Photon an das Strahlungsfeld der entsprechenden Schwingung abgegeben wird, ist proportional zur Wahrscheinlichkeit der Besetzung des oberen und der Nichtbesetzung des unteren Niveaus.
   Also gilt
   $$P_{\text{spontan}} = C f_n (1 - f_p). \tag{11,198}$$
2. Elektronenanregung unter *Absorption eines Photons.* Die Wahrscheinlichkeit hierfür ist proportional zur Anzahl z der Photonen der betrachteten Frequenz sowie zur Wahrscheinlichkeit der Besetzung des unteren und der Nichtbesetzung des oberen Niveaus. Es gilt demnach
   $$P_{\text{abs}} = C z f_p (1 - f_n). \tag{11,199}$$
3. *Stimulierte Emission.* Dieser Prozeß, der für den Laserbetrieb entscheidend ist, stellt die Umkehrung zur Absorption dar, und seine Wahrscheinlichkeit ist entsprechend durch
   $$P_{\text{stim}} = C z f_n (1 - f_p) \tag{11,200}$$
   gegeben.

Aus der *Einsteinschen Theorie strahlender Übergänge* folgt, daß der Proportionalitätsfaktor C für alle drei Prozesse gleich sein muß. Bei Kenntnis der Wellenfunktionen läßt er sich quantenmechanisch berechnen.

Die Prozesse 2 und 3 werden durch die im Strahlungsfeld der entsprechenden Frequenz vorhandenen Photonen stimuliert. Durch Zusammenfassen von (11,199) und (11,200) erhalten wir als Nettobilanz für die Wahrscheinlichkeit der stimulierten Emission

$$P = P_{\text{stim}} - P_{\text{abs}} = C z (f_n - f_p). \tag{11,201}$$

Demnach überwiegt die induzierte Emission den inversen Absorptionsprozeß, wenn

$$f_n > f_p \tag{11,202}$$

erfüllt ist. Diese grundlegende Bedingung bildet das Kriterium für die oben gestellte Forderung nach *inverser Population*, d. h. für den Aufbau einer genügend hohen Besetzung des oberen Zustandes mit Elektronen.

Entsprechend den Darlegungen in Abschnitt 7.4.2. können wir die Besetzungswahrscheinlichkeiten f_n, f_p mit Hilfe der *Quasi-Fermi-Verteilungen* ausdrücken, womit der Anschluß an die übliche Behandlung von Nichtgleichgewichtszuständen in der Halbleiterphysik hergestellt wird. Wir erinnern daran, daß nach diesem Konzept für bestimmte Gruppen von Ladungsträgern, etwa die Elektronen in der Nähe der unteren Kante des Leitungsbandes oder die Defektelektronen nahe der oberen Kante des Valenzbandes, thermisches Gleichgewicht vorausgesetzt wird, während zwischen diesen Gruppen innerhalb der interessierenden Zeitintervalle erhebliche Abweichungen von der Gleichgewichtsverteilung bestehen. Mit Formel (7,163) und einer entsprechenden Formel für die Besetzung des Valenzbandes mit Elektronen können wir ansetzen

$$f_n(W_n) = \left[\exp \frac{W_{Fn} - W_n}{k_B T} + 1\right]^{-1} \tag{11,203}$$

und

$$f_p(W_p) = \left[\exp \frac{W_{Fp} - W_p}{k_B T} + 1\right]^{-1}, \tag{11,204}$$

wobei W_{Fn}, W_{Fp} die Quasi-Fermi-Niveaus der beiden Ladungsträgerarten bezeichnen. Damit läßt sich die Bedingung der inversen Population (11,202) in der Form

$$W_{Fn} - W_{Fp} < W_n - W_p \tag{11,205}$$

schreiben.

Weiterhin müssen wir für den Betrieb eines Lasers fordern, *daß die Erzeugungsrate für Quanten durch die induzierte Emission die optischen Verluste im betrachteten Schwingungszustand überwiegt.* Gewöhnlich teilt man die Laserstruktur in eine aktive und eine inaktive Zone ein, wobei vereinfachend angenommen wird, daß die induzierte Emission innerhalb des aktiven Bereiches in der Nähe des p/n-Überganges homogen erfolgt. Der Gewinn G an Quanten pro optischer Weglänge der aktiven Zone läßt sich dann durch die Formel

$$G = \left[\eta\left(n + W\frac{dn}{dW}\right)\frac{I}{Qec}\right]\left\{1 - \exp\left(-\frac{[(W_n - W_p) - (W_{Fn} - W_{Fp})]}{k_B T}\right)\right\} \tag{11,206}$$

ausdrücken, deren Ableitung wir hier überspringen.
Hier bedeuten:

η — die in (11,197) eingeführte Quantenausbeute je Rekombinationsprozeß;

n — den Brechungsindex des Halbleitermaterials, entsprechend ist $\frac{dn}{dW}$ die Ableitung von n nach der Energie W;

I — die Gesamtstromstärke;

Q — die Anzahl eng benachbarter Schwingungszustände, die an der Laserlinie beteiligt sind.

Der experimentell gefundene Verlauf von G als Funktion von $(W_{F_n} - W_{F_p})$ ist in Abb. 11.43 für einen Galliumarsenidlaser dargestellt. Bei tiefen Temperaturen ($T < 20$ K) nähert sich der 2. Klammerausdruck in (11,206), der anschaulich das Verhältnis von induzierten zu spontanen Rekombinationsprozessen beschreibt, dem Wert 1, und die Formel vereinfacht sich zu

$$G \to G_0 = \eta \left(n + W \frac{dn}{dW}\right) \cdot \frac{I}{Qec}. \tag{11,207}$$

Danach nimmt der Gewinn an Quanten proportional zur Stromstärke I zu; d. h., man muß Halbleiterlaser bei möglichst großen Stromdichten betreiben, um einen

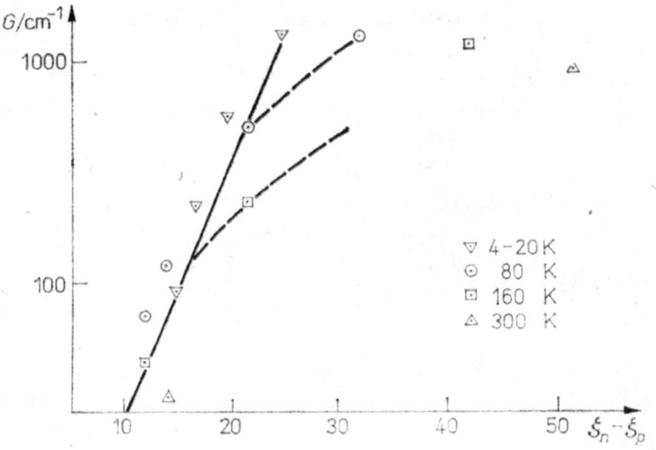

Abb. 11.43

Gewinn an Quanten in Abhängigkeit von der Differenz der Quasi-Fermi-Niveaus bei verschiedenen Temperaturen (nach LASHER, G.; STERN, F., Phys. Rev. **133** (1964) A 553).

hohen Gewinn zu erzielen. Die praktische Schwierigkeit besteht darin, daß mit I auch die Erwärmung durch Ohmsche Verluste ansteigt, wodurch der Leistung und auch den Abmessungen von Halbleiterlasern Grenzen gesetzt werden. Ein Betrieb bei Zimmertemperatur ist vielfach nur im Impulsbetrieb möglich.

Wir betrachten nun noch die Verluste an Quanten je Zeit- und Längeneinheit, die pauschal durch einen effektiven Absorptionskoeffizienten

$$\alpha = \alpha_d + \alpha_L + \alpha_R \tag{11,208}$$

erfaßt werden. Dabei beschreiben α_d und α_L die Verluste durch Absorption von Laserstrahlung in der aktiven beziehungsweise der inaktiven Zone und α_R den Verlust an Quanten durch unvollständige Reflexion an den Endflächen.

Durch Gleichsetzen des Gewinns G und der Verluste α erhält man die kritischen Bedingungen für das Einsetzen der Laserfunktion. Theoretisch und experimentell wurde in befriedigendem Einklang gefunden, daß GaAs-Leuchtdioden mit optisch vergüteten Endflächen und einer Gesamtlänge $L = 0{,}02$ cm mit einer Dicke der aktiven Zone von etwa 2 μm unterhalb 20 K ab einer kritischen Stromdichte von etwa 250 A/cm² als Laser arbeiten. Mit steigender Temperatur erhöht sich die Einsatzstromdichte etwa proportional T^3, und sie erreicht bei Zimmertemperatur Werte von $10^4 \dots 10^5$ A/cm².

Anwendungen

Ausführungen und Anwendungen von Halbleiterlasern. Von anderen Lasertypen unterscheidet sich der Halbleiterlaser vor allem durch die geringe Ausdehnung der aktiven Zone, deren Länge häufig nur wenige Wellenlängen beträgt, die kleinen Gesamtabmessungen sowie durch das elektrische „Pumpen". Um genügend starke inverse Populationen der Ladungsträger zu erreichen, benötigt man hohe Stromdichten, d. h. eine sehr starke Dotierung auf beiden Seiten sowie einen steilen p/n-Übergang. Ebenso wie bei anderen Lasertypen kann sich ein intensives Wellenfeld in der Anordnung nur ausbilden, wenn die *Fabry-Perot-Bedingungen*

$$z \frac{\lambda}{n} = 2L \tag{11,209}$$

(z — ganze Zahl, λ — Wellenlänge, n — Brechungsindex, L — Abstand zwischen den Endflächen) erfüllt sind. Der Abstand L zwischen den Endflächen muß also der Frequenz genau angepaßt werden, die Flächen selbst sind exakt planparallel auszuführen und mit reflektierenden Vergütungsschichten zu versehen.

Experimentell wurden Injektionslaser mit zahlreichen Halbleitermaterialien realisiert; darunter mit $A_{III}B_V$-, $A_{II}B_{VI}$-Verbindungen, mit ternären Halbleitersystemen sowie mit *Heterostrukturen* verschiedenartiger epitaktisch verbundener Halbleiter. Praktisch am bedeutungsvollsten sind die Materialien GaAs, GaP und $GaAs_{1-x}P_x$, die im vorigen Abschnitt im Zusammenhang mit den Lumineszenzdioden besprochen worden sind. Überhaupt stellen die Halbleiterlaser im wesentlichen eine Verbesserung der Leuchtdioden dar, indem durch Nutzung des Lasereffekts eine wesentlich größere Lichtintensität bei gerichteter Strahlung erhalten wird. Werte in der Größenordnung von 1 W optischer Leistung bei einer Gesamteffektivität von 20% wurden erreicht. Außerdem sprechen Halbleiterlaser sehr schnell auf Änderungen des Eingangsstromes an. Der Aufbau der inversen Population erfolgt mit Zeitkonstanten in der Größenordnung von 10^{-9} s, aber nach einsetzendem Laserbetrieb reagieren die Elemente auf Änderungen des Eingangssignals noch weit schneller.

Auf Grund dieser Eigenschaften eignen sich Halbleiterlaser für *optische Radarsysteme* sowie für die Kommunikation zwischen Satelliten usw. Hingegen sind sie als Quellen kohärenten Lichtes den Gas- und Festkörperlasern mit optischer Anregung unterlegen. Dies kommt daher, weil an den Laserübergängen nicht einzelne diskrete Niveaus, sondern schmale quasikontinuierliche Bereiche von Elektronenzuständen der Halbleiterbänder beteiligt sind.

Andere Festkörperlaser. Zu den wichtigsten Lasern für praktische Anwendungen gehören die zuerst entdeckten Rubinkristall-Anordnungen sowie die Neodymiumglas-Laser. Die Elektronenübergänge, die bei diesen Lasern genutzt werden, entsprechen diskreten Atomniveaus von Punktdefekten, die in den Festkörper eingelagert sind. Im Gegensatz zum Halbleiterlaser erfolgt das Pumpen optisch durch Lichteinstrahlung mittels intensiver Gasentladungslampen. Dadurch werden Elektronen von den Grundzuständen der Fremdatome bzw. -ionen in höhere Niveaus angeregt, von wo sie zunächst durch spontane Emission in einen tiefergelegenen dritten Zustand gelangen. Die Bedingungen für das Zustandekommen einer inversen Population sind günstig, wenn direkte spontane Übergänge von diesem dritten Niveau zum Ausgangszustand oder einem weiteren vierten Niveau infolge quantenmechanischer *Übergangsverbote* nur mit geringer Wahrscheinlichkeit erfolgen. In Abb. 11.44a sind die einzelnen Übergänge für 3- und 4-Niveaulaser schematisch dargestellt. Hinsichtlich der Kriterien gelten die Überlegungen am Anfang dieses Abschnitts in analoger Form. Da diese Festkörperlaser im wesentlichen aus einem sehr präzise bearbeiteten homogen dotierten Stab bestehen, entfällt bei der theoretischen Beschreibung die Unterteilung in aktive und inaktive Bereiche; vielmehr erfolgt die Lichtgeneration bzw. -verstärkung über die ganze Länge der Stäbe.

Beim Rubinlaser besteht das Grundmaterial aus Al_2O_3-Einkristallen mit eingelagertem Chromium. Die Laserübergänge lassen sich gemäß Abb. 11.44b den Elektronenzuständen der Chromium-Ionen zuordnen. Entsprechend benutzt man für Neodymiumglas-Laser spezielle Gläser mit einem Zusatz von wenigen Prozent Neodymium, das in Form von Nd^{3+}-Ionen eingebaut wird. Mit Neodymiumglas-Lasern lassen sich bei genügend starkem Pumpen *Riesenimpulse* erzeugen, deren optische Leistung im Terawattbereich (10^{12} W) oder sogar um 1···2 Größenordnungen darüber liegt. Problematisch ist dann die Herstellung genügend strahlenfester Vergütungsschichten, worauf im Abschnitt 11.2. bereits hingewiesen wurde. Die Anwendungen solcher Laser reichen von der Nachrichtenübertragung bis zur Stoffbe- und -verarbeitung (Bohren, Trennen, Schweißen, chemische Aktivierung).

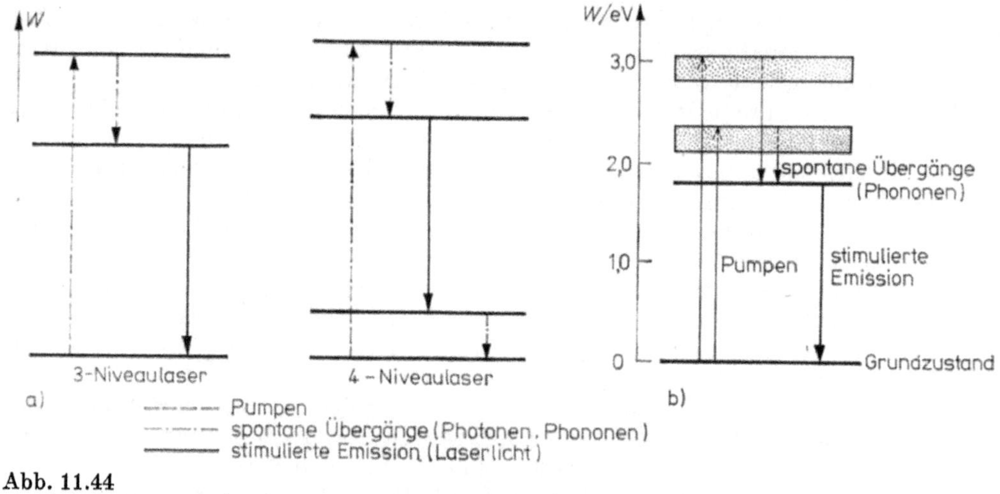

Abb. 11.44

a) Prinzip des 3-Niveau-Lasers und des 4-Niveau-Lasers.

b) Für den Lasereffekt ausgenutzte Elektronenzustände der Chromium-Ionen.

Festkörpermaser. Im Falle des Lasers, dessen Name sich aus den Anfangsbuchstaben des englischen Ausdrucks „**L**ight **A**mplification by **S**timulated **E**mission of **R**adiation“ ableitet, wird Licht des infraroten oder sichtbaren Bereichs erzeugt oder verstärkt. Analog lassen sich auch Mikrowellen generieren beziehungsweise verstärken, indem eine inverse Population zwischen geeigneten eng benachbarten Spineinstellungen im Magnetfeld geschaffen wird. Derartige Anordnungen werden analog als *Maser* bezeichnet (M für „Microwave"). Bei den Festkörpermasern benutzt man meist Salze Seltener Erden mit passender 3- oder 4-Niveau-Lage von Spineinstellungen.

Festkörperquantenelektronik. Die Erforschung und Anwendung der Laser- und Maser-Effekte, die wesentlich auf Quanteneffekten beruht, aber auch der damit methodisch zusammenhängenden Probleme der nichtlinearen Optik, auf die wir am Schluß von Abschnitt 6.3. hingewiesen haben, bezeichnet man zusammenfassend als Quantenelektronik. Die Festkörperquantenelektronik bildet ein wesentliches Teilgebiet dieser jungen Wissenschaftsrichtung, die sich gegenwärtig theoretisch und praktisch außerordentlich stürmisch entwickelt.

Literaturverzeichnis

Zusammenfassende Darstellungen

Applied Solid State Science. Advance in Materials and Device Research. Hrsg.: R. WOLFE. — New York/London: Academic Press, seit 1969.

Atom — Struktur der Materie. (Kleine Enzyklopädie). Hrsg.: CH. WEISSMANTEL u. a. — Leipzig: VEB Bibliographisches Institut 1970.

AZAROFF, L. V.; BROPHY, J. J.: Electronic Processes in Materials. — New York: McGraw-Hill 1963.

BARRETT, CH.; MASSALSKI, T. B.: Structure of Metals. — New York: McGraw-Hill 1966.

BEAM, W. R.: Electronics of Solids. — New York: McGraw-Hill 1965.

BLAKEMORE, J. S.: Solid State Physics. — Philadelphia/London/Toronto: Saunders 1970. (In Russ.: Fizika tverdogo sostanija. — Moskau: Izd. Metallurgija 1972.)

BLATT, J. M.: Theory of Superconductivity. — New York/London: Academic Press 1964. (Pure and Applied Physics, Vol. 17.)

BRAUER, W.: Einführung in die Elektronentheorie der Metalle. — Leipzig: Akademische Verlagsgesellschaft Geest & Portig K.-G. 1972.

BRAUER, W.; STREITWOLF, H.-W.: Theoretische Grundlagen der Halbleiterphysik. — Berlin: Akademie-Verlag 1977. (Wiss. Taschenbücher, „Mathematik/Physik", Bd. 119.)

BUSCH, G.; SCHADE, H.: Vorlesungen über Festkörperphysik. — Basel/Stuttgart: Birkhäuser Verlag 1973.

CLARK, H.: Solid State Physics. — London/New York: MacMillan-St. Martin's Press 1968.

DAVYDOV, A. S.: Teorija tverdogo tela. — Moskau: Izd. Nauka 1976.

DORNHAUS, R.; NIMTZ, G.; RICHTER, W.: Solid State Physics. — Berlin/Heidelberg/New York: Springer-Verlag 1976. (Springer Tracts in Modern Physics, Vol. 78).

Festkörperphysik. — Leipzig: Akademische Verlagsgesellschaft Geest & Portig K. G. 1979.

Festkörperphysik. Entwicklungstendenzen und Anwendungsmöglichkeiten. Hrsg.: M. BALARIN. — Berlin: Akademie-Verlag 1976. (Wiss. Taschenbücher, „Texte und Studien", Bd. 168).

Festkörperprobleme. Hrsg.: W. SCHOTTKY, fortgeführt von F. SAUTER, Bd. VI bis XII von O. MADELUNG, ab Bd. XIII von H.-J. QUEISSER. (Siehe auch „Halbleiterprobleme"). — Braunschweig: Friedr. Vieweg & Sohn Verlagsgesellschaft mbH/Berlin: Akademie-Verlag, seit 1962.

FEYNMAN, R. P.; LEIGHTON, R. B.; SANDS, M.: Feynman Vorlesungen über Physik, Bd. II (in 2 Teilen). — München/Wien: R. Oldenbourg Verlag 1973/1974. (engl.: Addison-Wesley Publ. Co. 1964; russ.: Izd. Mir 1966.) Moskau: Izd. Mir 1966.

Halbleiterprobleme. Hrsg.: W. SCHOTTKY, fortgeführt von F. SAUTER. — Braunschweig: Friedr. Vieweg & Sohn Verlagsgesellschaft mbH/Berlin: Akademie-Verlag 1953—1960. (Die Reihe wurde unter dem Titel „Festkörperprobleme" fortgesetzt.)

HARRISON, W. A.: Solid State Theory. — New York/Toronto/London: McGraw-Hill 1969.

HAUG, A.: Theoretische Festkörperphysik. Bd. I und II. — Wien: Franz Deuticke 1964/1970.

HELLWEGE, K. H.: Einführung in die Festkörperphysik. — Berlin/Heidelberg/New York: Springer-Verlag 1976.

KITTEL, CH.: Einführung in die Festkörperphysik. — München/Wien: R. Oldenbourg Verlag 1969/Leipzig: Akademische Verlagsgesellschaft Geest & Portig K.-G. 1973.

KITTEL, CH.: Quantentheorie der Festkörper. — München/Wien: R. Oldenbourg Verlag 1970.

KLEBER, W.; MEYER, K.; SCHOENBORN, W.: Einführung in die Kristallphysik. — Berlin: Akademie-Verlag 1968.

KREHER, K.: Festkörperphysik. — Berlin: Akademie-Verlag 1976. (Wissenschaftliche Taschenbücher, Reihe Mathematik/Physik, Bd. 103).

LANDOLT-BÖRNSTEIN. Zahlenwerte und Funktionen aus Naturwissenschaften und Technik. Neue Serie. Gruppe 3: Kristall- und Festkörperphysik. — Berlin/Heidelberg/New York: Springer-Verlag, seit 1966.

LEVY, R. A.: Principles of Solid State Physics. — New York: Academic Press 1968.

LUDWIG, W.: Festkörperphysik. Bd. I und II. — Frankfurt/Main: Akademische Verlagsgesellschaft 1970.

MADELUNG, O.: Festkörpertheorie. Bd. I—III. — Berlin/Heidelberg/New York: Springer-Verlag 1972/1972/1973. (Heidelberger Taschenbücher, Bd. 104, 109, 126.)

PATTERSON, J. D.: Introduction of the Theory of Solid State Physics. — London: Addison-Wesley Publ. Comp. 1971.

PEIERLS, R. E.: Quantum Theory of Solids. — Oxford: Clarendon Press 1964.

SACHS, M.: Solid State Theory. — New York/Toronto/London: McGraw-Hill 1963.

SCHILLING, H.: Festkörperphysik. — Leipzig: VEB Fachbuchverlag 1976.

SCHULZE, G. E. R.: Metallphysik. — Berlin: Akademie-Verlag 1974.

SEITZ, F.: The Modern Theory of Solids. — New York/London: McGraw-Hill 1940.

Selected Topics in Solid State Physics. Ed.: E. P. WOHLFARTH. — Amsterdam/New York: North-Holland Publ. Comp., seit 1962.

SLATER, J. C.: Quantum Theory of Molecules and Solids. Vol. 1—3. — New York: McGraw-Hill Book Company 1963/1965/1967.

Solid State Physics. Ed.: K. LARK-HOROVITZ, V. A. JOHNSON. Part A and B. — New York/London: Academic Press 1959. (Methods of Experimental Physics, Vol. 6).

Solid State Physics. Ed.: R. KUHO, T. NAGAMIYA, R. S. KNOX. — New York/Toronto/London: McGraw-Hill 1969.

Solid State Physics. Ed.: R. V. COLEMAN. — New York/London: Academic Press 1973. (Methods of Experimental Physics, Vol. 11).

Solid State Physics. Advances in Research and Development. Ed.: H. EHRENREICH, F. SEITZ, D. TURNBULL. — New York/San Francisco/London: Academic Press, seit 1955.

TÄUBERT, P.: Metallphysik. — Leipzig: BSB B. G. Teubner Verlagsgesellschaft 1963.

TAYLOR, P. L.: A Quantum Approach to the Solid State. — Englewood Cliffs: Prentice Hall 1970.

WANG, S.: Solid State Electronics. — New York: McGraw-Hill 1966.

WANNIER, G. H.: Elements of Solid State Theory. — London: Cambridge University Press 1959.

WILSON, A. H.: The Theory of Metals. — London: Cambridge University Press 1953.

ZIMAN, J. M.: Electrons and Phonons. — Oxford: Clarendon Press 1967. (In Russ.: Ėlektrony i fonony. — Moskau: Izd. inostr. lit. 1962.)

ZIMAN, J. M.: Principles of the Theory of Solids. — London: Cambridge University Press 1972./Prinzipien der Festkörpertheorie. — Berlin: Akademie-Verlag 1974.

Zu Kapitel 2

BORN, M.; HUANG, K.: Dynamical Theory of Crystal Lattices. — Oxford: Clarendon Press 1954.

BUERGER, M. J.: Elementary Crystallography: An Introduction to the Fundamental Geometrical Features of Crystals. — New York: John Wiley & Sons 1956.

Crystal Growth. Ed.: P. HARTMAN. — Amsterdam: North-Holland Publ. Comp. 1973.

FAKTOR, M. M.: Growth of Crystals from the Vapour. — London: Chapman and Hall 1974.

Handbuch der Physik. Hrsg.: S. FLÜGGE. Gruppe 3, 7. Band, 1. und 2. Teil: Kristallphysik I und II. — Berlin/Göttingen/Heidelberg: Springer-Verlag 1955/1958.

HOLDEN, A.: Nature of Solids. — Columbia University Press 1965.

Intermolecular Forces. Ed.: J. O. Hirschfelder. — New York: John Wiley & Sons 1967. (Advances in Chemical Physics, Vol. XII.)

International Tables for X-Ray Crystallography. Vol. 1—3. — Birmingham: Kynoch Press 1952/1962.

Karapet'janc, M.; Drakin, S.: Stroenie veščestva. — Moskau: Izd. Vysšaja škola 1970. (In Engl.: The Structure of Matter. — Moskau: Izd. Mir 1974.)

Kleber, W.: Einführung in die Kristallographie. — Berlin: VEB Verlag Technik 1977.

Kroeger, F. A.: The Chemistry of Imperfect Crystals. Vol. 1. — Amsterdam: North-Holland Publ. Comp. 1974.

Lawson, W. D.; Nielsen, S.: Preparation of Single Crystals. — London: Butterworth & Co. 1958.

Lezovskij, V. N.: Zonnaja plavka s gradientom temperatury. — Moskau: Izd. Metallurgija 1972.

Matz, G.: Kristallisation. Grundlagen und Technik. — Berlin/Heidelberg/New York: Springer-Verlag 1969.

Meyer, K.: Physikalisch-chemische Kristallografie. — Leipzig: VEB Deutscher Verlag für Grundstoffindustrie 1968.

Paufler, P.: Kristallografische Grundbegriffe der Festkörperphysik. — Berlin: Akademie-Verlag 1975. (Wissenschaftliche Taschenbücher, Reihe Mathematik/Physik, Bd. 156).

Pauling, L.: Die Natur der chemischen Bindung. — Weinheim/Bergstr.: Verlag Chemie 1964.

Pearson, W. B.: A Handbook of Lattice Spacing and Structures of Metals and Alloys. Vol. 1, 2. — Oxford: Pergamon Press 1958/1967.

Pfann, W. G.: Zone Melting. — New York: John Wiley & Sons 1966.

Schwabe, K.: Physikalische Chemie, Bd. 1. — Berlin: Akademie-Verlag 1975.

Smakula, A.: Einkristalle. — Berlin/Göttingen/Heidelberg: Springer-Verlag 1962.

Smith, A. C.; Janak, J. F.; Adler, R. B.: Electronic Conduction in Solids. — New York: McGraw-Hill 1967.

Structure and Bonding. Ed.: J. D. Dunitz et al., Vol. 19. — Berlin/Heidelberg/New York: Springer-Verlag 1974.

Wilke, K.-Th.: Kristallzüchtung. — Berlin: VEB Deutscher Verlag der Wissenschaften 1973.

Wilson, A. J. C.; Pearson, W. B.: Structure Reports for 1940—1960. — Utrecht: 1956—1968.

Winkler, H. G. F.: Struktur und Eigenschaften der Kristalle. — Berlin/Göttingen/Heidelberg 1955.

Wyckoff, R. W. G.: Crystal Structures. Vol. 1—6. — New York: John Wiley & Sons 1963 bis 1971.

Zu Kapitel 3

Azaroff, L. V.; Buerger, M. J.: The Powder Method in X-Ray Crystallography. — New York: McGraw-Hill 1958.

Bacon, G. E.: Neutron Diffraction. — Oxford: Clarendon Press 1975.

Buerger, M. J.: Crystal-Structure Analysis. — New York: John Wiley & Sons 1960.

Festkörperanalyse mit Elektronen, Ionen und Röntgenstrahlen. Hrsg.: O. Brümmer, J. Heydenreich, K. H. Krebs, H. G. Schneider. — Berlin: VEB Deutscher Verlag der Wissenschaften (im Druck).

Gevers, R., u. a.: Interaction of Radiation in Solids. — Amsterdam: North-Holland Publ. Comp. 1964.

Glocker, R.: Materialprüfung mit Röntgenstrahlen. — Berlin/Heidelberg/New York: Springer-Verlag 1971.

Handbuch der Physik. Hrsg.: S. Flügge, Gruppe 5, 30. (Röntgenstrahlen), 32. (Strukturforschung) und 33. (Korpuskularoptik) Band. — Berlin/Göttingen/Heidelberg: Springer-Verlag 1957, 1957 bzw. 1956.

Laue, M. von: Materiewellen und ihre Interferenzen. — Leipzig: Akademische Verlagsgesellschaft Geest & Portig K.-G. 1948.

LAUE, M. VON: Röntgenstrahl-Interferenzen. — Frankfurt/Main: Akademische Verlagsgesellschaft 1960.
MALZEW, M. W.: Röntgenographie der Metalle. — Berlin: VEB Verlag Technik 1955.
NEFF, H.: Grundlagen und Anwendung der Röntgenfeinstrukturanalyse. — München/Wien: R. Oldenbourg Verlag 1962.
WEISS, R. J.: X-Ray Determination of Electron Distributions. — Amsterdam: North-Holland Publ. Comp. 1969. (Selected Topics in Solid State Physics, Vol. VI.)
X-Ray Diffraction. — New York/London: McGraw-Hill 1973.

Zu Kapitel 4

Advances in Epitaxy and Endotaxy. Ed.: H. G. SCHNEIDER, V. RUTH. — Leipzig: VEB Deutscher Verlag für Grundstoffindustrie 1971.
BOLLMANN, W.: Crystal Defects and Crystalline Interfaces. — Berlin/Heidelberg/New York: Springer-Verlag 1970.
VAN BUEREN, H. G.: Imperfections in Crystals. — Amsterdam: North-Holland Publ. Comp. 1961.
COTTRELL, A. H.: Theory of Crystal Dislocations. — New York: Gordon and Breech Science Publishers 1964.
COTTRELL, A. H.: Dislocations and Plastic Flow in Crystals. — Oxford: Clarendon Press 1953.
DAMASK, A. C.; DIENES, G. J.: Point Defects in Metals. — New York: Gordon and Breech Science Publishers 1964.
Dislocations and Mechanical Properties of Crystals. Ed.: J. C. FISCHER, W. G. JOHNSTON, R. THOMSON, T. VREELAND. — New York: John Wiley & Sons 1957.
Dislocations in Metals. Ed.: M. COHEN. — New York: Amer. Inst. Min. Met. Engin. 1954.
FRIEDEL, J.: Dislocations. — London: Addison-Wesley Publ. Comp. 1964.
HANNAY, N.: Solid-State Chemistry. — Englewood Cliffs: Prentice Hall 1967. (In Russ.: Chimija tverdogo tela. — Moskau: Izd. Mir 1971.)
HIRTH, J. P.; LOETHE, J.: Theory of Dislocations. — New York/Toronto/London: McGraw-Hill 1968.
Imperfections in Nearly Perfect Crystals. Ed.: W. SHOCKLEY, J. J. HOLLOMON, R. MAURER, F. SEITZ. — New York: John Wiley & Sons 1952.
KAMINSKY, M.: Atomic and Ionic Impact Phenomena on Metal Surfaces. — Berlin/Heidelberg/New York: Springer-Verlag 1965. — (In Russ.: Atomnye i ionnye stolknovenija na poverchnosti metalla. — Moskau: Izd. Mir 1967.)
KELLY, A.; GROVES, G. W.: Crystallography and Crystal Defects. — London: Longman 1970. (In Russ.: Kristallografija i defecty v kristallach. — Moskau: Izd. Mir 1974.)
KLEBER, W.: Kristallchemie. — Leipzig: BSB B. G. Teubner Verlagsgesellschaft 1963.
KRÖGER, F. A.: The Chemistry of Imperfect Crystals, Vol. 2. — Amsterdam: North-Holland Publ. Comp. 1974.
NABARRO, F. R. N.: Theory of Crystal Dislocations. — London: Oxford University Press 1967.
PRINZ, J. A.: Physics of Non-Crystalline Solids. — Amsterdam: North-Holland Publ. Comp. 1965.
READ, W. T.: Dislocations in Crystals. — New York: McGraw-Hill 1953.
SEEGER, A.: Theorie der Gitterfehlstellen. In: Handbuch der Physik. Hrsg.: S. FLÜGGE. Gruppe 3, 7. Band, 1. Teil: Kristallphysik I. — Berlin/Göttingen/Heidelberg: Springer-Verlag 1955.
Vacancies and Other Point Defects in Metalls and Alloys. — London: Institute of Metals 1958.
VERMA, A. R.: Crystal Growth and Dislocations. — New York: Academic Press 1953.
VIŠNJAKOV, JA. D.: Defekty upakovki v kristalličeskoj strukture. — Moskau: Izd. Metallurgija 1970.
Werkstoffe und Technologie elektronischer Bauelemente. — Leipzig: VEB Deutscher Verlag für Grundstoffindustrie 1975.

Zu Kapitel 5

Blackman, M.: The Specific Heat of Solids. In: Handbuch der Physik. Hrsg.: S. Flügge. Gruppe 3, 7. Band, 1. Teil: Kristallphysik I. — Berlin/Göttingen/Heidelberg: Springer-Verlag 1955.

Born, M.; Huang, K.: Dynamical Theory of Crystal Lattices. — Oxford: Clarendon University Press 1954.

Brillouin, L.: Wave Propagation in periodic Structures 1953.

Cottrell, A. H.: Dislocations and Plastic Flow in Crystals. — Oxford: Clarendon Press 1953.

Defekty v kristallach i teploprovodnost'. Von V. S. Oskotskij u. a. — Leningrad: Izd. Nauka 1972.

Dislocations and Mechanical Properties of Crystals. Ed.: J. C. Fischer, W. G. Johnston, R. Thomson, T. Vreeland. — New York: John Wiley & Sons 1957.

Dynamical Properties of Solids. Ed.: G. K. Horton, A. A. Maradudin. — Amsterdam: North-Holland Publ. Comp., seit 1974.

Goldsmid, H.: The Thermal Properties of Solids. — Berlin: VEB Deutscher Verlag der Wissenschaften 1967. (Lizenzausgabe von Routledge 8-Kegan Paul Ltd., London.)

Handbuch der Physik. Hrsg.: S. Flügge. Gruppe 3, 6. Band a, 4. Teil: Festkörpermechanik 4. — Berlin/Heidelberg/New York: Springer-Verlag 1974.

Leibfried, G.: Gittertheorie der mechanischen und thermischen Eigenschaften der Kristalle. In: Handbuch der Physik. Hrsg.: S. Flügge. Gruppe 3, 7. Band, 1. Teil: Kristallphysik I. — Berlin/Göttingen/Heidelberg: Springer-Verlag 1955.

Maradudin, A. A.; Montroll, E. W. S.; Weiss, G. H.: Theory of Lattice Dynamics in the Harmonic Approximation. — New York: Academic Press 1971. (Solid State Physics, Suppl. 3).

Nye, J. F.: Physical Properties of Crystals. — Oxford: Clarendon Press 1957.

Phonons. Ed.: R. W. H. Stevenson. — Edinburgh: Oliver and Boyd 1966.

Phonons and Phonon Interactions. Ed.: T. A. Bak. — New York: Benjamin 1964.

Phonons and Their Interactions. Ed.: R. H. Enns, R. R. Haering. — London: Gordon and Breech 1969.

Physical Acoustics Principles and Methods. Vol. 1, Parts A and B. Ed.: W. P. Mason. — New York: Academic Press 1964.

Samuel, V. I.: Osnovy teorii uprugosti i plastičnosti. — Moskau: Izd. Vysšaja škola 1970.

Sham, L. J.; Ziman, J. M.: The Electron-Phonon Interaction. — New York: Academic Press 1963. (Solid State Physics, Vol. 15). S. 223—298

Vogt, E.: Physikalische Eigenschaften der Metalle, Bd. 1. — Leipzig: Akademische Verlagsgesellschaft Geest & Portig K.-G. 1958.

Zu Kapitel 6

Brauer, W.: Einführung in die Elektronentheorie der Metalle. — Leipzig: Akademische Verlagsgesellschaft Geest & Portig K.-G. 1972.

Bube, R. H.: Electronic Properties of Crystalline Solids. New York/London: Academic Press 1974.

Callaway, J.: Energy Band Theory. — New York/London: Academic Press 1964. (Pure and Applied Physics, Vol. 16).

Fröhlich, H.: Elektronentheorie der Metalle. — Berlin/Heidelberg/New York: Springer-Verlag 1969.

Greig, D.: Elektronen in Metallen und Halbleitern. — Berlin: Akademie-Verlag 1971.

Simonyi, K.: Physikalische Elektronik. — Budapest: Akadémiai Kiado 1972.

Smith, A. C.; Janak, J. F.; Adler, R. B.: Electronic Conduction in Solids. — New York: McGraw-Hill 1967.

Stolz, H.: Einführung in die Vielelektronentheorie der Kristalle. – Berlin: Akademie-Verlag 1974.

Ziman, J. M.: Electrons and Phonons – The Theory of Transport Phenomena in Solids. – Oxford: Clarendon Press 1960.

Ziman, J. M.: Electrons in Metals. – London: Taylor & Francis 1962.

Zu Kapitel 7

Anselm, A. J.: Einführung in die Halbleitertheorie. – Berlin: Akademie-Verlag 1964.

Bonch-Bruyevich, V. L.: The Electronic Theory of Heavily Doped Semiconductors. – New York: American Elsevier Publ. 1966.

Brauer, W.; Streitwolf, H.-W.: Theoretische Grundlagen der Halbleiterphysik. – Berlin: Akademie-Verlag 1977.

Bube, R. H.: Electronic Properties of Crystalline Solids. New York/London: Academic Press 1974.

Chimičeskaja svjaz' v poluprovodnikach. – Minsk: Izd. Nauka i technika 1969.

Cidil'kovskij, I. M.: Ėlektrony i dyrki v poluprovodnikach. – Moskau: Izd. Nauka 1972.

Entwurf mikroelektronischer Schaltungen. – Berlin: Akademie-Verlag 1976.

Fistul', V. I.: Vvedenie v fiziku poluprovodnikov. – Moskau: Izd. Vysšaja škola 1975.

Gorjunova, N. A.: Halbleiter mit diamantähnlicher Struktur. – Leipzig: BSB B. G. Teubner Verlagsgesellschaft 1971.

Greig, D.: Elektronen in Metallen und Halbleitern. – Berlin: Akademie-Verlag 1971.

Grundlagen aktiver elektronischer Bauelemente. – Berlin: VEB Deutscher Verlag für Grundstoffindustrie 1972.

Gutmann, F.; Lyons, L. E.: Organic Semiconductors. – New York: J. Wiley 1967. (In Russ.: Organičeskie poluprovodniki. – Moskau: Izd. Mir 1970.)

Halbleiterbauelementeelektronik. – Berlin: Akademie-Verlag 1977.

Hybridtechnik. – Leipzig: VEB Deutscher Verlag für Grundstoffindustrie 1976.

Joffe, A.: Physik der Halbleiter. – Berlin: Akademie-Verlag 1960.

Kireev, P. S.: Physik der Halbleiter. – Berlin: Akademie-Verlag 1974.

Madelung, O.: Grundlagen der Halbleiterphysik. – Berlin/Heidelberg/New York: Springer-Verlag 1970.

Madelung, O.: Physics of III–V Compounds. – New York: J. Wiley 1964. (In Russ.: Fizika poluprovodnikovych soedinienij ėlementov 3–5 grupp. – Moskau: Izd. Mir 1967.)

Organische Festkörper und Dünne Schichten. – Leipzig: Akademische Verlagsgesellschaft Geest & Portig K.-G. 1978.

Organische Halbleiter. – Berlin: Akademie-Verlag 1966.

Paul, R.: Halbleiterphysik. – Berlin: VEB Verlag Technik 1974.

Ržanov, A. V.: Elektronnye processy na poverchnosti poluprovodnikov. – Moskau: Izd. Nauka 1971.

Šalabutov, J. K.: Vvedenie v fiziku poluprovodnikov. – Leningrad: Izd. Nauka 1968.

Seeger, K.: Semiconductor Physics. – Wien/New York: Springer-Verlag 1973.

Seiler, K.: Physik und Technik der Halbleiter. – Stuttgart: Wissenschaftliche Verlagsgesellschaft 1964.

Shockley, W.: Electrons and Holes in Semiconductors. – Princeton: Van Nostrand 1963.

Simonyi, K.: Physikalische Elektronik. – Budapest: Akadémiai Kiado 1972.

Smith, R. A.: Semiconductors. – London: Cambridge University Press 1959. (In Russ.: Poluprovodniki. – Moskau: Izd. inostr. lit. 1962.)

Sominskij, A. S.: Poluprovodniki. – Moskau: Izd. Nauka 1967.

Spenke, E.: Elektronische Halbleiter. – Berlin/Heidelberg/New York: Springer-Verlag 1965.

Zu Kapitel 8

BOKSTEJN, S. Z.: Stroenie i svojstva metalličeskich splavov. — Moskau: Izd. Metallurgija 1971.

BUBE, R. H.: Electronic Properties of Crystalline Solids. — New York/London: Academic Press 1974.

CALLAWAY, J.: Electron Energy Bands in Solids. — New York/London: Academic Press 1964. (Reprinted from Solid State Physics, vol. 7, 1958.)

COUTTS, T. J.: Electrical Conduction in Thin Metal Films. — Amsterdam/London/New York: Elsevier Scientific Publ. Comp. 1974.

DEHLINGER, U.: Theoretische Metallkunde. — Berlin/Heidelberg/New York: Springer-Verlag 1968.

Fiziko-chimija tverdogo tela. — Moskau: Izd. Chimija 1972.

LYNTON, E. A.: Superconductivity. — New York: John Wiley & Sons 1962.

HUME-ROTHERY, W.; RAYNOR G. V.: The Structure of Metalls and Alloys. — London: Institute of Metals 1962.

JUSTI, E.: Leitungsmechanismus und Energieumwandlung in Festkörpern. — Göttingen: Vandenhoeck & Ruprecht 1965.

LIFSCHITZ, I. M.; ASBEL, M. JA.; KAGANOW, M. I.: Elektronentheorie der Metalle. — Berlin: Akademie-Verlag 1975.

MOTT, N. F.; JONES, H.: Theory of Metals and Alloys. — London: Oxford University Press 1936.

RICKAYZEN, G.: Theory of Superconductivity. — New York: Wiley Interscience 1965.

SOMMERFELD, A.; BETHE, H.: Elektronentheorie der Metalle. — Berlin/Heidelberg/New York: Springer-Verlag 1967.

Superconductivity. Ed.: R. D. PARKS. — Basel: Dekker 1969.

TÄUBERT, P.: Metallphysik. — Leipzig: BSB B. G. Teubner Verlagsgesellschaft 1963.

The Physics of Metals. Vol. 1: Electrons. Ed.: J. M. ZIMAN. — London: Cambridge University Press 1969. (In Russ.: Fizika metallov i ėlektrony. — Moskau: Izd. Mir 1972.)

Zu Kapitel 9

GEIGER, J.: Elektronen und Festkörper. — Braunschweig: Friedr. Vieweg & Sohn Verlagsgesellschaft mbH 1968.

JONA, F.; SHIRANE, G.: Ferroelectric Crystals. — Oxford: Pergamon Press 1963.

MARTIN, H.-J.: Die Ferroelektrika. — Leipzig: Akademische Verlagsgesellschaft Geest & Portig K.-G. 1964.

MEGAW, H. D.: Ferroelectricity in Crystals. — London: Methuen & Co. Ltd. 1957.

SHELUDEW, I. S.: Elektrische Kristalle. — Berlin: Akademie-Verlag 1975.

SMOLENSKIJ, G. A.; KRAJNIK, N. N.: Ferroelektrika und Antiferroelektrika. — Leipzig: BSB B. G. Teubner Verlagsgesellschaft 1972.

SONIN, A. S.; STRUKOW, B. A.: Einführung in die Ferroelektrizität — Berlin: Akademie-Verlag 1974. (Wissenschaftliche Taschenbücher, Reihe Mathematik/Physik, Bd. 140.)

TAREEV, B. M.: Fizika dieelektričeskich materialov. — Moskau: Izd. Energija 1973. (In Engl.: Izd. Mir, Moskau 1975.)

TREDGOLD, R.: Space Charge Conduction in Solids. — Amsterdam: Elsevier 1966.

Zu Kapitel 10

ALTSCHULER, S. A.; KOSYREW, B. M.: Paramagnetische Elektronenresonanz. — Leipzig: BSB B. G. Teubner Verlagsgesellschaft/Frankfurt/M.: Harry Deutsch 1963.

ANDERSON, P. W.: Theory of Magnetism. — Lecture Notes at the University of Tokyo 1954.

ANDREW, E. R.: Nuclear Magnetic Resonance. — London: Cambridge University Press 1956.

BATES, L. F.: Modern Magnetism. — London: Cambridge University Press 1953.

BLOCH, F.: Molekulartheorie des Magnetismus (Handbuch der Radiologie 6/2). — Leipzig: 1934.

Bozorth, R. M.: Ferromagnetism. — Toronto: Van Nostrand 1951.
Chikazumi, S.; Charap, S. H.: Physics of Magnetism. — New York: John Wiley & Sons 1964.
Dorfman, Ja. G.: Diamagnetismus und chemische Bindung. — Leipzig: BSB B. G. Teubner Verlagsgesellschaft 1964.
Gordy, W.; Smith, W. V.; Trambarulo, R.: Microwave Spectroscopy. — New York: John Wiley & Sons 1953.
Keffer, F.: Spinwaves. In: Handbuch der Physik. Hrsg.: S. Flügge. Gruppe 4, Bd. 18, 2. Teil: Ferromagnetismus. — Berlin/Heidelberg/New York: Springer-Verlag 1966.
Kneller, E.: Ferromagnetismus. — Berlin/Göttingen/Heidelberg: Springer-Verlag 1962.
Low, W.: Paramagnetic Resonance in Solids. — New York: Academic Press 1960.
Magnetismus. Hrsg.: H. P. Wijn. — Berlin/Heidelberg/New York: Springer-Verlag 1968. (Handbuch der Physik. Hrsg.: S. Flügge. Gruppe 4, 18. Band, 1. Teil.)
Martin, D. H.: Magnetism in Solids. — Cambridge/Mass.: M. I. T. Press 1967.
Morrish, A. H.: The Physical Principles of Magnetism. — New York: John Wiley & Sons 1965.
Pake, G. E.: Paramagnetic Resonance. — New York: Benjamin 1962.
Schmid, D.; Bäuerle, D.; Behringer, J.: Solid State Physics. — Berlin/Heidelberg/New York: Springer-Verlag 1973. (Springer Tracts in Modern Physics, Ed.: G. Höhler. Vol. 68.)
Slichter, C. P.: Principles of Magnetic Resonance with Examples of Solid State Physics. — Harper and Row 1963.
Smith, J.; Wijn, H. P. J.: Ferrite. — Eindhoven: Philips 1962.
Snoek, J. L.: New Developments in Ferromagnetic Materials. — Amsterdam: Elsevier Scientific Publ. Comp. 1949.
Spektroskopija tverdogo tela, Sbornik 4 (1969). — Leningrad: Izd. Nauka 1969.
Vonsovskij, S. V.: Magnetizm. — Moskau: Izd. Nauka 1971.
White, R. M.: Quantum Theory of Magnetism. — New York/London: McGraw-Hill 1970.

Zu Kapitel 11

di Bartolo, B.: Optical Interactions in Solids. — New York: John Wiley & Sons 1968.
Born, M.: Optik. — Berlin/Heidelberg/New York: Springer-Verlag 1972.
Born, M.; Wolf, E.: Principles of Optics. — Oxford: Pergamon Press 1965.
Brunner, W.; Radloff, W.; Junge, K.: Quantenelektronik. Eine Einführung in die Physik des Lasers. — Berlin: VEB Deutscher Verlag der Wissenschaften 1977. (Hochschulbücher für Physik, Bd. 36.)
Claus, R.; Merten, L.; Brandmüller, J.: Light Scattering by Phonon-Polaritons. — Berlin/Heidelberg/New York: Springer-Verlag 1975. (Springer Tracts in Modern Physics, Vol. 75).
Françon, M.: Moderne Anwendungen der physikalischen Optik. — Berlin: Akademie-Verlag 1971.
Hummel, R. E.: Optische Eigenschaften von Metallen und Legierungen. — Berlin/Heidelberg/New York: Springer-Verlag 1971.
Klimontowitsch, I. L.: Laser und nichtlineare Optik. — Leipzig: BSB B. G. Teubner Verlagsgesellschaft 1971.
Kröger, F. A.: The Chemistry of Imperfect Crystals. Vol. 1. — Amsterdam: North-Holland Publ. Comp. 1973.
Orton, J. W.; Paxman, D. H.; Walling, M. J. C.: Solid State Maser. — Oxford: Pergamon Press 1970.
Paul, H.: Nichtlineare Optik. Bd. I u. II. — Berlin: Akademie-Verlag 1973. (Wissenschaftliche Taschenbücher, Reihe Mathematik/Physik).
Radiacionnaja fizika. Tom 5: Ljuminescencija i defekty ionych kristallov. — Riga: Izd. Zinatne 1967.
Radiacionnye javlenija v dielektrikach i poluprovodnikach. — Taschkent: Izd. FAN Uzbek. SSR 1968.

RAMACHANDREAN, G. N.; RAMASESHAN, S.: Crystal Optics. In: Handbuch der Physik. Hrsg.: S. FLÜGGE. Gruppe 5, 25. Band, 1. Teil: Kristalloptik. Beugung. — Berlin/Göttingen/Heidelberg: Springer-Verlag 1961.

RYVKIN, S. M.: Photoelektrische Erscheinungen in Halbleitern. — Berlin: Akademie-Verlag 1965.

SMITH, W. V.; SOROKIN, P. P.: The Laser. — New York/London: McGraw-Hill 1966.

SOKOLOV, A. V.: Optičeskie svojstva metallov. — Moskau: Fizmatgiz 1961.

VUYLSTEKE, A. A.: Masertheorie. — München/Wien: R. Oldenbourg Verlag 1965.

YARIV, A.: Quantum Electronics. — New York: John Wiley & Sons 1975.

Sach- und Namenverzeichnis

ABBÉ, E. 708
ABRAHAM, M. 235
ABRIKOSOV, A. A. 551, 564
Abkühlungsgesetz, Newtonsches 518
Abkühlungskurven 518
absorbierende Schichten 717
Absorption 688
Absorptionsfaktor 160
Absorptionsindex 687
Absorptionskoeffizient 687
Abstoßungspotential 123
ACHMANOW, S. A. 733
Achse, optische 723
—, polare 614
Achsendispersion 727
ADAMS, W. G. 432
Adsorption 45, 224
—, Photo- 762
Adsorptionsisotherme, Langmuirsche 226
AES s. Auger-Elektronenspektroskopie
Akkomodationskoeffizient 228
Akkumulation 493
aktive Zentren 224, 227
Aktivierung 176
Aktivierungsenergie (interstitielle Diffusion) 180
— (Keimbildung) 110
— (Platzwechsel einer Leerstelle) 592
Aktivität, optische 727
akustische paramagnetische Resonanz 678
akustoelektronische Verzögerungsleitungen 626
Akzeptor 176, 447
Alkalihalogenide 176
amorph 18, 22, 84, 234, 238, 241f.
AMPÈRE, A. M. 630
ANEGO, D. 630
Anfangspermeabilität 645
Anfangssuszeptibilität 644
Anharmonizität 317, 319
Anisotropie der Diffusion 182
— — mechanischen Eigenschaften 244
—, magnetische 669
Anisotropie, optische 721
— von Graphit 89
Anlagerungsplätze auf einer Kristalloberfläche 112
Anlaufschichten 186
Anpassungsversetzungen 235
Anregungszustand bei Normal- und Supraleiter 564
Anreicherung 473
Anthracen 435
Antiferroelektrika 622
Antiferromagnetika 661
Anti-Frenkel-Fehlordnung 177
Antireflex-System 715
Anti-Schottky-Fehlordnung 177
Anti-Stokes-Streuung 740
ÄPINUS, F. U. T. 571
APR s. Resonanz, akustische paramagnetische
Aragonit-Struktur 97f.
Aromaten 435
ARRHENIUS, S. 110
a-Si 242
atomare Fehlordnung 169
atomarer Streufaktor 162
Atomeigenfunktionen 385
Atom(form)faktor s. atomarer Streufaktor
Atomkristall s. Valenzkristall
Atom-Mikrosonde 133
Atomradien 31
Atomzustände 38f.
Ätzgruben-Verfahren 201
Aufspaltung der Eigenwerte 36
Auger-Effekt 130, 133, 223, 767
Auger-Elektronenspektroskopie 223
Ausdehnung s. Wärmeausdehnung
Ausheilen 189, 210
Ausleuchten 770
Ausscheidungen 169
Ausscheidungsvorgänge 521
Austauschintegral 36, 388, 651
Austauschkraft 37
Austauschoperator 651

Austauschwechselwirkung, negative magnetische 669
Austrittsarbeit 337, 354
—, thermische 357
Autoepitaxie s. Homoepitaxie
Autoradiographie 179
Azbel-Kaner-Resonanz 535f.

Bagley, H. E. 84
Bahndrehimpuls 635f.
Bandabstand 437, 444
Bänder erlaubter Energiezustände 389
Bändermodell 287, 369, 433
—, Grenzen 430
Bändertheorie des Ferromagnetismus 653
Bandkanten, unscharfe 596
Bandstruktur spezieller Metalle 540
Bandübergänge von Elektronen 743
Bandüberlappung 382f.
Bandverbiegungen 452
Bardeen, J. 432, 551, 561, 563
Bariumtitanat 96f., 618, 625
Barkhausen-Sprünge 648
Barrett, C. S. 203
Basis 55, 72, 161
—, Symmetrie 73
Bauchbahn 539, 542
Bauelemente, akustoelektronische 290, 502
—, akustomagnetische 290
—, elektronische 212, 242, 550
—, optoelektronische 103, 212
—, piezoelektronische 502
—, supraleitende Quanten-Interferenz- s. SQID
Bauelementeprinzipien 502
Baufehler 169, 220
bcc s. kubisch raumzentriert
BCS-Theorie 563
Becquerel, H. 432, 740
Berg, W. 203
Berliner, A. 247
Berthollide 512
Beschichtungsanlagen 709
Beschichtungsverfahren 236
Bethge, H. 196
Beugung langsamer Elektronen s. LEED
— schneller Elektronen, streifende s. RHEED
— von Wellen im Kristallgitter 134
Beugungstheorie, dynamische 151
Beweglichkeit 182, 397, 405, 433, 592
—, ambipolare 490
—, Bestimmung 423
—, effektive 597
Bewegungsgleichung eines Kristallelektrons 392
Bilanzgleichungen 484, 489
Bild, latentes 763
Bildkraft 357
Bildungsenthalpie 183
Bildungswärme 120
binäres System 517
Bindung, Ionen- 26
—, kovalente 34
—, metallische 42
—, Tetraeder- 40
—, Wasserstoffbrücken- 50
Bindungsenergie 118f.
— für Cooper-Paare 563
— für Metalle 44, 527
— für Wasserstoffbrücken 51
Biot, J. B. 630
Bipolartransistoren 499
Bleizirconat 622
Blistering 190
Bloch-Elektronen 653
Bloch-Funktion 369f.
Bloch-Grüneisen-Gesetz 545
Blochsche Gleichungen 679
— Näherung 384
Blochsches $T^{3/2}$-Gesetz 659
— Theorem 370, 530
Bloch-Wand 647
Bloembergen, N. 733
Bohrscher Radius 633
Bohrsches Magneton 631, 639
Boltzmann, L. 110
Boltzmann-Funktion 340
Boltzmann-Gleichung 401, 424
—, linearisierte 403
Boltzmann-Statistik 637
Borazon 108
Born, M. 30, 119f., 244, 246, 269, 305
Bornsche Beziehung 701
— Formel 582
Borrmann-Effekt 203
Borsilicat-Gläser 240
Bose-Einstein-Statistik 297, 562, 659
Bragg, W. L. 134, 143
Bragg-Gleichung 143, 148
Bragg-Reflexionen 146
Brattain, W. 432
Brauer, W. 549
Braun, K. F. 432
Bravais, A. 53
Bravais-Gitter 65f.
Brechung 688
Brechungsindex 575, 694

Brechungsindex, komplexer 687
Breckenridge, R. G. 618
Breitlinien-Kernresonanzspektrometer 680f.
Bridgman, P. W. 90, 103, 105
Brillouin-Funktion 637
Brillouin-Näherung 374
Brillouin-Streuung 272
Brillouin-Zone 144, 440, 531, 540f.
—, erste 280, 442
de Broglie, L. V. 127, 274
Bruch 268
Bubble-Speicher 667
Burgers-Vektor 193, 197
Burton, W. K. 112
Busch, H. 618

Cabrera, N. 112
Cadmiumsulfid 29
Caesiumchlorid 31f.
Caesiumchlorid-Struktur 91f.
Cauchy-Relationen 269
Chalkogenid-Gläser 241
charakteristische Temperatur der Antiferromagnetika 662
chemische Abscheidung 102f.
— Fehlordnung 444
— Transportreaktionen 102
chemisches Potential 180, 340, 470, 517
Chemisorption 184, 225, 762
Chesley, F. C. 618
Childsches Gesetz 601
Chochlow, R. W. 733
Clausius, R. E. 580
Clausius-Clapeyron-Gleichung 608
Clausius-Mossotti-Gleichung 580
—, erweiterte 583
Conwell, E. M. 409
Cooper, L. N. 551, 563
Cooper-Paare 431, 561, 563f.
Coriolis-Kraft 632
Cottrell-Wolken 200, 207
Coulomb, C. A. 245
Coulomb-Integral 36, 388
Coulomb-Potential, abgeschirmtes 352
Curie, P. 53, 643
Curie-Gesetz 639
Curie-Konstante 612, 639, 653
Curie-Temperatur 622, 649, 653, 662
Curie-Weiss-Gesetz 612, 623
Curie-Weiss-Konstante 662
CVD-Verfahren 103, 236
Czochralski, J. 106
Czochralski-Verfahren 106, 211

Daltonide 512
Dämpfungsspektrum 268
dangling bonds 222f.
Dauermagnete s. Permanentmagnete
Davydov, B. J. 432
Day, R. E. 432
d-Charakter 44
Debye, P. 156, 161, 244, 269, 294, 300, 319, 327
Debye-Frequenz 555, 564
Debye-Funktion 303
Debye-Länge 351, 488
Debye-Scherrer-Verfahren 156
Debyesches T^3-Gesetz 294, 303
Debye-Temperatur 293, 302, 304, 546, 549
Debye-Waller-Faktor 161
Defekte 21, 56
—, Ausheilen 189
—, Frenkel- 592
—, nulldimensionale s. Punktdefekte
—, Oberflächen- 222
—, Punkt- 169
—, Schottky- 592
Defektelektronen s. Löcher
Deformation, elastische 172
—, plastische 208
Deformationsarbeit 257
Dehnung 245
—, anisotrope 312
Dehnungsellipsoid 251
Dehnungskomponenten 248, 250
Dehnungstensor 607, 624
δ-Potential, lineares 529
Dember, H. 757
Dember-Effekt 757
Desorption 225
—, Photo- 762
Destriau, G. 771
Destriau-Effekt 771
Diamagnetika 634
diamagnetischer Anteil der Leitungselektronen 635
Diamagnetismus 629, 632, 642
—, Landauscher 642
Diamant 34, 41, 88, 108
—, hexagonaler 90
Diamant-Struktur 88, 200, 433f.
Dichroismus 782
Dielektrizitätskonstante 572, 685f.
— ferroelektrischer Kristalle 612
—, komplexe 573
—, —, Messung 575
—, optische 584
—, relative 572f.

Dielektrizitätskonstante, relative, des Bariumtitanats 620
—, statische 584
—, Temperaturabhängigkeit 581, 613
Dielektrikum 571
—, inhomogenes 587
Differentialthermoanalyse 310, 519
Diffusion 449
—, ambipolare 488
—, anisotrope 182
—, Gitter- 219
—, interstitielle 180
— von Punktdefekten 178
Diffusionskoeffizient, ambipolarer 490
Diffusionskonstanten 179, 489
Diffusionslänge 492
Diffusionspotential 476, 494
Diffusionsspannung 476
Diffusionsstrom 496
Dilatation 253
Dimorphie 78
Dipole, Orientierung magnetischer 647
Dipolkräfte 50
Dipolmoment 574, 577, 619
Dipolschicht (s. auch Doppelschicht) 630
Dispersion 695
Dispersionsbeziehung 266, 273, 278, 284
— der Spinwellen (Magnonen) 657, 663
Dispersionsfunktionen 698
Dispersionskräfte 50
Dissoziationsprozesse 309
Distler, G. I. 236
DK s. Dielektrizitätskonstante
Domänen, ferroelektrische 614
—, ferromagnetische 646
—, Methoden zur Sichtbarmachung 620f.
Domänenwandenergie 646
Donator 176, 446
Doppelbrechung 98, 683, 721
Doppelresonanzspektrometer 680
Doppelschicht 495f.
Dorfman, Ja. G. 650
Dotierung 176, 179, 444, 449
Drehachse 62
Drehinversionsachse 62, 64
Drehkristallverfahren 153
Drehung der Magnetisierungsrichtung 649
(3d)-Unterbänder 654
Dreiphotonenprozesse 740
Dreistoffsysteme 525
Drift 182, 488
Driftlänge 492
Driftstrom 476
Drücke, extrem hohe 30, 86f.
Druckeinheiten 254
Drude, P. 405, 589, 683, 703
DSC 311
DTA s. Differentialthermoanalyse
Ducuing, J. 733
Dulong-Petitsche Regel 293, 298
Dunkelstrom 748
dünne Schichten 112, 212
— —, Leitfähigkeit 413
— —, supraleitende 552
— —, Untersuchung 129
Dünnschichtoptik 691, 708
Dünnschichtspeicher 666f.
Durchschlag 571
Durchschlagsfeldstärke 604
Durchschlagskriterium 605
Durchschlagsmechanismen 603
Durchstrahlungs-Elektronenmikroskop 202
Durchtrittsreaktion 186
Dynamik der Kristallelektronen 391
dynamische Beugungstheorie 151

Edelsteine, künstliche 98
EEM 223
Effekt, Auger- 130, 133, 223, 767
—, Dember- 757
—, Destriau- 771
—, Ettinghausen- 429
—, Faraday- 731, 759
—, Hall- 423, 595
—, Isotopie- 325
—, — der Supraleitung 551, 555, 564
—, Josephson- 565
—, Kerr- 731
—, Maggi-Righi-Leduc- 430
—, magnetoakustischer 539
—, magnetooptischer 758
—, Meissner-Ochsenfeld- 557, 564
—, Nernst- 429
—, Nernst-Ettinghausen- 430
—, Overhauser- 680
—, Peltier- 423
—, Photo- 740f., 757
—, photoelektromagnetischer 758
—, piezoelektrischer 623f.
—, Poole-Frenkel- 599
—, pyroelektrischer 627
—, Reststrahlen- 702
—, Righi-Leduc- 430
—, Schottky- 598f.
—, Seebeck- 420
—, Skin- 538, 706
—, Stark- 675
—, Tunnel- 358, 365, 435, 556, 563, 567

Effekt, Zener- 396
effektive Beweglichkeit 597
— Masse 332, 349, 382, 391, 394, 436, 444f., 537, 594, 703
— Zustandsdichte 341, 456
— Zyklotronmasse 536
effektives Störstellenniveau 454
EHRENFEST, P. 608
Eigenhalbleiter 458
Eigenleitungsanteil 592
Eigenschwingungen, optische 589
Eindomänenkristall 612, 615, 618
Eindomänenteilchen 667
Eindringtiefe des Magnetfeldes 559, 564
—, Londonsche 561
Einelektronenfunktion 35
Einelektronenmodelle 528
Einelektronentunnelung 556
Einfriertemperatur 243
Einheitsversetzungen 205
Einkristalle 23
—, versetzungsfreie 211
Einphononenübergänge 678
Einschaltvorgang 588
Einschlüsse 169
EINSTEIN, A. 183, 228, 244, 272, 319
Einstein-Beziehung 183, 757
Einstein-Modell 298
Einsteinsche Strahlungstheorie 774
Einstellmöglichkeit für magnetische Dipole 637
Eisen-Kohlenstoff-Diagramm 524
Eisenoxide 178
Eiweißstoffe 52, 73
elastische Konstanten 248, 319
— — höherer Ordnung 258
— —, Messung 267
— Wellen 264
elastisches Kontinuum 248
— Potential 258
Elastizitätskoeffizient 257
Elastizitätsmodul 245, 248, 262f., 279
—, verallgemeinerter 257
elektrische Fehlordnung 169
— Leitfähigkeit 403, 419
elektrischer Durchschlag 604f.
elektrochemisches Potential 350, 470
— Quasipotential 483
Elektrolumineszenz 771
elektromagnetische Effekte, Grundgleichungen 623
elektromechanische Wandler 626
elektromechanischer Durchschlag 604
Elektronegativität 29
Elektron-Elektron-Wechselwirkung 331
Elektronen, heiße 748
— im Magnetfeld 363
—, Näherung fast freier 374
—, — freier 332
—, — stark gebundener 384
Elektronenaffinität 27
Elektronen-Bändermodell 43
Elektronen-Bandübergänge 743
Elektronendichte 38, 147, 165
Elektronendichteverteilung 168
Elektronenemission aus Metalloberflächen 353
Elektronengas, entartetes 344
—, —, in Metallen 404
—, klassisches 343
—, Wärmekapazität 347
Elektronenmikroskopie 132
Elektronenleitung bei hohen Feldstärken 597
— bei niedrigen Feldstärken 593
Elektronen-Paarbildung 551
Elektronenpolarisation 574, 581
Elektronenresonanzen 591
Elektronenspektroskopie für die chemische Analyse s. ESCA
Elektronenspinresonanz 674
Elektronenstrahlen 128
Elektronensystem im Magnetfeld 637
— in Metallen 526
Elektronenzustände 333
Elektron-Loch-Flüssigkeit (ELF) 502
Elektron-Loch-Paare 744
Elektron-Phonon-Wechselwirkung 562, 594
Elektrophotographie 763
Elektrostriktion 615, 626
Elementarzelle 54
—, primitive 54
— von Bariumtitanat 620
Elementhalbleiter 433
Ellipsometrie 719
Emission, thermische 598
Emissionselektronenmikroskopie 223
enantiomorph 78
ENDOR-Technik 681
Energiebänder 371f., 396, 653
Energielücke 371, 379, 381, 556, 563f.
Energieniveau, lokalisiertes 449, 453
Energiezustände, Bänder erlaubter 389
entarteter Halbleiter 456
Entelektrisierung 578
Entglasen 239
Entgiftung des Wassers 570
Entmagnetisierung 646
Entropie 27

Epitaxie 102, 234
Erholung 219
Ermüdungseffekte 191, 268
Erosion, kosmische 190
Erweichungsbereich 581
ESCA 129, 223
ESR s. Elektronenspinresonanz
ESR-Spektroskopie 678
Ettinghausen-Effekt 429
eutektisches System 520f., 524
eutektoide Umwandlungen 524
Ewald, A. W. 134
Ewald-Kugel 142
Ewing, J. A. 643
Exklusion 493
Extinktion 161
Extinktionskoeffizient 575
Extraktion 492
Extremalfläche 368
Exzitonen 431, 744

Fabry-Perot-Bedingung 777
Fabry-Perot-Interferometer 708
Fadenkristalle 211f.
Faltmolekülmethode 168
Faraday, M. 432, 571, 630
Faraday-Effekt 731, 759
Farbzentren 177, 759
fcc s. kubisch flächenzentriert
Fedorow, J. S. 53, 78
Fehlordnung (s. auch Defekte)
—, atomare 169
—, chemische 444
—, dreidimensionale 169, 220
—, eindimensionale s. Versetzungen
—, elektrische 169
—, strukturelle 449
—, thermische 450
—, zweidimensionale 169
Fehlordnungen, Einteilung 169
Fehlpassung 235
Feinstruktur der Resonanzsignale 675
Feinstrukturkonstante, Sommerfeldsche 635
Feldeffekttransistor 499
Feldelektronenmikroskopie s. FEM
Feldemission 354, 358, 597f.
Feldemissionsstrom 361
Feldionenmikroskopie s. FIM
FEM (Feldelektronenmikroskopie 223
Fermi-Dirac-Statistik 339
Fermi-Energie 336
Fermi-Fläche 309, 528, 534, 539, 542f.
Fermi-Funktion 340
Fermi-Integral 341
Fermi-Kugel 335f.
Fermi-Niveau 340, 433
Fermi-Temperatur 336
ferrimagnetische Granate 669
Ferrimagnetismus 663
Ferrite mit Spinellgitter 669
Ferritkernspeicher 666
Ferroelektrika 606f.
—, Eigenschaften wichtiger 617, 621
ferroelektrische Untergitter, antiparallele 622
Ferromagnetika 643, 651
ferromagnetisches Untergitter 661
Ferromagnetismus 651
Festkörper, amorpher 18, 22, 84
—, eindimensionaler 276
—, idealer 53
—, isotroper 262
—, kovalent gebundener s. Valenzkristall
—, perfekter 56
—, realer 17, 56
Festkörperlaser 683
Festkörperreaktivität 183, 219
Festkörperschaltkreise 499
Fibrillen 243
Ficksches Gesetz 179
FIM Feldionenmikroskopie 132, 223
Flachbandspannung 474
Flächenhäufigkeitsfaktor 160
Flächenkeime 111
Flächenladungsdichte 579
Flächenwinkel, konstanter 53
Flugzeit, freie 400, 402
—, mittlere freie 401
Fluoreszenz 766
flüssigkeitsähnliches Verhalten 234
Flüssigkristalle 22
Flußquantisierung 555, 563
Flußschläuche 558, 565
Flußspat-Struktur 95
Fourier-Analyse 239, 279
Fourier-Koeffizienten 147f.
Fourier-Reihe 56
Fourier-Transformation 147
Fowler, R. H. 361
Frank, J. 112, 196, 208f., 213
Frank-Read-Quelle 208f.
Franksche Teilversetzungen 211
Franken, P. A. 733, 736
Fransenmodell 243
Fraunhofersche Näherung 135
Freie Energie 27
— Enthalpie 109, 183, 516, 607, 609, 615, 624

freie Flugzeit 400, 402
— Weglänge 327, 400
freies Radikal 676, 678
Freiheitsgrade 293, 517
Fremddiffusion 178f.
FRENKEL, J. 170, 432, 744
Frenkel-Defekt 171, 177, 188, 449, 592, 764
Frenkel-Exzitonen 744f.
Frequenzkonstanz des Quarzschwingers 625
Frequenzlücke 285
Frequenzverdoppelung 736
FRESNEL, J. A. 683
Fresnel-Gleichungen 723
Fresnel-Koeffizienten 691
FRIEDRICH, W. 17, 134, 149
FRITTS, C. E. 432
FRÖHLICH, H. 551, 561
Fröhlich-Modell 596
FUCHS, W. 308, 413
F-Zentren 759

GADOLIN, J. 53
GALILEI, G. 683
Galliumarsenid 29
Galliumarsenidphosphid 235
Gantmacher-Effekt 540
Gasblasen 169
GAUSS, C. F. 53
GAY-LUSSAC, L. 630
Gefüge 509
Generation 478f.
Generationsrate 484
Germanium 34, 88
GIBBS, J. W. 140, 229
Gibbssches Phasengesetz 515
— Potential 562
GINZBURG, G. L. 551, 562, 611
Ginzburg-Landau-Theorie 551, 562, 564
Gitter 54
—, Bravais- 65f.
—, elastische Deformation 172
—, Relaxation 172
—, reziprokes 139
—, Richtungen im 59
Gitterarten, fundamentale 65
Gitterdiffusion 219
Gitterdynamik 269
Gitterenergie s. Bindungsenergie
Gittergrundvektoren 54
Gitterkonstanten 54
Gitterpotential 331
Gitterpunkte 58
Gitterschwingungen (s. auch Schwingungen) 169, 269, 276
— an Punktdefekten 288
—, ferroelektrische 615
—, niederfrequente optische 615
Gittertheorie der spezifischen Wärmekapazität 305
Gittertypen 85
GLAG-Theorie 551, 564
Glanzwinkel 143, 148
glasartige Kohlenstoffschichten 108, 242
— Strukturen 100
Gläser 18, 22, 110, 239
—, halbleitende 434
Gleichverteilungssatz 293
Gleitebene 193
Gleiten, plastisches 194
Gleitspiegelebene 78
Glow-Kurven 752
Glühemission 353f.
Gold 172
Goldin 548
GOLDMAN, J. M. 618
Goldschmidtsche Ionenradien 33
GORKOV, C. 551, 564
Gradientenschichten 713
Granate, ferrimagnetische 669
Graphitstruktur 89
GRAY, S. 432
Grenzfläche 509
— Isolator/Supraleiter 554
— Metall/Isolator 598
Grenzflächen, Polarisation an inneren 583
Grenzfrequenz 302
Grenzschichtladungen 587
Großwinkelkorngrenzen 219, 509
GROY, S. 503
Grundvektoren, primitive 54
Grundzustand bei Normal- und Supraleiter 564
GRÜNEISEN, E. 314
Grüneisen-Beziehung 321
Grüneisen-Konstante 321
Grüneisen-Regel 314f.
Gunn-Oszillatoren 500f.
GURNEY, R. W. 763
Gyre 62
Gyroid 64

de-Haas-van-Alphen-Effekt 368, 539
HABER, F. 120
Haber-Born-Prozeß 120f.
Haftkoeffizient 228
Haftstellen 480, 587

Haftstellenanalyse 752
Haftstellenkonzentration 600
Haftstellentiefe 596, 600
Haftstellenverteilung 602
Hagen-Rubens-Relation 704
HAHN, O. 174
Halbedelsteine 107
Halbleiter 395, 707
—, amorpher 241
—, Bandstruktur 436
—, direkter 438
—, Eigen- 458
—, entarteter 456
—, indirekter 438
—, Kennzeichen 432f.
—, kompensierter 464
—, organischer 434f.
—, Störstellen- 459
Halbleiterlaser 773
Halbleiteroberfläche, Potentialverläufe 495
Halbleiterphotoelement 755
Halbversetzungen 214f.
Hall-Beweglichkeit 595
Hall-Effekt 423
Hall-Koeffizient 426f.
HALLWACHS, W. 740
Halsbahn 539, 542
Harmonische, zweite 736, 739
—, dritte 739
härtende Überzüge 242
hartmagnetische Werkstoffe 644, 666
Hartstoffe 108
HAUFFE, K. 185
HAUG, A. 635
Hauptazimut 720
Hauptdehnungen 252
Hauptdielektrizitätskonstanten 722
Haupteinfallswinkel 720
Hauptlichtgeschwindigkeiten 729
HAUPTMANN, H. 168
HAÜY, R. J. 53
Hebelgesetz 523
HEESCH, H. 80
Heidenreich-Shockleysche Halbversetzungen 214f.
HEISENBERG, W. 651
Heisenberg-Modell 651f.
Heisenbergsche Unschärferelation 563, 593
heiße Elektronen 748
HEITLER, W. 35
Heitler-London-Formalismus 595
HELMHOLTZ, H. VON 249
Hemiedrie 73
HERMANN, J. A. 74
HESSEL, F. CH. 53
Heterodiffusion s. Fremddiffusion
Heteroepitaxie 103, 234
heteropolare Bindung s. Ionenbindung
Heuslersche Legierungen 514
HEVESY, G. VON 178
hexagonales System 69
HIPPEL, A. VON 618
Hochdruckmodifikation, metallische 87, 551
—, supraleitende 552
Hochgradient-Magnetscheidung 570
Hochpolymere 18, 242
Hochreinigung 107, 116
Höchstdrucksynthese 90, 108
Holoedrie 73
Homoepitaxie 103, 234
homöopolare Bindung s. kovalente Bindung
HOOKE, R. 244
Hookesches Gesetz 245
— —, verallgemeinertes 256f.
Hopping 435, 594f.
Van-Hove-Singularitäten 306
HUME-ROTHERY, W. 513
Hume-Rothery-Phasen 513, 525
HUND, F. 35
Hundeknochenbahn 539
HUYGHENS, CH. 683
Hybridisierung 41, 223
Hydrothermosynthese 103
Hyperfeinstruktur der Resonanzsignale 675f.
Hysterese, antiferroelektrische 623
—, ferroelektrische 606, 611, 618
—, ferromagnetische 644f., 649

idealer Festkörper 53
— Leiter 560
ideal plastischer Körper 248
IMPATT-Diode 500, 502
Impfkristall 101
Indizes 59
—, Millersche 60f.
Indizierung von Beugungsaufnahmen 158
Induktionskräfte 50
Infrarotdetektoren 753
Infrarotmikroskop 201, 707
Infrarot-Technik 702
Injektion 492, 596
Injektionslaser 773
Innere Energie 27
Intensität der Beugungsmaxima 159
Intensitätswechsel 164
Interferenzfilter 717

intermediäre Phasen 523
intermetallische Verbindung 509, 512, 523
Inversion 473
Inversionsdichte 459f.
Inversionsdrehachse 62, 64
Inversionsniveau 460
Inversionsschicht 473
Inversionssymmetrie 93
Inversionszentrum 63
Ionenbindung 26
ionengestützte Schichtbildung 237
Ionenimplantation 189, 449f.
Ionenkette, eindimensionale zweiatomige 615
Ionenkristalle 582, 700
Ionenleitung 182, 592
Ionennitrierung 189
Ionenplattieren 237
Ionenpolarisation 574
Ionenradien 31, 33
—, Goldschmidtsche 33
Ionenresonanzen 591
Ionenstrahlätzen 202
Ionenstrahlmethoden der Beschichtung 236
Ionenstrahlzerstäubung 133
Ionenzerstäubung 132, 189, 234, 236f.
Ionisierungsenergie 27, 49
Isodimorphie 174
Isolator 395
Isolierstoffe 572
Isomorphie 174
Isotopenexponent 555
Isotopieeffekt 325
— der Supraleitung 551, 555, 564
isotroper Festkörper 262

JOFFÉ, A. F. 432
JONES, G. O. 47, 246, 513
JOSEPHSON, B. D. 565
Josephson-Effekte 565
Josephson-Logik 570
Josephson-Übergang 566f.

Kalkspat-Struktur 97f.
Kalorimeter 296
KAMMERLINGH-ONNES, H. 503, 551
Kanäle 189
Kantenschwingungszustände 289
KARLE, J. 168
Karle-Hauptmann-Methode 168
KÁRMÁN, TH. VON 269, 305
KASPAR, J. S. 84
Katalyse, heterogene chemische 221, 228, 763
Katalysatorgifte 229
KAY, H. F. 620
KCP 551
KDP 618
Keim, kritischer 230
—, überkritischer 110
Keimbildung 110, 184, 229
Keimbildungsrate 111, 113
Keimbildungszentren 764
KEPLER, J. 683
Keramik 22, 241
—, piezoelektrische 624
KERN, R. 231
Kernfusion 190, 569f.
kernmagnetische Resonanz 678
Kernquadrupolmomente 680
Kernresonanzspektrometer 679
Kernspin 679
Kerntechnik 187f., 569f.
Kerr-Effekt 731
Kikuchi-Linien 236
Kippkurven s. Rocking-Kurven
KIRKWOOD, J. G. 581
Kirkwoodsche Formel 581
KITTEL, CH. 264
Kleinwinkelkorngrenzen 216
Koaleszenz 233
Koerzitivfeldstärke 644f., 649
Kohärenzlänge 564
—, optische 737
Kohäsion 45
Kohlenstoffschichten 108, 242
KOHN, W. 309
Kohn-Anomalien 309
Komponenten einer Legierung 515
Kompressibilität 123, 262
Kompression 245
Kompressionsmodul 245, 248, 262
Konoden 523
Konstantan 548
Kontakte 493, 550
Kontaktpotential 494f.
Kontinuumsmechanik der Kristalle 244
Konzentrationsdreieck 525
Koordinatensystem der Kristallsysteme 67
—, kristallspezifisches 56
Koordinationszahl 26, 33
Korngrenzen 169
Korngrenzenenergie 218
Korrelationsenergie 614
Korrosion 183f., 187, 219, 242, 550
KOSSEL, W. 111
kovalente Bindung 34
Kraft zwischen Versetzungen 206
Kraftkonstanten, atomare 308

k-Raum 147, 335, 379, 382
Kreisprozeß von HABER und BORN 119
Kriechen, plastisches 210
Kristall, idealer 56
Kristalle der Edelgase 87
Kristallelektronen 330
Kristallflächen 52
Kristallformen 78
Kristallgemisch 509
Kristallisationsgrad 239
Kristallklassen 64, 74
Kristallographie 17, 52
kristallographisches Grundgesetz 53
Kristalloptik 721
Kristallphosphore 767
Kristall-Photoeffekt 757
Kristallspektrometer 276
Kristallstruktur 55, 72
— der Elemente 86
Kristallstrukturen, spezielle 80
Kristallsysteme 53, 65, 67
Kristallzähler 748
Kristallzüchtung 101
— aus der Gasphase 101, 104
— aus der Lösung 101
— aus der Schmelze 103, 105f.
Kristallzwillinge 213, 216
Kronig-Kramers-Beziehungen 676, 698
Kronig-Penney-Modell 529
kubisch flächenzentriert 55, 71
— raumzentriert 55, 71
kubische Kristalle, elastisches Verhalten 260
kubisches System 71
— — bei Metallen 504
Kugelpackung 42, 82
— bei Metallen 505
Kupfer 172
Kupfer-Gold-Legierungen 175
Kupfer-Zink-Legierungen 174
Kuprit-Struktur 95—97
KYROPOULOS, S. 103, 105

Ladungsträger, Beweglichkeit 405
—, Injektion 492, 596
—, Konzentration 423, 464
—, Streuung 408
Ladungsträgerlawine 500
Lagekugel 152
Lamellenmodell 243
LANDAU, L. D. 551, 562, 608
Landau-Diamagnetismus 642
Landau-Niveau 364
LANDÉ, A. 30
Landé-Faktor 636, 674
LANG, A. R. 203
LANGEVIN, P. 632
Langevinsche Gleichung 633
LANGMUIR, I. 224
Langmuirsche Adsorptionsisotherme 226
Larmor-Frequenz 632, 680
Laser 273, 683, 773
Laserlichtquellen 733
latentes Bild 763
LAUE, M. VON 17, 134, 149
Laue-Indizes 137
Laue-Gleichungen 136
Laue-Verfahren 149
Laves-Phasen 512
Lawinendurchschlag 605
Lawinenlaufzeitdiode 500, 502
LCAO-Methode 35
Lebensdauer 433, 439, 450
LEED 128, 152, 223
Leerstellen 170, 592
Legierungen 110, 174
—, Heuslersche 514
—, metallische 508
—, supraleitende 552
Leiter, idealer 560
—, linearer 551
Leitfähigkeit 403, 406, 413, 419, 433
Leitungsband 436
Leitungstyp, Bestimmung 422
Leitungsvorgänge in Isolierstoffen 592
LENNARD-JONES I. E. 47, 246
Leuchtdiode 771
Leuchtkondensator 771
Leuchtstoffe 766, 770
lichtelektrischer Effekt 741
LICHTENECKER, K. 549
Lichteneckersches Log-Gesetz 549
LIEBISCH, TH. 683
LINDEMANN, F. A. 315
Linsendiagramm 522
LIPPERSHEY, H. 683
Liquiduslinie 21, 519
Löcher (Defektelektronen) 397, 438
Lochfraß 184, 187
lokales Feld 577, 579
lokalisierte Schwingung 288
— Zustände 596
lokalisiertes Energieniveau 453
LONDON, F. 35, 45, 551, 555
LONDON, H. 551
London-Gleichungen 560f., 564
London-Theorie 551, 560, 562, 611
longitudinale Masse 440
LORENTZ, H. A. 579, 588, 683

Lorentz-Faktor 160
Lorentz-Feld 580, 583
Lorentz-Kraft 535, 632
Lorentz-Kurve 679
Lorenz-Zahl 324, 419, 420
Lossew, O. V. 773
Lücken s. Leerstellen
Lückenschwingung 288
Lumineszenz 766
Luminophore 766, 770
Lyddane-Sachs-Teller-Beziehung 615

Madelung, O. 119
Madelung-Zahl 27, 121
Maggi-Righi-Leduc-Effekt 430
Magnesiumtyp 83
Magnetblasen 667
magnetische Erscheinungen 629
— Speicher 666
— Suszeptibilität 629
— Widerstandsänderung 423, 428, 538
magnetisches Moment eines Gitterbausteins 635
Magnetisierung 629, 637, 658f.
—, remanente 644
—, spontane 654
Magnetisierungskurven 670
Magnetisierungsrichtung 649
Magnetisierungsvorgang 648
magnetoakustischer Effekt 539
Magnetometer 570
Magnetonen, effektive Zahl 639
magnetooptische Erscheinungen 758
magnetostatische Energie 646
Magnetostriktion 672
Magnetwerkstoffe 643f., 666
—, typische Eigenschaften 629, 665
Magnonen 290, 655, 657f.
Magnonen-Dispersionskurve 663
Magnonenspektrum 660
Majoritätsladungsträger 473
Makromoleküle 242
Makropotentiale 452
makroskopischer Quantenzustand 562, 565
makroskopisches Feld 578f.
Manganin 548
Markierungsmethode 178
Masse, effektive 332, 349, 382, 391, 394, 436, 444f., 537, 594
—, — Zyklotron- 536
—, longitudinale 440
—, transversale 440
—, Zustandsdichte- 441
Massenwirkungsgesetz 448, 593
Matthias-Regel 554, 570
Matthiessensche Regel 545
Mauguin, Ch. 74
Maximalfrequenz der Gitterschwingung 279
Mayer, J. E. 246
Maxwellsche Gleichungen 561, 632, 685
Mehrschichtsysteme 708, 714
Meissner, W. 551
Meissner-Ochsenfeld-Effekt 557, 564
Meissner-Phase 557f.
Mengenkonstante 357
Merwe, van der 235
Merz, W. J. 620
Metalle 395, 703
—, Bindungsenergie 44
—, Kennzeichen 503
Metallgläser 241
Metall-Isolator-Grenzfläche 598
Metallschichten, spiegelnde 706
metallische Bindung 42
— Hochdruckmodifikation 87, 551f.
— Legierungen 508
metallischer Zustand und Periodensystem 504
metastabile Schichten 234
Mikroanalyse 130
Mikroelektronik 235, 238, 500
Mikroplasma 502
Mikrosymmetrie 78
Mikrowellenabsorptionsspektrum 661
Minoritätsladungsträger 450, 473
MIS-(Metall-Isolator-Halbleiter) Anordnungen 451, 474, 499
Mischkristalle 174, 509f.
Mischungslücke 519
misfit s. Fehlpassung
mittlere freie Flugzeit 401
— — Weglänge 327, 400f.
Modell freier Elektronen 528
Modifikation 43
— des Wasserstoffs, metallische 87
—, metastabile 89
Molekularfeldtheorie 649, 652
Molekularstrahlen 236, 238
Molekülkristalle 45, 582, 698
Molekülzustände 38
MO-Methode 35
monoklines System 68
Morphologie 23, 132
Morse, S. F. 246
Morse-Potential 36
Mosaikstruktur 210
Mossotti, O. F. 580
Mott, N. F. 432, 744, 763

Mott-Exzitonen 746
Mott-Modell 596
MUELLER, W. E. 133
MULLIKEN, R. S. 29, 35
Multidomänenkristalle s. Vieldomänenkristalle
Multiphononenprozesse 767
MUSSCHENBROEK, P. VAN 571

NACKEN, R. 103
Nacken-Kyropoulos-Verfahren 103, 105
Näherung freier Elektronen 332
— fast freier Elektronen 374
—, Relaxationszeit- 402
— stark gebundener Elektronen 384
Nahordnung 21, 238
Natriumchlorid 26, 32
Natriumchlorid-Struktur 90f.
Naturkonstanten 22f.
— aus Josephson-Experimenten 568
Néel-Temperatur 661
Néel-Wand 647
Nernst-Effekt 429
Nernst-Ettinghausen-Effekt 430
Netzebene 59
Netzebenenschar 148
Neukurve 619
NEUMANN, F. E. 53
Neumann-Koppsche Regel 294, 298
Neutronen, kalte 274
—, thermische 274
Neutronenspektrometer 274f.
Neutronenstrahlen 128
Neutron-Phonon-Streuung 274
Newtonsches Abkühlungsgesetz 518
nichtentarteter Halbleiter, Leitfähigkeit 406
nichtkristallin s. amorph
nichtlineare Optik 721
nichtzentrosymmetrischer Typ der Ferroelektrika 607
Nickelarsenid-Typ 94
Nickelin 548
Nickeloxid 178
Nicolsches Prisma 729
Nitrieren 180
NMR s. Resonanz, kernmagnetische
NORDHEIM, L. 361, 432
Normalflächen 725
Normalleiter 556, 563
Normalschwingungen 270
N-Prozesse 328
Nukleation s. Keimbildung
Nullfeldaufspaltung 675
Nullpunktsenergie 88, 297

Oberfläche 169, 220
—, freie 221
—, spezifische 241
Oberflächenatome, Rekonstruktion der 124
Oberflächenband 451
Oberflächendefekte 222
Oberflächendiffusion 112, 228
Oberflächenenergie 124, 221
Oberflächen-Phononen 289
Oberflächenuntersuchung 129
Oberflächenzustände 352, 762
Oberwellen, optische 735
OCHSENFELD, R. 551
O-D s. Ordnung-Unordnung 582
O'DWYER, J. J. 597
OERSTED, H. CH. 630
Ogdoedrie 73
OHM, G. S. 503
optische Achsen 723
— Aktivität 727
— Anisotropie 721
— Materialgrößen 684
— Phononen 698
Optoelektronik 684
optoelektronische Bauelemente 103, 212
Optronik 739
OPW-Methode 533f.
Orbitale 35
Ordnungsgrad s. Kristallisationsgrad
Ordnungsparameter 562, 564, 608, 619
Ordnung-Unordnung-Übergang 582, 649
Orientierungspolarisation 574, 581
OROWAN, E. 170
orthorhombisches System 69
Oszillator, harmonischer 270
Oszillatorstärken 699
Overhauser-Effekt 680

Paartunnelungsstrom 567
PALATNIK, L. S. 234
parakristalline Gebilde 84
Paramagnetika 644
— mit extrem großen magnetischen Momenten 649
paramagnetische Verunreinigungen 554
Paramagnetisierung 649
Paramagnetismus 634f., 640, 642
—, van-Vleckscher 640
Parelektrika 574
Pascal (Einheit) 254
Passivität 184, 186
Pauli-Prinzip 36, 331
Paulische Suszeptibilität der Leitungselektronen 641

PAULING, L. 29f., 35, 40, 44, 84
PEIERLS, R. 195, 744
Peierls-Kraft 195
Peltier-Effekt 421, 423
PEM-Effekt 758
Periodensystem 86, 504
periodische Randbedingungen 281
peritektische Phasen 523
Permanentmagnet 645, 649, 666
Permeabilität, Anfangs- 645
—, relative 629
Perowskit-Struktur 96f., 618
PFANN, W. G. 113
Phase, metastabile 608
—, nichtpolare 609
—, polare 609, 617
Phasenanpassung 738
Phasendiagramm des Wassers 21
Phasengesetz, Gibbssches 515
Phasengrenzen 516
Phasenübergang s. Phasenumwandlung
Phasenumwandlung 49, 108f., 309, 607f., 610
Phononen 244, 269, 271, 273
—, akustische 276, 284
—, mittlere freie Weglänge 327f.
—, Oberflächen- 289
—, optische 276, 284
—, Streuung an 408
—, virtuelle 562, 564
Phononen-Dispersionszweige 275
Phononengas 327
Phononenspektrum einer Atomkette 282
Phonon-Phonon-Wechselwirkung 320, 328
Phosphoreszenz 766
Photo-Adsorption 741, 762
photochemische Erscheinungen 759
Photo-Desorption 741, 762
Photoeffekte 740
photoelektromagnetischer Effekt 758
Photoelektronen 129
Photoelemente 741, 754
Photoemission 354
Photo-EMK 741, 754
Photographie 741, 763
Photoleitung 741, 747
Photospannungen 741
Photostrom 748
Photozellen 741
Photon-Elektron-Phonon-Wechselwirkung 741
Photon-Phonon-Streuung 272
Photon-Photon-Wechselwirkung 735, 740
Phthalocyanine 435
Physisorption 224
Piezoelektrizität 623f.
PLANCK, M. 297
Planck-Funktion 305
Plasmafrequenz 703
Plasmamethoden der Beschichtung 236
Plasmatechnik 187
Plasmonen 290, 431
Plaste 22
plastische Deformation 208
plastisches Gleiten 194
— Kriechen 210
Plastizität 44, 209, 247
Platin, Bedeutung für die Temperaturskala 551
Platzwechselmechanismen 180
p/n-Übergang 445, 474, 496, 754, 771
PÖDÖR, B. 410
POHL, R. W. 170, 759
Pohlscher Grundversuch 760
Poisson-Gesetz 601
Poisson-Gleichung 468
Poisson-Konstante 205
Poisson-Zahl 247
POLANYI, M. 170
polare Achse 614
Polarimetrie s. Ellipsometrie
Polarisation (Richtung der Teilchenauslenkung) 264
Polarisation, dielektrische 573f.
—, —, an inneren Grenzflächen 583
—, —, im Wechselfeld 583
—, —, spontane 606, 614, 619
Polarisationsfaktor 160
Polarisierbarkeit 45, 49
Polarität 93
Polaritonen 746
Polaroid 732
Polaronen 430, 594
Polygonisation 210
polykristallin 18
Polymere 581
Polymorphie 78, 84
— des Eisens 86
Polymorphismus 506f.
Polytetrafluorethylen (PTEE) 242
Polythiazyl $(SN)_x$ 551
Polytypie 215
Poole-Frenkel-Effekt 599
Positronen-Annihilation 540
Positronium 746
Potential, chemisches 180, 470, 517
—, elektrochemisches 470
Potentialfunktion der Ferroelektrika 607

PRANDTL, L. 247
Präzession bei Spinwellen 656
Pseudoimpuls 271
Pseudopotential 534
PTFE 241
Pulververfahren 156
Punktdefekte 169
—, Diffusion 178
— in Verbindungen 176
—, Nachweis 190
Punktgruppen 64, 76, 395
Punktoperationen 61
Pyrit-Struktur 95—97
Pyroelektrizität 627

Quadrupolresonanzspektrometer 680
Quantenausbeute 749
Quanteneffekte 88
Quantenelektronik 773
Quantenflüssigkeit 502
Quantenkristall 88
Quantensystem, makroskopisches 565
Quarzglas 100, 239
Quarzkristall 52, 80, 99, 625
Quarzschwinger 625
Quasi-Fermi-Niveau 480f.
Quasi-Fermi-Verteilung 775
quasifreie Elektronen 374, 591
— —, Paramagnetismus 640
Quasiimpuls 273, 743
Quasiisotropie 268
Quasipotential, elektrochemisches 483
Quasiteilchen 244, 271, 430f., 563, 660

Randbedingungen, periodische 334, 372
Rasterelektronenmikroskopie (REM) 132f., 223
Raumerfüllung, relative 82
Raumgruppen 78
Raumladung 468
—, Beschreibung 577
raumladungsbegrenzte Ströme 600
Raumladungspolarisation 587
Rauschdiagnostik 269
READ, W. T. 197, 200, 208f., 218
realer Festkörper 17
Realstruktur 112, 169, 287, 706
REB 151
Rechenanlagen 570
Reduktion in die 1. Brillouinsche Zone 280
reduziertes Zonenschema 379
Reflexionsbedingungen 165
Reflexions-Elektronenbeugung 151
reguläres System 71
Reibung 245
Reflektanz 693
reflektierendes System 716
Reflexion 688
—, selektive 701
Reflexionsvermögen 690
Rekombination 439, 478f.
—, indirekte 486
Rekombination von Störstellen 189
Rekombinationsrate 484
Rekombinationszentren 480
Rekonstruktion der Oberflächenatome 124
Rekristallisation 219, 233
Relaxation des Gitters 172
Relaxationserscheinungen 581, 583
Relaxationsstromdichte 585
Relaxationszeit 402, 583
—, dielektrische 487
Relaxationszeitnäherung 402
REM 132f., 223
Remanenz 649
Resistin 548
Resonanz, akustische paramagnetische 678
—, kernmagnetische 678
Resonanzerscheinungen 589
Resonanzschwingung 288
Reststrahleneffekt 702
Restwiderstand 545
reziproker piezoelektrischer Effekt 624
reziprokes Gitter 139
RHEED 128, 223
rhombisches System 69f.
Richardson-Gesetz 493
Richardson-Gleichung 356
Richtungsquantelung 637
Righi-Leduc-Effekt 429
Ringströme in Supraleitern 560
ROBERTS-AUSTEN, W. C. 178
„Rocking“-Kurven 202
Röntgendiffraktometer 156
Röntgenfluoreszenzanalyse 129
Röntgengoniometer 156
Röntgeninterferenzen 135
Röntgenstrahlen 126, 128, 130
Röntgentopographieverfahren 202f.
Rotationsdispersion 728
ROTHER, K. 549
Rotnickelkies-Struktur 94f.
Russell-Saunders-Kopplung 636, 639

Sattelsprung 180
Sättigungsmagnetisierung 639, 644
Sättigungs-Magnetostriktion 673
SAVART, F. 630

Schalenbesetzung ausgewählter Metalle 527
Schallgeber 264
Schallgeschwindigkeit 266, 273
—, Messung der 267
Schalteffekte 241
Schaltelemente 550, 570
SCHERRER, P. H. 157, 618
Scherung 245
Schichtdicken, optische 709
Schichten, Verfahren zur Aufbringung 236
Schichtlinien 155
Schichtstrukturen 90
Schmelzformel 315
Schmelzpunkt 48
Schmelzwärme 109
SCHOENFLIESS, A. 53, 74, 78
SCHOTTKY, W. 170, 185, 432
Schottky-Defekt 171, 177, 449, 592
Schottky-Effekt 357, 599
Schottky-Emission 598
Schraubenachse 62, 78
Schraubenversetzung 195
SCHRIEFFER, J. R. 551, 563
Schrödinger-Gleichung 34, 330f., 529
Schubmodul 245, 248, 262
Schwarz-Weiß-Gruppen 80
Schwerelosigkeit 101
Schwingquarz 625
Schwingungen an Oberflächen 289
—, lokalisierte 288
—, Lücken- 288
—, Resonanz- 288
Schwingungsformen, nichtlineare 320
Scanning-Kalorimetrie, differentielle (DSC) 311
Seebeck-Effekt 420
Seebeck-Koeffizienten 419f.
SEIGNETTE, E. 617
Seignette-Salz 617
SEITZ, F. 169
Sekundärelektronen 129
Sekundärelektronenemission 354
Sekundär-Ionen-Massenspektrometrie (-skopie) 132f., 223
Selbstdiffusion 178f.
Selbstenergie 191, 203, 205
Seltene Erden, Spinstruktur 671
SHIREN, N. S. 320
SHOCKLEY, W. 432
SHUBNIKOV, L. 80
Shubnikov-Phase 557f., 564
SHURKOV, S. N. 191
SIEMENS, W. VON 630
Silberhalogenide 176
Silicate 99f.
Silicium 34, 88, 436
— auf Saphir 103
— auf Spinell 236
—, Bandstruktur 440
SIMS 132f., 223
Sinterprozesse 219
Skineffekt, anomaler 538, 706
Skineindringtiefe 535
SLATER, J. C. 35, 123
SMITH, W. 432
Solarzelle 242, 756
Soliduslinie 21, 519
SOMMERFELD, A. 332, 346
Sommerfeldsche Feinstrukturkonstante 635
SONDHEIMER, E. H. 413
SOS-Technik 103
Spannungs-Dehnungs-Diagramm 246f.
Spannungseinheiten 254
Spannungskomponente 253
Spannungsreihe, elektrochemische 184
Spannungs-Riß-Korrosion 187
Spannungstensor 253, 607
SPEAR, W. E. 242
Speicher 570
—, magnetische 666
Sperrschicht-Photozellen 756
Spiegelebene 62
Spinell-Struktur 98f.
— bei Ferriten 669
Spin-Bahn-Kopplung 637, 674
Spin eines Gitterbausteins 635
Spin-Gitter-Wechselwirkung 676
Spinkette 655, 657
Spinoperator 651
Spin-Phonon-Wechselwirkungsprozesse 678
Spin-Spin-Wechselwirkung 680
Spinstruktur der Seltenen Erden 671
Spinwellen 655
—, Dispersionsbeziehung 657
Sprungfrequenz 181
Sprungtemperatur 551, 555
Sputtering s. Ionenzerstäubung
SQID 568, 570
Stahl 207
Standardbänder 436, 441
Standardprojektion 152, 154
Stapelfehler 213
Stapeloperator 83
Stark-Effekt 675
Staubmethode 621
STENO, N. 53
Stereogramme der Punktgruppen 76
sterische Faktoren 48

Stöchiometrieabweichung 512
Stockbarger, D. C. 103, 105
Störstellen, Beweglichkeit 182
—, einwertige 448
—, mehrwertige 448
—, Rekombination 189
—, Streuung an ionisierten 409
—, — an neutralen 409
—, tiefe 448
—, wasserstoffähnliche 448
Störstellenerschöpfung 464, 467
Störstellenhalbleiter 459
Störstellenniveau, effektives 454
Störstellenreserve 462
Störungsrechnung 35, 374
Stoßzahl 228
Strahlenflächen 725
Strahlenschäden 187
Strahlungstheorie, Einsteinsche 774
Stranski, I. 111
Streuamplitude 137
Streufaktor, atomarer 162
Streumechanismen, dominierende 411
—, Gesamtwirkung 410
Streuung der Ladungsträger 408
—, inkohärente 276
Streuzentren für Ladungsträger 408
Stromschleife 630f.
Strukturberichte 81
Strukturen, glasartige 100
Strukturfaktor 161f.
— kubischer Gitter 163
Strukturtyp A 15 554
Strukturuntersuchung 125
—, Verfahren 148
Stufenversetzungen 191
Substitutionsstörstellen 174, 288, 445
Supergitter s. Überstruktur
Supraleiter 551f.
— 1. Art 557, 564
— 2. Art 557, 559, 564
— 3. Art 560, 565, 569
—, Anwendung 569
—, kritische Feldgrößen 559
Suprastrom 563
Suszeptibilität, Anfangs- 644
—, differentielle 644
—, elektrische 573
—, magnetische 633, 654, 662
—, —, komplexe 676
—, —, spezifische von Diamagnetika 634
— paramagnetischer Stoffe, spezifische 642
—, Paulische 641
—, totale 644
Superparamagnetismus 649
Suzuki, H. 210
Suzuki, T. 210
Symmetrie der Basis 73
— und elastisches Verhalten 259
Symmetrieebene 62
Symmetrieeigenschaften 19, 53, 151
Symmetrieelemente 62
Symmetrieinvarianz 65
Symmetrieoperationen 61
Symmetriezentrum 63
— bei Ferroelektrika 607
Szintillationszähler 768
Szintillatoren 767

Tamm, I. 432, 451
Tammann, G. 111, 185
Taumethode 621
Taylor, G. I. 170
TCNQ 435, 551
TED-Technik 128
Teilchenabstand 49
Teilchenbeweglichkeit 397
teilkristalliner Festkörper 238
Temperaturfaktor 161
Temperaturkoeffizient 545
Tempern 210
Tensorfeld 253
Tensorinvariante 253
Tetradoedrie 73
Tetracyanochinodimethan 435
Tetraederbindung 40
tetragonales System 69
Tetrazen 435
Textur 219
T^3-Gesetz, Debyesches 294, 303
$T^{3/2}$-Gesetz, Blochsches 659
TGS 625
Theorem, Blochsches 370, 530
— der übereinstimmenden Zustände 314
thermische Analyse 309
thermischer Durchschlag 604
thermoelektrische Effekte 420
Thermoelement 421, 551
Thermokraft 420
Thermospannung 422
Thermostriktion 673
Thomson, J. J. 413
Tiefenprofilanalyse 133
Tilgung 770
Tisza, L. 618
Torsion 256
Totalreflexion 689
Toya, T. 309

Transistor 432, 451, 570
—, Bipolar- 499
—, MIS- 474, 499
Transferwechselwirkung 566
Translationsgitter 55
Translationsoperationen 56
Translationssymmetrie 56
Transmittanz 693
Transportgleichung, ambipolare 490
Transportreaktionen 236
—, chemische 102
Transportvorgänge 399
transversale Masse 440
Trapzustände s. Haftstellen
Trial-and-error-Methode 168
trigonales System 70
triklines System 67
Tripelpunkt 21, 520
TTL-Technik 570
Tunneldiode 500
Tunnelkennlinie 556
Tunnelung 358, 435, 556, 563, 567, 597f.
Tunnelwahrscheinlichkeiten 365
Twist-Korngrenzen 219

Übergang Normalleiter — Supraleiter 556
— Ordnung — Unordnung 582
Übergänge, strahlende 479
—, strahlungslose 479, 766
Übergangsmetalle 44, 527
—, paramagnetische 654
überkritischer Keim 110
Überlappungsintegrale 386
Übersättigung 110
Überschreitung 517
Überschußladungsträgerkonzentration 482
Überschußoxide 178
Überstruktur 174, 224, 243, 510
Überzüge, härtende 242
—, spiegelnde 706
Ultrahochvakuum 201, 222
Ultraschallerzeugung 673
Ultraschall-Reverberationen 290
Ultraschallverfahren 263, 268
Umwandlungstemperatur 613
Umwandlungswärme 311
Unschärferelation 88, 563, 593
Unterbänder 654
Untergitter, ferromagnetisches 661
Unterkühlung 110
U-Prozesse 328
U-Zentren 288

Valasek, J. 617
Valenzband 436
Valenzkräfte 47
Valenzkristalle 34, 41, 707
Valenzregeln 38
Valenzzustände 35, 39
VB-Methode 35
Vektorpotential 560f.
Verarmung 473
verbotene Zonen 287
Verbunde 213, 239
Vergütungsschichten, optische 708
Verluste, Wagnersche 577, 587
Verluststromdichte 585
Verlustwinkel 573
Verneuil-Verfahren 107f.
Verschiebung 249, 251
— der Domänenwände 648
— der Gitterbausteine in der tetragonalen Phase des Bariumtitanats 619
—, dielektrische 573
Verschiebungsenergie 188
Versetzungen 169, 509
—, Klettern von 194, 209
—, Kräfte zwischen 206
—, Nachweis von 200
—, negative 198
—, positive 198
—, singende 290
—, Streuung an 410
—, unvollständige 215
—, Vervielfachung von 208
Versetzungsdichte 192, 201
Versetzungslinie 191
Versetzungsquelle 208
Versetzungssprünge 209
Versetzungswald 207
Verstärkungsfaktor 750
Verteilungskoeffizient 113, 116
Verwehungslänge 491f.
Verweilzeit, mittlere 584
Verzerrungskomponente s. Dehnungskomponente
Verzerrungstensor 248, 251
Verzögerungsleitungen, akustoelektronische 626
Verzunderung 184
Vieldomänenkristall 615, 618
van-Vleckscher Paramagnetismus 640
VLS-Theorie 213
Voigt, W. 244, 256
—, Prinzip von 259
Volmer, M. 110, 229
Volumenmagnetostriktion 674

Vordurchschlagsgebiet 603
Voudson, P. 620
Vul, B. M. 618

Van-der-Waals-Kraft 45
Van-der-Waals-Kristall 45
Wachstumsgeschwindigkeit der Kristalle 112f.
Wachstumsspiralen 196
Wagner, K. W. 185
Wagner, R. S. 213
Wagnersche Verluste 577, 587
Waller, I. 161
Wandenergie 614
Wandler, elektromechanische 626
Wannier, G. H. 744
Wannier-Exzitonen 746
Warburg, E. 643
Wärmeausdehnung 312, 317
Wärmeausdehnungskoeffizient 312—314, 580
Wärmebewegung 271
Wärmekapazität des Elektronengases 347
—, Gittertheorie der spezifischen 305
—, molare 290f.
—, spezifische 290, 292, 610
Wärmeleitfähigkeit 416, 418f.
Wärmeleitung (Phononenanteil) 322
Wärmeleitzahl 322
Wärmestromdichte 322
Wärmewiderstand 323
Wasser, Bindungsverhältnisse 50f.
—, Phasendiagramm 21
Wasserstoffbrücken 50
Wechselwirkung, Austausch- 669
— des Festkörpers mit Elektronen 128f.
— — — mit Ionen 131
— — — mit Neutronen 128f.
— — — mit Photonen 127
— — — mit Röntgenstrahlen 126, 128
—, Dipol-Dipol- 46
— eines freien Radikals mit Kernmomenten 676
—, Elektron-Elektron- 331
—, Elektron-Phonon- 562, 594
—, Neutron-Phonon-
—, Phonon-Elektron-Phonon- 741
—, Phonon-Phonon- 320, 328
—, Photon-Phonon- 272
—, Photon-Photon- 740
—, Polaron-Phonon- 594
—, Spin-Gitter- 676
—, Spin-Phonon- 678
—, Spin-Spin- 680
Wechselwirkung, unelastische 129
Wechselwirkungsenergie 49
Weglänge, mittlere freie 400f.
—, — —, der Phononen 327
Weglängentheorie 413
weichmagnetische Werkstoffe 644
Weiss, P. 649
Weisssche Theorie 652
Weisskopf, V. F. 409
Welle-Teilchen-Dualismus 125
Wellenzahl 126
Wellenzahlvektor, reduzierter 370
Weltraumlaboratorium 101
Weltraumtechnik 187f.
Werkstoffdiagnostik 290
Werkstoffprüfung mit Ultraschallmethoden 268
Whisker s. Fadenkristall
Whitehead, S. 604
Widerstand, elektrischer 559
—, Rest- 545
—, spezifischer 545, 547, 554
—, —, von Supraleitern 554
Widerstandsänderung, magnetische 423, 428, 538
Widerstandsellipsoid 545
Wiedemann-Franzsches Gesetz 323, 419
Wigner-Seitz-Methode 530
Wigner-Seitz-Radius 531
Wigner-Seitz-Zelle 147, 530, 532
Wilcke, C. 571
Wilson, A. H. 432
Wirbelverluste 665
WKB-Näherung des Tunnelns 598
Wolfram-Typ 84
Wolkenstein, F. F. 227, 762
Wurtzit-Struktur 92—94, 434

Zeeman-Niveau 678f.
Zellenmethode 530
Zement 241
Zener-Diode 500
Zener-Effekt 396, 500
Zentren, aktive 224, 227
zentrosymmetrischer Typ der Ferroelektrika 607
Zerstäubungsrate 132
Zinkblende-Struktur 92—94, 434
Zinksulfid 31f.
Zinnpest 506
Zinsmeister, G. 230, 232
Zone (Richtung im Gitter) 53, 59
—, verbotene 287
Zonenschema, reduziertes 379

Zonenschmelzen 107, 113, 116
Zonenverband 53
Zustandsdiagramm 515
– $H(T)$ von Supraleitern 557
Zustandsdichte 281, 338, 367, 373, 641
–, effektive 341, 456
– in 3 Dimensionen 306
Zustandsdichtefunktion 300, 438
Zustandsdichte-Masse 441f.
Zustandsgrößen 515
–, reduzierte 314
Zurückführung auf atomare Kraftkonstanten 308
Zwillingskristall 213, 216
Zwischengitterplätze 173
Zyklotronresonanz 535

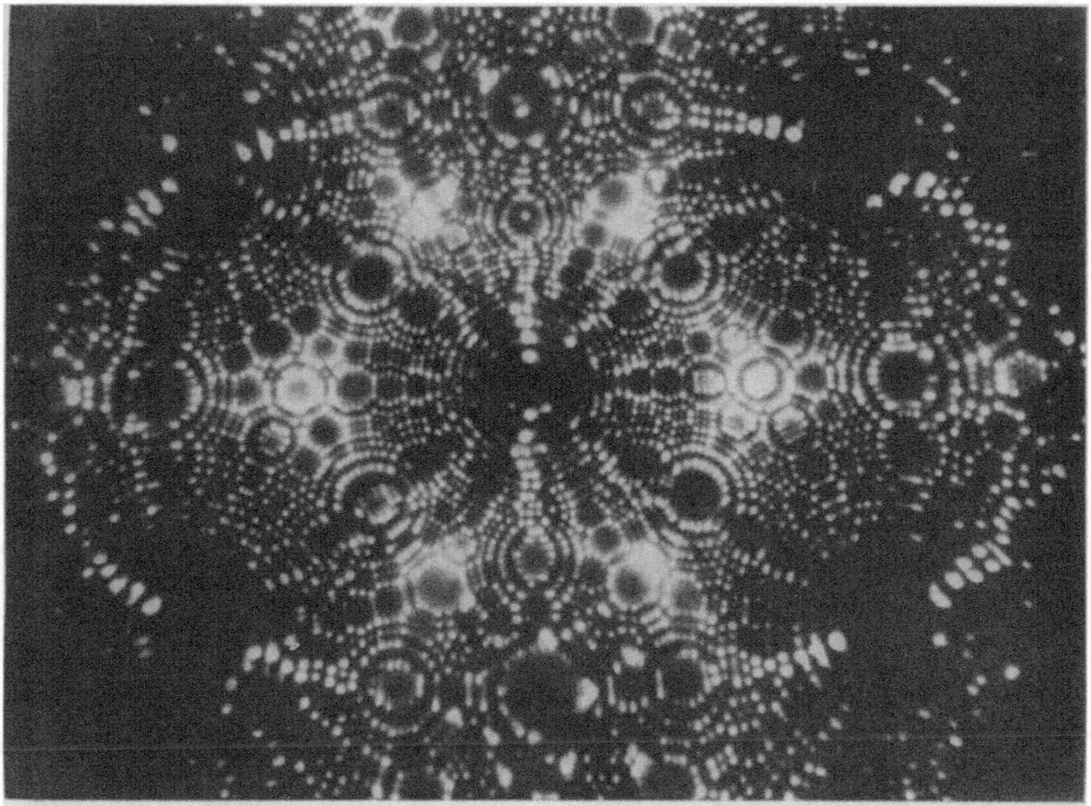

1 ▼ 2

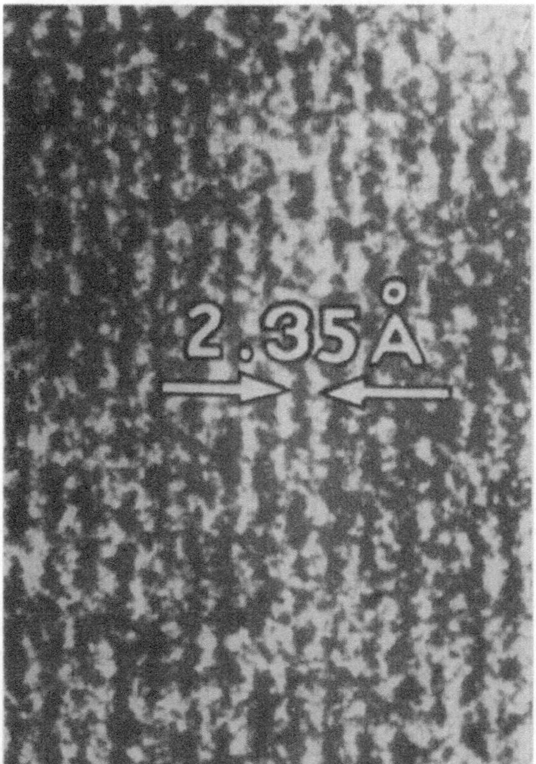

3

Tafel I.

1 Aufnahme einer Wolframkristallspitze (Krümmungsradius 32 nm) mit einem Feldemissionselektronenmikroskop (E. W. Mueller)

2 Elektronenmikroskopische Abbildung von Atomebenen in einem Goldeinkristall (nach Jeol). Der Abstand zwischen benachbarten (111)-Netzebenen beträgt $d = 2{,}35$ Å.

3 Elektronenmikroskopische Aufnahme von Whiskern aus Cadmiumoxid auf einer oxydierten Cadmiumoberfläche (Vergrößerung: 3000fach)

Tafel II.

1 Fluoritkristalle (Flußspat, CaF_2, kubisch F m3m (O_h^5)

2 Magnetkristall, $FeO \cdot Fe_2O_3$, kubisch F d3m (O_h^7)

3 Silber, gediegen in Form von baumartig verzweigten Kristallen (Dendriten), kubisch F m3m (O_h^5)

4 Bergkristalle, SiO_2, hexagonal P 6_2 22 (D_6^4)

5 Kalkspat, $CaCO_3$, rhomboedrisch R $\bar{3}$c (D_{3d}^6)

6 Jamesonid (Fadenkristalle) $4PbS \cdot FeS \cdot 3SbS_3$, monoklin P 2_1/b (C_{2h}^5)

Standort und Aufnahme der Kristalle: E. Richter

1

2

3

Tafel III.

1 Ansicht einer Elektronenspektroskopieanlage (ESCA; Firma Micro-Mech)

2 Apparatur für Beugungsexperimente mit langsamen Elektronen (LEED; Firma Varian)

3 Ansicht einer Anlage für Sekundärionenmassen- und Auger-Elektronen-Spektroskopie (SIMS-AES; Firma Riber)

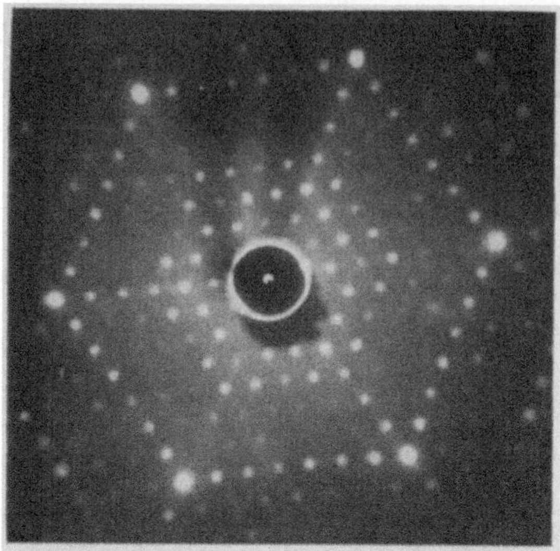

1a

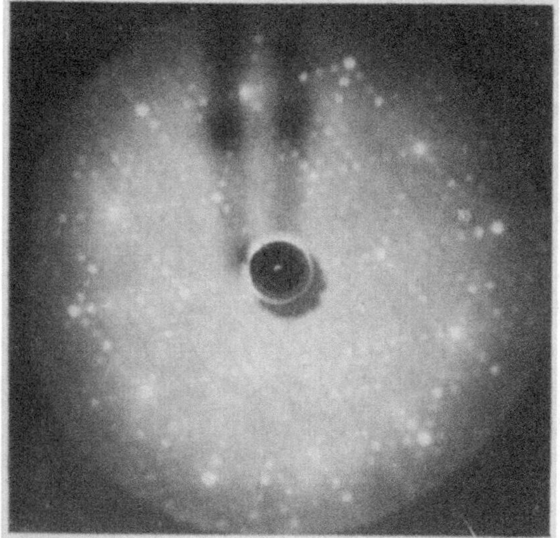

1b ▼ 3

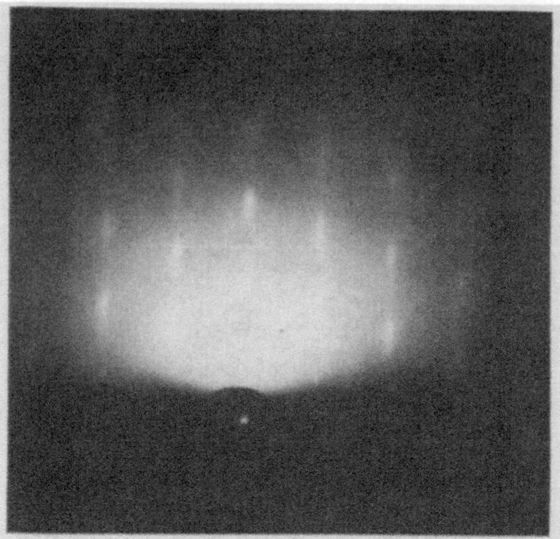

2a

2b

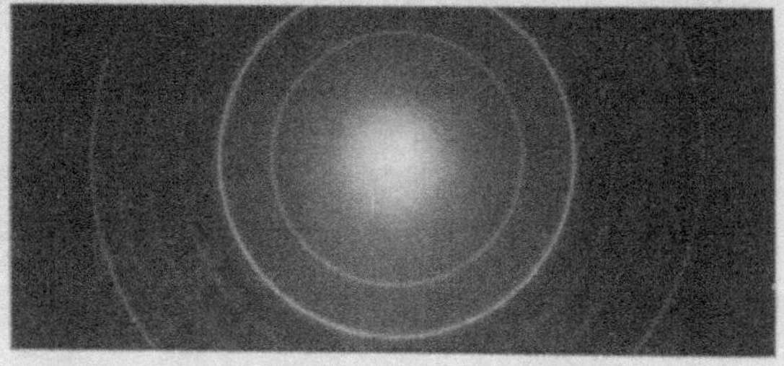

2c

Tafel IV.

1 LEED-Beugungsbilder einer Silicium-(111)-Oberfläche, erzeugt mit Elektronen der Energien 38 eV (a) und 115 eV (b)
Aufnahme: H.-J. Müssig

2 Elektronenbeugungsbilder

a) Reflexionsbeugungsaufnahme (REB) von einem Galliumarsenidkristall mit Elektronen der Energie von 50 keV

b) REB-Aufnahme einer polykristallinen Cadmiumoxid-Schicht mit 50 keV-Elektronen

c) Durchstrahlungsbeugungsbild einer polykristallinen Thalliumbromidschicht, erhalten mit 50 keV-Elektronen

3 HEED-Beugungsbild einer Siliciumschicht der Dicke 1 μm, erzeugt mit Elektronen der Energie 1 MeV

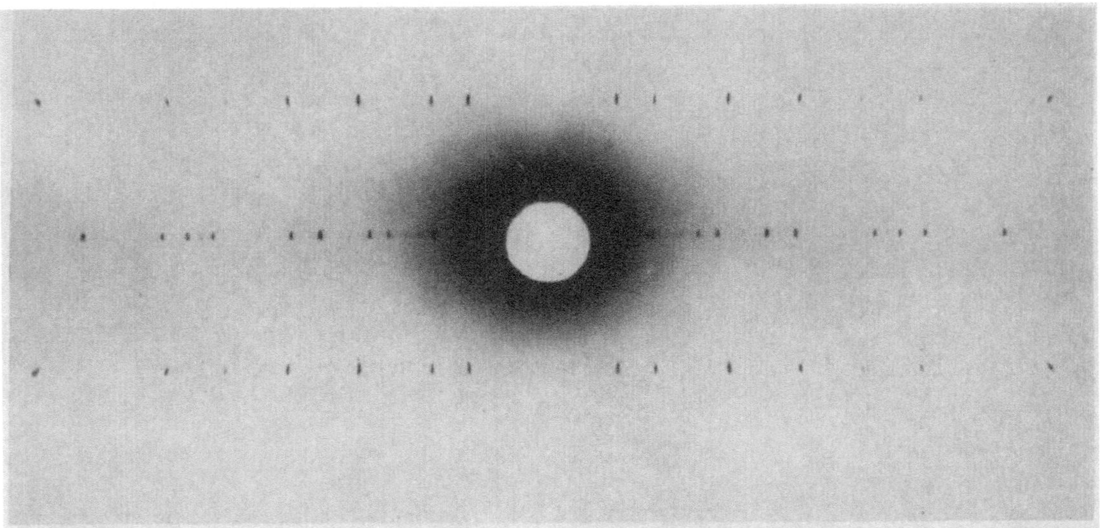

1

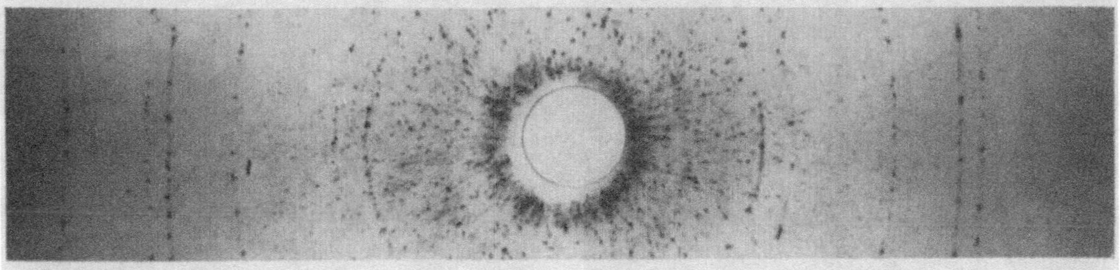

2a

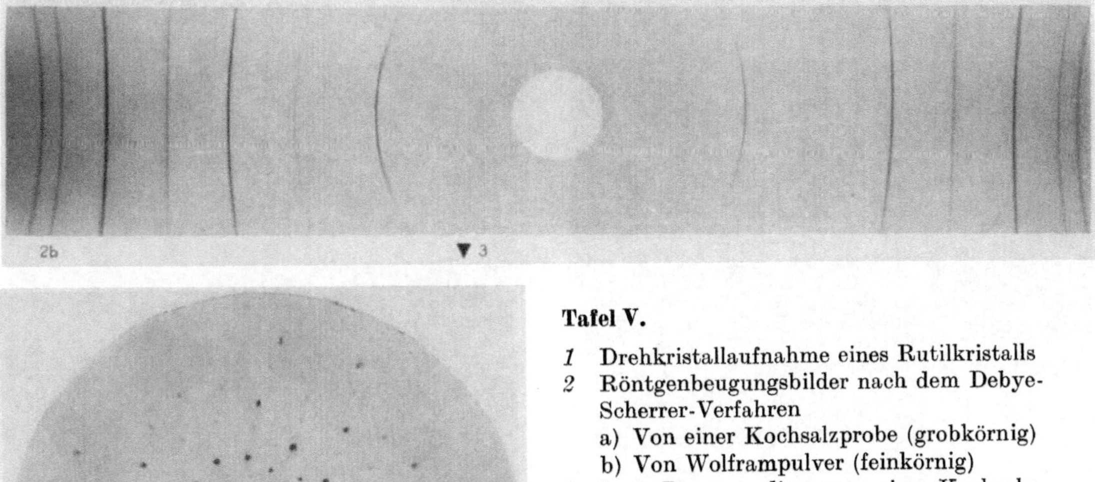

2b ▼ 3

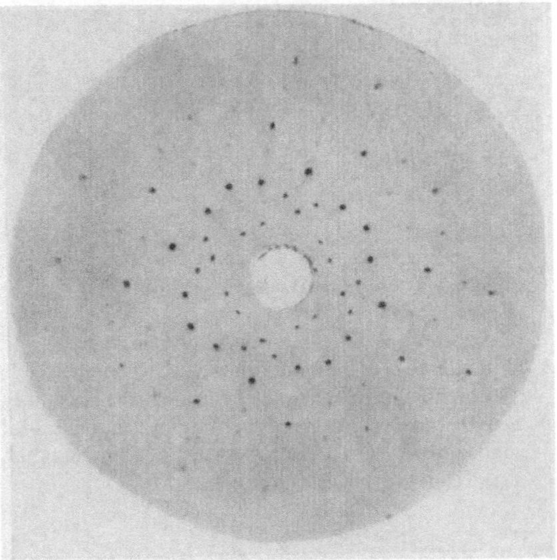

Tafel V.

1 Drehkristallaufnahme eines Rutilkristalls

2 Röntgenbeugungsbilder nach dem Debye-Scherrer-Verfahren
   a) Von einer Kochsalzprobe (grobkörnig)
   b) Von Wolframpulver (feinkörnig)

3 Laue-Beugungsdiagramm eines Kochsalzkristalls.
   Man erkennt deutlich die vierzählige Symmetrie der in Durchstrahlungsrichtung liegenden [100]-Achse.

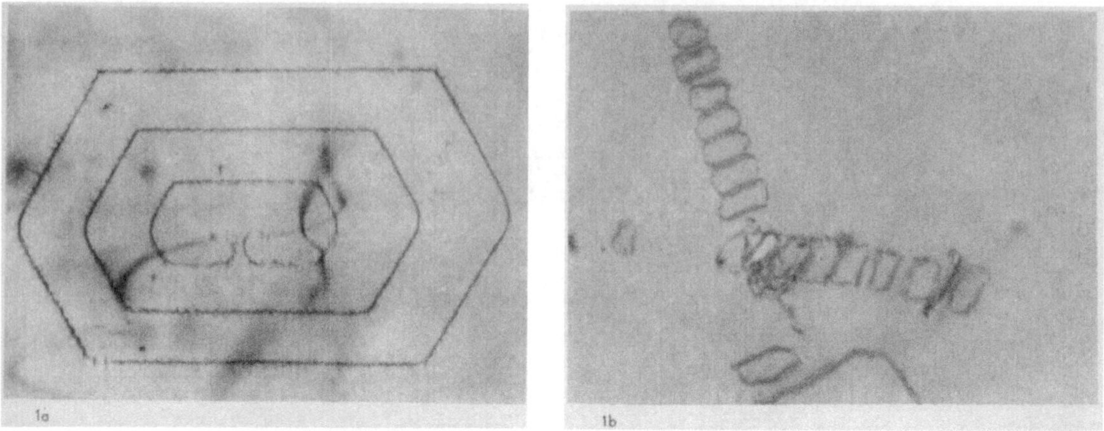

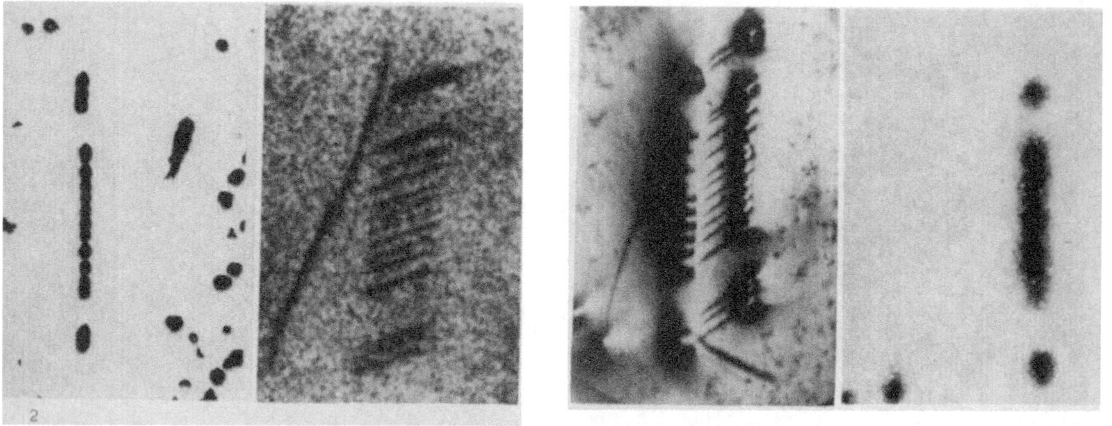

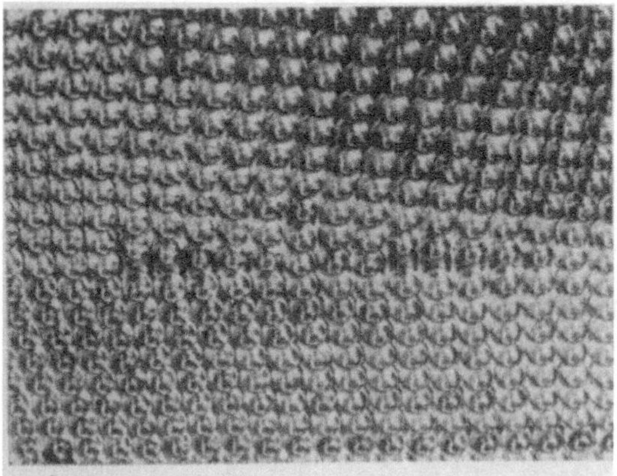

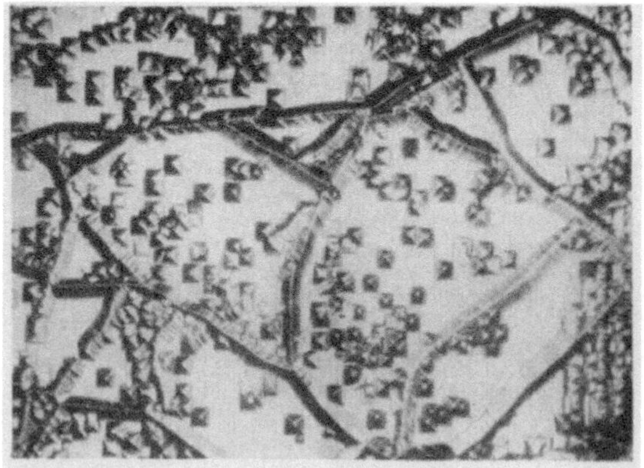

Tafel VI.

1 Quellen von Versetzungen
  a) Infrarotfoto einer Frank-Read-Quelle (nach Dash)
  b) Von einem Störzentrum ausgehende Versetzungsringe in einer Si(110)-Folie (Durchstrahlungsaufnahme mit einem Höchstspannungselektronenmikroskop, Vergrößerung: 14000fach; Aufnahme: E. v. Màssow)

2 Nachweis von Versetzungen in Silicium (Becker/Herbst/Reitzenstein: Exper. Technik Physik **14** (1966) 197). Vergrößerung: 70fach

3 Kugelmodell einer Kleinwinkelkorngrenze

4 Angeätzte Spaltfläche eines NaCl-Kristalls (Vergrößerung: 150fach, Aufn.: K. W. Keller). An Durchstoßpunkten von Versetzungen bildet sich eine Ätzgrube aus. Die Ätzgruben markieren Kleinwinkelkorngrenzen.

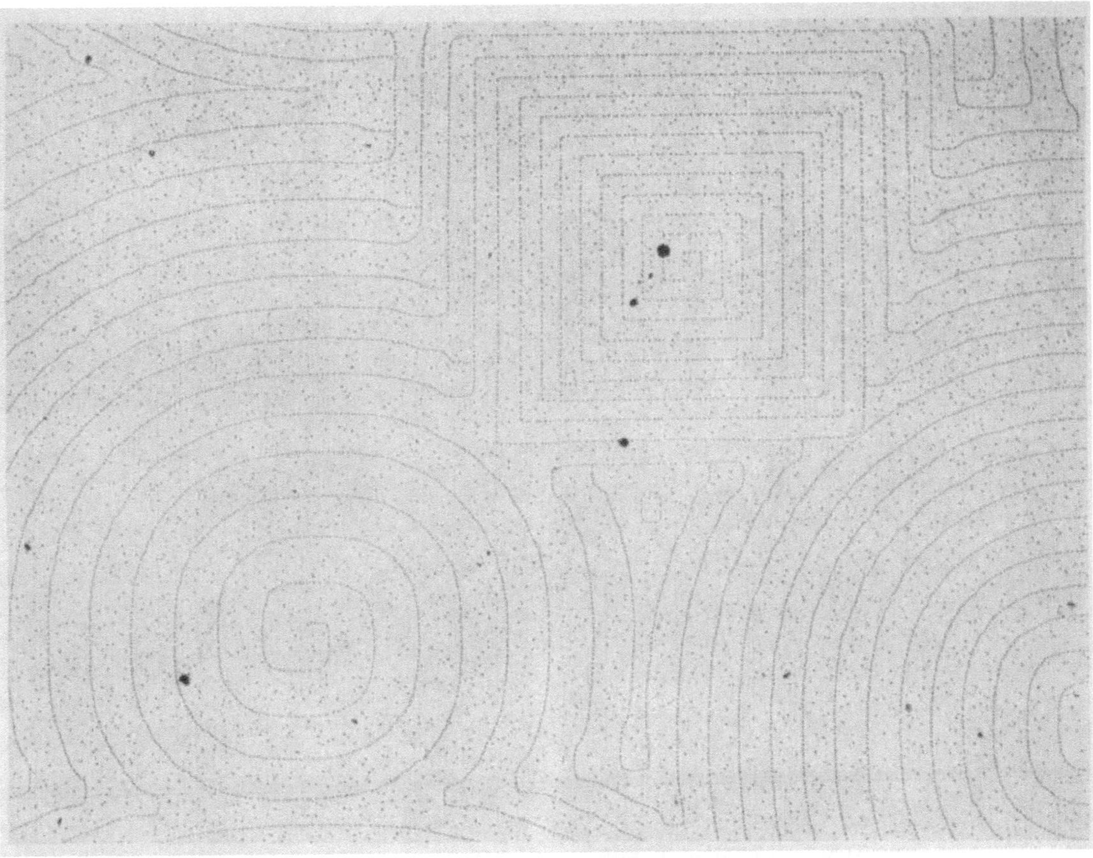

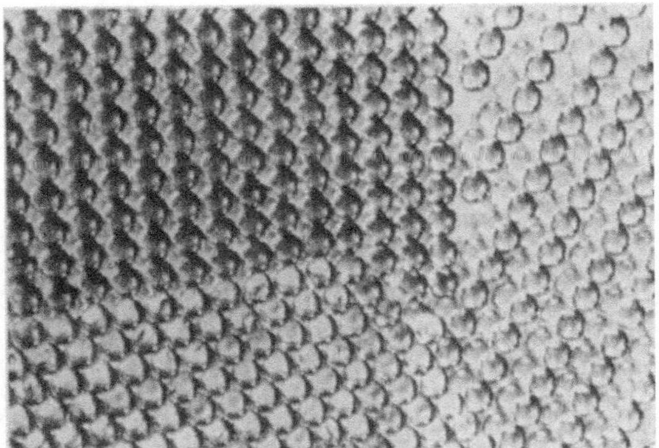
2

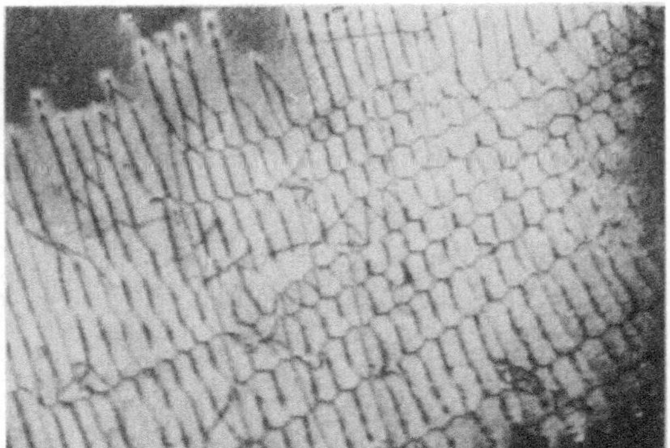
3

Tafel VII.

1 Stufenstruktur von Abdampfgruben an Versetzungsdurchstoßpunkten auf einer NaCl-Oberfläche in 25000facher Vergrößerung (Stufenhöhen 2,81 Å bzw. 5,62 Å). Wachstumsspiralen entsprechen den Abdampfspiralen, da in beiden Fällen die gleichen physikalischen Gesetzmäßigkeiten zugrunde liegen; Abdampfen = „negatives Kristallwachstum". (Aufnahme: K. W. Keller)

2 Gelatinekugelmodell des Grenzbereiches zwischen drei verschieden orientierten Kristallbereichen (Körnern)

3 Versetzungsnetzwerk in geglühtem α-Eisen. Vergrößerung: 30000fach; Aufnahme: Güth

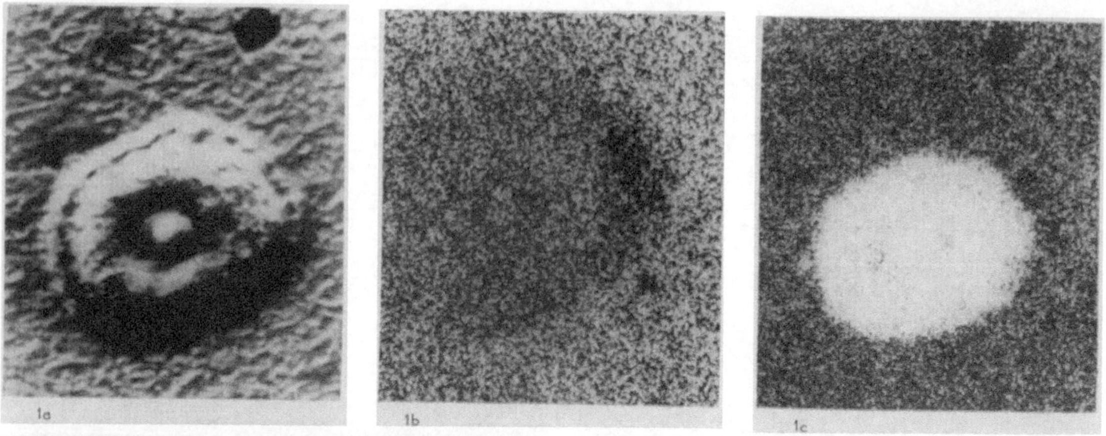

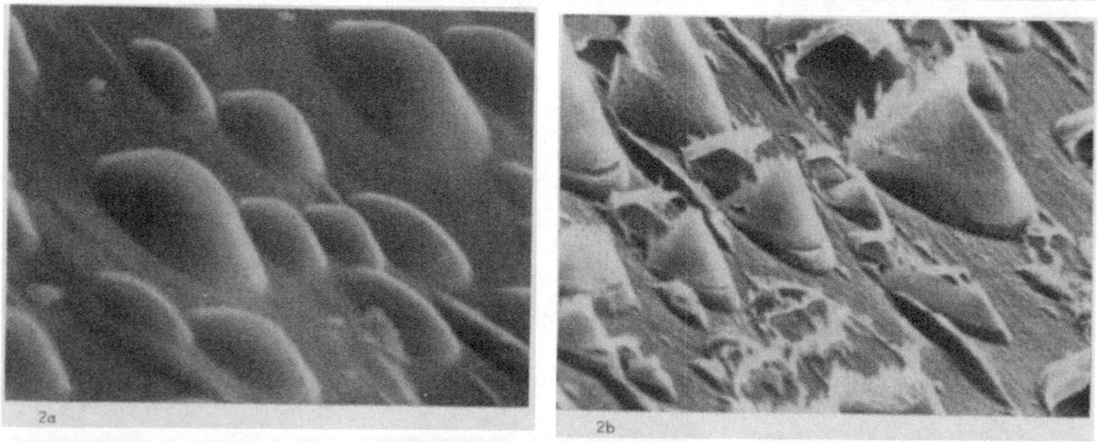

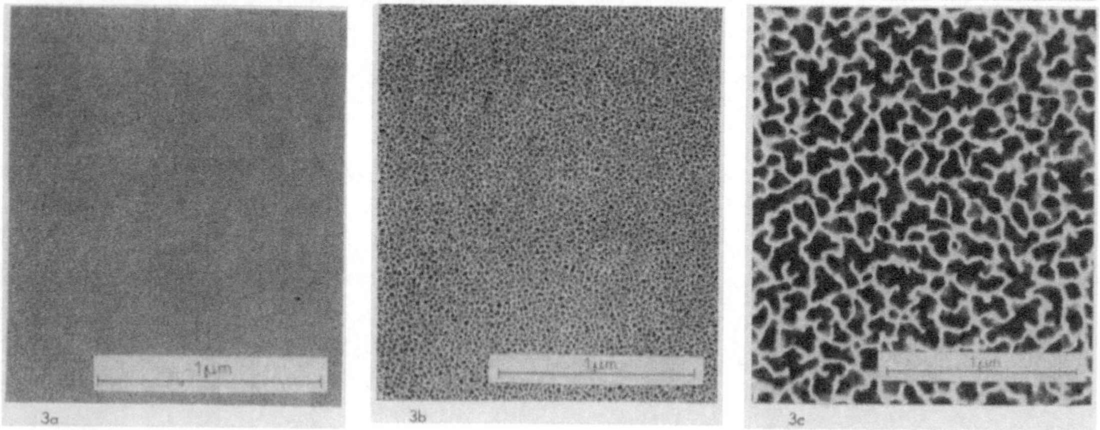

Tafel VIII.

1 Rasterelektronenmikroskop:
a) Sekundärelektronenbild der Erhebung auf einer CdS-Schicht
b) Bild der Cadmiumfluoreszenzstrahlung des Schichtbereiches
c) Bild der Schwefelfluoreszenzstrahlung, durch das sichergestellt wird, daß es sich bei der Erhebung um einen Schwefelspritzer handelt

2 Rasterelektronenmikroskop: Blasenbildungen (Blistering) nach Ionenbeschuß (Vergrößerung: 3600fach, 10 keV, Ar^+; Aufnahmen: W. HAUFFE) von Kupfer im Anfangsstadium (a) und nach Aufplatzen (b) bei Erhöhung der Stromdichte

3 Stadien des Schichtwachstums einer aufgestäubten Goldschicht auf einem Kohle-Substrat in elektronenmikroskopischer Direktbeobachtung. Schichtdicken: (a) 60 Å, (b) 200 Å, (c) 500 Å

GPSR Compliance

The European Union's (EU) General Product Safety Regulation (GPSR) is a set of rules that requires consumer products to be safe and our obligations to ensure this.

If you have any concerns about our products, you can contact us on ProductSafety@springernature.com

In case Publisher is established outside the EU, the EU authorized representative is:

Springer Nature Customer Service Center GmbH
Europaplatz 3
69115 Heidelberg, Germany

Batch number: 10723344

Printed by Printforce, the Netherlands